中文版

Revit 2022 完全自学一本通

韩笑　文丹　黄晓瑜　编著

電子工業出版社
Publishing House of Electronics Industry
北京•BEIJING

内 容 简 介

本书基于 Revit 2022 及广联达鸿业 BIMSpace 乐建 2022 对 BIM 建筑、结构及机电设计的功能与应用进行了全面详解。本书由浅入深、循序渐进地介绍了 Revit 2022 的基本操作及工具的使用，并结合大量的操作案例，帮助读者更好地巩固所学知识。

本书是指导初学者学习 Revit 2022 中文版绘图软件与 BIMSpace 乐建 2022、BIMSpace 机电 2022 的标准教程。书中详细地介绍了 Revit 2022 强大的绘图功能及其专业知识，使读者能够利用该软件方便快捷地绘制工程图样。

本书包含大量的技术要点，能帮助读者快速掌握建筑模型设计技巧，并向读者提供了超过 11 小时的设计案例的演示视频、全部案例的素材文件及设计结果文件，协助读者完成全书案例的操作。

本书是真正面向实际应用的建筑行业 BIM 设计图书。全书由高等院校建筑与室内设计专业教师编写，本书不仅可以作为高等院校、职业技术院校建筑和土木等专业的培训教材，而且可以作为广大从事 Revit 工作的工程技术人员的参考书。

图书在版编目（CIP）数据

Revit 2022 中文版完全自学一本通 / 韩笑，文丹，黄晓瑜编著．—北京：电子工业出版社，2022.12

ISBN 978-7-121-44807-2

Ⅰ. ①R… Ⅱ. ①韩… ②文… ③黄… Ⅲ. ①建筑设计－计算机辅助设计－应用软件 Ⅳ. ①TU201.4

中国国家版本馆 CIP 数据核字（2023）第 001069 号

责任编辑：田　蕾　　　　特约编辑：田学清
印　　刷：三河市鑫金马印装有限公司
装　　订：三河市鑫金马印装有限公司
出版发行：电子工业出版社
　　　　　北京市海淀区万寿路 173 信箱　　　邮编：100036
开　　本：787×1092　1/16　印张：38　字数：972.8 千字
版　　次：2022 年 12 月第 1 版
印　　次：2022 年 12 月第 1 次印刷
定　　价：99.00 元

凡所购买电子工业出版社图书有缺损问题，请向购买书店调换。若书店售缺，请与本社发行部联系，联系及邮购电话：（010）88254888，88258888。

质量投诉请发邮件至 zlts@phei.com.cn，盗版侵权举报请发邮件至 dbqq@phei.com.cn。

本书咨询联系方式：（010）88254161～88254167 转 1897。

前言
PREFACE

Autodesk 公司开发的 Revit 是一款三维参数化建筑设计软件，是有效创建信息化建筑模型（Building Information Modeling，BIM）的设计工具。

Revit 2022 在原有版本的基础上，添加了全新功能，并对相应工具的功能进行了修改和完善，以帮助设计者更加方便快捷地完成设计任务。

广联达鸿业 BIMSpace 乐建 2022 是国内著名的大型 BIM 软件开发公司（广联达旗下公司“鸿业科技”）推出的三维协同设计软件。目前支持 Autodesk Revit 2016～Autodesk Revit 2022，是国内最早开发的基于 Revit 的 BIM 解决方案软件。

本书内容

本书基于 Revit 2022 及广联达鸿业 BIMSpace 乐建 2022，全面详解 BIM 建筑、结构及机电设计的功能与应用。本书由浅入深、循序渐进地介绍了 Revit 的基本操作及工具的使用，并结合大量的操作案例，帮助读者更好地巩固所学知识。全书共 17 章，主要内容如下。

第 1 章：主要介绍 BIM（建筑信息模型）与 Revit 设计的相关理论基础知识。

第 2 章：本章提供 Revit 2022 与 BIMSpace 乐建 2022 的软件入门的基本操作，包括图元的选择、创建 Revit 工作平面、图元的变换操作、项目视图、控制柄和造型操纵柄等知识点。

第 3 章：本章介绍 BIMSpace 乐建 2022 协同设计功能，以及如何利用此功能完成 Revit 项目管理工作。

第 4 章：本章主要介绍 Revit 构件组成的基本图元和建筑设计基准（标高和轴网）的建立过程。

第 5～6 章：主要介绍 Revit 族的创建与应用，以及概念模型的设计。

第 7～10 章：主要介绍 Revit 2022 与 BIMSpace 乐建 2022 在建筑设计中的具体应用，包括建筑墙体、门窗、楼地层、房间、面积、洞口及楼梯/坡道设计等。

第 11 章：本章将利用 Revit Structure（结构设计）模块进行建筑混凝土结构设计。建筑结构设计包括钢筋混凝土结构设计和钢筋布置设计。

第 12 章：本章利用 Revit 2022 的钢结构设计模块进行门式钢结构厂房的全钢结构设计。

第 13 章：本章利用 BIMSpace 乐建 2022 的快模工具进行 CAD 图纸翻模，即通过 CAD

图纸来快速识读图形并自动生成构件模型。

第 14 章：本章主要介绍基于 Revit 的装配式建筑设计插件（Autodesk Structural Precast Extension for Revit）和 Magic-PC 装配式建筑设计软件的功能及其在装配式建筑设计中的具体运用。

第 15 章：本章主要介绍在 Revit 中进行结构分析模型的准备操作，然后将分析模型传输到建筑结构分析软件 Autodesk Robot Structural Analysis Professional 2022（简称 Robot Structural Analysis 2022 或 Robot 2022）中进行结构分析，该软件可以帮助用户解决建筑结构性能问题。

第 16 章：本章将利用广联达鸿业的 BIMSpace 机电深化 2022 进行暖通系统、建筑给排水系统和电气系统的快速建模与深化设计。

第 17 章：本章主要介绍利用 Revit 和鸿业 BIMSpace 乐建 2022 结合进行建筑施工图和结构施工图设计的过程。建筑施工图包括建筑总平面图、建筑平面图、建筑剖面图、建筑立面图、建筑详图/大样图等。

本书特色

本书是指导初学者学习 Revit 2022 中文版与广联达鸿业 BIMSpace 乐建 2022、BIMSpace 机电 2022 和 Magic-PC 装配式建筑设计软件的标准教材。书中详细地介绍了 Revit 与广联达鸿业的多款 BIM 软件的绘图功能及其专业知识，使读者能够利用该软件方便快捷地绘制工程图样。本书主要特色如下。

- 内容的全面性和实用性。

作者在设计本教程的知识框架时，将写作的重心放在体现内容的全面性和实用性上。因此，本书从框架的设计到内容的编写力求全面概括建筑 BIM 专业知识。

- 知识的系统性。

整本书的内容安排循序渐进，逐步讲解建筑建模的整个流程，环环相扣，紧密相连。

- 知识的拓展性。

为了拓展读者的建筑专业知识，本书在介绍每个绘图工具时都与实际的建筑构件绘制紧密联系，并增加了建筑绘图的相关知识，涉及施工图的绘制规律、原则、标准及各种注意事项。

本书是真正面向实际应用的建筑行业 BIM 设计图书。全书由高等院校建筑与室内设计专业教师编写，不仅可以作为高等院校、职业技术院校建筑和土木等专业的培训教材，还可以作为广大从事 BIM 设计工作的工程技术人员的参考书。

作者信息

本书由桂林信息科技学院的韩笑、李辉和文丹合作编写。感谢读者选择了本书，希望我们的努力对读者的工作和学习有所帮助，也希望读者把对本书的意见和建议告诉作者（作者邮箱：Shejizhimen@163.com）。

本书软件

关于本书所介绍的 Revit 2022、广联达鸿业 BIMSpace 乐建 2022 及 Magic-PC 装配式建筑设计软件的下载及安装说明如下。

1．读者可以到欧特克官方网站免费下载 Revit 2022 软件并自主完成安装。

2．广联达鸿业 BIMSpace 乐建 2022 是免费试用软件，读者可到广联达官方网站下载并自主完成安装。

3．广联达科技股份有限公司为了答谢广大读者的厚爱，特提供 Magic-PC 装配式建筑设计软件供读者免费试用。该软件可在广联达官方网站下载。

读 者 服 务

为了方便解决本书的疑难问题，读者在学习过程中遇到与本书有关的技术问题时，可以发邮件到邮箱 caxart@126.com，我们会尽快针对相应问题进行解答，并竭诚为您服务。

资源下载方法：关注“有艺”公众号，在“有艺学堂”的“资源下载”中获取下载链接。如果遇到无法下载的情况，可以通过以下 3 种方式与我们取得联系。

扫一扫关注
“有艺”

1．关注“有艺”公众号，通过“读者反馈”功能提交相关信息。

2．请发邮件至 art@phei.com.cn，邮件标题命名方式：资源下载+书名。

3．读者服务热线：（010）88254161～88254167 转 1897。

目录
CONTENTS

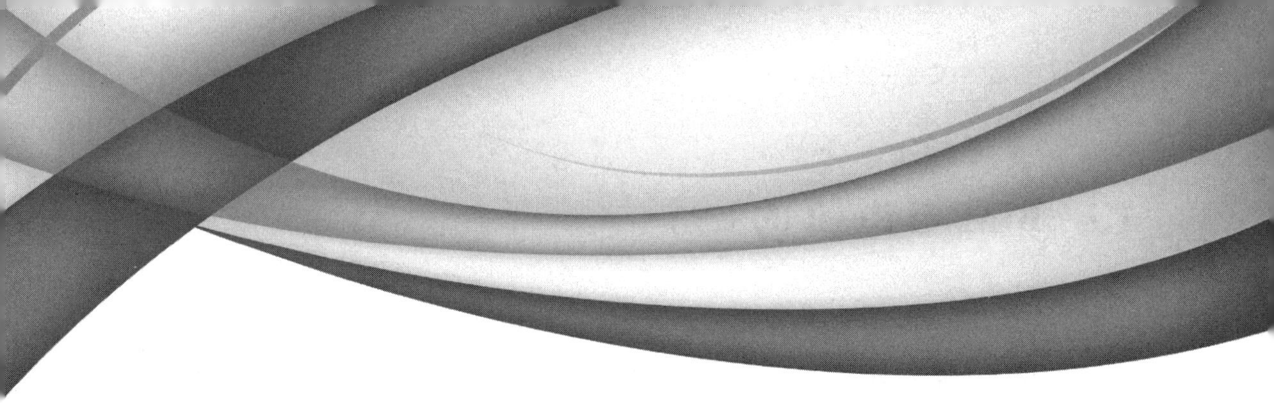

第 1 章

BIM 建筑设计概述

本章内容

初涉 Revit 课程的读者，可能会被一些 BIM 宣传资料误导，认为 Revit 就是 BIM，BIM 就是 Revit。本章将着重阐述两者之间的关系，以及各自的应用场景。

本章将阐述 BIM（建筑信息模型）在行业中的应用、与 Revit 的基本关系，并介绍 Revit 2022 及其建筑设计插件的相关内容。

知识要点

☑ BIM 与 Revit 的关系
☑ BIM 与绿色建筑
☑ Revit 2022 简介
☑ Revit 2022 界面
☑ BIMSpace 乐建 2022 简介

1.1 BIM 与 Revit 的关系

要想弄清楚 BIM 与 Revit 的关系，首先要了解 BIM 与项目生命周期。

1. 项目类型及 BIM 实施

从广义上讲，建筑环境产业可以分为两大类项目：房地产项目和基础设施项目。业内有时也将这两大类项目称为“建筑项目”和“非建筑项目”。

在目前可查阅到的大量文献及指南文件中显示，文件资料中的 BIM 信息记录在今天已经取得了极大的进步，与基础设施项目相比，BIM 在房地产项目得到了更好的理解和应用。BIM 在基础设施项目中的应用相对滞后几年，但这两大类项目非常适应模型驱动的 BIM 过程。McGraw Hill 公司的一份名为“BIM 对基础设施的商业价值——利用协作和技术解决美国的基础设施问题”的报告将房地产项目上应用的 BIM 称为“立式 BIM”，将基础设施项目上应用的 BIM 称为“水平 BIM”“土木工程 BIM（CIM）”“重型 BIM”。

许多组织可能既从事房地产项目也从事基础设施项目，关键在于理解项目层面的 BIM 实施在这两种情况中的微妙差异。例如，在基础设施项目的初始阶段需要收集和理解的信息范围可能在很大程度上与房地产项目相似。并且基础设施项目的现有条件和邻近资产的限制、地形，以及监管要求也可能与房地产项目极其相似。因此，在一个基础设施项目的初始阶段，地理信息系统（GIS）资料及 BIM 的应用可能更加重要。

房地产项目与基础设施项目的项目团队结构及生命周期各阶段可能也存在差异（在命名惯例和相关工作布置方面），项目层面的 BIM 实施始终与其“以模型为中心”的核心主题和信息、合作及团队整合的重要性保持一致。

2. BIM 与项目生命周期

实际经验已经充分表明，仅在项目的初始阶段应用 BIM 将会限制其发挥效力，导致企业不会得到所寻求的投资回报。图 1-1 显示的是 BIM 在一个房地产项目整个生命周期中的应用。

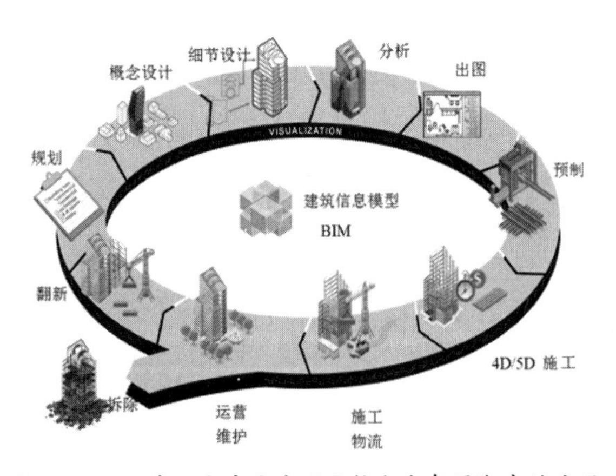

图 1-1　BIM 在一个房地产项目整个生命周期中的应用

重要的是，项目团队中负责交付各种类别、各种规模项目的专业人员应理解“从摇篮到摇篮”的项目周期各阶段的 BIM 过程。理解 BIM 在“新建不动产或保留不动产”之间的交叉应用也非常重要。

3. 在 BIM 项目生命周期中使用 Revit

从图 1-1 中可以看出，整个项目生命周期的每个阶段基本都需要借助某一种软件手段辅助设施。

Revit 主要用于进行模型设计、结构

设计、系统设备设计及工程出图，即包含了图 1-1 中从规划、概念设计、细节设计、分析到出图阶段。

可以说，BIM 是一个项目的完整设计与实施理念，而 Revit 是其中应用最广泛的一种辅助工具。

Revit 具有以下五大特点。

- 利用 Revit 可以导出各个建筑部件的三维设计尺寸和体积数据，为概预算提供资料，资料的准确度与建模的精确度成正比。
- 在精确建模的基础上，利用 Revit 建模生成的平面图和立面图能够完全交接，图面质量受人为因素影响很小，而对建筑和 CAD 绘图理解不深的设计师画的平面图和立面图可能有很多地方不交接。
- 其他软件只能解决某一个专业的问题，而 Revit 能够解决多专业的问题。Revit 不仅具有建筑、结构、钢结构、机电系统等专业设计模块，还提供协同、远程协同、带材质输入 3ds Max 的渲染、云渲染、碰撞分析、绿色建筑分析等功能。
- 强大的联动功能，平面图、立面图、剖面图、明细表双向关联，一处修改，处处更新，自动避免低级错误。
- Revit 设计能够节省成本，节省设计变更，加快工程周期，而这些恰恰是一款 BIM 软件应该具有的特点。

1.2 BIM 与绿色建筑

21 世纪以来，为应对能源危机、人口增长等问题，绿色、低碳等可持续发展理念逐渐深入人心，因此以有效提高建筑物资源利用率、降低建筑对环境的影响为目标的绿色建筑成为全世界关注的重点。

1.2.1 绿色建筑的定义

环境友好型绿色建筑是世界各国建筑发展的战略目标。由于经济发展水平、地理位置、人均资源等条件的差异，各国对绿色建筑的定义不尽相同。

英国皇家特许测量师学会：“有效利用资源、减少污染物排放、提高室内空气及周边环境质量的建筑即为绿色建筑。”

美国国家特许环境保护局：“绿色建筑是在全生命周期内（从选址到设计、建设、运营、维护、改造和拆除）始终以环境友好和资源节约为原则的建筑。”

我国《绿色建筑评价标准》指出：“在全寿命期内，节约资源、保护环境、减少污染，为人们提供健康、适用、高效的使用空间，最大限度地实现人与自然和谐共生的高质量建筑。”

从绿色建筑的定义可以看出以下 3 点。

- 绿色建筑提倡将节能环保的理念贯穿于建筑的全生命周期。

- 绿色建筑主张在提供健康、适用和高效的使用空间的前提条件下节约能源、降低排放，在较低的环境负荷下提供较高的环境质量。
- 绿色建筑在技术与形式上需要体现环境保护的相关特点，即合理利用信息化、自动化、新能源、新材料等先进技术。

1.2.2 BIM 与绿色建筑完美结合的优势

1. BIM 与绿色建筑完美结合

BIM 为绿色建筑的可持续发展提供分析与管理，在推动绿色建筑发展与创新中潜力巨大。

2. 时间维度的一致性

BIM 致力于实现全生命周期内不同阶段的集成管理，而绿色建筑的开发、管理涵盖建造、使用、拆除、维修等建筑全生命周期。时间维度为两者的结合提供了便利。

3. 核心功能的互补性

绿色建筑可持续目标的达成需要设计人员全面、系统地掌握不同材料、设备的完整信息，在项目全生命周期内协同、优化，从而节约能源、降低排放，BIM 为其提供了整体解决方案。

4. 应用平台的开放性

绿色建筑需借助不同软件来实现对建筑物的能耗、采光、通风等的分析，并要求与其相关的应用平台具备开放性。BIM 平台具备开放性的特点，允许用户导入相关软件数据进行一系列可视化操作，为其在绿色建筑中的应用创造了条件。图 1-2 所示为利用 Revit 创建的绿色建筑模型。

图 1-2 利用 Revit 创建的绿色建筑模型

绿色建筑为 BIM 提供了一个发挥其优势的舞台，BIM 为绿色建筑提供了数据和技术上的支持。

1）节地与室外环境

- 合理利用 BIM 技术，对建筑物周围环境及建筑物空间进行模拟分析，设计出最合理的场地规划、交通物流组织、建筑物及大型设备布局方案。
- 利用日照、通风、噪声等分析与仿真工具，可有效优化与控制光、噪声、水等污染源。

2）节能与能源利用

- 将专业建筑性能分析软件导入 BIM 模型中，进行能耗、热工等分析，根据分析结果调整设计参数，达到节能效果。
- 通过 BIM 模型优化设计建筑的形体、朝向、楼间距、墙窗比等，提高能源利用率，降低能耗。

3）节水与水资源利用

- 利用虚拟施工，在室外埋地下管道时，避免碰撞或冲突而导致管网漏损。

- 在动态数据库中，清晰了解建筑日用水量，及时找出用水损失原因。
- 利用 BIM 模型统计雨水采集数据，确定不同地貌和材质对径流系数的影响，充分利用非传统水源。

4）节材与材料资源利用

- 在 BIM 模型中输入材料信息，对材料从制作、出库到使用的全过程进行动态跟踪，避免浪费。
- 利用数据统计及分析功能，预估材料用量，优化材料分配。
- 借助 BIM 模型分析并控制材料的性能，使其更接近绿色目标。
- 进行冲突和碰撞检测，避免因遇到冲突而返工造成材料浪费。

5）室内环境质量

- 在 BIM 模型中，通过改变门窗的位置、大小、方向等，检测室内的空气流通状况，并判断是否会对空气质量产生影响。
- 通过噪声和采光分析，判断室内隔音效果和光线是否达到要求。
- 通过调整楼间距或者朝向，改善室内的户外视野。

6）施工管理

- 冲突检测：避免不必要的返工，并在一定程度上控制设计文件的变更次数。
- 模拟施工：优化设备、材料、人员的分配等施工现场的管理，减少因施工流程不当而造成的损失。
- 计算工程量：通过结构构件和材料信息，既可快速计算工程量，也可对构件进行精确加工。
- 造价管理：在 BIM 模型的基础上导入造价软件，可控制成本和施工进度，统筹安排资源。

7）运营管理

- BIM 模型整合了建筑的所有信息，并在信息传递上具有一致性，满足了运营管理阶段对信息的需求。
- 通过 BIM 模型可迅速定位建筑出现问题的部位，实现快速维修；利用 BIM 对建筑相关设备、设施的使用情况及性能进行实时跟踪和监测，做到全方位、无盲区管理。
- 基于 BIM 进行能耗分析，记录并控制能耗。

1.3　Revit 2022 简介

Revit 2022 是一款基于 BIM（建筑信息模型）的建模软件，适用于建筑设计、MEP 工程、结构工程和施工领域。

1.3.1　Revit 的基本概念

Revit 中用来标识对象的大多数术语是业界通用的标准术语，但有一些术语对 Revit 来讲是唯一的。了解下列基本概念对了解 Revit 非常重要。

1. 项目

在 Revit 中，项目是单个设计信息数据库——建筑信息模型。项目文件中包含了建筑的所有设计信息（从几何图形到构造数据）。这些信息包括用于设计模型的构件、项目视图和设计图纸。利用 Revit 不仅可以轻松地修改设计，还可以使修改反映在所有关联区域（平面图、立面图、剖面图、明细表等）中，仅需跟踪一个文件，方便对项目进行管理。

2. 标高

标高是无限水平平面，可作为屋顶、楼板和天花板等以层为主体的图元的参照。标高一般用于定义建筑物内的垂直高度或楼层。用户可为每个已知楼层或建筑物的其他必需参照（如第二层、墙顶或基础底端）创建标高。在剖面图或立面图中才可放置标高。图 1-3 所示为某别墅的【北】立面图。

图 1-3　某别墅的【北】立面图

3. 图元

在创建项目时，用户可以向设计中添加 Revit 参数化建筑图元。Revit 按照类别、族和类型对图元进行分类，如图 1-4 所示。

4. 类别

类别是一组用于对建筑设计进行建模或记录的图元。例如，模型图元类别包括墙和梁。

注释图元类别包括标记和文字注释。

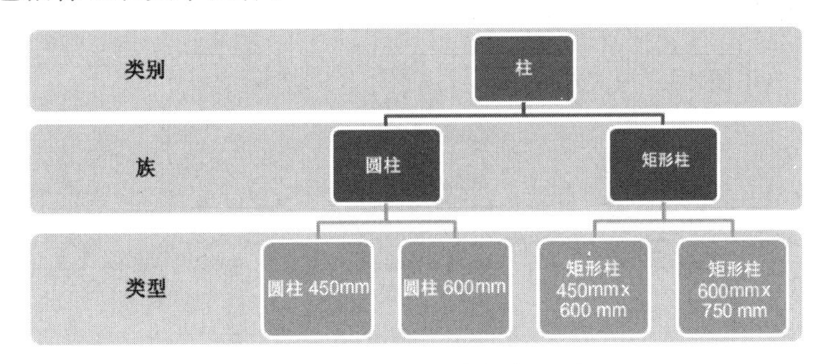

图 1-4　图元的分类

5. 族

族是某一类别中图元的类。族根据参数（属性）集的共用、使用上的相同点和图形表示的相似度来对图元进行分组。一个族中不同图元的部分或全部属性可能有不同的值，但属性的设置（其名称与含义）是相同的。例如，可以将桁架视为一个族，虽然构成该族的腹杆支座可能会有不同的尺寸和材质。

族包括可载入族、系统族和内建族 3 种，解释如下。

- 可载入族可以被载入项目中，且根据族样板创建。可载入族可以确定族的属性设置和族的图形化表示方法。
- 系统族包括楼板、尺寸标注、屋顶和标高，它们不能作为单个文件被载入或创建。Revit Structure 预定义了系统族的属性设置及图形化表示。用户可以在项目内使用预定义的类型生成属于此族的新类型。例如，墙的行为在系统中已经被预定义，但用户可使用不同组合创建其他类型的墙。系统族可以在项目之间被传递。
- 内建族用于定义在项目的上下文中创建的自定义图元。如果用户的项目需要不重复使用的独特几何图形，或者用户的项目需要的几何图形必须与其他项目的几何图形保持众多关系之一，则可创建内建族。

提示：

由于内建族在项目中的使用受到限制，因此每个内建族都只包含一种类型。用户可以在项目中创建多个内建族，并且可以将同一个内建族的多个副本放置在项目中。与系统族和可载入族不同，用户不能通过复制内建族类型来创建多种类型。

6. 类型

每个族都可以拥有多个类型。类型可以是族的特定尺寸，例如，一个 A0 的标题栏或 910mm×2100mm 的门；类型也可以是样式，例如，尺寸标注的默认对齐样式或默认角度样式。

7. 实例

实例是被放置在项目中的实际项（单个图元），在建筑（模型实例）或图纸（注释实例）中都有特定的位置。

1.3.2 参数化建模系统中的图元行为

在项目中，Revit 使用 3 种类型的图元，如图 1-5 所示。

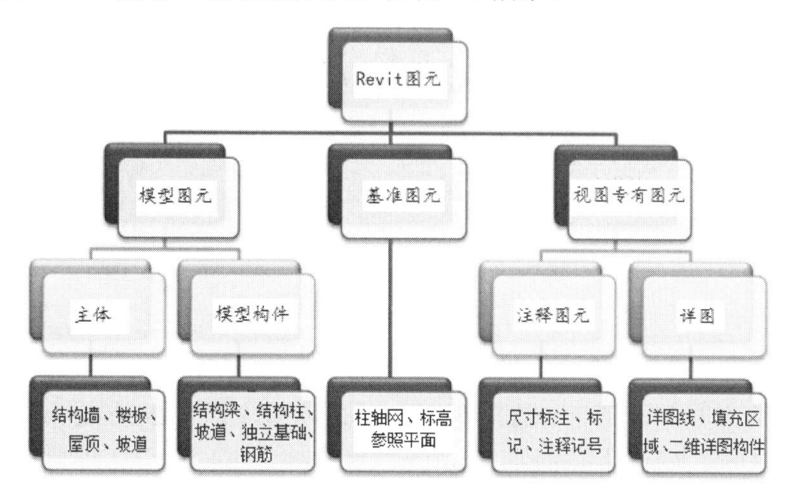

图 1-5　Revit 使用 3 种类型的图元

模型图元表示建筑的实际三维几何图形。它们显示在模型的相关视图中。例如，结构墙、楼板、屋顶和坡道是模型图元。

基准图元可帮助用户定义项目上下文。例如，柱轴网、标高和参照平面是基准图元。

视图专有图元只显示在放置这些图元的视图中，可帮助用户对模型进行描述或归档。例如，尺寸标注、标记和二维详图构件是视图专有图元。

模型图元包括主体和模型构件两种类型，解释如下。

- 主体（或主体图元）通常在构造场地中在位构建，如结构墙、楼板、屋顶和坡道。
- 模型构件是建筑模型中除主体图元外的其他类型图元，如结构梁、结构柱、坡道、独立基础和钢筋。

视图专有图元包括注释图元和详图两种类型，解释如下。

- 注释图元是对模型进行归档并在图纸上保持比例的二维构件，如尺寸标注、标记和注释记号。
- 详图是在特定视图中提供有关建筑模型详细信息的二维项，如详图线、填充区域和二维详图构件。

参数化模型中的图元行为为设计者提供了设计灵活性。Revit 图元设计可以由用户直接创建和修改，无须进行编程。在 Revit 中绘图时可以定义新的参数化图元。

在 Revit 中，图元通常根据其在建筑中的上下文来确定自身行为。上下文是由构件的绘制方式，以及该构件与其他构件之间建立的约束关系确定的。通常，要建立这些关系无须执行任何操作，用户执行的设计操作和绘制方式已隐含了这些关系。在其他情况下，可以显式控制这些关系，例如，通过锁定尺寸标注或对齐两面墙。

1.3.3　Revit 2022 的 3 个模块

当一栋大楼完成打桩基础（包含钢筋）、立柱（包含钢筋）、架梁（包含钢筋）、倒水泥板（包含钢筋）、结构楼梯浇筑等框架结构建造（此阶段称为结构设计）后，接下来就是进行砌砖、抹灰浆、贴外墙/内墙瓷砖、铺地砖、吊顶、建造楼梯（非框架结构楼梯）、室内软装布置、室外场地布置等施工建造作业（此阶段称为建筑设计），最后进行强电、排气系统、供暖、供水系统等设备的安装与调试。这就是整个房地产项目的完整建造流程。

Revit 是由 Revit Architecture（建筑）、Revit Structure（结构）、Revit MEP（设备）3 个模块组合而成的综合建模软件。

Revit Architecture 模块是用来完成建筑设计的，包括非现浇混凝土建筑设计和建筑内外墙装饰设计。Revit Architecture 模块功能在 Revit 2022 功能区的【建筑】选项卡中，如图 1-6 所示。建筑设计的内容主要用于准确地表达建筑物的总体布局、外形轮廓、尺寸、内部构造和室内外装修情况。另外，Revit Architecture 模块能制作建筑施工图和效果图。

图 1-6　【建筑】选项卡

Revit Structure 模块由混凝土结构、钢结构和装配式建筑结构组成。用于混凝土结构设计的设计工具位于【结构】选项卡中，用于钢结构设计的设计工具位于【钢】选项卡中，用于装配式建筑结构设计的设计工具位于【预制】选项卡中。

图 1-7 所示为某建筑项目的结构表达。建筑结构主要用于表达房屋的骨架构造的类型、尺寸、使用材料要求和承重构件的布置与详细构造。Revit Structure 模块可以出结构施工图和相关明细表。Revit Structure 和 Revit Architecture 模块在各自建模过程中是可以相互使用的。例如，在结构中添加建筑元素，或者在建筑设计中添加结构楼板、结构楼梯等结构构件。

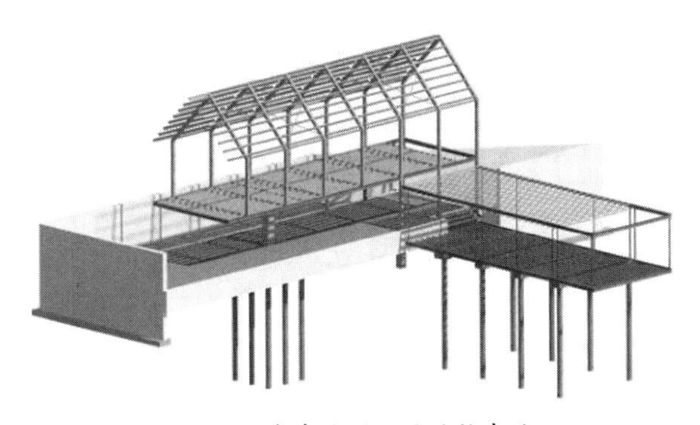

图 1-7　某建筑项目的结构表达

Revit MEP 模块用于建筑中的机电系统设计，以及设备安装与调试。只要弄清楚这 3 个模块各自的用途和建模的先后顺序，在建模时就不会产生逻辑混乱、不知从何着手的情况了。

1.4 Revit 2022 界面

Revit 2022 界面是模块三合一的简洁型界面，用户通过功能区进入不同的选项卡，开始进行不同的设计。Revit 2022 界面包括主页界面和工作界面。

1.4.1 Revit 2022 主页界面

Revit 2022 的主页界面延续了 Revit 版本系列的【模型】和【族】的创建入口功能，启动 Revit 2022 会打开如图 1-8 所示的主页界面。

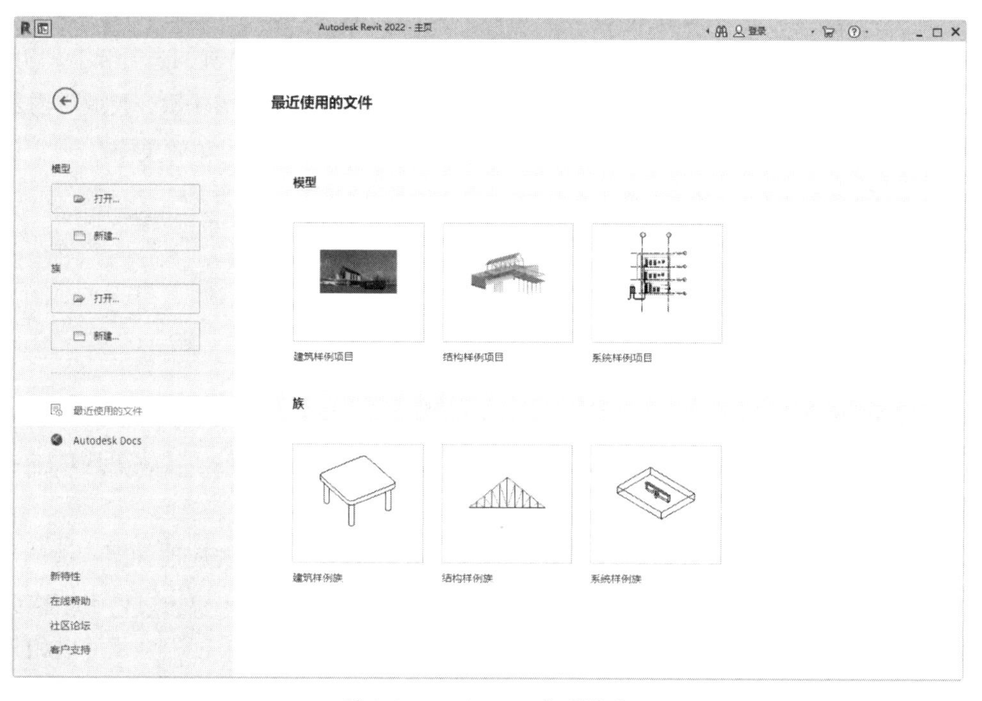

图 1-8 Revit 2022 主页界面

主页界面的左侧区域包括【模型】和【族】两个选项组，各选项组有不同的功能，下面让我们来熟悉一下这两个选项组的基本功能。

1.【模型】选项组

模型是指建筑工程项目的模型，想要创建完整的建筑工程项目，就要创建新的项目文件或者打开已有的项目文件进行编辑。

在【模型】选项组中，包括【打开】和【新建】两个选项，用户还可以选择 Revit 提供的样板文件进入工作界面。

技术要点：

本章的源文件夹提供了鸿业乐建 BIMSpace 的 4 种专业样板文件，包括建筑、电气、给排水和暖通。将这 4 种专业样板文件复制并粘贴到 Revit 2022 安装路径（C:\ProgramData\Autodesk\RVT2022\Templates\China）中即可使用。

2.【族】选项组

族是一个包含通用属性（称为参数）集和相关图形表示的图元组，常见的包括家具、电器产品、预制板、预制梁等。

在【族】选项组中，包括【打开】和【新建】两个选项。选择【新建】选项，打开【新族-选择样板文件】对话框。通过此对话框选择合适的族样板文件，进入族设计环境中进行族的设计。

主页界面的右侧区域包括【模型】列表和【族】列表，用户可以选择 Revit 提供的样板文件或族文件，进入工作界面进行模型学习和功能操作。

1.4.2　Revit 2022 工作界面

Revit 2022 工作界面沿用了 Revit 2014 以来的界面风格。在主页界面右侧区域的【模型】列表中选择一个样例项目或在【模型】选项组中选择【新建】选项新建项目样板，进入 Revit 2022 工作界面，如图 1-9 所示。

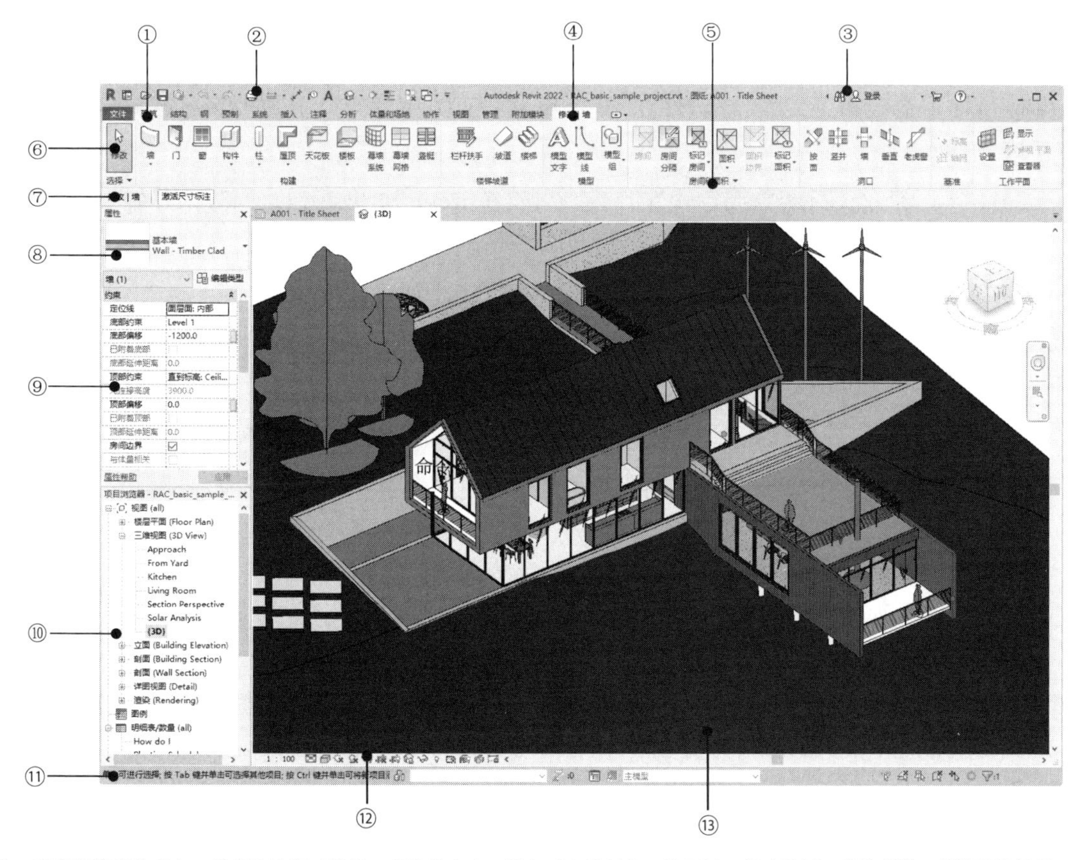

注：①应用程序选项卡；②快速访问工具栏；③信息中心；④上下文选项卡；⑤面板；⑥功能区；⑦选项栏；⑧类型选择器；⑨【属性】选项板；⑩【项目浏览器】选项板；⑪状态栏；⑫视图控制栏；⑬图形区。

图 1-9　Revit 2022 工作界面

1.5 BIMSpace 乐建 2022 简介

BIMSpace 乐建 2022 是广联达科技股份有限公司及其下属公司（原广联达鸿业科技股份有限公司，简称广联达鸿业）推出的建筑 BIM 设计软件。在深度融合国家规范的基础上，为设计师提供设计、计算、检查及出图等高效便捷的功能，界面简单易识别，操作灵活易上手，同时为下游预埋建筑数据，实现全专业高效协同，提升建筑设计效率与质量。BIMSpace 乐建 2022 的运行平台为 Revit，目前支持 Revit 2016～Revit 2022，是国内最早的基于 Revit 的 BIM 解决方案软件。

1.5.1 广联达 BIMSpace 系列软件发展历程

2008—2009 年，广联达的负责人（原广联达鸿业的负责人）参加了 Autodesk Revit 应用和开发培训，并参加了多场 Autodesk 的 BIM 会议，对 Revit 软件及 BIM 概念有了深入的了解。

2010 年，广联达和欧特克公司合作，开发了 Revit MEP 和鸿业负荷计算接口软件。鸿业负荷计算接口软件运行在 Revit MEP 2012 环境下，支持 Revit MEP 32 位和 64 位版本，语言环境包括中文版和英文版。该软件在 2011 年欧特克大中华年会上被推广并被 Revit 用户广泛使用。

2011 年，鸿业负荷计算接口软件升级，可支持 Revit MEP 2012。同时，开始在 Revit 上作为建模和 MEP 协同建模设计分析软件供用户使用。

2012 年 11 月，广联达推出 HYBIM 解决方案 2.0，包括 HYMEP for Revit 2.0 和 HYArch for Revit 2.0。该软件可同时支持 Revit 2012 和 Revit 2013，是国内最早推出的 BIM 类协同建模设计分析软件，也是最早支持 Revit 2013 的设计软件。

2013 年 5 月，广联达推出 HYBIM 解决方案 3.0，包括 HYMEP for Revit 3.0 和 HYArch for Revit 3.0。该软件以 Revit 2013 为主要平台，同时可支持 Revit 2014。重点改进管道连接处理、管道坡度处理、材料表和出图的功能，大大提高了设计效率。

2014 年 11 月，广联达推出 BIMSpace 软件，其中包括建筑、暖通、给排水、电气及相应的族库。该软件整合了原 BIM 系列软件的相关功能，使用模块化的方式，在一个软件中即可实现各专业的协同设计。

提示：

目前，BIMSpace 乐建的最新版本为 2022，默认的软件搭载平台为 Revit 2016～Revit 2021。要想从 Revit 2022 中启动 BIMSpace 乐建 2022，必须同时安装 Revit 2021 和 Revit 2022。第一次启动 BIMSpace 乐建 2022 时需要以 Revit 2021 运行启动，以后即可单独启动 Revit 2022 并自动启动 BIMSpace 乐建 2022。

1.5.2 BIMSpace 乐建 2022 模块组成

BIMSpace 乐建 2022 是广联达科技股份有限公司专注于提高设计阶段的设计效率与质量的 BIM 一站式解决方案。

BIMSpace 乐建 2022 是针对建筑设计行业基于 Revit 平台的二次开发软件。BIMSpace 分为两部分：一部分包括族库管理、资源管理、文件管理，其更多考虑的是项目的创建、分类，包括对项目文件的备份、归档；另一部分包括乐建、给排水、暖通、电气、机电深化和装饰。软件的一系列开发全部体现设计工作过程中质量、效率、协同、增值的理念。

1．构件坞

构件坞是一款免费的海量族库应用软件。用户可以到广联达数维构件坞官方网站下载构件坞插件。

构件坞包括常见的建筑专业族、结构专业族、电气专业族、给排水专业族、暖通专业族及其他专业族。族的下载主要有两种方式：一是到广联达数维构件坞官方网站下载公共构件族，如图 1-10 所示；二是在安装构件坞插件后，在 Revit 2022 中使用族，如图 1-11 所示。

图 1-10　广联达数维构件坞官方网站

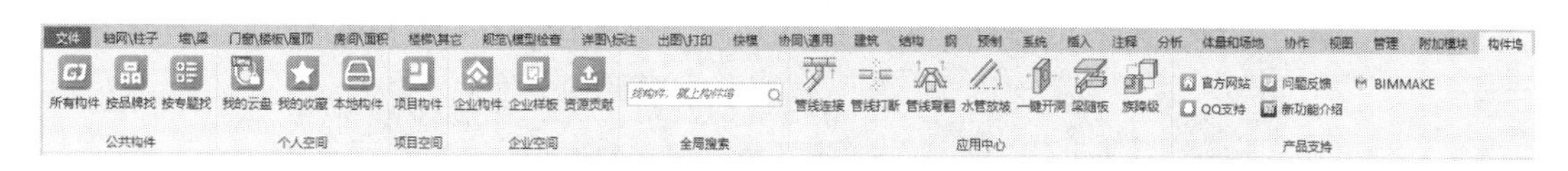

图 1-11　在 Revit 2022 中使用族

2．建筑设计（BIMSpace 乐建 2022）

BIMSpace 乐建 2022 沿用二维设计习惯，以及本地化的 BIM 建筑设计平台，以软件内嵌的现行规范、图集及大型企业标准，紧紧围绕设计院的工作流程，强化设计工作，提高设计效率，解决模图一体化难题。

BIMSpace 乐建为设计人员提供了快速建模的绘图工具，减少了原有操作层级的数量，集所需参数为一个界面，如快速创建多跑楼梯、一键生成电梯等功能；内嵌了符合本地化规范条例的设计规则，以保证模型的合规性，如防火分区规范校验、疏散宽度、疏散距离检测等功能，减少了设计人员烦琐的检测及校对的工作量；考虑专业内及专业间协同工作，如提资开洞、洞口查看、洞口标注、洞口删除等功能，为用户提供了协同平台；新增了标准化管理的相关功能，如模型对比、提资对比，以满足企业的标准化管理。图 1-12 所示为 BIMSpace 乐建 2022 工作界面。

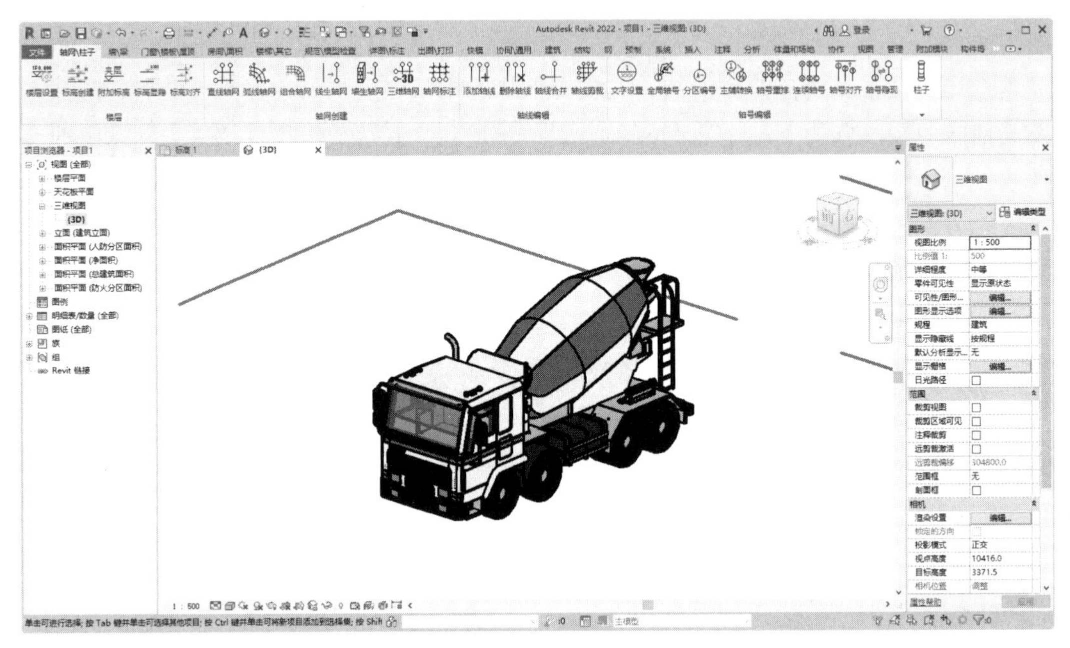

图 1-12　BIMSpace 乐建 2022 工作界面

3．给排水、暖通及电气设计（BIMSpace 机电 2022）

BIMSpace 机电 2022 主要用于建筑给排水、暖通及电气等专业的设计。图 1-13 所示为 BIMSpace 机电 2022 启动界面。

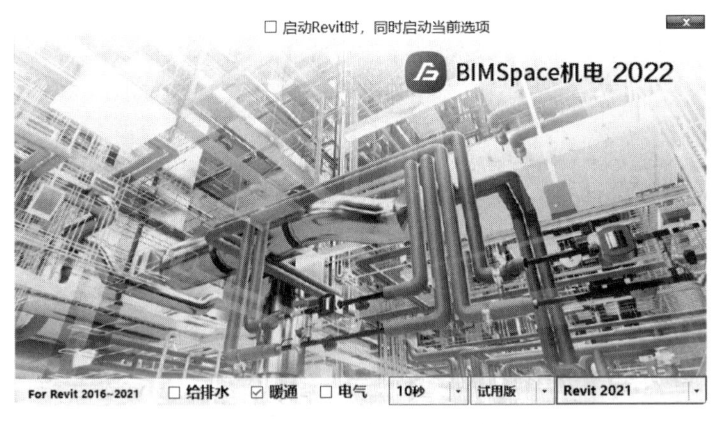

图 1-13　BIMSpace 机电 2022 启动界面

- 给排水设计：广联达科技股份有限公司结合设计师的实际功能需求，总结多年给排水软件开发经验，推出的一款全新的智慧化软件。该软件涵盖了给水、排水、热水、消火栓、喷淋系统的绝大部分功能。从管线设计到管线连接、调整，再到水力计算，从消火栓智慧化布置、快速连接，再到保护范围检查，从自喷系统的批量布置到自动连接，再到四喷头校验，该软件提供了相应的一站式解决方案。

- 暖通设计：致力于在 BIM 正向设计上为暖通工程师解决实际问题。该软件中包含了风系统、水系统、采暖系统及地暖系统四大模块。
- 电气设计：符合《BIM 建筑电气常用构件参数》图集的要求，同时考虑专业设计师的设计习惯，将二维与三维设计相结合，使设计师的学习成本大幅度降低。该软件结合绿色建筑要求，比如，自动布灯将计算与布灯合二为一，同时兼顾目标值与现行值的要求；温感、烟感根据规范自动布置火灾探测器，并生成保护范围预览，是否能涵盖保护区域一眼可知。电气专业可以将水暖设备图例快速切换，可一键解决电气设计师面对众多水暖设备协同应用出图问题。

图 1-14 所示为 BIMSpace 机电 2022（给排水设计专业）工作界面。

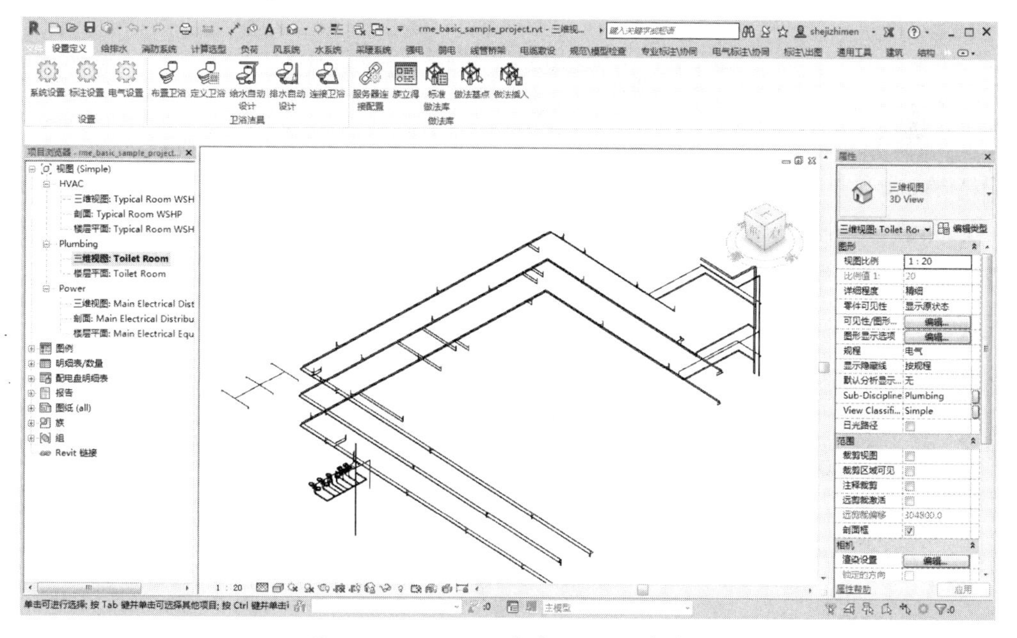

图 1-14　BIMSpace 机电 2022 工作界面

4. BIMSpace 机电深化 2022

机电深化是设计师进行 BIM 设计的一项重要工作，是模型从简单到精细的一个重要过程，也是设计与施工对接的重要环节。BIMSpace 机电深化 2022 提供了简捷、快速的解决方案，可实现各专业管线的快速对齐、自动连接及避让调整；实现各专业管线按加工长度进行分段，并对管段进行编号；支持提取剖面布置支吊架的操作，并可选择多种支架及吊架形式，还可对支吊架进行批量编号和型材统计；实现了机电设计师的一键式开洞提资，在视图中添加套管及标注，土建设计师读取提资文件后可进行开洞并对洞口进行查看、洞口标注及批量删除操作；实现隔热层的添加及删除；可在视图中统计或导出各专业的设备材料表，显著提高了机电深化的工作效率和质量。图 1-15 所示为 BIMSpace 机电深化 2022 工作界面。

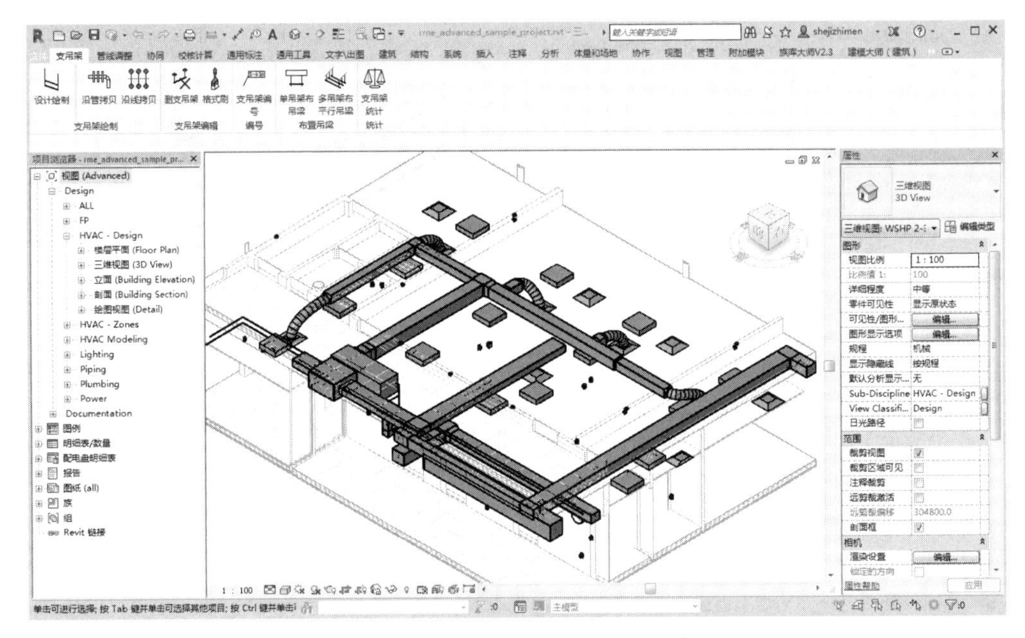

图 1-15　BIMSpace 机电深化 2022 工作界面

5．BIMSpace 乐构 2022

BIMSpace 乐构 2022 是广联达科技股份有限公司全新开发的基于 Revit 平台的自动化结构设计校审软件。该软件基于 Revit2016～Revit2022 开发，功能主要针对钢筋混凝土结构上部结构设计，无缝接力 PKPM、YJK 计算结果及模型，导入 Revit 生成三维及平面模型，完成平面图的设计、编辑及修改，完成梁、板、墙柱施工图的自动绘制和自动校审。图 1-16 所示为 BIMSpace 乐构 2022 工作界面。

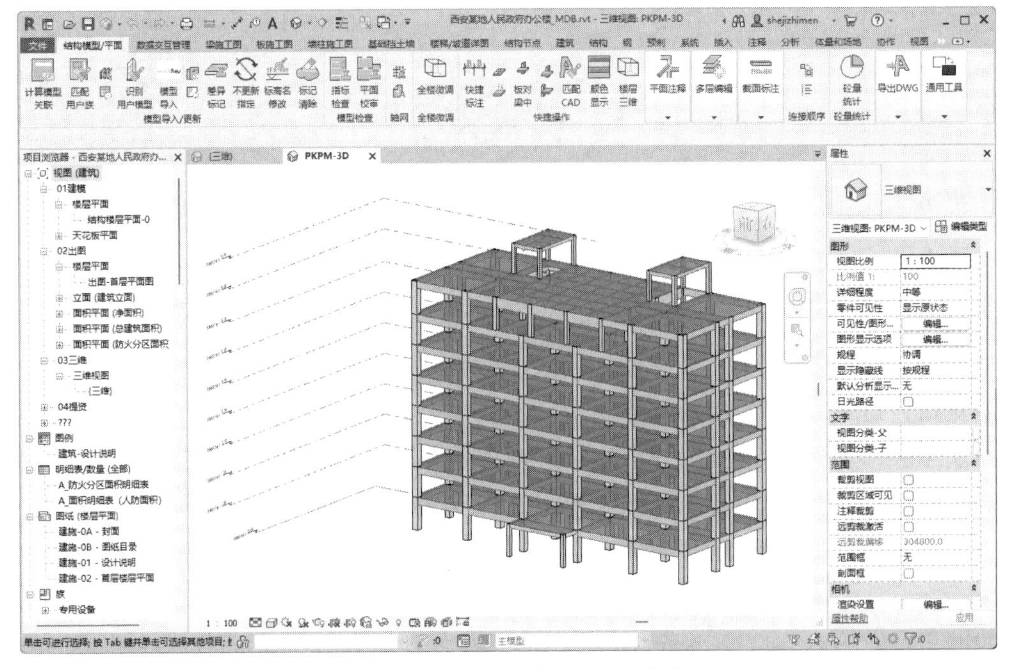

图 1-16　BIMSpace 乐构 2022 工作界面

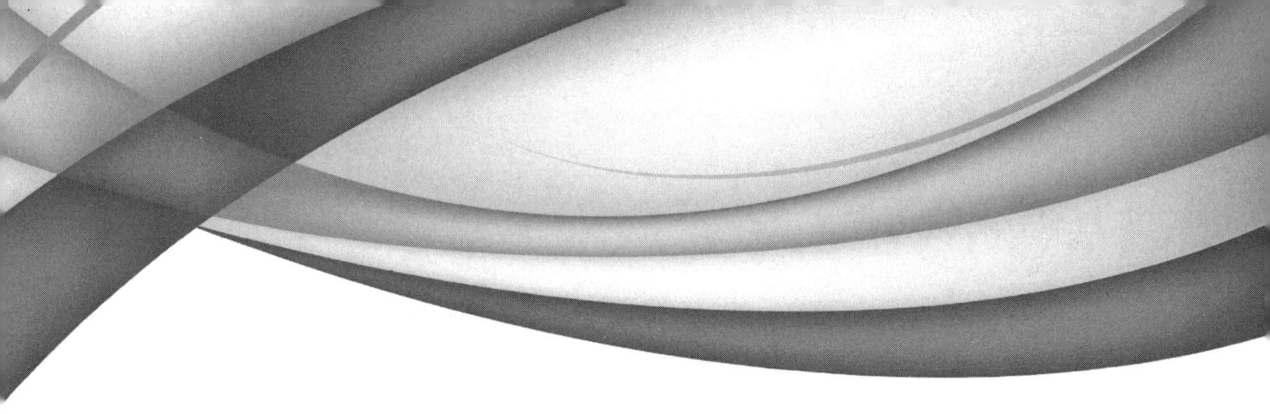

第 2 章

Revit 2022 对象操作

本章内容

Revit 2022 是一款三维建筑信息模型建模软件，适用于建筑设计、MEP 工程、结构工程和施工领域。本章将介绍 Revit 2022 的基础操作知识。

知识要点

- ☑ 图元的选择
- ☑ 创建 Revit 工作平面
- ☑ 图元的变换操作
- ☑ 项目视图
- ☑ 控制柄和造型操纵柄

2.1 图元的选择

要想熟练操作 Revit 并进行快速制图，用户需要掌握图元的选择技巧。下面介绍图元的基本选择方法和通过选择过滤器选择图元的方法。

2.1.1 图元的基本选择方法

在 Revit 中选择图元，常用的方法就是鼠标指针拾取。表 2-1 所示为图元的基本选择方法。

表 2-1 图元的基本选择方法

目　标	操　作
定位要选择的所需图元	将鼠标指针移动到图形区中的图元上，Revit 将高亮显示该图元并在状态栏和工具提示中显示有关该图元的信息
选择一个图元	单击该图元
选择多个图元	在按住 Ctrl 键的同时单击每个图元
确定当前选择的图元数量	检查状态栏上的选择合计（:4）
选择特定类型的全部图元	选择所需类型的一个图元，并输入【SA】(表示“选择全部实例”)
选择某种类别（或某些类别）的所有图元	在图元周围绘制一个拾取框，单击【修改|选择多个】上下文选项卡的【警告】面板中的【过滤器】按钮，在弹出的【过滤器】对话框中选择所需类别，并单击【确定】按钮
取消选择图元	在按住 Shift 键的同时单击每个图元，可以从一组选定图元中取消选择该图元
重新选择以前选择过的图元	按 Ctrl+ ←快捷键

下面用案例来说明图元的基本选择方法。

上机操作——图元的基本选择方法

① 单击快速访问工具栏上的【打开】按钮，在弹出的【打开】对话框中打开 Revit 安装路径（E:\Program Files\Autodesk\Revit 2022\Samples）下的【rac_advanced_sample_family.rfa】族文件，如图 2-1 所示。

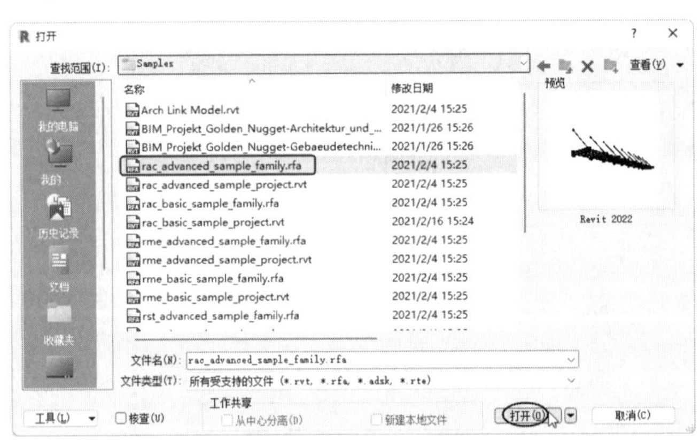

图 2-1 打开族文件

② 将鼠标指针移动到图形区的目标图元上，Revit 将高亮显示该图元并在状态栏和工具提示中显示有关该图元的信息，如图 2-2 所示。

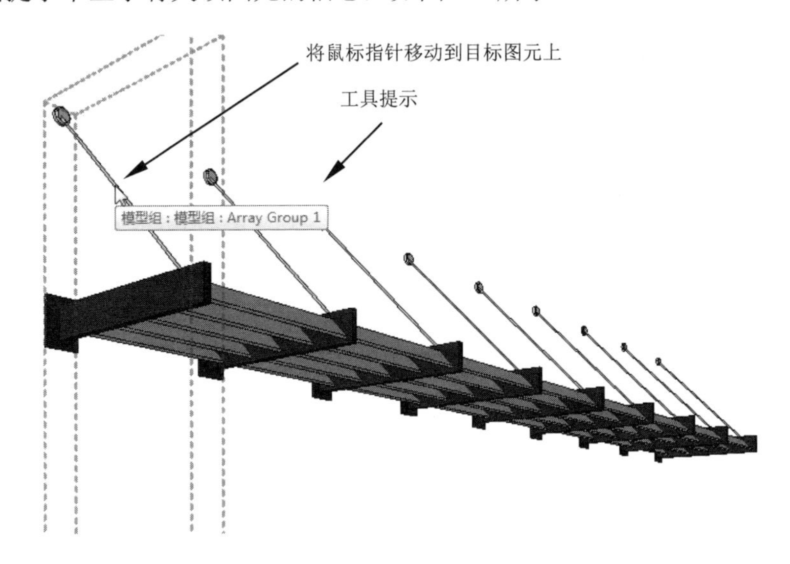

图 2-2　将鼠标指针移动到目标图元上

知识点拨：

如果几个图元之间彼此非常接近或者互相重叠，则可将鼠标指针移动到该区域上并按 Tab 键，直至状态栏描述所需图元的信息为止。按 Shift+Tab 快捷键可以按相反的顺序循环切换图元。

③ 单击显示工具提示的图元，选中单个图元，被选中的图元呈半透明蓝色状态，如图 2-3 所示。

④ 按 Ctrl 键继续选中多个图元，如图 2-4 所示。

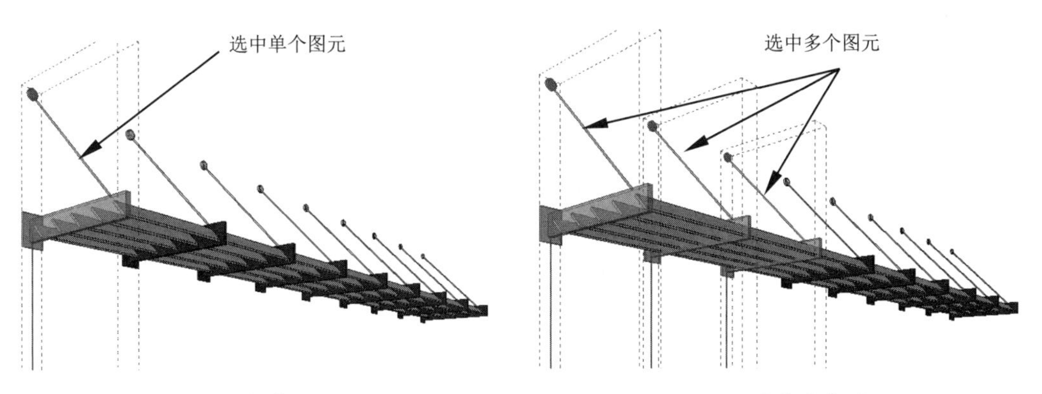

图 2-3　选中单个图元　　　　图 2-4　选中多个图元

⑤ 此时，用户可以在状态栏最右侧查看当前所选图元的数量，如图 2-5 所示。

图 2-5　查看当前所选图元的数量

⑥ 单击 :3 按钮，弹出【过滤器】对话框，取消勾选或者勾选【模型组】复选框，可控制是否显示所选图元，如图 2-6 所示。

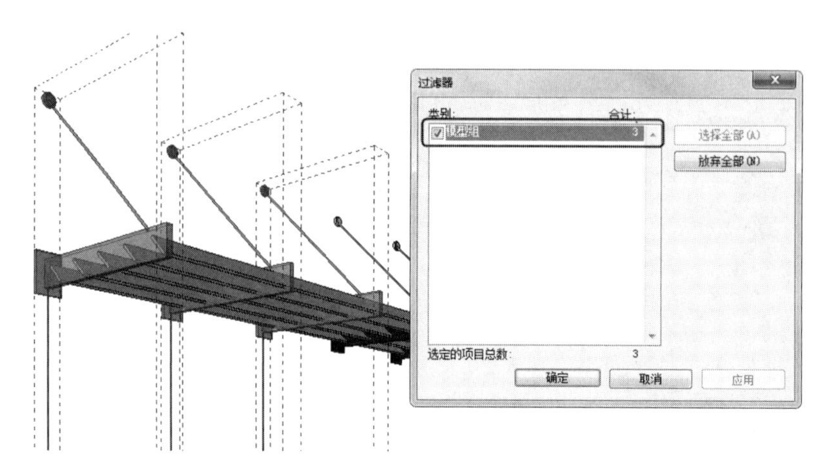

图 2-6 通过【过滤器】对话框控制是否显示所选图元

⑦ 同时选择同一类别的图元的方法是先选中一个图元，直接输入【SA】(【选择全部实例】的快捷键命令)，其余同一类别的图元被同时选中，如图 2-7 所示。

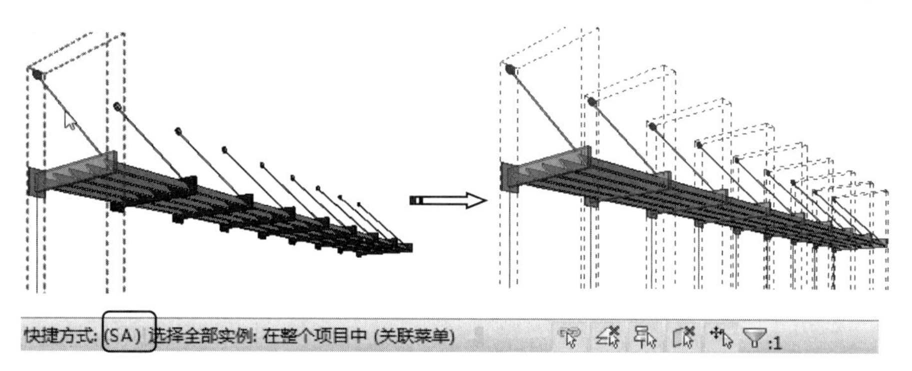

图 2-7 同时选择同一类别的图元

知识点拨：

由于 Revit 中没有命令行文本框，因此输入的快捷键命令只能显示在状态栏上。

⑧ 用户也可以通过【项目浏览器】选项板来选择同一类别的图元。在【项目浏览器】选项板的【族】|【常规模型】|【Support Beam】视图节点下，右击某个族，在弹出的快捷菜单中执行【选择全部实例】|【在整个项目中】(或【在视图中可见】)命令，全部选中 Support Beam 族图元，如图 2-8 所示。

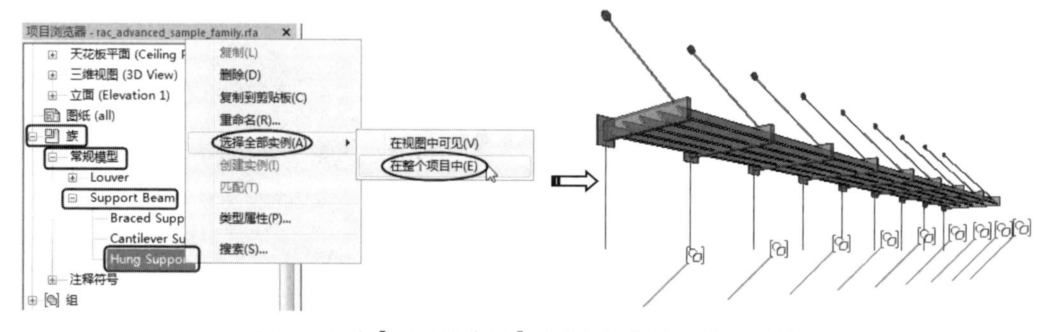

图 2-8 通过【项目浏览器】选项板选择同一类别的图元

⑨ 还有一种选择同一类别图元的方法就是执行快捷菜单命令，右击某一个图元，在弹出的快捷菜单中执行【选择全部实例】|【在视图中可见】(或【在整个项目中】)命令，即可同时选中同一类别的全部图元，如图 2-9 所示。

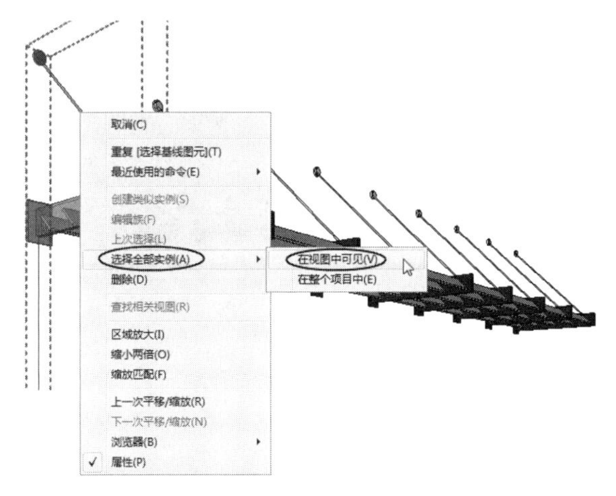

图 2-9　执行右键快捷菜单命令选择同一类别的图元

⑩ 用户可以通过矩形框来选择单个或多个图元，用鼠标在图形区中由右向左画一个矩形，矩形框所包含或与其相交的图元都将被选中，如图 2-10 所示。

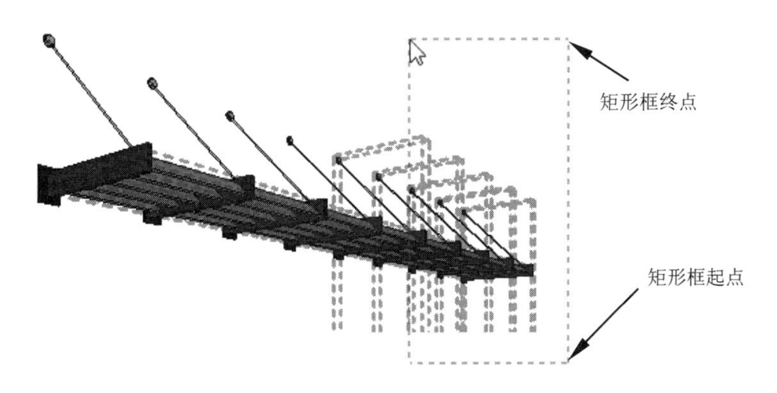

图 2-10　通过矩形框选择单个或多个图元

⑪ 在选中图元后，如果要取消选择部分图元或者全部图元，则可以在按住 Shift 键的同时单击图元，如图 2-11 所示。

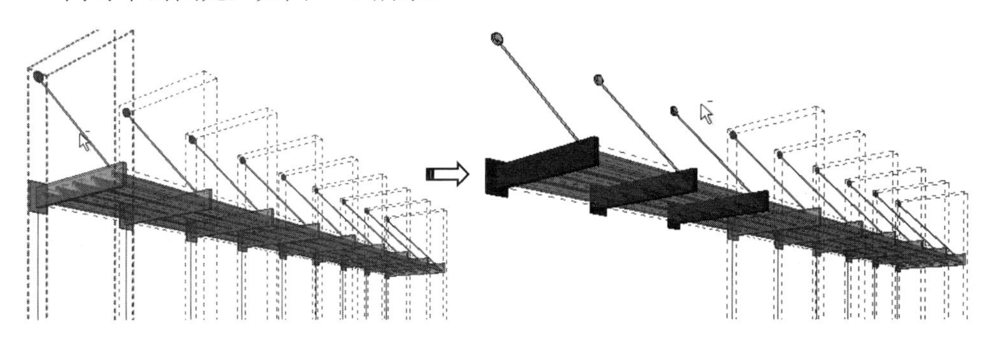

图 2-11　取消选择图元

> **知识点拨：**
> 在按下 Shift 键时鼠标指针上新增一个“-”符号，在按下 Ctrl 键时鼠标指针上新增一个“+”符号。

⑫ 如果想要快速地取消选择全部图元，则按 Esc 键退出操作即可。

2.1.2 通过选择过滤器选择图元

Revit 提供了控制图元是否显示的过滤器选项，【选择】面板中的过滤器选项及状态栏右侧的选择过滤器按钮如图 2-12 所示。

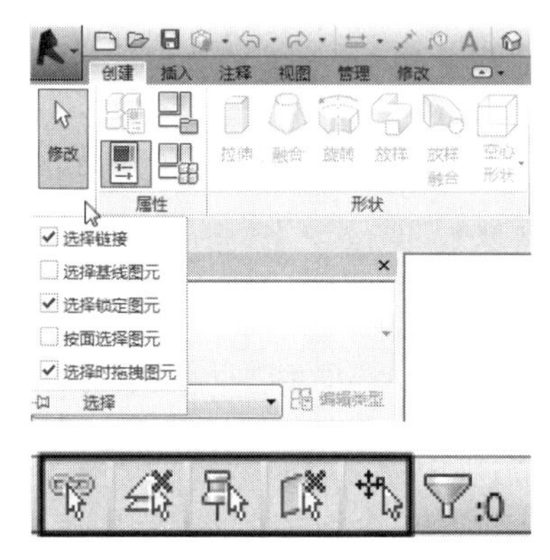

图 2-12 【选择】面板中的过滤器选项及状态栏右侧的选择过滤器按钮

1. 选择链接

【选择链接】复选框与链接的文件及链接的图元相关。勾选此复选框，则可以选择 Revit 模型、CAD 文件和点云扫描数据文件等类别。如图 2-13 所示，右侧的建筑模型是通过链接插入的 RVT 模型，直接选择链接模型是不能选取的，只有勾选了【选择链接】复选框后其才可以被选取。

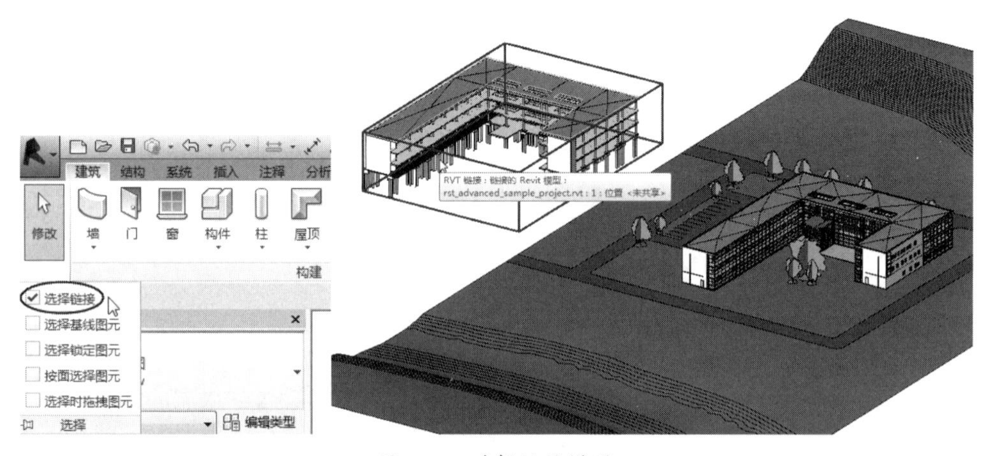

图 2-13 选择链接模型

> **知识点拨：**
> 想要判断一个项目中是否有链接的模型或文件，可以在【项目浏览器】选项板底部的【Revit 链接】视图节点（见图 2-14）下查看是否有链接对象；或者在【管理】选项卡的【管理项目】面板中单击【管理链接】按钮，打开【管理链接】对话框（见图 2-15）查看。

图 2-14　【Revit 链接】视图节点

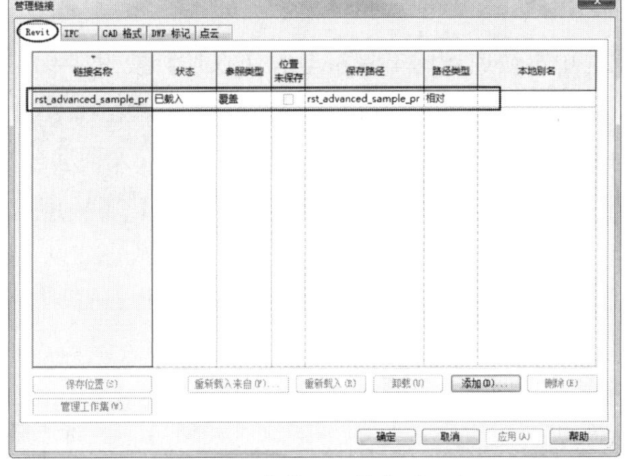

图 2-15　【管理链接】对话框

2. 选择基线图元

很多初学者对于“基线”很难理解或理解不够，当然，初学者可以参考帮助文档，但也不会得到具体的满意答案。

作者的理解是，在制作平面图（包括楼层平面图、天花板平面图、基础平面图等）的过程中，有时会需要使用本建筑中的其他图纸作为参考，这些参考（仅显示墙体线）就是“基线”，其以灰色线显示，如图 2-16 所示。

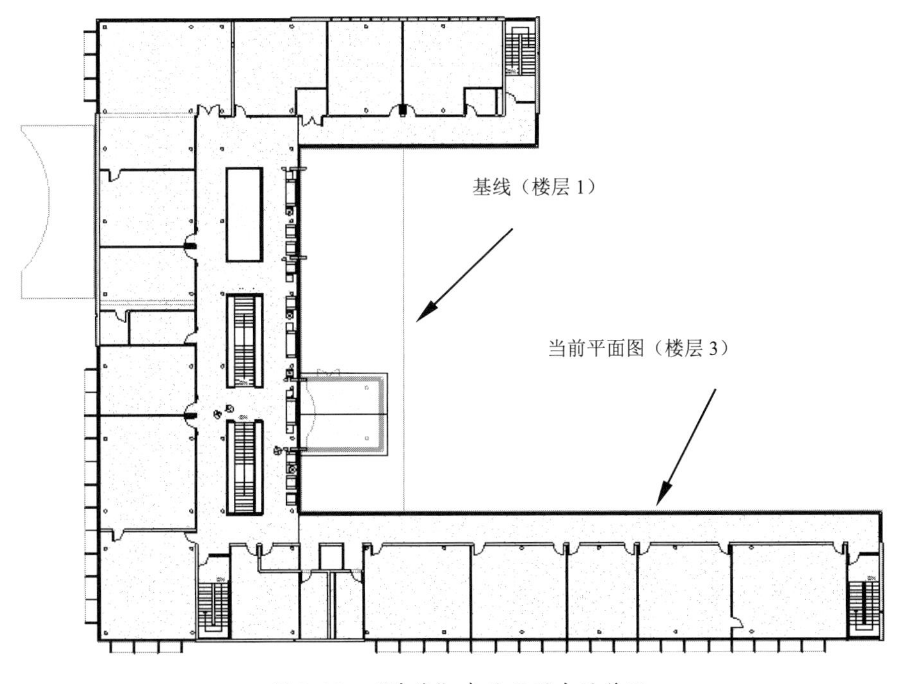

图 2-16　“基线”在平面图中的作用

下面用案例来说明“基线”的设置、显示与选择。在默认情况下，这些基线是不能被选择的，只有勾选了【选择基线图元】复选框后其才可以被选择。

上机操作——选择基线图元

① 单击快速访问工具栏上的【打开】按钮，在弹出的【打开】对话框中打开 Revit 安装路径（E:\Program Files\Autodesk\Revit 2022\Samples）下的【rac_advanced_sample_project.rvt】建筑样例文件。

② 在【项目浏览器】选项板的【视图】|【楼层平面】视图节点下双击打开【03-Floor】视图，如图 2-17 所示。

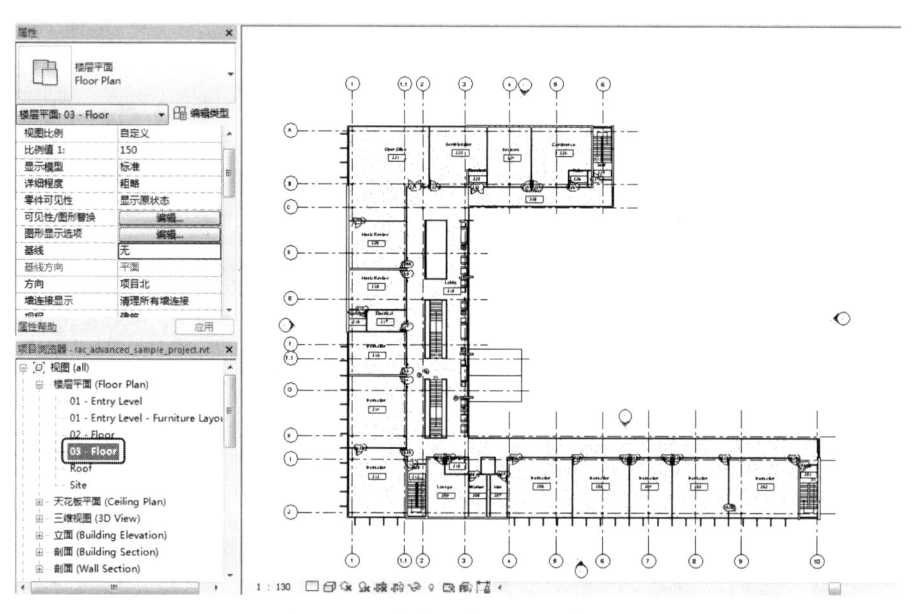

图 2-17 双击打开【03-Floor】视图

③ 在【属性】选项板的【图形】选项组中找到【基线】选项，在右侧的下拉列表中选择【01 - Entry Level】选项作为基线，单击【属性】选项板底部的【应用】按钮进行确认并应用，如图 2-18 所示。

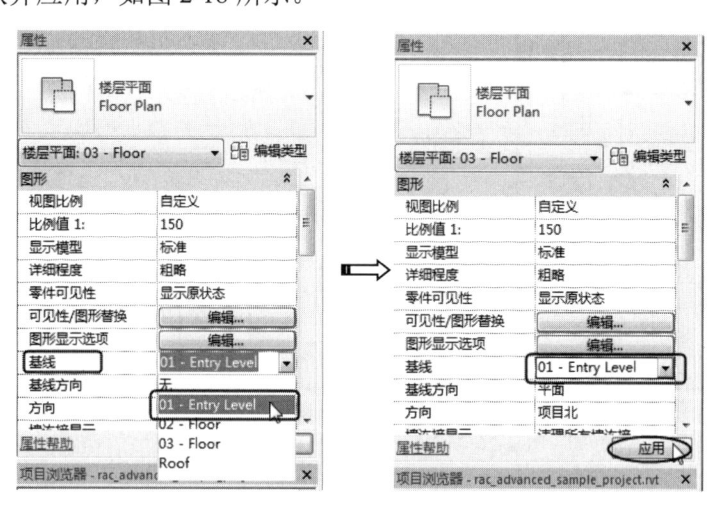

图 2-18 设置基线

④ 图形区中显示楼层 1 的基线（灰线），如图 2-19 所示。

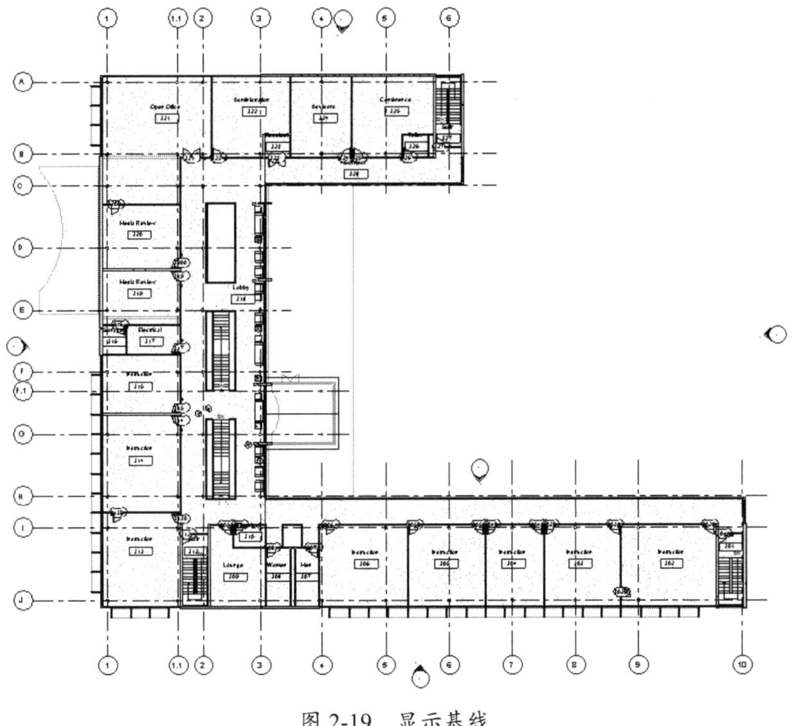

图 2-19　显示基线

⑤ 在【选择】面板中勾选【选择基线图元】复选框，或者在状态栏右侧单击【选择基线图元】按钮，即可选择灰线部分的基线图元，如图 2-20 所示[①]。

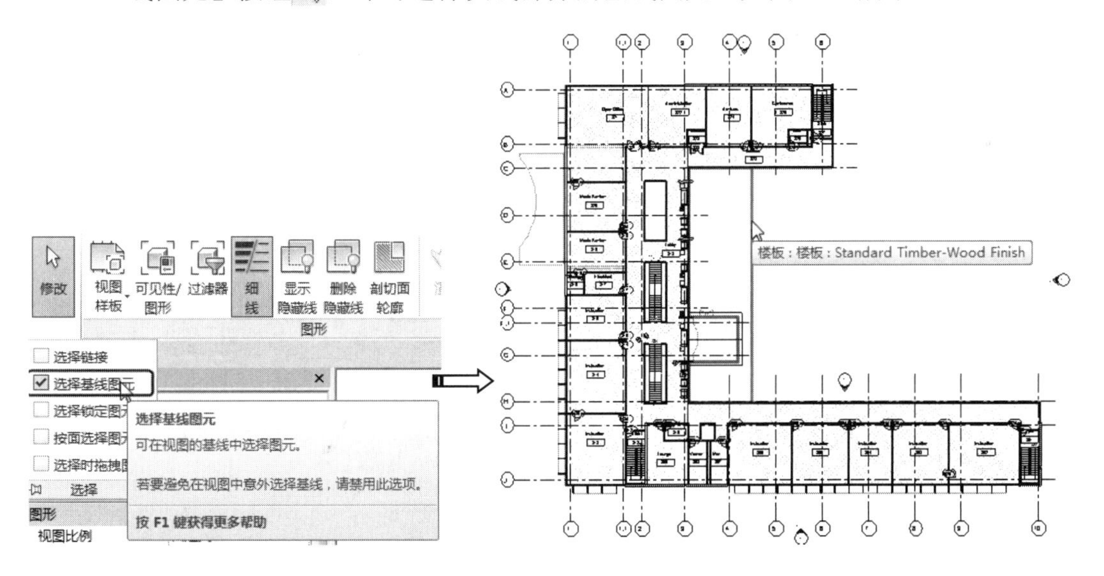

图 2-20　选择基线图元

3．选择锁定图元

在建筑项目中，某些图元一旦被锁定后，就不能被选择。要想取消选择限制，需要设置【选择锁定图元】过滤器选项。

① 图 2-20 中“拖拽”的正确写法应为“拖曳”。

上机操作——选择锁定图元

① 单击快速访问工具栏上的【打开】按钮，在的【打开】对话框中打开 Revit 安装路径（E:\Program Files\Autodesk\Revit 2022\Samples）下的【rme_advanced_sample_project.rvt】建筑样例文件。

② 打开的建筑样例文件如图 2-21 所示。

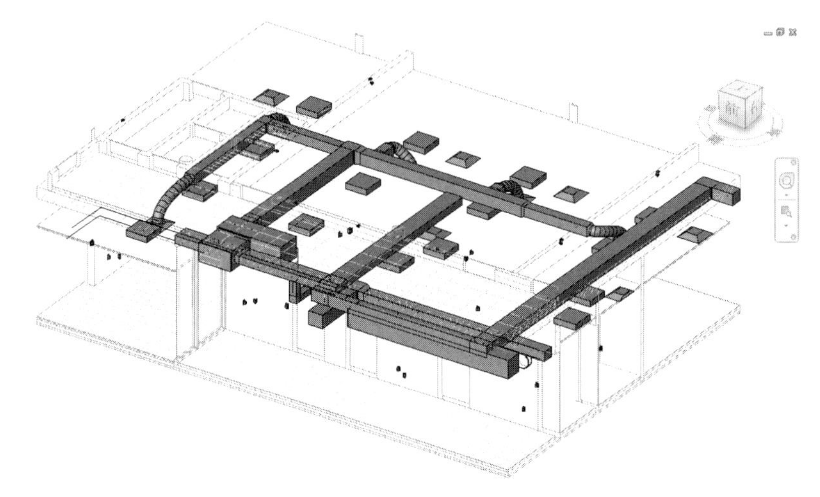

图 2-21　建筑样例文件

③ 在图形区中，选择默认视图中的一个通风管图元并右击，在弹出的快捷菜单中，执行【选择全部实例】|【在整个项目中】命令，选中整个项目中的所有通风管图元，如图 2-22 所示。

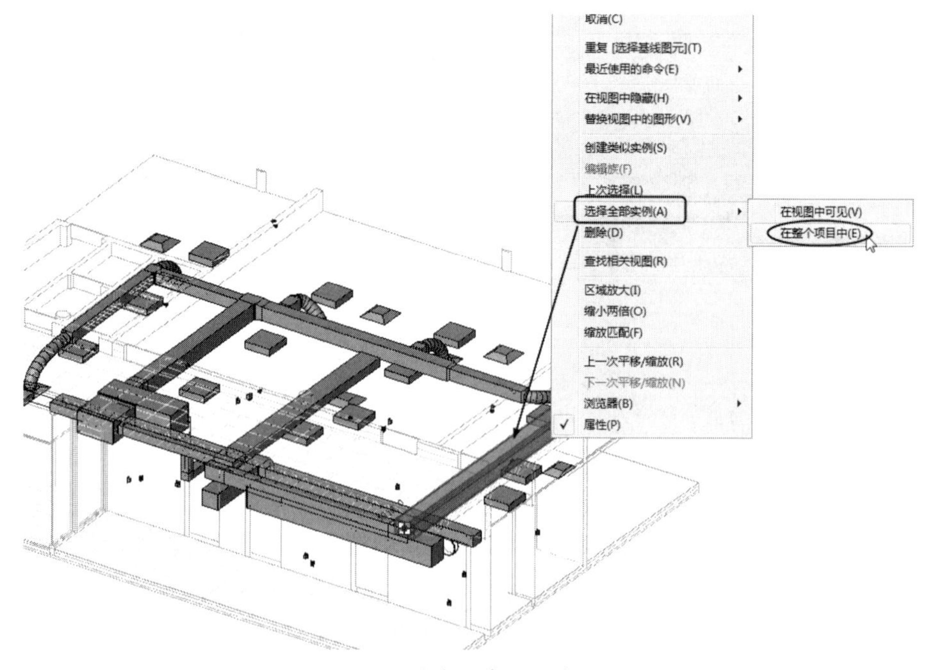

图 2-22　选中所有通风管图元

④ 在打开的【修改|风管】上下文选项卡的【修改】面板中单击【锁定】按钮，被选中的通风管图元上添加了图钉标记，表示被锁定，如图 2-23 所示。

⑤ 在默认情况下，不能选择被锁定的图元。要想选择被锁定的图元，需要在【选择】面板中勾选【选择锁定图元】复选框，解除选择限制，如图 2-24 所示。

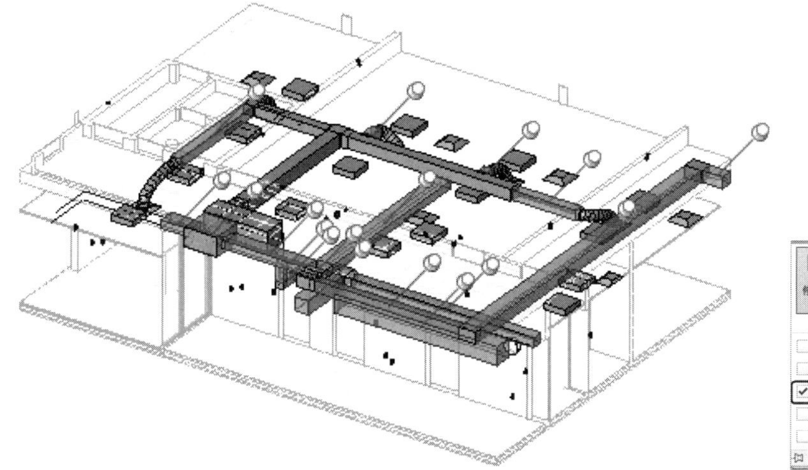

图 2-23　锁定图元

图 2-24　解除锁定图元的选择限制

知识点拨：

解除选择限制不是解除锁定状态。要解除锁定状态，需要在【修改|风管】上下文选项卡的【修改】面板中单击【解锁】按钮。

4. 按面选择图元

当用户希望通过拾取内部面而不是边来选择图元时，可勾选【按面选择图元】复选框。勾选此复选框后，用户可通过单击墙或楼板的中心来将其选中。

知识点拨：

【按面选择图元】复选框适用于大多数模型视图和详图视图，但它不适用于视觉样式为“线框”的视图。

图 2-25 所示为勾选【按面选择图元】复选框后的选择状态，利用鼠标可以在模型的任意面上选择图元。图 2-26 所示为取消勾选【按面选择图元】复选框后的选择状态，只能利用鼠标在模型边上进行选择。

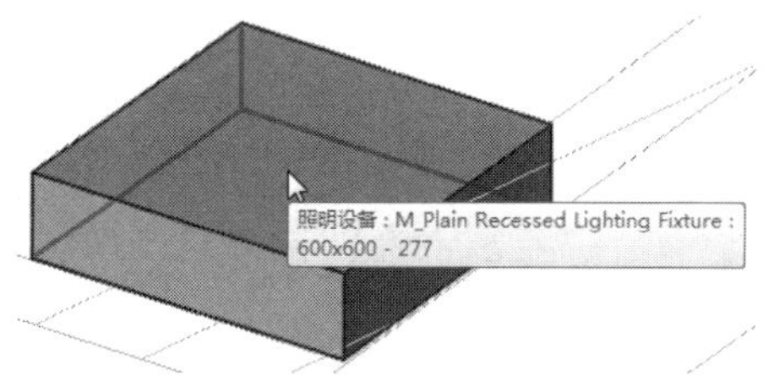

图 2-25　勾选【按面选择图元】复选框后的选择状态

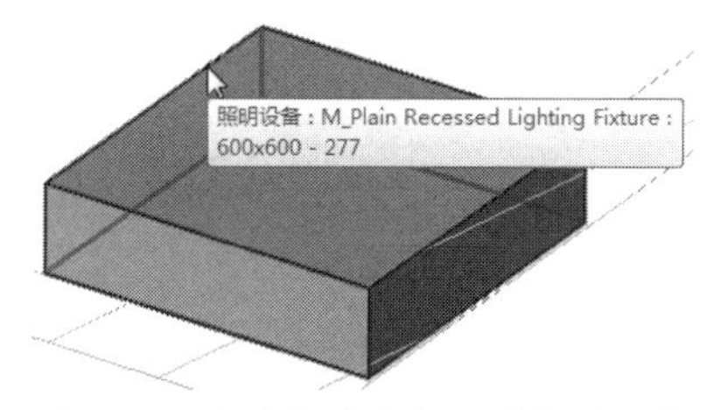

图 2-26　取消勾选【按面选择图元】复选框后的选择状态

5. 选择时拖曳图元

当用户既要选择图元又要同时移动图元时，可勾选【选择】面板上的【选择时拖曳图元】复选框或者单击状态栏上的【选择时拖曳图元】按钮。

在勾选【选择时拖曳图元】复选框后（最好同时勾选【按面选择图元】复选框），用户可以迅速地选择图元并同时移动图元，如图 2-27 所示。

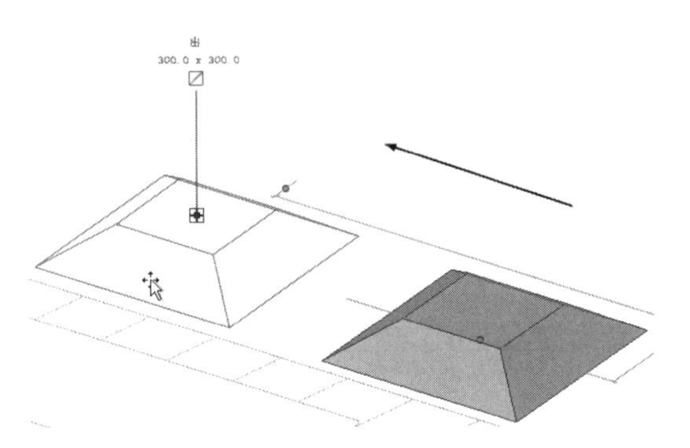

图 2-27 选择时拖曳图元

知识点拨：

如果不勾选【选择时拖曳图元】复选框，想要移动图元则需要执行两步操作：先选中图元后释放鼠标，再单击拖曳图元。

2.2 创建 Revit 工作平面

要想在三维空间中创建建筑模型，必须先了解什么是工作平面。对于已经使用过三维建模软件的用户来说，“工作平面”不难理解。本节将介绍工作平面在建模过程中的作用及设置方法。

2.2.1 工作平面的定义

工作平面是在三维空间中建模时用于绘制起始图元的二维虚拟平面，如图 2-28 所示。工作平面也可以用作视图平面，如图 2-29 所示。

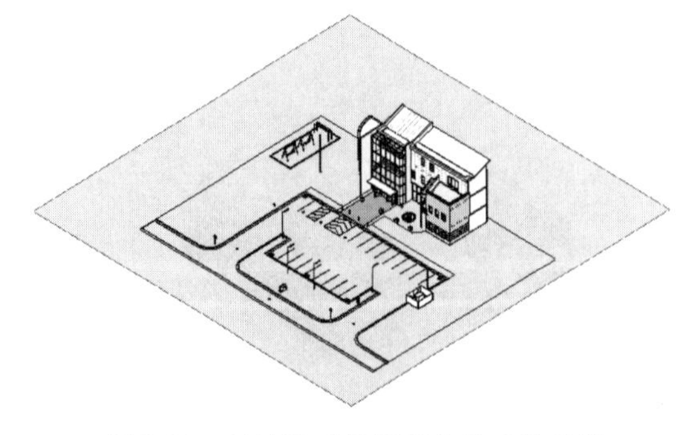
图 2-28 用于绘制起始图元的工作平面

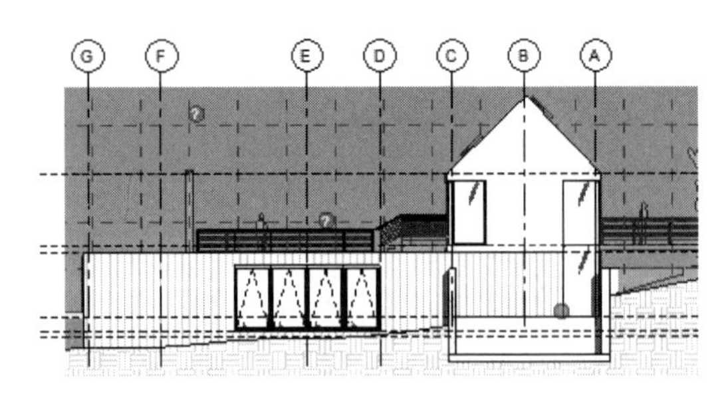

图 2-29 用作视图平面的工作平面

创建或设置工作平面的工具在【建筑】选项卡或【结构】选项卡的【工作平面】面板中，如图 2-30 所示。

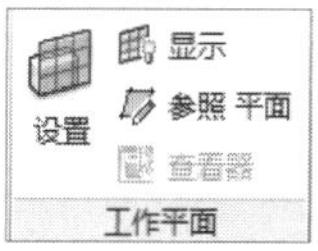

2.2.2　设置工作平面

Revit 中的每个视图都与工作平面相关联。例如，平面图与标高相关联，标高为水平工作平面，如图 2-31 所示。

图 2-30　【工作平面】面板

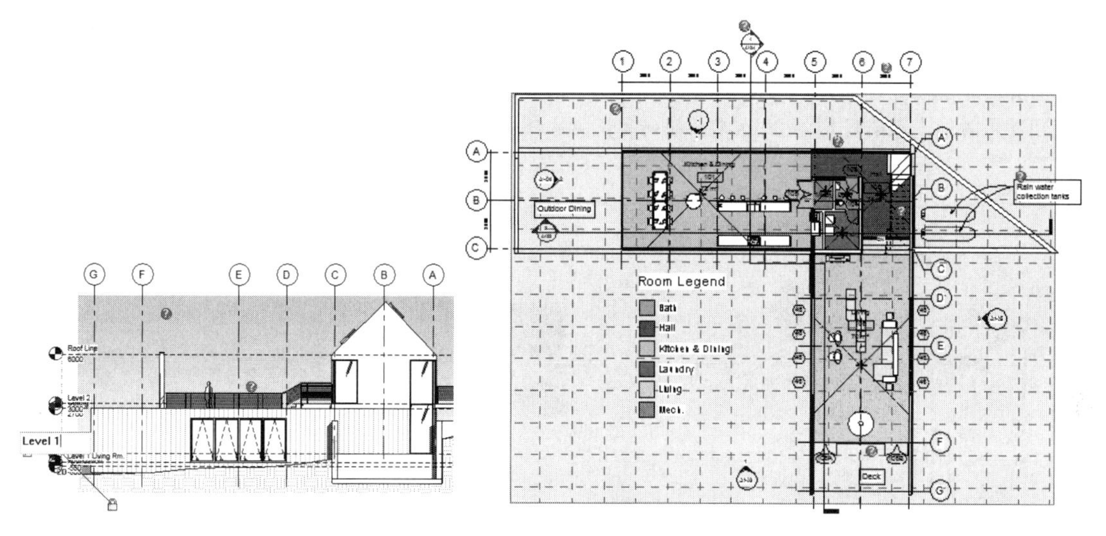

图 2-31　平面图与标高相关联

在某些视图（如平面图、三维视图和绘图视图）及族编辑器的视图中，工作平面是自动设置的。在立面图、剖面图中，必须设置工作平面。

在【工作平面】面板中单击【设置】按钮，打开【工作平面】对话框，如图 2-32 所示。

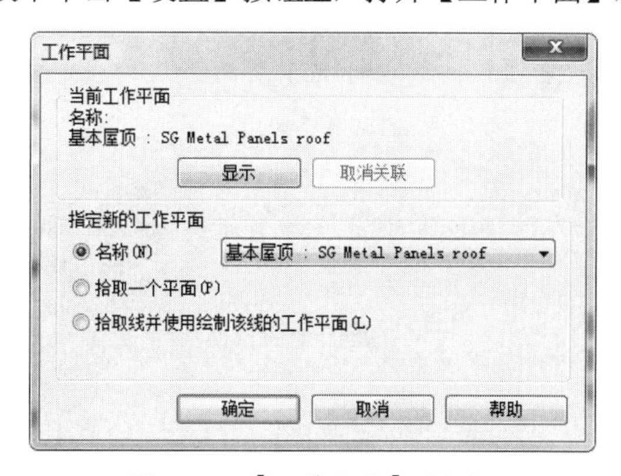

图 2-32　【工作平面】对话框

【工作平面】对话框的【当前工作平面】选项组中显示了当前工作平面的基本信息。用户可以通过【指定新的工作平面】选项组中的 3 个单选按钮来定义新的工作平面。

- 名称：用户可以从右侧的下拉列表中选择已有的名称作为新工作平面的名称。通常，此下拉列表中包含标高名称、网格名称和参照平面名称。

知识点拨：

即使未选择【名称】选项，其右侧的下拉列表也处于活动状态。如果从该下拉列表中选择名称，则 Revit 会自动选择【名称】选项。

- 拾取一个平面：选中此单选按钮，可以选择建筑模型中的墙面、标高、拉伸面、网格和已命名的参照平面作为新的工作平面。如图 2-33 所示，选择屋顶的一个斜平面作为新的工作平面。

知识点拨：

如果选择的工作平面垂直于当前视图，则会打开【转到视图】对话框，用户可以根据自己的选择，确定要打开哪个视图。例如，如果选择北向的墙，则可以在该对话框上面的列表框中选择平行视图（【East】立面图或【West】立面图），或者在下面的列表框中选择三维视图，如图 2-34 所示。

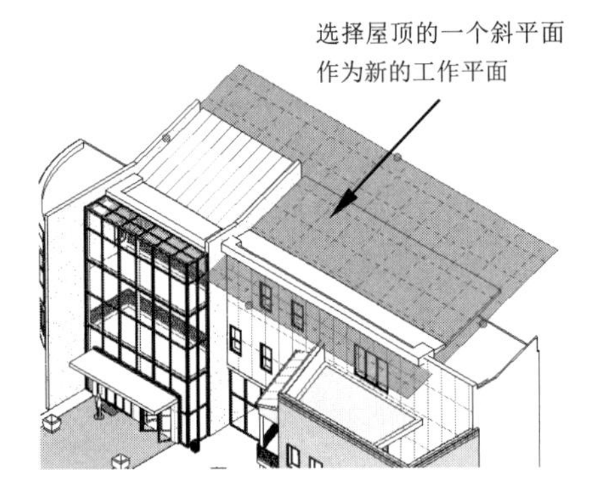

图 2-33 选择屋顶的一个斜平面作为新的工作平面

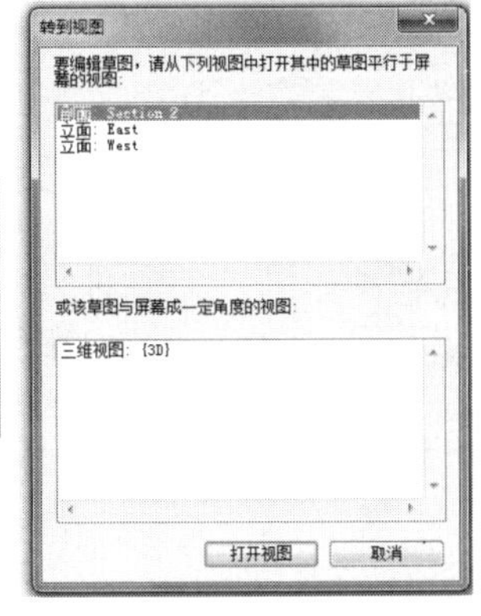

图 2-34 与当前视图垂直的工作平面

- 拾取线并使用绘制该线的工作平面：选中此单选按钮，可以选取与线共面的工作平面作为当前工作平面。例如，选取如图 2-35（a）所示的模型线，因为模型线是在标高 1 层面上进行绘制的，所以标高 1 层面将作为当前工作平面。

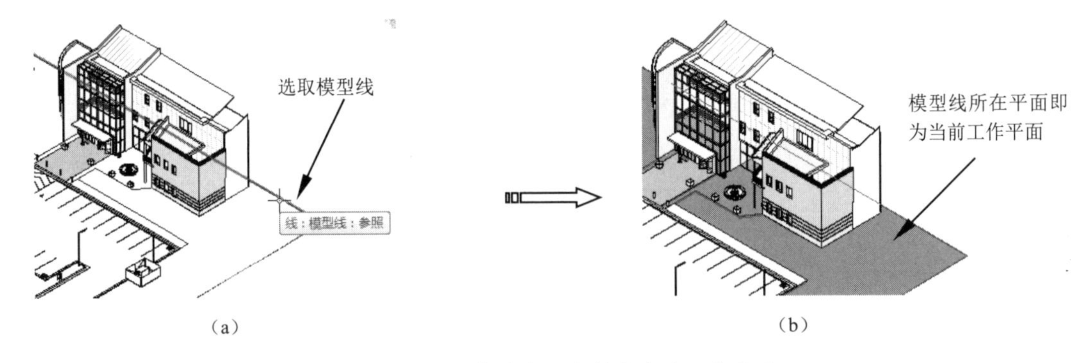

图 2-35 拾取线并使用绘制该线的工作平面

2.2.3 显示、编辑与查看工作平面

工作平面在视图中显示为网格，如图 2-36 所示。

图 2-36　显示工作平面

1．显示工作平面

想要显示工作平面，在【建筑】选项卡、【结构】选项卡或【系统】选项卡的【工作平面】面板中单击【显示】按钮即可。

2．编辑工作平面

工作平面是可以被编辑的，用户可以修改其边界大小、网格大小。

上机操作——通过工作平面查看器修改模型

① 打开本例源文件【办公桌.rfa】，如图 2-37 所示。

② 双击桌面图元，显示桌面的截面曲线，如图 2-38 所示。

图 2-37　本例源文件【办公桌.rfa】

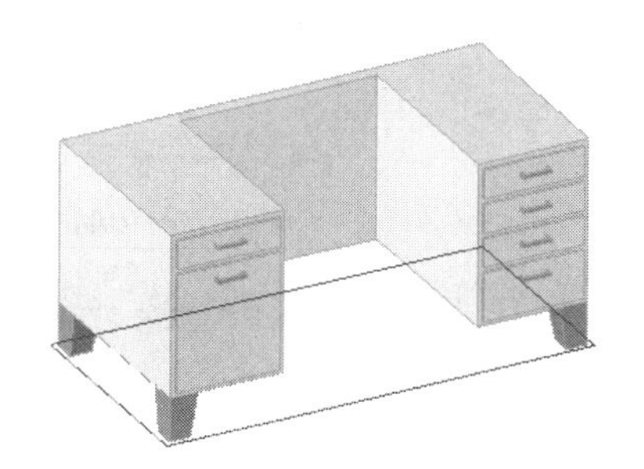

图 2-38　显示桌面的截面曲线

③ 在【建筑】选项卡的【工作平面】面板中单击【查看器】按钮，弹出如图 2-39 所示的【工作平面查看器-活动工作平面：标高：第一层】对话框。

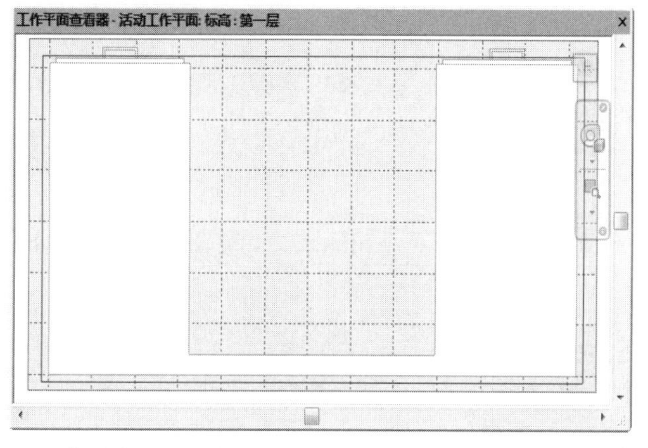

图 2-39　【工作平面查看器-活动工作平面：标高：第一层】对话框

④ 选中左侧边界线，利用鼠标拖曳改变其大小，如图 2-40 所示。

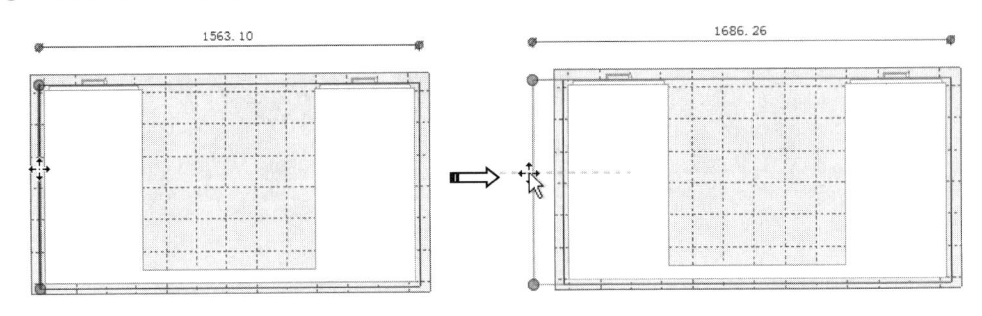

图 2-40 拖曳左侧边界线改变其大小

⑤ 同理，拖曳右侧的边界线改变其大小，拖曳的距离与左侧大致相等即可，如图 2-41 所示。

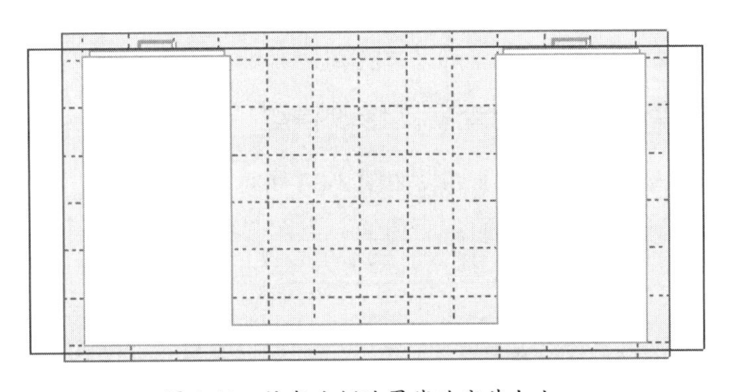

图 2-41 拖曳右侧边界线改变其大小

⑥ 关闭【工作平面查看器-活动工作平面：标高：第一层】对话框，实际上桌面的截面曲线已经发生改变，如图 2-42 所示。

⑦ 单击【修改|编辑拉伸】上下文选项卡中的【完成编辑模式】按钮✔，退出编辑模式，完成桌面的修改，如图 2-43 所示。

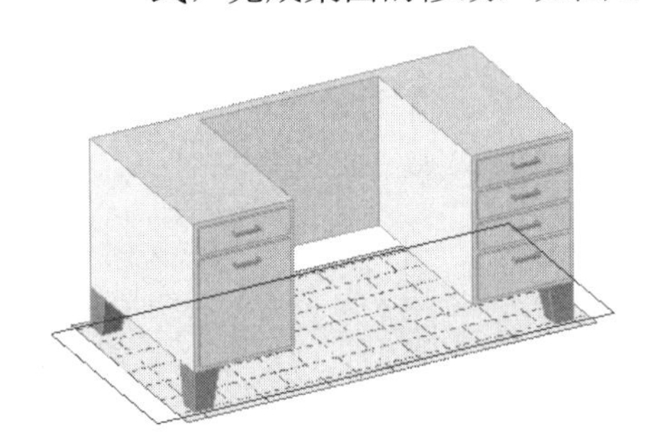

图 2-42 修改后的桌面截面曲线

图 2-43 修改完成的桌面

2.3 图元的变换操作

Revit 提供了类似于 AutoCAD 中图元的变换操作与编辑工具，用户可利用这些变换操作与编辑工具来修改和操纵图形区中的图元，以实现建筑模型所需的设计。这些变换操作与编辑工具位于【修改】选项卡中，如图 2-44 所示。

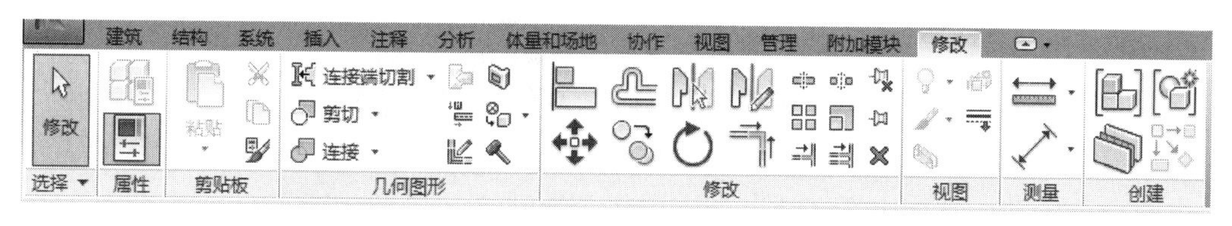

图 2-44　【修改】选项卡

2.3.1　编辑与操作几何图形

【修改】选项卡的【几何图形】面板中的工具用于连接和修剪几何图形，这里的“几何图形”是针对三维视图中的模型图元的。

1．切割与剪切工具

切割与剪切工具包括【应用连接端切割】【删除连接端切割】【剪切几何图形】【取消剪切几何图形】工具。

上机操作——应用与删除连接端切割

【应用连接端切割】与【删除连接端切割】工具主要应用于建筑结构设计中梁和柱的连接端的切割。下面举例说明这两个工具的基本用法与注意事项。

① 打开本例源文件【钢梁结构.rvt】，如图 2-45 所示。

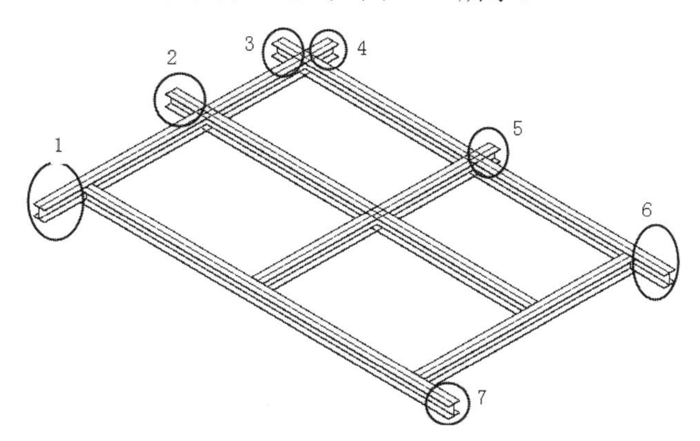

图 2-45　本例源文件【钢梁结构.rvt】

知识点拨：

从图 2-45 中可以看出，纵横交错的多条钢梁构件连接端是相互交叉的，需要用工具对其进行切割。尤其值得注意的是，用户必须先拖曳结构框架构件端点或造型操纵柄控制点来修改钢梁构件的长度，才能完全切割与之相交的另一条钢梁构件。

② 选中 1 位置上的钢梁构件，将显示结构框架构件端点和造型操纵柄控制点，如图 2-46 所示。

③ 拖曳结构框架构件端点，拉长钢梁构件，如图 2-47 所示。

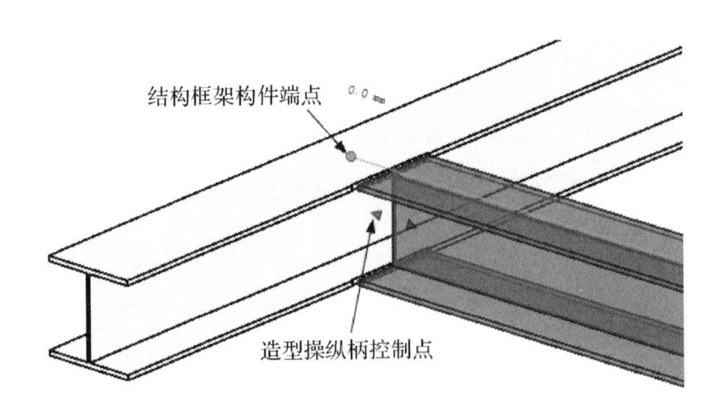

图 2-46　钢梁构件的结构框架构件端点和造型操纵柄控制点

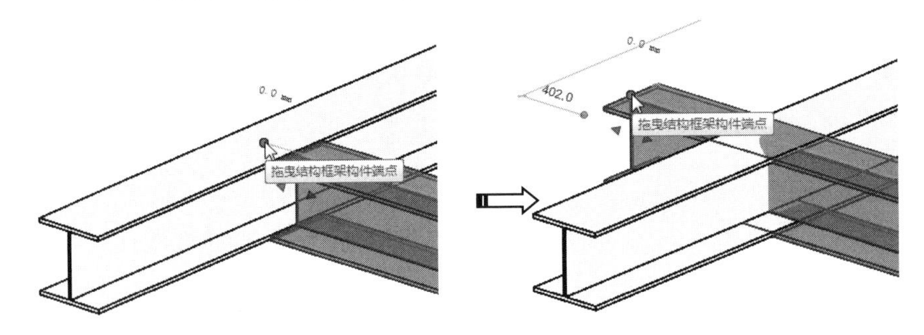

图 2-47　拖曳结构框架构件端点拉长钢梁构件

④　拖曳时不要将钢梁构件拉伸得过长，这会影响切割的效果。原因是拖曳过长，得到的结果是相交处被切断，切断处以外的钢梁构件均被保留，如图 2-48 所示。此处我们想要的结果是两条钢梁构件相互切割，多余部分被切割掉不保留。

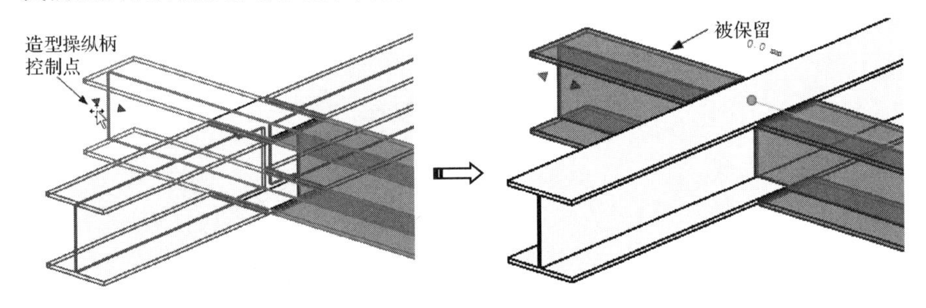

图 2-48　拖曳过长得到的结果

⑤　同理，拖曳相交的另一条钢梁构件（很明显太长了）的结构框架构件端点缩短其长度，如图 2-49 所示。

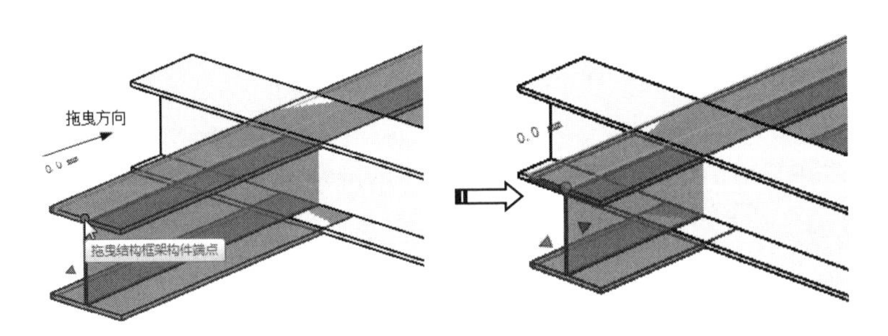

图 2-49　缩短另一条钢梁构件的长度

⑥ 经过上述操作，改变钢梁构件长度后，在【修改】选项卡的【几何图形】面板中单击【连接端切割】按钮，先选择被切割的钢梁构件，再选择作为切割工具的另一条钢梁构件，如图 2-50 所示。

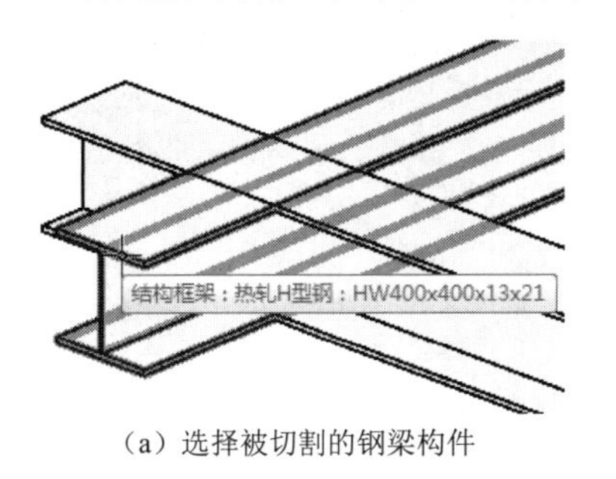

（a）选择被切割的钢梁构件

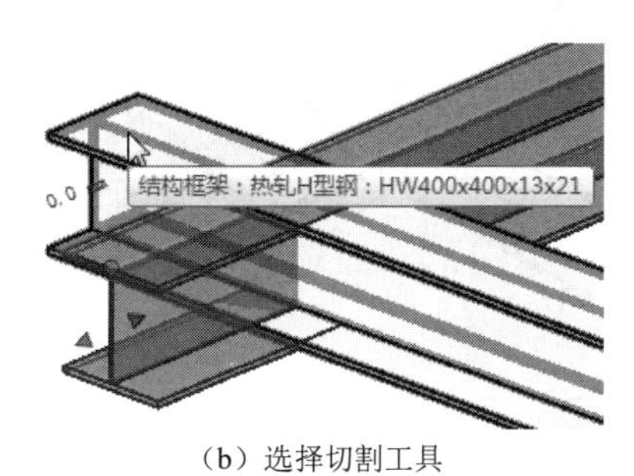

（b）选择切割工具

图 2-50　选择连接端被切割的钢梁构件和切割工具

⑦ Revit 自动完成切割，切割后的效果如图 2-51 所示。

⑧ 同理，交换被切割对象和切割工具，对未被切割的另一条钢梁构件进行切割，完成切割后的效果如图 2-52 所示。

⑨ 按照上述方法，对图 2-45 中 2、3、4、5、6、7 位置上的相交钢梁构件的连接端进行切割，效果如图 2-53 所示。

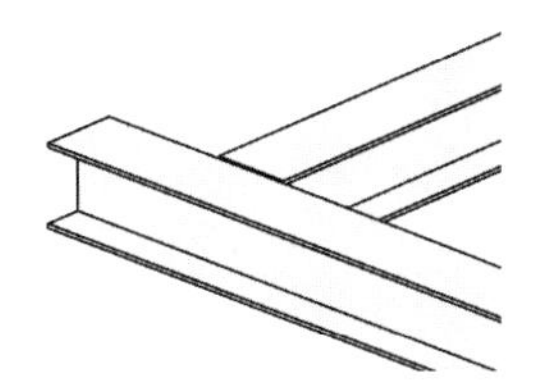

图 2-51　切割钢梁构件后的效果

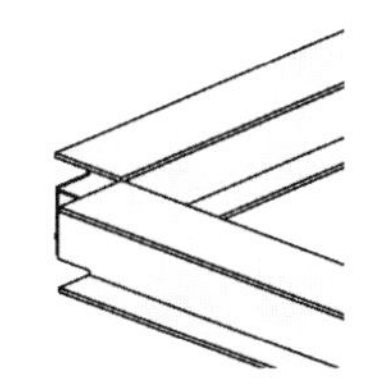

图 2-52　完成切割后的效果

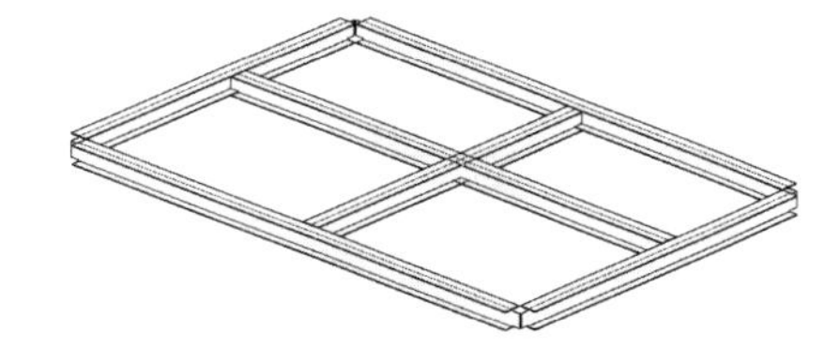

图 2-53　切割其他位置上的钢梁构件

⑩ 切割图 2-45 中中间形成十字交叉的两条钢梁构件，仅仅切割其中一条即可，效果如图 2-54 所示。

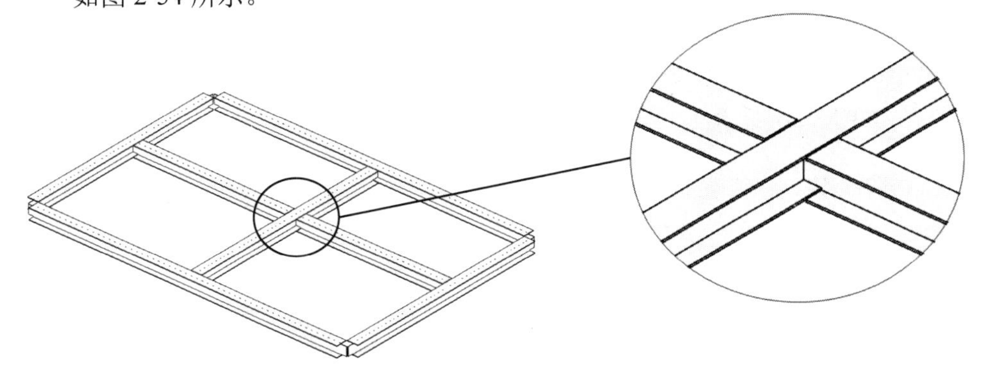

图 2-54　切割中间形成十字交叉的两条钢梁构件

知识点拨：

判断被切割对象的钢梁构件是否过长，不妨先进行切割，如果切割效果不是我们想要的，则可以拖曳结构框架构件端点或造型操纵柄控制点修改其长度，Revit 会自动完成切割操作，如图 2-55 所示。

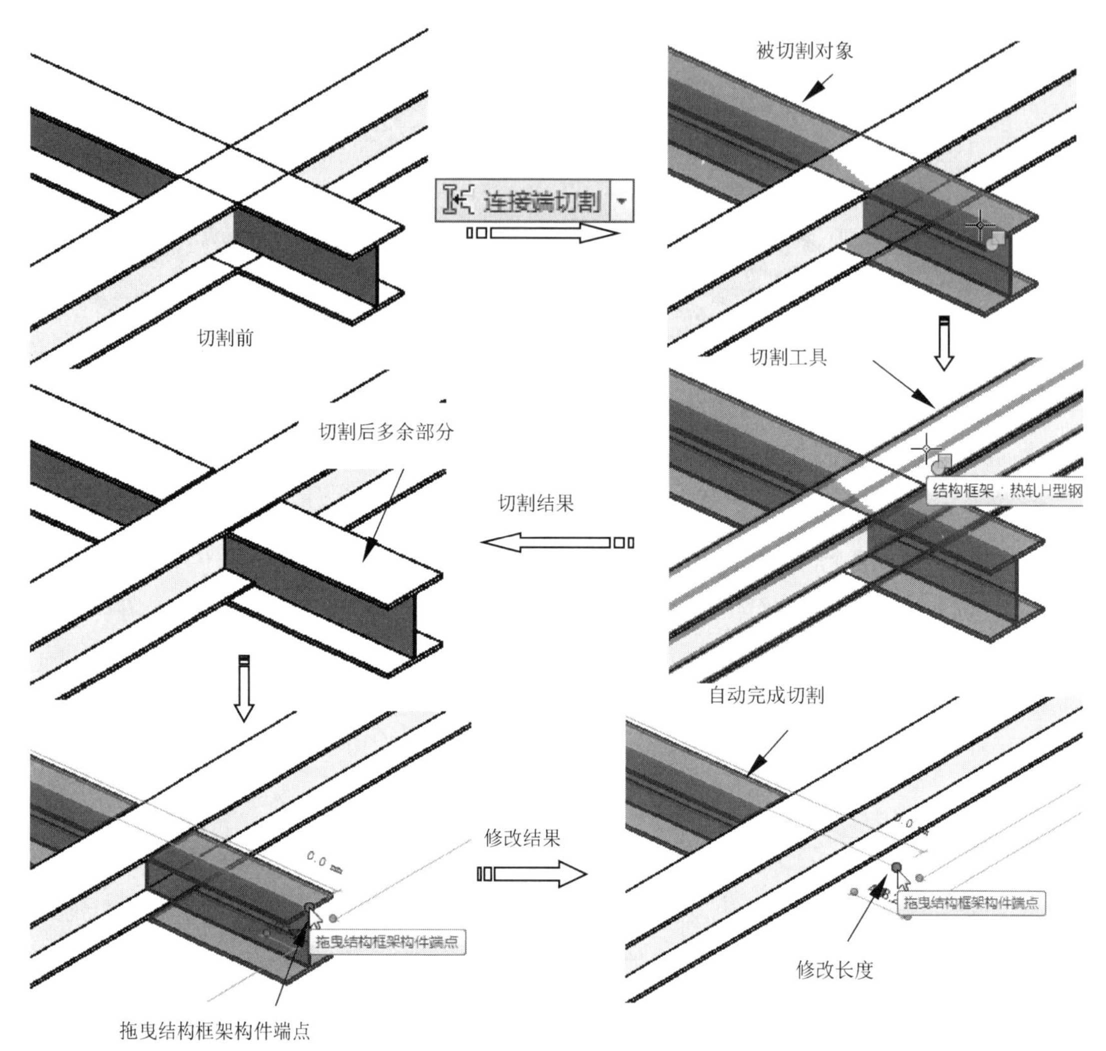

图 2-55　因钢梁构件过长进行切割后的修改操作

⑪ 切割完成后，操作者要仔细检查结果，如果切割效果不理想，则需要重新切割，可以单击【删除连接端切割】按钮，依次选择被切割对象与切割工具，删除连接端切割，如图 2-56 所示。

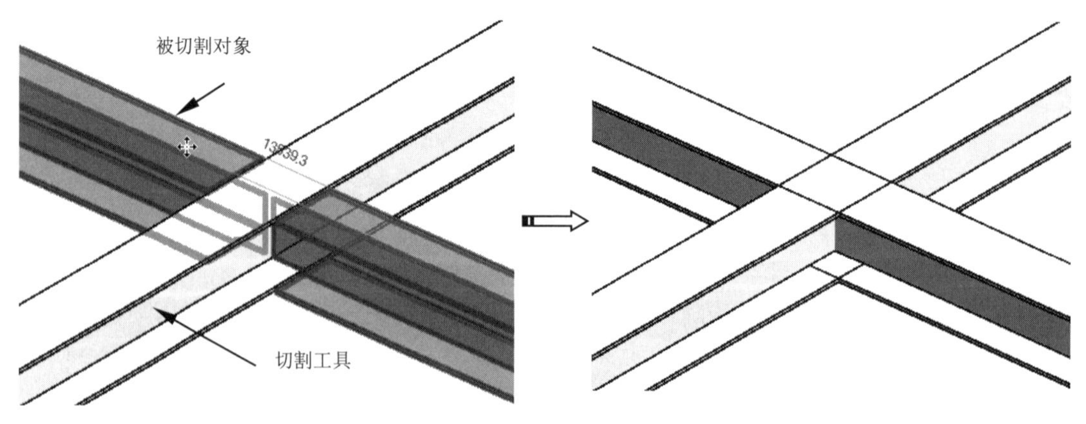

图 2-56　删除连接端切割

上机操作——剪切与取消剪切几何图形

利用【剪切几何图形】工具可以在实心的模型中剪切出空心的形状。剪切工具可以是空心模型，也可以是实心模型。【剪切几何图形】与【取消剪切几何图形】工具可用于族，其中，【剪切几何图形】工具可用于将一面墙嵌入另一面墙。下面举例说明。

① 打开本例源文件【墙体-1.rvt】，如图 2-57 所示。

② 在【修改】选项卡的【几何图形】面板中单击【剪切】按钮 剪切，根据信息提示，拾取被剪切对象（主墙体），如图 2-58 所示。

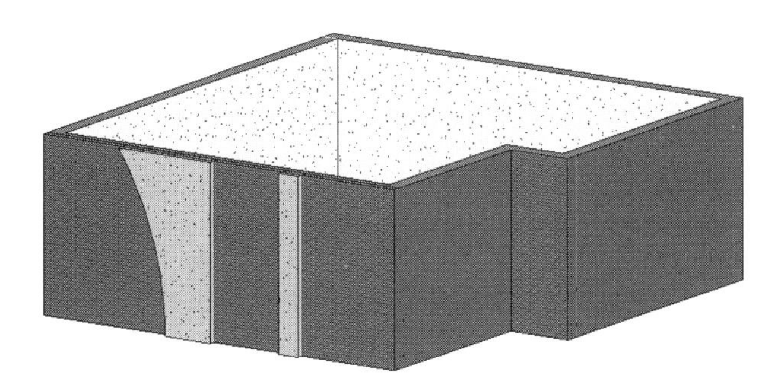

图 2-57　本例源文件【墙体-1.rvt】

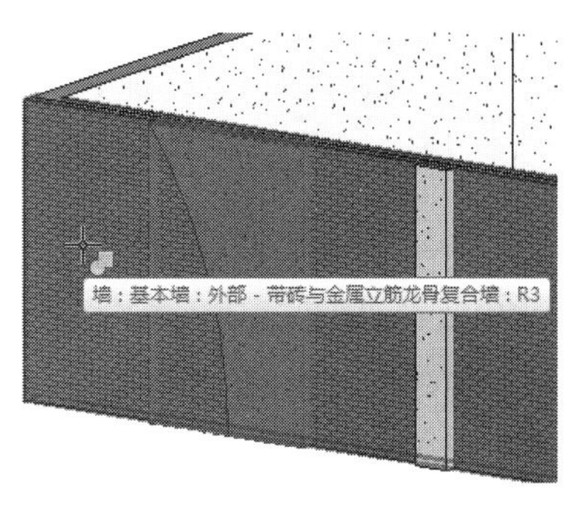

图 2-58　拾取被剪切对象（主墙体）

③ 拾取剪切工具，如图 2-59 所示。

④ Revit 自动完成剪切，并将剪切工具隐藏，结果如图 2-60 所示。

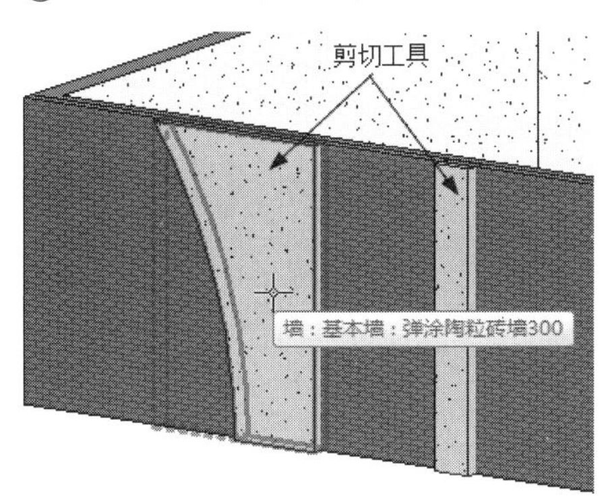

图 2-59　拾取剪切工具

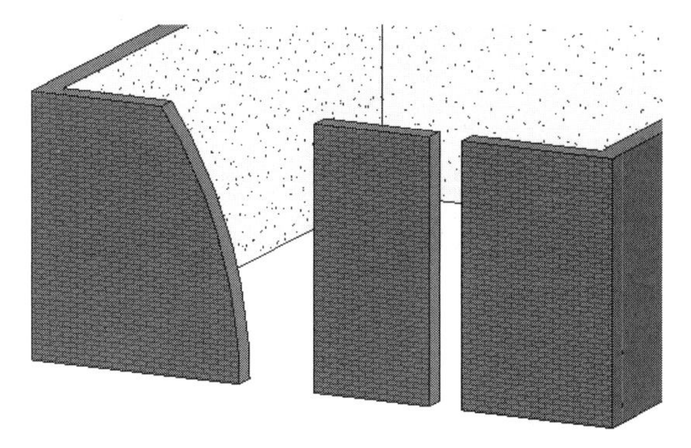

图 2-60　剪切结果

⑤ 单击【取消剪切几何图形】按钮，依次选择主墙体（被剪切对象）和重叠墙体（剪切工具），可取消剪切。

2. 连接工具

连接工具主要用于清理两个或多个图元之间的连接部分，实际上是布尔求和或布尔求差运算，包括【连接几何图形】【取消连接几何图形】【切换连接顺序】等工具。

上机操作——连接柱和地板

① 打开本例源文件【花架.rvt】，如图 2-61 所示。

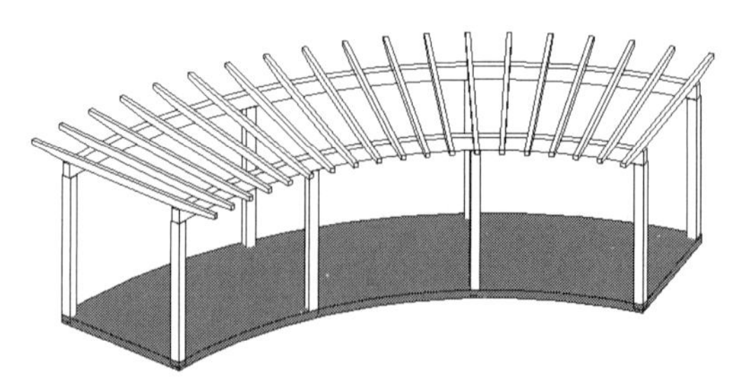

图 2-61 本例源文件【花架.rvt】

② 在【修改】选项卡的【几何图形】面板中单击【连接】按钮，拾取要连接的实心几何图形——地板，如图 2-62 所示。

③ 拾取要连接到所选地板的实心几何图形——柱子（其中一根），如图 2-63 所示。

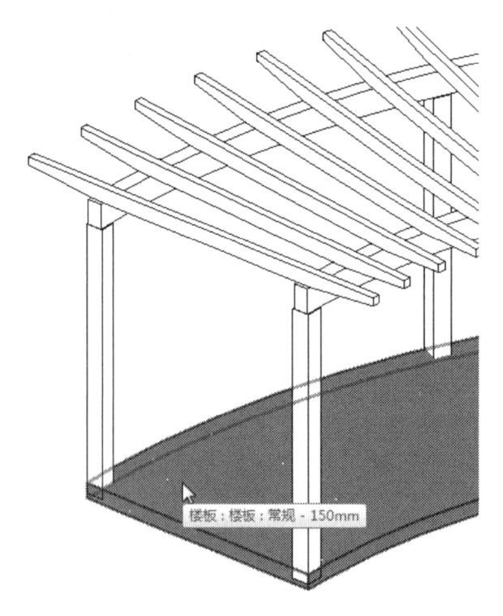

图 2-62 拾取要连接的实心几何图形

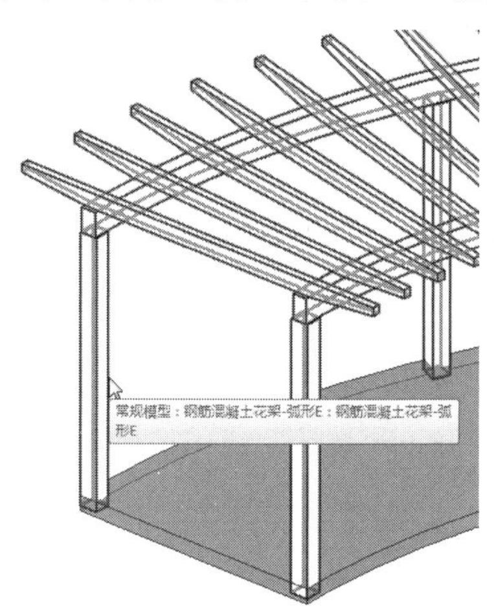

图 2-63 拾取要连接到所选地板的实心几何图形

④ Revit 自动完成柱子与地板的连接，连接前后的对比效果如图 2-64 所示。

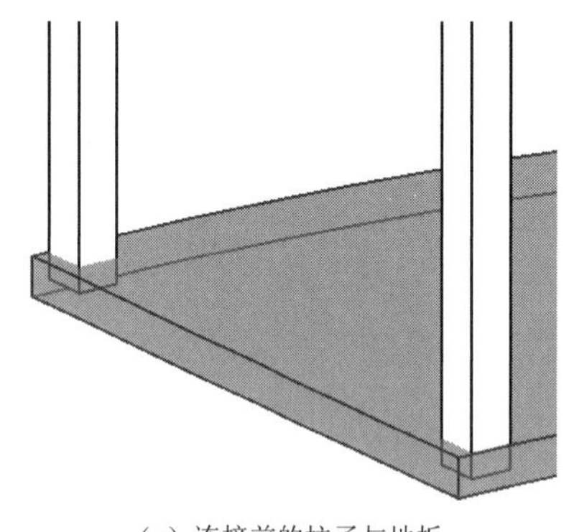

（a）连接前的柱子与地板

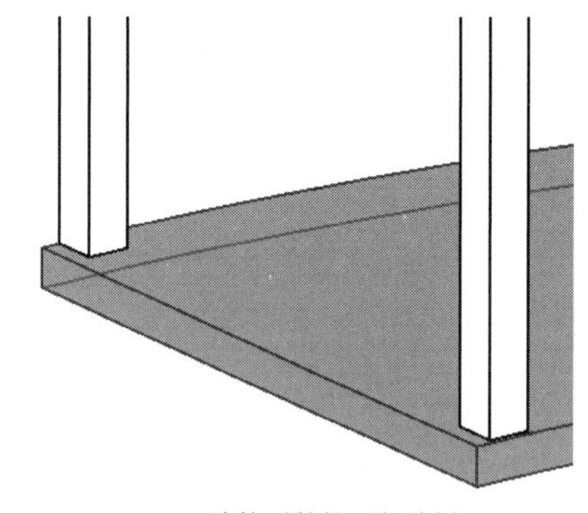

（b）连接后的柱子与地板

图 2-64 柱子与地板连接前后的对比效果

知识点拨：

如果将连接的几何图形的顺序改变一下，则会产生不同的连接效果。

⑤ 在【修改】选项卡的【几何图形】面板中单击【取消连接几何图形】按钮，随意拾取柱子或地板，即可取消两者之间的连接。

⑥ 如果想要改变连接的几何图形的顺序，则可单击【切换连接顺序】按钮，任意拾取柱子或地板，即可得到另一种连接效果。图 2-65（a）所示为先拾取地板再拾取柱子的连接效果；图 2-65（b）所示为单击【切换连接顺序】按钮后的连接效果（也称为嵌入）。

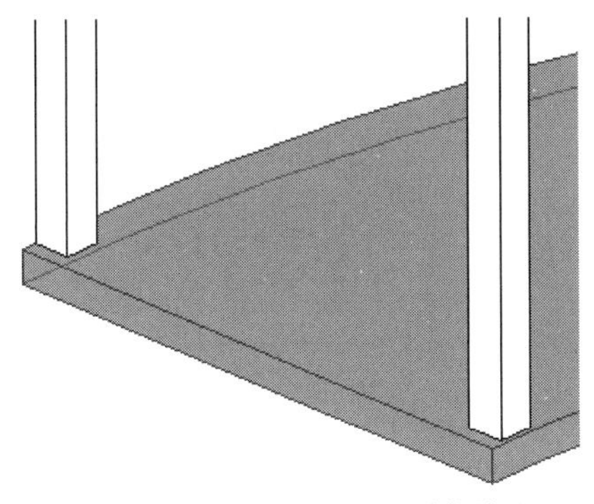

（a）先拾取地板再拾取柱子的连接效果

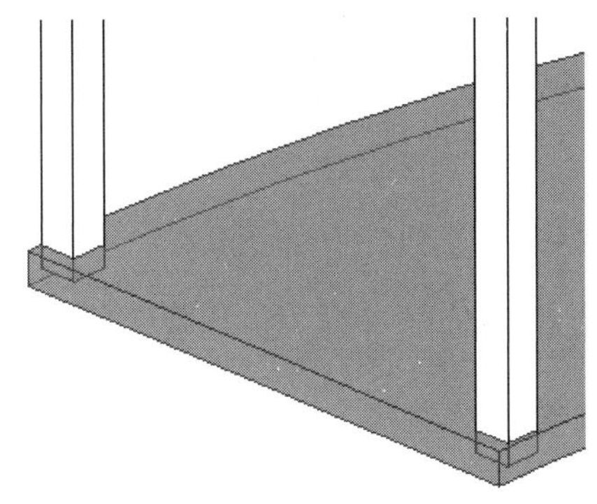

（b）单击【切换连接顺序】按钮后的连接效果

图 2-65　切换连接顺序

上机操作——连接屋顶

【连接几何图形】工具主要用于屋顶与屋顶的连接及屋顶与墙的连接。常见范例如图 2-66 所示。

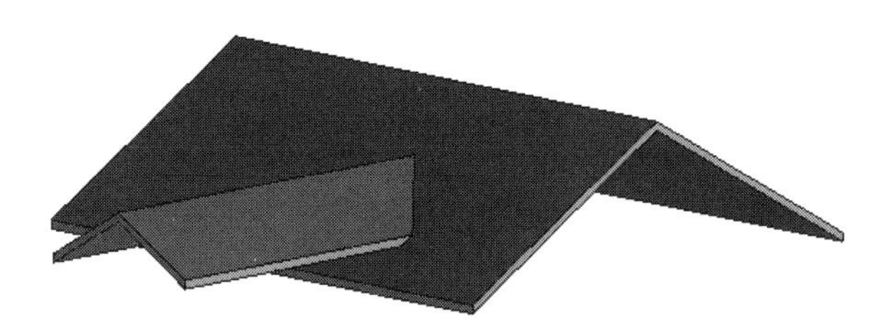

图 2-66　屋顶与屋顶的连接

① 打开本例源文件【小房子.rvt】，如图 2-67 所示。

② 在【修改】选项卡的【几何图形】面板中单击【连接/取消连接屋顶】按钮，选择小房子模型中大门上方屋顶的一条边作为要连接的对象，如图 2-68 所示。

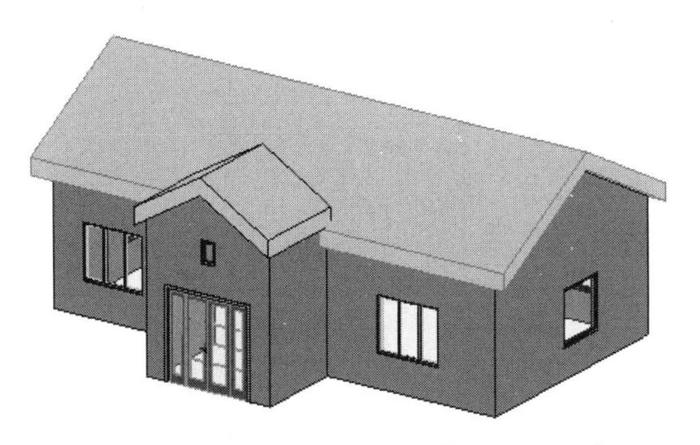

图 2-67　本例源文件【小房子.rvt】

图 2-68　选择要连接的一条屋顶边

③ 根据信息提示，选择另一个屋顶上要连接的屋顶面，如图 2-69 所示。

④ Revit 自动完成两个屋顶的连接，效果如图 2-70 所示。

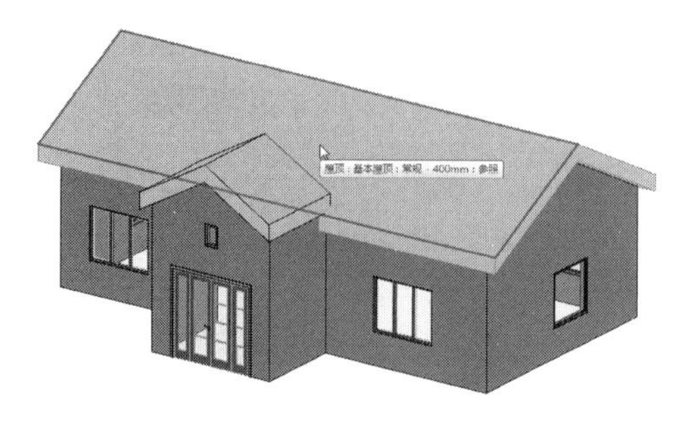

图 2-69 选择要连接的屋顶面

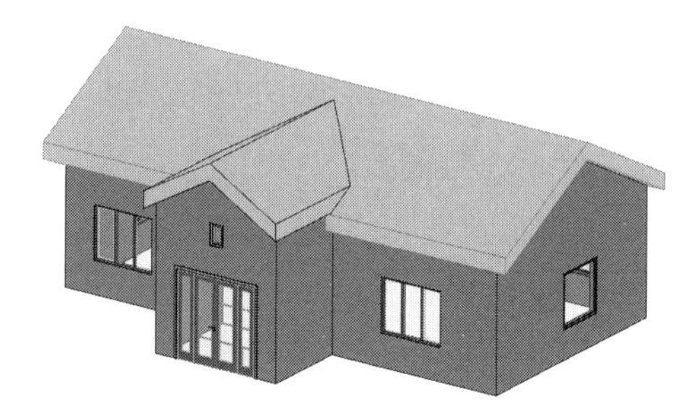

图 2-70 完成两个屋顶连接的效果

上机操作——梁/柱、墙连接

【梁/柱连接】工具用于调整梁和柱的缩进方式。图 2-71 显示了 4 种梁和柱的缩进方式。下面举例说明。

① 打开本例源文件【简易钢梁.rvt】。

② 在【修改】选项卡的【几何图形】面板中单击【梁/柱连接】按钮，梁和柱的端点连接处显示缩进箭头控制柄，如图 2-72 所示。

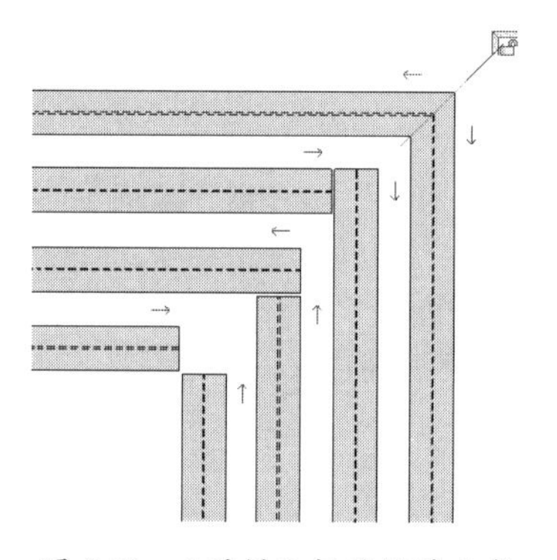

图 2-71 4 种梁和柱的缩进方式

图 2-72 显示缩进箭头控制柄

③ 单击缩进箭头控制柄，改变缩进方向，如图 2-73 所示，使梁和柱之间进行斜接。

④ 同理，改变其余 3 个端点连接处的缩进方向，梁和柱的最终连接效果如图 2-74 所示。

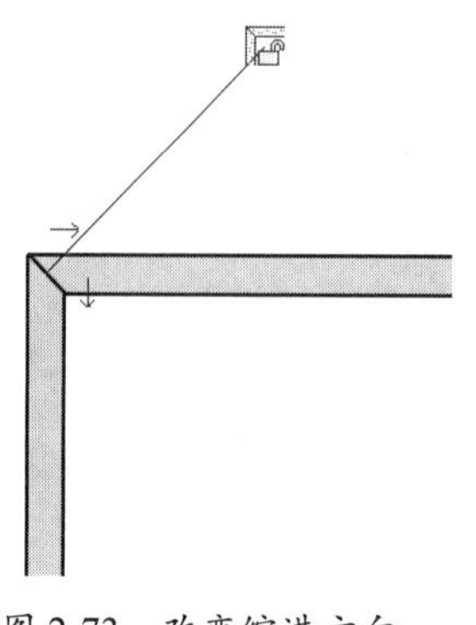

图 2-73 改变缩进方向

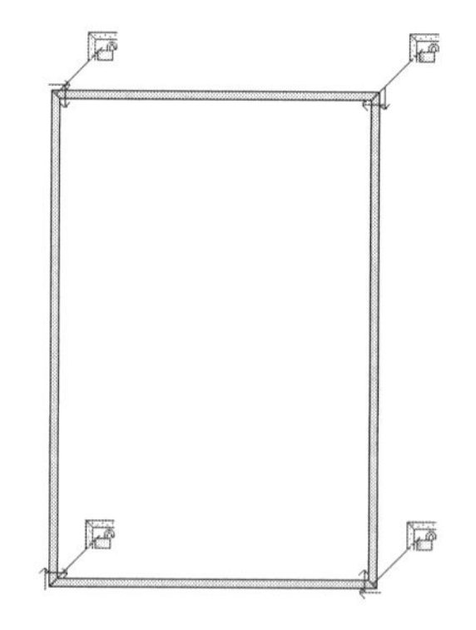

图 2-74 梁和柱的最终连接效果

知识点拨：

梁和柱之间的连接是自动的，建筑混凝土结构的梁和梁之间的连接、柱和梁之间的连接也是自动的。

【墙连接】工具用于修改墙体的连接方式，包括斜接、平接和方接。当墙与墙相交时，Revit 采用允许连接的方式控制连接点处墙体的连接方式。该工具适用于叠层墙、基本墙、幕墙等各种墙图元实例。

在绘制两段相交的墙体后，在【修改】选项卡的【几何图形】面板中单击【墙连接】按钮，拾取墙体连接端点，选项栏中将显示墙连接选项，如图 2-75 所示。

图 2-75　【墙连接】选项栏

- 上一个/下一个：当墙体的连接方式被设为【平接】或【方接】时，可以单击【上一个】或【下一个】按钮循环浏览连接顺序，如图 2-76 所示。

（a）【上一个】连接顺序

（b）【下一个】连接顺序

图 2-76　循环浏览连接顺序

- 平接/斜接/方接：墙体的 3 种连接方式，如图 2-77 所示。

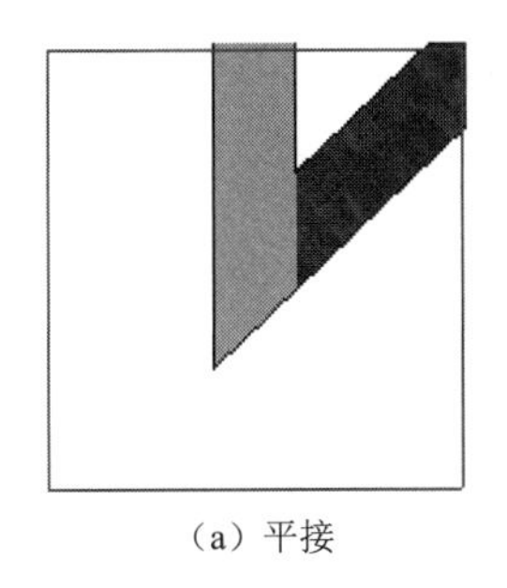

（a）平接

（b）斜接

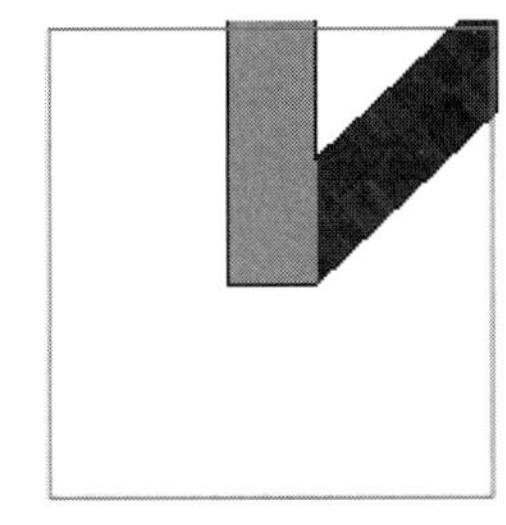

（c）方接

图 2-77　墙体的 3 种连接方式

知识点拨：

同类型墙体的连接方式包括【平接】【斜接】【方接】，不同类型墙体的连接方式包括【平接】和【斜接】。

- 显示：当允许墙体连接时，【显示】下拉列表中有 3 个选项，包括【清理连接】【不清理连接】【使用视图设置】。
- 允许连接：选择此选项，将允许墙体连接。
- 不允许连接：选择此选项，将不允许墙体连接。

允许墙体连接和不允许墙体连接的对比效果如图 2-78 所示。

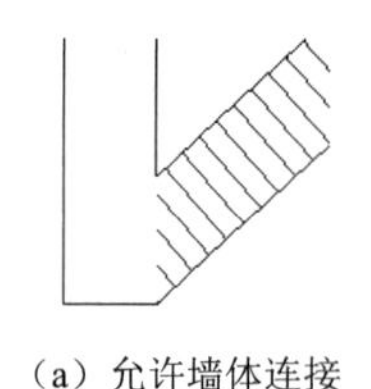

（a）允许墙体连接

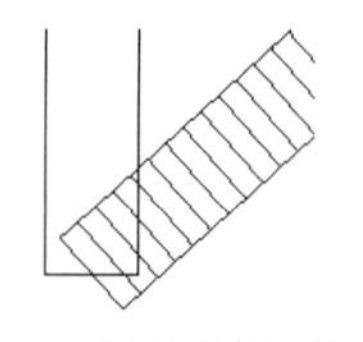

（b）不允许墙体连接

图 2-78　允许墙体连接和不允许墙体连接的对比效果

2.3.2　移动、对齐、旋转与缩放操作

利用【修改】选项卡的【修改】面板中的修改工具，可以对模型图元进行变换操作，如移动、旋转、缩放、复制、镜像、阵列、对齐、修剪、延伸等。本节将介绍移动、对齐、旋转与缩放的操作方法。

1. 移动

利用【移动】工具可将图元移动到指定的位置。

选中要移动的图元，单击【修改】面板中的【移动】按钮，选项栏中将显示移动选项，如图 2-79 所示。

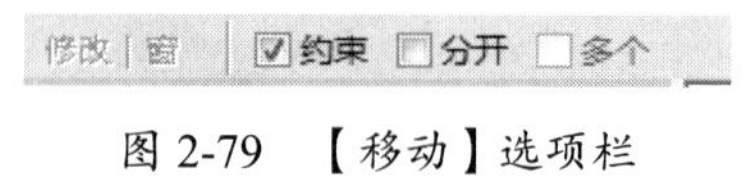

图 2-79　【移动】选项栏

- 约束：勾选此复选框，可限制图元沿着与其垂直或共线的矢量方向移动。
- 分开：勾选此复选框，可在移动前中断所选图元和其他图元之间的关联。例如，在要移动连接到其他墙的墙时，该选项很有用。也可以利用【分开】复选框将依赖于主体的图元从当前主体移动到新的主体上。

上机操作——移动图元

① 打开本例源文件【加油站服务区.rvt】。在【项目浏览器】选项板中双击【楼层平面】|【二层平面图】视图节点，切换到二层平面图视图，如图 2-80 所示。

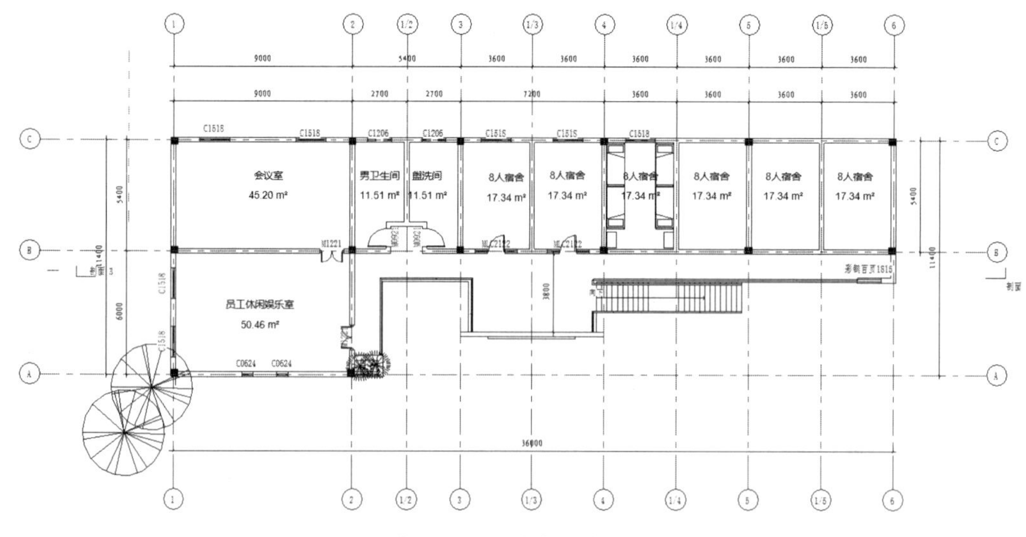

图 2-80　二层平面图视图

② 单击【视图】选项卡的【窗口】面板中的【关闭隐藏对象】按钮，关闭其他视图窗口。

③ 在【项目浏览器】选项板中，先双击打开【剖面（建筑剖面）】|【剖面 3】视图节点，再单击【视图】选项卡的【窗口】面板中的【平铺】按钮，将 Revit 窗口左右并列平铺，同时打开二层平面图视图窗口和剖面 3 视图窗口，如图 2-81 所示。

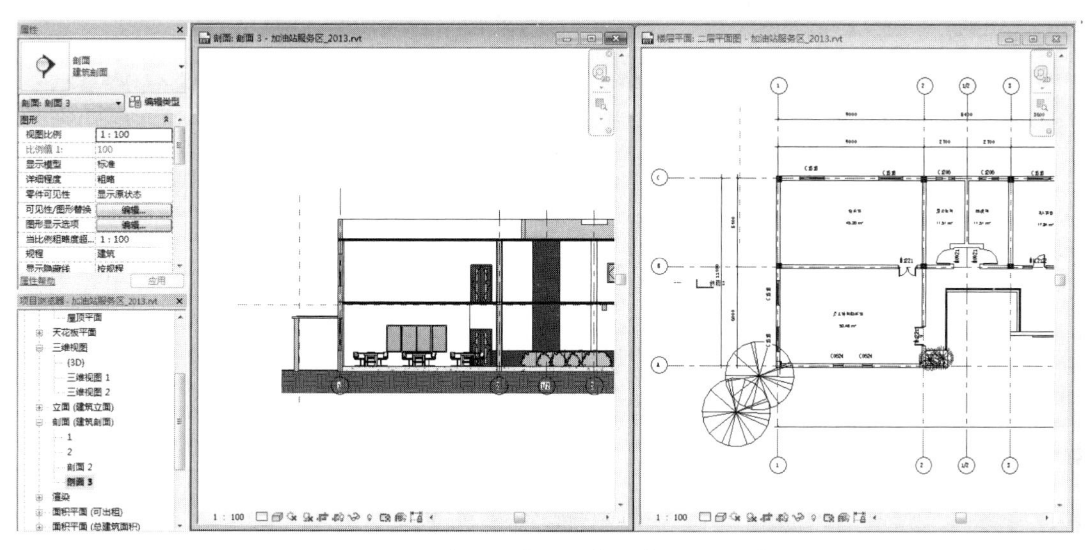

图 2-81　同时打开两个视图窗口并平铺视图窗口

④ 单击其中一个视图窗口，激活该视图窗口。滚动鼠标滚轮，放大显示二层平面图视图窗口中的会议室房间，以及剖面 3 视图窗口中的 1～2 轴线间对应的位置，如图 2-82 所示。

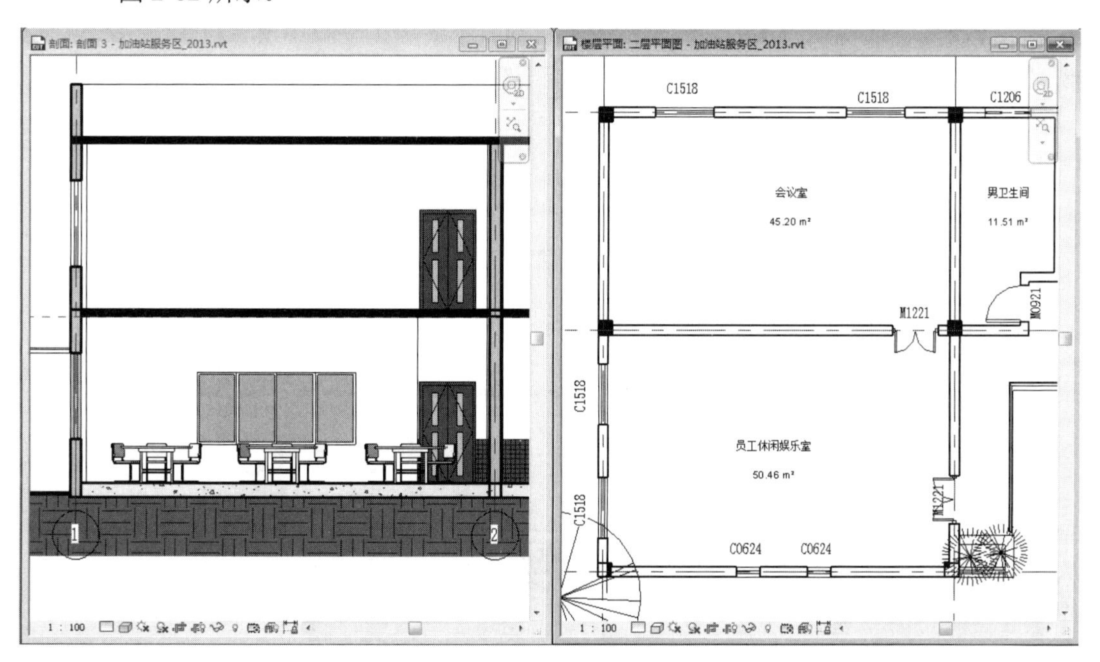

图 2-82　放大显示视图窗口中的视图

⑤ 激活二层平面图视图窗口，选择会议室Ⓑ轴线墙上编号为 M1221 的门图元（注意不要选择门编号 M1221），Revit 将自动切换至与门图元相关的【修改|门】上下文选项卡，如图 2-83 所示。

知识点拨：

【属性】选项板也会自动切换为与所选门相关的图元实例属性，如图 2-83 所示，在【类型选择器】中，显示了当前所选门图元的族名称为【门-双扇平开】，其类型名称为【M1221】。

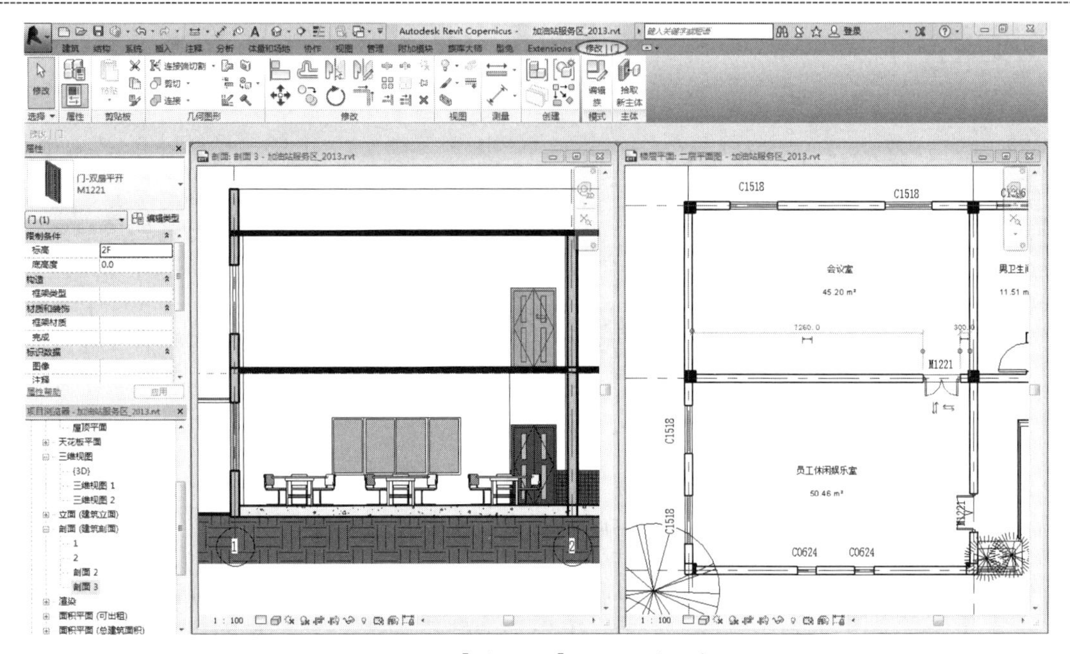

图 2-83 【修改|门】上下文选项卡

⑥ 【属性】选项板的【类型选择器】下拉列表中显示了项目中所有可用的门族及族类型。在【类型选择器】下拉列表中选择【塑钢推拉门】类型，该类型属于【型材推拉门】族，Revit 在剖面 3 视图窗口中，将门修改为新的类型，如图 2-84 所示。

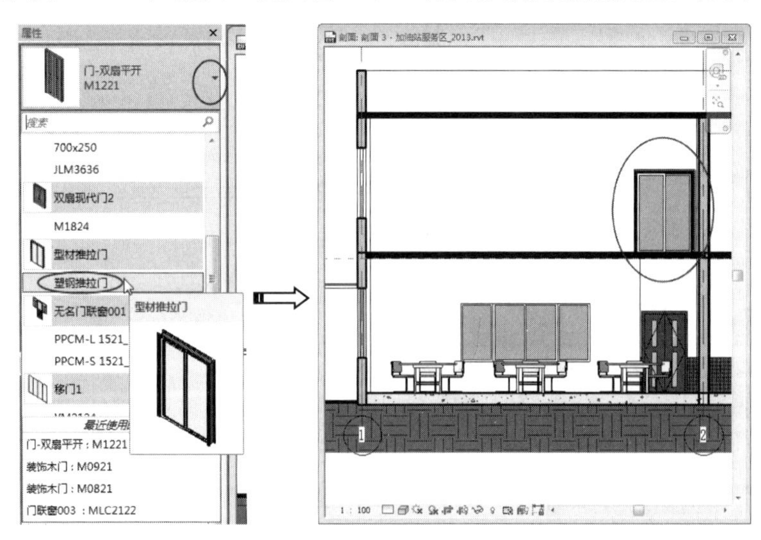

图 2-84 修改门类型

⑦ 激活剖面 3 视图窗口并选中门图元，在【修改|门】上下文选项卡的【修改】面板中单击【移动】按钮，在选项栏中勾选【约束】复选框，如图 2-85 所示。

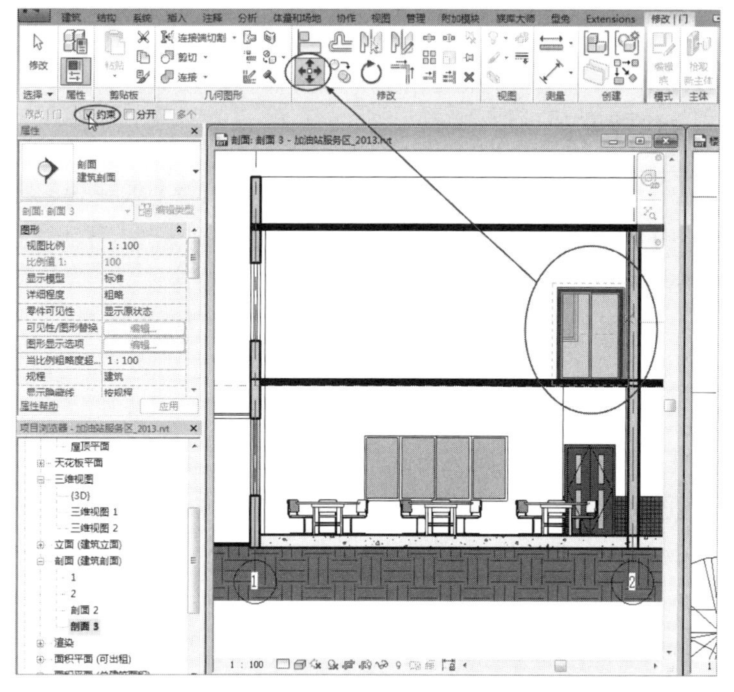

图 2-85　单击【移动】按钮并勾选【约束】复选框

知识点拨：

如果先单击【移动】按钮再选中要移动的图元，则需要按 Enter 键确认。

⑧ 在剖面 3 视图窗口中，利用鼠标拾取门图元的右上角点作为移动起点，向左移动门图元，在移动过程中直接输入【100】（通过键盘输入），按 Enter 键，即可完成移动，如图 2-86 所示。

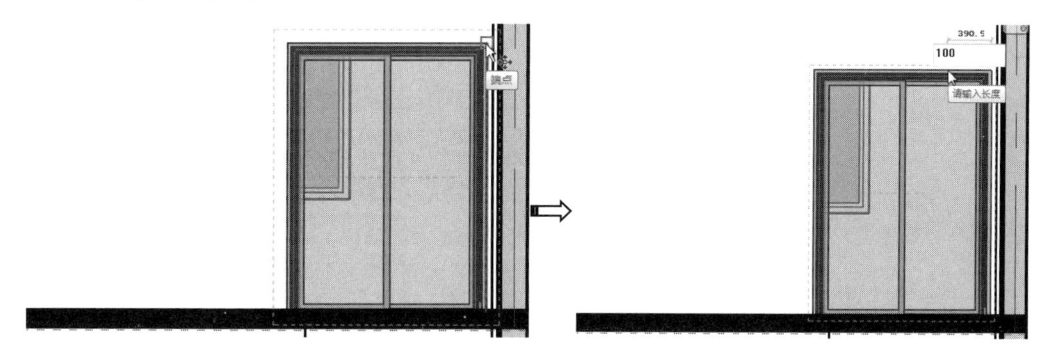

图 2-86　移动门图元

知识点拨：

由于勾选了选项栏中的【约束】复选框，因此 Revit 仅允许在水平或垂直方向移动鼠标。而且由于 Revit 中各视图都是基于三维模型实时剖切生成的，因此在剖面 3 视图窗口中移动门图元时，Revit 同时会自动更新二层平面图视图窗口中门图元的位置。

2．对齐

利用【对齐】工具可将单个或多个图元与指定的图元对齐。对齐也是一种移动操作。下面利用【对齐】工具，将上一个案例中移动的二层会议室门洞口右侧与一层餐厅门洞口右侧精确对齐。

上机操作——对齐图元

① 继续使用上一个案例。单击【修改】选项卡的【编辑】面板中的【对齐】按钮，进入【对齐】编辑模式，鼠标指针变为。取消勾选选项栏中的【多重对齐】复选框，如图 2-87 所示。

图 2-87 取消勾选【多重对齐】复选框

② 激活剖面 3 视图窗口。移动鼠标指针至一层餐厅门洞口右侧边缘，Revit 将自动捕捉门洞口边缘并高亮显示，单击鼠标左键，Revit 将在该位置处显示蓝色参照线，如图 2-88 所示。

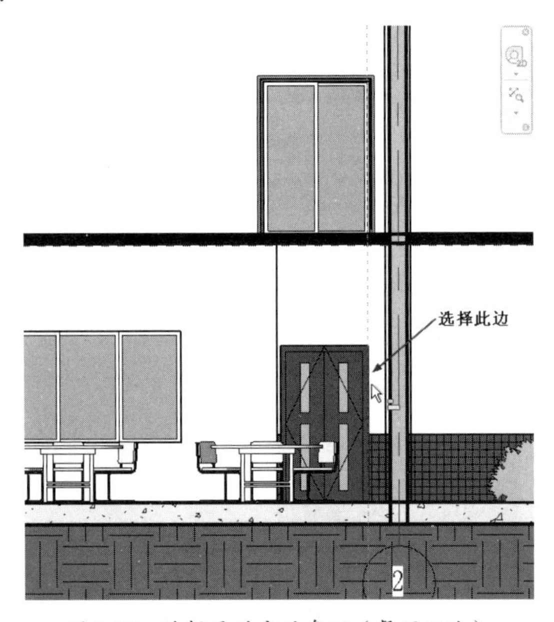

图 2-88 选择要对齐的参照（餐厅门边）

③ 移动鼠标指针至二层会议室门洞口右侧边缘，Revit 将自动捕捉门边参照位置并高亮显示，如图 2-89 所示。

④ Revit 自动将会议室门洞口向右移动至参照位置，与一层餐厅门洞口右侧对齐，结果如图 2-90 所示。按两次 Esc 键退出【对齐】编辑模式。

知识点拨：

利用【对齐】工具将图元对齐至指定位置后，Revit 会在参照位置处给出锁定标记。单击该标记，Revit 将在图元间建立对齐参数关系，同时锁定标记变为。当修改具有对齐关系的图元时，Revit 会自动修改与之对齐的其他图元。

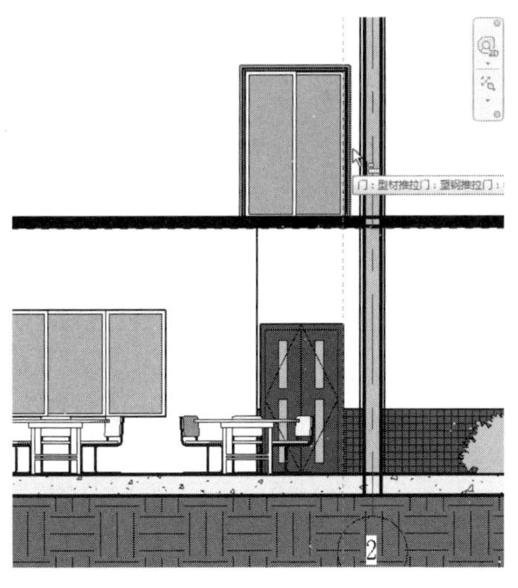

图 2-89　选择要对齐的实体（会议室门边）

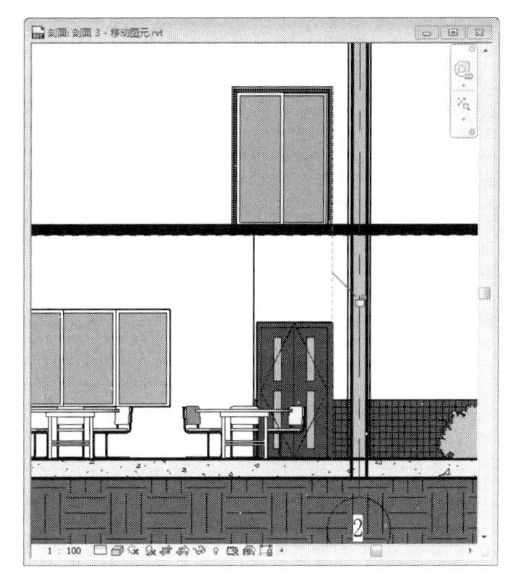

图 2-90　自动对齐右侧门洞口

3. 旋转

【旋转】工具用于绕轴旋转选定的图元。某些图元只有在特定的情况下才能被旋转，例如，墙不能在立面图中被旋转、窗不能在没有墙的情况下被旋转。

选中要旋转的图元，单击【旋转】按钮，选项栏中将显示旋转选项，如图 2-91 所示。

图 2-91　【旋转】选项栏

- 分开：勾选此复选框，可在旋转之前中断所选图元与其他图元之间的连接。需要旋转连接到其他墙的墙时，该选项很有用。
- 复制：勾选此复选框，可旋转所选图元的副本，而在原来位置上保留原始对象。
- 角度：用于指定图元被旋转的角度。按 Enter 键，Revit 会以指定的角度执行旋转操作，跳过剩余的步骤。
- 旋转中心：默认的旋转中心是图元的中心，如果想要自定义旋转中心，用户可以单击【地点】按钮，捕捉新点作为旋转中心。

4. 缩放

【缩放】工具适用于线、墙、图像、DWG 和 DXF 导入、参照平面及尺寸标注的位置缩放。可以采用图形方式或数值方式来按比例缩放图元。

在调整图元大小时，需要考虑以下事项。

- 在调整图元大小时，需要定义一个原点，图元将相对于该固定点同等地改变大小。
- 所有图元都必须位于平行平面中。选择集中的所有墙都必须具有相同的底部标高。
- 在调整墙的大小时，插入对象要与墙的中点保持固定距离。
- 调整大小会改变尺寸标注的位置，但不会改变尺寸标注的值。如果被调整的图元是尺寸标注的参照图元，则尺寸标注值会随之改变。

- 导入符号具有名为【实例比例】的只读实例参数。它表明了实例大小与基准符号的差异程度，可以通过调整导入符号的大小来修改该参数。

图 2-92 所示为缩放模型文字的范例。

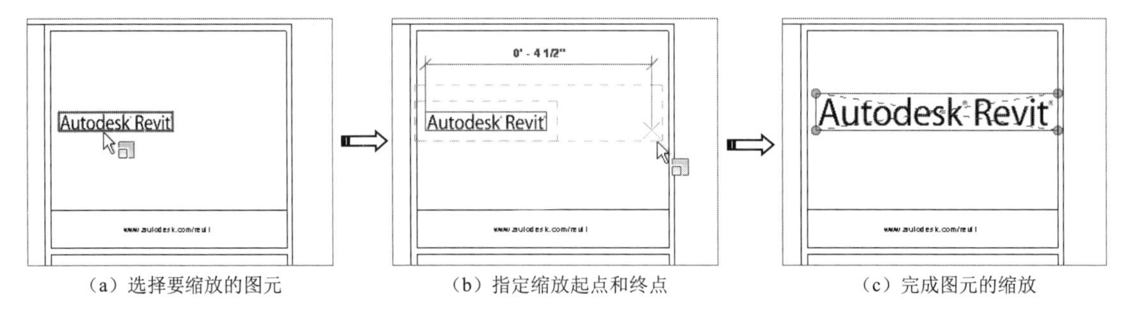

（a）选择要缩放的图元　　（b）指定缩放起点和终点　　（c）完成图元的缩放

图 2-92　缩放模型文字的范例

2.3.3　复制、镜像与阵列操作

【复制】【镜像】【阵列】工具都属于复制类型的工具，类似于 Windows【剪贴板】中的复制、粘贴功能。

1. 复制

【修改】面板中的【复制】工具用于将所选图元复制到新的位置，仅可以在相同视图中使用。【复制】工具与【剪贴板】面板中的【复制到粘贴板】工具有所不同，【复制到粘贴板】工具可以在相同或不同的视图中使用，得到图元的副本。

【复制】工具选项栏如图 2-93 所示。

图 2-93　【复制】工具选项栏

勾选【多个】复选框，将会连续复制多个图元副本。

上机操作——复制图元

① 打开本例源文件【加油站服务区-2.rvt】，如图 2-94 所示。

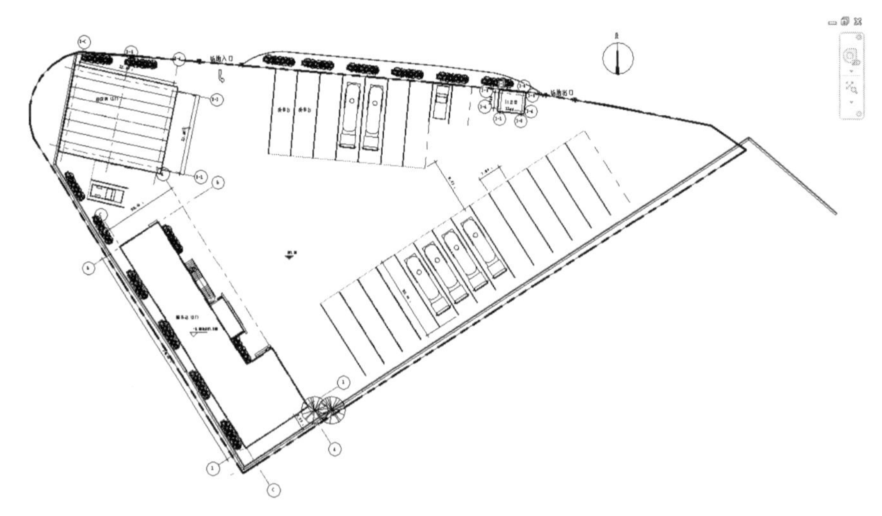

图 2-94　本例源文件【加油站服务区-2.rvt】

② 按住 Ctrl 键并选中图 2-94 中右侧的 4 辆油罐车的模型，单击【修改】面板中的【复制】按钮，确保选项栏中各复选框不被勾选，并拾取复制的基点，如图 2-95 所示。

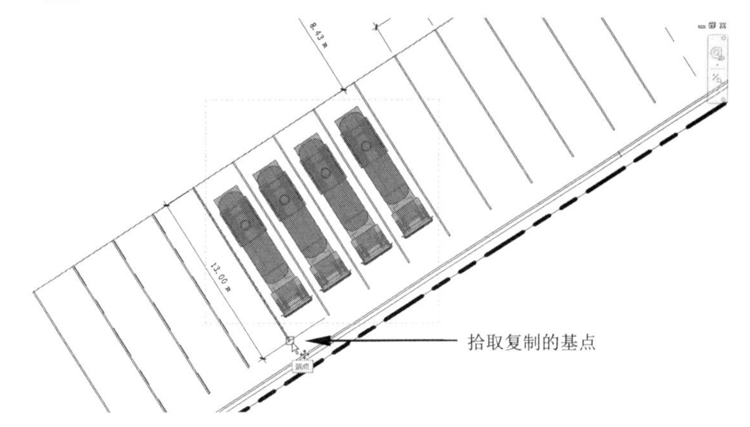

图 2-95　选中要复制的对象并拾取复制的基点

③ 在拾取基点后，拾取车位上的一个点作为放置副本的参考点，如图 2-96 所示。

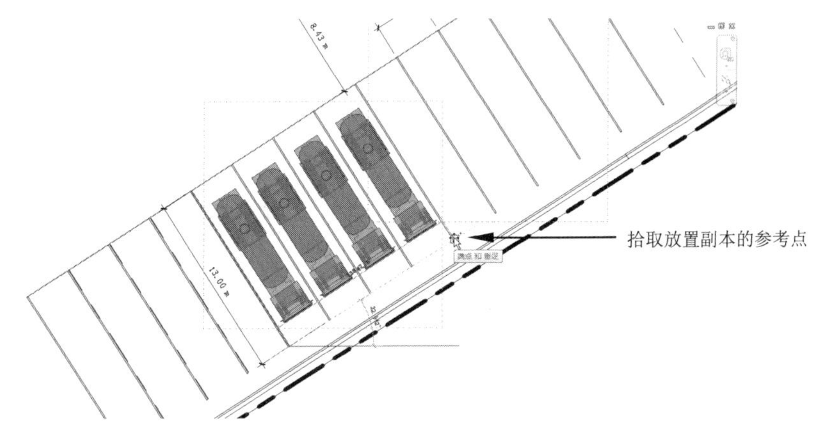

图 2-96　拾取放置副本的参考点

④ 在拾取放置副本的参考点后，Revit 将自动创建副本，完成油罐车模型的复制，如图 2-97 所示。

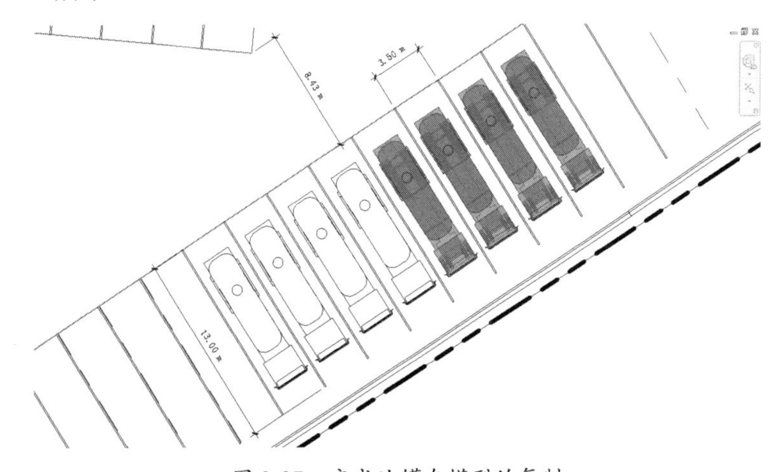

图 2-97　完成油罐车模型的复制

知识点拨：

【剪贴板】面板中的【复制到粘贴板】工具，可以用键盘快捷键代替，即 Ctrl+C（复制）和 Ctrl+V（粘贴）。当然，如果不需要保留原图元，则可以按 Ctrl+X 快捷键剪切原图元。

2. 镜像

【镜像】工具也是一种复制类型的工具。【镜像】工具是通过指定镜像中心线（或称为镜像轴）或绘制镜像中心线后，进行对称复制的工具。

Revit 中的【镜像】工具包括【镜像-拾取轴】和【镜像-绘制轴】。

- 【镜像-拾取轴】工具的镜像中心线是通过指定现有的线或者图元的边确定的。
- 【镜像-绘制轴】工具的镜像中心线是手动绘制的。

上机操作——镜像图元

① 打开本例源文件【农家小院.rvt】，如图 2-98 所示。

② 如图 2-99 所示，主卧和次卧是没有门的，所以需要添加门。

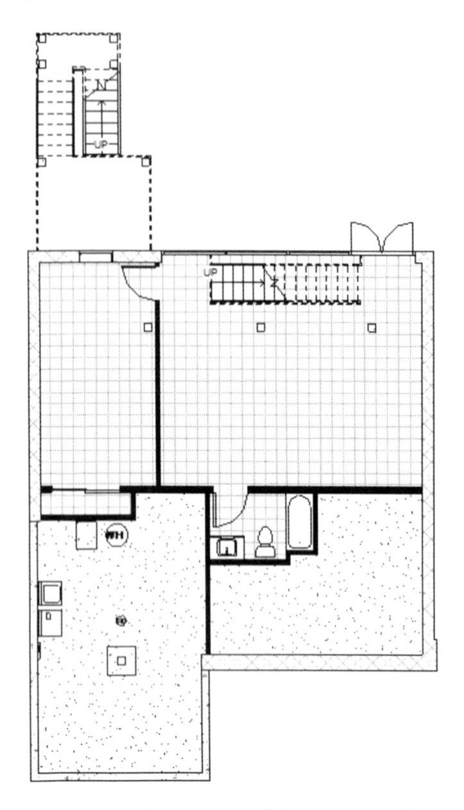

图 2-98　本例源文件【农家小院.rvt】

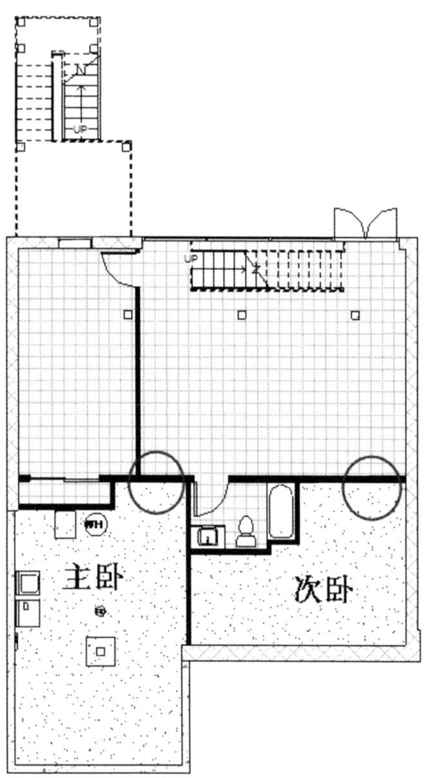

图 2-99　主卧与次卧没有门

③ 选中卫生间的门图元，在【修改】选项卡的【修改】面板中单击【镜像-拾取轴】按钮，拾取主卧与次卧隔离墙体的中心线作为镜像中心线，如图 2-100 所示。

④ Revit 自动完成镜像并创建图元副本，即主卧的门，如图 2-101 所示。在空白处单击即可退出当前操作。

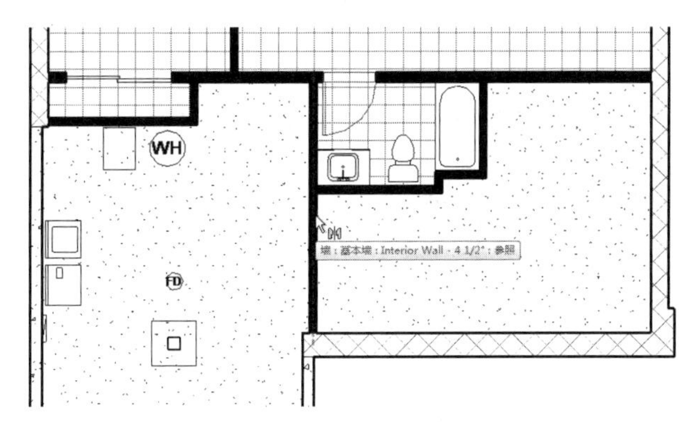

图 2-100　拾取镜像中心线

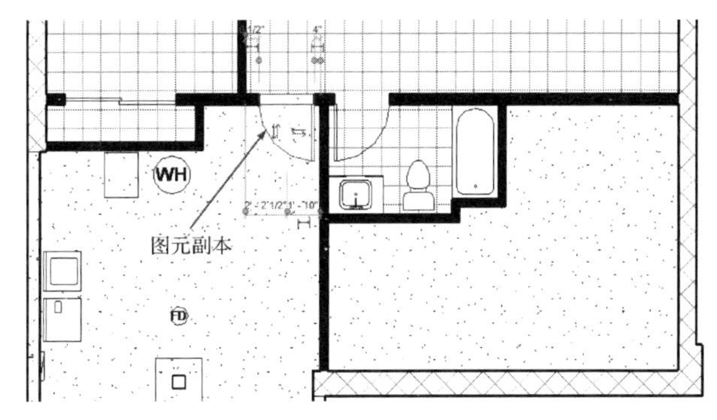

图 2-101　创建主卧的门

⑤ 选中卫生间的门图元，在【修改】选项卡的【修改】面板中单击【镜像-绘制轴】按钮，拾取卫生间浴缸一侧墙体的镜像中心线，指定镜像中心线的起点和终点，如图 2-102 所示。

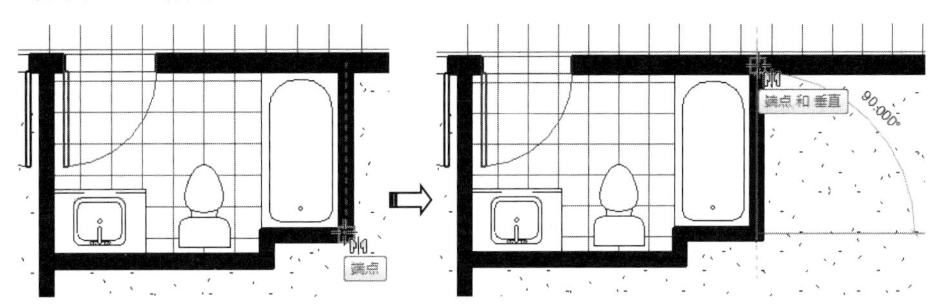

图 2-102　拾取镜像中心线并指定起点和终点

⑥ Revit 自动完成镜像并创建图元副本，即次卧的门，如图 2-103 所示。

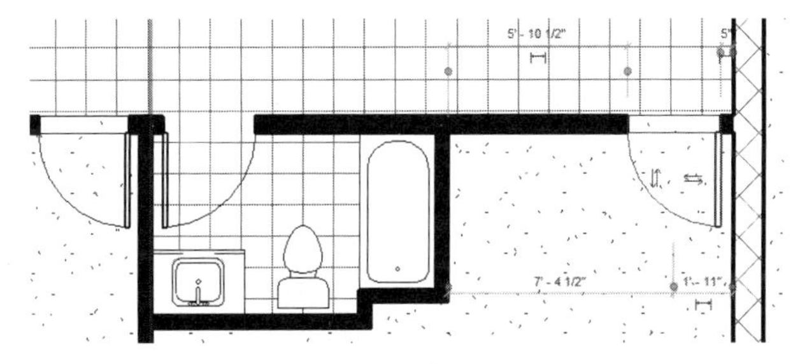

图 2-103　创建次卧的门

3. 阵列

利用【阵列】工具可以创建线性阵列或径向阵列（也称为圆周阵列），如图 2-104 所示。

线性阵列

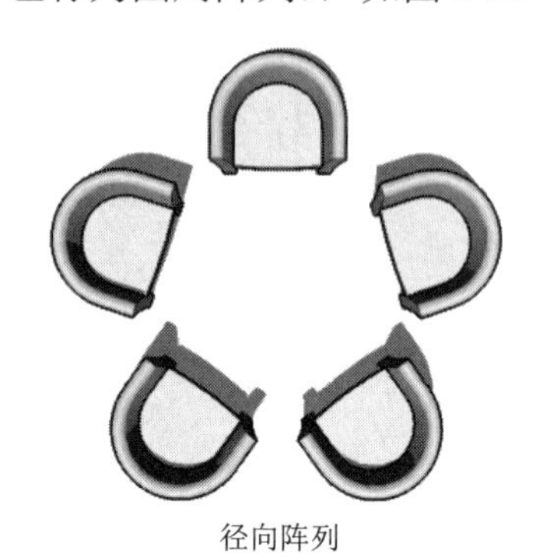

径向阵列

图 2-104　图元的阵列

选中要阵列的图元，在【修改】选项卡的【修改】面板中单击【阵列】按钮，选项栏中将默认显示线性阵列的选项，如图 2-105 所示。

修改 | 卫浴装置　激活尺寸标注　☑成组并关联　项目数: 2　移动到: ◉第二个 ○最后一个　☐约束

图 2-105　线性阵列选项

单击【径向】按钮，选项栏中将显示径向阵列的选项，如图 2-106 所示。

图 2-106　径向阵列选项

- 【线性】按钮：单击此按钮，将创建线性阵列。
- 【径向】按钮：单击此按钮，将创建径向阵列。
- 激活尺寸标注：仅当阵列为线性阵列时才有此选项。选择此选项，可以显示并激活要阵列的图元的定位尺寸。不激活尺寸标注和激活尺寸标注的对比效果如图 2-107 所示。

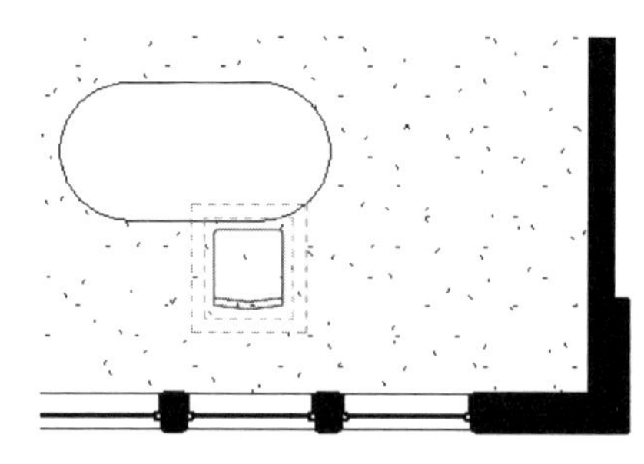

（a）不激活尺寸标注

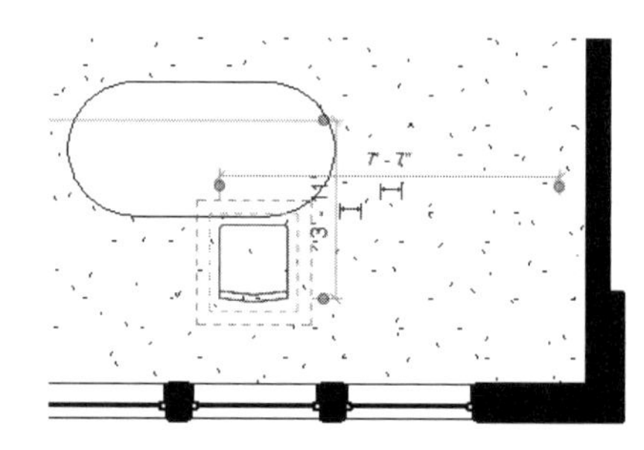

（b）激活尺寸标注

图 2-107　不激活尺寸标注和激活尺寸标注的对比效果

- 成组并关联：此选项用于控制各阵列成员之间是否存在关联，勾选即产生关联，反之则为非关联。
- 项目数：此文本框用于输入阵列成员的项目数。

- 移动到：成员之间的间距控制方法。
  - 第二个：选中此选项，将指定第一个图元和第二个图元之间的间距为成员之间的阵列间距，所有后续图元将使用相同的间距，如图 2-108 所示。

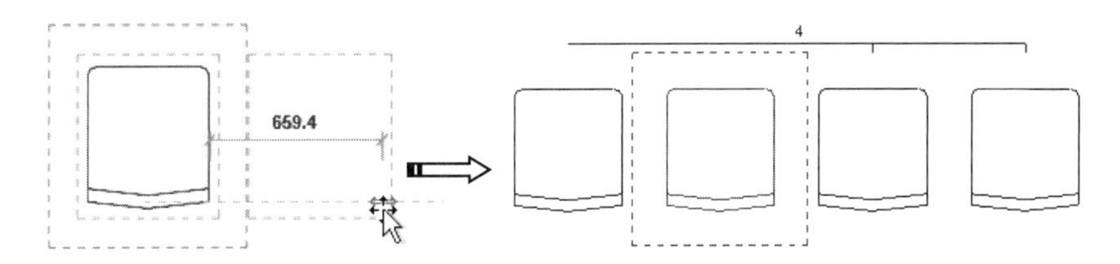

图 2-108 【第二个】阵列间距设定方式

  - 最后一个：指定第一个图元和最后一个图元之间的间距，所有剩余的图元将在它们之间以相等距离间隔分布，如图 2-109 所示。

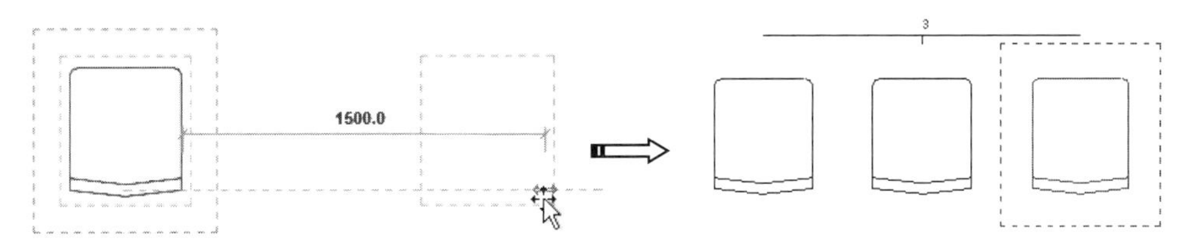

图 2-109 【最后一个】阵列间距设定方式

- 约束：勾选此复选框，可限制图元沿着与其垂直或共线的矢量方向移动。
- 角度：此文本框用于输入总的径向阵列旋转角度，最大为 360°。图 2-110 所示为总的径向阵列旋转角度为 360°、成员数为 6 的径向阵列。

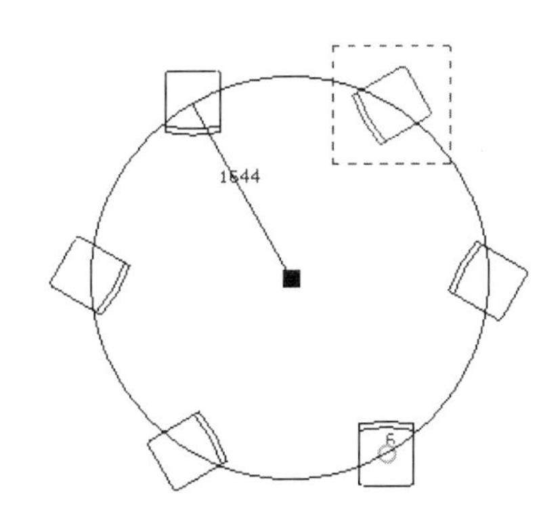

图 2-110 总的径向阵列旋转角度为 360°、成员数为 6 的径向阵列

- 旋转中心：设定径向阵列的旋转中心。默认的旋转中心为图元自身的中心，单击【地点】按钮，可以指定旋转中心。

上机操作——径向阵列餐椅

① 打开本例源文件【两层别墅.rvt】，如图 2-111 所示。

② 选中餐厅中的餐椅图元，单击【阵列】按钮，在选项栏中单击【径向】按钮，单击【地点】按钮地点，设定圆桌的圆心为径向阵列的旋转中心，如图 2-112 所示。

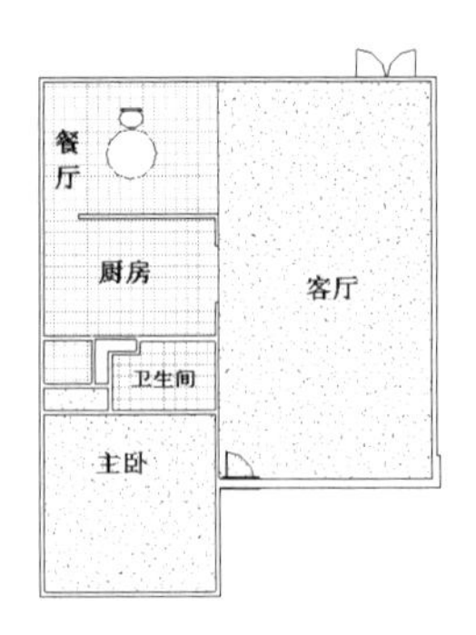

图 2-111　本例源文件

【两层别墅.rvt】

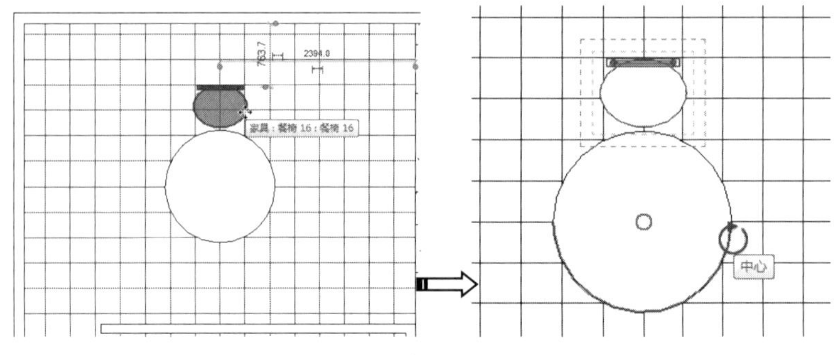

图 2-112　选择阵列对象并拾取阵列的旋转中心

知识点拨：

在拾取圆桌的圆心时，要确保【捕捉】对话框中的【中心】复选框被勾选，如图 2-113 所示，且在捕捉时，仅拾取圆桌的边即可自动捕捉到圆心。

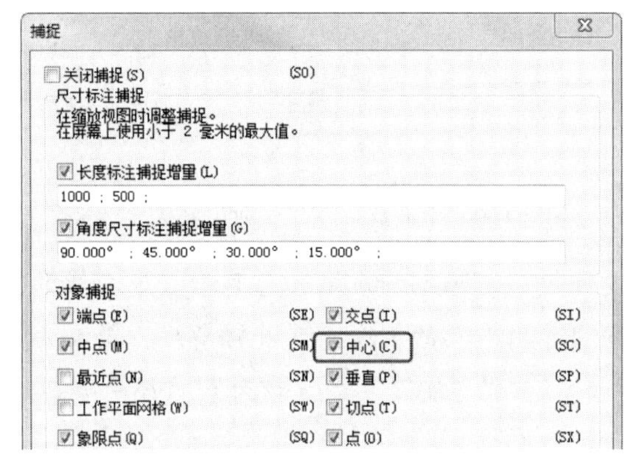

图 2-113　设置捕捉

③　在捕捉到阵列的旋转中心后，在选项栏中设置【项目数】为【6】、【角度】为【360】，按 Enter 键，即可自动创建径向阵列，如图 2-114 所示。

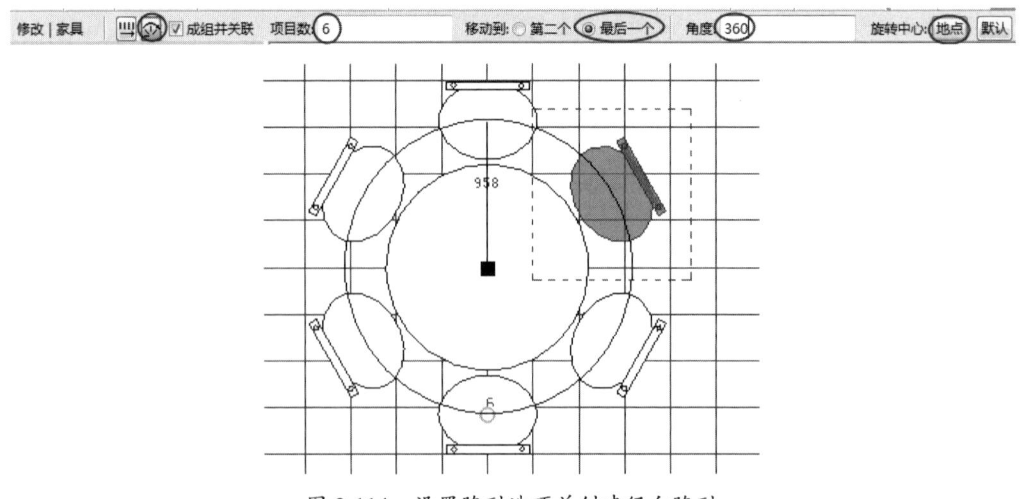

图 2-114　设置阵列选项并创建径向阵列

2.4　项目视图

Revit 模型视图是创建模型和设计图纸的重要参考。用户可以借助不同的视图（工作平面）创建模型，也可以借助不同的视图来创建结构施工图、建筑施工图、水电气布线图、设备管路设计施工图等。进入不同的模组，就会显示不同的模型视图。

2.4.1　项目样板与项目视图

在建筑模型中，所有的图纸、二维视图、三维视图及明细表都是同一个基本建筑模型数据库的信息表现形式。

不同的项目视图由不同的项目样板表示。在【新建项目】对话框中通过选择【构造样板】【建筑样板】、【结构样板】或【机械样板】样板文件来创建项目，如图 2-115 所示。

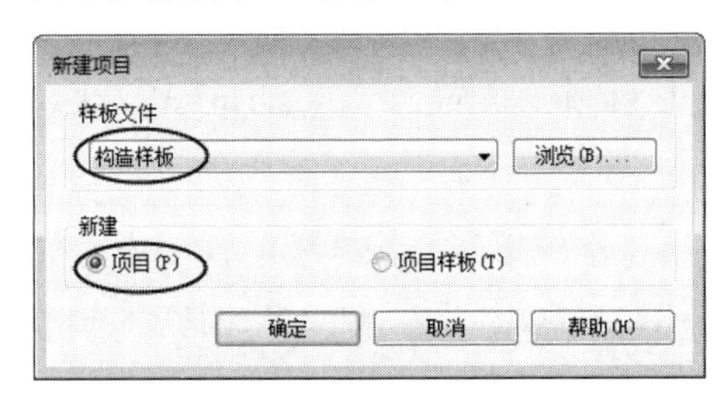

图 2-115　选择样板文件创建项目

温馨提示：

第一次安装 Revit 2022 是没有任何项目样板文件的，用户需要从欧特克官方网站进行下载（本章源文件夹中提供了命名为【RVT 2022】的中文族库、项目样板和族样板文件夹），下载后将【RVT 2022】文件夹复制并粘贴到 C:\ProgramData\Autodesk 路径下覆盖同名【RVT 2022】源文件夹即可。

项目样板为新项目提供了起点，包括视图样板、已载入的族、已定义的设置（如单位、填充样式、线样式、线宽、视图比例等）和几何图形（如果需要）。

Revit 中提供了若干个项目样板，用于不同的规程和建筑项目类型，如图 2-116 所示。

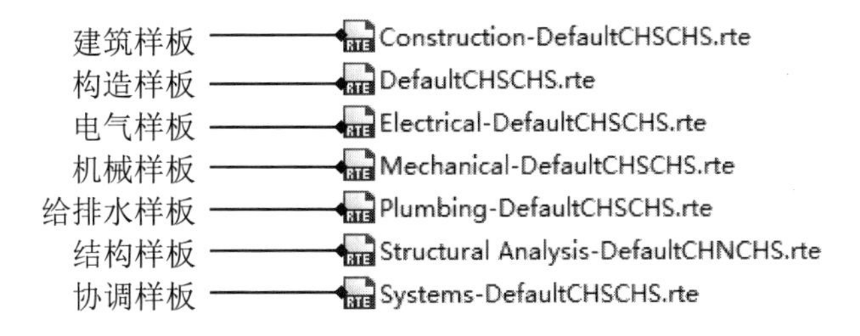

图 2-116　Revit 中提供的项目样板

所谓项目样板之间的差别，是由设计行业的不同需求决定的，同时，【项目浏览器】选项板中的视图内容也会不同。建筑样板和构造样板的视图内容是一样的，也就是说，这两种项目样板都可以进行建筑模型设计，出图的种类也是最多的。图 2-117 所示为建筑样板与构造（构造设计包括零件设计和部件设计）样板的视图内容。

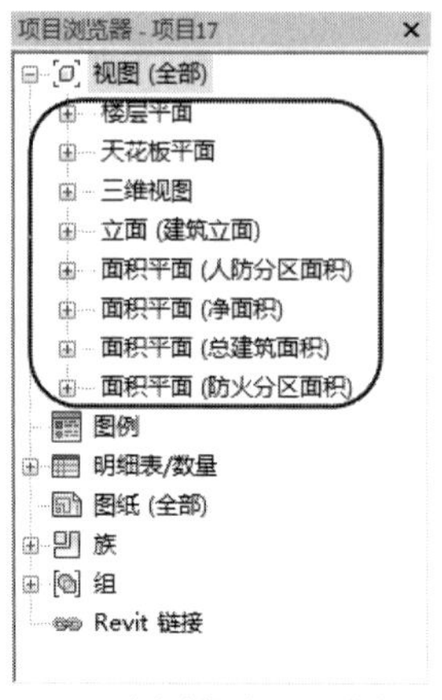

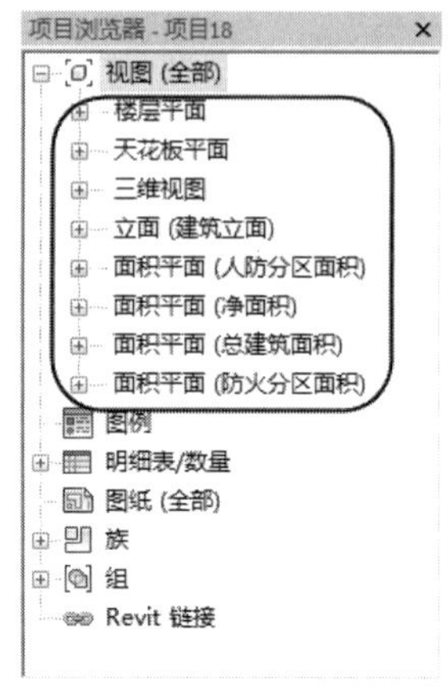

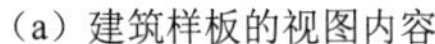

（a）建筑样板的视图内容　　（b）构造样板的视图内容

图 2-117　建筑样板与构造样板的视图内容

知识点拨：

在 Revit 中进行建筑模型设计，只能创建一些造型较为简单的建筑框架、室内建筑构件、外幕墙等模型，复杂外形的建筑模型只能通过第三方软件（如 Rhino、SketchUP、3dsMAX 等）进行造型设计，然后通过转换格式导入或链接到 Revit 中。

电气样板、机械样板、给排水样板和结构样板的视图内容如图 2-118 所示。

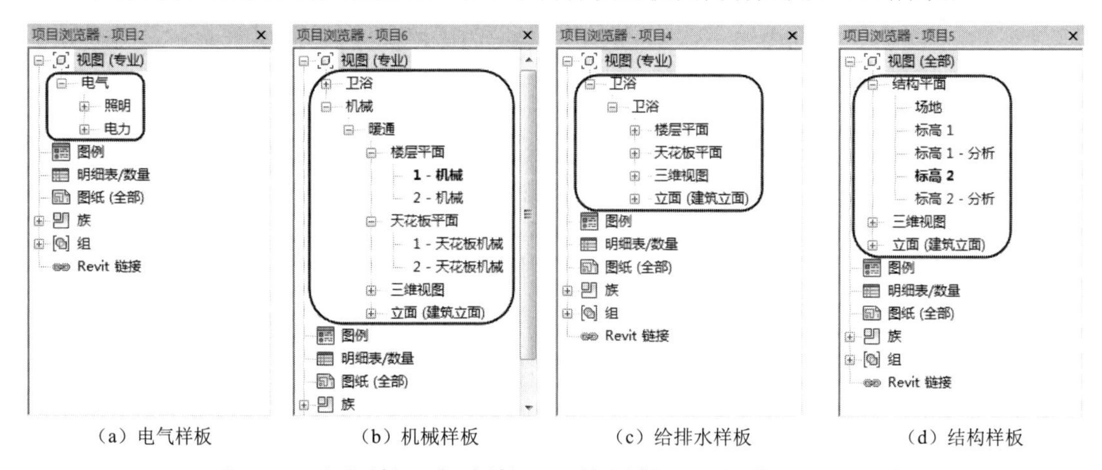

（a）电气样板　　（b）机械样板　　（c）给排水样板　　（d）结构样板

图 2-118　电气样板、机械样板、给排水样板和结构样板的视图内容

2.4.2　项目视图的基本使用

1.【楼层平面】视图

在项目视图中，【楼层平面】视图节点下默认的视图包括【场地】【标高 1】【标高 2】，如图 2-119 所示。【场地】视图是用来包容属于场地的所有构建要素的，包括绿地、院落植物、围墙、地坪等。一般来说，场地的标高要比第一层的标高低，以避免往室内渗水。

【标高 1】视图就是建筑的地上第一层，与立面图中的【标高 1】视图是一一对应的，如图 2-120 所示。

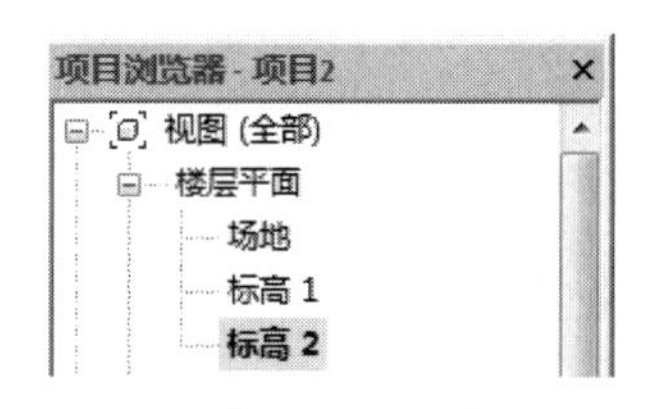

图 2-119　【楼层平面】视图节点

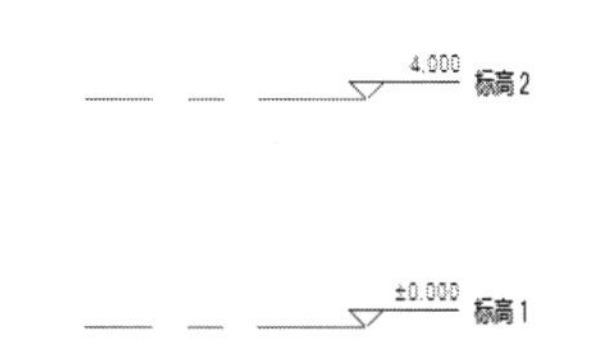

图 2-120　立面图中的标高

平面图中【标高 1】的名称可以被修改，选中【标高 1】视图并右击，在弹出的快捷菜单中执行【重命名】命令，即可重命名视图，如图 2-121 所示。

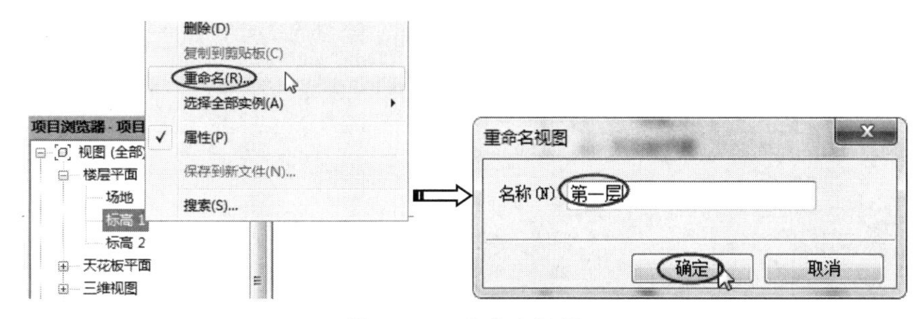

图 2-121　重命名视图

重命名视图后，系统会提示用户：是否希望将重命名相应标高和视图。如果单击【是】按钮，则将关联其他视图；反之，则只修改该视图名称，其他视图中的名称不受影响。

2.【立面】视图

【立面】视图包括东、南、西、北 4 个建筑立面图，与之对应的是【楼层平面】视图中的 4 个立面标记，如图 2-122 所示。

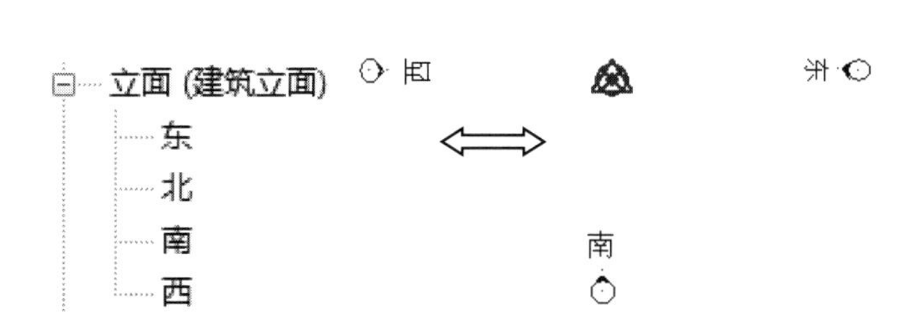

图 2-122　【立面】视图与【楼层平面】视图中的立面标记

在【楼层平面】视图中双击立面标记，即可转入该标记指示的【立面】视图中。

2.4.3　视图范围的控制

视图范围是控制对象在视图中的可见性和外观的水平平面集。

每个平面图都具有视图范围属性，该属性也被称为可见范围。可以定义视图范围的水平平面为【俯视图】【剖切面】【仰视图】。顶剪裁平面和底剪裁平面表示视图范围的顶部和底部。“剖切面”是一个平面，用于确定特定图元在视图中显示为剖面时的高度。这 3 个平面可以定义视图的主要范围。

视图深度是主要范围之外的附加平面。更改视图深度，可显示底剪裁平面下的图元。在默认情况下，视图深度与底剪裁平面重合。

图 2-123（a）所示的立面图显示了轴线 ⑦ 的视图范围：顶部 ①、剖切面 ②、底部 ③、偏移（从底部）④、主要范围 ⑤ 和视图深度 ⑥。图 2-123（b）所示的平面图显示了此视图范围的结果。

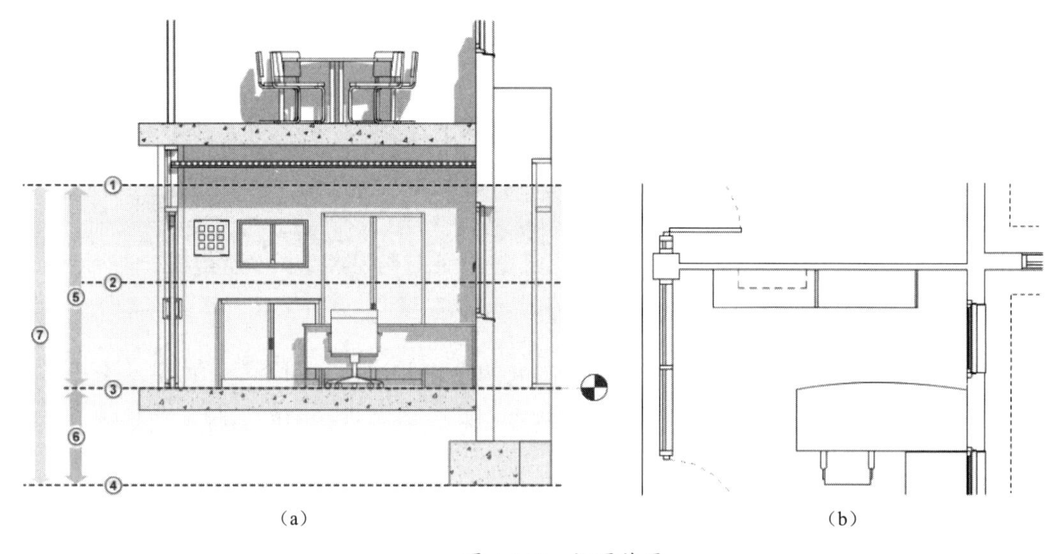

图 2-123　视图范围

当创建了多层建筑后，可以通过设置视图范围，让当前楼层以下或以上的楼层隐藏，以便于观察。

除了图 2-123 中正常情况下的剖切显示（剖切面 ② 的剖切位置），还有以下几种情况的视图范围显示控制方法。

1. 与剖切面相交的图元

在平面图中，Revit 使用以下规则显示与剖切面相交的图元。

- 这些图元由其图元类别的剖面线宽绘制。
- 当图元类别没有剖面线宽时，该类别不可剖切。此图元由投影线宽绘制。

与剖切面相交的图元显示的例外情况包括以下内容。

- 高度小于 6 英尺（约 1.83m）的墙不会被截断，即使它们与剖切面相交。

知识点拨：

从边界框的顶部到主视图范围的底部测量的结果为 6 英尺（约 1.83m）。例如，如果创建的墙的顶部比底剪裁平面高 6 英尺，则在剖切面上剪切墙。当测量的结果不足 6 英尺时，整个墙显示为投影，即使与剖切面相交的区域也是如此。将墙的【墙顶定位标高】属性指定为【未连接】时，始终会出现此情况。

- 对于某些类别，各个族被定义为可剖切或不可剖切。如果族被定义为不可剖切，则当其图元与剖切面相交时，使用投影线宽绘制。

如图 2-124 所示，蓝色高亮显示部分表示与剖切面相交的图元，右侧平面图显示以下内容。

- ①表示使用剖面线宽绘制的图元（墙、门和窗）。
- ②表示使用投影线宽绘制的图元，因为它们不可剖切（橱柜）。

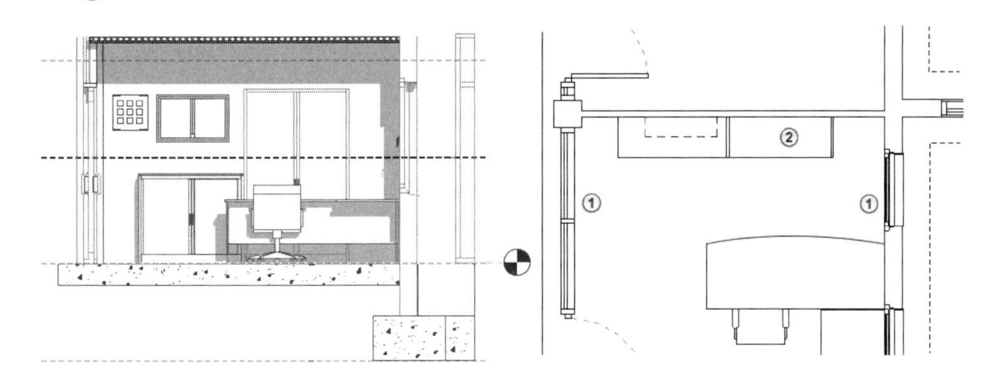

图 2-124　与剖切面相交的图元显示

2. 低于剖切面且高于底剪裁平面的图元

在平面图中，Revit 使用图元类别的投影线宽绘制低于剖切面且高于底剪裁平面的图元。如图 2-125 所示，蓝色高亮显示部分表示低于剖切面且高于底剪裁平面的图元，右侧平面图显示以下内容。

- ①表示使用投影线宽绘制的图元，因为它们不与剖切面相交（橱柜、桌子和椅子）。

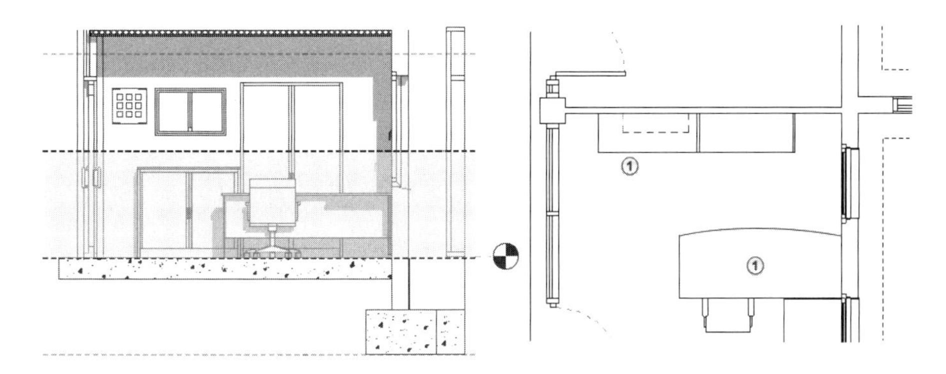

图 2-125　低于剖切面且高于底剪裁平面的图元显示

3. 低于底剪裁平面且在视图深度内的图元

在视图深度内的图元使用超出线样式绘制，与图元类别无关。

例外情况：位于视图范围之外的楼板、结构楼板、楼梯和坡道使用一个调整后的范围，比主要范围的底部低 4 英尺（约 1.22m）。在该调整范围内，使用该类别的投影线宽绘制图元。如果它们存在于此调整范围之外但在视图深度内，则使用超出线样式绘制。

如图 2-126 所示，蓝色高亮显示部分表示低于底剪裁平面且在视图深度内的图元，右侧平面图显示以下内容。

- ①表示使用超出线样式绘制的视图深度内的图元（基础）。
- ②表示使用投影线宽为其类别绘制的图元，因为它满足例外条件。

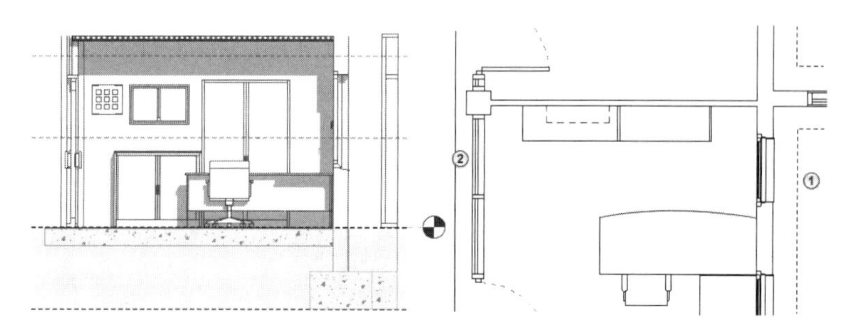

图 2-126　低于底剪裁平面且在视图深度内的图元显示

4. 高于剖切面且低于顶剪裁平面的图元

高于剖切面且低于顶剪裁平面的图元不会显示在平面图中，除非其类别是窗、橱柜或常规模型。这 3 个类别中的图元由从上方查看时的投影线宽绘制。

如图 2-127 所示，蓝色高亮显示部分表示高于剖切面且低于顶剪裁平面的图元，右侧平面图显示以下内容。

- ① 表示使用投影线宽绘制的壁装橱柜。在这种情况下，在橱柜族中定义投影线的虚线样式。
- ② 表示未在平面图中绘制的壁灯（照明类别），因为其类别不是窗、橱柜或常规模型。

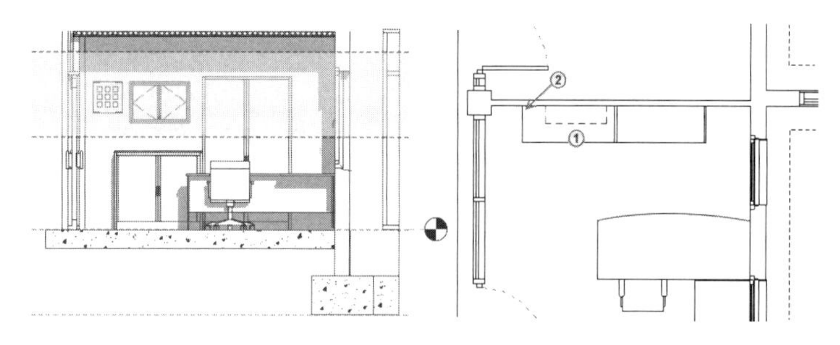

图 2-127　高于剖切面且低于顶剪裁平面的图元显示

在【属性】选项板的【范围】选项组中单击【编辑】按钮，可在打开的【视图范围】对话框中设置视图范围，如图 2-128 所示。

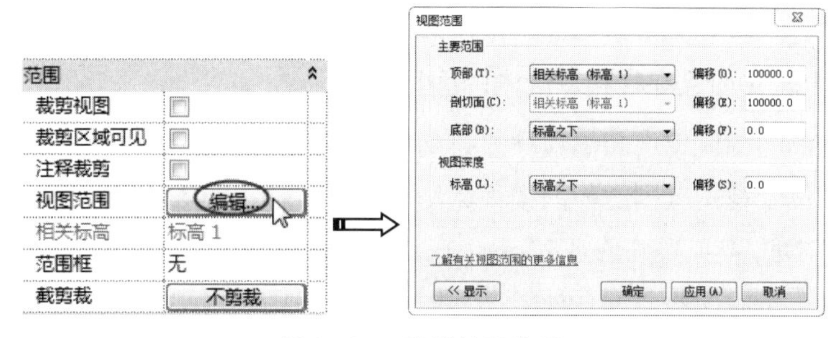

图 2-128　设置视图范围

2.4.4　视图控制栏上的视图显示工具

图形区下方的视图控制栏上的视图显示工具可以帮助用户快速操作视图。

视图控制栏上的视图显示工具如图 2-129 所示。下面简单介绍这些工具的基本用法。

1．视觉样式

图 2-129　视图控制栏上的视图显示工具

图形的模型显示样式设置，可以在视图控制栏上利用【视觉样式】工具来实现。单击【视觉样式】按钮，弹出下拉列表，如图 2-130 所示。选择【图形显示选项】，可打开【图形显示选项】对话框进行视图设置，如图 2-131 所示。

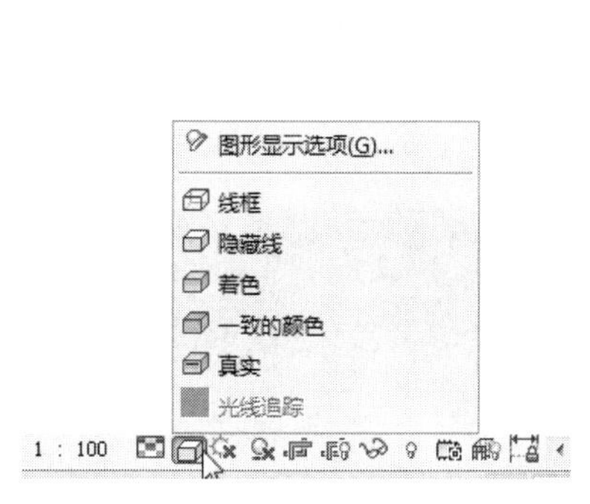

图 2-130　【视觉样式】下拉列表

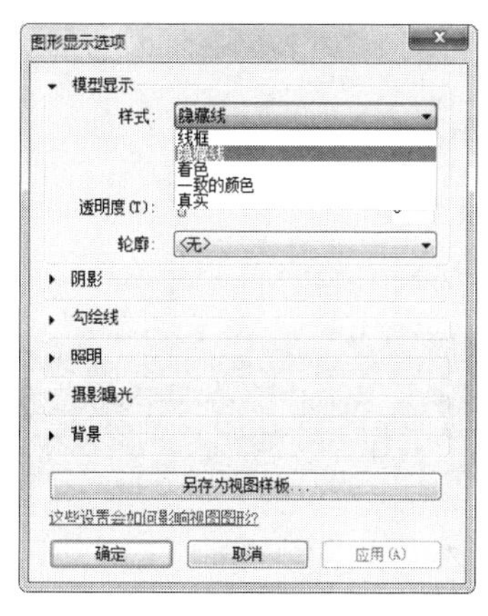

图 2-131　【图形显示选项】对话框

2．日光设置

当渲染场景为白天时，可以设置日光。单击【日光设置】按钮，弹出包含 3 个选项的下拉列表，如图 2-132 所示。

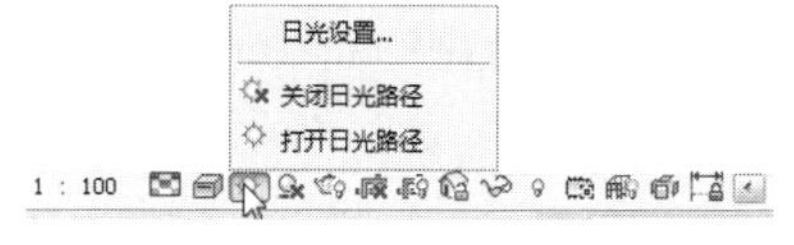

图 2-132　【日光设置】下拉列表

日光路径是指一天中阳光在地球上照射的时间和地理路径，并以运动轨迹可视化，如图 2-133 所示。

选择【日光设置】选项，可以打开【日光设置】对话框进行日光研究和设置，如图 2-134 所示。

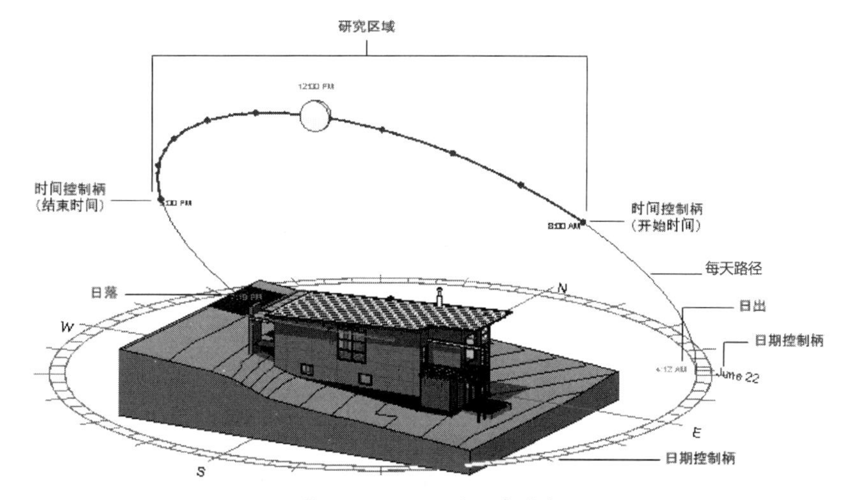

图 2-133　一天的日光路径

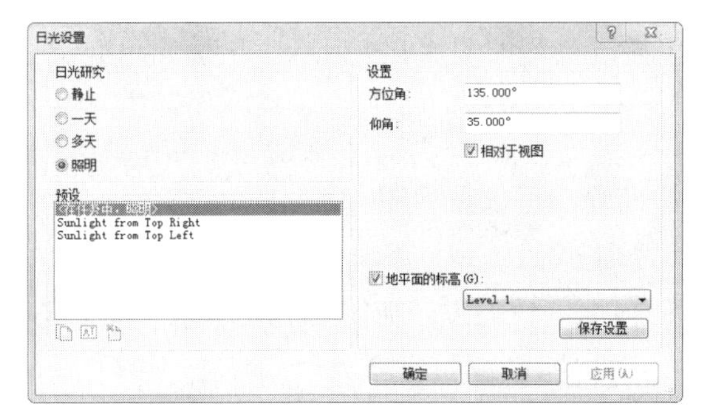

图 2-134 【日光设置】对话框

3. 阴影开关

在视图控制栏上单击【打开阴影】按钮 或者【关闭阴影】按钮 ，可以显示或关闭真实渲染场景中的阴影。图 2-135 所示为打开阴影的场景；图 2-136 所示为关闭阴影的场景。

图 2-135 打开阴影的场景

图 2-136 关闭阴影的场景

4. 视图的剪裁

剪裁视图主要用于查看三维建筑模型剖面在被剪裁之前和被剪裁之后的视图状态。

上机操作——查看视图被剪裁与不被剪裁的状态

① 从 Revit 2022 主页界面中打开【建筑样例项目】文件（Revit 自带的练习文件）。

② 进入 Revit 建筑项目设计工作界面后，在【项目浏览器】选项板中，双击【视图】|【立面图】|【East】视图，打开【East】立面图，如图 2-137 所示。

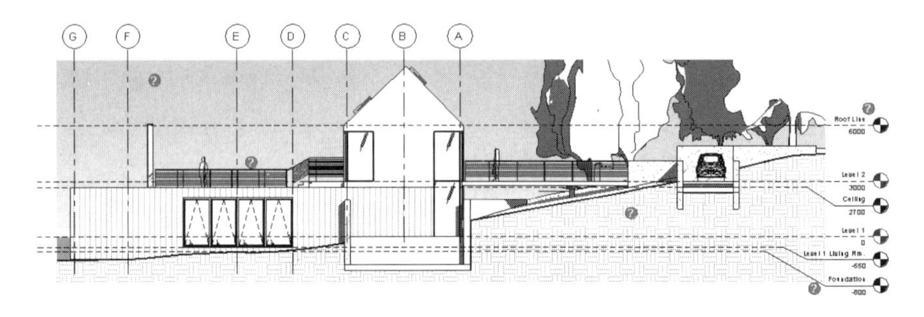

图 2-137 【East】立面图

③ 此视图实际上是一个剪裁视图。单击视图控制栏上的【不剪裁视图】按钮 ，可

以查看被剪裁之前的视图，如图 2-138 所示。

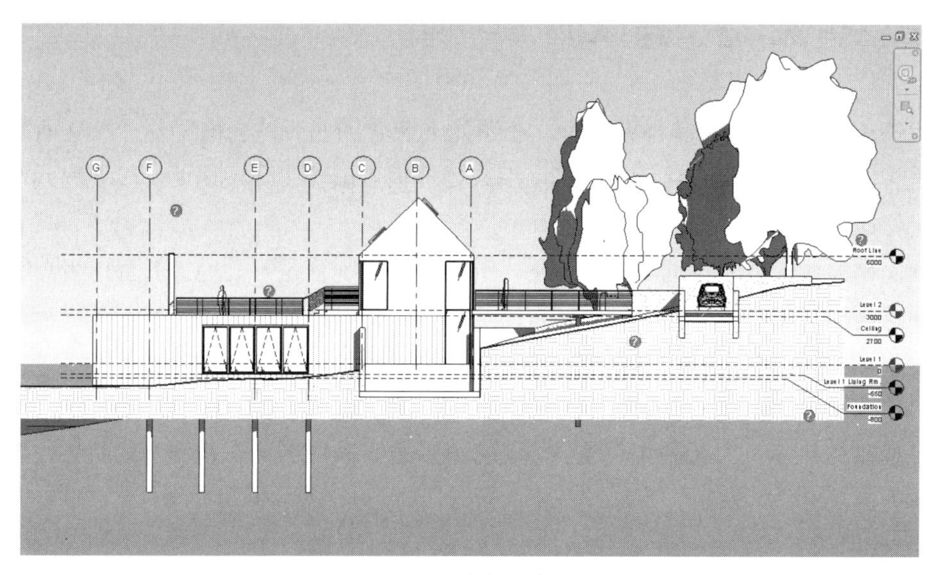

图 2-138　被剪裁之前的视图

④　此时是没有显示视图剪裁边界的，要想显示，可单击【显示裁剪区域】按钮，显示视图剪裁边界，如图 2-139 所示。

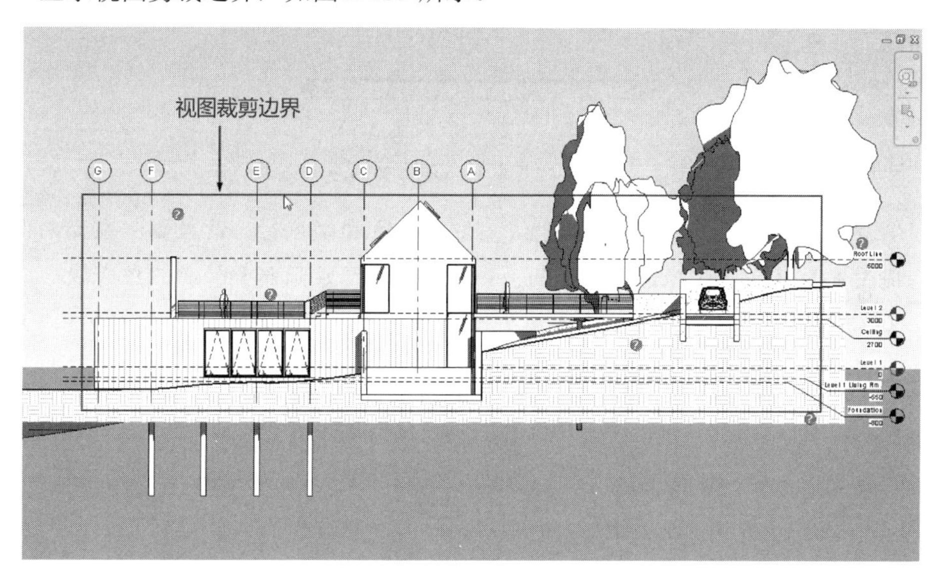

图 2-139　显示视图剪裁边界

⑤　要返回正常的立面图显示状态，需要单击【剪裁视图】按钮和【隐藏裁剪区域】按钮，如图 2-140 所示。

1 : 100

图 2-140　恢复立面图显示状态的两个按钮

2.5　控制柄和造型操纵柄

当我们在 Revit 中选择各种图元时，在图元上或者图元旁边会出现各种控制柄和造型操纵柄。这些快速操控模型的辅助工具可以用来处理很多编辑工作。比如，移动图元、修改尺寸参数、修改形状等。

不同类别的图元或者不同类型的视图，所显示的控制柄是不同的。下面介绍常用的拖曳控制柄和造型操纵柄。

2.5.1　拖曳控制柄

拖曳控制柄在拖曳图元时会自动显示，它可以用来改变图元在视图中的位置，也可以用来改变图元的尺寸。

Revit 使用如下类型的拖曳控制柄。

- 圆点（●———●）：当移动仅限于平面时，此控制柄在平面图中会与墙和线一起显示。拖曳圆点控制柄可以拉长、缩短图元，还可以修改图元的方向。平面图中一面墙上的拖曳控制柄（以蓝色显示）如图 2-141 所示。

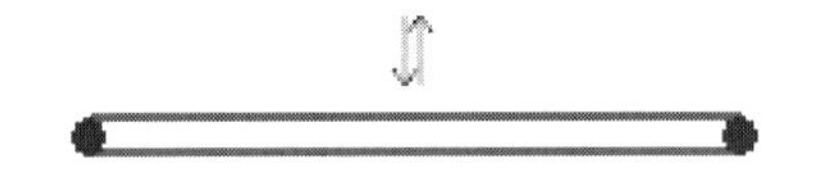

图 2-141　平面图中一面墙上的拖曳控制柄

- 单箭头（┌▲┐）：当移动仅限于线，但外部方向明确时，此控制柄在立面图和三维视图中显示为造型操纵柄。例如，未添加尺寸标注限制条件的三维形状会显示单箭头。三维视图中所选墙上的单箭头控制柄也可以用于移动墙，如图 2-142 所示。

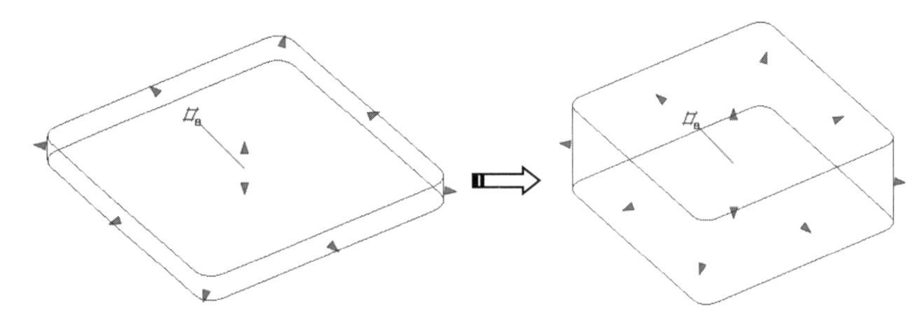

图 2-142　三维视图中的单箭头控制柄

知识点拨：

将鼠标指针放置在控制柄上并按 Tab 键，可在不改变墙尺寸的情况下移动墙。

- 双箭头（✦）：当造型操纵柄仅限于沿线移动时显示。例如，如果向某一个族中添加了标记的尺寸标注，并使其成为实例参数，则在将其载入项目并选择后，会显示双箭头。

知识点拨：

可以在墙端点控制柄上单击鼠标右键，并利用快捷菜单命令来允许或禁止墙连接。

上机操作——利用拖曳控制柄改变模型

① 在 Revit 2022 主页界面中打开【建筑样例族】族文件，如图 2-143 所示。

② 选中凳子的 4 条腿并双击，进入【拉伸】编辑模式，如图 2-144 所示。

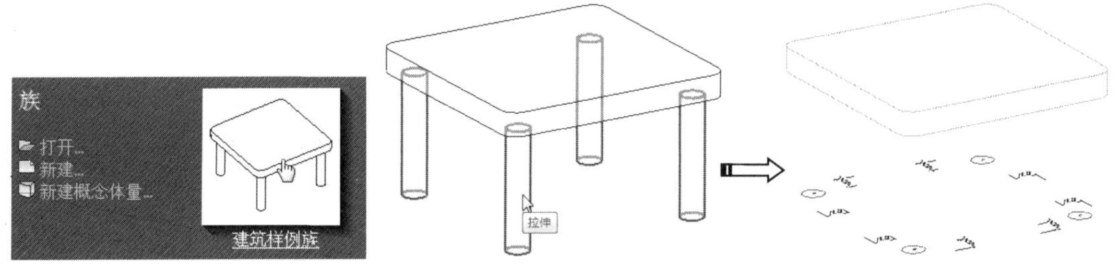

图 2-143　【建筑样例族】族文件　　　　图 2-144　双击凳子腿进入【拉伸】编辑模式

③ 选择凳子腿截面曲线（圆），修改其半径值，如图 2-145 所示。同理，修改其余 3 条凳子腿截面曲线的半径值。

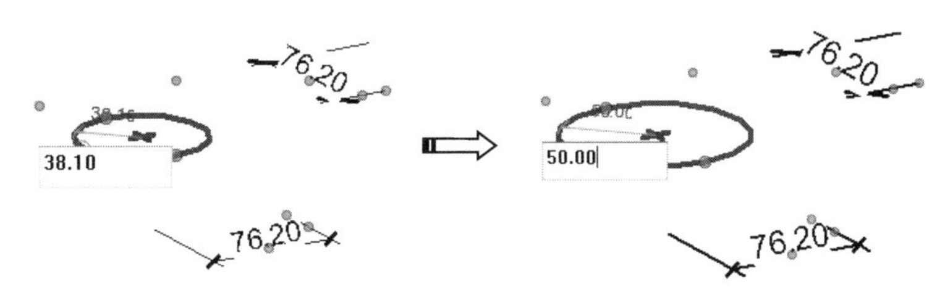

图 2-145　修改凳子腿截面曲线的半径值

知识点拨：

修改技巧是先选中截面曲线，然后选中显示的半径标注数字，即可显示尺寸文本框。

④ 在【修改|编辑拉伸】上下文选项卡的【模式】面板中单击【完成编辑模式】按钮，退出【拉伸】编辑模式。

⑤ 向下拖曳造型操纵柄，移动一定的距离，使凳子腿变长，如图 2-146 所示。

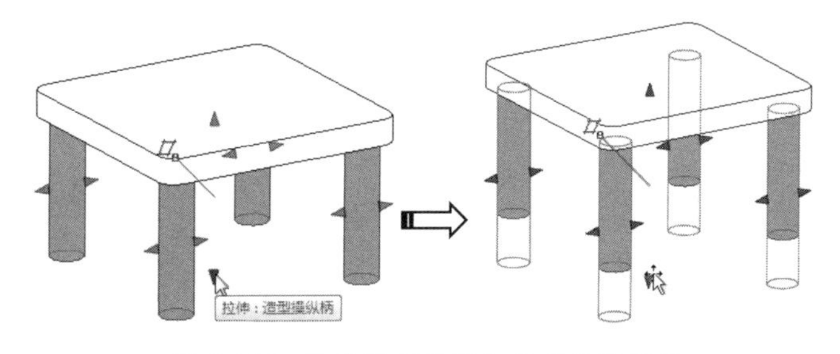

图 2-146　拖曳造型操纵柄使凳子腿变长

⑥ 选中凳子面板，显示全部的造型操纵柄。再拖曳凳子面板上的控制柄到新位置，如图 2-147 所示。

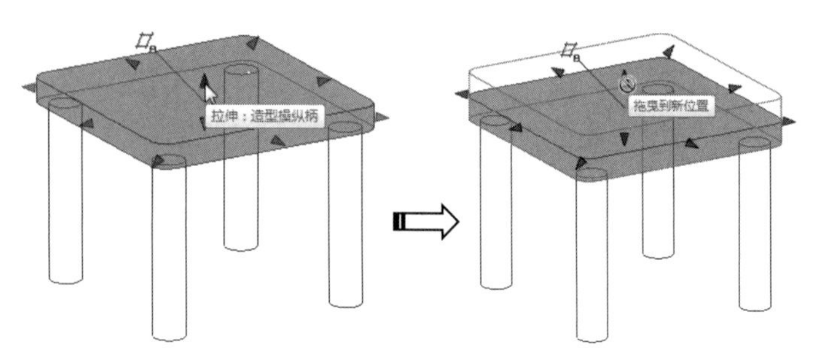

图 2-147　拖曳控制柄到新位置

⑦ 弹出错误的警告提示框，单击【删除限制条件】按钮 删除限制条件 即可完成修改，如图 2-148 所示。

图 2-148　删除限制条件

知识点拨：

当删除限制条件仍然不能修改模型时，可以反复多次拉伸图元并删除限制条件。

⑧ 拖曳水平方向上的控制柄，使凳子面板加长，如图 2-149 所示。

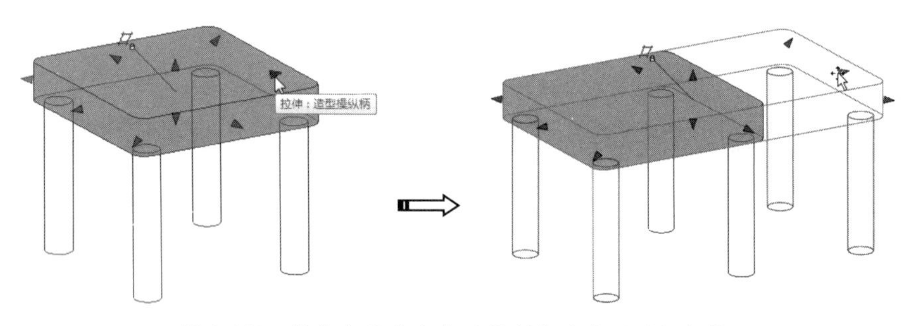

图 2-149　拖曳水平方向上的控制柄使凳子面板加长

知识点拨：

拖曳圆角上的控制柄，可以同时拉伸两个方向，如图 2-150 所示。

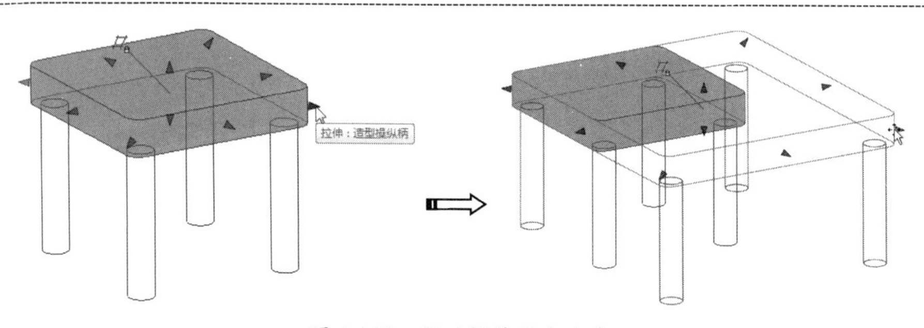

图 2-150　同时拉伸两个方向

⑨　修改完成的模型如图 2-151 所示。

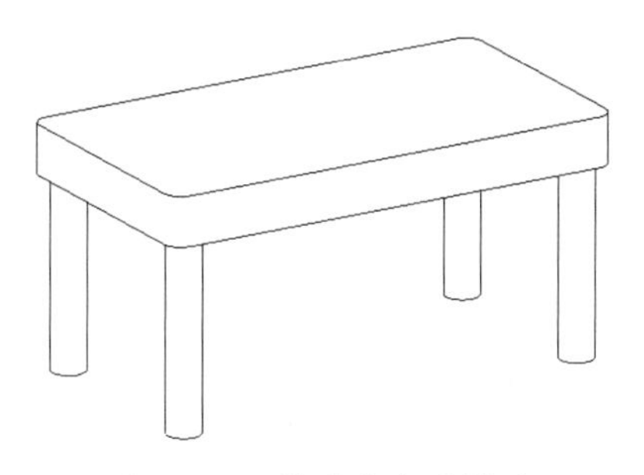

图 2-151　修改完成的模型

2.5.2　造型操纵柄

造型操纵柄主要用来修改图元的尺寸。在平面图中选择墙体后，将鼠标指针置于端点控制柄（蓝色圆点）上，按 Tab 键可显示造型操纵柄。在立面图或三维视图中高亮显示墙体时，按 Tab 键可将距离鼠标指针最近的整条边显示为造型操纵柄，通过拖曳该造型操纵柄可以调整墙体的尺寸。拖曳造型操纵柄的边时，它将显示为蓝色（或定义的颜色），如图 2-152 所示。

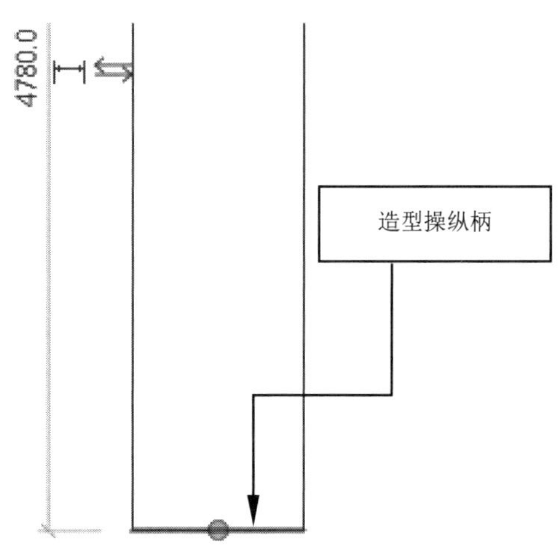

图 2-152　造型操纵柄

上机操作——利用造型操纵柄修改墙体尺寸

①　新建建筑项目文件，选择【Revit 2022 中国样板.rte】文件作为当前建筑项目样板，如图 2-153 所示。

②　在【建筑】选项卡的【构建】面板中单击【墙】按钮，绘制基本墙，如图 2-154 所示。

③　选中墙体，在【属性】选项板中重新选择基本墙，并设置新墙体类型为【基础-900mm 基脚】，如图 2-155 所示。

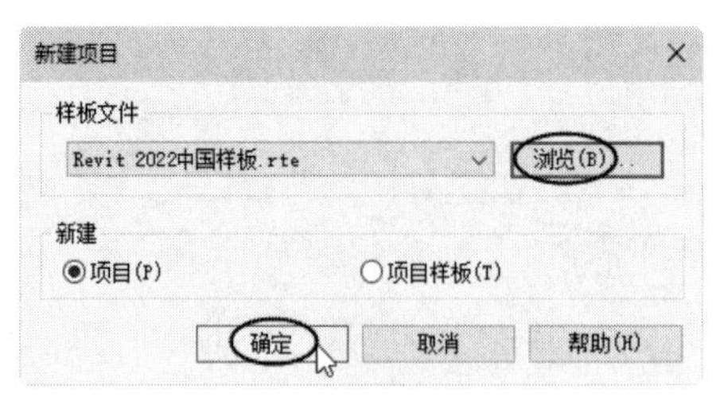

图 2-153 新建建筑项目文件

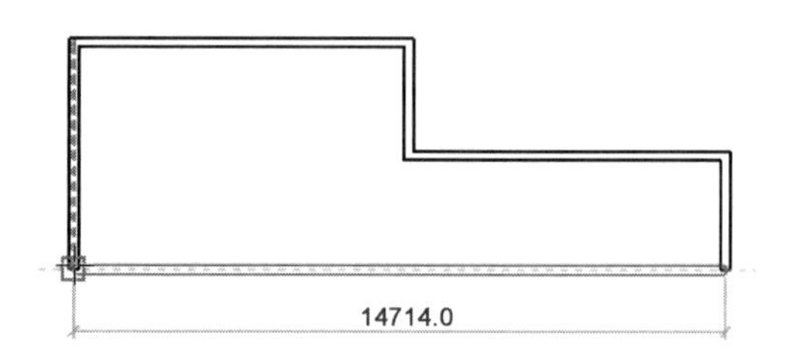

图 2-154 绘制基本墙

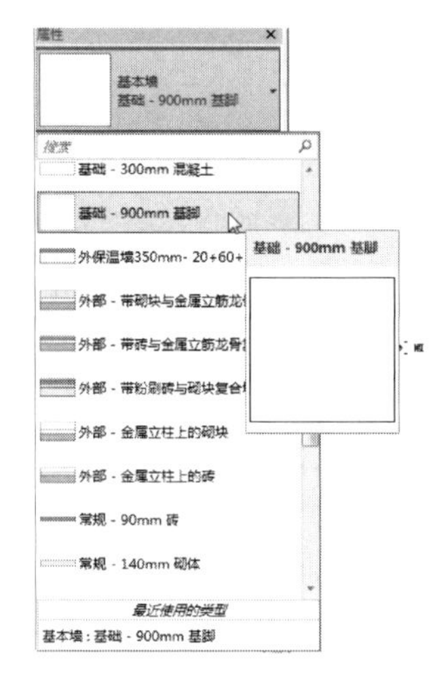

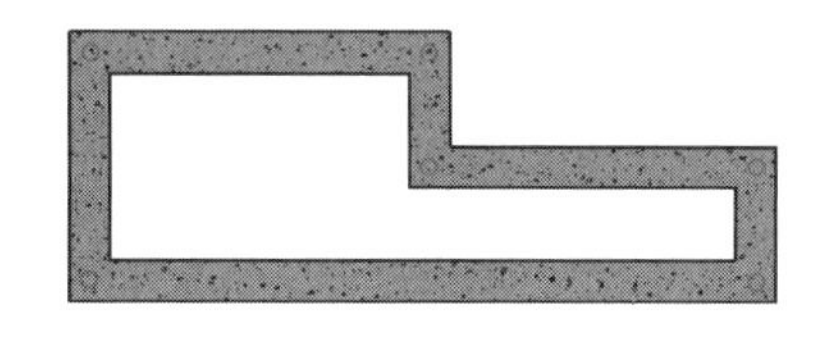

图 2-155 重新设置墙体类型

④ 选中其中一段基脚，显示造型操纵柄，如图 2-156 所示。

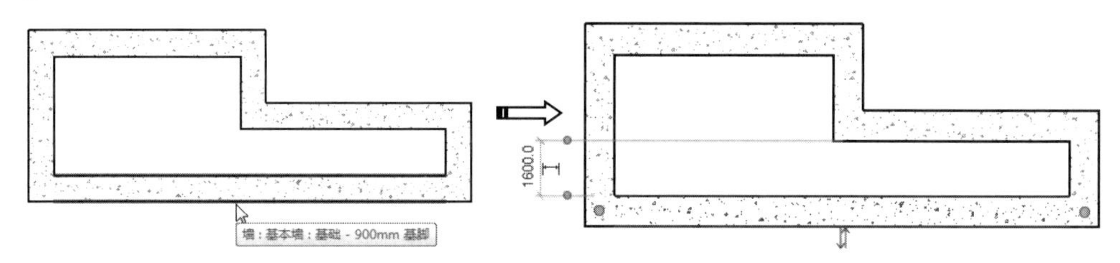

图 2-156 显示造型操纵柄

⑤ 拖曳造型操纵柄，改变此段基脚的位置（即改变垂直方向的基脚尺寸），如图 2-157 所示。

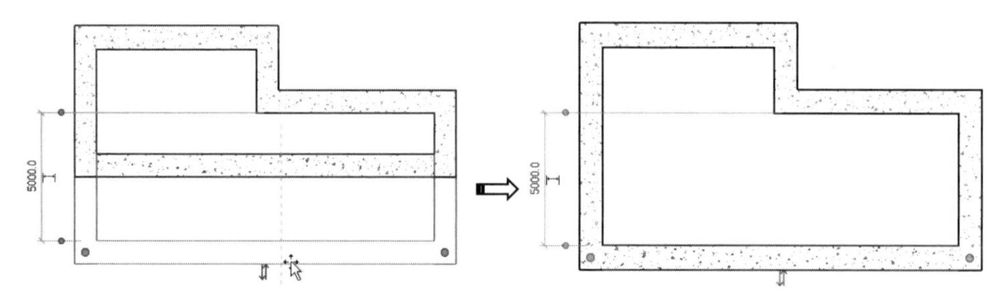

图 2-157 拖曳造型操纵柄改变基脚尺寸

⑥ 保存结果。

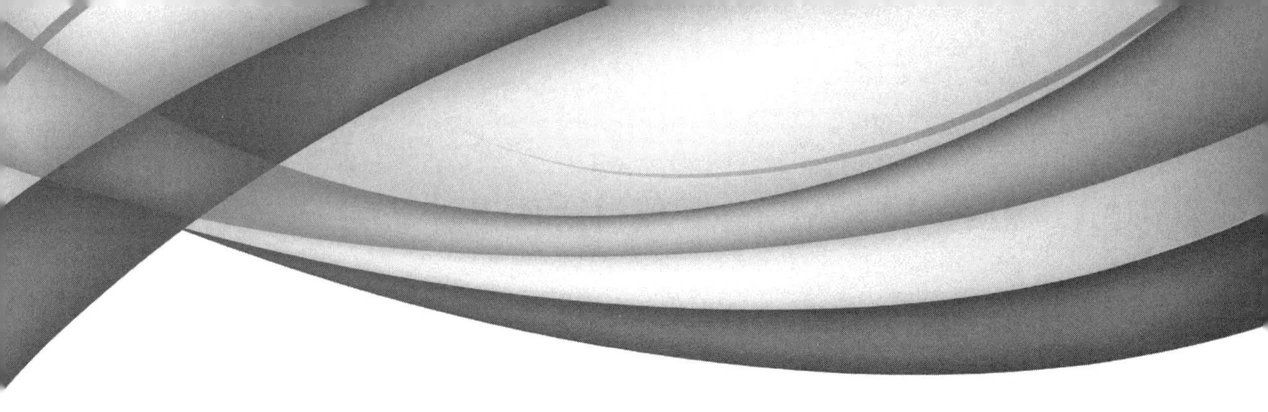

第 3 章

协同设计与项目管理

本章内容

在超大型建筑设计项目中，需要大量的设计师进行协同设计。建筑项目的管理是完成整个建筑项目设计重要的前期工作。本章将介绍 BIMSpace 乐建 2022 协同设计功能并完成 Revit 项目管理工作。

知识要点

☑ Revit 与 BIMSpace 项目协作设计

☑ 项目管理与设置

☑ 实战案例——升级旧项目样板文件

3.1 Revit 与 BIMSpace 项目协作设计

我们都知道，任何一个建筑项目都不可能由某个人单独完成建筑、结构、机械电气、给排水、暖通设计等诸多工作。在 Revit 中如何实现多个专业领域的协调与合作是建筑工程行业的终极目标。下面介绍在 Revit 中协作设计的具体应用。

3.1.1 管理协作

当有多名建筑设计师和结构设计师共同参与某个建筑项目设计时，可以利用计算机系统组建的内部局域网进行协作设计，这个共同参与设计的工作对象被称为【工作集】。

【工作集】将所有人的修改成果通过网络共享文件夹的方式保存在中央服务器上，并将其他人修改的成果实时反馈给参与设计的用户，以便其在设计时可以及时了解其他人的修改和变更结果。要启用【工作集】，必须由项目负责人在开始协作前建立和设置【工作集】，指定共享文件夹的位置，并设置所有参与项目工作的人员的权限。

1. 启用工作共享

工作共享是一种设计方法，此方法允许多名团队成员同时处理同一个项目模型，在许多项目中，项目负责人会为团队成员分配一个让其负责的特定功能领域，如图 3-1 所示。

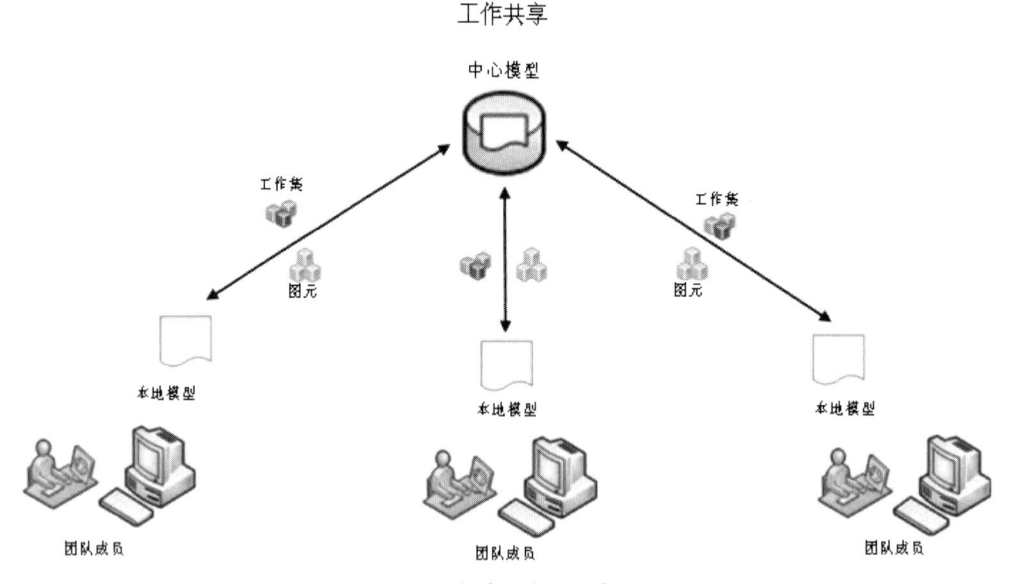

图 3-1 团队成员共享一个中心模型

Revit 中关于工作共享的专用术语及其定义如表 3-1 所示。

表 3-1 Revit 中关于工作共享的专业术语及其定义

专业术语	定义
工作共享	允许多名团队成员同时对同一个项目模型进行处理的设计方法

续表

专业术语	定 义
中心模型	工作共享项目的主项目模型。中心模型存储了项目中所有图元的当前所有权信息，并充当发布到该文件的所有修改内容的分发点。所有团队成员保存各自的中心模型本地副本，在本地进行工作，然后与中心模型进行同步，以便其他团队成员可以看到自己的工作成果
本地模型	项目模型的副本，驻留在使用该模型的团队成员的计算机系统上。使用工作共享在团队成员之间分发项目工作时，每名团队成员都在他的工作集（功能区域）上使用本地模型。团队成员定期将各自的修改保存到中心模型中，以便其他团队成员可以看到这些修改，并使用最新的项目信息更新各自的本地模型
工作集	项目中图元的集合。对于建筑，工作集通常定义了独立的功能区域，例如，内部区域、外部区域、场地或停车场；对于建筑系统工程，工作集可以描绘功能区域，例如，HVAC、电气、卫浴或管道。在启用工作共享时，可将一个项目分成多个工作集，不同的团队成员负责各自的工作集
活动工作集	要向其中添加新图元的工作集。活动工作集的名称显示在【协作】选项卡的【管理协作】面板或状态栏上
图元借用	用于编辑不属于操作者的图元。如果没有人拥有该图元，则软件会自动授予操作者借用权限。如果另一名团队成员当前正在编辑该图元，则该团队成员即为所有者，你必须请求或者等待其放弃该图元才能够借用
工作共享文件	启用了工作集的 Revit 项目
非工作共享文件	尚未启用工作集的 Revit 项目
协作	多名团队成员处理同一个项目。这些团队成员可能属于不同的规程，或在不同的地点工作。协作方法包括工作共享和使用链接模型
基于服务器的工作共享	一种工作共享的方法，其中，中心模型被存储在 Revit Server 中，可以直接或通过 Revit Server Accelerator 与 WAN 内的团队成员进行通信
基于文件的工作共享	一种工作共享的方法，这种方法将中心模型存储在某个网络位置的文件中
云工作共享	一种将中心模型存储在云中的工作共享方法。团队成员使用 Collaboration for Revit 共同更改模型

上机操作——启用工作共享

启用工作共享，可以在云或者局域网中编辑一个模型。要创建局域网，必须确定主机（如作者工作计算机）和分机（其他计算机）。

① 创建局域网。在主机的系统桌面左下角执行【开始】|【控制面板】命令，打开控制面板首页窗口。在该窗口中单击【家庭组】按钮，打开【家庭组】窗口。

② 在【家庭组】窗口中单击【创建家庭组】按钮，在打开的【创建家庭组】窗口中选择所有的共享内容，并单击【下一步】按钮，如图 3-2 所示。

③ 最后单击【创建家庭组】窗口中的单击【完成】按钮，完成家庭组的创建，并记住这个自动生成的家庭组密码。必要时，可以修改家庭组密码。

④ 同理，在分机中也需要打开控制面板的【家庭组】窗口。单击【立即加入】按钮，输入在主机中生成的家庭组密码后，即可加入家庭组。

⑤ 在主机磁盘的任意位置新建名称为【中心文件】的空白文件夹，并设置该文件夹为网络共享文件夹，设置允许所有网络用户拥有该文件夹的读/写权限，操作步骤如图 3-3 所示。

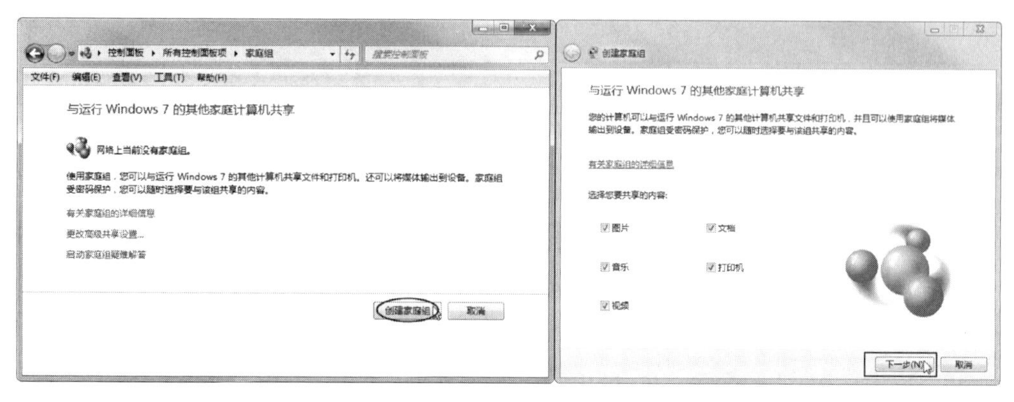

图 3-2 创建家庭组并选择共享内容

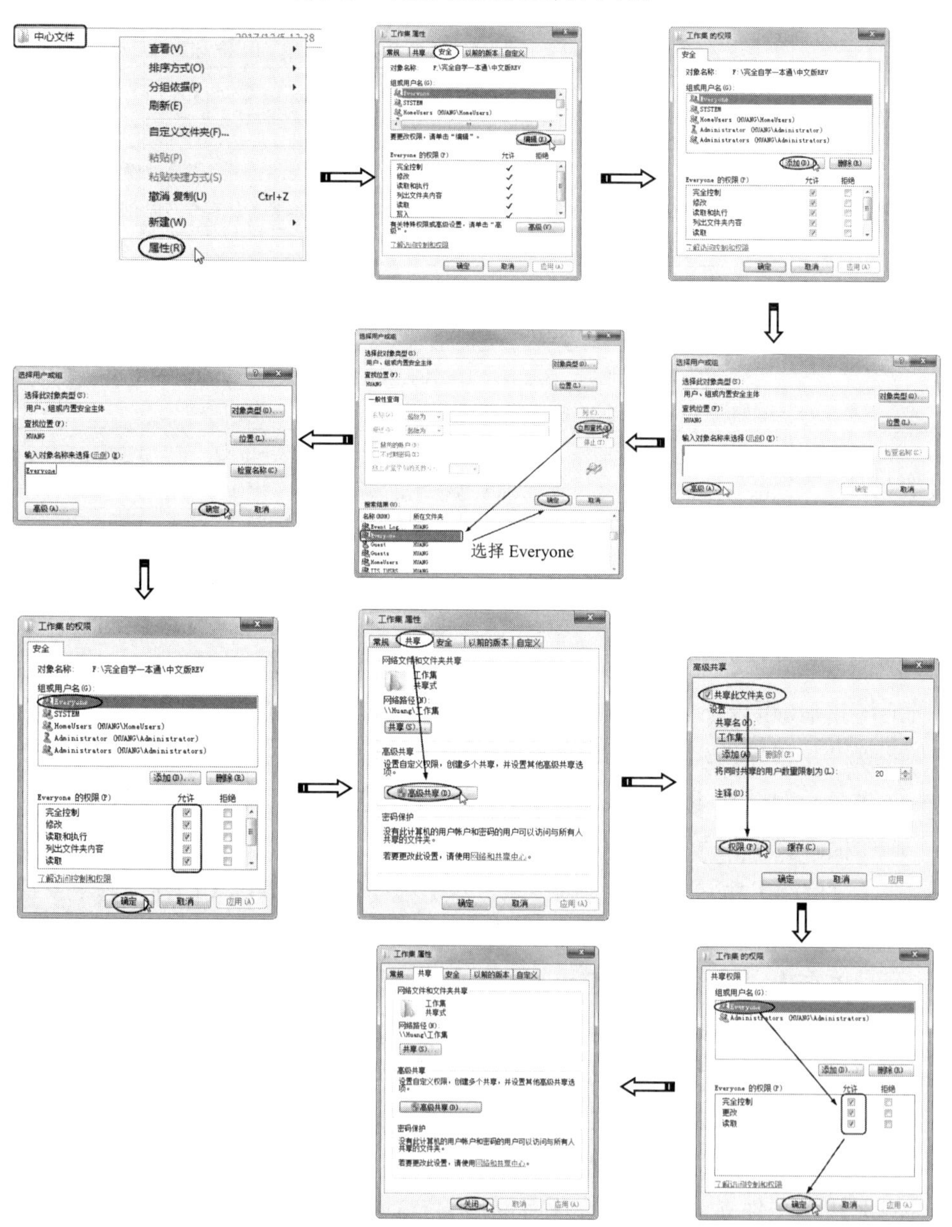

图 3-3 新建空白文件夹并将其设置为网络共享文件夹

⑥ 通过网上邻居的【映射网络驱动器】功能，分别在主机和分机中将【工作集】共享文件夹映射为“Z:”，如图 3-4 所示。映射网络驱动器后，可以在计算机文件路径的首页找到其位置，如图 3-5 所示。

⑦ 在主机中启动 Revit 2022，新建一个建筑项目文件，进入 Revit 工作界面。在【协作】选项卡的【管理协作】面板中单击【协作】按钮，将新建的建筑项目文件保存在映射的网络驱动器（中心文件）中。

⑧ 打开【协作】对话框，保留默认的协作方式（在网络内协作），单击【确定】按钮完成网络协作设置，如图 3-6 所示。

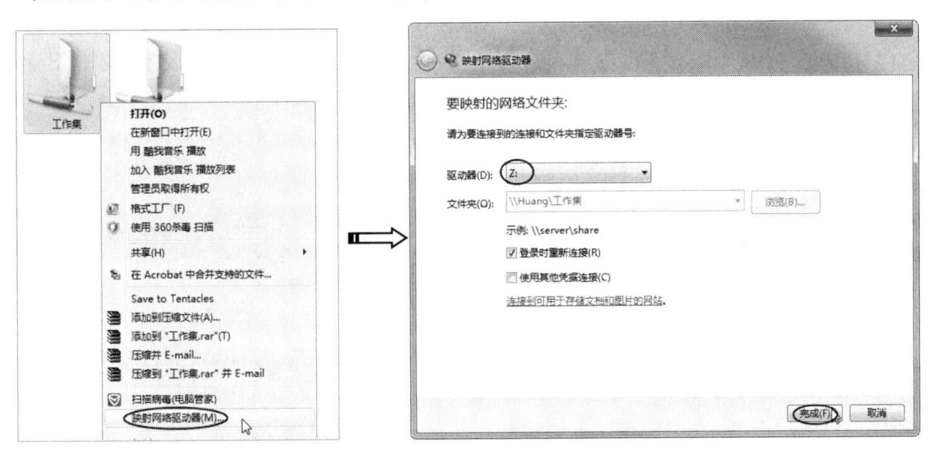

图 3-4　映射网络驱动器

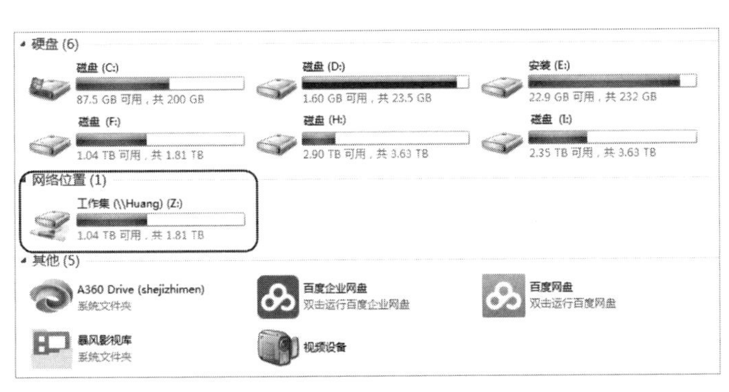

图 3-5　映射的网络驱动器位置

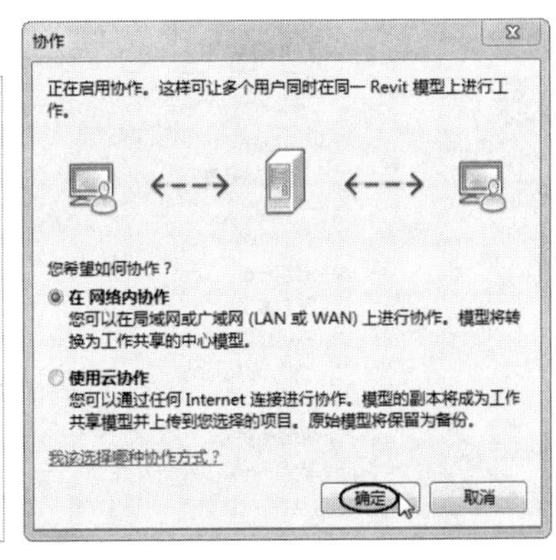

图 3-6　完成网络协作设置

⑨ 同理，在分机中进行相同的设置操作，完成后所有设计师都可以共享同一个建筑项目文件并可以进行设计、编辑工作。

⑩ 如果需要在云中进行协作，可以从网络共享协作转换到云协作。在【管理协作】面板中单击【在云中进行协作】按钮，保存模型后即可转换到云协作。要进行云协作，使用单位还需要购买使用权限。普通用户暂时不能使用此功能。

2. 创建中心模型

在启用工作共享后，需要基于现有的模型来创建项目主模型，我们将其称为【中心模型】。

中心模型存储了项目中所有工作集和图元的当前所有权信息，并充当发布到该文件的所有修改内容的分发点。所有团队成员都应保存各自的中心模型本地副本，在本地进行编辑，然后与中心模型进行同步，以便其他团队成员可以看到自己的工作成果。

上机操作——创建中心模型

① 在主机上打开用作中心模型的项目文件【中心模型.rvt】，该项目文件中有建筑设计和结构设计的组成要素，如图 3-7 所示。

② 切换到【F1】楼层平面图，在【项目浏览器】选项板的【视图（全部）】视图节点上右击并在弹出的快捷菜单中执行【浏览器组织】命令，打开【浏览器组织】对话框，设置视图类型为【规程】，单击【确定】按钮完成设置，如图 3-8 所示。

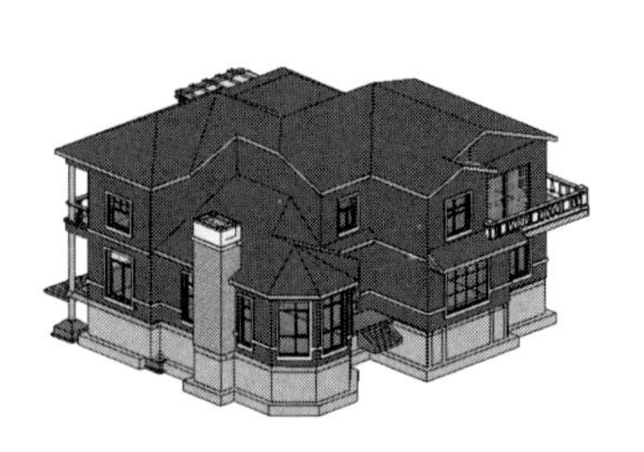

图 3-7 用作中心模型的项目文件

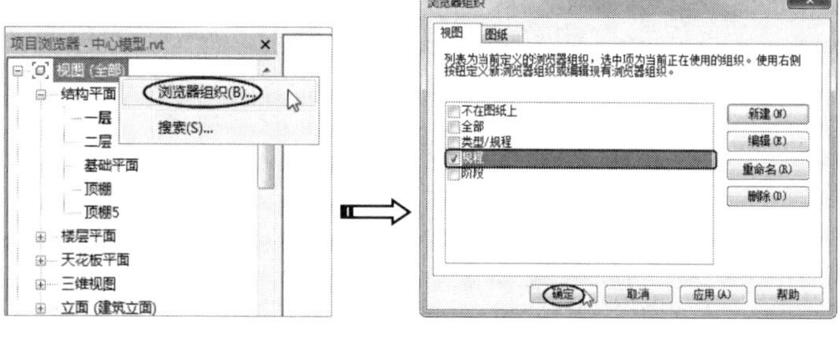

图 3-8 设置视图类型

③ Revit 将按照【规程】重新组织视图，如图 3-9 所示。

（a）【全部】视图

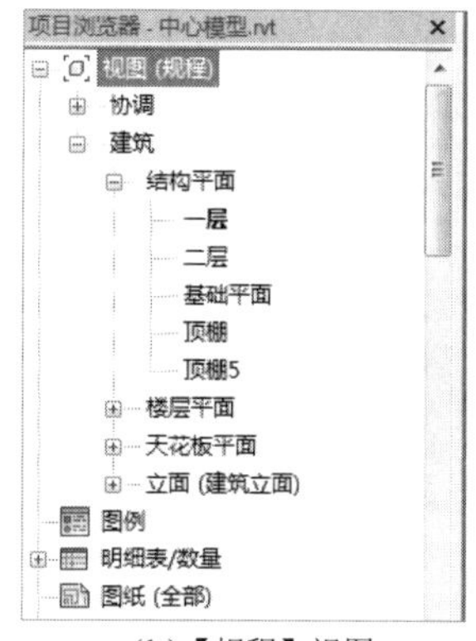

（b）【规程】视图

图 3-9 重新组织视图

④ 在【协作】选项卡的【管理协作】面板中单击【工作集】按钮，打开【工作集】对话框，如图 3-10 所示。

⑤ 在【工作集】对话框中，Revit 默认将标高和轴网图元移动到名称为【共享标高和轴网】的工作集中，非标高和轴网图元移动到名称为【工作集 1】的工作集中，单击【重命名】按钮，修改【工作集 1】的名称为【结构设计师】，单击【确定】按钮完成设置，如图 3-11 所示。

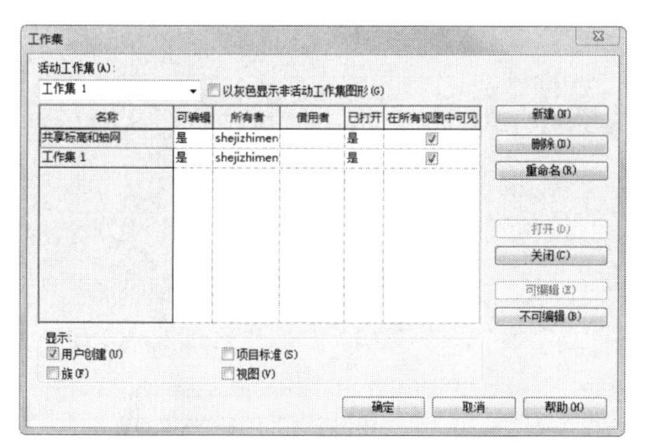

图 3-10　【工作集】对话框

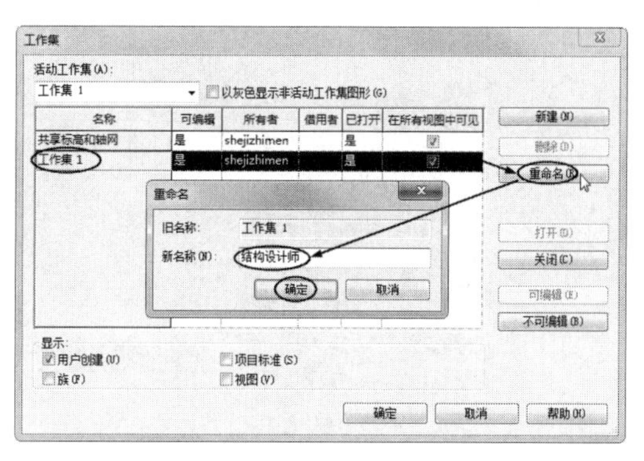

图 3-11　重命名【工作集 1】

知识点拨：

由于标高和轴网是所有参与工作的人员的定位基础，因此 Revit 默认将标高和轴网图元移动到单独的工作集中进行管理。

⑥ 在【工作集】对话框中列举了当前项目中已有的工作集名称、该工作集的所有者等信息。单击【新建】按钮，打开【新建工作集】对话框，输入新工作集名称为【建筑设计师】，勾选【在所有视图中可见】复选框，单击【确定】按钮，退出【新建工作集】对话框，为项目添加【建筑设计师】工作集，如图 3-12 所示。

⑦ 至此，已完成工作集的创建工作，不修改其他任何参数，单击【确定】按钮退出【工作集】对话框，随后打开【指定活动工作集】对话框，提示用户是否将第⑥步新建的【建筑设计师】工作集设置为活动工作集，单击【否】按钮，不接受该建议，如图 3-13 所示。

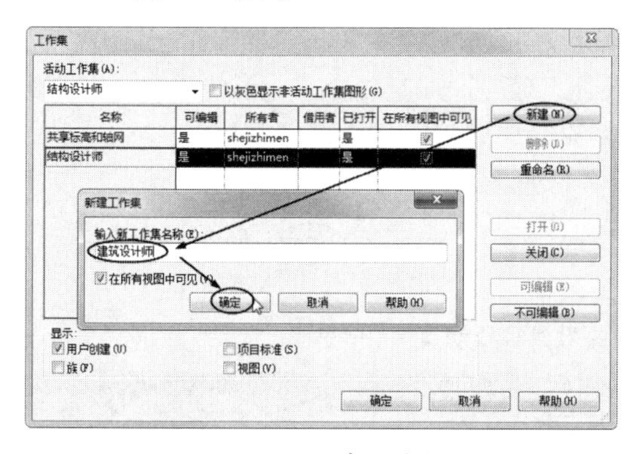

图 3-12　新建工作集

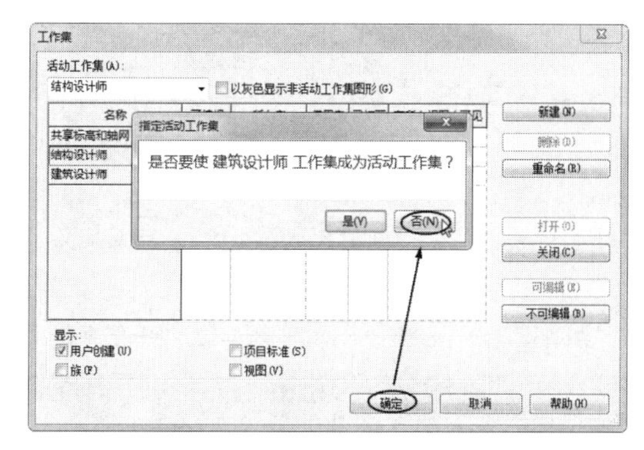

图 3-13　不将新建的工作集设置为活动工作集

知识点拨：

在【工作集】对话框中可以重新指定任意工作集为当前活动工作集。

⑧ 在视图中框选所有图元，单击【修改|选择多个】上下文选项卡中的【过滤器】按钮，选择视图中的所有结构柱图元，此时【属性】选项板的【标识数据】选项组中添加了【工作集】和【编辑者】参数，且结构柱【工作集】的默认参数为【结构设计师】，这意味着所选的结构柱属于结构设计师的工作范畴，如图 3-14 所示。

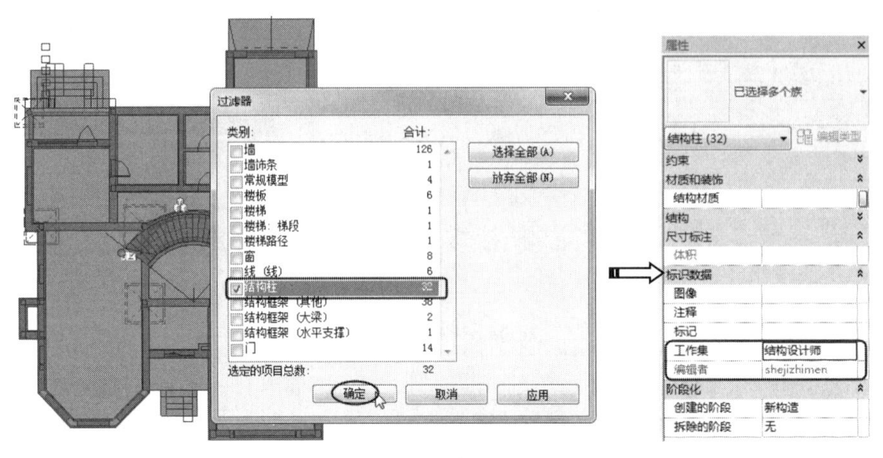

图 3-14　选择所有结构柱图元

⑨ 执行【文件】|【另存为】|【项目】命令，打开【另存为】对话框。单击该对话框右下角的【选项】按钮，打开【文件保存选项】对话框，在该对话框的【工作共享】选项组中，默认勾选了【保存后将此作为中心模型】复选框，即保存的项目文件将作为中心文件共享给所有团队成员。将项目文件保存在之前创建的映射网络驱动器Z:中，如图 3-15 所示。

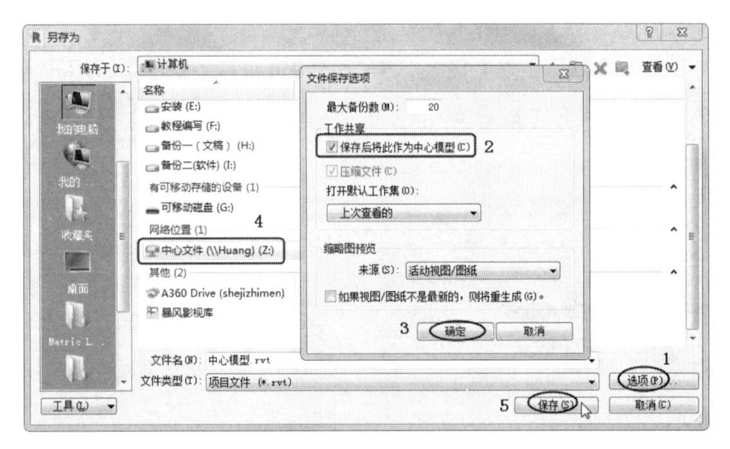

图 3-15　保存项目文件到映射网络驱动器 Z:中

知识点拨：

启用工作集后，在保存项目文件时，所保存的项目文件将默认作为中心文件。在保存中心文件时，必须将中心文件保存于映射后的网络驱动器中，以确保保存的路径为 UNC 路径。在任何时候另存为项目文件时，均可通过【文件保存选项】对话框将所保存的项目文件设置为中心文件。

⑩ 打开【工作集】对话框，设置所有工作集的【可编辑】选项为【否】，也就是说，其他分机的设计师是不能进行再次编辑的，完成后单击【确定】按钮，退出【工作集】对话框，如图 3-16 所示。

⑪ 在【协作】选项卡的【同步】面板中单击【与中心文件同步】按钮，打开【与中心文件同步】对话框，如图 3-17 所示。如果有必要，可输入本次同步的注释信息，单击【确定】按钮，将工作集设置为与中心文件同步。

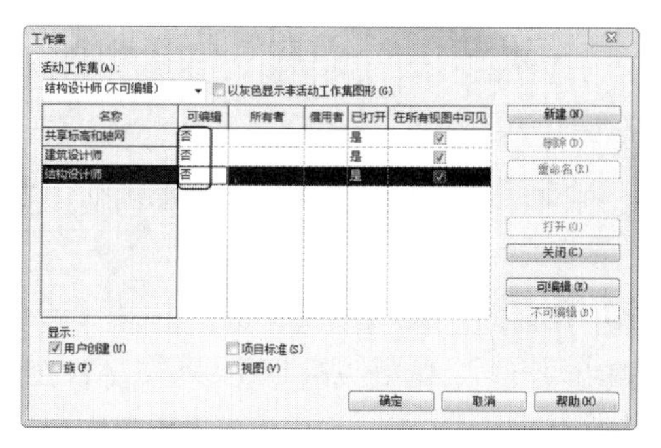

图 3-16　设置所有工作集不可编辑

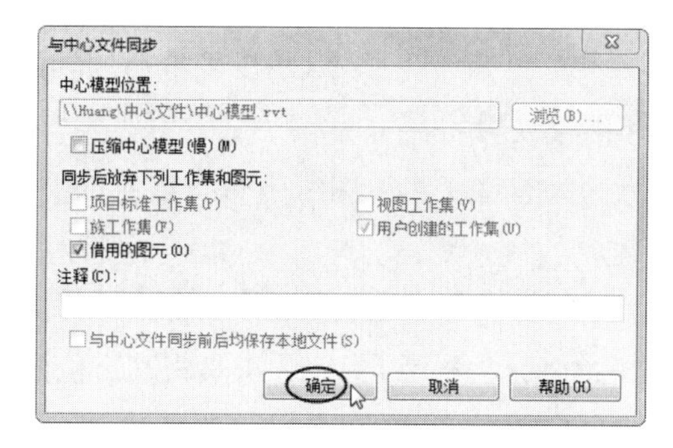

图 3-17　【与中心文件同步】对话框

知识点拨：

由于项目经理并不会直接参与项目的修改与变更，因此在设置完工作集后，需要将所有的工作集释放，即设置所有工作集均不可编辑。如果项目经理需要参与中心文件的修改工作，或需要保留部分工作集不被其他团队成员修改，则可以将该工作集的【可编辑】选项设置为【是】，这样在与中心文件同步后，其他团队成员将无法修改被项目经理占用的工作集图元。所有修改数据必须与中心文件同步后才能生效。Revit 通过向每一个图元实例属性中添加【工作集】参数来控制每一个图元所属的工作集。

3.1.2　链接模型

在 Revit Architecture 模块中，利用【链接】功能链接其他专业模型，达到协同设计的目的。

在【插入】选项卡中，可以通过链接或导入的方式将外部文件载入当前项目中。下面详细说明链接模型与导入模型的区别。

现阶段在使用 Revit 链接模型时，都是用 CAD 进行模型构建的，会经常用到 CAD 来进行模型的定位。在插入 CAD 图纸时，本节以链接 CAD 与导入 CAD 为例来说明这两个功能的区别。

图 3-18 所示为导入 CAD 图纸后的界面。用户可以将图纸进行分解，分解后，图纸中的线条可以作为 Revit 中的模型线。

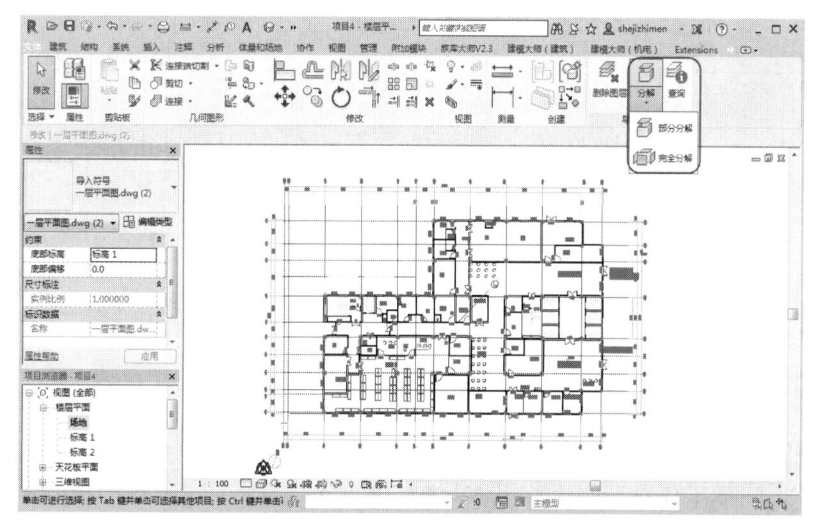

图 3-18　导入 CAD 图纸后的界面

图 3-19 所示为链接 CAD 图纸后的界面。由于与之前的图纸有某种链接关系，因此图纸是不能被编辑的。

因为有些 CAD 图纸中带有自身的图块，所以不能直接将其全部分解，需要进行部分分解。

在选择链接 CAD 图纸时，要注意单位的设置，并需要勾选【定向到视图】复选框，如图 3-20 所示。利用【移动】工具将其定位到项目基点即可，定位好以后记得锁定 CAD 图纸，并将项目基点关闭，以免之后的操作误移了基点。如果要删除图纸，则需要解锁图纸后再删除，如图 3-21 所示。

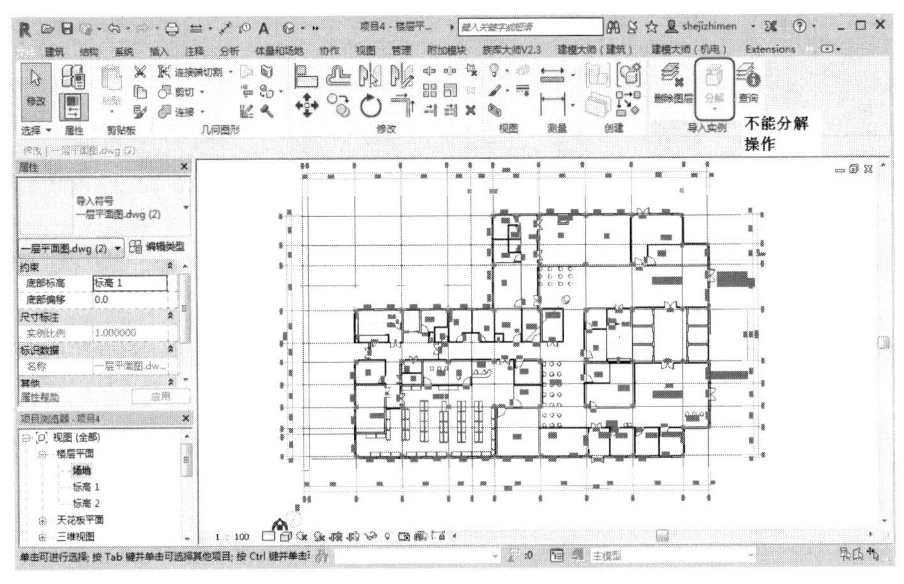

图 3-19　链接 CAD 图纸后的界面

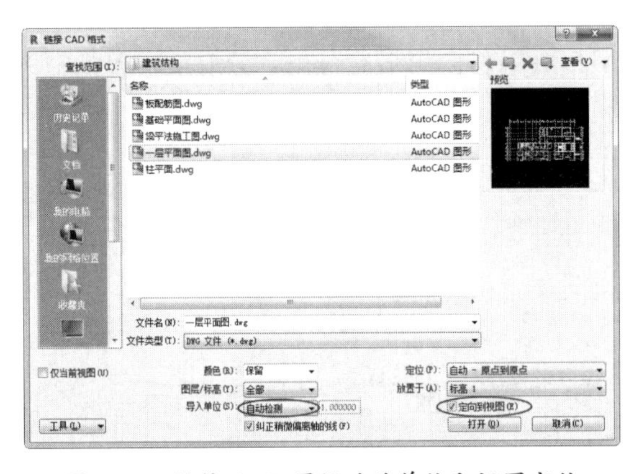

图 3-20　链接 CAD 图纸时的单位和视图定位

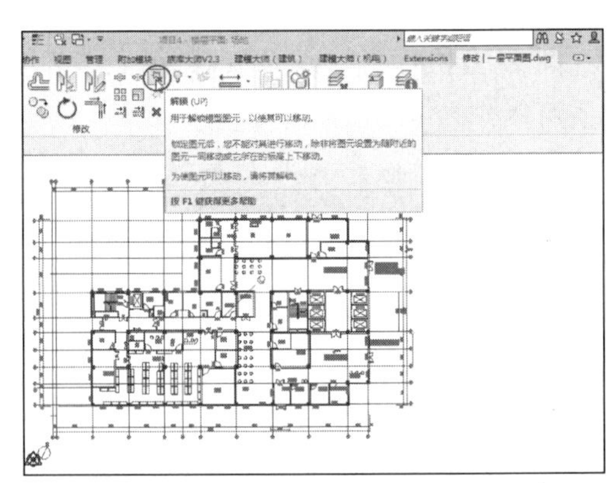

图 3-21　解锁图纸

3.1.3　BIMSpace 乐建 2022 协同设计功能

BIMSpace 乐建 2022 为建筑设计师提供了专业的从设计、施工到装配式建筑的整套解决方案。读者可在广联达官方网站下载 BIMSpace 乐建 2022 并进行试用。BIMSpace 乐建 2022 为 4 个软件模块的集合，如图 3-22 所示。

目前，BIM_Structure2022 结构软件仅在 Revit2016～2021 平台上搭载使用，Magic-PC2019 装配式建筑软件仅在 Revit2016～2019 平台上搭载使用。安装完成 BIMSpace 乐建 2022 后，在计算机桌面上双击【BIMSpace 乐建 2022】图标，自动启动 Revit 和 BIMSpace 乐建 2022，读者可以在 BIMSpace 乐建主页界面中选择适合自己的计算机安装的 Revit 版本（Revit 2014～Revit 2022），如图 3-23 所示。

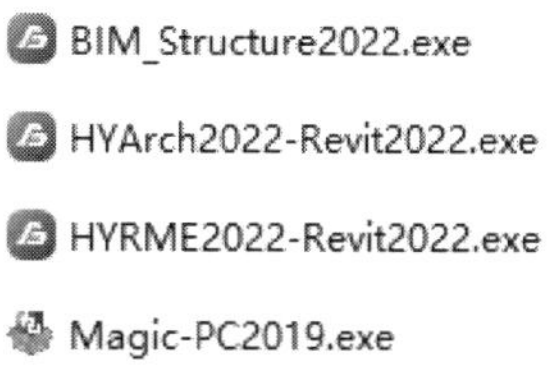

BIM_Structure2022.exe

HYArch2022-Revit2022.exe

HYRME2022-Revit2022.exe

Magic-PC2019.exe

图 3-22　4 个软件模块

图 3-23　在 BIMSpace 乐建主页界面中选择 Revit 版本

BIMSpace 乐建的功能位于 Revit 2022 功能区的前面几个选项卡中，如图 3-24 所示。

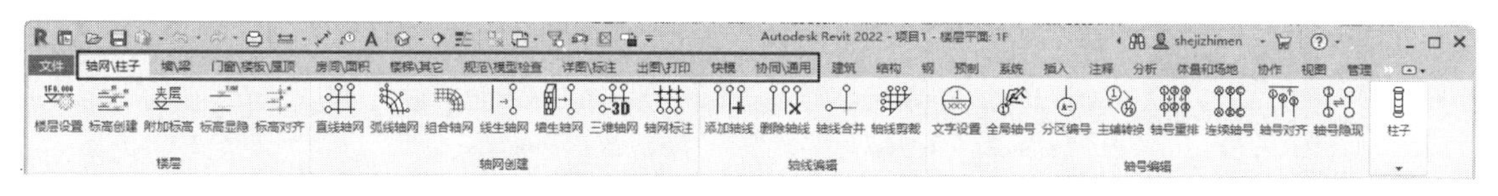

图 3-24　BIMSpace 乐建的功能选项卡

BIMSpace 乐建 2022 协同设计功能位于 BIMSpace 乐建的【协同\通用】选项卡中，如图 3-25 所示。

图 3-25　BIMSpace 乐建 2022 协同设计功能所在的选项卡

下面来介绍【协同】面板中的协同设计工具。

1. 提资

【提资】工具用于读取提资文件信息（包括水管、风管、桥架、洞口等），按照提资进行洞口创建。

上机操作——BIMSpace 乐建 2022 协同设计

① 打开本例源文件【机械电气项目.rvt】，如图 3-26 所示。

② 在【协同】面板中单击【提资】按钮，BIMSpace 乐建 2022 自动对建筑项目中的风管、水管、墙、地板等构件进行碰撞检测，如图 3-27 所示。

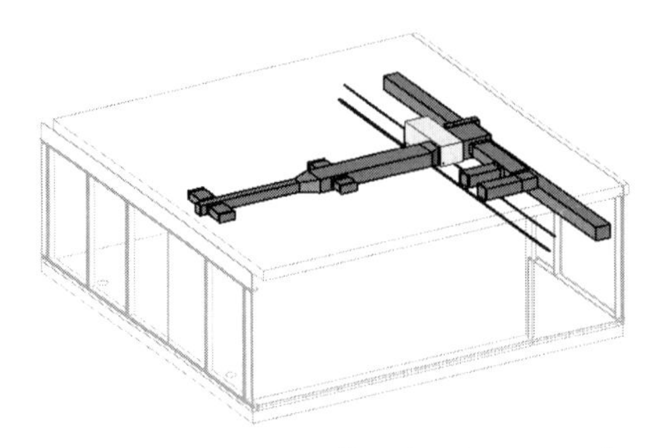

图 3-26　本例源文件【机械电气项目.rvt】

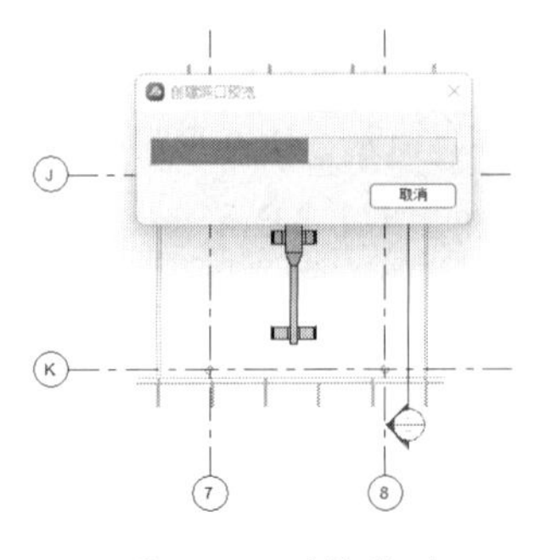

图 3-27　碰撞检测

③ 碰撞检测完成后，打开【提资】对话框，如图 3-28 所示。该对话框中列出了该建筑项目中所有的提资洞口信息。

- 合并洞口：单击此按钮，可以对洞口信息进行合并，最后导出提资洞口信息供协同开洞读取，以创建洞口。
- 设置：单击此按钮，打开【提资设置】对话框，设置提资洞口的相关尺寸。

知识点拨：

利用组合规则判断是否外扩，第一次外扩为【方洞或圆洞外扩尺寸】，第二次外扩为【洞口组合容差】。如图 3-29 所示的圆洞，先将其尺寸外扩 50mm，再外扩洞口组合容差 300mm，以此判断是否进行组合。

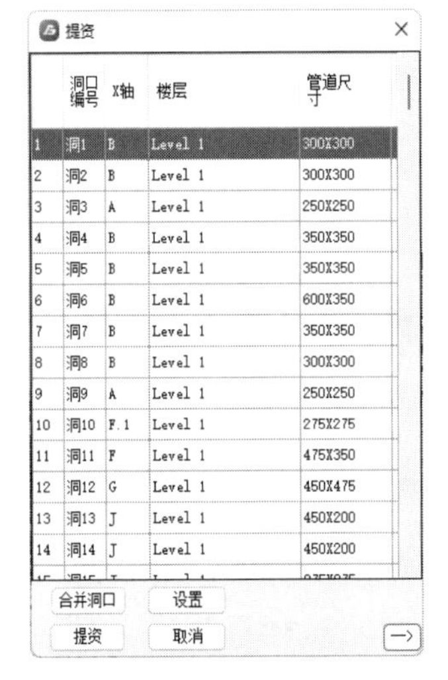

提资

	洞口编号	X轴	楼层	管道尺寸
1	洞1	B	Level 1	300X300
2	洞2	B	Level 1	300X300
3	洞3	A	Level 1	250X250
4	洞4	B	Level 1	350X350
5	洞5	B	Level 1	350X350
6	洞6	B	Level 1	600X350
7	洞7	B	Level 1	350X350
8	洞8	B	Level 1	300X300
9	洞9	A	Level 1	250X250
10	洞10	F.1	Level 1	275X275
11	洞11	F	Level 1	475X350
12	洞12	G	Level 1	450X475
13	洞13	J	Level 1	450X200
14	洞14	J	Level 1	450X200

合并洞口　设置
提资　取消

图 3-28　【提资】对话框

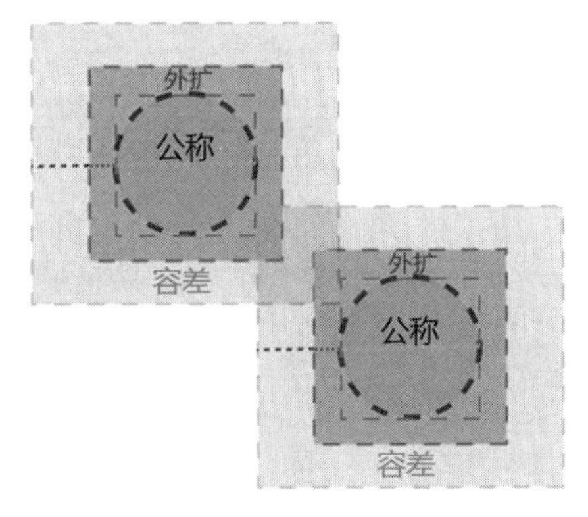

图 3-29　提资的组合规则

- 提资：单击此按钮，可以设置提资文件的保存路径，如图 3-30 所示。提资文件的保存格式为.xml。

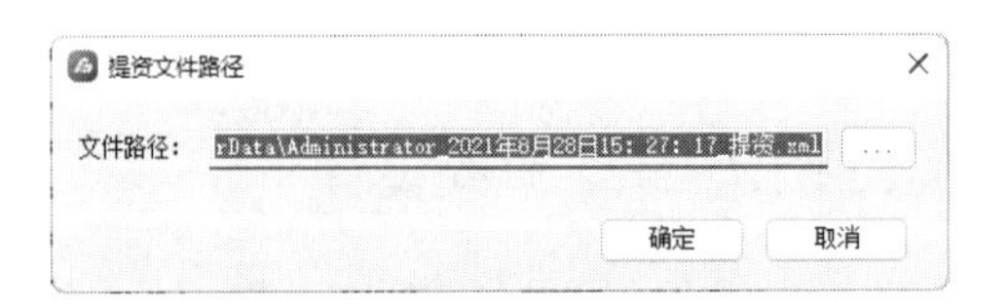

图 3-30　设置提资文件的保存路径

- 取消：单击此按钮，取消提资操作。

④　先在【协同】面板中单击【合并洞口】按钮，再单击【提资】按钮，保存提资信息，如图 3-31 所示。

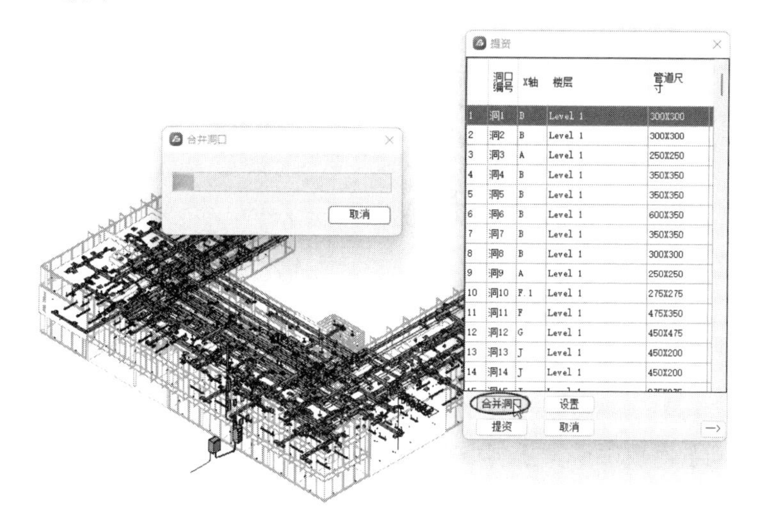

图 3-31　合并洞口并保存提资信息

2. 协同开洞

设计师根据前面保存的提资信息，利用【协同开洞】工具在墙、楼板中进行水管、风管、桥架等的洞口创建。在上一个案例的基础上继续进行操作。

①　在【协同】面板中单击【协同开洞】按钮，打开【开洞文件路径】对话框，从保存的提资文件路径下打开 XML 文件，单击【确定】按钮完成 XML 文件的导入，如图 3-32 所示。

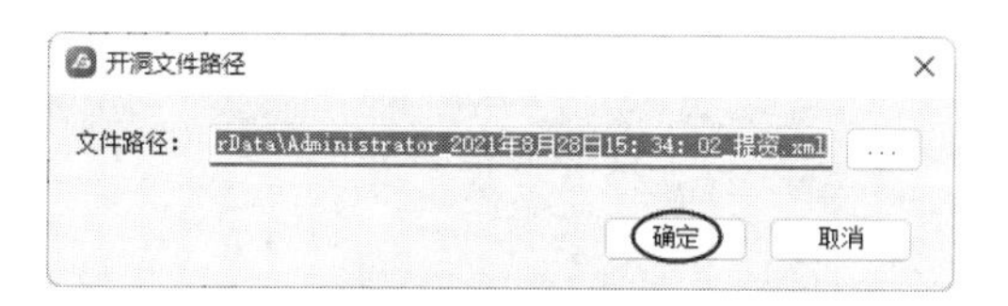

图 3-32　导入开洞文件

②　创建洞口预览，并打开【开洞】对话框，如图 3-33 所示。

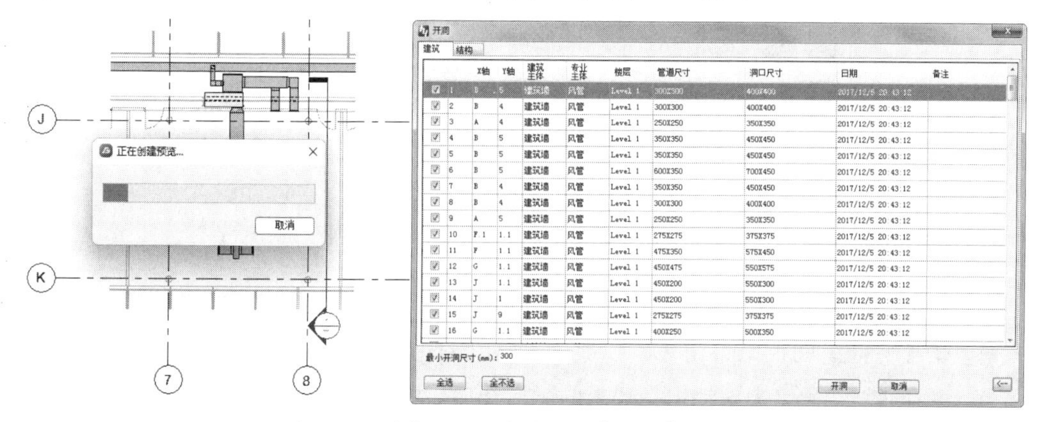

图 3-33　创建洞口预览并打开【开洞】对话框

③ 在【协同】面板中单击【开洞】按钮，BIMSpace 乐建 2022 自动完成开洞，如图 3-34 所示。

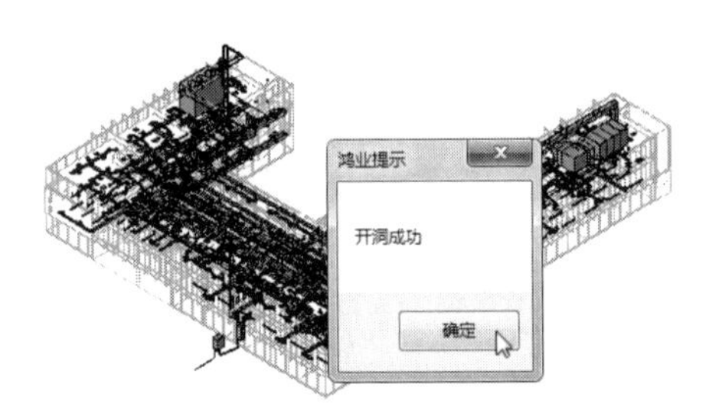

图 3-34 完成开洞

3. 洞口查看

利用【洞口查看】工具可以查看洞口的开启状态。

① 在【协同】面板中单击【洞口查看】按钮，打开【查看洞口文件路径】对话框，导入提资文件，单击【确定】按钮，如图 3-35 所示。

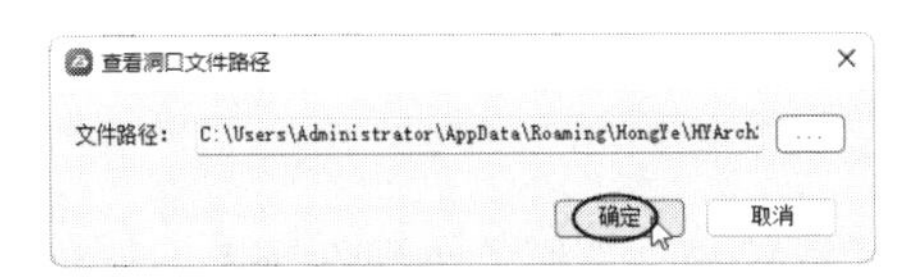

图 3-35 导入提资文件

② 创建模型组并打开【查看】对话框，查看洞口信息，如图 3-36 所示。从该对话框中可以看出，所有的洞口已开。

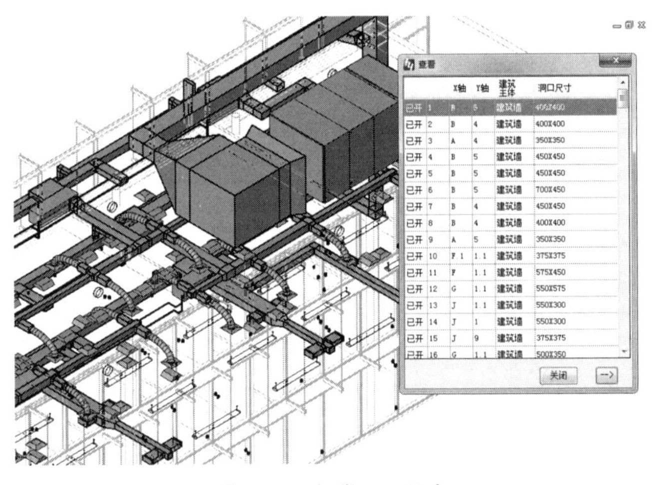

图 3-36 查看洞口信息

4. 洞口删除

利用【洞口删除】工具，可以对通过协同开洞创建的洞口按照专业或时间等分类进行删除。

① 在【协同】面板中单击【洞口删除】按钮，打开【洞口删除】对话框。

② 选择【洞口删除】对话框中列出的洞口选项，单击【删除洞口】按钮可将项目中所有的洞口删除，如图 3-37 所示。如果后面需要进行洞口标注，则可以暂时不删除洞口。

5．洞口标注

利用【洞口标注】工具可以对创建的洞口进行标注，洞口标注形式如图 3-38 所示。

图 3-37　删除洞口

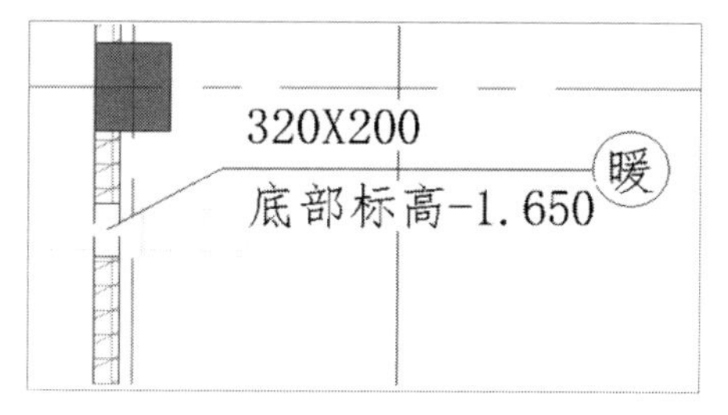

图 3-38　洞口标注形式

① 在【协同】面板中单击【洞口标注】按钮，打开【切换视图】对话框。

② 选择要标注的洞口的第一个视图，单击【打开视图】按钮，如图 3-39 所示。

③ 在打开的【洞口标记】对话框中单击【确定】按钮，创建洞口标记，如图 3-40 所示。

图 3-39　选择视图

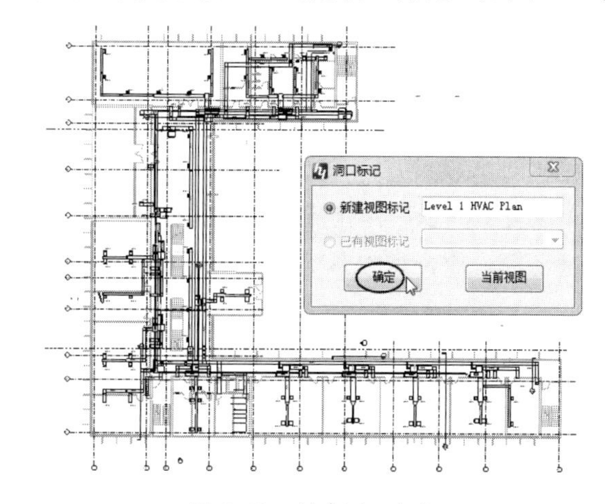

图 3-40　创建洞口标记

④ 自动创建洞口标记后，在打开的【洞口标记】对话框中选择一个洞口标记，单击【查看】按钮进行查看，如图 3-41 所示。

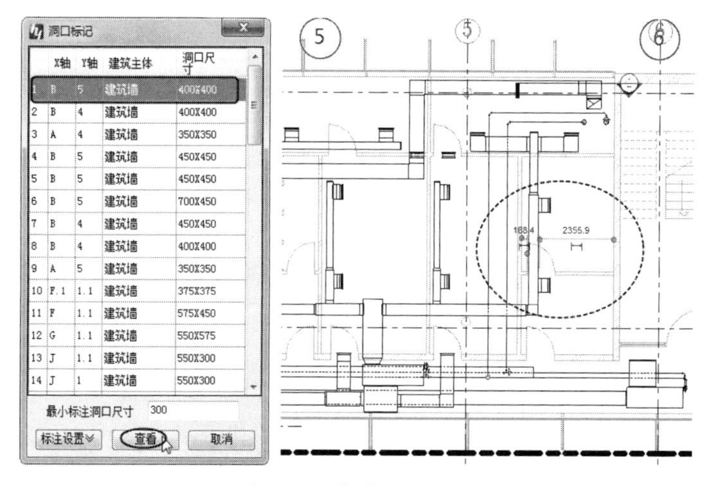

	X轴	Y轴	建筑主体	洞口尺寸
1	B	5	建筑墙	400X400
2	B	4	建筑墙	400X400
3	A	4	建筑墙	350X350
4	B	5	建筑墙	450X450
5	B	5	建筑墙	450X450
6	B	5	建筑墙	700X450
7	B	4	建筑墙	450X450
8	B	4	建筑墙	400X400
9	A	5	建筑墙	350X350
10	F.1	1.1	建筑墙	375X375
11	F	1.1	建筑墙	575X450
12	G	1.1	建筑墙	550X575
13	J	1.1	建筑墙	550X300
14	J	1	建筑墙	550X300

图 3-41　查看洞口标记

3.2 Revit 项目管理与设置

Revit【管理】选项卡的【设置】面板中的工具主要用来设置符合用户的企业或行业的建筑设计标准。【设置】面板如图 3-42 所示。

图 3-42 【设置】面板

3.2.1 材质设置

材质是 Revit 在对 3D 模型进行逼真渲染时，模型上的真实材料表现。换句话说，就是建筑框架搭建完成后进行装修时，购买的建筑材料，包括室内和室外的材料。在 Revit 中，材质以贴图的形式附着在模型表面上，可获得渲染的真实场景反映。

对材质的设置，后续会进行详细讲解，这里仅仅介绍对话框的操作形式。

在【设置】面板中单击【材质】按钮，打开【材质浏览器】对话框，如图 3-43 所示。通过该对话框，用户可以从系统材质库中选择已有的材质，也可以自定义新材质。

图 3-43 【材质浏览器】对话框

3.2.2 对象样式设置

【对象样式】工具主要用来设置项目中任意类别及其子类型的图元的线宽、线颜色、线型图案和材质属性。

上机操作——设置对象样式

① 在【设置】面板中单击【对象样式】按钮，打开【对象样式】对话框，如图 3-44 所示。【对象样式】对话框可实现对象样式的修改或替换。

② 在【对象样式】对话框中，灰色图块表示此项不可以被编辑，白色图块表示此项可以被编辑。例如，在设置线宽时，双击白色图块，会显示下拉列表，用户可以从下拉列表中选择线宽编号，如图 3-45 所示。

图 3-44　【对象样式】对话框

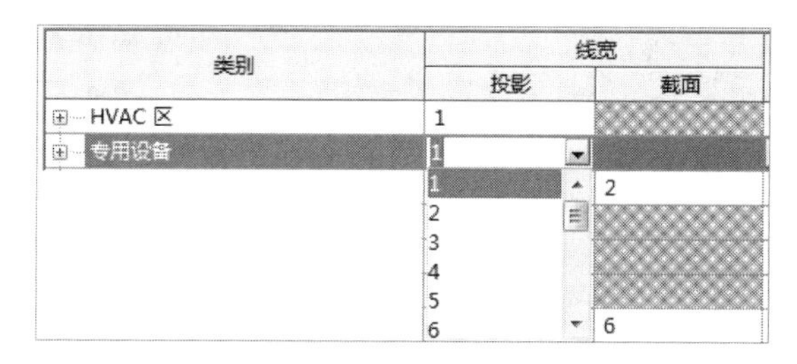

图 3-45　设置线宽

3.2.3　捕捉设置

在绘图及建模时启用【捕捉】功能，用户可以精准地找到对应点、参考点，完成快速建模或制图。在【设置】面板中单击【捕捉】按钮，打开【捕捉】对话框，如图 3-46 所示。

1. 尺寸标注捕捉

- 关闭捕捉：在默认情况下，此复选框是取消勾选的，即当前已经启动了捕捉模式。勾选此复选框，关闭捕捉模式。
- 长度标注捕捉增量：勾选此复选框，在绘制长度图元时系统会根据设置的增量进行捕捉，实现精确建模。例如，仅设置【长度标注捕捉增量】值为【1000】，绘制一段剪力墙时，光标在长度方向上每增加 1000 就会停留捕捉一次，如图 3-47 所示。

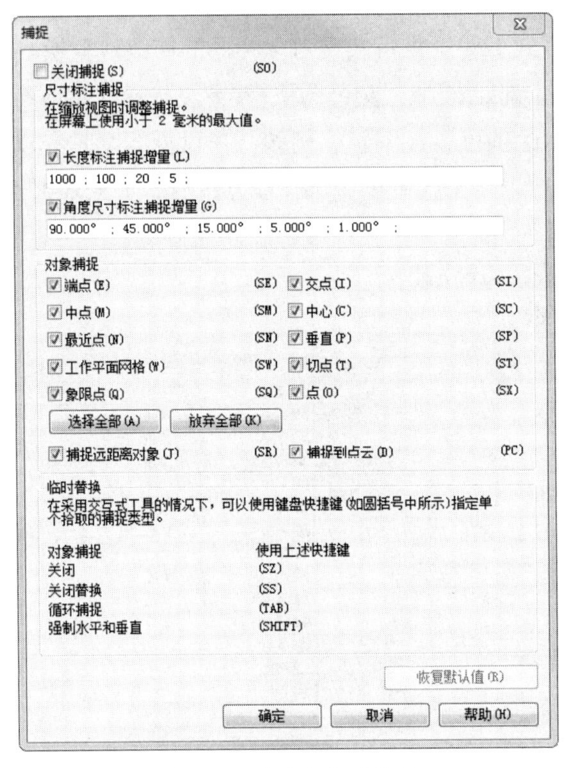

图 3-46 【捕捉】对话框

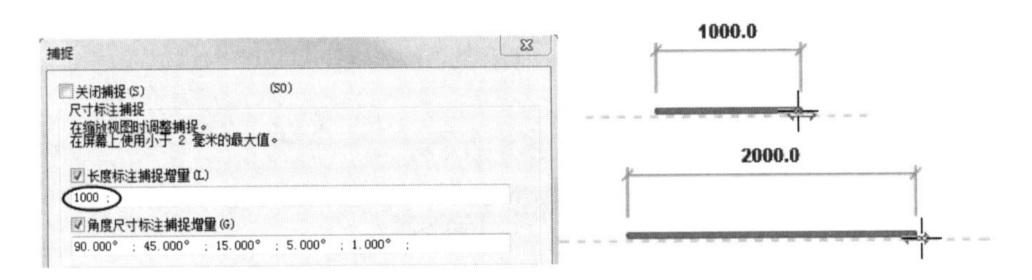

图 3-47 长度标注捕捉增量

- 角度尺寸标注捕捉增量：勾选此复选框，在绘制角度图元时系统会根据设置的增量进行捕捉，实现精确建模。例如，仅设置【角度尺寸标注捕捉增量】值为【30°】，绘制一段墙体时，光标会在角度为 30°时停留捕捉一次，如图 3-50 所示。

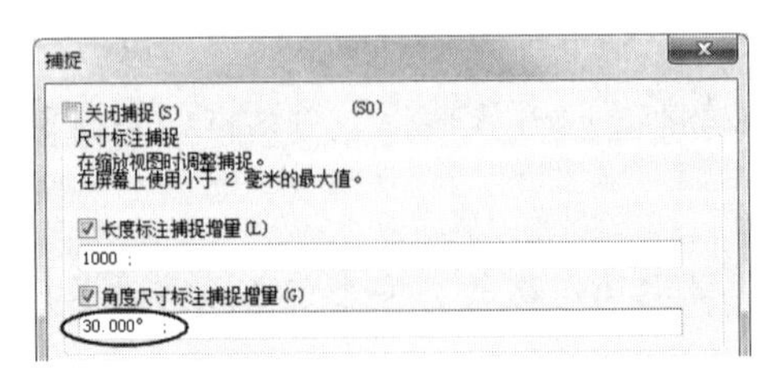

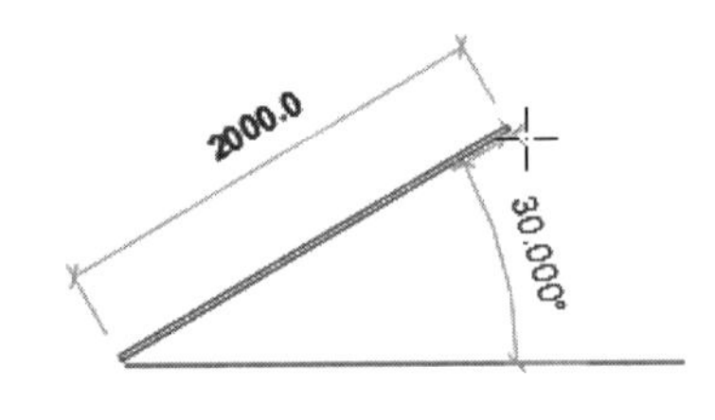

图 3-48 角度尺寸标注捕捉增量

2. 对象捕捉

【对象捕捉】工具在绘制图元时非常重要，如果不启用【对象捕捉】工具，则当两条线间隔很近时，想要拾取标示的交点是很困难的，如图 3-49 所示。

可以设置的对象捕捉点类型如图 3-50 所示。

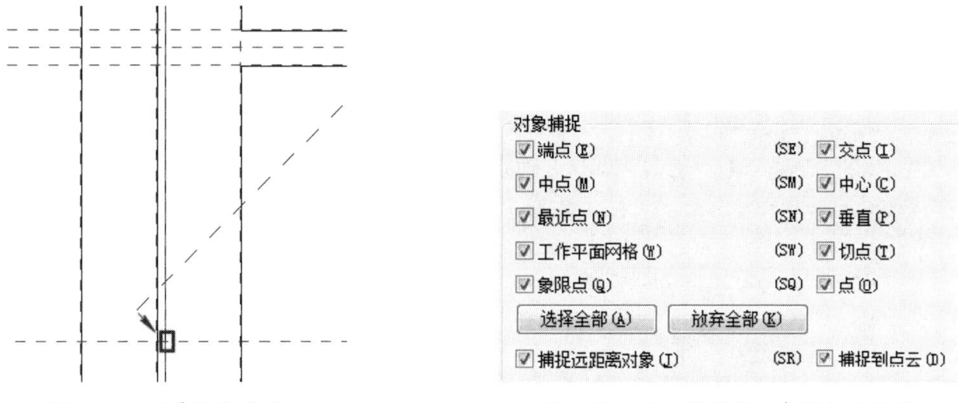

图 3-49　不易拾取的交点　　　　图 3-50　可以设置的对象捕捉点类型

用户可以根据实际建模需要，取消勾选或勾选部分对象捕捉点复选框，也可以单击 选择全部(A) 按钮全部勾选，还可以单击 放弃全部(K) 按钮取消勾选所有对象捕捉点复选框。

3. 临时替换捕捉

在放置图元或绘制线时，可以临时替换捕捉设置。临时替换只影响单个拾取。

在【建筑】选项卡的【模型】面板中单击【模型线】按钮，执行【绘图】命令，执行以下操作之一。

- 输入快捷键命令（这些快捷键命令可在【捕捉】对话框的【对象捕捉】选项组中查找），在捕捉点完成图元的放置。
- 右击，在弹出的快捷菜单中执行【捕捉替换】|【交点】命令，在捕捉点完成图元的放置，如图 3-51 所示。

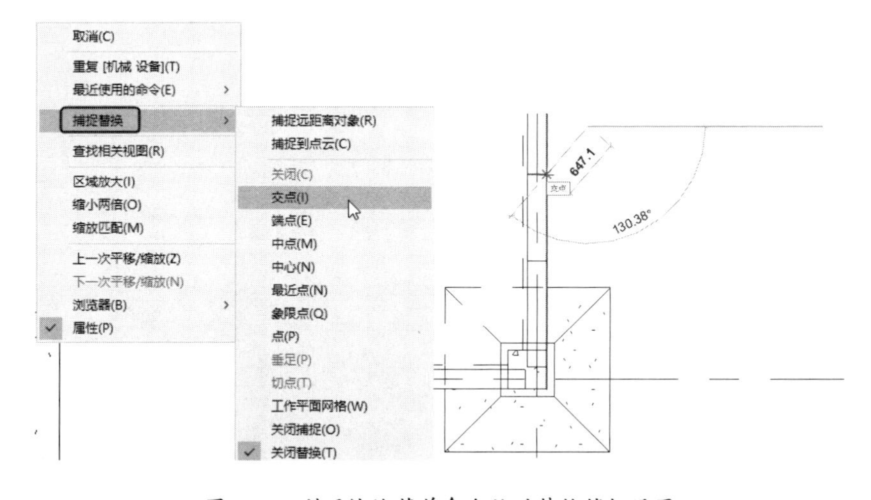

图 3-51　利用快捷菜单命令临时替换捕捉设置

上机操作——利用【捕捉】工具绘制简单的平面图

① 在快速访问工具栏中单击【新建】按钮，打开【新建项目】对话框，选择【建筑样板】样板文件，单击【确定】按钮进入工作环境，如图 3-52 所示。

② 此案例仅仅利用【捕捉】工具绘制基本图形，所以其他选项设置暂时不需要考虑。在【项目浏览器】选项板的【视图】|【楼层平面】视图节点下双击【标高 1】视图，激活该视图。

③ 执行快捷菜单中的【重命名】命令，在打开的【重命名视图】对话框的【名称】文本框中输入【一层】，单击【确定】按钮，如图 3-53 所示。

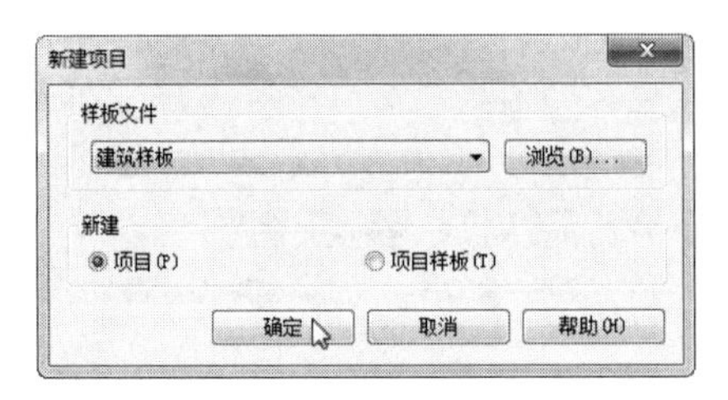

图 3-52 新建建筑项目文件

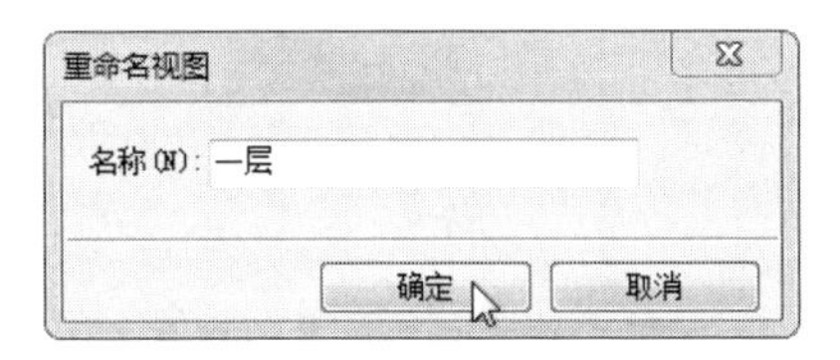

图 3-53 重命名视图

④ 单击【管理】选项卡的【设置】面板中的【捕捉】按钮，打开【捕捉】对话框。设置【长度标注捕捉增量】值和【角度尺寸标注捕捉增量】值，并启用所有的对象捕捉点，如图 3-54 所示。设置完成后单击【确定】按钮，关闭【捕捉】对话框。

⑤ 在【建筑】选项卡的【基准】面板中单击【轴网】按钮，在图形区中绘制第一条垂直方向的轴线及轴号，绘制过程中捕捉到角度尺寸标注 90°，如图 3-55 所示。

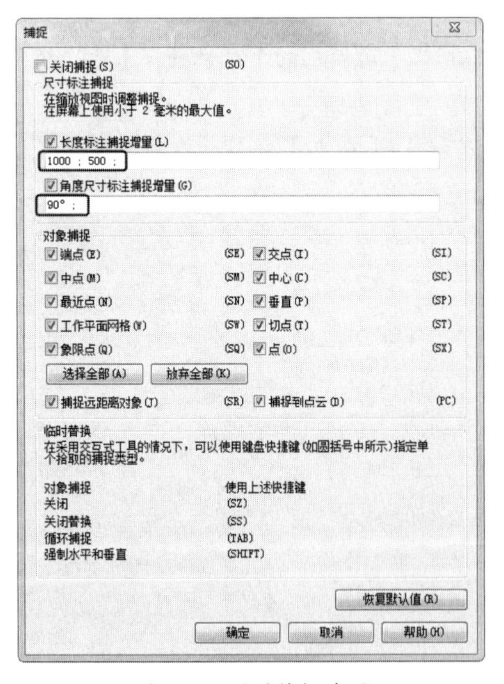

图 3-54 设置捕捉选项

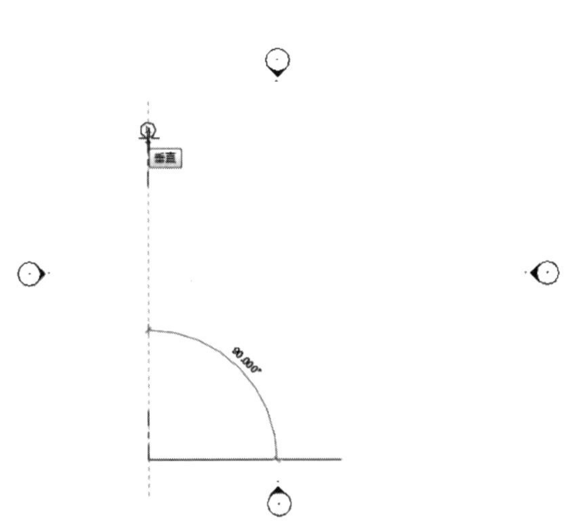

图 3-55 捕捉角度尺寸标注绘制垂直方向的轴线及轴号

⑥ 绘制第二条垂直方向的轴线及轴号，首先捕捉第一条轴线的起点（千万不要单击），然后水平右移轴线，接着捕捉长度尺寸标注，停留在【3500】位置单击，以确定第二条轴线的起点，最后垂直向上捕捉第一条轴线的终点作为第二条轴线的终点参考，如图 3-56 所示。

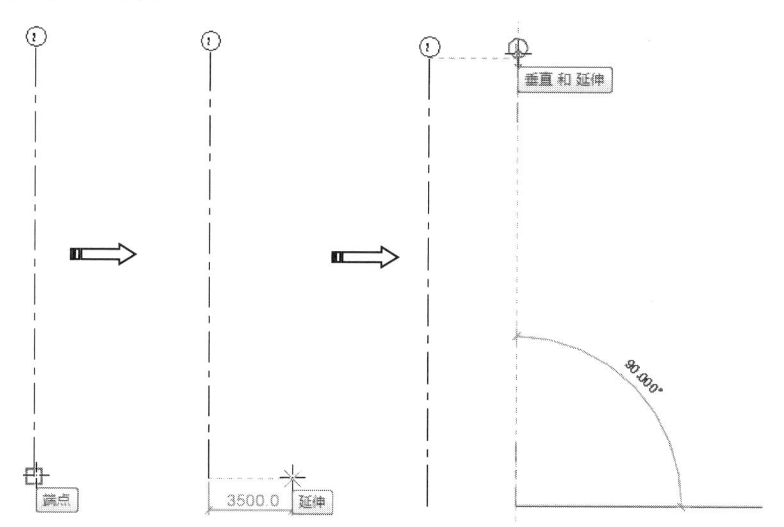

图 3-56 绘制第二条垂直方向的轴线及轴号

⑦ 同理，依次绘制出向右平移距离分别为 5000mm、4500mm 和 3000mm 的 3 条垂直方向的轴线及轴号，如图 3-57 所示。

知识点拨：

如果所绘制的轴线的中间部分没有显示，则说明需要重新选择轴线类型，在【属性】选项板中选择【轴网-6.5mm 编号】即可。

⑧ 根据上述步骤，利用【捕捉】工具绘制水平方向的轴线及轴号，如图 3-58 所示。需要将水平方向的轴号更改为Ⓐ、Ⓑ、Ⓒ、Ⓓ。

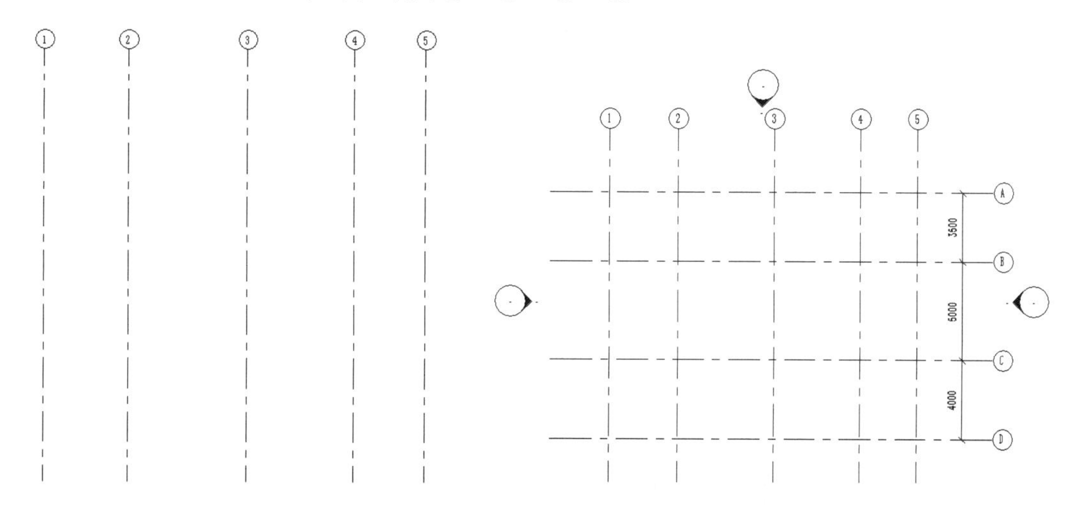

图 3-57 绘制另外 3 条垂直方向的轴线及轴号　　图 3-58 绘制水平方向的轴线及轴号

⑨ 在【建筑】选项卡的【构建】面板中单击【墙】按钮，捕捉轴网中两条相交轴线的交点作为墙体绘制的起点，如图 3-59 所示。

⑩ 继续捕捉轴线交点并依次绘制出整个建筑的一层墙体，如图 3-60 所示。

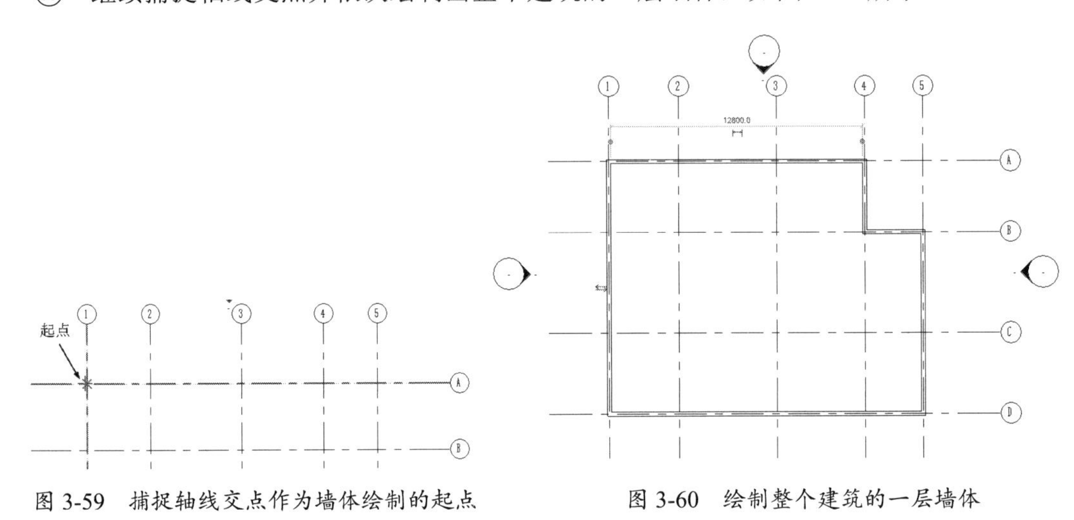

图 3-59　捕捉轴线交点作为墙体绘制的起点　　图 3-60　绘制整个建筑的一层墙体

3.2.4　项目信息设置

项目信息是建筑项目中设计图签、明细表及标题栏中的信息。用户可以单击【项目信息】按钮，在打开的【项目属性】对话框中进行编辑或修改，如图 3-61 所示。

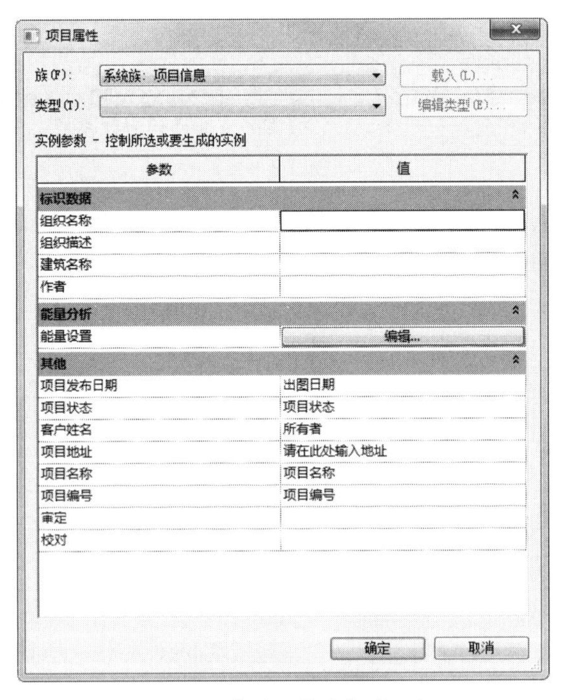

图 3-61　【项目属性】对话框

【项目属性】对话框仅仅用来修改值，不能添加或删除参数，要添加或删除参数，可以通过【项目参数】对话框进行设置，3.2.5 节将详细介绍。

通常，标题栏信息在【其他】选项组中，明细表信息在【标识数据】选项组中。图 3-62 所示为图纸标题栏与项目信息。

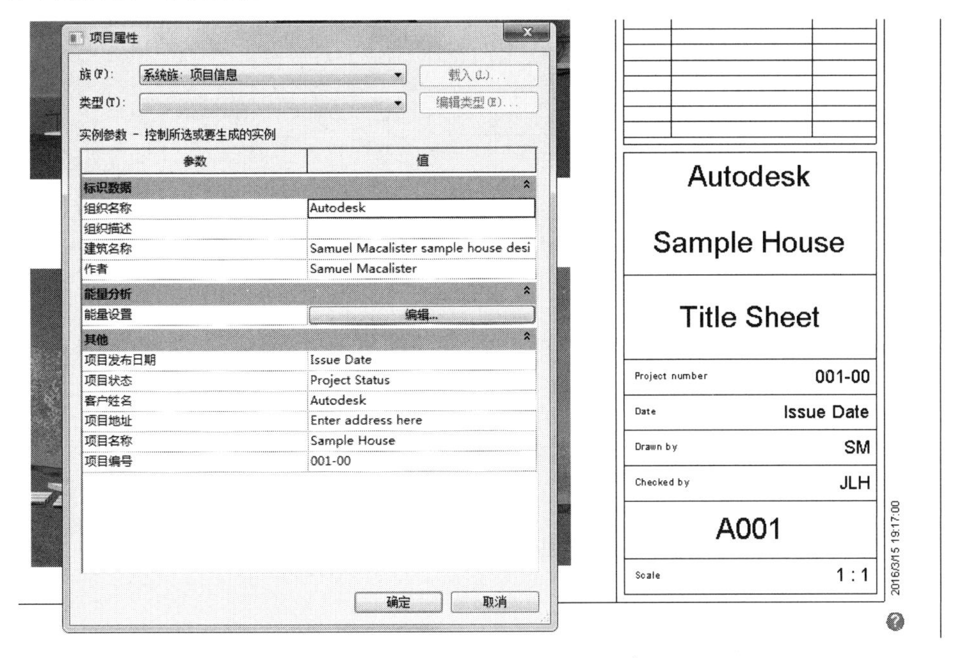

图 3-62　图纸标题栏与项目信息

3.2.5　项目参数设置

项目参数特定于某个项目文件。通过将参数指定给多个类别的图元、图纸或视图，系统会将它们添加到图元中。项目参数中存储的信息不能与其他项目共享。【项目参数】工具用于在项目中创建明细表、排序和过滤。与【项目信息】不同，【项目属性】对话框只提供项目信息，不能在该对话框中增加项目参数，只能修改项目信息。

上机操作——设置项目参数

① 在【管理】选项卡的【设置】面板中单击【项目参数】按钮，打开【项目参数】对话框，如图 3-63 所示。

图 3-63　【项目参数】对话框

② 通过【项目参数】对话框可以添加、修改和删除项目参数。单击【添加】按钮，打开如图 3-64 所示的【参数属性】对话框。

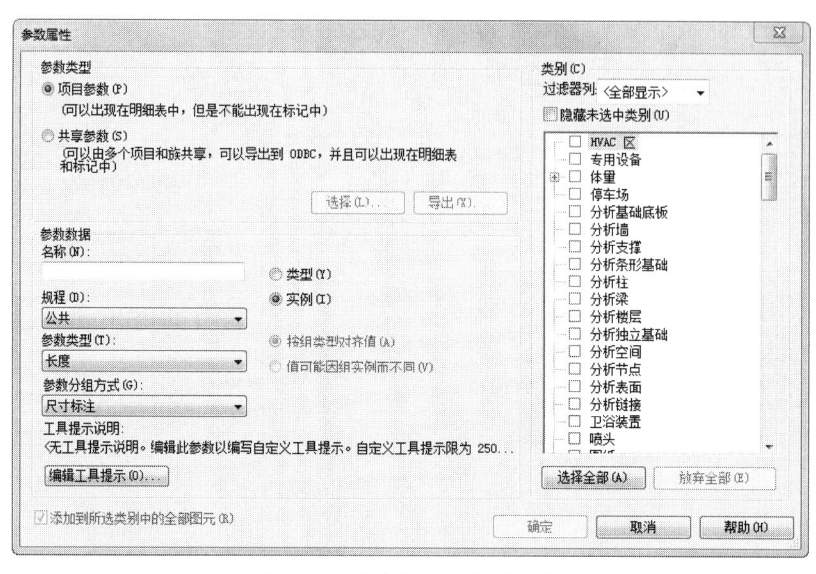

图 3-64 【参数属性】对话框

下面介绍【参数属性】对话框的各选项组中选项的含义。

1.【参数类型】选项组

【参数类型】选项组包括两种参数类型：项目参数和共享参数。这两种参数类型的含义在其选项的下方括号中。

- 【项目参数】仅可以出现在本地项目的明细表中。
- 【共享参数】可以通过【工作共享】方法共享本机上的模型及其所有参数。

2.【参数数据】选项组

- 名称：在【名称】文本框中输入新数据的名称，将会显示在【项目属性】对话框中。
- 类型：选择此选项，将以族类型的方式存储参数。
- 实例：选择此选项，将以图元实例的方式存储参数，另外还可将实例参数指定为报告参数。
- 规程：规程是 Revit 中进行规范设计的应用程序，其下拉列表中包括【公共】【结构】【HVAC】【电气】【管道】【能量】规程，如图 3-65 所示。其中，【电气】【管道】【能量】【HVAC】规程运行在 Revit MEP 模块中，【公共】规程是指项目参数可应用到所有的规程中。
- 参数类型：用于设定项目参数的参数编辑类型。【参数类型】下拉列表如图 3-66 所示。那么如何使用呢？例如，选择【文字】选项，在【项目属性】对话框中此参数后面只可输入文字。而选择【数值】选项，在【项目属性】对话框中此参数后面只可输入数值。

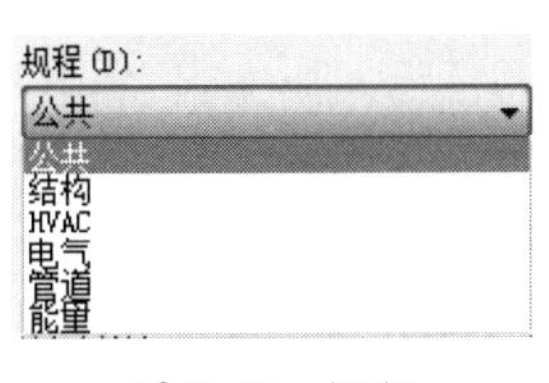

图 3-65　规程

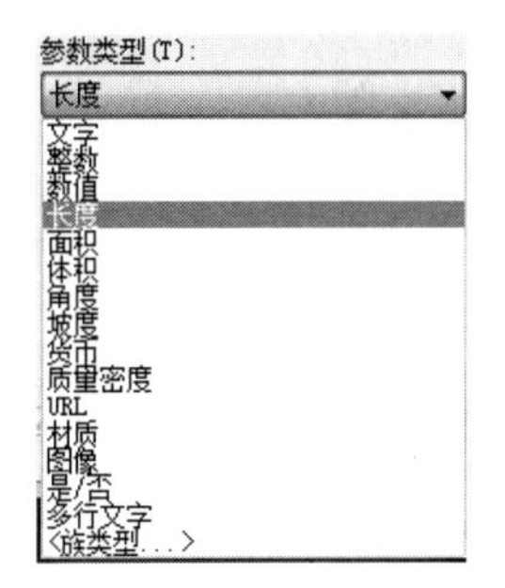

图 3-66　【参数类型】下拉列表

- 参数分组方式：用于设定参数的分组方式。可在【项目属性】对话框或【属性】选项板中查看设置结果。
- 编辑工具提示：单击此按钮，可编辑项目参数的工具提示，如图 3-67 所示。

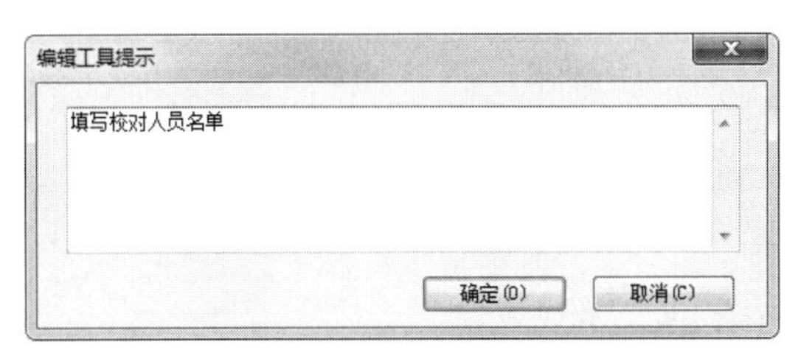

图 3-67　编辑工具提示

3.【类别】选项组

【类别】选项组中包含所有 Revit 规程的图元类别。可以选择【过滤器列】下拉列表中的规程过滤器进行过滤选择。例如，仅勾选【建筑】复选框，下方的列表框中将显示所有建筑规程的图元类别，如图 3-68 所示。

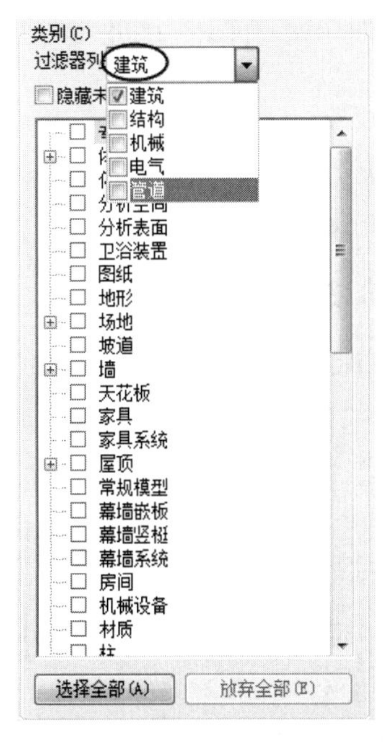

图 3-68　选择规程过滤器

3.2.6 项目单位设置

【项目单位】工具用来设置建筑项目中的数值单位，如长度、面积、体积、角度、坡度、货币及质量密度。

上机操作——设置项目单位

① 在【设置】面板中单击【项目单位】按钮，打开【项目单位】对话框，如图 3-69 所示。

② 在【项目单位】对话框中可以设置各个规程的单位、格式及小数点/数位分组。

③ 单击【格式】列的按钮，可以打开相对应单位的【格式】对话框。例如，单击【长度】单位的 1235 [mm] 按钮，打开【格式】对话框，默认的长度单位是毫米，如图 3-70 所示。根据建筑项目设计的要求，选择适合图纸设计的单位即可。

图 3-69 【项目单位】对话框

图 3-70 【格式】对话框

④ 其余单位设置与上述操作相同。

3.2.7 共享参数设置

【共享参数】工具用于指定在多个族或项目中使用的参数。本机用户可以将本建筑项目的设计参数以文件的形式保存并共享给其他设计师。

上机操作——为通风管添加共享参数

① 打开 Revit 提供的【ArchLinkModel.rvt】建筑样例文件。

② 在【设置】面板中单击【共享参数】按钮，打开【编辑共享参数】对话框，如图 3-71 所示。

③ 单击【创建】按钮，在打开的【创建共享参数文件】对话框中输入文件名并单击【保存】按钮，如图 3-72 所示。

④ 单击【组】选项组中的【新建】按钮，在打开的【新参数组】对话框中输入新的参数组名称，如图 3-73 所示。

⑤ 参数组创建好以后，为参数组添加参数。单击【参数】选项组中的【新建】按钮，打开【参数属性】对话框，输入参数组名称并设置相应选项，如图 3-74 所示。

图 3-71　【编辑共享参数】对话框

图 3-72　新建共享参数文件

图 3-73　新建参数组

图 3-74　为参数组添加参数

⑥ 单击【编辑共享参数】对话框中的【确定】按钮，完成编辑。

⑦ 在【管理】选项卡的【设置】面板中单击【项目参数】按钮，打开【项目参数】对话框。单击【添加】按钮，打开【参数属性】对话框，并选中【共享参数】单选按钮，如图 3-75 所示。

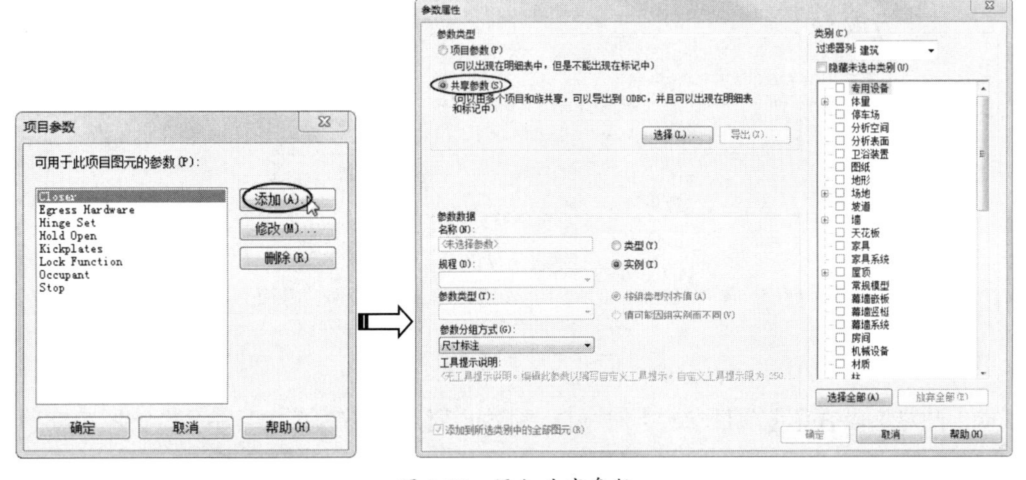

图 3-75　添加共享参数

⑧ 单击【选择】按钮，打开【共享参数】对话框，选择前面步骤中所创建的共享参数，如图 3-76 所示。

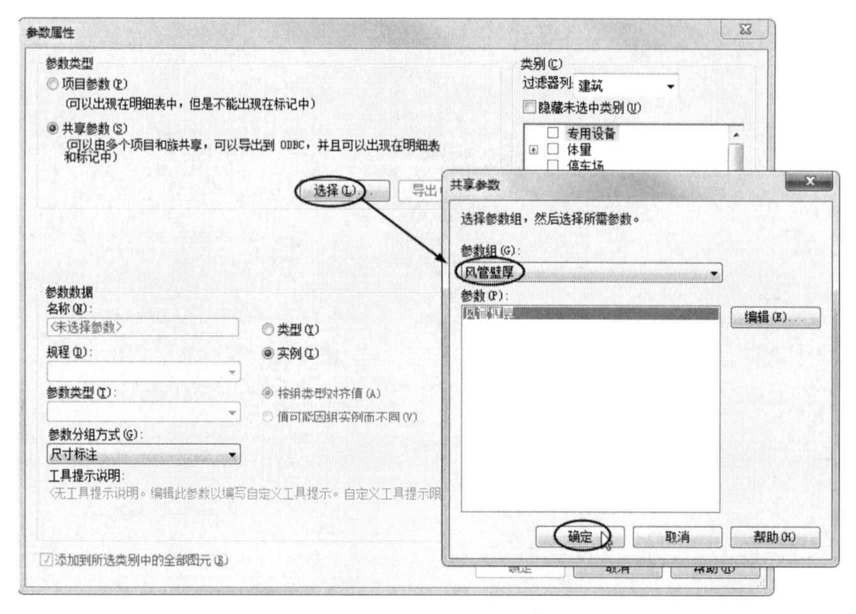

图 3-76　选择要共享的参数

⑨ 在【参数属性】对话框右侧的【类别】选项组中勾选【风管】【风管管件】【风管附件】复选框，单击【确定】按钮完成共享参数的添加，如图 3-77 所示。

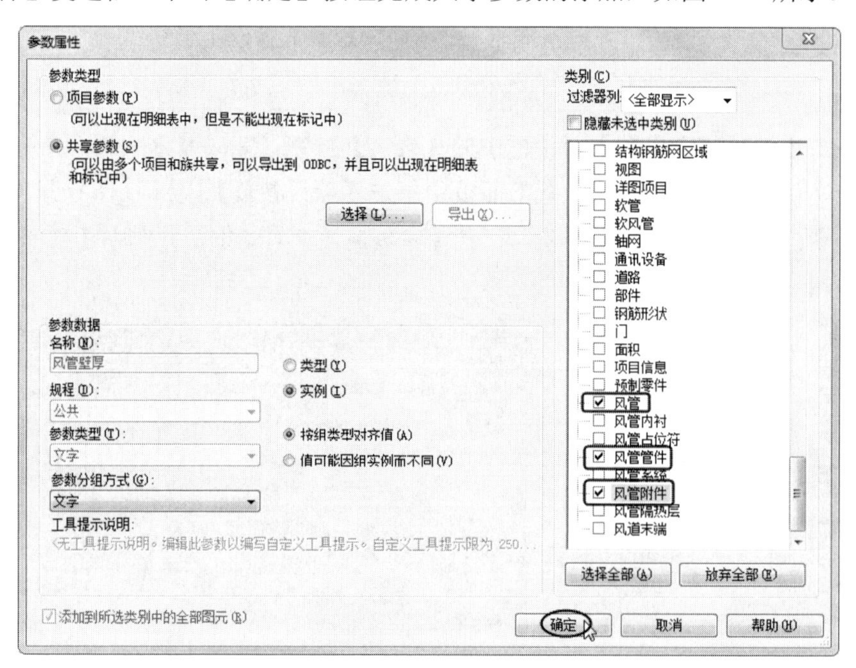

图 3-77　完成共享参数的添加

⑩ 此时可以看见【项目参数】对话框中添加了【风管壁厚】项目参数，如图 3-78 所示。

图 3-78　增加的项目参数

3.2.8　传递项目标准

在设计某些项目时，可能会有多个设计院参与设计，如果采用的设计标准不一致，则会对项目设计和施工产生很大的影响。在 Revit 中采用统一标准的方法目前有两种：一种是建立可靠的项目样板；另一种是传递项目标准。

第一种方法适合在新建项目时使用，第二种方法适合在不同设计院设计同一个项目时继承统一标准。

【传递项目标准】是帮助设计师统一不同图纸设计标准的工具，具有高效、快捷的优点。缺点是如果在采用的统一标准中出现问题，那么所有图纸都会出现相同的错误。

下面介绍如何传递项目标准。

上机操作——传递项目标准

① 打开本例源文件【建筑中心文件.rvt】，如图 3-79 所示。

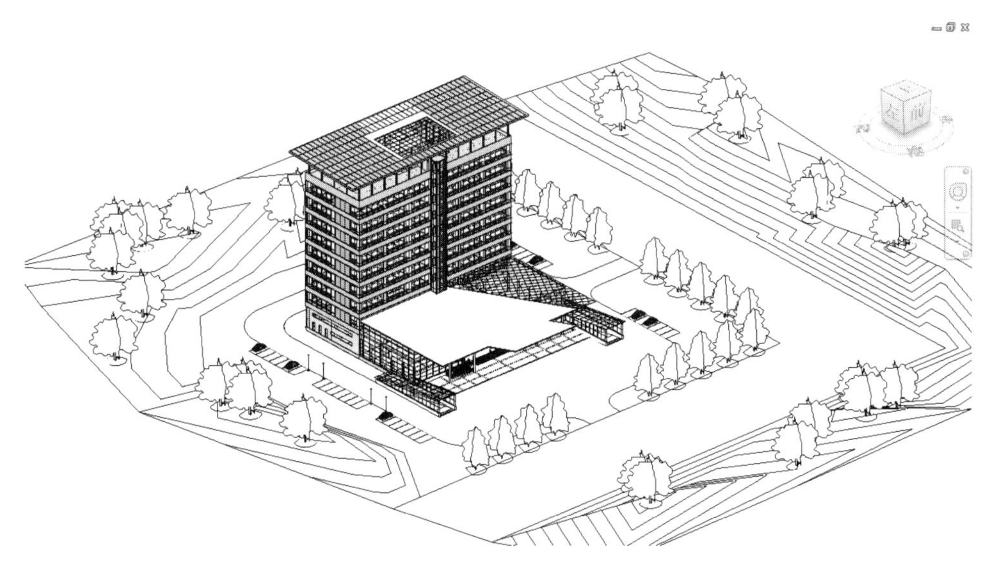

图 3-79　本例源文件【建筑中心文件.rvt】

② 为了证明项目标准能够被传递，先来看下打开的样例文件中的一些规范。以某段墙为例，查看其属性中有哪些自定义的标准，如图 3-80 所示。

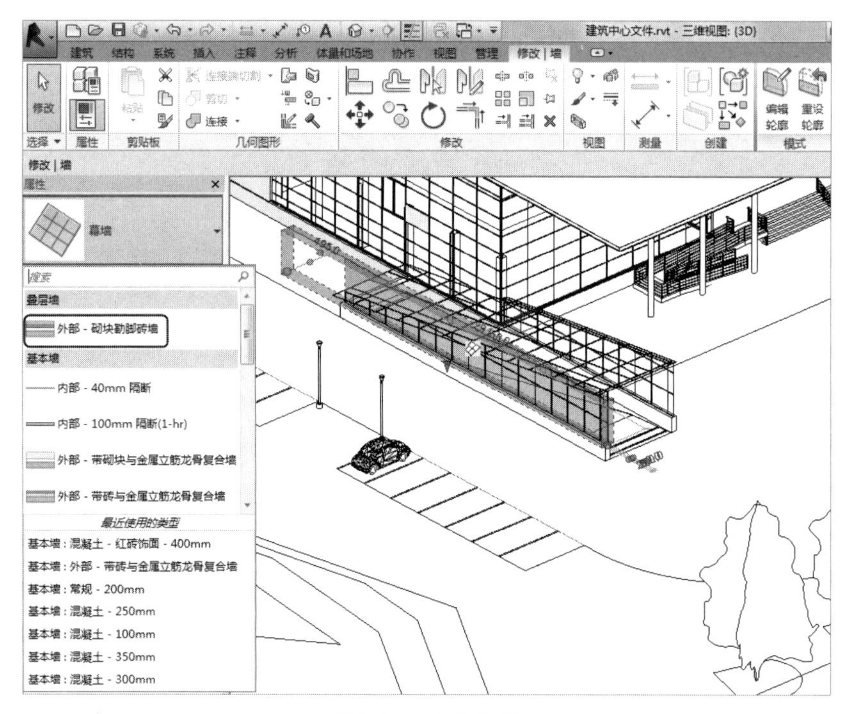

图 3-80　查看属性

③ 在接下来的项目标准传递中，会把墙的标准传递到新项目中。在快速访问工具栏中单击【新建】按钮，在打开的【新建项目】对话框中新建一个建筑项目文件并单击【确定】按钮，进入项目设计环境，如图 3-81 所示。

图 3-81　新建建筑项目文件

④ 在【管理】选项卡的【设置】面板中单击【传递项目标准】按钮，打开【选择要复制的项目】对话框，如图 3-82 所示。单击【选择全部】按钮，再单击【确定】按钮。

⑤ 开始传递项目标准，在传递过程中如果遇到与新项目中的部分类型相同的情况，则 Revit 会打开【重复类型】对话框，单击【覆盖】按钮即可，如图 3-83 所示。

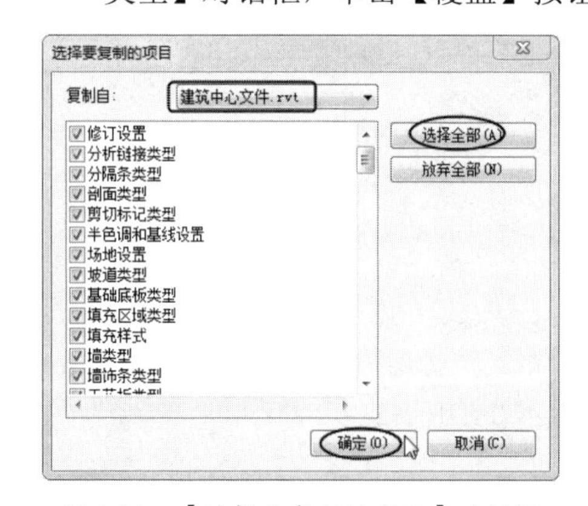

图 3-82　【选择要复制的项目】对话框

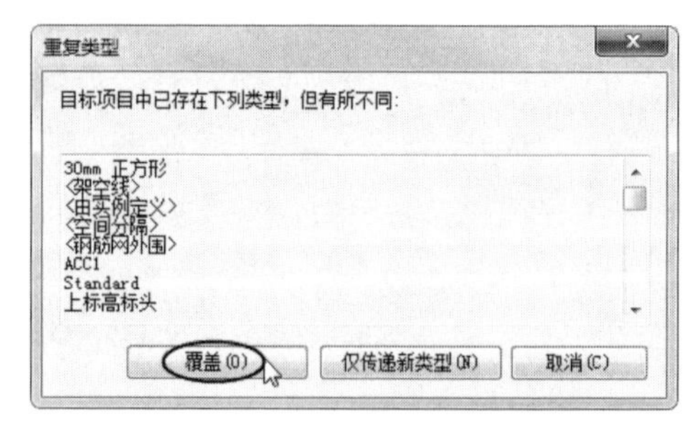

图 3-83　【重复类型】对话框

知识点拨：

虽然有些类型的名称相同，但是涉及的参数与单位可能会不同，所以最好完全覆盖。

⑥ 在项目标准传递完成后，会弹出警告提示框，如图 3-84 所示。单击警告提示框右侧的【下一个警告】按钮，可查看其余的警告。

图 3-84　警告提示框

⑦ 下面验证是否传递了项目标准。在【建筑】选项卡的【构建】面板中单击【墙】按钮，进入绘制与修改墙状态（这里无须绘制墙）。

⑧ 在【属性】选项板中查看墙的类型列表，如图 3-85 所示。源文件中的墙类型全部被转移到了新项目中，说明项目标准传递成功。

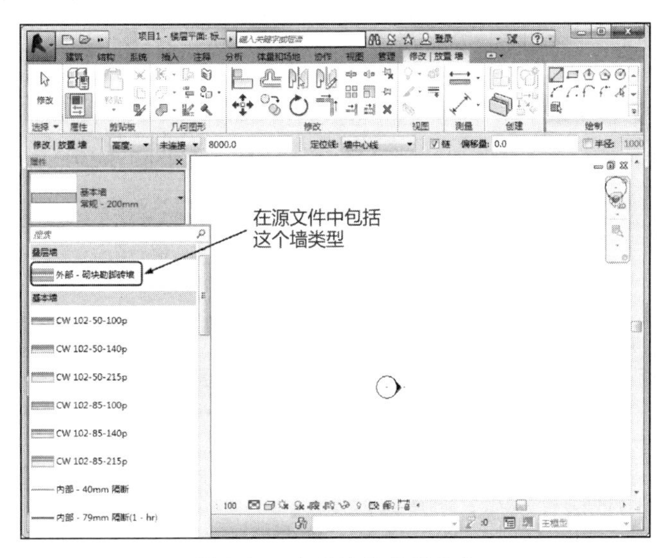

图 3-85　查看墙的类型列表

3.3　实战案例——升级旧项目样板文件

不同的国家、不同的领域、不同的设计院设计的标准及设计的内容是不一样的，虽然 Revit 提供了若干个样板用于不同的规程和建筑项目类型，但是仍然与国内各个设计院的标准相差较大，所以每个设计院都应该在工作中定制适合自己的项目样板文件。

在本节中，我们将使用传递项目标准的方法来创建一个符合中国建筑规范的 Revit 2022 项目样板文件，步骤如下。

① 从本例的源文件夹中打开【Revit 2014 中国样板.rte】样板文件。图 3-86 所示为该样板文件的【项目浏览器】选项板中的视图样板。

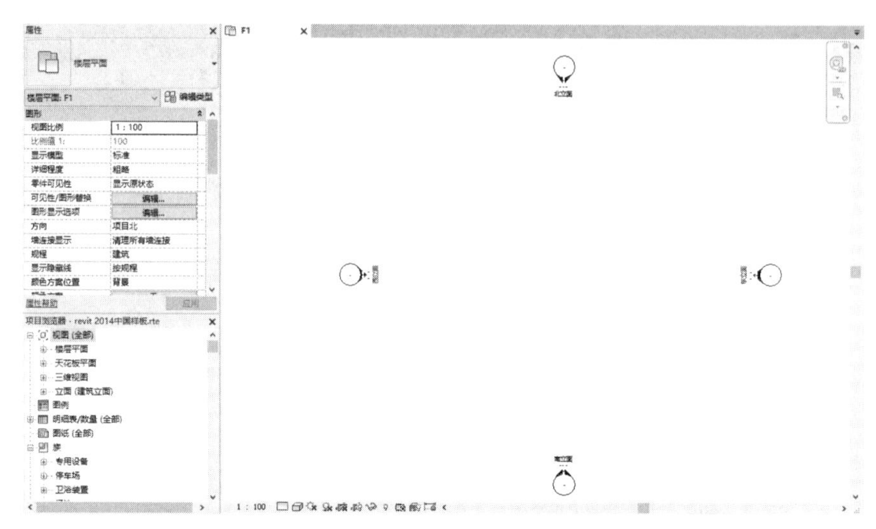

图 3-86　【Revit 2014 中国样板.rte】样板文件的【项目浏览器】选项板中的视图样板

知识点拨：

此样板文件使用 Revit 2014 制作，与 Revit 2022 的样板文件相比，视图样板有些区别。

② 在快速访问工具栏中单击【新建】按钮，在打开的【新建项目】对话框中选择【建筑样板】样板文件，设置【新建】的类型为【项目样板】，单击【确定】按钮并选择【公制】度量制进入 Revit 项目设计环境，如图 3-87 所示。

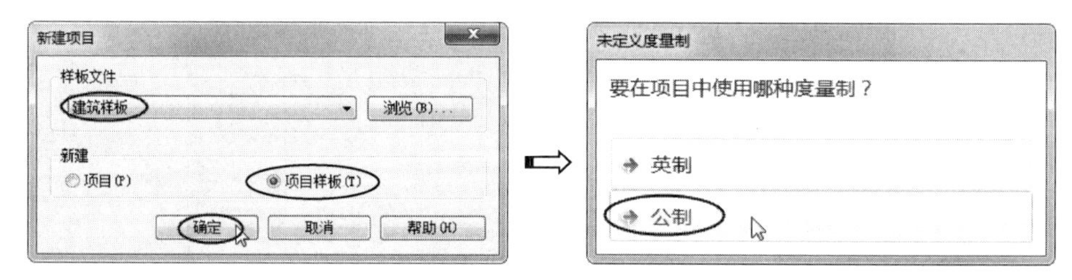

图 3-87　新建样板文件

③ Revit 2022 的视图样板如图 3-88 所示。

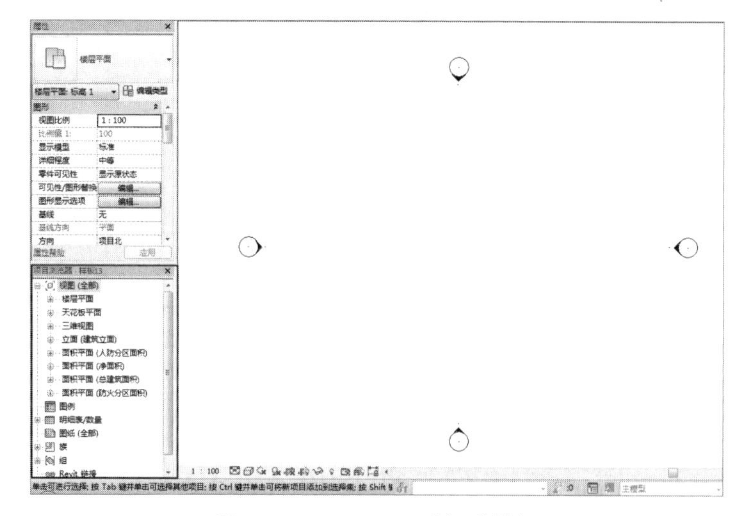

图 3-88　Revit 2022 的视图样板

④ 在【管理】选项卡的【设置】面板中单击【传递项目标准】按钮，打开【选择要复制的项目】对话框。该对话框中默认选择了来自【Revit 2014 中国样板.rte】样板文件的所有项目类型，如图 3-89 所示。

⑤ 单击【确定】按钮，在弹出的【重复类型】对话框中单击【覆盖】按钮，完成参考样板的项目标准传递，如图 3-90 所示。

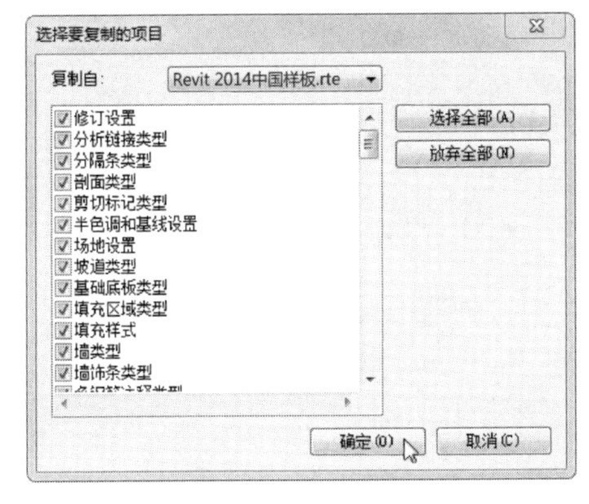

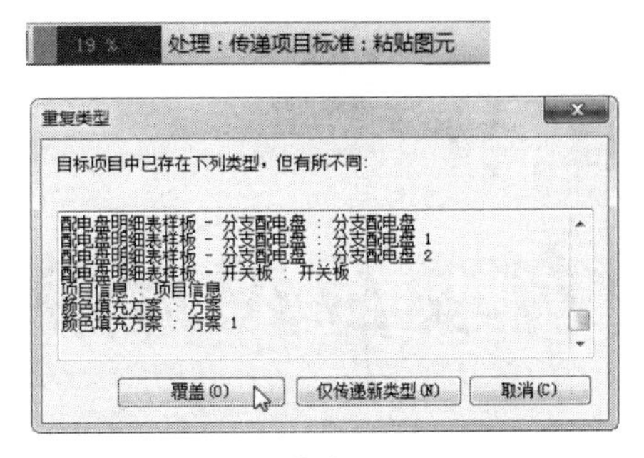

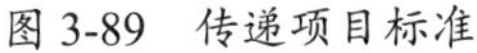

图 3-89　传递项目标准　　　　图 3-90　覆盖原项目类型

⑥ 在覆盖完成后，会弹出警告提示框，如图 3-91 所示。

图 3-91　警告提示框

⑦ 执行【另存为】|【样板】命令，将样板文件命名为【Revit 2022 中国样板】，并保存在 C:\ProgramData\Autodesk\RVT 2022\Templates\China 路径下。

第 4 章

建筑项目设计准备

本章内容

在进行建筑设计或者结构设计之前，要先创建用于设计的基础图元。基础图元是构建建筑模型的重要组成部分。模型线、模型文字、模型组、标高、轴网等都是建筑建模和制图的基础图元，因此读者要掌握这部分知识。

知识要点

☑ Revit 模型图元
☑ Revit 基准——标高与轴网
☑ BIMSpace 乐建 2022 标高与轴网设计

4.1　Revit 模型图元

本节介绍的基本模型图元是基于三维空间工作平面的单个或一组模型单元，包括模型线、模型文字和模型组。

4.1.1　模型线

模型线可以用来表达 Revit 建筑模型或建筑结构中的绳索、固定线等物体。模型线可以是某个工作平面上的线，也可以是空间曲线。若是空间曲线，则在各个视图中都将可见。

模型线是基于草图的图元，我们通常利用模型线草图工具来绘制如楼板、天花板和拉伸的轮廓。

在【模型】面板中单击【模型线】按钮，功能区中将显示【修改|放置线】上下文选项卡，如图 4-1 所示。

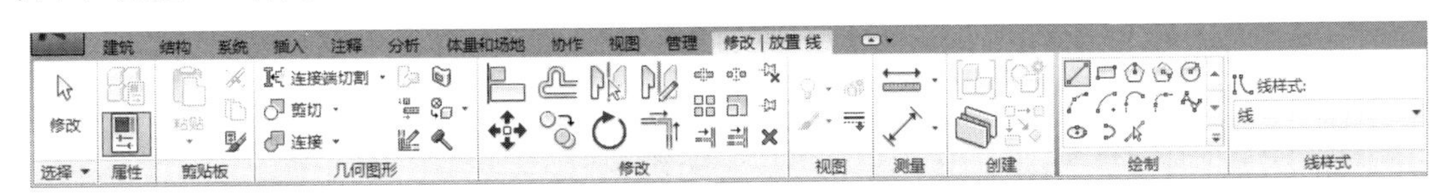

图 4-1　【修改|放置线】上下文选项卡

【修改|放置线】上下文选项卡的【绘制】面板及【线样式】面板中包含了所有用于绘制模型线的绘图工具与线样式设置工具，如图 4-2 所示。

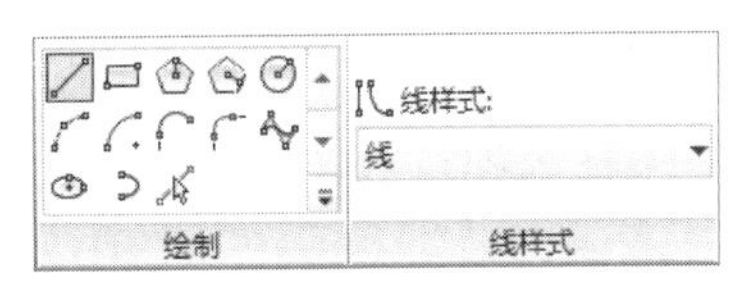

图 4-2　【绘制】面板与【线样式】面板

1. 直线

在【绘制】面板中单击【直线】按钮，选项栏中显示直线绘图选项，如图 4-3 所示，且鼠标指针由变为。

图 4-3　【直线】选项栏

- 放置平面：该下拉列表中显示了当前的工作平面。用户还可以从该下拉列表中选择标高或者拾取新平面作为工作平面，如图 4-4 所示。

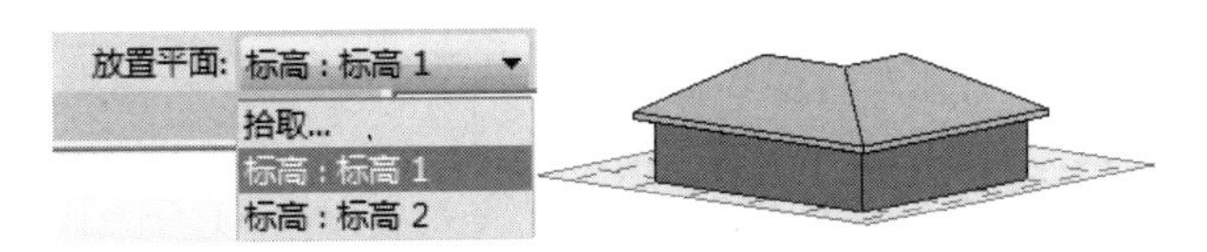

图 4-4　放置平面

- 链：勾选此复选框，将连续绘制直线，如图 4-5 所示。
- 偏移量：用于设定直线与绘制轨迹之间的偏移距离，如图 4-6 所示。

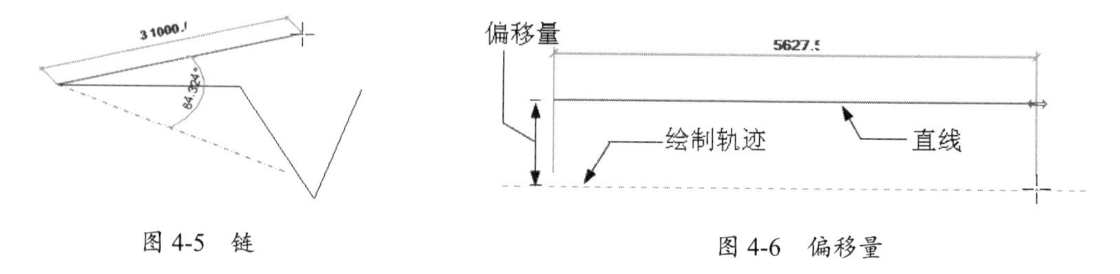

图 4-5 链　　图 4-6 偏移量

- 半径：勾选此复选框，Revit 将会在直线与直线之间自动绘制圆角曲线（圆角半径为设定值），如图 4-7 所示。

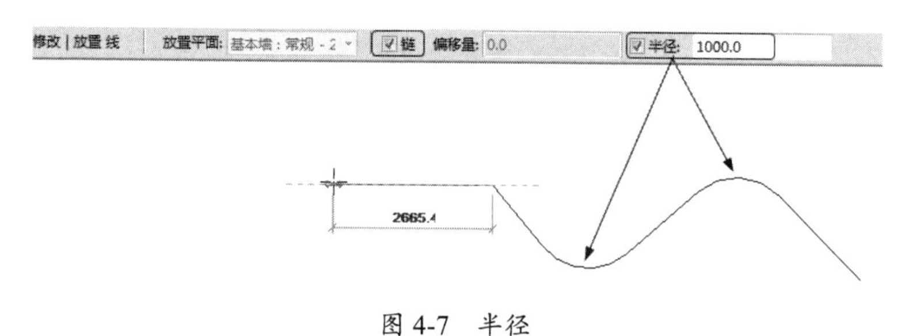

图 4-7 半径

知识点拨：

要想使用【半径】选项，必须先勾选【链】复选框，否则绘制的单条直线无法创建圆角曲线。

2. 矩形

在【绘制】面板中单击【矩形】按钮，可绘制由起点和对角点构成的矩形。单击【矩形】按钮，选项栏中显示矩形绘制选项，如图 4-8 所示。

图 4-8 【矩形】选项栏

【矩形】选项栏中的选项与【直线】选项栏中的相同，此处不再介绍。

3. 内接多边形

在 Revit 中绘制多边形的方式包括内接多边形（内接于圆）和外接多边形（外切于圆）两种，如图 4-9 所示。

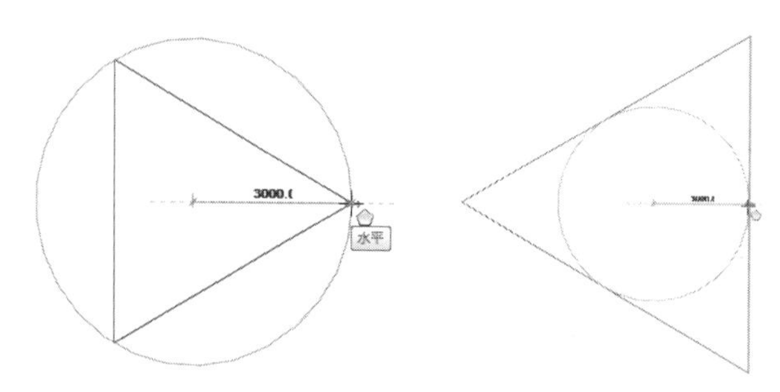

图 4-9 内接多边形和外接多边形

在【绘制】面板中单击【内接多边形】按钮，选项栏中显示内接多边形绘制选项，如图 4-10 所示。

图 4-10　【内接多边形】选项栏

- 边：此文本框用于输入正多边形的边数，边数至少为【3】。
- 半径：在取消勾选此复选框时，可绘制任意半径（内接于圆的半径）的正多边形。如果勾选此复选框，则可按照输入的半径值精确绘制内接多边形。

在绘制正多边形时，选项栏中的【半径】复选框用于控制多边形内接于圆或外切于圆的大小。如果要控制旋转角度，则可通过单击【管理】选项卡的【设置】面板中的【捕捉】按钮，在弹出的【捕捉】对话框中设置【角度尺寸标注捕捉增量】的角度，如图 4-11 所示。

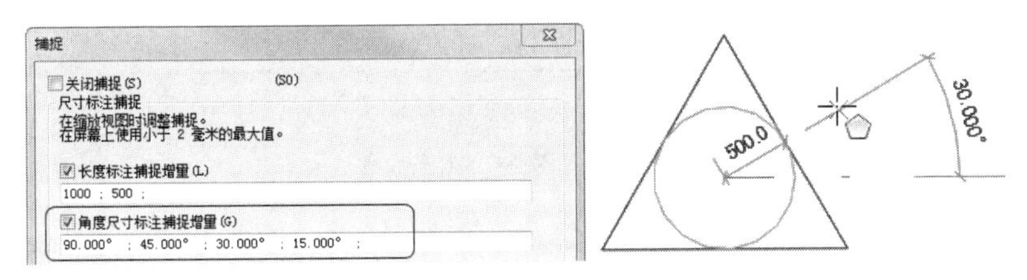

图 4-11　在绘制多边形时控制旋转角度

4. 圆形

在【绘制】面板中单击【圆形】按钮，可以绘制由圆心和半径控制的圆，如图 4-12 所示。

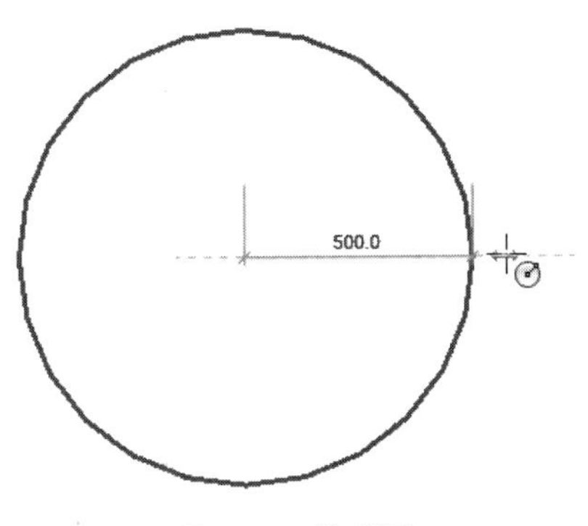

图 4-12　绘制圆

5. 其他图形

【绘制】面板中的其他绘图工具包括圆弧、样条曲线、椭圆、椭圆弧、拾取线，如表 4-1 所示。

表 4-1　【绘制】面板中的其他绘图工具

绘图工具		图形	说明
圆弧	起点-终点-半径弧		绘制由圆弧的起点、终点和半径控制的弧

续表

绘图工具		图形	说明
圆弧	圆心–端点弧		绘制由圆弧的圆心、起点（确定半径）和端点（确定圆弧角度）控制的弧
	相切–端点弧		绘制与两条平行直线相切的弧或绘制两条相交直线之间的连接弧
	圆角弧		绘制两条相交直线之间的圆角
样条曲线			绘制控制点的样条曲线
椭圆			绘制由轴心点、长半轴和短半轴控制的椭圆
椭圆弧			绘制由长轴和短半轴控制的半椭圆
拾取线			拾取模型边进行投影，得到的投影曲线作为绘制的模型线

6．线样式

用户可以为绘制的模型线设置不同的线样式，在【修改|放置线】上下文选项卡的【线样式】面板中提供了多种线样式，如图 4-13 所示。

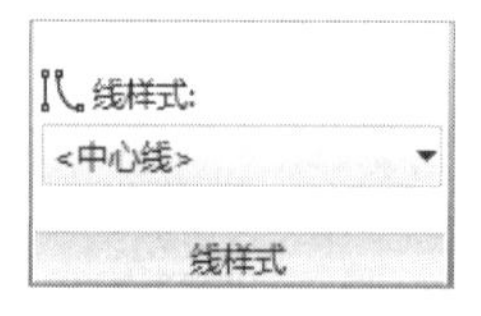

图 4-13　线样式

要设置线样式，首先选中要变换线型的模型线，然后选择线样式下拉列表中的线型，如图 4-14 所示。

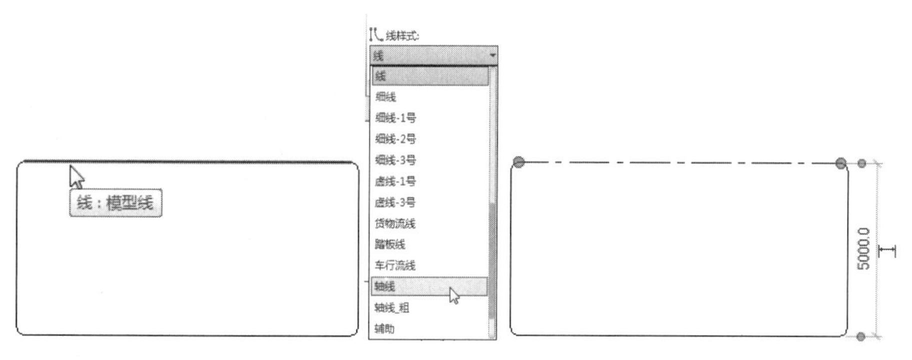

图 4-14　设置线样式

4.1.2　模型文字

模型文字是基于工作平面的三维图元，可作为建筑物上的标志或字母。对于能以三维方式显示的族（如墙、门、窗和家具族），用户可以在项目视图或族编辑器中添加模型文字。 模型文字不可用于只能以二维方式表示的族，如注释族、详图构件族和轮廓族等。

上机操作——创建模型文字

① 打开本例源文件【实验楼.rvt】，如图 4-15 所示。

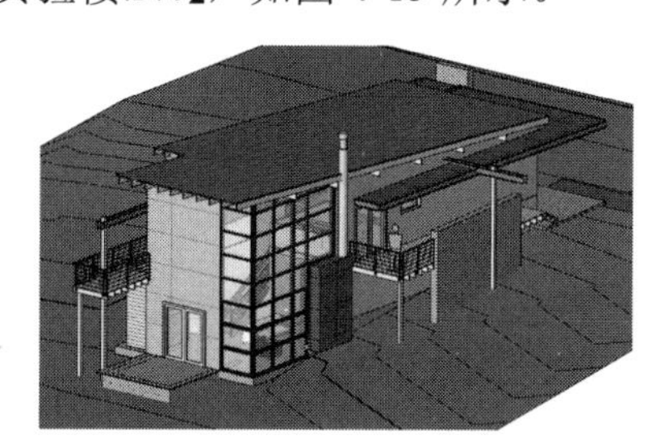

图 4-15　本例源文件【实验楼.rvt】

② 单击【建筑】选项卡的【工作平面】面板中的【设置】按钮，打开【工作平面】对话框。

③ 选中【拾取一个平面】单选按钮，单击【确定】按钮，并选择【East】立面的墙面作为新的工作平面，如图 4-16 所示。

图 4-16　选择工作平面

④ 在【建筑】选项卡的【模型】面板中单击【模型文字】按钮，打开【编辑文字】对话框。在该对话框中输入文字【实验楼】，如图 4-17 所示，单击【确定】按钮。

⑤ 将文字放置在大门的上方，如图 4-18 所示。

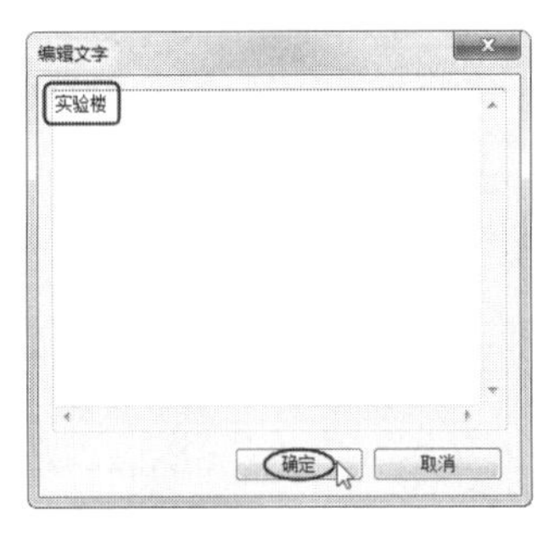

图 4-17 输入文字

图 4-18 放置文字

⑥ 在放置文字后，自动生成具有凹凸感的模型文字，如图 4-19 所示。

⑦ 编辑模型文字，使模型文字变小并改变其深度。先选中模型文字，再在【属性】选项板中设置【尺寸标注】的【深度】为【50】，并单击【应用】按钮，如图 4-20 所示。

图 4-19 生成模型文字

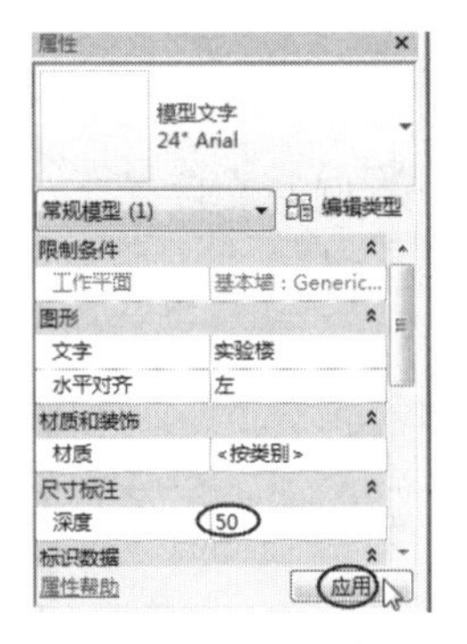

图 4-20 编辑模型文字的深度

⑧ 在【属性】选项板中单击【编辑类型】按钮，打开【类型属性】对话框。在该对话框中设置【文字字体】为【长仿宋体】、【文字大小】为【500】，勾选【粗体】复选框，单击【应用】按钮完成模型文字的类型属性的编辑，如图 4-21 所示。

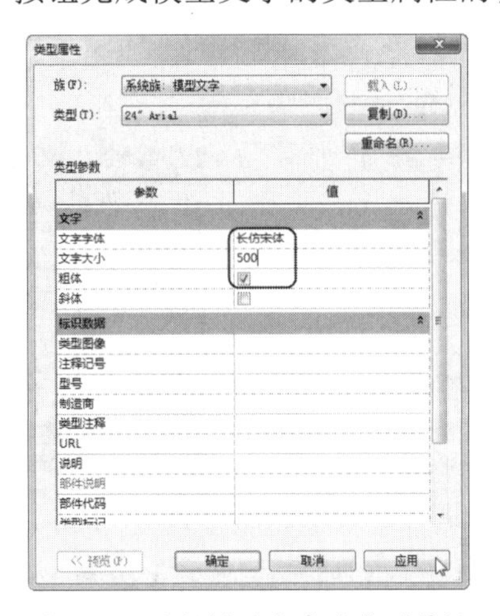

图 4-21 编辑模型文字的类型属性

⑨ 在编辑完模型文字的类型属性后，需要重新设置模型文字的位置。拖曳模型文字到新位置即可，如图 4-22 所示。

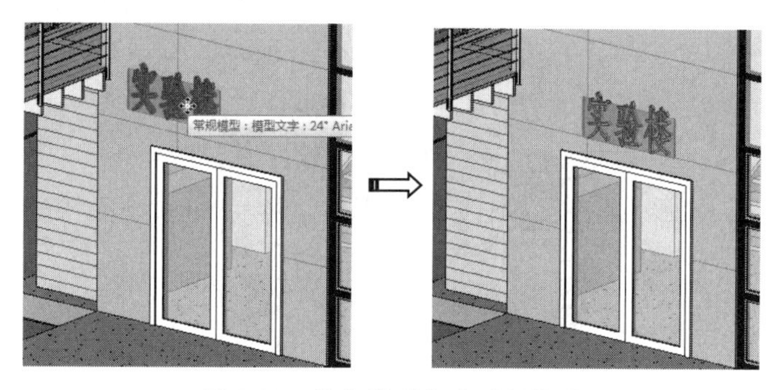

图 4-22　拖曳模型文字到新位置

⑩ 完成后将文件进行保存。

4.1.3 模型组

组是对现有项目文件中可重复利用图元的一种管理和应用方法，通过组这种方式可以像族一样管理和应用设计资源。组的应用对象包含模型对象、详图对象，以及模型和详图的混合对象。

Revit 可以创建以下 3 种类型的组。

- 模型组：此组合全部由模型图元组成，如图 4-23 所示。

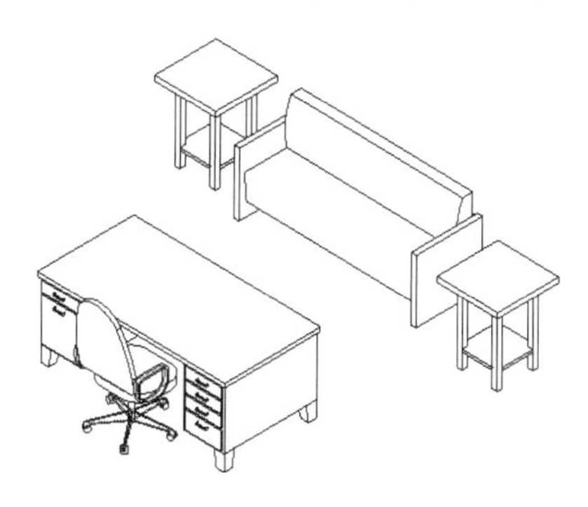

图 4-23　模型组

- 详图组：此组合由尺寸标注、门窗标记、文字等注释类图元组成，如图 4-24 所示。
- 附着的详图组：此组合可以包含与特定模型组相关联的视图专有图元，如图 4-25 所示。

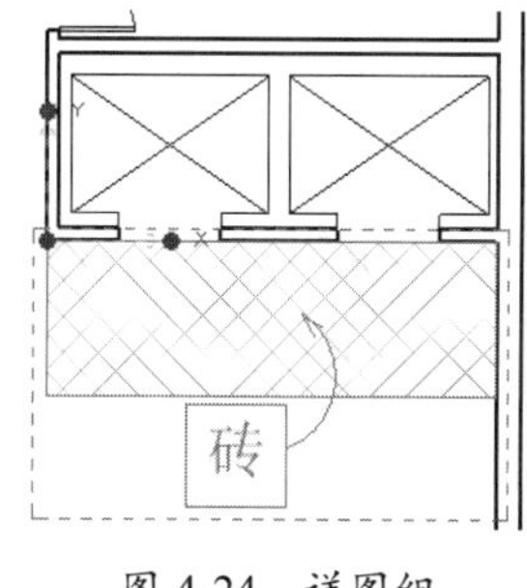

图 4-24　详图组

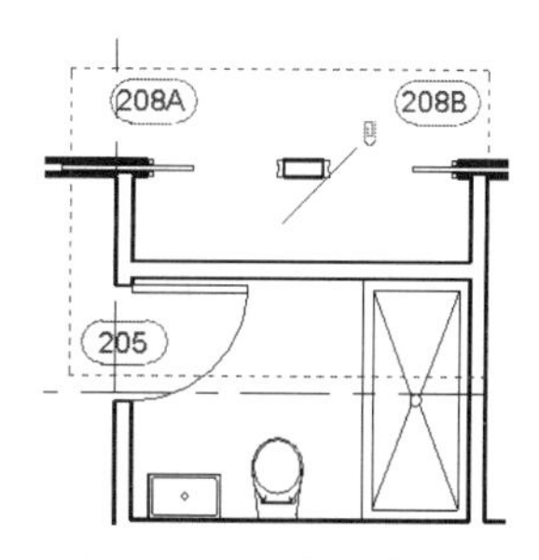

图 4-25　附着的详图组

上机操作——创建模型组

① 打开本例源文件【教学楼.rvt】，该文件为某院校教学楼模型，已完成墙体、楼板、屋顶及部分门和窗等图元的创建，如图 4-26 所示。

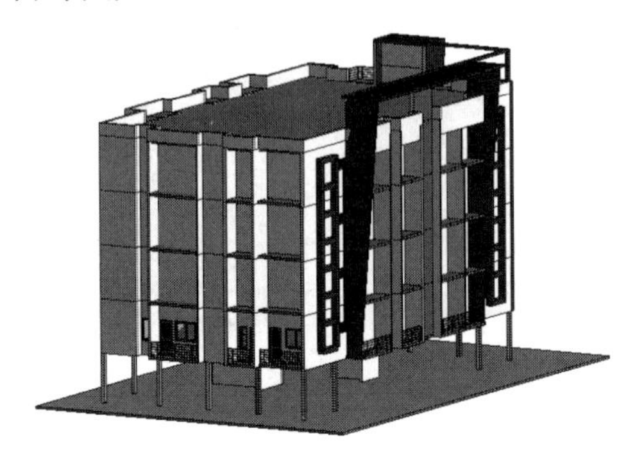

图 4-26　本例源文件【教学楼.rvt】

② 切换到【Level 2】楼层平面图。在该项目中，已经为西侧住宅创建了门、窗、阳台及门窗标记，如图 4-27 所示。

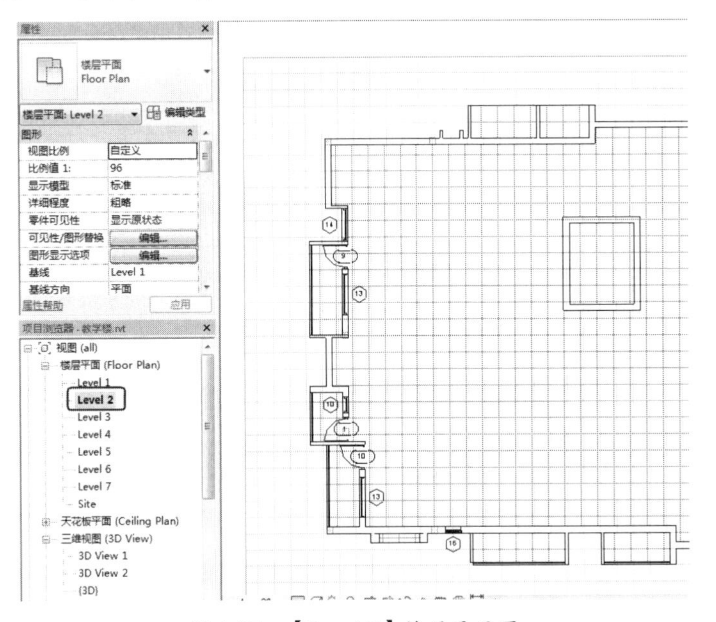

图 4-27　【Level 2】楼层平面图

③ 在按住 Ctrl 键的同时选择西侧【Level 2】楼层平面中的所有阳台栏杆、门和窗，如图 4-28 所示，自动切换到【修改|选择多个】上下文选项卡。

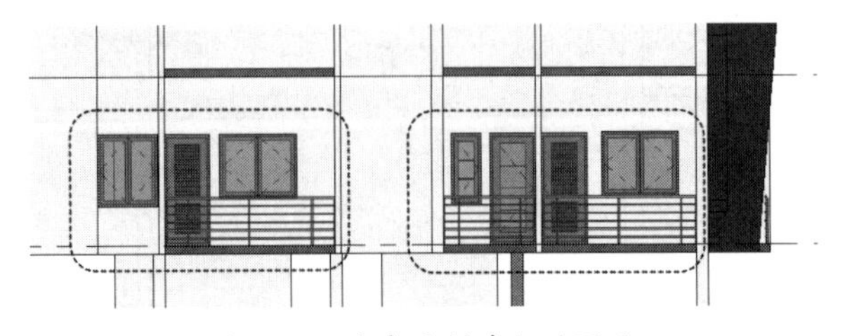

图 4-28　选中要创建组的图元

④ 单击【创建】面板中的【创建组】按钮，打开如图 4-29 所示的【创建模型组】对话框，在【名称】文本框中输入【标准层阳台组合】作为组名称，不勾选【在组编辑器中打开】复选框，单击【确定】按钮，将所选择的图元创建成组，按 Esc 键退出当前选择集。

⑤ 单击模型组中的任意楼板或楼板边图元，Revit 将选择【标准层阳台组合】模型组中的所有图元，如图 4-30 所示，自动切换到【修改|模型组】上下文选项卡。

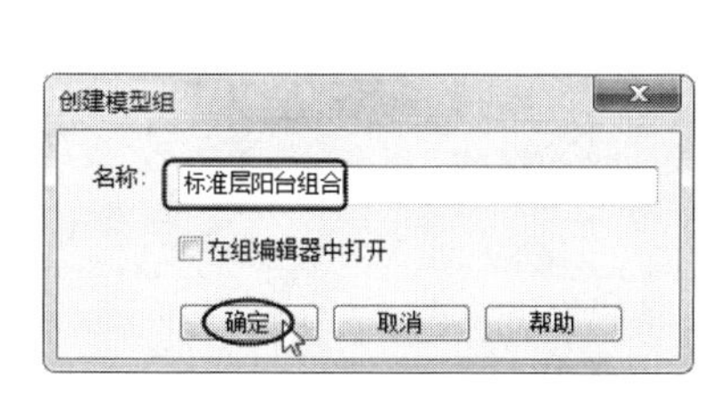

图 4-29　【创建模型组】对话框

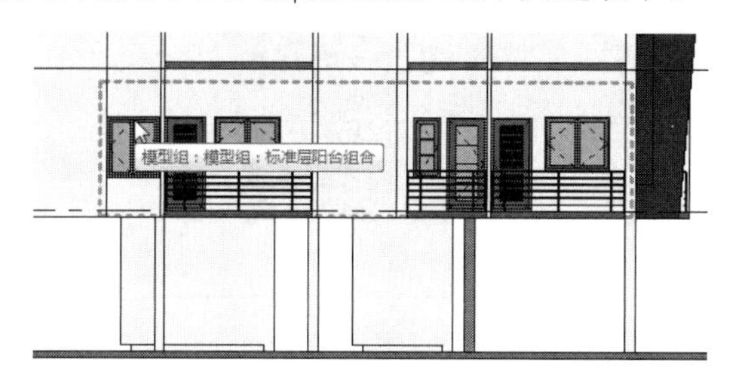

图 4-30　选中模型组

⑥ 在【修改】面板中单击【阵列】按钮，在选项栏中设置【项目数】为【4】(按 Enter 键确认)，其余选项保留默认设置。在视图中选择一个参考点作为复制的起点，如图 4-31 所示。

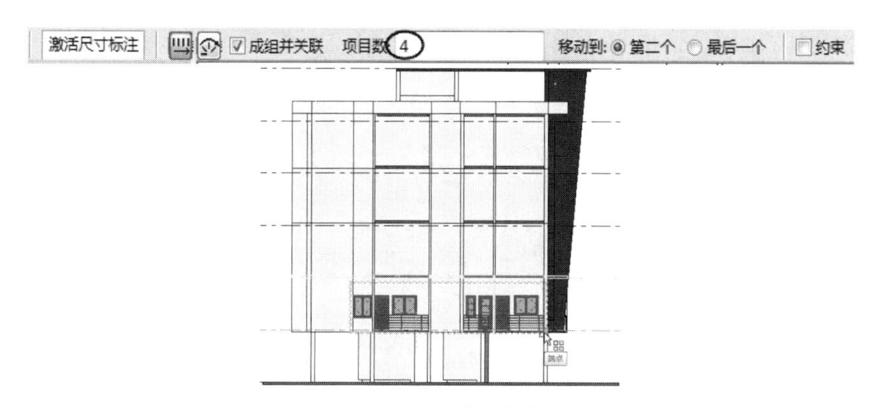

图 4-31　设置项目数并选择复制的起点

⑦ 在【Level 3】楼层平面的标高线上拾取一点作为复制的终点，且该终点与起点为垂直关系，如图 4-32 所示。

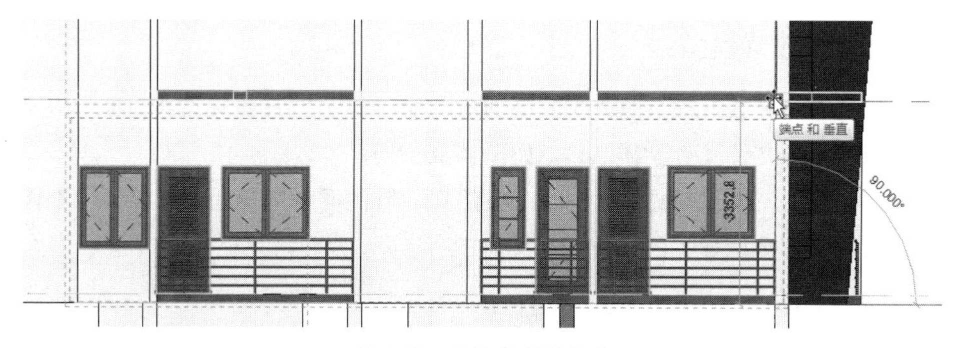

图 4-32　拾取复制的终点

⑧ 单击终点可以预览阵列的效果，如图 4-33 所示。

⑨ 在空白位置单击，打开警告提示框，如图 4-34 所示。单击警告提示框中的【确定】按钮即可完成模型组的阵列操作。按 Esc 键退出【修改|模型组】编辑模式。

图 4-33　预览阵列的效果

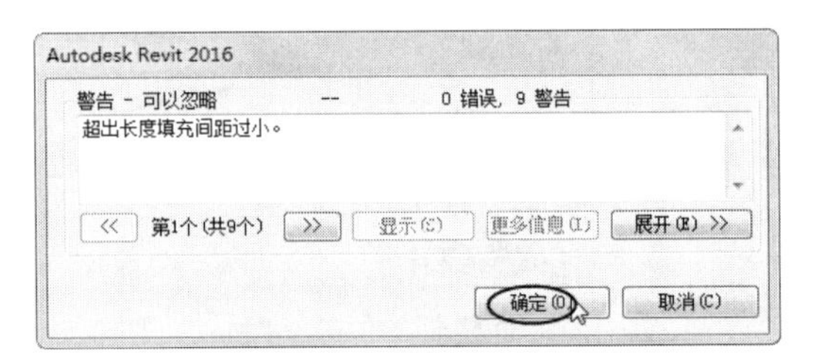

图 4-34　警告提示框

⑩ 在【项目浏览器】选项板的【组】|【模型】视图节点下，选择【标准层阳台组合】视图并右击，在弹出的快捷菜单中执行【保存组】命令，打开【保存组】对话框，指定保存位置并输入文件名，单击【保存】按钮即可进行保存，如图 4-35 所示。

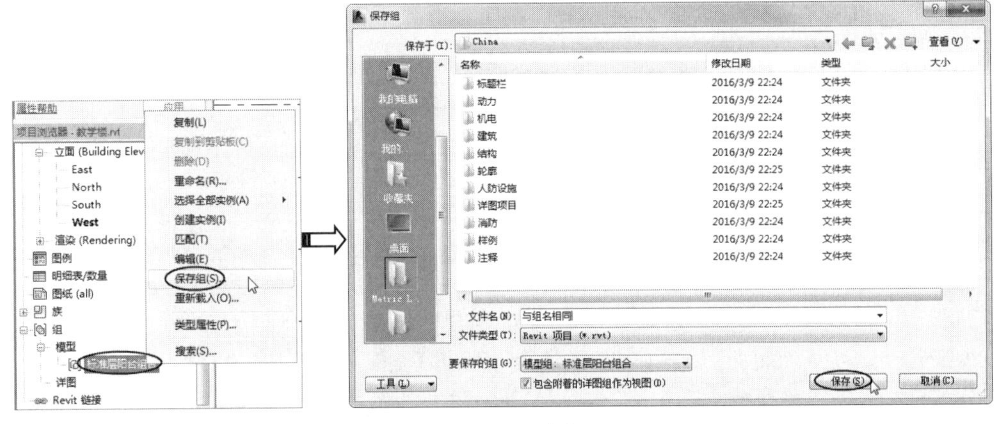

图 4-35　保存组

知识点拨：

如果该模型组中包含附着的详图组，则可以勾选【保存组】对话框底部的【包含附着的详图组作为视图】复选框，将附着的详图组一同保存。

上机操作——放置模型组

除了用阵列的方式放置模型组，用户还可以用插入的方式放置模型组，操作步骤如下。

① 打开本例源文件【教学楼.rvt】，如图 4-36 所示。

② 切换到【Level 2】楼层平面图。在按住 Ctrl 键的同时选择西侧【Level 2】楼层平面中的所有阳台栏杆、门和窗，如图 4-37 所示，自动切换至【修改|选择多个】上下文选项卡。

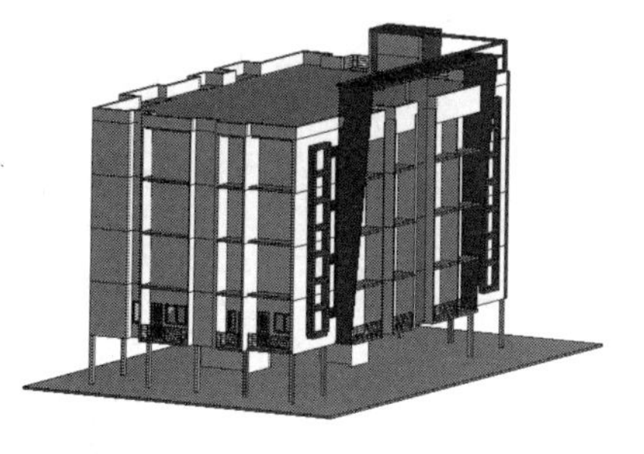

图 4-36　本例源文件【教学楼.rvt】

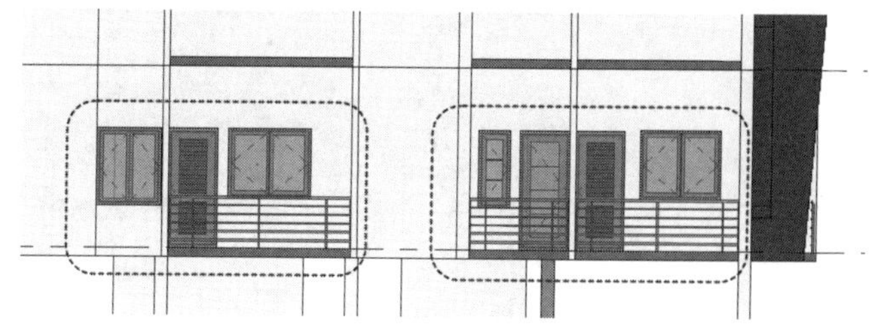

图 4-37　选中要创建组的图元

③ 单击【创建】面板中的【创建组】按钮，打开如图 4-38 所示的【创建模型组】对话框，在【名称】文本框中输入【标准层阳台组合】作为组名称，不勾选【在组编辑器中打开】复选框，单击【确定】按钮，将所选择的图元创建成组，按 Esc 键退出当前选择集。

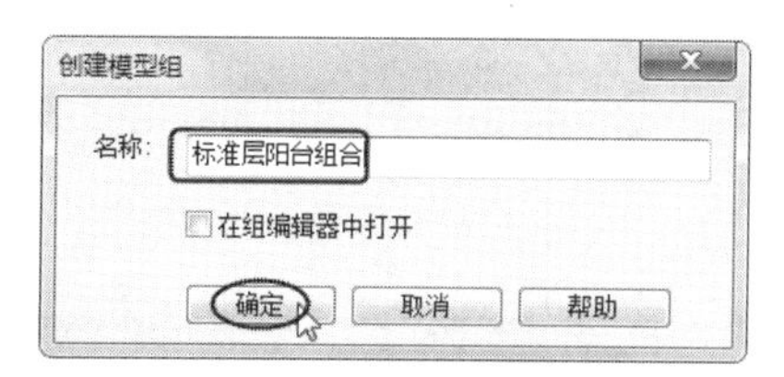

图 4-38　【创建模型组】对话框

④ 在【建筑】选项卡的【模型】面板中单击【放置模型组】按钮，并捕捉组原点垂直追踪线与【Level 3】阳台上表面延伸线的交点，Revit 将以此交点作为放置参考点，如图 4-39 所示。

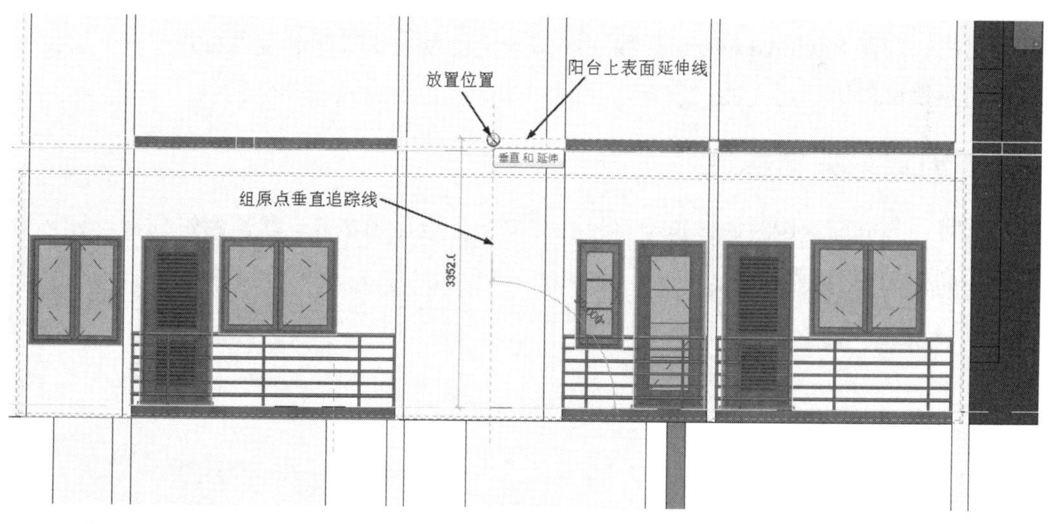

图 4-39　捕捉组原点垂直追踪线与【Level 3】阳台上表面延伸线的交点作为放置参考点

⑤ 在组原点垂直追踪线与【Level 3】阳台上表面延伸线的交点处单击，放置模型组，功能区显示【修改|模型组】上下文选项卡，单击该上下文选项卡中的【完成】按钮，结束放置模型组的操作，如图 4-40 所示。

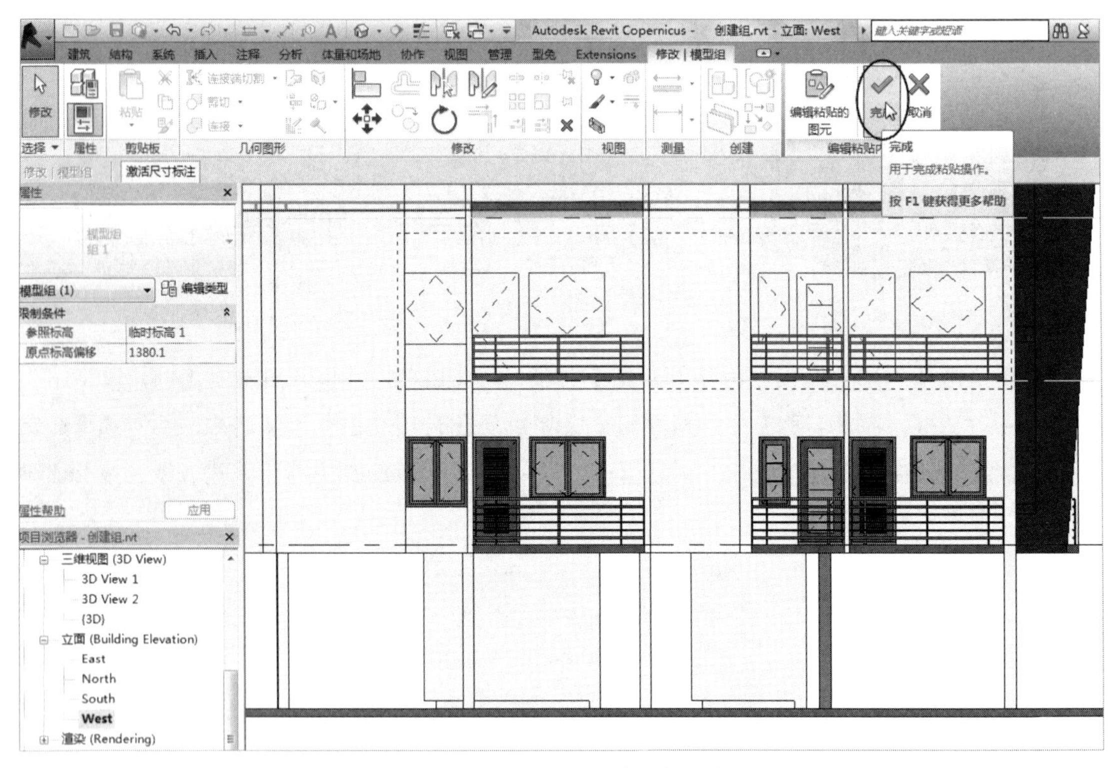

图 4-40 放置模型组并结束操作

4.2 Revit 基准——标高与轴网

标高与轴网在 Revit Architecture 模块中用于定位及定义楼层高度与视图平面，即设计基准。标高不仅可以用于定义楼层层高，也可以用于定位窗台及其他结构件。

4.2.1 创建与编辑标高

仅当视图为立面视图时，建筑项目设计环境中才会显示标高。默认建筑项目设计环境中的预设标高如图 4-41 所示。

图 4-41 默认建筑项目设计环境中的预设标高

标高是指有限的水平平面，被用作屋顶、楼板、天花板等以标高为主体的图元的参照。用户可以调整其范围，使其不在某些视图中显示，如图 4-42 所示。

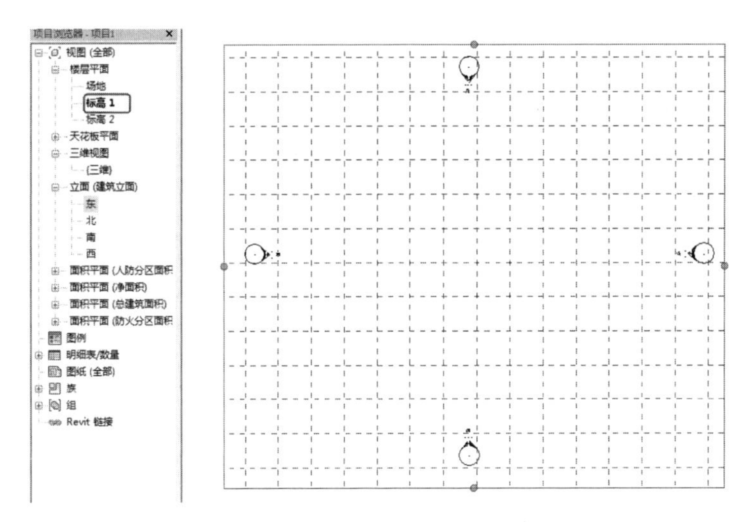

图 4-42　可以调整范围的标高

上机操作——创建并编辑标高

① 启动 Revit 2022，在主页界面的【项目】选项组中选择【新建】选项，打开【新建项目】对话框。

② 单击【浏览】按钮，在打开的【选择样板】对话框中选择 3.3 节中建立的【Revit 2022 中国样板.rte】建筑项目文件，如图 4-43 所示。

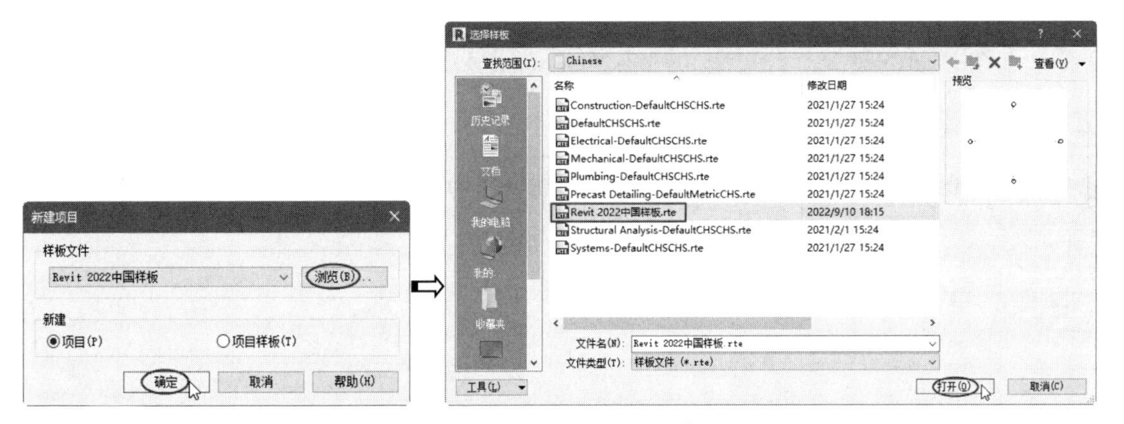

图 4-43　选择【Revit 2022 中国样板.rte】建筑项目文件

③ 在【项目浏览器】选项板中切换【标高 1】楼层平面图为【立面】|【东】视图，立面图中将显示预设的标高，如图 4-44 所示。

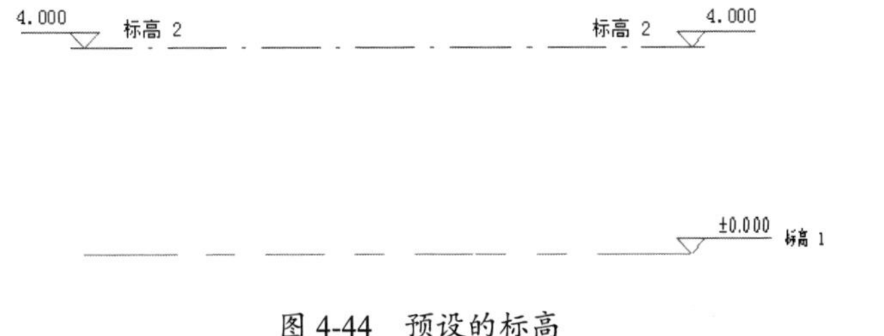

图 4-44　预设的标高

④ 由于加载的样板文件为 GB 标准样板，因此无须更改项目单位。如果不是 GB 标准样板，则需要在【管理】选项卡的【设置】面板中单击【项目单位】按钮，打开【项目单位】对话框，设置长度的单位为 mm、面积的单位为 m^2、体积的单位为 m^3，如图 4-45 所示。

⑤ 在【建筑】选项卡的【基准】面板中单击 标高 按钮，在选项栏中单击 平面视图类型... 按钮，在弹出的【平面视图类型】对话框中选择视图类型为【楼层平面】，如图 4-46 所示。

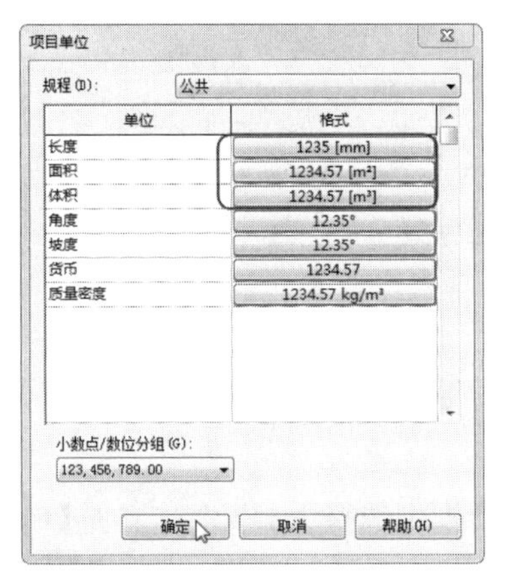

图 4-45 设置项目单位

图 4-46 设置平面视图类型

知识点拨：

如果【平面视图类型】对话框中其余的视图类型也被选中，则可以在按住 Ctrl 键的同时选择相应视图类型，取消对视图类型的选择。

⑥ 在图形区中捕捉标头对齐线（蓝色虚线）作为新标高线的起点，如图 4-47 所示。

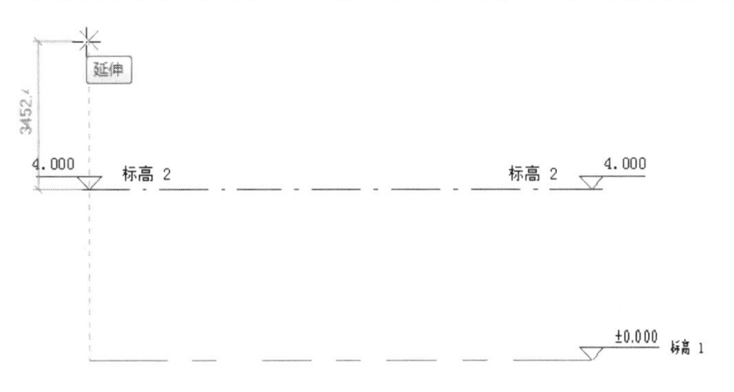

图 4-47 捕捉标头对齐线作为新标高线的起点

⑦ 单击确定起点后，水平绘制标高线，直到捕捉到另一侧的标头对齐线，单击确定标高线的终点，如图 4-48 所示。

⑧ 随后绘制的标高处于被激活状态，此刻可以修改标高的临时尺寸值，修改后标高符号上面的值将随之变化，并且标高线上会自动显示【标高 3】名称，如图 4-49 所示。

⑨ 按 Esc 键退出当前操作。接下来介绍另一种较高效的标高创建方法，即利用【复制】工具创建标高。利用此方法可以连续地创建多个标高值相同的标高。

图 4-48　捕捉另一侧的标头对齐线作为新标高线的终点

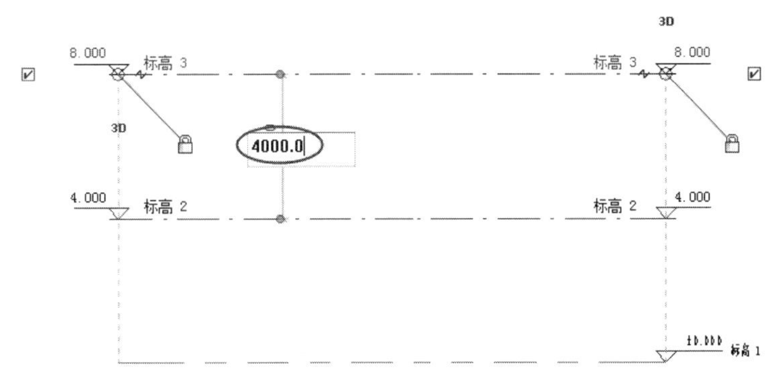

图 4-49　修改标高的临时尺寸值

⑩ 选中刚才创建的【标高 3】，切换到【修改|标高】上下文选项卡。单击此上下文选项卡中的【复制】按钮，并在选项栏上勾选【多个】复选框。在图形区【标高 3】的任意位置拾取复制的起点，如图 4-50 所示。

⑪ 垂直向上移动轴线，并在某位置单击，确定复制的终点，以放置复制的【标高 4】，如图 4-51 所示。

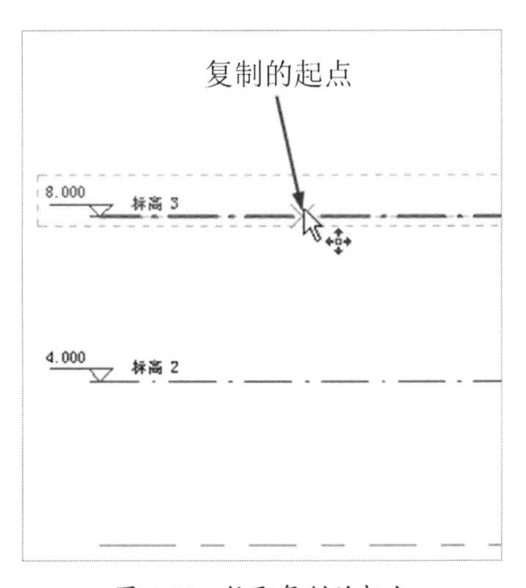

图 4-50　拾取复制的起点

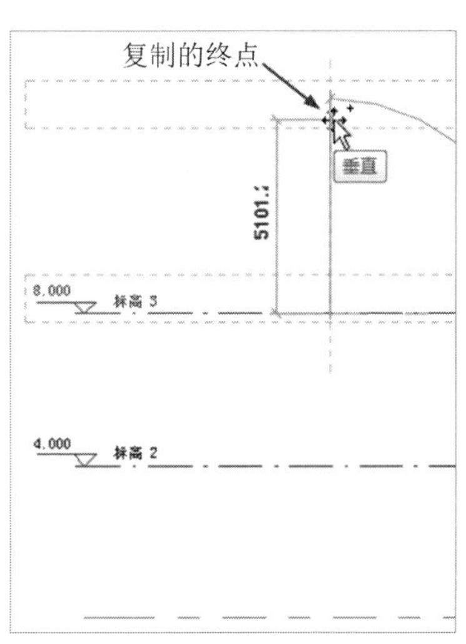

图 4-51　确定复制的终点

⑫ 继续垂直向上移动轴线并单击放置复制的标高，直到完成所有标高的创建，按 Esc

键退出操作，如图 4-52 所示。

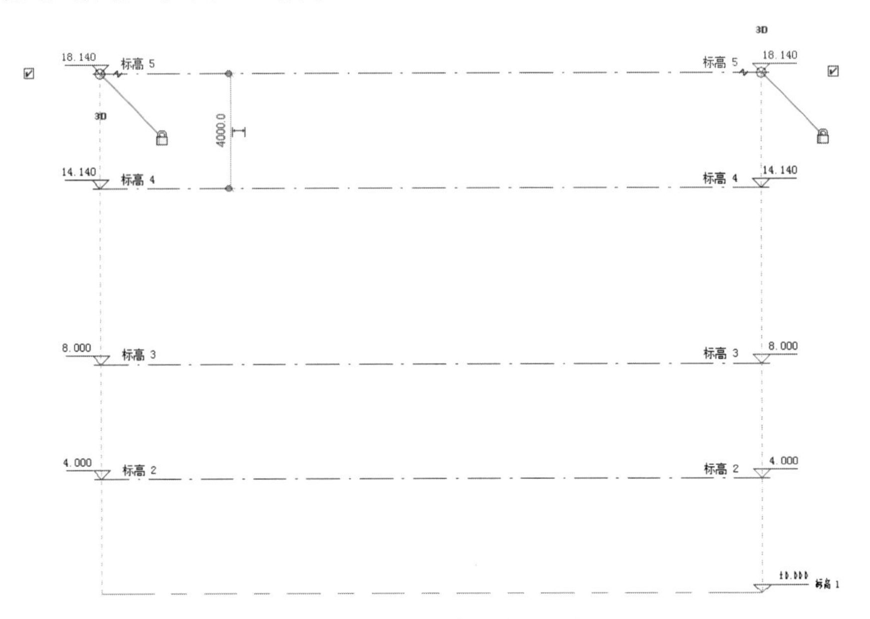

图 4-52　完成所有标高的创建

知识点拨：

如果是高层建筑，则利用【复制】工具创建标高，效率还是不够高，作者的建议是利用【阵列】工具，一次性完成所有标高的创建。这里不再详细讲解，读者可以尝试自行完成操作。

⑬ 修改复制后的每一个标高值，最上面的标高修改的是标头上的总标高值，修改结果如图 4-53 所示。

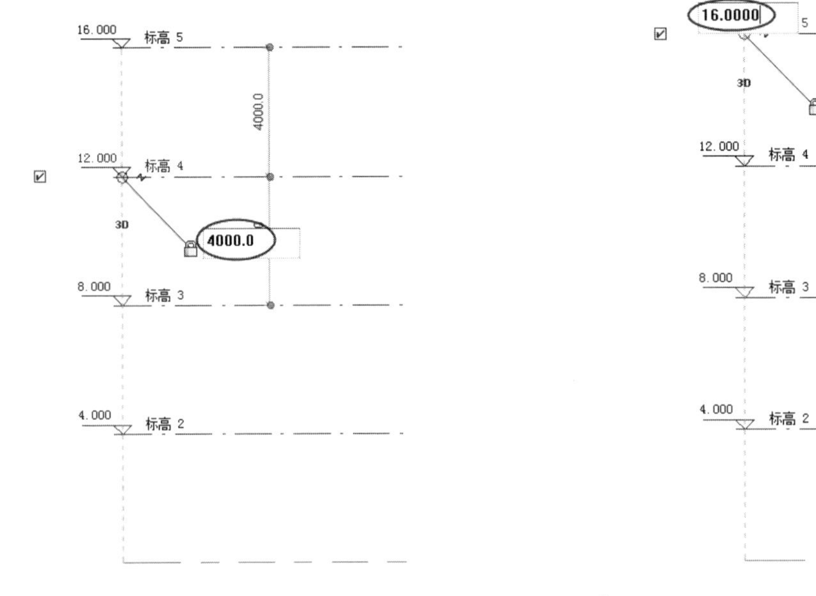

图 4-53　修改标高值

⑭ 同样地，利用【复制】工具，将【标高 1】向下复制，得到一个标高值为负数的标

高，如图 4-54 所示。

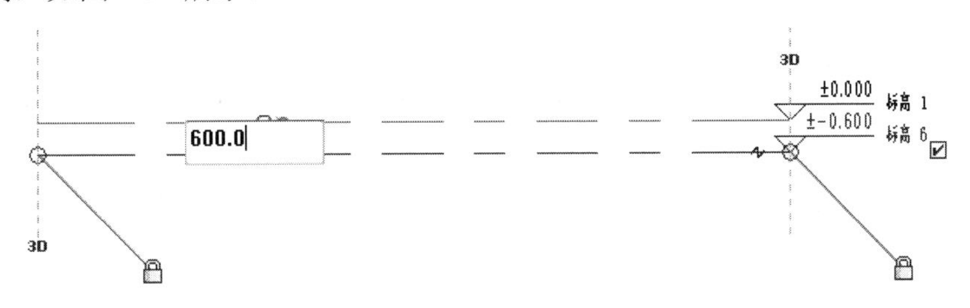

图 4-54　复制出标高值为负数的标高

⑮　不难看出，【标高 1】和其他标高（上标头）的类型（族属性）不同，如图 4-55 所示。

⑯　选中【标高 1】，在【属性】选项板的【类型选择器】下拉列表中重新选择【正负零标头】选项，使其与其他标高类型保持一致，如图 4-56 所示。

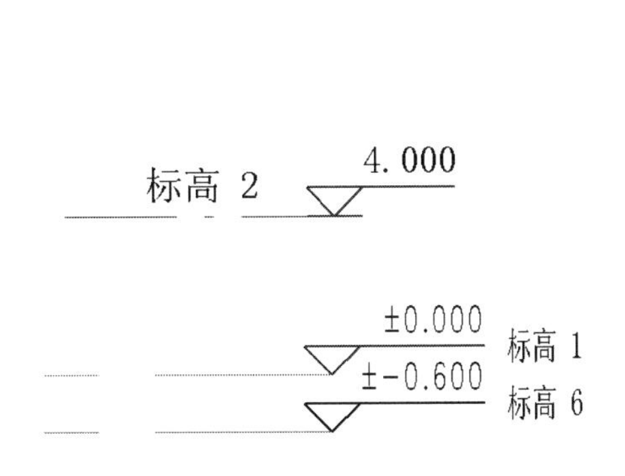

图 4-55　具有不同族属性的【标高 1】和【标高 2】

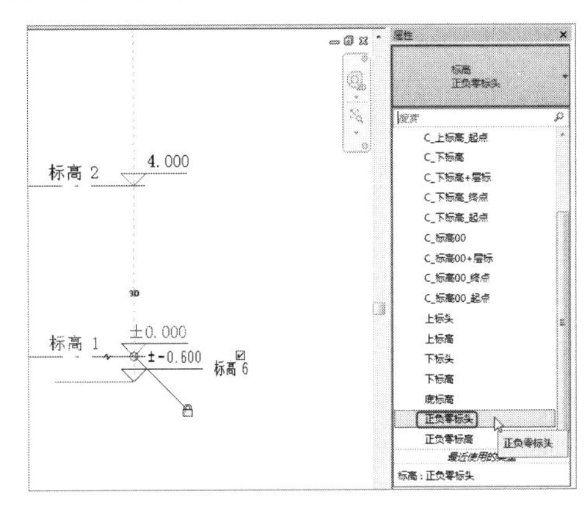

图 4-56　为【标高 1】重新选择标高类型

⑰　同理，由于【标高 6】与【标高 1】的属性类型相同，因此重新将【标高 6】的标高类型选择为【下标头】，如图 4-57 所示。

⑱　可以根据【标高 6】的用途，修改其名称，例如，此标高用作室外场地标高，所以可以在【属性】选项板中将其重命名为【室外场地】，如图 4-58 所示。

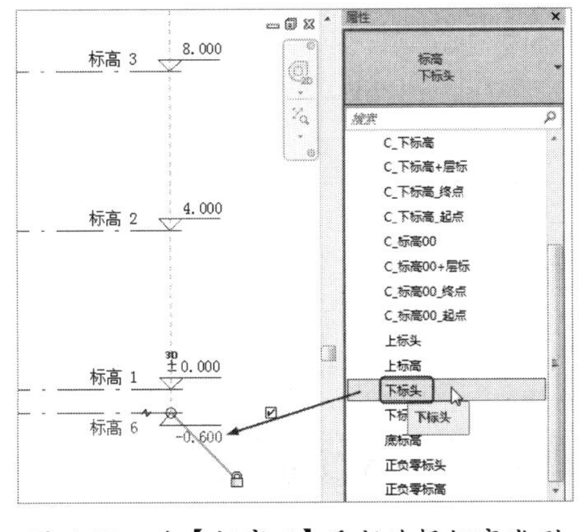

图 4-57　为【标高 6】重新选择标高类型

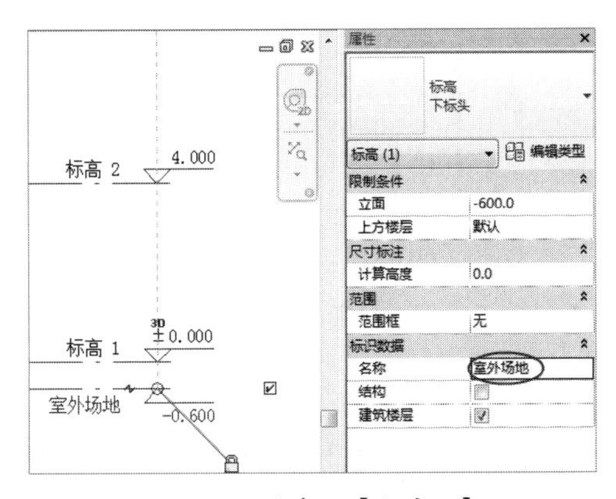

图 4-58　重命名【标高 6】

⑲　在【项目浏览器】选项板中切换到其他立面图，会看到同样的标高已被创建，但是

在【项目浏览器】选项板的【楼层平面】视图节点中并没有出现利用【复制】或【阵列】工具创建的标高视图。而且在图形区中，通过【复制】或【阵列】的标高的标头颜色为黑色，与【项目浏览器】选项板中一一对应的标高的标头颜色则为蓝色，如图 4-59 所示。

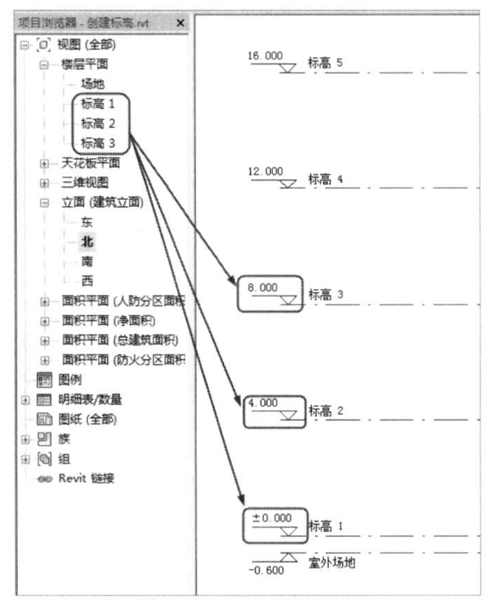

图 4-59 没有视图的标高

⑳ 双击蓝色的标头，会跳转到相对应的【楼层平面】视图中，而单击黑色标头却没有反应。其原因就是利用【复制】或【阵列】工具仅仅是复制了标高的样式，并不能复制标高所对应的视图。

㉑ 为缺少视图的标高添加楼层平面视图。在【视图】选项卡的【创建】面板中，选择【平面视图】下拉列表中的【楼层平面】选项，如图 4-60 所示。

㉒ 打开【新建楼层平面】对话框，在该对话框的视图列表框中，列出了还未创建视图的所有标高。在按住 Ctrl 键的同时单击，选中所有标高，单击【确定】按钮，完成楼层平面视图的创建，如图 4-61 所示。

㉓ 在创建楼层平面视图后，【项目浏览器】选项板的【楼层平面】视图节点下的视图如图 4-62 所示。图形区中之前黑色的标头已经转变为蓝色的标头。

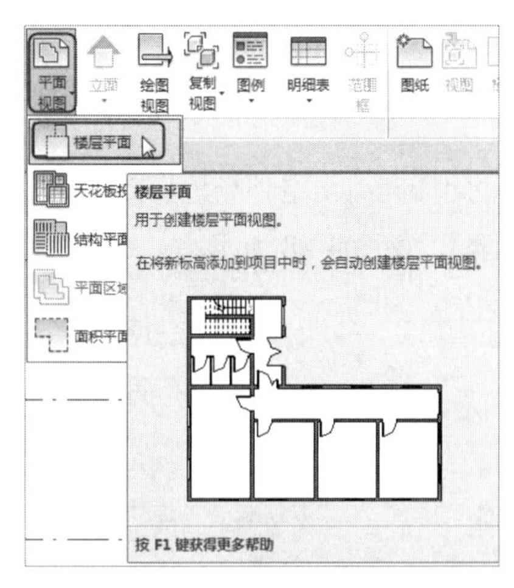

图 4-60 选择【楼层平面】选项

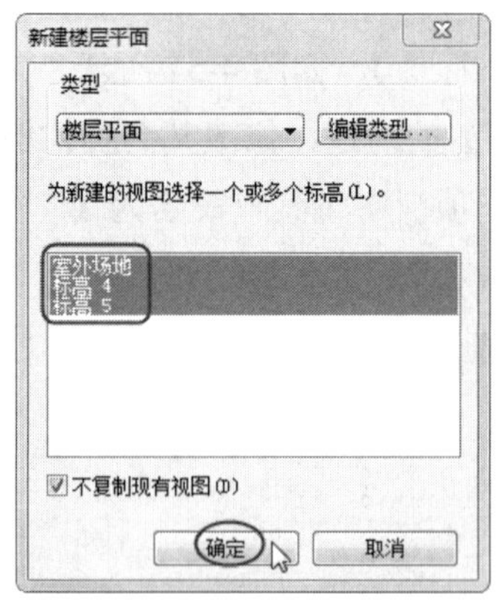

图 4-61 选中标高创建楼层平面视图

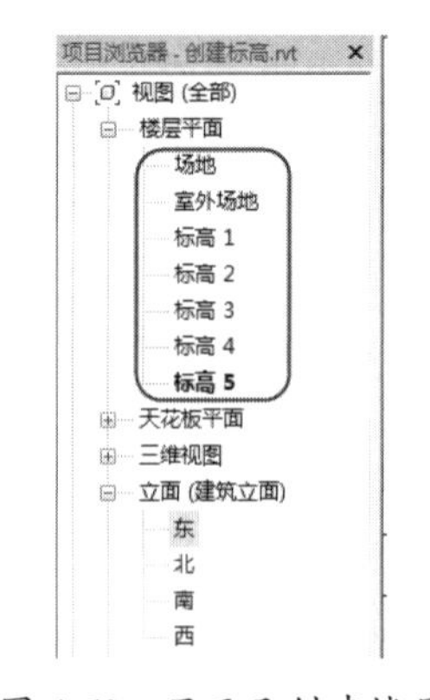

图 4-62 显示已创建楼层平面视图的标高

知识点拨：

【楼层平面】视图节点下默认的【场地】视图是整个项目的总平面视图，其标高值默认为 0，与【标高 1】平面是重合的。我们所创建的【室外场地】标高用于建设建筑外的地坪。

㉔ 单击任意一条标高线，会显示临时尺寸、控制符号和复选框，如图 4-63 所示。可

以编辑其尺寸值，单击并拖曳控制符号可以整体或单独调整标高标头的位置、控制标头隐藏或显示、偏移标头等。

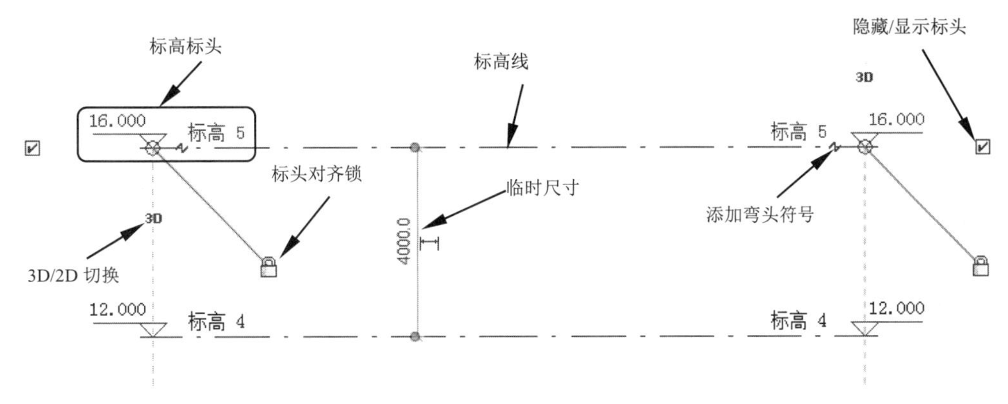

图 4-63　标高在编辑状态下的示意图

知识点拨：

Revit 中标高的【标头】包含了标高符号、标高名称、添加弯头符号等。

㉕ 当相邻的两个标高靠近时，有时会出现标头文字重叠的情况，此时可以单击标高线上的添加弯头符号（见图 4-63）添加弯头，使不同标高的标头文字完全显示，如图 4-64 所示。

4.2.2　创建与编辑轴网

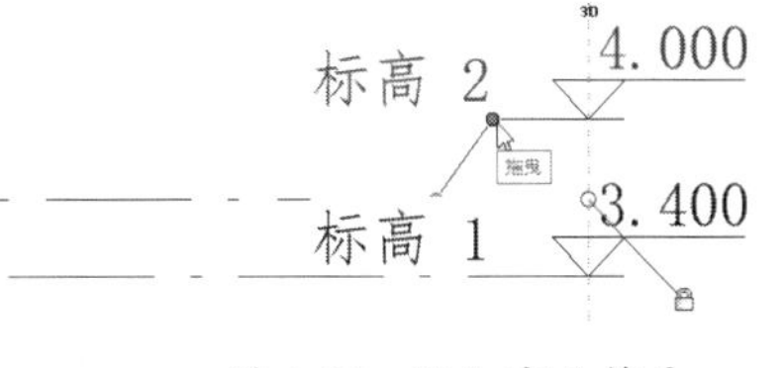

图 4-64　添加弯头符号

在创建完标高后，可以切换到任意平面视图（如【楼层平面】视图）来创建与编辑轴网。轴网用于在平面图中定位项目图元。

利用【轴网】工具，可以在建筑设计中放置轴线。轴线不仅可以作为建筑墙体的中轴线，还可以像标高一样作为一个有限平面，即可以在立面图中编辑其范围大小，使其不与标高线相交。轴网包括轴线和轴号。

上机操作——创建并编辑轴网

① 新建建筑项目文件，在【项目浏览器】选项板中切换到【楼层平面】视图节点下的【标高 1】平面图。

② 楼层平面图中的 为立面图标记，单击此标记，将显示立面图平面，如图 4-65 所示。

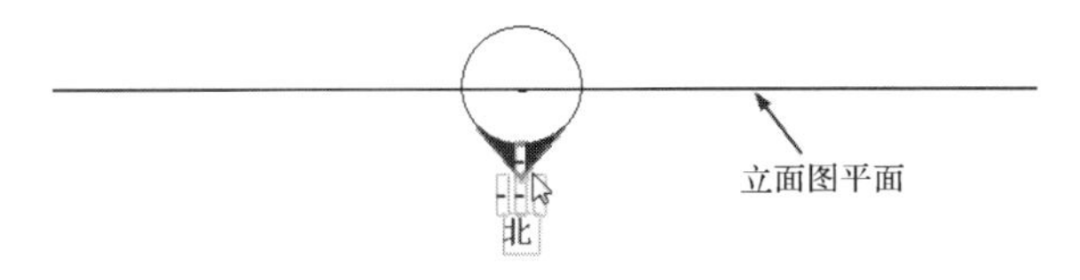

图 4-65　显示立面图平面

③ 双击立面图标记，将切换到立面图，如图 4-66 所示。

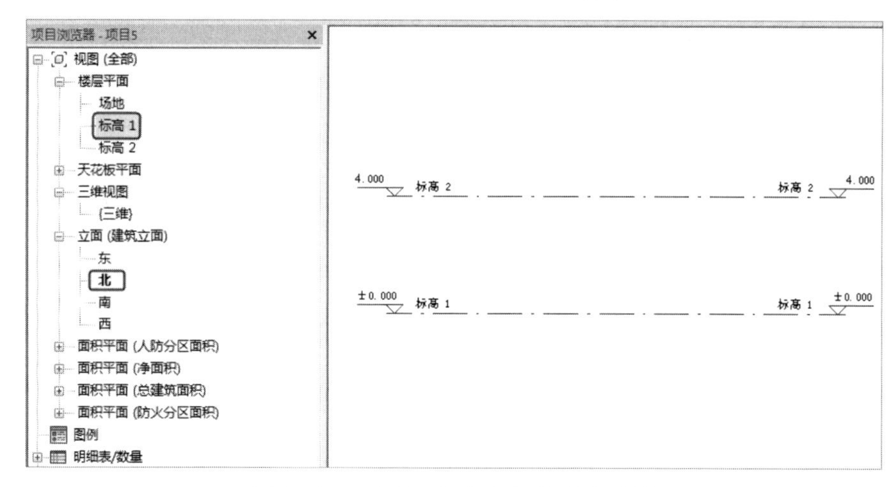

图 4-66 双击立面图标记切换到立面图

④ 立面图标记是可以被移动的，当平面图所占区域比较大且超出立面图标记时，可以拖曳立面图标记，如图 4-67 所示。

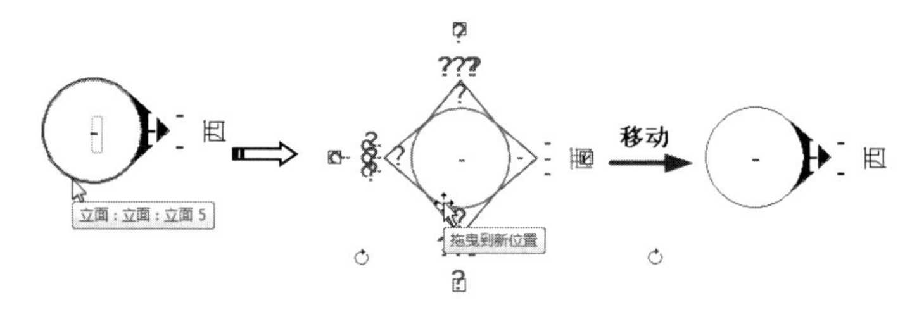

图 4-67 移动立面图标记

⑤ 在【创建】选项卡的【基准】面板中单击【轴网】按钮，在立面图标记内以绘制直线的方式放置第一条轴线与轴号，如图 4-68 所示。

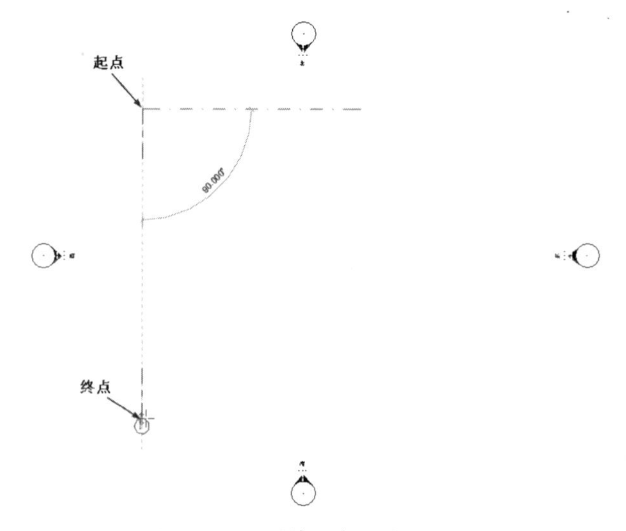

图 4-68 绘制第一条轴线与轴号

⑥ 在绘制轴线后，从【属性】选项板中可以看出此轴线的属性类型为【6.5mm 编号间隙】，说明所绘制的轴线是有间隙的，而且是单边有轴号，不符合中国建筑标准，如图 4-69 所示。

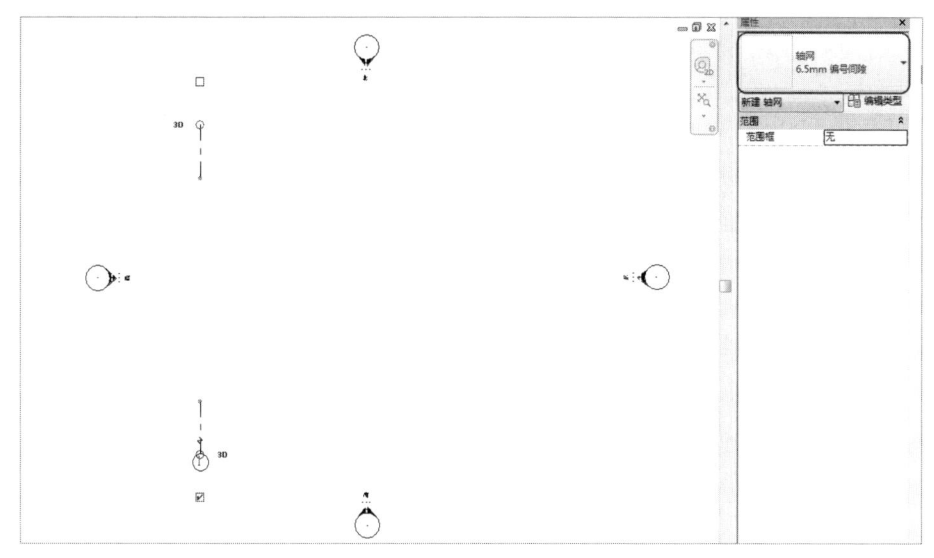

图 4-69　查看轴线属性类型

⑦ 在【属性】选项板的【类型选择器】下拉列表中选择【双标头】类型，绘制的轴线随之被更改为双标头的轴线，如图 4-70 所示。

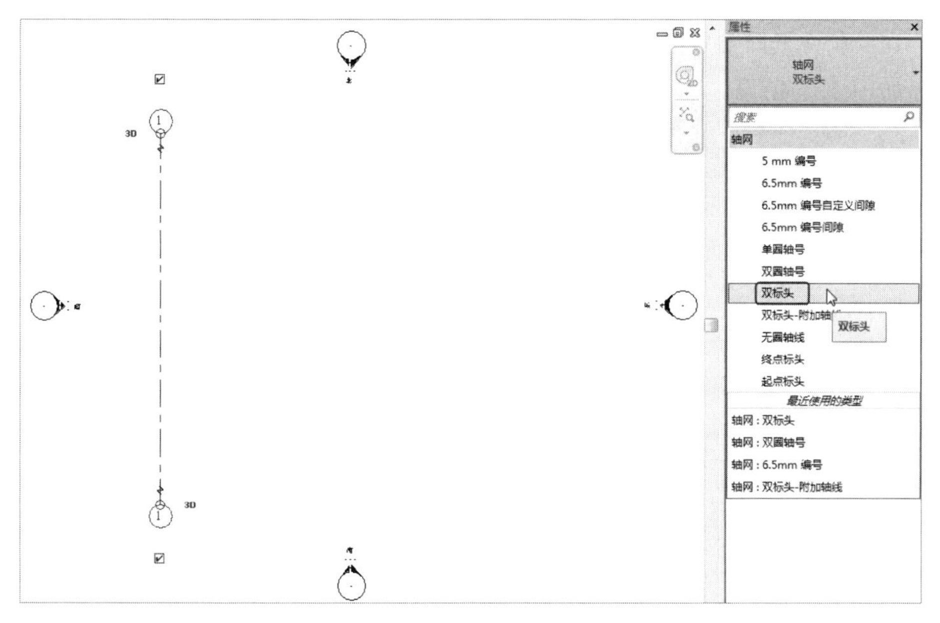

图 4-70　修改轴线属性类型

知识点拨：

接下来继续绘制轴线，如果轴线与轴线之间的间距是不相等的，则可以利用【复制】工具复制；如果轴线与轴线之间的间距相等，则可以利用【阵列】工具快速绘制轴线；如果楼层的布局是左右对称型的，则可以先绘制一半的轴线，再利用【镜像】工具镜像出另一半轴线。

⑧ 利用【复制】工具，绘制出其他轴线，轴号是自动按顺序排列的，如图 4-71 所示。

如果利用【阵列】工具，则包括两种阵列方式：一种是按顺序编号；另一种是乱序。第一种阵列方式如图 4-72 所示。

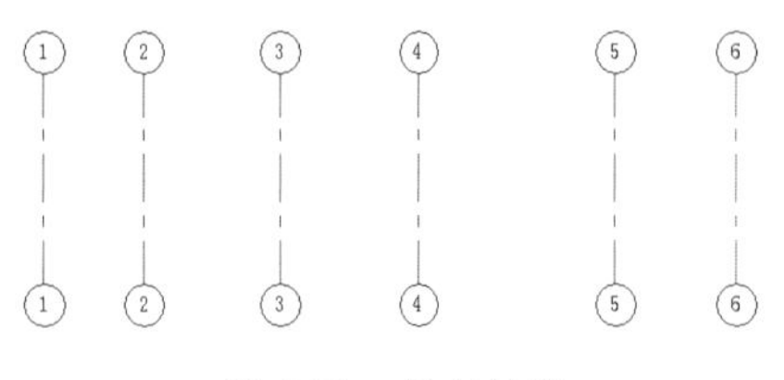

图 4-71 复制轴线

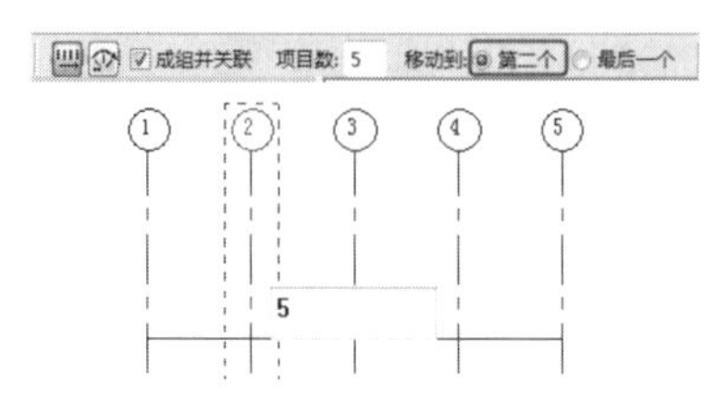

图 4-72 按顺序编号的轴线阵列

另一种阵列方式如图 4-73 所示。因此，我们在进行阵列的时候一定要先弄清楚要求，再决定选择何种阵列方式。

如果利用【镜像】工具镜像轴线，则轴号不会按顺序排列。例如，将轴线③作为镜像轴，镜像轴线①和轴线②，得到的结果如图 4-74 所示。

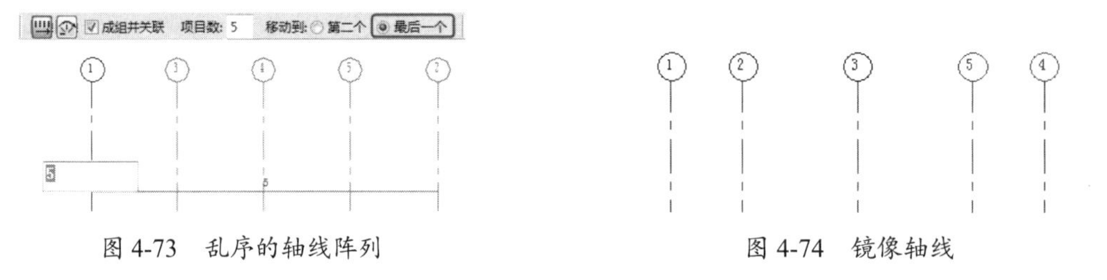

图 4-73 乱序的轴线阵列　　图 4-74 镜像轴线

⑨ 在绘制完横向布置的轴线后，继续绘制纵向布置的轴线，绘制的顺序是从下至上，如图 4-75 所示。

知识点拨：

横向布置的轴线是用阿拉伯数字从左到右按顺序编写的，而纵向布置的轴线则是用大写的拉丁字母从下往上编写的。

⑩ 绘制完纵向布置的轴线后，由于其编号仍然是阿拉伯数字，因此需选中圈内的数字进行修改，从下往上依次修改为 A、B、C、D，如图 4-76 所示。

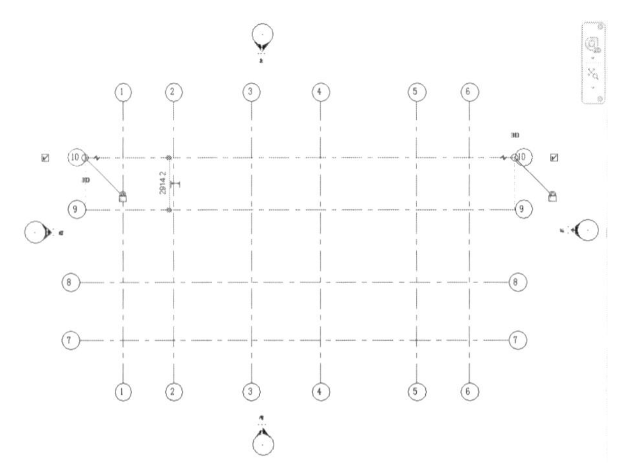

图 4-75 绘制纵向布置的轴线

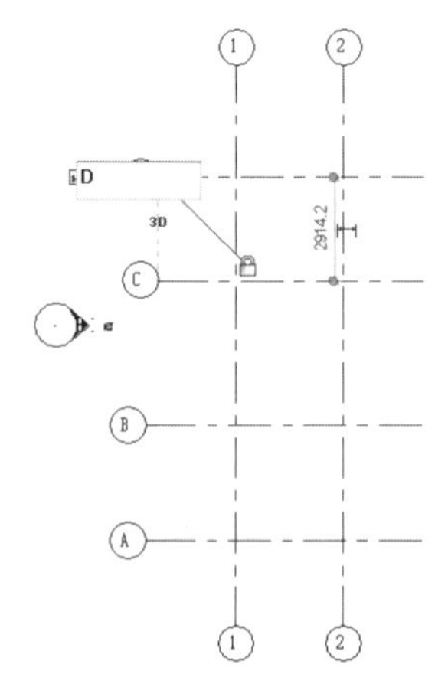

图 4-76 修改纵向布置的轴号

⑪ 单击其中一条轴线，进入编辑状态，如图 4-77 所示。

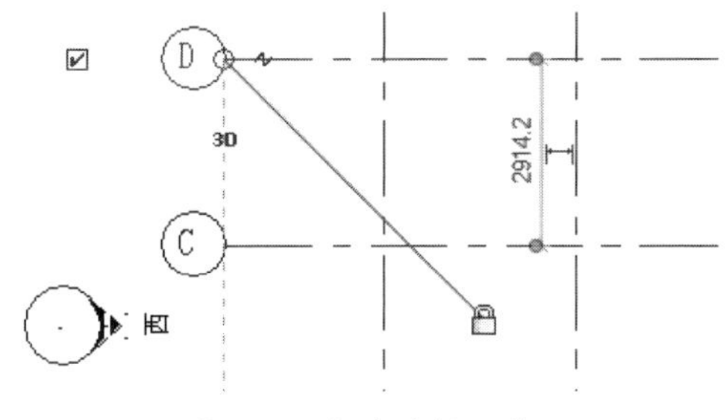

图 4-77　轴线编辑状态

⑫ 轴线编辑与标高编辑是相似的，在切换到【修改|轴网】上下文选项卡后，可以利用【修改】工具对轴线进行修改。

⑬ 选中临时尺寸，可以编辑此轴线与相邻轴线之间的间距，如图 4-78 所示。

⑭ 当轴网中轴线标头的位置对齐时，会出现标头对齐虚线，如图 4-79 所示。

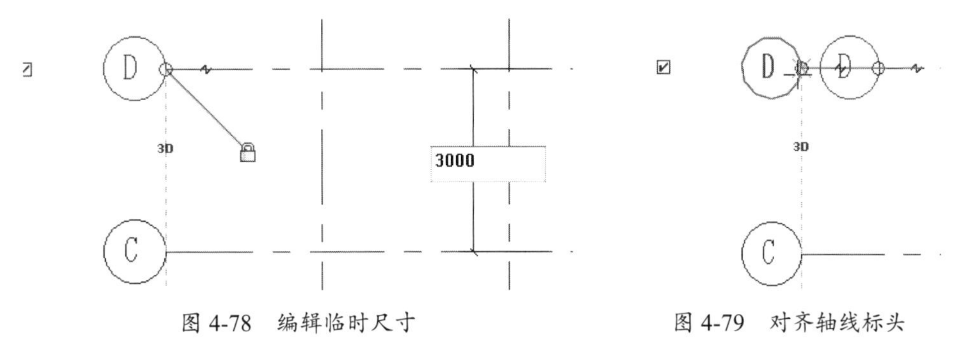

图 4-78　编辑临时尺寸　　　　图 4-79　对齐轴线标头

⑮ 单击任意一条轴线，勾选或取消勾选标头外侧复选框☑，即可显示/隐藏轴号。

⑯ 如果需要控制所有轴号的显示，则选择所有轴线，自动切换到【修改|轴网】选项卡，在【属性】选项板中单击 编辑类型 按钮，打开【类型属性】对话框。在该对话框中修改类型属性，勾选【平面视图轴号端点 1（默认）】和【平面视图轴号端点 2（默认）】参数右侧的复选框，如图 4-80 所示。

⑰ 在【类型属性】对话框中设置【轴线中段】的显示方式为【连续】，如图 4-81 所示。

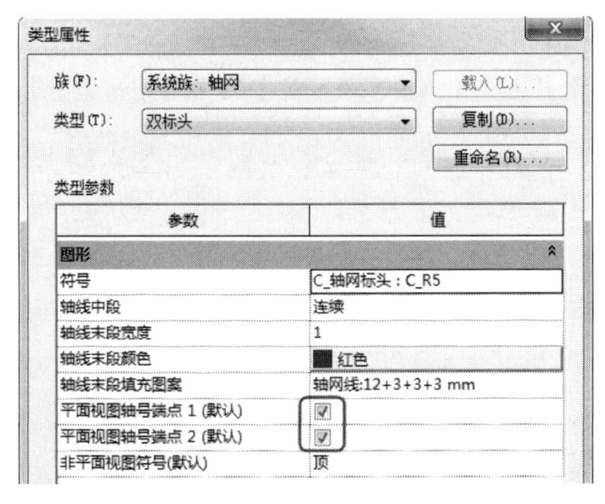

图 4-80　设置轴号显示

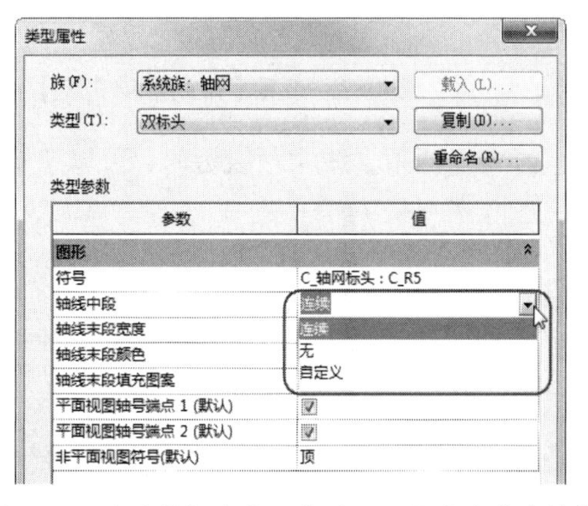

图 4-81　设置【轴线中段】的显示方式为【连续】

⑱ 在将【轴线中段】的显示方式设置为【连续】后，设置【轴线末段宽度】【轴线末段颜色】【轴线末段填充图案】的样式，如图 4-82 所示。

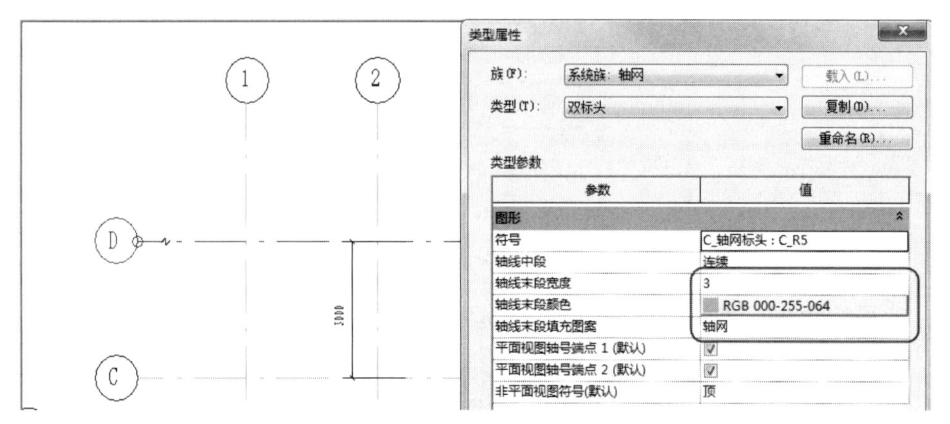

图 4-82 设置【轴线末段宽度】【轴线末段颜色】【轴线末段填充图案】的样式

⑲ 在将【轴线中段】的显示方式设置为【无】后，设置【轴线末段宽度】【轴线末段颜色】【轴线末段长度】的样式，如图 4-83 所示。

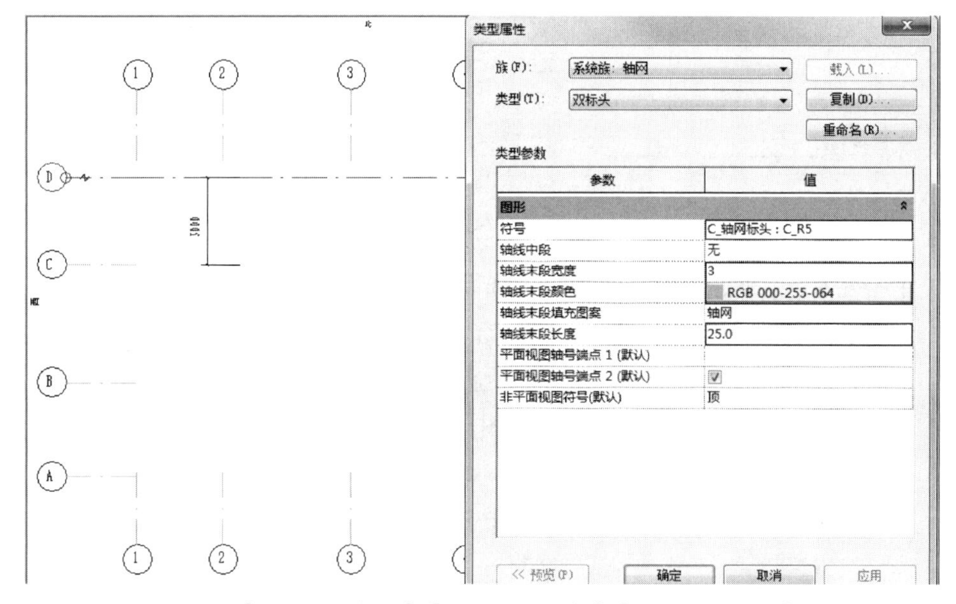

图 4-83 设置【轴线末段宽度】【轴线末段颜色】【轴线末段长度】的样式

⑳ 当两条轴线相距较近时，可以单击添加弯头符号，改变轴号的位置，如图 4-84 所示。

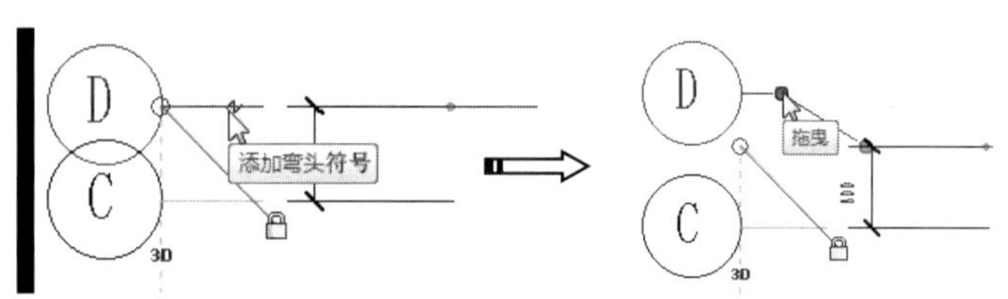

图 4-84 改变轴号的位置

4.3　BIMSpace 乐建 2022 标高与轴网设计

从前面的 Revit 2022 标高与轴网设计过程中可以看出，对于常见的水平与垂直的轴线与标高设计，操作起来是比较快捷、容易的，但对于弧形、三维的轴网设计，利用 Revit 2022 就比较烦琐。利用 BIMSpace 乐建 2022 能轻松解决复杂轴网的设计难题。

启动 BIMSpace 乐建 2022，新建项目文件并选择【BIMSpace 建筑样板】样板文件进入建筑项目设计环境。图 4-85 所示为 BIMSpace 乐建 2022 的标高与轴网设计工具（在【轴网\柱子】选项卡中）。

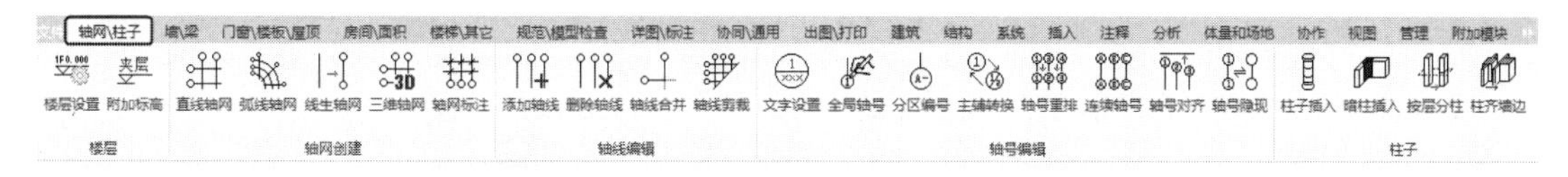

图 4-85　BIMSpace 乐建 2022 的标高与轴网设计工具

4.3.1　标高设计

BIMSpace 乐建 2022 能快速地自动建立起多层的标高和夹层标高，不需要用户手动添加与编辑。

知识点拨：

由于标高符号与二维族中的高程点符号相同，因此这里讲解一下“标高”与“高程”的含义。

“标高”是针对建筑物而言的，用来表示建筑物某个部位相对基准面（标高零点）的垂直高度。“标高”分为绝对标高和相对标高。绝对标高是以平均海平面作为标高零点的，以此计算的标高称为绝对标高；相对标高是以建筑物室内首层地面高度作为标高零点的，以此计算的标高称为相对标高，本书所讲的标高是相对标高。

“高程”是指某点沿铅垂线方向到绝对基准面的垂直距离。“高程”是测绘用词，一般被称为“海拔高度”。高程也分为绝对高程和相对高程（假定高程）。例如，测量名山湖泊的海拔高度是绝对高程，测量室内某物体的最高点到地面的垂直距离则是相对高程。

在【轴网\柱子】选项卡的【楼层】面板中，【楼层设置】工具用于自动创建多层标准层标高，【附加标高】工具用于创建多层中存在夹层的标高。

下面用案例来说明【楼层设置】和【附加标高】工具的使用方法。

上机操作——利用 BIMSpace 乐建 2022 创建楼层标高

① 启动 BIMSpace 乐建 2022，在主页界面中选择【新建】选项，在弹出的【新建项目】对话框中选择【BIMSpace 建筑样板】样板文件进入建筑项目设计环境，如图 4-86 所示。BIMSpace 建筑样板的【项目浏览器】选项板视图列表如图 4-87 所示。

② 切换到【南】立面图。用户需提前安装 AutoCAD。打开本例源文件【教学楼（建筑、结构施工图）.dwg】，查看教学楼的 ①～⑩ 立面图，如图 4-88 所示。

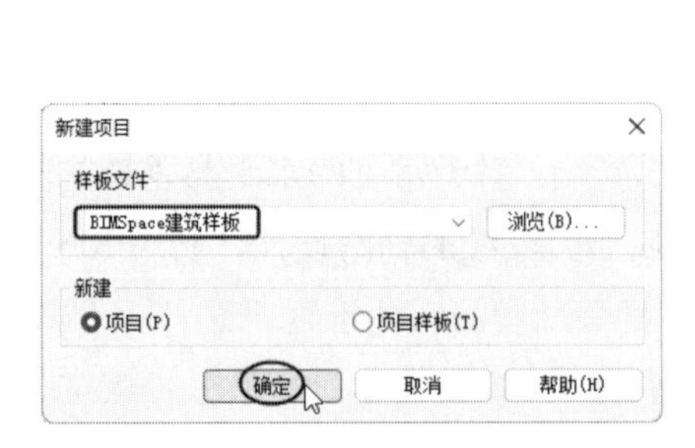

图 4-86　选择样板文件

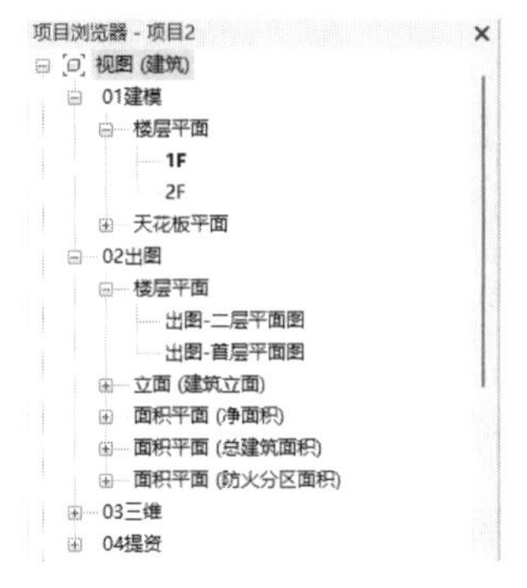

图 4-87　BIMSpace 建筑样板的【项目浏览器】选项板视图列表

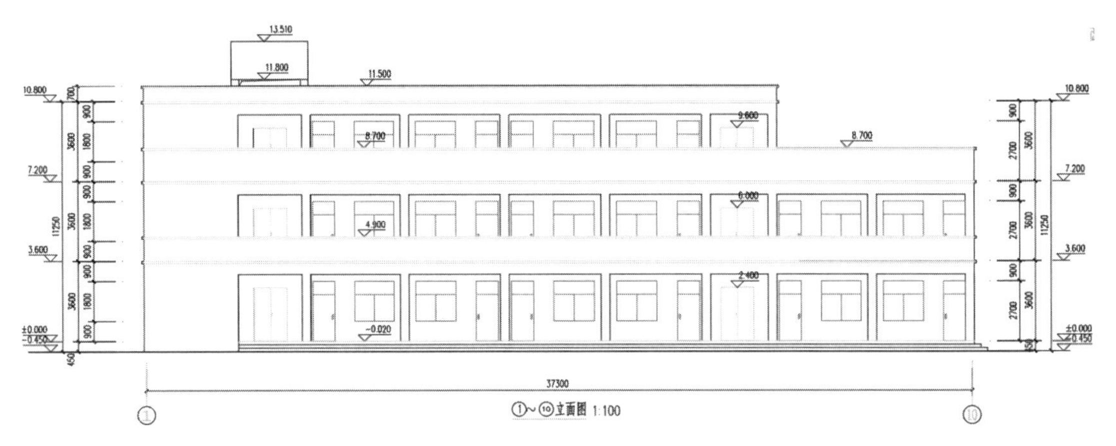

图 4-88　教学楼 AutoCAD 的立面图

③ 参考此 AutoCAD 立面图，在【项目浏览器】选项板中切换到【视图（建筑）】|【02 出图】|【立面（建筑立面）】|【出图-东】视图，如图 4-89 所示。

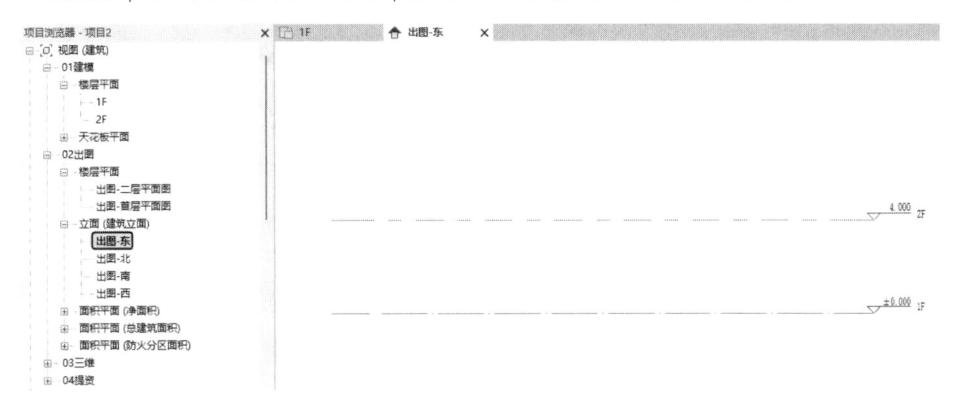

图 4-89　切换到【出图-东】视图

④ 在【轴网\柱子】选项卡的【楼层】面板中单击【楼层设置】按钮，打开【楼层设置】对话框，如图 4-90 所示。该对话框中显示的楼层是系统默认生成的楼层，用户可以更改楼层信息或者添加新楼层。

⑤ 从 AutoCAD 立面图中可以看出，教学楼除了 4 个楼层，还包括地下一层和顶部的

蓄水池层。在【楼层设置】对话框中选中【层名】为【1F】的楼层，在下方的【楼层信息】选项组中设置【楼层高度】为【3600】，并单击【应用】按钮确认修改，如图 4-91 所示。

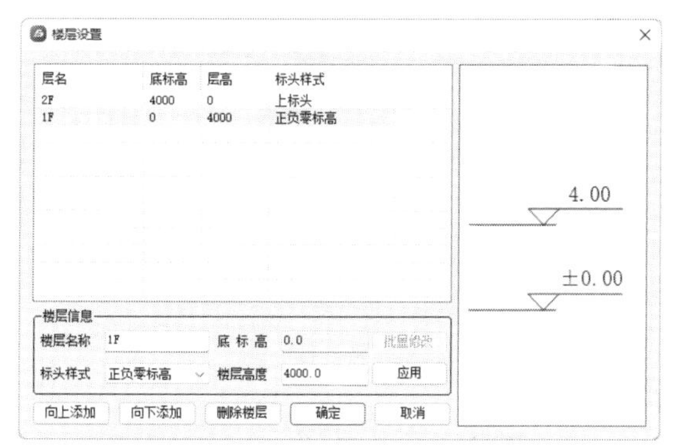

图 4-90　【楼层设置】对话框

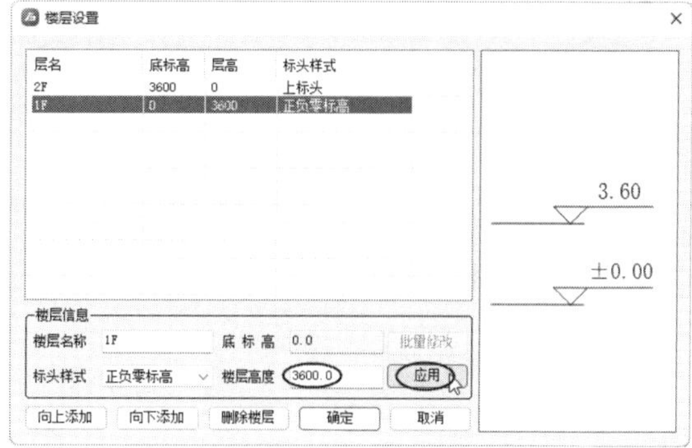

图 4-91　修改首层标高

⑥ 在【楼层设置】对话框中选中【层名】为【2F】的楼层，在下方的【楼层信息】选项组中单击【向上添加】按钮，打开【添加楼层设置】对话框。

⑦ 在【添加楼层设置】对话框中设置新楼层的参数，单击【确定】按钮，完成新楼层的添加，如图 4-92 所示。

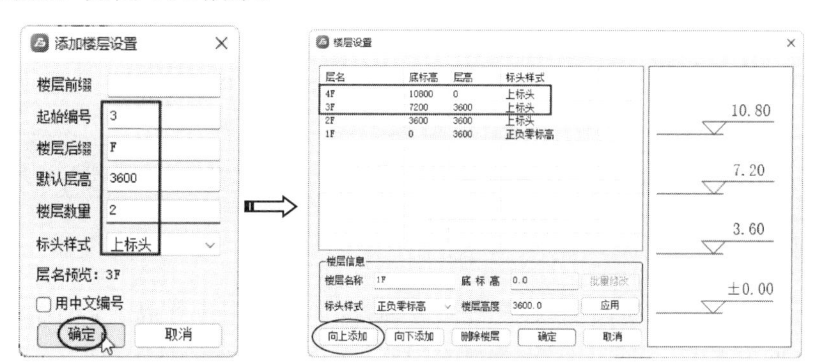

图 4-92　添加上部新楼层

⑧ 在【楼层设置】对话框中选中【层名】为【B1F】的楼层，单击【向下添加】按钮，打开【添加楼层设置】对话框，设置地下一层的参数，单击【确定】按钮，完成地下一层的添加，如图 4-93 所示。

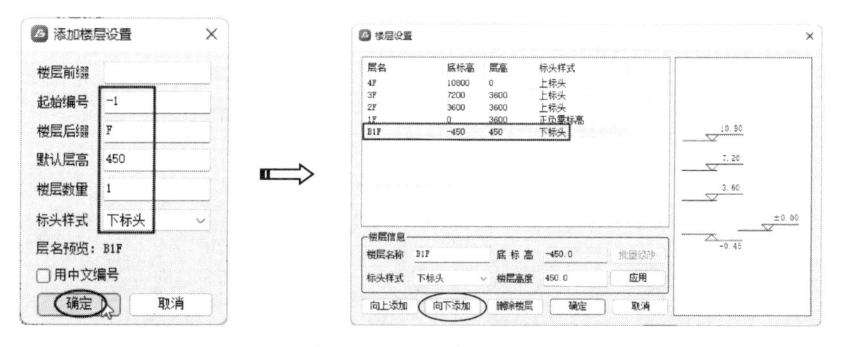

图 4-93　添加地下一层

⑨ 单击【确定】按钮完成楼层的设置，结果如图 4-94 所示。

图 4-94　完成楼层的设置

⑩ 下面添加顶部的蓄水池层标高。在【轴网\柱子】选项卡的【楼层】面板中单击【附加标高】按钮，打开【附加标高】对话框，设置附加标高的信息，如图 4-95 所示。

⑪ 选择第四层的标高线，系统自动将附加标高置于其上，如图 4-96 所示。

图 4-95　设置附加标高的信息

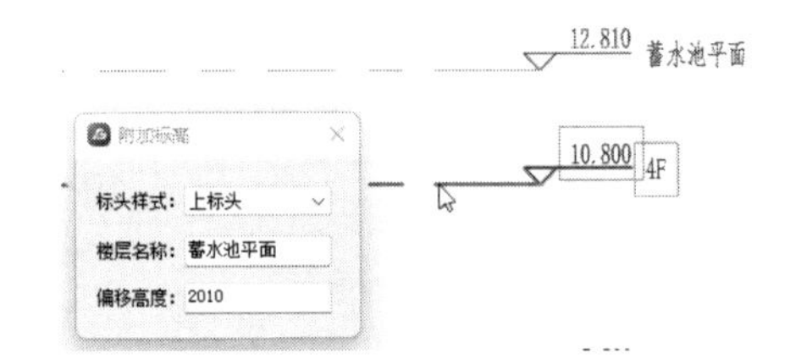

图 4-96　添加附加标高

4.3.2　轴网设计

BIMSpace 乐建 2022 的轴网设计功能十分强大，应用效率非常高。下面以某工厂圆弧形建筑平面图（见图 4-97）的轴网设计为例来说明轴网设计工具的具体应用。

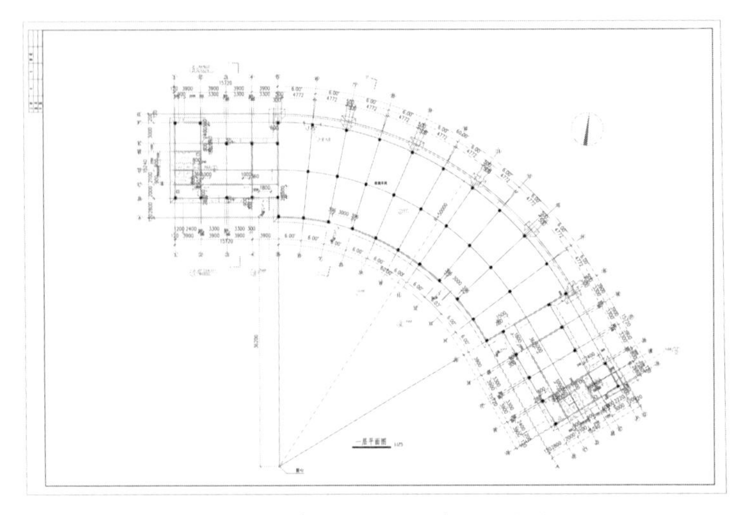

图 4-97　某工厂圆弧形建筑平面图

上机操作——利用 BIMSpace 乐建 2022 进行轴网设计

① 通过 AutoCAD 打开本例源文件【圆弧形办公大楼一层平面图.dwg】。

② 启动 BIMSpace 乐建 2022，新建项目文件并选择【BIMSpace 建筑样板】样板文件进入建筑项目设计环境。

③ 在【轴网\柱子】选项卡的【轴网创建】面板中单击【直线轴网】按钮，打开【直线轴网】对话框。

④ 单击【更多】按钮（在单击此按钮后其名称变成【精简】）完全展开对话框。设置轴号为①～⑤的轴线参数，如图 4-98 所示。

知识点拨：

在【直线轴网】对话框的【数目】列单击空格可以添加数目，双击【距离】列中的数字可以修改轴线距离。

⑤ 设置轴号为Ⓐ～Ⓖ的轴线参数，如图 4-99 所示。

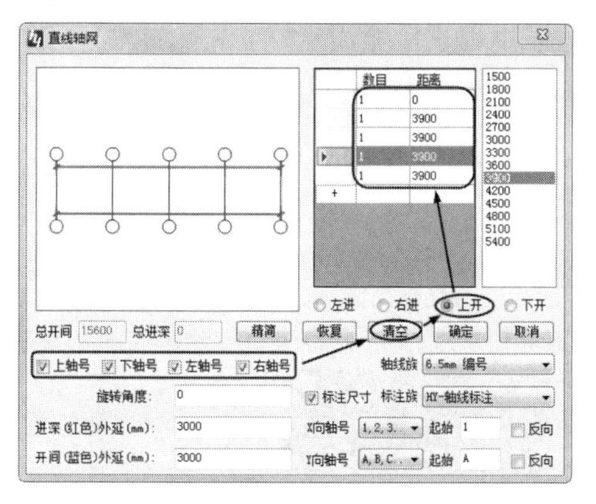

图 4-98　设置轴号为①～⑤的轴线参数

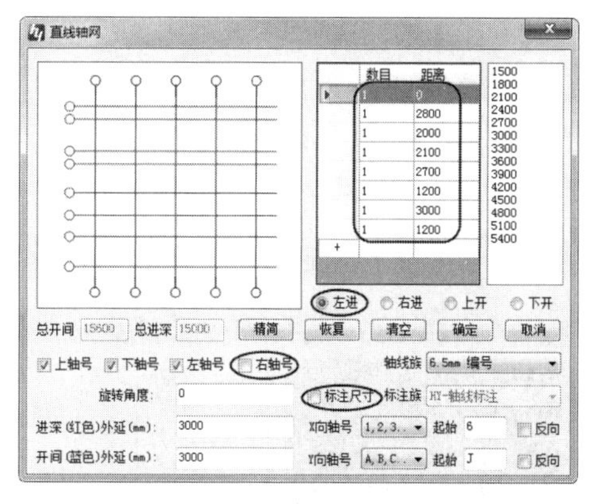

图 4-99　设置轴号为Ⓐ～Ⓖ的轴线参数

⑥ 单击【直线轴网】对话框中的【确定】按钮，系统自动生成轴网，如图 4-100 所示。

⑦ 拖曳其中一条 Y 向轴线（使用拉丁字母编号的轴线）右侧端点，使其与轴线⑤相交，如图 4-101 所示。

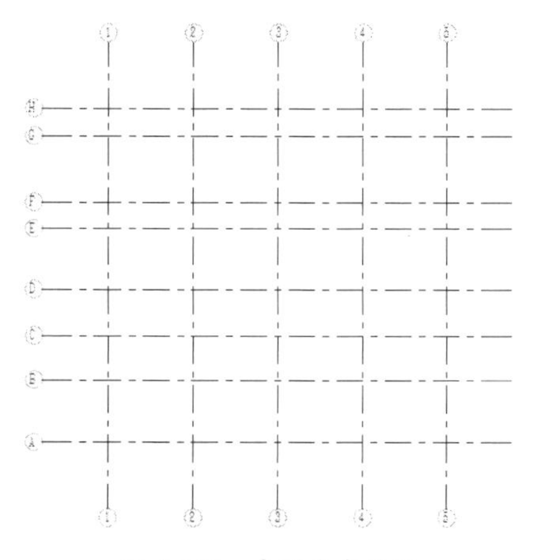

图 4-100　自动生成轴网

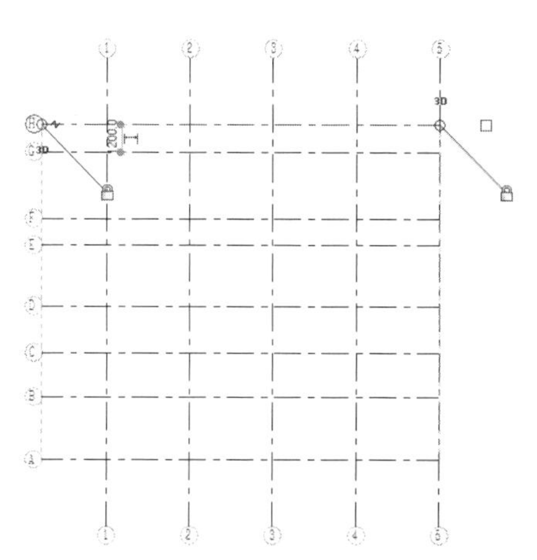

图 4-101　编辑 Y 向轴线右侧端点位置

⑧ 在【轴网\柱子】选项卡的【轴号编辑】面板中单击【主辅转换】按钮，选择 *Y* 向轴线中的轴线Ⓔ，将其轴号转换为(1/D)，如图 4-102 所示。转换完成后按 Esc 键结束当前操作。

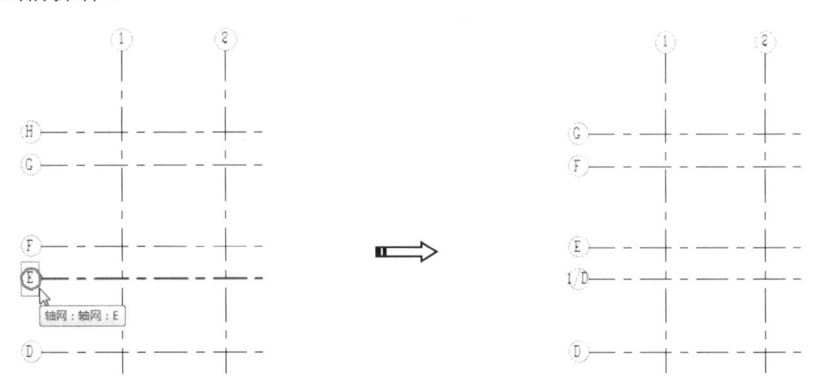

图 4-102　主辅编号转换

⑨ 在【轴网\柱子】选项卡的【轴网创建】面板中单击【弧线轴网】按钮，打开【弧线轴网】对话框。在该对话框中选中【角度】单选按钮，依次列出 10 个角度值，角度均为 6 度，设置【内弧半径】参数值为【36200】，如图 4-103 所示。

⑩ 勾选【与现有轴网拼接】复选框，单击【确定】按钮，关闭【弧线轴网】对话框，如图 4-104 所示。

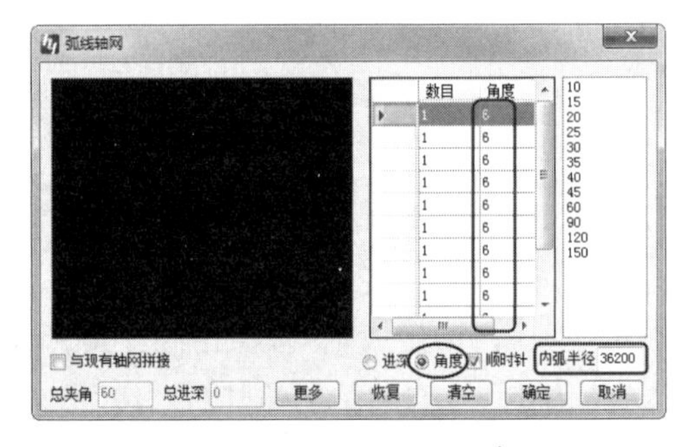

图 4-103　设置弧线轴网参数

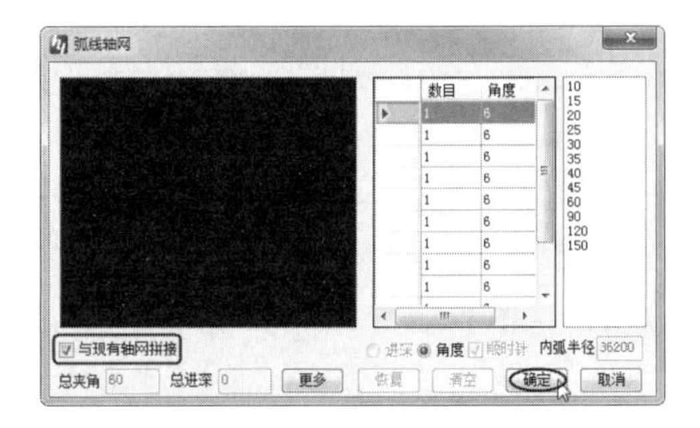

图 4-104　选择轴网放置方式

⑪ 在图形区中拾取公用的轴线（轴线⑤），拾取后在公用轴线右侧以单击鼠标的方式放置弧线轴网，如图 4-105 所示。

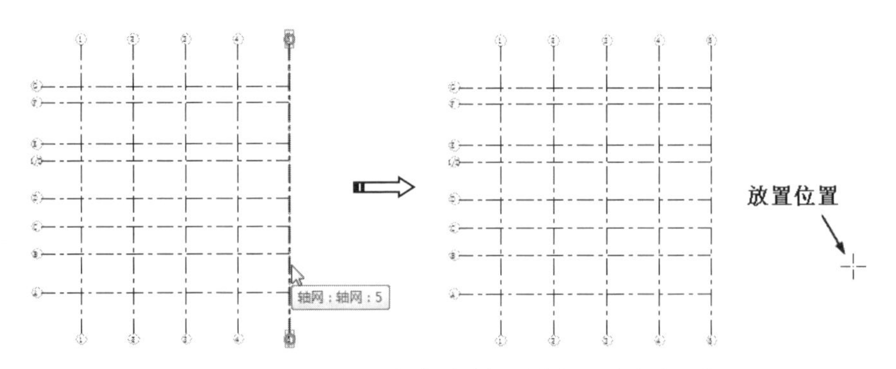

图 4-105　拾取公用轴线并选择弧线轴网的放置位置

拼接的弧线轴网如图 4-106 所示。

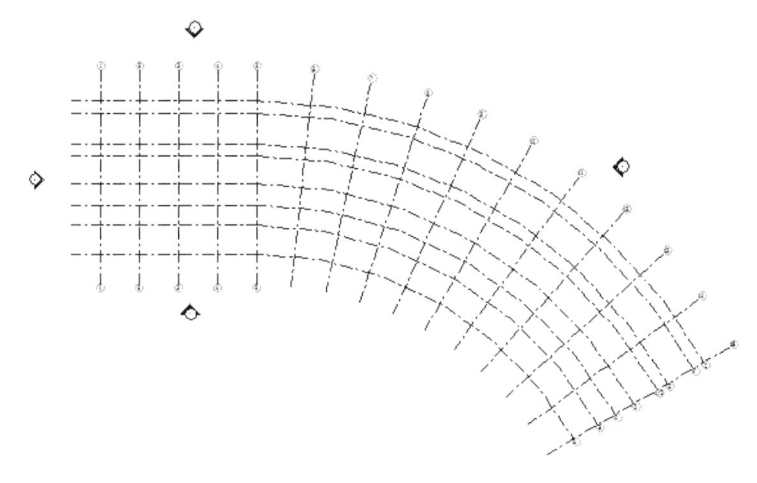

图 4-106　拼接的弧线轴网

⑫ 选择轴线⑥，在【属性】选项板中单击【编辑类型】按钮，打开【类型属性】对话框，勾选【平面图轴号端点 1（默认）】参数右侧的复选框，并单击【确定】按钮完成轴线的编辑，如图 4-107 所示。

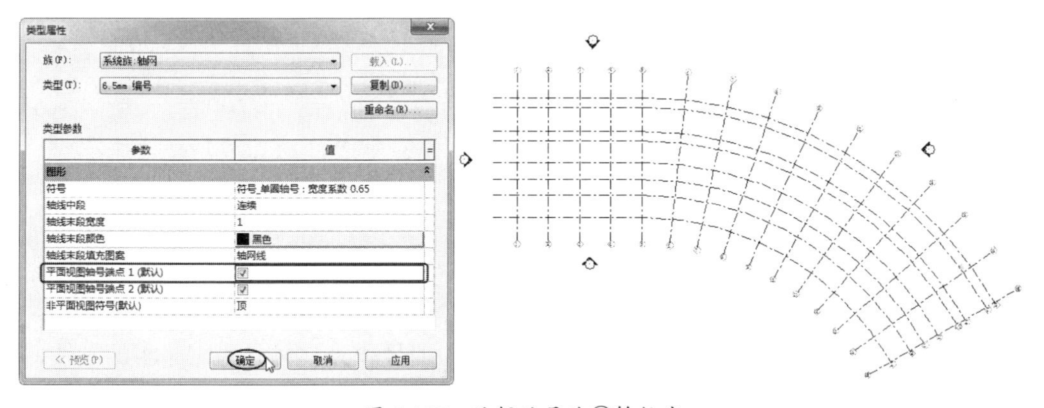

图 4-107　编辑编号为⑥的轴线

⑬ 同理，选择轴线Ⓐ，编辑其类型属性，如图 4-108 所示。

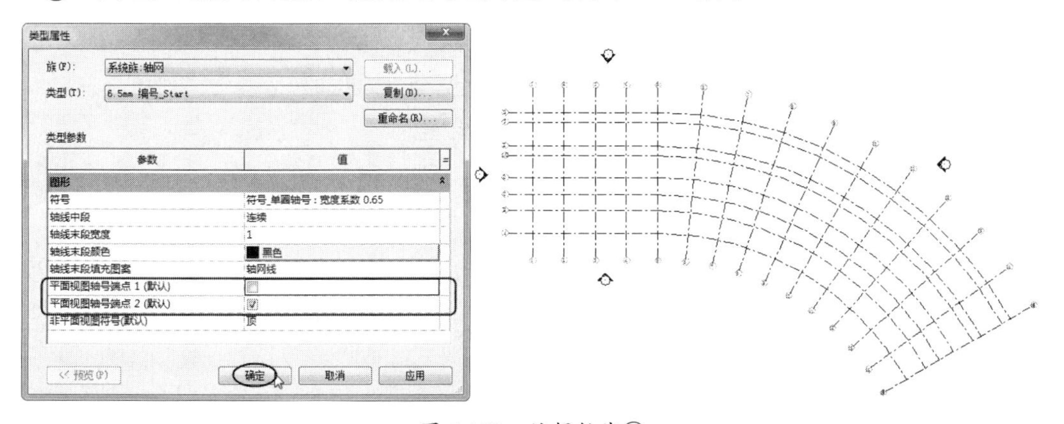

图 4-108　编辑轴线Ⓐ

⑭ 参考 AuteCAD 立面图，选择轴线Ⓑ，单击【修改|多段轴网】上下文选项卡中的【编辑草图】按钮，将弧形草图曲线删除，完成轴线Ⓑ的更改，如图 4-109 所示。

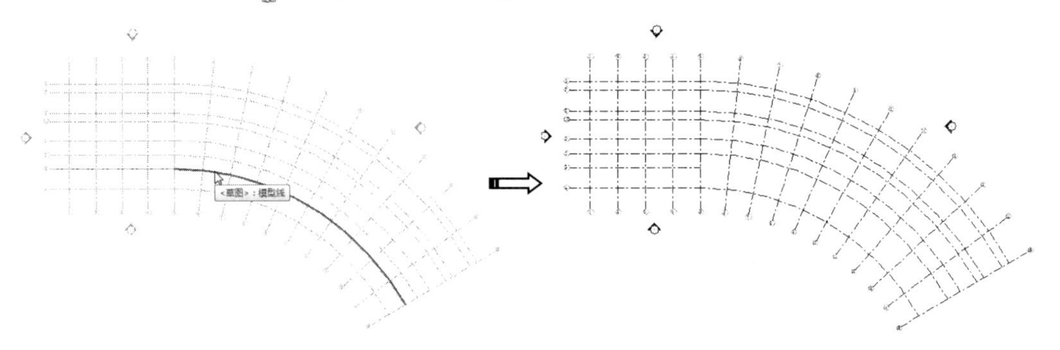

图 4-109 更改编号为□的轴线

⑮ 同理，继续对轴线Ⓒ、轴线⑴/Ⓓ、轴线Ⓔ进行更改，完成结果如图 4-110 所示。

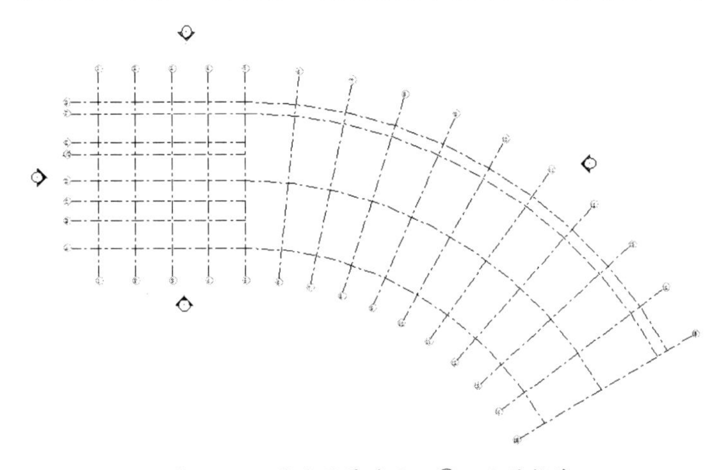

图 4-110 更改编号为Ⓒ、⑴/Ⓓ、Ⓔ的轴线

⑯ 从左下往右上进行窗交选择，选择所有 *Y* 向编号和 *X* 向轴号为①～④的轴线，单击【修改|选择多个】上下文选项卡中的【镜像-拾取轴】按钮，拾取轴线⑩作为镜像轴，如图 4-111 所示。

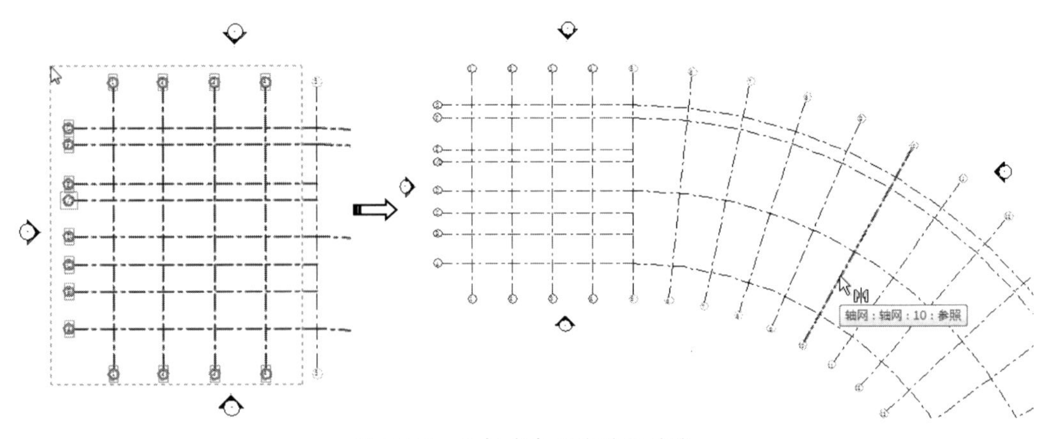

图 4-111 选择多条轴线进行镜像

随后系统自动完成镜像，镜像结果如图 4-112 所示。

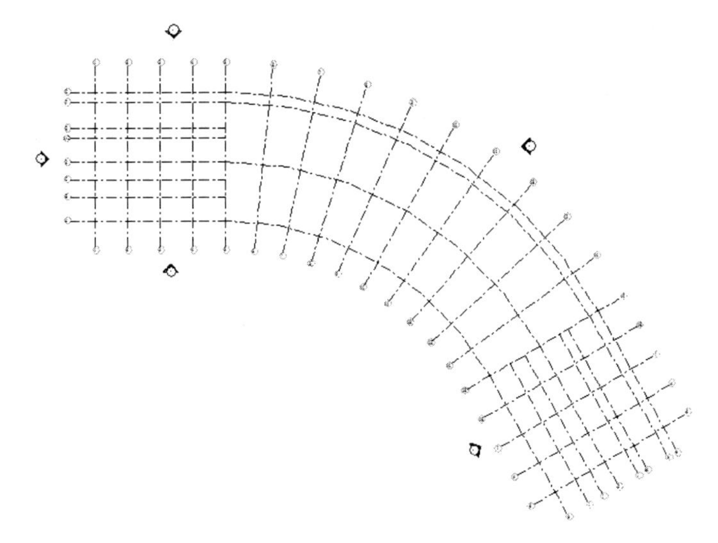

图 4-112　镜像结果

⑰　将镜像的轴号选中并进行修改，完成本例中图纸的轴网绘制。

第 5 章

族的创建与应用

本章内容

Revit 中的所有图元都是基于族的。无论建筑设计、结构设计，还是系统设备设计，都是将各类族插入 Revit 环境中进行布局、放置并修改属性后得到的设计效果。“族”不仅是一个模型，其中还包含参数集和相关图形表示的图元组合。本章着重介绍 Revit 中族的用途及基本创建方法。

知识要点

☑ 了解族与族库
☑ 创建族的编辑器模式
☑ 创建二维模型族
☑ 创建三维模型族
☑ 测试族
☑ 使用 BIMSpace 的构建坞族库

5.1　了解族与族库

族是一个包含通用属性（又被称为参数）集和相关图形表示的图元组。属于同一个族的不同图元的部分或全部参数可能有不同的值，但是参数的集合是相同的。族中的这些变体被称为“族类型”或“类型”。

例如，门类型所包含的族及族类型可以用来创建不同的门（防盗门、推拉门、玻璃门、防火门等），尽管它们具有不同的用途及材质，但在 Revit 中的使用方法是一致的。

5.1.1　族的种类

Revit 2022 中的族有 3 种类型：系统族、可载入族（标准构件族）和内建族。

1. 系统族

系统族已在 Revit 中被预定义且被保存在样板和项目中，用于创建项目的基本图元，如墙、楼板、天花板、楼梯，以及其他要在施工场地装配的图元，如图 5-1 所示。

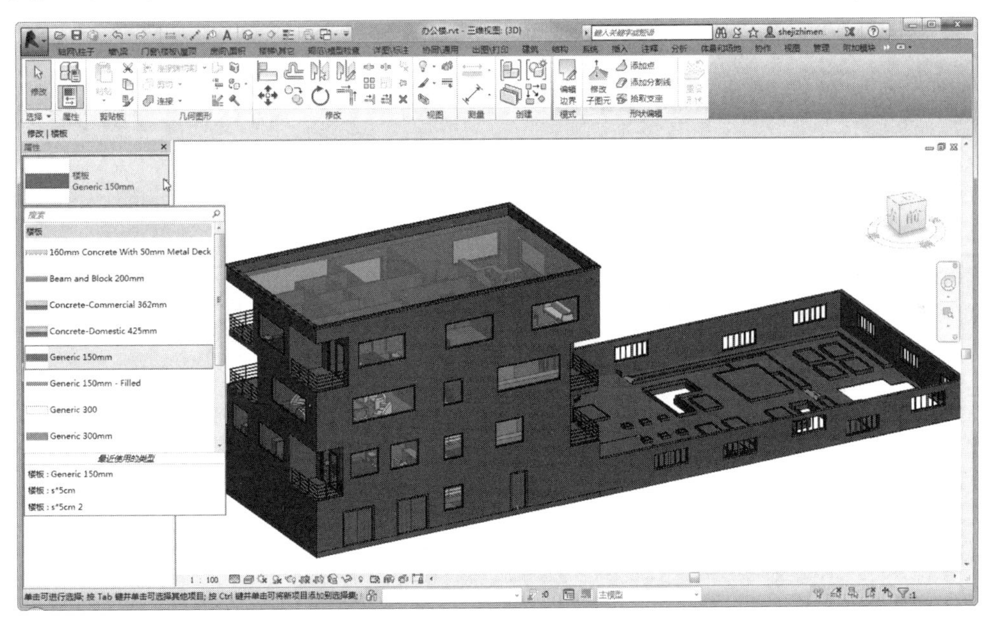

图 5-1　系统族

系统族还包含项目和系统设置，这些设置会影响项目设计环境，如标高、轴网、图纸、视图等。Revit 不允许用户创建、复制、修改或删除系统族，但允许用户复制和修改系统族中的类型，以便创建自定义系统族类型。

相比 SketchUP 软件，Revit 建模更加方便，当然最主要的是它包含了建筑构件的重要信息。由于系统族是预定义的，因此它是 3 种族中自定义内容最少的，但与其他可载入族和内建族相比，它包含了更多的智能行为。用户在项目中创建墙后，其会自动调整大小，以容纳放置在其中的窗和门。在放置窗和门之前，用户无须为它们在墙上剪切洞口。

2．可载入族

可载入族是由用户自定义创建的独立保存为.rfa 格式的族文件。例如，当需要为场地插入园林景观树的族时，默认的系统族能提供的类型比较少，用户可以通过单击【载入族】按钮，到 Revit 自带的族库中载入可用的植物族，如图 5-2 和图 5-3 所示。

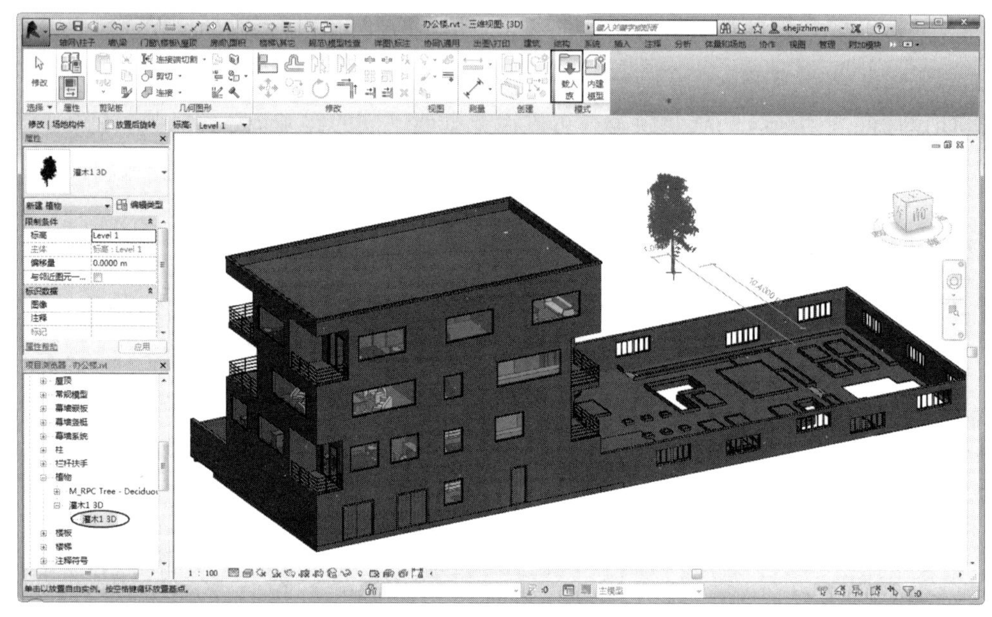

图 5-2　单击【载入族】按钮

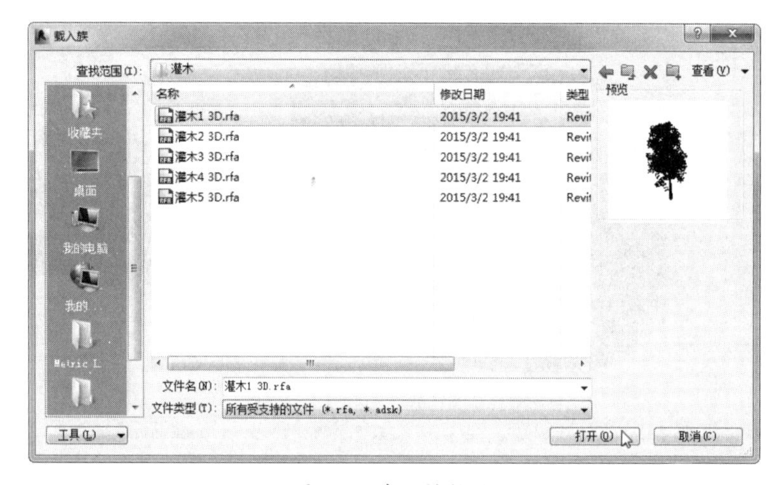

图 5-3　载入植物族

由于可载入族具有高度灵活的自定义特性，因此在使用 Revit 进行设计时，最常创建和修改的族为可载入族。Revit 提供了族编辑器，允许用户自定义任何类别、任何形式的可载入族。

可载入族分为 3 种类型：体量族、模型类别族和注释类别族。

- 体量族用于建筑项目概念设计阶段。
- 模型类别族用于生成项目的模型图元、详图构件等。

- 注释类别族用于提取模型图元的参数信息，例如，在综合楼项目中使用【门标记】族提取门的【族类型】参数。

Revit 的模型类别族分为独立个体族和基于主体的族。独立个体族是指不依赖于任何主体的构件，如家具、结构柱等。

基于主体的族是指不能独立存在而必须依赖于主体的构件，例如，门、窗等图元必须依赖于墙体而存在。基于主体的族可以依赖的主体有墙、天花板、楼板、屋顶、线、面，Revit 分别提供了基于这些主体图元的族样板文件。

3．内建族

内建族是用户在创建当前项目专有的独特构件时所创建的独特图元。创建内建族以便其可以参照其他项目几何图形，使其在参照的几何图形发生变化时进行相应的调整。内建族包括如下几种。

- 斜面墙或锥形墙。
- 特殊或不常见的几何图形，如非标准屋顶。
- 不打算重用的自定义构件。
- 必须参照项目中的其他几何图形的几何图形。
- 不需要多个族类型的族。

内建族的创建方法与可载入族类似。内建族与系统族一样，既不能从外部文件中载入，也不能保存到外部文件中，只能在当前项目环境中创建，而且不能在其他项目中使用。它们可以是二维或三维对象，通过选择族类别并在环境中创建模型，可将它们包含在明细表中。内建族必须参照项目中的其他几何图形来创建。图 5-4 所示为内建的【检票口闸机】族。

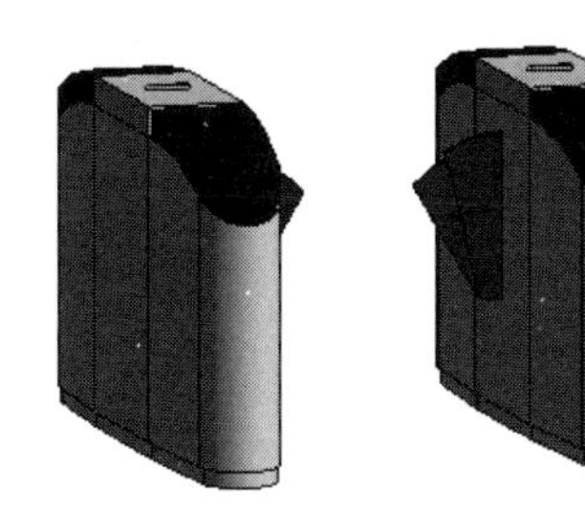
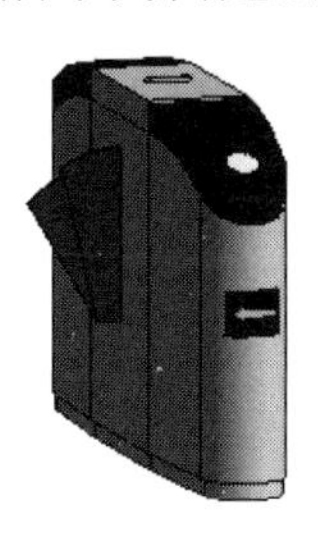

图 5-4　内建的【检票口闸机】族

5.1.2　族样板

要创建族，就必须选择合适的族样板。Revit 附带大量的族样板。在新建族时，从选择族样板开始。根据用户选择的族样板，新建的族有特定的默认内容，如参照平面和子类别。Revit 的绘图界面因模型族样板、注释族样板和标题栏样板的不同而不同。

当用户需要创建自定义的可载入族时，可以在 Revit 主页界面的【族】选项组中选择【新建】选项，打开【新族-选择样板文件】对话框。从系统默认的族样板文件存储路径下找到族样板文件，单击【打开】按钮即可，如图 5-5 所示。

图 5-5　选择族样板文件

如果已经进入了建筑设计环境，则可以在【文件】选项卡中选择【新建】|【族】选项，打开【新族-选择样板文件】对话框。

5.1.3　族创建与编辑的环境

不同类型的族有不同的族设计环境（也称为族编辑器模式）。族编辑器是 Revit 中的一种图形编辑模式，使用户能够创建和编辑在项目中使用的族。族编辑器与 Revit 建筑项目设计环境的外观相似，不同的是应用工具。

在【新族-选择样板文件】对话框中选择族样板文件（选择【公制橱柜.rft】）后，单击【打开】按钮，进入族编辑器模式，默认显示的是【参照标高】楼层平面视图，如图 5-6 所示。

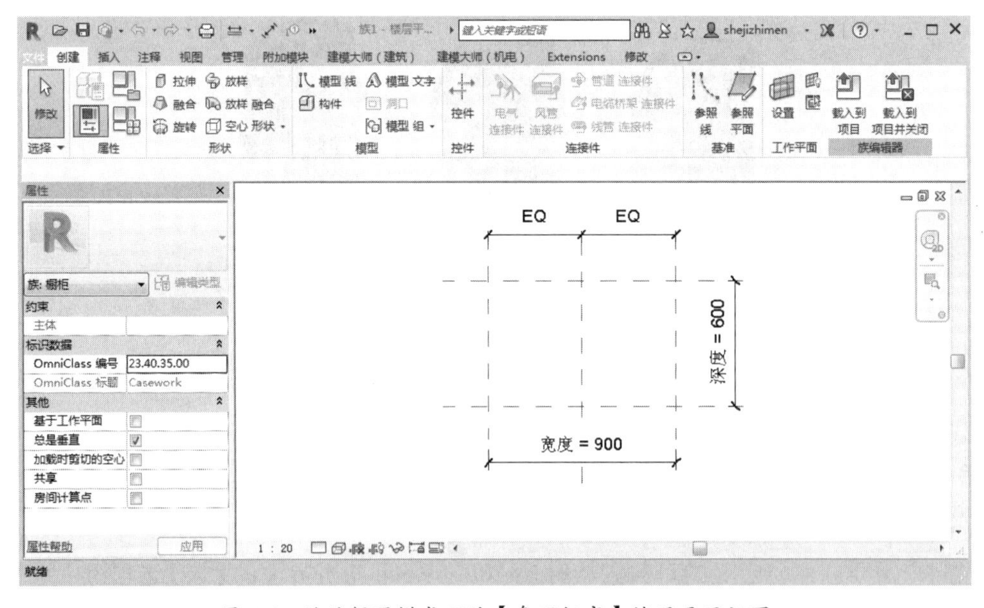

图 5-6　族编辑器模式下的【参照标高】楼层平面视图

如果编辑的是可载入族或自定义的族，则可以在主页界面的【族】选项组中选择【打开】

选项，从【打开】对话框中选择一种族类型（建筑/橱柜/家用厨房/底柜-4 个抽屉），打开即可进入族编辑器模式，默认显示的是族三维视图，如图 5-7 所示。

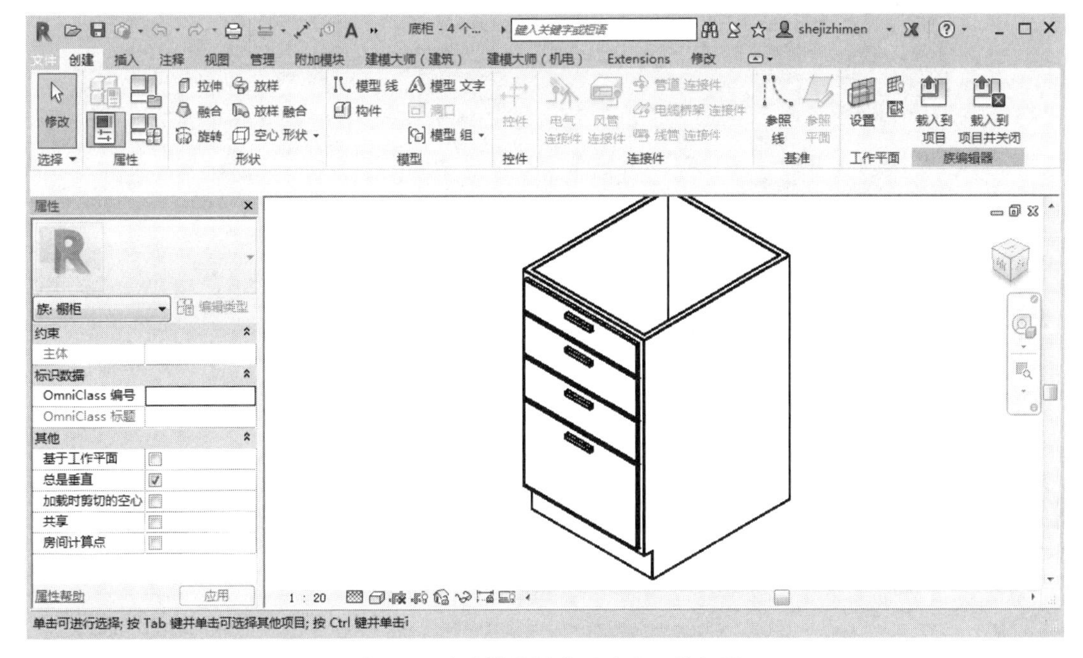

图 5-7　族编辑器模式下的族三维视图

从族的几何体定义来划分，Revit 族包括二维族和三维族。二维族和三维族同属于模型类别族。本章重点介绍三维模型族的创建与编辑。

5.2　进入族编辑器模式

族编辑器不是独立的应用程序。在创建或编辑可载入族或内建族的几何图形时可以访问族编辑器。

知识点拨：

与系统族（它是预定义的）不同，可载入族（标准构件族）和内建族始终在族编辑器模式中被创建，系统族可能包含可在族编辑器模式中修改的可载入族，例如，墙系统族可能包含用于创建墙帽、嵌条或分隔缝的轮廓构件族几何图形。

上机操作——进入族编辑器模式（方法一）

① 在 Revit 2022 的主页界面的【族】选项组中选择【打开】选项，弹出【打开】对话框。通过该对话框可直接打开 Revit 自带的族，如图 5-8 所示，【标题栏】文件夹中的族文件为标题栏族，【注释】文件夹中的族文件为注释族，其余文件夹中的文件为模型族。

② 在【标题栏】文件夹中打开其中一个公制的标题栏族文件，可进入族编辑器模式，如图 5-9 所示。

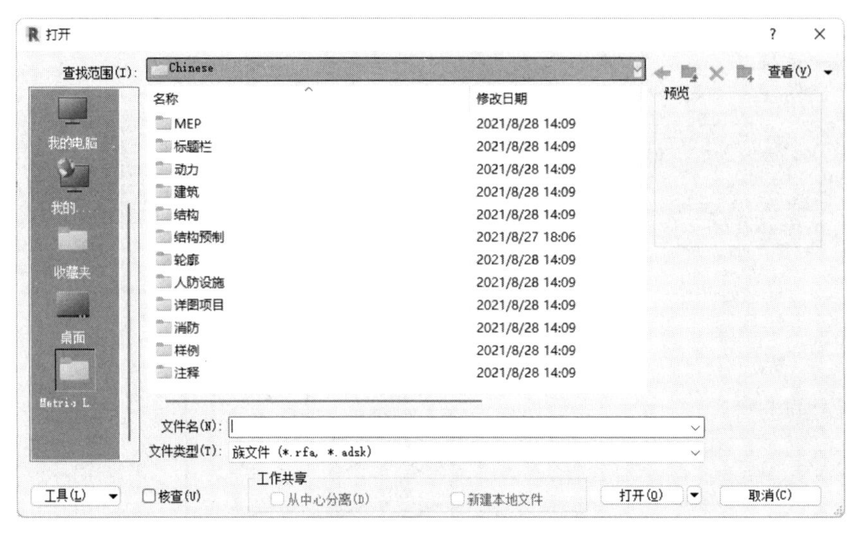

图 5-8 【打开】对话框中的 Revit 族

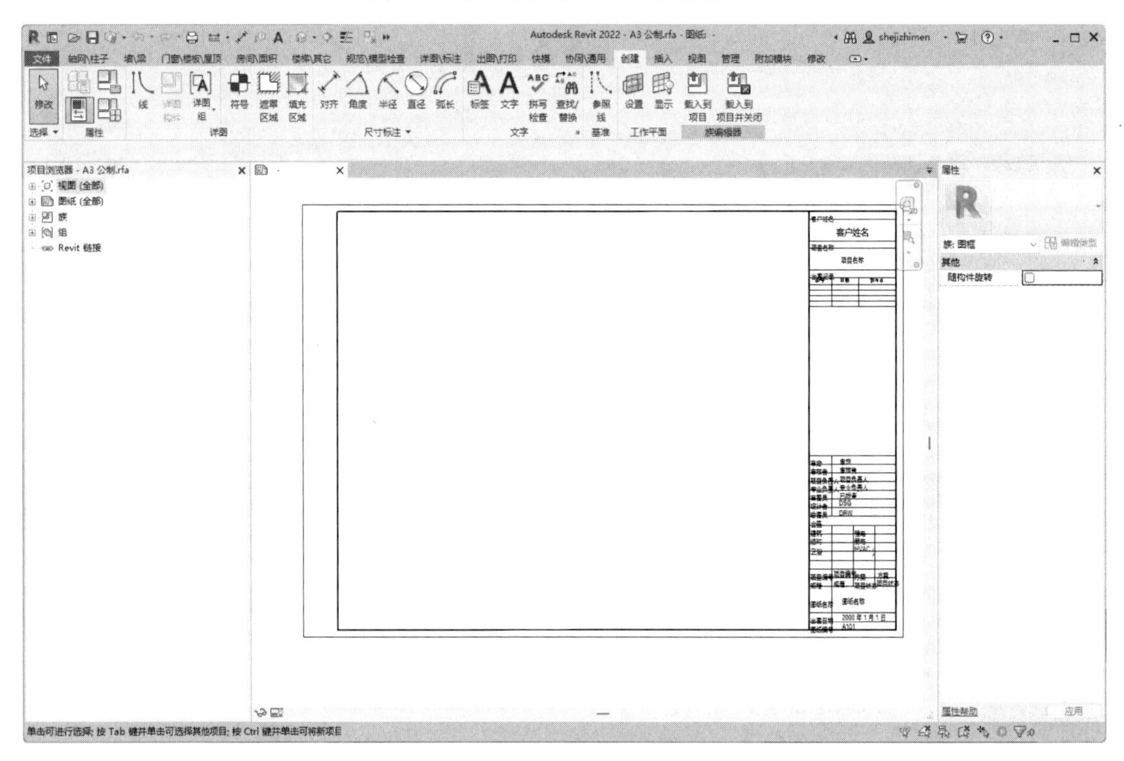

图 5-9 标题栏族编辑器模式

③ 如果在【注释】|【符号】|【建筑】文件夹中打开【标高_卫生间.rfa】族文件，则可进入注释族编辑器模式，如图 5-10 所示。

④ 如果打开模型族文件夹中的某个族文件，如【建筑】|【按填充图案划分的幕墙嵌板】文件夹中的【1-2 错缝表面.rfa】族文件，则会进入模型族编辑器模式，如图 5-11 所示。

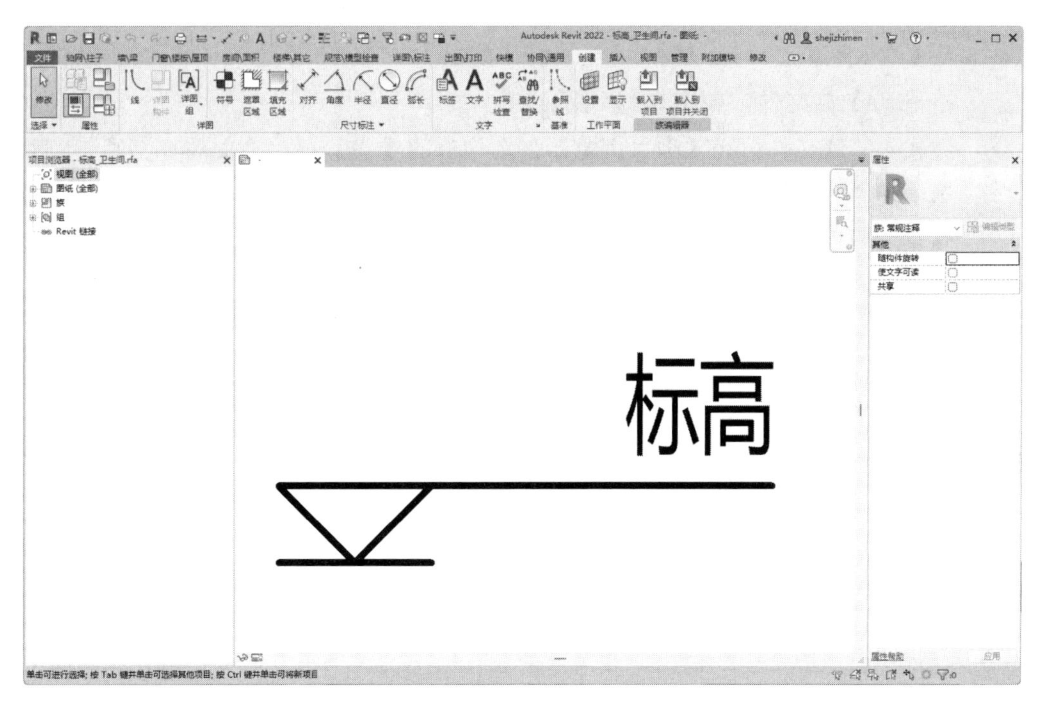

图 5-10　注释族编辑器模式

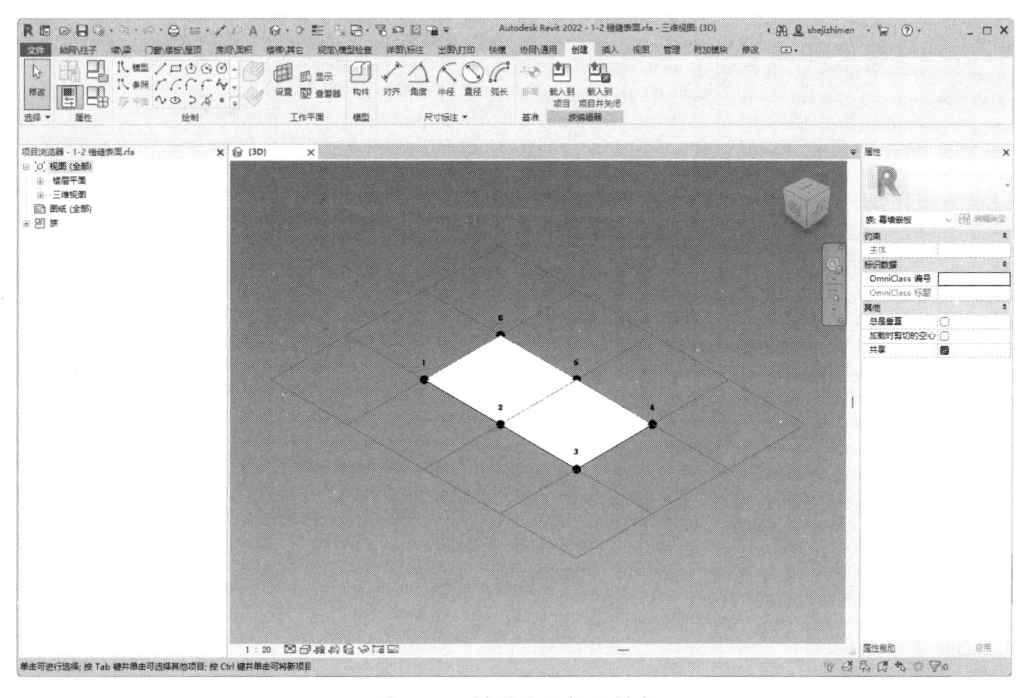

图 5-11　模型族编辑器模式

上机操作——进入族编辑器模式（方法二）

① 新建建筑项目文件，进入建筑项目设计环境。

② 在【项目浏览器】选项板中切换到三维视图。在【插入】选项卡的【从库中载入】面板中单击【载入族】按钮，打开【载入族】对话框。

③ 从【载入族】对话框中载入【建筑】|【橱柜】|【家用厨房】文件夹中的【底柜-2 个柜箱.rfa】族文件，如图 5-12 所示。

④ 被载入的族文件可在【项目浏览器】选项板的【族】|【橱柜】视图节点下看到。

⑤ 选中其中一个尺寸规格的橱柜族，将其拖曳到视图窗口中，释放鼠标，即可添加族到建筑项目中，如图 5-13 所示。

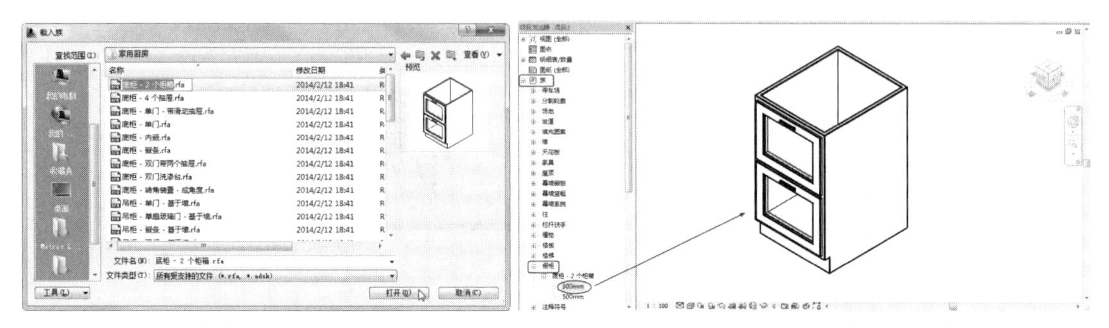

图 5-12　载入【底柜-2 个柜箱.rfa】族文件　　　图 5-13　添加族到建筑项目中

⑥ 在视图窗口中选中橱柜族，并执行快捷菜单中的【编辑】命令，或者双击橱柜族，即可进入橱柜族的族编辑器模式，如图 5-14 所示。

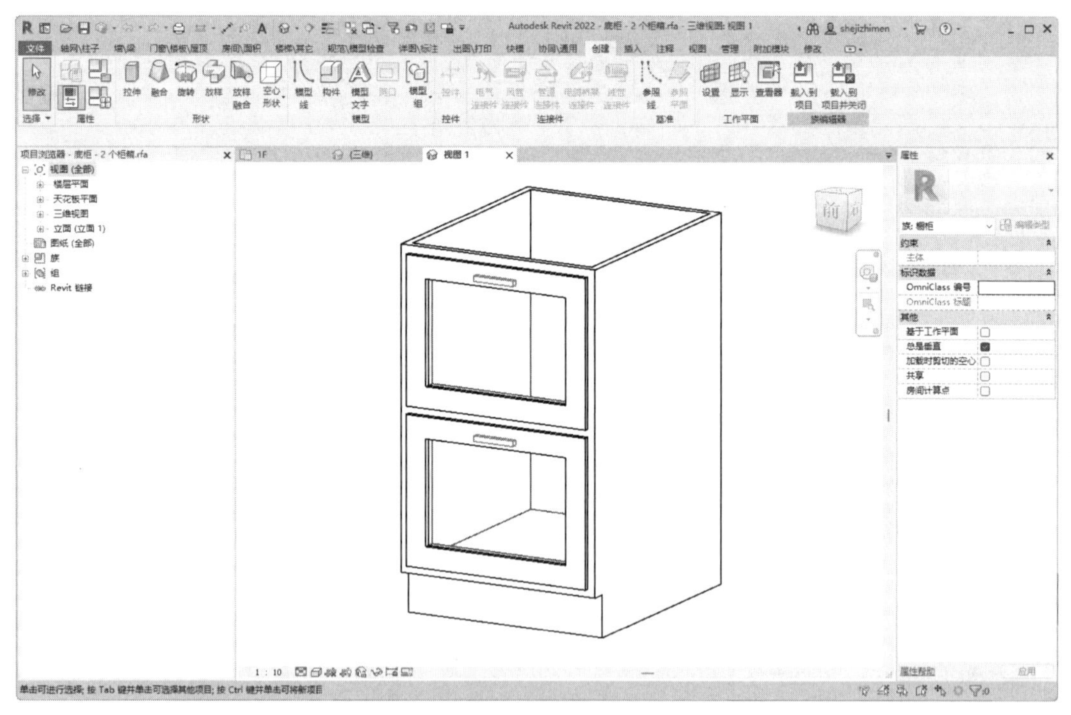

图 5-14　进入橱柜族的族编辑器模式

知识点拨：

还可以在建筑项目中进入族编辑器模式，在【建筑】选项卡的【构建】面板中单击【构件】|【内建模型】按钮，在打开的【族类别和族参数】对话框中设置族类别和族参数，如图 5-15 所示，单击【确定】按钮即可激活内建模型族的族编辑器模式。

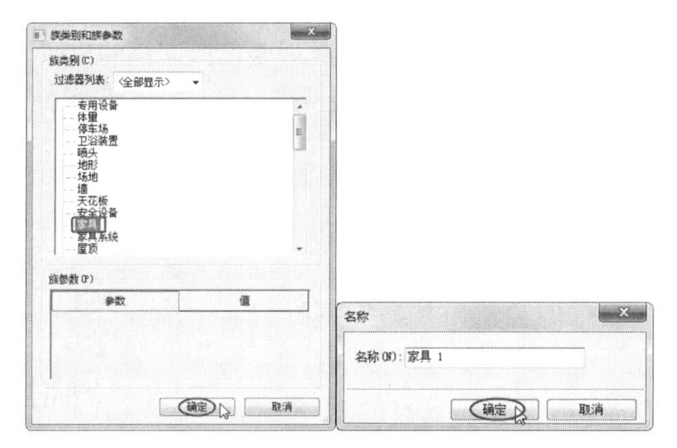

图 5-15　设置族类别和族参数

5.3　创建二维模型族

二维族和三维族同属于模型类别族。二维模型族可以被单独使用，也可以作为嵌套族载入三维模型族中被使用。

二维模型族包括注释类型族、标题栏族、轮廓族、详图构件族等。不同类型的族由不同的族样板文件来创建。注释族和标题栏族是在平面图中被创建的，主要用于辅助建模、绘制平面图例和注释图元。轮廓族和详图构件族仅可以在【楼层平面】|【标高 1】或【标高 2】视图的工作平面上被创建。

5.3.1　创建注释类型族

注释类型族是 Revit Architecture 模块中非常重要的一种族，它可以自动提取模型族中的参数值，自动创建构件标记注释。使用【注释】类族模板可以创建各种注释类型族，如门标记、材质标记、轴网标头等。

注释类型族是二维的构件族，分为标记和符号两种类型。下面仅介绍标记族的创建过程。

标记主要用于标注各种类别构件的不同属性，如门标记、窗标记等，如图 5-16 所示；而符号则一般在项目中用于装配各种系统族标记，如立面标记、高程点标高等，如图 5-17 所示。注释类型族的创建与编辑都很方便，主要是对标签参数进行设置，以满足用户对于图纸中构件标记的不同需求。

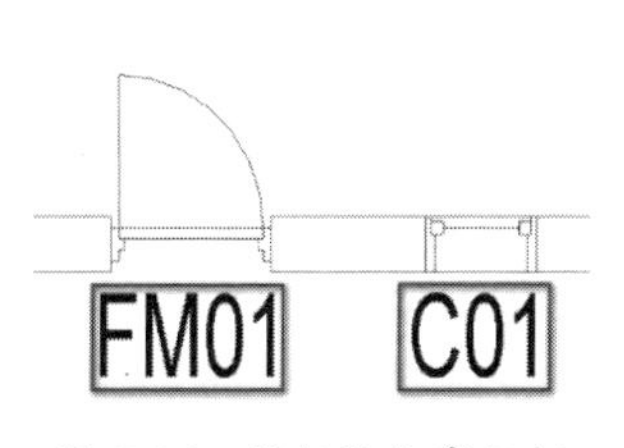

图 5-16　门标记和窗标记

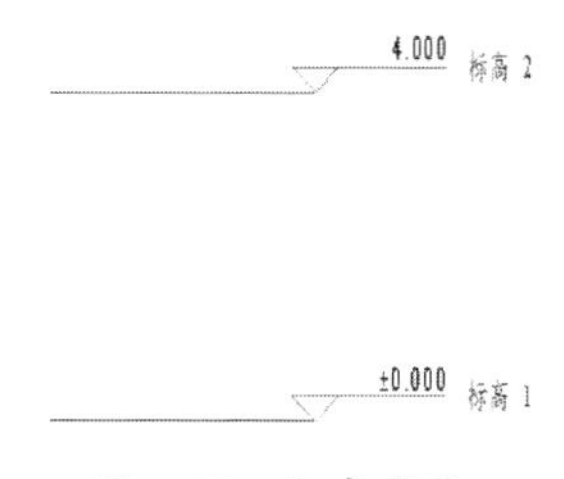

图 5-17　标高符号

与详图构件族不同，注释类型族拥有【注释比例】的特性，即注释类型族的大小会根据视图比例的不同而变化，以保证在出图时注释类型族保持同样的出图大小，如图 5-18 所示。

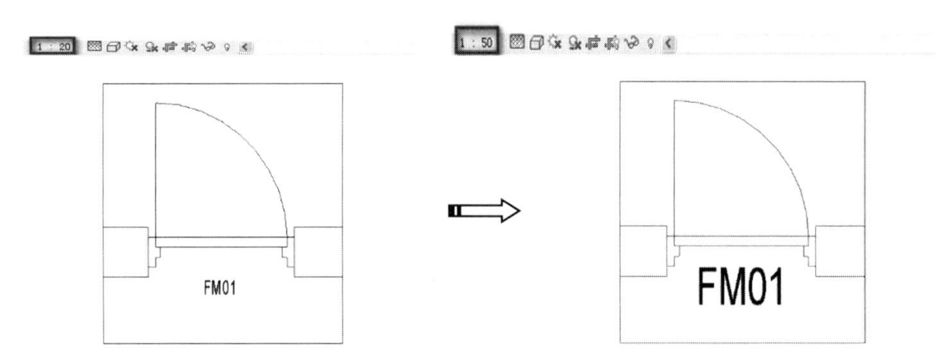

图 5-18　注释族的【注释比例】特性

下面以门标记族的创建为例，讲解标记族的创建过程。

上机操作——创建门标记族

① 启动 Revit 2022，在主页界面的【族】选项组中选择【新建】选项，打开【新族-选择样板文件】对话框。

② 双击【注释】文件夹，选择【公制门标记.rft】族样板文件，单击【打开】按钮进入族编辑器模式，如图 5-19 所示。该样板文件中默认提供了两个正交参照平面，参照平面的交点位置表示标签的定位位置。

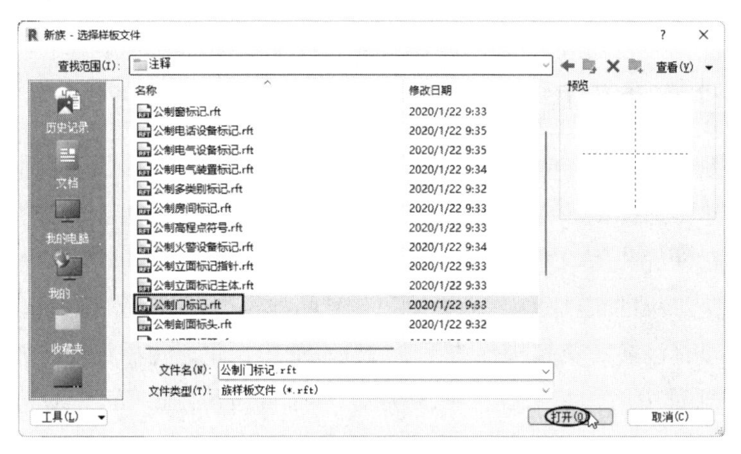

图 5-19　选择注释族样板文件

③ 在【创建】选项卡的【文字】面板中单击【标签】按钮，自动切换到【修改|放置标签】上下文选项卡，如图 5-20 所示。设置【格式】面板中的水平对齐和垂直对齐方式均为【居中对齐】。

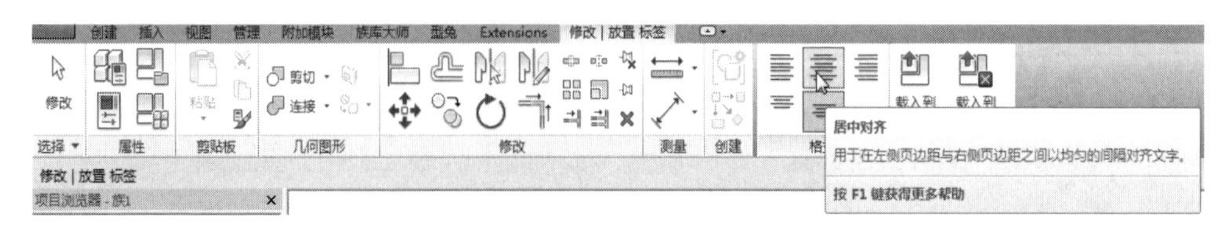

图 5-20　【修改|放置标签】上下文选项卡

④ 确认【属性】选项板中的标签样式为【3mm】。在【修改|放置标签】上下文选项卡的【属性】面板中单击【类型属性】按钮，打开【类型属性】对话框，复制名称为【3.5mm】的新标签类型，如图 5-21 所示。

⑤ 在【类型属性】对话框的【类型参数】选项组中，设置文字【颜色】为【蓝色】，【背景】为【透明】，【文字字体】为【仿宋】，【文字大小】为【3.5mm】，其他参数参照图 5-22 进行设置。设置完成后单击【确定】按钮，退出【类型属性】对话框。

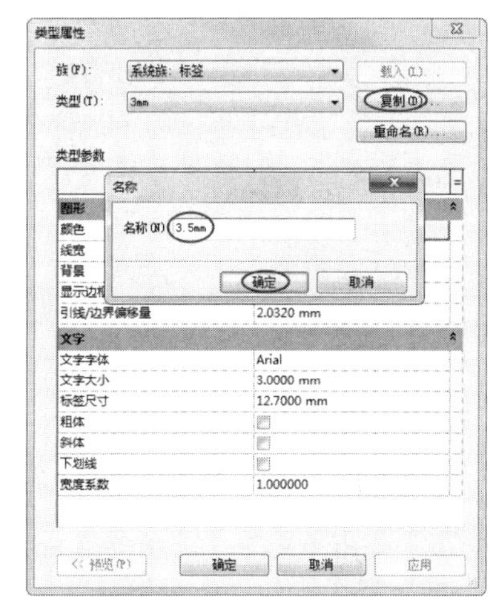

图 5-21　复制类型属性

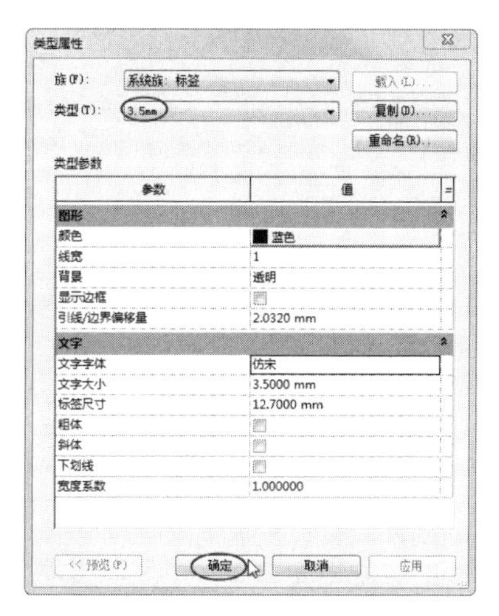

图 5-22　设置类型属性

⑥ 移动鼠标指针至参照平面交点位置后单击，打开【编辑标签】对话框，如图 5-23 所示。

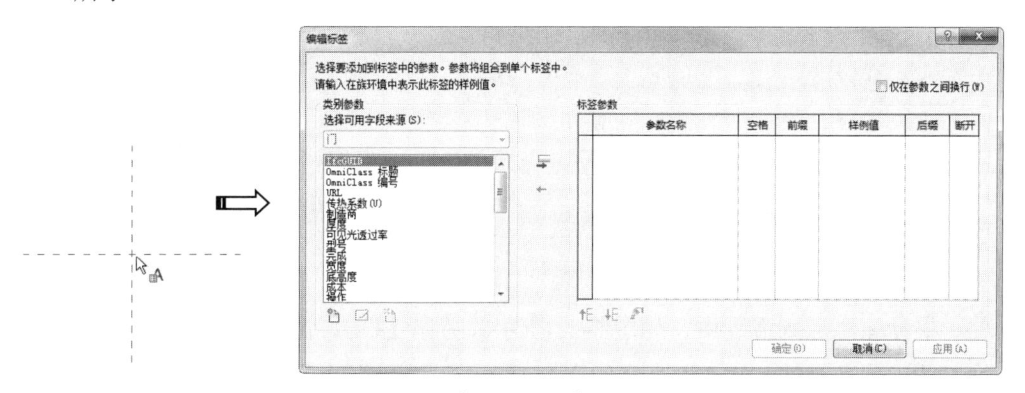

图 5-23　【编辑标签】对话框

⑦ 在左侧【类别参数】选项组的列表框中列出了门类别中所有默认可用的参数信息。选择【类型名称】参数，单击【将参数添加到标签】按钮，将参数添加到右侧【标签参数】选项组中，单击【确定】按钮关闭【编辑标签】对话框，如图 5-24 所示。

⑧ 将标签添加到视图中，如图 5-25 所示。关闭【修改|放置标签】上下文选项卡。

⑨ 适当移动标签，使样例文字的中心对齐垂直方向的参照平面，底部稍偏高于水平方向的参照平面，如图 5-26 所示。

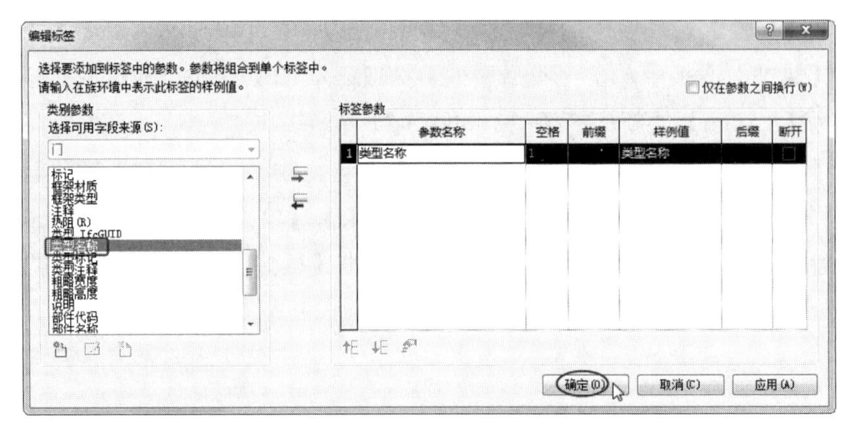

图 5-24　设置标签参数

图 5-25　添加标签　　　　图 5-26　移动标签

⑩ 单击【创建】选项卡的【文字】面板中的【标签】按钮，在参照平面交点位置单击，打开【编辑标签】对话框，选择【类型标记】参数并完成标签的编辑，如图 5-27 所示。

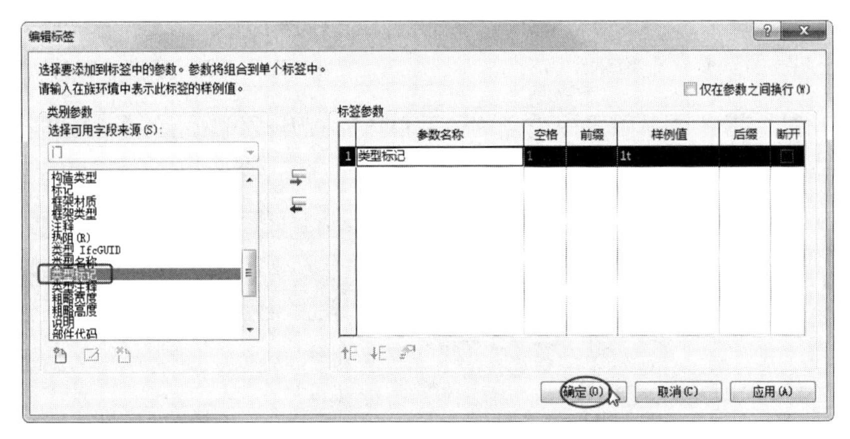

图 5-27　编辑新标签

⑪ 将标签添加到视图中，如图 5-28 所示。关闭【修改|放置标签】上下文选项卡。

⑫ 适当移动标签，使样例文字的中心对齐垂直方向的参照平面，底部稍偏高于水平方向的参照平面，如图 5-29 所示。

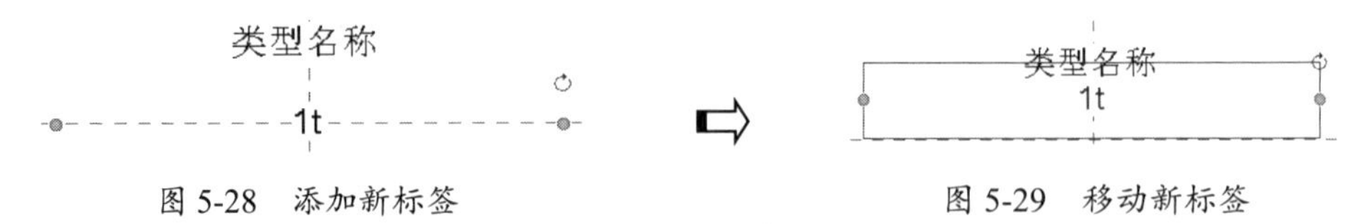

图 5-28　添加新标签　　　　图 5-29　移动新标签

⑬ 在图形区中选中【类型名称】标签，在【属性】选项板中单击【关联族参数】按钮，如图 5-30 所示。

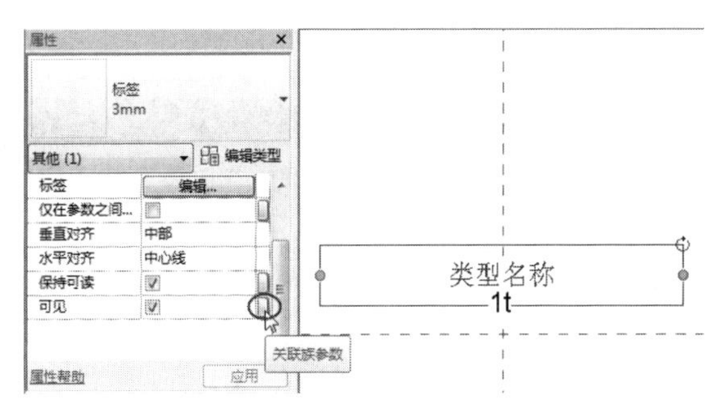

图 5-30　选中【类型名称】标签设置关联族参数

⑭　在打开的【关联族参数】对话框中单击【添加参数】按钮，在打开的【参数属性】对话框中输入名称【尺寸标记】，单击【确定】按钮关闭该对话框，如图 5-31 所示。

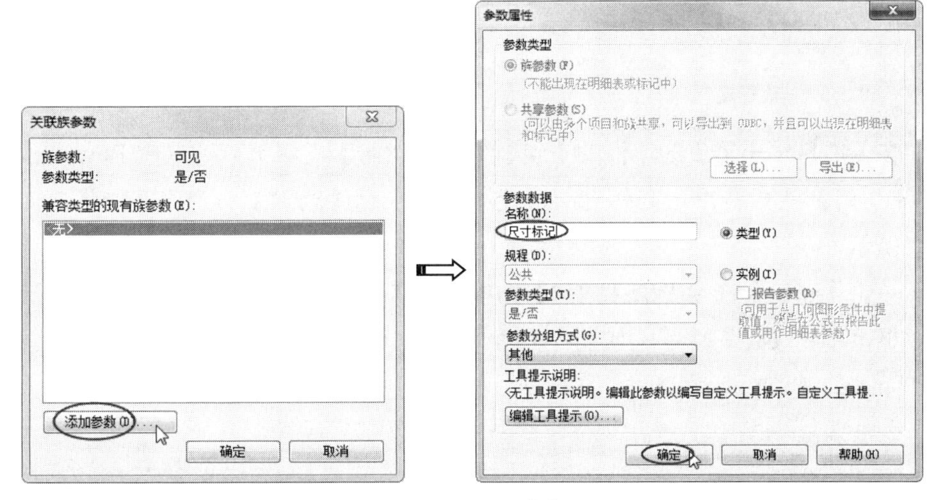

图 5-31　添加参数

⑮　单击【关联族参数】对话框中的【确定】按钮关闭该对话框。选中【1t】标签，添加名称为【门标记可见】的新参数，如图 5-32 所示。

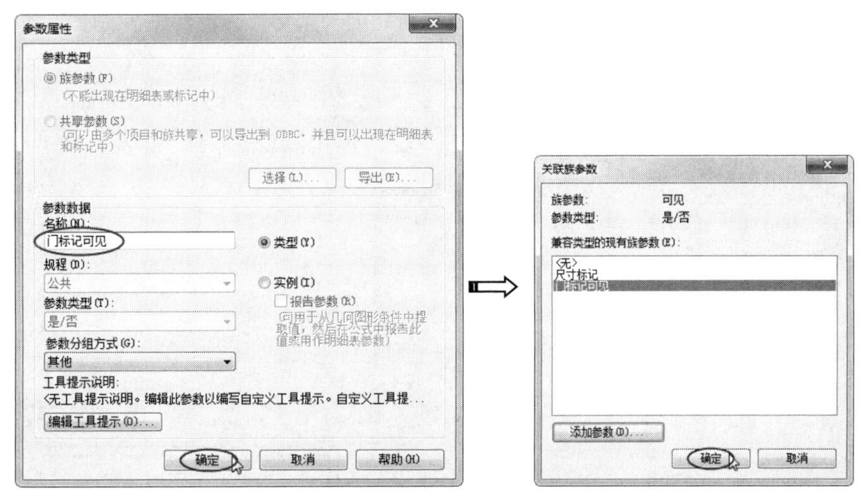

图 5-32　添加新参数

⑯ 将族文件保存并命名为【门标记】。下面验证创建的门标记族是否可用。

知识点拨：

如果已经打开项目文件，则单击【从库中载入】面板中的【载入族】按钮可以将当前族直接载入项目中。

⑰ 新建一个建筑项目文件，如图 5-33 所示。在默认打开的视图中，利用【建筑】选项卡的【构建】面板中的【墙】工具，创建任意墙体，如图 5-34 所示。

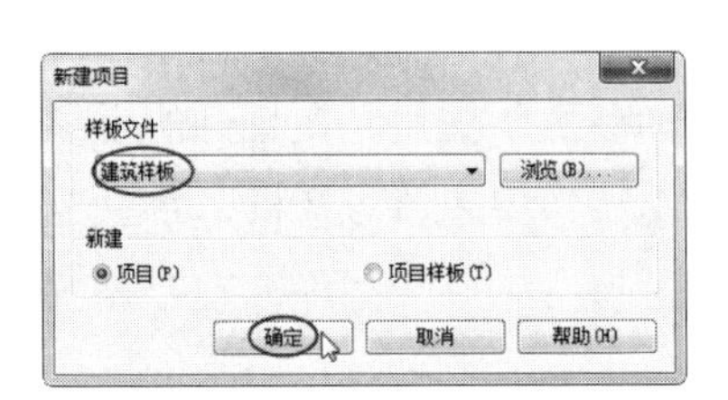

图 5-33 新建建筑项目文件

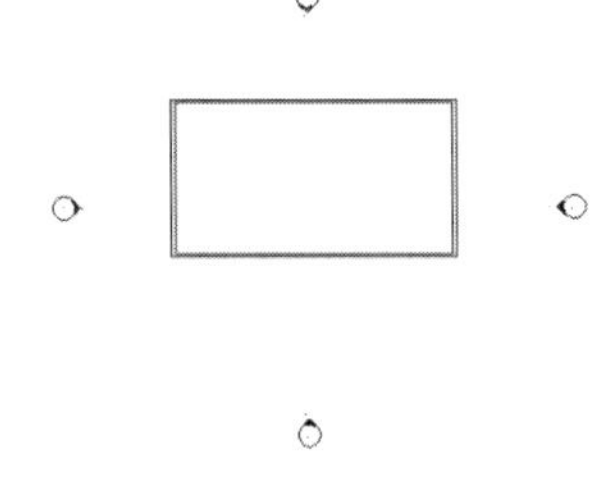

图 5-34 创建墙体

⑱ 在【项目浏览器】选项板的【族】|【注释符号】视图节点下选中 Revit 自带的【标记_门】族并右击，在弹出的快捷菜单中执行【删除】命令将其删除，如图 5-35 所示。

⑲ 单击【建筑】选项卡的【构建】面板中的【门】按钮，将打开【未载入标记】对话框，单击【是】按钮，如图 5-36 所示。

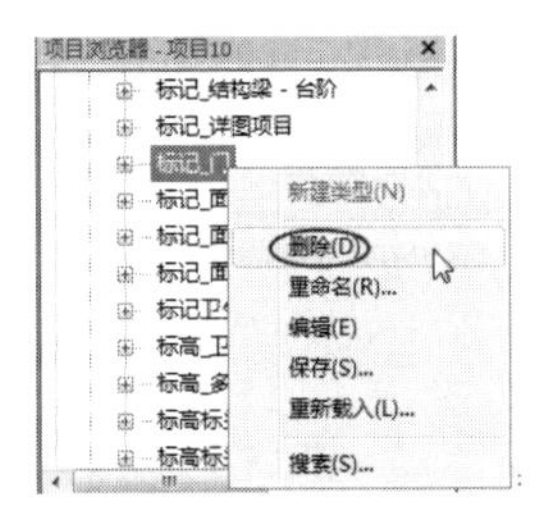

图 5-35 删除 Revit 自带的门标记族

图 5-36 【未载入标记】对话框

⑳ 载入之前保存的门标记族，如图 5-37 所示。

㉑ 切换到【修改|放置门】上下文选项卡，在【标记】面板中单击【在放置时进行标记】按钮①，在墙体上添加门图元，系统将自动标记门，如图 5-38 所示。

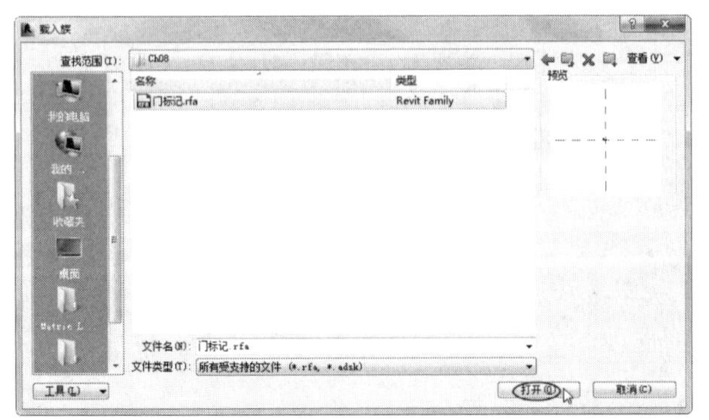

图 5-37 载入门标记族

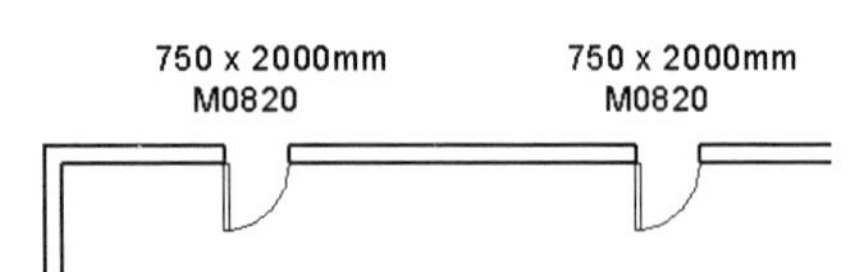

图 5-38 添加门图元

㉒ 选中门标记族，在【属性】选项板中单击【编辑类型】按钮，在打开的【类型属性】对话框中可以设置门标记族中包含的两个标记是否显示，如图 5-39 所示。

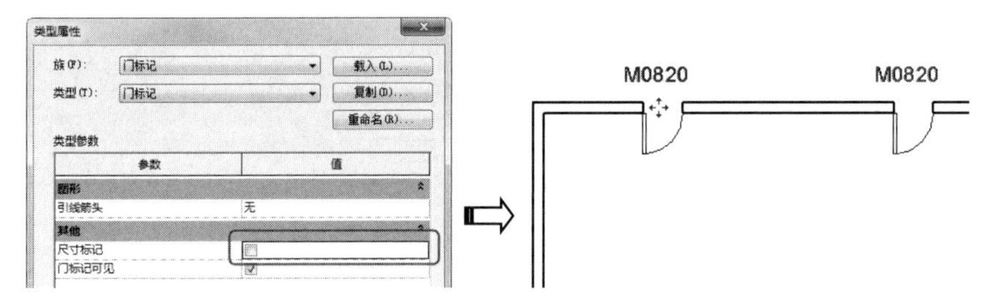

图 5-39　控制标记是否显示

5.3.2　创建轮廓族

轮廓族用于绘制轮廓截面，绘制的是二维封闭图形，在放样、融合等建模时作为轮廓截面载入使用。用轮廓族辅助建模可以提高工作效率，还可以通过替换轮廓族随时更改图形形状。Revit 2022 系统族库中自带 6 种轮廓族样板文件，如图 5-40 所示。

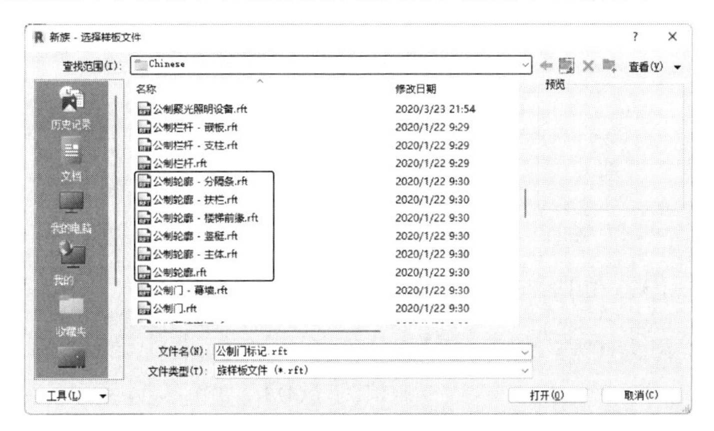

图 5-40　系统族库中自带的轮廓族样板文件

鉴于轮廓族有 6 种，且限于文章篇幅，下面仅以创建扶手轮廓族为例，详细讲解创建步骤及注意事项。

扶手轮廓族常用于创建楼梯扶手、栏杆、支柱等建筑构件。

上机操作——创建扶手轮廓族

① 在 Revit 2022 主页界面的【族】选项组中选择【新建】选项，打开【新建-选择样板文件】对话框。

② 在【新建-选择样板文件】对话框中选择【公制轮廓-扶栏.rft】族样板文件，如图 5-41 所示，单击【打开】按钮进入族编辑器模式。

③ 在【创建】选项卡的【属性】面板中单击【族类型】按钮，打开【族类型】对话框，如图 5-42 所示。

④ 在【族类型】对话框中单击【参数】选项组中的【添加】按钮，打开【参数属性】对话框，设置参数属性，完成后单击【确定】按钮，如图 5-43 所示。

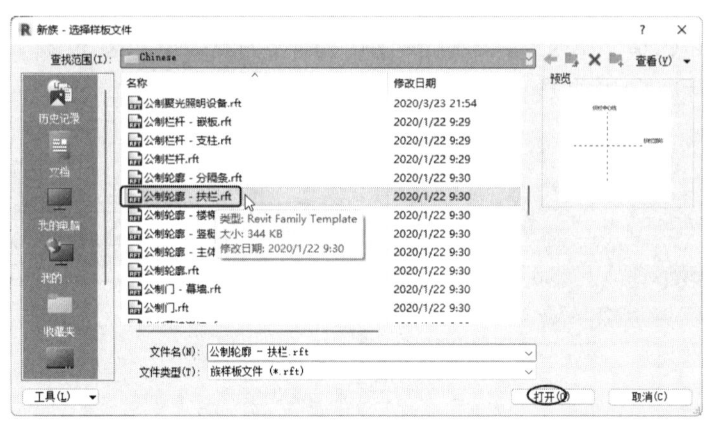

图 5-41 选择族样板文件

图 5-42 【族类型】对话框

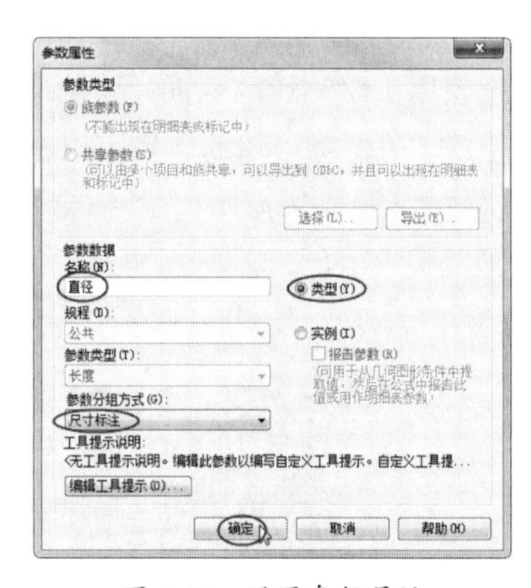

图 5-43 设置参数属性

图 5-44 设置参数的值

⑤ 在【族类型】对话框中设置【直径（默认）】参数的值为【60】，如图 5-44 所示。

⑥ 同理，添加名称为【半径】的参数并设置相应的值，如图 5-45 所示。

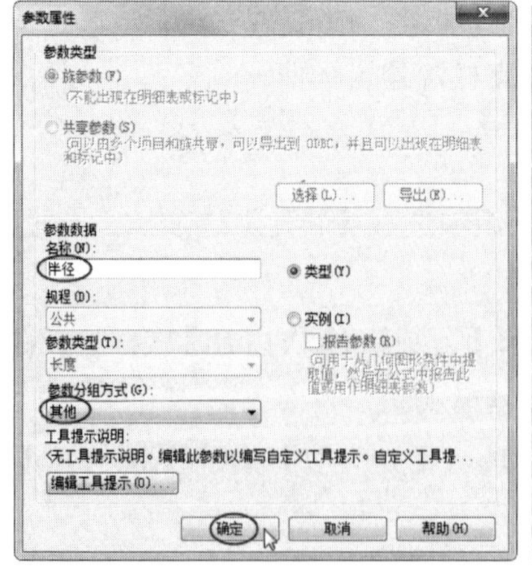

图 5-45 添加【半径】参数并设置相应的值

⑦ 单击【创建】选项卡的【基准】面板中的【参照平面】按钮，在视图中【扶栏顶部】平面下方新建两个工作平面，并利用【对齐】工具标注两个新平面，如图 5-46 所示。

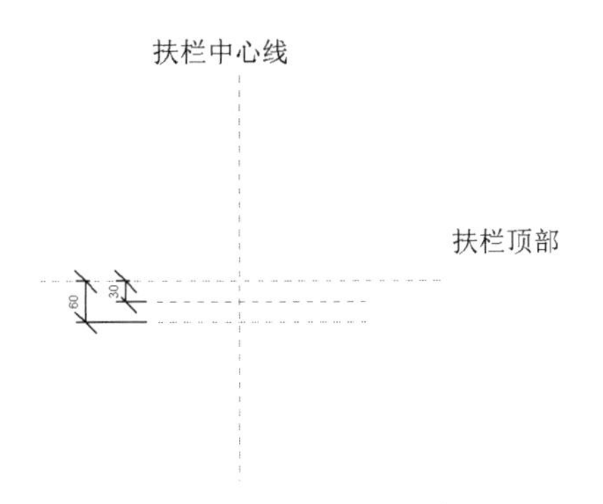

图 5-46　新建两个工作平面并进行标注

⑧ 选中标注为【60】的尺寸标注，在选项栏中选择【直径=60】的标签，如图 5-47 所示。

⑨ 同样地，选择另一个尺寸标注的标签为【半径=直径/2=30】，如图 5-48 所示。

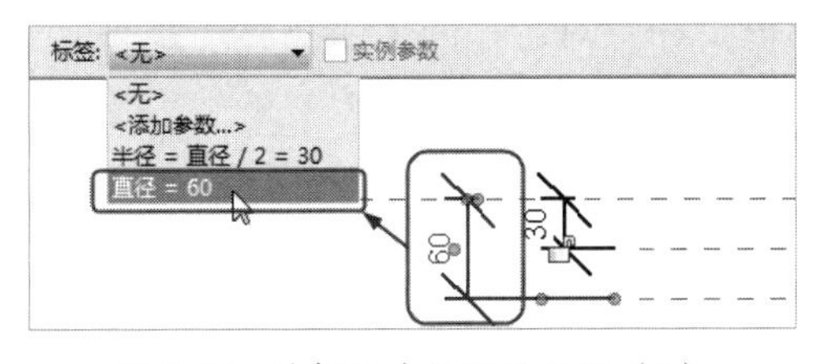

图 5-47　选择尺寸标注的标签（1）

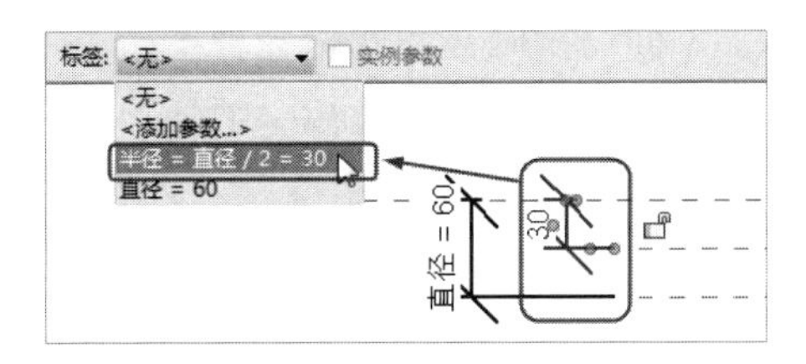

图 5-48　选择尺寸标注的标签（2）

⑩ 单击【创建】选项卡的【详图】面板中的【线】按钮，绘制直径为 60 的圆形，作为扶手的横截面轮廓，如图 5-49 所示。

⑪ 在绘制轮廓后重新选中圆形，在【属性】选项板中勾选【中心标记可见】复选框，圆形轮廓中心点将显示中心标记，如图 5-50 所示。

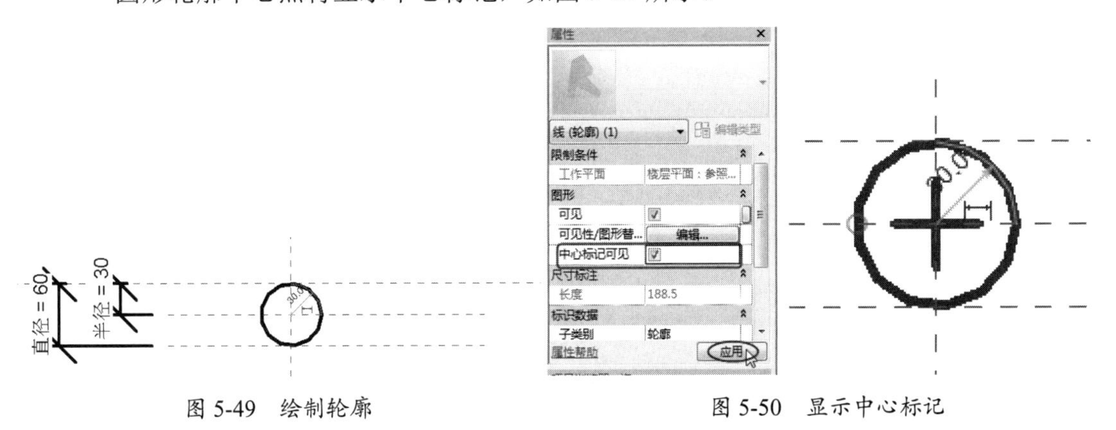

图 5-49　绘制轮廓

图 5-50　显示中心标记

⑫ 分别选中圆心标记和其所在的参照平面，单击【修改】面板中的【锁定】按钮进行锁定，如图 5-51 所示。

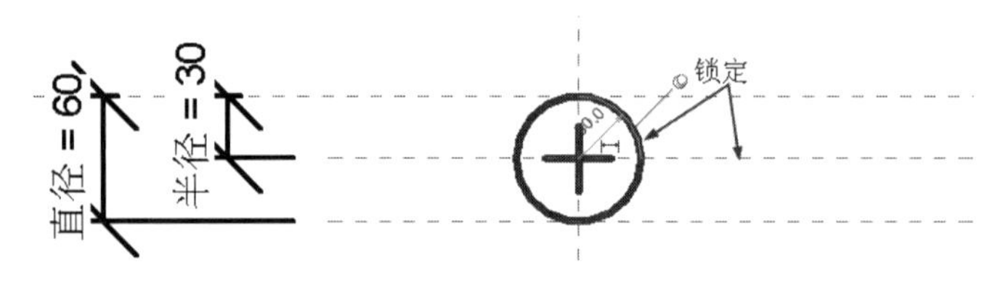

图 5-51　锁定圆心标记和其所在的参照平面

⑬　标注圆形的半径，并为其选择【半径=直径/2=30】标签，如图 5-52 所示。

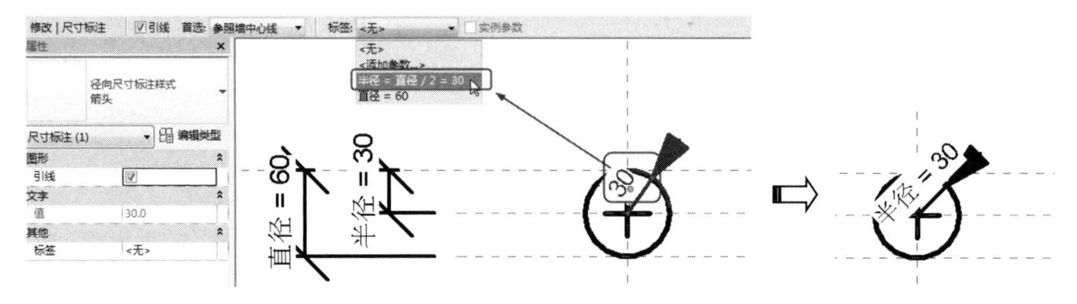

图 5-52　标注圆形的半径并选择尺寸标注的标签

⑭　在【视图】选项卡的【图形】面板中单击【可见性图形】按钮，打开【楼层平面：参照标高的可见性/图形替换】对话框，在该对话框的【注释类别】选项卡中取消勾选【在此视图中显示注释类别】复选框，如图 5-53 所示。

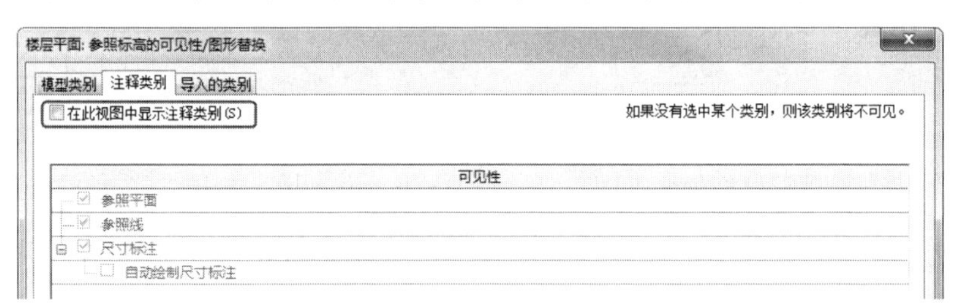

图 5-53　不显示注释类别

⑮　选中圆形轮廓，在【属性】选项板中取消勾选【中心标记可见】复选框，如图 5-54 所示。

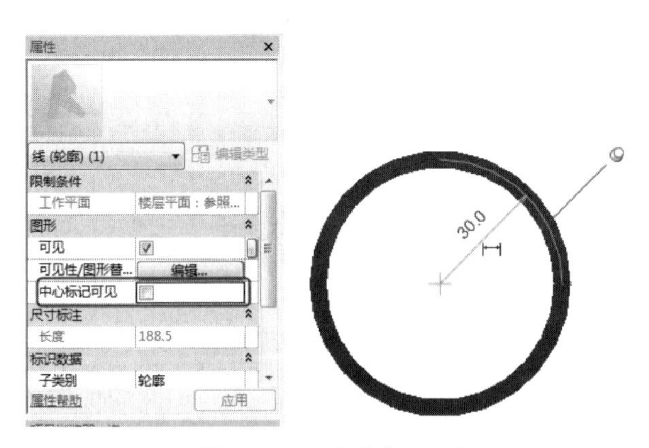

图 5-54　不显示中心标记

⑯　至此，扶手轮廓族创建完成，保存族文件即可。

5.4　创建三维模型族

模型工具是用来创建模型族的，下面讲解常见的三维模型族的创建步骤。

5.4.1　模型工具介绍

模型族主要有两种：一种是对二维截面轮廓进行扫掠得到的模型，称为实心形状；另一种是通过对已建立模型的剪切而得到的模型，称为空心形状。

创建实心形状的工具包括拉伸、融合、旋转、放样、放样融合，创建空心形状的工具包括空心拉伸、空心融合、空心旋转、空心放样、空心放样融合，如图 5-55 所示。

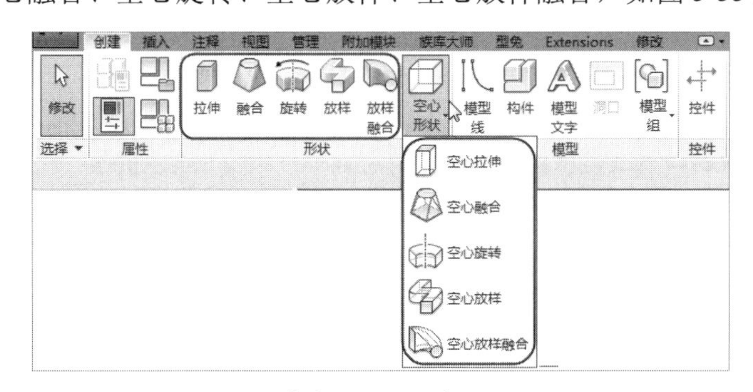

图 5-55　创建实心形状和空心形状的工具

要创建模型族，需要在主页界面的【族】选项组中选择【新建】选项，打开【新族-选择样板文件】对话框，选择一个模型族样板文件，进入族编辑器模式。

5.4.2　三维模型族的创建步骤

三维模型族的类型非常多，限于文章篇幅，此处不再一一列举创建过程。下面我们仅演示两个比较典型的窗族和嵌套族的创建步骤，其余三维模型族的建模方法与这两个是相似的。

1. 创建窗族

无论什么类型的窗，其族的创建方法都是一样的，下面来创建简单窗族。

上机操作——创建窗族

① 启动 Revit 2022，在主页界面的【族】选项组中选择【新建】选项，打开【新族-选择样板文件】对话框。在该对话框中选择【公制窗.rft】族样板文件，单击【打开】按钮进入族编辑器模式。

② 单击【创建】选项卡的【工作平面】面板中的【设置】按钮，在打开的【工作平面】对话框中选中【拾取一个平面】单选按钮，单击【确定】按钮，选择墙体中心位置的参照平面作为工作平面，如图 5-56 所示。

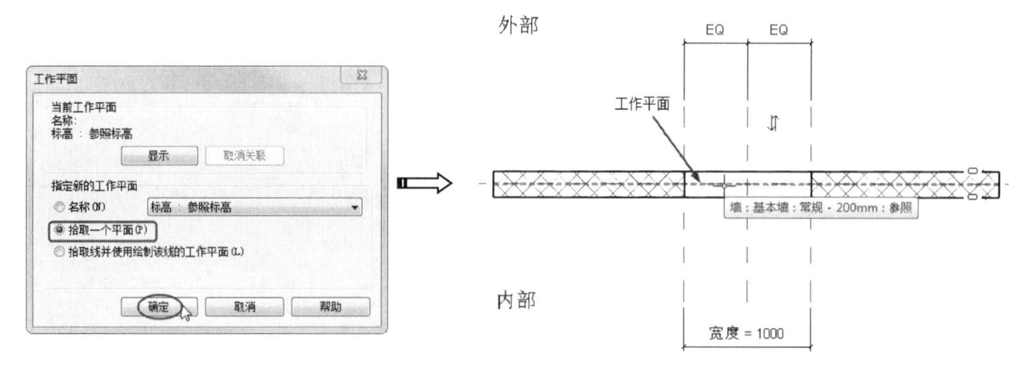

图 5-56 设置工作平面

③ 在随后打开的【转到视图】对话框中，选择【立面：外部】选项并单击【打开视图】按钮，打开立面图，如图 5-57 所示。

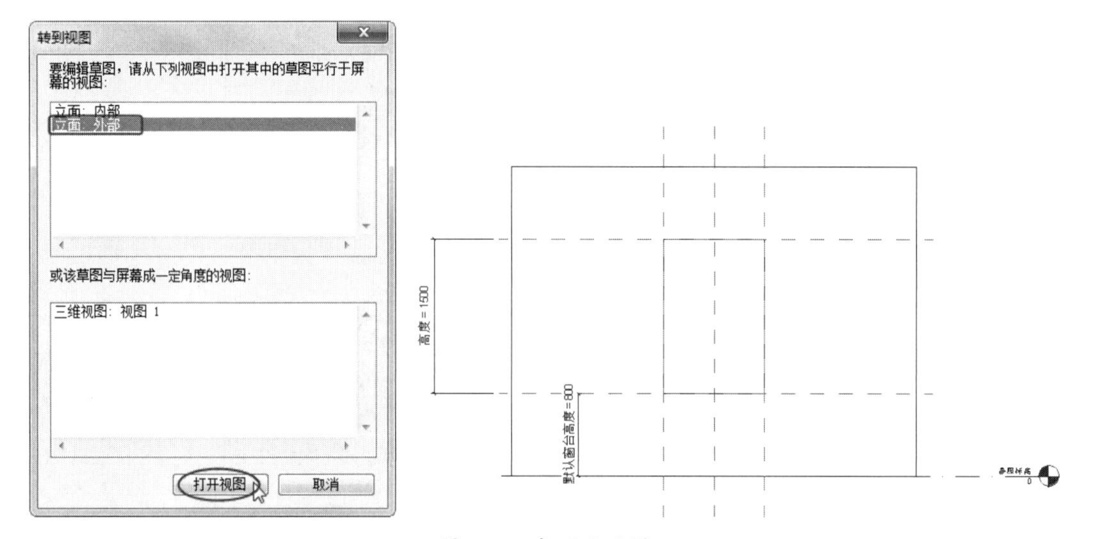

图 5-57 打开立面图

④ 单击【创建】选项卡的【工作平面】面板中的【参照平面】按钮，绘制新工作平面（窗扇高度）并标注尺寸，如图 5-58 所示。

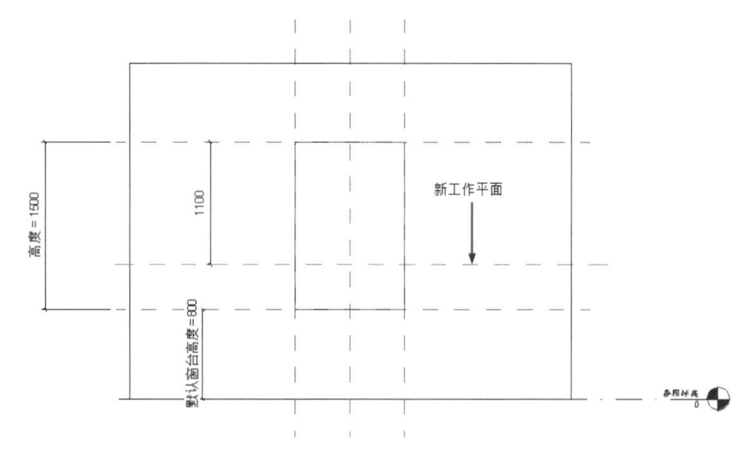

图 5-58 绘制新工作平面（窗扇高度）并标注尺寸

⑤ 选中标注为【1100】的尺寸标注，在选项栏的【标签】下拉列表中选择【添加参数】选项，打开【参数属性】对话框。设置【参数类型】为【族参数】，在【参数数据】选项组中添加参数【名称】为【窗扇高】，并设置其【参数分组方式】为【尺寸标注】，单击【确定】按钮完成参数的添加，如图 5-59 所示。

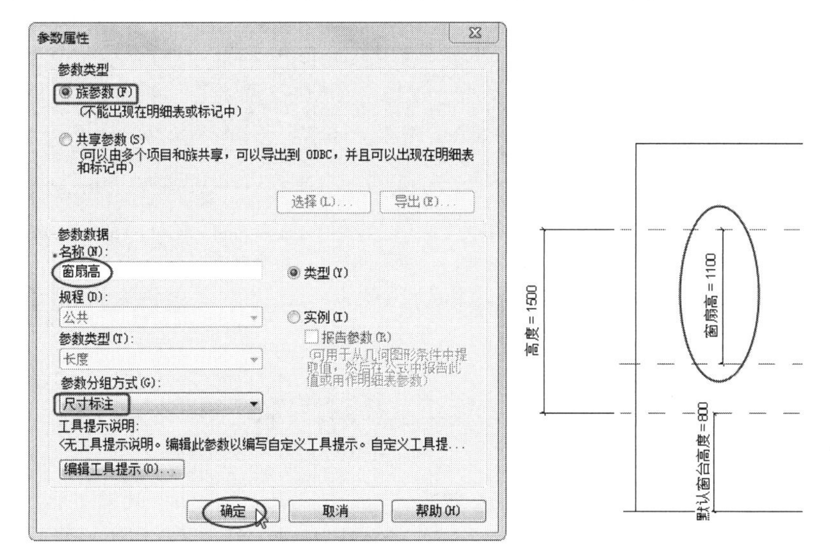

图 5-59　为尺寸标注添加参数

⑥ 单击【创建】选项卡中的【拉伸】按钮，利用【矩形】工具，以洞口轮廓及参照平面为参照，创建轮廓线并与洞口进行锁定，绘制完成的结果如图 5-60 所示。

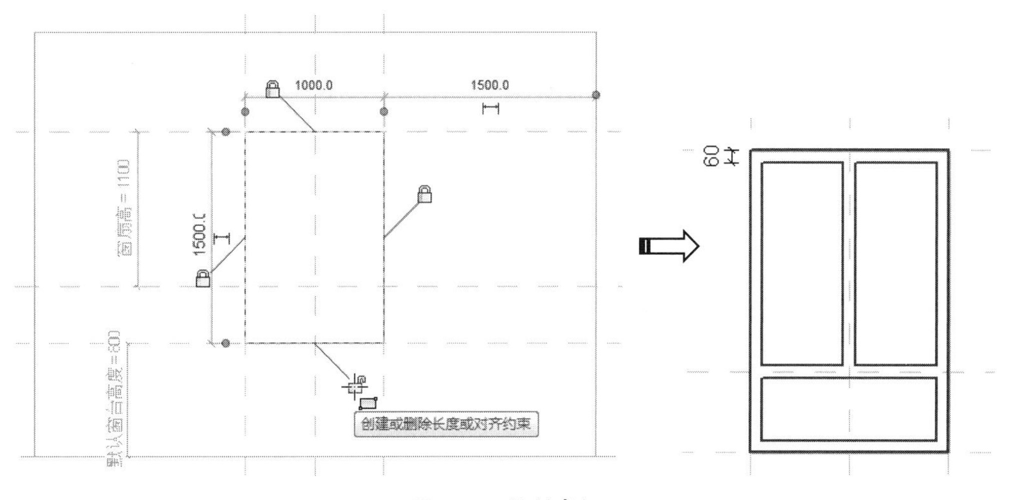

图 5-60　绘制窗框

⑦ 利用【修改|编辑拉伸】上下文选项卡的【测量】面板中的【对齐尺寸标注】工具标注窗框尺寸，如图 5-61 所示。

⑧ 选中单个尺寸，在选项栏的【标签】下拉列表中选择【添加参数】选项，在打开的【参数属性】对话框中为选中的尺寸添加命名为【窗框宽】的参数，如图 5-62 所示。

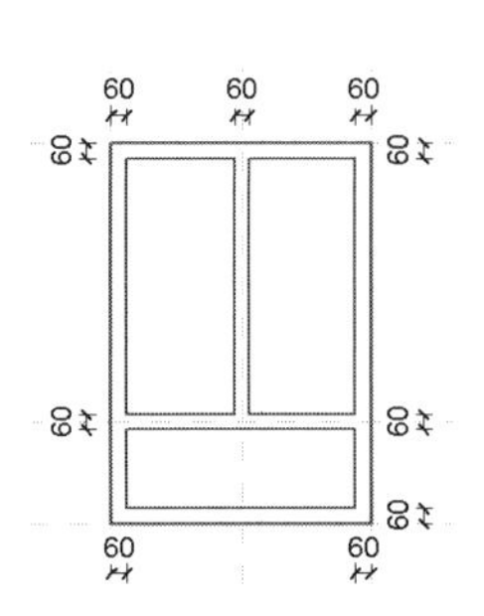

图 5-61　标注窗框尺寸

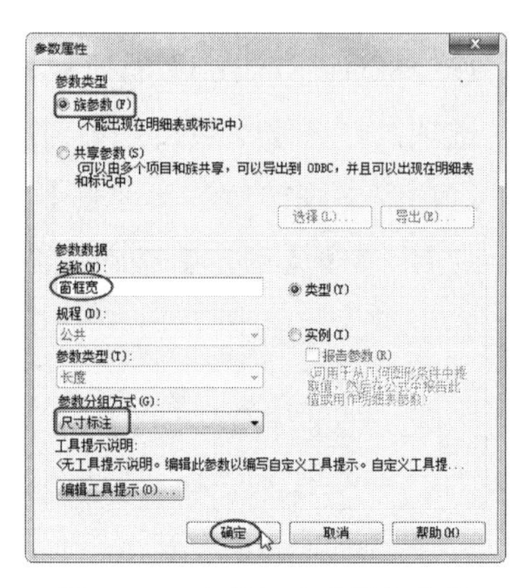

图 5-62　为窗框尺寸添加参数

⑨ 在添加参数后，依次选中其余窗框的尺寸，为其添加【窗框宽=60】的参数标签，如图 5-63 所示。

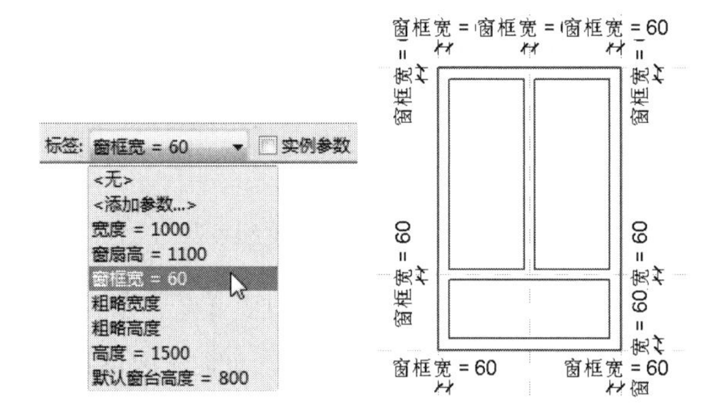

图 5-63　为其余窗框尺寸添加参数标签

⑩ 由于窗框中间的宽度是左右、上下对称的，因此需要标注 EQ 等分尺寸，如图 5-64 所示。EQ 尺寸标注是连续标注的样式。

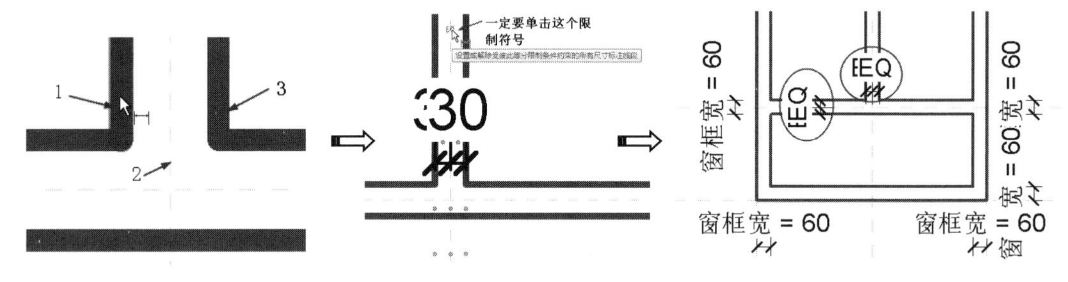

图 5-64　标注 EQ 等分尺寸

⑪ 单击【修改|编辑拉伸】上下文选项卡中的【完成编辑模式】按钮，完成轮廓截面的绘制。在窗口左侧的【属性】选项板中设置【拉伸起点】为【-40】，【拉伸终点】为【40】，单击【应用】按钮，完成拉伸模型的创建，如图 5-65 所示。

⑫ 确保拉伸模型仍然处于编辑状态，在【属性】选项板中单击【材质】右侧的【关联族参数】按钮，打开【关联族参数】对话框并单击【添加参数】按钮，如图 5-66 所示。

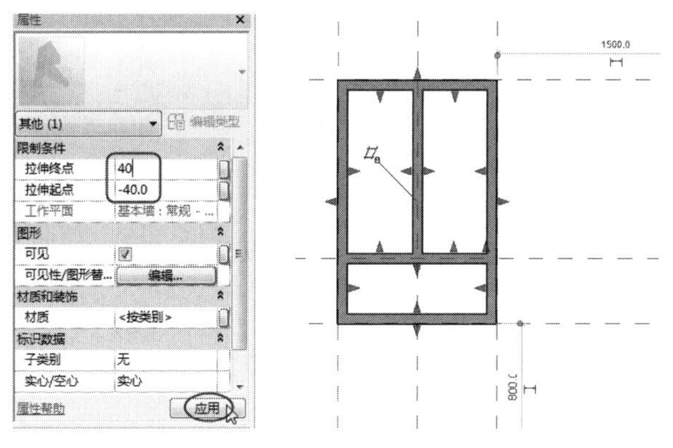

图 5-65　完成拉伸模型的创建

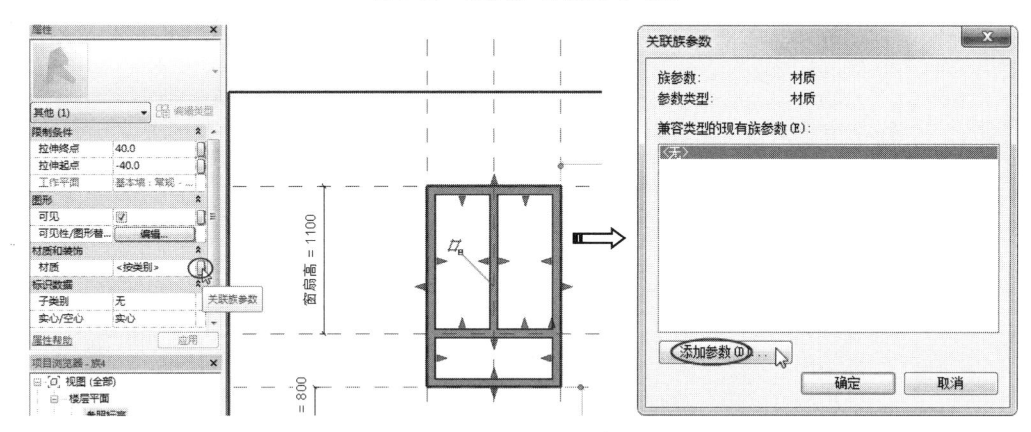

图 5-66　添加材质关联族参数的操作

⑬　在打开的【参数属性】对话框中设置材质参数的名称、参数分组方式等，如图 5-67 所示。依次单击【参数属性】对话框和【关联族参数】对话框中的【确定】按钮，完成材质参数的添加。

⑭　在窗框绘制完成后来绘制窗扇。绘制窗扇部分的模型与绘制窗框是一样的，只是截面轮廓、拉伸深度、尺寸参数、材质参数有所不同，如图 5-68 和图 5-69 所示。

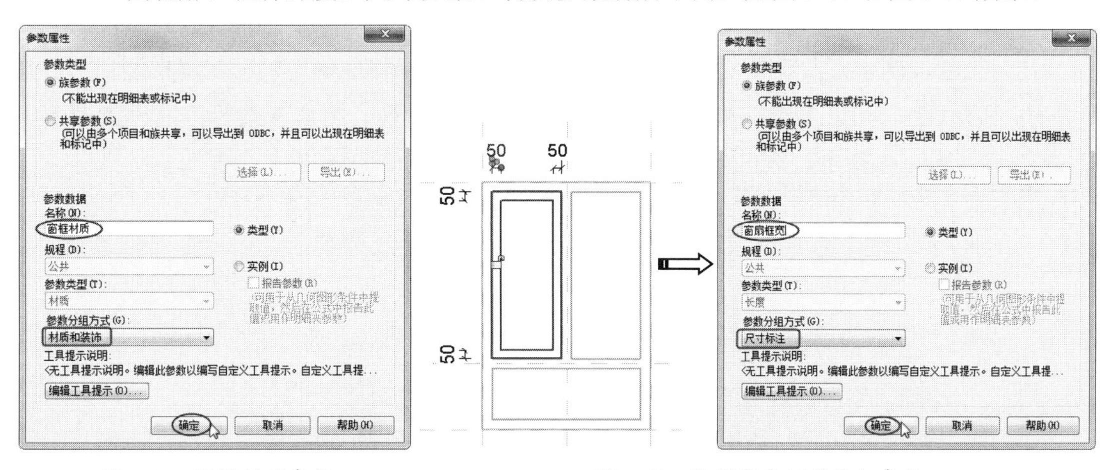

图 5-67　设置材质参数　　　　图 5-68　绘制窗扇框并添加参数

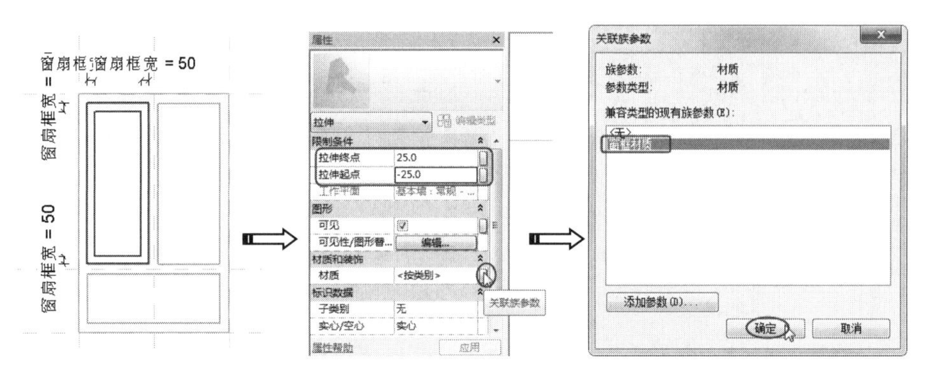

图 5-69　设置拉伸深度并添加材质关联族参数

技巧点拨：

在以窗框洞口轮廓为参照创建窗扇框轮廓时，切记要与窗框洞口进行锁定，这样才能与窗框发生关联，如图 5-70 所示。

⑮ 右边的窗扇框和左边的窗扇框的形状、参数是完全相同的，我们可以采用复制的方法来创建。选中第一扇窗扇框，在【修改|拉伸】上下文选项卡的【修改】面板中单击【复制】按钮，将窗扇框复制到右侧窗框洞口中，如图 5-71 所示。

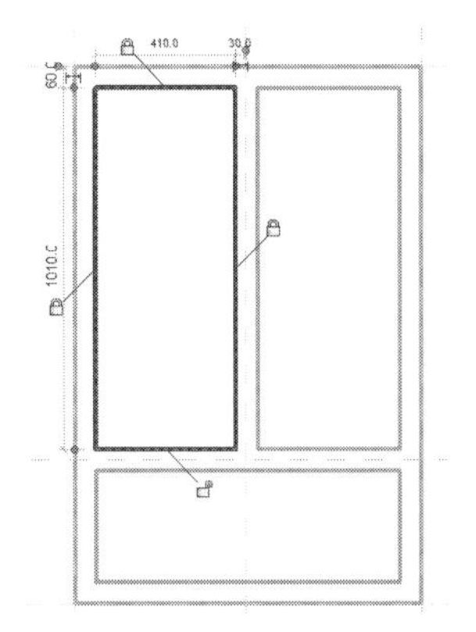

图 5-70　在创建窗扇框轮廓时要与窗框洞口进行锁定

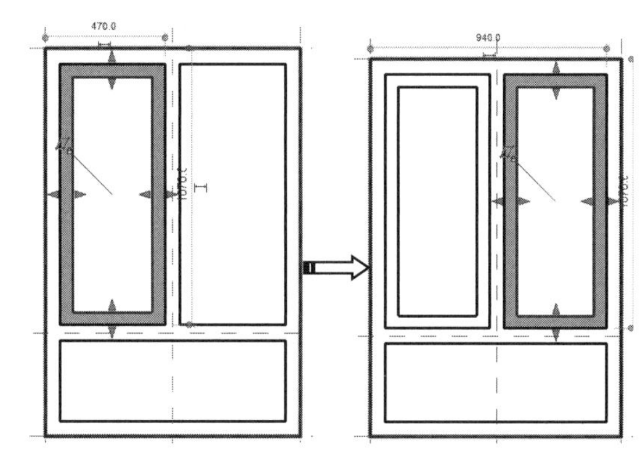

图 5-71　复制窗扇框

⑯ 绘制玻璃构件及设置相应的材质。在绘制时要注意将玻璃轮廓与窗扇框洞口边界进行锁定，并设置拉伸起点、拉伸终点、构件可见性、材质参数等，过程如图 5-72 和图 5-73 所示。

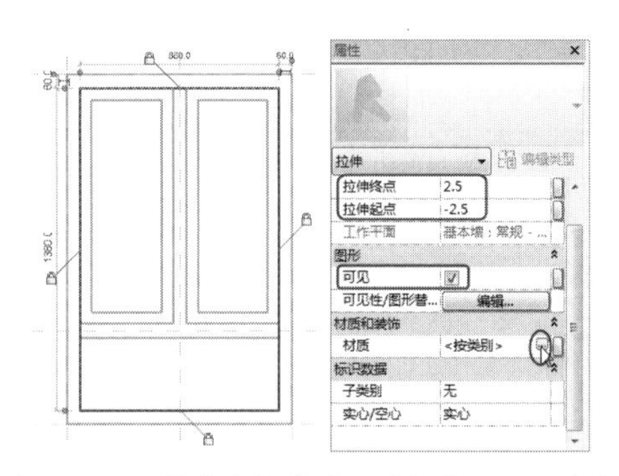

图 5-72　绘制玻璃轮廓并设置拉伸和可见参数

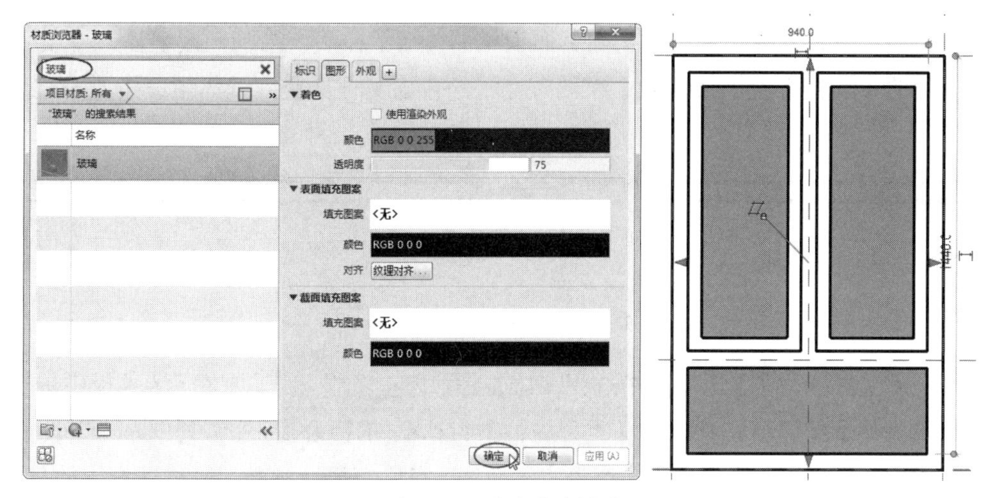

图 5-73　设置玻璃材质

⑰ 在项目管理器中，打开【楼层平面】|【参照标高】视图。标注窗框厚度尺寸并添加尺寸参数标签，如图 5-74 所示。

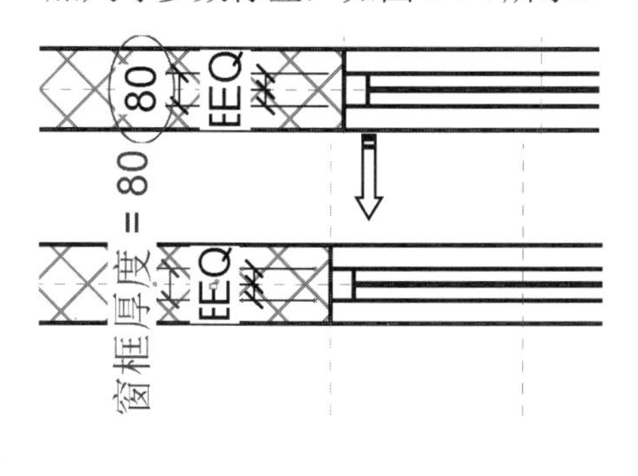

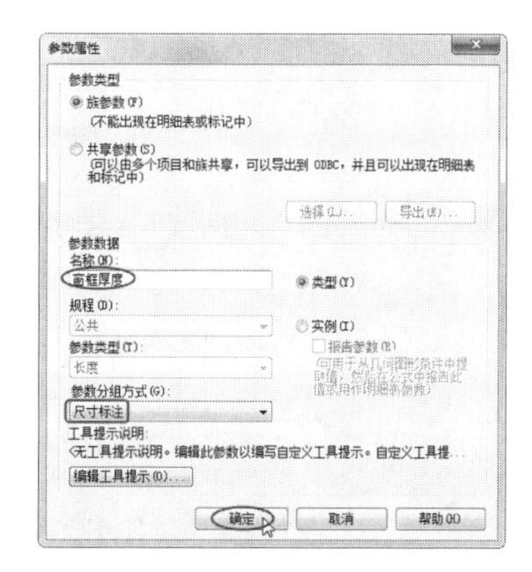

图 5-74　标注窗框厚度尺寸并添加尺寸参数标签

⑱ 至此，完成窗族的创建，结果如图 5-75 所示。保存窗族文件即可。

⑲ 测试所创建的窗族。新建建筑项目文件，进入建筑项目设计环境。在【插入】选项卡的【从库中载入】面板中单击【载入族】按钮，从源文件夹中载入【窗族.rfa】文件，如图 5-76 所示。

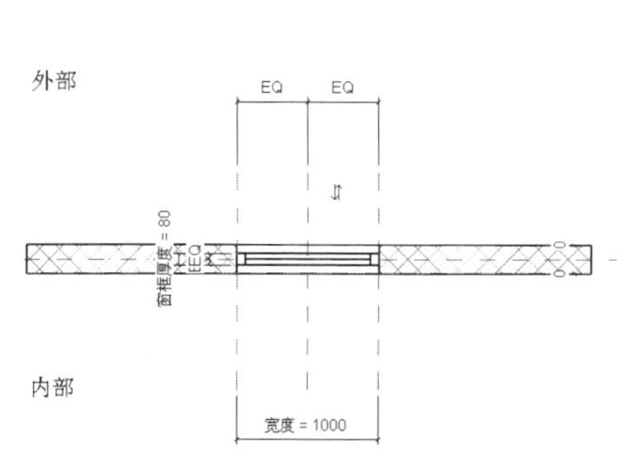

图 5-75　创建完成的窗族

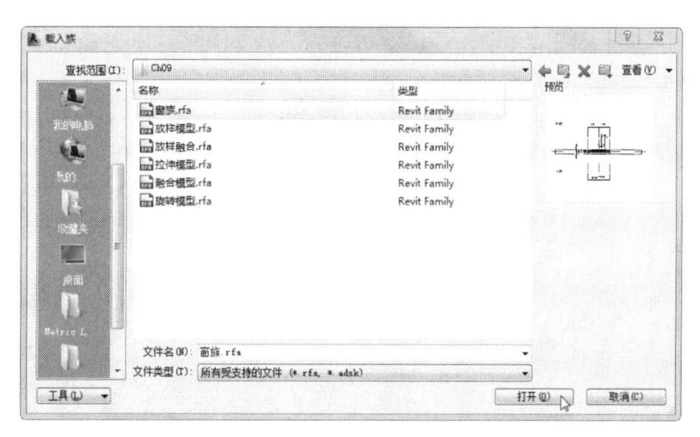

图 5-76　载入【窗族.rfa】文件

⑳ 单击【建筑】选项卡的【构建】面板中的【墙】按钮，绘制一段墙体，将项目管理器的【族】|【窗】|【窗族】视图节点下的窗族文件拖曳到墙体中，如图 5-77 所示。

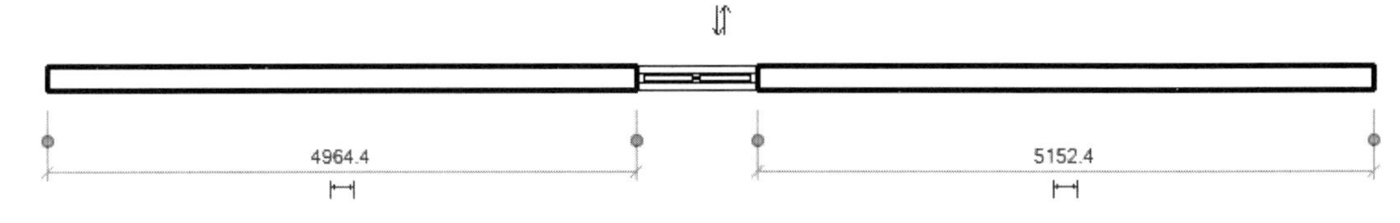

图 5-77　拖曳窗族到墙体中

㉑ 在【项目浏览器】选项板中选择三维视图，选中窗族。在【属性】选项板中单击【编辑类型】按钮，在打开的【类型属性】对话框的【尺寸标注】列中，可以设置窗扇框宽、窗扇高、窗框厚度、窗框宽、高度、宽度等尺寸参数，以测试窗族的可行性，如图 5-78 所示。

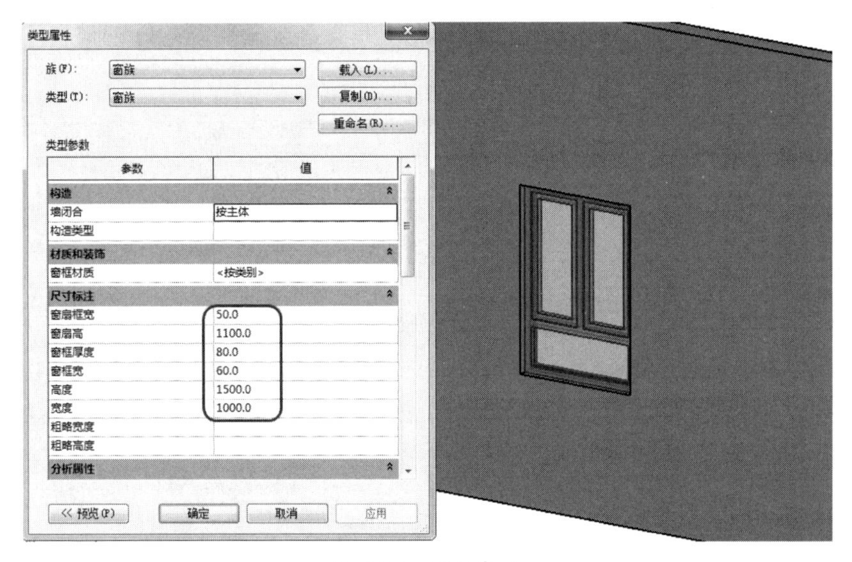

图 5-78　测试窗族

2. 创建嵌套族

在族编辑器模式中可以载入其他族（包括轮廓、模型、详图构件、注释符号族等），并组合使用这些族。将多个简单的族嵌套在一起组合成的族被称为嵌套族。

本节以创建百叶窗族为例，详细讲解嵌套族的创建方法。

上机操作——创建嵌套族

① 打开【百叶窗.rfa】族文件，如图 5-79 所示。切换到三维视图，该族文件已经使用拉伸形状完成了百叶窗窗框的创建。

② 单击【插入】选项卡的【从库中载入】面板中的【载入族】按钮，载入本章源文件夹中的【百叶片.rfa】族文件，如图 5-80 所示。

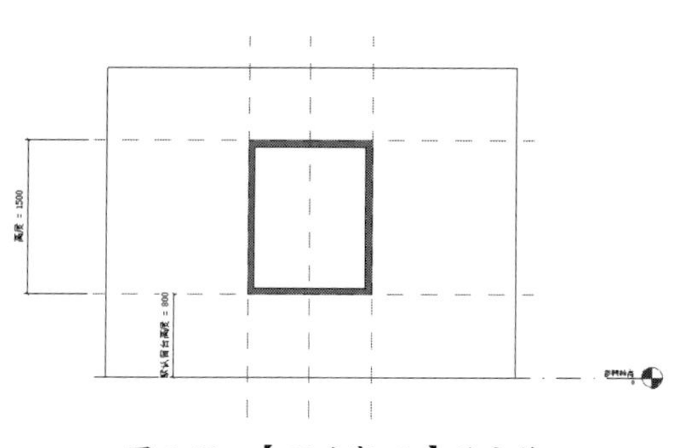

图 5-79　【百叶窗.rfa】族文件

图 5-80　载入【百叶片.rfa】族文件

③ 切换到【参照标高】楼层平面视图。在【创建】选项卡的【模型】面板中单击【构件】按钮，打开【修改|放置构件】上下文选项卡。

④ 在平面图中的墙外部位置单击鼠标放置百叶片，利用【对齐】工具，将百叶片中心线与窗中心参照平面对齐，单击【锁定】按钮，锁定百叶片与窗中心线（左/右）位置，如图 5-81 所示。

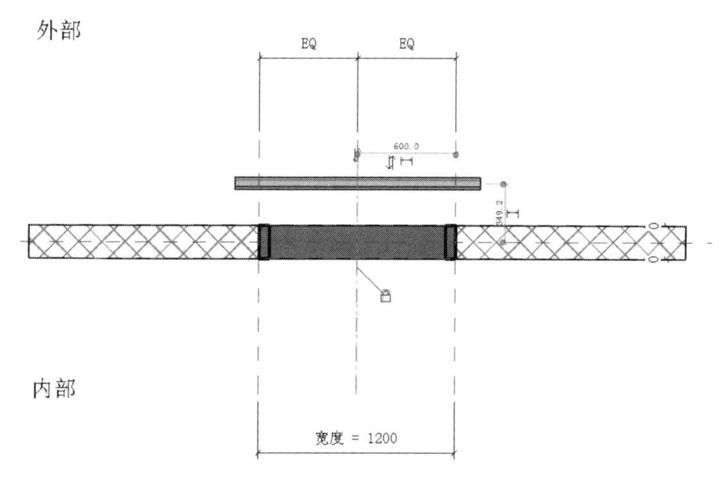

图 5-81　添加百叶片并进行锁定

⑤ 选择百叶片，在【属性】选项板中单击【编辑类型】按钮，打开【类型属性】对话框。在该对话框中单击【百叶长度】参数后的【关联族参数】按钮，打开【关联族参数】对话框。在该对话框中选择【宽度】选项，单击【确定】按钮，返回【类型属性】对话框，如图 5-82 所示。

⑥ 此时可看到【百叶片】族中的百叶长度与【百叶窗】族中的百叶窗宽度实现关联（相等了），如图 5-83 所示。

⑦ 使用相同的方法关联【百叶片】族中的百叶材质与【百叶窗】族中的窗框材质。

⑧ 在【项目浏览器】选项板中切换到【视图】|【立面】|【外部】立面图，利用【参照平面】工具，在距离窗【底】参照平面上方【90】处绘制参照平面，并修改标识数据【名称】为【百叶底】，如图 5-84 所示。

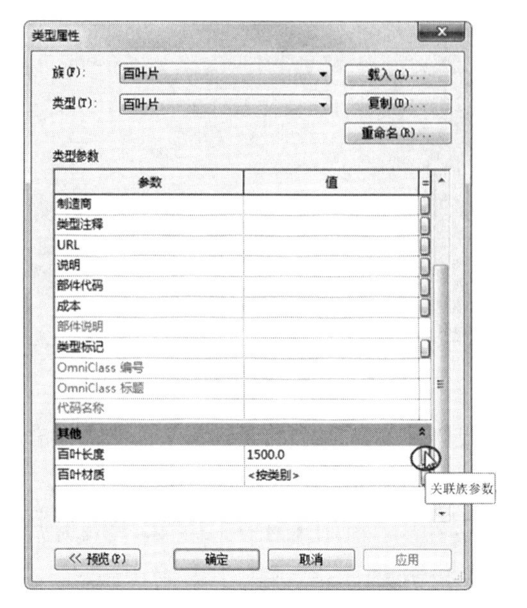

图 5-82　选择关联族参数

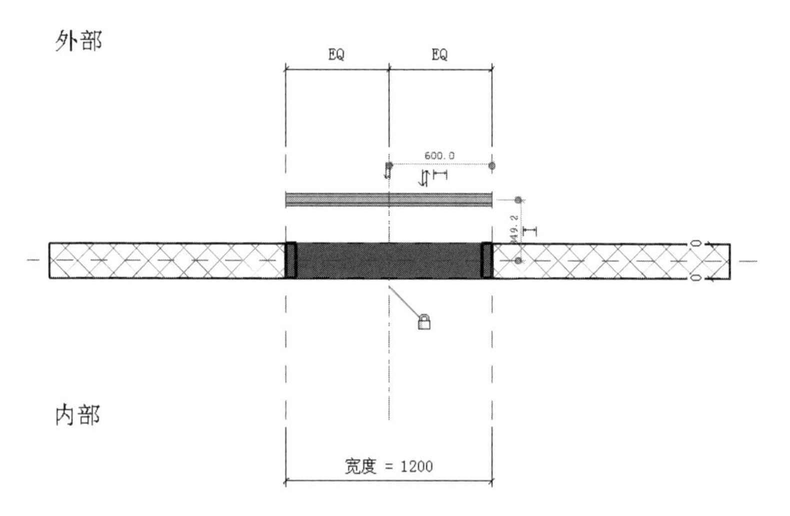

图 5-83　百叶长度与百叶窗宽度实现关联

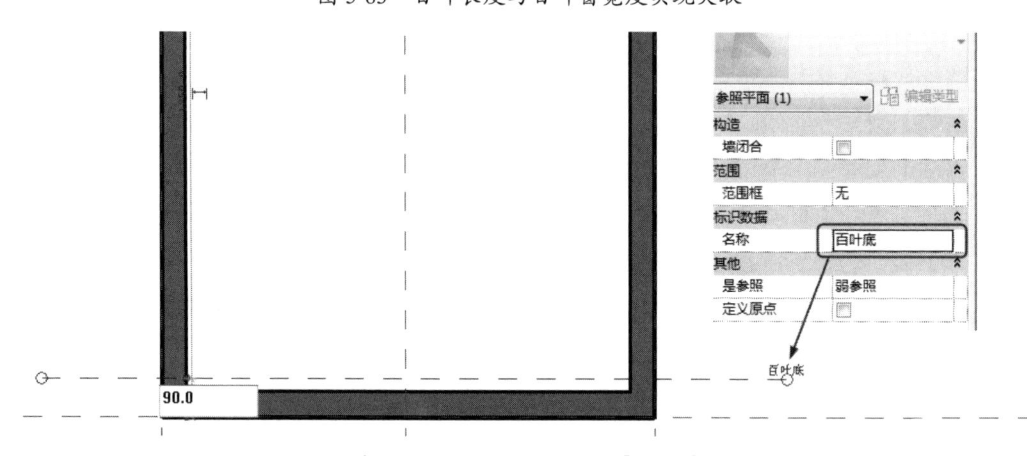

图 5-84　绘制参照平面并修改标识数据【名称】为【百叶底】

⑨ 在百叶底参照平面与窗底参照平面上添加尺寸标注并添加锁定约束。将【百叶片】族移动到百叶底参照平面上，利用【对齐】工具，将百叶片底边与百叶底参照平面对齐，并锁定与参照平面间的对齐约束，如图 5-85 所示。

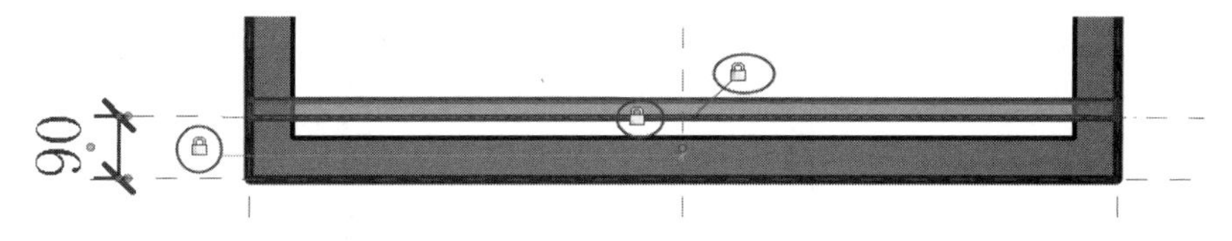

图 5-85　移动【百叶片】族并与参照平面对齐

⑩ 在窗顶部绘制名称为【百叶顶】的参照平面，如图 5-86 所示，标注百叶顶参照平面与窗顶参照平面间的尺寸并添加锁定约束。

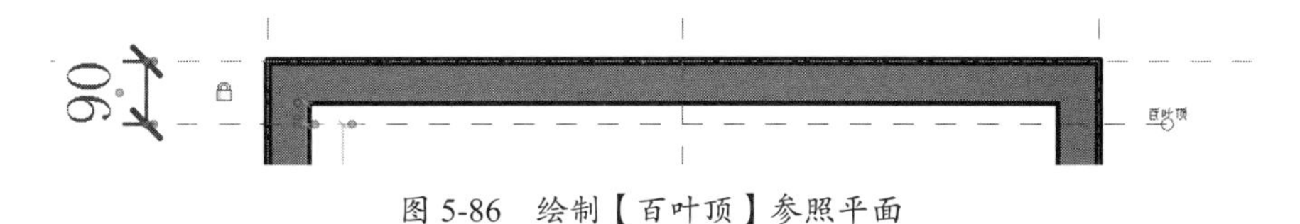

图 5-86　绘制【百叶顶】参照平面

⑪ 切换到【参照标高】楼层平面视图，单击【修改】选项卡中的【对齐】按钮，使百叶中心与墙体中心线对齐，单击【锁定】按钮，锁定百叶中心与墙体中心线位置，如图 5-87 所示。

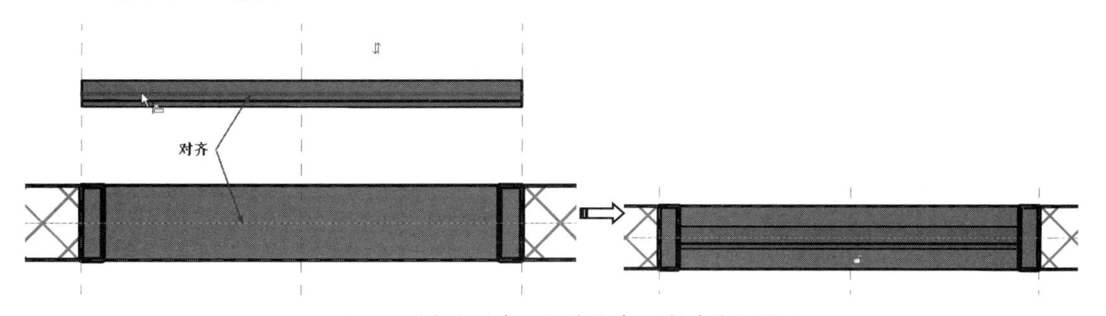

图 5-87　对齐百叶中心与墙体中心线并进行锁定

⑫ 切换到外部立面图。选择百叶片，单击【修改|常规模型】上下文选项卡的【修改】面板中的【阵列】按钮，设置选项栏中的阵列方式为【线性】，勾选【成组并关联】复选框，设置【移动到】选项为【最后一个】，如图 5-88 所示。

图 5-88　设置阵列选项

⑬ 拾取百叶片上边缘作为阵列起点，向上移动鼠标指针至【百叶顶】参照平面，作为阵列终点，如图 5-89 所示。

⑭ 利用【对齐】工具对齐百叶片上边缘与百叶顶参照平面，单击【锁定】符号，锁定百叶片与百叶顶参照平面位置，如图 5-90 所示。

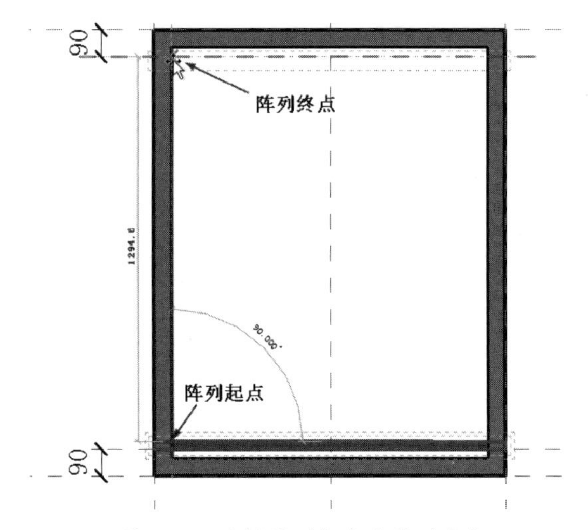

图 5-89　选择阵列起点和阵列终点

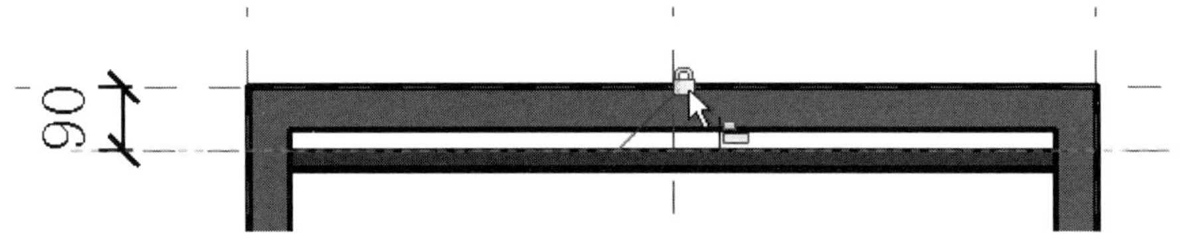

图 5-90　对齐百叶片上边缘与百叶顶参照平面并进行锁定

⑮ 选中阵列的百叶片，选择显示的阵列数量临时尺寸标注，选择选项栏【标签】下拉列表中的【添加标签】选项，打开【参数属性】对话框，在该对话框中新建【名称】为【百叶片数量】的族参数，如图 5-91 所示。

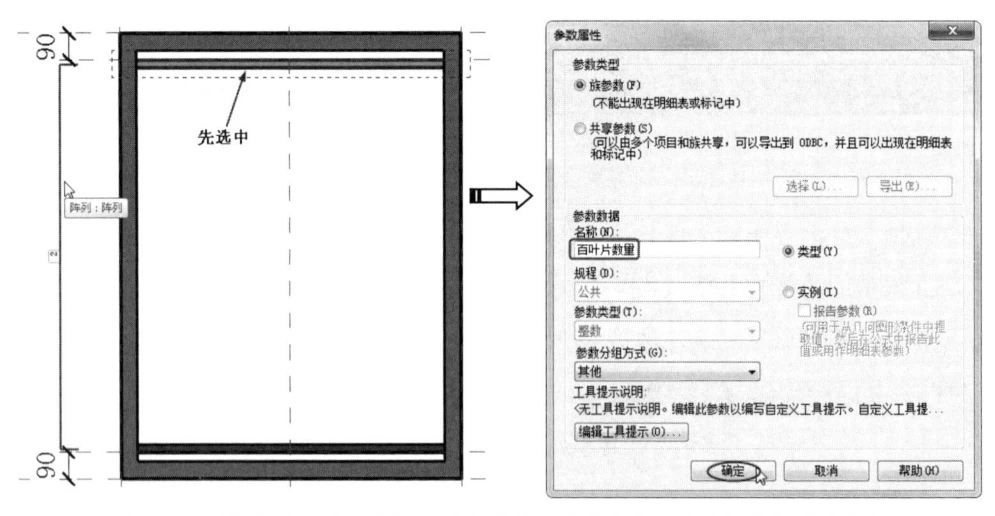

图 5-91　选择数量临时尺寸标注并新建【名称】为【百叶片数量】的族参数

技巧点拨：

在选中阵列的百叶片后，如果没有显示数量临时尺寸标注，则可以滚动鼠标滚轮使其显示。如果无法选择数量临时尺寸标注，则可以在【修改】选项卡的【选择】面板中取消勾选【按面选择图元】复选框来解决此问题，如图 5-92 所示。

⑯ 单击【修改】选项卡的【属性】面板中的【族类型】按钮，打开【族类型】对话框，修改【百叶片数量】参数的值为【18】，其他参数不变，单击【确定】按钮，即可看到百叶窗效果，如图 5-93 所示。

⑰ 再次打开【族类型】对话框。单击【参数】选项组中的【添加】按钮，打开【参数属性】对话框。

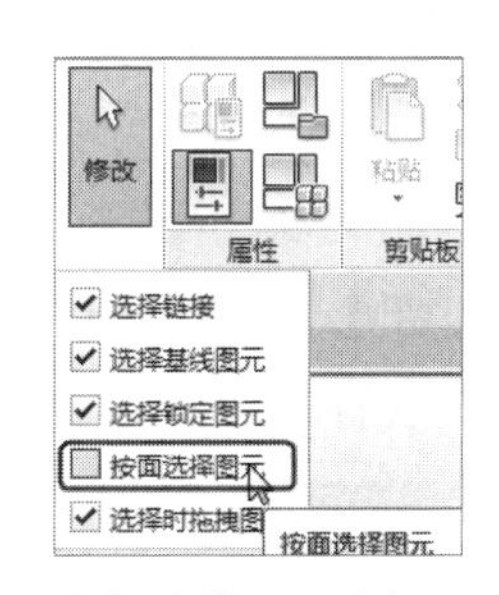

图 5-92　取消勾选【按面选择图元】复选框

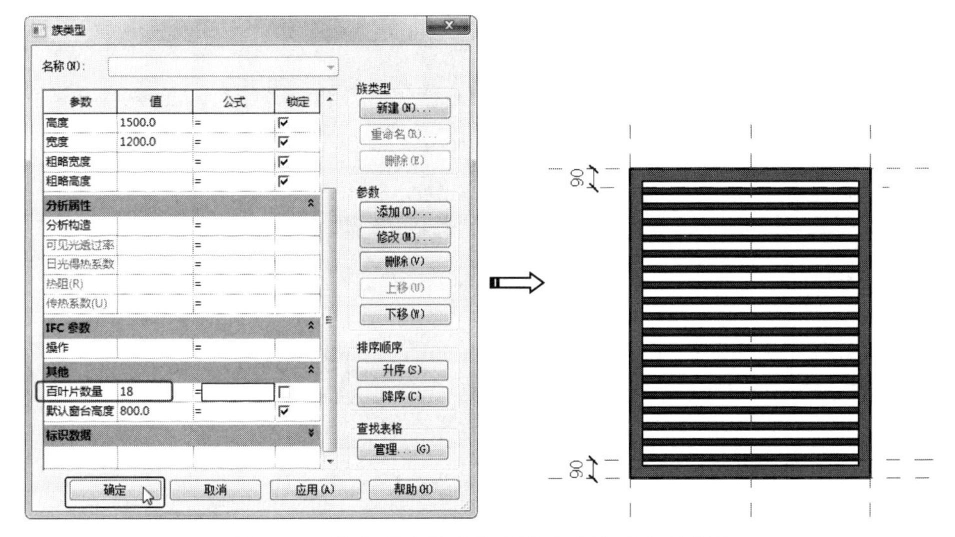

图 5-93　修改百叶片数量及修改后的百叶窗效果

⑱ 在【参数属性】对话框中输入参数【名称】为【百叶间距】，选择【参数类型】为【长度】，单击【确定】按钮，返回【族类型】对话框。在【族类型】对话框中修改【百叶间距】参数的值为【50】，单击【应用】按钮应用该参数，如图 5-94 所示。

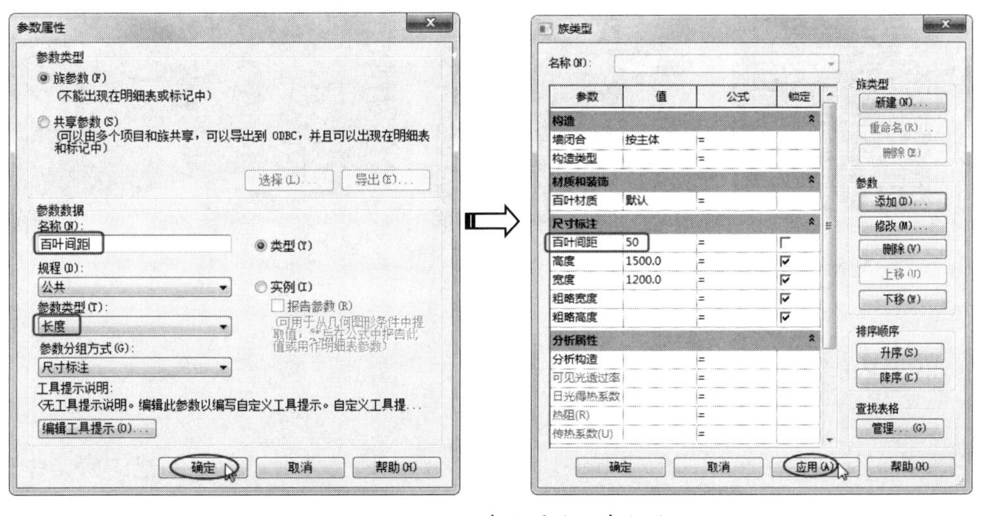

图 5-94　添加族参数并修改参数值

技巧点拨：

务必单击【应用】按钮使参数及参数值应用生效后再进行下一步操作。

⑲ 如图 5-95 所示，在【百叶片数量】参数后的【公式】列中输入【(高度-180)/百叶间距】，完成后单击【确定】按钮，关闭【族类型】对话框。随后 Revit 会自动根据公式计算百叶片数量。

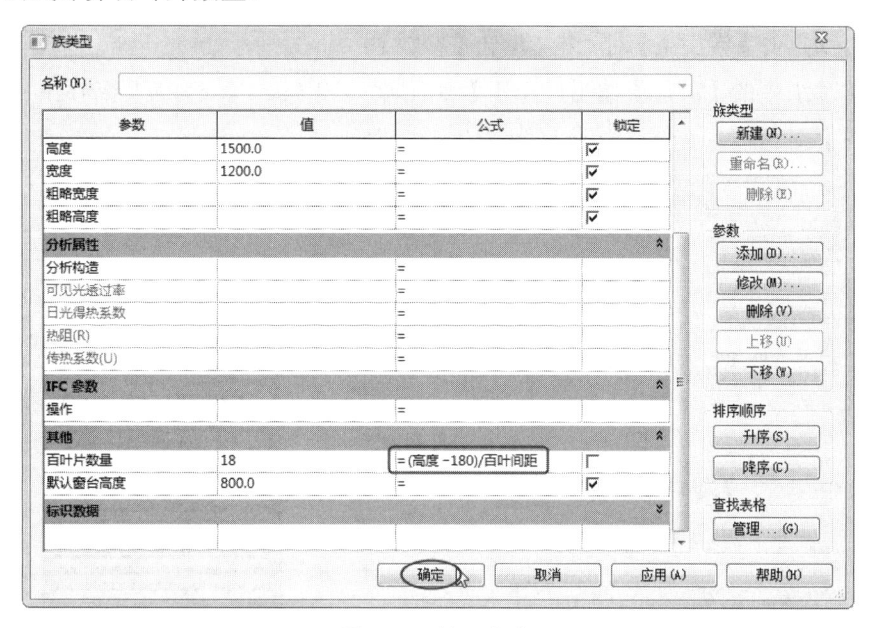

图 5-95　输入公式

⑳ 最终创建完成的百叶窗族（嵌套族）如图 5-96 所示，保存族文件。

㉑ 建立空白项目文件，载入该百叶窗族，利用【窗】工具插入百叶窗，测试百叶窗族，如图 5-97 所示。Revit 会自动根据窗高度和【百叶间距】参数自动计算阵列数量。

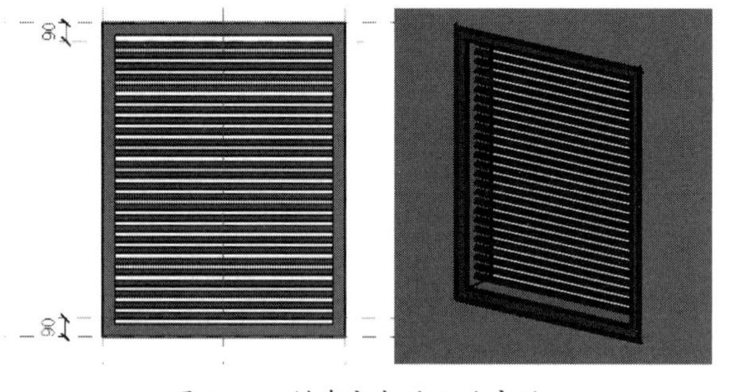

图 5-96　创建完成的百叶窗族

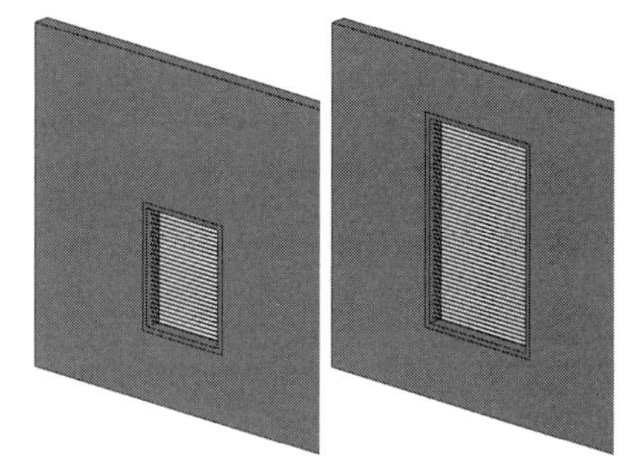

图 5-97　测试百叶窗族

5.5　测试族

前面我们详细介绍了族的创建方法，而在实际使用族文件前还应对创建的族文件进行测试，以确保其在实际应用中的正确性。

5.5.1　测试目的

测试自己创建的族的目的是保证族的质量，避免在今后长期使用中受到影响。

1. 确保族文件的参数参变性能

对族文件的参数参变性能进行测试，从而保证族在实际项目的应用中具备良好的稳定性。

2. 符合国内建筑设计的国标出图规范

参考中国建筑设计规范与图集，以及公司内部有关线型、图例的出图规范，对族文件在不同视图和粗细精度下的显示进行检查，从而保证项目文件最终的出图质量。

3. 具有统一性

虽然族文件不统一不会直接影响质量本身，但如果在创建族文件时注意统一性方面的设置，将对族库的管理非常有帮助。并且族文件被载入项目文件，也将对之后项目文件的创建带来一定的便利。

- 族文件与项目样板的统一性：在项目文件中加载族文件后，族文件自带的信息，例如，【材质】【填充样式】【线性图形】等被自动加载到项目中。如果项目文件已包含同名的信息，则族文件中的信息将会被项目文件覆盖。因此，在创建族文件时，建议读者尽量参考项目文件已有的信息，如果有新建的需要，则在命名和设置上应当与项目文件保持统一，以免造成信息冗余。
- 族文件自身的统一性：规范族文件的某些设置，例如，插入点、保存后的缩略图、材质、参数命名等，将有利于族库的管理、搜索，以及载入项目文件后使其包含的信息达到统一。

5.5.2　测试流程

关于族的测试，其过程可以概括为依据测试文档的要求，分别在测试项目设计环境、族编辑器模式和文件浏览器环境中对族文件进行逐条测试，并建立测试报告。

1. 建立测试文档

不同类别的族文件，其测试方式也是不同的，可先将族文件按照二维和三维进行分类。

由于三维族文件包含大量不同的族类别，部分族类别的创建流程、族样板功能和建模方法具有很高的相似性。例如，常规模型、家具、橱柜、专用设备等族，其中家具族具有一定的代表性，因此建议以测试【家具】族文件为基础，建立【三维通用测试文档】。【门】【窗】和【幕墙嵌板】之间也具有高度的相似性，但测试流程和测试内容相比【家具】要复杂很多，可以将其合并作为一个特定类别建立测试文档，而部分具有特殊性的构件，可以在【三维通用测试文档】的基础上添加或者删除一些特定的测试内容，建立相关测试文档。

针对二维族文件，详图构件族的创建流程和族样板功能具有典型性，建议以此类别为基础，建立【二维通用测试文档】。标题栏、注释及轮廓等族也具有一定的特殊性，可以在【二维通用测试文档】的基础上添加或者删除一些特定的测试内容，建立相关测试文档。

针对水暖电的三维族，应在族编辑器模式和项目设计环境中对连接件进行重点测试。族类别和连接件类别（电气、风管、管道、电缆桥架、线管）的不同，导致连接件的测试点也不同。一般在族编辑器模式中，应确认以下设置和数据的正确性：连接件位置、连接件属性、主连接件设置、连接件链接等；在建筑项目设计环境中，应测试组能否正确地创建逻辑系统，以及能否正确使用系统分析工具。

针对三维结构族，除了进行参数参变性能测试和统一性测试，还要对结构族中的一些特殊设置进行重点检查。因为这些设置关系到结构族在项目中的行为是否正确。例如，检查混凝土结构梁的梁路径的端点是否与样板中的【构件左】和【构件右】两条参照平面锁定；检查结构柱族的实心拉伸的上边缘是否拉伸至【高于参照 2500】处并与标高锁定，是否将实心拉伸的下边缘与【低于参照标高 0】的标高锁定等。而后可将各类结构族加载到项目中，检查族的行为是否正确，例如，检查相同/不同材质的梁与结构柱的连接，检查分析模型，检查钢筋是否充满在绿色虚线内及弯钩方向是否正确、是否出现畸变、保护层位置是否正确等。

测试文档的内容主要包括测试项目、测试方法、测试标准和测试报告 4 个方面。

2. 创建测试项目文件

针对不同类别的族文件，在测试时需要创建相应的测试项目文件，模拟族在实际项目中的调用过程，从而发现可能存在的问题。例如，在门窗的测试项目文件中创建墙，用于测试门窗是否能被正确加载。

3. 在测试项目设计环境中进行测试

在已经创建的测试项目文件中加载族文件，检查不同视图下族文件的显示和表现。通过改变族文件类型参数与系统参数来检查族文件的参数参变性能。

4. 在族编辑器模式中进行测试

在族编辑器模式中打开族文件，检查族文件与项目样板之间的统一性，例如，材质、填充样式、图案等，以及族文件之间的统一性，例如，插入点、材质、参数命名等。

5. 在文件浏览器环境中进行测试

在文件浏览器环境中，观察文件缩略图的显示情况，并根据文件属性查看文件大小是否在正常范围内。

6. 完成测试报告

参照测试文档中的测试标准，对错误的项目逐条进行标注，完成测试报告，以便在后续流程中对文件进行修改。

5.6 使用广联达数维构件坞

广联达为用户提供了包含海量族库的插件——构件坞。

构件坞有极为强大的本地库、企业库和云族库，其中包含数十万个各行各业的族供用户下载使用，尤其为用户提供了个人定制服务，使用户能轻松解决建筑建模过程中的各种难题。

5.6.1 构件坞网页版

构件坞主要针对企业用户和个人用户。个人用户使用其中的族是完全免费的，可以通过安装构件坞客户端，在 Revit 中登录后开始使用。

此外，个人用户还可以在广联达数维构件坞官方网站中下载族文件，如图 5-98 所示。

图 5-98 广联达数维构件坞官方网站

如果是企业用户，则可在广联达官方网站的【产品系列】页面下，选择【广联达鸿业云族 360 企业族库管理系统--管·用】产品，如图 5-99 所示，访问企业族库网页版页面。

在构件坞的网页版族库中，有建筑专业、结构专业、装饰专业、给排水专业、暖通专业、电气专业及其他专业的族库，如图 5-100 所示。

图 5-99　在广联达官方网站中选择【广联达鸿业云族 360 企业族库管理系统--管・用】产品

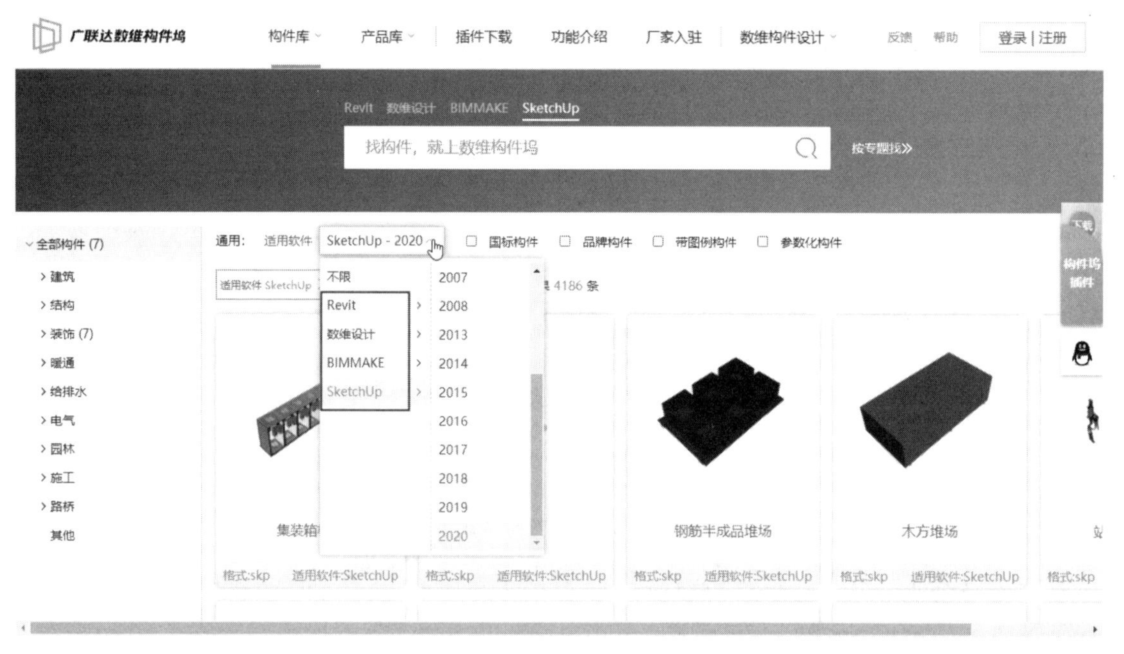

图 5-100　构件坞网页版页面中的族库

在构件坞网页版页面中，选择需要的专业族并单击【立即下载】按钮后，系统会提示用户登录账户。如果没有账户，则可以通过弹出的用户注册页面进行账户注册。

在登录账户以后，用户就可以下载想要的族了。从网页版中下载的族，将被保存在用户自定义的路径下。通过 Revit 载入下载的族即可。

5.6.2　构件坞客户端

构件坞客户端是构件坞构件库平台的客户端插件。通过构件坞客户端可以进行族的查询、收藏、下载、布置，登录用户还可进行族的上传和实现自动同步功能。构件坞客户端提供了丰富的与族相关的工具，方便用户对族进行应用与处理。

在广联达数维构件坞官方网站主页中单击【插件下载】|【构件坞插件下载】按钮，下载构件坞客户端程序后，双击进行默认安装。此客户端不会被独立打开，仅可以作为 Revit 的插件使用。

启动 BIMSpace 乐建 2022 或者独立启动 Revit 2022 后，创建一个建筑项目并进入建筑项目设计环境。Revit 的【构件坞】选项卡中提供了构件坞的族构件管理、族搜索、族辅助设计工具，如图 5-101 所示。

图 5-101　【构件坞】选项卡

1.【公共构件】面板

【公共构件】面板中的工具是用于帮助用户通过构件坞管理器查找、下载和放置族的管理工具。在网络通畅的情况下，单击【公共构件】面板中的【所有构件】按钮，打开构件坞管理器，如图 5-102 所示。该构件坞管理器与构件库平台是互联的，用户可通过搜索构件名称或者按照品牌或专题查找所需构件。

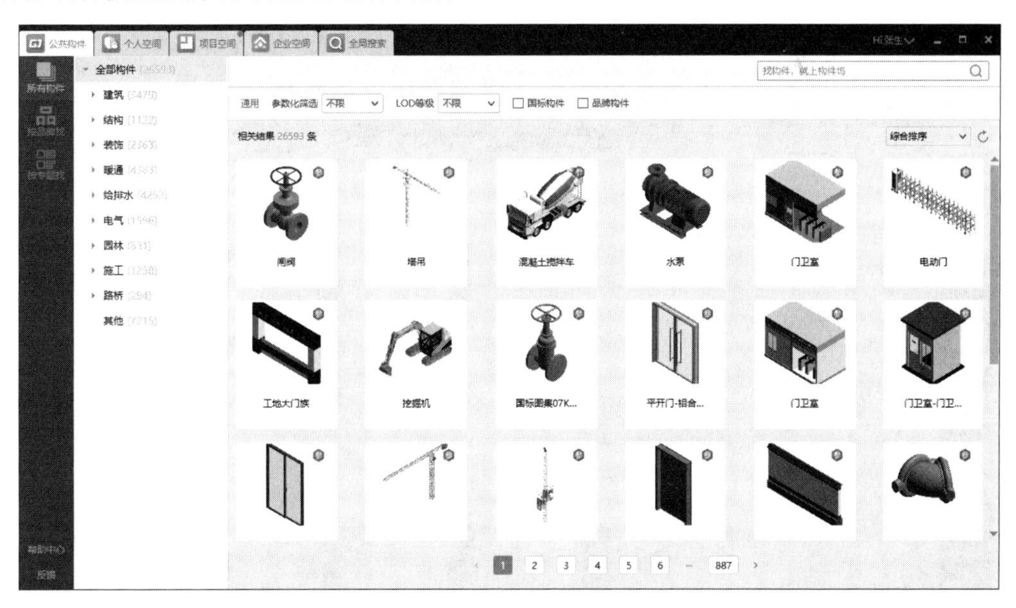

图 5-102　构件坞管理器

2.【个人空间】面板

【个人空间】面板中的工具用于帮助用户管理 Revit 平台中或用户云盘中的族。在构件坞管理器中，用户可以很方便地管理个人空间中的族，如图 5-103 所示，【我的云盘】文件夹是构件坞为用户定制的云盘空间，可以存放自定义的族；用户在下载族或浏览族时可以将其收藏到【我的收藏】文件夹中，以便于后期快速查找使用；【本地构件】文件夹中显示了用户在本地磁盘中保存的族或族库。

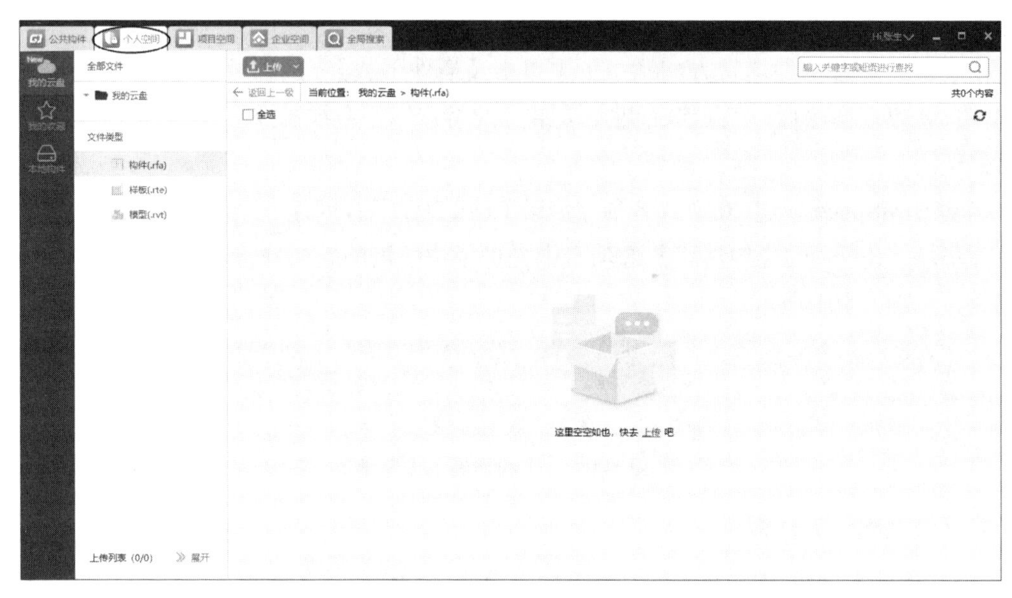

图 5-103　个人空间中的族管理

3.【项目空间】面板和【企业空间】面板

【项目空间】面板中的【项目构件】工具可显示当前建筑项目中所有的族类型，可帮助用户快速找到同类型的族并使用该族进行设计。单击【项目构件】按钮，打开构件坞管理器，在【项目空间】选项卡中可选择族进行布置操作，如图 5-104 所示。

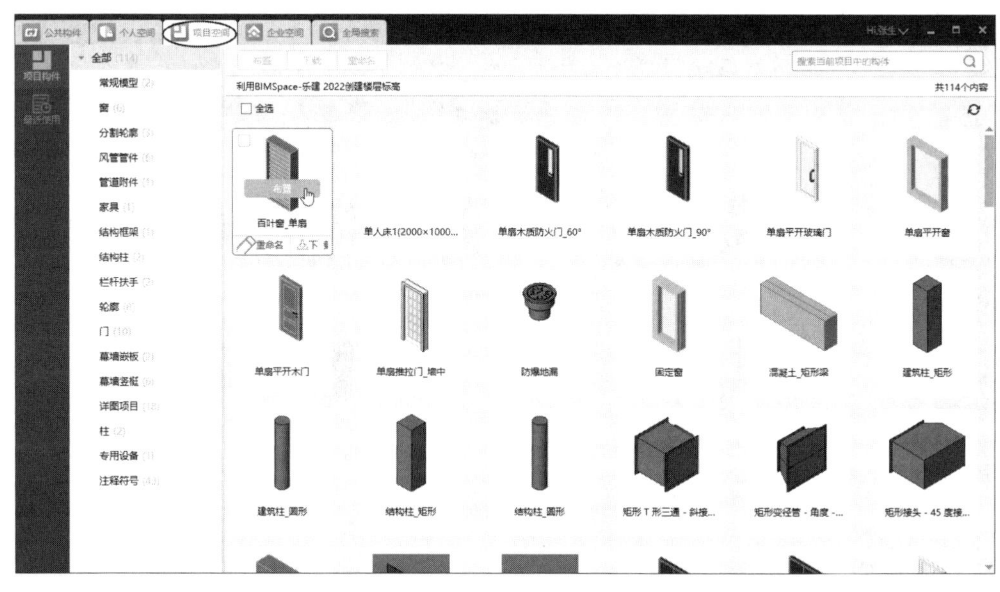

图 5-104　【项目空间】选项卡

【企业空间】面板中的工具是为企业用户量身定制的族库管理工具，企业用户必须开通企业构件库服务以后才可使用【企业空间】面板中的工具。

4.【全局搜索】面板和【应用中心】面板

1)【全局搜索】面板

【全局搜索】面板中的搜索引擎实际上是源自构件坞官方网站中的搜索引擎，在其中搜索族构件（如门构件），将会在构件坞管理器的【全局搜索】选项卡中显示构件坞构件平台中的所有门构件，如图 5-105 所示。

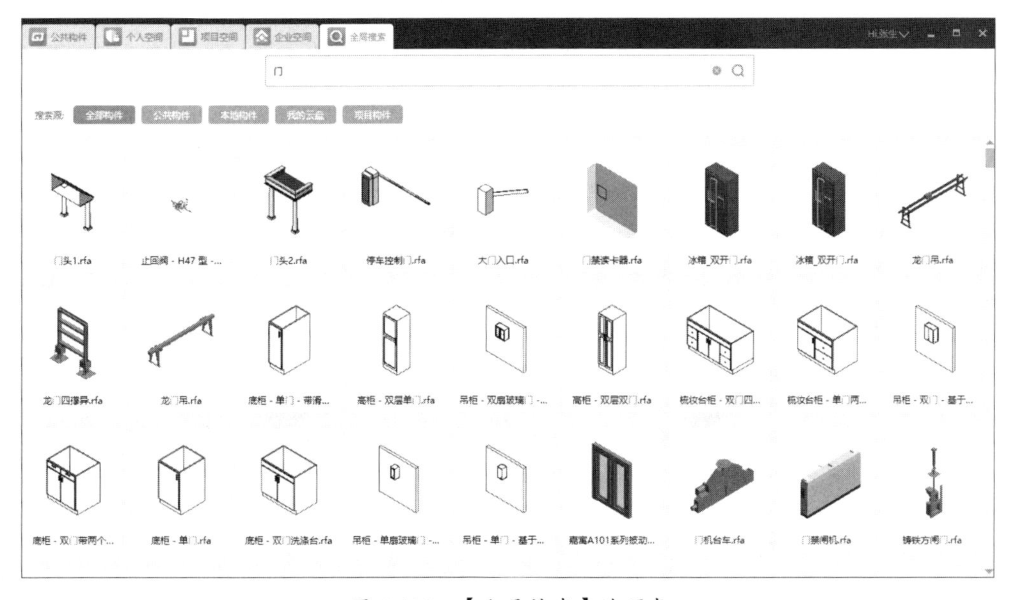

图 5-105 【全局搜索】选项卡

2)【应用中心】面板

【应用中心】面板中的辅助设计工具可帮助用户进行管线连接、管线打断、管线弯翻、水管放坡、一键开洞及梁随板等设计与操作。

- 管线连接：【管线连接】工具用于创建管道（一般是给排水或暖通管道）与管道之间的管接头，如图 5-106 所示。管接头是一种常用件，属于给排水族。

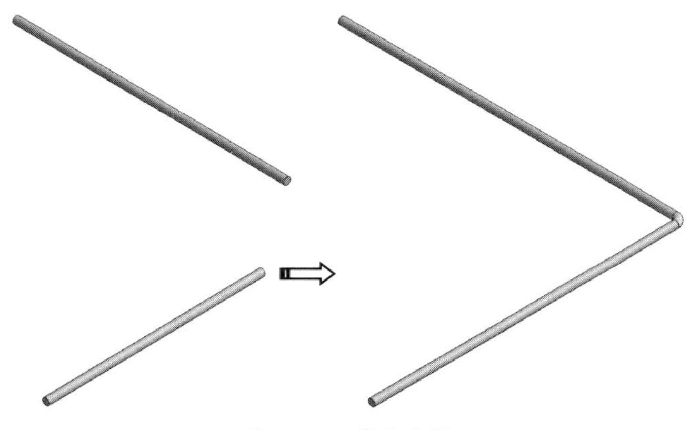

图 5-106 管线连接

- 管线打断：【管线打断】工具用于管道的分割和打断，如图 5-107 所示。

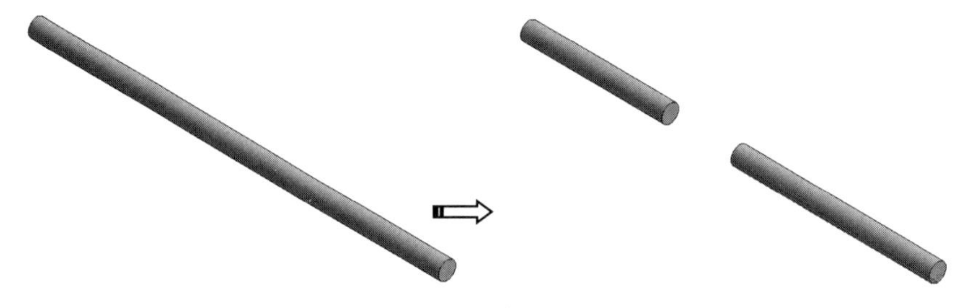

图 5-107　管线打断

- 管线弯翻：【管线弯翻】工具可用于管线的折弯和翻转。比如，在暖通设计过程中，通风管道可能会与给排水管道形成交叉或重叠，这就需要将部分管道进行折弯和翻转，如图 5-108 所示。

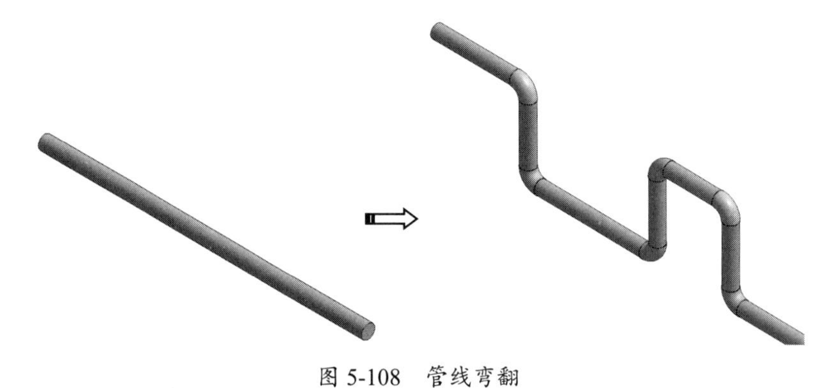

图 5-108　管线弯翻

- 水管放坡：将水平放置的管道进行倾斜放置，以便于排水。
- 一键开洞：【一键开洞】工具用于在墙体和梁上为穿过的管道创建洞口，如图 5-109 所示。【一键开洞】工具支持在墙、梁、板（楼板、天花、屋面）上进行开洞，穿洞的可以是水管、风管和桥架，管线可以是链接模型管线，但开洞构件（墙、梁、板）不能是链接模型构件。【一键开洞】工具可用来单独开洞，也可多根管线共用一个洞口，此外，【一键开洞】工具可对洞口形状、尺寸及有无套管进行设置。

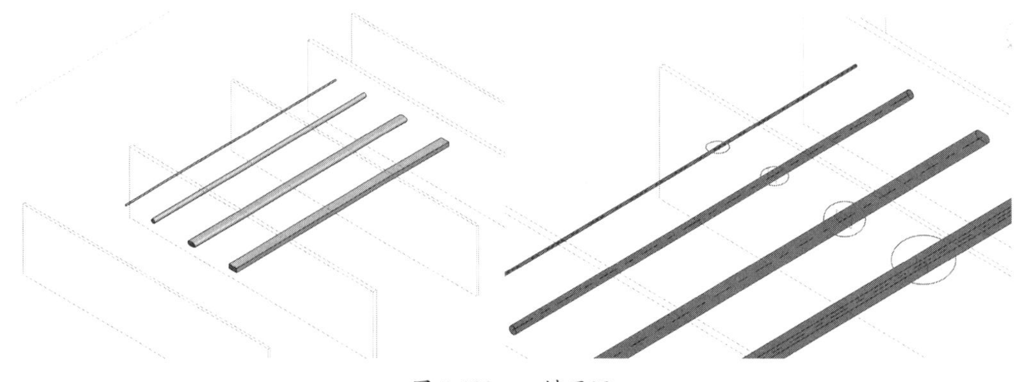

图 5-109　一键开洞

- 梁随板：【梁随板】工具用于切除结构梁和楼板重合位置上的多余部分，主要用于切除结构梁部分，如图 5-110 所示。【梁随板】工具支持楼板、屋顶、坡道、结构基础板。对齐方式可以是顶对齐或底对齐。构件选择方式可以是点选也可以是框选。

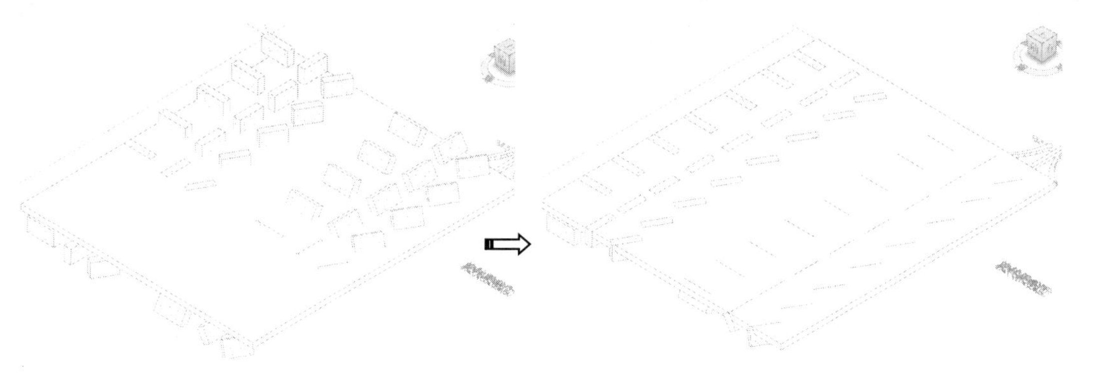

图 5-110　梁随板

- 族降级：利用【族降级】工具可以将使用高版本 Revit 创建的族变成低版本 Revit 能使用的族。

第 6 章

概念模型设计

本章内容

概念体量模型是用户自定义的三维模型族，主要在项目前期概念设计阶段为建筑设计师提供灵活、简单、快速的概念设计模型。使用概念体量模型不仅可以帮助建筑设计师推敲建筑形态，还可以帮助建筑设计师统计概念体量模型的建筑楼层面积、占地面积、外表面积等设计数据。建筑设计师可以根据概念体量模型表面创建建筑模型中的墙、楼板、屋顶等图元对象，完成从概念设计阶段到方案、施工图设计阶段的转换。

知识要点

☑ 概念体量设计基础
☑ 创建形状
☑ 分割路径和表面
☑ 实战案例：别墅建筑体量设计

6.1　概念体量模型设计基础

Revit 提供了两种创建概念体量模型的方式：在项目中在位创建概念体量模型或在概念体量族编辑器中创建独立的概念体量族文件。

在位创建的概念体量模型仅可用于当前项目中，而创建的概念体量族文件则可以像其他族文件那样被载入不同的项目中。

6.1.1　如何创建概念体量模型

要在项目中在位创建概念体量模型，可单击【体量和场地】选项卡的【概念体量】面板中的【内建体量】按钮，在弹出的【名称】对话框中输入概念体量名称即可进入概念体量族编辑器模式。利用【内建体量】工具创建的概念体量模型被称为内建族。

要创建独立的概念体量族文件，可在【文件】选项卡中执行【新建】|【概念体量】命令，在打开的【新概念体量-选择样板文件】对话框中选择【公制体量.rft】族样板文件，单击【打开】按钮，进入概念体量族编辑器模式，如图 6-1 所示。

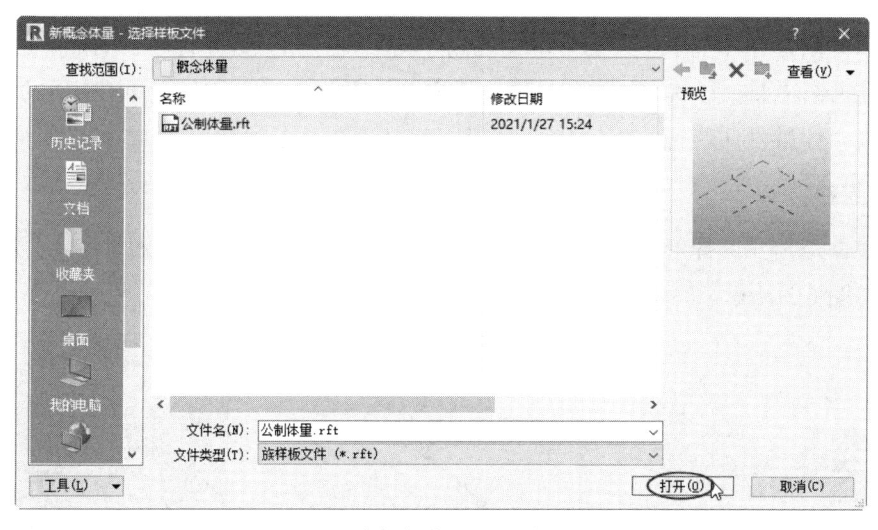

图 6-1　选择概念体量族样板文件

6.1.2　概念体量设计环境

概念体量设计环境是 Revit 为了创建概念体量模型而开发的一个操作界面，用户可以专门在此界面中创建概念体量模型。概念体量设计环境其实是一种族编辑器模式，概念体量模型也是三维模型族。图 6-2 所示为概念体量设计环境。

那么概念体量设计环境与族编辑器模式有什么共性和区别呢？相同的是，两者都用于创建三维模型族；不同的是，在族编辑器模式中只能创建形状比较规则的几何模型，而在概念体量设计环境中则能设计出自由形状的实体及曲面。

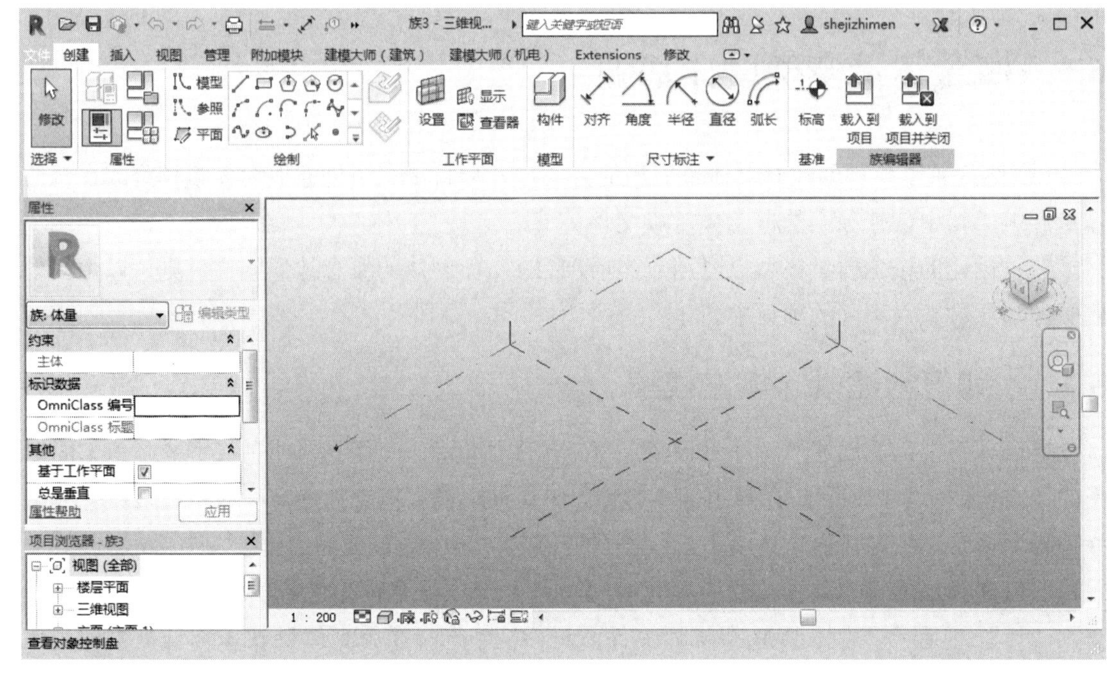

图 6-2　概念体量设计环境

在概念体量设计环境中，我们常常会遇到一些名词，如三维控件、三维标高、三维参照平面、三维工作平面、形状、放样和轮廓，下面分别对这些名词进行简单介绍，便于读者更好地了解概念体量设计环境。

1．三维控件

三维控件是指在选择形状的面、边或顶点后出现的操纵控件，该控件也可以显示在选定的点上，如图 6-3 所示。

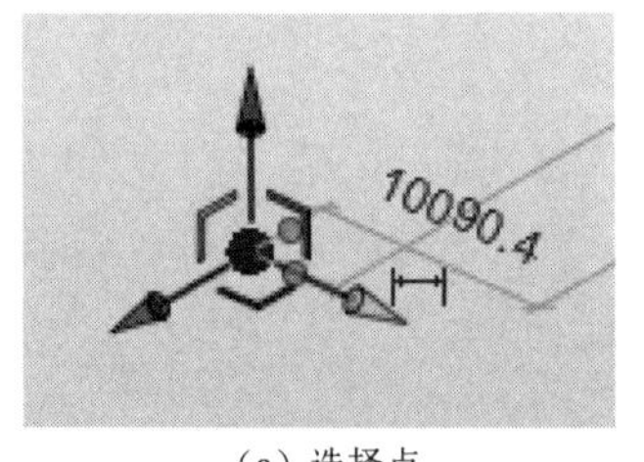

（a）选择点

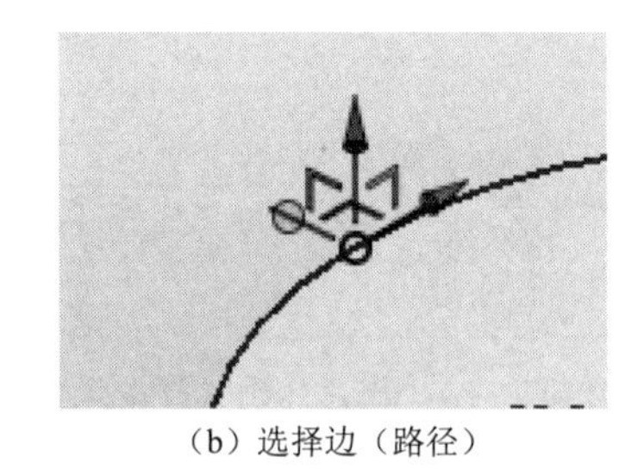

（b）选择边（路径）

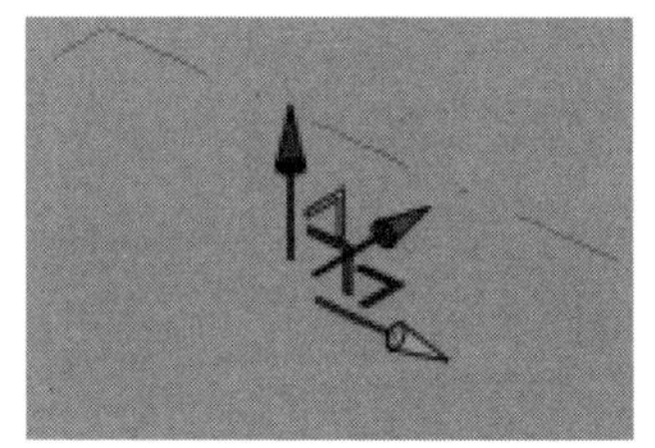

（c）选择面

图 6-3　三维控件

不受约束的形状中的每个参照点、面、边、顶点在被选中后都会显示三维控件。通过该控件，用户可以沿局部坐标系或全局坐标系所定义的轴或平面对形状进行拖曳，从而直接操纵形状。通过三维控件可以实现如下操作。

- 在局部坐标系和全局坐标系之间进行切换。
- 直接操纵形状。
- 可以拖曳三维控制箭头改变形状的尺寸或位置。箭头相对于所选形状而定向，用户也可以通过按空格键在全局坐标系和局部坐标系之间切换其方向。形状的全局坐标系基于 ViewCube 的北、东、南、西 4 个坐标。当形状发生重定向并且与全局坐标系有不同的关系时，形状位于局部坐标系中。如果形状由局部坐标系定义，则三维控件会以橙色显示。只有转换为局部坐标系的坐标才会以橙色显示。例如，如果将一个立方体旋转 15 度，*X* 轴和 *Y* 轴将以橙色显示，但由于全局坐标系中的 *Z* 坐标值保持不变，因此 *Z* 轴仍以蓝色显示。

如表 6-1 所示为使用的控件和拖曳对象的位置的对照。

表 6-1　使用的控件和拖曳对象的位置的对照

使用的控件	拖曳对象的位置
蓝色箭头	沿全局坐标系 *Z* 轴
红色箭头	沿全局坐标系 *X* 轴
绿色箭头	沿全局坐标系 *Y* 轴
橙色箭头	沿局部坐标系
蓝色平面控件	在 *XY* 平面中
红色平面控件	在 *YZ* 平面中
绿色平面控件	在 *XZ* 平面中
橙色平面控件	在局部平面中

2. 三维标高

三维标高是指一个有限的水平平面，充当以标高为主体的形状和点的参照。当鼠标指针移动到图形区中三维标高的上方时，三维标高会显示在概念体量设计环境中。这些参照平面可以设置为工作平面。三维标高如图 6-4 所示。

知识点拨：

需要说明的是，三维标高仅存在于概念体量设计环境中。在 Revit 项目设计环境中不可以创建概念体量模型。

3. 三维参照平面

三维参照平面是一个三维平面，用于绘制将要创建的形状的线。三维参照平面显示在概念体量设计环境中，可以被设置为工作平面，如图 6-5 所示。

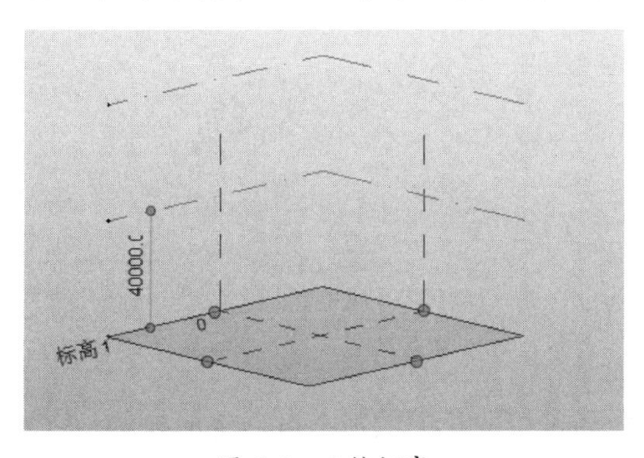

图 6-4　三维标高

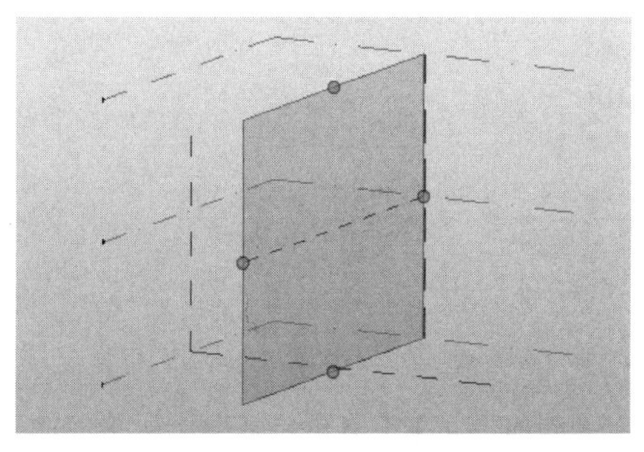

图 6-5　三维参照平面

4. 三维工作平面

三维工作平面是一个二维平面，用于绘制将要创建的形状的线。三维标高和三维参照平面都可以被设置为工作平面。当鼠标指针移动到图形区中三维工作平面的上方时，三维工作平面会自动显示在概念体量设计环境中，如图 6-6 所示。

5. 形状

形状是指利用【创建形状】工具创建的三维或二维表面/实体。用户可通过创建各种几何形状（拉伸、扫掠、旋转和放样）来学习建筑概念。形状始终是通过如下过程创建的：绘制线→选择线→单击【创建形状】按钮，选择可选用的创建方式→利用【创建形状】工具创建表面、三维实心或空心形状→通过三维控件直接对形状进行操纵，如图 6-7 所示。

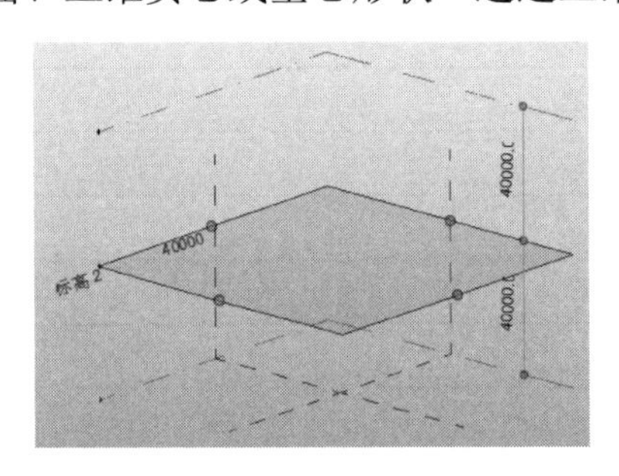

图 6-6 三维工作平面

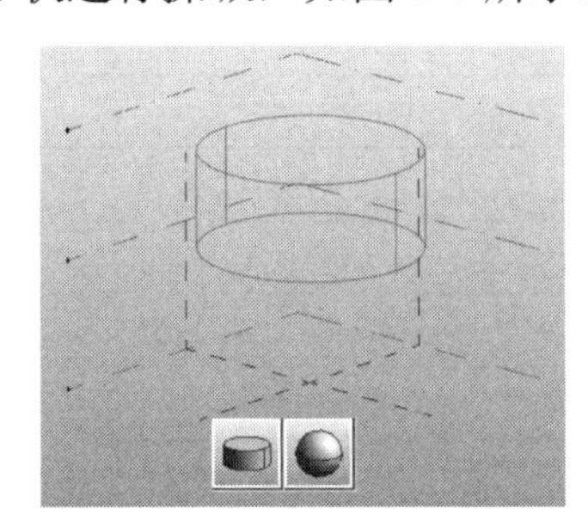

图 6-7 形状

6. 放样

放样是指由平行或非平行工作平面上绘制的多条线（单个段、链或环）组成的形状。

7. 轮廓

轮廓是指由单条曲线或一组端点相连的曲线，可以单独使用或组合使用，以轮廓作为截面，可利用拉伸、放样、扫掠、旋转等工具来构造形状图元几何图形。

6.2 创建形状

体量形状包括实心形状和空心形状。这两种形状的创建方法是完全相同的，只是所表现的形状特征不同。图 6-8 所示为两种体量形状类型。

图 6-8 两种体量形状类型

【创建形状】工具可自动分析所拾取的草图。通过拾取草图的形态可以生成拉伸、旋转、扫掠、融合等多种形态的对象。例如，当选择两个位于平行平面的封闭轮廓时，Revit 将以这两个轮廓为端面，以融合的方式创建模型。

下面介绍 Revit 创建概念体量模型的方式。

6.2.1　创建与修改拉伸

当绘制的截面曲线为单个工作平面上的封闭轮廓时，Revit 将自动识别轮廓并创建拉伸模型。

上机操作——拉伸模型：单一截面轮廓（闭合）

① 在【创建】选项卡的【绘制】面板中单击【直线】按钮，在标高 1 工作平面上绘制如图 6-9 所示的封闭轮廓。

② 在【修改|放置线】上下文选项卡的【形状】面板中单击【创建形状】按钮，Revit 将自动识别轮廓并创建如图 6-10 所示的拉伸模型。

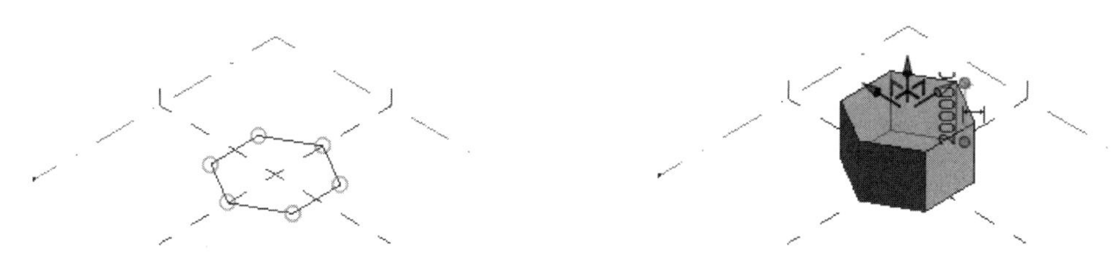

图 6-9　绘制封闭轮廓　　图 6-10　创建拉伸模型

③ 可以单击尺寸标注修改拉伸深度，如图 6-11 所示。

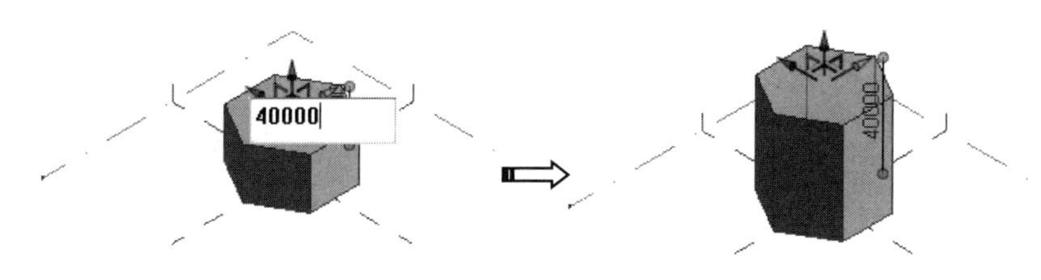

图 6-11　修改拉伸深度

④ 如果要创建具有一定斜度的拉伸模型，则先选中模型表面，再拖曳模型上显示的三维控件来改变倾斜角度，以此达到修改模型形状的目的，如图 6-12 所示。

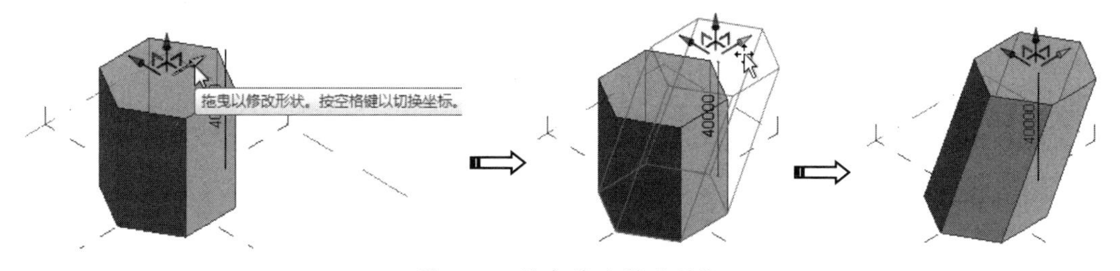

图 6-12　拖曳修改模型形状

⑤ 选中模型上的某条边，拖曳三维控件可以修改模型局部的形状，如图 6-13 所示。

⑥ 选中模型的端点，拖曳三维控件可以改变该点在 3 个方向上的位置，以达到修改模型局部形状的目的，如图 6-14 所示。

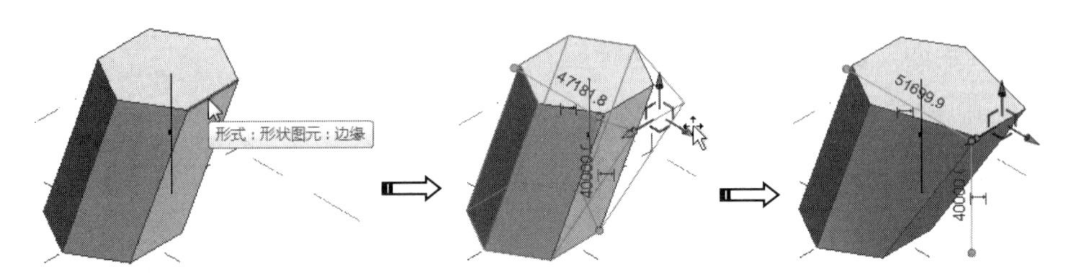

图 6-13　拖曳三维控件修改模型局部的形状（1）

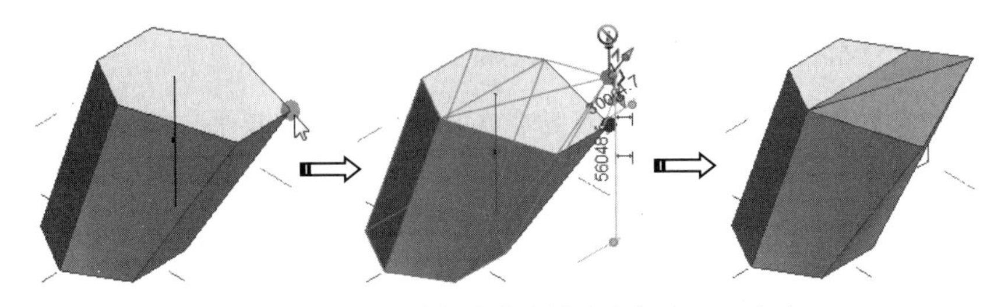

图 6-14　拖曳三维控件修改模型局部的形状（2）

上机操作——拉伸曲面：单一截面轮廓（开放）

当绘制的截面曲线为单个工作平面上的开放轮廓时，Revit 将自动识别轮廓并创建拉伸曲面。

① 在【创建】选项卡的【绘制】面板中单击【圆心-端点弧】按钮，在标高 1 工作平面上绘制如图 6-15 所示的开放轮廓。

② 在【修改|放置线】上下文选项卡的【形状】面板中单击【创建形状】按钮，Revit 将自动识别轮廓并创建如图 6-16 所示的拉伸曲面。

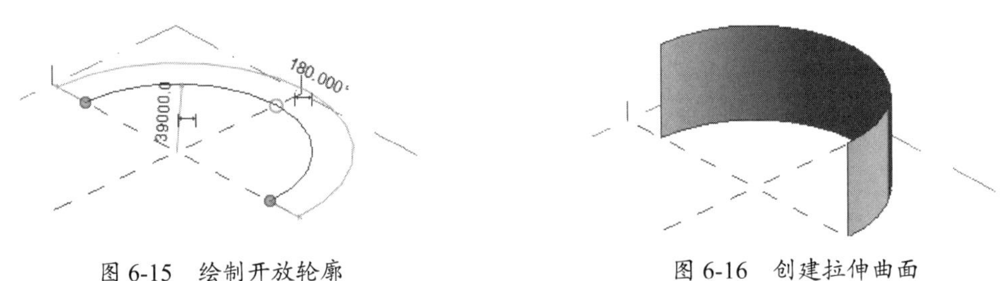

图 6-15　绘制开放轮廓　　　图 6-16　创建拉伸曲面

③ 选中整个曲面，所显示的三维控件将控制曲面在 6 个自由度方向上的平移，如图 6-17 所示。

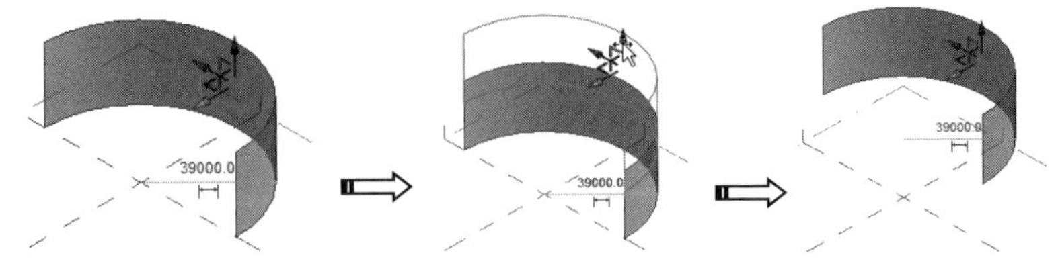

图 6-17　控制曲面平移

④ 选中曲面边，所显示的三维控件将控制曲面在 6 个自由度方向上的尺寸变化，如图 6-18 所示。

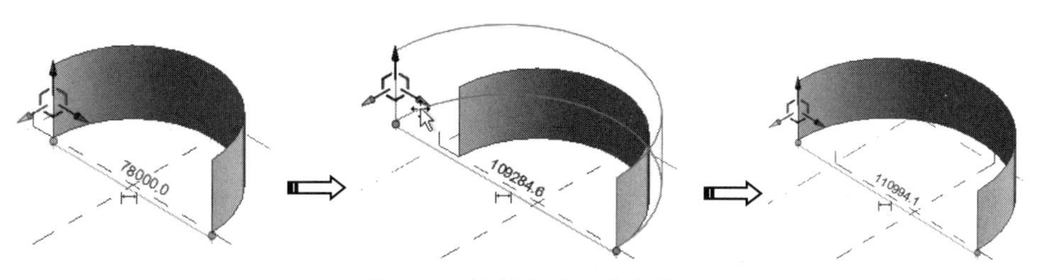

图 6-18　控制曲面尺寸变化

⑤ 选中曲面上的一个角点，所显示的三维控件将控制曲面的自由度变化，如图 6-19 所示。

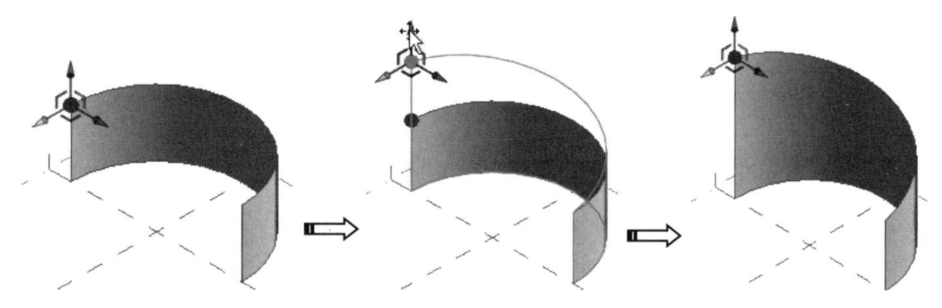

图 6-19　控制曲面自由度变化

6.2.2　创建与修改旋转

当在同一个工作平面上绘制一条直线和一个封闭轮廓时，Revit 将创建旋转模型。当在同一个工作平面上绘制一条直线和一个开放轮廓时，Revit 将创建旋转曲面。直线可以是模型直线，也可以是参照直线。此直线会被 Revit 识别为旋转轴。

上机操作——创建旋转模型

① 单击【创建】选项卡的【绘制】面板中的【直线】按钮，在标高 1 工作平面上绘制如图 6-20 所示的直线和封闭轮廓。

② 绘制完成后，先关闭【修改|放置线】上下文选项卡，再按住 Ctrl 键并选中封闭轮廓和直线，如图 6-21 所示。

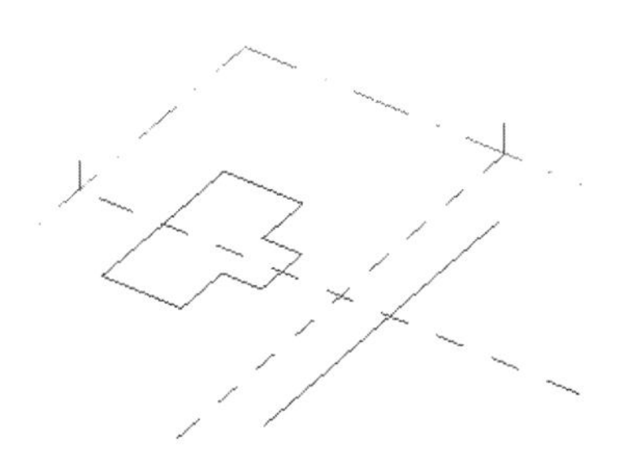

图 6-20　绘制直线和封闭轮廓

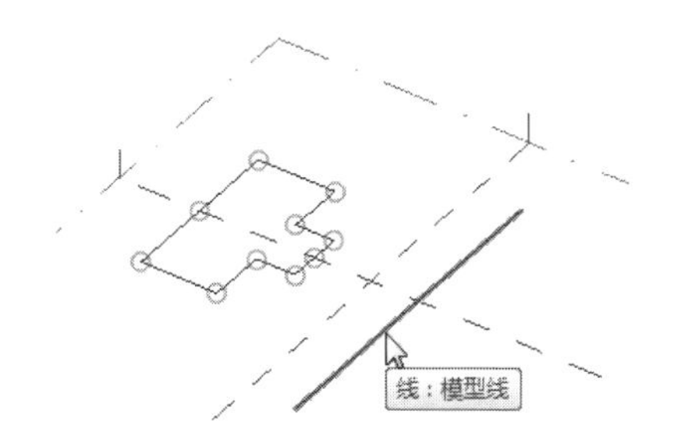

图 6-21　选中直线和封闭轮廓

③ 在【修改|线】上下文选项卡的【形状】面板中单击【创建形状】按钮，Revit 将自动识别轮廓和直线并创建如图 6-22 所示的旋转模型。

④ 选中旋转模型，单击【修改|形式】上下文选项卡的【模式】面板中的【编辑轮廓】按钮，显示轮廓和直线，如图 6-23 所示。

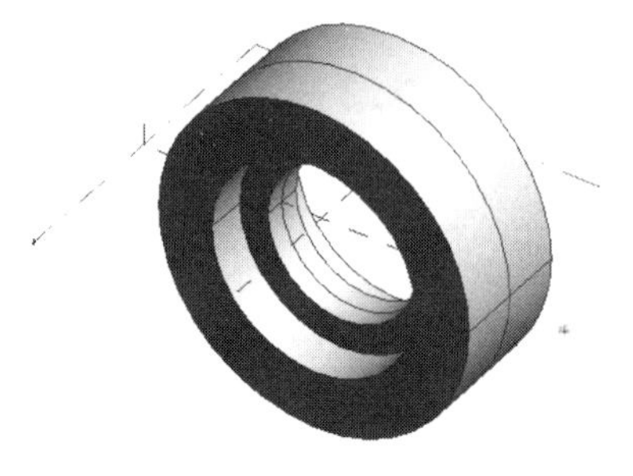

图 6-22 创建旋转模型

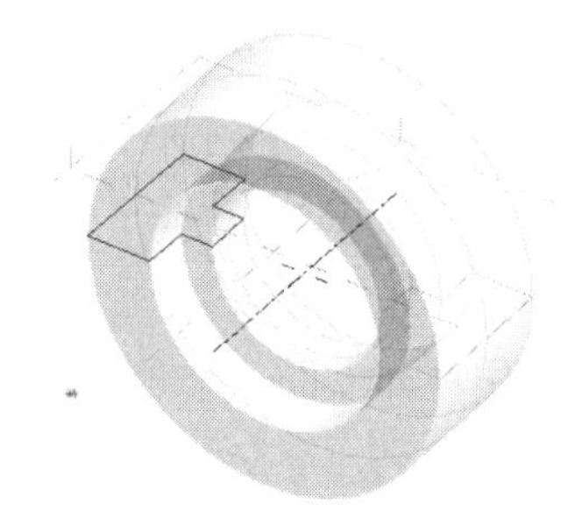

图 6-23 显示轮廓和直线

⑤ 将视图切换为上视图，修改封闭轮廓为圆形，如图 6-24 所示。

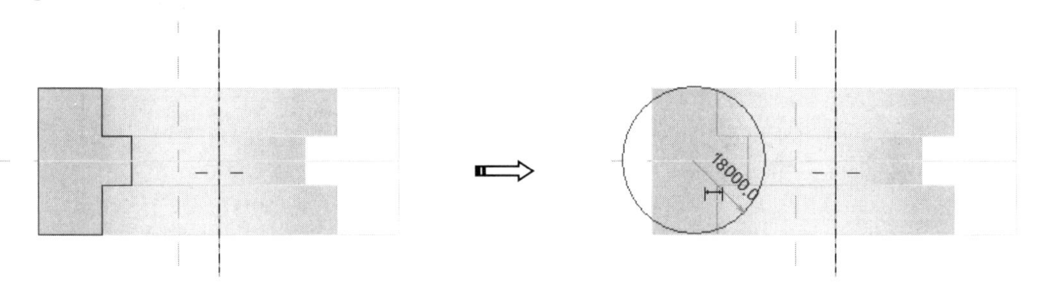

图 6-24 修改轮廓

⑥ 最后再在【修改|线】上下文选项卡中单击【完成编辑模式】按钮，完成旋转模型的创建，如图 6-25 所示。

6.2.3 创建与修改放样

当在单一的工作平面上绘制路径和截面轮廓时，Revit 将创建放样，当截面轮廓为闭合时，将创建放样模型；当界面轮廓为开放轮廓时，将创建放样曲面。

当在多个平行的工作平面上绘制开放或封闭轮廓时，Revit 将创建放样曲面或放样模型。

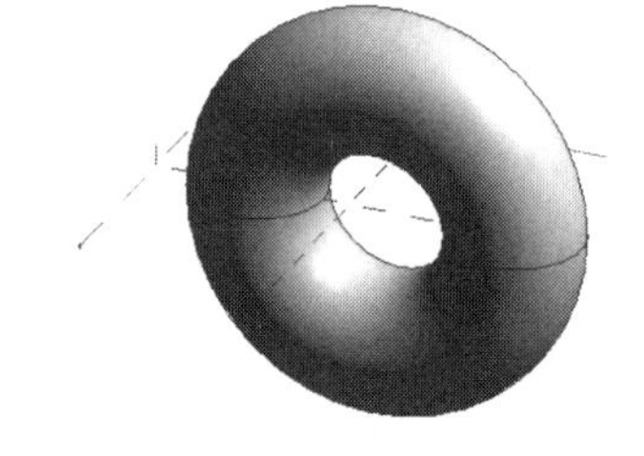

图 6-25 创建完成的旋转模型

上机操作——在单一的工作平面上绘制路径和轮廓创建放样模型

① 分别在【创建】选项卡的【绘制】面板中单击【直线】和【圆弧】按钮和【起点-终点-半径弧】按钮，在标高 1 工作平面上绘制如图 6-26 所示的路径。

② 在【绘制】面板中 单击【点图元】按钮，在路径上创建参照点，如图 6-27 所示。

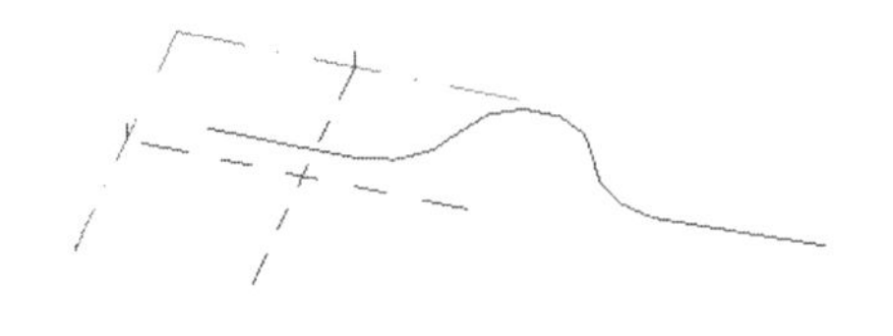

图 6-26 绘制路径

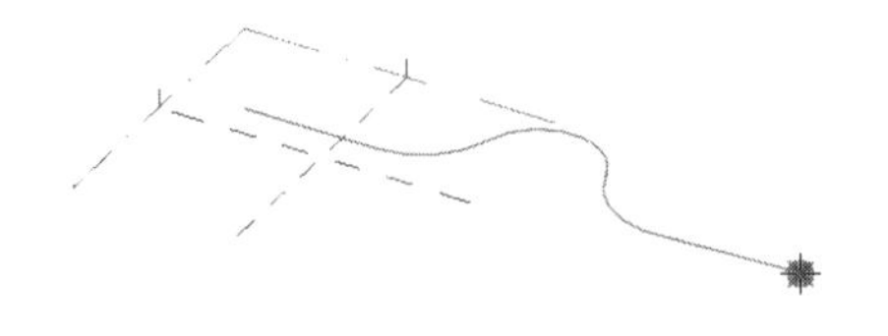

图 6-27 创建参照点

③ 选中参照点，将显示垂直于路径的工作平面，如图 6-28 所示。

④ 在【绘制】面板中单击【圆形】按钮，在参照点所在的工作平面上绘制如图 6-29 所示的封闭轮廓。

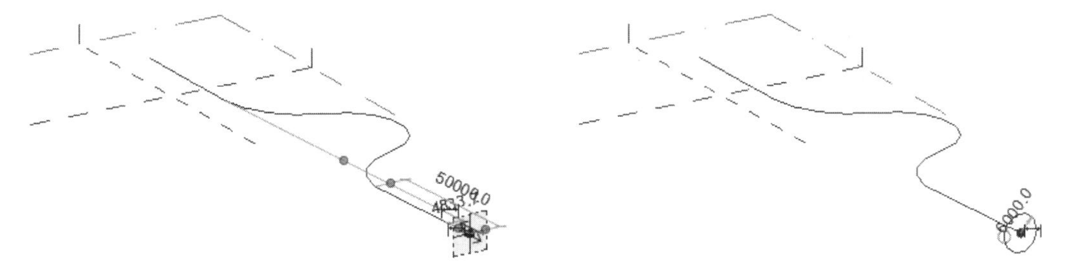

图 6-28　显示垂直于路径的工作平面　　　　图 6-29　绘制封闭轮廓

⑤ 按住 Ctrl 键并选中封闭轮廓和路径，Revit 将自动完成放样模型的创建，如图 6-30 所示。

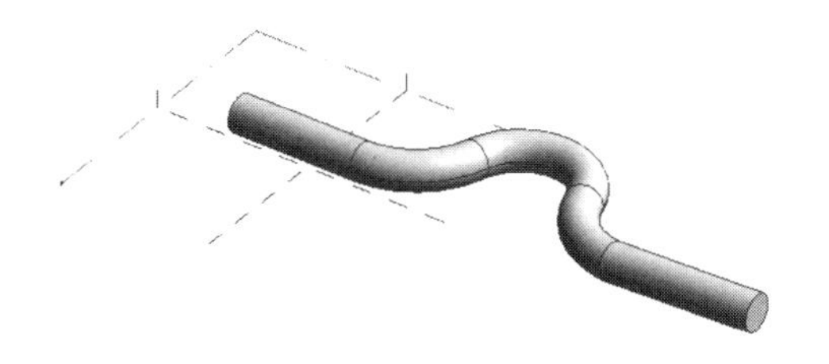

图 6-30　创建完成的放样模型

⑥ 如果要编辑路径，则先选中放样模型中间部分的表面，在弹出的【修改|形式】上下文选项卡中单击【编辑轮廓】按钮，即可编辑路径的形状和尺寸，如图 6-31 所示。

图 6-31　编辑路径

⑦ 如果要编辑截面轮廓，则先选中放样模型的两个端面中的一条边界线，再单击【编辑轮廓】按钮，即可编辑轮廓的形状和尺寸，如图 6-32 所示。

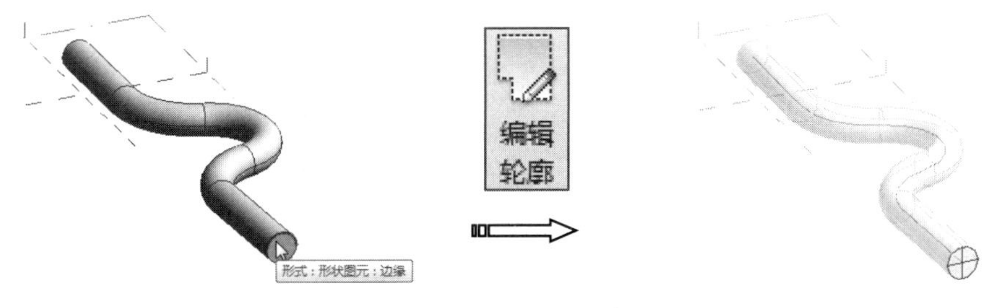

图 6-32　编辑轮廓

上机操作——在多个平行的工作平面上绘制轮廓创建放样曲面

① 单击【创建】选项卡的【基准】面板中的【标高】按钮，设置新标高的偏移量为【40 000】，连续创建标高 2 和标高 3 工作平面，如图 6-33 所示。

② 在【绘制】面板中单击【圆心-端点弧】按钮，选择标高 1 作为工作平面并绘制如图 6-34 所示的开放轮廓。

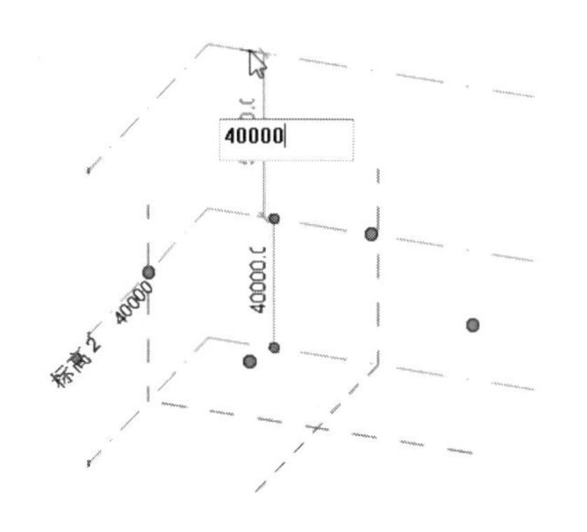

图 6-33 创建标高 2 和标高 3 工作平面

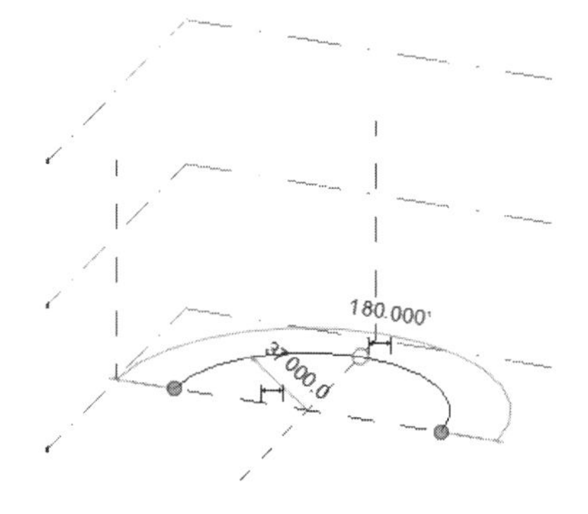

图 6-34 在标高 1 工作平面上绘制开放轮廓

③ 同样地，分别在标高 2 和标高 3 工作平面上绘制开放轮廓，如图 6-35 和图 6-36 所示。

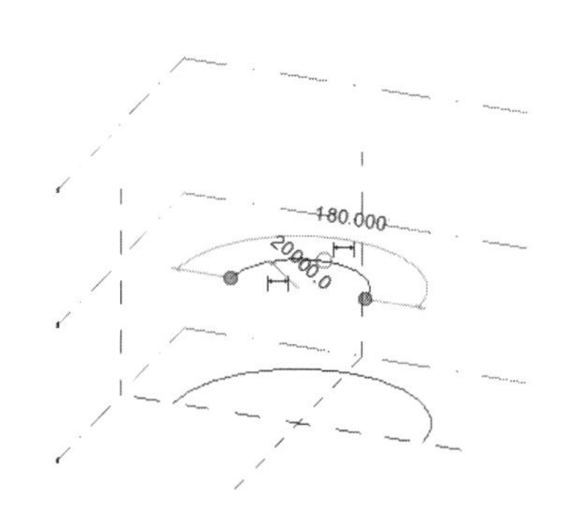

图 6-35 在标高 2 工作平面上绘制开放轮廓

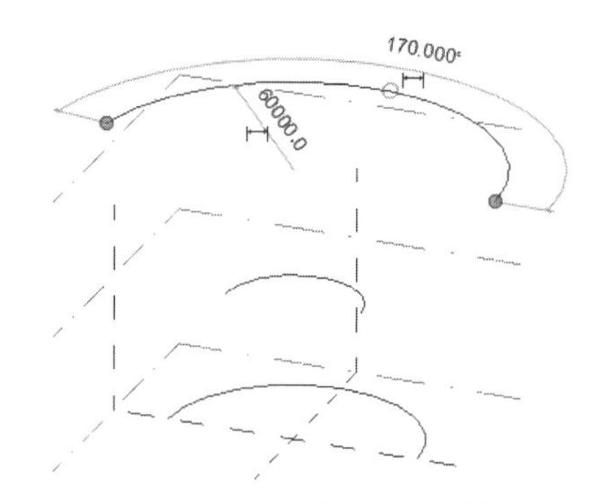

图 6-36 在标高 3 工作平面上绘制开放轮廓

④ 按住 Ctrl 键并依次选中上面绘制的 3 个开放轮廓，在【形状】面板中单击【创建形状】按钮，Revit 将自动识别轮廓并创建放样曲面，如图 6-37 所示。

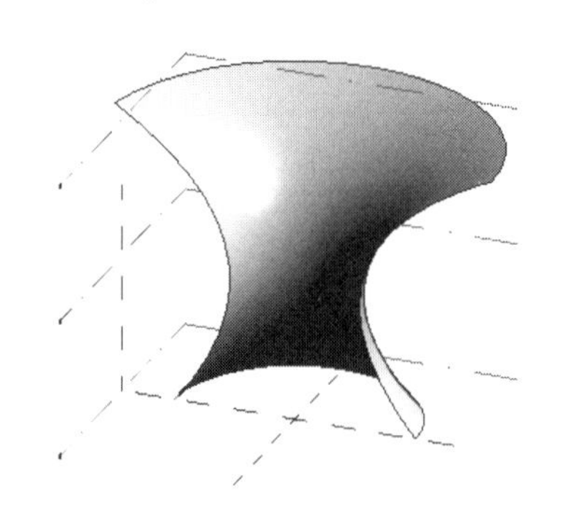

图 6-37 创建放样曲面

6.2.4　创建与修改放样融合

当在不平行的多个工作平面上绘制相同或不同的轮廓时，将创建放样融合。当绘制的轮廓为封闭轮廓时，将创建放样融合模型，当绘制的轮廓为开放轮廓时，将创建放样融合曲面。

上机操作——创建放样融合模型

① 在【绘制】面板中单击【起点-终点-半径弧】按钮，在标高 1 工作平面上任意绘制一段圆弧，作为放样融合的路径参考，如图 6-38 所示。

② 在【绘制】面板中单击【点图元】按钮，在圆弧上创建 3 个参照点，如图 6-39 所示。

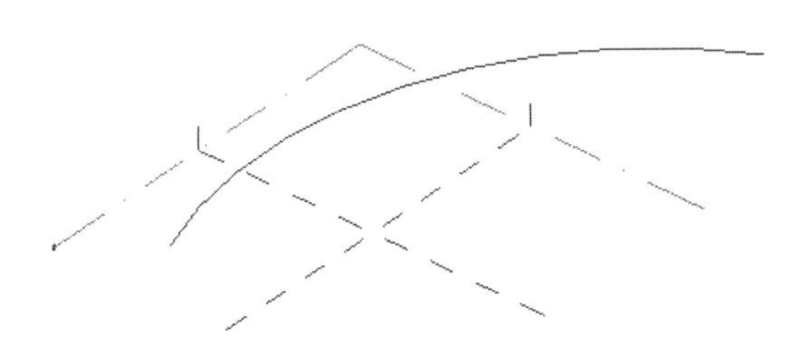

图 6-38　绘制放样融合的参照曲线

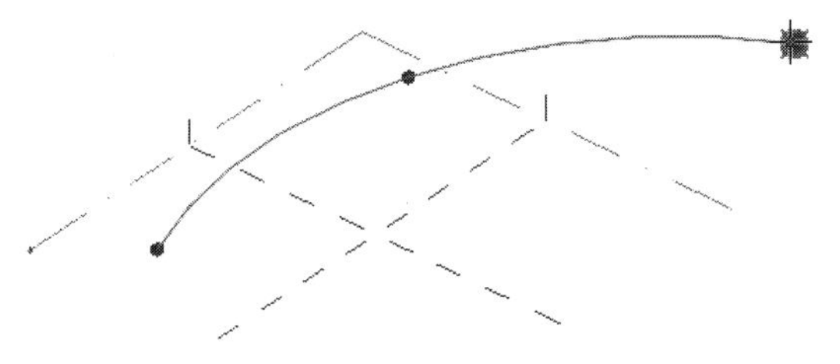

图 6-39　创建参照点

③ 选中第一个参照点，在【绘制】面板中单击【矩形】按钮，在第一个参照点所在的平面上绘制矩形，如图 6-40 所示。

④ 选中第二个参照点，在【绘制】面板中单击【圆形】按钮，在第二个参照点所在的工作平面上绘制圆形，如图 6-41 所示。

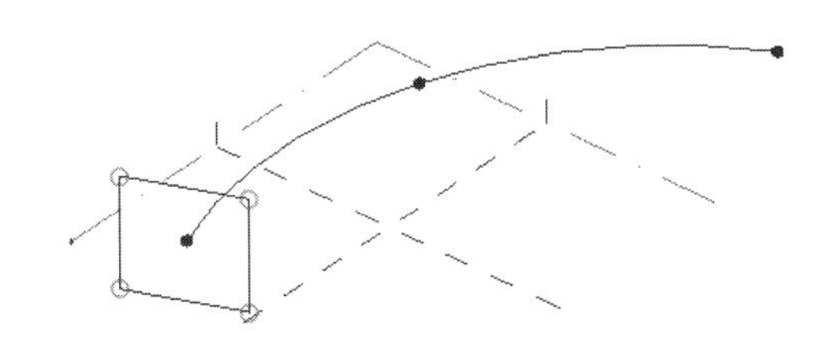

图 6-40　绘制矩形

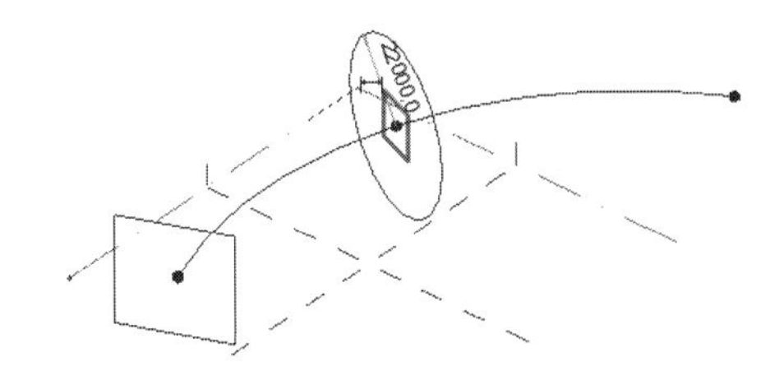

图 6-41　绘制圆形

⑤ 选中第三个参照点，在【绘制】面板中单击【内接多边形】按钮，在第三个参照点所在的工作平面上绘制多边形，如图 6-42 所示。

⑥ 分别选中路径和 3 个封闭轮廓，在【形状】面板中单击【创建形状】按钮，Revit 将自动识别轮廓并创建放样融合模型，如图 6-43 所示。

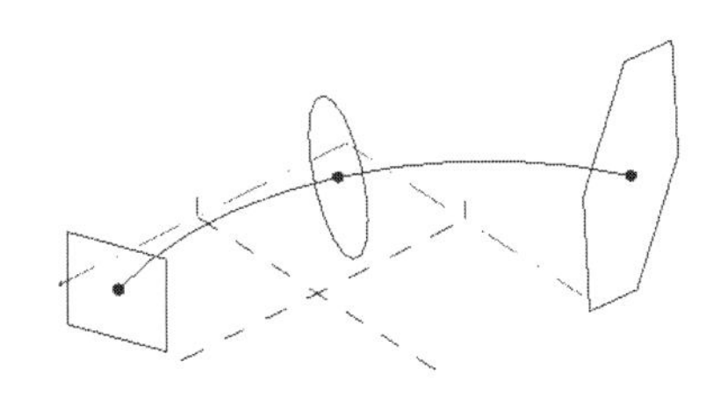

图 6-42　绘制多边形

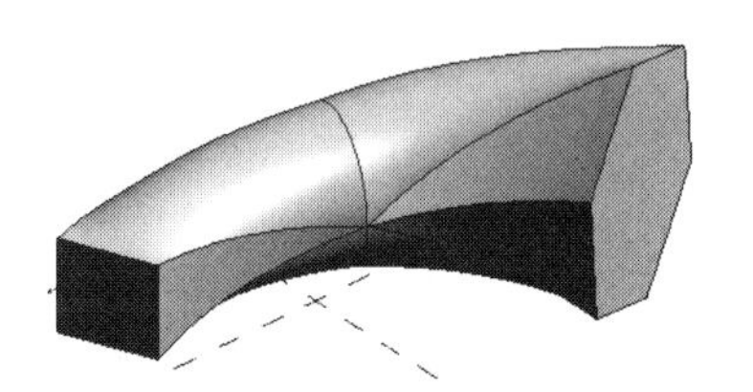

图 6-43　创建放样融合模型

6.2.5　空心形状

在一般情况下，空心形状将自动剪切与之相交的实体模型，如图 6-44 所示。

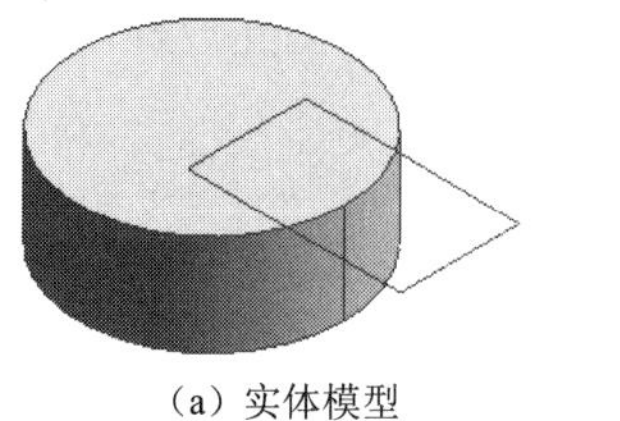

（a）实体模型

（b）空心形状

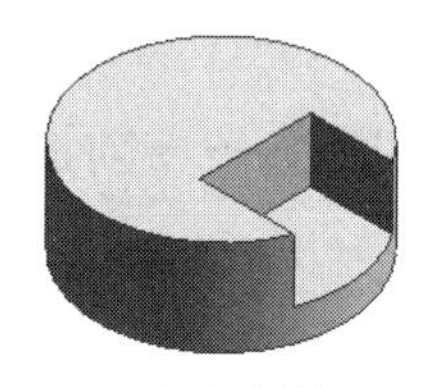

（c）自动剪切

图 6-44　空心形状在实体模型中的剪切

6.3　分割路径和表面

在概念体量设计环境中，当需要设计作为建筑模型填充图案、配电盘或自适应构件的主体时，需要分割路径和表面，如图 6-45 所示。

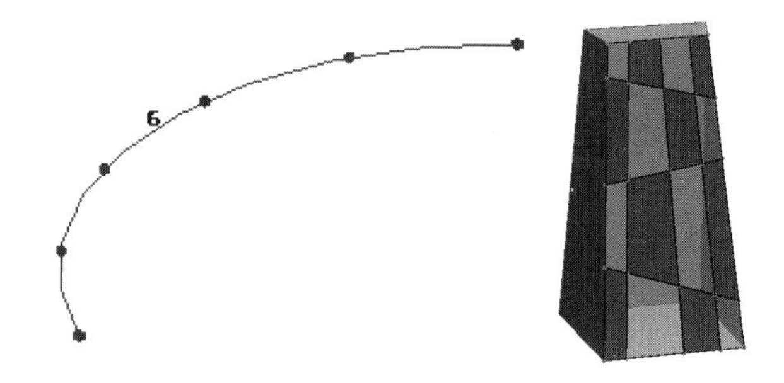

图 6-45　分割路径和表面

6.3.1　分割路径

利用【分割路径】工具可以沿任意曲线生成指定数量的等分点。如图 6-46 所示，对于任意模型线或形状边，用户均可以在选择曲线或边对象后，单击【分割】面板中的【分割路径】按钮，对所选择的曲线或边对象进行等分分割。

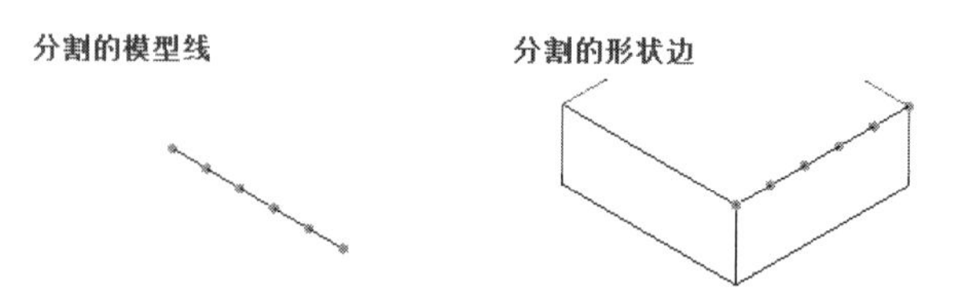

图 6-46　分割模型线或形状边

知识点拨：

相似地，还可以分割线链或闭合路径，也可以按 Tab 键选择分割路径，将其进行多次分割。

在默认情况下，路径被分割为具有 6 个等距离节点的 5 段（英制样板）或具有 5 个等距离节点的 4 段（公制样板）。用户可以通过【默认分割设置】对话框来更改这些默认的设置。

在图形区中，将显示被分割路径的节点数，单击此数字并输入一个新的节点数，完成后按 Enter 键可更改节点数，如图 6-47 所示。

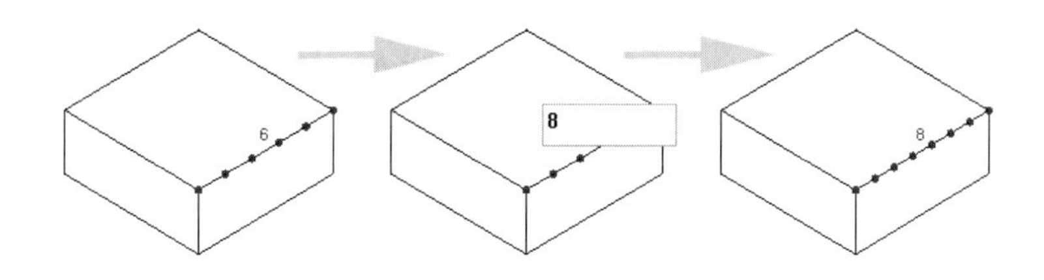

图 6-47　更改被分割路径的节点数

6.3.2　分割表面

用户可以利用【分割表面】工具对体量表面或曲面进行划分，将其划分为多个均匀的小方格，即以平面方格的形式替代原曲面对象。方格中每一个顶点位置均由原曲面表面点的空间位置决定。例如，在曲面形式的建筑幕墙中，幕墙最终由多块平面玻璃嵌板沿曲面方向平铺而成，要得到每块玻璃嵌板的具体形状和安装位置，必须先对曲面进行划分才能得到正确的加工尺寸，这在 Revit 中称为有理化曲面。

上机操作——分割体量模型的表面

① 打开本例源文件【体量曲面.rfa】。

② 选择体量模型上的任意面，单击【分割】面板中的【分割表面】按钮，系统将通过 UV 网格（表面的自然网格分割）对所选表面进行分割，如图 6-48 所示。

③ 在分割表面后，Revit 会自动切换到【修改|分割的表面】上下文选项卡，用于编辑 UV 网格的面板如图 6-49 所示。

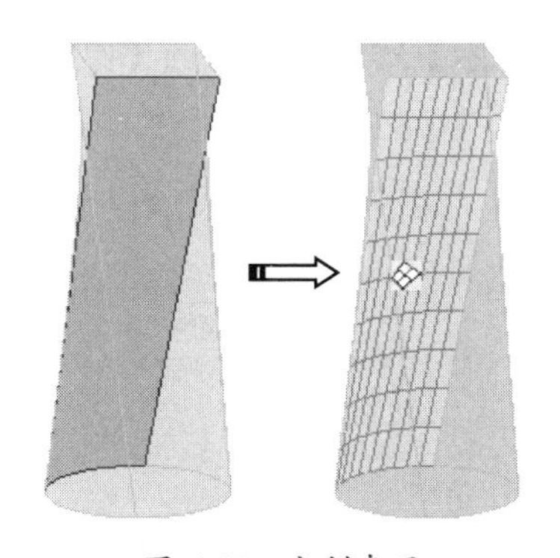

图 6-48　分割表面

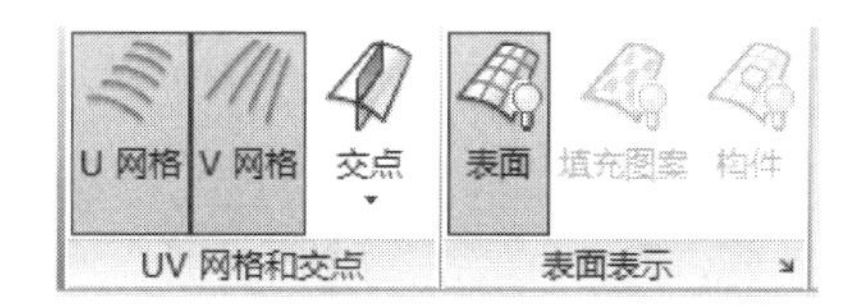

图 6-49　用于编辑 UV 网格的面板

知识点拨：

UV 网格是用于非平面曲面的坐标绘图网格。三维空间中的平面绘图是基于 *XYZ* 坐标系，而二维平面中的绘图则基于 *XY* 坐标系。在三维空间中绘制空间曲面（非平面的曲面），常采用 *UVW* 坐标系。这在图纸上表示为一个网格，根据非平面曲面的等高线进行调整，UV 网格用在概念体量设计环境中，U 方向和 V 方向并非是指单一方向，而是一个象限区间内的多个方向，U 方向和 V 方向不一定要垂直交叉，如图 6-50 所示。利用 UV 网格来划分表面，表面的默认分割数为 12 个×12 个（英制单位）和 10 个×10 个（公制单位）。

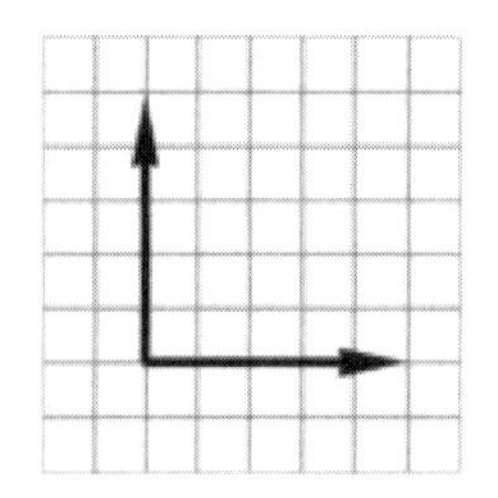

图 6-50 UV 网格

④ UV 网格彼此独立，用户可以根据需要对其进行开启或关闭。在默认情况下，最初分割表面后，【U 网格】按钮和【V 网格】按钮都处于被激活状态。用户可以通过单击两个按钮控制 UV 网格的显示或隐藏，如图 6-51 所示。

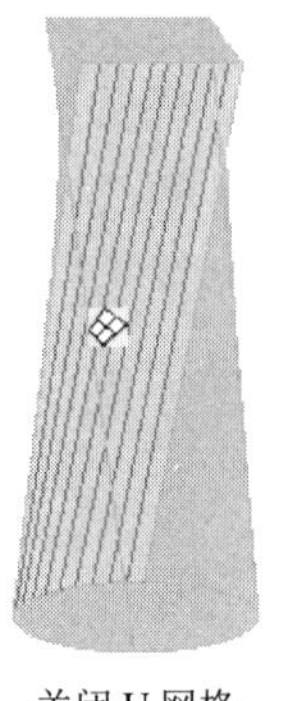
关闭 U 网格

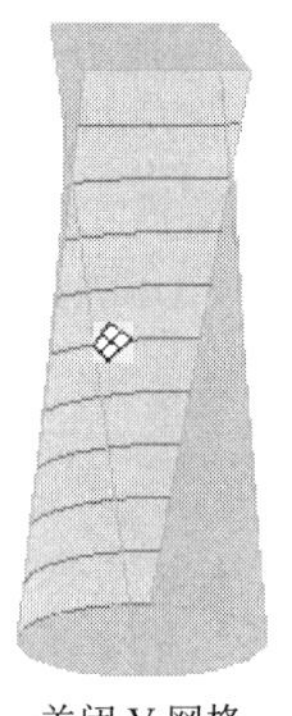
关闭 V 网格

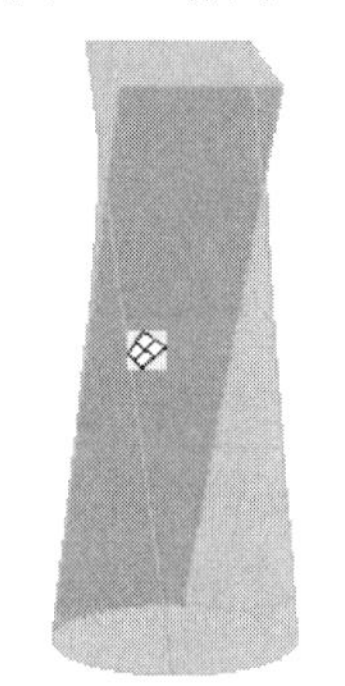
同时关闭 UV 网格

图 6-51 网格的显示控制

⑤ 单击【表面表示】面板中的【表面】按钮，可控制分割表面后的 UV 网格是否显示，如图 6-52 所示。

⑥【表面】工具主要用于控制原始表面、节点和网格线的显示。单击【表面表示】面板右下角的【显示属性】按钮，打开【表面表示】对话框，勾选【原始表面】和【节点】复选框，可以显示原始表面和节点，如图 6-53 所示。

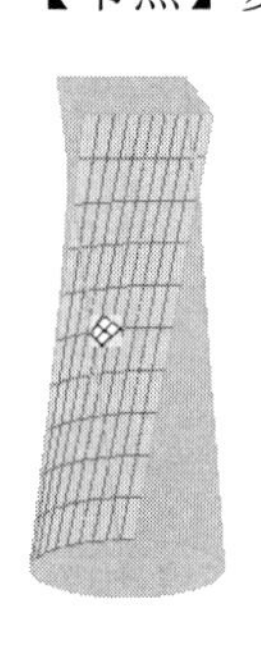
（a）显示 UV 网格

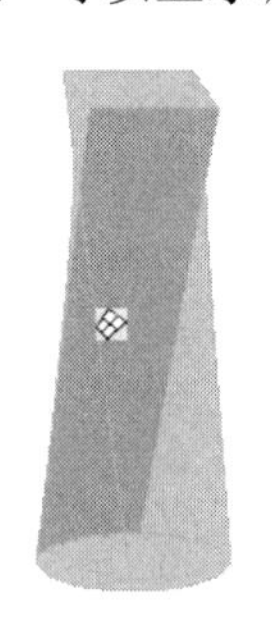
（b）不显示 UV 网格

图 6-52 控制分割表面后的 UV 网格是否显示

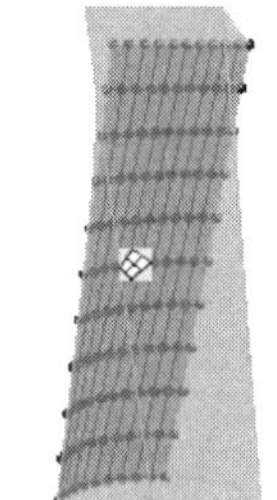
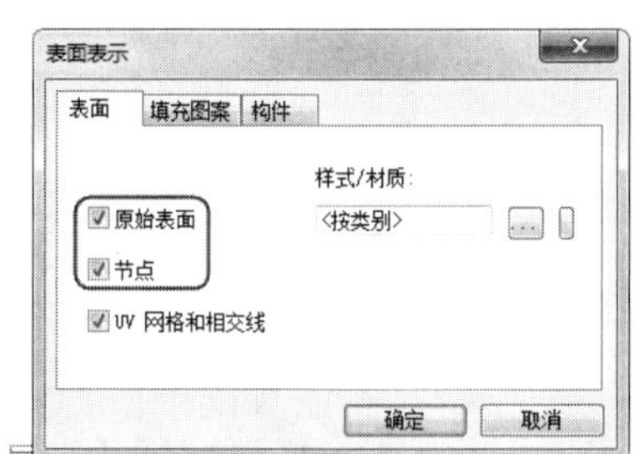

图 6-53 原始表面和节点的显示控制

⑦ 通过选项栏可以设置 UV 网络排列方式，【编号】表示以固定数量排列网格。例如，图 6-54 中的设置，U 网格【编号】为【10】，表示一共在表面上等距离排列 10 个 U 网格。

图 6-54　通过选项栏设置 UV 网格排列方式

⑧ 通过选择选项栏的【距离】下拉列表中的【距离】【最大距离】【最小距离】选项，可以设置距离，如图 6-55 所示。下面以距离数值为 2000mm 为例介绍【距离】下拉列表中的 3 个选项对 U 网格排列的影响。

选项含义如下。

- 距离 2000mm：表示以固定间距 2000mm 排列 U 网格，第一个和最后一个不足 2000mm 也自成一格。
- 最大距离 2000mm：表示以不超过 2000mm 的相等间距排列 U 网格。例如，总长度为 11 000mm，将等距离生成 6 个 U 网格，即每段 2000mm 排列 5 个 U 网格，则还有剩余长度，为了保证每段都不超过 2000mm，将等距离生成 6 个 U 网格。
- 最小距离 2000mm：表示以不小于 2000mm 的相等间距排列 U 网格。例如，总长度为 11 000mm，将等距离生成 5 个 U 网格，剩余的最后一个不足 2000mm 的距离将被均分到其他网格。

⑨ V 网格的排列设置与 U 网格相同。同理，将模型的其余面进行分割，如图 6-56 所示。

图 6-55　【距离】下拉列表

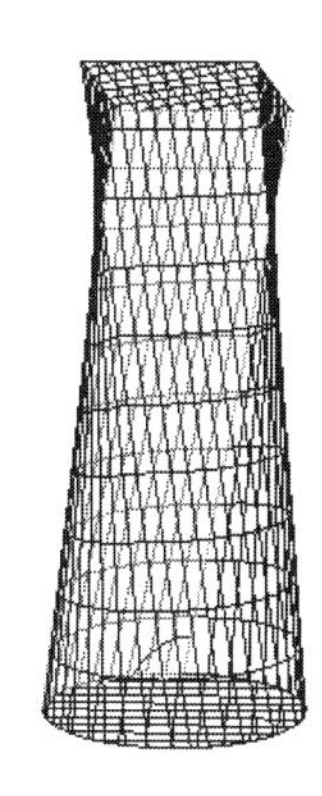

图 6-56　分割表面后的模型

6.3.3　为分割的表面填充图案

分割模型表面后，可以为其填充图案，以得到理想的建筑外观效果。填充图案的方式包括自动填充图案和自适应填充图案。

上机操作——自动填充图案

自动填充图案就是修改被分割表面的填充图案属性。下面举例说明。

① 打开本例源文件【体量模型.rfa】。选中体量模型中的一个被分割的表面，切换到【修改|分割的表面】上下文选项卡。

② 在【属性】选项板中，默认情况下网格面是没有填充图案的，如图 6-57 所示。

③ 展开图案列表，选择【矩形棋盘】图案，Revit 会自动对所选的 UV 网格表面进行填充，如图 6-58 所示。

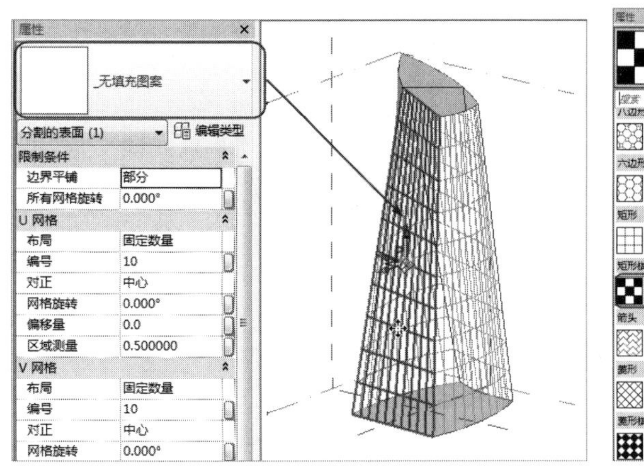

图 6-57　无填充图案的网格面

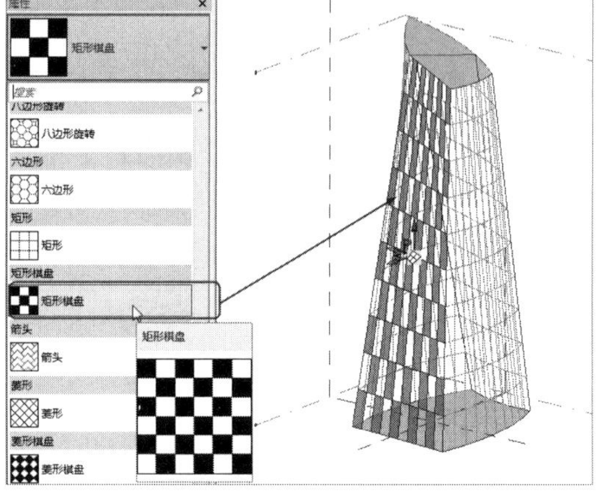

图 6-58　填充图案

④ 在填充图案后，用户可以对图案的属性进行设置。在【属性】选项板的【限制条件】选项组中，【边界平铺】选项用于确定填充图案与表面边界相交的方式，包括空、部分和悬挑，如图 6-59 所示。

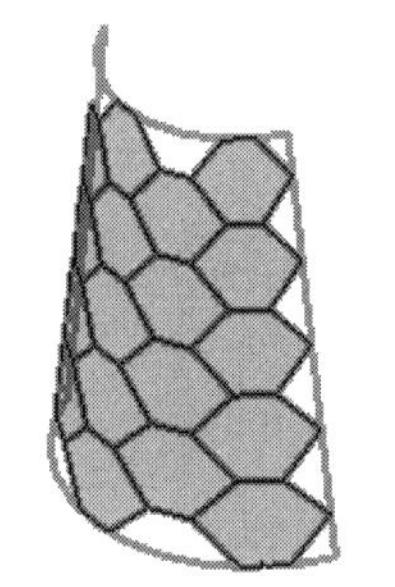

（a）空：删除与边界相交的填充图案

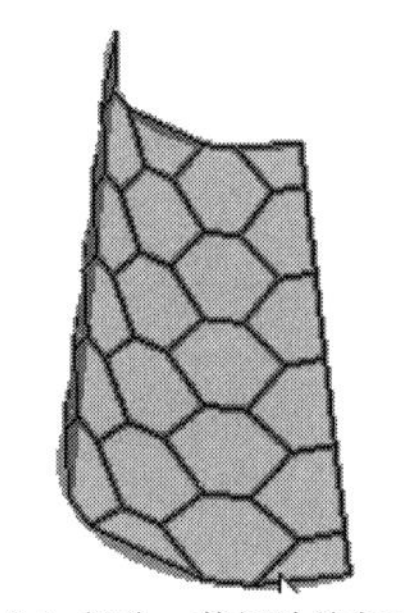

（b）部分：剪切边缘超出的填充图案

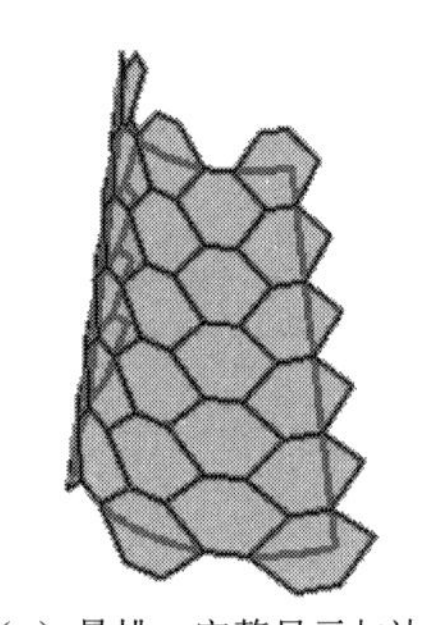

（c）悬挑：完整显示与边缘相交的填充图案

图 6-59　边界平铺

⑤ 在【所有网格旋转】选项中设置图案旋转角度，例如，输入【45°】，单击【应用】按钮，填充图案的角度发生改变，如图 6-60 所示。

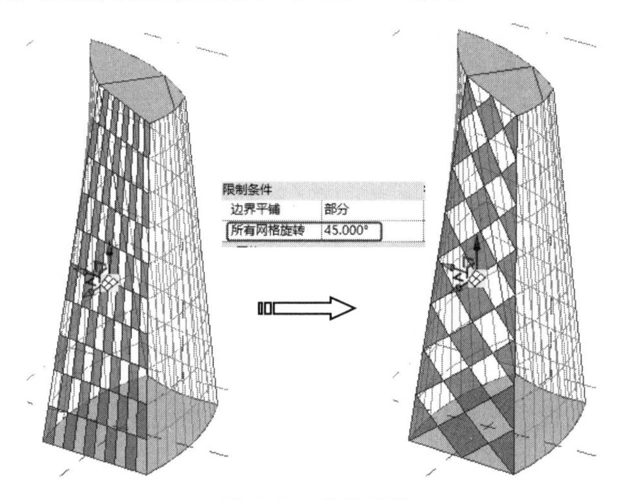

图 6-60　旋转网格

⑥ 在【修改|分割的表面】上下文选项卡的【表面表示】面板中单击【显示属性】按钮，打开【表面表示】对话框。

⑦ 在【表面表示】对话框的【填充图案】选项卡中，可以勾选或取消勾选【填充图案线】复选框和【图案填充】复选框来控制填充图案边线、填充图案是否显示，如图 6-61 所示。

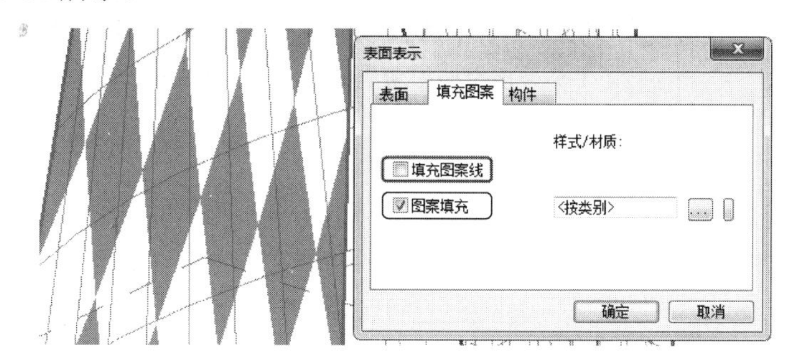

图 6-61　控制填充图案边线、填充图案是否显示

⑧ 单击【图案填充】复选框右侧的【浏览】按钮，打开【材质浏览器-刨花板】对话框，如图 6-62 所示，在该对话框中可以设置图案的材质、截面填充图案、着色等属性。

图 6-62　【材质浏览器-刨花板】对话框

6.4　实战案例——别墅建筑体量设计

在项目前期概念、方案设计阶段，建筑设计师经常会从体量分析入手，创建建筑的体量模型，并不断推敲修改，估算建筑的表面面积、体积，计算体形系数等经济技术指标。

① 启动 Revit 2022，新建建筑项目，选择【Revit 2022 中国样板.rte】样板文件，进入 Revit Architecture 项目设计环境，如图 6-63 所示。

② 在【项目浏览器】选项板中，切换为【东】立面图。在【建筑】选项卡的【基准】面板中单击【标高】按钮 标高，分别创建场地、标高 2、标高 3、标高 4 和标高 5，并修改标高 2 的标高值，如图 6-64 所示。

知识点拨：

在创建场地标高时，要删除楼层平面视图中的【场地】平面图。在此处创建标高是为了创建楼层平面以载入相应的 AutoCAD 参考平面图。

图 6-63　新建建筑项目　　　　图 6-64　创建标高并修改标高 2 的标高值

③ 切换到【标高 1】楼层平面视图，在【插入】选项卡的【导入】面板中单击【导入 CAD】按钮，打开【导入 CAD 格式】对话框，从本例源文件夹中导入【别墅一层平面图-完成.dwg】CAD 格式文件，如图 6-65 所示。

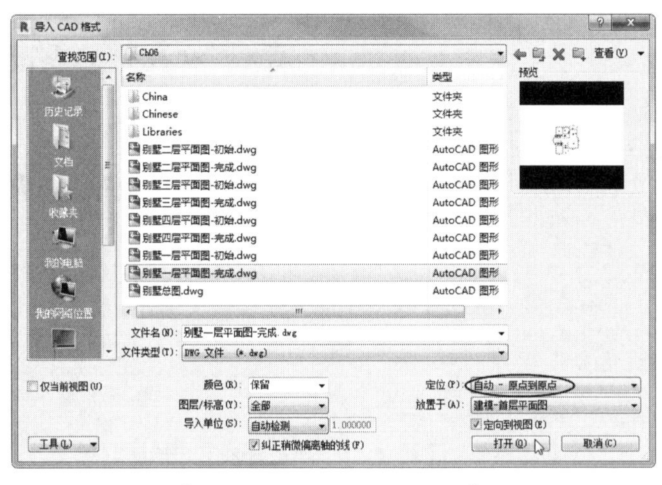

图 6-65　导入【别墅一层平面图-完成.dwg】CAD 格式文件

④ 导入的别墅一层平面图的 CAD 图纸如图 6-66 所示。

⑤ 同理，分别在【标高 2】【标高 3】【标高 4】楼层平面视图中依次导入【别墅二层平面图-完成.dwg】【别墅三层平面图-完成.dwg】【别墅四层平面图-完成.dwg】。

⑥ 切换到【标高 1】楼层平面视图。在【体量和场地】选项卡的【概念体量】面板中单击【内建体量】按钮，在打开的【名称】对话框中，新建名为【别墅概念体量】的体量，如图 6-67 所示。

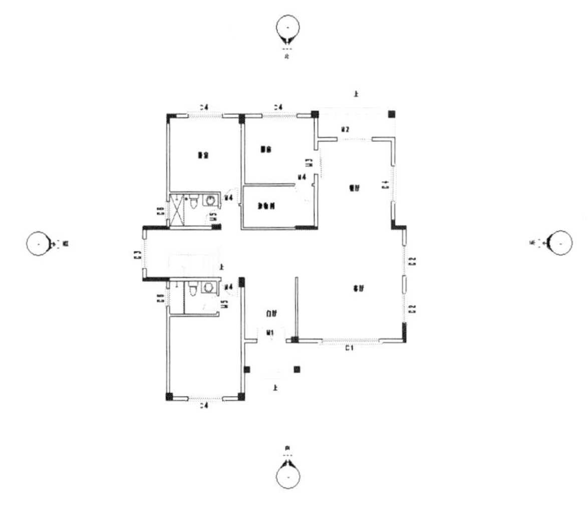

图 6-66　别墅一层平面图的 CAD 图纸

图 6-67　新建体量

⑦ 进入概念体量设计环境后，利用【直线】工具，沿着 CAD 图纸的墙体外边线，绘制封闭轮廓，如图 6-68 所示。完成绘制后按 Esc 键退出绘制。

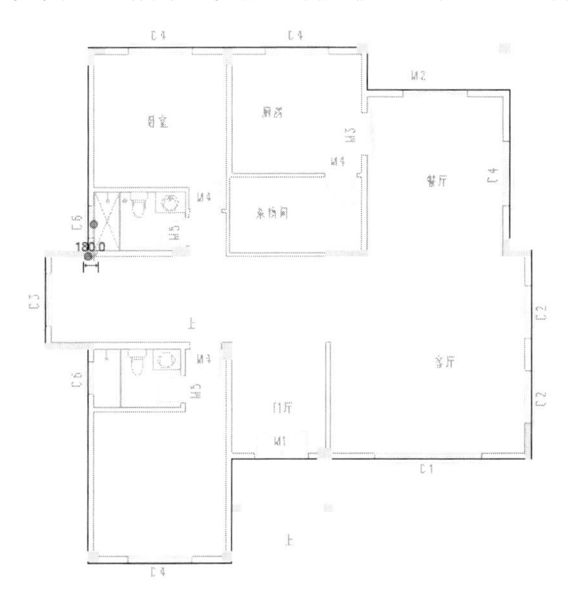

图 6-68　绘制墙体外边线的封闭轮廓

⑧ 选中绘制的封闭轮廓线，在【修改|线】上下文选项卡的【形状】面板中选择【创建形状】下拉列表中的【实心形状】选项，自动创建实心体量模型。在项目浏览器中切换到三维视图，可见实心的体量模型效果，如图 6-69 所示。

⑨ 单击体量模型的高度值，将其修改（默认生成高度为【6000】）为【3500】，按 Enter 键完成修改，如图 6-70 所示。

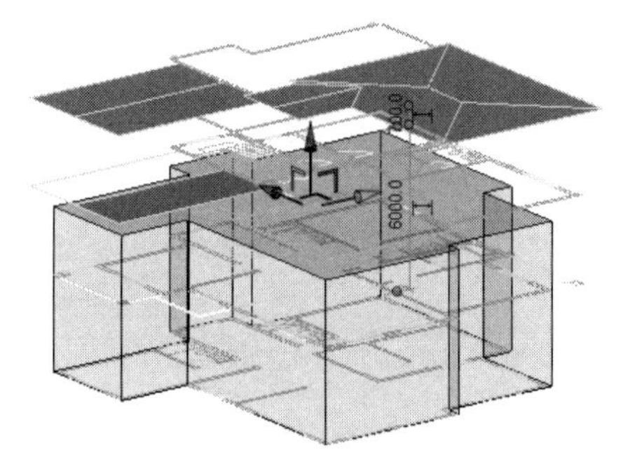

图 6-69　创建实心体量模型

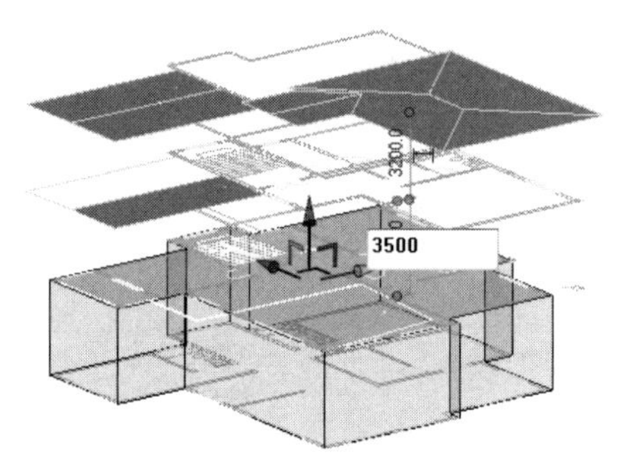

图 6-70　修改体量模型的高度

⑩　修改后在图形区空白位置单击返回并继续创建标高 2 到标高 3 之间的体量，创建方法与前面的步骤完全相同，只是绘制的轮廓稍有改变，绘制的封闭轮廓如图 6-71 所示。

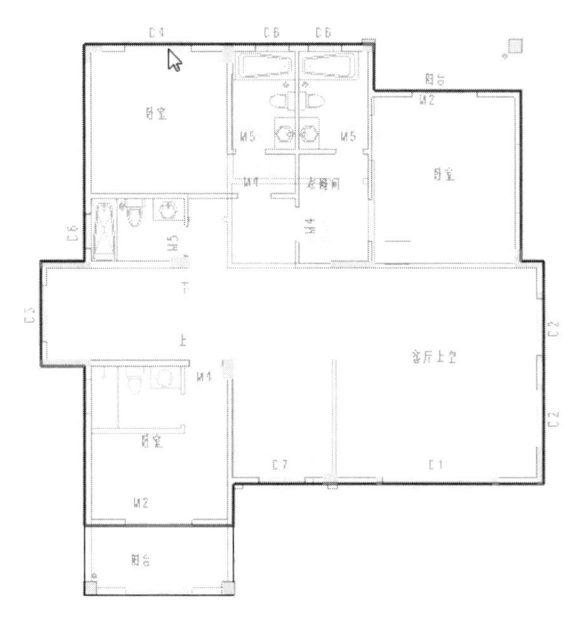

图 6-71　绘制封闭轮廓（1）

⑪　选中绘制的封闭轮廓，在【修改|线】上下文选项卡的【形状】面板中选择【创建形状】下拉列表中的【实心形状】选项，创建实心的体量模型，此时切换到三维视图，修改体量模型的高度为【3200】，如图 6-72 所示。

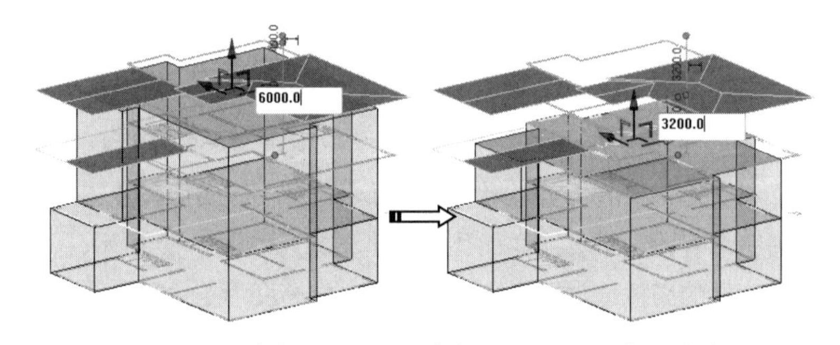

图 6-72　创建实心体量模型并修改体量模型的高度（1）

⑫ 同理，切换到【标高 3】楼层平面视图，绘制的封闭轮廓如图 6-73 所示。创建实心的体量模型，切换到三维视图，修改体量模型的高度为【3200】，如图 6-74 所示。

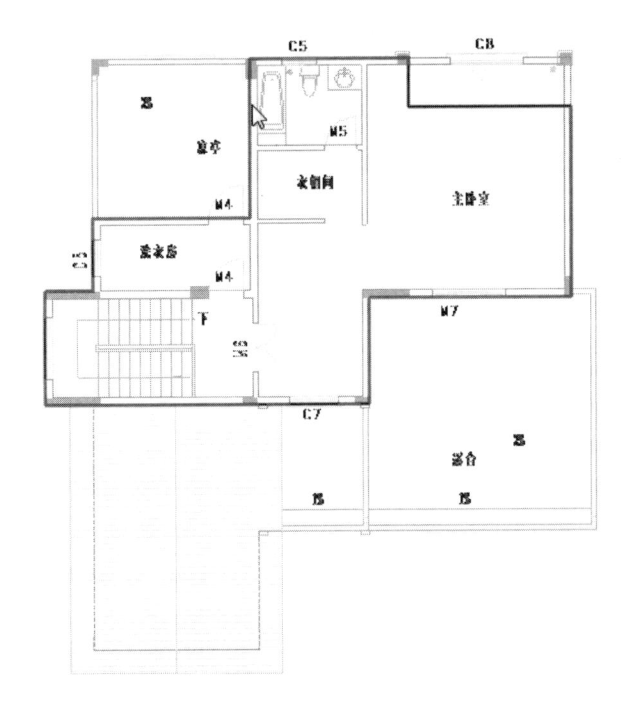

图 6-73　绘制封闭轮廓（2）

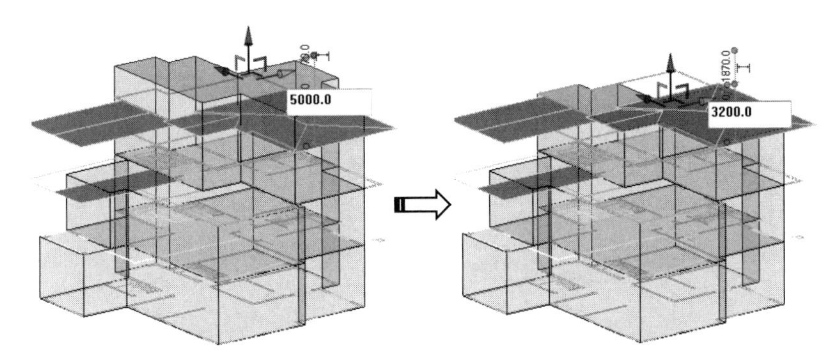

图 6-74　绘制实心体量模型并修改体量模型的高度（2）

⑬ 接下来是一些建筑附加体的体量创建，如屋顶、阳台、雨棚等，由于时间及篇幅有限，这些工作读者可自行完成。也可以不创建这些附加体的体量，在后续建筑模型的制作过程中直接载入相关的屋顶族、阳台构件族、雨棚构件族等。单击【完成体量】按钮，完成别墅概念体量模型的创建。

⑭ 由于还没有楼层信息，因此还需要创建体量楼层。选中体量模型，切换到【修改|体量】上下文选项卡，单击【体量楼层】按钮，打开【体量楼层】对话框。

⑮ 在【体量楼层】对话框中勾选【标高 1】～【标高 4】复选框，由于场地和标高 5 是没有楼层的，因此无须勾选，如图 6-75 所示。

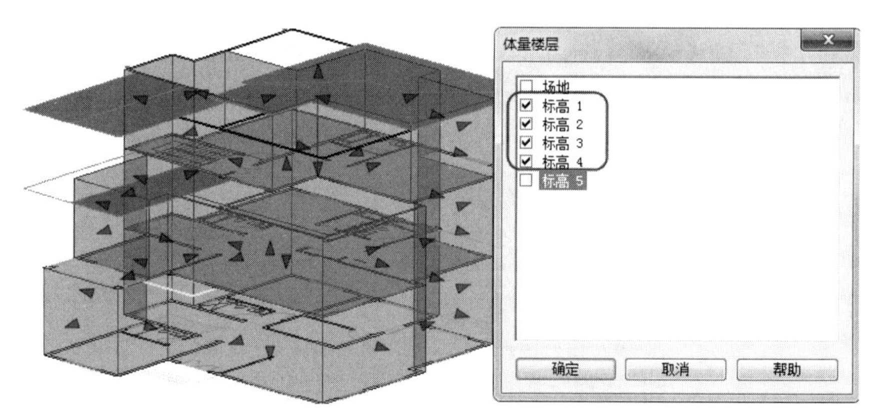

图 6-75 选择要创建体量楼层的选项

⑯ 单击【确定】按钮，自动创建体量楼层，如图 6-76 所示。

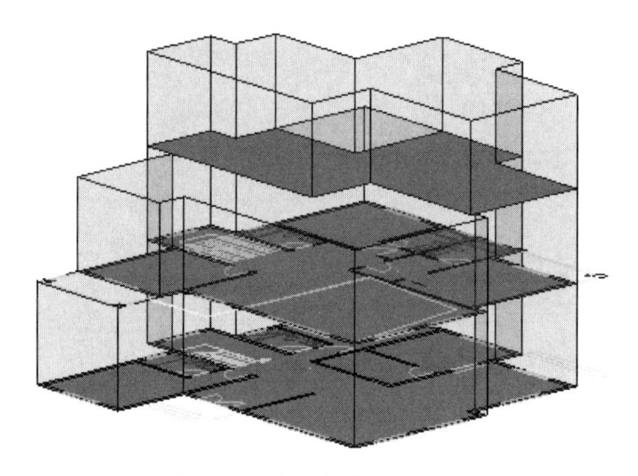

图 6-76 自动创建体量楼层

⑰ 完成体量设计后，在后面设计各层的建筑模型时，可以将概念模型的面转换成墙体、楼板等构件。

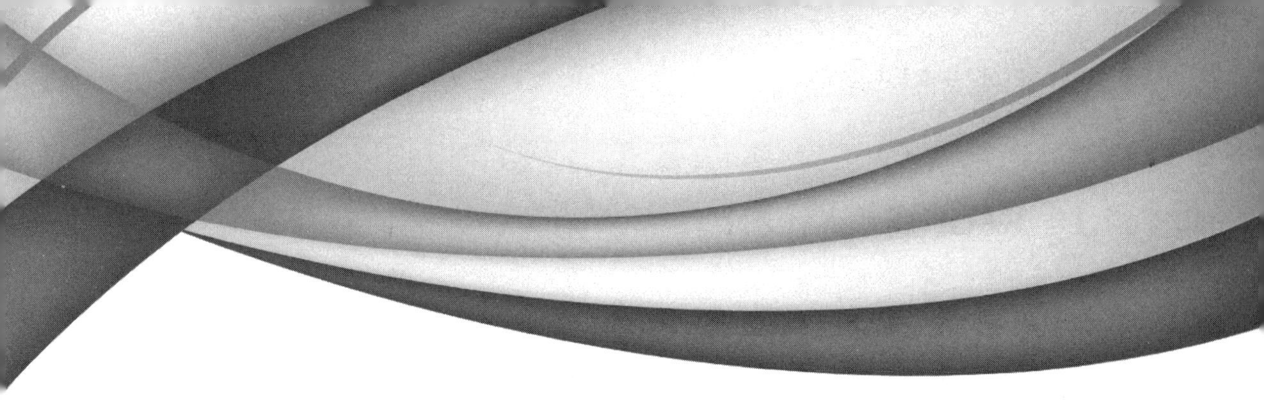

第 7 章

建筑墙、建筑柱及门窗设计

本章内容

建筑墙、建筑柱及门窗是建筑楼层中墙体的重要组成要素。Revit 中的建筑、结构设计都离不开一个重要的概念：族。本章将介绍建筑墙、建筑柱及门窗的设计过程和技巧。

知识要点

☑ Revit 建筑墙设计
☑ Revit 门、窗与建筑柱设计
☑ BIMSpace 乐建 2022 墙\门窗\柱设计

7.1 Revit 建筑墙设计

建筑墙分为承重墙和非承重墙。先于柱、梁及楼板创建的墙是承重墙，后于柱、梁及楼板创建的墙是非承重墙。在 Revit 中，建筑墙设计包括基本墙（单体墙、复合墙与叠层墙）、面墙及幕墙的设计。

7.1.1 基本墙设计

1. 单体墙

单体墙是由实心砖或其他砌块砌筑，或由混凝土等材料浇筑而成的实心墙，如图 7-1 所示。在 Revit 中，墙的创建过程就是参照轴网进行墙族放置的过程，如图 7-2 所示。

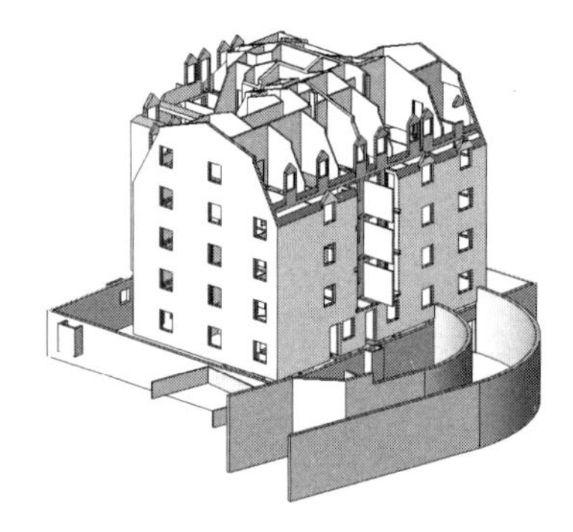

图 7-1 单体墙

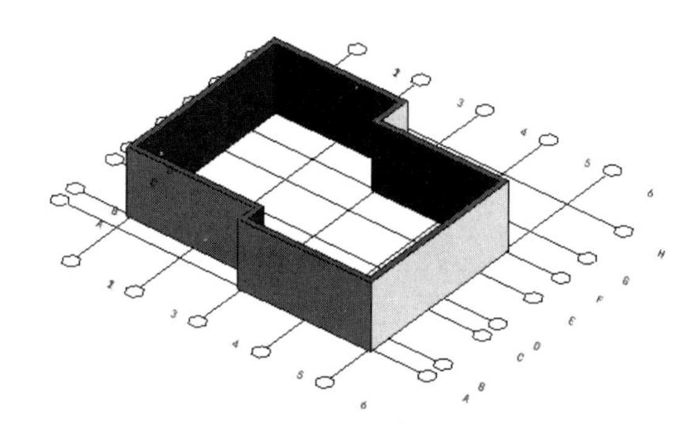

图 7-2 在轴网上放置墙族

上机操作——创建单体墙

① 选择鸿业建筑样板文件，新建建筑项目。

② 在【项目浏览器】选项板中切换到【建模-首层平面图】楼层平面视图。

③ 在 BIMSpace 乐建 2022 的【轴网\柱子】选项卡的【轴网创建】面板中单击【直线轴网】按钮，在打开的【直线轴网】对话框中设置轴网参数，如图 7-3 所示。

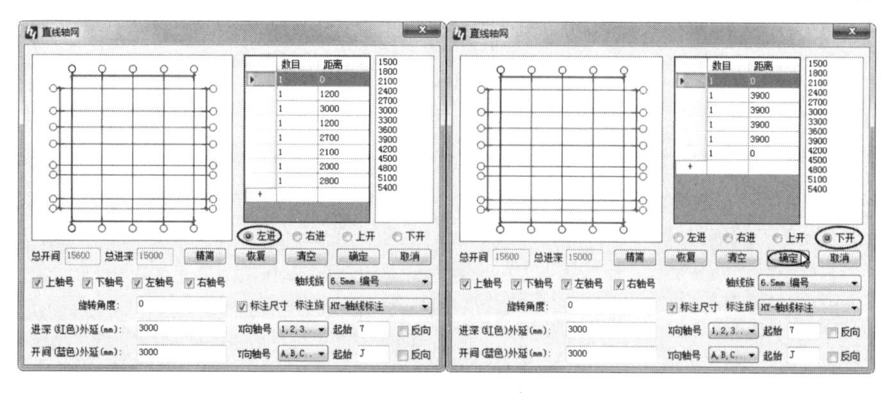

图 7-3 设置轴网参数

④ 单击【直线轴网】对话框的【确定】按钮后在首层平面图中放置如图 7-4 所示的轴网。

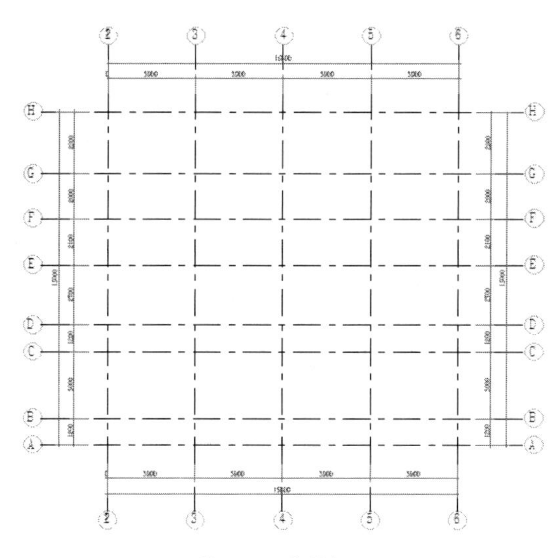

图 7-4　放置轴网

⑤ 在【建筑】选项卡的【构建】面板中单击【墙】按钮，在【属性】选项板的【类型选择器】下拉列表中选择【钢筋混凝土（外保温岩棉）】墙类型，如图 7-5 所示。

⑥ 在选项栏中将墙高度设置为【4000】，其余选项保持默认，在轴网中绘制基本墙，如图 7-6 所示。

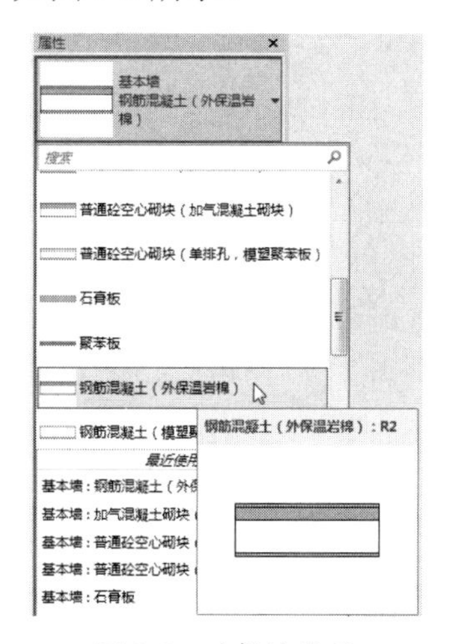

图 7-5　选择墙类型

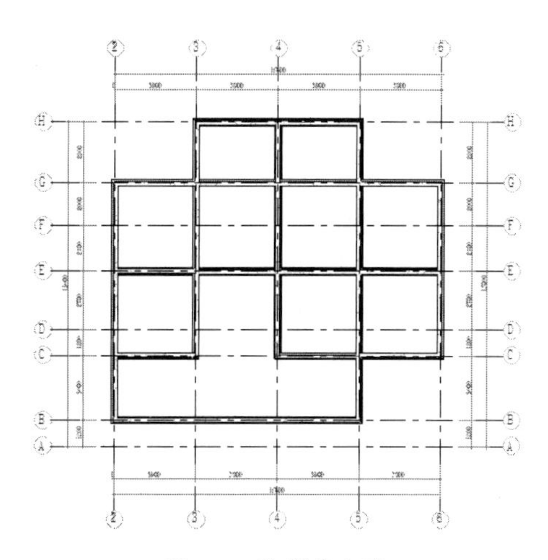

图 7-6　绘制基本墙

⑦ 切换到三维视图，查看绘制的墙，如图 7-7 所示。

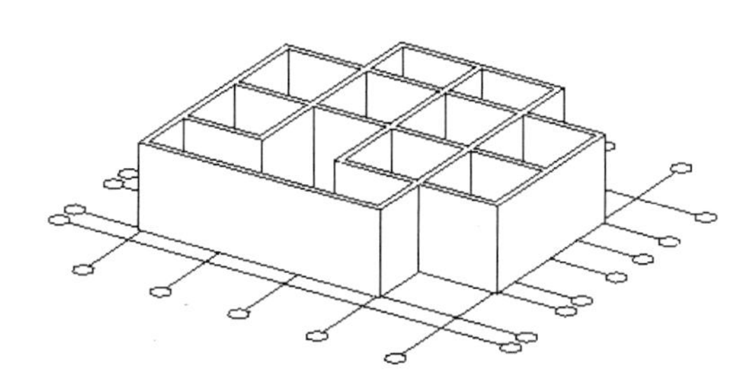

图 7-7　三维视图中的墙

2．复合墙与叠层墙

复合墙与叠层墙是基于基本墙的属性修改得到的。就像屋顶、楼板和天花板可包含多个水平层一样，复合墙可包含多个垂直层或区域，如图 7-8 所示。

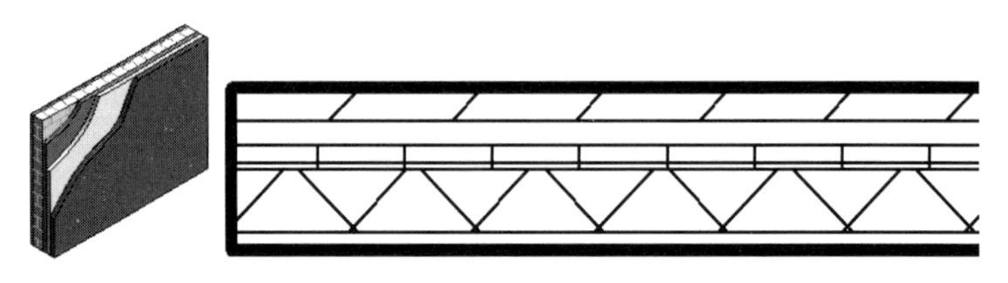

图 7-8　复合墙

在创建墙时，可以从墙【属性】面板中选择复合墙的系统族来创建复合墙，如图 7-9 所示。

选择复合墙的系统族后，可以单击【编辑类型】按钮，在打开的【属性】对话框中单击【编辑】按钮，打开【编辑部件】对话框，编辑复合墙的结构，如图 7-10 所示。

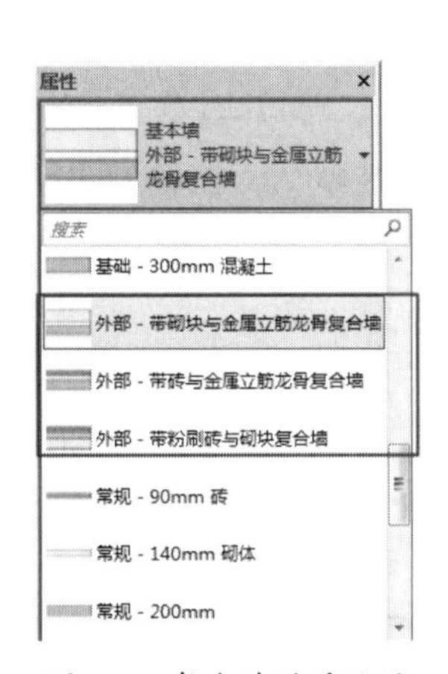

图 7-9　复合墙的系统族

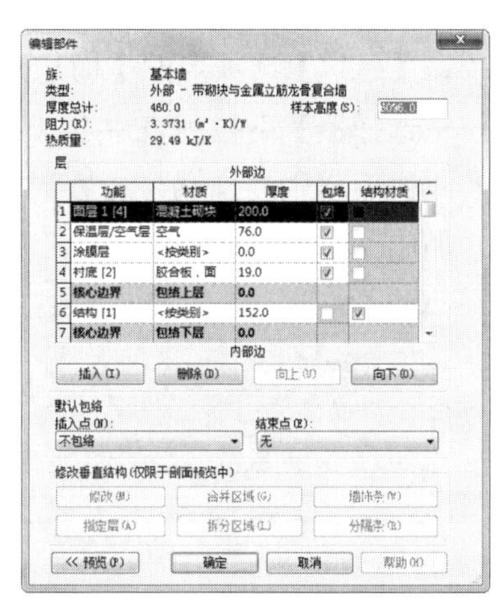

图 7-10　编辑复合墙的结构

叠层墙是一种由若干个不同子墙（基本墙类型）相互堆叠在一起组成的主墙，可以在不同的高度定义不同的墙厚、复合层和材质，如图 7-11 所示。

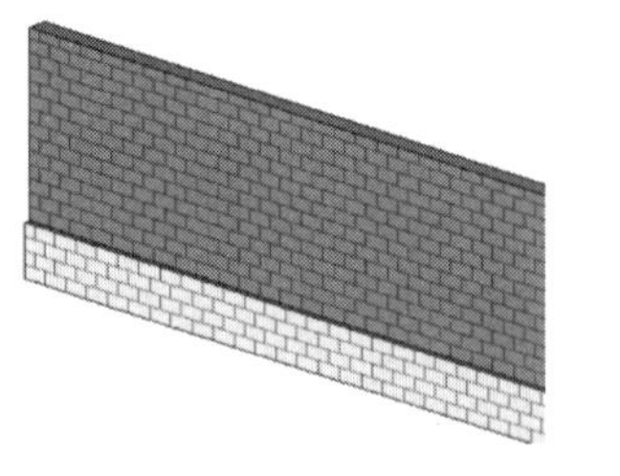

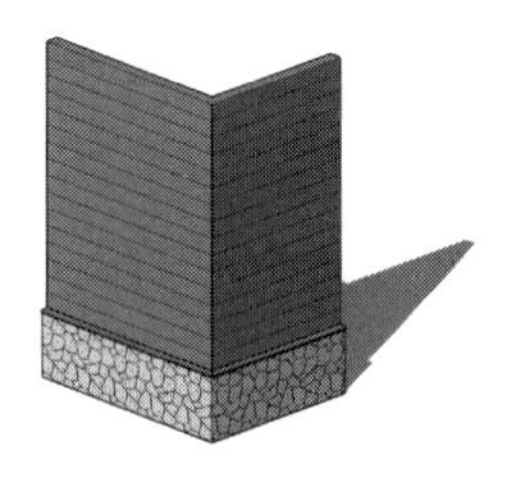

图 7-11　叠层墙

知识点拨：

复合墙的拆分是基于外墙涂层的拆分，并非墙体拆分，而叠层墙是将墙体拆分成上下几部分。

同样地，在墙【属性】选项板中提供了一种叠层墙的系统族，如图 7-12 所示。其结构属性如图 7-13 所示。

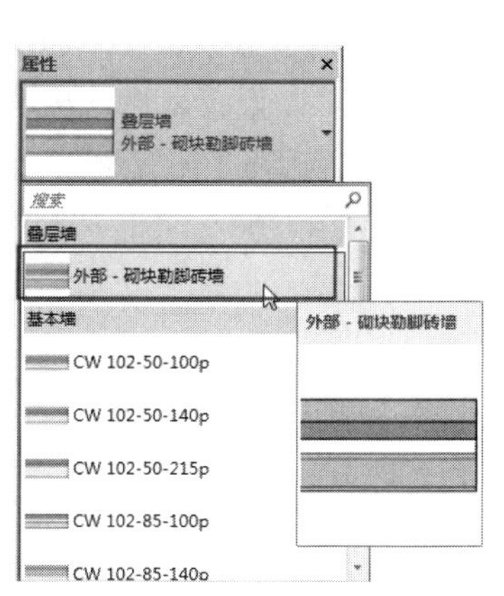

图 7-12　叠层墙的系统族

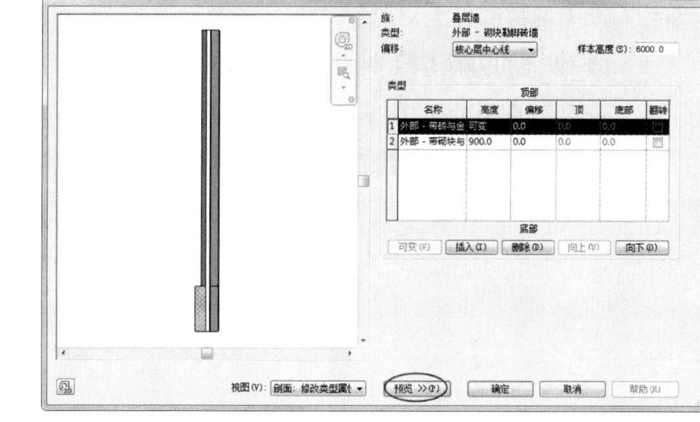

图 7-13　叠层墙的结构属性

上机操作——创建叠层墙

① 打开本例源文件【基本墙体.rvt】。

② 选中全部墙体，在【属性】选项板的【类型选择器】下拉列表中选择【外部-砌块勒脚砖墙】类型，单击【编辑类型】按钮，如图 7-14 所示。

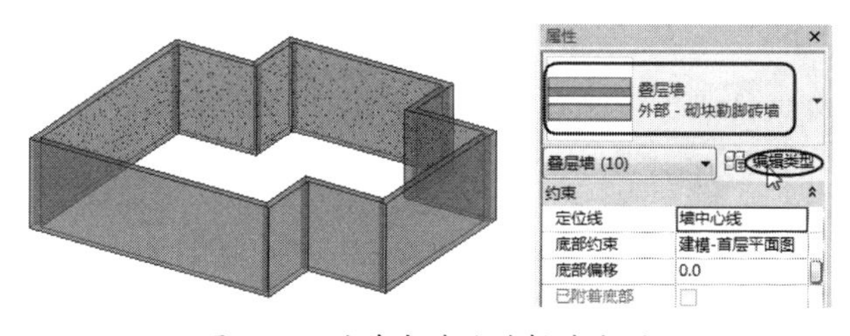

图 7-14　为基本墙体选择墙类型

③ 打开【类型属性】对话框，在【结构】参数右侧单击【编辑】按钮，打开【编辑部件】对话框，如图 7-15 所示。

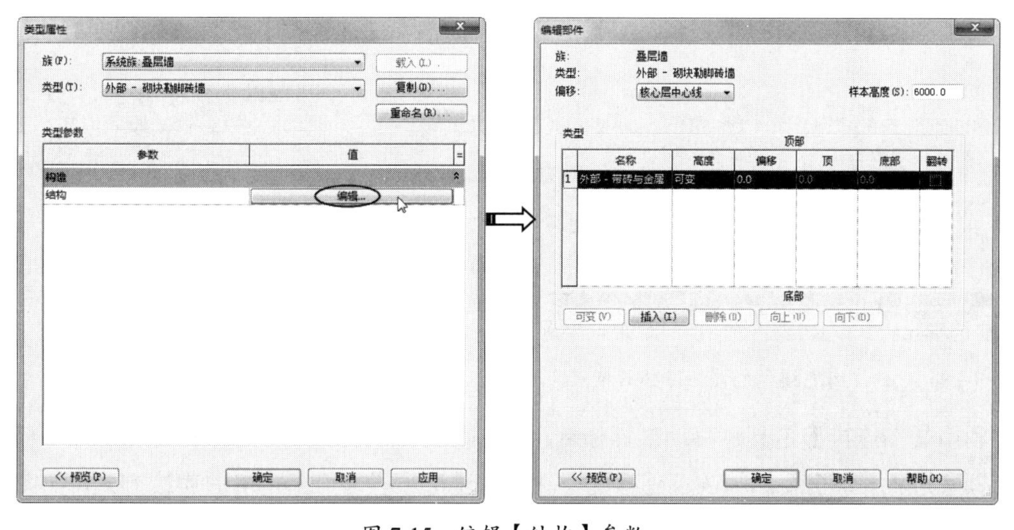

图 7-15　编辑【结构】参数

④ 在【编辑部件】对话框中单击【插入】按钮，增加一个墙的构造层，将原本的【外部-砌块勒脚砖墙】类型修改为【多孔砖 370（水泥聚苯板）】，并设置新增的构造层类型为【实心粘土砖 240（水泥聚苯板）】，高度为【2500】，如图 7-16 所示。

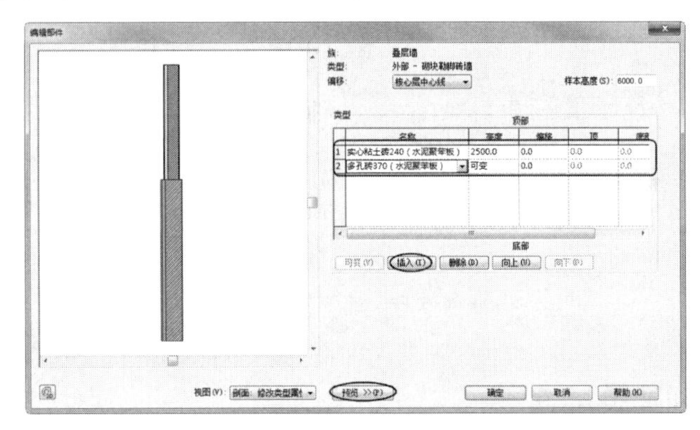

图 7-16 插入新构造层并设置相应参数

⑤ 依次单击【编辑部件】对话框和【类型属性】对话框中的【确定】按钮，完成叠层墙的创建，效果如图 7-17 所示。

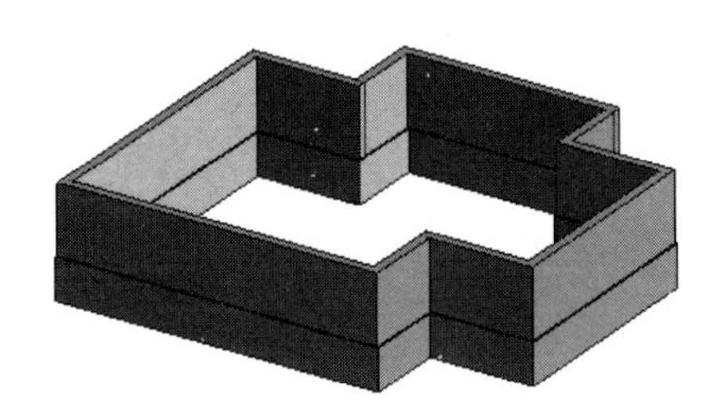

图 7-17 创建叠层墙

3．墙的编辑

1）墙连接与连接清理

当墙与墙相交时，Revit Architecture 模块通过采用墙端点处【允许连接】的方式控制连接点处墙连接的情况。该选项适用于基本墙、幕墙等各种墙图元实例。

同样是绘制至水平墙表面的两面墙，不允许墙连接和允许墙连接的情况如图 7-18 所示。设计师除了可以控制墙端点处的允许连接和不允许连接，当两面墙相连时，还可以控制墙的连接方式。

在【修改】选项卡的【几何图形】面板中，提供了【墙连接】工具，如图 7-19 所示。

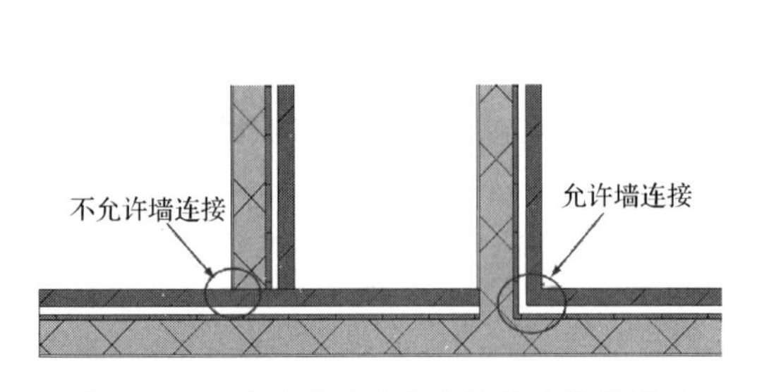

图 7-18 不允许墙连接和允许墙连接的情况

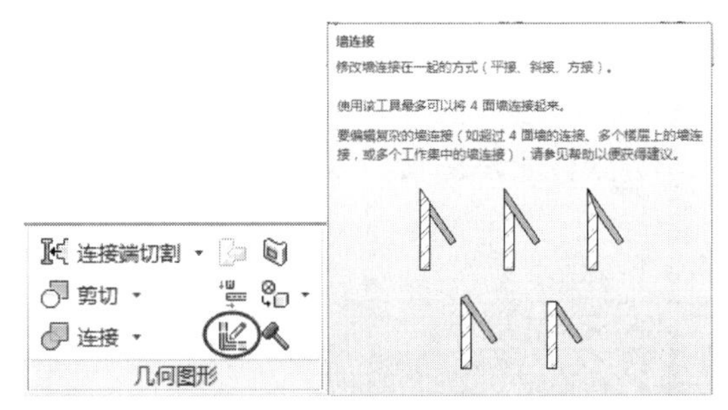

图 7-19 【墙连接】工具

利用【墙连接】工具，移动鼠标指针至墙图元相连接的位置，Revit Architecture 模块将显示预选边框。单击要编辑的墙连接的位置，通过选项栏即可指定墙的连接方式，如图 7-20 所示。

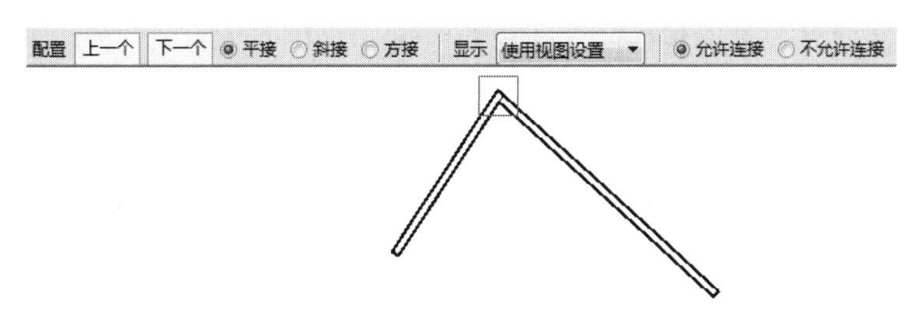

图 7-20　选项栏中墙连接方式的设置

2）墙附着与分离

选中要修改的墙，在弹出的【修改|墙】上下文选项卡中，提供了【附着】和【分离】修改工具。【附着】工具用于将所选择的墙附着至其他图元对象上，如参照平面、楼板、屋顶、天花板等构件表面。【分离】工具用于将附着的墙与其他图元对象进行分离。图 7-21 所示为墙与屋顶的附着。

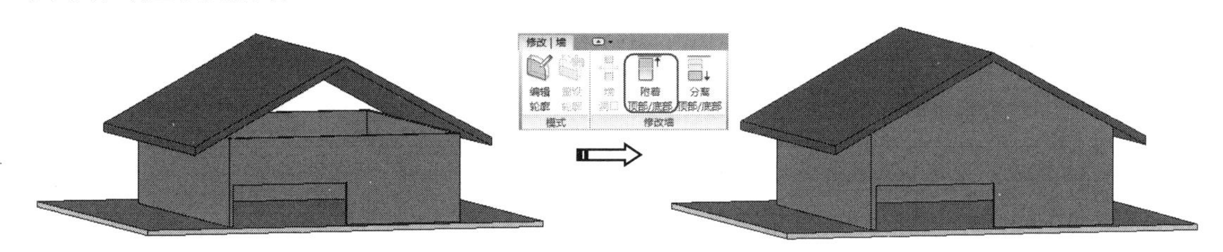

图 7-21　墙与屋顶的附着

7.1.2　面墙设计

要创建斜墙或异形墙，可先在 Revit 概念体量设计环境中创建体量曲面或体量模型，然后在 Revit 建筑设计环境中利用【面墙】工具将体量表面转换为墙图元。

如图 7-22 所示，通过利用【面墙】工具拾取体量曲面来生成异形墙。

上机操作——创建异形墙

① 新建建筑项目文件。

② 在【体量和场地】选项卡的【概念体量】面板中单击【内建体量】按钮，在打开的【名称】对话框（见图 7-23）中输入【异形墙】，单击【确定】按钮进入体量族编辑器模式。

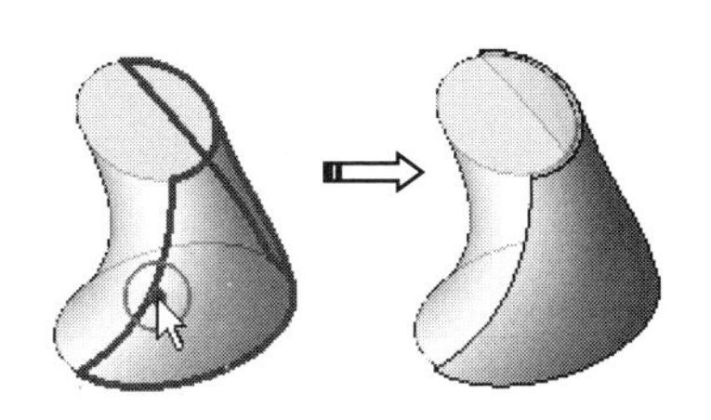

图 7-22　异形墙

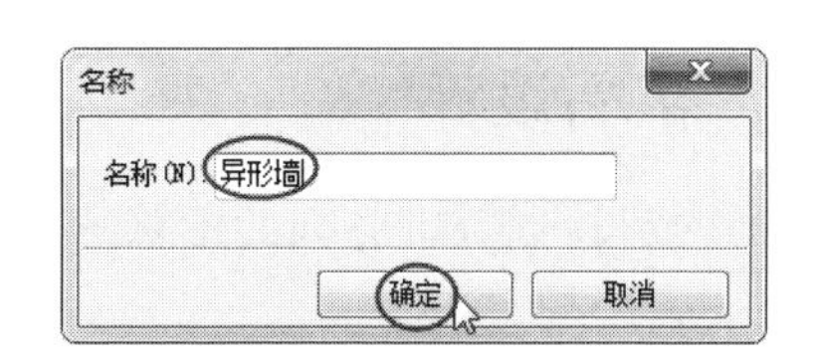

图 7-23　【名称】对话框

③ 单击【绘制】面板中的【圆形】按钮，在【标高 1】楼层平面视图中绘制截面 1，如图 7-24 所示。

④ 再次单击【绘制】面板中的【圆形】按钮，在【标高 2】楼层平面视图中绘制截面 2，如图 7-25 所示。

⑤ 按住 Ctrl 键并选中两个圆形，在【修改|线】上下文选项卡的【形状】面板中单击【创建形状】按钮，系统自动创建如图 7-26 所示的放样体量模型，单击【完成体量】按钮，退出体量创建与编辑模式。

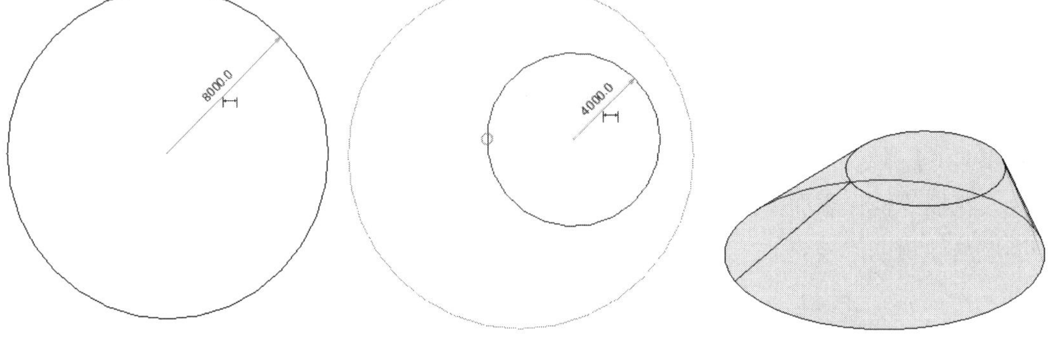

图 7-24 绘制截面 1　　图 7-25 绘制截面 2　　图 7-26 自动创建放样体量模型

⑥ 在【建筑】选项卡的【构建】面板中，单击【墙】|【面墙】按钮，切换到【修改|放置墙】上下文选项卡。

⑦ 在【属性】选项板的【类型选择器】下拉列表中选择墙类型为【面砖陶粒砖墙 250】，在放样体量模型上拾取一个面作为面墙的参照，如图 7-27 所示。

⑧ 隐藏放样体量模型，查看异型墙的完成效果，如图 7-28 所示。

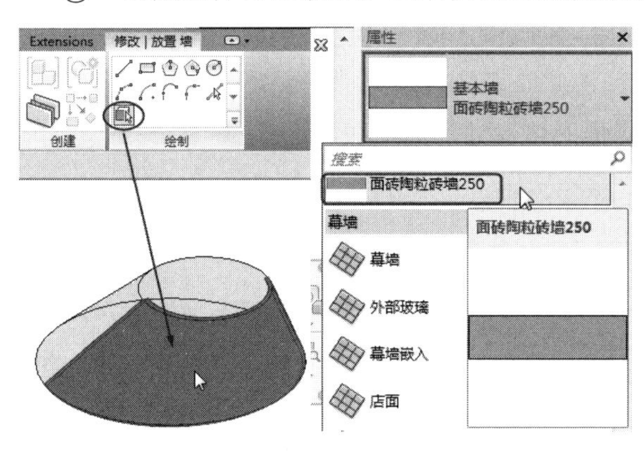

图 7-27 设置墙类型并拾取参照面

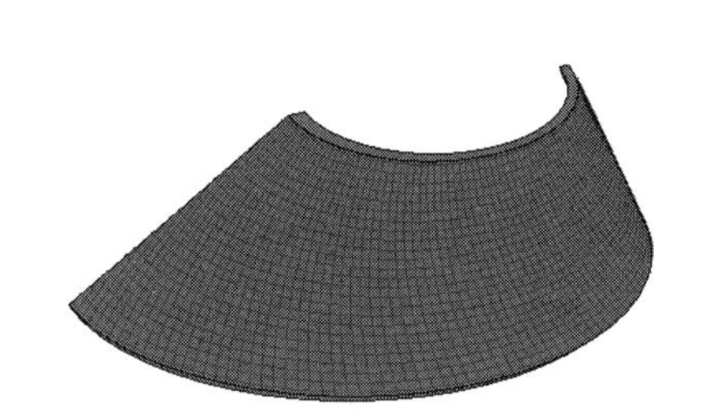

图 7-28 创建完成的异型墙

7.1.3 幕墙设计

幕墙按材料划分可分为玻璃幕墙、金属幕墙、石材幕墙等类型，图 7-29 所示为常见的玻璃幕墙。

幕墙系统由【幕墙嵌板】【幕墙网格】【幕墙竖梃】3 部分构成，如图 7-30 所示。

Revit Architecture 模块提供了幕墙系统（其实是幕墙嵌板系统）族类别，用户可以利用【幕墙系统】工具创建所需的各类幕墙嵌板。

图 7-29　常见的玻璃幕墙

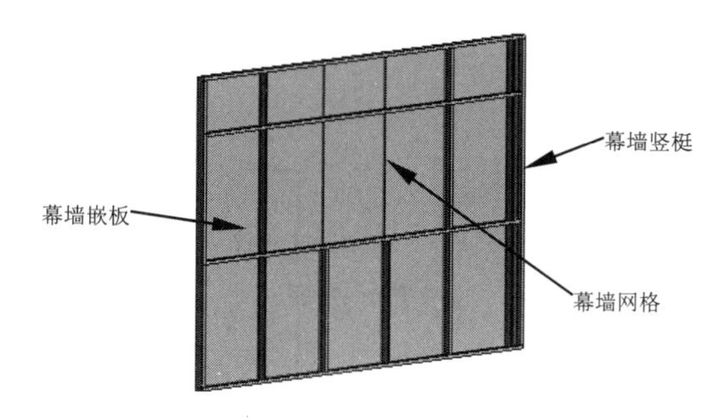

图 7-30　幕墙系统的结构

1．幕墙嵌板

幕墙嵌板属于墙的一种类型，用户可以在【属性】选项板的【类型选择器】中选择一种墙类型，也可以使用自定义的幕墙嵌板族，不能像一般墙体一样通过拖曳控制柄或修改属性来修改幕墙嵌板的尺寸，只能通过修改幕墙来调整嵌板的尺寸。

幕墙嵌板是构成幕墙的基本单元，幕墙由一块或多块幕墙嵌板组成。幕墙嵌板的大小、数量由划分幕墙的幕墙网格决定。下面介绍两个上机操作案例：一个是利用幕墙嵌板族创建幕墙嵌板，另一个则是利用【幕墙系统】工具创建幕墙嵌板。

上机操作——利用幕墙嵌板族创建幕墙嵌板

① 新建【Revit 2022 中国样板.rte】建筑项目文件。

② 切换到三维视图。利用【墙】工具，以【标高 1】为参照标高，在图形区中绘制墙体，如图 7-31 所示。

③ 选中所有墙体，在【属性】选项板的【类型选择器】下拉列表中选择【外部玻璃】墙类型，基本墙体自动转换成幕墙，如图 7-32 所示。

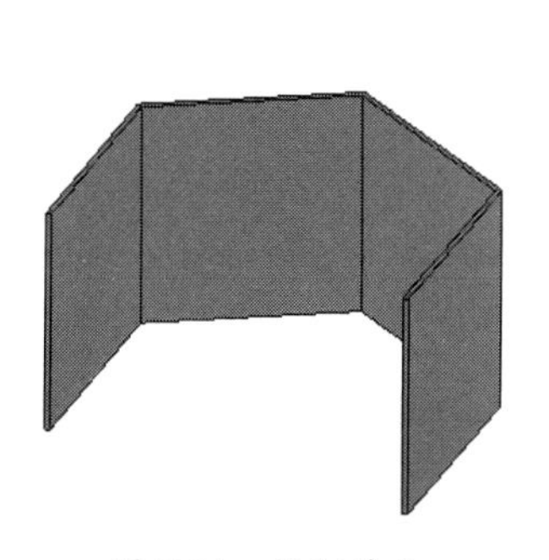

图 7-31　绘制墙体

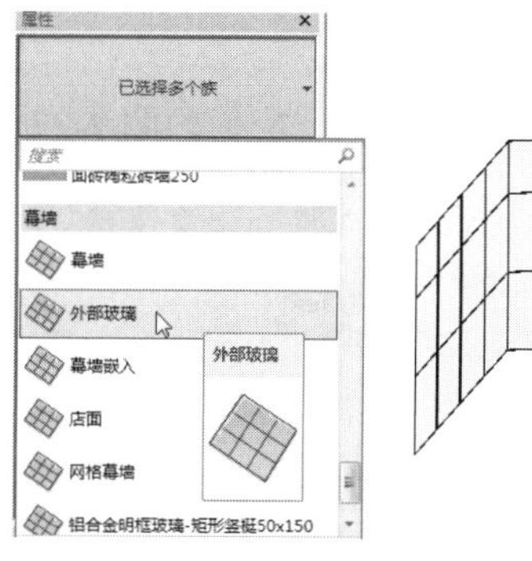

图 7-32　基本墙体自动转换成幕墙

④ 在【项目浏览器】选项板的【族】|【幕墙嵌板】|【点爪式幕墙嵌板】视图节点下，选择【点爪式幕墙嵌板】族并右击，在弹出的快捷菜单中执行【匹配】命令，选择幕墙系统中的一块嵌板进行匹配替换，如图 7-33 所示。

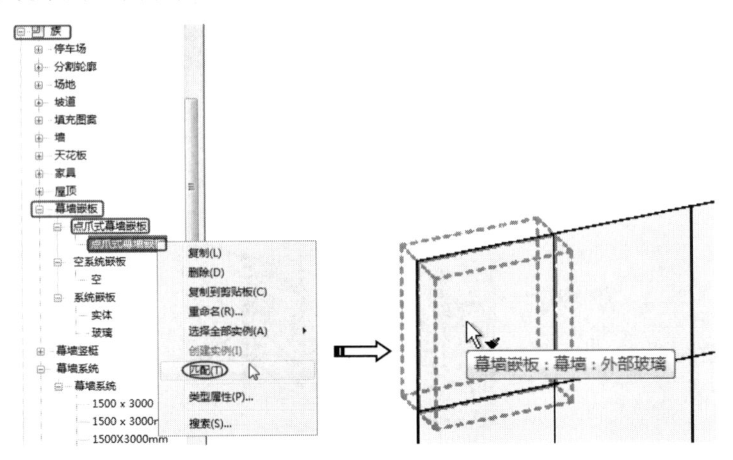

图 7-33　匹配替换幕墙嵌板族

⑤ 幕墙嵌板被替换为【项目浏览器】选项板中的点爪式幕墙嵌板，如图 7-34 所示。依次选择其余幕墙嵌板进行匹配替换，最终匹配结果如图 7-35 所示。

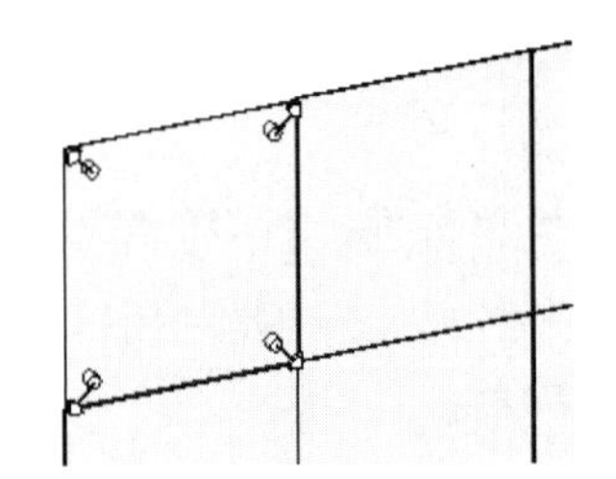

图 7-34　被替换后的幕墙嵌板

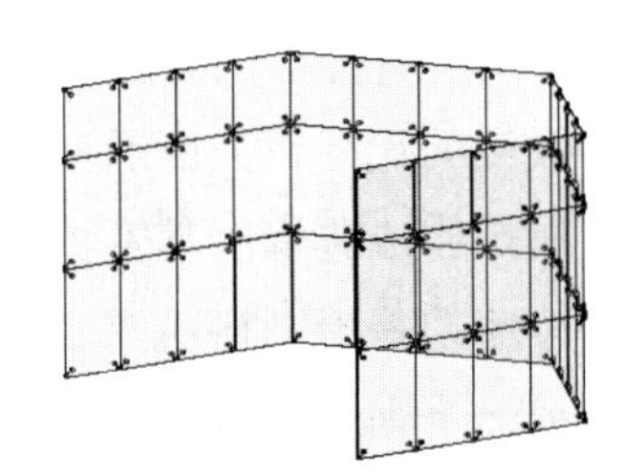

图 7-35　最终匹配结果

上机操作——利用【幕墙系统】工具创建幕墙嵌板

通过选择图元面，可以创建幕墙系统。幕墙系统是基于体量面生成的。

① 新建【Revit 2022 中国样板.rte】建筑项目文件。

② 切换到三维视图。单击【体量和场地】选项卡中的【内建体量】按钮，在打开的【名称】对话框中新建名称为【体量 1】的体量，如图 7-36 所示，进入体量族编辑器模式。

③ 在【标高 1】的放置平面上绘制如图 7-37 所示的轮廓。

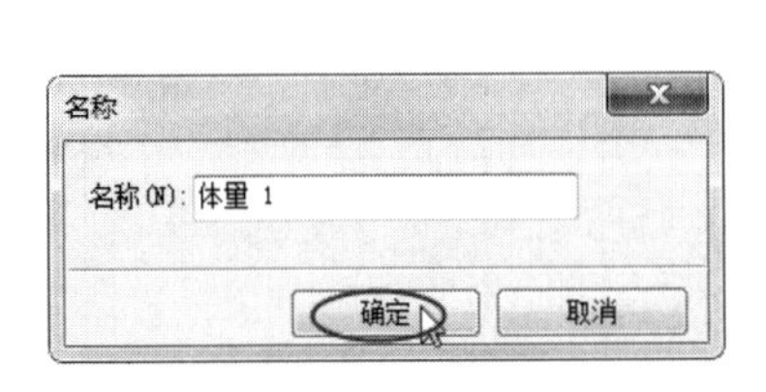

图 7-36　新建体量

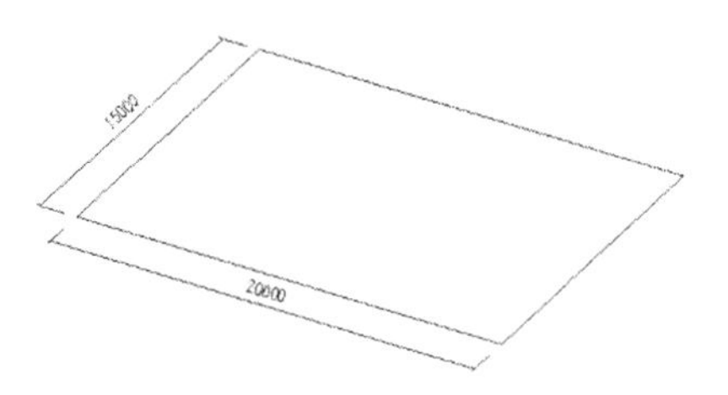

图 7-37　绘制轮廓

④ 然后在【形状】面板中单击【创建形状】按钮，创建体量模型，如图 7-38 所示。

⑤ 在完成体量设计后，退出体量族编辑器模式。在【建筑】选项卡的【构建】面板中单击【幕墙系统】按钮，再单击【选择多个】按钮，选择 4 个侧面作为添加幕墙的面，如图 7-39 所示。

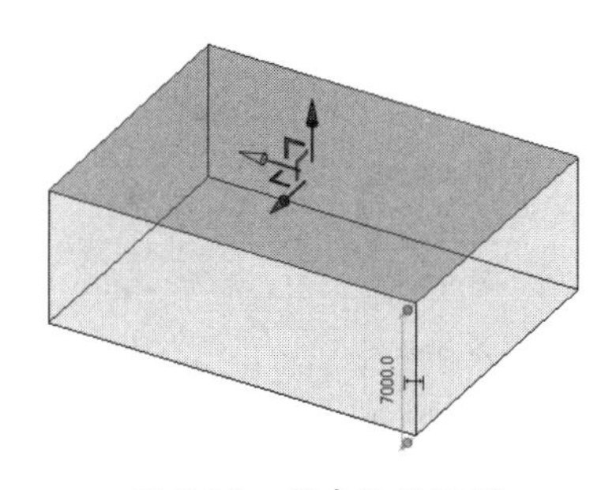

图 7-38　创建体量模型

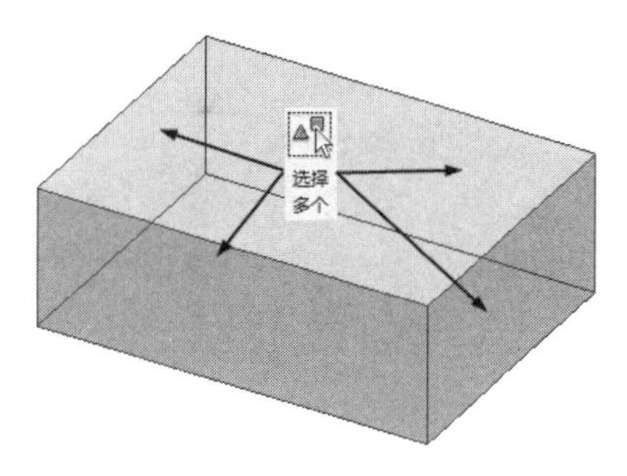

图 7-39　选择要添加幕墙的面

⑥ 单击【修改|放置面幕墙系统】上下文选项卡中的【创建系统】按钮，Revit 自动创建幕墙系统，如图 7-40 所示。

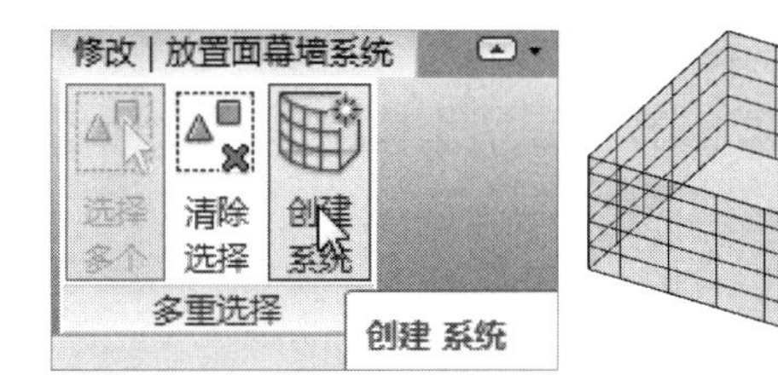

图 7-40　自动创建幕墙系统（幕墙嵌板）

⑦ 自动创建的幕墙系统默认是【幕墙系统 1500×3000】，用户可以从【项目浏览器】选项板中选择幕墙嵌板族来匹配幕墙系统中的嵌板。

2. 幕墙网格

【幕墙网格】工具的作用是重新对幕墙或幕墙系统进行网格划分（实际上是划分嵌板），如图 7-41 所示，划分后将得到新的幕墙网格布局，有时也用于在幕墙中开窗、开门。在 Revit Architecture 模块中，用户可以手动或通过参数指定幕墙网格的划分方式和数量。

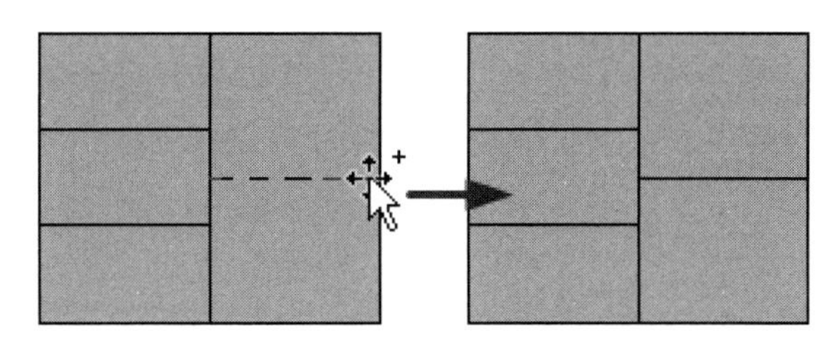

图 7-41　划分幕墙网格

上机操作——添加幕墙网格

① 新建建筑项目文件。

② 在【标高 1】楼层平面视图上绘制墙体，如图 7-42 所示。

③ 将墙类型重新选择为【幕墙】，如图 7-43 所示。

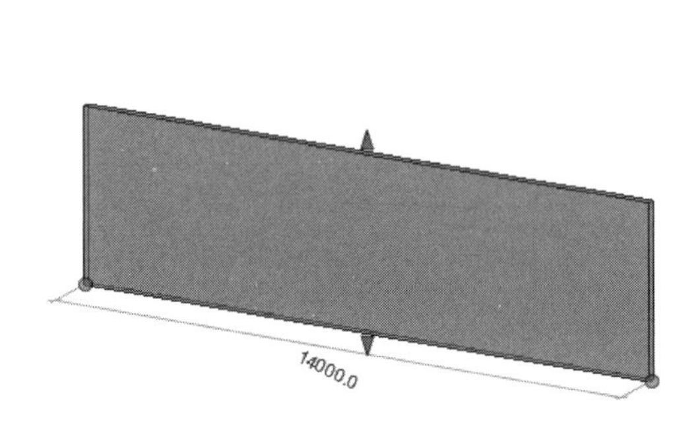

图 7-42 绘制墙体

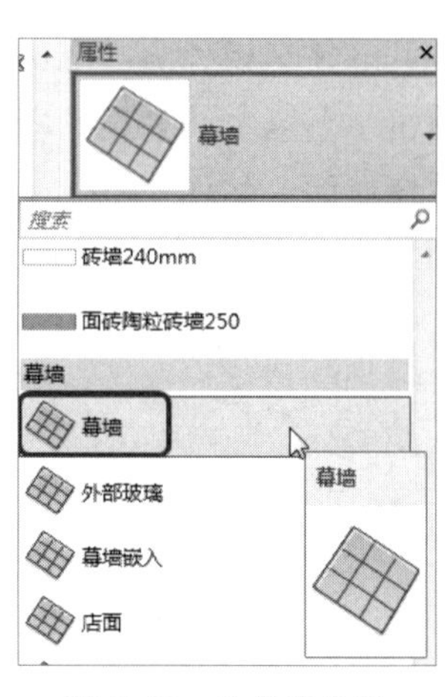

图 7-43 设置墙类型

④ 在【建筑】选项卡的【构建】面板中单击【幕墙网格】按钮，切换到【修改|放置幕墙网格】上下文选项卡。先利用【放置】面板中的【全部分段】工具，将鼠标指针靠近垂直幕墙边，再在幕墙上建立水平分段线，如图 7-44 所示。

⑤ 将鼠标指针靠近幕墙上边或下边，建立一条垂直分段线，如图 7-45 所示。

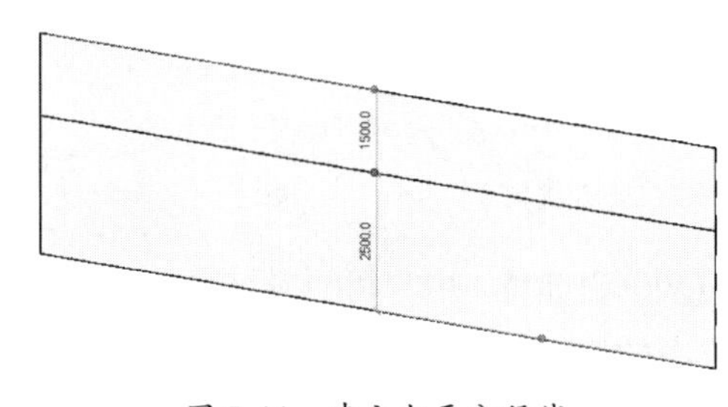

图 7-44 建立水平分段线

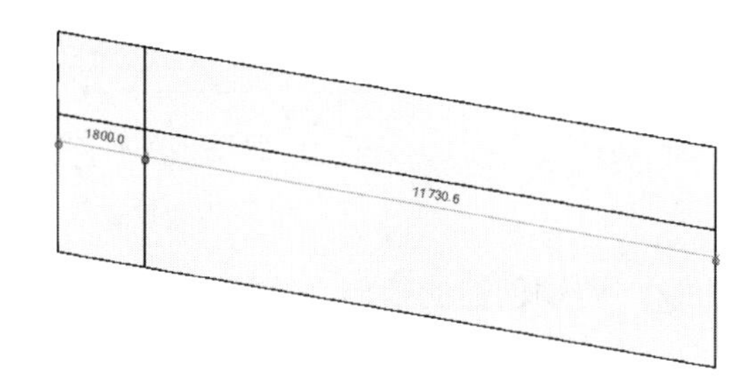

图 7-45 建立垂直分段线

⑥ 同理，完成其余垂直分段线的创建，如图 7-46 所示。

知识点拨：

每建立一条分段线，就立即修改临时尺寸。不要等分割完成后再修改尺寸，因为每条分段线的临时尺寸皆为相邻分段线的共有尺寸，一条分段线由两个临时尺寸控制。

⑦ 单击【修改|放置幕墙网格】上下文选项卡的【设置】面板中的【一段】按钮，在其中一个幕墙网格中放置水平分段线，如图 7-47 所示。

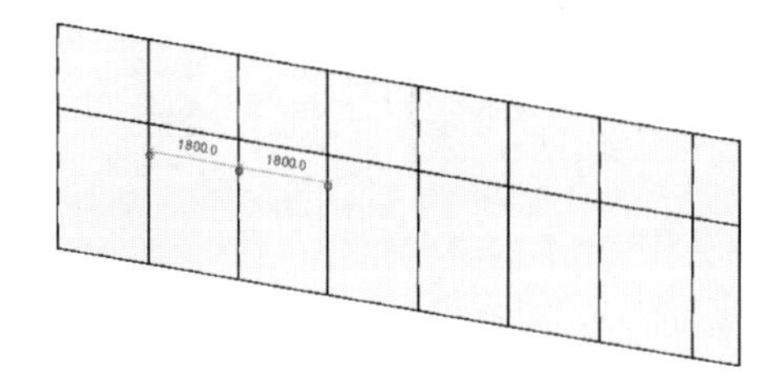

图 7-46 完成其余垂直分段线的创建

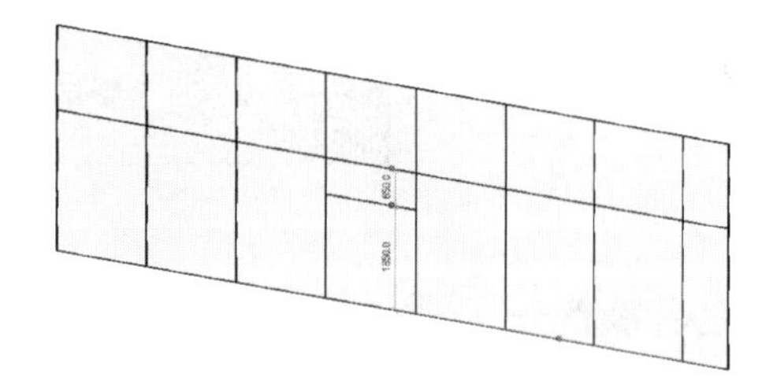

图 7-47 在单个幕墙网格中放置水平分段线

⑧ 设置垂直分段，结果如图 7-48 所示。再次垂直分段两次，完成所有分段，如图 7-49 所示。

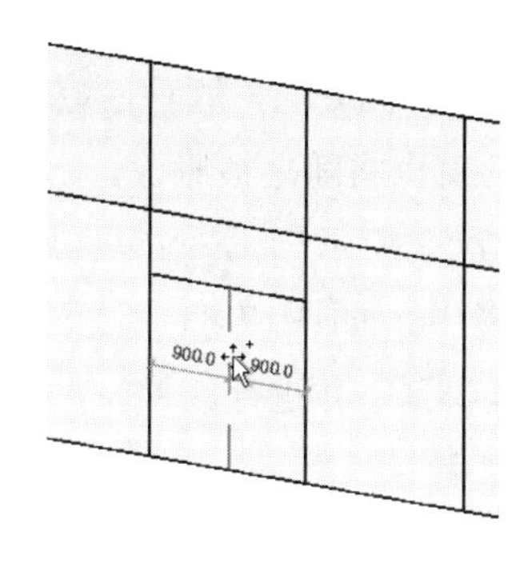

图 7-48　垂直分段

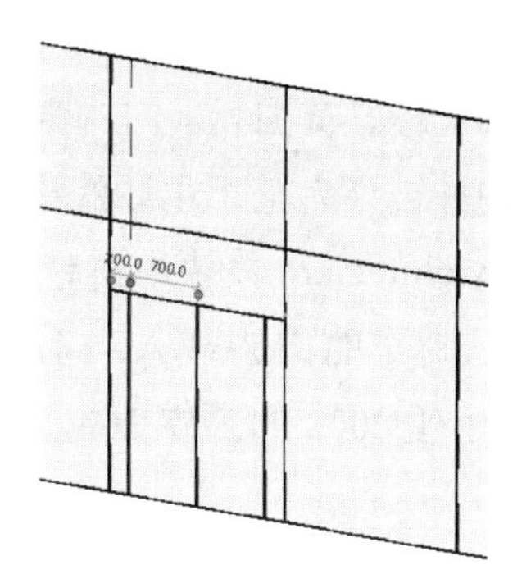

图 7-49　完成所有分段

3．幕墙竖梃

幕墙竖梃即幕墙龙骨，是沿幕墙网格生成的线性构件。当删除幕墙网格时，依赖于该网格的竖梃也将同时被删除。

上机操作——添加幕墙竖梃

① 以上一个案例的结果作为本例的源文件。

② 在【建筑】选项卡的【构建】面板中单击【竖梃】按钮，切换到【修改|放置竖梃】上下文选项卡。

③ 该上下文选项卡中有 3 个工具：网格线、单段网格线和全部网格线。利用【全部网格线】工具，一次性添加所有幕墙边和分段线的竖梃，如图 7-50 所示。

- 网格线：此工具通过选择长分段线来添加竖梃。
- 单段网格线：此工具通过选择单个网格内的分段线来添加竖梃。
- 全部网格线：此工具通过一次性选中整个幕墙中的分段线来快速地添加竖梃。

④ 放大幕墙门位置，删除部分竖梃，如图 7-51 所示。

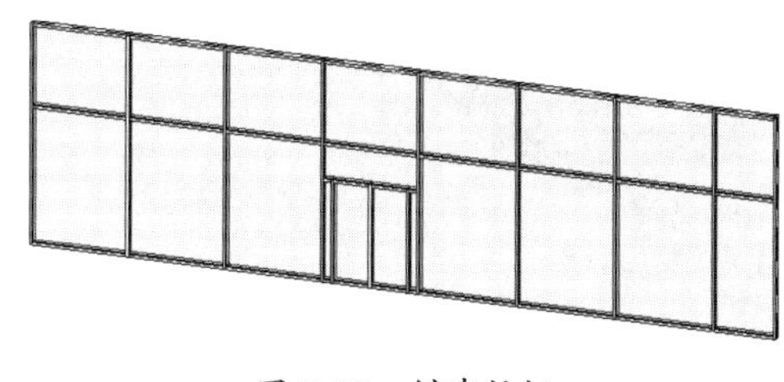

图 7-50　创建竖梃

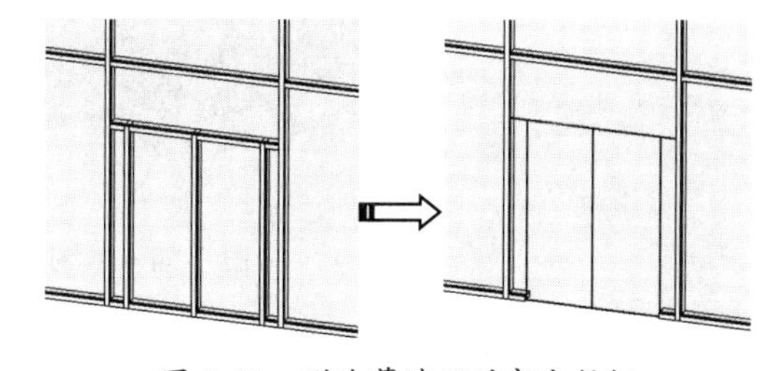

图 7-51　删除幕墙门的部分竖梃

7.2　Revit 门、窗与建筑柱设计

在 Revit Architecture 模块中，门、窗、柱、梁、室内摆设等均为建筑构件。用户可以在 Revit 中在位创建体量族，也可以加载已经建立的构件族。

7.2.1 门设计

门、窗是建筑设计中常用的构件。Revit Architecture 模块提供了【门】【窗】工具，用于在项目中添加门、窗图元。门、窗必须放置于墙、屋顶等主体图元上，这种依赖于主体图元而存在的构件被称为基于主体的构件。如果删除墙体，门窗也将随之被删除。

Revit Architecture 模块中自带的门族类型较少，如图 7-52 所示。用户可以利用【载入族】工具将自己制作的门族载入当前 Revit Architecture 环境中，如图 7-53 所示。或者通过 BIMSpace 乐建 2022 的云族 360，将需要的门族载入当前项目中并进行放置。

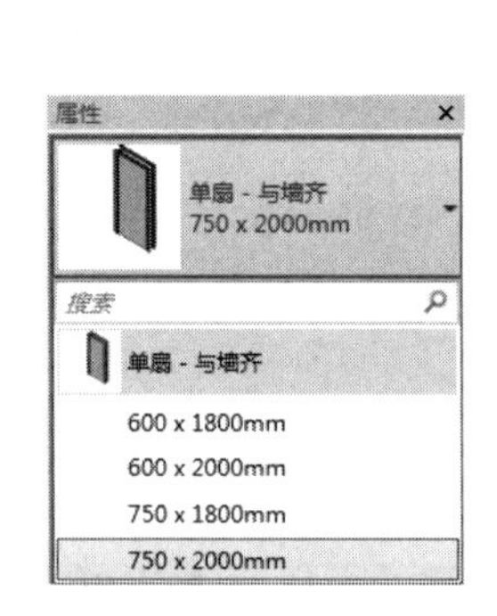

图 7-52 Revit Architecture 模块中自带的门族类型

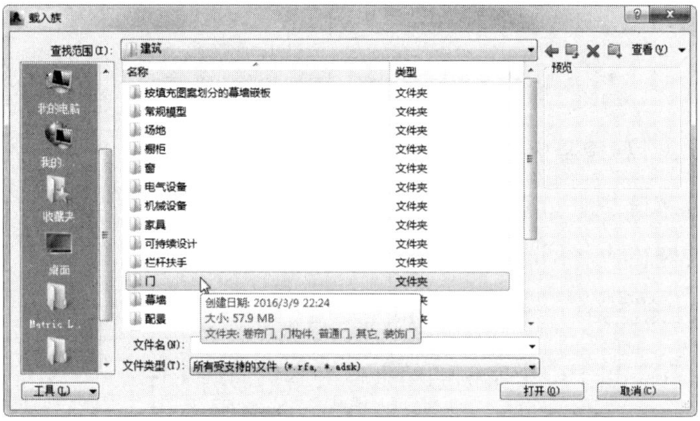

图 7-53 载入门族

上机操作——添加与修改门

① 打开本例源文件【别墅-1.rvt】，如图 7-54 所示。

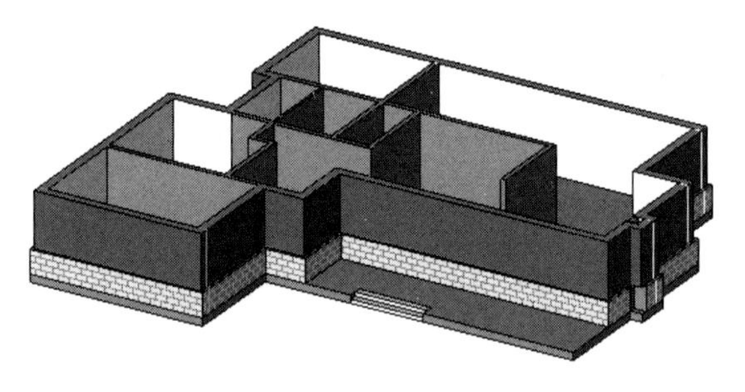

图 7-54 本例源文件【别墅-1.rvt】

② 项目模型是别墅建筑的第一层砖墙，需要添加大门和室内房间的门。在【项目浏览器】选项板中切换到【一层平面】楼层平面视图。

③ 由于 Revit Architecture 模块中的门族类型仅有一个，不适合用作大门，因此在放置门时需要载入门族。单击【建筑】选项卡的【构建】面板中的【门】按钮，切换到【修改|放置门】上下文选项卡，如图 7-55 所示。

④ 单击【修改|放置门】上下文选项卡的【模式】面板中的【载入族】按钮，从本例源文件夹中载入【双扇玻璃木格子门.rfa】门族，如图 7-56 所示。

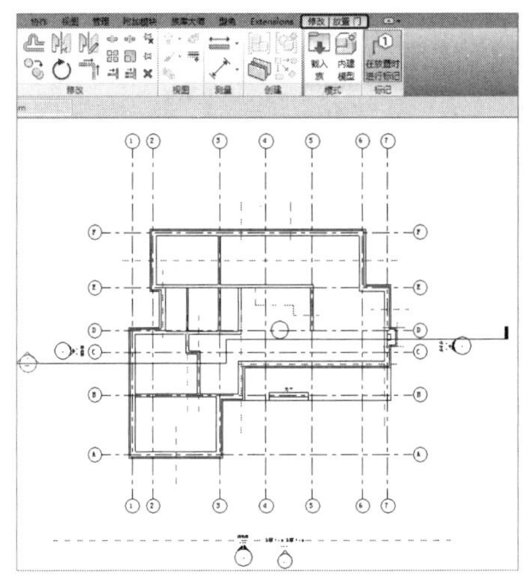

图 7-55　【修改|放置门】上下文选项卡

图 7-56　载入门族

⑤ Revit 自动将载入的门族作为当前要插入的族类型，此时可将门图元插入建筑模型中有石梯梯步的位置，如图 7-57 所示。

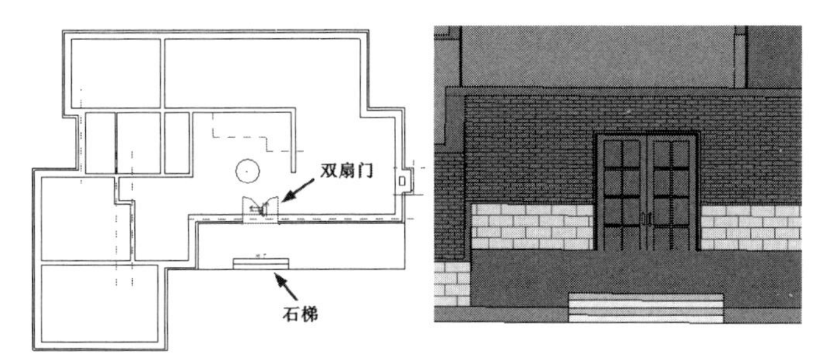

图 7-57　插入门图元

⑥ 在建筑内部有隔断墙的地方，也要插入门，门的类型主要有两种：一种是卫生间门，另一种是卧室门。继续载入门族【平开木门-单扇.rfa】和【镶玻璃门-单扇.rfa】，并分别将其插入建筑一层平面图中，如图 7-58 所示。

技巧点拨：

在放置门时要注意开门方向，步骤是先放置门，然后指定开门方向。

⑦ 选中一个门图元，门图元被激活，如图 7-59 所示。

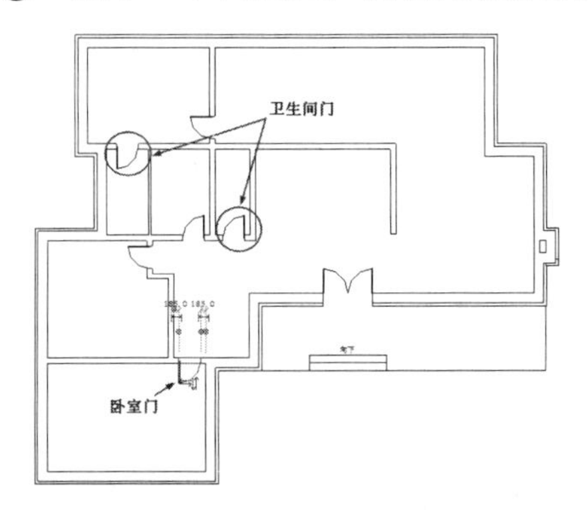

图 7-58　在室内插入卫生间门和卧室门

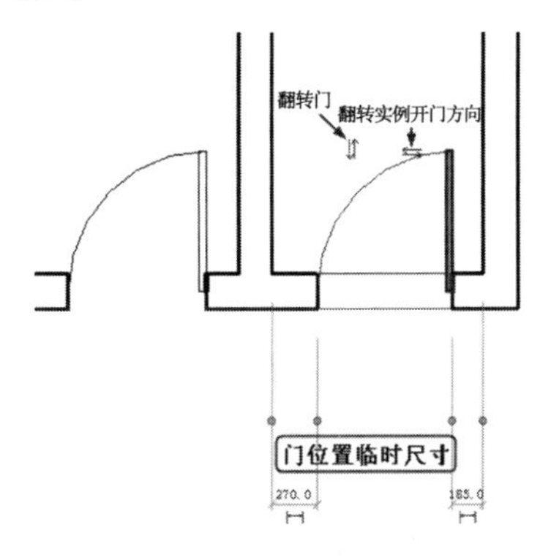

图 7-59　门图元被激活状态

⑧ 在视图中单击【翻转实例面】符号⇅，可以翻转门（改变门的朝向），如图 7-60 所示。

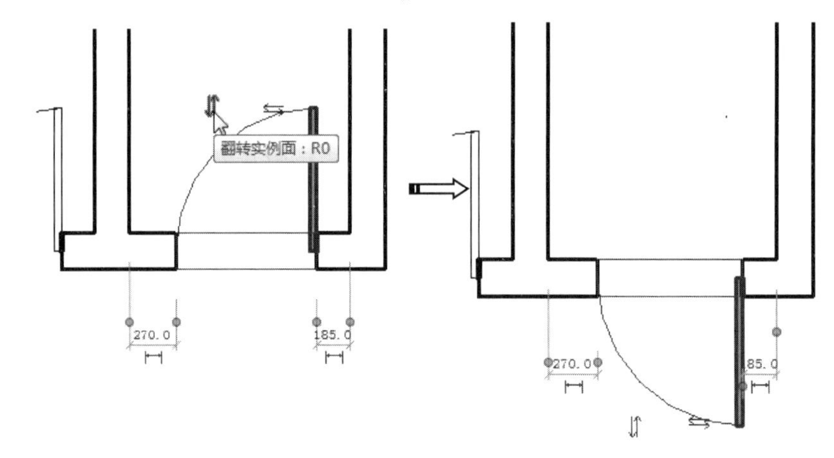

图 7-60 翻转门

⑨ 在视图中单击【翻转实例开门方向】符号⇆，可以改变开门方向，如图 7-61 所示。

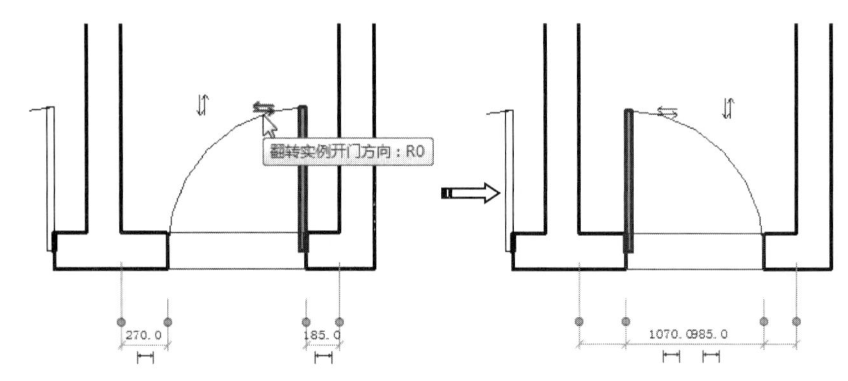

图 7-61 改变开门方向

⑩ 我们需要改变门靠墙的位置，在一般情况下，由于门到墙边的距离是一块砖的间距，也就是 120mm，因此更改临时尺寸即可改变门靠墙的位置，如图 7-62 所示。

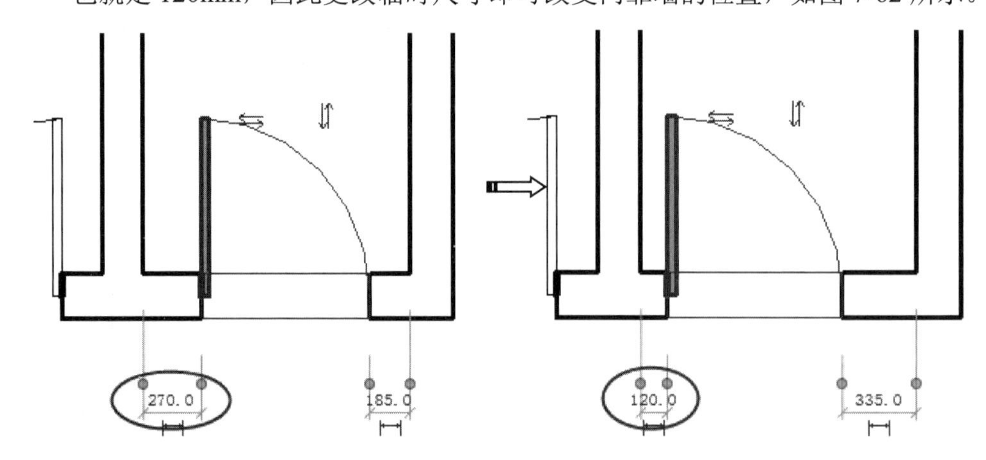

图 7-62 改变门靠墙的位置

⑪ 同理，完成其余门图元的修改。最终结果如图 7-63 所示。

⑫ 在添加门后，通过【项目浏览器】选项板将【注释符号】族项目下的【M_门标记】添加到平面图中的门图元上，如图 7-64 所示。

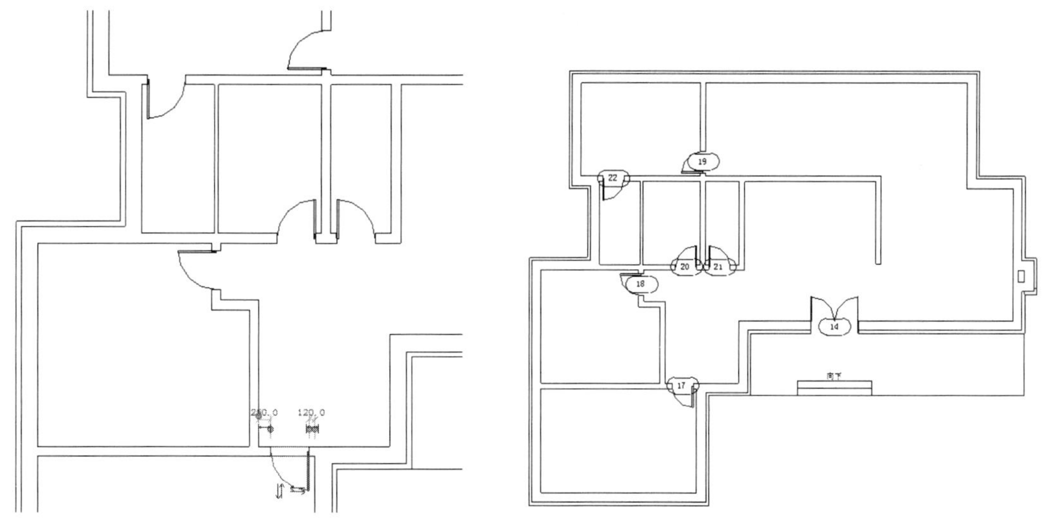

图 7-63　完成门图元的修改　　　　图 7-64　添加门标记

⑬ 如果没有显示门标记，则可以通过单击【视图】选项卡的【图形】面板中的【可见性/图形】按钮，在打开的【楼层平面：一层平面的可见性/图形替换】对话框的【注释类别】选项卡中设置门标记的可见性，如图 7-65 所示。

图 7-65　设置门标记的可见性

⑭ 还可以利用【修改|门】上下文选项卡的【修改】面板中的【修改】工具，对门图元进行对齐、复制、移动、阵列、镜像等操作，此类操作在第 2 章中已有详细介绍。

⑮ 保存项目文件。

7.2.2 窗设计

在建筑设计中，窗是不可缺少的。窗在带来空气流通的同时，也可以让明媚的阳光充分照射到房间中，因此窗的放置也很重要。

窗的插入和门相同，也需要事先加载与建筑匹配的窗族。

上机操作——添加与修改窗

① 打开本例源文件【别墅-2.rvt】。

② 在【建筑】选项卡的【构建】面板中单击【窗】按钮，切换到【修改|放置窗】上下文选项卡。在【模式】面板中单击【载入族】按钮，从本例源文件夹中载入窗族【型材推拉窗（有装饰格）.rfa】，如图 7-66 所示。

③ 将载入的窗族【型材推拉窗（有装饰格）】放置于大门右侧，并列放置 3 个此类窗族，同时添加 3 个【M_窗标记】注释符号族，如图 7-67 所示。

图 7-66 载入窗族

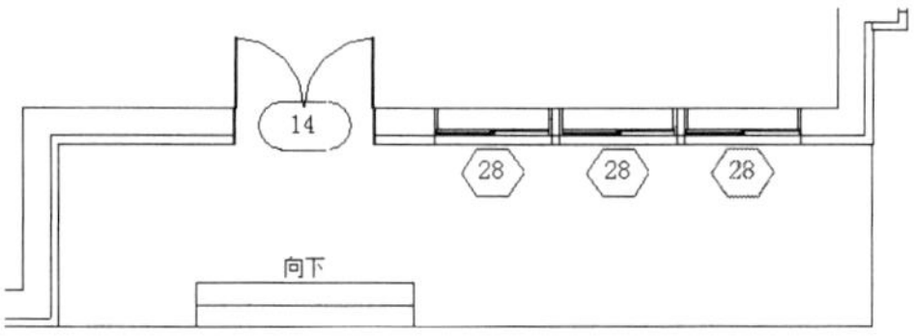

图 7-67 放置窗族并添加注释符号族

④ 载入窗族【弧形欧式窗.rfa】（窗标记为 29）并将其添加到一层平面图中，如图 7-68 所示。

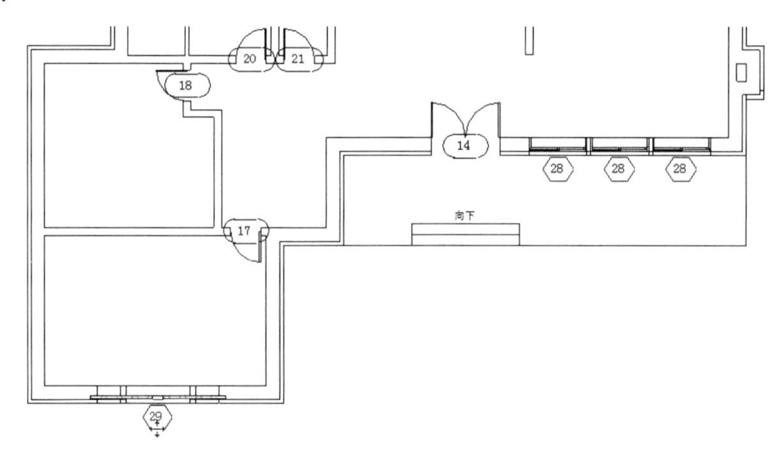

图 7-68 载入第二种窗族

⑤ 载入窗族【木格平开窗.rfa】（窗标记为 30）并将其添加到一层平面图中，如图 7-69 所示。

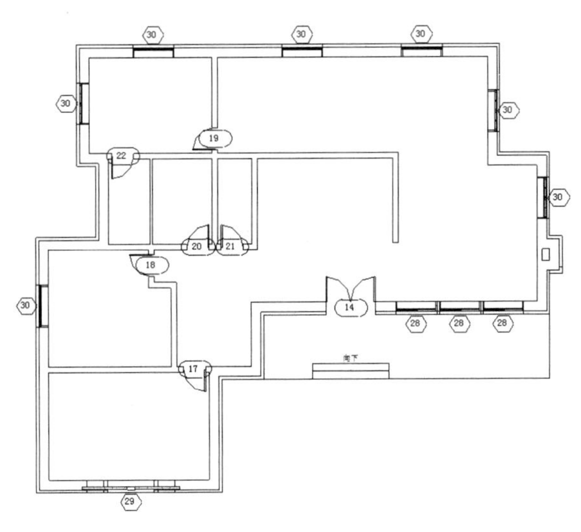

图 7-69　载入第三种窗族

⑥ 添加 Revit 自带的窗类型【固定：1000×1200mm】，如图 7-70 所示。

⑦ 重新设置大门右侧的 3 个窗的位置，尽量将其放置在大门和右侧墙体之间，如图 7-71 所示。

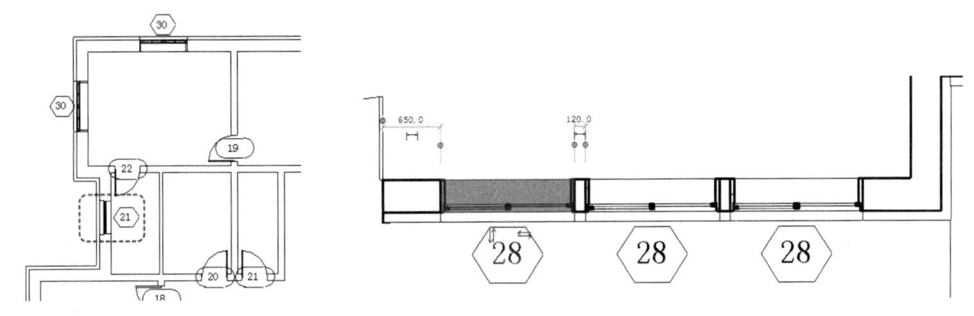

图 7-70　添加 Revit 自带的窗类型　　　　图 7-71　修改大门右侧窗的位置

⑧ 按照在所属墙体中间放置的原则，修改其余窗的位置，如图 7-72 所示。

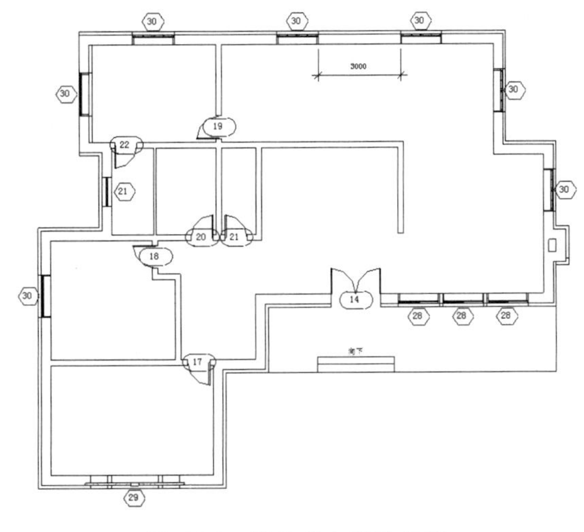

图 7-72　修改其余窗的位置

⑨ 要确保所有窗的朝向正确（也就是窗扇位置靠外墙）。切换到三维视图，查看窗的位置、朝向是否有误，如图 7-73 所示。

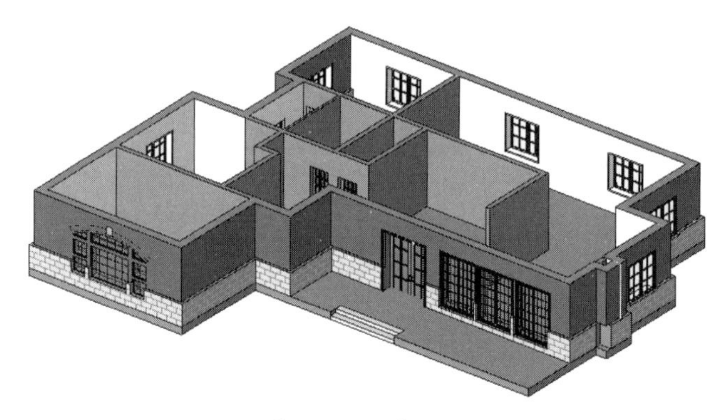

图 7-73　三维视图

⑩ 此时窗底边高度比叠层墙底层高度要低，不太合理，要么对齐，要么高出一层砖的厚度。按住 Ctrl 键并选中所有【木格平开窗】和【固定：1000×1200mm】窗类型，在【属性】选项板的【限制条件】选项下修改【底高度】的值为【900】，结果如图 7-74 所示。

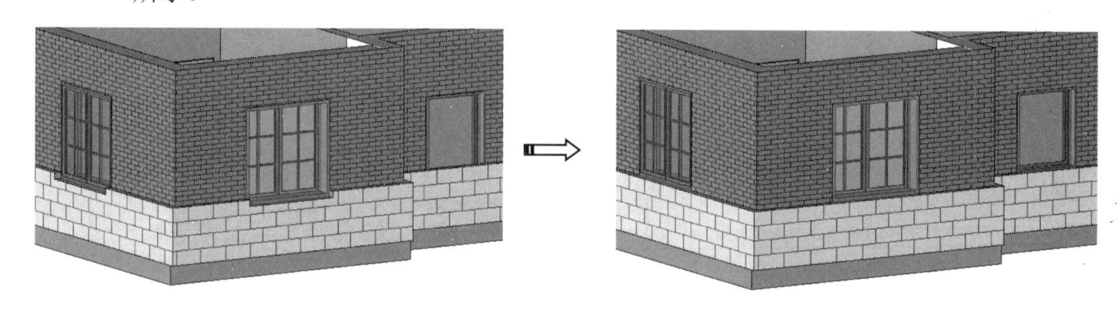

图 7-74　修改所有【木格平开窗】和【固定：1000×1200mm】窗类型的底高度

⑪ 选中【弧形欧式窗】，修改其【底高度】的值为【750】，结果如图 7-75 所示。

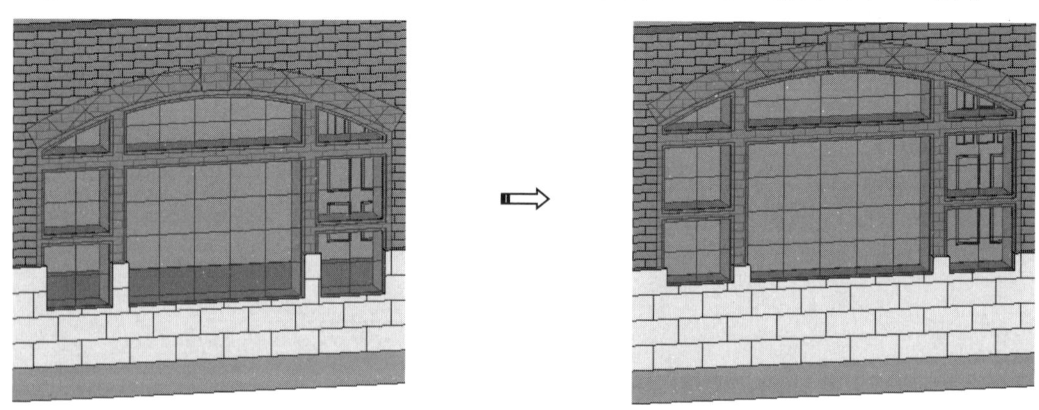

图 7-75　修改【弧形欧式窗】的底高度

⑫ 保存项目文件。

7.2.3　建筑柱设计

建筑柱有时作为墙垛子，用于加固外墙的结构强度，也起到外墙装饰的作用。有时大门外的装饰柱用于承载雨棚。下面通过两个案例详细讲解 Revit 系统族库和鸿业云族 360 族库中的建筑柱族的添加过程。

上机操作——添加用作墙垛子的建筑柱

① 打开本例源文件【食堂.rvt】。

② 切换到【F1】楼层平面视图，在【建筑】选项卡的【结构】面板中单击【建筑柱】按钮，切换到【修改|放置柱】上下文选项卡。

③ 在【模式】面板中单击【载入族】按钮，打开【载入族】对话框，从 Revit 族库中载入【柱】文件夹中的建筑柱族【矩形柱.rfa】，如图 7-76 所示。

④ 在【属性】选项板的【类型选择器】下拉列表中选择【500×500mm】规格的建筑柱，并取消勾选【随轴网移动】复选框和【房间边界】复选框，如图 7-77 所示。

图 7-76　载入建筑柱族

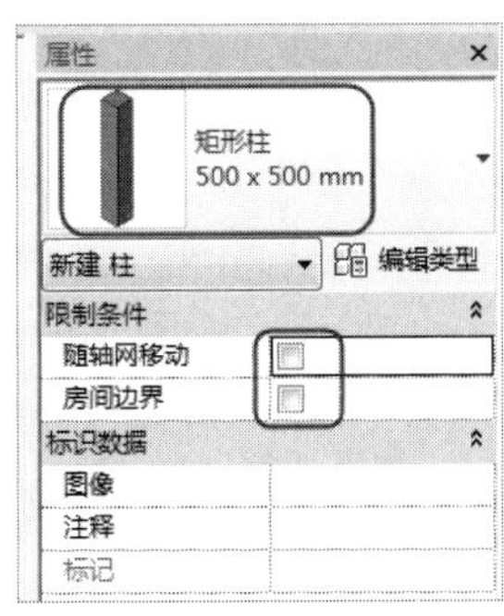

图 7-77　设置【属性】选项板中的参数

⑤ 在【F1】楼层平面视图的轴线交点（在轴号为②的轴线与复合墙最外层边线的相交点上）位置上放置建筑柱，如图 7-78 所示。

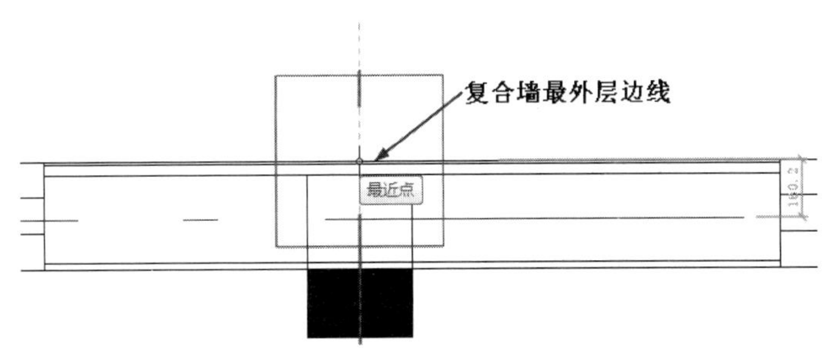

图 7-78　放置建筑柱

⑥ 在放置建筑柱后，建筑柱与复合墙自动融合，如图 7-79 所示。

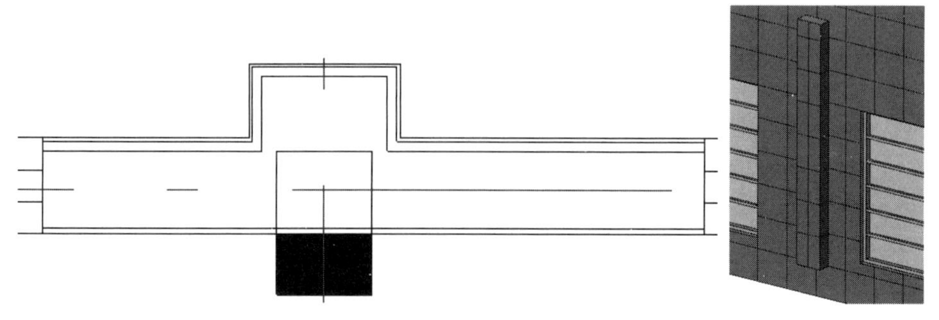

图 7-79　放置建筑柱后建筑柱与复合墙自动融合

⑦　同理，分别在轴线③、轴线④、轴线⑤上添加其余建筑柱，如图 7-80 所示。

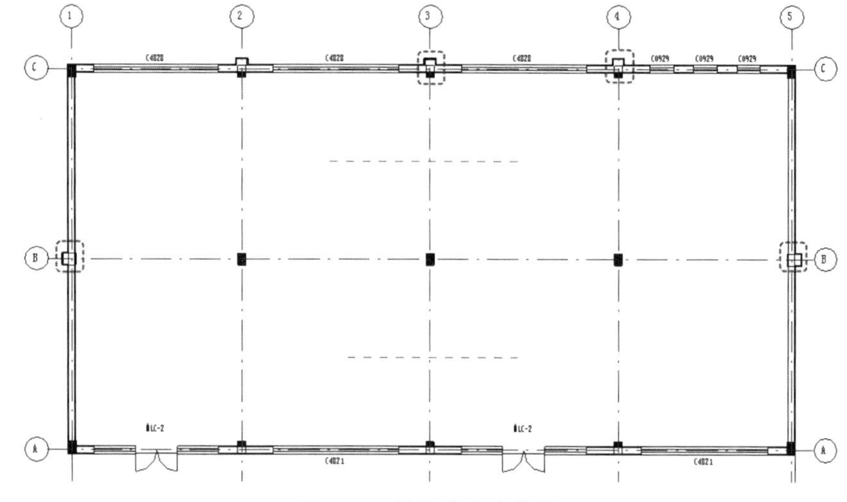

图 7-80　添加其余建筑柱

⑧　切换到三维视图，选中一根建筑柱并右击，在弹出的快捷菜单中执行【选择全部实例】|【在整个项目中】命令，在【属性】选项板中设置【底部标高】为【室外地坪】、【顶部偏移】为【2100】，单击【属性】选项板底部的【应用】按钮应用属性设置，如图 7-81 所示。

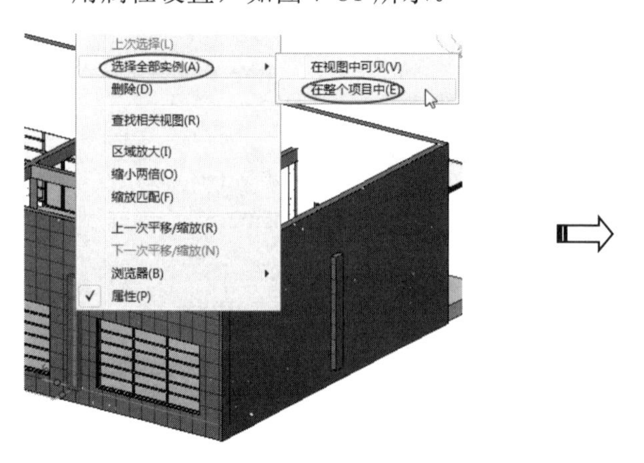

图 7-81　编辑建筑柱的属性

⑨　建筑柱的前后编辑效果对比如图 7-82 所示。

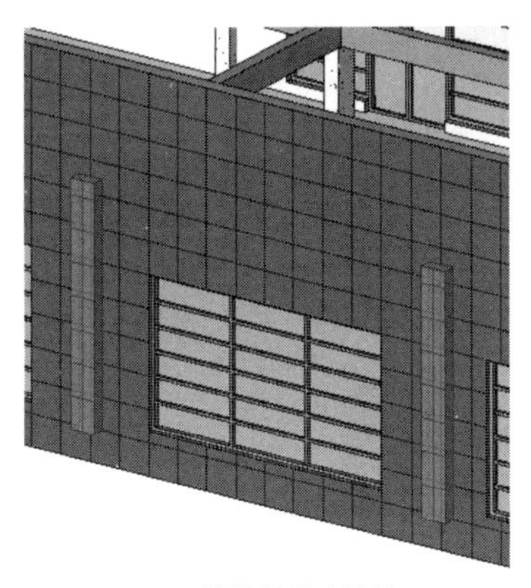

（a）编辑前的建筑柱

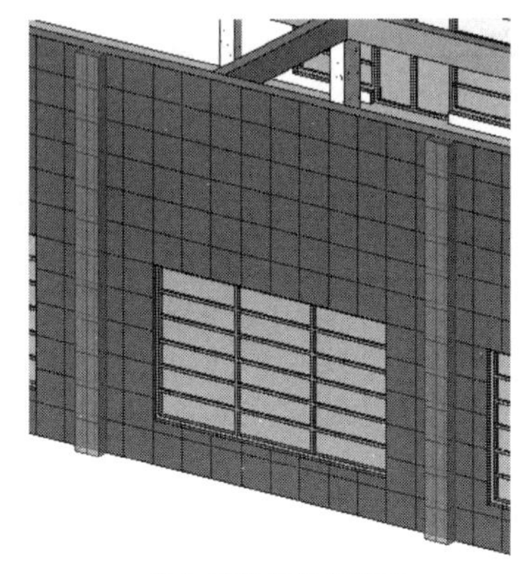

（b）编辑后的建筑柱

图 7-82　建筑柱的前后编辑效果对比

⑩　保存项目文件。

上机操作——添加用于装饰与承重的建筑柱

①　打开本例源文件【别墅.rvt】，如图 7-83 所示。

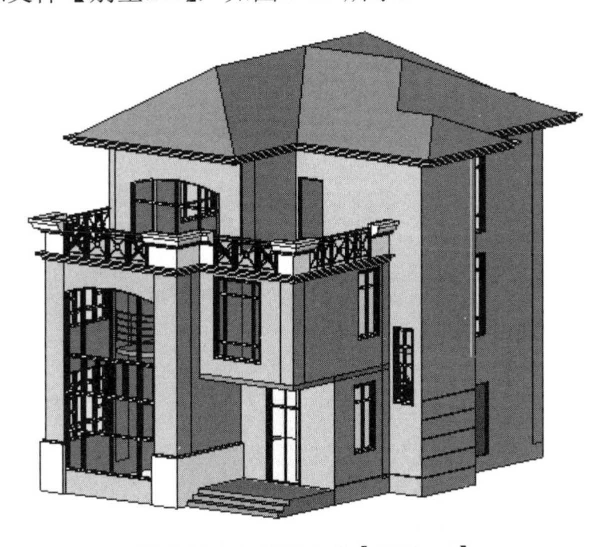

图 7-83　本例源文件【别墅.rvt】

②　在大门入口平台位置添加一根起到装饰和承重作用的建筑柱。切换到【场地】楼层平面视图。在【构件坞】选项卡中单击【所有构件】按钮，打开构件坞管理器。

③　在构件坞管理器的【所有构件】选项卡的【全部构件】列表中，选择【建筑】|【建筑柱】视图节点，右侧的族列表中显示所有建筑柱族类型，选中【建筑圆柱 1】族并单击【布置】按钮，如图 7-84 所示。

④　在【场地】平面视图中放置建筑柱，如图 7-85 所示。

⑤　切换到三维视图，可以看出建筑柱没有与一层楼板边对齐，如图 7-86 所示。

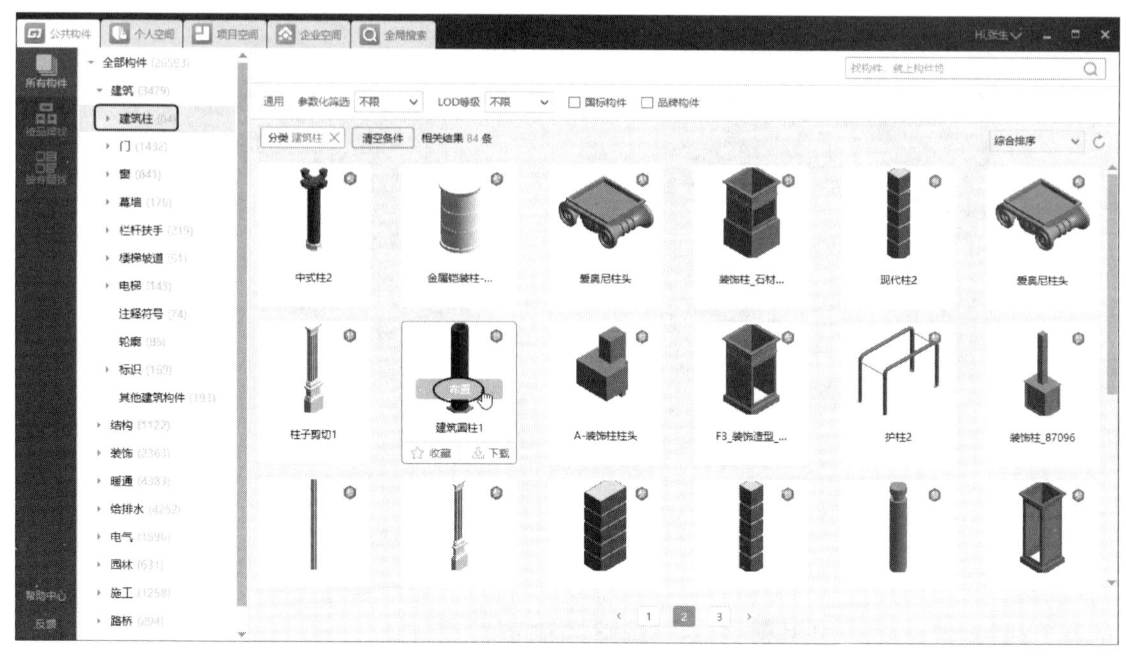

图 7-84　载入建筑柱族

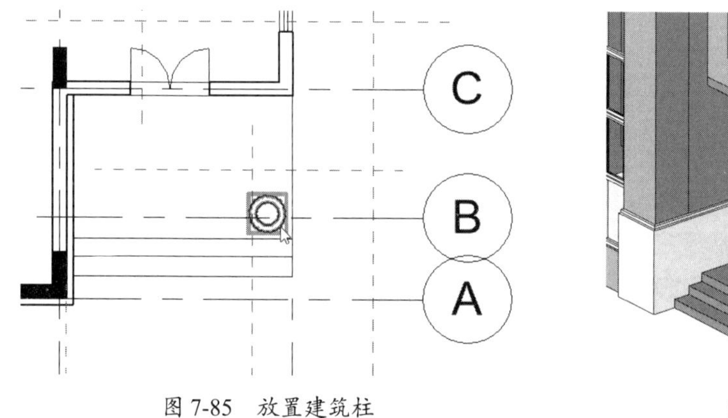

图 7-85　放置建筑柱

图 7-86　三维视图

⑥　选中建筑柱，手动修改放置尺寸，如图 7-87 所示。

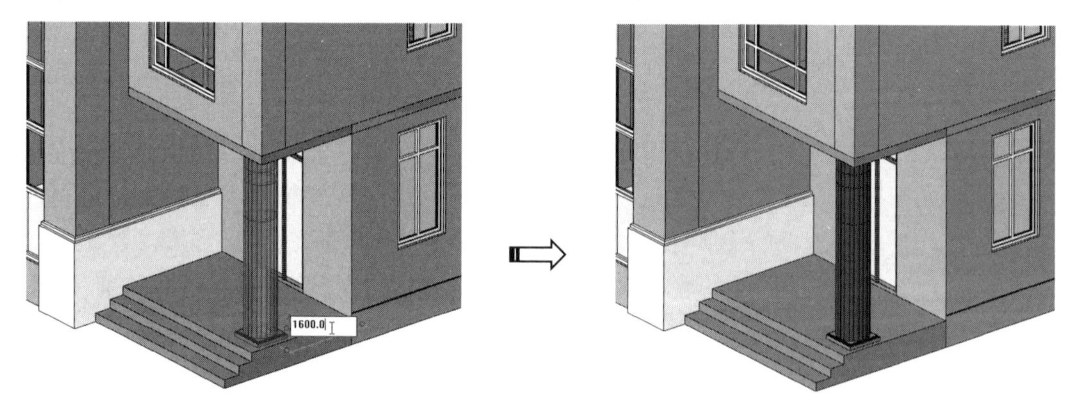

图 7-87　手动修改放置尺寸

⑦　保存项目文件。

7.3　BIMSpace 乐建 2022 墙/门窗/柱设计

利用 BIMSpace 乐建 2022 可以快捷地设计建筑墙、门窗与柱，本节将详细介绍 BIMSpace 乐建 2022 相关的设计工具，以帮助建筑设计师高效地完成设计工作。

7.3.1　BIMSpace 乐建 2022 墙的生成与编辑

BIMSpace 乐建 2022 中的墙创建工具如图 7-88 所示。

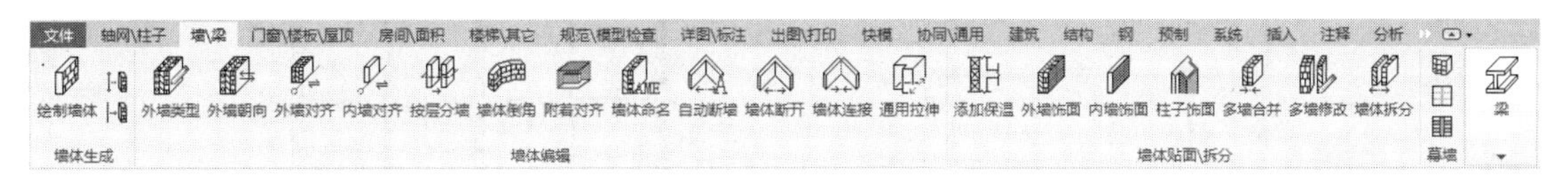

图 7-88　墙创建工具

1．墙的生成

BIMSpace 乐建 2022 中的墙生成工具包括【绘制墙体】【轴网生墙】【线生墙】。【绘制墙体】工具与 Revit 中的【墙】工具是完全相同的，这里不再赘述。

上机操作——【轴网生墙】工具的使用

【轴网生墙】工具是通过拾取轴线来创建墙的，墙分为外墙和内墙。此工具适合创建形状方正的建筑墙。

① 打开本例源文件【轴网.rvt】。

② 切换到首层平面图。在【墙\梁】选项卡中单击【轴网生墙】按钮，打开【轴网生墙】对话框。在该对话框中设置如图 7-89 所示的参数。

- 墙族：需要生成的墙种类，共有【基本墙】【叠层墙】【幕墙】三大种类。
- 墙类型：需要生成的墙的具体类型，根据不同的墙种类有不同的墙类型供用户选择。
- 墙顶高：生成墙的顶部标高。
- 新建：新建一种新的墙类型，可设置各层厚度，如图 7-90 所示。

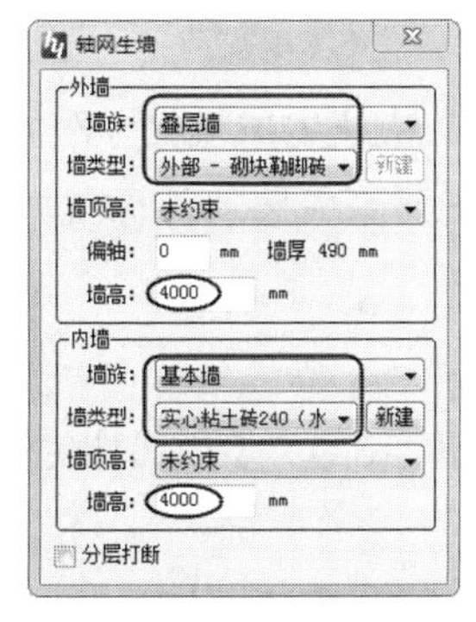

图 7-89　设置墙参数

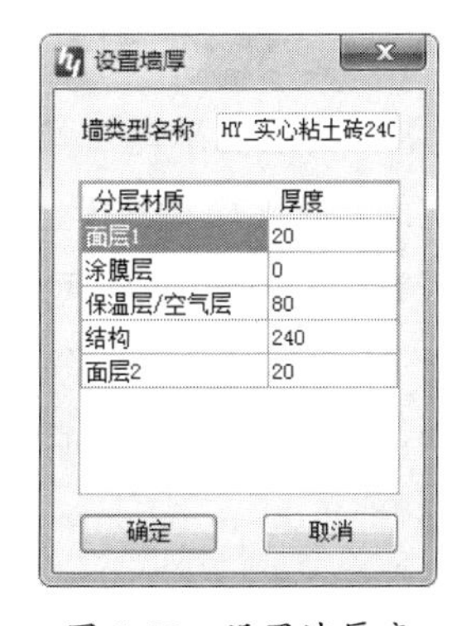

图 7-90　设置墙厚度

- 偏轴：外墙的中心线与轴线之间的偏轴厚度。

- 墙高：当墙顶高被设置为【未约束】时，可输入墙高度。
- 分层打断：按照楼层将生成的墙进行打断。

③ 在视图中以框选的方式选择所有轴线，在视图区域上方的选项栏中单击【完成】按钮，自动生成墙体，如图 7-91 所示。

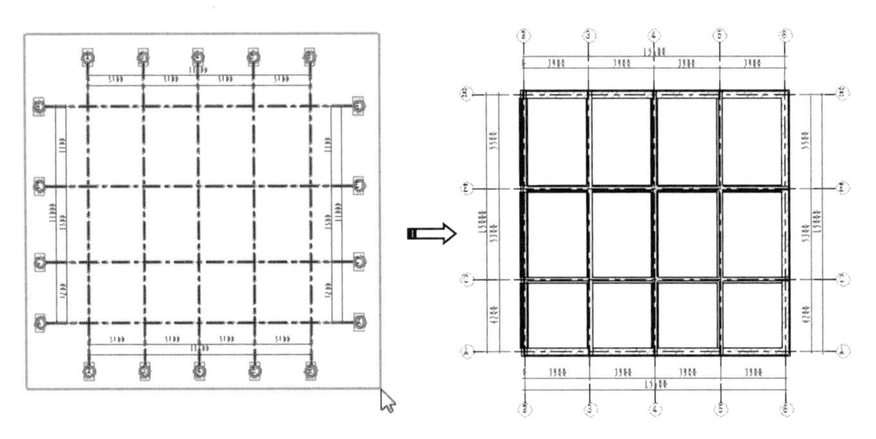

图 7-91 选择轴线生成墙

知识点拨：

用户也可以一条一条地选择轴线来生成墙。

④ 当不再生成墙时，关闭【轴网生墙】对话框。轴网生墙的三维视图如图 7-92 所示。

图 7-92 轴网生墙的三维视图

上机操作——【线生墙】工具的使用

【线生墙】工具主要是通过拾取 Revit 模型线或详图线来快速生成墙的。例如，用户导入 CAD 图纸，先利用【模型线】工具在图纸的轴线上绘制出要生成墙的部分线，再利用【线生墙】工具拾取这些模型线即可自动生成墙。

① 选择 HYBIMSpace 建筑样板，创建建筑项目。

② 在 Revit 的【插入】选项卡中单击【导入 CAD】按钮，导入【二层住宅平面图.dwg】图纸。

③ 选中图纸，在【修改】选项卡中单击【解锁】按钮解锁图纸，将其平移到立面图标记的中央，如图 7-93 所示。

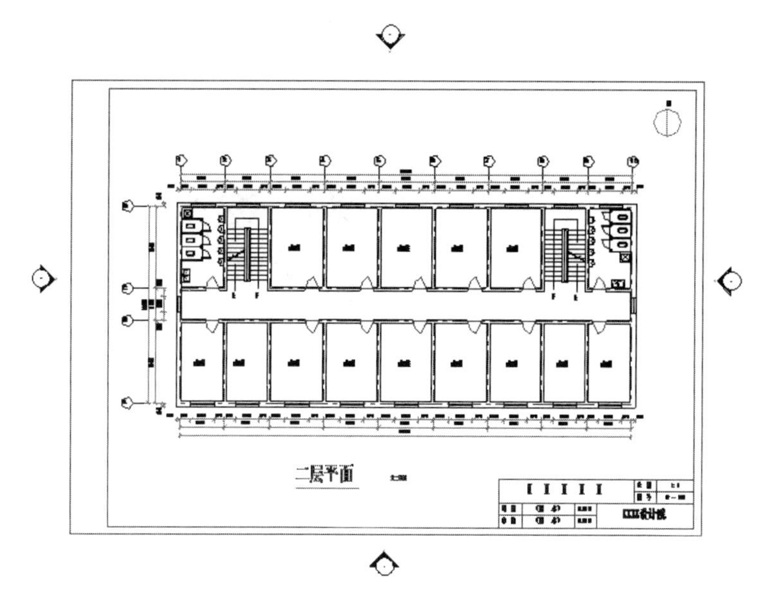

图 7-93　平移图纸

④　在【建筑】选项卡中单击【模型线】按钮，利用【矩形】与【直线】工具，以墙体所在位置的轴线为参考，绘制模型线，如图 7-94 所示。

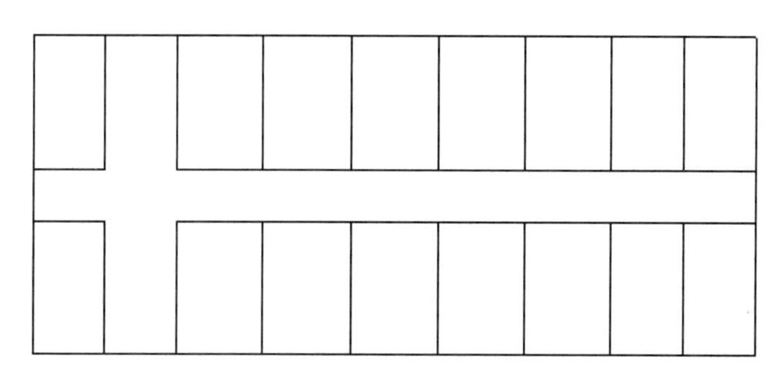

图 7-94　绘制模型线

⑤　在【墙\梁】选项卡的【墙体生成】面板中单击【线生墙】按钮，打开【线生墙】对话框，设置墙的参数，并选取所有模型线，如图 7-95 所示。

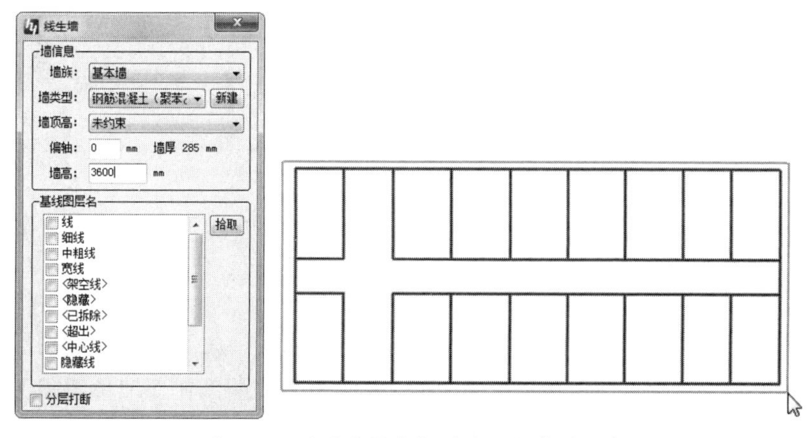

图 7-95　设置墙的参数并选取所有模型线

⑥ 单击选项栏中的【完成】按钮，自动生成墙，如图 7-96 所示。

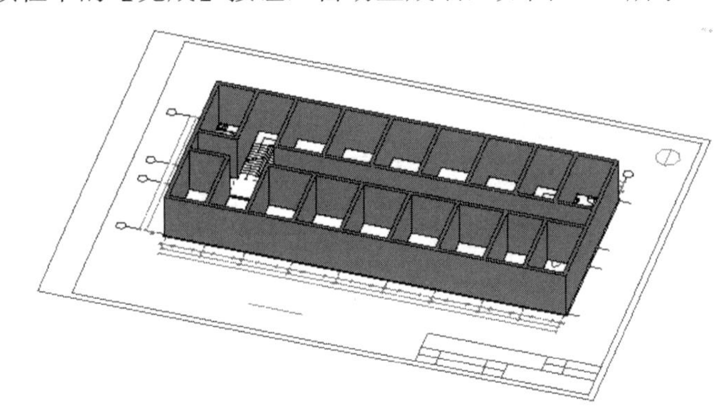

图 7-96 生成的墙

2. 墙的编辑

通过利用 BIMSpace 乐建 2022 的【墙体编辑】面板中的工具可对生成的墙进行编辑。下面介绍常用的编辑工具。

1)【外墙类型】

利用【外墙类型】工具可以快速地对项目中的所有墙或者部分墙的类型进行修改。在【墙体编辑】面板中单击【外墙类型】按钮，打开【外墙类型】对话框，如图 7-97 所示。

各选项含义如下。

- 外墙新类型：用于设置外墙的类型。
- 当前楼层全部外墙：自动分析搜索当前楼层中的所有外墙。
- 区域选择外墙：选择一个区域后，再进行自动分析搜索外墙。

在单击【确定】按钮并选择要更改墙类型的墙体后，弹出【提示:】对话框，如图 7-98 所示，单击【是】按钮墙类型全部被更改，单击【否】按钮墙类型不会被更改。

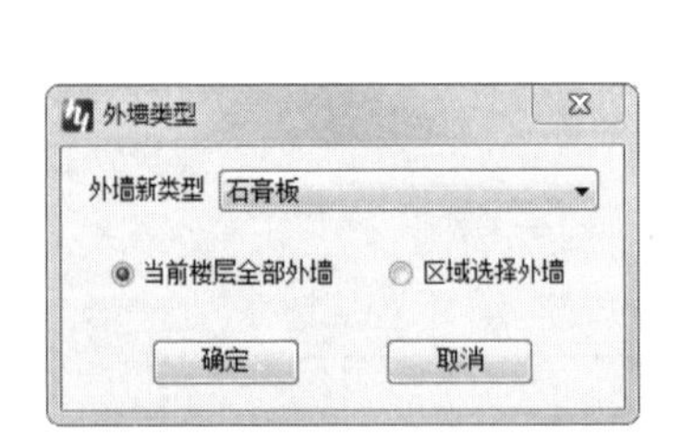

图 7-97 【外墙类型】对话框

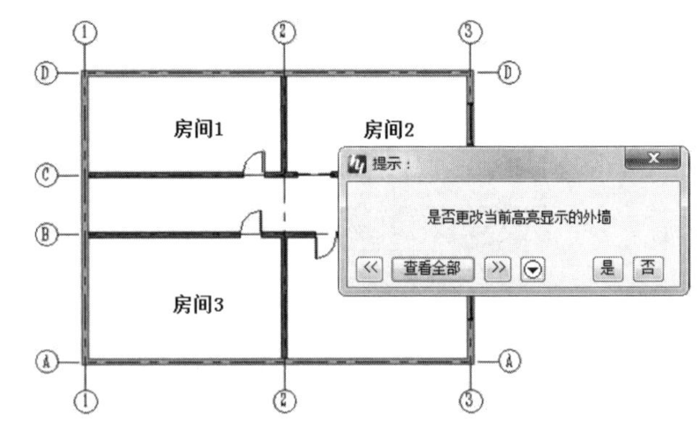

图 7-98 【提示：】对话框

2)【外墙朝向】

【外墙朝向】工具用于自动调整项目中的所有外墙朝向。此工具只可应用于平面图中。如图 7-99 所示，部分墙体的朝向相反。切换到楼层平面视图，在【墙体编辑】面板中单击【外墙朝向】按钮，系统自动搜索到需要改变朝向的墙体，如图 7-100 所示。

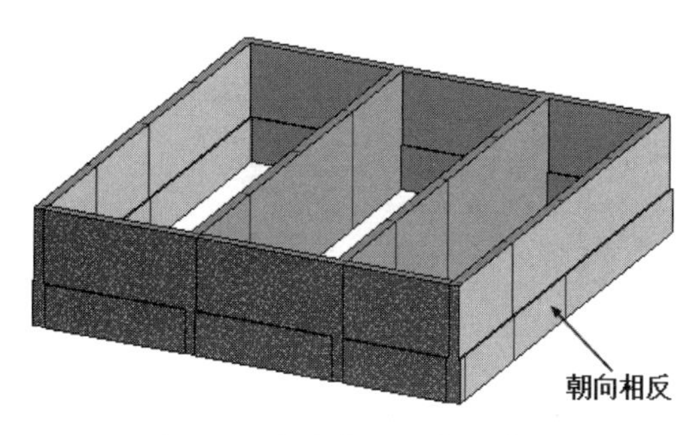

图 7-99　朝向相反的部分墙体

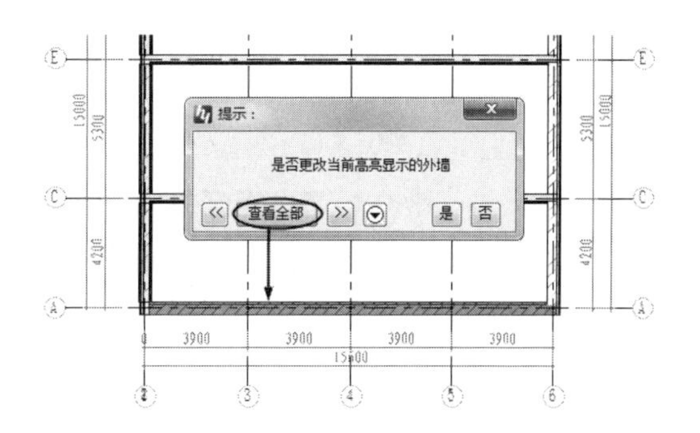

图 7-100　自动搜索朝向相反的墙体

单击【提示:】对话框中的【是】按钮，系统自动改变墙体朝向，如图 7-101 所示。用户也可以手动改变墙体朝向，在楼层平面视图中，选中墙体后，会显示修改墙的方向的箭头，单击箭头可改变墙体朝向，如图 7-102 所示。

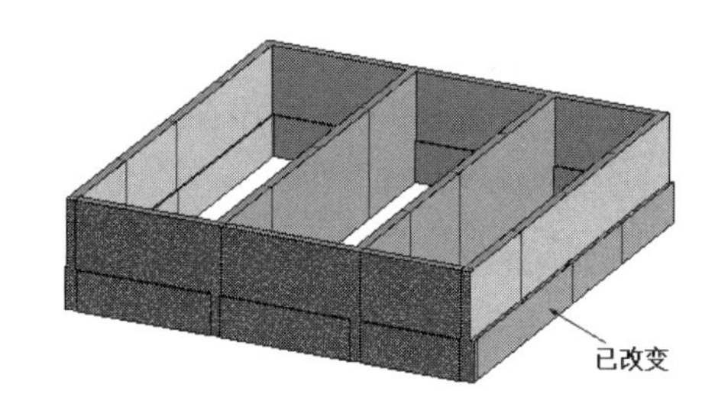

图 7-101　自动改变墙体朝向

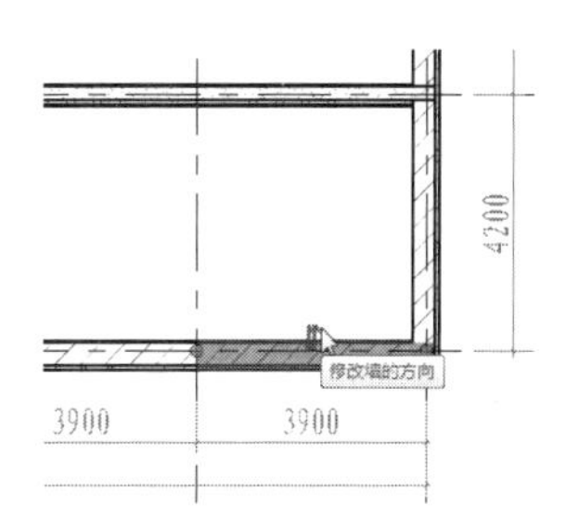

图 7-102　手动改变墙体朝向

3)【外墙对齐】

【外墙对齐】工具用来调整项目中的外墙对齐方式和位置。在【墙体编辑】面板中单击【外墙对齐】按钮，打开【外墙对齐】对话框，如图 7-103 所示。【外墙对齐】对话框的【墙体定位线】下拉列表中的选项等同于在创建墙体时，选项栏的【定位线】下拉列表中的选项，如图 7-104 所示。

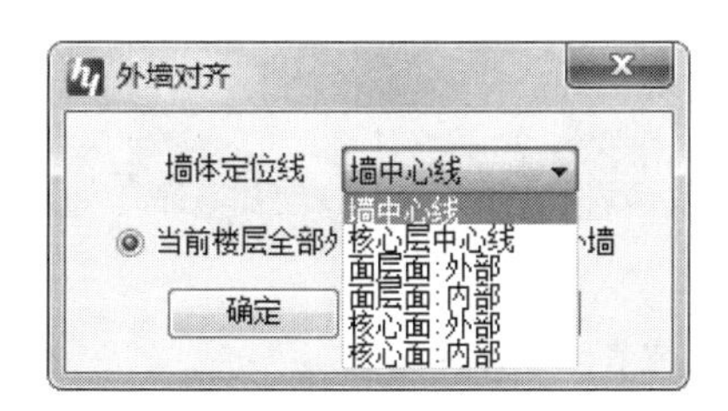

图 7-103　【外墙对齐】对话框

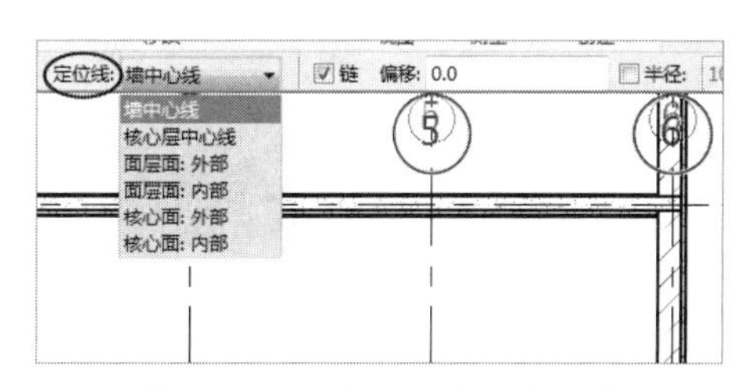

图 7-104　【定位线】下拉列表

【外墙对齐】工具与【定位线】在使用上是完全不同的，【外墙对齐】工具用于后期墙体的位置更改，而选项栏中的【定位线】用于在创建墙体时设置墙体位置，创建后则不能再编辑墙体位置。

【外墙对齐】对话框中各选项的含义如下。

- 墙体定位线：用于设置外墙的定位线类型。
- 当前楼层全部外墙：自动分析搜索当前楼层中的所有外墙。
- 区域选择外墙：选择一个区域后，再进行自动分析搜索外墙。

如图 7-105 所示为定位线对齐改变外部墙体位置的前后对比。

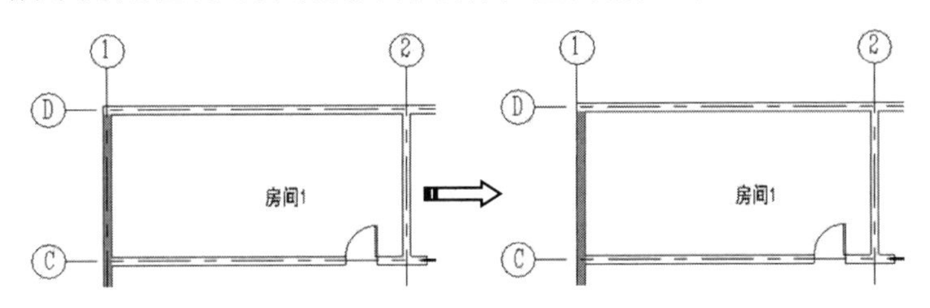

图 7-105　定位线对齐改变外部墙体位置的前后对比

4）【内墙对齐】

【内墙对齐】工具用来调整项目中的内墙对齐方式和位置，其应用对象和操作方式与【外墙对齐】工具是完全相同的。如图 7-106 所示为定位线对齐改变内部墙体位置的前后对比。

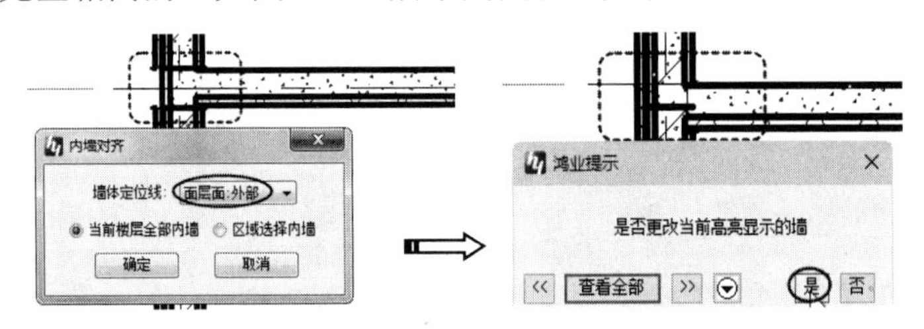

图 7-106　定位线对齐改变内部墙体位置的前后对比

5）【按层分墙】

【按层分墙】工具可以将墙体按楼层进行拆分。在【墙体编辑】面板中单击【按层分墙】按钮，打开【按层分墙】对话框，首先选择类别中的楼层平面视图，再框选要拆分的墙体，系统自动完成墙体的拆分，如图 7-107 所示。

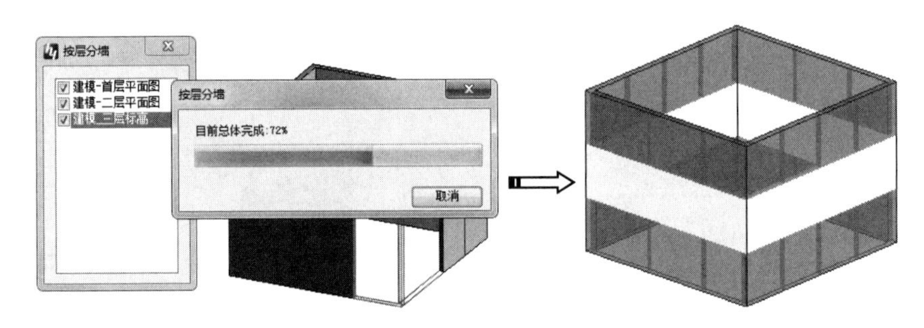

图 7-107　利用【按层分墙】工具完成墙体的拆分

6）【墙体倒角】

【墙体倒角】工具可以对直角墙体进行倒角，以此创建出圆角或斜角的墙体。在【墙体编辑】面板中单击【墙体倒角】按钮，打开【墙体倒角】对话框，如图 7-108 所示。

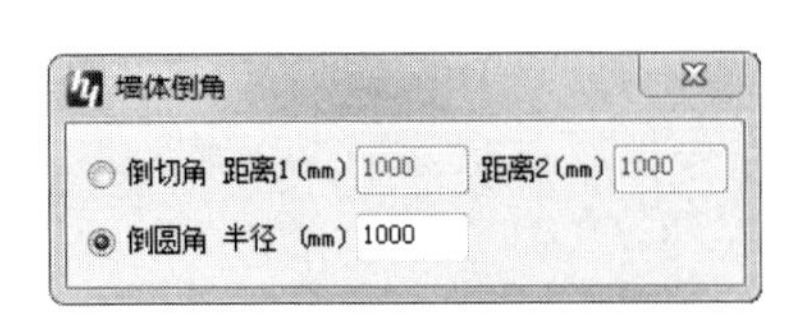

图 7-108　【墙体倒角】对话框

各选项含义如下。

- 倒切角：用于处理两段不平行的墙体的端头交角，使两段墙体以指定倒角长度进行连接。
- 倒圆角：用于处理两段不平行的墙体的端头交角，使两段墙体以指定圆角半径进行连接。

- 距离 1、距离 2：倒切角时两段墙体的倒角距离。
- 半径：倒圆角时与两段需倒角的墙体连接的圆弧墙的半径。

在设定倒角类型及参数后，选择要倒角的两段垂直相交的墙体，系统自动完成倒角操作，如图 7-109 所示。

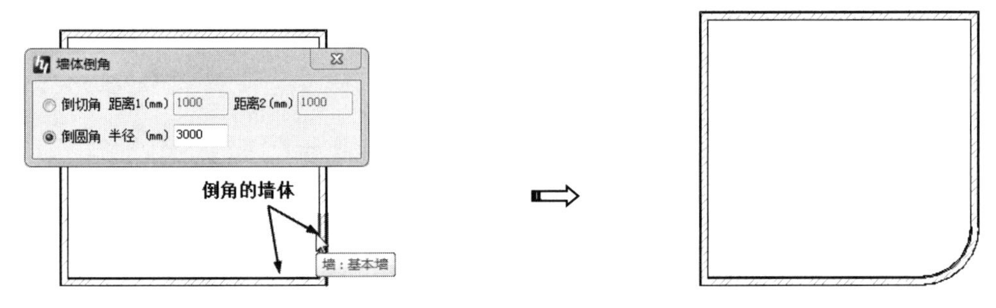

图 7-109　创建墙体倒角

7）【墙体命名】

【墙体命名】工具用于墙体、楼板的批量命名和参数修改。在【墙体编辑】面板中单击【墙体命名】按钮，打开【命名管理】对话框，如图 7-110 所示。该对话框左侧为墙类型选项，可单选或多选，对话框右侧为命名规则和结构信息。

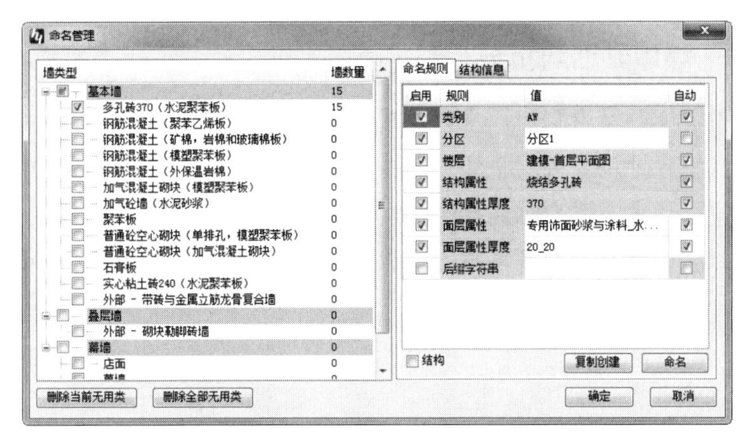

图 7-110　【命名管理】对话框

8）【墙体断开】、【墙体连接】

【墙体断开】和【墙体连接】工具主要用于墙体转角处的连接设置。【墙体断开】工具用于将已连接的墙体断开，如图 7-111 所示。【墙体连接】工具用于将断开的墙体重新连接，如图 7-112 所示。

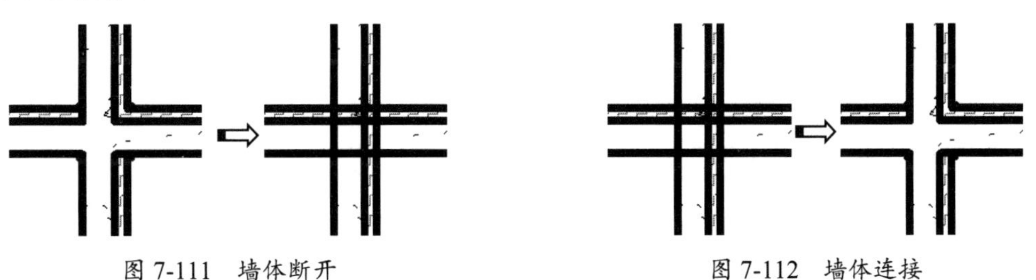

图 7-111　墙体断开　　　　图 7-112　墙体连接

9）【拉伸】

【拉伸】工具可以将墙体、梁等图元进行拉伸。在【墙体编辑】面板中单击【拉伸】按钮，选取要拉伸的墙体边线，然后拾取拉伸起点和拉伸终点，系统将自动完成拉伸操作，如图 7-113 所示。

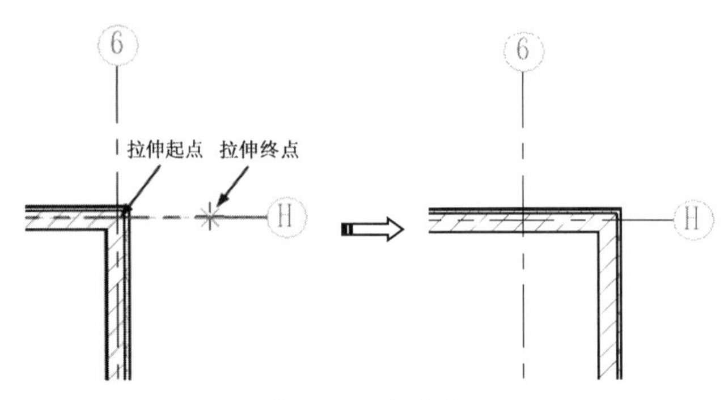

图 7-113　拉伸墙体

7.3.2　BIMSpace 乐建 2022 墙体贴面与拆分

BIMSpace 乐建 2022 墙体贴面与拆分工具主要针对墙体的外装饰面与墙体进行的合并及拆分操作。下面用案例说明这些工具的应用。

上机操作——墙体贴面与拆分操作

① 打开本例源文件【食堂-1.rvt】，如图 7-114 所示。

② 切换到【室外地坪】楼层平面视图。在【墙体贴面/拆分】面板中单击【外墙饰面】按钮，打开【外墙饰面】对话框。单击该对话框底部的【搜索】按钮，系统会自动搜索项目中所有的外墙墙体。如果系统无法自动识别外墙，则可以单击【编辑】按钮，如图 7-115 所示。

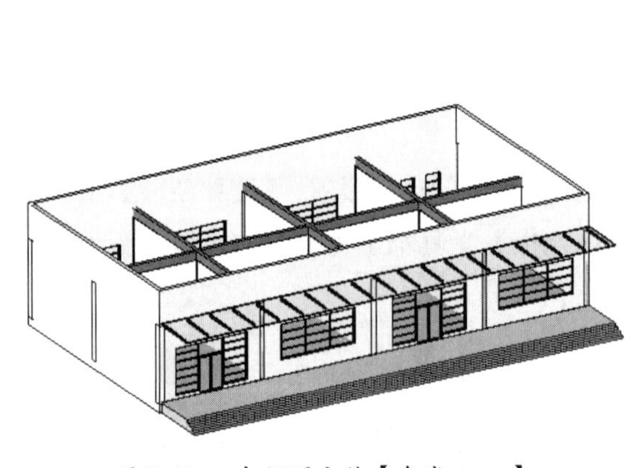

图 7-114　本例源文件【食堂-1.rvt】

图 7-115　单击【编辑】按钮

③ 打开【编辑参考面】对话框，可以通过绘制线、拾取线或拾取墙体的方式来获取参考面，如图 7-116 所示。

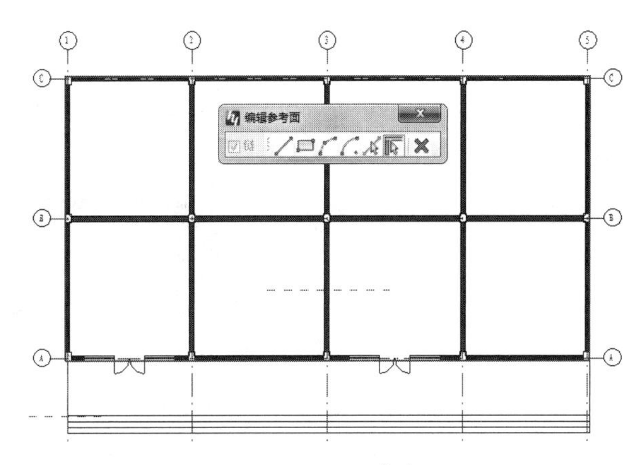

图 7-116　获取参考面

④ 关闭【编辑参考面】对话框，回到【外墙饰面】对话框。单击【添加】按钮添加饰面层，可以添加一层，也可以添加多层。在【名称】列单击 ... 按钮，打开【构造层】对话框。在【构造层】对话框的【材质】列选中材质，打开【材质设置】对话框，为饰面层的材质重新选择色彩、表面填充图案及截面填充图案等，如图 7-117 所示。

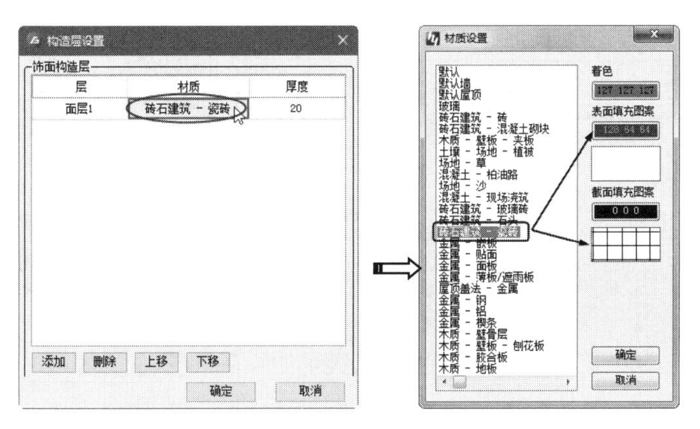

图 7-117　设置面层的材质（着色和填充图案）

⑤ 材质设置完成后，依次单击【材质设置】对话框、【构造层设置】对话框和【外墙饰面】对话框中的【确定】按钮，自动完成外墙饰面的创建，要查看真实的材质，可在图形区底部单击【真实】按钮来显示，如图 7-118 所示。

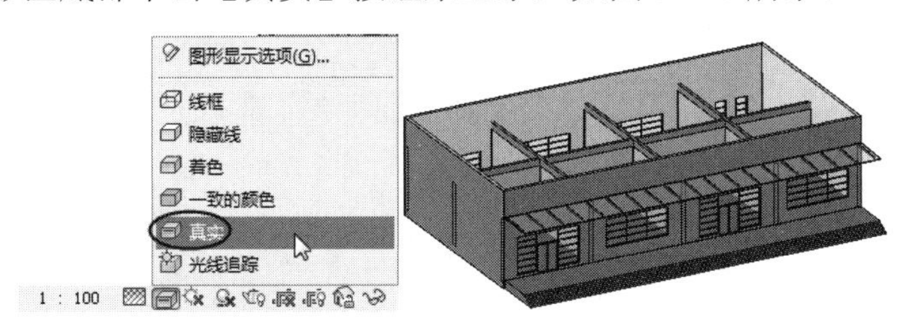

图 7-118　创建外墙饰面

知识点拨：

添加的外墙饰层需要在【真实】视觉样式下才能看见。

⑥ 再在【墙体贴面/拆分】面板中单击【内墙饰面】按钮，打开【内墙饰面】对话框。按照前面外墙饰面的创建步骤，完成内墙饰面（内墙的参考面是墙体两侧）的创建，如图 7-119 所示。

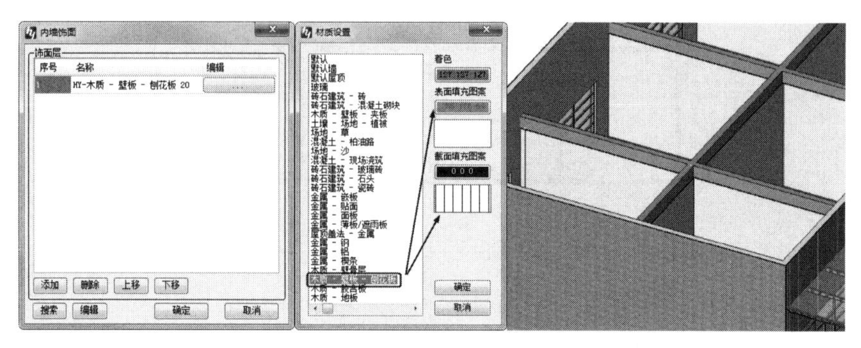

图 7-119　创建内墙饰面

⑦ 删除墙体转角处柱子位置的两个饰面，以便创建柱子饰面。在【墙体贴面/拆分】面板中单击【柱子饰面】按钮，打开【柱子饰面】对话框。同样按照外墙饰面的创建步骤来完成柱子饰面的创建，如图 7-120 所示。

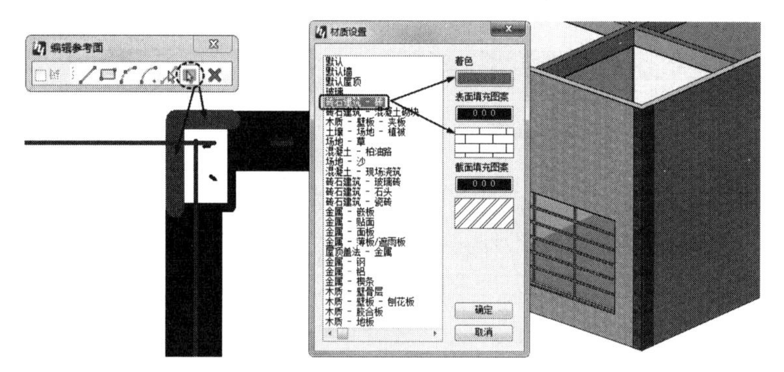

图 7-120　创建柱子饰面

⑧ 在【墙体贴面/拆分】面板中单击【多墙合并】按钮，对需要合并的外墙体和墙饰面进行合并，单击选项栏中的【完成】按钮后打开【墙体合并】对话框。单击【一道墙体】按钮，再单击【确定】按钮，完成外墙体和墙饰面的合并，如图 7-121 所示。各选项含义如下。

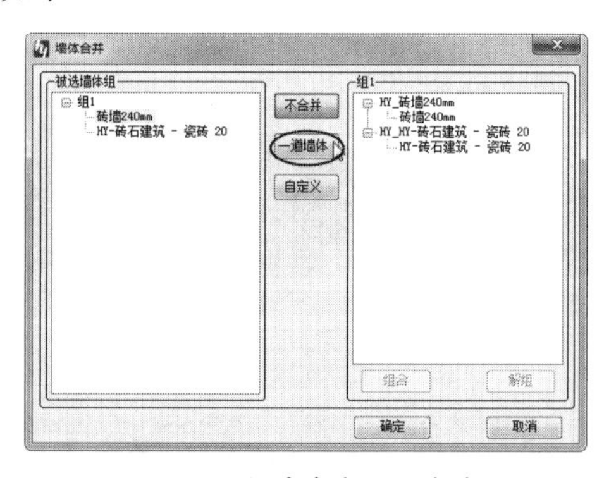

图 7-121　合并外墙体和墙饰面

- 不合并：不合并选择的墙体。
- 一道墙体：将选择的墙体合并成一道墙体。
- 自定义：将选择的墙体合并成自定义的几部分，可通过【组合】和【解组】进行自由合并。

知识点拨：

有门窗的墙体和墙饰面不适合合并，如果强制对其进行合并，则门窗洞位置将不会被保留。

⑨ 在【墙体贴面/拆分】面板中单击【多墙修改】按钮，按住 Ctrl 键并选取一个墙饰面和一段墙体，单击选项栏中的【完成】按钮，打开【多墙修改】对话框。在左侧的【组 1】节点中，选择一种材质，可以在右侧的【材质】列中修改材质，也可以修改墙体厚度，如图 7-122 所示。

⑩ 单击【确定】按钮后所有同类型的墙体一并完成更新。

⑪ 在【墙体贴面/拆分】面板中单击【墙体拆分】按钮，选取前面进行多墙合并操作的部分墙体，单击选项栏中的【完成】按钮，打开【墙体拆分】对话框。在左侧将合并的墙体选中，单击【构造层+面层】按钮，再单击【确定】按钮，将合并的墙体进行拆分，如图 7-123 所示。

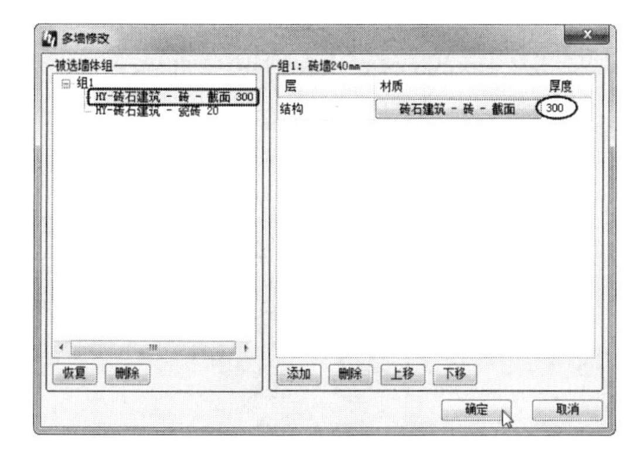

图 7-122　多墙修改

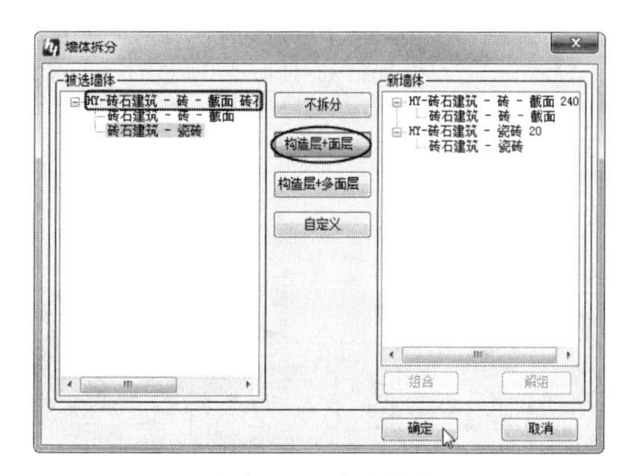

图 7-123　墙体拆分

7.3.3　BIMSpace 乐建 2022 门窗插入与门窗表设计

利用 BIMSpace 乐建 2022 设计门窗及门窗表非常便捷高效。创建门窗的工具在【门窗\楼板\屋顶】选项卡中，如图 7-124 所示。下面我们通过实际操作进行门窗插入与门窗表设计的演示。门窗的创建只能在楼层平面视图中进行。

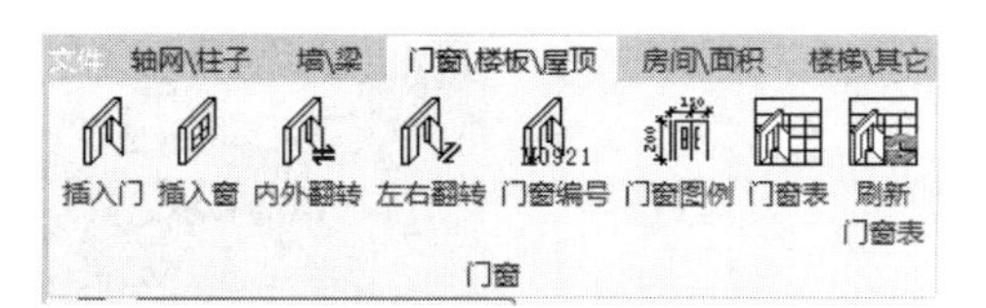

图 7-124　【门窗\楼板\屋顶】选项卡

上机操作——门窗插入与门窗表设计

① 打开本例源文件【食堂-2.rvt】，如图 7-125 所示。

② 切换到【F1】楼层平面视图，在【门窗\楼板\屋顶】选项卡中单击【插入门】按钮，打开【插入门】对话框。该对话框中各选项的含义如下。

- 【族库】选项卡：可以选择自带族库中的门的类型进行布置，也可以右击门族进行新建，修改族参数。
- 【当前项目】选项卡：对于已载入模型的族可在当前项目下查看，也可在当前项目下进行选择布置。
- 三维预览：可查看门族的三维图例。
- 二维图例：可查看门族的二维图形表达。
- 门宽：设置门宽度。
- 门高：设置门高度。
- 防火等级：设置门的防火等级。
- 门底高：设置门距离地板的高度。
- 标记：勾选此复选框，放置门的同时会自动添加门标记。
- 拾取点插入：按照用户在墙上拾取的点定位单个插入门。
- 垛宽插入：按照固定的垛宽距离顺序插入门。
- 等分墙插入：从墙体中间插入门。

③ 切换到【当前项目】选项卡，选择 MLC-2 型门联窗，选中【拾取点插入】方式，如图 7-126 所示。

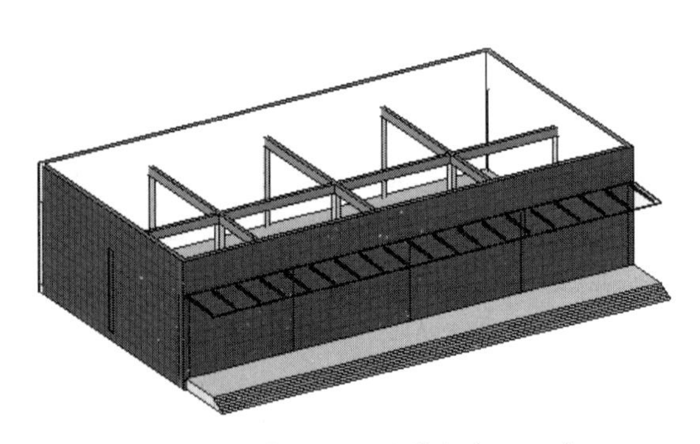

图 7-125 本例源文件【食堂-2.rvt】

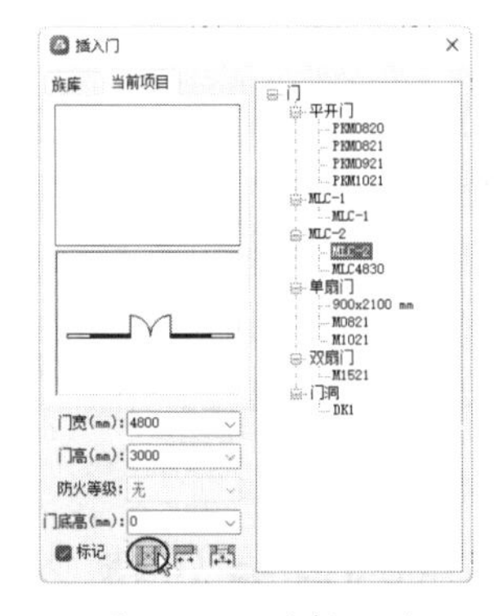

图 7-126 选择门族

④ 将门族放置在如图 7-127 所示的位置。完成后按 Esc 键退出操作。

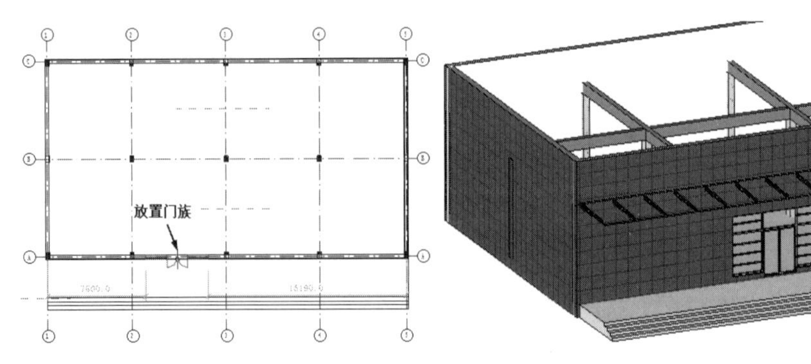

图 7-127 放置门族

⑤ 在【门窗\楼板\屋顶】选项卡中单击【插入窗】按钮，打开【插入窗】对话框。选择当前项目中的窗族（食堂六格窗 C4828），将其放置在如图 7-128 所示的位置。

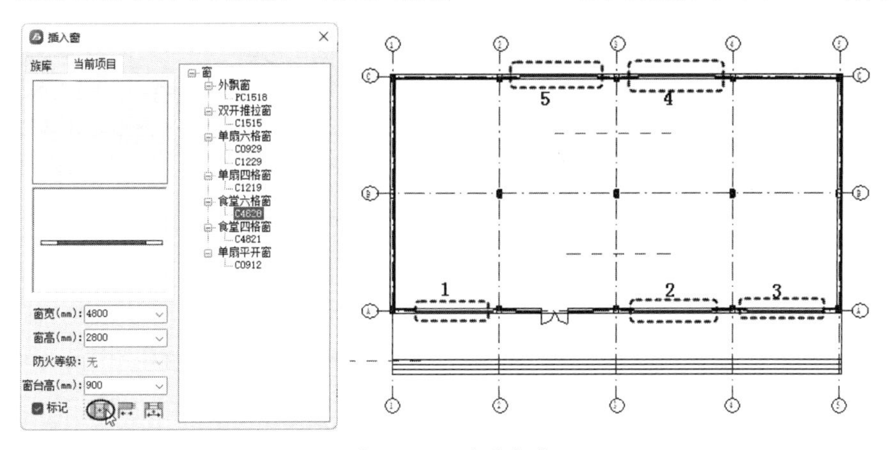

图 7-128　放置窗族

⑥ 按 Esc 键返回【插入窗】对话框，选择当前项目中的【单扇六格窗 C0929】窗族，将其放置到如图 7-129 所示的位置。连续按两次 Esc 键完成插入并结束操作。

⑦ 在【门窗\楼板\屋顶】选项卡中单击【内外翻转】按钮（用于翻转门），框选（从右到左的窗交选择）需要翻转的大门，随后系统自动完成翻转，如图 7-130 所示。

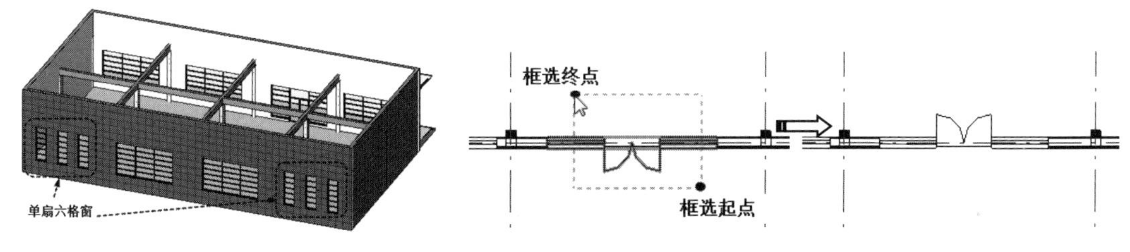

图 7-129　放置【单扇六格窗 C0929】窗族　　　　图 7-130　内外翻转大门

⑧ 同理，在【门窗\楼板\屋顶】选项卡中单击【左右翻转】按钮，可以改变开门方向，如图 7-131 所示。

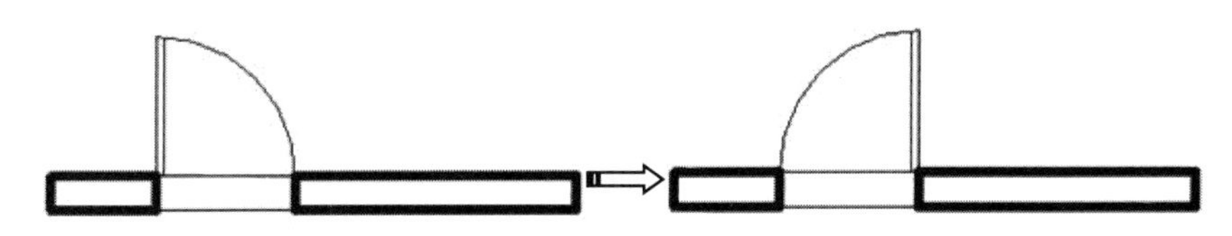

图 7-131　左右翻转大门

⑨ 在【门窗\楼板\屋顶】选项卡中单击【门窗编号】按钮，打开【门窗编号】对话框。通过该对话框可以创建门标记和窗标记，选中【门】单选按钮，单击【确定】按钮后选取门族并创建门标记，如图 7-132 所示。

⑩ 按 Esc 键返回【门窗编号】对话框，选择【窗】选项，并选中【选择集编号】单选按钮，单击【确定】按钮，在视图中框选所有的窗族，单击选项栏中的【完成】按钮，系统自动创建窗标记，如图 7-133 所示。

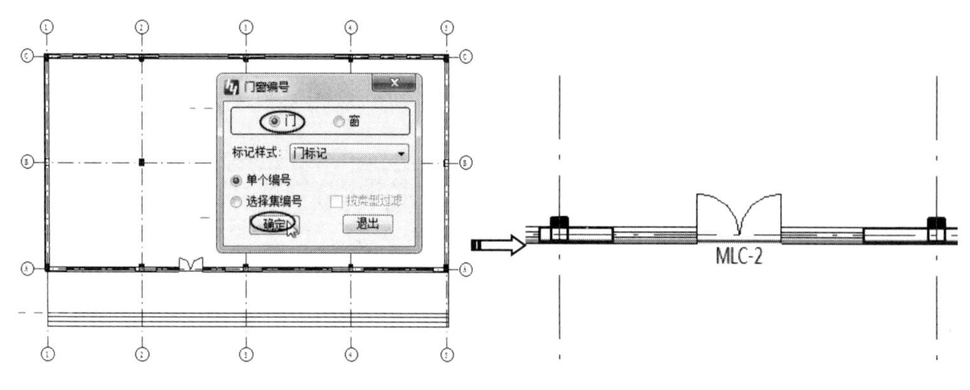

图 7-132 创建门标记

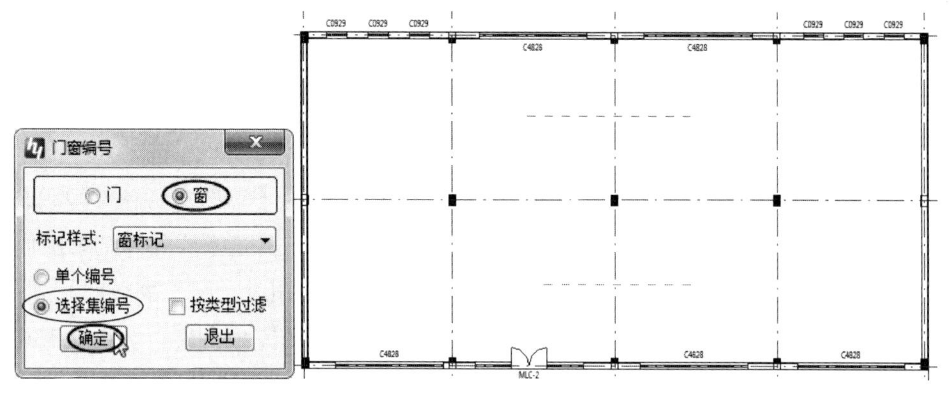

图 7-133 自动创建窗标记

⑪ 在【门窗\楼板\屋顶】选项卡中单击【门窗图例】按钮，打开【视图选择】对话框。默认创建【门窗图例表_1】视图，单击【确定】按钮后在空白窗口中拖曳鼠标画出一个矩形区域，此区域用来放置各门窗类型的图例，自动创建的门窗图例如图 7-134 所示。

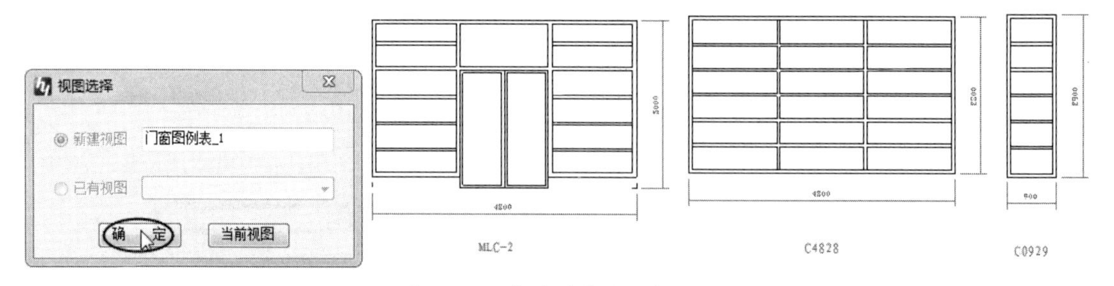

图 7-134 自动创建的门窗图例

知识点拨：

创建的门窗图例将自动保存在【项目浏览器】选项板的【绘图视图（详图）】视图节点下。

⑫ 切换到【F1】楼层平面视图。在【门窗\楼板\屋顶】选项卡中单击【门窗表】按钮，打开【统计表】对话框。输入表格名称，勾选【创建到新绘图视图】复选框，选中【按项目统计】单选按钮，单击【生成表格】按钮，完成门窗表的创建，如图 7-135 所示。此门窗表将用于后期的建筑施工图中。

门窗表1

类别	设计编号	洞口尺寸（mm）		樘数	采用标准图集及编号		备注
		宽	高		图集代号	编号	
门	MLC-2	4800	3000	1			
窗	C0929	900	2900	6			
	C4828	4800	2800	5			

图 7-135　创建门窗表

⑬ 在修改门窗类型或者门窗尺寸后，可单击【刷新门窗表】按钮，完成门窗表的数据更新。

7.3.4　BIMSpace 乐建 2022 建筑柱设计

利用 BIMSpace 乐建 2022 的柱子插入和编辑工具，可以快速地创建建筑柱和结构柱，并可对创建后的柱子进行分割与对齐操作。BIMSpace 乐建 2022 中的建筑柱创建工具在【轴网\柱子】选项卡的【柱子】面板中，如图 7-136 所示。

图 7-136　建筑柱创建工具

下面以实际案例来演示操作步骤。本例将在食堂模型中添加墙垛子装饰柱和暗柱。

上机操作——利用 BIMSpace 乐建 2022 进行建筑柱设计

① 打开本例源文件【食堂-3.rvt】。切换到【F1】楼层平面视图。

② 在【轴网\柱子】选项卡的【柱子】面板中单击【柱子插入】按钮，打开【柱子插入】对话框，设置如图 7-137 所示的柱子参数，单击【所选范围内的轴线交点布置柱子】按钮，在视图中用框选的方式（从右向左框选）拾取两条相交的轴线，即可自动插入建筑柱，如图 7-138 所示。

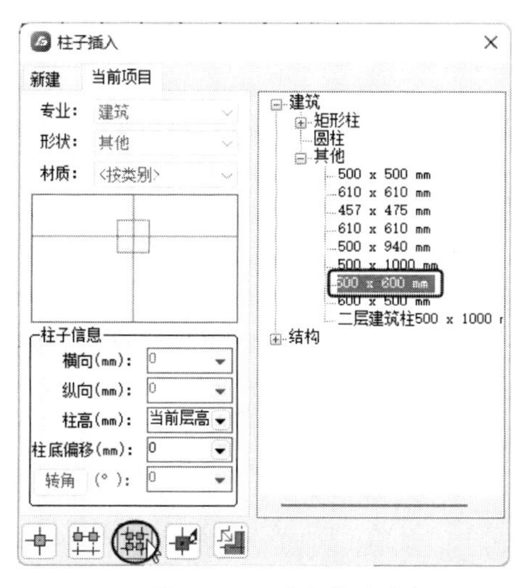

图 7-137　设置柱子参数

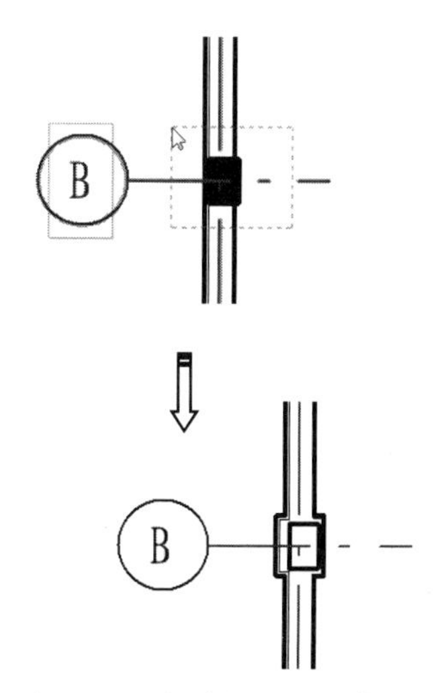

图 7-138　框选轴网插入建筑柱

③ 同理，继续在有结构柱的位置框选轴网，完成其余建筑柱的插入，如图 7-139 所示。

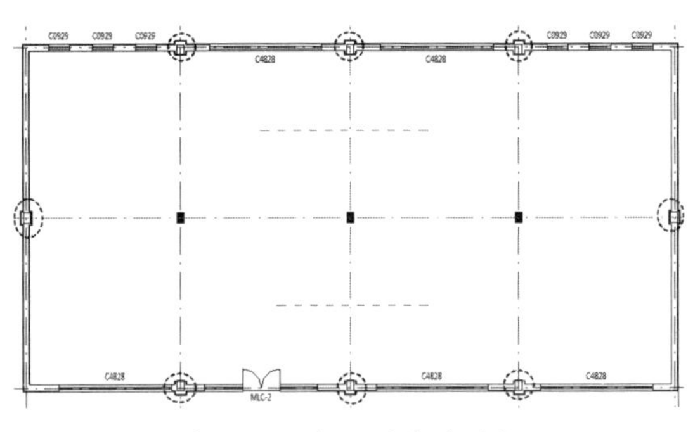

图 7-139　插入其余建筑柱

④ 以上插入的建筑柱，靠墙内的一侧要对齐墙面，不要凸出。单击【柱齐墙边】按钮，拾取要对齐的墙边（选取外墙内侧边），框选要对齐的建筑柱，接着拾取柱子边，系统自动完成对齐，如图 7-140 所示。

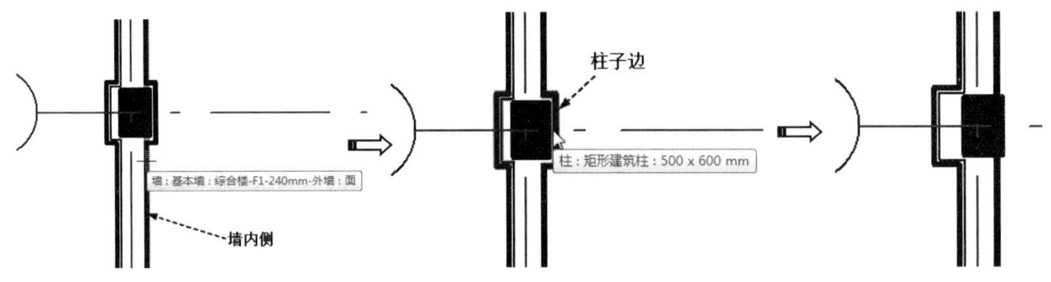

图 7-140　拾取墙边、柱子边进行对齐操作

⑤ 同理，完成其余建筑柱的墙边对齐操作。

⑥ 在【轴网\柱子】选项卡的【柱子】面板中单击【暗柱插入】按钮，用框选的方式选择一组相交的墙，这里选择食堂四大角之一的一组墙体，如图 7-141 所示。

⑦ 打开【暗柱插入】对话框，设置暗柱的长度为【500】，单击【确定】按钮自动插入暗柱，如图 7-142 所示。

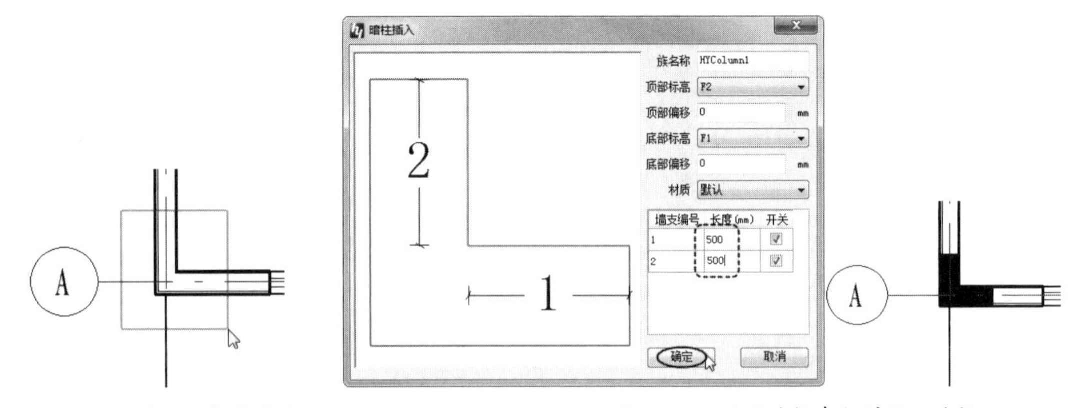

图 7-141　框选一组相交墙体　　　　图 7-142　设置暗柱参数并插入暗柱

⑧ 同理，完成其余 3 处转角位置的暗柱插入。

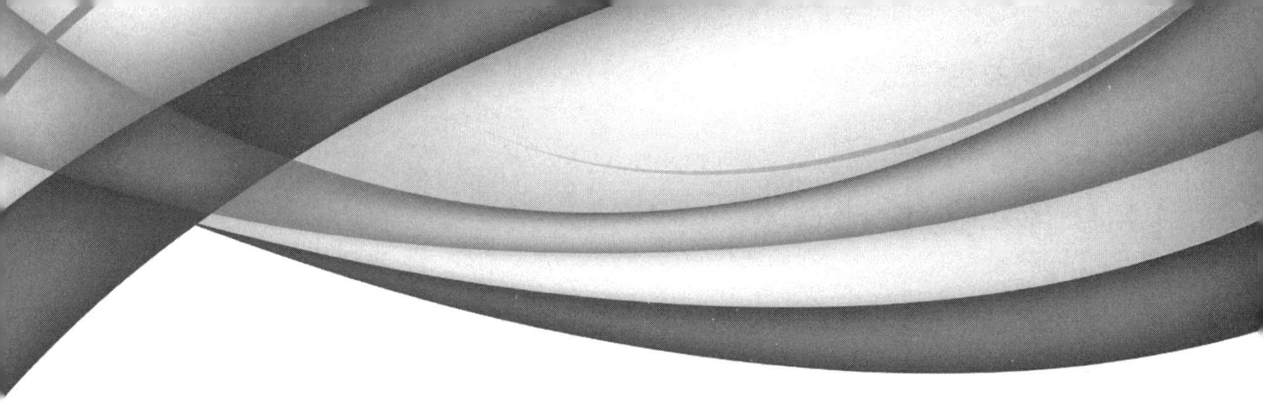

第 8 章
建筑楼地层设计

本章内容

建筑楼地层与屋顶同属于建筑平面的构件。本章利用 BIMSpace 乐建 2022 与 Revit 设计楼板、屋顶及女儿墙。通过操作比较，将全面展现 BIMSpace 乐建 2022 的优秀设计功能。

知识要点

- ☑ 楼地层设计概述
- ☑ Revit 建筑楼板设计
- ☑ Revit 屋顶设计
- ☑ BIMSpace 乐建 2022 楼板与女儿墙设计

8.1 楼地层设计概述

楼板层建立在二层及二层以上的楼层平面中。为了满足使用要求，楼板层通常由面层（建筑楼板）、楼板（结构楼板）、顶棚层（屋顶装修层）3 部分组成。多层建筑中的楼板层往往还需要设置管道敷设、防水隔声、保温等各种附加层。楼板层的组成如图 8-1 所示。

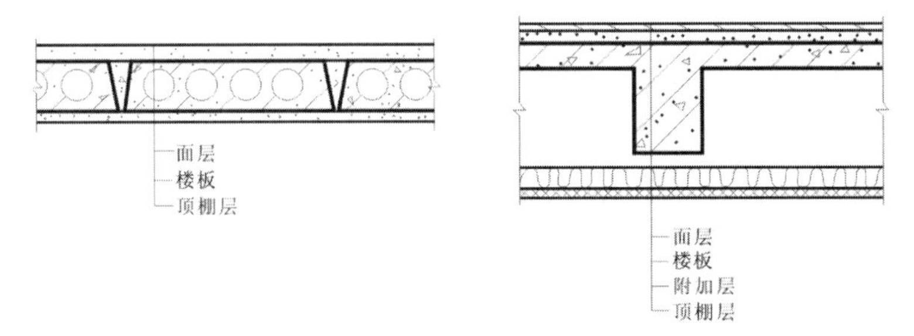

图 8-1 楼板层的组成

- 面层（在 Revit 中被称为【建筑楼板】）：又被称为楼面或地面，起着保护楼板，承受并传递荷载的作用，同时对室内有很重要的清洁及装饰作用。
- 楼板（在 Revit 中被称为【结构楼板】）：楼板层的结构层，一般包括梁和板，主要作用在于承受楼板层上的全部静、活荷载，并将这些荷载传给墙或柱，同时对墙身起到水平支撑的作用，增强房屋刚度和整体性。
- 顶棚层（在 Revit 中被称为【天花板】）：楼板层的下部。根据其构造不同，分为抹灰顶棚、粘贴类顶棚和吊顶棚 3 种。

根据使用材料的不同，楼板分为木楼板、钢筋混凝土楼板、压型钢板组合楼板等。

- 木楼板：在由墙或梁支撑的木搁栅上铺钉木板，木搁栅是由设置增强稳定性的剪刀撑构成的。木楼板具有自重轻、保温性能好、舒适、有弹性、节约钢材和水泥等优点，缺点是易燃、易腐蚀、易被虫蛀、耐久性差，特别是需要耗用大量木材。所以，此种楼板仅在木材采区使用。
- 钢筋混凝土楼板：具有强度高、防火性能好、耐久、便于工业化生产等优点。此种楼板形式多样，是我国应用非常广泛的一种楼板。
- 压型钢板组合楼板：用截面为凹凸形的压型钢板与现浇混凝土面层组成的整体性很强的一种楼板结构。压型钢板既是面层混凝土的模板，又起结构作用，从而增加楼板的侧向和竖向刚度，使结构的跨度加大，梁的数量减少，楼板自重减轻，加快施工进度，在高层建筑中得到广泛应用。

在建筑物中除了楼板层还有地坪层，楼板层和地坪层被统称为楼地层。在 Revit Architecture 模块中可以利用建筑楼板或结构楼板工具进行楼地层的创建。

地坪层主要由面层、垫层和基层组成，有时也包含附加层，如图 8-2 所示。

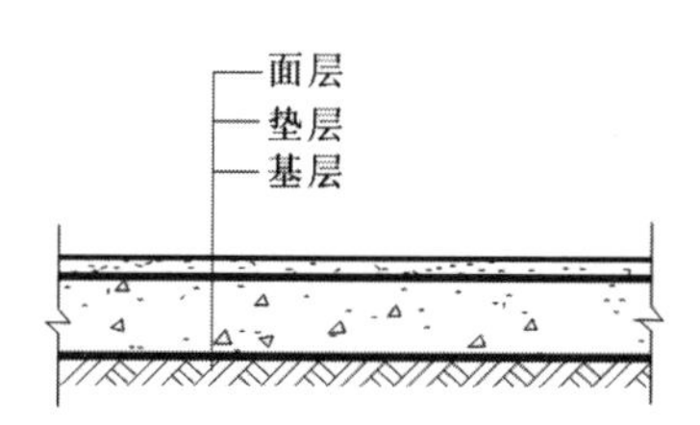

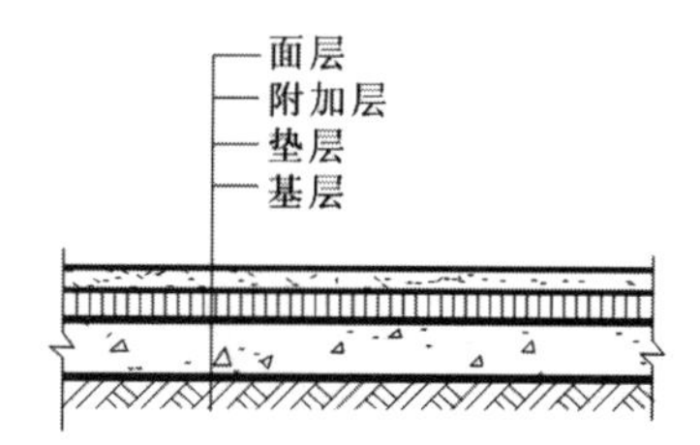

图 8-2　地坪层的组成

8.2　Revit 建筑楼板设计

在 Revit 中，建筑楼板与结构楼板的设计过程是完全相同的，不同的是楼层的材料性质与结构。常见的结构楼板的主要材料是钢筋混凝土，常见的建筑楼板的主要材料是砂浆与地砖，或者龙骨与木地板。

本章将介绍如何利用 Revit 的建筑楼板工具手动创建建筑楼板。

上机操作——别墅建筑楼板设计

① 打开本例源文件【别墅.rvt】，如图 8-3 所示。

② 本例仅在主卧和主卧卫生间中创建建筑楼板。切换到【二层平面】楼层平面视图。单击【视图】选项卡的【图形】面板中的【可见性/图形】按钮，打开【可见性/图形替换】对话框，在【注释类别】选项卡中取消勾选【在此视图中显示注释类型】复选框，隐藏所有的注释标记，如图 8-4 所示。

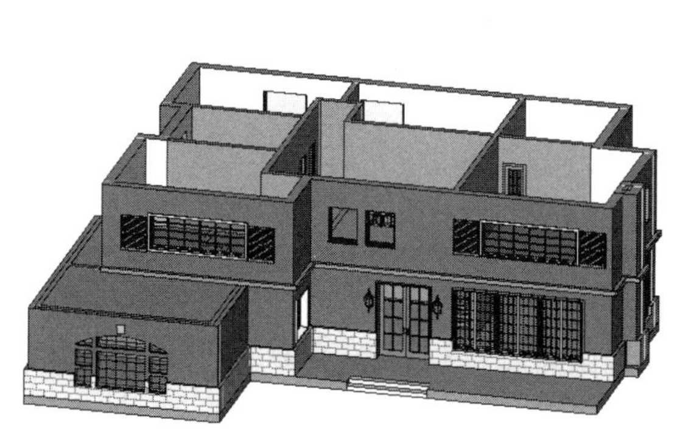

图 8-3　本例源文件【别墅.rvt】

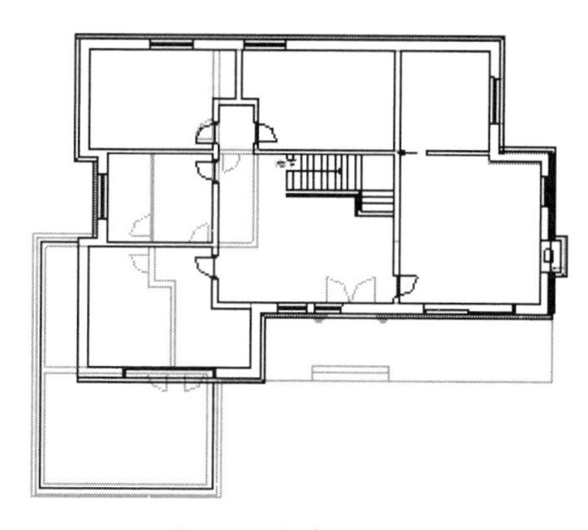

图 8-4　隐藏注释标记

③ 在【建筑】选项卡的【构建】面板中单击【楼板：建筑】按钮，在【属性】选项板的【类型选择器】下拉列表中选择【常规-150mm】楼板类型，设置【标高】为【F2】，勾选【房间边界】复选框，如图 8-5 所示。

④ 单击【属性】选项板中的【编辑类型】按钮，打开【类型属性】对话框，复制现有类型并将其重命名为【卧室木地板-100mm】，如图 8-6 所示。

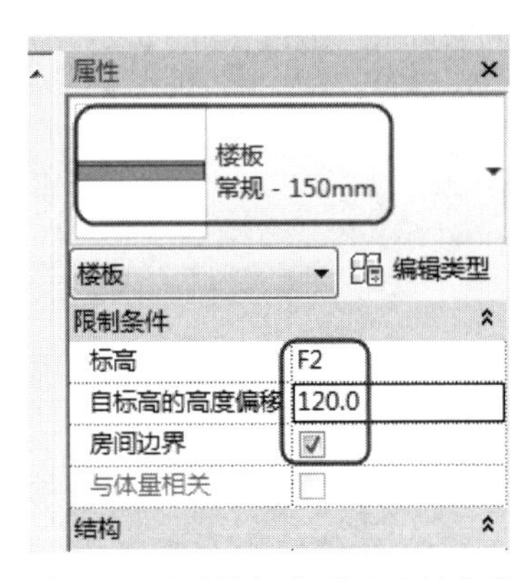

图 8-5　设置楼板类型及限制条件

图 8-6　复制新类型（1）

⑤ 单击【类型属性】对话框的【类型参数】选项组中【结构】参数后的【编辑】按钮，打开【编辑部件】对话框。在此对话框中设置地坪层的相关层，并设置各层的材质和厚度，如图 8-7 所示。

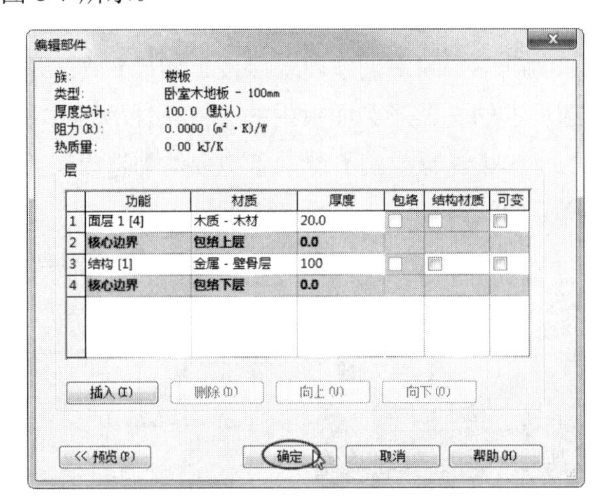

图 8-7　编辑主卧地坪层各层材质和厚度

知识点拨：

室内木地板结构主要是木板和骨架，骨架分为木质骨架和合金骨架。

⑥ 单击【确定】按钮关闭【编辑部件】对话框。在视图中利用【直线】工具沿墙体内侧绘制建筑楼板的边界线，如图 8-8 所示。

⑦ 单击【修改|创建楼层边界】上下文选项卡的【模式】面板中的【完成编辑模式】按钮✔，完成主卧建筑楼板的创建，结果如图 8-9 所示。

⑧ 创建主卧卫生间的建筑楼板。在【建筑】选项卡的【构建】面板中单击【楼板：建筑】按钮，在【属性】选项板的【类型选择器】下拉列表中选择【常规-150mm】楼板类型，设置标高为【F2】，勾选【房间边界】复选框。

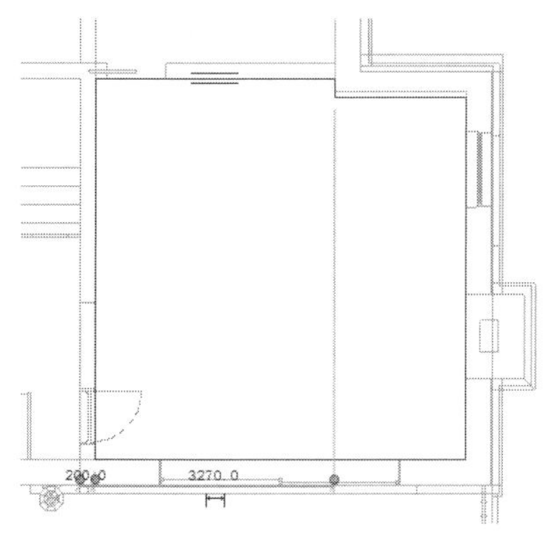

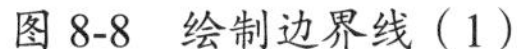
图 8-8　绘制边界线（1）

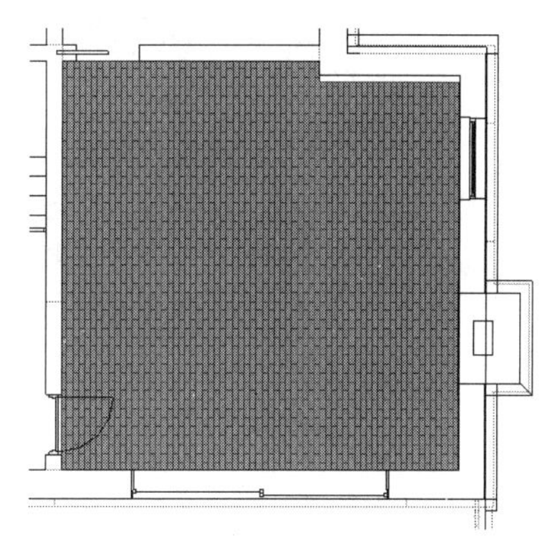
图 8-9　完成主卧建筑楼板的创建

⑨　单击【属性】选项板中的【编辑类型】按钮，打开【类型属性】对话框，复制现有类型并将其重命名为【卫生间地板-100mm】，如图 8-10 所示。

图 8-10　复制新类型（2）

⑩　单击【类型属性】对话框的【类型参数】选项组中【结构】参数后的【编辑】按钮，打开【编辑部件】对话框。在此对话框中设置地坪层的相关层，并设置各层的材质和厚度，如图 8-11 所示。

知识点拨：

原则上卫生间的地板要比卧室的地板低 50～100mm，以防止卫生间的水流进卧室。由于卫生间的结构楼板没有下沉 50mm，因此只能通过调整建筑楼板的整体厚度以形成落差。卫生间地板结构为【混凝土-沙/水泥找平】和【涂层-内部-瓷砖】层。

⑪　单击【确定】按钮关闭【编辑部件】对话框。在视图中利用【直线】工具沿墙体内侧绘制建筑楼板的边界线，如图 8-12 所示。

⑫　单击【修改|创建楼层边界】上下文选项卡的【模式】面板中的【完成编辑模式】按钮，完成主卫（主卧卫生间）地板的创建，结果如图 8-13 所示。

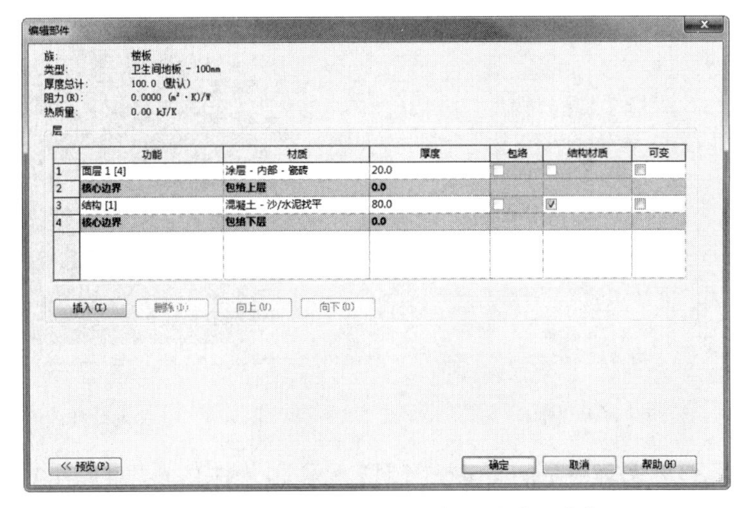

图 8-11　编辑卫生间地坪层各层材质和厚度

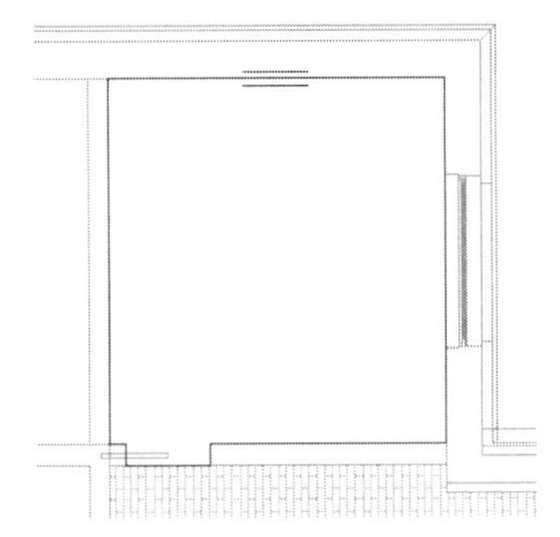

图 8-12　绘制边界线（2）

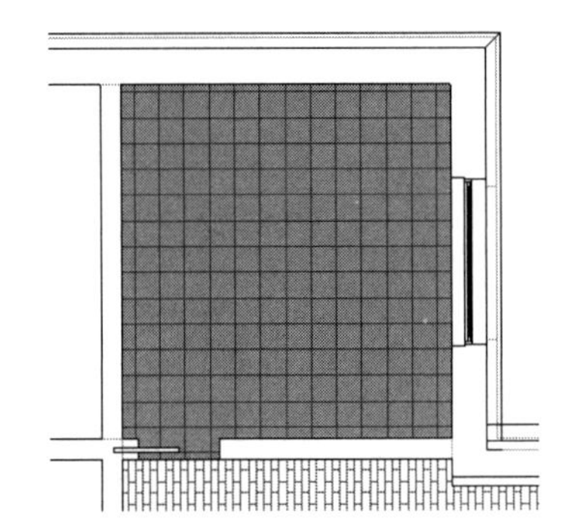

图 8-13　完成主卫建筑楼板的创建

⑬ 由于主卫地板的中间部分要比周围低，以利于排水，因此需要编辑主卧卫生间地板。选中主卫地板，切换到【修改|楼板】上下文选项卡。

⑭ 单击【添加点】按钮，在主卫中间添加点，如图 8-14 所示。

⑮ 按 Esc 键结束操作，随后单击某一点，修改该点的高程值为【5】，如图 8-15 所示。

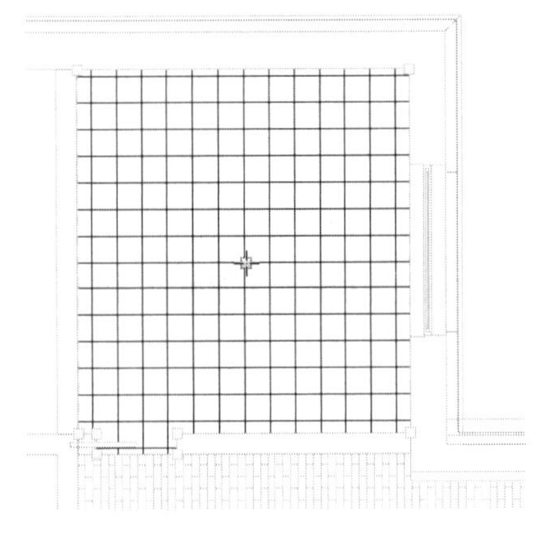

图 8-14　添加点

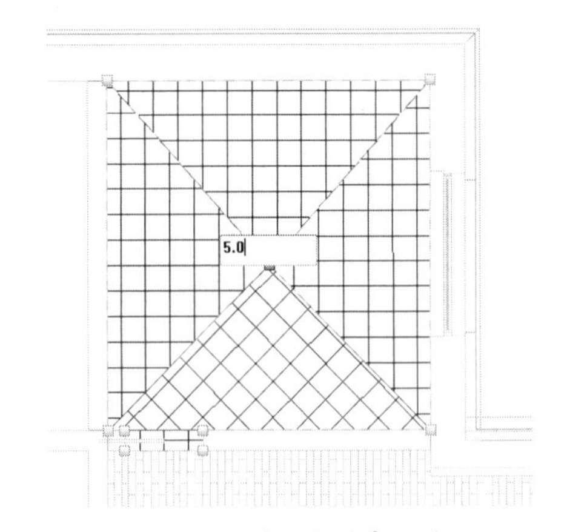

图 8-15　修改点的高程值

⑯ 主卫地板的修改效果如图 8-16 所示。

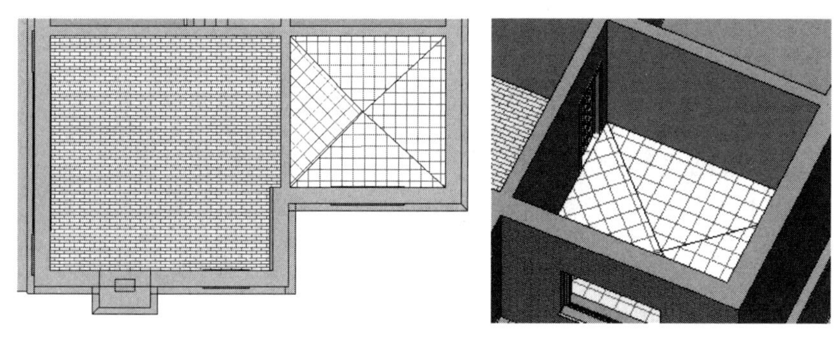

图 8-16　主卫地板的修改效果

⑰ 保存项目文件。

8.3　Revit 屋顶设计

不同的建筑结构和建筑样式具有不同的屋顶结构，如别墅屋顶、农家小院屋顶、办公楼屋顶、迪士尼乐园屋顶等。

针对不同的屋顶结构，Revit 提供了不同的屋顶设计工具，包括迹线屋顶、拉伸屋顶、面屋顶、层檐等。

8.3.1　迹线屋顶

迹线屋顶分为平屋顶和坡屋顶。平屋顶也被称为平房屋顶，为了便于排水，整个屋面的坡度应小于 10%。坡屋顶也是常见的一种屋顶结构，如别墅屋顶、人字形屋顶、六角亭屋顶等。

上机操作——创建别墅迹线屋顶

① 打开本例源文件【别墅-1.rvt】，如图 8-17 所示。为别墅第四层（屋顶平面）创建迹线屋顶。

② 切换到【屋顶平面】楼层平面视图，在【建筑】选项卡的【构建】面板中单击【迹线屋顶】按钮，切换到【修改|创建屋顶迹线】上下文选项卡。

③ 在【属性】选项板中选择【白色屋顶】屋顶类型，设置【底部标高】为【屋顶平面】，取消勾选【房间边界】复选框，如图 8-18 所示。

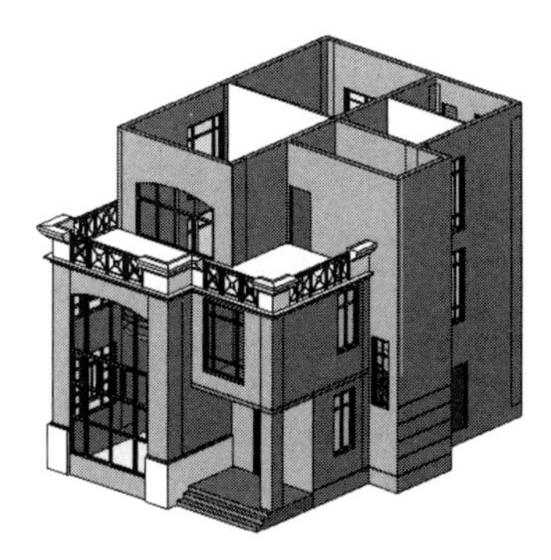

图 8-17　本例源文件【别墅-1.rvt】

图 8-18　选择屋顶类型并设置约束条件

④ 在选项栏中勾选【定义坡度】复选框，并输入【悬挑】值为【600】，如图 8-19 所示。

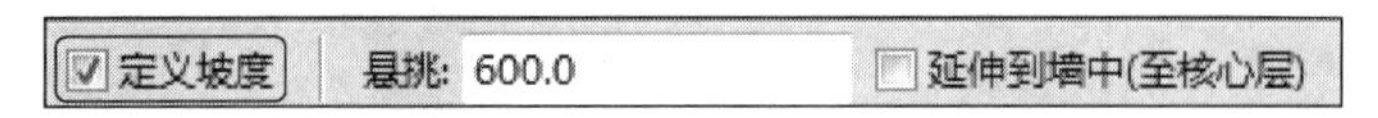

图 8-19 设置选项栏中的选项

⑤ 单击【绘制】面板中的【拾取墙】按钮，拾取楼层平面视图中第四层的墙体，以创建屋顶迹线，如图 8-20 所示。

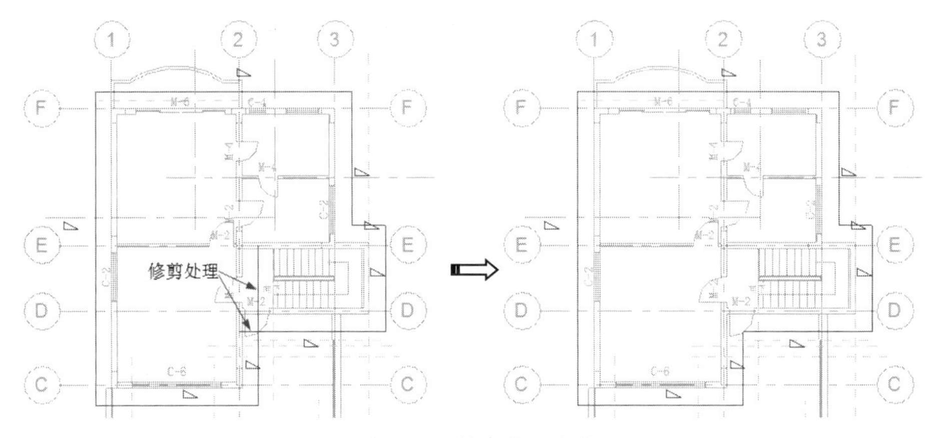

图 8-20 创建屋顶迹线

⑥ 设置【属性】选项板中【尺寸标注】下的【坡度】值为【30°】，单击【完成编辑模式】按钮，完成坡度屋顶的创建，如图 8-21 所示。

图 8-21 完成坡度屋顶的创建

上机操作——创建坡屋顶（反口）

① 创建坡屋顶。打开本例源文件【别墅-2.rvt】，如图 8-22 所示。

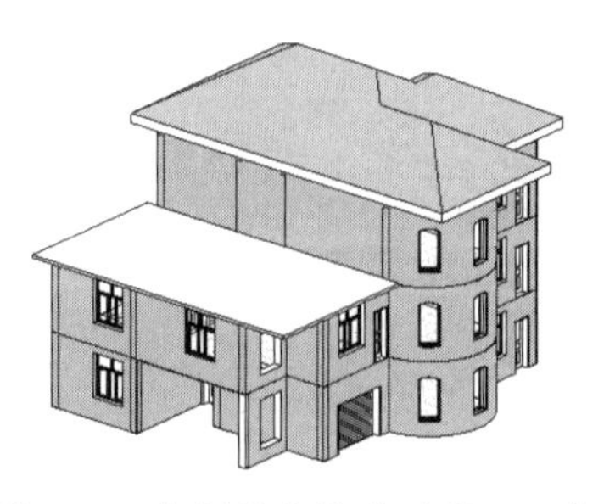

图 8-22 本例源文件【别墅-2.rvt】

② 单击【迹线屋顶】按钮，设置选项栏和【属性】选项板后，利用【拾取线】工具拾取【F3】屋顶的边线，设置【偏移量】为【0】，如图 8-23 所示。

③ 在选项栏中设置【偏移量】为【-1200】，拾取相同的屋顶边，绘制内部的边线，如图 8-24 所示。绘制完成后按 Esc 键结束。

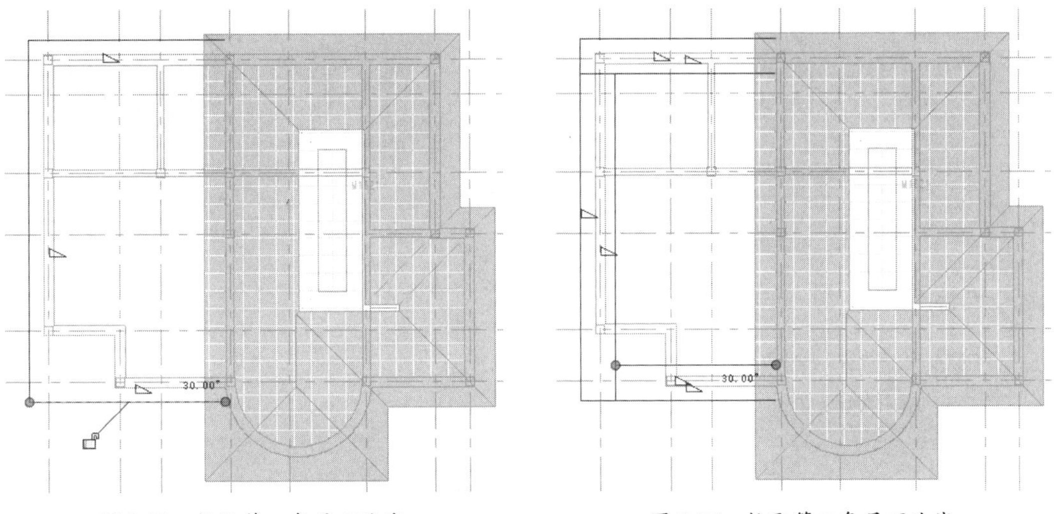

图 8-23　拾取第一条屋顶边线　　　　图 8-24　拾取第二条屋顶边线

④ 拖曳线端点编辑内偏移的边界线，如图 8-25 所示。

⑤ 利用【直线】工具封闭外边界线和内边界线，得到完整的屋顶边界线，如图 8-26 所示。

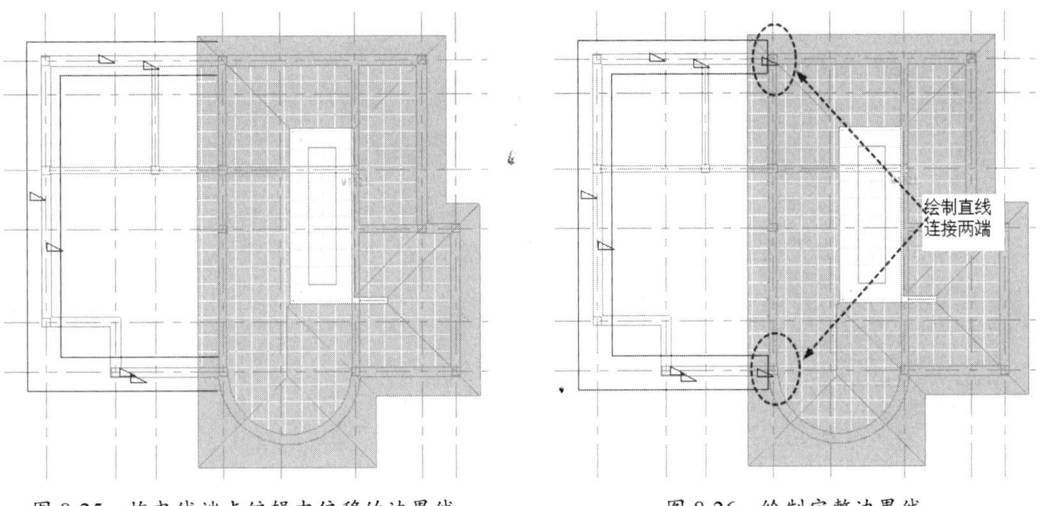

图 8-25　拖曳线端点编辑内偏移的边界线　　　　图 8-26　绘制完整边界线

⑥ 选中内侧所有的边界线，在【属性】选项板中取消勾选【定义屋顶坡度】复选框，如图 8-27 所示。

⑦ 单击【完成编辑模式】按钮，完成坡屋顶的创建，如图 8-28 所示。

⑧ 保存项目文件。

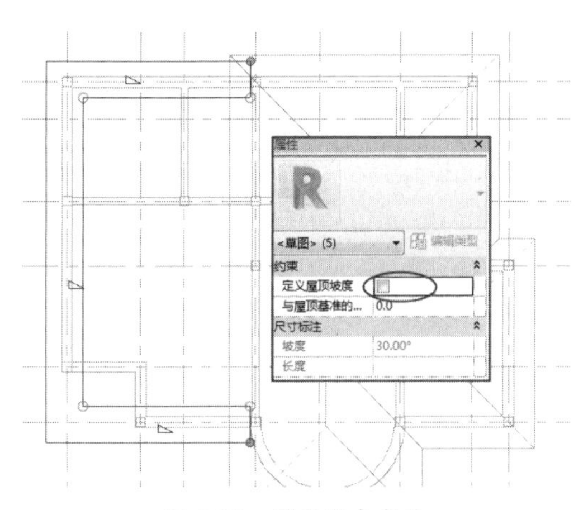

图 8-27　设置约束条件

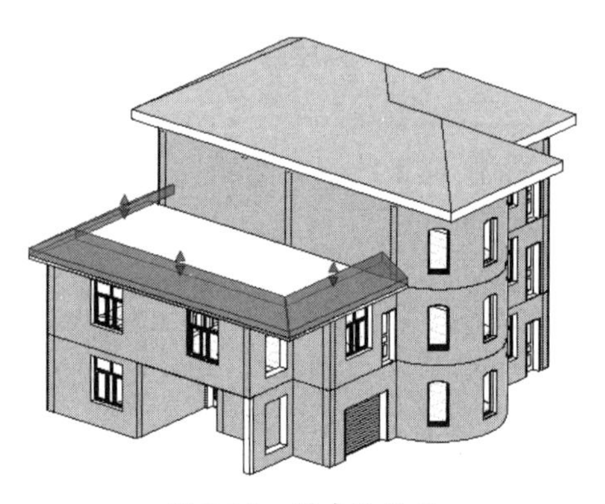
图 8-28　创建坡屋顶

上机操作——创建平屋顶

本例利用【迹线屋顶】工具来创建比较平直的屋顶。

① 打开本例源文件【办公楼.rvt】，如图 8-29 所示。

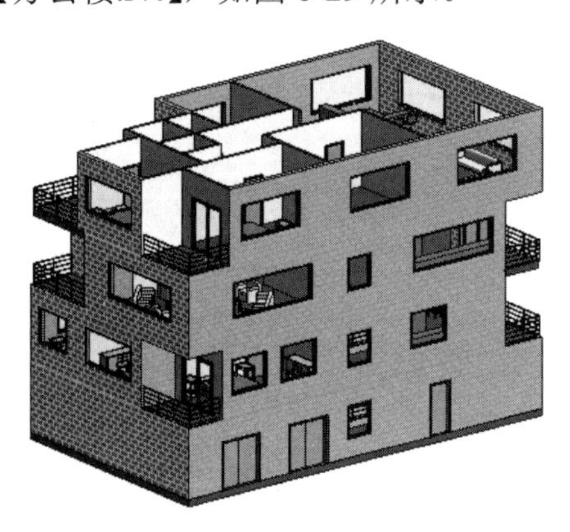

图 8-29　本例源文件【办公楼.rvt】

② 切换到【Level 5】楼层平面视图。单击【迹线屋顶】按钮，切换到【修改|创建屋顶迹线】上下文选项卡。设置【属性】选项板中的约束条件，利用【拾取墙体】工具绘制如图 8-30 所示的屋顶边界线。

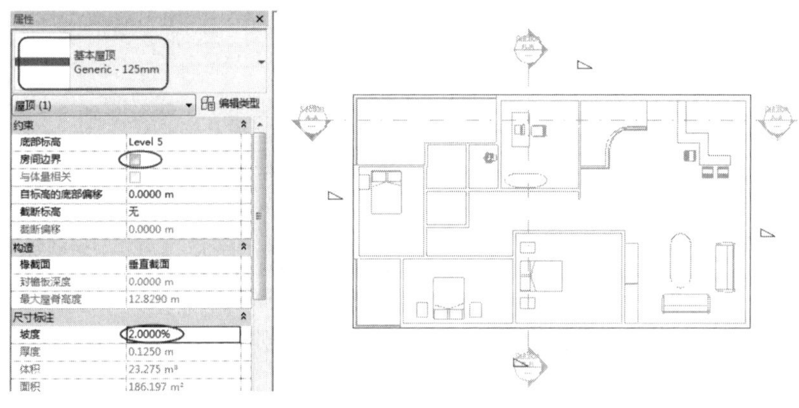

图 8-30　设置约束条件并绘制屋顶边界线

③　单击【完成编辑模式】按钮，完成平屋顶的创建，如图 8-31 所示。

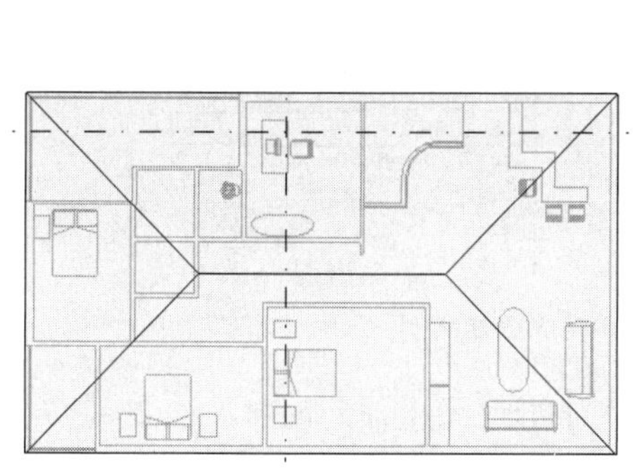
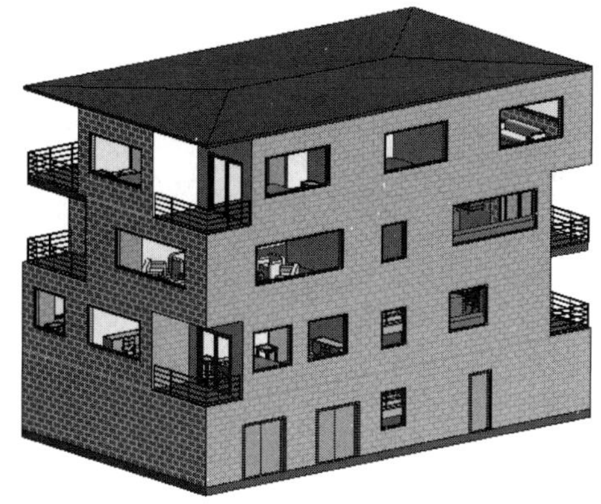

图 8-31　创建平屋顶

上机操作——创建人字形迹线屋顶

①　打开本例源文件【小房子.rvt】，如图 8-32 所示。

②　切换到【标高 2】楼层平面视图。单击【迹线屋顶】按钮，切换到【修改|创建屋顶迹线】上下文选项卡。

③　设置选项栏中的【悬挑】值为【600】，如图 8-33 所示。

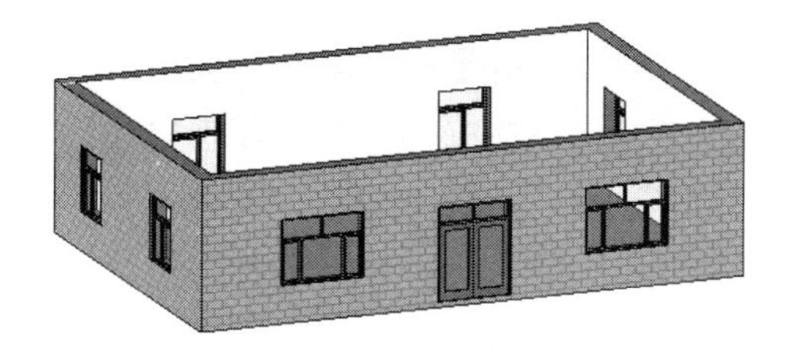

图 8-32　本例源文件【小房子.rvt】

图 8-33　设置【悬挑】值为【600】

④　利用【矩形】工具，绘制如图 8-34 所示的屋顶边界。

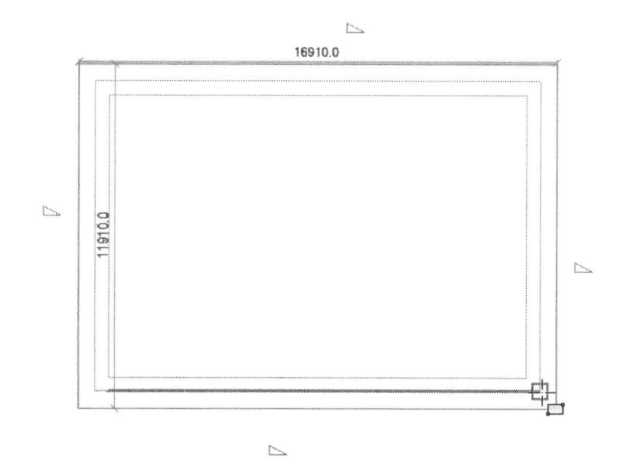

图 8-34　绘制屋顶边界

⑤　按 Esc 键结束绘制。选中两条短边，在【属性】选项板中取消勾选【定义屋顶坡度】复选框，如图 8-35 所示。

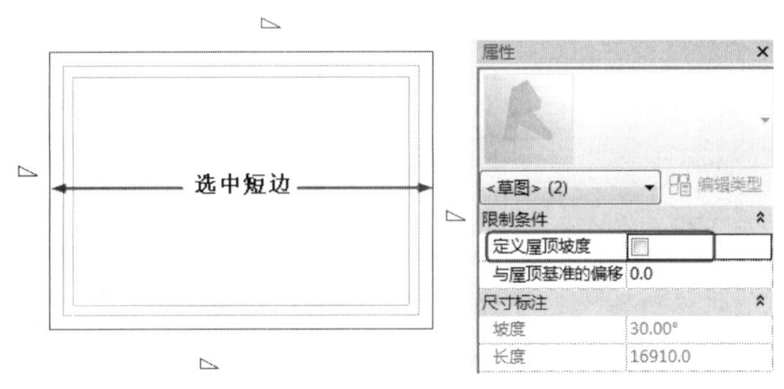

图 8-35　选中短边并取消坡度限制

⑥ 单击【完成编辑模式】按钮，完成人字形迹线屋顶的创建，如图 8-36 所示。

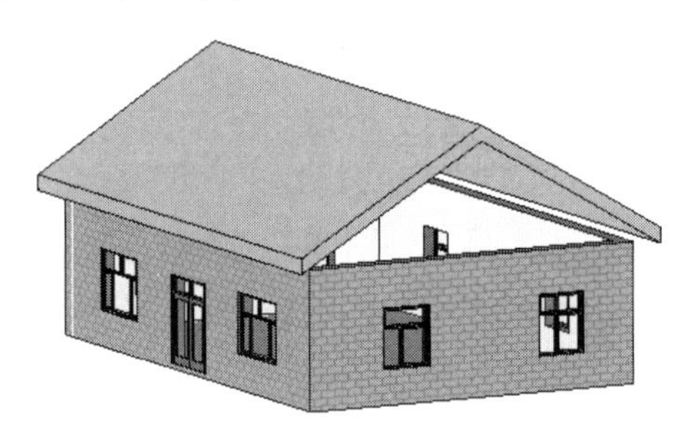

图 8-36　创建完成的人字形迹线屋顶

⑦ 选中四面墙，切换到【修改|墙】上下文选项卡。单击【修改墙】面板中的【附着顶部/底部】按钮，再选择屋顶，随后两面墙将自动延伸至与人字形迹线屋顶相交，结果如图 8-37 所示。

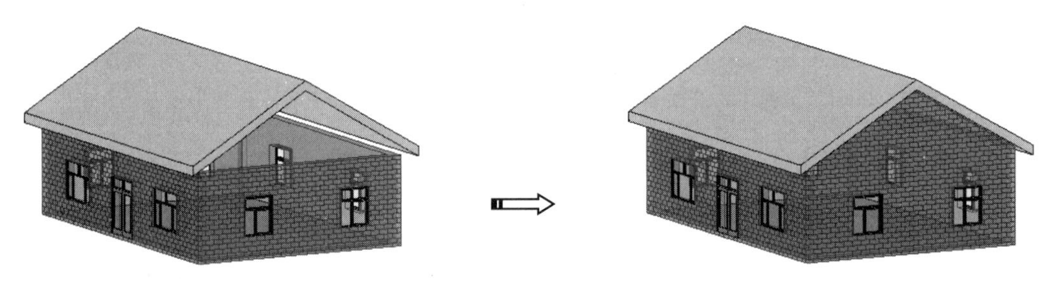

图 8-37　墙附着屋顶效果

⑧ 最终完成效果如图 8-38 所示。

图 8-38　最终完成效果

⑨ 保存项目文件。

8.3.2　拉伸屋顶

拉伸屋顶是通过拉伸截面轮廓来创建简单屋顶的，如人字形屋顶、斜面屋顶、曲面屋顶等。下面以农家小院为例，详细讲解拉伸屋顶的创建过程。

上机操作——创建拉伸屋顶

① 打开本例源文件【迪斯尼小卖部.rvt】，如图 8-39 所示。

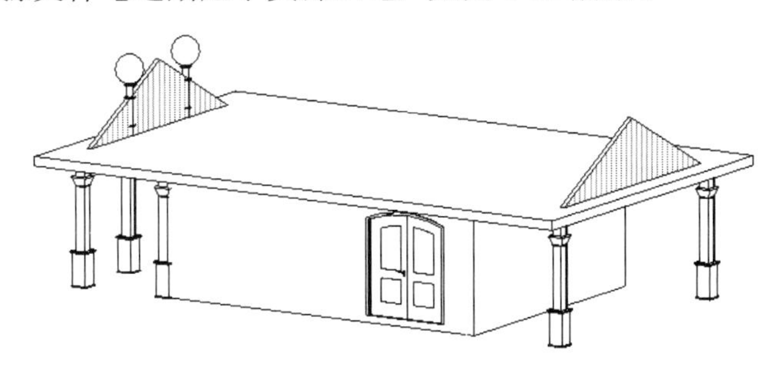

图 8-39　本例源文件【迪斯尼小卖部.rvt】

② 在【建筑】选项卡的【构建】面板中，选择【屋顶】下拉列表中的【拉伸屋顶】选项 拉伸屋顶，打开【工作平面】对话框，选中【拾取一个平面】单选按钮，拾取楼板侧面作为工作平面，如图 8-40 所示。

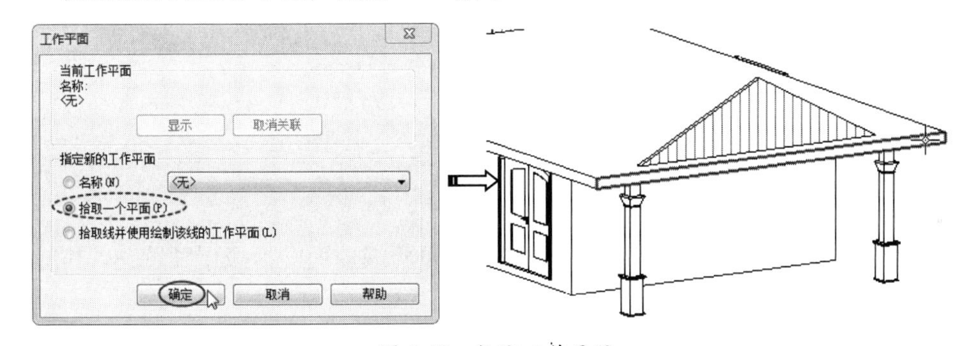

图 8-40　拾取工作平面

③ 设置标高和偏移，如图 8-41 所示。

④ 切换到【西】立面图。切换到【修改|创建拉伸屋顶轮廓】上下文选项卡。在【属性】选项板中选择【保温屋顶-木材】屋顶类型，并设置约束条件，如图 8-42 所示。

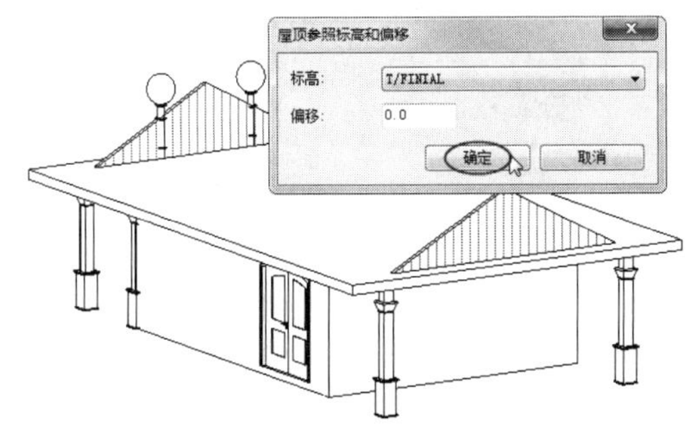

图 8-41　设置标高和偏移

图 8-42　选择屋顶类型并设置约束条件

知识点拨：

关于选项栏的偏移值，可以通过单击【编辑类型】按钮，根据保温屋顶的厚度来确定。

⑤ 利用【直线】工具绘制两条轮廓线（沿着三角形墙面的斜边），如图 8-43 所示。

⑥ 将线的两端延伸至与水平面相交，如图 8-44 所示。

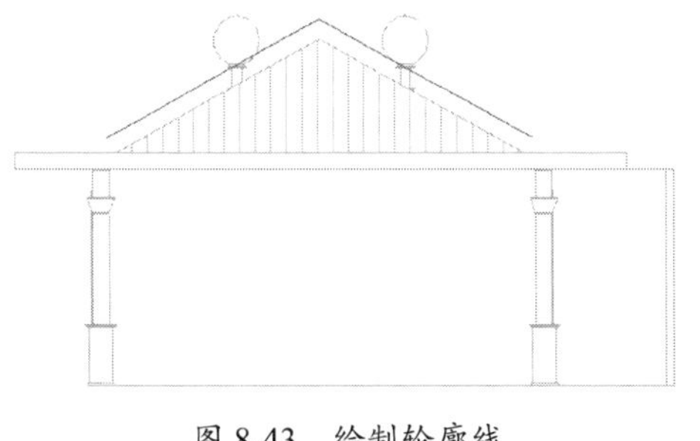

图 8-43 绘制轮廓线

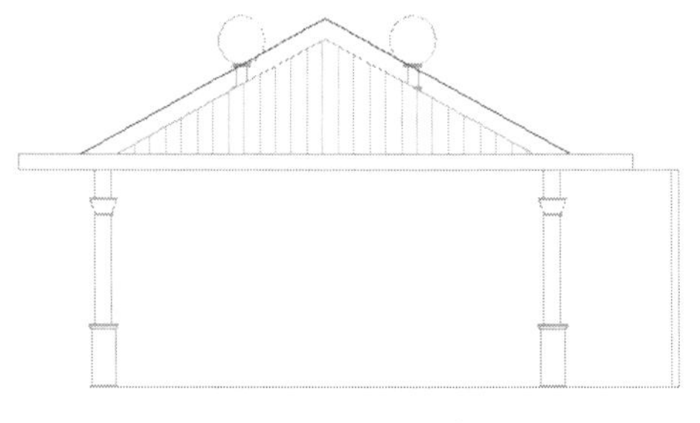

图 8-44 延伸轮廓线

⑦ 单击【完成编辑模式】按钮，Revit 自动创建拉伸屋顶，如图 8-45 所示。

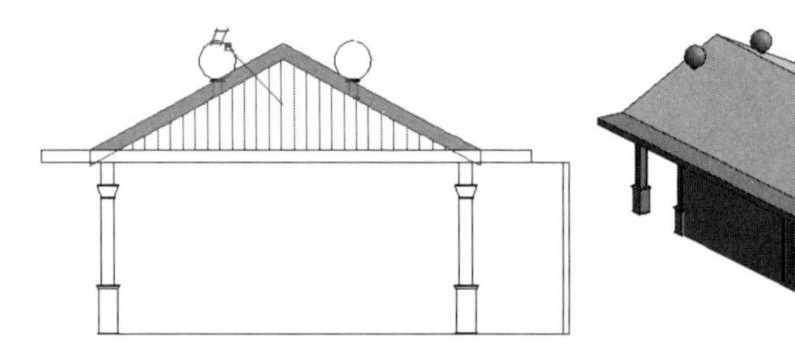

图 8-45 自动创建拉伸屋顶

⑧ 保存项目文件。

8.3.3 面屋顶

利用【面屋顶】工具可以将体量建筑中的楼顶平面或曲面转换成屋顶图元，其制作方法与面楼板的制作方法是完全相同的。

上机操作——创建面屋顶

① 打开本例源文件【商业中心体量模型.rvt】，如图 8-46 所示。

② 单击【面屋顶】按钮，在【属性】选项板中选择屋顶类型，并设置约束条件，如图 8-47 所示。

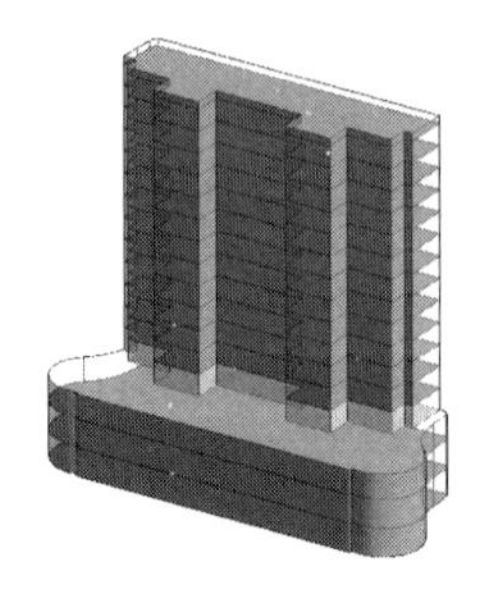

图 8-46 本例源文件【商业中心体量模型.rvt】

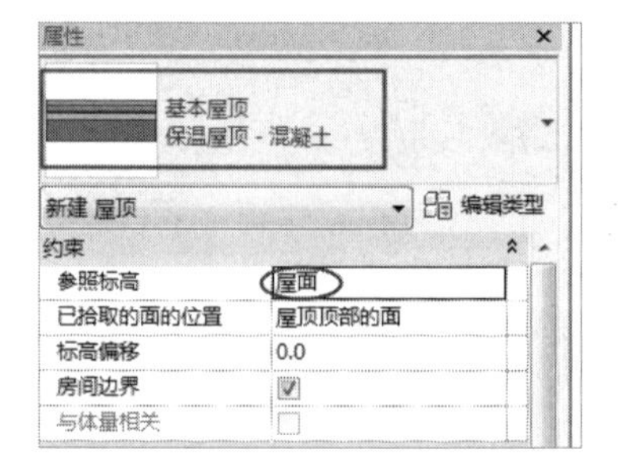

图 8-47 选择屋顶类型并设置约束条件

③ 选取商业中心体量模型的屋面，单击【修改|放置面屋顶】上下文选项卡中的【创建屋顶】按钮，Revit 自动创建屋顶，结果如图 8-48 所示。

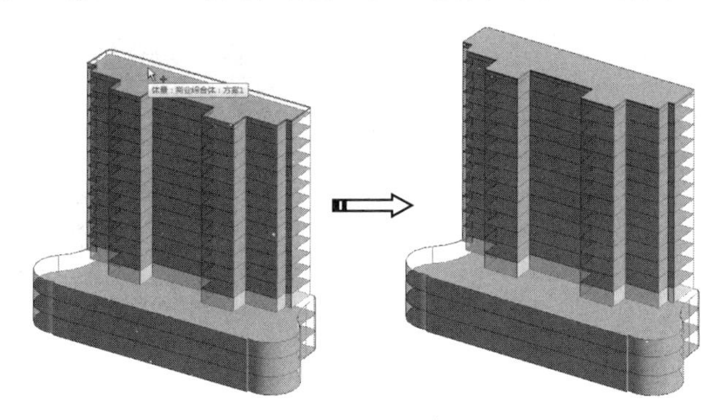

图 8-48　自动创建屋顶

8.3.4　屋檐

有些民用建筑在创建屋顶后，还要创建屋檐。Revit Architecture 模块提供了 3 种创建屋檐的工具：【屋檐：底板】【屋顶：封檐板】【屋顶：檐槽】。

1.【屋檐：底板】工具

【屋檐：底板】工具是用来创建坡度屋檐底边的底板的。底板是水平的，没有坡度。

上机操作——创建屋檐底板

① 打开本例源文件【别墅-3.rvt】。此别墅大门上方需要修建遮雨的坡度屋檐和屋檐底板。图 8-49 所示为别墅建筑创建屋檐的前后对比效果。

（a）创建屋檐前

（b）创建屋檐后

图 8-49　别墅建筑创建屋檐的前后对比效果

② 切换到【二层平面】楼层平面视图。单击【屋檐：底板】按钮，利用【矩形】工具绘制底板边界线，如图 8-50 所示。

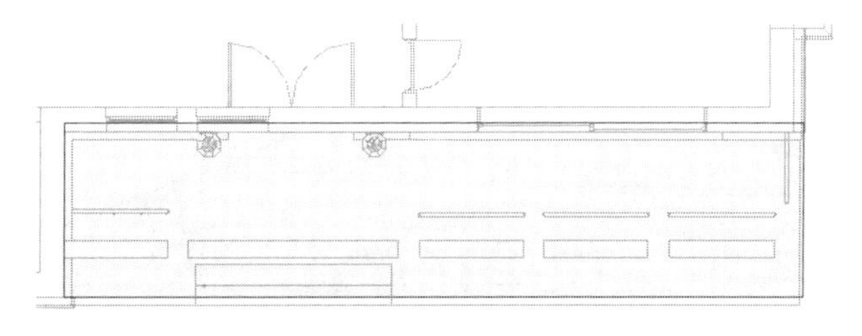

图 8-50　绘制底板边界线

③ 设置【属性】选项板，如图 8-51 所示。单击【完成编辑模式】按钮✔，完成屋檐底板的创建，如图 8-52 所示。

图 8-51 设置【属性】选项板

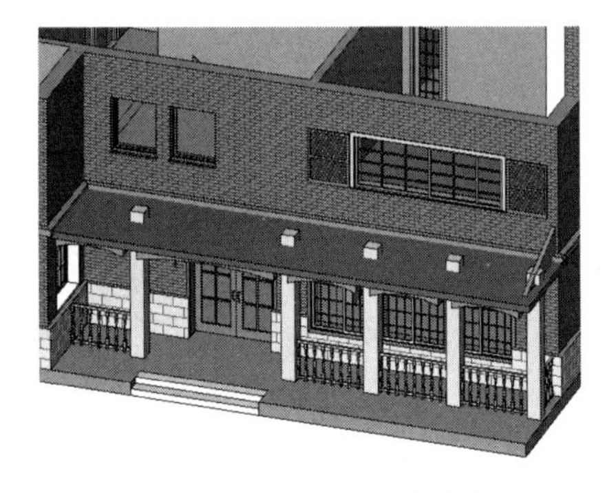

图 8-52 创建完成的屋檐底板

④ 利用【迹线屋顶】工具创建坡度屋檐。切换到【二层平面】楼层平面视图，单击【迹线屋顶】按钮，利用【矩形】工具绘制屋顶边界线，如图 8-53 所示。

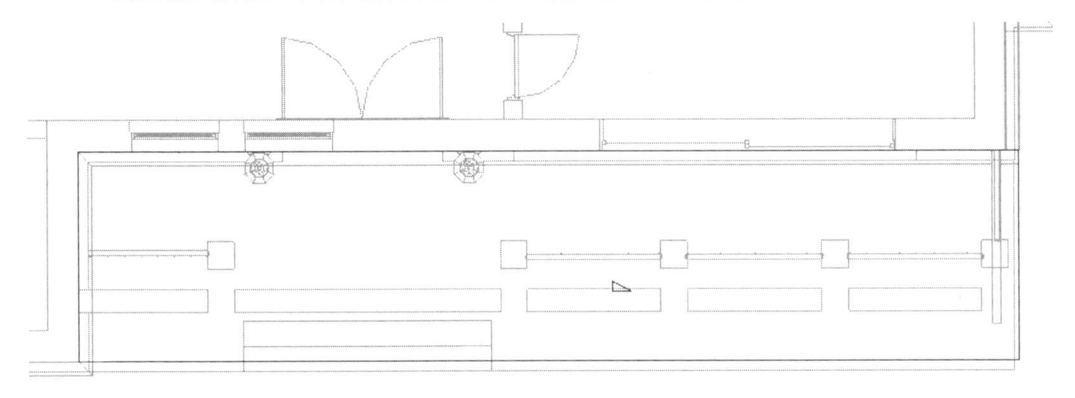

图 8-53 绘制完成的屋顶边界线

⑤ 设置【属性】选项板（4 条边界线，仅仅设置外侧的直线具有坡度，其余 3 条应取消坡度），如图 8-54 所示。

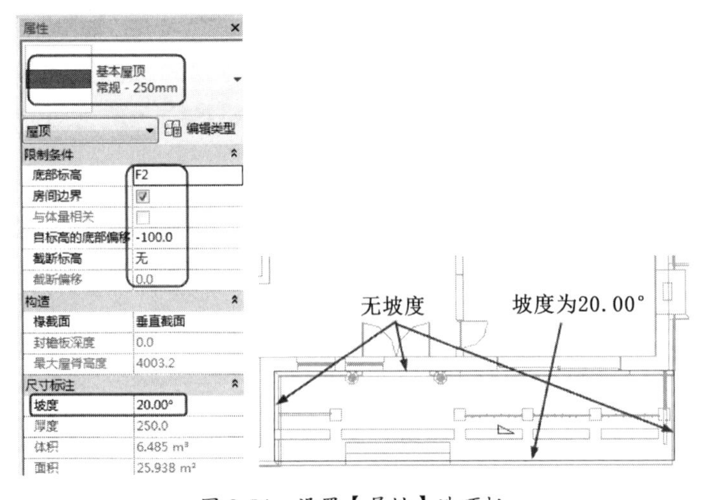

图 8-54 设置【属性】选项板

⑥ 单击【完成编辑模式】按钮，完成坡度屋檐的创建，如图 8-55 所示。

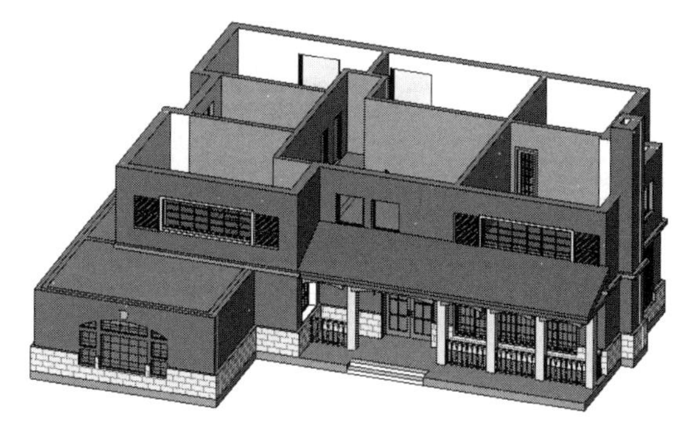

图 8-55　创建坡度屋檐

⑦ 保存项目文件。

2.【屋顶：封檐板】工具

对于屋顶材质为瓦的屋顶，需要设计封檐板，其作用是支撑瓦和美观。

上机操作——添加封檐板

① 打开本例源文件【别墅-4.rvt】，如图 8-56 所示。

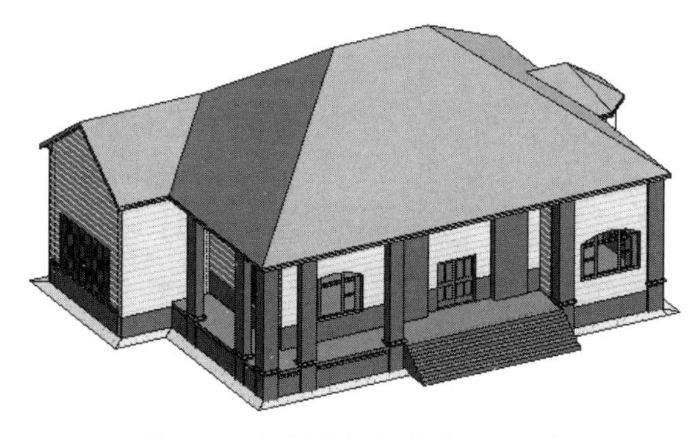

图 8-56　本例源文件【别墅-4.rvt】

② 切换到【F2】楼层平面视图。单击【屋檐：底板】按钮，绘制底板轮廓线，如图 8-57 所示。

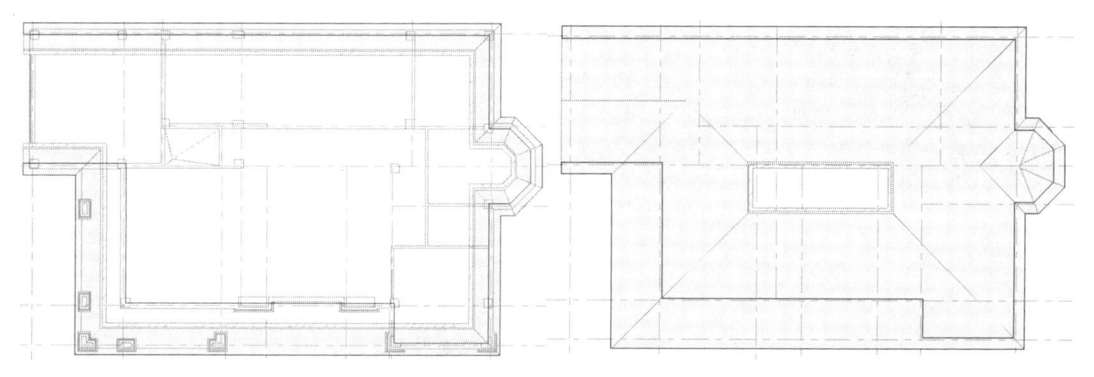

图 8-57　绘制底板轮廓线

③ 选择【屋檐底板：常规-100mm】类型，单击【完成编辑模式】按钮，Revit 自动创建屋檐底板，如图 8-58 所示。

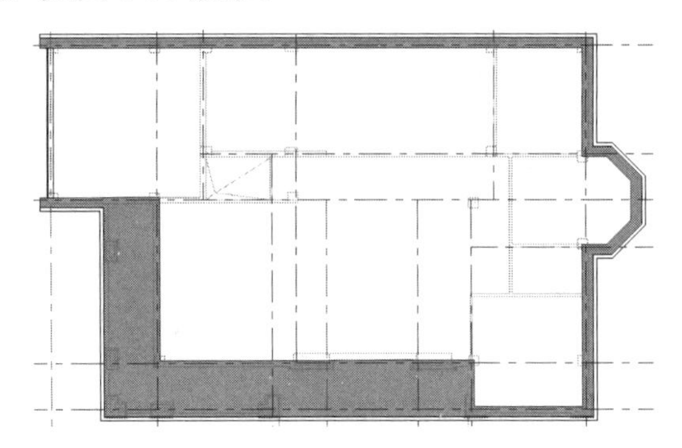

图 8-58 自动创建屋檐底板

④ 切换到三维视图。在【建筑】选项卡的【构建】面板中单击【屋顶：封檐板】按钮 屋顶:封檐板，切换到【修改|放置封檐板】上下文选项卡。

⑤ 保留【属性】选项板中的默认设置，选择人字形屋顶的侧面底边线，随后 Revit 自动创建封檐板，如图 8-59 所示。

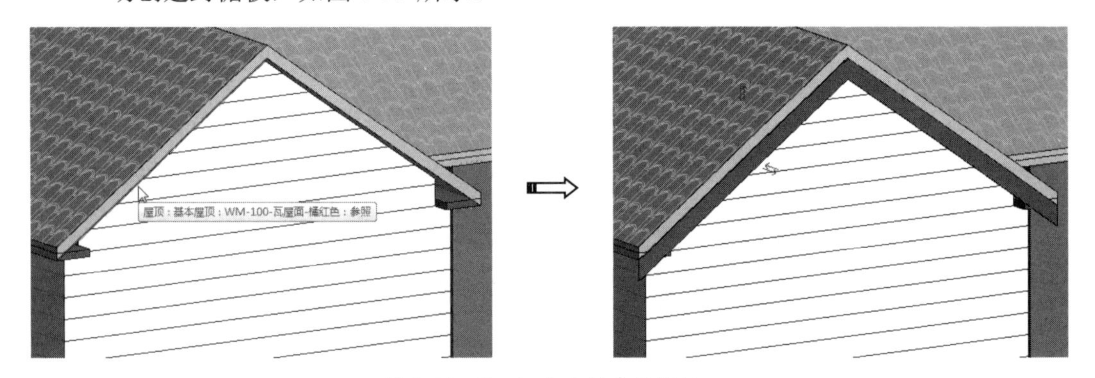

图 8-59 Revit 自动创建封檐板

⑥ 单击【编辑类型】按钮，在打开的【类型属性】对话框的【类型参数】选项组中设置【轮廓】的值为【封檐带-平板：19×89mm】，如图 8-60 所示。

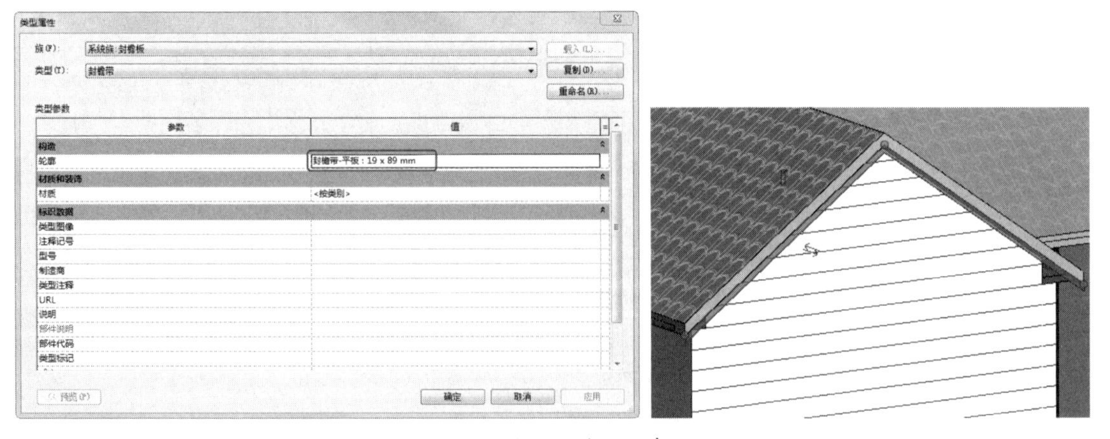

图 8-60 修改封檐板的参数

3.【屋顶：檐槽】工具

檐槽是用来排水的建筑构件，在农村的建筑中应用较广。下面用案例说明创建檐槽的操作步骤。

上机操作——创建檐槽

① 以上一个案例为基础。在【建筑】选项卡的【构建】面板中单击【屋顶：檐槽】按钮 屋顶:檐槽，切换到【修改|放置檐沟】上下文选项卡。

② 保留【属性】选项板中的默认设置，选择迹线屋顶的底边线，随后 Revit 自动创建檐槽，如图 8-61 所示。

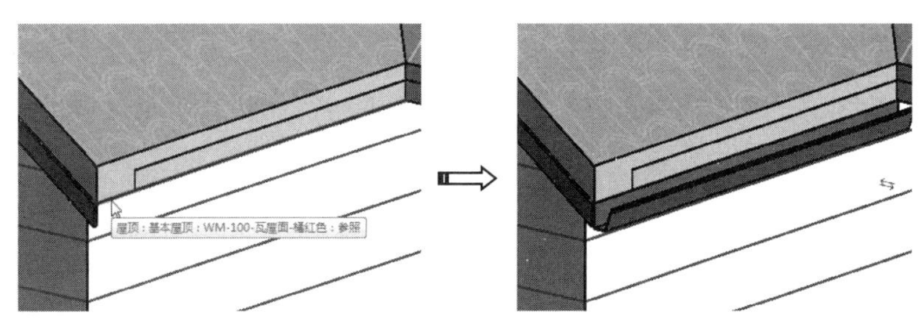

图 8-61　Revit 自动创建檐槽

③ 依次选择其余迹线屋顶的底边线，Revit 自动创建檐槽，结果如图 8-62 所示。

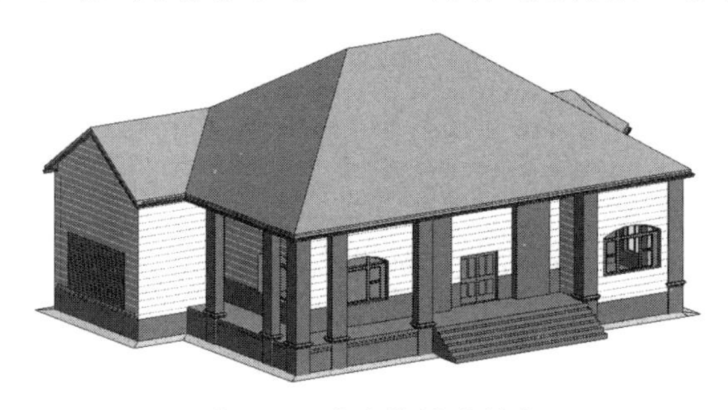

图 8-62　完成檐槽的创建

8.4　BIMSpace 乐建 2022 楼板与女儿墙设计

BIMSpace 乐建 2022 中的楼板与屋顶工具通常在楼层平面视图中使用。利用这些工具可以快速创建整层楼板，也可以拾取某个房间来创建楼板。

BIMSpace 乐建 2022 中的楼板与屋顶工具在【门窗\楼板\屋顶】选项卡中，如图 8-63 所示。

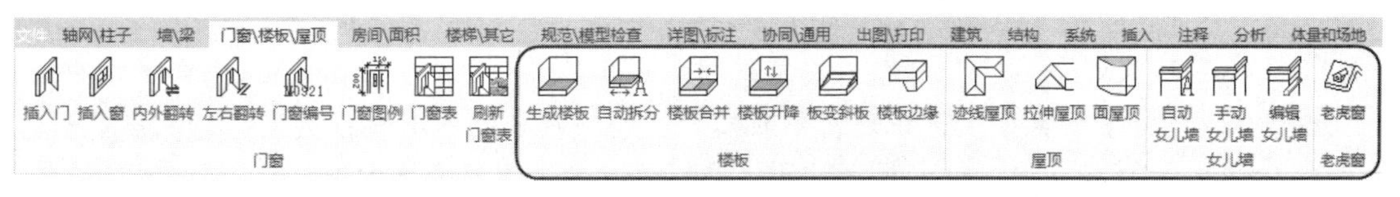

图 8-63　【门窗\楼板\屋顶】选项卡

【屋顶】面板与【老虎窗】面板中的工具与 Revit【建筑】选项卡中的工具的用法是相同的，本节着重介绍【楼板】面板和【女儿墙】面板中的工具。

8.4.1 BIMSpace 乐建 2022 楼板设计

BIMSpace 乐建 2022 中的楼板工具是智能化的，去除了 Revit 中手动绘制楼板轮廓的烦琐操作，使得楼板的编辑与操作变得更加轻松。

楼板工具包括【生成楼板】【自动拆分】【楼板合并】【楼板升降】【板变斜板】【楼板边缘】。

- 生成楼板：此工具根据用户选定的边界条件自动生成楼板，可以整体拾取楼层边界创建所有房间的楼板，也可以按照房间分区进行选择来创建独立房间的楼板。
- 自动拆分：利用选定的房间边界自动将该房间的楼板从整体楼板中拆分出来。
- 楼板合并：利用此工具，可将相邻房间的楼板合并。
- 楼板升降：利用此工具，可轻松地完成楼板的标高设置。
- 板变斜板：利用此工具，可将水平楼板倾斜放置，可绕边旋转形成倾斜或使单边高度升降完成倾斜。
- 楼板边缘：利用此工具，可创建楼板边缘。与 Revit 中【楼板：楼板边】工具的作用相同。

下面用案例来演示这些楼板工具的应用。

上机操作——利用 BIMSpace 乐建 2022 创建与编辑楼板

① 打开本例源文件【工厂厂房.rvt】，该项目由两部分独立的主体建筑构成，两部分建筑的底层高度落差为 1.2m 左右，如图 8-64 所示。

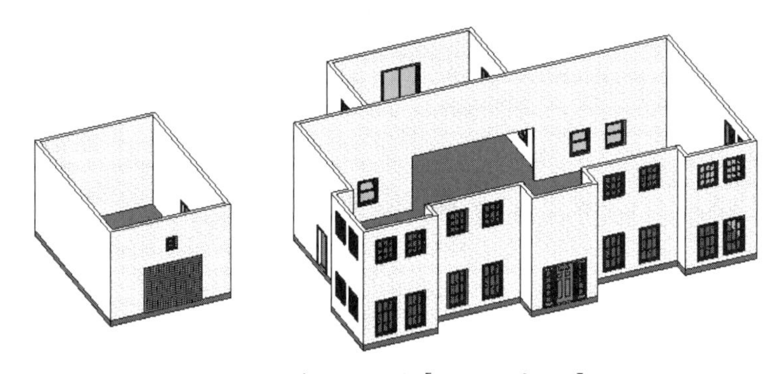

图 8-64 本例源文件【工厂厂房.rvt】

② 切换到【F2】楼层平面视图。在【门窗\楼板\屋顶】选项卡的【楼板】面板中单击【生成楼板】按钮，打开【楼板生成】对话框，如图 8-65 所示。该对话框中各选项的含义如下。

- 板类型：【板类型】下拉列表中列出了当前项目中的所有楼板类型。如果当前项目中没有楼板类型，则可提前利用云族 360 下载相关的建筑楼板。
- 新建：单击【新建】按钮，可以创建新的楼板类型，如图 8-66 所示。

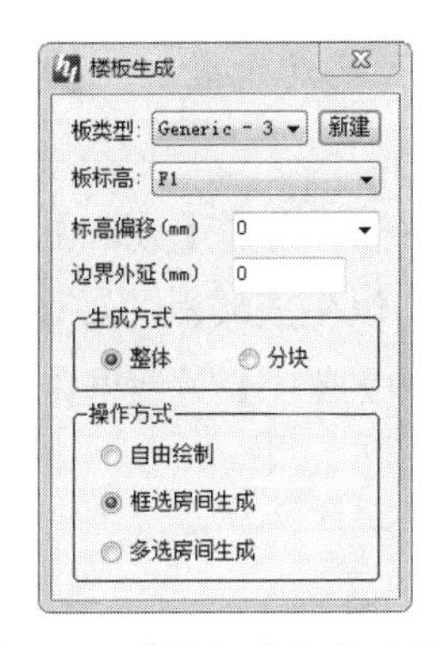

图 8-65　【楼板生成】对话框

图 8-66　新建楼板类型

- 板标高：选择当前项目中的标高来放置楼板。
- 标高偏移：调整楼板在标高位置上的上下位置。
- 边界外延：设置楼板向墙体外延伸的距离。
- 生成方式：包括【整体】和【分块】,【整体】表示创建所有房间的楼板,【分块】表示选取部分房间创建楼板。
- 操作方式：选取房间的方式。【自由绘制】通过区域绘制方式来确定楼板大小，如图 8-67 所示；【框选房间生成】通过框选方式确定要创建楼板的房间；【多选房间生成】通过选取一个或多个房间的方式来确定楼板大小。后两种操作方式的前提是先创建房间。

③ 选择【自由绘制】操作方式，打开【区域绘制】工具条。利用【矩形】工具绘制房间的楼板边界，如图 8-68 所示。

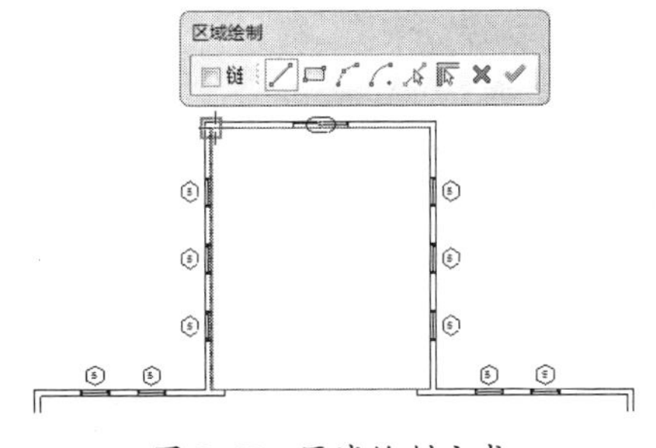

图 8-67　区域绘制方式

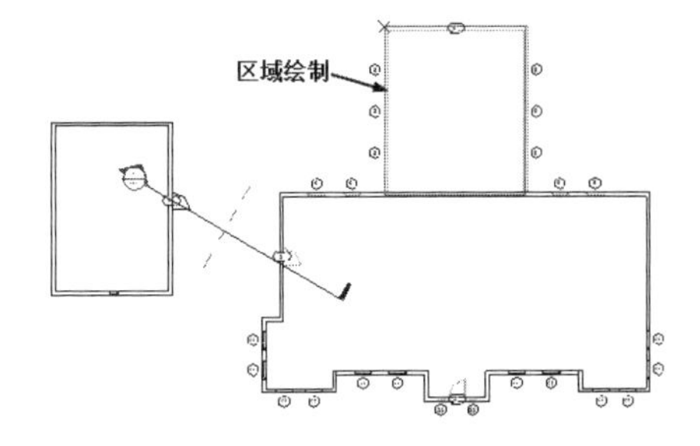

图 8-68　绘制楼板边界

④ 单击【区域绘制】工具条中的【完成绘制】按钮，打开【鸿业提示】对话框，表示楼板创建成功，如图 8-69 所示。

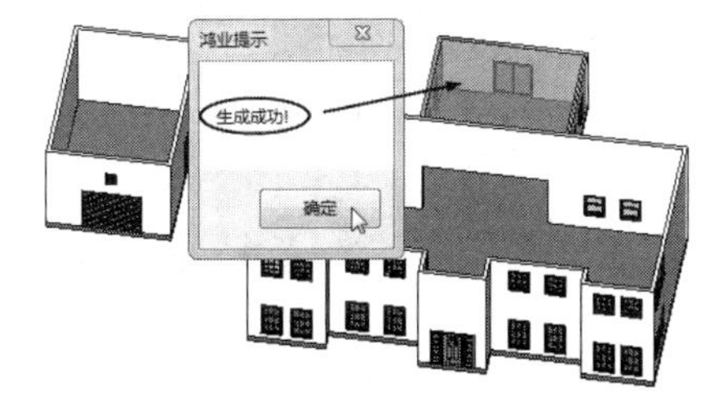

图 8-69　自动生成楼板

⑤ 在 BIMSpace 乐建 2022 的【房间\面积】选项卡中单击【生成房间】按钮，在厂房二楼创建房间，如图 8-70 所示。

⑥ 单击【生成楼板】按钮，打开【楼板生成】对话框，选择【分块】生成方式，并选中【多选房间生成】单选按钮，选择创建的房间以生成楼板，如图 8-71 所示。需要单击选项栏中的【完成】按钮并弹出【楼板生成成功】对话框，才可成功创建楼板，而按 Esc 键退出则不会成功创建楼板。

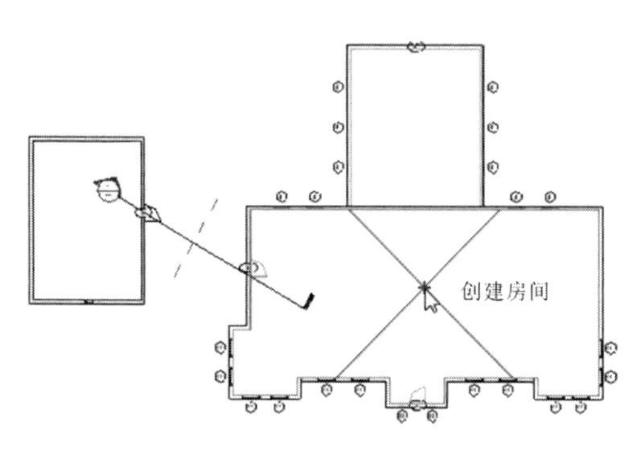

图 8-70 创建房间

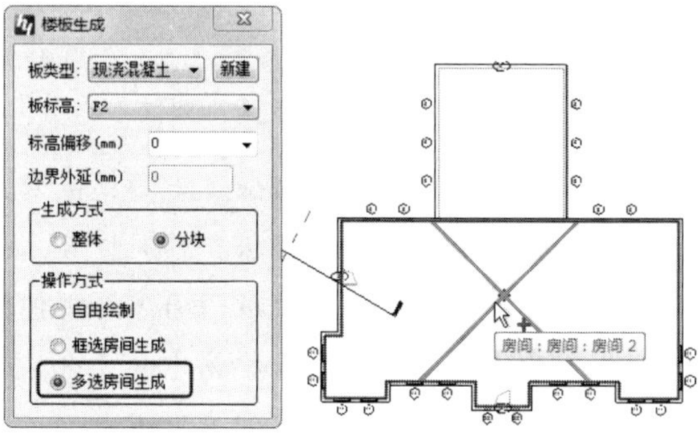

图 8-71 选择创建的房间以生成楼板

⑦ 单击【墙\梁】选项卡中的【绘制墙体】按钮，在主厂房的二楼绘制墙体，如图 8-72 所示。

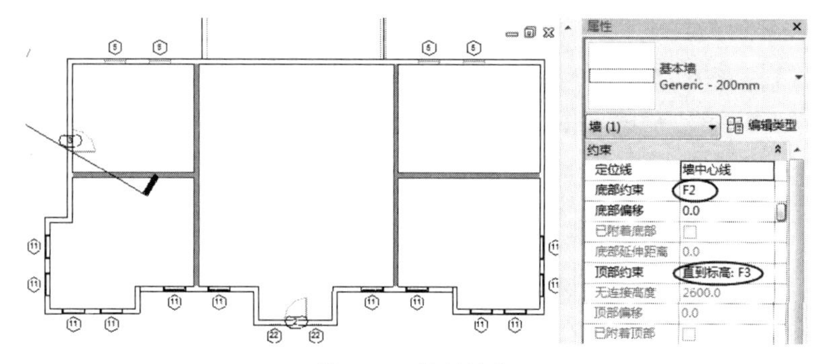

图 8-72 绘制墙体

⑧ 切换到【F3】楼层平面视图。利用【生成楼板】工具，在两间房屋中以【自由绘制】的操作方式创建楼板，如图 8-73 所示。

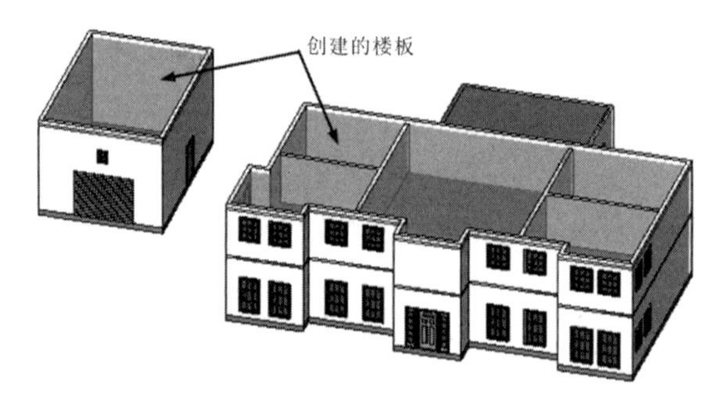

图 8-73 创建两间房屋的楼板

⑨　前面创建的楼板边界均是外墙边界，可以利用【自动拆分】工具将楼板边界改到墙体内侧或轴线位置上。单击【自动拆分】按钮，打开【楼板自动拆分】对话框，保留默认设置，拆分左边建筑的楼板，如图 8-74 所示。随后提示【楼板拆分成功】，结果如图 8-75 所示。

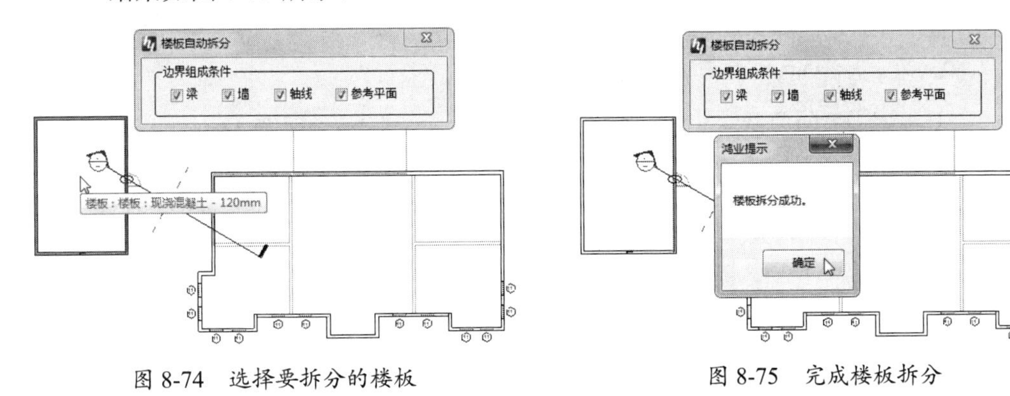

图 8-74　选择要拆分的楼板　　　　图 8-75　完成楼板拆分

⑩　如图 8-76 所示为自动拆分楼板的前后对比。

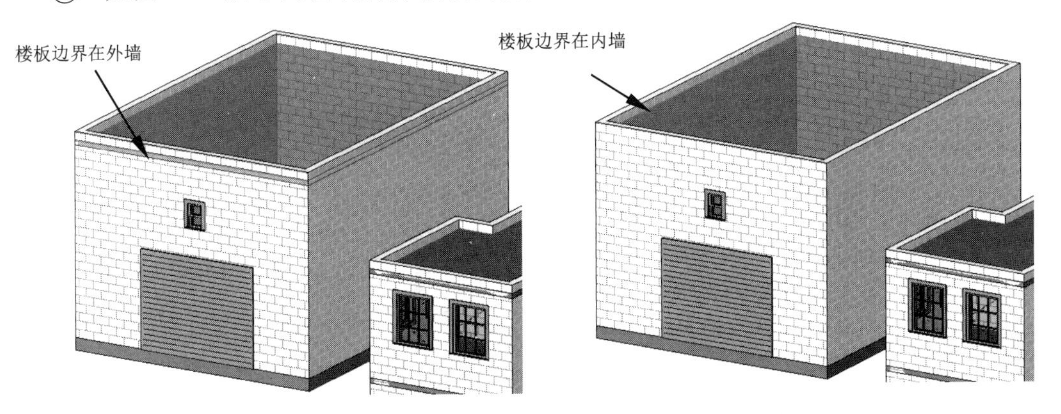

图 8-76　自动拆分楼板的前后对比

⑪　先单击【楼板升降】按钮，打开【楼板升降】对话框，设置【楼板偏移值】为【200】，选择要升降的楼板，再单击选项栏中的【完成】按钮，完成楼板升降，如图 8-77 所示。

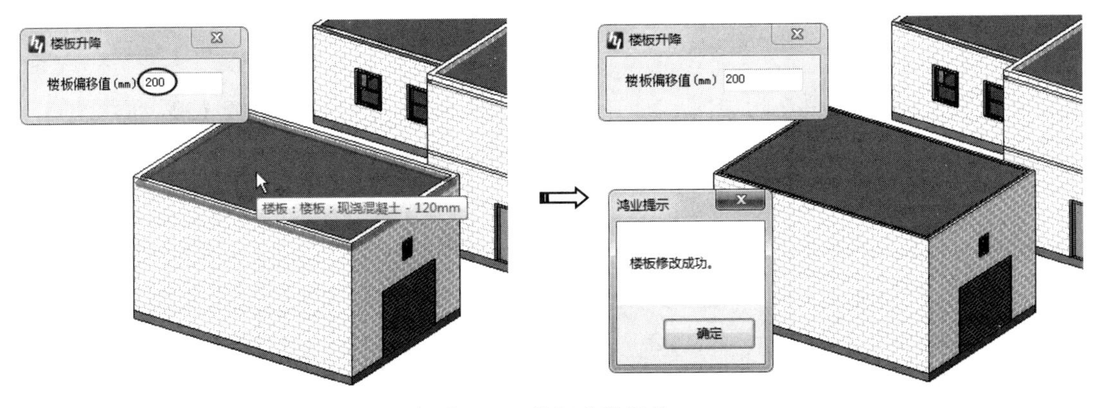

图 8-77　楼板升降操作

⑫ 单击【板变斜板】按钮，打开【板变斜板】对话框，首先设置【Z 向偏移量】值为【-50】，选中【选边倾斜】单选按钮，选择要倾斜的楼板，如图 8-78 所示，接着选择要倾斜的楼板边，如图 8-79 所示，最后系统自动完成楼板的倾斜。

图 8-78 选择要倾斜的楼板

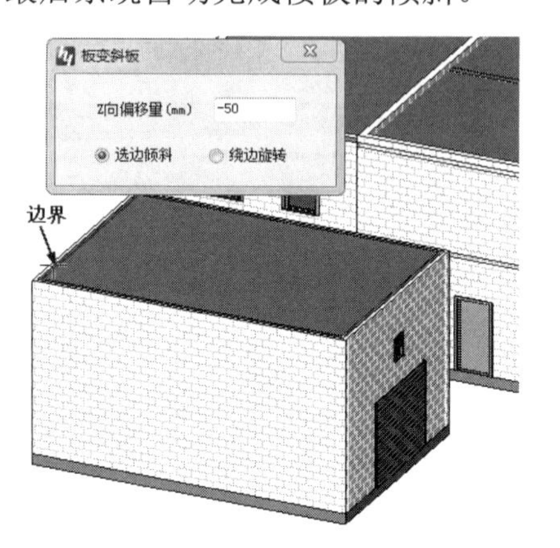

图 8-79 选择要倾斜的楼板边

⑬ 【楼板边缘】工具主要应用在砖混结构的悬挑、雨遮设计中。下面先创建雨遮。切换到【F2】楼层平面视图。单击【生成楼板】按钮，打开【楼板生成】对话框，设置楼板参数，绘制矩形区域，矩形的一条长边与大门同宽，如图 8-80 所示。

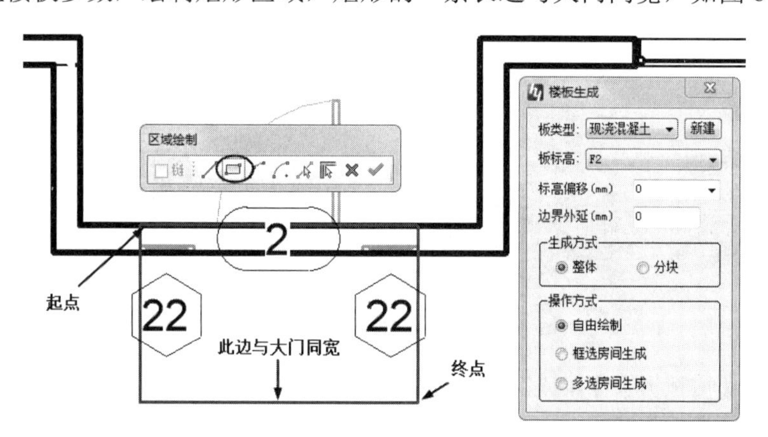

图 8-80 设置楼板参数并绘制矩形区域

⑭ 单击【区域绘制】工具条中的【完成绘制】按钮，系统自动生成楼板，如图 8-81 所示。

⑮ 单击【楼板升降】按钮，打开【楼板升降】对话框，首先设置【楼板偏移值】为【-500】，然后选择要升降的楼板，最后单击选项栏中的【完成】按钮，完成楼板升降，如图 8-82 所示。

⑯ 由于【楼板升降】工具对每次的升降高度有限制（范围为-500～500mm），因此需要再次升降该楼板，设置【楼板偏移值】为【-320】，完成最终的升降。此块楼板即为雨遮。

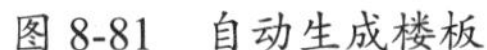
图 8-81　自动生成楼板

图 8-82　升降楼板

⑰ 此雨遮与大门门框之间的距离为 150mm，刚好可以在雨遮底部添加楼板边缘。将视觉样式设为【线框】，单击【楼板边缘】按钮，选择雨遮在墙内一侧的边，随后系统自动添加楼板边缘，如图 8-83 所示。

⑱ 利用【修改】选项卡中的【对齐】工具，将楼板边缘底部面与大门门框顶部面对齐，再将楼板边缘外部面与外墙面对齐，如图 8-84 所示。

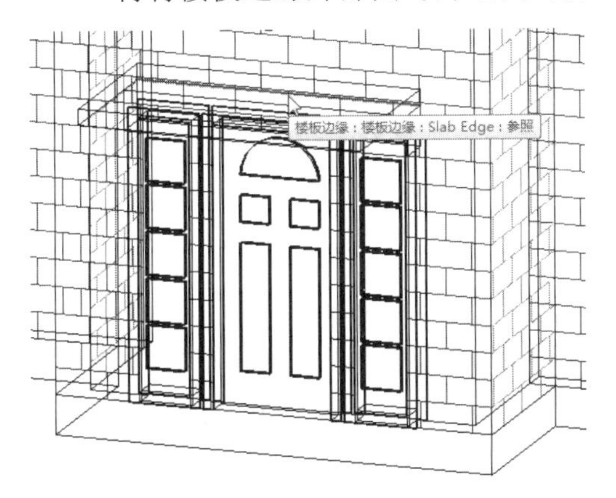

图 8-83　拾取楼板边添加楼板边缘

图 8-84　将楼板边缘与门框顶部和外墙面对齐

⑲ 利用【修改】选项卡中的【连接】工具，将楼板边缘和墙体进行连接。

8.4.2　BIMSpace 乐建 2022 女儿墙设计

女儿墙（又被称为孙女墙）是建筑物屋顶四周围的矮墙，主要作用是维护安全。根据国家建筑规范规定，可以上人的建筑屋面女儿墙一般最低不得低于 1.1m，最高不得高于 1.5m，这样可以起到很好的安全保护作用。

上机操作——自动女儿墙设计

① 打开本例源文件【宿舍楼.rvt】，如图 8-85 所示。

② 单击【自动女儿墙】按钮，打开【自动创建女儿墙】对话框，如图 8-86 所示。

图 8-85　本例源文件【宿舍楼.rvt】

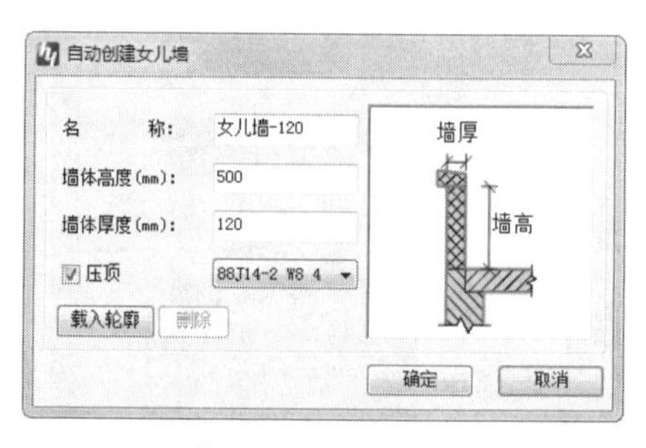

图 8-86　【自动创建女儿墙】对话框

各选项含义如下。

- 名称：用于设置女儿墙的名称。
- 墙体高度：用于设置墙体的高度。
- 墙体厚度：用于设置墙体的厚度。
- 载入轮廓：用于载入用户自建的轮廓族。
- 压顶：用于设置女儿墙是否有压顶，还可选择压顶形式。

③ 单击【载入轮廓】按钮，从本例源文件夹中载入【女儿墙饰条.rfa】族文件，加载后选择【女儿墙饰条】作为新的压顶形式，重新设置【墙体高度】和【墙体厚度】，单击【确定】按钮，自动创建女儿墙，如图 8-87 所示。从创建好的女儿墙中可以看出，饰条面朝内，而且还有断口，这些都需要重新进行编辑。

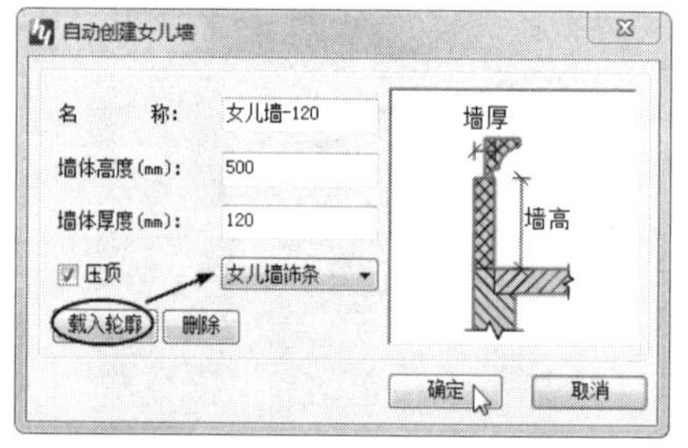

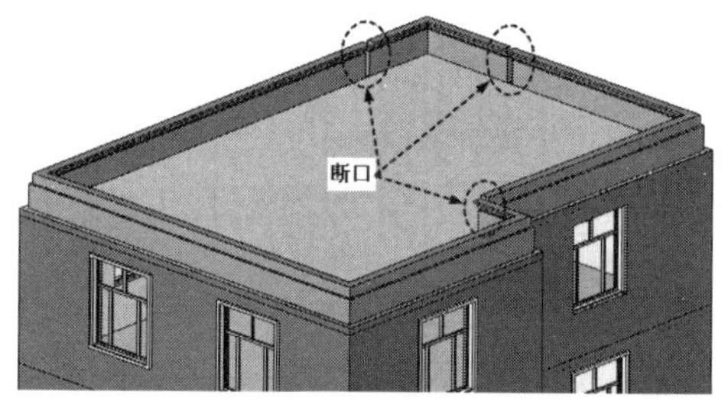

图 8-87　自动创建女儿墙

④ 修改女儿墙的朝向。切换到【F5】楼层平面视图。选择某一段女儿墙，单击【修改墙的方向】箭头，改变墙体朝向，如图 8-88 所示。

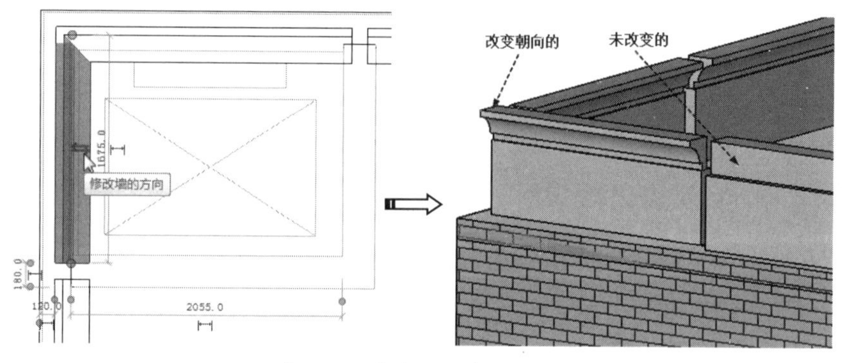

图 8-88　修改女儿墙的朝向

⑤ 在三维视图中，通过利用【修改】选项卡中的【对齐】工具将女儿墙的面与砖墙面对齐，如图 8-89 所示。

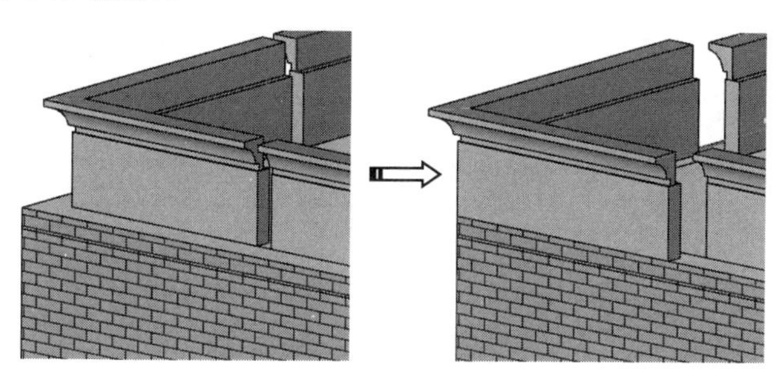

图 8-89　对齐墙面

⑥ 同理，利用【对齐】工具将断开的女儿墙进行修补，如图 8-90 所示。

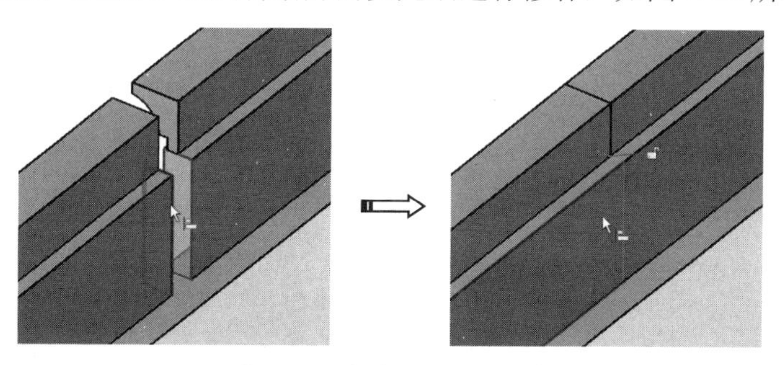

图 8-90　修补断开的女儿墙

上机操作——手动女儿墙设计

① 如果顶层墙体中还有内墙，就不太适合采用自动创建女儿墙的方式。用户可以利用【手动女儿墙】工具，首先删除前面创建的自动女儿墙，再切换到【F5】楼层平面视图。

② 单击【手动女儿墙】按钮，打开【手工创建女儿墙】对话框。保留前面创建自动女儿墙时的墙参数，单击【编辑定位线】按钮，在打开的【编辑定位线】对话框中利用【直线】工具绘制定位线，如图 8-91 所示。

③ 在绘制的定位线中间出现了一个方向箭头，此箭头是用来改变女儿墙朝向的，如图 8-92 所示。

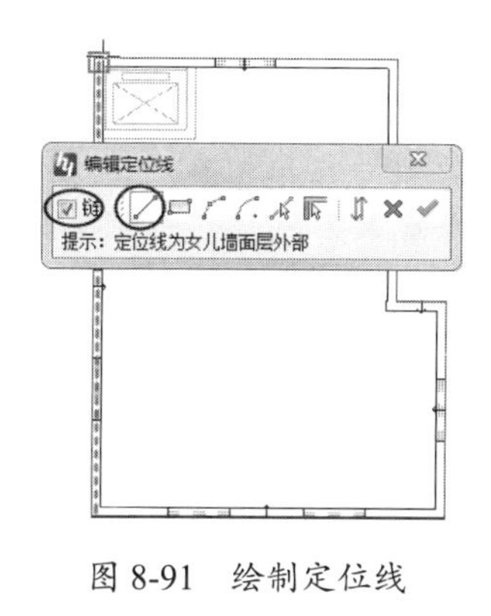

图 8-91　绘制定位线

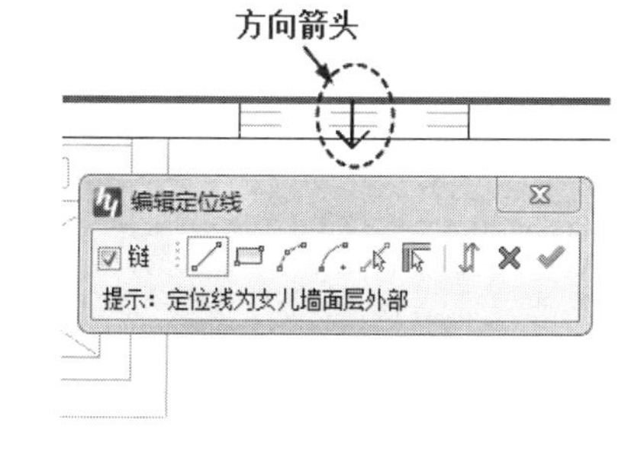

图 8-92　改变女儿墙朝向的方向箭头

④ 由于在默认情况下，女儿墙的朝向是向内的，这一点从创建的自动女儿墙中可以看出，因此需要更改女儿墙的朝向。在【编辑定位线】对话框中单击【朝向翻转】按钮，用框选的方式选取方向箭头，完成朝向更改，如图 8-93 所示。

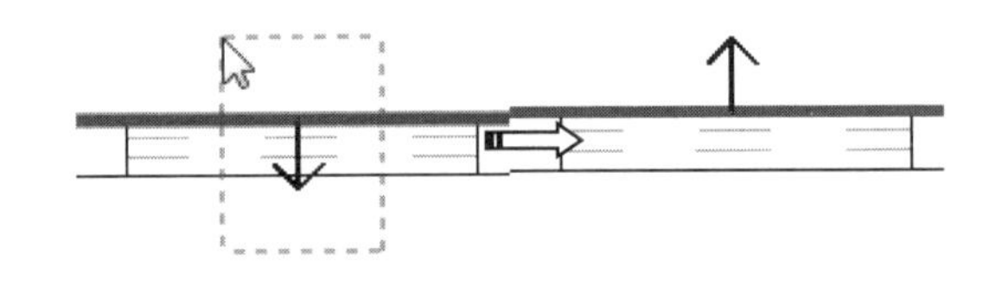

图 8-93 改变女儿墙朝向

⑤ 同理，改变其余女儿墙的朝向。单击【编辑定位线】对话框中的【绘制完成】按钮，返回【手工创建女儿墙】对话框，单击【确定】按钮完成女儿墙的创建，如图 8-94 所示。

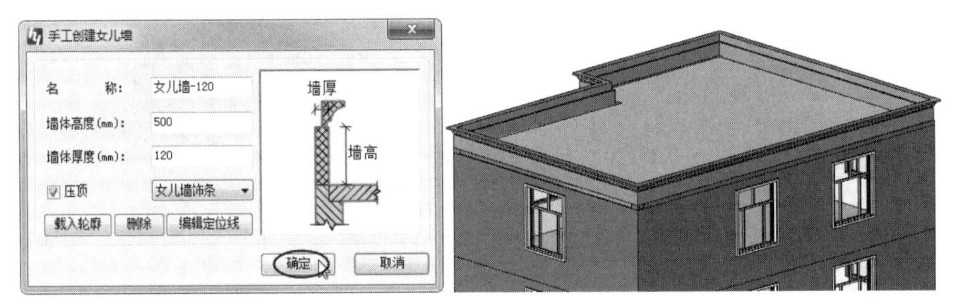

图 8-94 手动创建女儿墙

⑥ 保存项目文件。

知识点拨：

从自动创建女儿墙和手动创建女儿墙的对比效果来看，自动创建的女儿墙有一定的限制，墙体只能有外墙而不能有内墙，且容易断开，而且女儿墙的朝向也是需要更改的。手动创建女儿墙解决了自动创建女儿墙出现的问题。此外，还可以创建自定义的女儿墙饰条族，即选用【公制轮廓族】样板文件来创建。

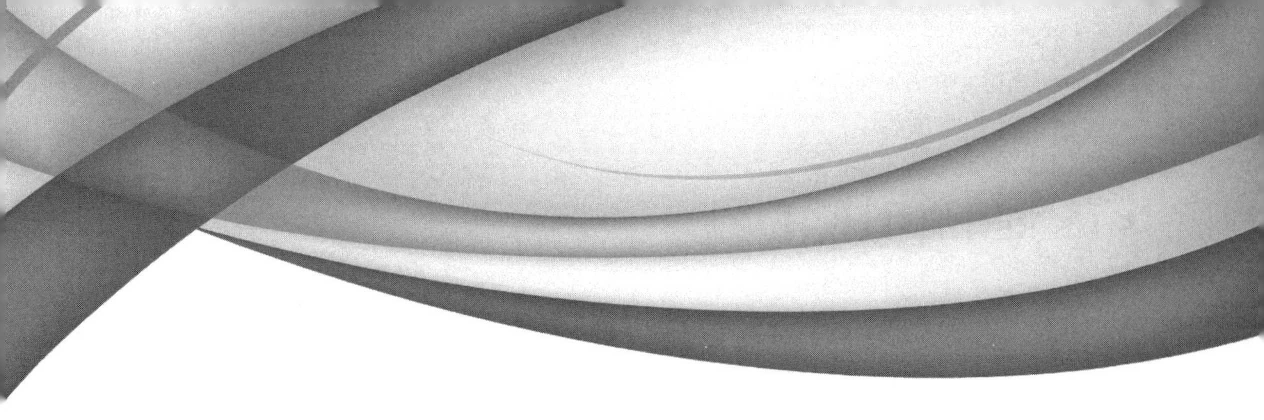

第 9 章

房间、面积与洞口设计

本章内容

建筑墙体、楼板、屋顶创建完成后，可以开始创建房间。创建房间是指对建筑模型中的空间进行细分，便于在室内装修设计中计算材料、绘制室内建筑平面图。利用 BIMSpace 乐建 2022 的楼板工具可以创建房间。在楼板、屋顶创建完成后，需要在楼板和屋顶上开洞，以便创建楼梯、天窗、老虎窗及墙洞等建筑构造。

知识要点

- ☑ Revit 洞口设计
- ☑ BIMSpace 乐建 2022 房间设计
- ☑ BIMSpace 乐建 2022 面积与图例

9.1 Revit 洞口设计

我们不仅可以通过编辑楼板、屋顶、墙体的轮廓来实现洞口的创建，而且 Revit 提供了专门的洞口工具来创建按面洞口、竖井洞口、垂直洞口、老虎窗洞口等，如图 9-1 所示。

此外，对于异型洞口造型，我们还可以通过创建内建族的空心形式，利用剪切几何形体命令来实现。

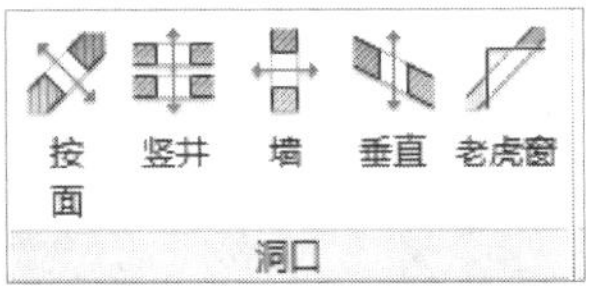

图 9-1 洞口工具

9.1.1 创建楼梯间竖井洞口

建筑物中有各种各样常见的井，例如，天井、电梯井、楼梯井、通风井、管道井等。这类结构的井，在 Revit 中可通过利用【竖井】洞口工具来创建。

下面以创建某乡村简约别墅的楼梯间竖井洞口为例，详细讲解【竖井】洞口工具的应用。别墅模型中已经创建了楼梯模型，按照建筑施工流程，每一层应该先有洞口后有楼梯，如果别墅模型是框架结构，则楼梯和楼板一起施工与设计。在本例中先创建楼梯是为了便于看清洞口所在的位置，楼梯起到参照作用。

上机操作——创建楼梯间竖井洞口

① 打开本例源文件【简约别墅.rvt】，如图 9-2 所示。

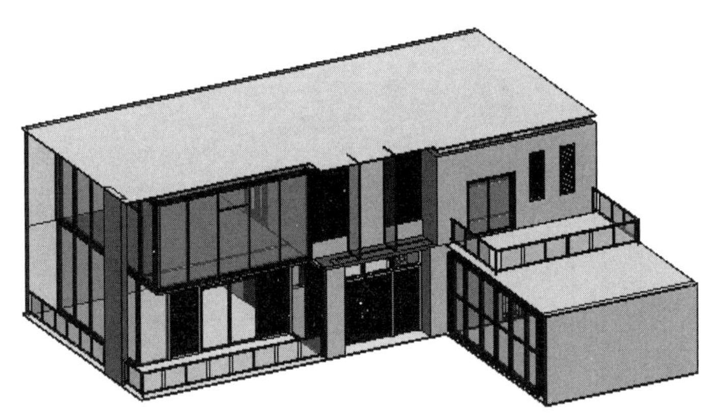

图 9-2 本例源文件【简约别墅.rvt】

知识点拨：

楼梯间的洞口大小由楼梯上、下梯步的宽度和长度决定，当然也包括楼梯平台和中间的楼梯间隔。在实际工程中，多数情况下，楼梯洞口周边要么是墙体，要么是结构梁。

② 该别墅总共有两层，在第一层楼板上创建楼梯间竖井洞口，如图 9-3 所示。

③ 切换到【标高 1】楼层平面视图，在【建筑】选项卡的【洞口】面板中单击【竖井】按钮，切换到【修改|创建竖井洞口草图】上下文选项卡。

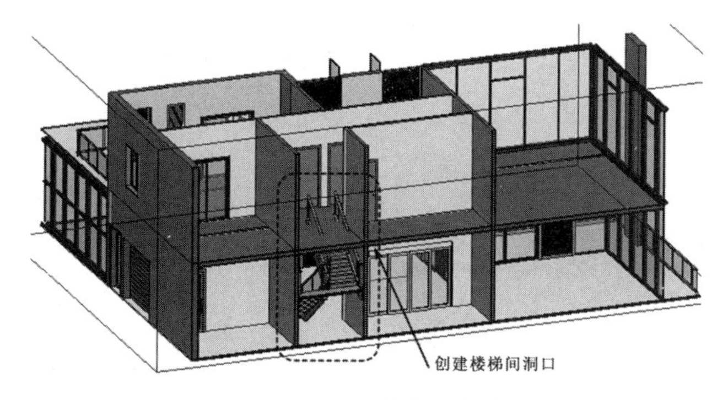

图 9-3　洞口创建示意图

④ 在【属性】选项板中设置如图 9-4 所示的参数。

⑤ 利用【矩形】工具绘制洞口边界（轮廓草图），如图 9-5 所示。

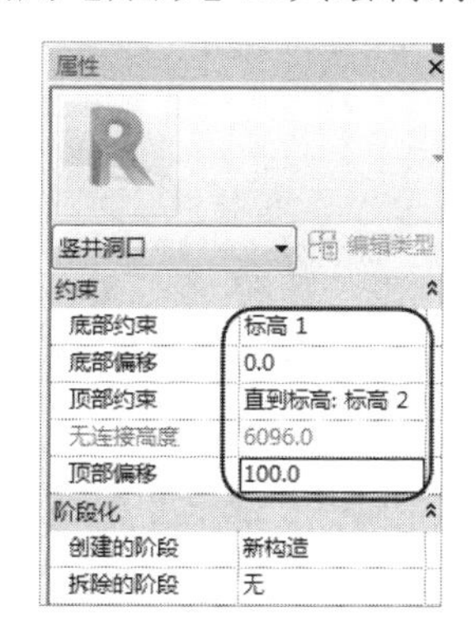

图 9-4　在【属性】选项板中设置参数

图 9-5　绘制洞口边界

⑥ 在【修改|创建竖井洞口草图】上下文选项卡中单击【完成编辑模式】按钮，完成楼梯间竖井洞口的创建，如图 9-6 所示。

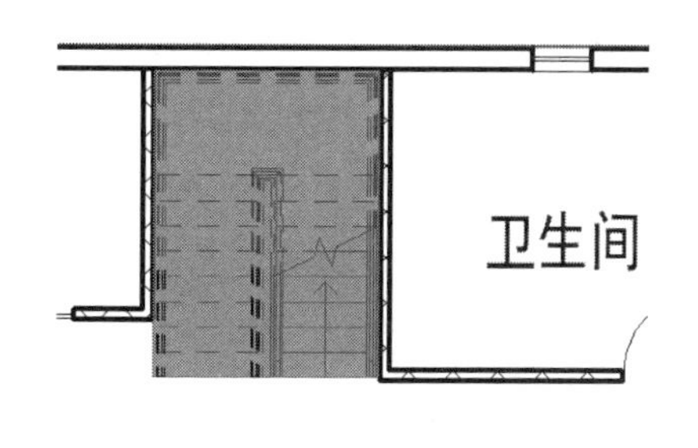

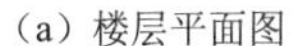

（a）楼层平面图

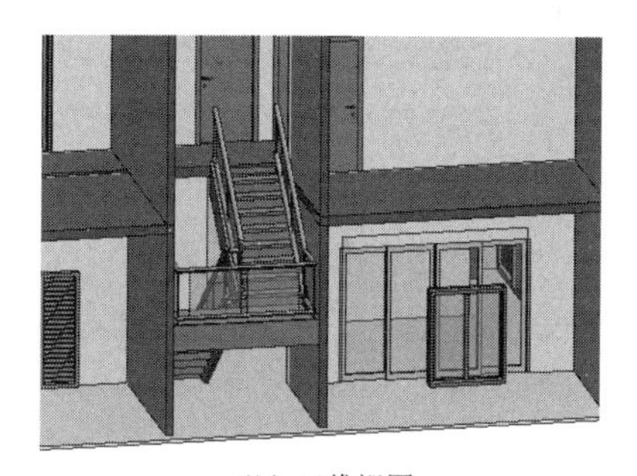

（b）三维视图

图 9-6　创建完成的楼梯间竖井洞口

⑦ 保存项目文件。

9.1.2　创建老虎窗

老虎窗也被称为屋顶窗，最早出现在我国，作用是透光和加速空气流通。后来出现了西式建筑风格，其顶楼也开设了屋顶窗，英文的屋顶窗叫【Roof】，译音与老虎近似，所以有了老虎窗一说。

中式的老虎窗如图 9-7 所示，主要在我国农村地区的建筑中存在。西式的老虎窗在别墅之类的建筑中有开设，如图 9-8 所示。

图 9-7　中式农村建筑老虎窗

图 9-8　西式别墅的老虎窗

上机操作——创建老虎窗

如图 9-9 所示为添加老虎窗前后的对比效果。

（a）添加老虎窗前

（b）添加老虎窗后

图 9-9　添加老虎窗前后的对比效果

① 打开本例源文件【小房子.rvt】，如图 9-9（a）所示。切换到【F2】楼层平面视图。

② 在【建筑】选项卡的【构建】面板中单击【墙】按钮，切换到【修改|放置墙】上下文选项卡。在【属性】选项板的【类型选择器】下拉列表中选择【混凝土 125mm】墙体类型，并设置约束条件，如图 9-10 所示。

③ 在【修改|放置墙】上下文选项卡的【绘制】面板中单击【直线】按钮，绘制如图 9-11 所示的墙体。绘制完成后连续按两次 Esc 键结束绘制。

图 9-10　选择墙体类型并设置约束条件

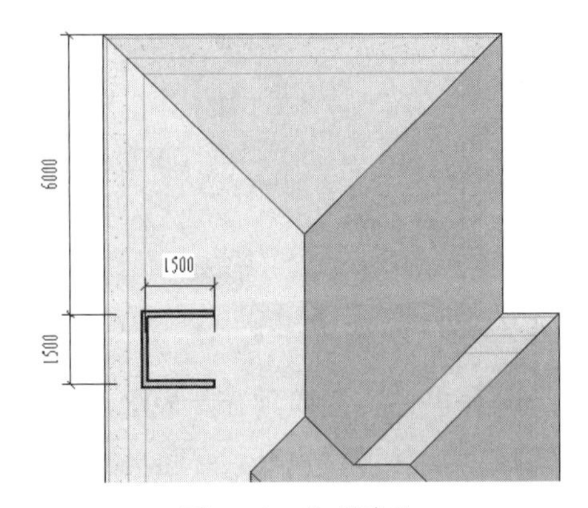

图 9-11　绘制墙体

④ 选中绘制的墙体，在【修改墙】面板中单击【附着顶部/底部】按钮，在选项栏中选中【底部】单选按钮，选择坡度迹线屋顶作为附着对象，完成修剪操作，如图 9-12 所示。

图 9-12　修剪墙体（1）

⑤ 在【建筑】选项卡的【构建】面板中选择【屋顶】下拉列表中的【拉伸屋顶】选项 拉伸屋顶，打开【工作平面】对话框，保留默认设置并单击【确定】按钮，拾取工作平面，如图 9-13 所示。

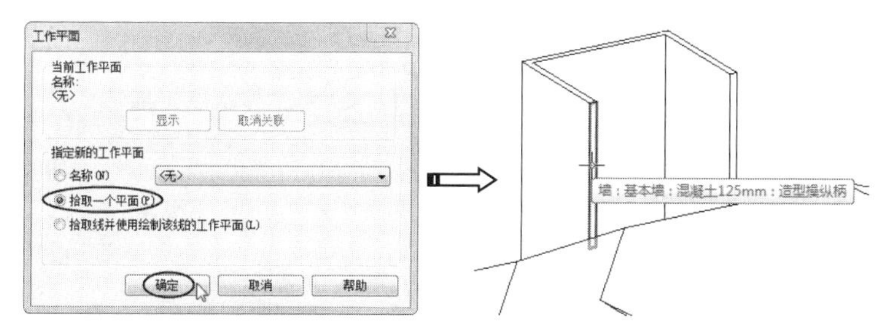

图 9-13　拾取工作平面

⑥ 打开【屋顶参照标高和偏移】对话框。保留默认设置并单击【确定】按钮，关闭此对话框。绘制如图 9-14 所示的人字形屋顶直线。

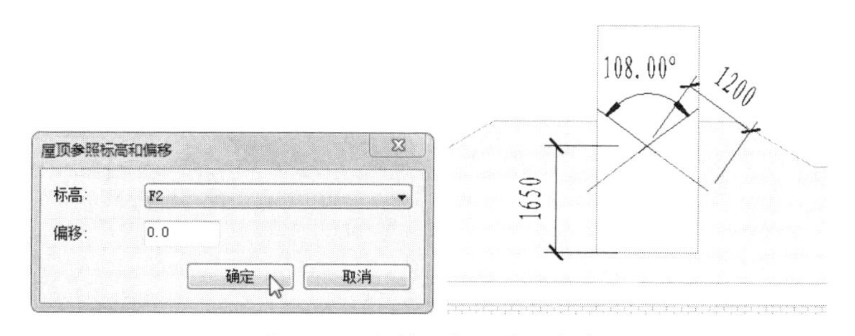

图 9-14　绘制人字形屋顶直线

⑦ 在【属性】选项板中选择【架空隔热保温屋顶-混凝土】屋顶类型，设置【拉伸终点】为【-2000】，如图 9-15 所示。

⑧ 单击【编辑类型】按钮，打开【类型属性】对话框，再单击【结构】参数右侧的【编辑】按钮，打开【编辑部件】对话框，设置屋顶结构参数（多余的层删除），如图 9-16 所示。

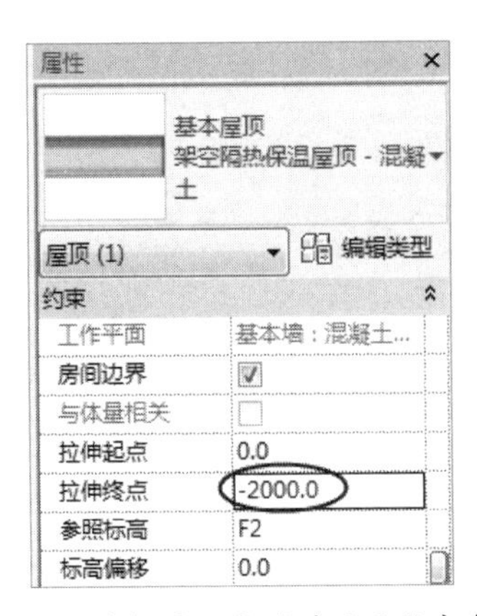

图 9-15 选择屋顶类型并设置约束条件

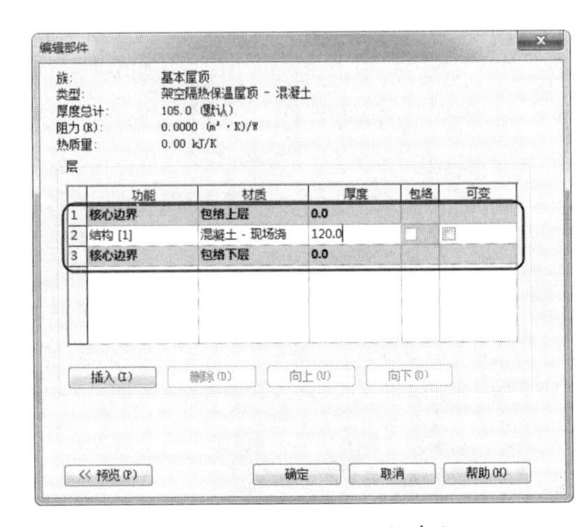

图 9-16 设置屋顶结构参数

⑨ 在【修改|创建拉伸屋顶轮廓】上下文选项卡的【模式】面板中单击【完成编辑模式】按钮，完成人字形屋顶的创建，结果如图 9-17 所示。

⑩ 选中 3 段墙体，首先在【修改墙】面板中单击【附着顶部/底部】按钮，然后在选项栏中选择【顶部】选项，接着选择拉伸屋顶作为附着对象，完成修剪操作，如图 9-18 所示。

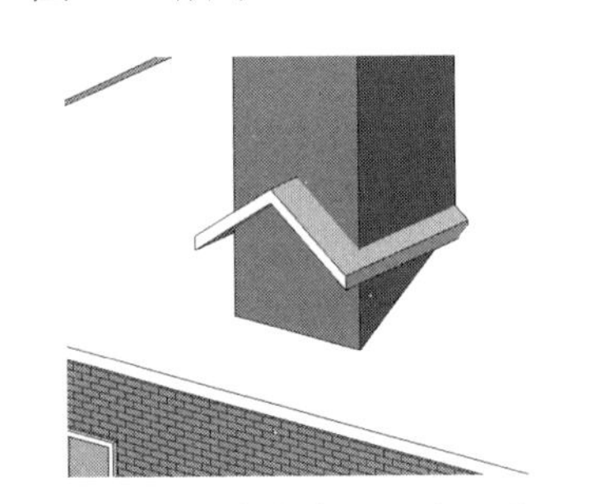

图 9-17 创建完成的人字形屋顶

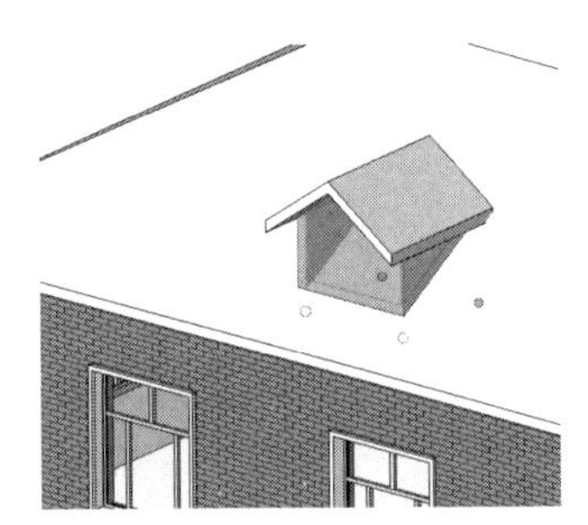

图 9-18 修剪墙体（2）

⑪ 编辑人字形屋顶部分。选中人字形屋顶使其变成可编辑状态，同时打开【修改|屋顶】上下文选项卡。

⑫ 在【几何图形】面板中单击【连接/取消连接屋顶】按钮，按照信息提示，选取人字形屋顶的边及迹线屋顶斜面作为连接参照，随后系统自动完成连接，结果如图 9-19 所示。

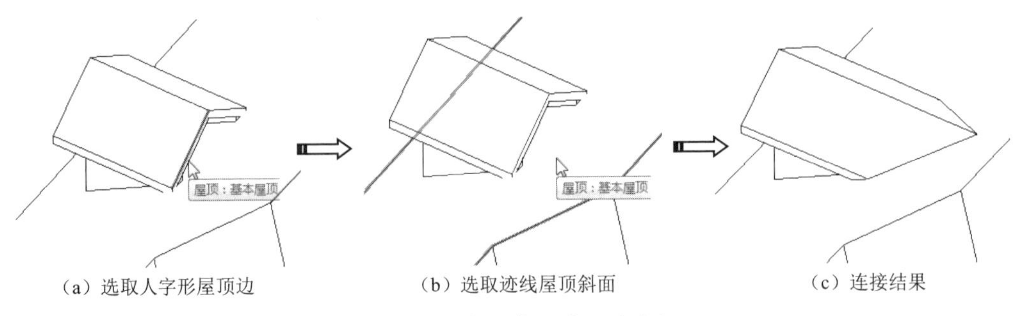

（a）选取人字形屋顶边　（b）选取迹线屋顶斜面　（c）连接结果

图 9-19 编辑人字形屋顶的过程

⑬　创建老虎窗洞口。在【建筑】选项卡的【洞口】面板中单击【老虎窗】按钮，选择迹线大屋顶作为要创建洞口的参照。

⑭　将视觉样式设置为【线框】，选取老虎窗墙体内侧的边缘，如图 9-20 所示。通过拖曳线端点来修剪和延伸被选取的边缘，结果如图 9-21 所示。

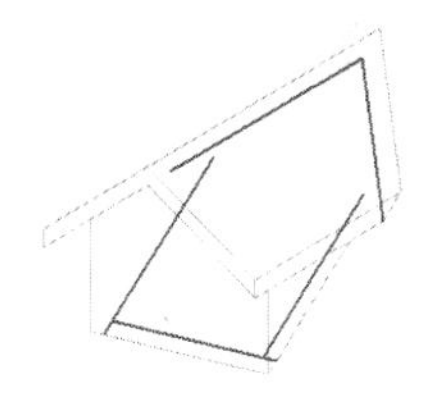

图 9-20　选取老虎窗墙体内侧的边缘

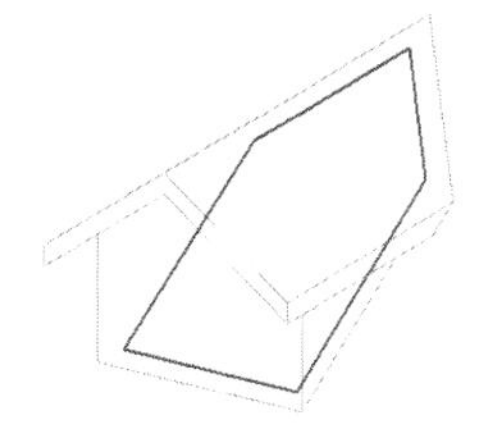

图 9-21　修剪和延伸被选取的边缘

⑮　单击【完成编辑模式】按钮，完成老虎窗洞口的创建。隐藏老虎窗的墙体和人字形屋顶图元，查看老虎窗洞口，如图 9-22 所示。

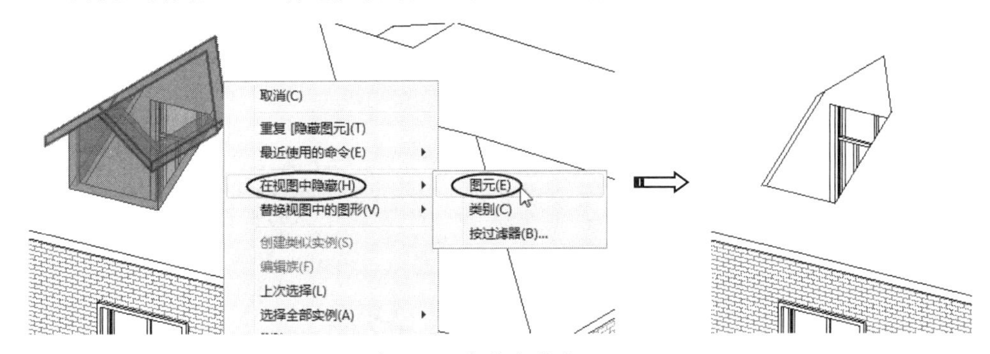

图 9-22　查看老虎窗洞口

⑯　添加窗模型。在【插入】选项卡中单击【载入族】按钮，从 Revit 系统中载入【弧顶窗 2.rfa】窗族，如图 9-23 所示。

⑰　切换到【左】视图。在【建筑】选项卡中单击【窗】按钮，在【属性】选项板中选择【弧顶窗 2】窗族，并单击【编辑类型】按钮，在打开的【类型属性】对话框中编辑此窗族的尺寸，如图 9-24 所示。

图 9-23　载入窗族

图 9-24　编辑窗族的尺寸

⑱ 将窗族添加到老虎窗墙体中间，如图 9-25 所示。

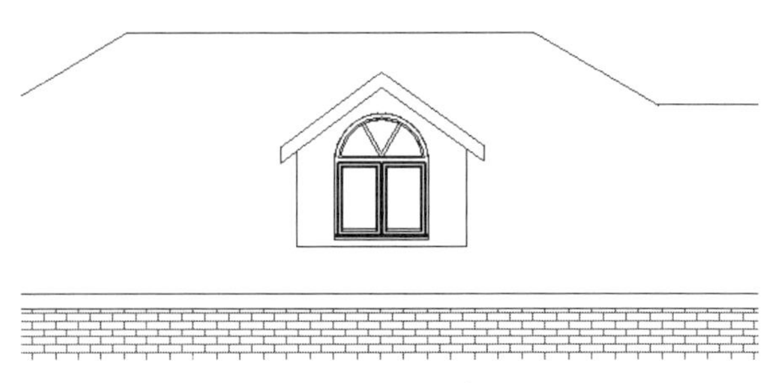

图 9-25 添加窗族

⑲ 在添加窗族后，按 Esc 键结束操作。至此就完成了老虎窗的创建。

9.1.3 其他洞口工具

1.【按面】洞口工具

利用【按面】洞口工具可以创建出与所选面方向垂直的洞口，如图 9-26 所示。创建过程与【竖井】洞口工具相同。

2.【墙】洞口工具

利用【墙】洞口工具可以在墙体上开出洞口，如图 9-27 所示。常规墙（直线墙）和曲面墙的创建过程相同。

图 9-26 利用【按面】洞口工具创建的洞口

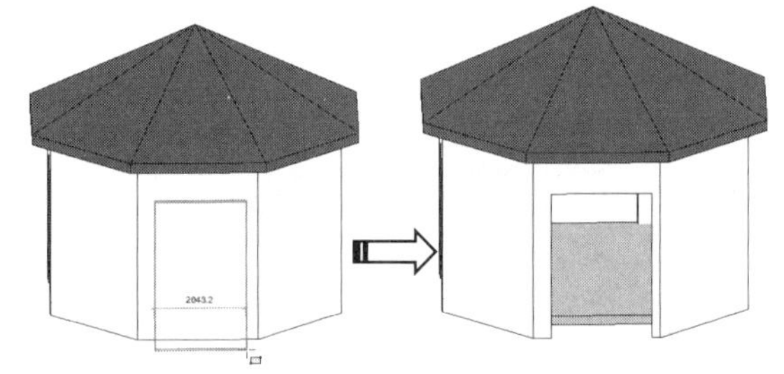

图 9-27 利用【墙】洞口工具创建的洞口

3.【垂直】洞口工具

【垂直】洞口工具是用来创建屋顶天窗的。【垂直】洞口工具和【按面】洞口工具的不同之处在于洞口的切口方向。【垂直】洞口工具的切口方向为面的方向，【按面】洞口工具的切口方向为楼层垂直方向。图 9-28 所示为【垂直】洞口工具在屋顶上开洞的应用。

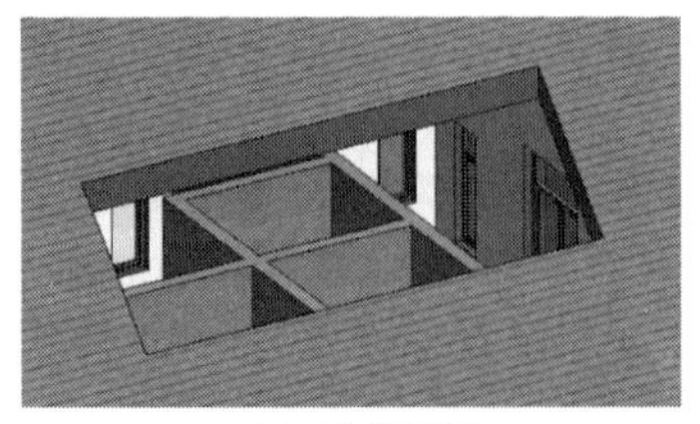

（a）垂直洞口

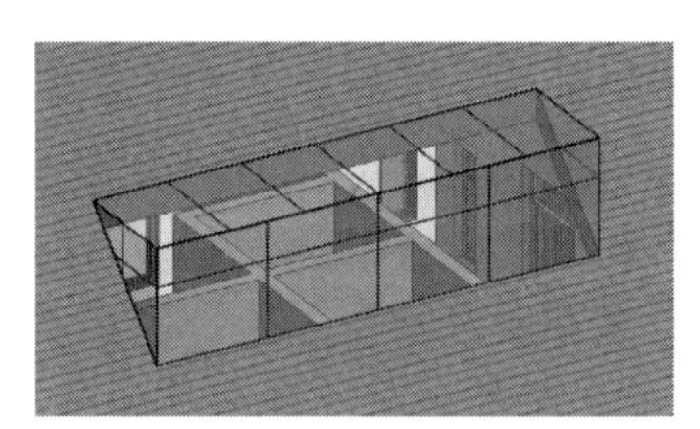

（b）添加幕墙

图 9-28 【垂直】洞口工具在屋顶上开洞的应用

9.2 BIMSpace 2022 房间设计

房间是基于图元（如墙、楼板、屋顶和天花板）对建筑模型中的空间进行细分的部分。利用【房间】工具在楼层平面视图中创建房间，或将房间添加到明细表中便于以后放置在模型中。图 9-29 所示为在楼层平面视图中创建的房间。

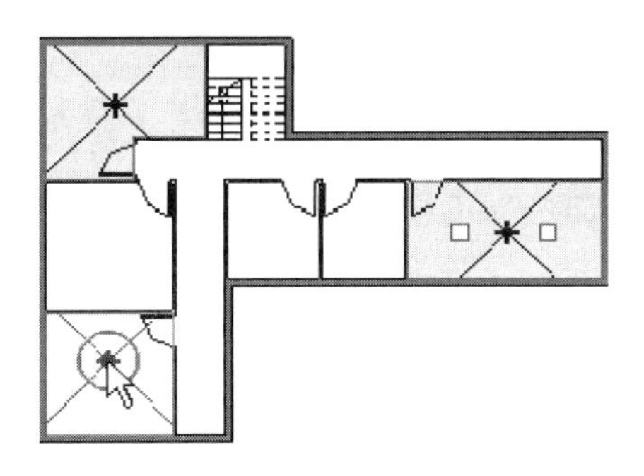

图 9-29 在楼层平面视图中创建的房间

BIMSpace 乐建 2022 的房间设计工具如图 9-30 所示。

图 9-30 房间设计工具

9.2.1 房间设置

【房间设置】工具用于对当前项目楼层平面视图中各房间的房间名称、户型名称和编号、房间编号、前后缀、房间面积、面积符号等进行显示设置。

在【房间\面积】选项卡的【房间】面板中单击【房间设置】按钮，打开【房间设置】对话框，如图 9-31 所示。可以选择是否标记房间名称、房间编号、房间面积，也可以选择是否更改已经添加好的房间标记。

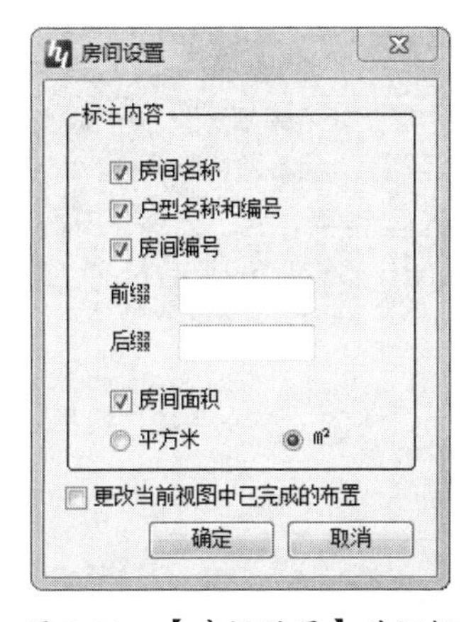

图 9-31 【房间设置】对话框

9.2.2 创建房间

【房间】面板中的房间设计工具说明如下。

- 房间编号：设置房间之后可以采取框选或者点选的方式对房间进行编号。
- 批量编号：可对所选房间进行批量编号。
- 房间分隔：可添加或调整房间边界。房间分隔线是房间边界。在房间内指定另一个房间时，分隔线十分有用，如起居室中的就餐区，此时房间之间不需要墙。房间分隔线在平面视图和三维视图中可见。
- 标记居中：可使房间标记位于房间中心。
- 构件添加房间属性：对全部模型中的族实例赋予其所在的房间名称和房间编号信息。
- 三维标记：生成包含任意房间参数值的三维房间名称。
- 生成房间：根据参数在平面视图中批量生成房间。
- 房间标记：自动生成房间标记。
- 房间装饰：可对所选房间添加装饰墙、天花板、楼地面、踢脚等构件。
- 信息检查：快速查找项目中未赋予做法信息的房间，并对这些房间进行高亮显示。
- 房间做法：快速查看房间中所对应的不同部位的做法。
- 材料做法：单击【材料做法】按钮，可选择《室内装修做发表》或《构造做发表》表格生成在本视图中，或者在创建的新视图中生成表格，可将表格单独导出为 Excel 文件。

下面通过某办公楼的项目案例进一步说明【房间编号】工具及相关操作。本案例是某政府行政办公楼建筑项目，如图 9-32 所示。

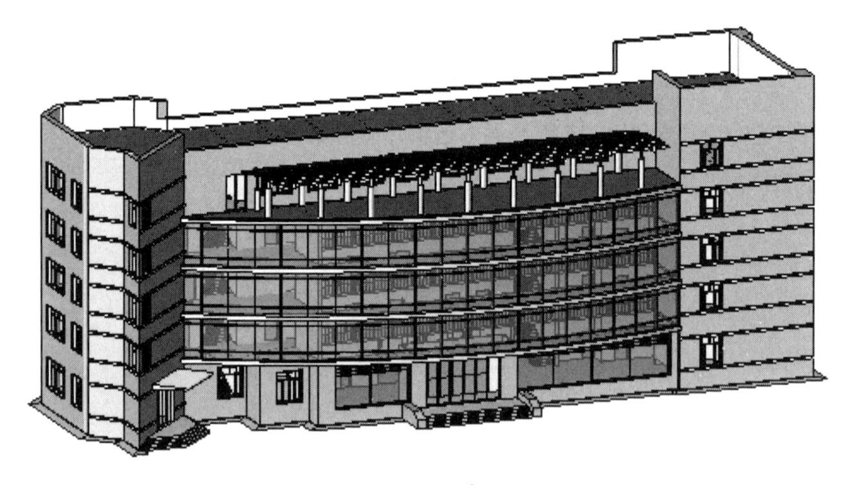

图 9-32 办公楼建筑模型

上机操作——标记房间编号

① 打开本例源文件【办公楼.rvt】，切换到【F1】楼层平面视图。

② 在【房间\面积】选项卡的【房间】面板中单击【房间编号】按钮，打开【房间编号】对话框。在该对话框的【办公】选项卡中首先单击【开敞办公区】按钮，然后将该房间的标注名称重命名为【办证大厅】,【房间编号】【面积系数】【楼号】等选项保留默认设置，如图 9-33 所示。

- 设置：单击此按钮，可以打开【房间设置】对话框，设置标注内容是否显示。
- 框选：单击此按钮，可以通过框选的方式选择要进行编号的房间。
- 点选：单击此按钮，可以通过选取房间的具体位置来放置编号。

③ 单击【点选】按钮，在视图中放置房间编号，系统自动生成房间，如图 9-34 所示。

图 9-33　设置房间编号参数

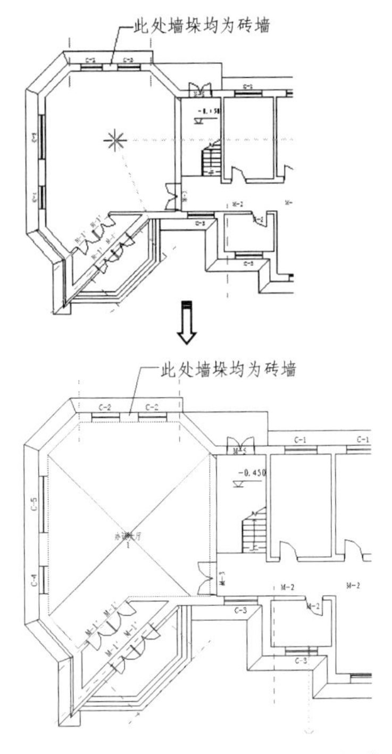

图 9-34　放置房间编号后自动生成房间

④ 同理，继续创建【休息厅】【办公室】【档案室】【配电间】【车库】【值班室】【卫生间】【管理室】等房间的编号（仅留下一个大厅不创建），如图 9-35 所示。

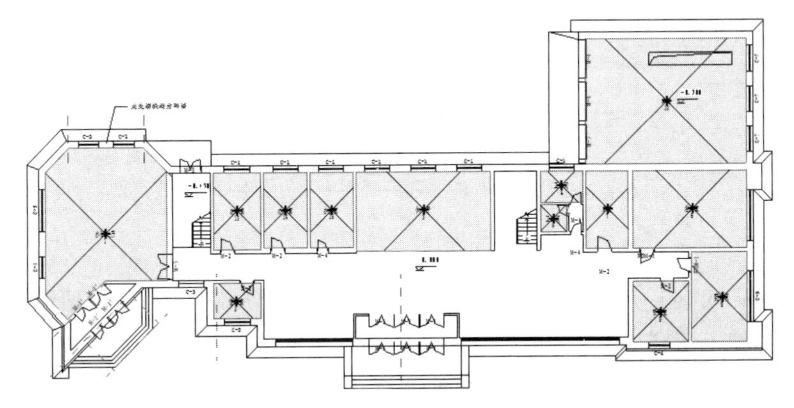

图 9-35　创建其余房间（除某个大厅外）的编号

⑤ 休息厅的旁边是 3 间办公室，再在【房间\面积】选项卡的【房间】面板中单击【批量编号】按钮，在打开的【房间批量编号】对话框中设置【房间编号】【编号前缀】【编号后缀】等选项，单击【选择房间】按钮，选择 3 间办公室进行编号，单击选项栏中的【完成】按钮完成操作，如图 9-36 所示。

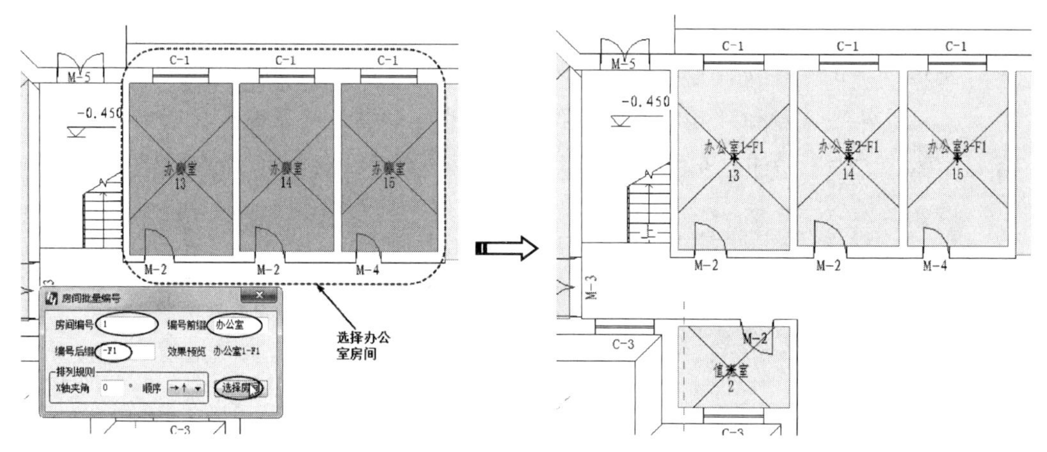

图 9-36　批量编号房间

⑥ 【F1】楼层中还有大厅和两个楼梯间没有设置编号，主要是因为大厅与楼梯间没有隔开。在【房间\面积】选项卡的【房间】面板中单击【房间分割】按钮，利用【直线】工具绘制两条直线，绘制完成后，系统自动完成房间的分割，如图 9-37 所示。

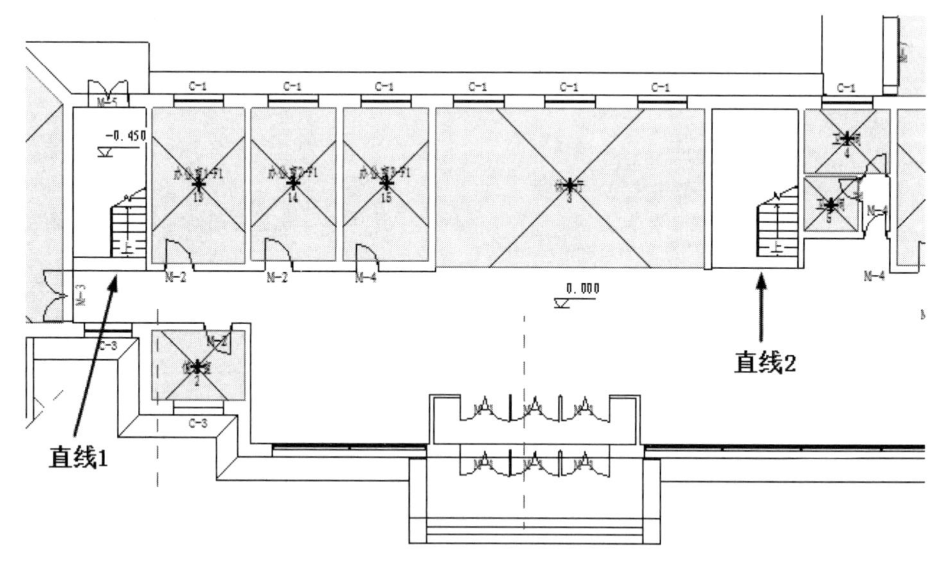

图 9-37　分割房间

⑦ 利用【房间编号】工具，对楼梯间和大厅进行编号，如图 9-38 所示。

⑧ 在【房间\面积】选项卡的【房间】面板中单击【标记居中】按钮，框选要居中的房间标记，使房间标记位于房间的中央，如图 9-39 所示。

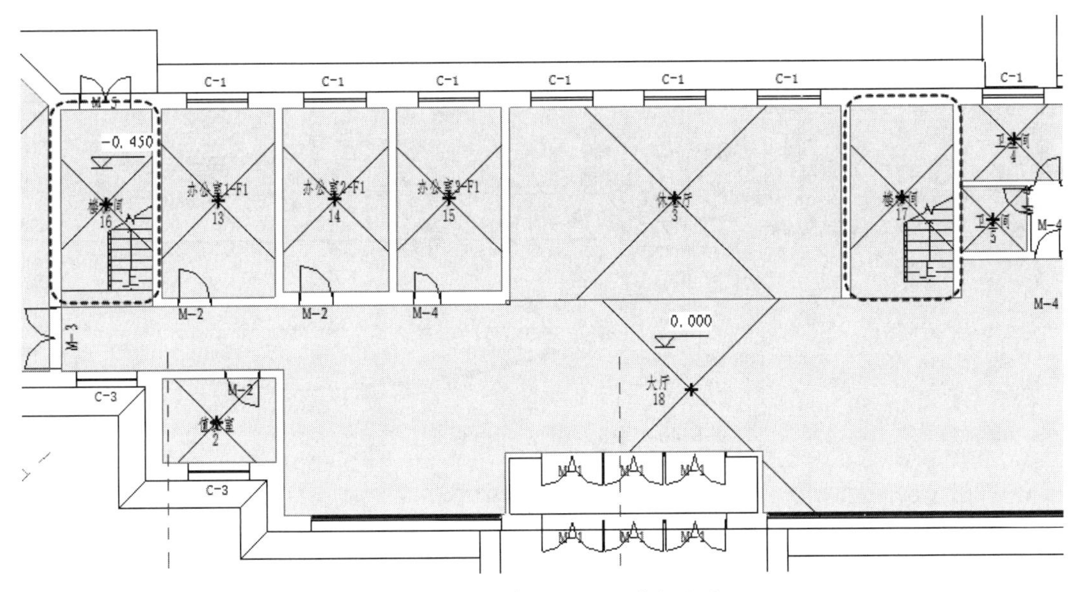

图 9-38　对楼梯间和大厅进行编号

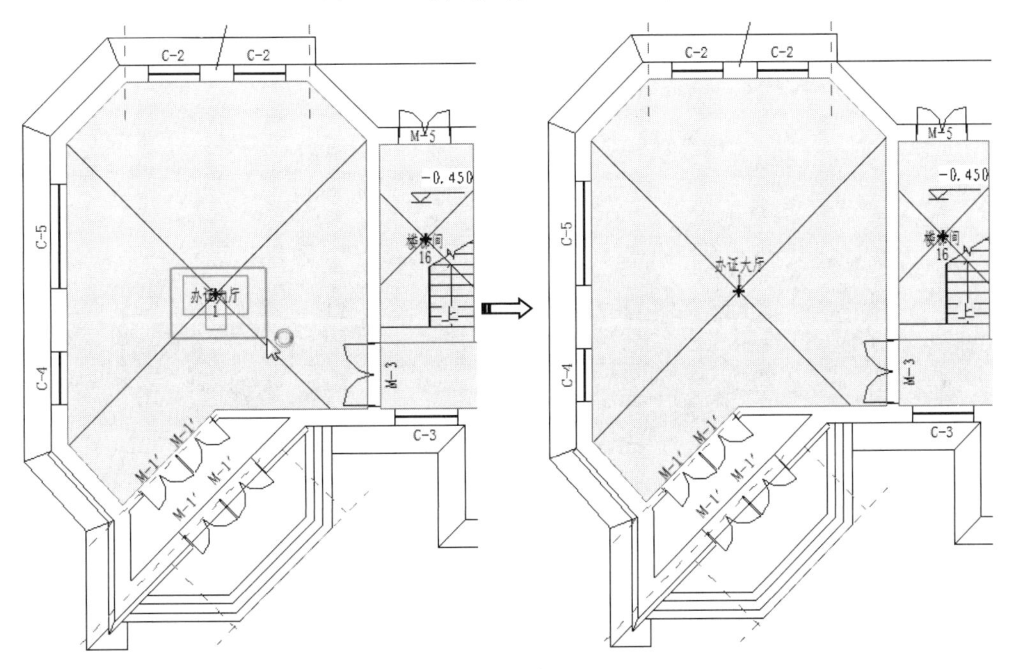

图 9-39　居中房间标记

上机操作——生成房间

除了通过利用【房间编号】工具来创建房间，还可以通过利用【生成房间】工具来创建房间，创建房间后再添加房间标记、房间装饰等。

① 以前面的案例为基础。切换到【F2】楼层平面视图。

② 【F2】楼层中有两处位置分区不明显，需要进行房间分割，利用【房间分割】工具，绘制 4 条分割线以分割房间，如图 9-40 所示。

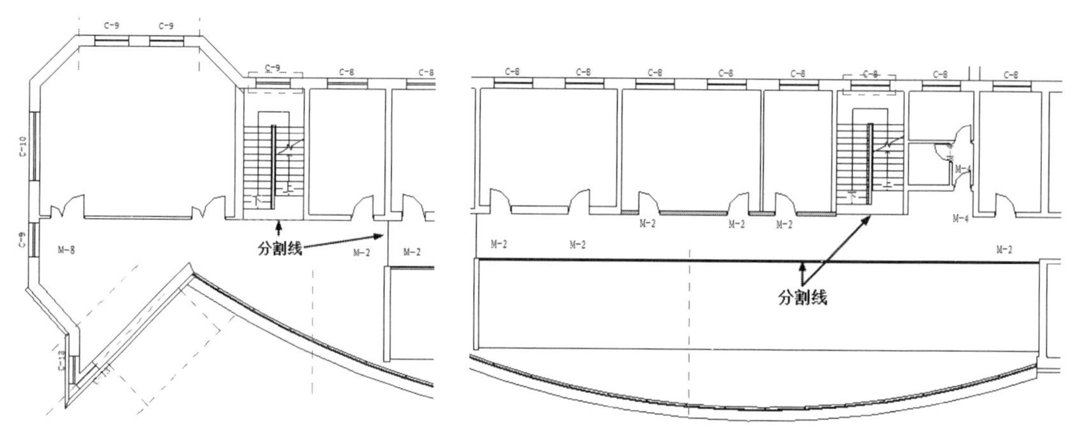

图 9-40 绘制 4 条分割线以分割房间

③ 在【房间\面积】选项卡的【房间】面板中单击【生成房间】按钮，依次选择位置来放置房间，如图 9-41 所示。按 Esc 键结束操作。

④ 在【房间\面积】选项卡的【房间】面板中单击【房间标记】按钮，在【属性】选项板中选择【名称_无编号_面积_无单元】房间标记类型，为所有创建的房间添加标记，如图 9-42 所示。

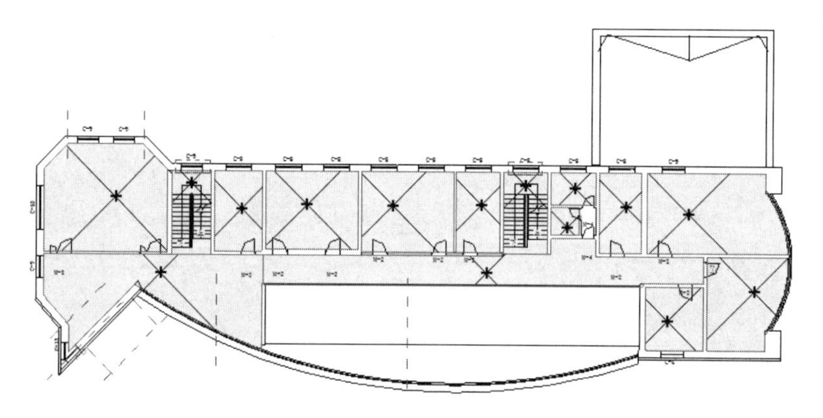

图 9-41 放置房间

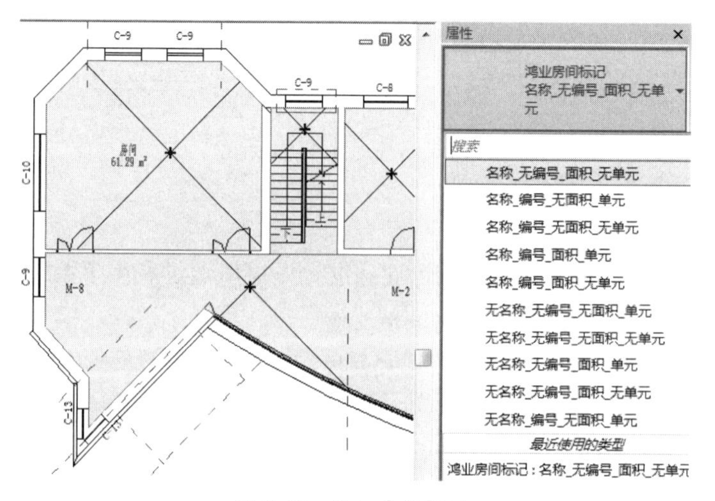

图 9-42 添加房间标记

上机操作——创建房间图例

① 切换到【F1】楼层平面视图。

② 单击【面积】面板中的【颜色方案】按钮，在建筑上方放置房间颜色填充图例，如图 9-43 所示。

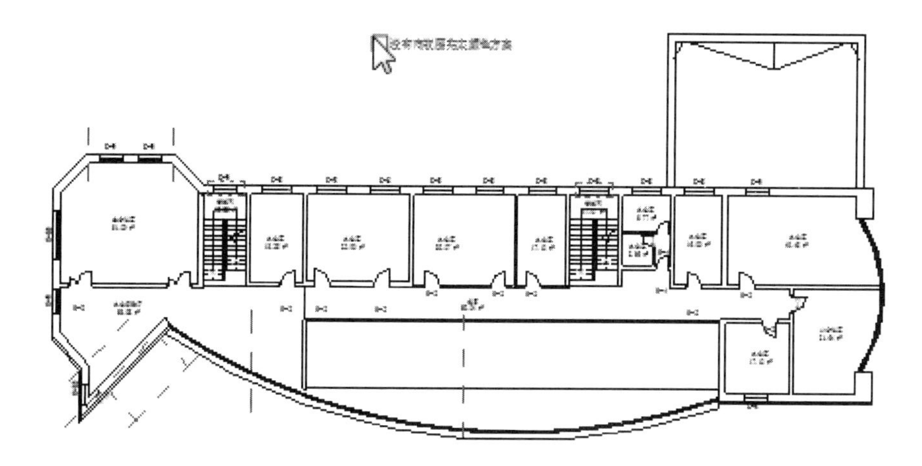

图 9-43　放置房间颜色填充图例

③ 打开【选择空间类型和颜色方案】对话框，选择【空间类型】为【房间】，单击【确定】按钮，如图 9-44 所示。

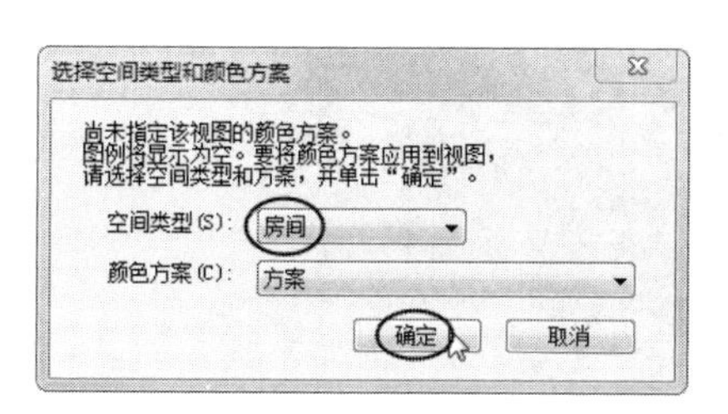

图 9-44　选择空间类型

④ 选中放置的颜色填充图例，在打开的【修改】上下文选项卡中单击【编辑方案】按钮，打开【编辑颜色方案】对话框。

⑤ 输入新的标题名称为【F1-房间图例】，选择【颜色】下拉列表中的【名称】选项，打开【不保留颜色】对话框，单击【确定】按钮，如图 9-45 所示。

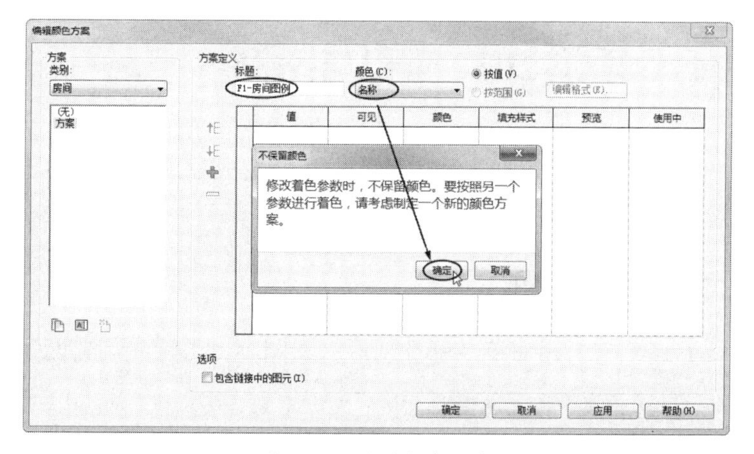

图 9-45　设置颜色方案

⑥ 系统自动为房间匹配颜色，如图 9-46 所示。单击【确定】按钮完成房间图例的颜色方案编辑。

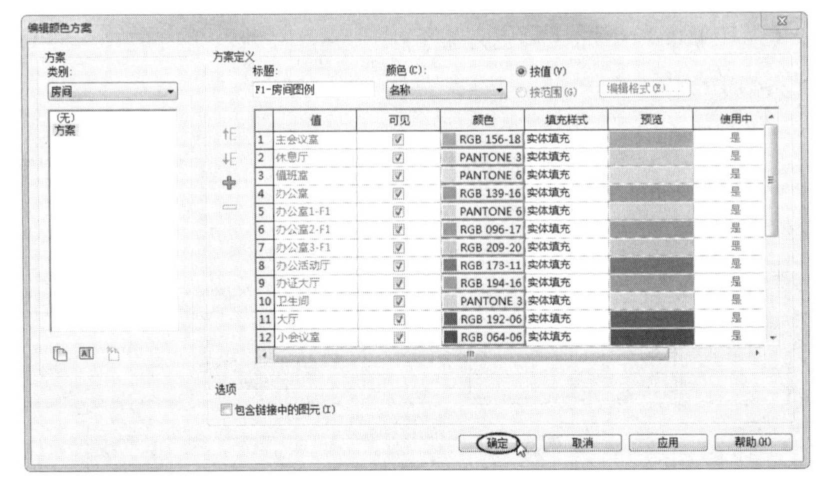

图 9-46　为房间匹配颜色

⑦ 最终创建完成的房间图例如图 9-47 所示。

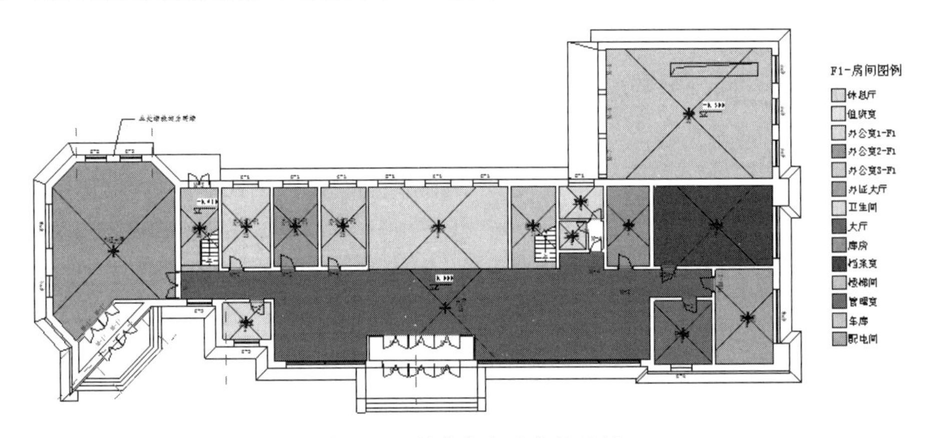

图 9-47　创建完成的房间图例

9.3　BIMSpace 乐建 2022 面积与图例

房间创建完成后，我们就可以在房间中计算面积并生成总建筑面积，还可以根据房间使用功能的不同绘制房间功能图例、防火分区及其图例。

9.3.1　创建面积平面视图

要计算总建筑面积、室内净面积，以及创建房间图例，必须先创建面积平面视图。

上机操作——创建面积平面视图

① 打开本例源文件【办公楼-1.rvt】，如图 9-48 所示。

② 在 Revit【视图】选项卡的【创建】面板中，选择【平面视图】下拉列表中的【面积平面】选项，打开【新建面积平面】对话框。选择【净面积】类型，在下面的列表框中选择【F1】，单击【确定】按钮，创建【净面积】面积平面视图，如图 9-49 所示。

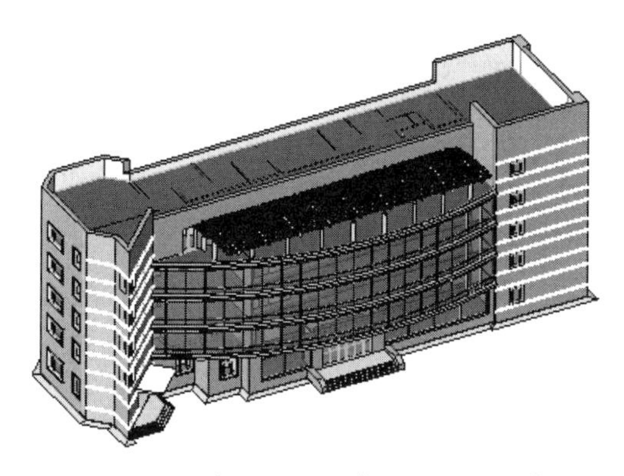

图 9-48　本例源文件【办公楼-1.rvt】

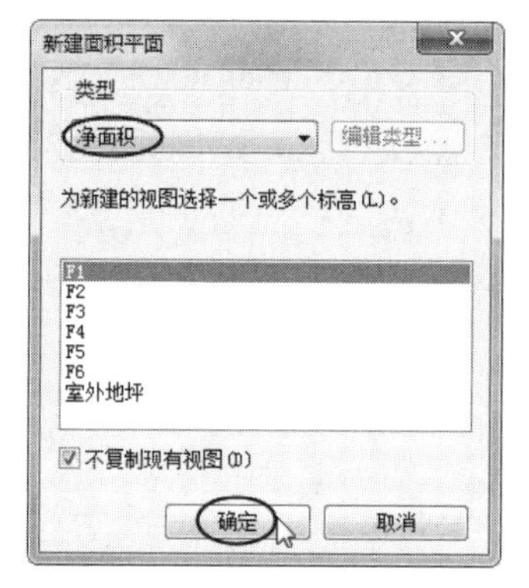

图 9-49　创建【净面积】面积平面视图

③ 创建完成的【净面积】面积平面视图如图 9-50 所示。

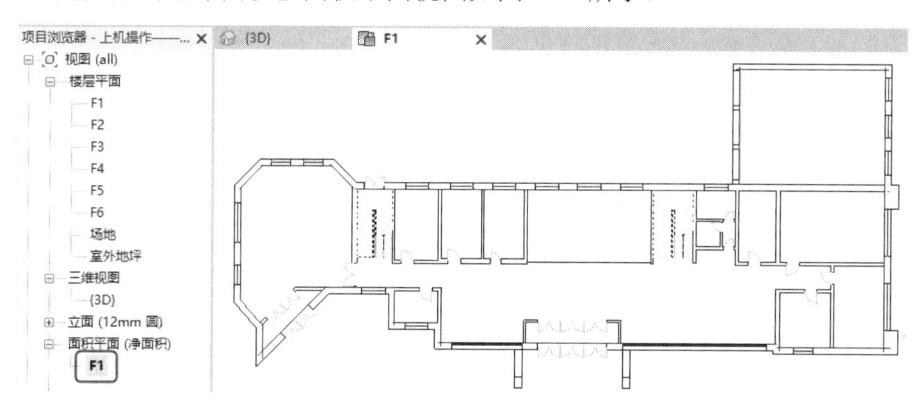

图 9-50　创建完成的【净面积】面积平面视图

④ 同理，按 Enter 键可继续创建【F2】～【F5】楼层的【净面积】面积平面视图。

⑤ 创建【防火分区面积】和【总建筑面积】面积平面视图，如图 9-51 所示。

图 9-51　创建【防火分区面积】和【总建筑面积】面积平面视图

9.3.2　生成总建筑面积

在【房间\面积】选项卡的【面积】面板中单击【建筑平面】按钮，框选楼层中的所有房间，生成建筑外轮廓构成的总建筑面积。总建筑面积包括房间净面积和墙体平面面积。

上机操作——生成总建筑面积

① 切换到【面积平面（总建筑面积）】下的【F1】面积平面视图。

② 在【房间\面积】选项卡的【面积】面板中单击【建筑平面】按钮，打开【设置总建筑面积】对话框。

③ 在【设置总建筑面积】对话框的【名称】文本框中输入【F1-总建筑面积】，框选整个面积平面视图，如图 9-52 所示。

④ 单击选项栏中的【完成】按钮，打开【鸿业提示】对话框，提示“未将对象引用设置到对象的实例。”，这表示总建筑面积未创建成功，如图 9-53 所示。

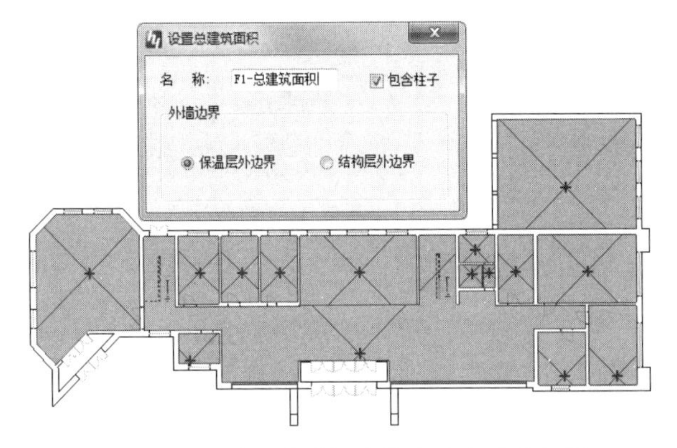

图 9-52　设置名称并框选整个面积平面视图

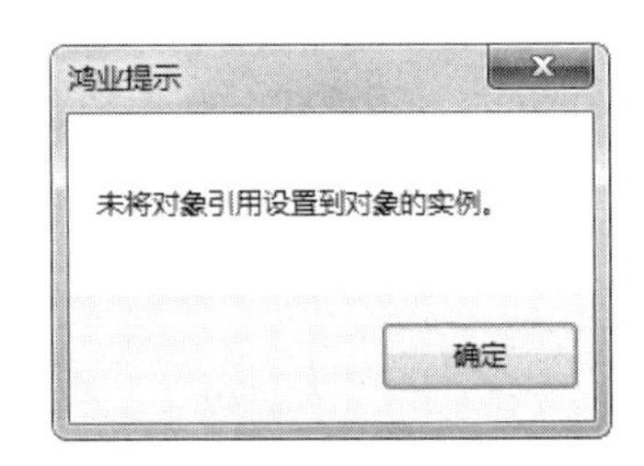

图 9-53　总建筑面积未创建成功的提示

⑤ 这说明此建筑在建模时楼板有间隙，不能形成完整的封闭区域。此时，我们可以退出当前操作，在重新单击【建筑面积】按钮后，先框选一间房间来创建建筑面积，如图 9-54 所示。

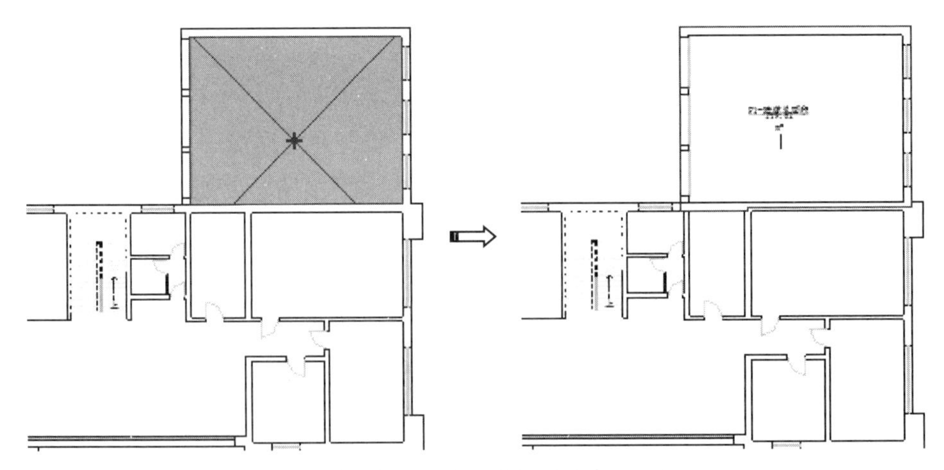

图 9-54　创建一间房间的建筑面积

⑥ 在退出操作后，通过单击【建筑】选项卡中的【面积边界】按钮，修改面积边界线，重新绘制部分边界线，形成完整的封闭区域，如图 9-55 所示。同理，其他楼层也按此方法创建建筑面积。

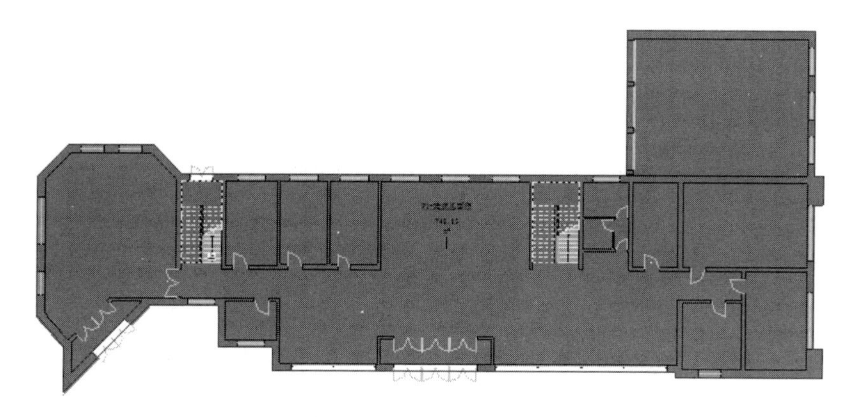

图 9-55　编辑面积边界线

⑦ 为总建筑面积添加颜色填充图例。在【房间\面积】选项卡的【面积】面板中单击【颜色方案】按钮，将颜色填充图例放置在建筑上方，打开【选择空间类型和颜色方案】对话框，如图 9-56 所示。

⑧ 单击【确定】按钮，完成总建筑面积颜色填充图例的创建。选中颜色填充图例，再单击【修改|颜色填充图例】上下文选项卡中的【编辑方案】按钮，打开【编辑颜色方案】对话框。在该对话框中可以删除旧方案或重命名新方案，为新方案设置颜色、填充样式等，如图 9-57 所示。

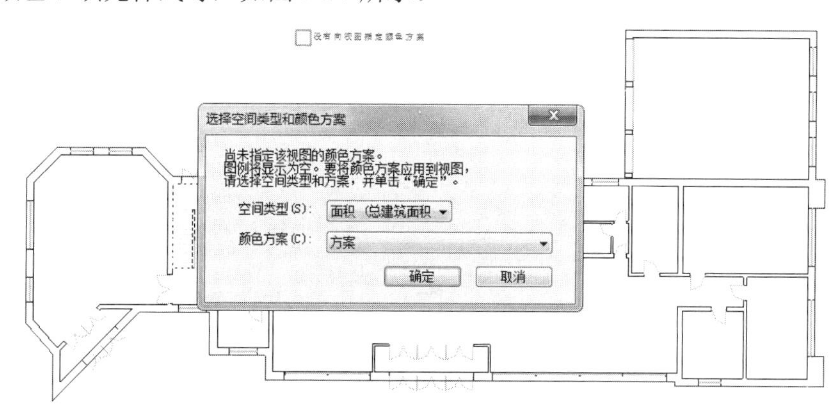

图 9-56　放置颜色填充图例

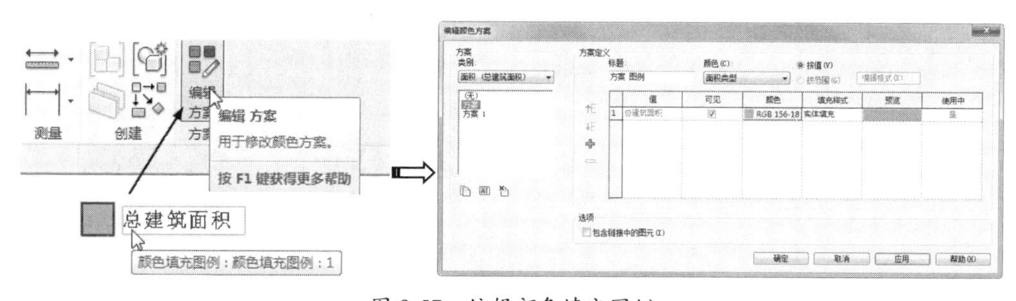

图 9-57　编辑颜色填充图例

9.3.3　创建套内面积

套内面积也就是房间的净面积。【套内面积】工具主要用于计算在一层中存在多套户型的建筑平面。要创建套内面积，必须先利用【房间编号】工具对房间进行编号，并标注出户型名称、户型编号、房间编号、单元、楼号等信息。

上机操作——创建套内面积

① 打开本例源文件【江湖别墅.rvt】，如图 9-58 所示。

② 切换到【面积平面（净面积）】面积平面视图。在【房间\面积】选项卡的【面积】面板中单击【套内面积】按钮，打开【生成套内面积】对话框。

③ 系统自动拾取整个户型的所有房间边界，用户可以在【生成套内面积】对话框中设置新的户型信息，在设置信息后需要重新框选房间，单击【取消】按钮完成套内面积的创建，如图 9-59 所示。

图 9-58 本例源文件【江湖别墅.rvt】

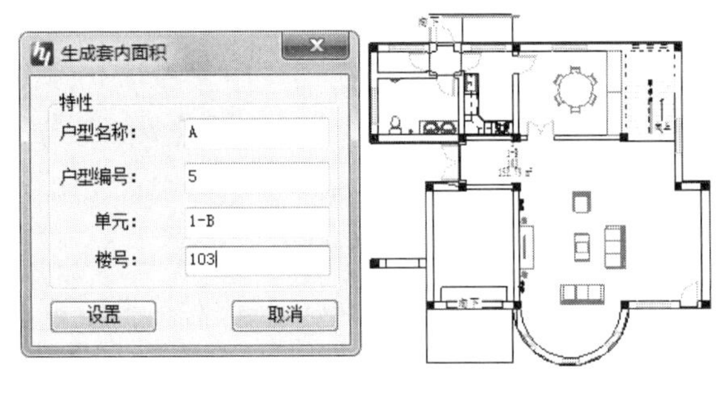

图 9-59 创建套内面积

④ 在【房间\面积】选项卡的【面积】面板中单击【颜色方案】按钮，在弹出的【选择空间类型和颜色方案】对话框中选择【方案 1】作为本例的颜色方案，创建的颜色填充图例如图 9-60 所示。

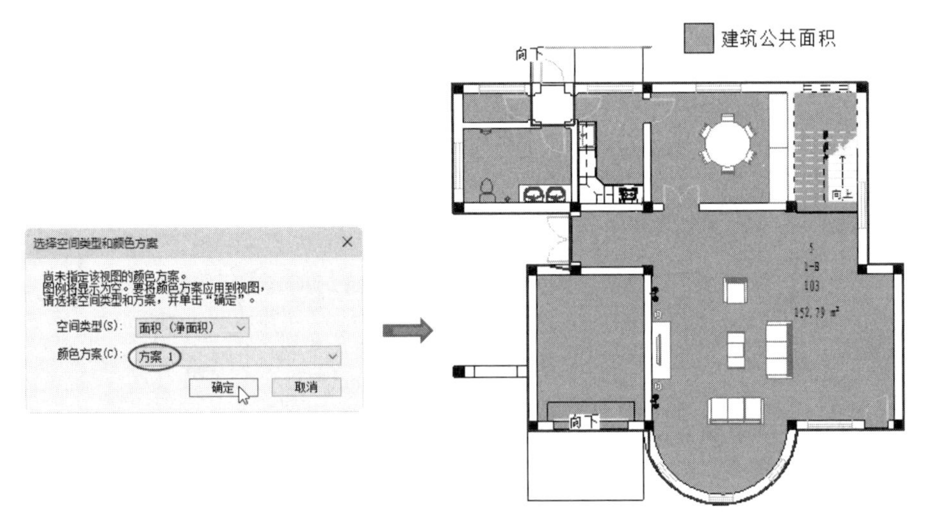

图 9-60 创建颜色填充图例

9.3.4 创建防火分区

一般来说，防火分区的耐火等级是根据建筑面积进行划分的。在本例的建筑别墅中，我们分别用 3 种颜色表示不同的区域：灰色表示厨房和卫生间、紫色表示卧室、红色表示客厅和餐厅。

上机操作——创建防火分区

① 在【视图】选项卡中单击【面积平面】按钮，创建【F1】楼层的【面积平面（防火分区面积）】面积平面视图。

② 切换到【面积平面（防火分区面积）】面积平面视图。

③ 在【房间\面积】选项卡的【面积】面板中单击【防火分区】按钮，打开【生成防火分区】对话框。首先框选厨房及卫生间区域的房间，以此创建防火分区，如图 9-61 所示。

④ 依次框选其他区域创建防火分区。按 Esc 键完成防火分区的创建。

⑤ 在【房间\面积】选项卡的【面积】面板中单击【颜色方案】按钮，在视图中放置颜色填充图例，并打开【选择空间类型和颜色方案】对话框，单击【确定】按钮。

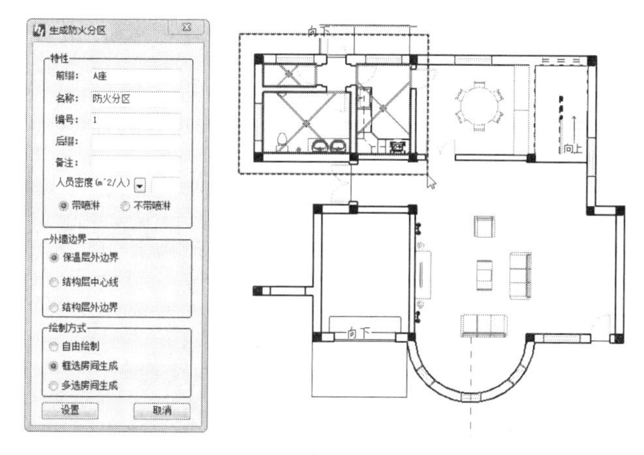

图 9-61　框选房间创建防火分区

⑥ 选中颜色填充图例并进行编辑，在打开的【编辑颜色方案】对话框中输入标题名称为【F1-防火分区图例】，在【颜色】下拉列表中选择【区域编号】选项，随后对自动生成的 3 种颜色填充图例进行编辑，如图 9-62 所示。

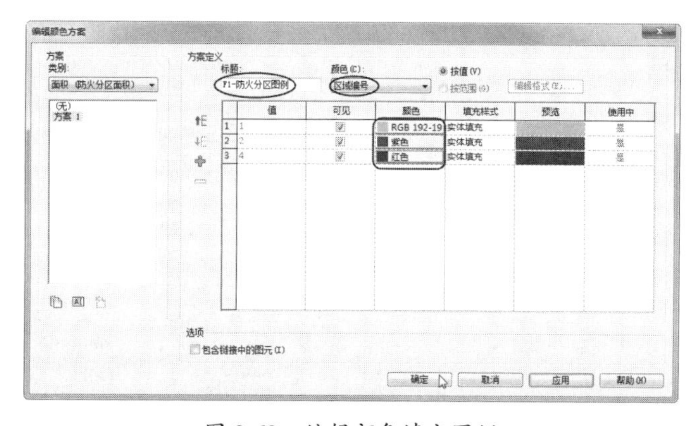

图 9-62　编辑颜色填充图例

⑦ 单击【确定】按钮，完成防火分区的创建，如图 9-63 所示。

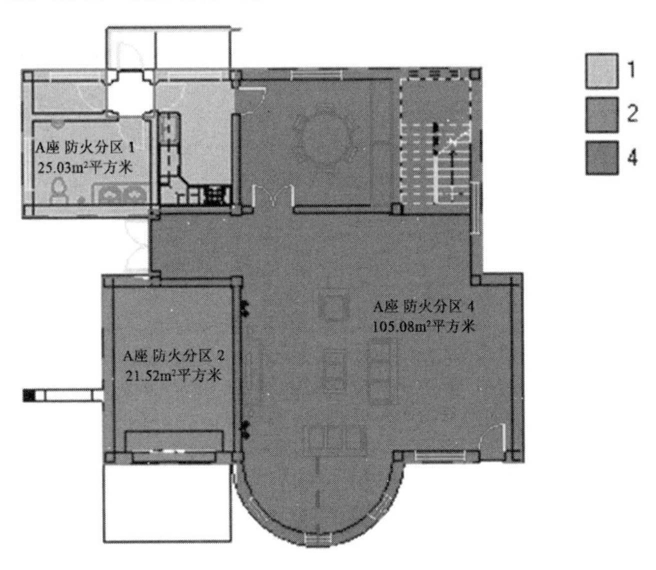

图 9-63 创建完成的防火分区

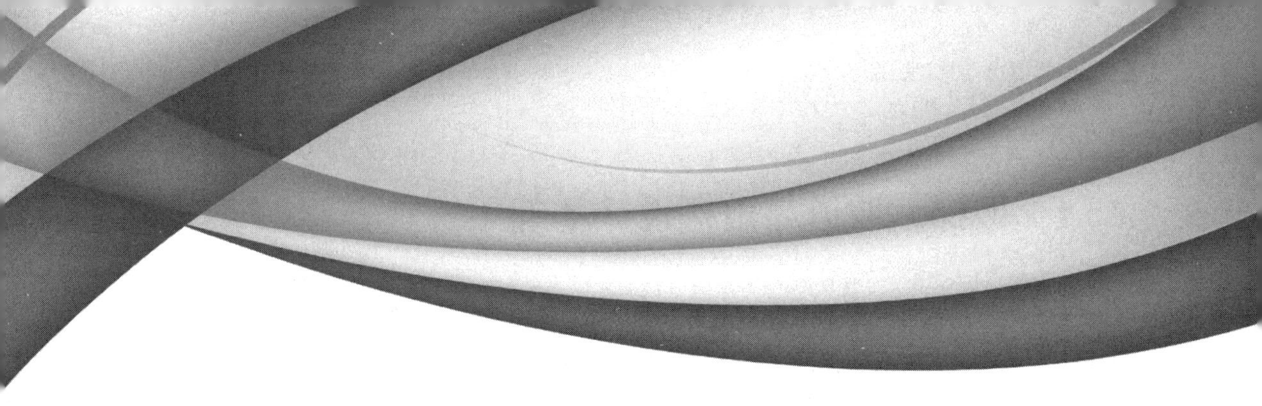

第 10 章

楼梯、坡道与雨棚设计

本章内容

楼梯、坡道及雨棚是建筑物中不可或缺的重要组成单元。由于它们的使用功能不同，因此设计细则也是不同的，本章将介绍如何利用 Revit 与 BIMSpace 乐建 2022 合理地设计楼梯、坡道、雨棚等建筑构件。

知识要点

☑ 楼梯、坡道与雨棚设计基础
☑ Revit 楼梯、坡道与栏杆扶手设计
☑ BIMSpace 乐建 2022 楼梯与其他构件设计

10.1　楼梯、坡道与雨棚设计基础

建筑空间的竖向交通联系，依托于楼梯、电梯、自动扶梯、台阶、坡道、爬梯等竖向交通设施。楼梯是建筑设计中一个非常重要的构件，且形式多样、造型复杂。栏杆扶手是楼梯的重要组成部分。坡道主要设计在住宅楼、办公楼等大门前，作为车道或残疾人的安全通道。雨棚则是用于遮风挡雨的建筑构件。

10.1.1　楼梯设计基础

在建筑物中，为解决垂直交通和高差，常设计以下构件。

- 坡道。
- 台阶。
- 楼梯。
- 电梯。
- 自动扶梯。
- 爬梯。

1．楼梯的组成

楼梯一般由梯段、平台和栏杆扶手 3 部分组成，如图 10-1 所示。

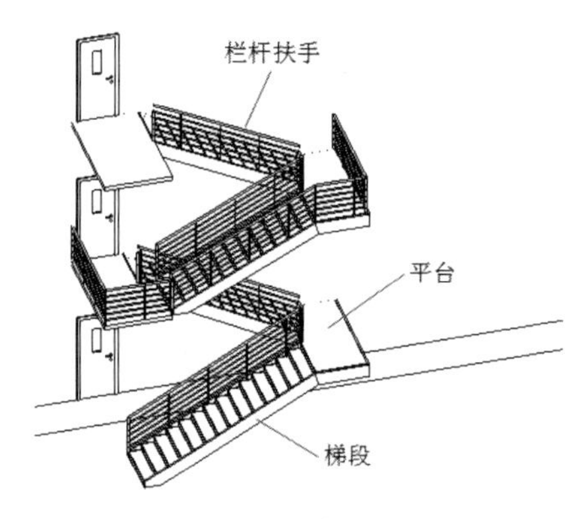

图 10-1　楼梯的组成

- 梯段：设有梯步和梯段板（或斜梁），供层间上下行走的通道构件被称为梯段。梯步由踏面和踢面组成。楼梯坡度的大小由梯步的宽高比确定。
- 平台：供人们上下楼梯时调节疲劳和转换方向的水平面，也被称为缓台或休息平台。平台有楼层平台和中间平台之分，与楼层标高一致的平台被称为楼层平台，介于上下两楼层之间的平台被称为中间平台。
- 栏杆（或栏板）扶手：栏杆扶手是设在梯段及平台临空边缘的安全保护构件，以保证人们在楼梯处通行的安全。栏杆扶手必须坚固可靠并保证有足够的安全高度。栏杆扶手是设在栏杆（或栏板）顶部供人们上下楼梯倚扶用的连续配件。

2. 楼梯尺寸及计算

1）楼梯坡度

楼梯坡度一般为 20°～45°，其中 30°左右较为常用。楼梯坡度的大小由梯步的宽高比确定。

2）梯步尺寸

通常，梯步尺寸根据如图 10-2 所示的经验公式确定。

楼梯间各尺寸计算参考示意图如图 10-3 所示。

其中，*A* 表示楼梯间开间宽度；*B* 表示梯段宽度；*C* 表示梯井宽度；*D* 表示楼梯平台宽度；*H* 表示层高；*L* 表示梯段水平投影长度；*N* 表示梯步级数；*h* 表示梯步高度；*b* 表示梯步宽度。

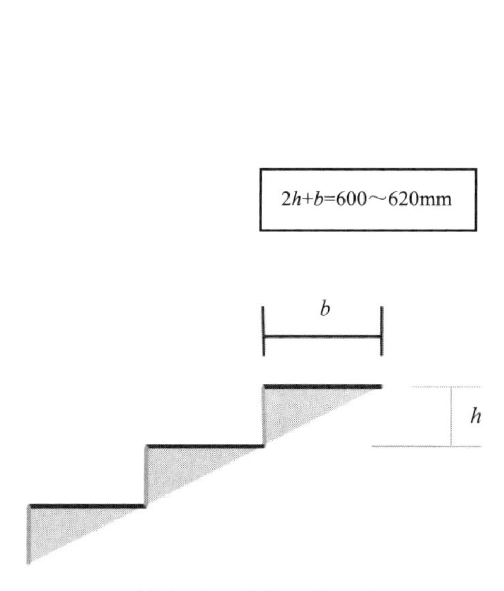

图 10-2 梯步经验公式

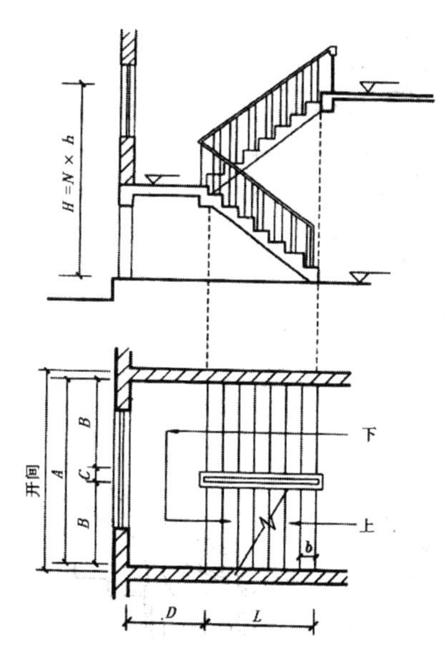

图 10-3 楼梯间各尺寸计算参考示意图

在设计梯步尺寸时，由于楼梯间的进深有限，因此当梯步宽度较小时，可采用踏面挑出或踢面倾斜（角度一般为 1°～3°）的方法，以增加梯步宽度，如图 10-4 所示。

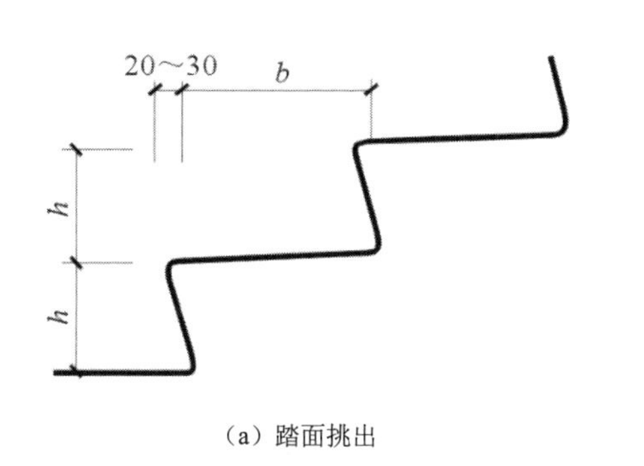

（a）踏面挑出

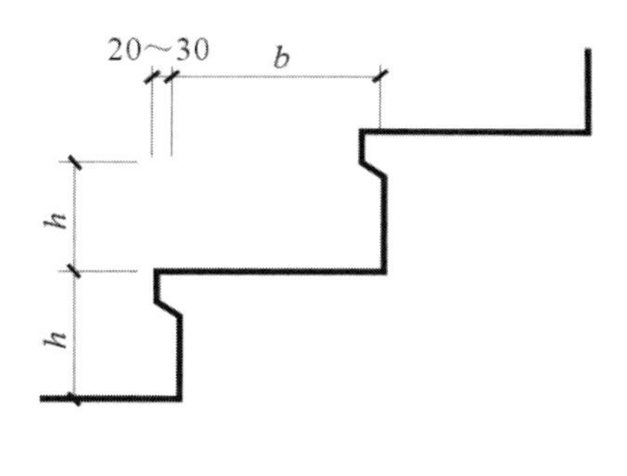

（b）踢面倾斜

图 10-4 增加梯步宽度的两种方法

各种建筑类型常用的适宜梯步尺寸如表 10-1 所示。

表 10-1　各种建筑类型常用的适宜梯步尺寸

单位：mm

建筑类型	梯步高度	梯步宽度
住宅	156～175	300～260
学校办公楼	140～160	340～280
影剧院会堂	120～150	350～300
医院	150	300
幼儿园	120～150	280～260

3）楼梯井

两个梯段之间的空隙被称为楼梯井。公共建筑的楼梯井宽度应不小于 150mm。

4）梯段宽度

梯段宽度是指梯段外边缘到墙边的距离，取决于同时通过的人流量股数和消防要求。有关的规范一般限定其下限（见表 10-2 和图 10-5）。

表 10-2　梯段宽度设计依据

类　别	梯段宽度 b/mm	备　注
单人通过	≥900	满足单人携带物品通过
双人通过	1100～1400	
多人通过	1650～2100	

注：每股人流量宽度为 550mm+(0～150mm)。

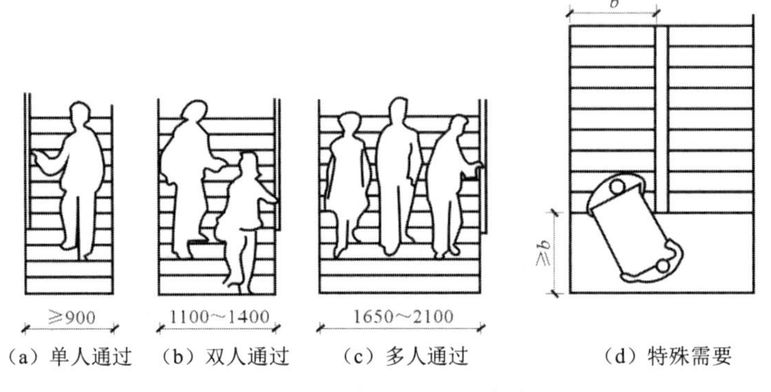

（a）单人通过　（b）双人通过　（c）多人通过　（d）特殊需要

图 10-5　梯段的通行宽度

5）平台宽度

平台有中间平台和楼层平台之分。为保证正常情况下的人流通行和非正常情况下的安全疏散，以及搬运家具、设备的方便，中间平台和楼层平台的宽度均应等于或大于梯段的宽度。

在开敞式楼梯中，楼层平台宽度可根据走廊或过厅的宽度来设定，但为了防止走廊上的人流与从楼梯上下的人流发生拥挤，楼层平台应有一个缓冲空间，其宽度不得小于 500mm，如图 10-6 所示。

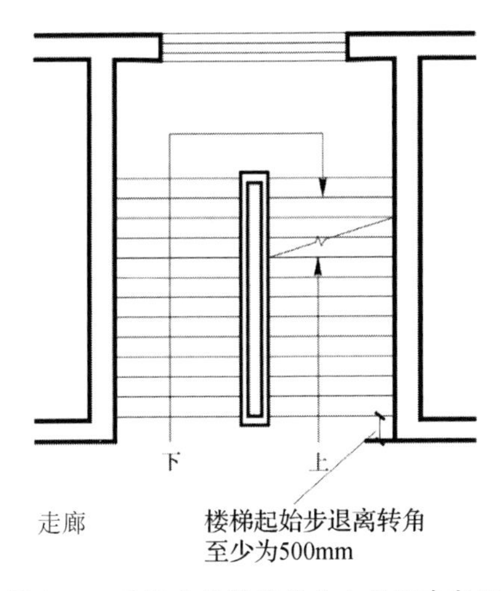

图 10-6　开敞式楼梯楼层平台的缓冲空间

6）栏杆扶手高度

栏杆扶手高度是指梯步前缘线至栏杆扶手顶面之间的垂直距离。

栏杆扶手高度应与人体重心高度协调，避免人们倚靠栏杆扶手时因重心外移而发生意外，一般为 900mm。供儿童使用的栏杆扶手高度一般为 500～600mm，如图 10-7 所示。

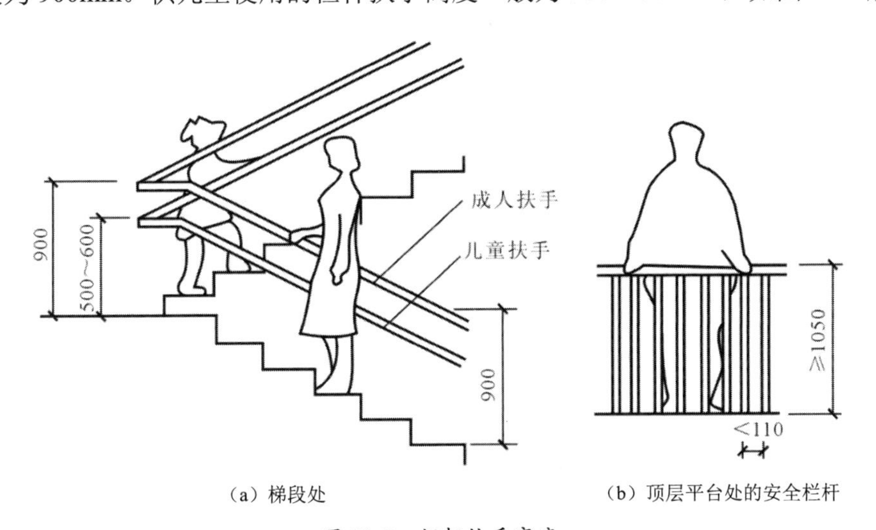

（a）梯段处　　（b）顶层平台处的安全栏杆

图 10-7　栏杆扶手高度

7）楼梯的净空高度

楼梯的净空高度是指平台下或梯段下通行人时的垂直净高。

平台下净高是指平台或地面到顶棚下表面最低点的垂直距离；梯段下净高是指梯步前缘线至梯段下表面的铅垂距离。

平台下净高应与房间最小净高一致，即平台下净高应不小于 2000mm；梯段下净高根据楼梯坡度不同而有所不同，其净高应不小于 2200mm，如图 10-8 所示。

当在底层平台下设置通道或出入口，楼梯平台下净高不能满足 2000mm 的要求时，可采用以下方法解决。

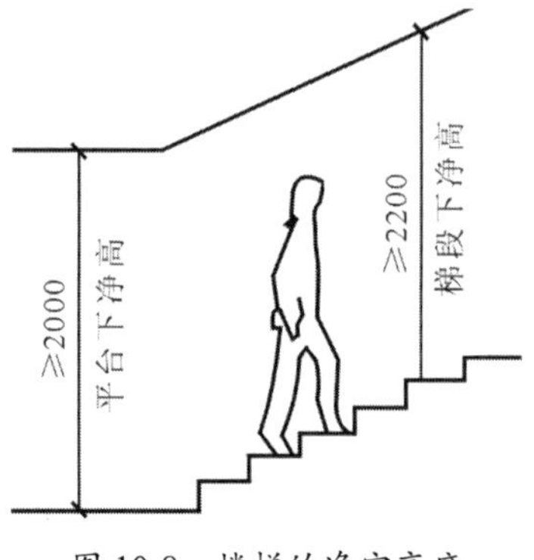

图 10-8　楼梯的净空高度

- 将底层第一跑梯段加长，底层形成梯步级数不等的长短跑梯段，如图 10-9（a）所示。
- 各梯段长度不变，将室外台阶内移，降低楼梯间入口处的地面标高，如图 10-9（b）所示。
- 将上述两种方法结合起来，如图 10-9（c）所示。
- 底层采用直跑梯段，直达二楼，如图 10-9（d）所示。

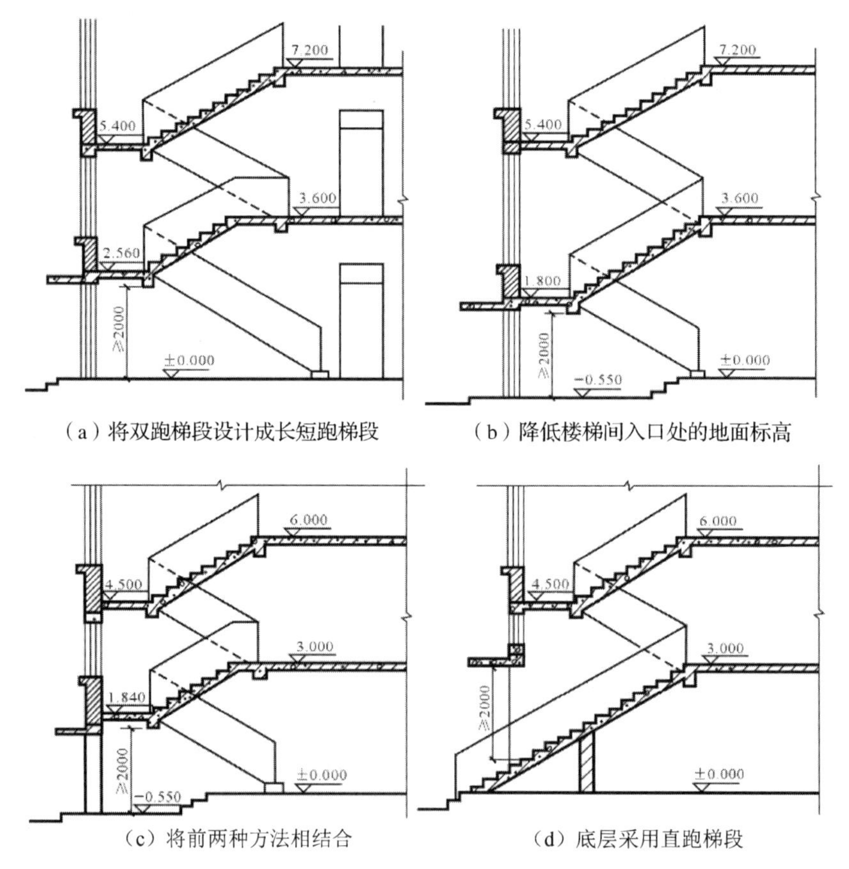

图 10-9　在底层平台下设置通道或出入口时满足净高要求的几种方法

10.1.2　坡道设计基础

坡道以连续的平面来实现高差过渡，人在其上行走与在地面行走具有相似性。在较小坡度的坡道上行走时省力，而在较大坡度的坡道上行走时则不如在台阶或楼梯上行走时舒服。按照理论划分，坡度在 10° 以下为坡道，工程设计上另有具体的规范要求，如室外坡道坡度不宜大于 1∶10，对应角度为 5.7°。而室内坡道坡车型通道形式的坡度不宜大于 1∶8，对应角度虽为 7.1°，但人行走时有显著的爬坡或下冲感觉，非常不适。作为对比，梯步高度为 120mm，梯步宽度为 400mm 的台阶，对应角度为 17.7° ，行走却有轻缓之感。因此，不能机械地套用规范。

坡道和楼梯都是建筑中很常用的垂直交通设施。坡道可与台阶结合应用，如正面做台阶，两侧做坡道，如图 10-10 所示。

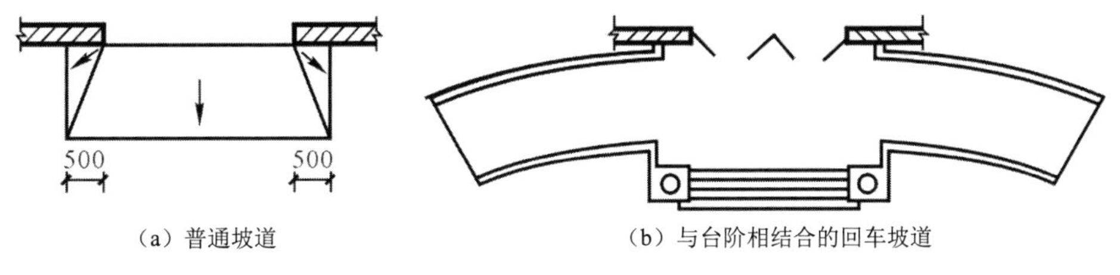

（a）普通坡道　　（b）与台阶相结合的回车坡道

图 10-10　坡道的形式

1）坡道尺寸

坡道的坡段宽度每边应大于门洞口宽度 500mm，坡段的出墙长度取决于室内外地面高差和坡道的坡度大小。

2）坡道构造

坡道与台阶一样，也应采用坚实耐磨和抗冻性能好的材料，常见的有混凝土坡道或换土地基坡道，如图 10-11（a）和图 10-11（b）所示。

当坡度大于 1∶8 时，坡道表面应进行防滑处理，一般将坡道表面做成锯齿形或设置防滑条，如图 10-11（c）和图 10-11（d）所示，也可在坡道的面层上进行划格处理。

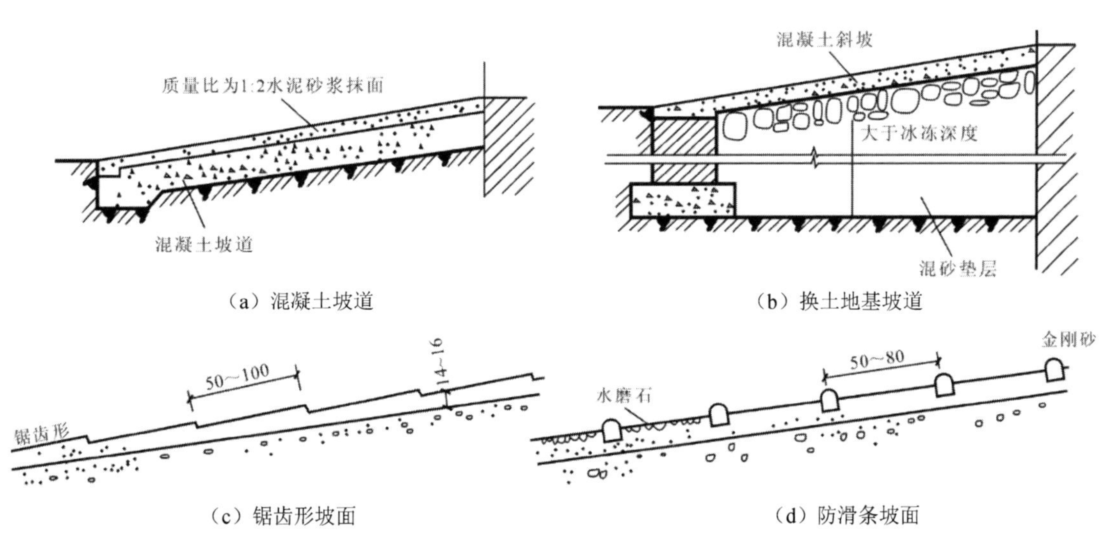

（a）混凝土坡道　　（b）换土地基坡道

（c）锯齿形坡面　　（d）防滑条坡面

图 10-11　坡道构造

10.1.3 雨棚设计基础

雨棚是建筑物入口处位于外门上部用于遮挡雨水，保护外门免受雨水侵害的水平构件。与雨棚作用相似的构件还有遮阳。遮阳多被设置在外窗的外部，用来遮挡阳光。遮阳的主体部分可以水平布置，有一些遮阳板可以成角度旋转，以针对一天中不同时段或四季阳光不同的入射角。而雨棚的结构形式可以分为两大类：一类是悬挑式，另一类是悬挂式。

悬挑式雨棚如图 10-12 所示，与建筑物主体相连的部分必须为刚性连接。对于钢筋混凝土的构件而言，如果出挑长度不大（在 1.2m 以下时），则可以考虑进行挑板处理；如果出挑长度较大，则一般需要悬臂梁，再由其板支撑。

悬挂式雨棚采用的是装配的构件，尤其是采用钢构件。因为钢的受拉性能好，构造形式多样，而且可以通过钢厂加工做成轻型构件，有利于减少出挑构件的自重，同使用其他不同材料制作的构件组合，可以达到美观的效果，所以近年来应用有所增加。悬挂式雨棚同主体结构连接的节点往往为铰接，尤其是吊杆的两端。因为纤细的吊杆一般只设计为承受拉应力，如果节点为刚性连接，则在有负压时可能变成压杆，那样就需要较大的杆件截面，否则将会失稳。图 10-13 所示为悬挂式雨棚。

图 10-12 悬挑式雨棚

图 10-13 悬挂式雨棚

另外，需要说明的是，阳台与雨棚的部分功能相同，阳台除用于遮阳挡雨外，主要用于接触室外的平台。由于阳台的设计完全可以按照结构柱、结构梁、结构楼板的方式进行，因此没有特别介绍阳台的建模过程。

10.2 Revit 楼梯、坡道与栏杆扶手设计

Revit 的楼梯、坡道与栏杆扶手设计工具在【建筑】选项卡的【楼梯坡道】面板中，如图 10-14 所示。栏杆扶手可以单独制作，比如，阳台、天桥、走廊及坡道中的栏杆扶手，也可以随楼梯自动生成。

图 10-14 楼梯、坡道与栏杆扶手设计工具

10.2.1 楼梯设计

Revit 提供了标准楼梯和异形楼梯的创建工具。在【建筑】选项卡的【楼梯坡道】面板中单击【楼梯】按钮，切换到【修改|创建楼梯】上下文选项卡。楼梯设计工具如图 10-15 所示。

Revit 中规定了楼梯的构成，如图 10-16 所示。在默认情况下，栏杆扶手随楼梯自动载入并创建。

图 10-15　楼梯设计工具

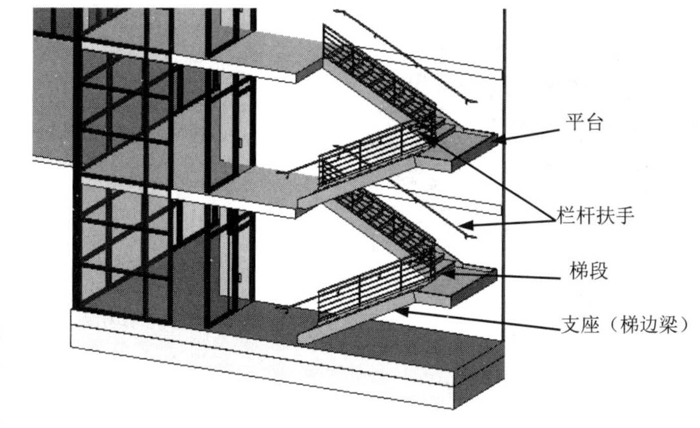

图 10-16　Revit 中规定的楼梯的构成

从形状上讲，Revit Architecture 楼梯包括标准楼梯和异形楼梯。标准楼梯是通过装配楼梯构件的方式来设计的，而异形楼梯是通过采用草图的方式绘制截面形状来设计的。

梯段的创建有 5 种方式和 1 种草图方式（异形梯段），如图 10-17 所示。平台的创建有拾取梯段创建平台方式和草图方式（异形平台），如图 10-18 所示。支座的创建是通过拾取梯段及平台的边完成的，如图 10-19 所示。

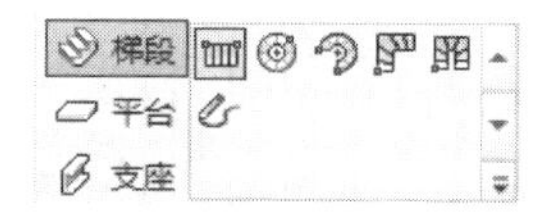

图 10-17　梯段创建方式

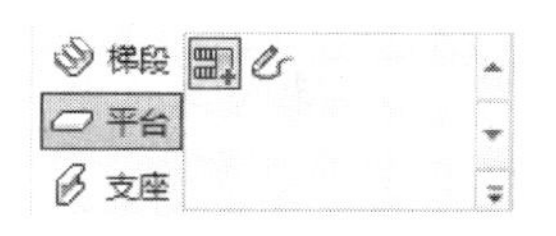

图 10-18　平台创建方式

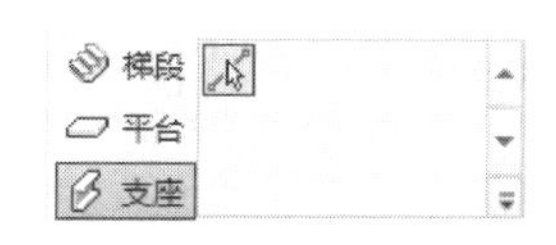

图 10-19　支座创建方式

1. 标准楼梯设计

上机操作——创建标准直线楼梯

由于室外楼梯的设计一般不受空间大小的限制，仅受楼层标高的限制，因此设计起来相对于室内楼梯要容易许多。在本例中，我们将设计一段从一层到四层的直线楼梯，以及一段从四层到五层的直线楼梯，将采用装配楼梯构件的方式来完成。图 10-20 所示为某酒店创建完成的室外楼梯。

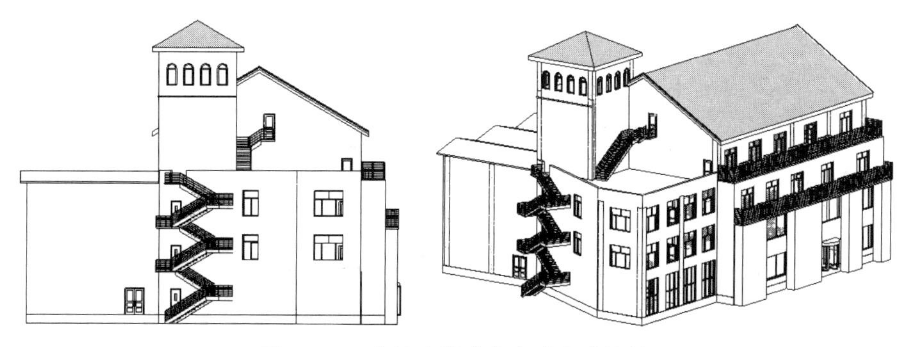

图 10-20　某酒店创建完成的室外楼梯

① 打开本例源文件【酒店-1.rvt】，如图 10-21 所示。

图 10-21 本例源文件【酒店-1.rvt】

② 切换到【西】立面图，如图 10-22 所示。从视图中可以看出，将从 L1 到 L4 设计第一段楼梯，再从 L4 到 L5 设计第二段楼梯。每一层楼层标高是相等的，为 3.6m。

③ 由于室外楼梯不受空间限制，因此根据楼层标高和表 10-1 中提供的梯步参数（140～160mm），可以将梯步高度设置为 150mm，梯步的踢面宽度设置为 300mm，平台深度设置为 1200mm，从而设置成 AT 形双跑结构形式。AT 形梯板全由梯步段构成，如图 10-23 所示。

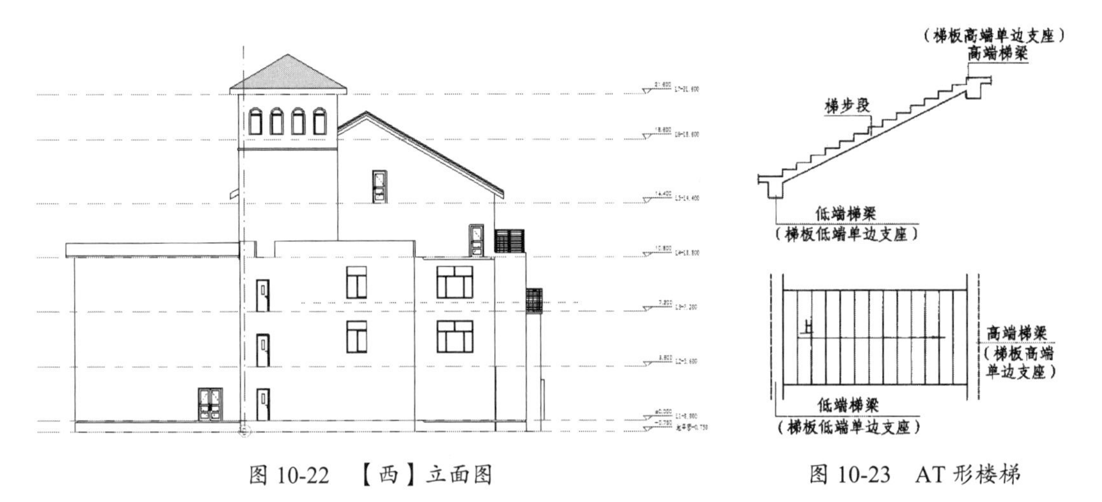

图 10-22 【西】立面图

图 10-23 AT 形楼梯

④ 切换到【L1】楼层平面视图。在创建室外楼梯时需要以起点和终点作为参照，这里我们创建垂直于墙的参照平面。单击【建筑】选项卡的【工作平面】面板中的 参照 平面 按钮，创建两个参照平面，如图 10-24 所示。

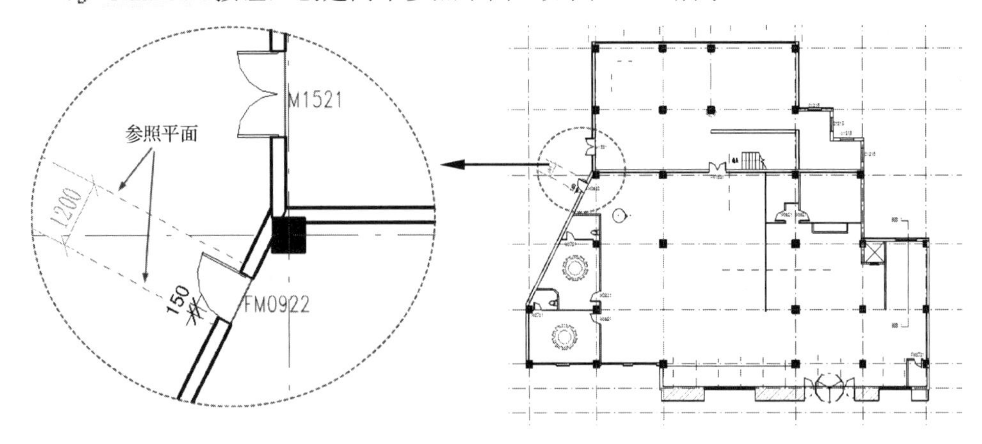

图 10-24 创建两个参照平面

⑤ 在【建筑】选项卡【楼梯坡道】面板中单击【楼梯】按钮，在【属性】选项板中选择【酒店-外部楼梯 150*300】楼梯类型，在【尺寸标注】选项组中设置【所需踢面数】为【24】、【实际踏板深度】为【300】，如图 10-25 所示。

知识点拨：

踢面数包括中间平台面和顶端平台面，所以在楼层平面视图中绘制梯段时，将上跑梯段的踢面数设置为 11 个，下跑段也设置为 11 个即可。

⑥ 在【属性】选项板中单击【编辑类型】按钮，在打开的【类型属性】对话框中查看【最小梯段宽度】是否是【1200】，如果不是，则要设置为【1200】，完成后单击【应用】按钮，如图 10-26 所示。

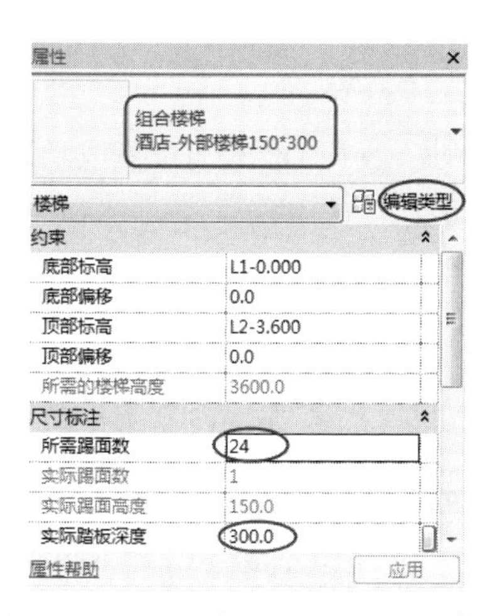

图 10-25　设置楼梯类型及尺寸标注参数

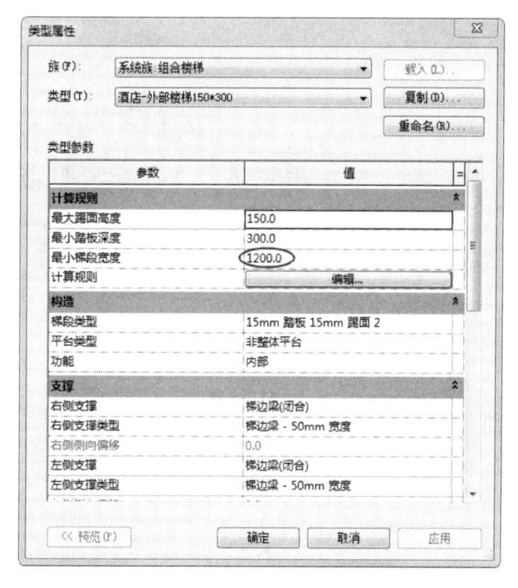

图 10-26　设置最小梯段宽度

⑦ 将参考平面作为楼梯起点，拖曳出 11 个踢面即可创建上半跑梯段，如图 10-27 所示。单击鼠标左键，结束上半跑梯段的创建。

⑧ 利用鼠标捕捉到第 11 个踢面边线的延伸线，以此作为下半跑梯段的起点，如图 10-28 所示。

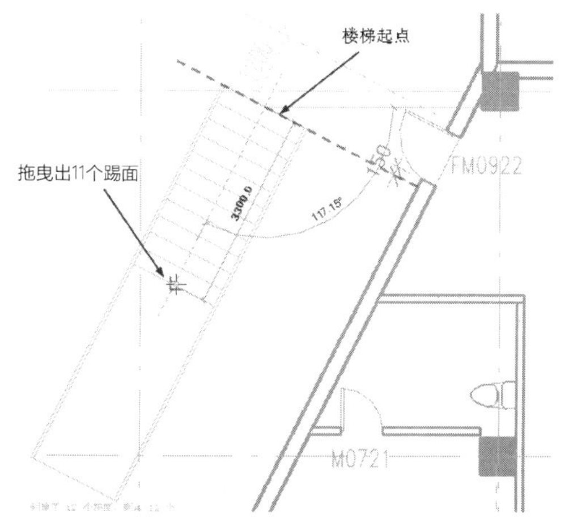

图 10-27　拖曳出 11 个踢面创建上半跑梯段

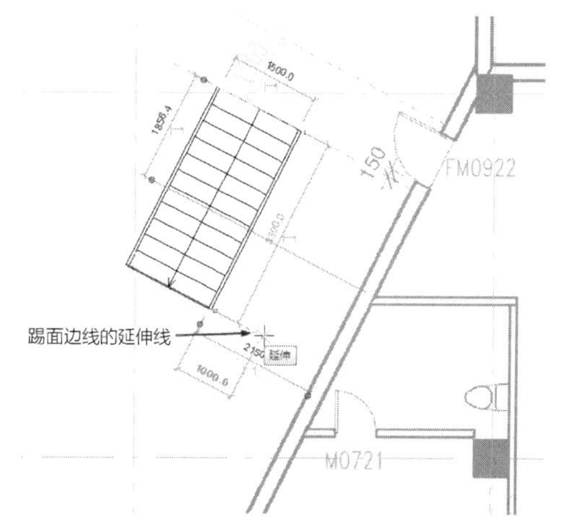

图 10-28　捕捉踢面边线的延伸线

⑨ 同理，拖曳出 11 个踢面，单击鼠标左键，结束下半跑梯段的创建，如图 10-29 所示。

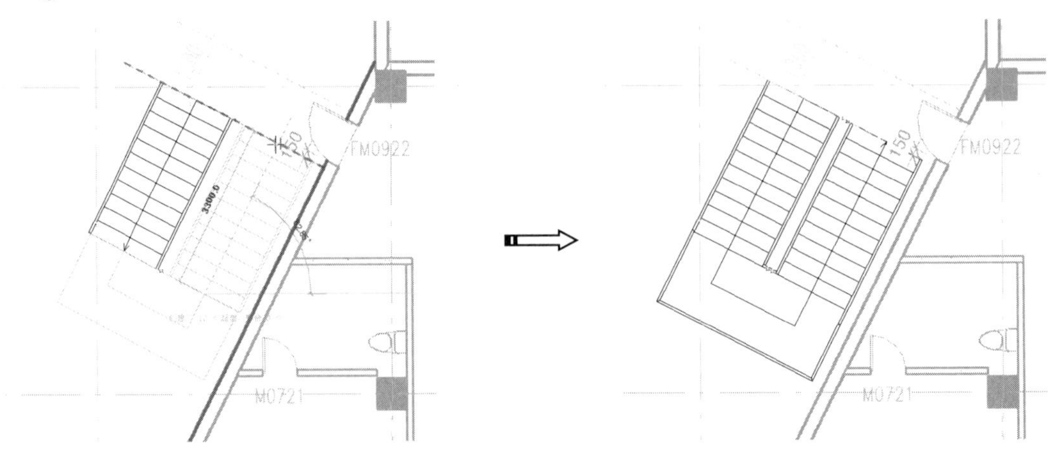

图 10-29　拖曳出 11 个踢面创建下半跑梯段

⑩ 选中下半跑梯段，在【属性】选项板中可以看出，梯段的实际宽度变成了【1500】，用户需要手动将其设置为【1200】，如图 10-30 所示。

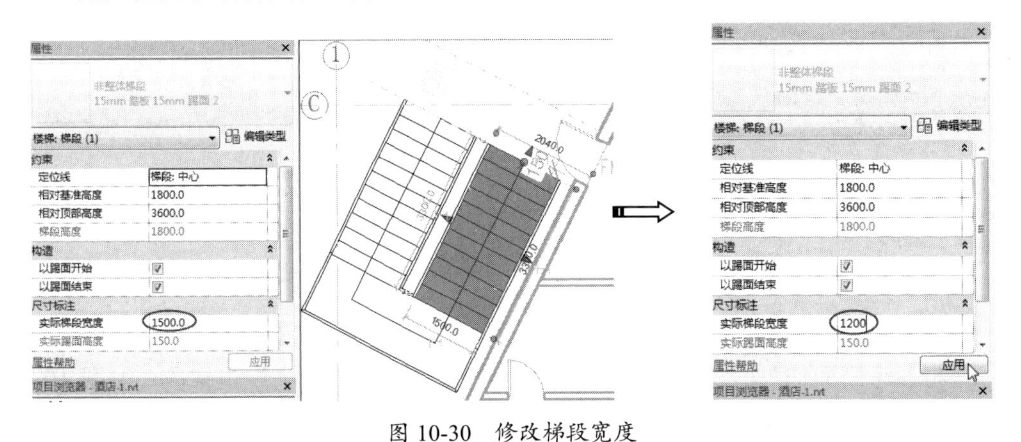

图 10-30　修改梯段宽度

⑪ 修改平台深度。选中平台，将平台深度修改为【1200】，如图 10-31 所示。

⑫ 在【修改】面板中单击【对齐】按钮，将下半跑梯段边与外墙边对齐，如图 10-32 所示。

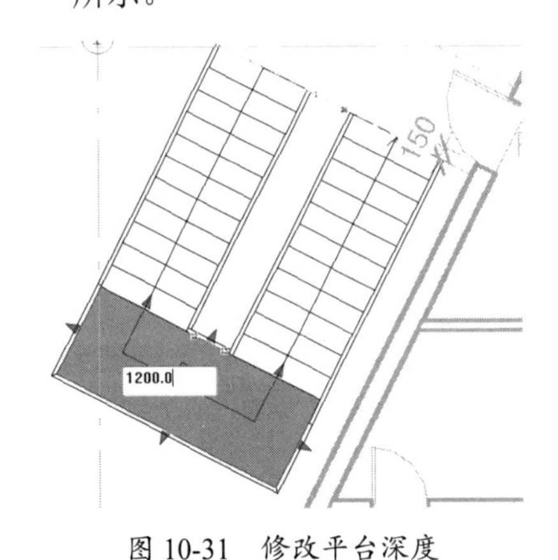

图 10-31　修改平台深度

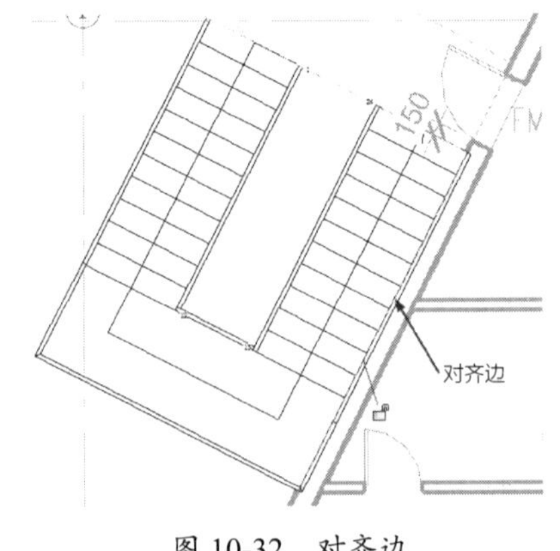

图 10-32　对齐边

⑬ 利用【测量】面板中的【对齐尺寸标注】工具，标注上半跑梯段与下半跑梯段的间隙距离，如图 10-33 所示。按 Esc 键结束标注。

⑭ 选中上半跑梯段，修改刚才标注的间隙距离为【200】，如图 10-34 所示。

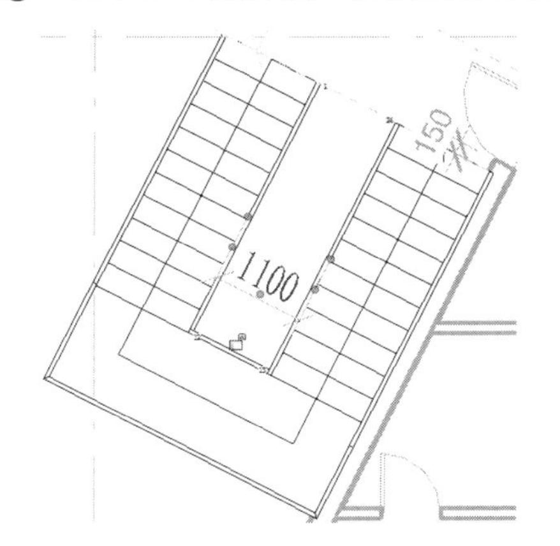

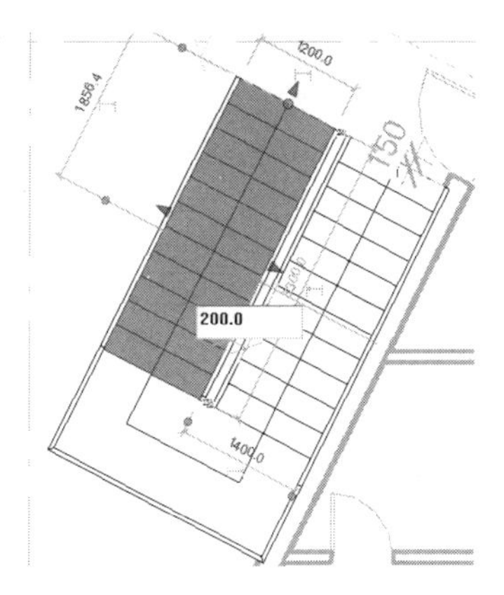

图 10-33　标注上半跑梯段与下半跑梯段的间隙距离　　图 10-34　修改间隙距离

⑮ 单击【修改|创建楼梯】上下文选项卡中的【完成编辑模式】按钮，完成楼梯的创建，如图 10-35 所示（一层楼梯未完成，稍后进行修改）。

⑯ 由于一层楼梯与二层、三层楼梯是完全相同的，因此我们只需要进行复制、粘贴即可。在三维视图中，选择视图导航器中的【左】选项，切换到【左】视图。

⑰ 选中整个楼梯及栏杆扶手，按 Ctrl+C 快捷键进行复制，再按 Ctrl+V 快捷键进行粘贴，同时在选项栏中选择【标高】为【L2-3.600】，被复制的楼梯自动粘贴到【L2】标高楼层上，如图 10-36 所示。

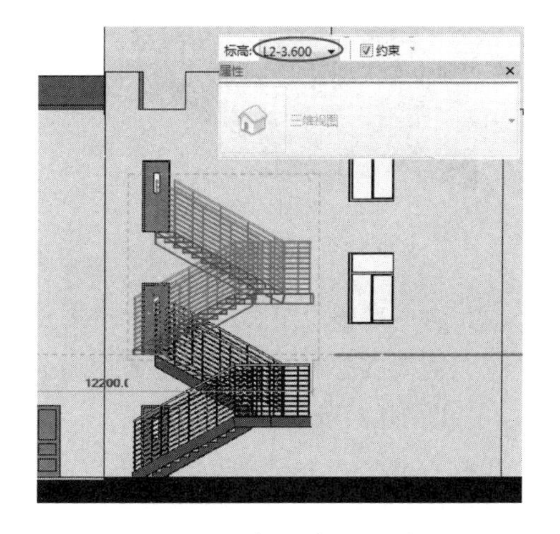

图 10-35　完成楼梯的创建　　图 10-36　复制并粘贴楼梯

技巧点拨：

在设置楼层标高后，还要确定楼梯放置的左右位置，输入左右移动的尺寸为 0，即可保证与一层楼梯是垂直对齐的。

⑱ 同理，继续进行粘贴即可复制出第三层楼梯（粘贴板中有复制的图元），如图 10-37 所示。

⑲ 在【建筑】选项卡的【楼梯坡道】面板中单击【楼梯】按钮，在【修改|创建楼梯】上下文选项卡中单击【平台】按钮平台，单击【创建草图】按钮，利用【直线】工具绘制如图 10-38 所示的平台草图。

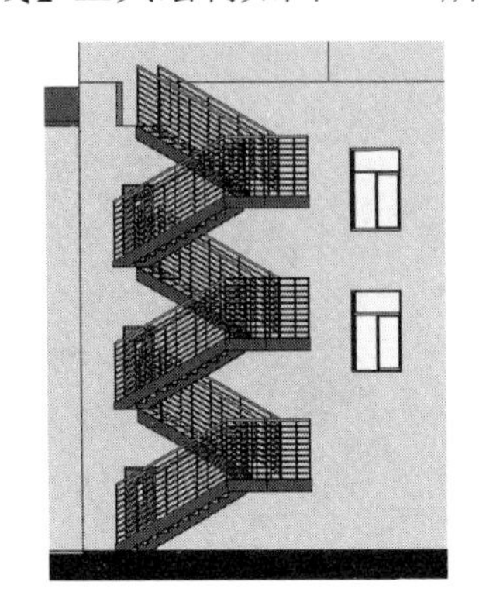

图 10-37 复制出第三层楼梯

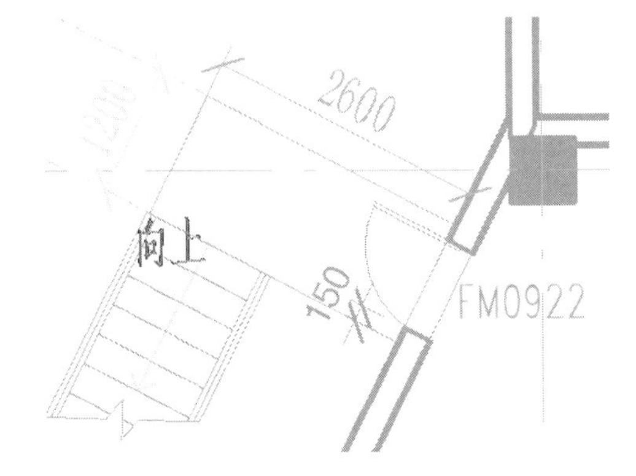

图 10-38 绘制平台草图

⑳ 在【属性】选项板中设置【底部偏移】为【-1950】，单击【完成编辑模式】按钮，完成平台的创建，如图 10-39 所示。

㉑ 选中所有栏杆扶手，在【属性】选项板中重新选择栏杆扶手类型为【900mm 圆管】，结果如图 10-40 所示。

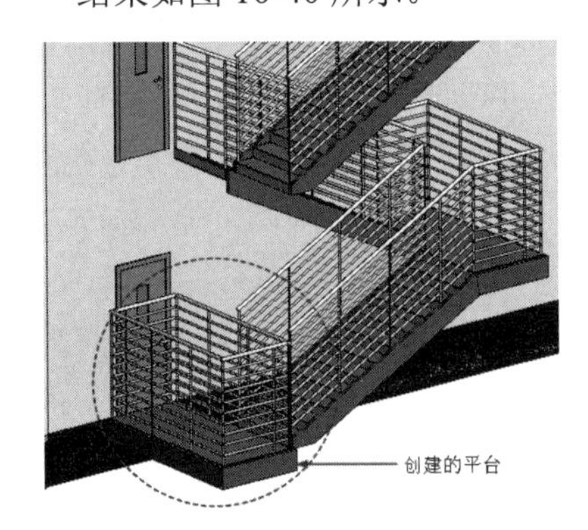

图 10-39 完成平台的创建

图 10-40 修改平台的栏杆扶手类型

㉒ 有些楼梯及平台上的栏杆扶手是不需要的，需要删除。双击栏杆扶手族图元，将不需要的栏杆扶手的路径曲线删除即可，删除平台上的部分栏杆扶手的操作示意如图 10-41 所示。

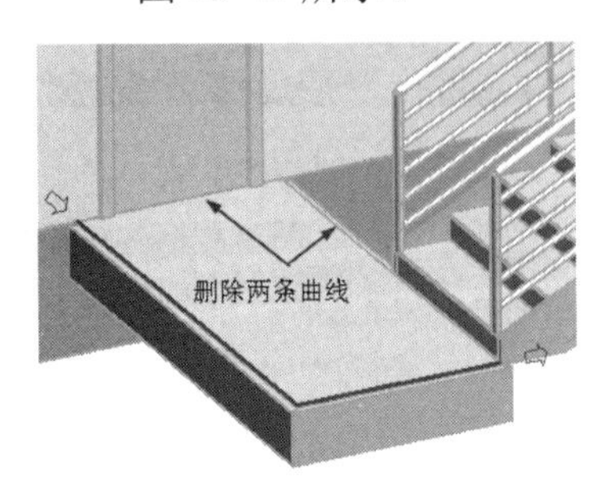

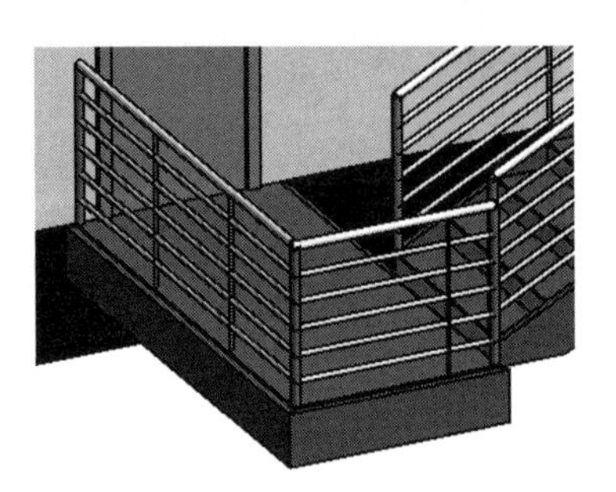

图 10-41 删除平台上的部分栏杆扶手的操作示意

㉓ 将一层平台复制、粘贴到第二层、第三层及第四层中。最终完成标准直线楼梯的设计，如图 10-42 所示。

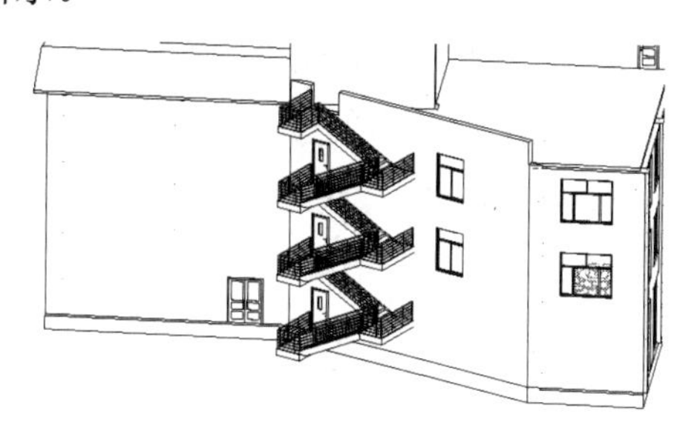

图 10-42　创建完成的标准直线楼梯

2. 异形楼梯设计

异形楼梯指的是梯段、平台的形状不是直线的形式，如图 10-43 所示。当采用草图的方式绘制自定义的梯段与平台时，构件之间不会像使用常用的构件工具那样自动彼此相关。

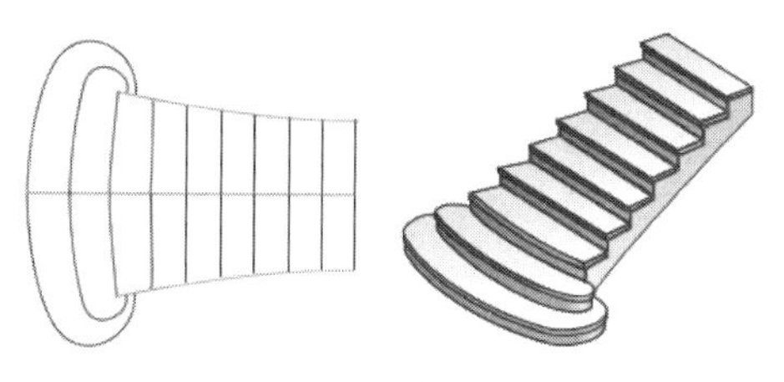

图 10-43　异形楼梯

上机操作——创建草绘的楼梯

① 打开本例源文件【海景别墅.rvt】。

② 创建楼梯。由于在室外创建楼梯，空间是足够的，因此我们尽量采用 Revit 自动计算规则，只需设置一些楼梯尺寸即可。

③ 切换到【North】立面图，查看楼梯设计标高，如图 10-44 所示。本例将在【TOF】标高至【Top of Foundation】标高之间设计楼梯。

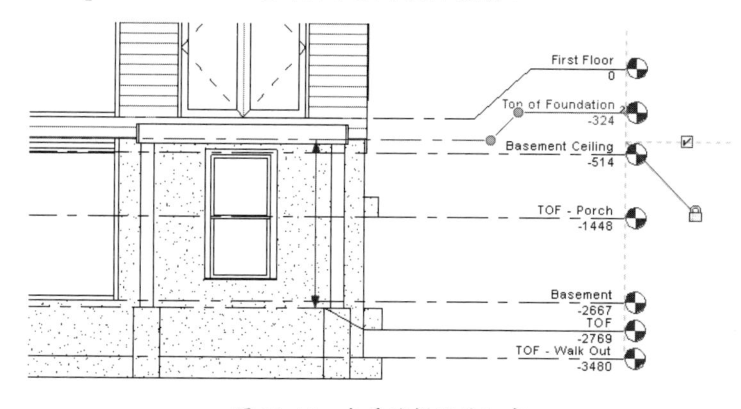

图 10-44　查看楼梯设计标高

④ 切换到【Top of Foundation】楼层平面视图，测量上层平台尺寸，如图 10-45 所示。

⑤ 由于室外空间较大，无须在中间平台上创建梯步，因此将单跑梯步的宽度设置为

1200mm，梯面深度设置为280mm，梯步高度由输入的踢面数确定。

⑥ 在【建筑】选项卡的【楼梯】面板中单击【楼梯】按钮，切换到【修改|创建楼梯】上下文选项卡。在【属性】选项板中设置如图10-46所示的参数。

⑦ 在【修改|创建楼梯】上下文选项卡的【构件】面板中单击【直梯】按钮，绘制梯段（注意：先往上绘制右侧的7个踢面，接着再往下绘制左侧的5个踢面，两个楼梯踢面不要重叠在一起，中间平台是自动生成的），如图10-47所示。

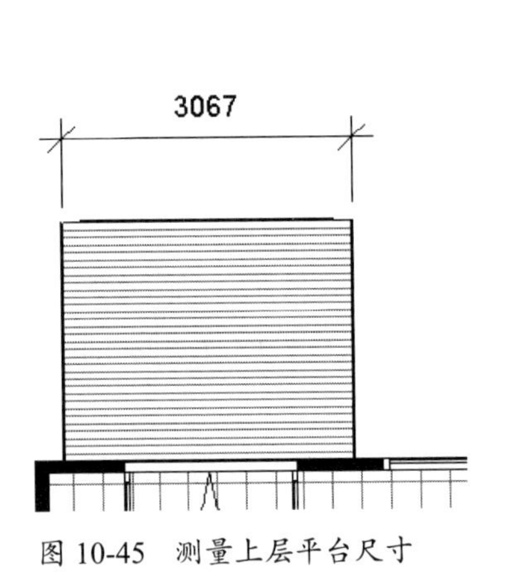

图10-45 测量上层平台尺寸

图10-46 设置【属性】选项板中的参数

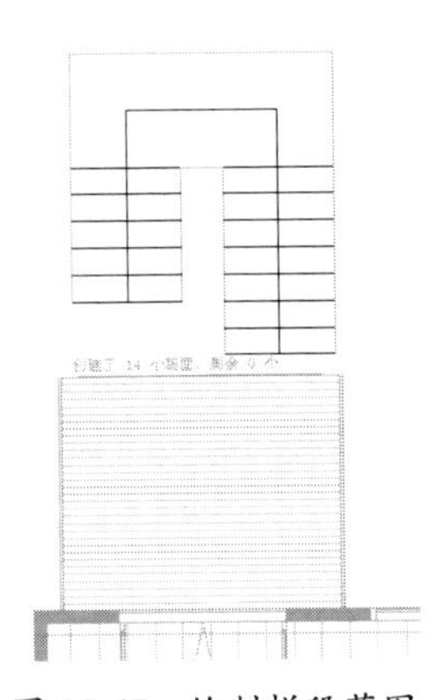

图10-47 绘制梯段草图

⑧ 利用【移动】【对齐】等工具修改草图，如图10-48所示。切换到【TOF】楼层平面视图，如图10-49所示。

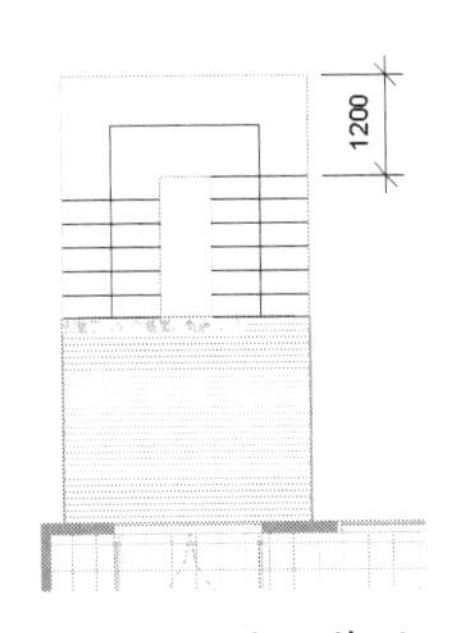

图10-48 修改草图

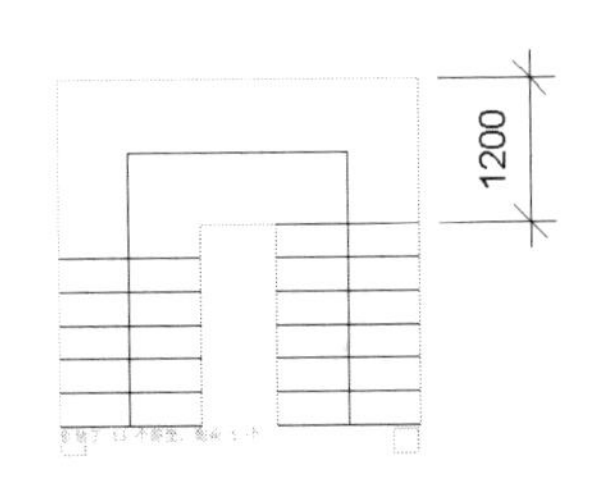

图10-49 切换到【TOF】楼层平面视图

⑨ 利用【移动】工具将右侧梯段草图与柱子边对齐，如图10-50所示。

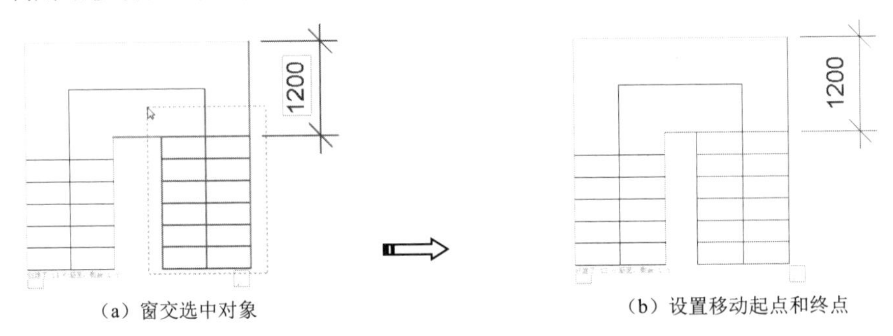

（a）窗交选中对象

（b）设置移动起点和终点

图10-50 移动草图

⑩ 切换到【Top of Foundation】楼层平面视图。选中自动生成的平台部分构件，然后在【工具】选项卡中单击【转换】按钮，再在【工具】面板中单击【编辑草图】按钮，修改楼梯平台的边界为圆弧，如图 10-51 所示。

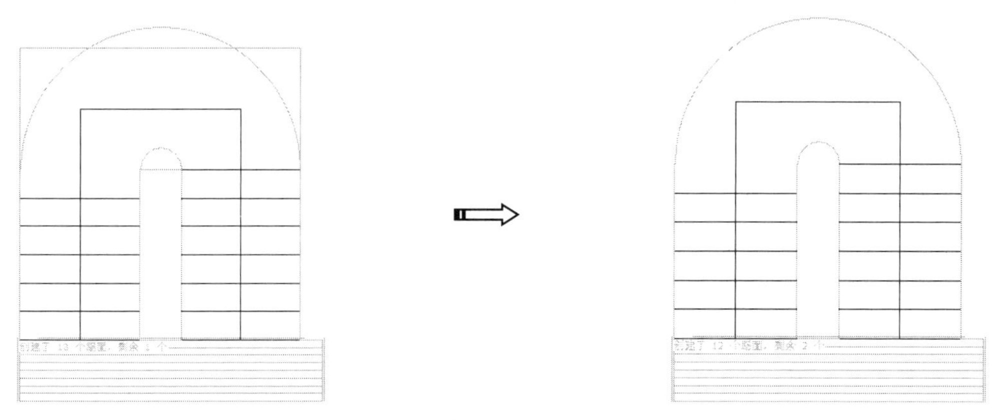

图 10-51　修改楼梯平台的边界

⑪ 单击【完成编辑模式】按钮，完成楼梯的创建，如图 10-52 所示。

图 10-52　创建完成的楼梯

10.2.2　坡道设计

Revit 中的【坡道】工具用于为建筑物添加坡道，坡道的创建方法与楼梯的创建方法相似。可以定义 U 形坡道和螺旋坡道，还可以通过修改草图的方式来更改坡道的外边界。

上机操作——利用 Revit 进行坡道设计

异形坡道需要设计者手动绘制坡道形状。

① 打开本例源文件【阳光酒店-1.rvt】，需要在大门前创建用于顾客停车的通行道，如图 10-53 所示。

② 切换到【室外标高】楼层平面视图。单击【建筑】选项卡的【楼梯坡道】面板中的【坡道】按钮，切换到【修改|创建坡道草图】上下文选项卡。

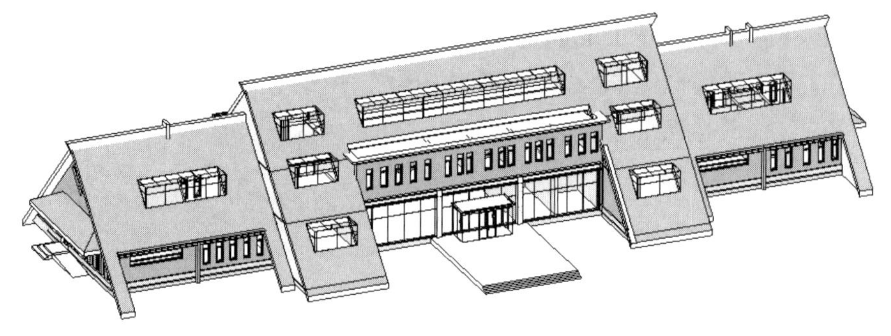

图 10-53　本例源文件【阳光酒店-1.rvt】

③ 单击【属性】选项板中的【编辑类型】按钮，打开【类型属性】对话框。单击【复制】按钮，复制【酒店：行车坡道】类型，并设置【类型参数】列表框中的类型参数，如图 10-54 所示。

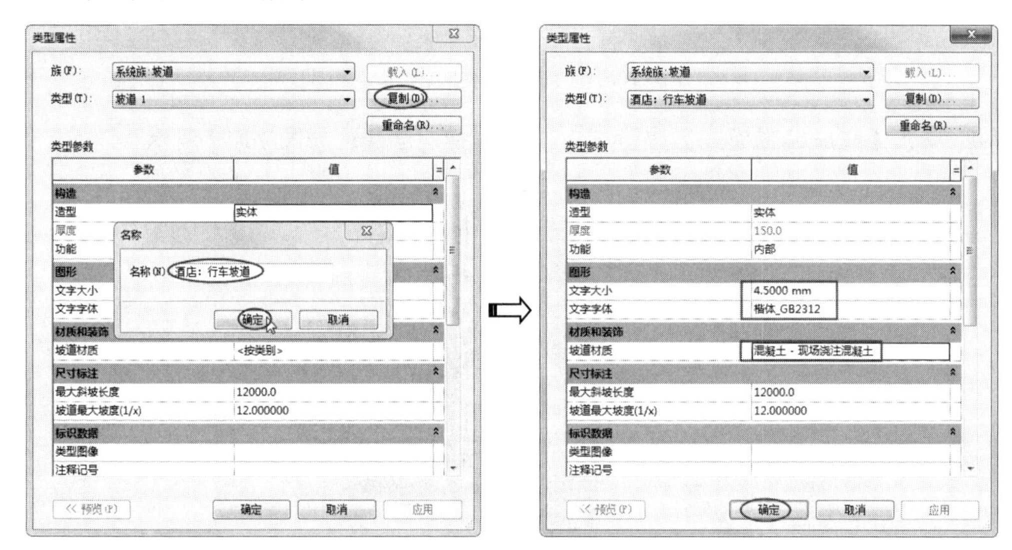

图 10-54　复制类型并设置类型参数

④ 在【属性】选项板中设置【宽度】为【4000】，如图 10-55 所示。

⑤ 单击【工具】面板中的【栏杆扶手】按钮，在打开的【栏杆扶手】对话框中选择栏杆扶手类型为【无】，如图 10-56 所示。

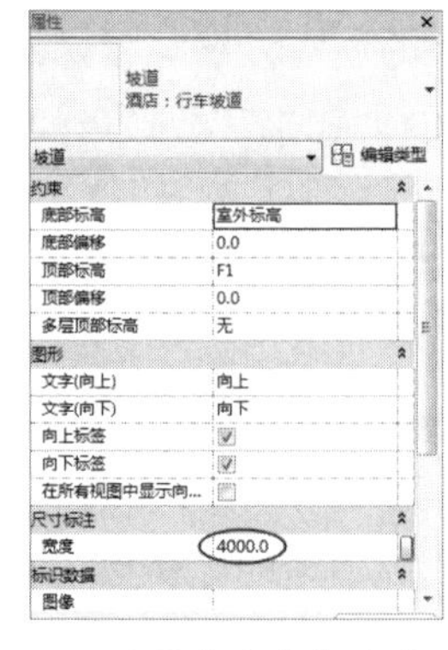

图 10-55　设置【宽度】为【4000】

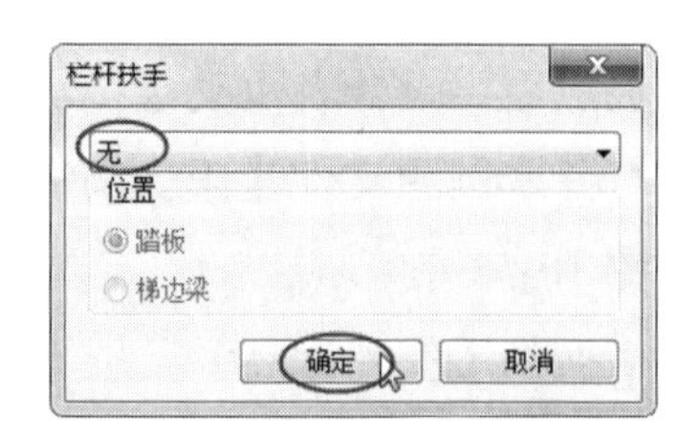

图 10-56　选择栏杆扶手类型

⑥ 利用【绘制】面板中的【直线】工具，绘制竖直线作为参考线，如图 10-57 所示。

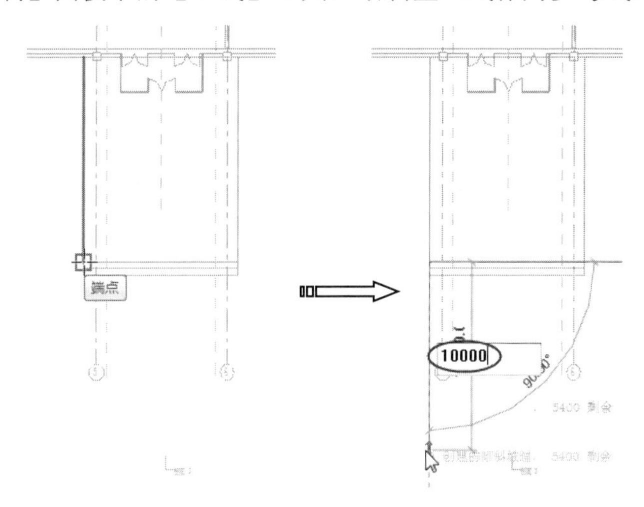

图 10-57　绘制参考线

⑦ 利用【绘制】面板中的【圆心-端点弧】工具，以参考线末端端点作为圆心，输入半径【13000】(直接输入此值)，绘制一段圆弧，如图 10-58 所示。

⑧ 选中坡道中心的梯段模型线，拖曳端点改变坡道弧长，如图 10-59 所示。

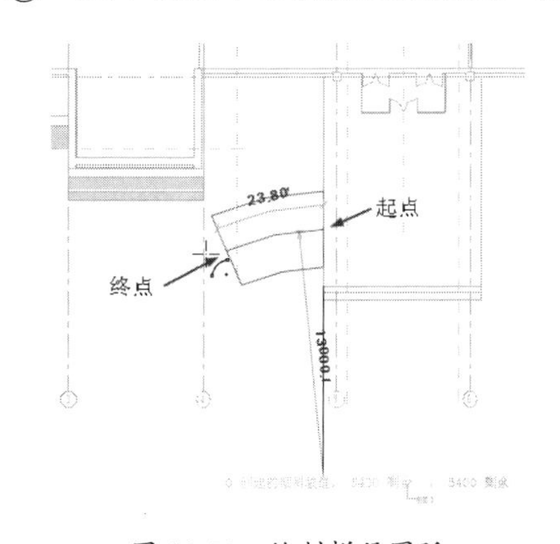

图 10-58　绘制梯段圆弧

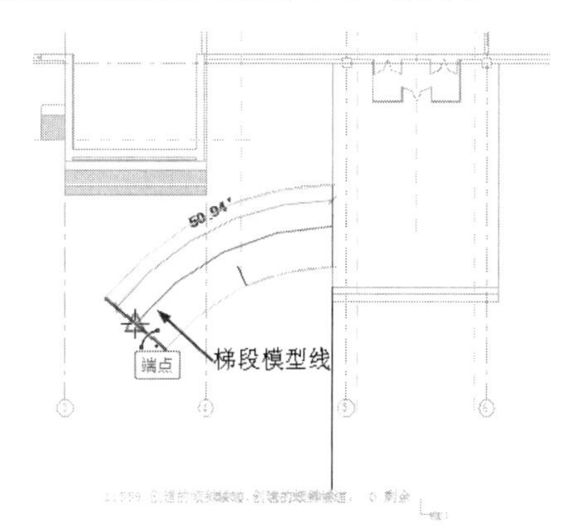

图 10-59　改变坡道弧长

⑨ 删除作为参考线的竖直踢面线（必须删除）。放大视图后可以看出，坡道下坡的方向不对，需要改变。单击方向箭头改变坡道下坡方向，如图 10-60 所示。

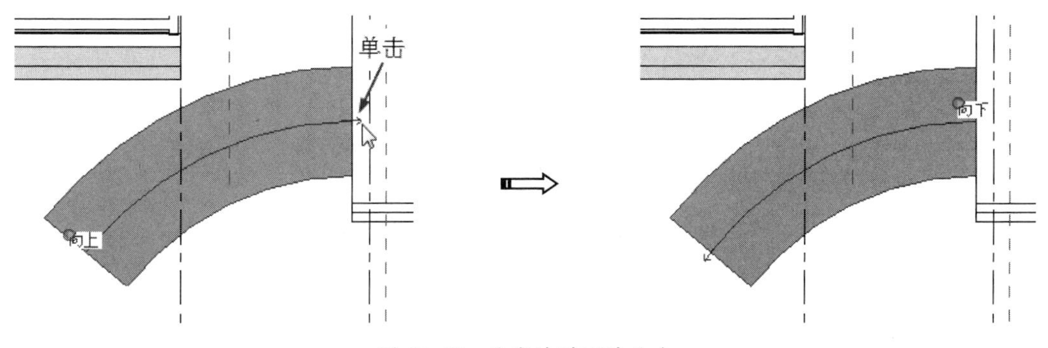

图 10-60　改变坡道下坡方向

⑩ 单击【完成编辑模式】按钮，完成左侧坡道的创建，如图 10-61 所示。

⑪ 与平台对称的另一侧坡道无须重建，只需进行镜像即可。利用【镜像-拾取轴】工具，将左边的坡道镜像到右侧，如图 10-62 所示。

图 10-61 创建完成的左侧坡道

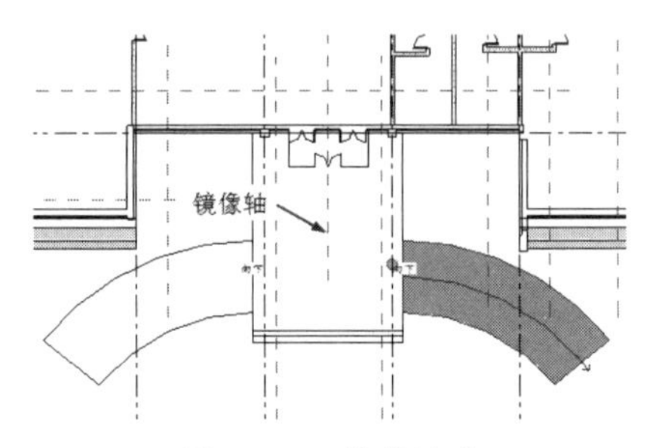

图 10-62 镜像坡道

⑫ 最终创建完成的坡道如图 10-63 所示。

图 10-63 创建完成的坡道

10.2.3 栏杆扶手设计

栏杆和扶手都是起安全围护作用的设施，栏杆是在阳台、过道、桥廊等构件上制作与安装的设施，扶手是在楼梯、坡道构件上制作与安装的设施。

Revit Architecture 模块中提供了栏杆工具（绘制路径）和扶手工具（放置在主体上）。

在一般情况下，楼梯与坡道的栏杆扶手会跟随楼梯、坡道模型的创建而自动载入，只需改变栏杆扶手的族类型及参数即可。

阳台上的栏杆则需要通过绘制路径进行放置。下面举例说明阳台栏杆的创建过程。

上机操作——创建阳台栏杆

① 打开本例源文件【别墅-1.rvt】，如图 10-64 所示。

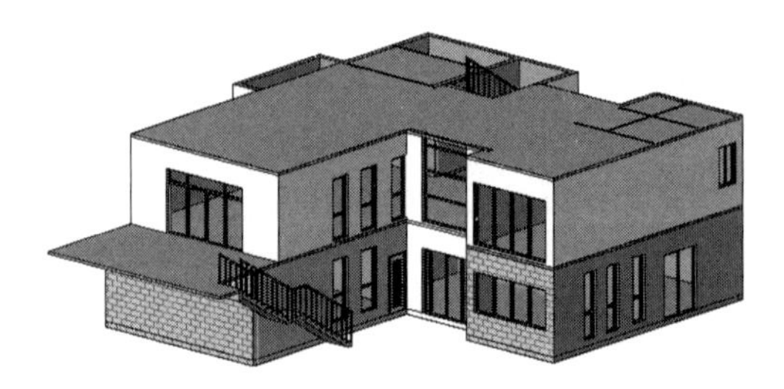

图 10-64 本例源文件【别墅-1.rvt】

② 切换到【1F】楼层平面视图。在【建筑】选项卡的【楼梯坡道】面板中单击【绘制路径】按钮，切换到【修改|创建栏杆扶手路径】上下文选项卡。

③ 在【属性】选项板中选择【栏杆扶手-1100mm】类型，利用【直线】工具在【1F】阳台上以轴线为参考，绘制栏杆路径，如图 10-65 所示。

④ 单击【完成编辑模式】按钮✔，完成阳台栏杆的创建，如图 10-66 所示。

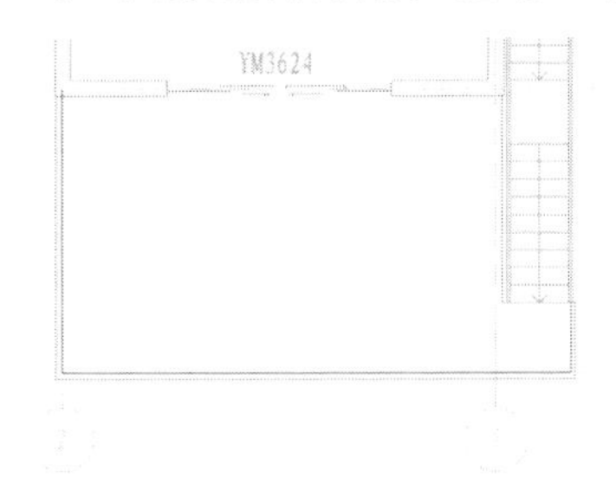

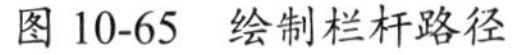

图 10-65　绘制栏杆路径

图 10-66　创建完成的阳台栏杆

⑤ 靠墙的楼梯扶手可以删除。双击靠墙一侧的楼梯扶手，切换到【修改|绘制路径】上下文选项卡。删除上楼第一跑梯段和平台上的扶手路径曲线，并缩短第二跑梯段上的扶手路径曲线（缩短 3 条踢面线距离），如图 10-67 所示。

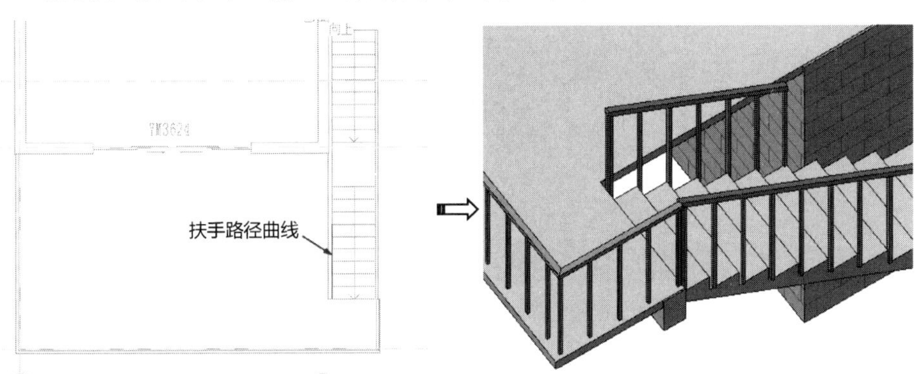

图 10-67　修改靠墙扶手的路径曲线

⑥ 退出编辑模式完成扶手的修改。

⑦ 放大视图后可以看出，楼梯扶手和阳台栏杆的连接处出现了问题，有两个立柱在同一位置上，这是不合理的，如图 10-68 所示。

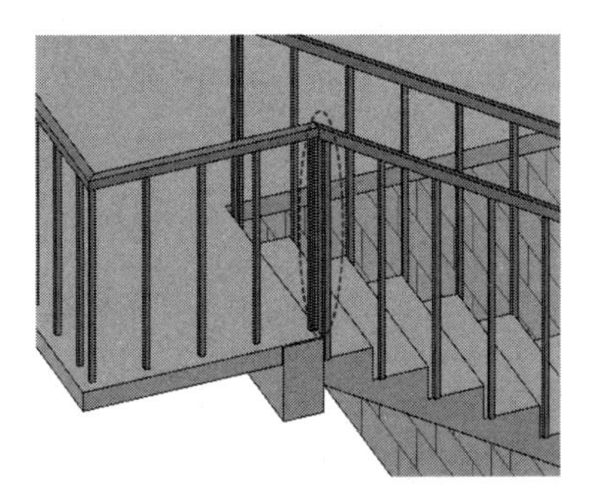

图 10-68　出现问题处

⑧ 其解决方法是，删除阳台栏杆路径曲线，将楼梯扶手曲线延伸，并作为阳台栏杆路径曲线，如图 10-69 所示。

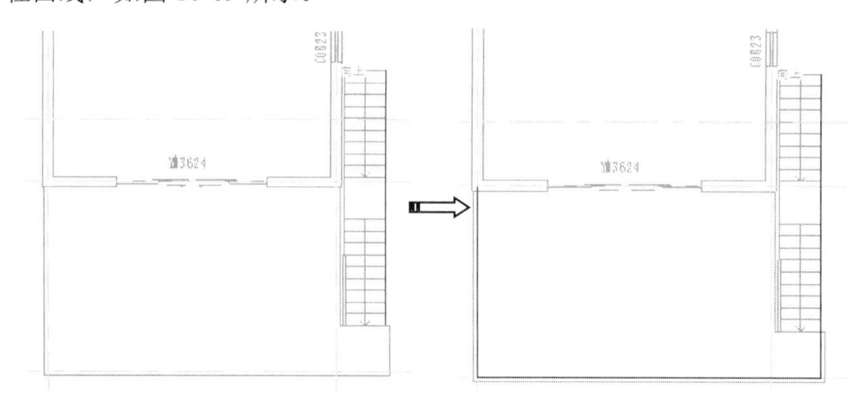

图 10-69　将楼梯扶手曲线作为阳台栏杆路径曲线

⑨ 修改楼梯扶手路径曲线后，退出路径模式。重新选择栏杆类型为【栏杆-金属立杆】，修改后的阳台栏杆和楼梯扶手如图 10-70 所示。

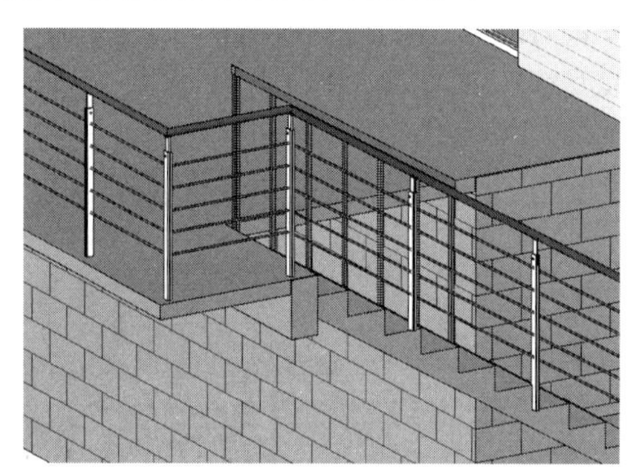

图 10-70　修改后的阳台栏杆和楼梯扶手

⑩ 同理，修改另一侧的楼梯扶手路径曲线，如图 10-71 所示。

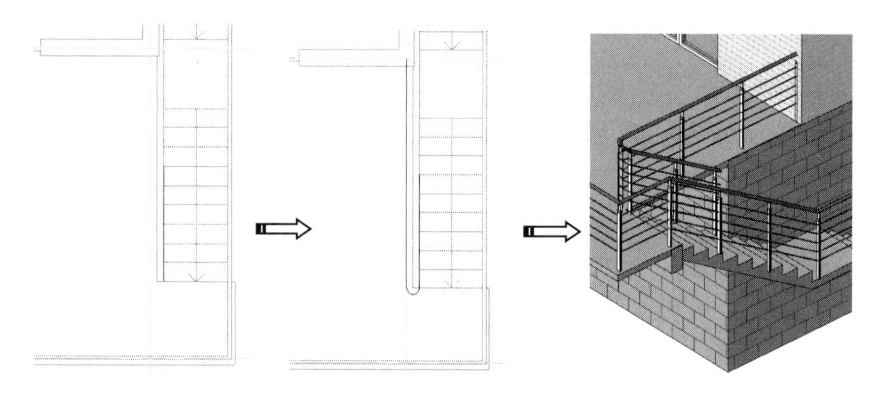

图 10-71　修改另一侧的楼梯扶手路径曲线

⑪ 修改另一侧的楼梯扶手后，出现一个新问题，如图 10-72 所示，连接处的扶手柄是扭曲的，这是怎么回事呢？答案是扶手族的连接方式需要重新设置。选中楼梯扶手，在【属性】选项板中单击【编辑类型】按钮，打开【类型属性】对话框。

⑫　将【使用平台高度调整】设置为【否】，如图 10-73 所示。

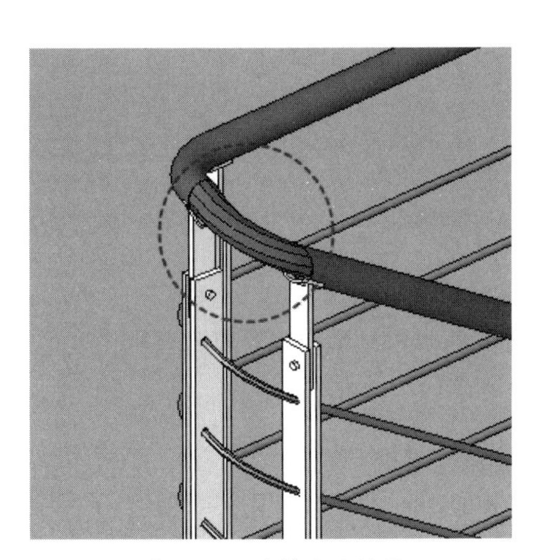

图 10-72　连接处的问题

图 10-73　将【使用平台高度调整】设置为【否】

⑬　修改后连接处的问题即可解决，如图 10-74 所示。最终创建完成的阳台栏杆如图 10-75 所示。

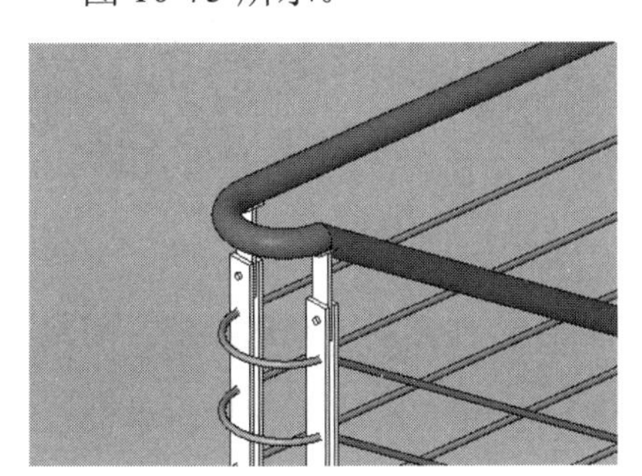

图 10-74　修改后的扶手柄

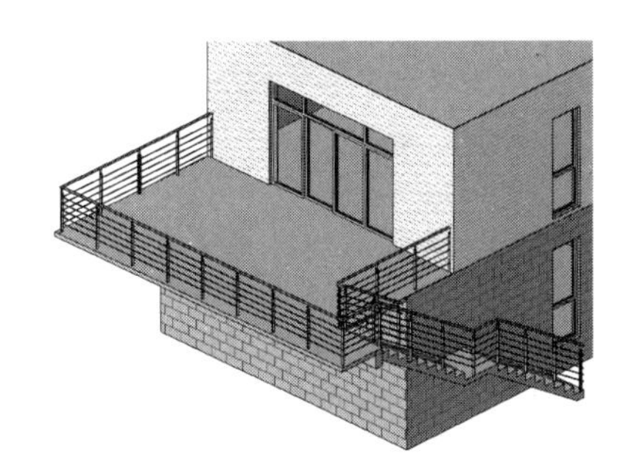

图 10-75　创建完成的阳台栏杆

10.3　BIMSpace 乐建 2022 楼梯与其他构件设计

用户可以利用 BIMSpace 乐建 2022 的【楼梯\其他】选项卡中的工具快速、有效地设计出楼梯、电梯、阳台、台阶、车库、坡道、散水等建筑构件，还可以利用构件布置工具来放置室内摆设构件和卫浴构件。

10.3.1　BIMSpace 乐建 2022 楼梯设计

BIMSpace 乐建 2022 的楼梯设计完全采用构件的搭建方式来完成。通过一键设置楼梯参数，可以自动生成楼梯，楼梯设计工具如图 10-76 所示。

面对这么多的楼梯设计工具，应该如何选择呢？楼梯采用何种结构类型，关键取决于楼梯间的空间尺寸，如长度、宽度和标高。既要保证楼梯结构设计的合理性，还要保证人走梯步的舒适性。BIMSpace 乐建 2022 中的楼梯设计工具不仅丰富而且好用，下面以几种典型的楼梯作为介绍对象，其他的楼梯设计照搬模式即可。

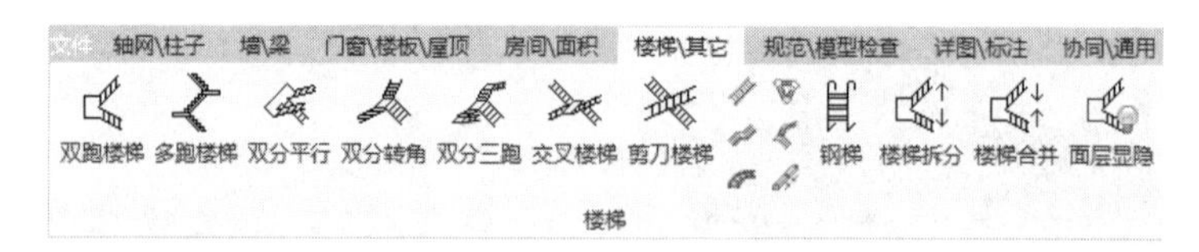

图 10-76　楼梯设计工具[①]

1. 双跑楼梯设计

双跑楼梯适用于楼梯间进深尺寸较小、标高较低的套内住宅空间，双跑楼梯主要由层间平板、梯步段和楼层平板构成，且平台仅有一个，如图 10-77 所示。

上机操作——创建双跑楼梯

① 打开本例源文件【办公大楼.rvt】，如图 10-78 所示。办公大楼有两处位置需要设计楼梯。

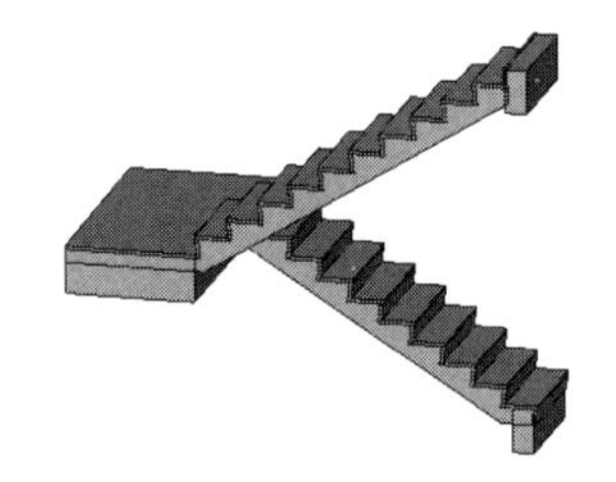

图 10-77　双跑楼梯

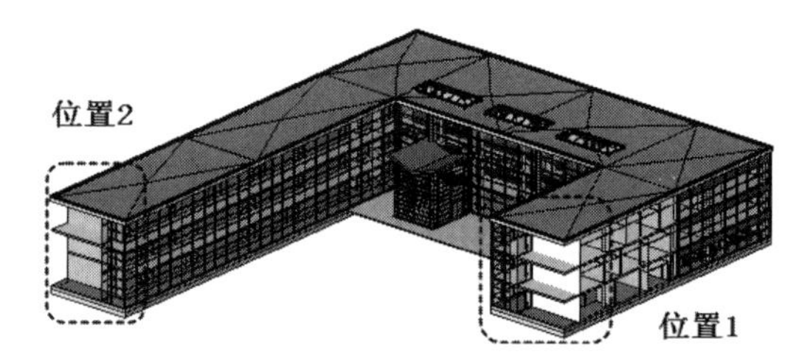

图 10-78　本例源文件【办公大楼.rvt】

② 先看位置 1，此处楼梯间没有开洞，说明在设计楼梯之后才创建洞口。因此，在计算楼梯的时候可以忽略楼梯间长度，按照标准来设定。接下来测量一下楼梯间的宽度和标高，如图 10-79 所示。

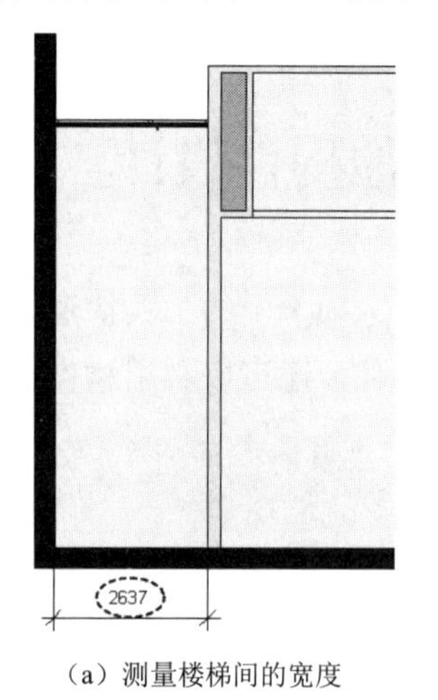

（a）测量楼梯间的宽度

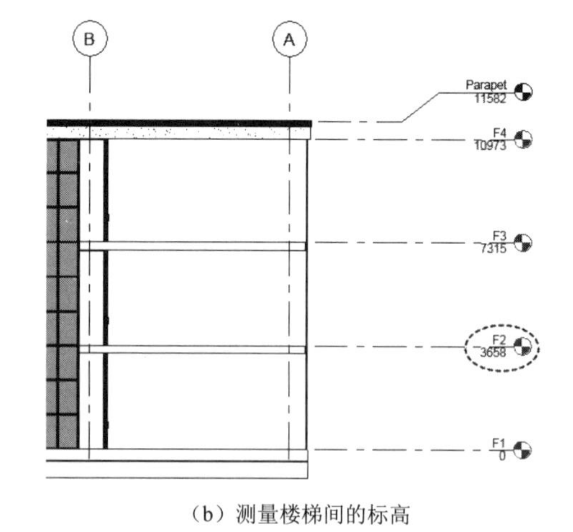

（b）测量楼梯间的标高

图 10-79　测量楼梯间的宽度和标高

① 本书软件截图中，“其它”的正确写法应为“其他”。

③ 根据楼梯间宽度（2637mm）和标高（3658mm），单跑梯段宽度（梯步宽）可以设计为 1200mm，按照标准梯步高度（150mm）计算，一层可以设计出 24.386 步，因为梯步数不能为小数只能取整，所以应该设计 24 个梯步，每步高约 152.42mm。上下跑各 12 梯步。梯步深度按照标准来设计，为 300mm。

知识点拨：

用户需要注意【梯步】与【梯步】的区别。【梯步】是指整层的楼梯踢面数，除了中间单跑梯段上的踢面，还包括平台面和上层楼面；【梯步】仅仅是指单跑梯段上的步数。所以，设计的 24 个梯步，实际上梯步仅有 22 个。

④ 切换到【F1】楼层平面视图。在【楼梯\其他】选项卡的【楼梯】面板中单击【双跑楼梯】按钮，打开【双跑楼梯】对话框。设置好楼梯参数后，单击【确定】按钮，如图 10-80 所示。

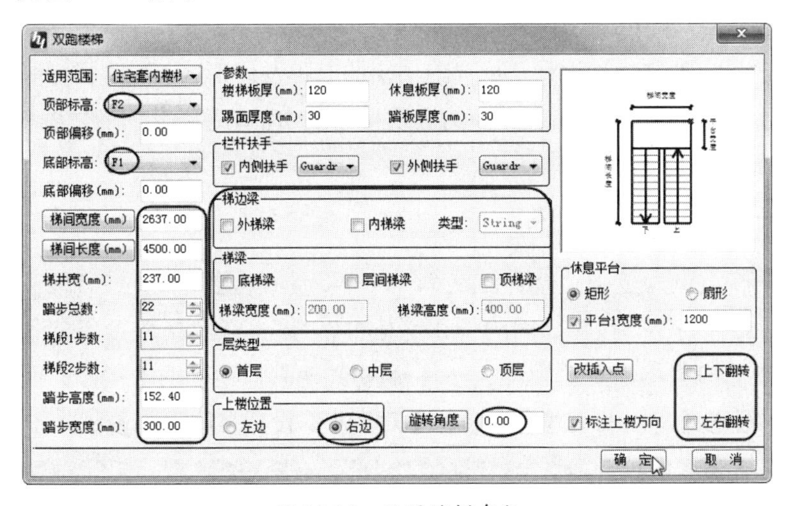

图 10-80　设置楼梯参数

⑤ 将楼梯构件放置在平面视图中，如图 10-81 所示。如果放置的时候没有照面，则可以利用【修改】选项卡的【对齐】工具进行对齐操作。

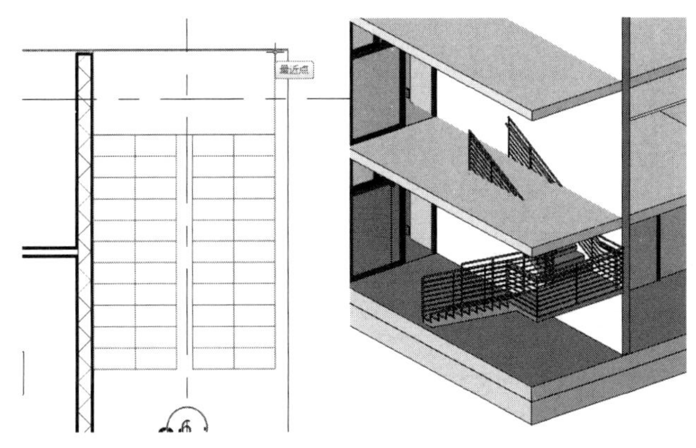

图 10-81　放置楼梯构件

⑥ 切换到【F2】楼层平面视图。使用相同的方法，设置相同的楼梯参数，将二层楼梯放置在相同位置并进行对齐操作，结果如图 10-82 所示。

⑦ 创建楼梯间洞口，利用【建筑】选项卡的【洞口】面板中的【竖井】工具，创建两层楼梯之间的洞口，如图 10-83 所示。

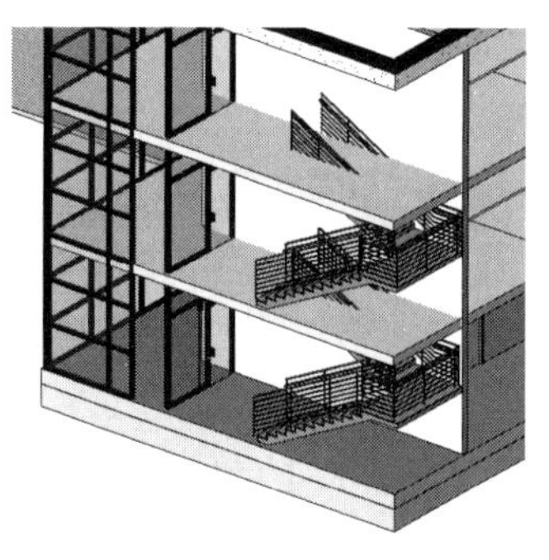

图 10-82 创建二层楼梯

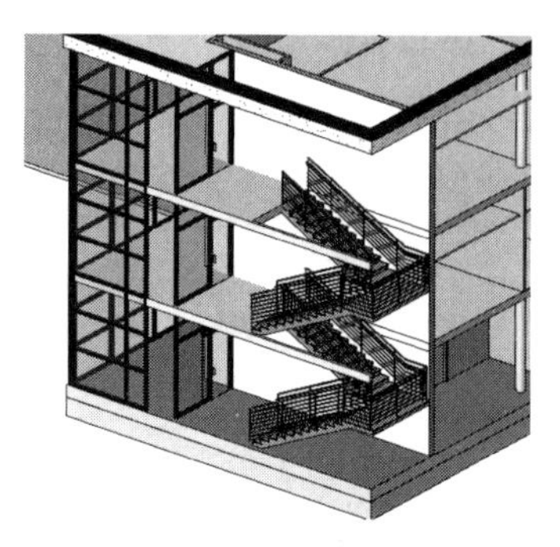

图 10-83 创建楼梯间洞口

2. 多跑楼梯设计

多跑楼梯也是常见的一种楼梯，是双跑楼梯的一种发展形式。多跑楼梯是在单层中创建的，而非在多层中创建的，常用在有底商的公寓楼建筑中。有些底商的商铺空间高度少则 4～5m，多则 6～7m。

上机操作——创建多跑楼梯

① 以上一个案例为基础。查看位置 2，此处楼层的单层标高是 7315mm，等同于位置 1 的两层标高。二楼楼梯间的长和宽是相等的。

② 切换到【F1】楼层平面视图。在【楼梯\其他】选项卡的【楼梯】面板中单击【多跑楼梯】按钮，打开【多跑楼梯】对话框。设置多跑楼梯参数，如图 10-84 所示。

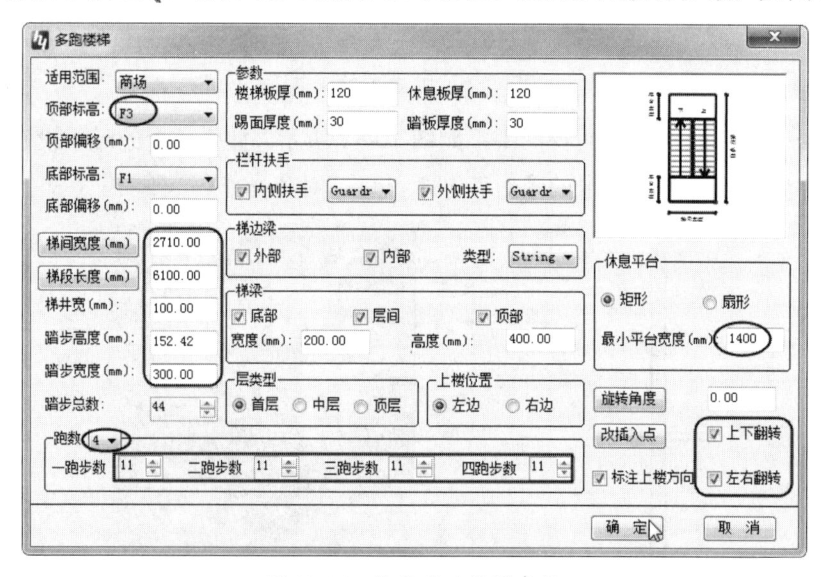

图 10-84 设置多跑楼梯参数

③ 单击【确定】按钮，将楼梯放置在如图 10-85 所示的位置。

④ 楼梯三维效果如图 10-86 所示。

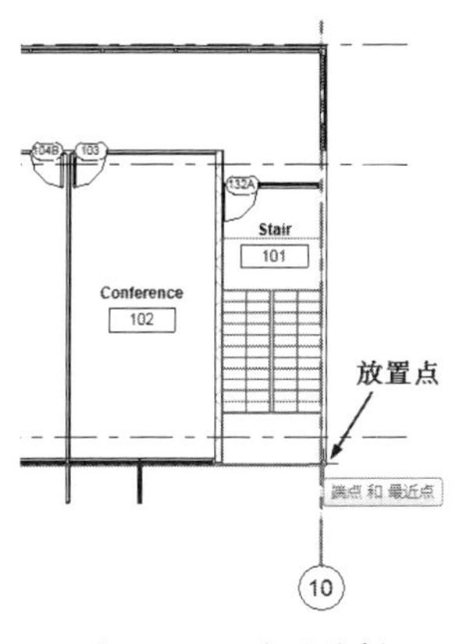

图 10-85　放置楼梯

图 10-86　楼梯三维效果

10.3.2　BIMSpace 乐建 2022 台阶、坡道与散水设计

1. 台阶

【绘制台阶】工具用于绘制矩形单面和矩形三面的台阶，可以根据用户自定义的底部标高和顶部标高绘制台阶，并且可以快速创建单边矩形台阶、双边矩形台阶、三边矩形台阶、弓形台阶、自由边台阶。

要创建台阶，只能在楼层平面视图中进行操作。在【楼梯\其他】选项卡的【楼梯】面板中单击【绘制台阶】按钮，打开【绘制台阶】对话框，如图 10-87 所示。该对话框中各选项的含义如下。

- 顶标高：绘制台阶时参照的顶部标高，可以是已有标高值，也可以是自定义值。
- 底标高：绘制台阶时参照的底部标高，可以是已有标高值，也可以是自定义值。
- 梯步数：台阶所含的梯步数。
- 梯步高度：每一级台阶的高度，自动根据梯步数及台阶总高度计算。
- 梯步宽度：除顶层外，每阶台阶的宽度默认为 300 mm。
- 界面输入：顶层台阶的宽度，默认为 5000 mm。
- 材质：设置台阶的材质，如图 10-88 所示。

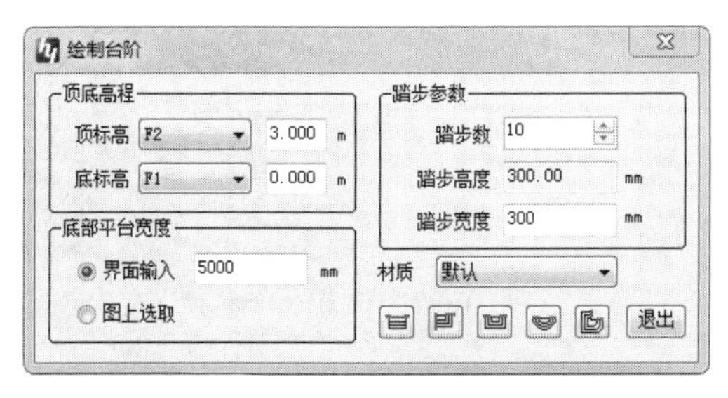

图 10-87　【绘制台阶】对话框

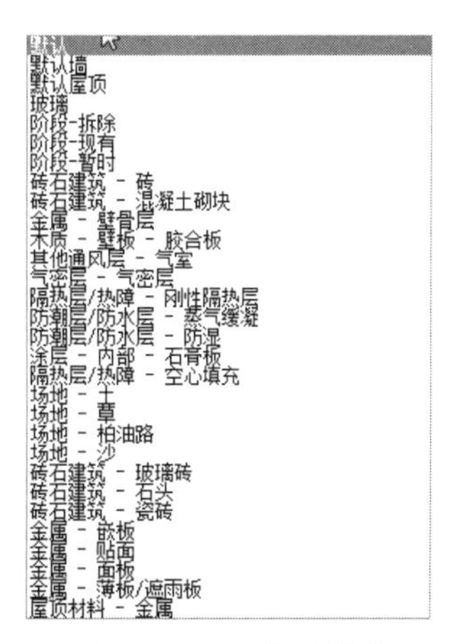

图 10-88　台阶的材质

知识点拨：

①顶部标高的值必须大于底部标高的值，否则无法绘制台阶。②如果当前选择的平面为最低标高，则需要手动修改【底标高】中的值。

上机操作——创建台阶

① 打开本例源文件【江湖别墅.rvt】，如图 10-89 所示。

② 切换到【室外地坪】楼层平面视图，利用【建筑】选项卡中的【模型线】工具，绘制如图 10-90 所示的矩形，此矩形用作台阶的放置参考。

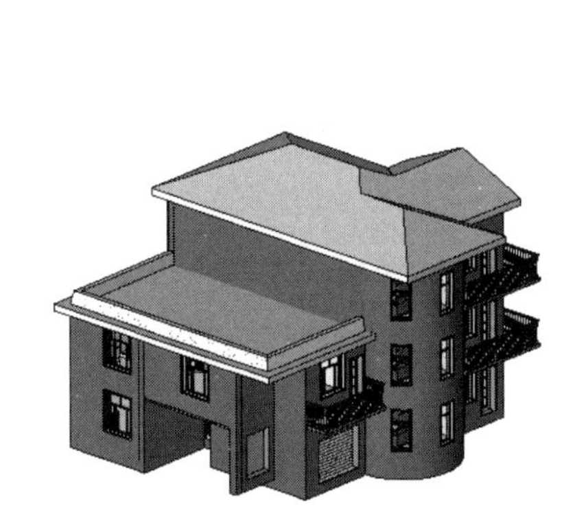

图 10-89　本例源文件【江湖别墅.rvt】

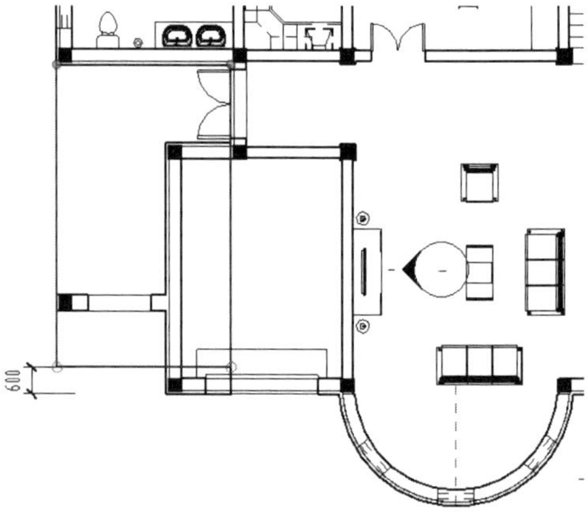

图 10-90　绘制矩形

③ 利用【注释】选项卡的【尺寸标注】面板中的【对齐】工具，标注几个尺寸，用作台阶的尺寸参考，如图 10-91 所示。

④ 在【楼梯\其他】选项卡的【楼梯】面板中单击【绘制台阶】按钮，打开【绘制台阶】对话框。在该对话框中设置【顶底高程】【底部平台宽度】【梯步参数】及台阶【材质】等参数，单击【创建双边矩形台阶】按钮，如图 10-92 所示。

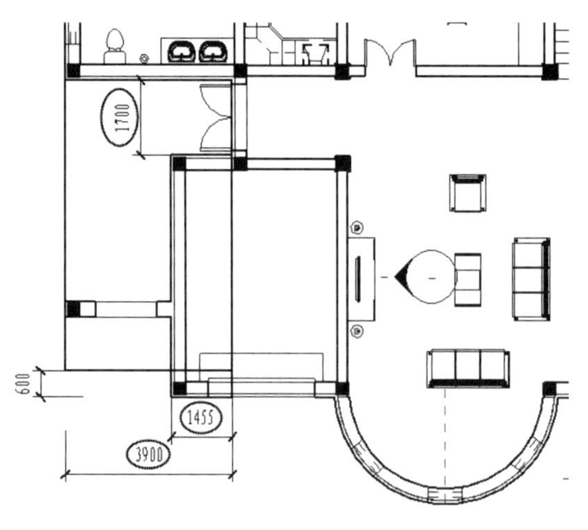

图 10-91　创建标注

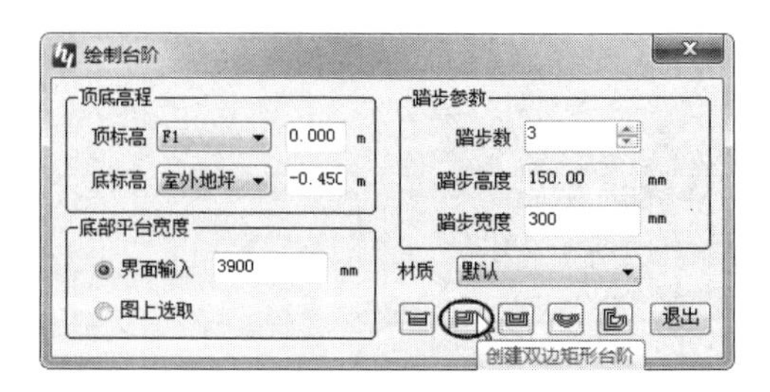

图 10-92　设置台阶参数

⑤ 按照提示选择参照边的起点与终点，如图 10-93 所示。

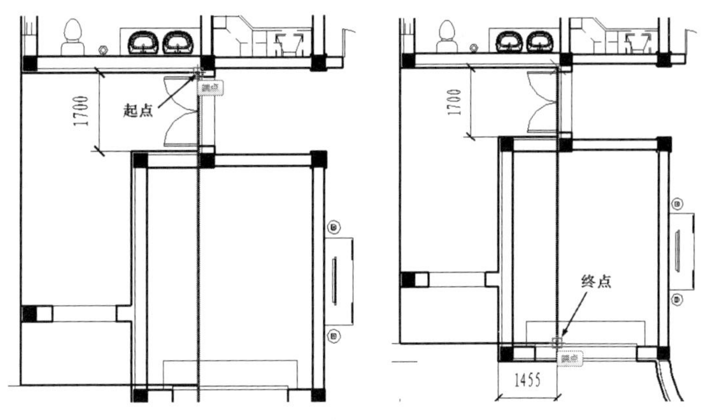

图 10-93　选择参照边的起点与终点

⑥　指定宽度方向和另一侧台阶的布置方向，如图 10-94 所示。

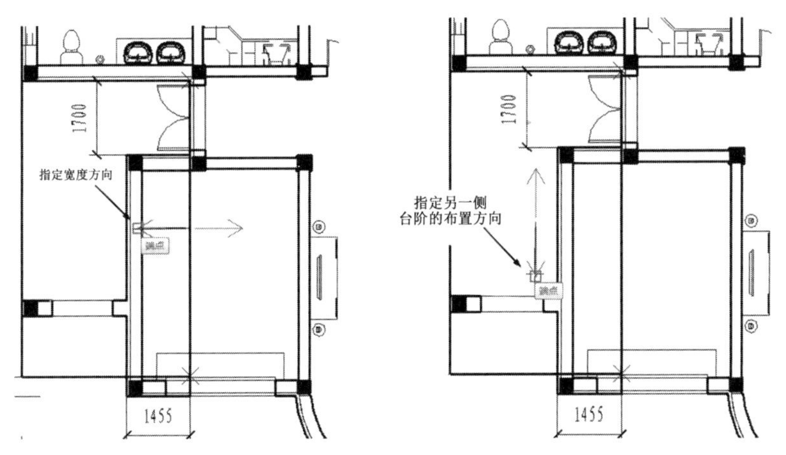

图 10-94　指定宽度方向和另一侧台阶的布置方向

⑦　完成操作后自动放置台阶构件，如图 10-95 所示。单击【退出】按钮，关闭【绘制台阶】对话框。

⑧　从结果可以看出，部分台阶超出了墙边界，因此需要对这个台阶族进行修改。双击此台阶族进入族编辑器模式中。根据标注的尺寸，在族编辑器模式中先编辑第一层台阶的轮廓，如图 10-96 所示。

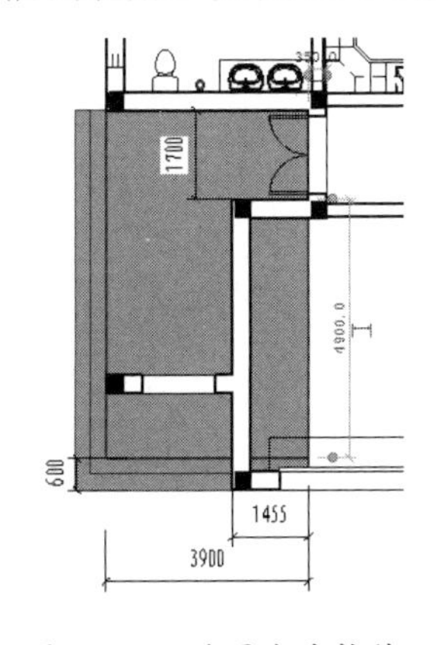

图 10-95　放置台阶构件

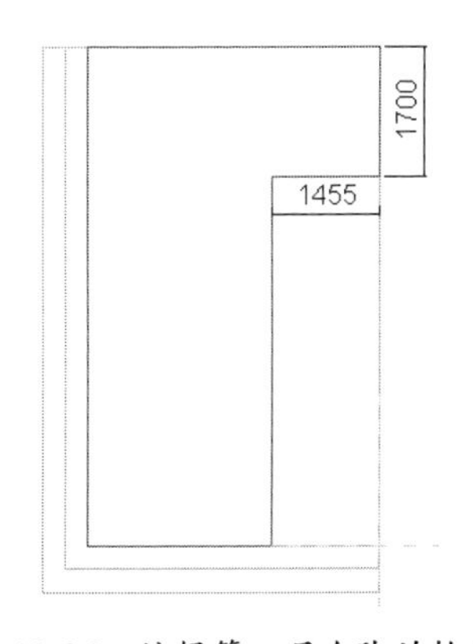

图 10-96　编辑第一层台阶的轮廓

⑨ 同理，编辑第二层和第三层台阶的轮廓，如图 10-97 所示。

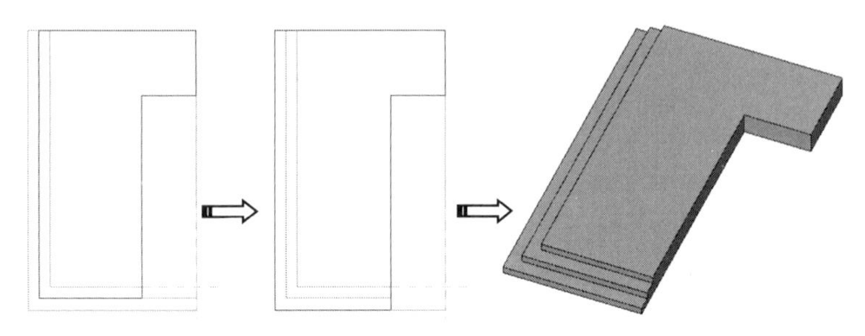

图 10-97 编辑第二层和第三层台阶的轮廓

⑩ 在完成族的轮廓编辑后，单击【载入到项目并关闭】按钮，返回建筑项目设计环境中。创建完成的台阶的三维视图如图 10-98 所示。

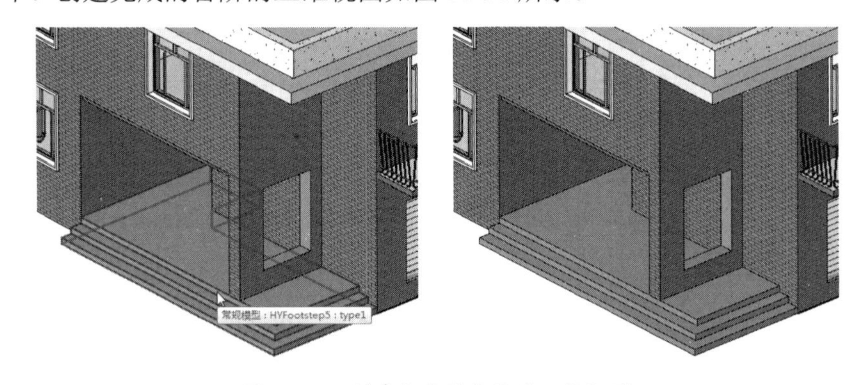

图 10-98 创建完成的台阶的三维视图

2. 坡道

坡道包括【入门坡道】和【无障碍坡道】。接下来继续操作上一个案例，在江湖别墅中创建入门坡道和无障碍坡道。

上机操作——创建入门坡道和无障碍坡道

① 切换到【室外地坪】楼层平面视图。单击【入门坡道】按钮，打开【入门坡道】对话框。

② 在【入门坡道】对话框中设置如图 10-99 所示的坡道参数。

③ 设置参数后选择视图中的车库门族作为放置参照，如图 10-100 所示。

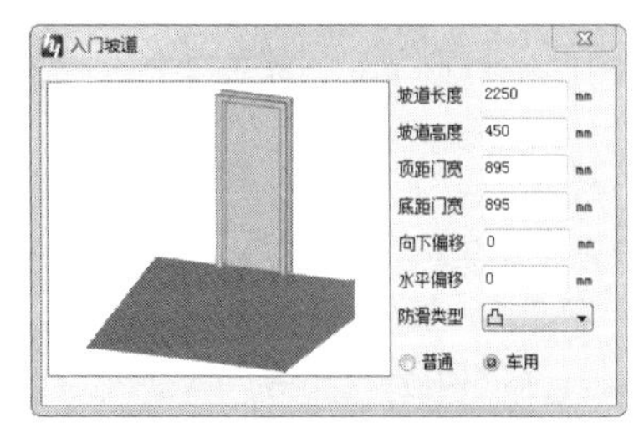

图 10-99 设置入门坡道参数

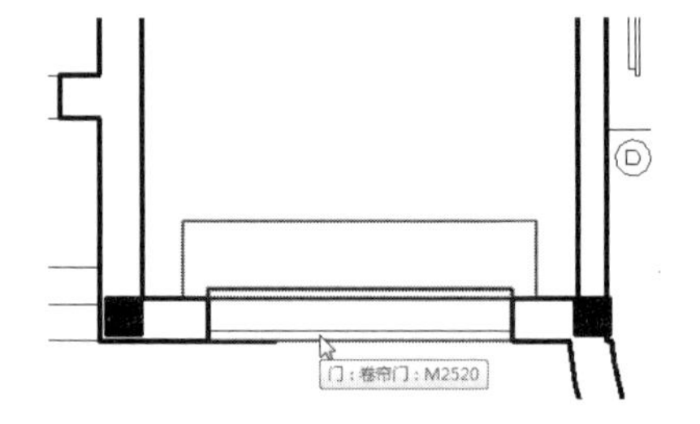

图 10-100 选择车库门族作为坡道放置参照

④ 创建完成的入门坡道如图 10-101 所示。

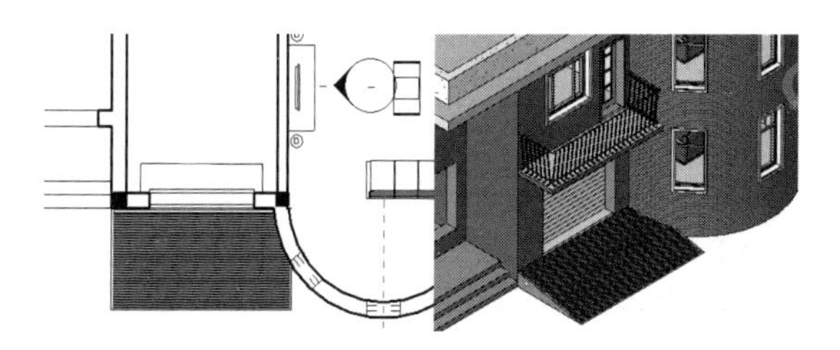

图 10-101 创建完成的入门坡道

⑤ 创建无障碍坡道。在【楼梯\其他】选项卡的【楼梯】面板中单击【无障碍坡道】按钮♿，打开【无障碍坡道】对话框。该对话框中各选项的含义如下。

- 顶部偏移值：设置以参照面的顶部偏移数值。
- 内侧扶手、外侧扶手：选择是否添加内外侧扶手。
- 结构形式：选择坡道的结构形式，包括整体式和结构板两种。
- 坡道厚度：设置坡道的厚度。
- 坡道坡度：根据需要选择坡度。
- 最大高度：设置坡道的最大高度，这里提供的规范检查的最大高度为 1200mm。
- 平台宽度：设置坡道的宽度，直线型默认为 1500mm。
- 坡道净宽：坡道除去扶手的净宽。
- 坡道材质：选择坡道的材质。
- 坡道类型：这里提供了多种类型供用户选择，包括直线型、直角型、折返型 1 和折返型 2 四种。
- 坡段长度：设置不同坡段的长度大小。
- 坡段对称：勾选此复选框，则折返型坡道的对应坡段尺寸对称一致。
- 改插入点：选择插入点，参考界面【示意图】中的红色叉形标记。
- 旋转角度：选择楼梯的旋转角度。
- 上下翻转、左右翻转：是否进行上下翻转或左右翻转。

⑥ 在【无障碍坡道】对话框中设置如图 10-102 所示的参数，单击【确定】按钮后在【室外地坪】楼层平面视图中拾取一个参考点放置坡道。

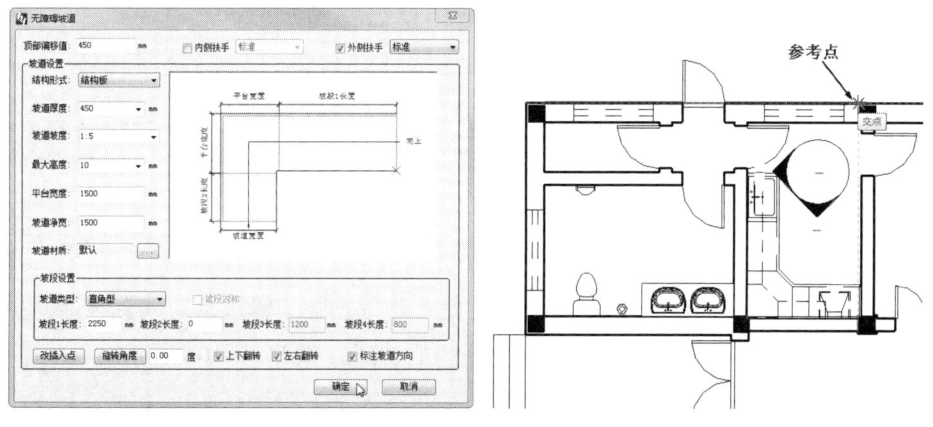

图 10-102 设置坡道参数并拾取参考点

⑦ 创建完成的无障碍坡道如图 10-103 所示。

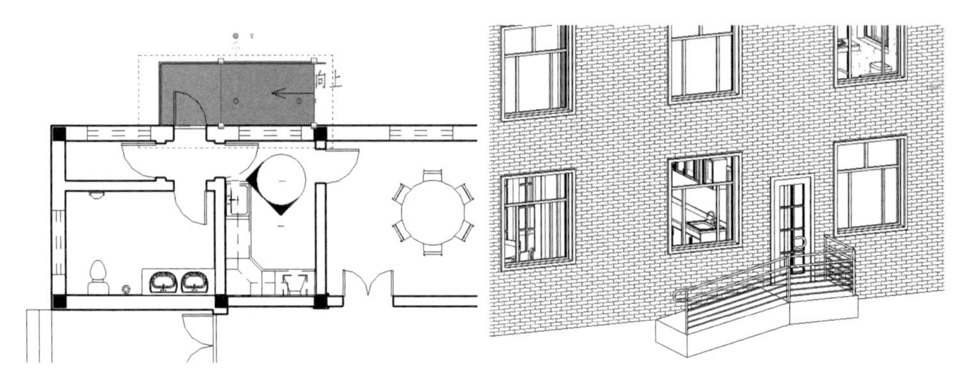

图 10-103　创建完成的无障碍坡道

3. 散水

散水的作用是迅速排走勒脚（室外地坪上）附近的雨水，避免雨水冲刷或渗透到地基，防止基础下沉，以保证房屋的巩固耐久。本例是在建筑外墙四周的勒脚处用混凝土浇筑的坡度为 5 度的散水坡，室外台阶与无障碍坡道处无须设计散水。

上机操作——创建散水

① 切换到【室外地坪】楼层平面视图。

② 在【楼梯\其他】选项卡的【楼梯】面板中单击【创建散水】按钮，打开【创建散水】对话框，如图 10-104 所示。

③ 设置散水参数，单击【编辑】按钮，绘制或者拾取要创建散水的墙边，如图 10-105 所示。

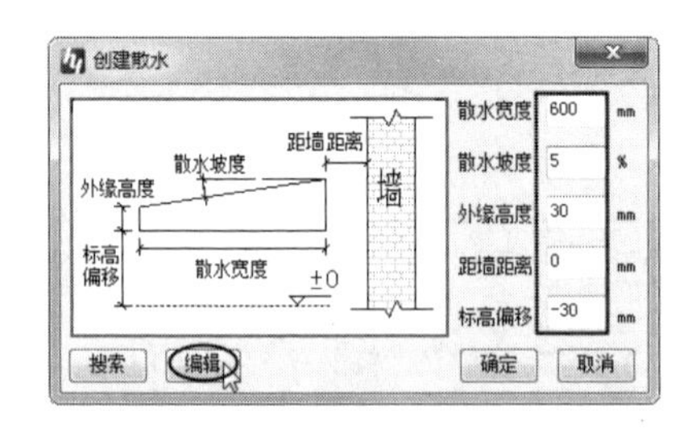

图 10-104　【创建散水】对话框

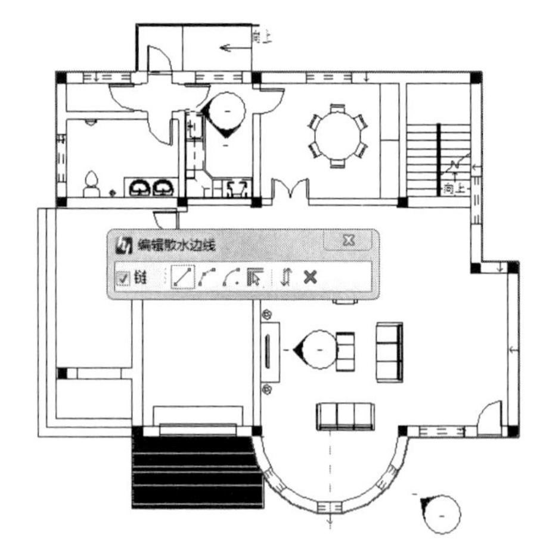

图 10-105　设置散水参数并绘制边界

④ 保证所有的边界一致朝向墙外，若不是，则单击【编辑散水边线】对话框中的【边线朝向翻转】按钮，拾取要改变朝向的边线，如图 10-106 所示。

⑤ 关闭【编辑散水边线】对话框，单击【创建散水】对话框中的【确定】按钮，完成散水的创建，如图 10-107 所示。

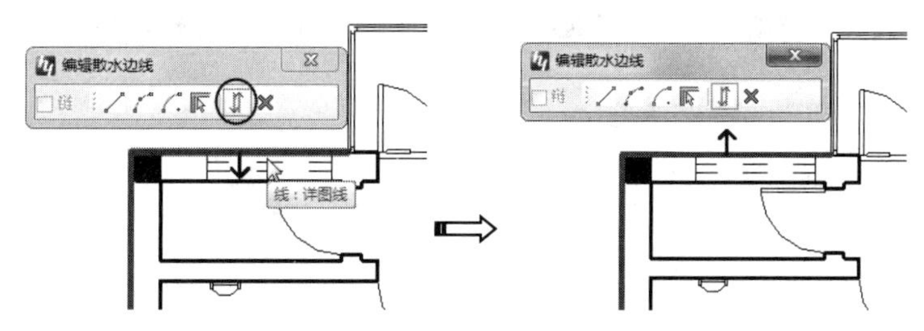

图 10-106　改变边线朝向

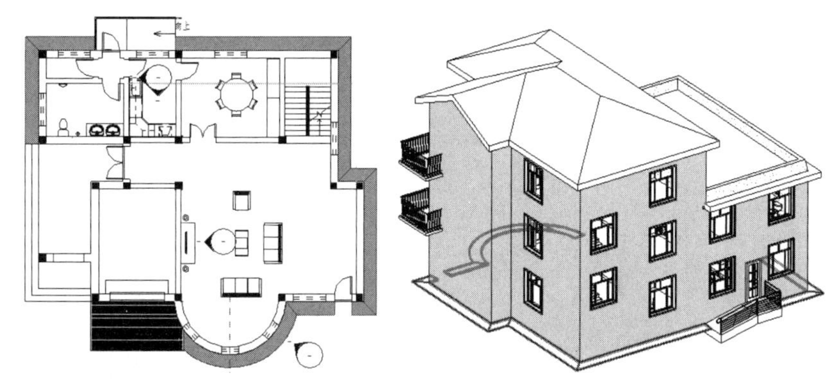

图 10-107　完成散水的创建

10.3.3　BIMSpace 乐建 2022 雨棚设计

本节通过云族 360 加载雨棚族放置雨棚构件。下面举例说明悬挂式雨棚的创建方法及过程。

上机操作——创建悬挂式雨棚

本例利用鸿业云族 360 来设计悬挂式雨棚。

① 打开本例源文件【阳光酒店.rvt】，如图 10-108 所示。将在大门上部创建玻璃铝合金骨架的悬挂式雨棚。

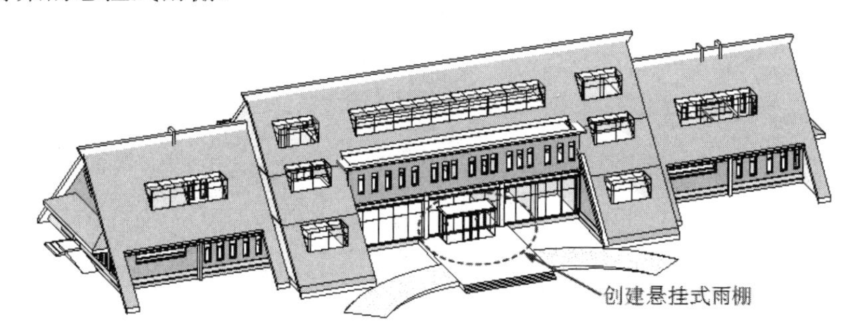

图 10-108　本例源文件【阳光酒店.rvt】

② 切换到【F2】楼层平面视图，在【构件坞】选项卡的【全局搜索】面板中输入【雨棚】字段进行搜索，随后打开构件坞管理器，显示搜索出来的所有雨棚族。选择【门厅雨篷.rfa】族将其放置到当前项目中，如图 10-109 所示。

图 10-109　搜索并下载雨棚族

③ 在【F2】楼层视图中放置雨棚，如图 10-110 所示。

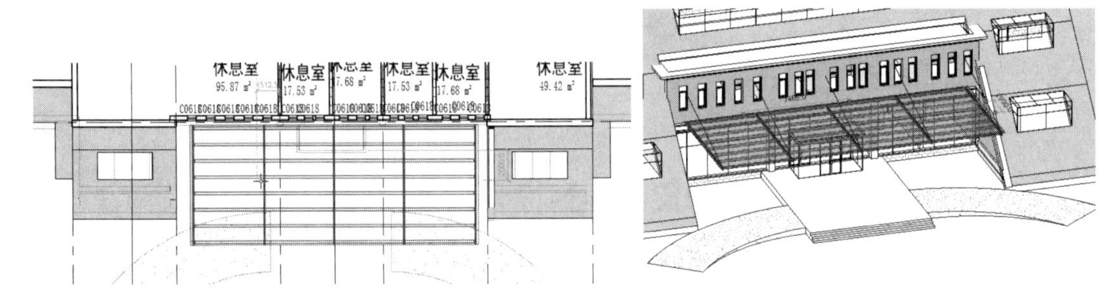
图 10-110　放置雨棚

知识点拨：

【雨棚】属于比较大的构件，除了能挡雨还能遮阳，有顶柱或者拉索，相当于简易的建筑物，常见的有悬挂式、悬挑式、柱支承式及定型雨棚等。族库中的【雨棚】构件是悬挑式雨棚，构件结构较单一。

④ 选中雨棚，在【属性】选项板上设置雨棚属性参数，如图 10-111 所示。将其对齐到墙边和建筑的中轴线上，如图 10-112 所示。

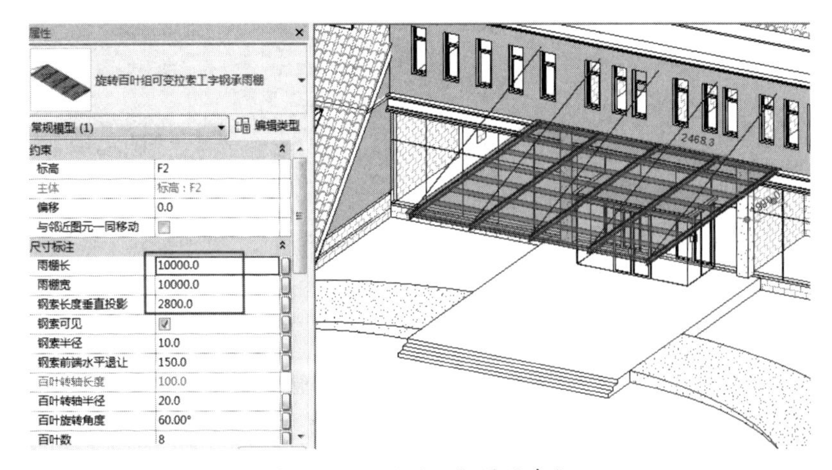

图 10-111　设置雨棚属性参数

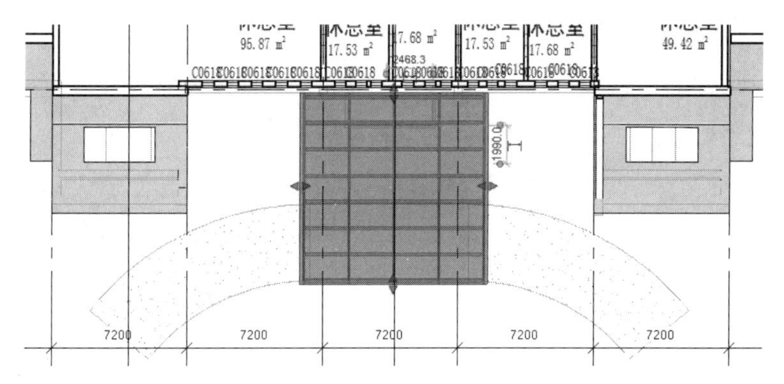

图 10-112　对齐雨棚

⑤　最终通过构件坞管理器设计的雨棚效果如图 10-113 所示。

图 10-113　雨棚效果

第 11 章

钢筋混凝土结构设计

本章内容

本章将利用 Revit Structure（结构设计）模块进行钢筋混凝土结构设计。Revit 建筑结构设计包括钢筋混凝土结构设计和钢结构设计，本章仅介绍钢筋混凝土结构设计。

知识要点

☑ 建筑结构设计概述
☑ Revit 结构基础设计
☑ Revit 结构梁、结构柱与结构楼板设计
☑ Revit 结构楼梯设计
☑ Revit 结构屋顶设计
☑ Revit 钢筋布置

11.1　建筑结构设计概述

建筑结构是房屋建筑的骨架，由若干个基本构件通过一定的连接方式构成整体，能安全可靠地承受并传递各种荷载和间接作用。

知识点拨：

【作用】是指能使结构或构件产生效应（内力、变形、裂缝等）的各种原因的总称。作用可分为直接作用和间接作用。

11.1.1　建筑结构类型

在房屋建筑中，组成结构的构件有板、梁、屋架、柱、墙、基础等。

1. 按体型划分

建筑结构按体型划分，包括单层结构、多层结构（一般为 2~7 层）、高层结构（一般为 8 层及 8 层以上）、大跨度结构（跨度为 40m～50m）等类型，如图 11-1 所示。

（a）单层结构

（b）多层结构

（c）高层结构

（c）大跨度结构

图 11-1　按体型划分的建筑结构类型

2. 按建筑材料划分

建筑结构按建筑材料划分，包括钢筋混凝土结构、钢结构、砌体结构、木结构、塑料结构等类型，如图 11-2 所示。

（a）钢筋混凝土结构

（b）钢结构

（c）砌体结构

（d）木结构

（e）塑料结构

图 11-2　按建筑材料划分的建筑结构类型

3. 按结构形式划分

建筑结构按结构形式划分，包括墙体结构、框架结构、深梁结构、筒体结构、拱结构、网架结构、空间薄壁结构（包括折板）、钢索结构等类型，如图 11-3 所示。

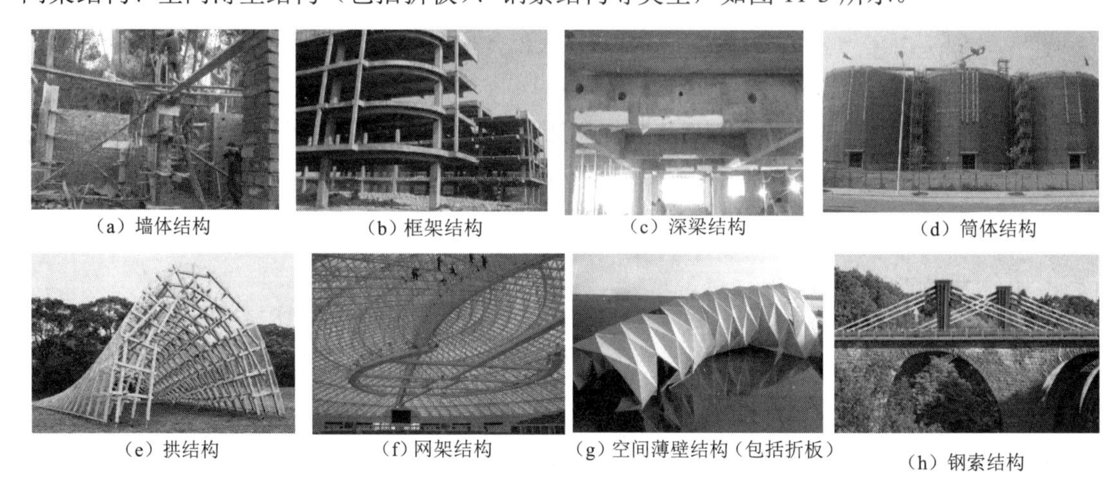

图 11-3　按结构形式划分的建筑结构类型

11.1.2　结构柱、结构梁及现浇楼板的构造要求

结构柱、结构梁及现浇楼板的构造要求如下。

（1）异型柱框架的构造按 06SG331—1 标准，梁钢筋锚入柱内的构造按《混凝土结构施工图平面整体表示方法制图规则和构造详图》（16G101 系列图集）施工。

（2）悬挑梁的配筋构造按《混凝土结构施工图平面整体表示方法制图规则和构造详图》（16G101 系列图集）施工，凡未注明的构造要求均按 16G101—1 系列图集施工。

（3）现浇板内未注明的分布筋均为中 6@200。

（4）结构平面图中板负筋长度是指梁、柱边至钢筋端部的长度，下料时应加上梁宽度。

（5）双向板中的短向筋放在外层，长向筋放在内层。

（6）楼板开孔：当 300mm≤洞口边长＜1000mm 时，应设钢筋加固，如图 11-4 所示；当边长小于 300mm 时可不加固，板筋应绕孔边通过。

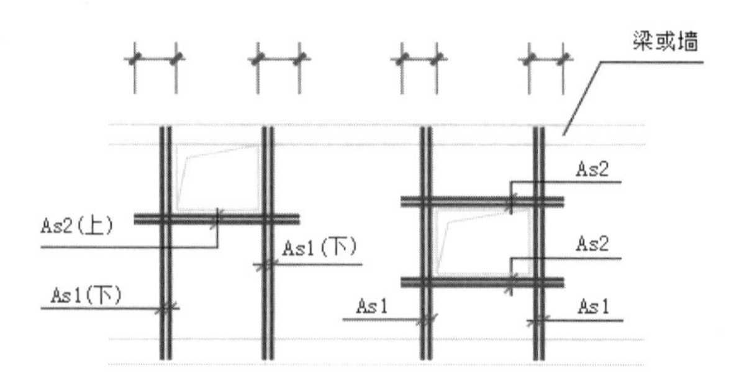

图 11-4　板上方洞口设钢筋加固

（7）屋面检修孔在孔壁图中未单独画出时，按如图 11-5 所示的进行施工。

（8）在现浇板内埋设机电暗管时，管外径不得大于板厚的 1/3，暗管应位于板的中部。交叉管线应妥善处理，并使管壁至板上下边缘净距离不小于 25mm。

（9）在现浇楼板施工时应采取措施确保负筋的有效高度，严禁踩压负筋；砼应振捣密实并加强养护，覆盖保湿养护时间不少于 14 天；在浇筑楼板时如需留缝应按施工缝的要求设置，防止楼板开裂。楼板和墙体上的预留孔、预埋件应按照图纸要求预留、预埋；在安装完毕后孔洞应封堵密实，防止渗漏。

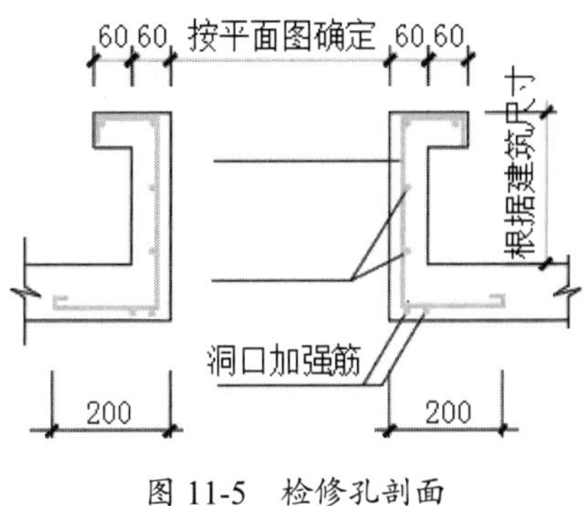

图 11-5　检修孔剖面

（10）钢筋砼构造柱的施工按 12G614—1 图集，构造柱纵筋应预埋在梁内并外伸 500mm，如图 11-6 所示。

（11）现浇板的底筋和支座负筋伸入支座的锚固长度应按如图 11-7 所示的进行施工。

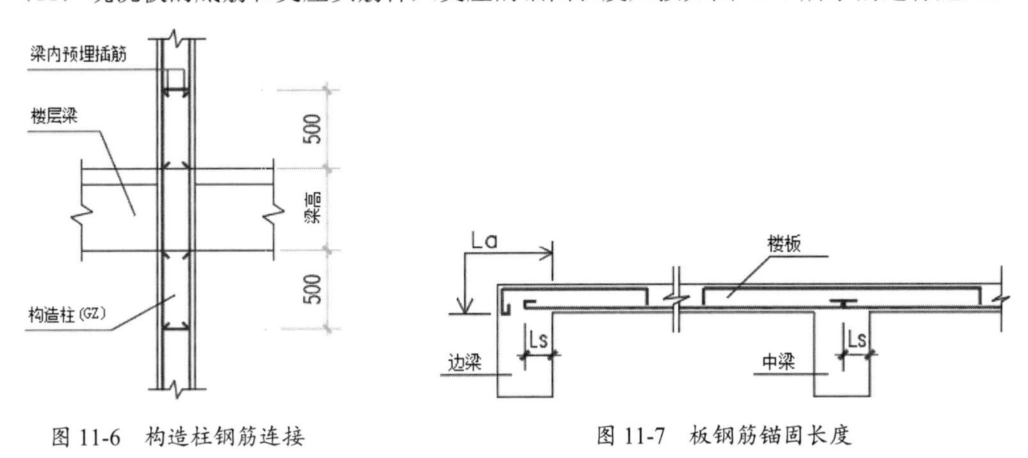

图 11-6　构造柱钢筋连接

图 11-7　板钢筋锚固长度

（12）构造柱的砼浇筑，柱顶与梁底交界处预留空隙 30mm，空隙用 M5 水泥砂浆填充密实。

11.1.3　Revit 2022 结构设计工具

Revit 2022 的结构设计工具在【结构】选项卡中，如图 11-8 所示。结构设计工具主要用于进行钢筋混凝土结构设计和钢结构设计。本章着重讲解钢筋混凝土结构设计。

图 11-8　Revit 2022 结构设计工具

鉴于 Revit 2022 结构设计工具中的梁、墙、柱及楼板的创建方法与前面章节中介绍的建筑梁、墙、柱及楼板是完全相同的，这里不再赘述。建筑与结构的区别是建筑中不含钢筋，而结构中的每一个构件都含钢筋。

11.2 Revit 结构基础设计

结构基础设计也被称为地下层结构设计，包含独立基础、条形基础及结构基础板。

11.2.1 地下层桩基（柱部分）设计

由桩和连接桩顶的桩承台（简称承台）组成的深基础或由柱与基础连接的单桩基础，被称为桩基。若桩身全部埋于土中，承台底面与土体接触，则称为低承台桩基；若桩身上部露出地面而承台底位于地面以上，则称为高承台桩基。建筑桩基通常为低承台桩基。在高层建筑中，桩基应用广泛。

上机操作——创建基础柱

① 启动 Revit 2022，在主页界面的【项目】选项组中选择【结构样板】选项，新建一个结构样板文件然后进入 Revit 中。

② 建立整个建筑的结构标高。在【项目浏览器】选项板的【立面】视图节点下选择一个建筑立面，进入立面图中。创建本例别墅的建筑结构标高，如图 11-9 所示。

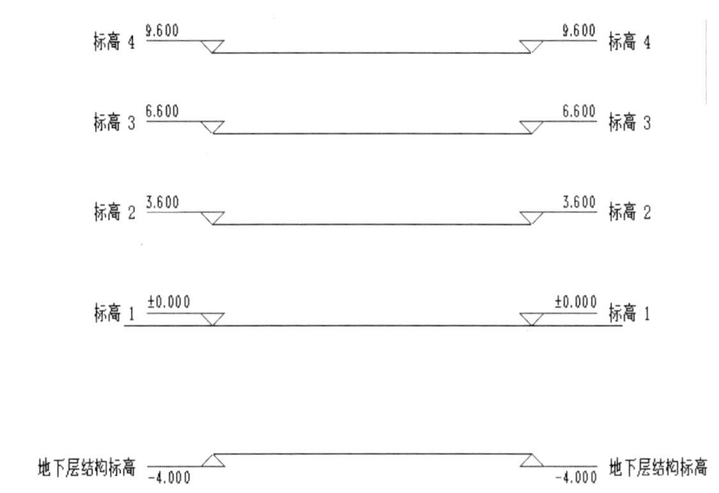

图 11-9 创建建筑结构标高

知识点拨：

结构标高中除没有【场地标高】外，其余标高与建筑标高是相同的，也是共用的。

③ 在【项目浏览器】选项板的【结构平面】视图节点中选择【地下层结构标高】子节点作为当前轴网的绘制平面。所绘制的轴网用于确定地下层基础顶部的结构柱、结构梁的放置位置。

④ 在【结构】选项卡的【基准】面板中单击【轴网】按钮，在【标高 1】中绘制如图 11-10 所示的轴网。

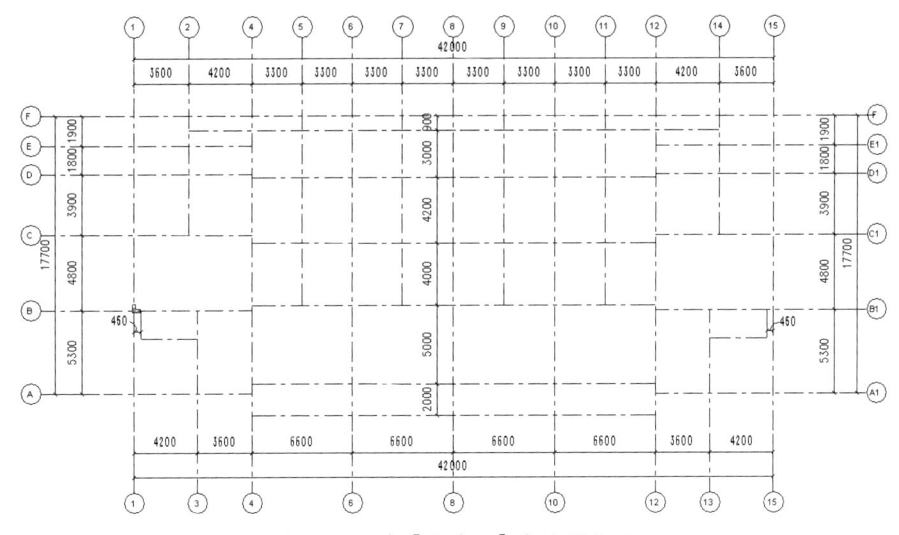

图 11-10　在【标高 1】中绘制轴网

知识点拨：

左右水平轴号本应是相同的，只不过在绘制轴线时是分开建立的，由于轴号不能重复，因此右侧的轴号暂时用 A1、B1 等替代 A、B 等编号。

⑤ 地下层的框架结构柱类型共有 10 种，其截面编号分别为 KZa、KZ1a、KZ1～KZ8，截面形状包括 L 形、T 形、十字形和矩形。首先插入 L 形的 KZ1a 框架柱族。

⑥ 切换到【标高 1】结构平面视图。在【结构】选项卡的【结构】面板中单击【柱】按钮，在打开的【修改|放置结构柱】上下文选项卡中单击【载入族】按钮，从 Revit 的族库文件夹中找到【混凝土柱-L 形.rfa】族文件，单击【打开】按钮，打开族文件，如图 11-11 所示[①]。

图 11-11　打开【混凝土柱-L 形.rfa】族文件

⑦ 依次插入 L 形的 KZ1 结构柱族到轴网中，插入时在选项栏中选择【深度】和【地下层结构标高】选项，如图 11-12 所示。插入后单击【属性】选项板中的【编辑类型】按钮，在打开的【类型属性】对话框中修改结构柱尺寸。

① 图 11-11 中【工字型】的正确写法应为【工字形】。

知识点拨：

在放置不同角度的相同结构柱时，需要按 Enter 键来调整族的方向。

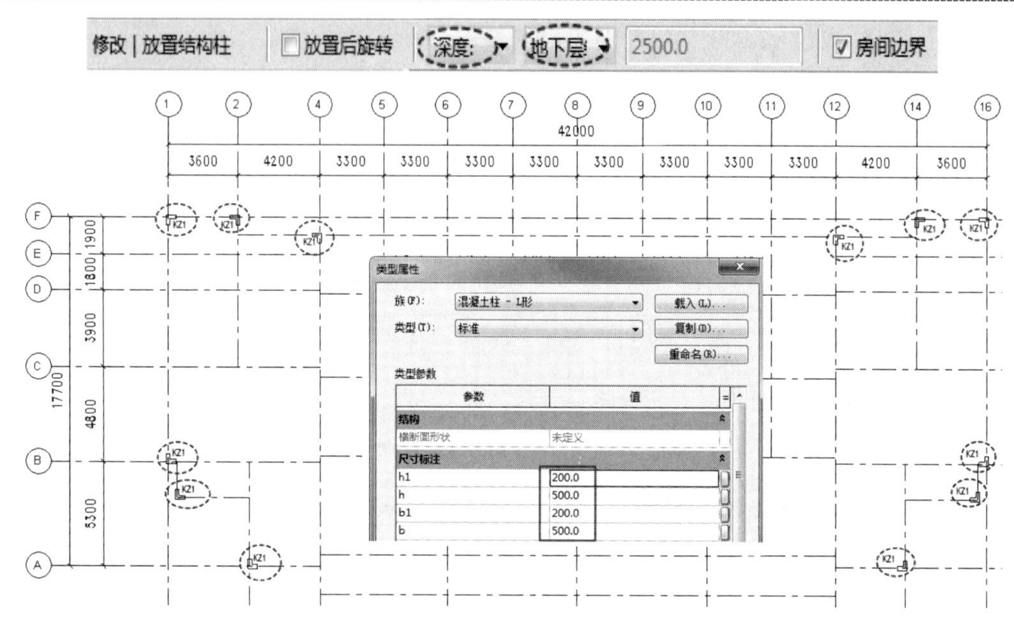

图 11-12　插入 L 形的 KZ1 结构柱族

⑧ 插入 KZ2 结构柱族，KZ2 与 KZ1 都是 L 形，但尺寸不同，如图 11-13 所示。

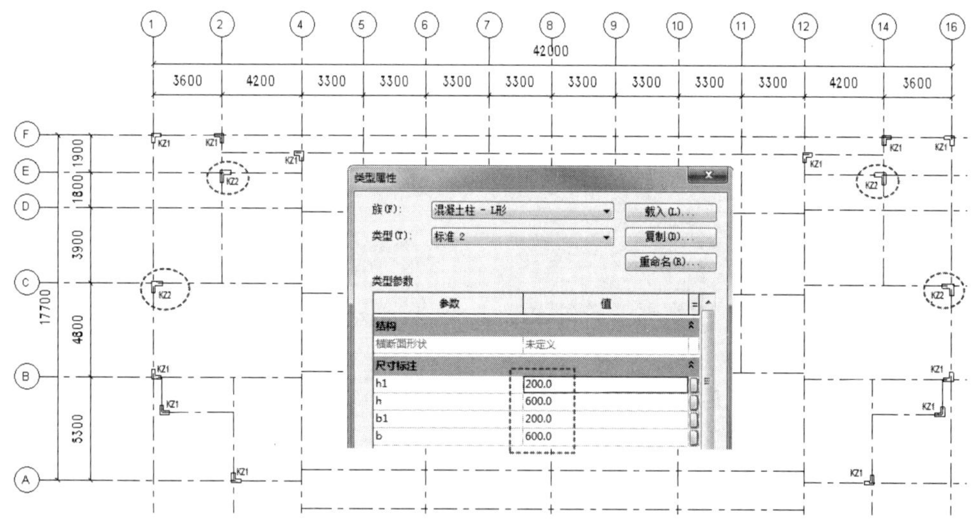

图 11-13　插入 KZ2 结构柱族

⑨ 由于本例是联排别墅，以轴线⑧为中心线，呈左右对称，因此后面结构柱的插入可以先插入一半，另一半利用【镜像】工具获得。同理，插入 KZ3 结构柱族，KZ3 的形状是 T 形，尺寸与 Revit 族库中的 T 形结构柱族是相同的，如图 11-14 所示。

⑩ KZ4 结构柱族的形状是十字形，其尺寸与 Revit 族库中的十字结构柱族是相同的，如图 11-15 所示。

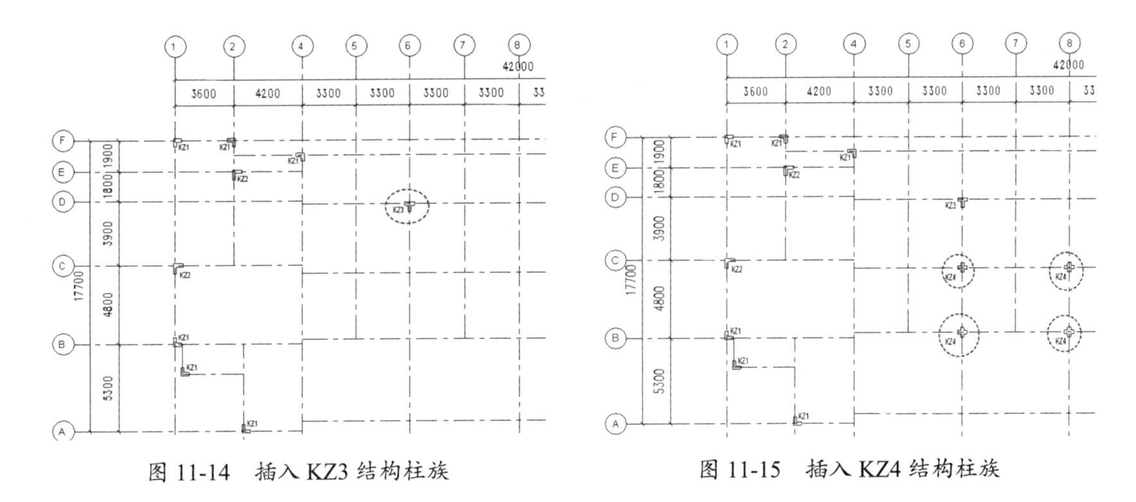

图 11-14　插入 KZ3 结构柱族　　　　图 11-15　插入 KZ4 结构柱族

⑪　KZ5～KZ8 及 KZa 结构柱族均为矩形结构柱。由于插入的结构柱数量较多，而且还要移动位置，因此此处不再一一演示，读者可以参考本例操作视频“上机操作——创建基础柱”或者结构施工图来操作，布置完成的基础结构柱如图 11-16 所示。

提示：

KZ5 尺寸：300mm×400mm；KZ6 尺寸：300mm×500mm；KZ7 尺寸：300mm×700mm；KZ8 尺寸：400mm×800mm；KZa 尺寸：400mm×600mm。

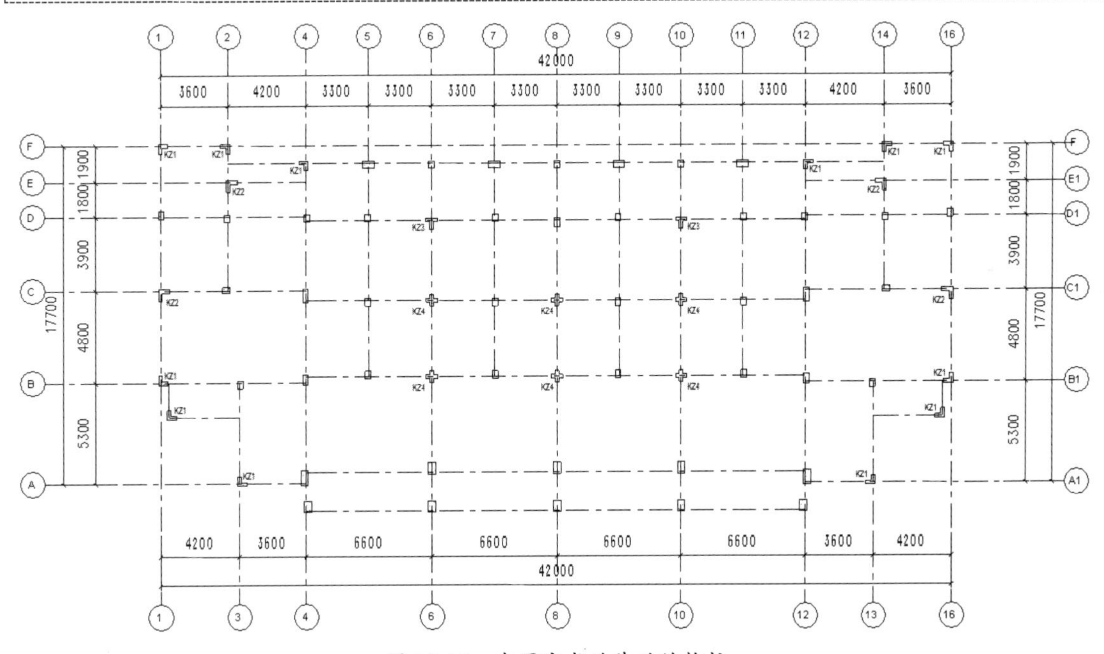

图 11-16　布置完成的基础结构柱

11.2.2　地下层桩基（基础部分）、梁和板设计

本例别墅项目的基础分为独立基础和条形基础，独立基础主要承重建筑框架部分，条形基础则分为承重基础和挡土墙基础。

独立基础分为阶梯形、坡形和杯形 3 种，本例的独立基础为坡形。对于独立基础，结构柱较多，且尺寸不一致，为了节约时间，总体上放置两种规格尺寸的基础：一种是坡形独立基础，另一种是条形基础。

上机操作——地下层独立基础、梁和板设计

① 在【结构】选项卡的【基础】面板中单击【独立】按钮，从 Revit 族库中载入【结构】|【基础】路径下的【独立基础-坡形截面.rfa】族文件，如图 11-17 所示。

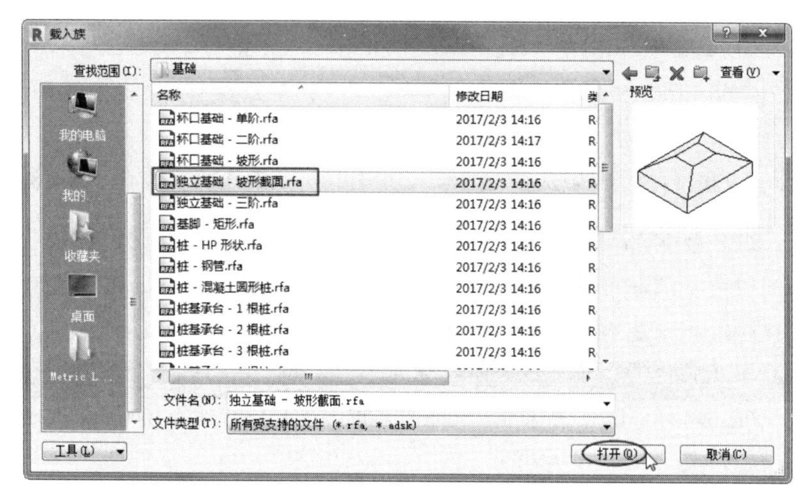

图 11-17　载入独立基础族

② 编辑独立基础的类型参数，并布置在如图 11-18 所示的结构柱位置上，其中的点与结构柱中点重合。

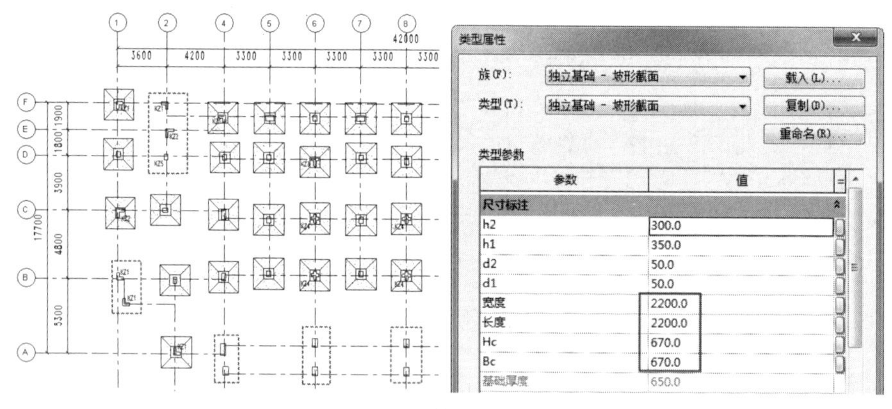

图 11-18　布置独立基础

③ 之所以没有放置独立基础的结构柱（图 11-18 中虚线矩形框内的），而改为放置条形基础，是因为距离太近，避免相互干扰。由于 Revit 族库中没有合适的条形基础族，因此我们提供鸿业云族 360 的族库插件供读者使用，可以通过构件坞管理器下载适用的条形基础族，如图 11-19 所示。

④ 编辑条形基础的类型参数，并放置在距离较近的结构柱位置上，如图 11-20 所示。加载的条形基础会自动保存在【项目浏览器】选项板的【族】|【结构基础】视图节点下。按 Enter 键调整放置方向。

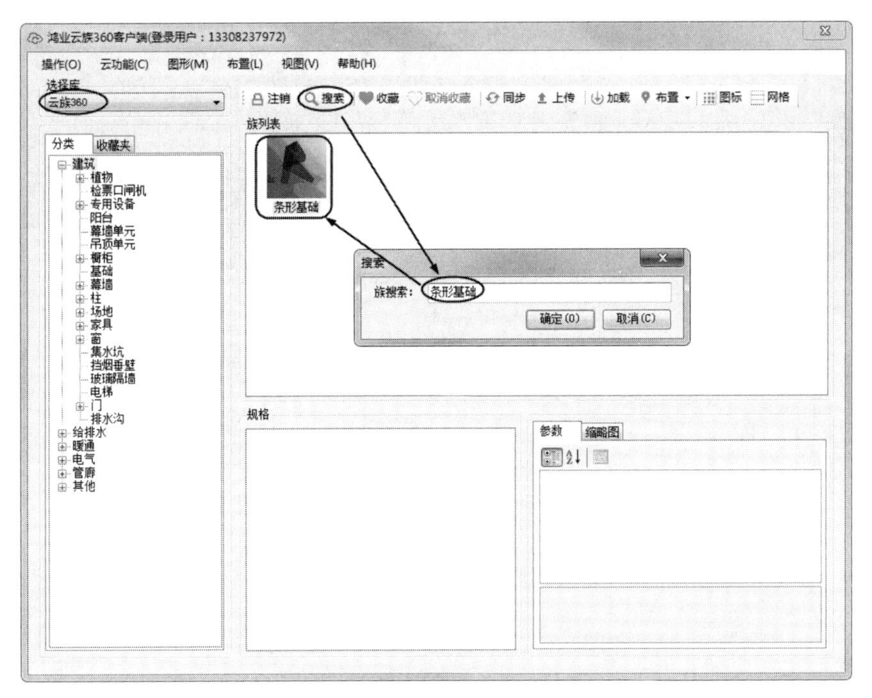

图 11-19　下载合适的条形基础族

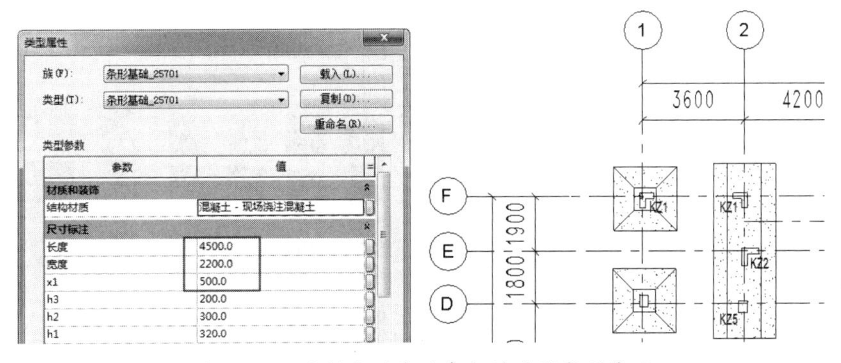

图 11-20　编辑条形基础参数并放置条形基础

知识点拨：

在放置条形基础后可能会出现警告提示框，如图 11-21 所示。表示当前视图平面不可见，所创建的图元有可能在其他结构平面上，我们可以显示不同结构平面，找到放置的条形基础，更改其标高为【地下层结构标高】即可。

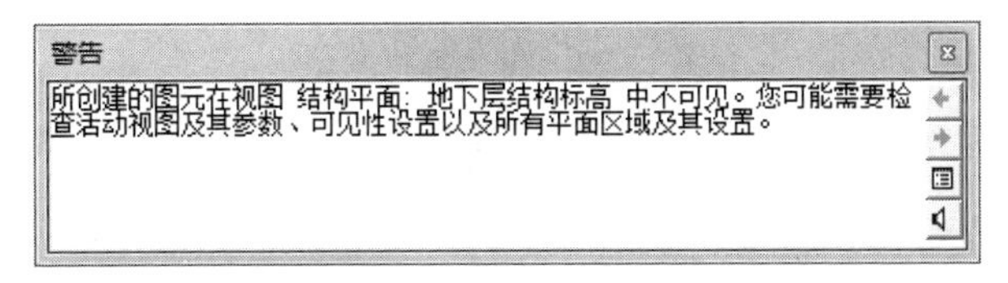

图 11-21　警告提示框

⑤ 同理，从【项目浏览器】选项板中直接拖曳【条形基础_25701】族到视图中进行放置，完成其余相邻且距离较近的结构柱上的条形基础的放置，最终结果如图 11-22 所示。

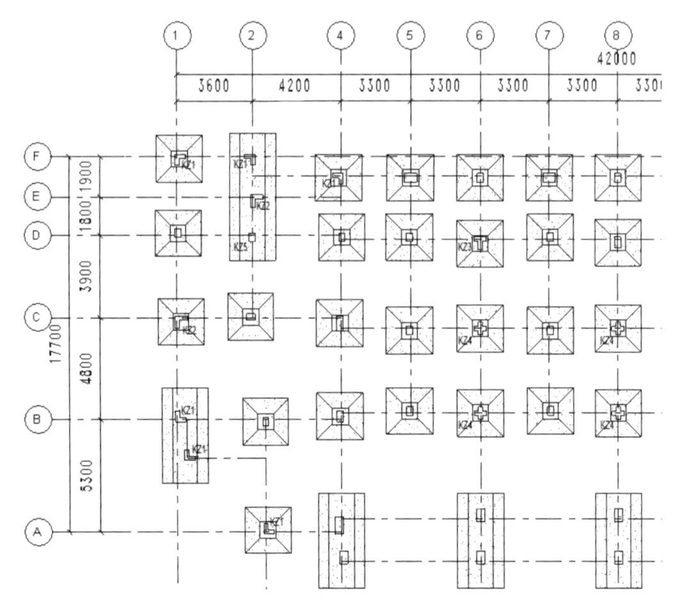

图 11-22　完成其余条形基础的放置

⑥ 选择所有的条形基础进行镜像，得到另一半的条形基础，如图 11-23 所示。

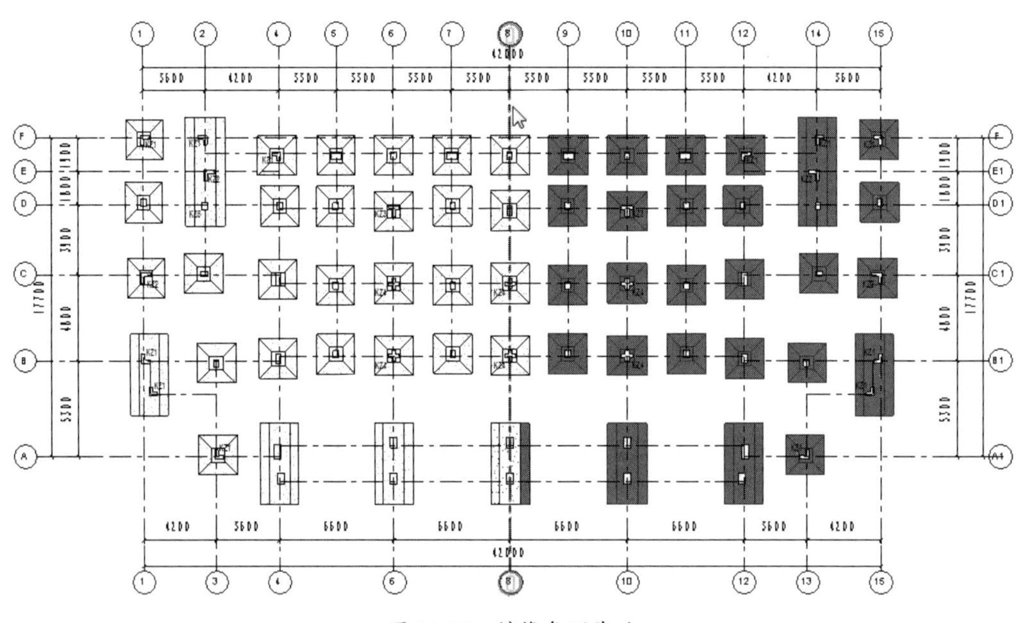

图 11-23　镜像条形基础

⑦ 在基础创建后，还要建立结构梁将基础连接在一起，结构梁的参数为 200mm×600mm。在【结构】选项卡中单击【梁】按钮，先选择系统中的 200mm×600mm 的【混凝土-矩形梁】，在【地下层结构标高】平面中创建结构梁，创建后修改参数，如图 11-24 所示。

知识点拨：

创建梁时最好是柱与柱之间的一段梁，不要从左到右贯穿所有结构柱，那样会影响到后期做结构分析时的结果。

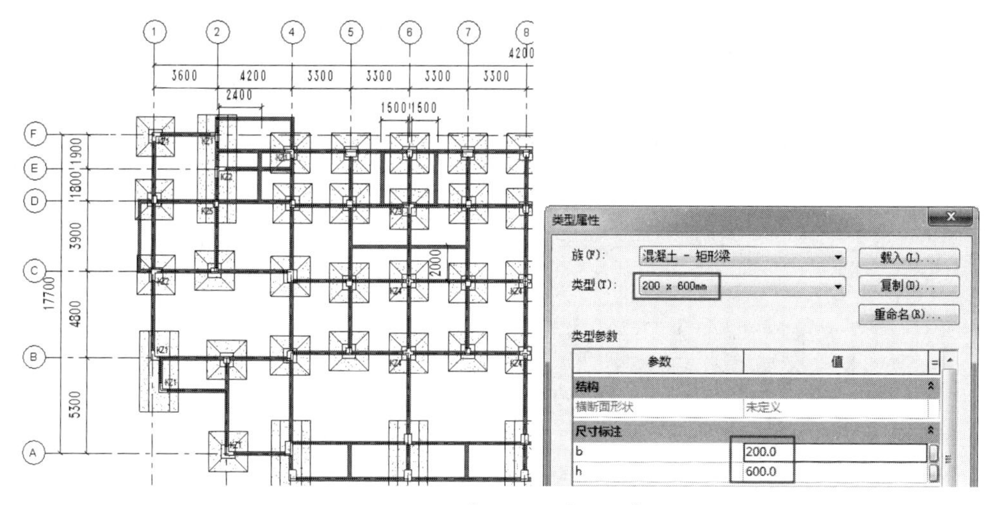

图 11-24　创建结构梁并修改参数

⑧ 选择创建的结构梁，修改起点和终点的标高偏移量均为 600mm，如图 11-25 所示。

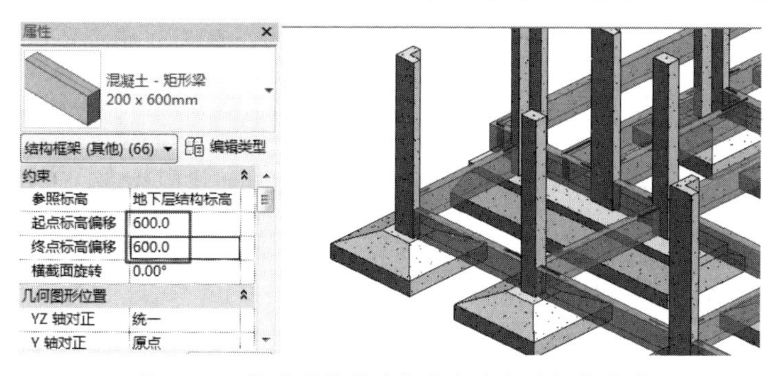

图 11-25　修改结构梁的起点和终点的标高偏移

⑨ 地下层部分区域用作车库、储物间及其他辅助房间，因此需要创建结构基础楼板。在【结构】选项卡的【基础】面板中选择【板】下拉列表中的【结构基础：楼板】选项，打开【属性】选项板创建结构基础楼板，如图 11-26 所示。

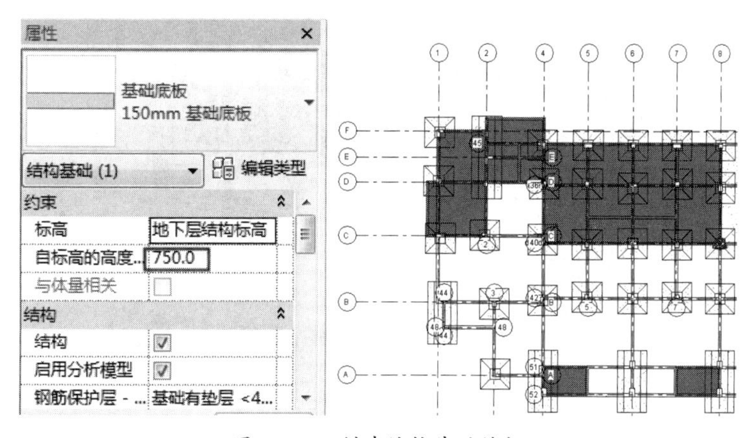

图 11-26　创建结构基础楼板

知识点拨：

有结构基础楼板的房间承重较大，比如，地下停车库。没有结构基础楼板的房间均为填土、杂物间、储物间等，承重不是很大，无须全部创建结构基础楼板，这是从成本控制角度出发而考量的。

⑩ 将结构梁和结构基础楼板进行镜像，完成地下层的结构梁、结构基础设计，结果如图 11-27 所示。

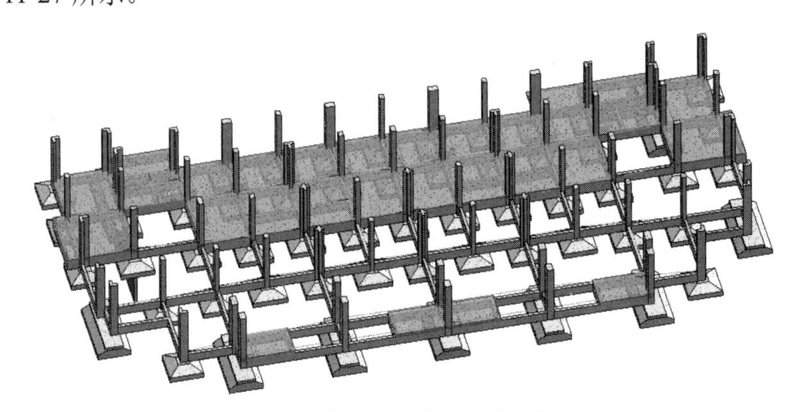

图 11-27　地下层的结构设计完成效果

11.2.3　结构墙设计

地下层有结构基础楼板的用作房间的部分区域，还要创建剪力墙，也就是结构墙体。结构墙体的厚度与结构梁保持一致，为 200mm。

上机操作——创建结构墙

① 在【结构】选项卡的【结构】面板中单击【墙：结构】按钮，创建如图 11-28 所示的结构墙。

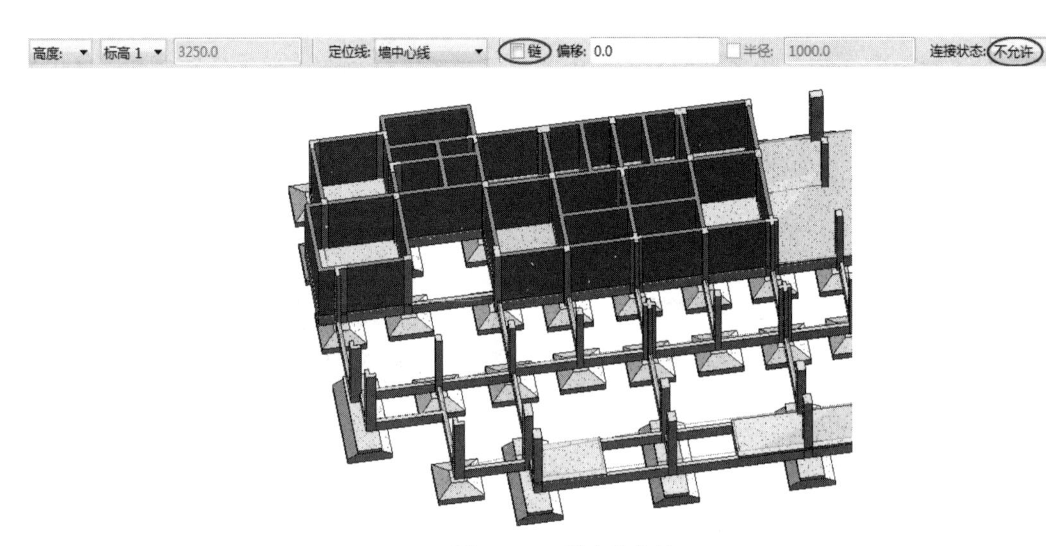

图 11-28　创建结构墙

注意：

墙体不要穿过结构柱，需要一段一段地创建。

② 将创建的结构墙进行镜像，完成地下层结构墙的设计，如图 11-29 所示。

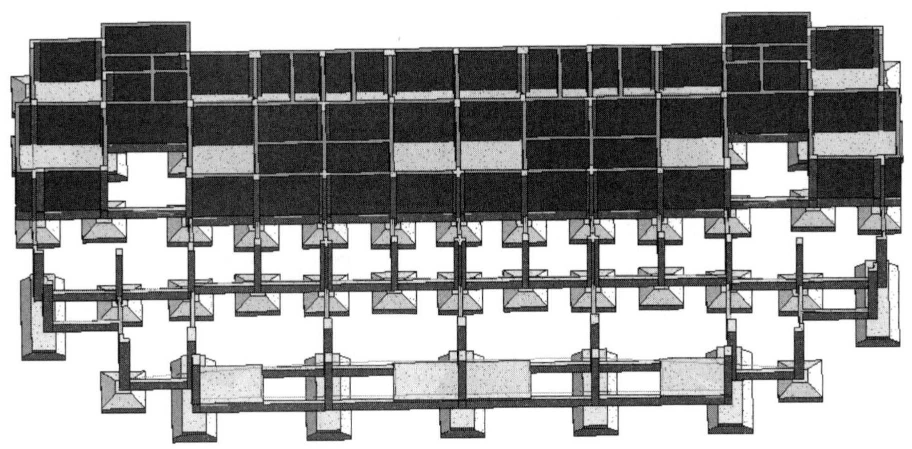

图 11-29　完成地下层结构墙的设计

11.3　Revit 结构楼板、结构柱与结构梁设计

第一层的结构设计为标高 1（±0）的结构设计。第一层的结构中其实有 2 层，有剪力墙的区域的标高要高于没有剪力墙的区域，高度相差 300mm。

第二层和第三层中的结构主体比较简单，只是在阳台处需要设计建筑反口。

第一层至第二层之间的结构柱已经浇筑完成，下面在柱顶放置第二层的结构梁。同样地，先建立一半的结构，另一半利用【镜像】工具获得。第二层的结构梁比第一层的结构梁仅多了地基以外的阳台结构梁。

上机操作——创建第一层的结构梁、结构柱与结构楼板

① 创建整体的结构梁，在地下层结构中已经完成了部分剪力墙的创建，有剪力墙的结构梁尺寸为 200mm×450mm，且在【标高 1】之上，没有剪力墙的结构梁尺寸统一为 200mm×450mm，且在【标高 1】之下。

② 创建【标高 1】之上的结构梁（仅创建轴线⑧一侧的），如图 11-30 所示。

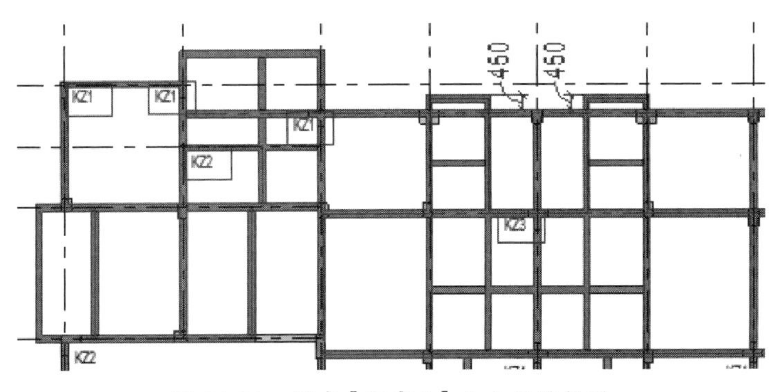

图 11-30　创建【标高 1】之上的结构梁

③ 创建【标高 1】之下的结构梁，如图 11-31 所示。将【标高 1】上、下所有的结构梁镜像至轴线⑧的另一侧。

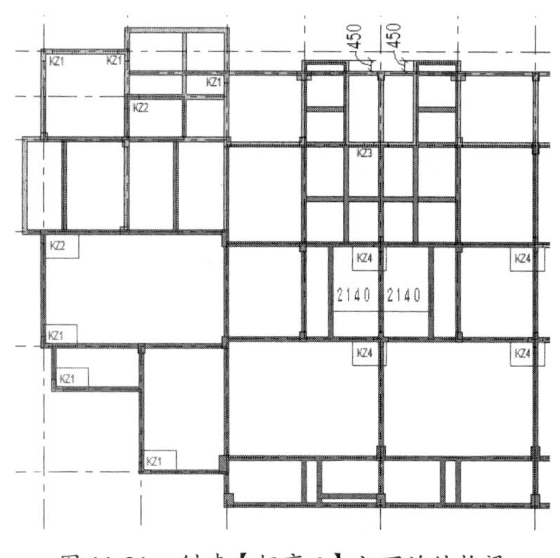

图 11-31　创建【标高 1】之下的结构梁

④ 创建标高较低的区域结构楼板（楼板顶部标高为 0mm，无梁楼板厚度一般为 150mm）。

⑤ 切换到【标高 1】结构平面视图，在【结构】选项卡的【结构】面板中单击【楼板：结构】按钮，选择【现场浇注混凝土 225mm】类型并创建结构楼板，如图 11-32 所示。

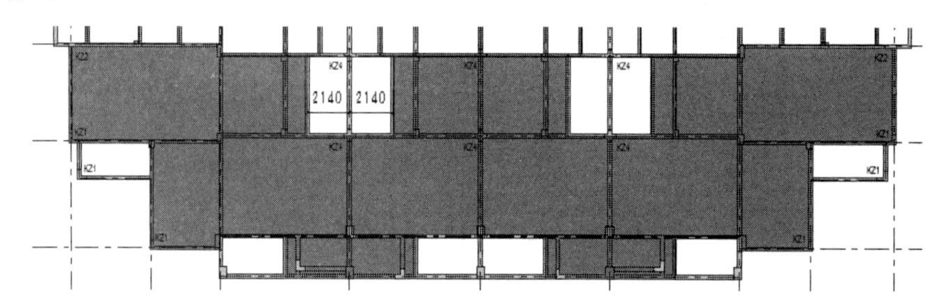

图 11-32　创建标高为 0mm 的现浇楼板

⑥ 在【属性】选项板中单击【编辑类型】按钮，在打开的【类型属性】对话框中修改其结构参数，如图 11-33 所示。最后设置标高为【标高 1】。

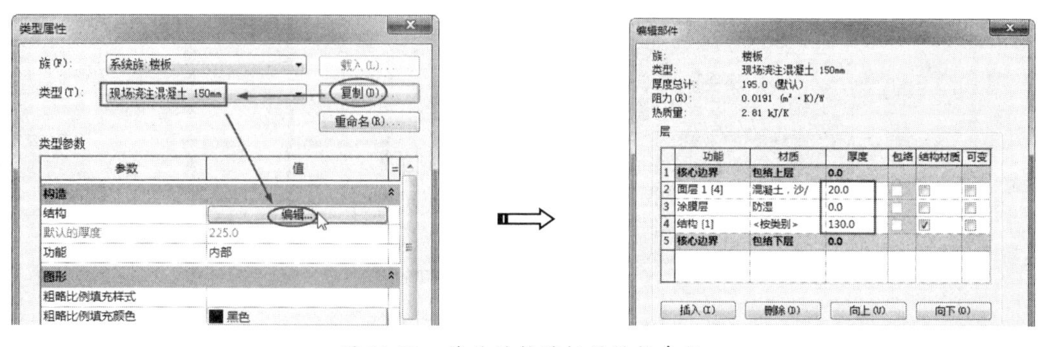

图 11-33　修改结构楼板的结构参数

⑦ 同理，再创建两处结构楼板。比上面创建的楼板标高低 50mm，如图 11-34 所示。这两处为阳台位置，要比室内低至少 50mm，否则会反水到室内。

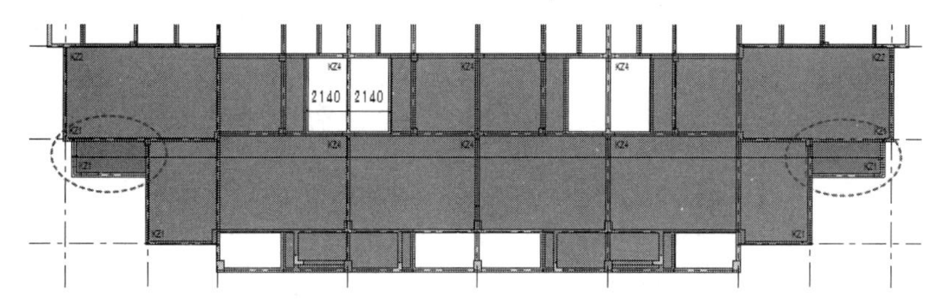

图 11-34　创建低于【标高 1】50mm 的结构楼板

⑧ 创建顶部标高为 450mm 的结构楼板，如图 11-35 所示。

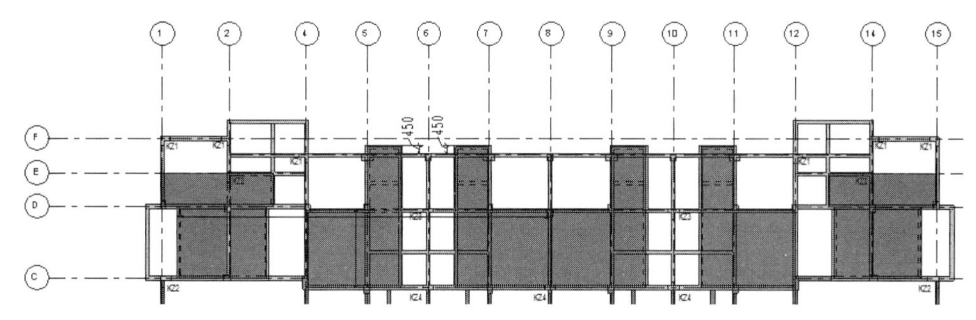

图 11-35　创建顶部标高为 450mm 的结构楼板

⑨ 创建标高为 400mm 的结构楼板，如图 11-36 所示。这些楼板的房间要么是阳台，要么是卫生间或厨房。创建完成的一层结构楼板如图 11-37 所示。

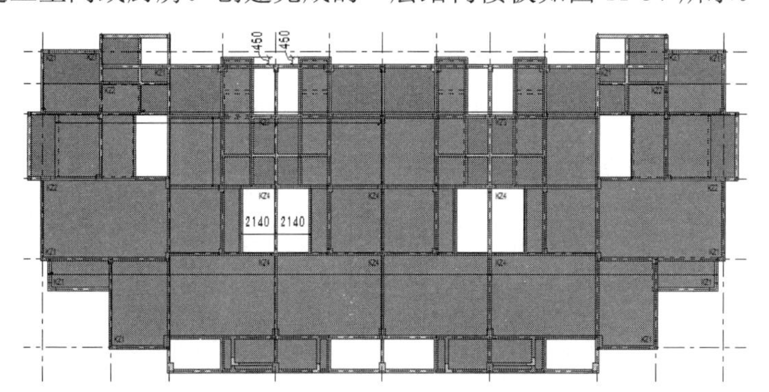

图 11-36　创建标高为 400mm 的结构楼板

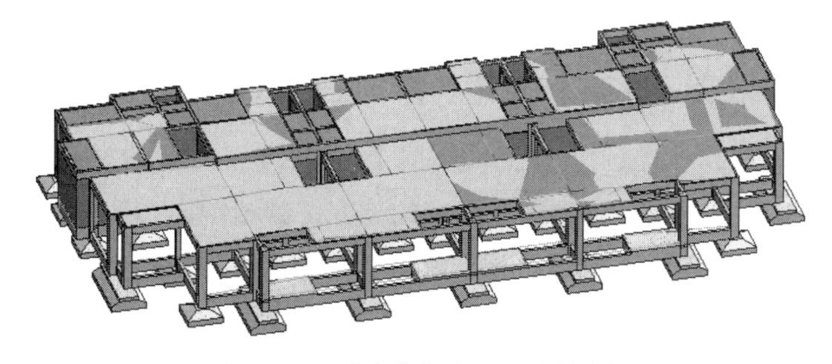

图 11-37　创建完成的一层结构楼板

⑩ 第一层的结构柱主体上与地下层的相同，直接修改所有结构柱的顶部标高为【标高 2】即可，如图 11-38 所示。

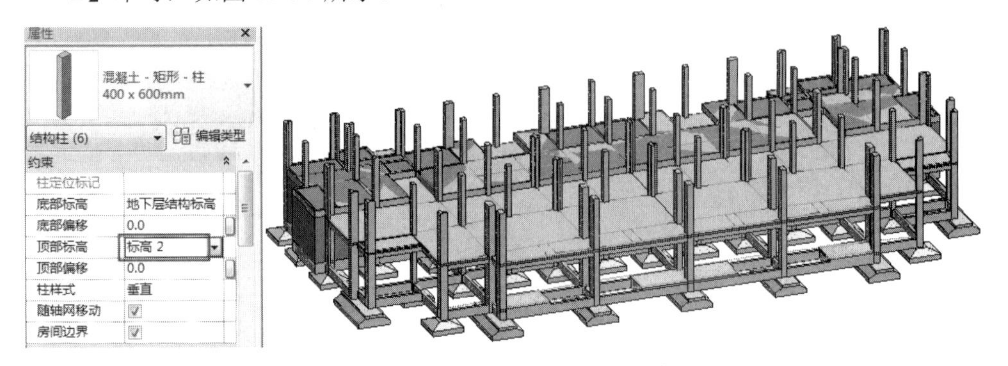

图 11-38　修改结构柱的顶部标高

⑪ 将第一层中没有的结构柱或规格不同的结构柱全部选中，重新修改其顶部标高为【标高 1】，如图 11-39 所示。

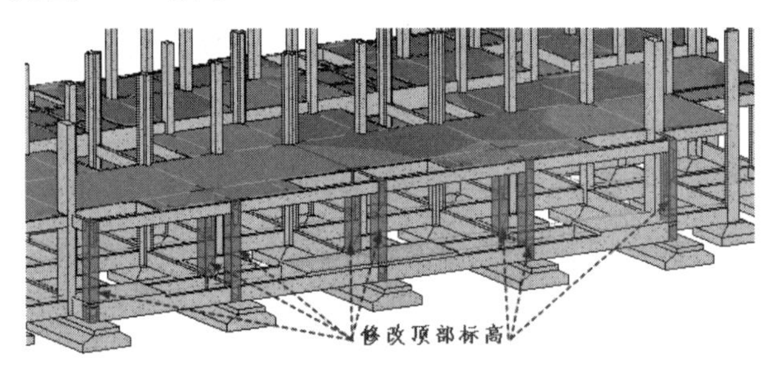

图 11-39　修改不同结构柱的顶部标高

⑫ 随后依次插入 KZ3（T 形）、KZ5、LZ1（L 形：500mm×500mm）3 种结构柱，底部标高为【标高 1】、顶部标高为【标高 2】，如图 11-40 所示。

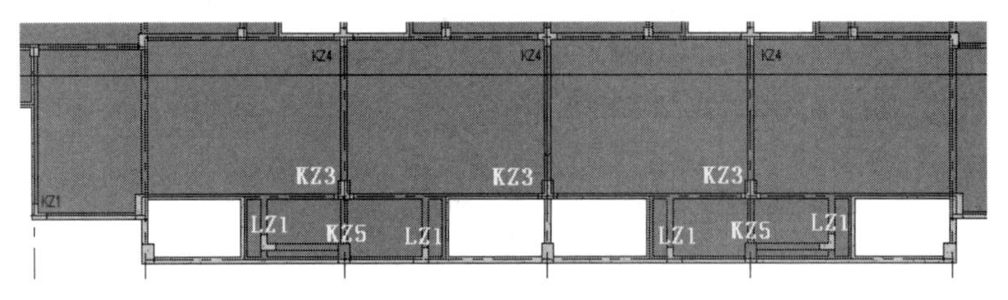

图 11-40　插入新的结构柱

⑬ 至此，第一层结构设计完成。

上机操作——创建第二层的结构梁、结构柱及结构楼板

① 切换到【标高 2】结构平面视图，利用【结构】选项卡的【结构】面板中的【梁】工具，建立与第一层主体结构梁相同的部分，如图 11-41 所示。

② 建立与第一层结构梁不同的部分，如图 11-42 所示。

③ 由于与第一层的结构不完全相同，有一根结构柱并没有放置结构梁，因此要把这根结构柱的顶部标高重新设置为【标高 1】，如图 11-43 所示。

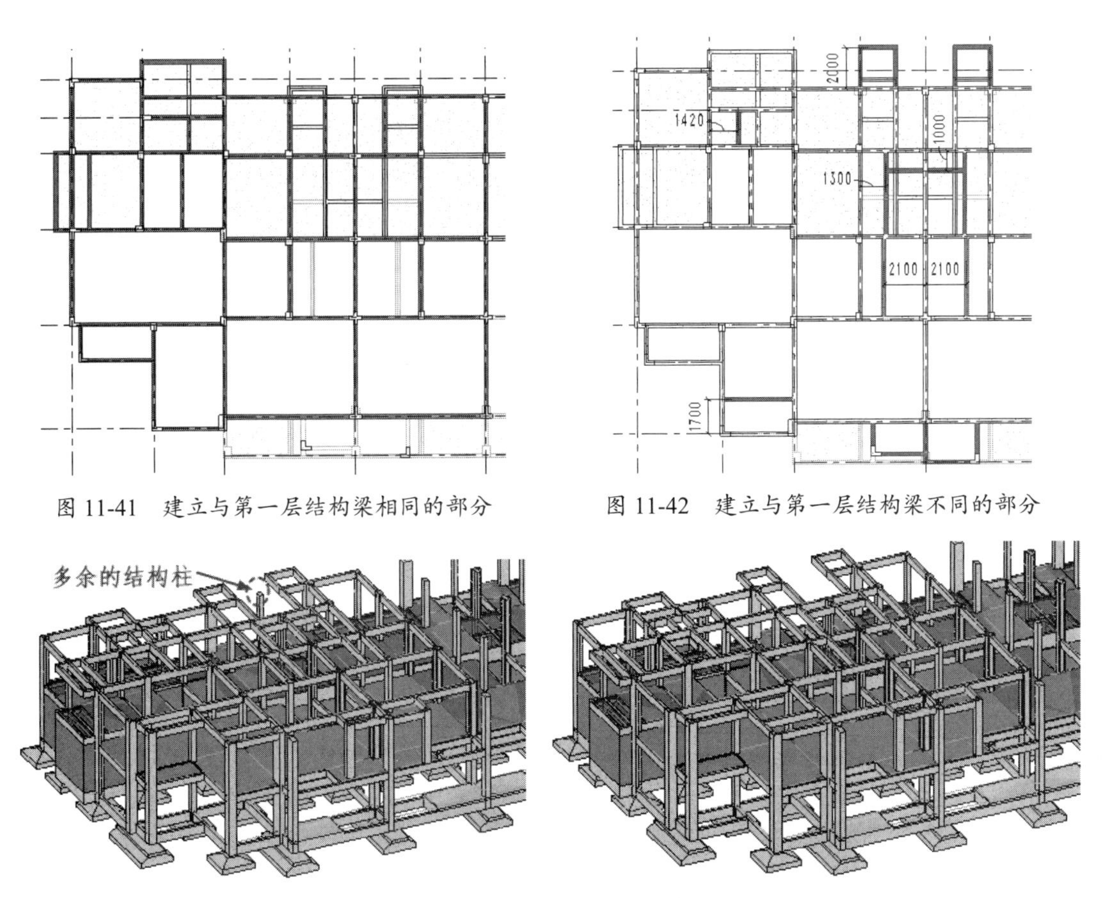

图 11-41　建立与第一层结构梁相同的部分

图 11-42　建立与第一层结构梁不同的部分

图 11-43　处理多余的结构柱

④ 铺设结构楼板。先建立顶部标高为【标高 2】的结构楼板（将现浇楼板厚度修改为 100mm），如图 11-44 所示。再建立低于【标高 2】 50mm 的结构楼板，如图 11-45 所示。

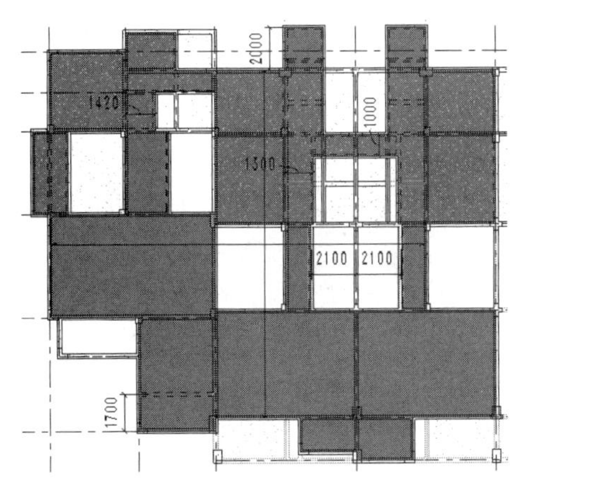

图 11-44　建立顶部标高为【标高 2】的结构楼板

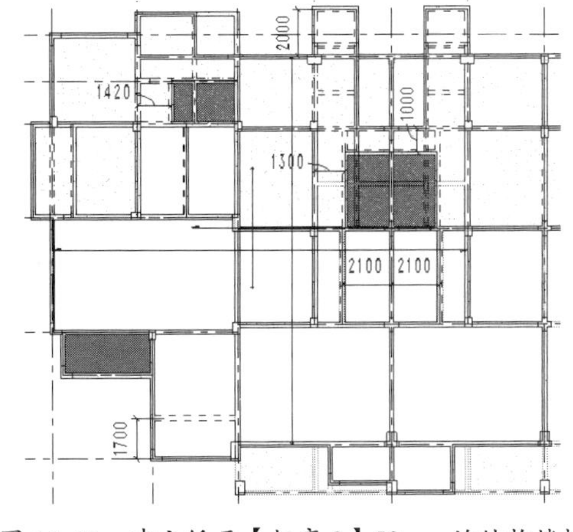

图 11-45　建立低于【标高 2】50mm 的结构楼板

⑤ 设计各大门上方的反口（或雨棚）的底板，同样是结构楼板构造，建立的反口底板如图 11-46 所示。

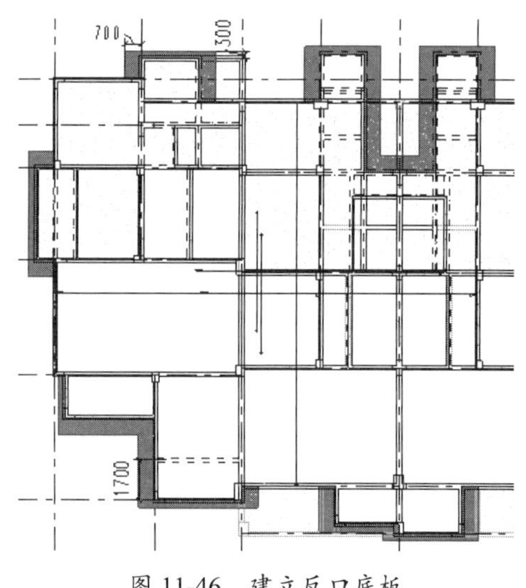

图 11-46　建立反口底板

⑥ 将创建完成的结构楼板、结构梁进行镜像，完成第二层的结构设计，如图 11-47 所示。

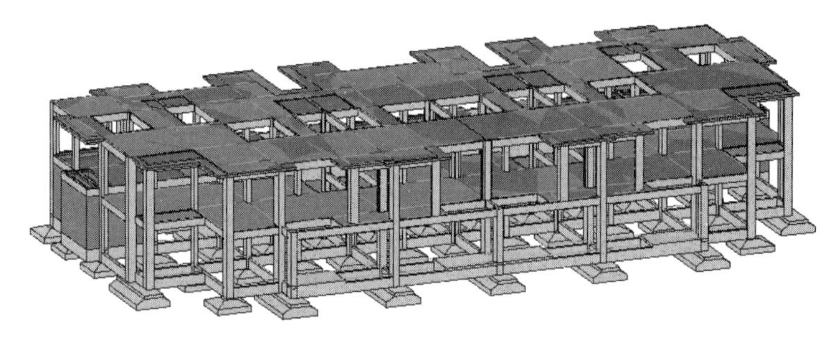

图 11-47　第二层的结构设计效果

上机操作——创建第三层的结构柱、结构梁和结构楼板

① 设计第三层的结构柱、结构梁、结构楼板。先将第二层的部分结构柱的顶部标高修改为【标高 3】，如图 11-48 所示。

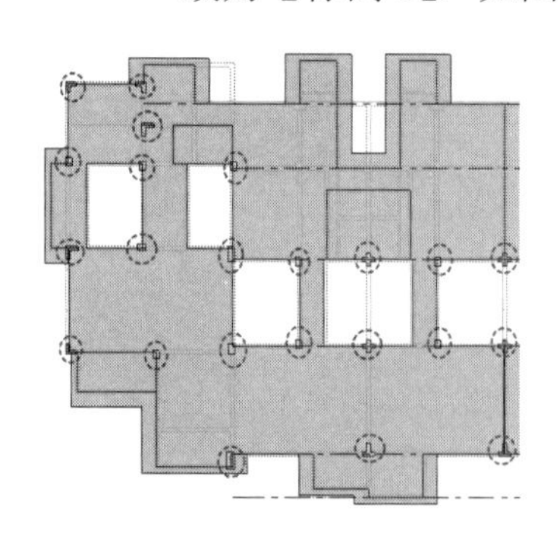

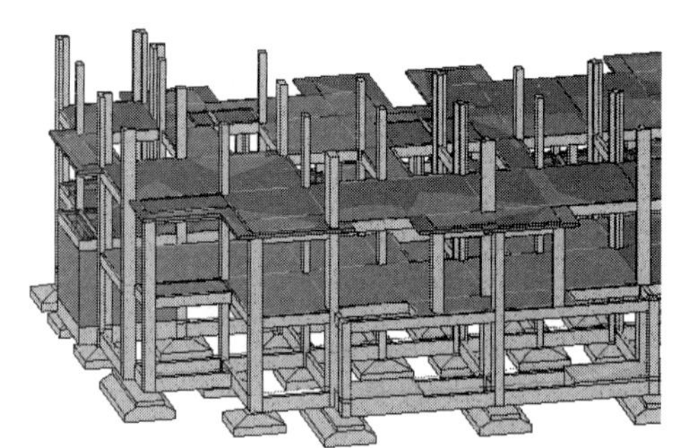

图 11-48　修改部分结构柱的顶部标高

② 添加新的结构柱 LZ1 和 KZ3，如图 11-49 所示。

③ 在【标高 3】结构平面上创建与第一层、第二层相同的结构梁，如图 11-50 所示。

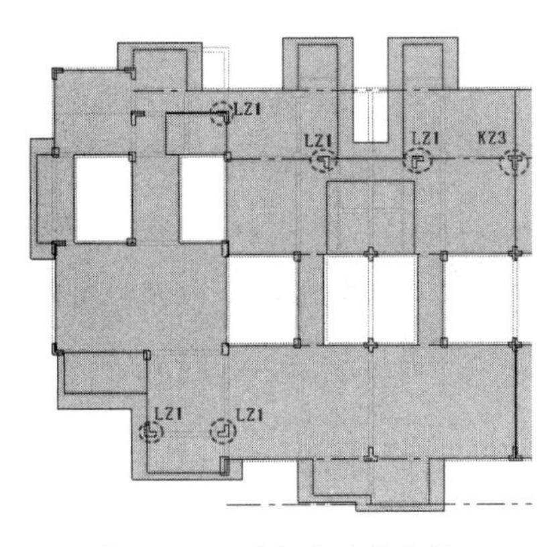

图 11-49　添加新的结构柱

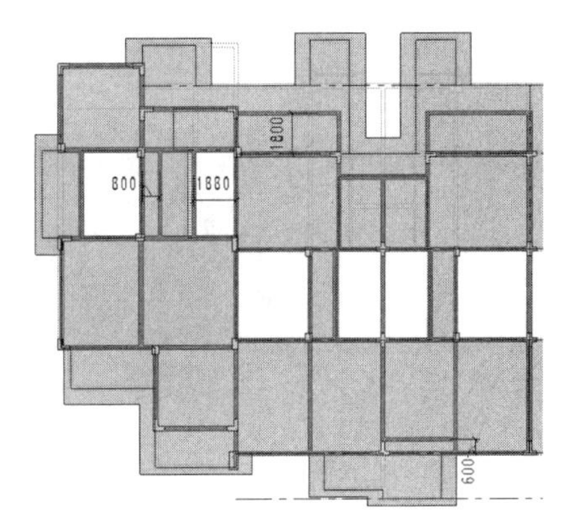

图 11-50　创建第三层的结构梁

④ 创建顶部标高为【标高 3】的结构楼板，如图 11-51 所示。

⑤ 创建低于【标高 3】50mm 的卫生间结构楼板，如图 11-52 所示。

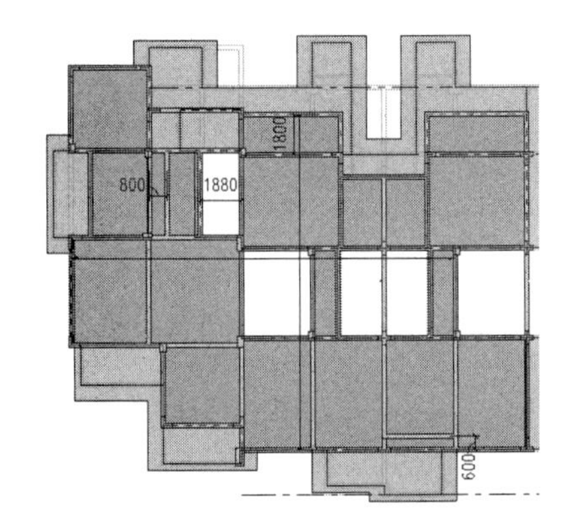

图 11-51　创建顶部标高为【标高 3】的结构楼板

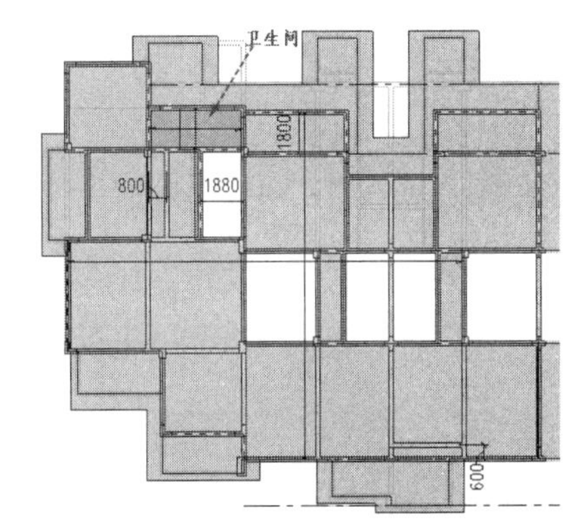

图 11-52　创建低于【标高 3】50mm 的卫生间结构楼板

⑥ 创建第三层的反口底板，尺寸与第二层的相同，如图 11-53 所示。

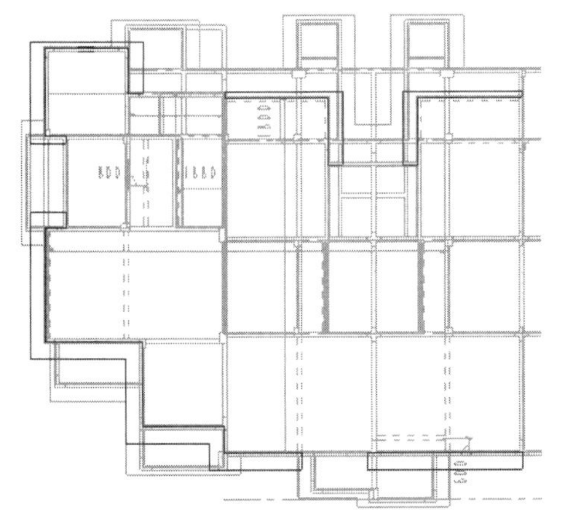

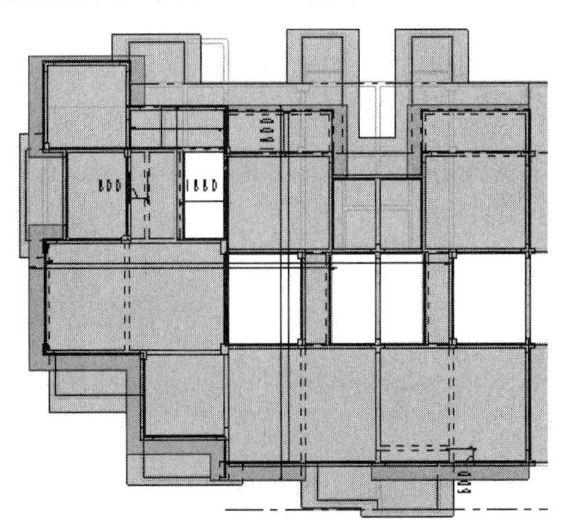

图 11-53　创建反口底板

⑦ 将结构梁、结构柱和结构楼板进行镜像，完成第三层的结构设计，如图 11-54 所示。

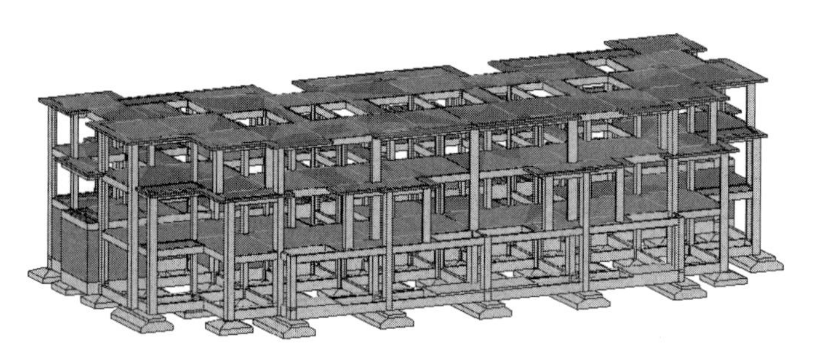

图 11-54　第三层的结构设计效果

11.4　Revit 结构楼梯设计

一、二、三层的结构整体设计已基本完成，而连接每层之间的楼梯也是需要现浇混凝土浇筑的，每层的楼梯形状和参数都是相同的。每栋别墅每一层都有两段楼梯：1#楼梯和 2#楼梯。

上机操作——结构楼梯设计

① 创建地下层到一层的 1#楼梯。切换到【东】立面图，通过测量得到地下层结构楼板顶部标高到【标高 1】的距离为 3250mm，这是楼梯的总标高，如图 11-55 所示。

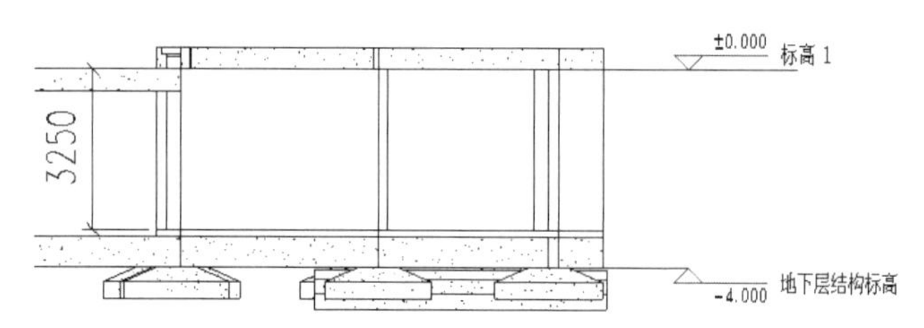

图 11-55　测量楼梯的总标高

② 切换到【标高 1】结构平面视图，可以看出 1#楼梯洞口下的地下层位置是没有楼板的，这是因为需要等楼梯设计完成后，根据实际的剩余面积来创建地下层楼梯间的部分结构楼板，如图 11-56 所示。

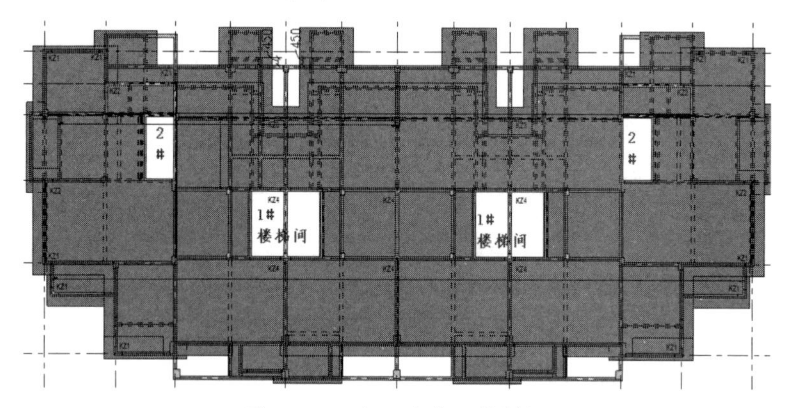

图 11-56　地下层的 1#楼梯间

③ 1#楼梯总共设计为 3 跑，为直楼梯。地下层 1#楼梯设计图如图 11-57 所示。根据实际情况，楼梯的步数会发生细微变化。

④ 根据设计图中的参数，在【建筑】选项卡的【楼梯坡道】面板中单击【楼梯】按钮，在【属性】选项板中选择【整体浇筑楼梯】类型，绘制楼梯，如图 11-58 所示。三维楼梯效果如图 11-59 所示。

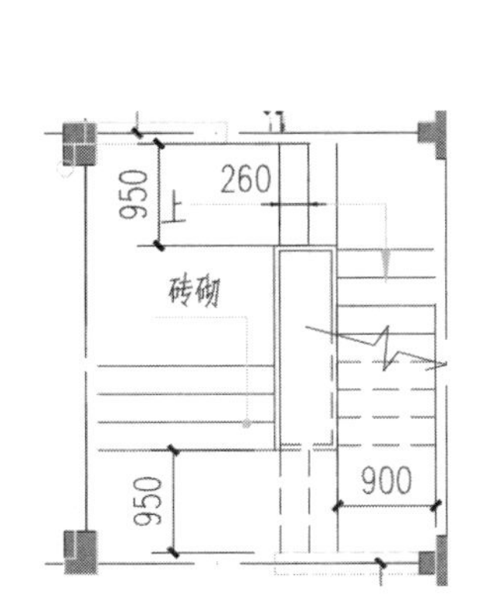

图 11-57　地下层 1#楼梯设计图

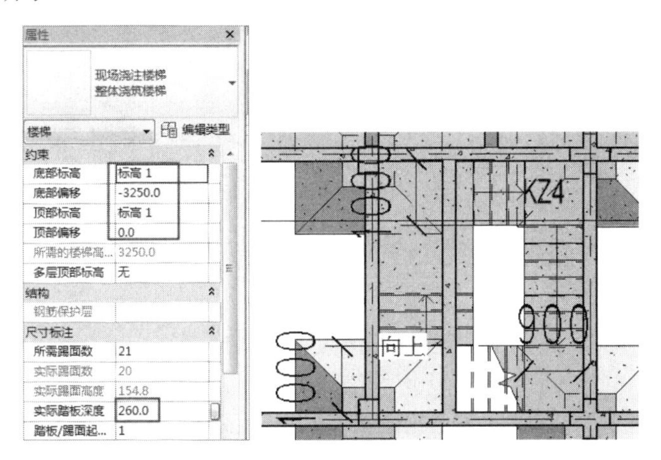

图 11-58　绘制楼梯构件

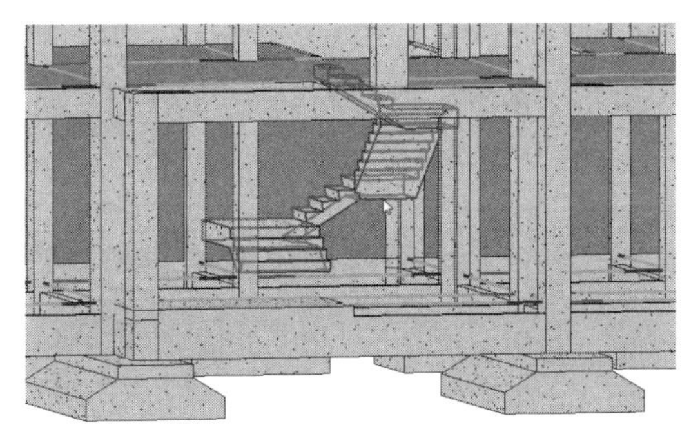

图 11-59　三维楼梯效果

知识点拨：

在绘制时，第一跑楼梯与第二跑楼梯不要相交，否则会失败。

⑤ 创建第一层到第二层之间的 1#楼梯，如图 11-60 所示。楼梯标高是 3600mm。

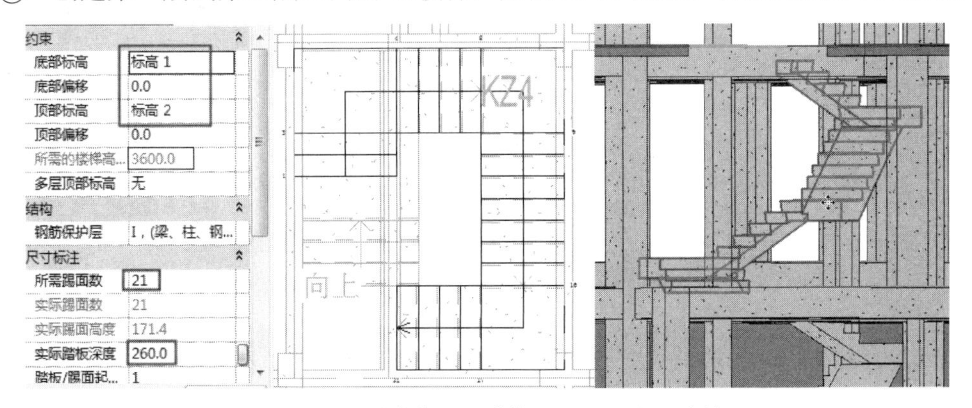

图 11-60　创建第一层到第二层之间的 1#楼梯

⑥ 创建第二层到第三层之间的 1#楼梯，楼层标高为 3000mm。在【标高 2】结构平面视图中创建，如图 11-61 所示。

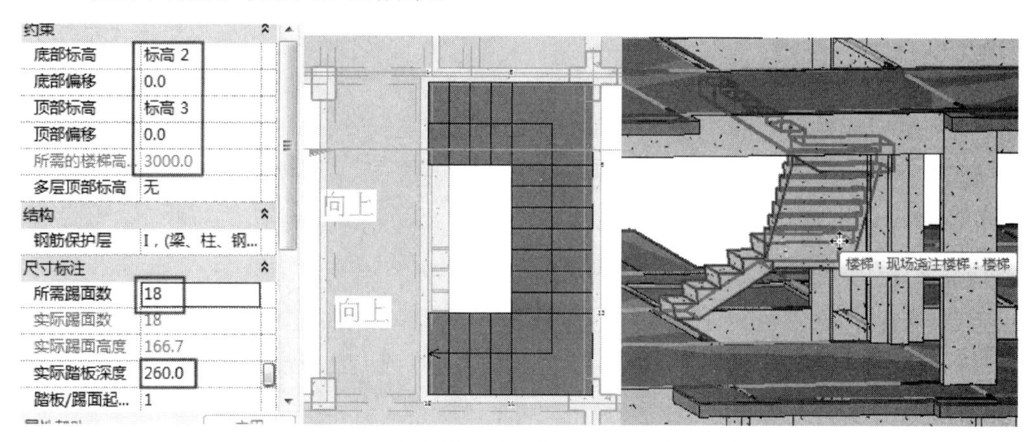

图 11-61 创建第二层到第三层之间的 1#楼梯

⑦ 2#楼梯与 1#楼梯形状相似，只是尺寸有些不同，主要要留出的洞口不一样。创建方法是完全相同的。楼层标高和 2#楼梯设计图如图 11-62 所示。

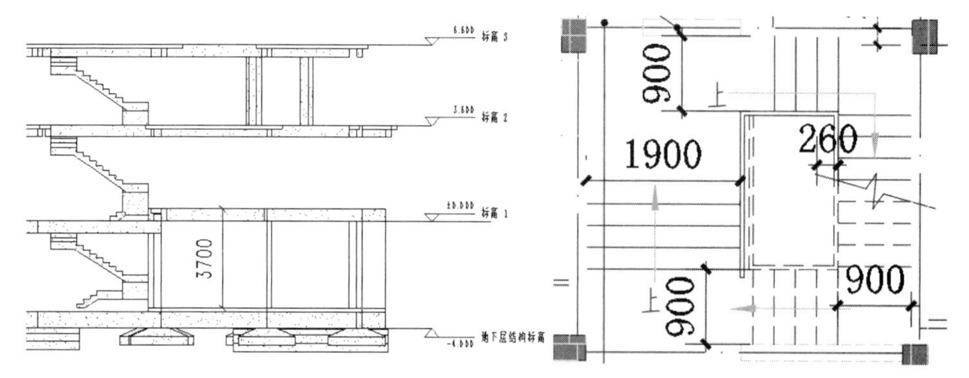

图 11-62 楼层标高和 2#楼梯设计图

⑧ 在地下层创建的 2#楼梯如图 11-63 所示。

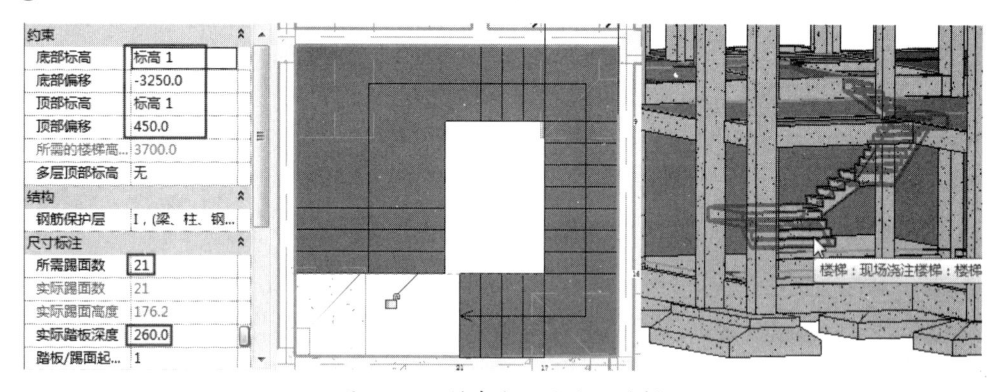

图 11-63 创建地下层的 2#楼梯

⑨ 下面创建第一层到第二层之间的 2#楼梯，如图 11-64 所示，楼梯标高是 3150mm。

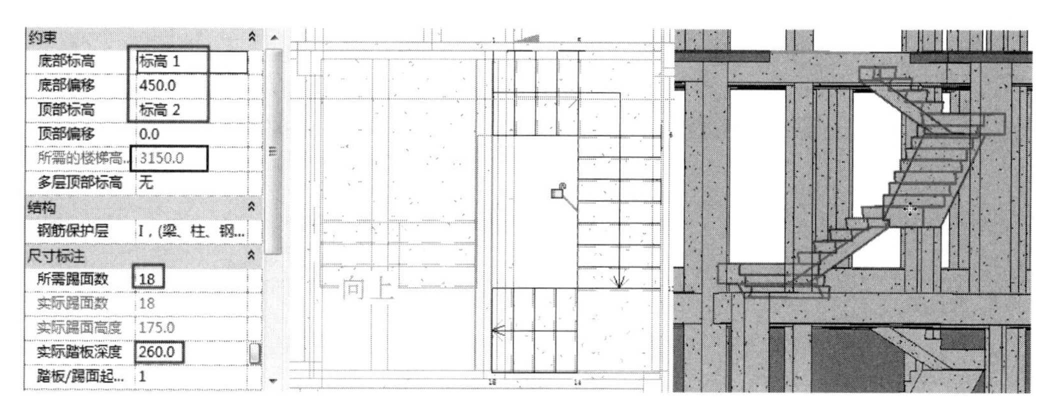

图 11-64　创建第一层到第二层之间的 2#楼梯

⑩　创建第二层到第三层之间的 2#楼梯，楼层标高为 3000mm。在【标高 2】结构平面视图中创建，如图 11-65 所示。

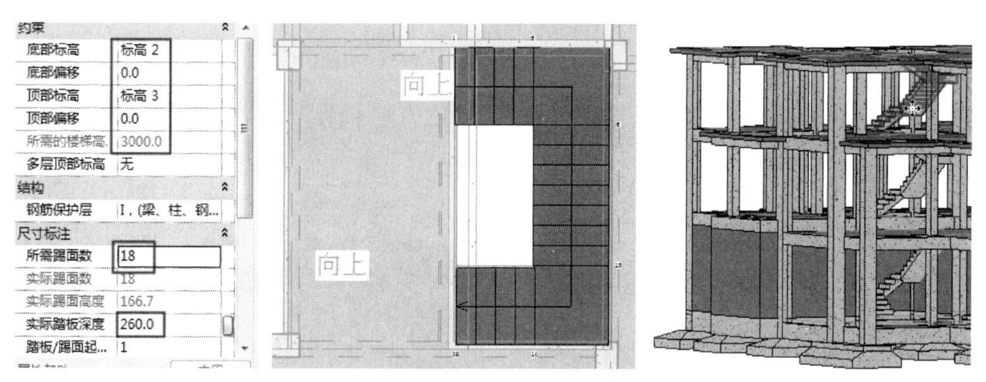

图 11-65　创建第二层到第三层之间的 2#楼梯

⑪　将 3 段 1#楼梯镜像到相邻的楼梯间中。

⑫　将创建的 9 段楼梯镜像到另一栋别墅中，如图 11-66 所示。

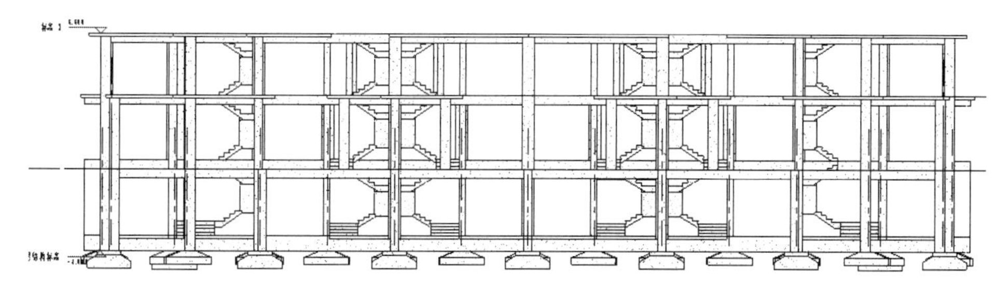

图 11-66　创建完成的楼梯

11.5　Revit 顶层结构设计

顶层的结构设计稍微复杂一些，多了人字形屋顶和迹线屋顶的设计，同时顶层的标高也和其他标高不一样。

上机操作——顶层结构设计

① 将第三层的部分结构柱的顶部标高修改为【标高 4】，如图 11-67 所示。

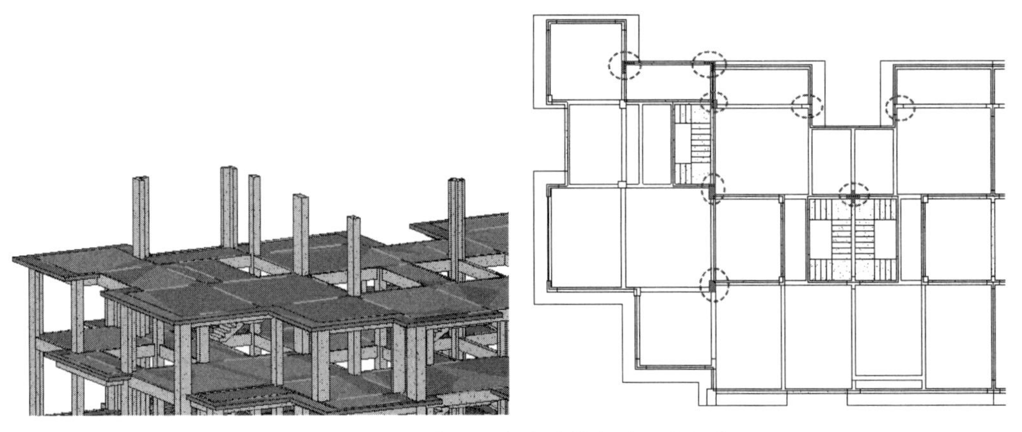

图 11-67　修改第三层部分结构柱的顶部标高

② 按如图 11-68 所示的设计图添加 LZ1 和 KZ3 结构柱。

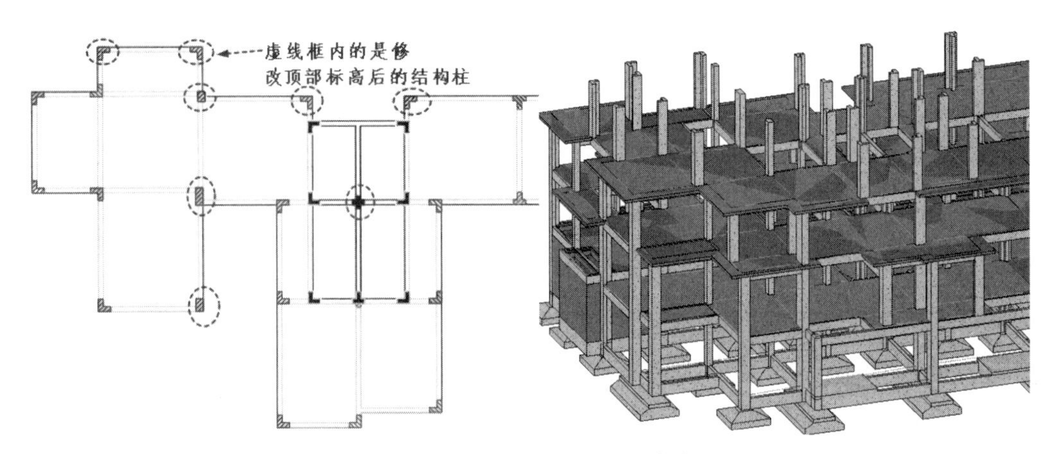

图 11-68　添加 LZ1 和 KZ3 结构柱

③ 按如图 11-68 所示的设计图在【标高 4】上创建结构梁，如图 11-69 所示。

图 11-69　创建【标高 4】的结构梁

④ 创建如图 11-70 所示的结构楼板。接下来创建反口底板，如图 11-71 所示。

⑤ 选择部分结构柱，修改其顶部标高，如图 11-72 所示。

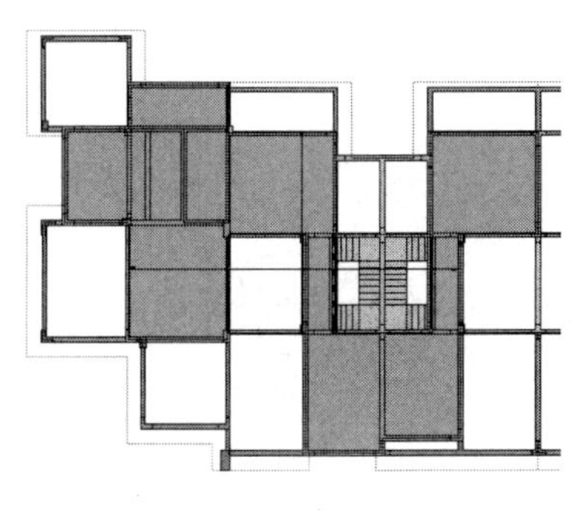
图 11-70　创建结构楼板

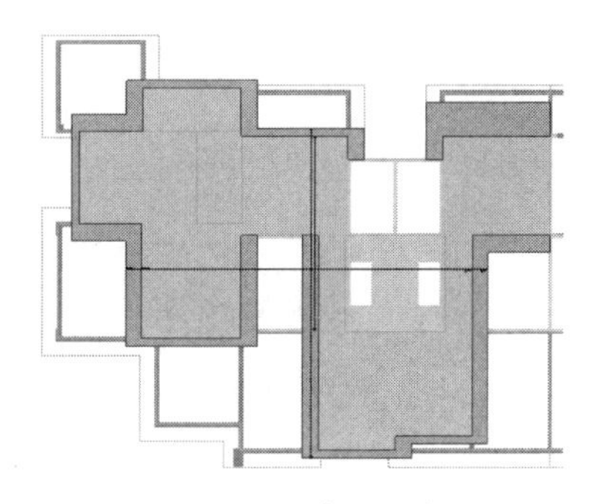
图 11-71　创建反口底板

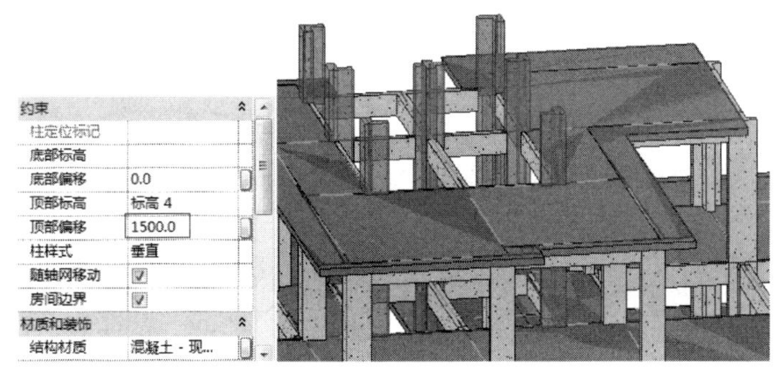

图 11-72　修改结构柱顶部标高

⑥ 在修改标高的结构柱上创建顶层的结构梁，如图 11-73 所示。

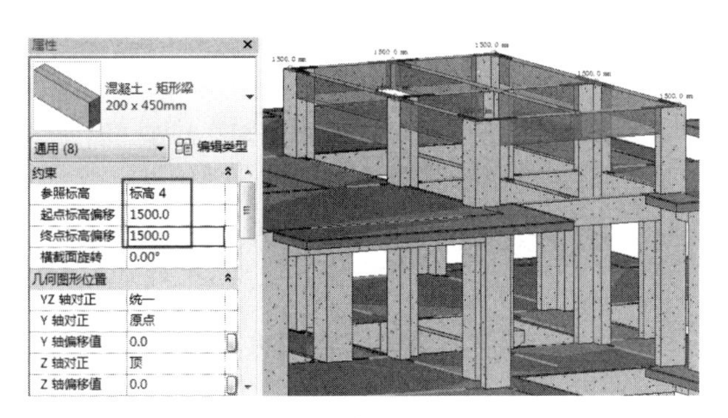

图 11-73　创建顶层的结构梁

⑦ 在【南】立面图中的顶层创建人字形拉伸屋顶，屋顶类型及屋顶截面曲线如图 11-74 所示。

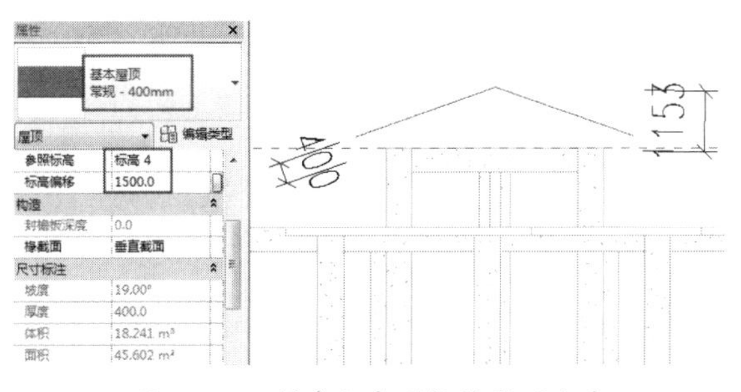

图 11-74　创建人字形拉伸屋顶曲线

⑧ 创建完成的人字形拉伸屋顶如图 11-75 所示。

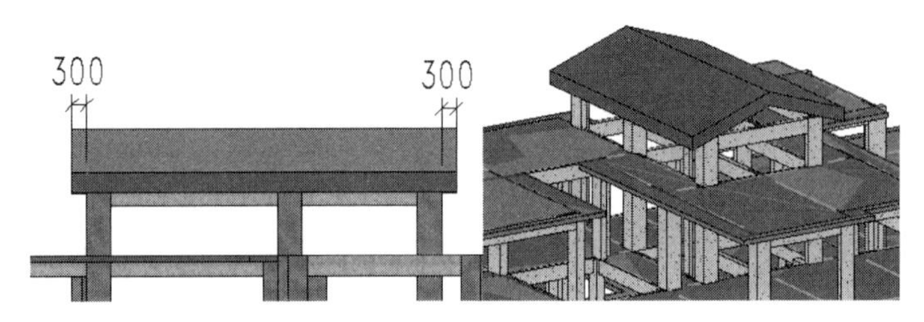

图 11-75　创建完成的人字形拉伸屋顶

⑨ 将【标高 4】及以上的结构进行镜像，完成最终的联排别墅的结构设计，如图 11-76 所示。

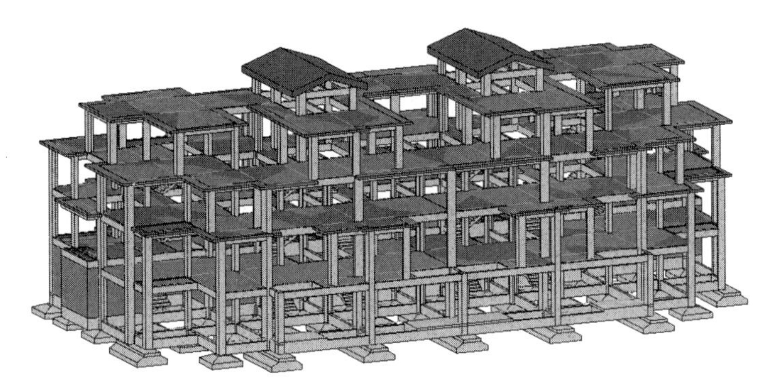

图 11-76　创建完成的联排别墅结构设计模型

11.6　Revit 钢筋布置

在本节中，主要利用 Revit 的钢筋插件速博插件（Naviate Revit Extensions 2022）进行快速布筋。

速博插件要比 Revit 自带的钢筋工具容易操作得多。安装速博插件重启 Revit 2022，将在 Revit 2022 的功能区中新增一个【Naviate REX】选项卡，速博插件设计工具如图 11-77 所示。

提示：

在本章源文件夹中为读者提供了免费的速博插件程序。

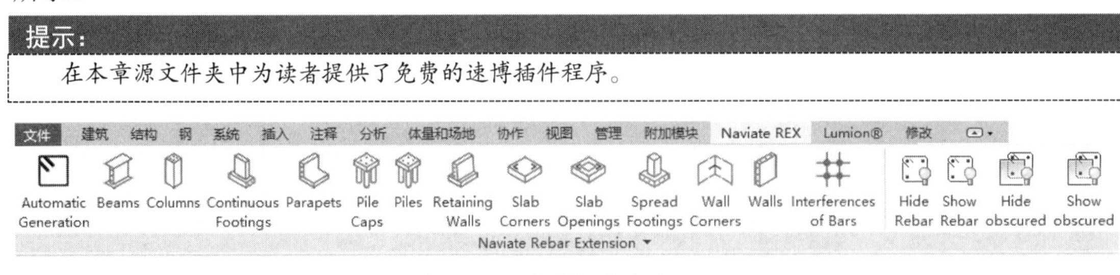

图 11-77　速博插件设计工具

本节以一个实战案例来说明速博插件的基本用法。本例是一个学校门岗楼的结构设计案例，房屋主体结构已经完成，如图 11-78 所示。

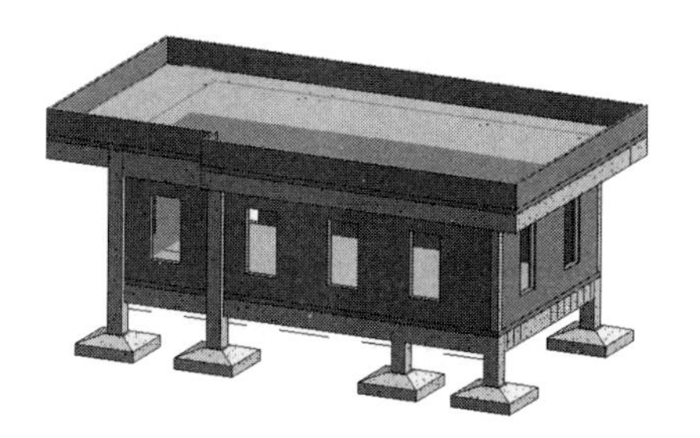

图 11-78　学校门岗楼建筑结构

11.6.1　利用速博插件添加基础钢筋

门岗楼的独立基础结构图与钢筋布置示意图如图 11-79 所示。

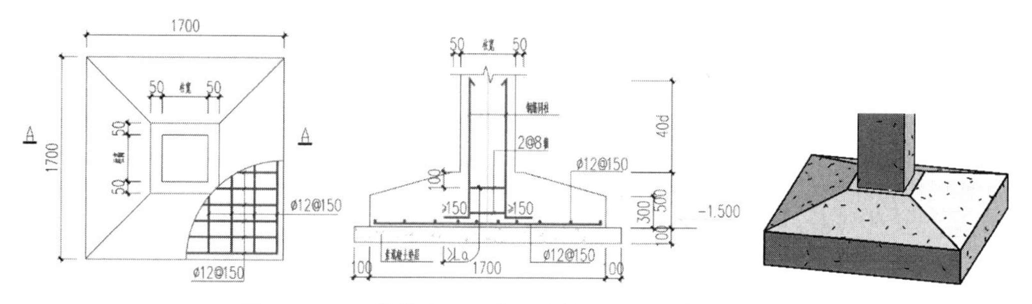

图 11-79　门岗楼的独立基础结构图与钢筋布置示意图

上机操作——添加基础钢筋

① 打开本例源文件【门卫岗亭.rvt】。

> **提示：**
> 速博插件仅对 Revit 自带族库的结构构件产生钢筋布置效果。如果读者是通过网络下载或通过一些国内开发的族库插件导入的结构件，是不能使用此插件的。

② 选中项目中的一个独立基础，在【Naviate REX】选项卡中单击【Spread Footings】（扩展基础）按钮，打开【Reinforcement of spread footings】（基础配筋）对话框。

③ 在【Geometry】（几何）设置界面中，显示了由 Revit 自动识别独立基础的形状与参数，根据这些参数便于钢筋配置，如图 11-80 所示。

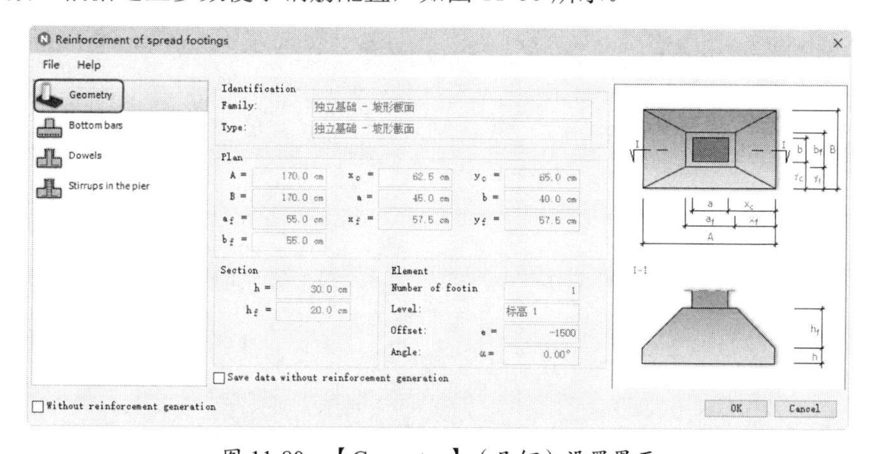

图 11-80　【Geometry】（几何）设置界面

④ 在左侧列表中选择【Bottom bars】(底筋)选项，进入底筋设计界面，设置如图 11-81 所示的底筋参数（也可保留系统自动计算的参数）。

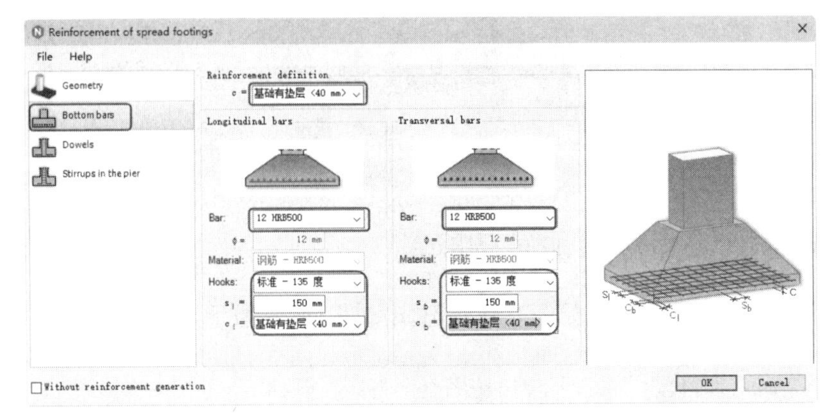

图 11-81 设置底筋参数

⑤ 在左侧列表中选择【Dowels】（插筋）选项，进入插筋设计界面，设置如图 11-82 所示的插筋参数。

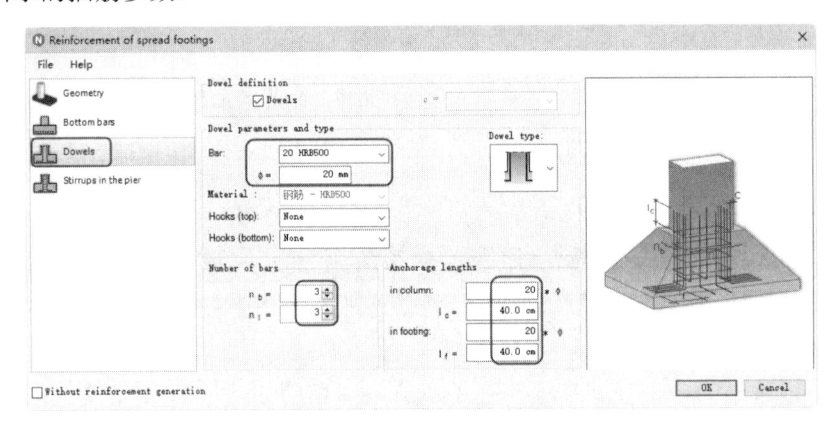

图 11-82 设置插筋参数

⑥ 在左侧列表中选择【Stirrups in the pier】（柱箍筋）选项，进入柱箍筋设计界面，设置如图 11-83 所示的柱箍筋参数。

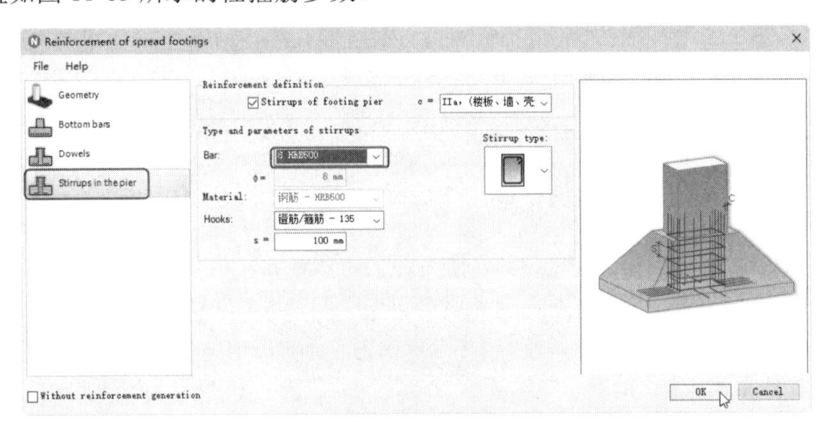

图 11-83 设置柱箍筋参数

⑦ 钢筋参数设置完毕后，在【Reinforcement of spread footings】（基础配筋）对话框中选择【File】|【Save】选项，将所设置的独立基础钢筋参数进行保存，以便用于其他相同的独立基础中。

⑧ 单击【OK】按钮，自动加载钢筋到独立基础中，如图 11-84 所示。

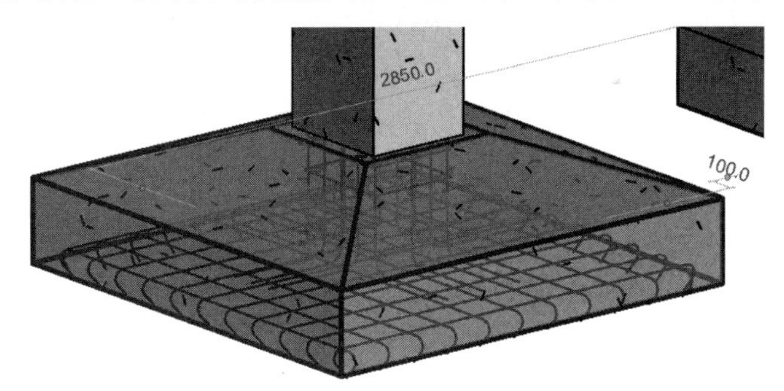

图 11-84　自动加载钢筋到独立基础中

⑨ 同理，对于其余独立基础的钢筋配置，打开【Reinforcement of spread footings】（基础配筋）对话框后，选择【File】|【Open】选项，将前面保存的钢筋参数文件打开，单击【OK】按钮自动配置钢筋到独立基础中。

11.6.2　利用速博插件添加柱筋

利用速博插件添加柱筋十分便捷，仅需设置几个基本参数即可。

上机操作——添加柱筋

① 选中一根结构柱，在【Naviate REX】选项卡中单击【Columns】（柱）按钮，打开【Reinforcement of columns】（柱配筋）对话框，如图 11-85 所示。

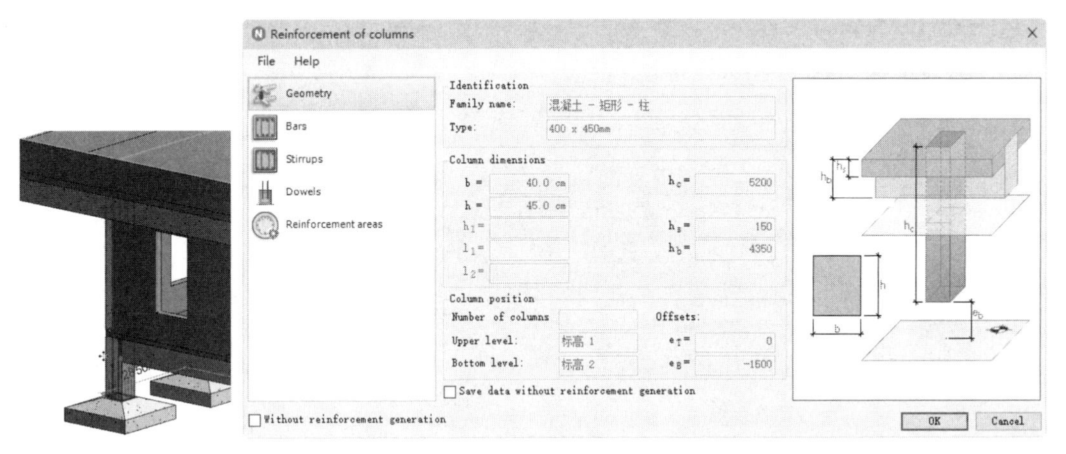

图 11-85　【Reinforcement of columns】（柱配筋）对话框

② 选择【Bars】（钢筋）选项，进入钢筋设置界面，设置如图 11-86 所示的柱筋参数。

③ 选择【Stirrups】（箍筋）选项，进入箍筋设置界面，设置如图 11-87 所示的箍筋参数。

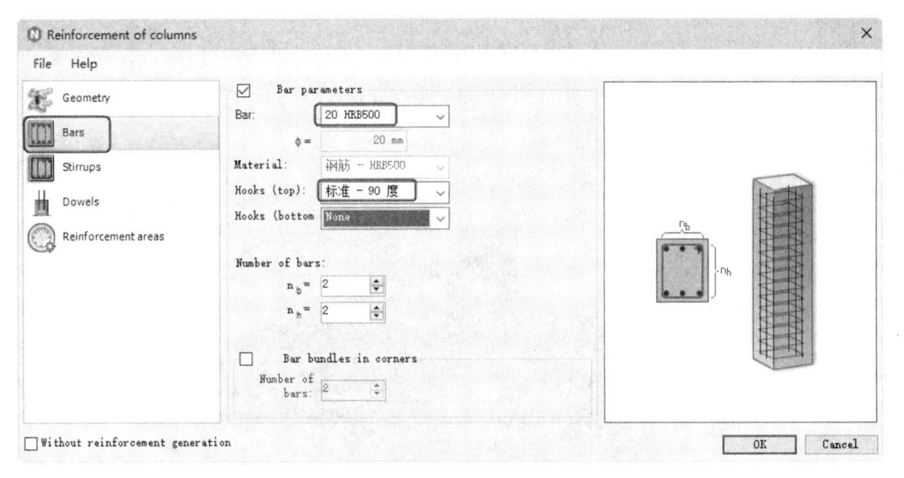

图 11-86 设置柱筋参数

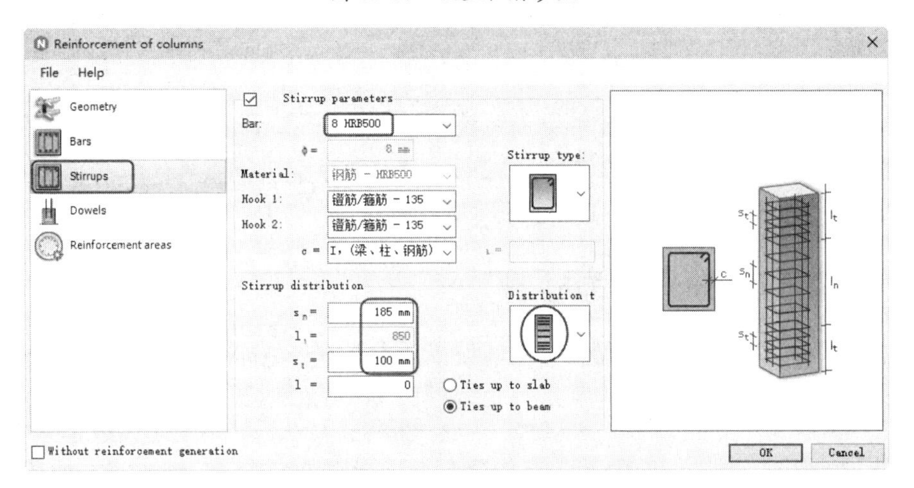

图 11-87 设置箍筋参数

④ 在【Dowels】（插筋）设置界面中取消勾选【Dowels】复选框，即不设置插筋，如图 11-88 所示。

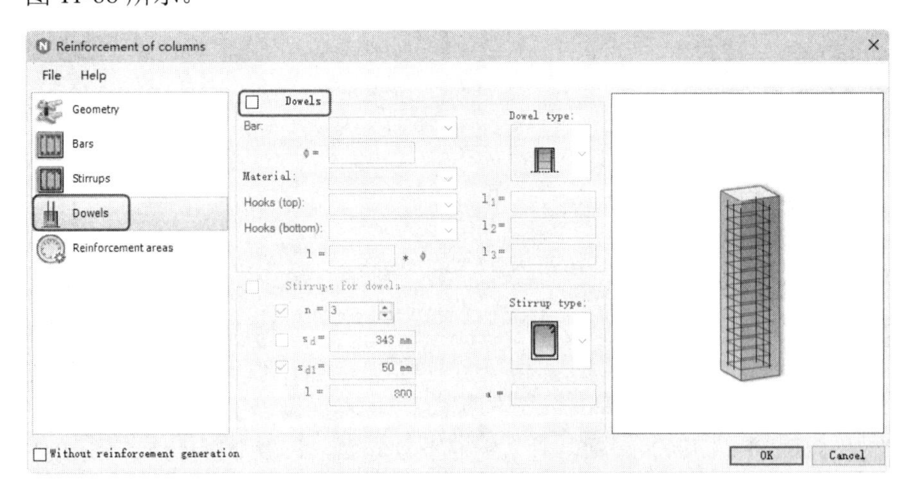

图 11-88 取消插筋设置

⑤ 将所设置的柱筋参数进行保存。单击【OK】按钮，自动添加柱筋到所选的结构柱上，如图 11-89 所示。

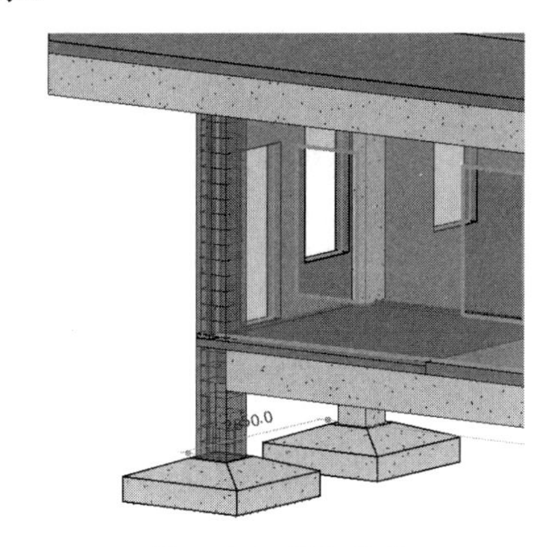

图 11-89　添加柱筋

⑥ 同理，添加其余结构柱的柱筋。

11.6.3　利用速博插件添加梁筋

具有相同截面参数的结构梁，可以一次性完成梁筋的添加。

上机操作——添加梁筋

① 选中一条结构梁，在【Naviate REX】选项卡中单击【Beams】（梁）按钮，打开【Reinforcement of beams】（梁配筋）对话框，如图 11-90 所示。

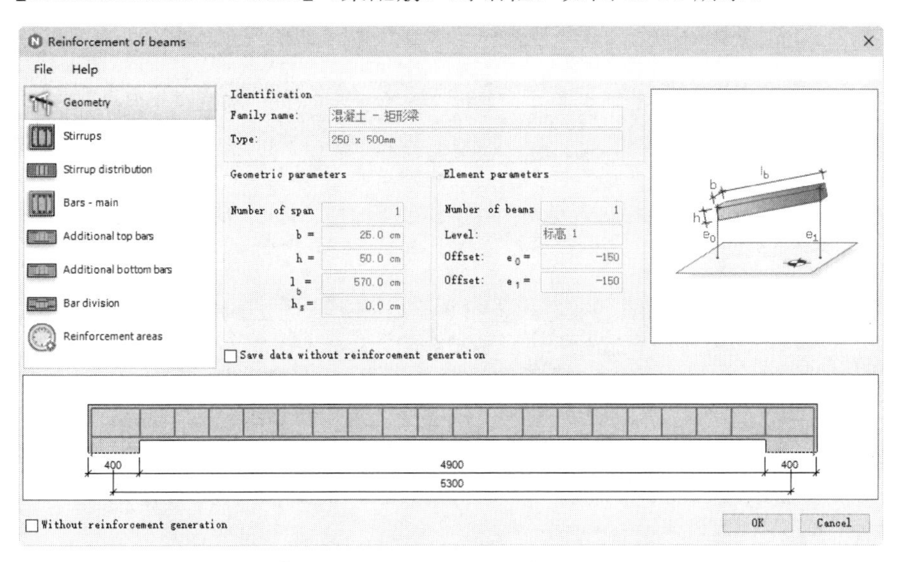

图 11-90　【Reinforcement of beams】（梁配筋）对话框

② 默认显示的是【Geometry】（几何）界面，是 Revit 自动识别所选的梁构件后得到的几何参数，后面会根据几何参数进行钢筋配置。

③ 选择【Stirrups】（箍筋）选项，进入箍筋设置界面。设置如图 11-91 所示的箍筋参数。

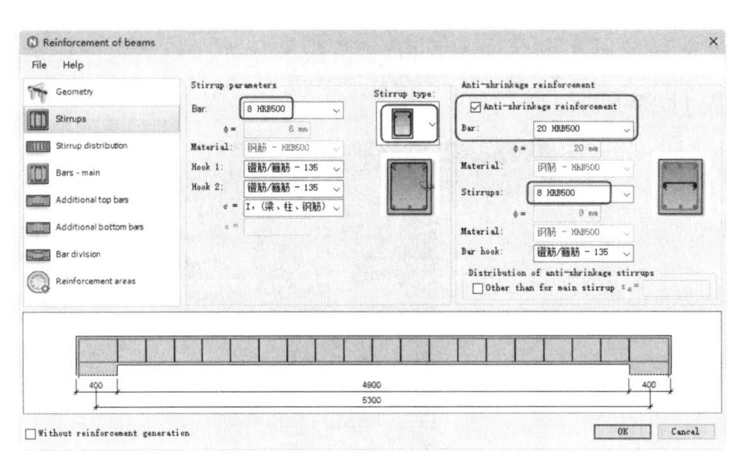

图 11-91　设置箍筋参数

④ 选择【Stirrup distribution】(箍筋分布)选项，进入箍筋分布设置界面，设置如图 11-92 所示的箍筋分布参数。

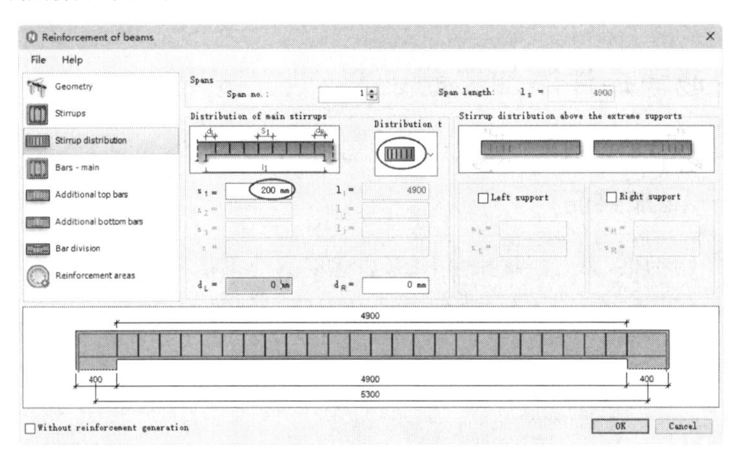

图 11-92　设置箍筋分布参数

⑤ 选择【Bars-main】（主筋）选项，进入主筋设置界面，设置如图 11-93 所示的主筋参数。

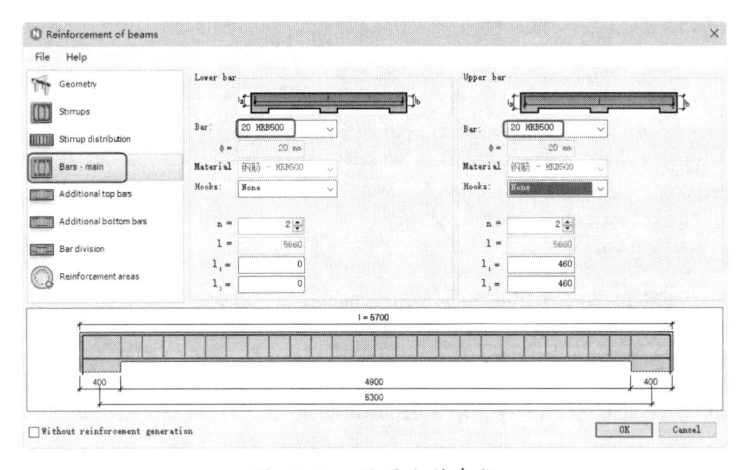

图 11-93　设置主筋参数

⑥ 其他界面设置保持不变，直接单击【OK】按钮，或者按 Enter 键，即可自动添加梁筋，如图 11-94 所示。

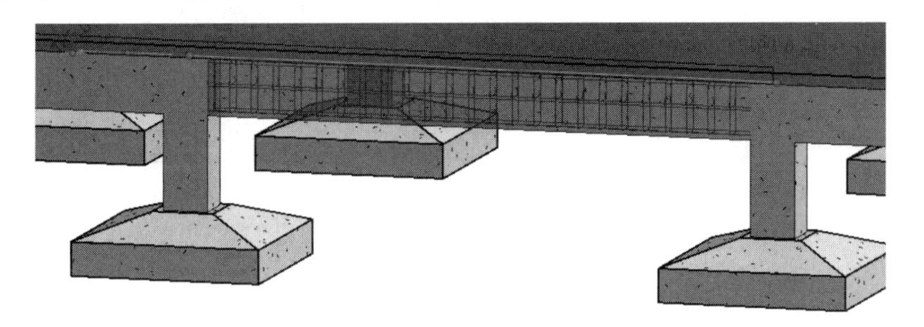

图 11-94　自动添加梁筋

⑦ 同理，选择其他相同尺寸的结构梁来添加同样的梁筋。

11.6.4　利用 Revit 钢筋工具添加板筋

结构楼板的板筋（受力筋和分布筋）的参数为Ø8@200，受力筋和分布筋的间距均为200mm。

上机操作——添加板筋

① 为第一层的结构楼板添加保护层。切换到【标高 1】结构平面视图，选中结构楼板，在【结构】选项卡的【钢筋】面板中单击【保护层】按钮，设置的保护层如图 11-95 所示。

② 在【结构】选项卡的【钢筋】面板中单击【面积】按钮，选择第一层的结构楼板，在【属性】选项板中设置板筋参数，本例只设置第一层的板筋即可，如图 11-96 所示。

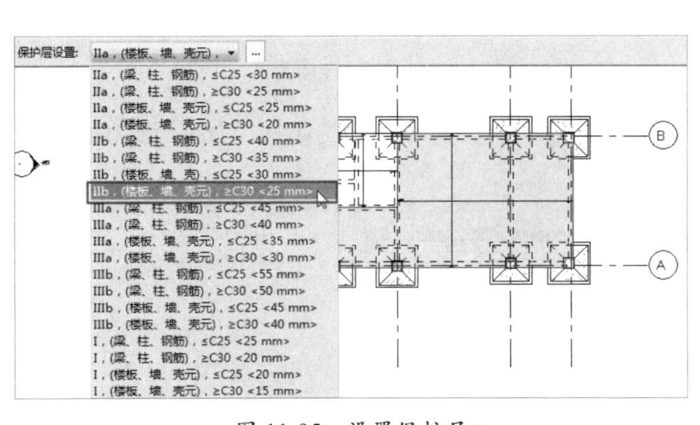

图 11-95　设置保护层

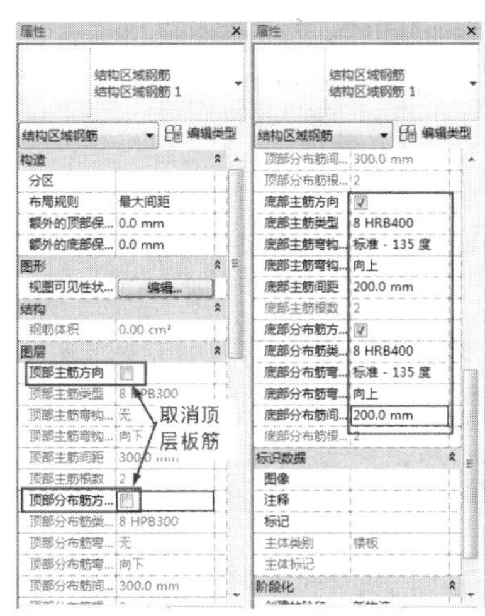

图 11-96　设置板筋参数

③ 绘制楼板边界线作为板筋的填充区域，如图 11-97 所示。

④ 单击【完成编辑模式】按钮，完成板筋的添加，如图 11-98 所示。

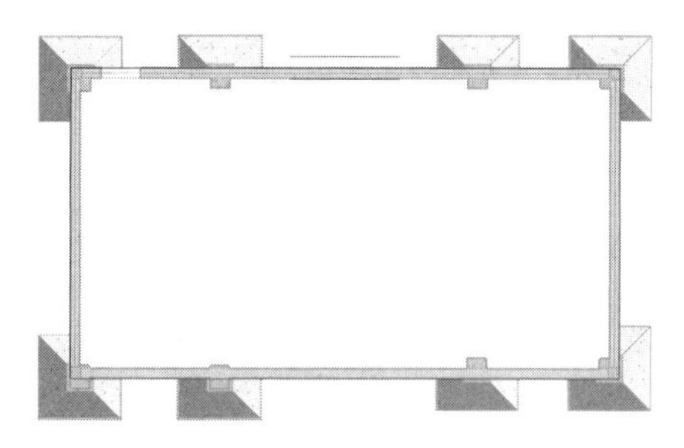

图 11-97　绘制填充区

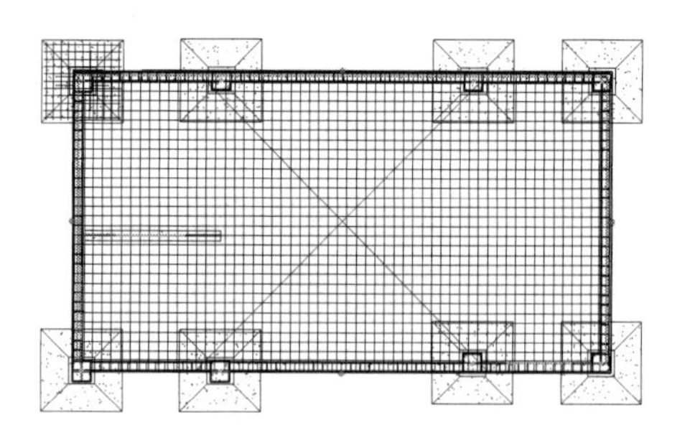

图 11-98　完成板筋的添加

上机操作——添加负筋

当板筋和添加完成后，还要添加支座负筋（常说的【扣筋】)。负筋是利用【路径】钢筋工具来创建的。下面仅介绍一排负筋的添加，负筋的参数为Ø10@200。

① 仍然切换到【标高 1】平面视图。在【结构】选项卡的【钢筋】面板中单击【路径】按钮，选中第一层的结构楼板作为参照。

② 在【属性】选项板中设置负筋的参数，如图 11-99 所示。

③ 在【修改|创建钢筋路径】上下文选项卡中单击【直线】按钮来绘制路径曲线，如图 11-100 所示。

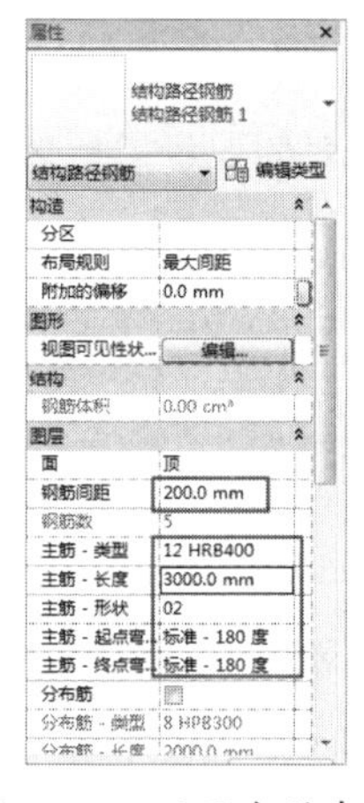

图 11-99　设置负筋参数

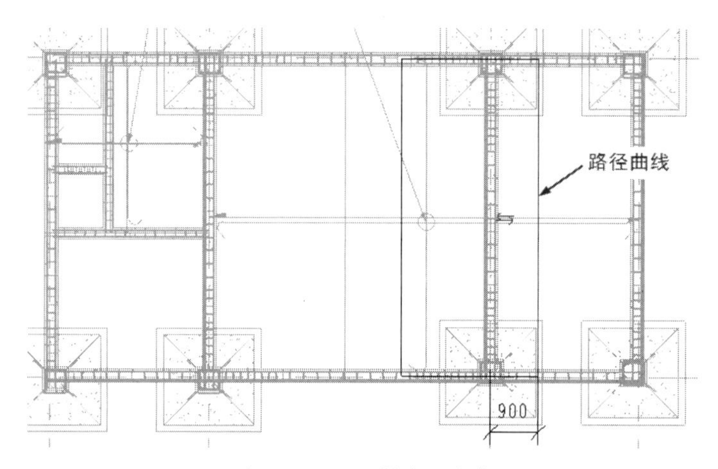

图 11-100　绘制路径曲线

④ 关闭【修改|创建钢筋路径】上下文选项卡，完成负筋的添加，如图 11-101 所示。

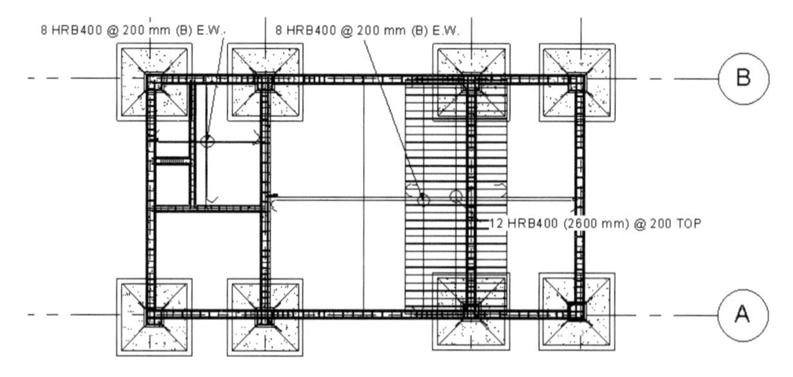

图 11-101　完成负筋的添加

⑤ 同理，添加其余梁跨之间的支座负筋（其余负筋参数与第一次设置的基本一致，只是长度不同），完成结果如图 11-102 所示。

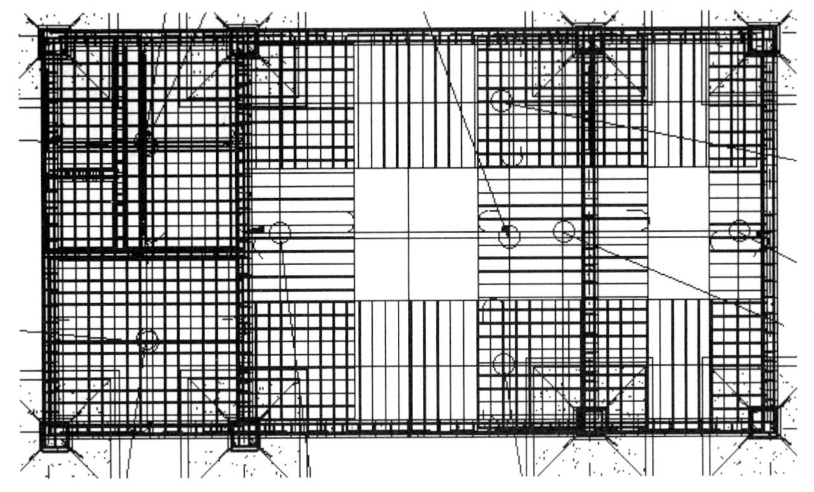

图 11-102　添加其余支座负筋

11.6.5　利用速博插件添加墙筋

墙筋分为剪力墙墙筋和女儿墙墙筋。

上机操作——添加剪力墙墙筋

剪力墙墙筋的参数为ø10@200，分布间距为 200mm。

① 选中一面结构墙，在【Naviate REX】选项卡中单击【Walls】（墙筋）按钮，打开【Reinforcement of walls】（墙配筋）对话框，如图 11-103 所示。

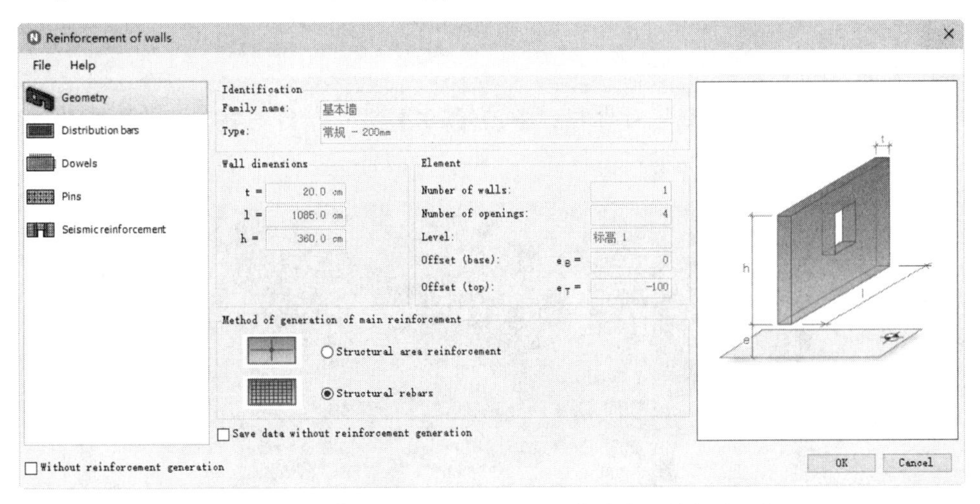

图 11-103　【Reinforcement of walls】（墙配筋）对话框

② 选择【Distribution bars】（墙身配筋）选项，进入墙身配筋设置界面，设置如图 11-104 所示的墙身配筋参数。

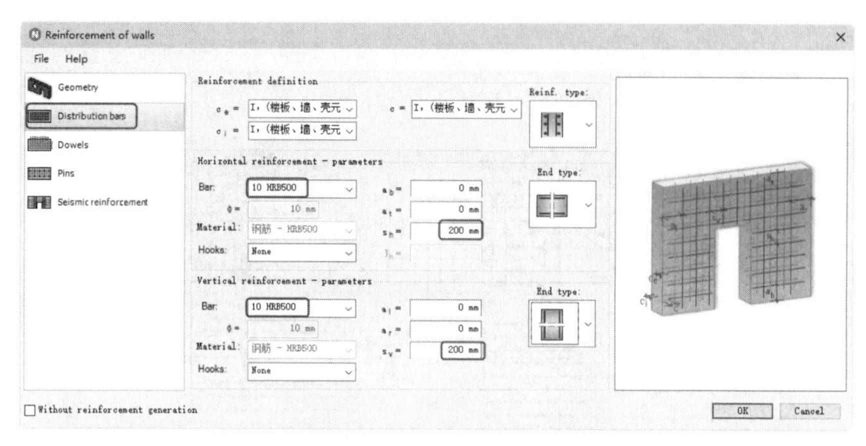

图 11-104　设置墙身配筋参数

③ 选择【Pins】（拉结筋）选项，进入拉结筋设置界面，设置如图 11-105 所示的拉结筋参数。

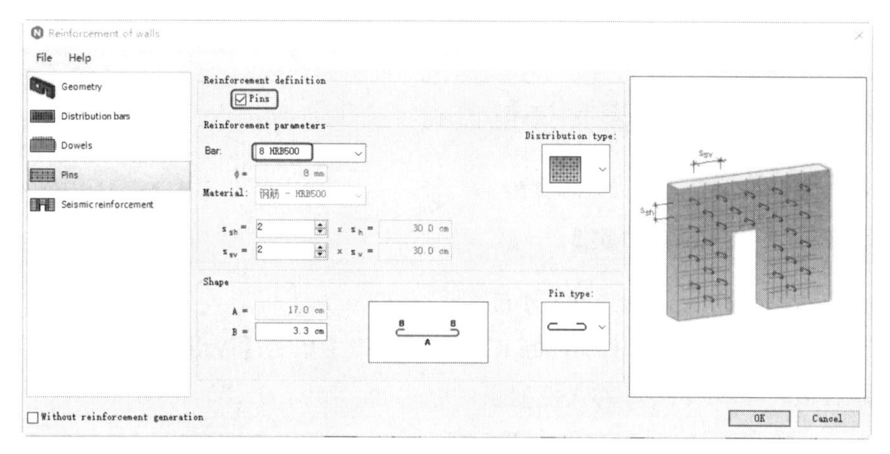

图 11-105　设置拉结筋参数

④ 将所设置的墙筋参数进行保存。单击【OK】按钮，自动添加墙筋到所选的剪力墙墙身上，如图 11-106 所示。

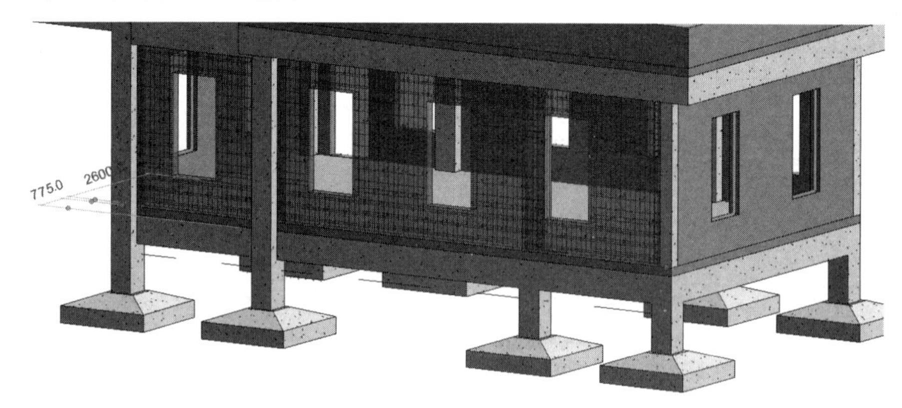

图 11-106　墙筋的添加

⑤ 同理，添加其余墙筋。

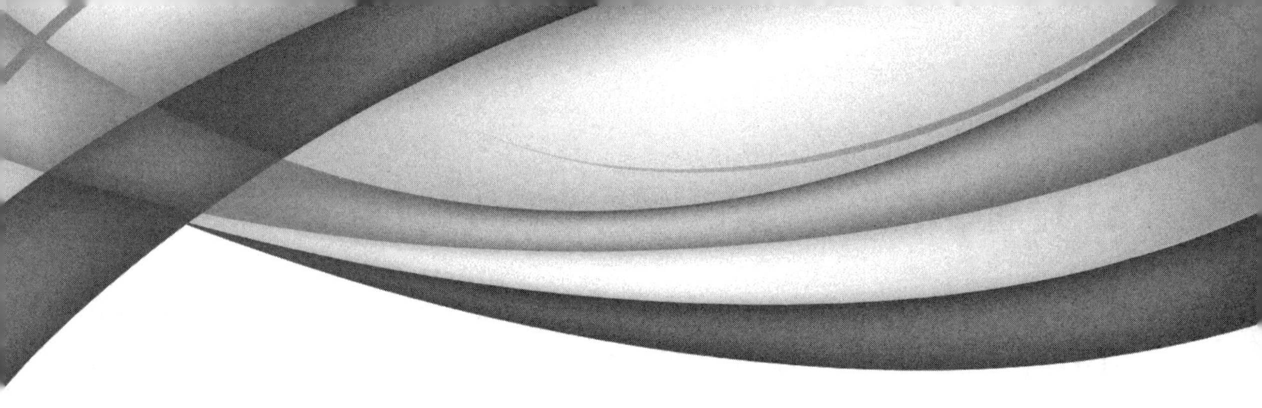

第 12 章

钢结构设计

本章内容

本章将利用 Revit 2022 的钢结构设计模块进行全钢结构设计。钢结构设计属于建筑结构设计的一部分，本章将重点介绍门式钢结构厂房在 Revit 中的设计方法。

知识要点

- ☑ 钢结构设计基础
- ☑ Revit 钢结构案例——门式钢结构厂房设计

12.1 钢结构设计基础

钢结构是现代建筑中非常重要的一种建筑结构类型，具有强度大、自重轻、刚性好、韧性强等诸多优点，目前在我国的建筑领域应用非常广泛，主要用于厂房、体育场馆、展览馆、电视塔及别墅的建设，如图 12-1 所示。

图 12-1 钢结构的应用

12.1.1 钢结构中的术语

下面列出一些钢结构在建造过程中的常见术语。

- 零件：组成部件或构件的最小单元，如节点板、翼缘板等。
- 部件：由若干个零件组成的单元，如焊接 H 型钢、牛腿等。
- 构件：由零件或零件和部件组成的钢结构基本单元，如梁、柱、支撑等。
- 小拼单元：在钢网架结构安装工程中，除散件外的最小安装单元，一般分为平面桁架和锥体两种类型。
- 中拼单元：在钢网架结构安装工程中，由除散件外的最小安装单元组成的安装单元，一般分为条状和块状两种类型。
- 高强度螺栓连接副：高强度螺栓和与之配套的螺母、垫圈的总称。
- 抗滑移系数：在高强度螺栓连接中，连接件摩擦面产生滑动时的外力与垂直于摩擦面的高强度螺栓预拉力之和的比值。
- 预拼装：为检验构件是否满足安装质量要求而进行的拼装。
- 空间刚度单元：由构件构成的基本的稳定空间的体系。
- 焊钉（栓钉）焊接：将焊钉（栓钉）一端与板件（或管件）表面接触通电引弧，待接触面熔化后，给焊钉（栓钉）一定压力完成焊接的方法。
- 环境温度：在制作或安装时现场的温度。

12.1.2 钢结构厂房框架类型

钢结构厂房的框架是由柱、横梁、支撑等构件连接而成的稳定结构，承受并向基础传递所有荷载和外部作用。在工业建筑中，钢结构厂房框架有下列 6 种常见的结构形式。

（1）门式钢结构厂房：一种传统的结构体系，该类结构的上部主构架包括钢架梁、钢架柱、支撑、檩条、系杆、山墙骨架等。由于门式钢架轻型房屋钢结构具有受力简单、传力路径明确、构件制作快捷、便于工厂化加工、施工周期短等特点，因此广泛应用于工业、商业、文化娱乐公共设施等工业与民用建筑中。图 12-2 所示为门式钢结构厂房的结构示意。

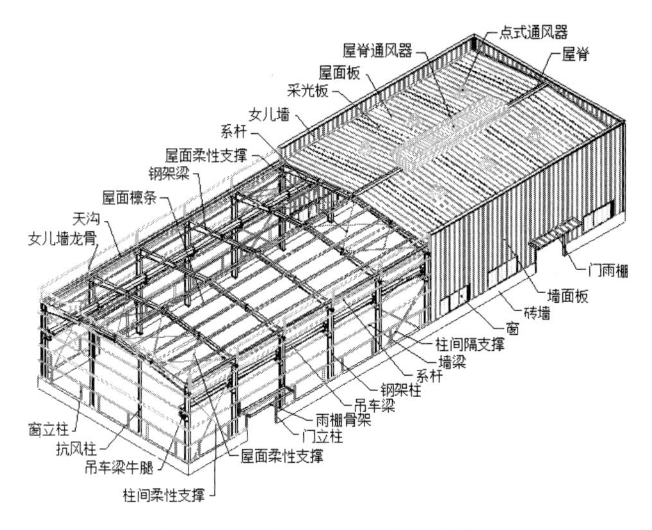

图 12-2　门式钢结构厂房的结构示意

（2）单跨钢结构厂房：钢结构厂房正常都配置了各种形式的单跨架，如四工位卧动转位刀架或者多工位转塔式主动转位梁架。

（3）双跨（或多跨）钢结构厂房：双跨（或多跨）钢结构厂房的双刀架配置平行散布，也可以是垂直散布。

（4）卧式钢结构厂房：卧式钢结构厂房又分为钢结构程度路轨卧式厂房和钢结构歪斜路轨卧式厂房。歪斜路轨结构能够使厂房拥有更大的刚性，并易于扫除切屑。

（5）顶尖式钢结构厂房：顶尖式钢结构厂房配有一般尾座或者钢结构尾座，适合用车削较长的整机及直径没有太大的盘类整机。

（6）卡盘式钢结构厂房：卡盘式钢结构厂房没有尾座，适合用车削盘类（含短轴类）整机。夹紧形式多为自动或者液动掌握，卡盘结构多拥有可调卡爪或者没有淬火卡爪。

12.1.3　Revit 2022 钢结构设计工具

在 Revit 2022 中，钢结构设计工具在【结构】选项卡和【钢】选项卡中，如图 12-3 所示。

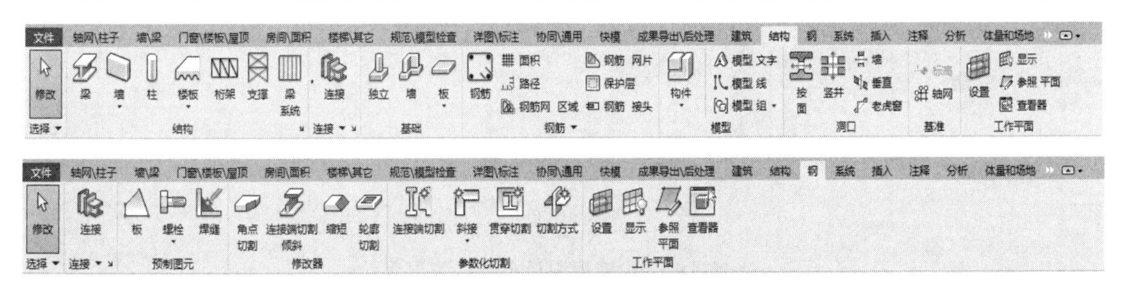

图 12-3　【结构】选项卡和【钢】选项卡

利用【结构】选项卡中的钢结构设计工具可以创建结构基础、结构柱、桁架系统、结构梁系统、钢结构支撑、钢梁等构件。钢结构设计方法与混凝土结构设计方法是相似的，不同之处主要体现在钢结构的连接与切割上。

【钢】选项卡中的钢结构设计工具是用于创建钢结构的连接与切割的辅助工具。钢结构的连接包括钢梁的连接、钢板与钢梁的连接、钢柱与基础的连接、结构支撑的连接和檩条的连接。切割主要是指切割钢板、钢梁及钢柱，使其能够在连接板和连接螺栓的作用下紧密连接。

12.2 Revit 钢结构设计案例——门式钢结构厂房设计

在本节中，将以一个门式钢结构厂房的结构设计案例，全面介绍 Revit 2022 钢结构设计的所有技术细节与流程。

本例的门式钢结构厂房的中间榀钢架剖面图和边榀钢架剖面图如图 12-4 所示。本例将会利用 Revit 工具和鸿业 BIMSpace 快模工具完成门式钢结构厂房项目。

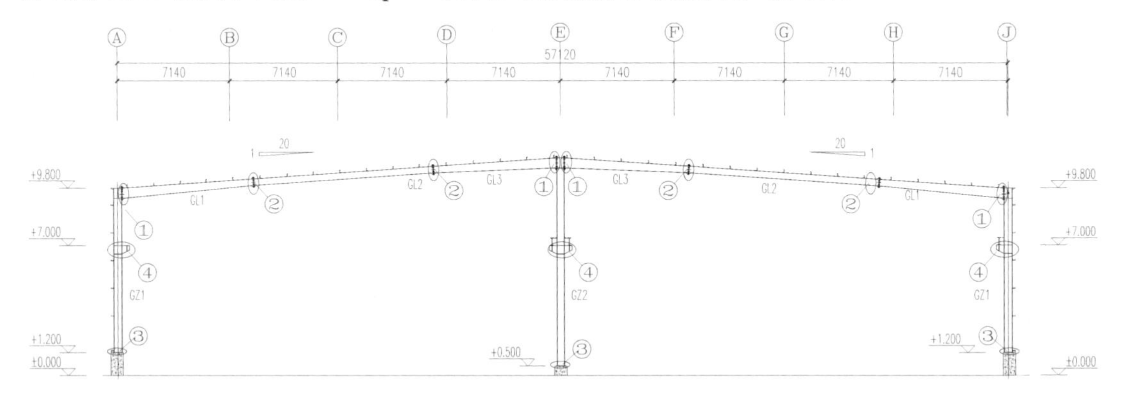

中间榀钢架剖面图 1:100

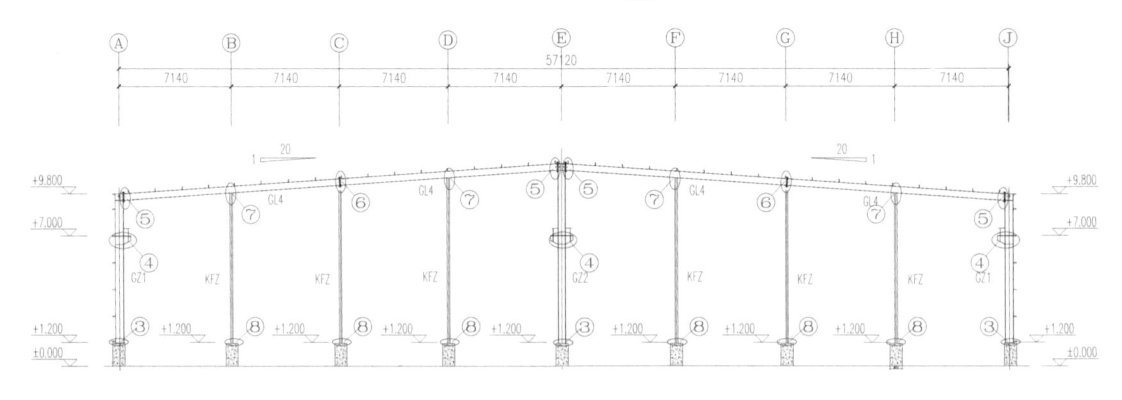

边榀钢架剖面图 1:100

图 12-4　门式钢结构厂房的钢架剖面图

门式钢结构厂房的三维效果如图 12-5 所示。

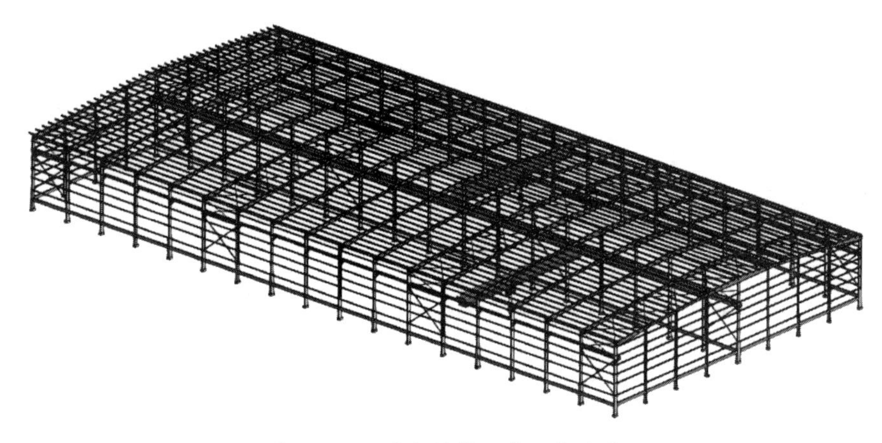

图 12-5　门式钢结构厂房三维效果

12.2.1　创建标高与轴网

标高与轴网的设计将参考本例源文件夹中的【厂房门式钢结构施工总图.dwg】和【钢柱平面布置图.dwg】图纸文件来完成。下面介绍操作步骤。

① 启动 Revit 2022，在主页界面中单击【模型】选项组中的【新建】按钮，打开【新建项目】对话框。选择【Revit 2022 中国样板】样板文件之后单击【确定】按钮，进入建筑项目设计环境中，如图 12-6 所示。

② 在【快模】选项卡中单击【链接 CAD】按钮，从打开的【链接 CAD 格式】对话框中选择本例源文件夹中的【钢柱平面布置图.dwg】图纸文件，如图 12-7 所示。

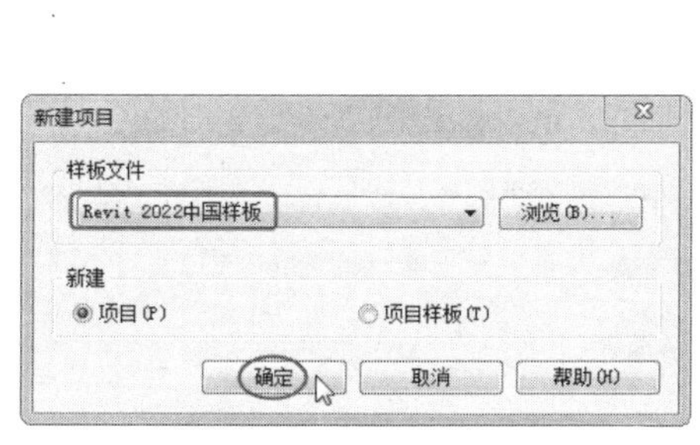

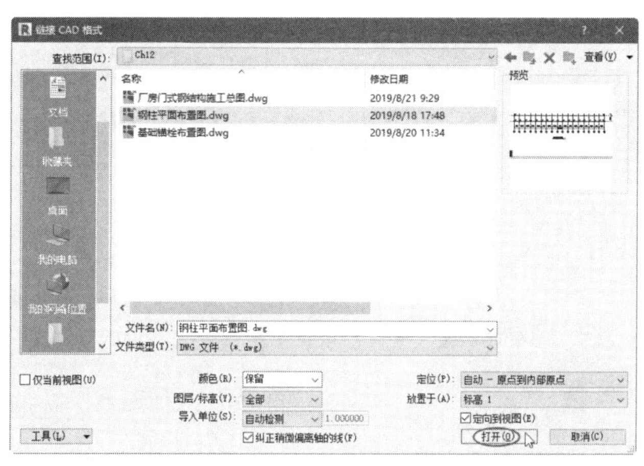

图 12-6　创建项目　　　　图 12-7　选择【钢柱平面布置图.dwg】图纸文件

③ 切换到【标高 1】楼层平面视图。将 4 个立面图标记移动到图纸中的合适位置，如图 12-8 所示。

④ 在【快模】选项卡中单击【轴网快模】按钮，打开【轴网快模】对话框。单击【请选择轴线】按钮，在图纸中拾取一条轴线，按 Esc 键返回【轴网快模】对话框，单击【请选择轴号和轴号圈】按钮，在图纸中拾取轴号和轴号圈，如图 12-9 所示。

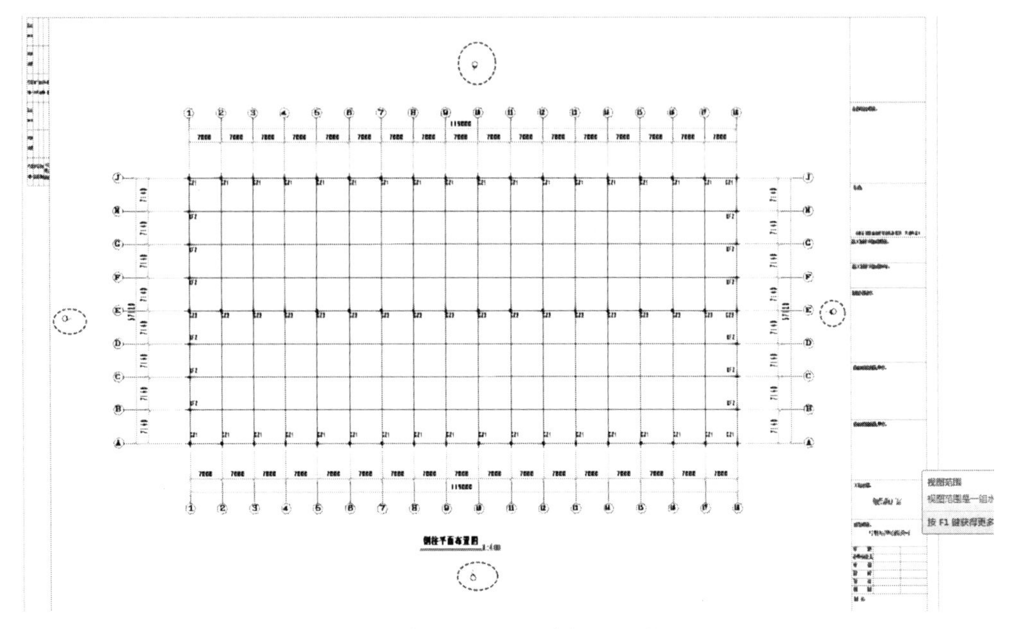

图 12-8　平移立面图标记到合适位置

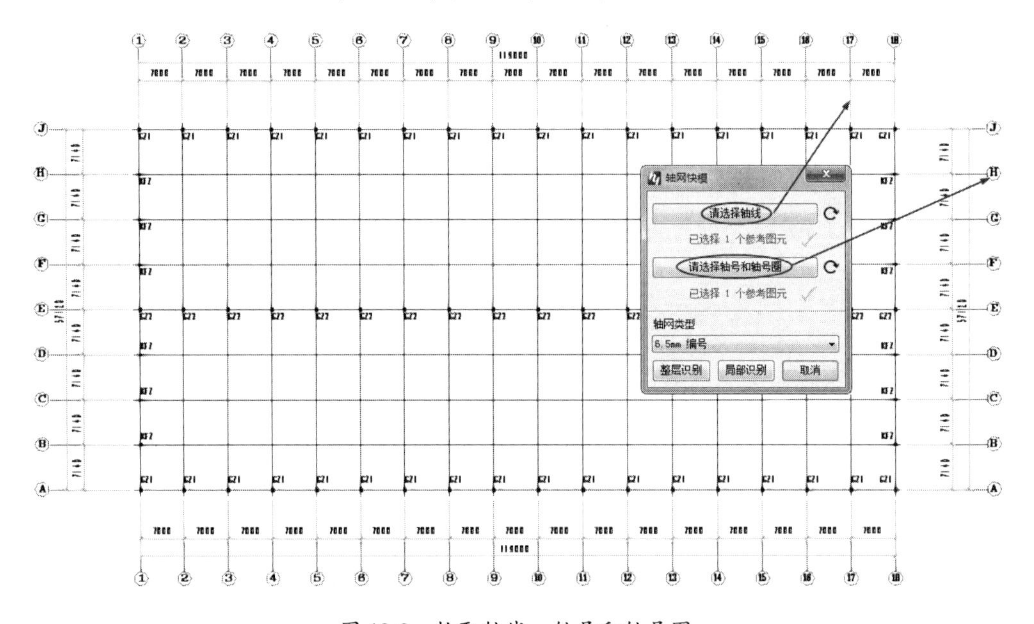

图 12-9　拾取轴线、轴号和轴号圈

⑤ 单击【整层识别】按钮，识别拾取的轴线、轴号和轴号圈，并自动创建轴网（隐藏图纸可见），如图 12-10 所示。

提示：

在 Revit 2022 中建模时，建议开启 AutoCAD 并打开【厂房门式钢结构施工总图.dwg】图纸，以便于查看总图中的各建筑与结构施工图。

⑥ 厂房的标高创建可参考【厂房门式钢结构施工总图.dwg】图纸中的【轴墙面彩板布置图】立面图。切换到【东】立面图，选中【标高 2】并按 Ctrl 键进行复制，修改复制出来的标高值，完成标高的创建，结果如图 12-11 所示。

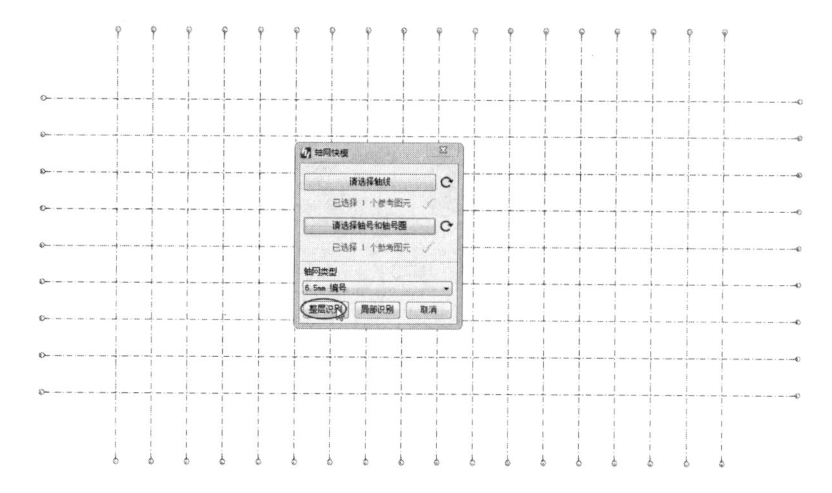

图 12-10　自动创建轴网

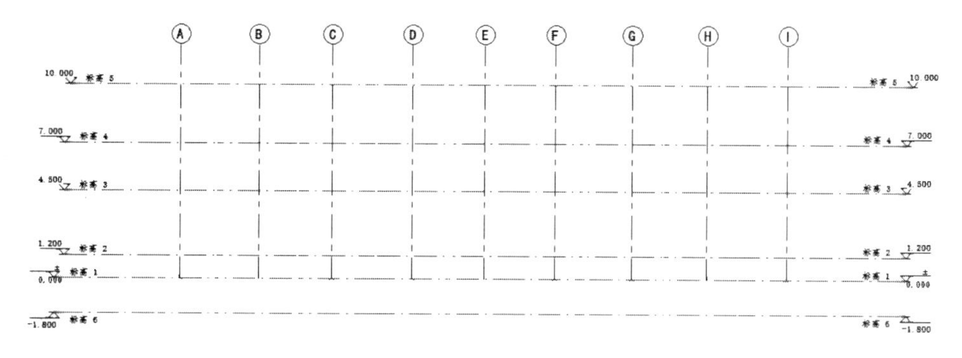

图 12-11　创建标高

⑦　为了方便钢结构的设计，将标高重新命名，结果如图 12-12 所示。

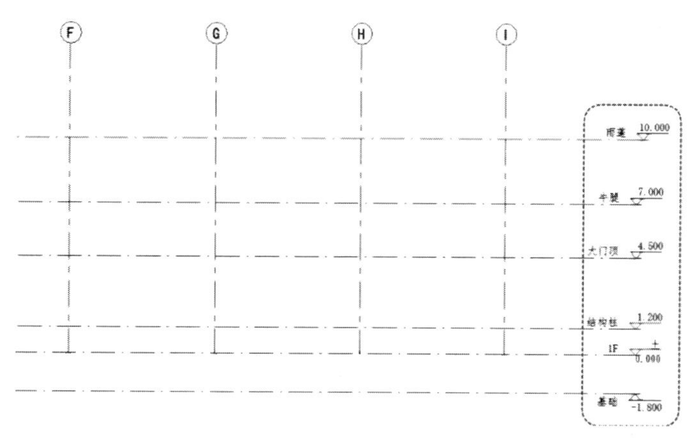

图 12-12　重命名标高

⑧　在创建标高后，部分楼层的平面视图并没有立即显示出来，需要在【视图】选项卡的【创建】面板中选择【平面视图】下拉列表中的【结构平面】选项，打开【新建结构平面】对话框。在列表框中选取所有标高，并单击【确定】按钮，完成新结构平面视图的创建，如图 12-13 所示。

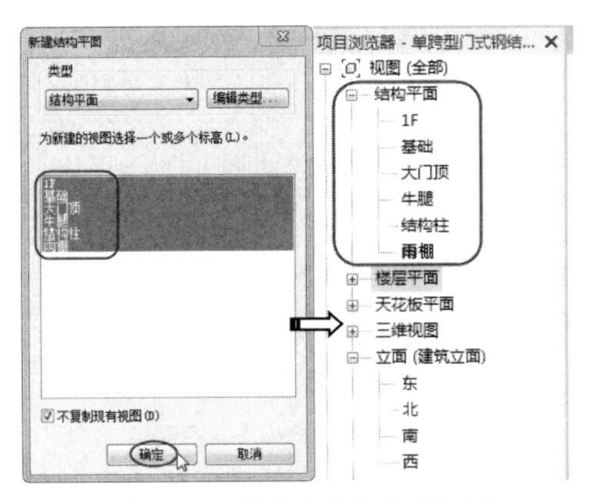

图 12-13　创建新结构平面视图

12.2.2　结构基础设计

本例厂房的结构基础部分包括独立基础、结构柱和结构地梁，在部分地梁上还要砌上建筑砖体，用来防水和防撞。

1. 独立基础设计

独立基础的设计需要参考【厂房门式钢结构施工总图.dwg】图纸中的【基础锚栓布置图】来完成。由于【厂房门式钢结构施工总图】图纸中缺少独立基础的标高标注，因此这里按照常规做法指定独立基础的标高为-1.8m。本例中的独立基础有两种规格，如图 12-14 所示。

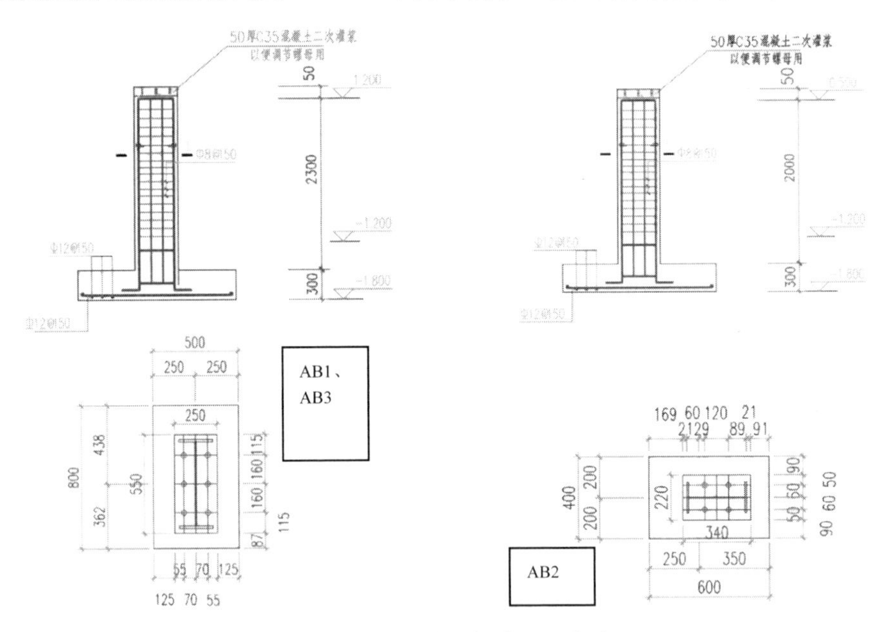

图 12-14　两种规格的独立基础

独立基础的平面布置示意如图 12-15 所示。

① 切换到【1F】结构平面视图。在【结构】选项卡的【基础】面板中单击【独立基础】按钮，打开【Revit】对话框。该对话框中显示【项目中未载入结构基础族。是否要现在载入？】信息提示，单击【是】按钮，从 Revit 族库（C:\ProgramData\

Autodesk\RVT 2022\Libraries\China\结构\基础）中载入【基脚-矩形.rfa】基础族，如图 12-16 所示。

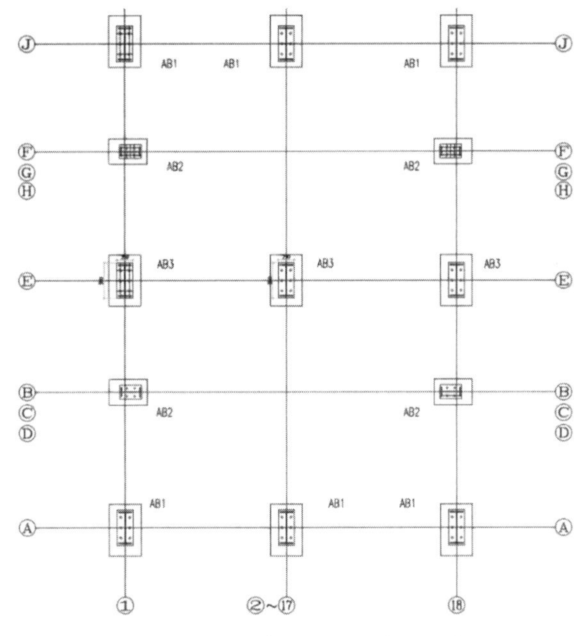

图 12-15　独立基础的平面布置示意图

图 12-16　载入基础族

② 此时默认载入的基础族只有一种规格，需要建立符合图 12-15 中的 AB1、AB3 和 AB2 的基础族。在【属性】选项板中单击【编辑类型】按钮，打开【类型属性】对话框。单击【复制】按钮，复制命名为【AB1、AB3】的新族，并设置其属性参数，如图 12-17 所示。同理，再复制命名为【AB2】的新族，并设置其属性参数，如图 12-18 所示。

③ 依次将【AB1、AB3】基础族和【AB2】基础族放置在相应的位置上，结果如图 12-19 所示。放置【AB2】基础族时需要按 Enter 键来调整族的方向，另外可参考【基础锚栓布置图】中的独立基础放置尺寸进行平移操作。

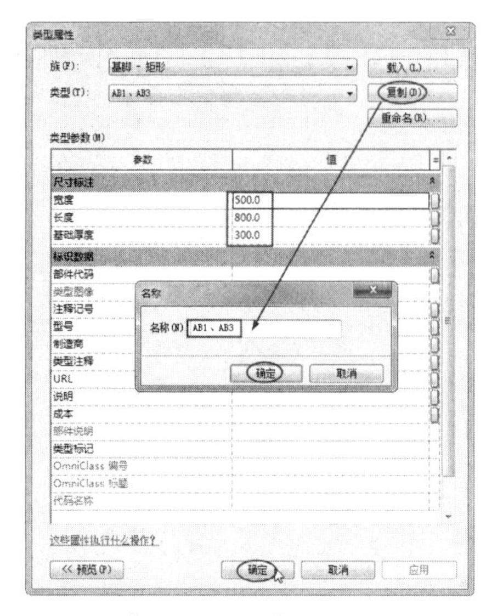

图 12-17　复制【AB1、AB3】新族并设置其属性参数

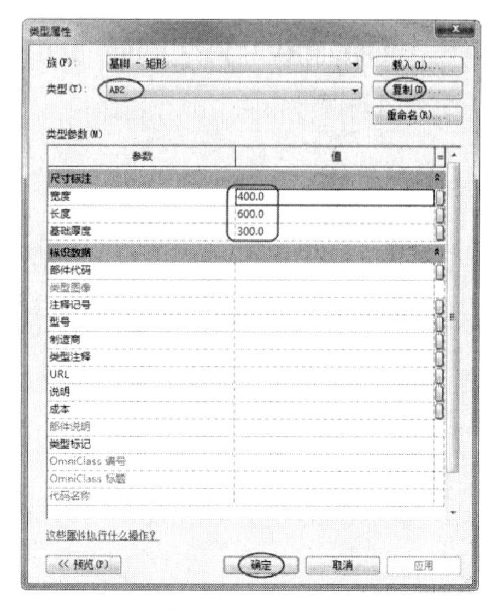

图 12-18　复制【AB2】新族并设置其属性参数

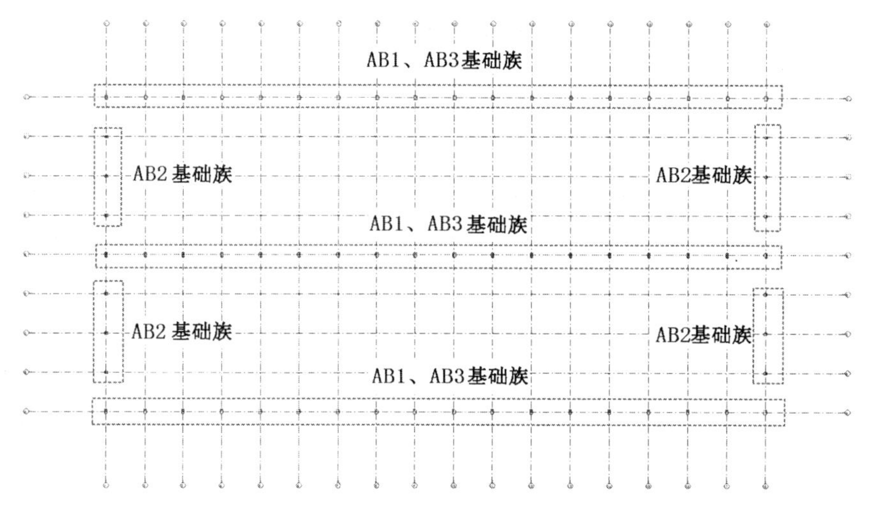

图 12-19　放置基础族

④ 框选所有基础族，在【属性】选项板中修改标高为【基础】。使所有基础族在【基础】结构平面视图中，如图 12-20 所示。

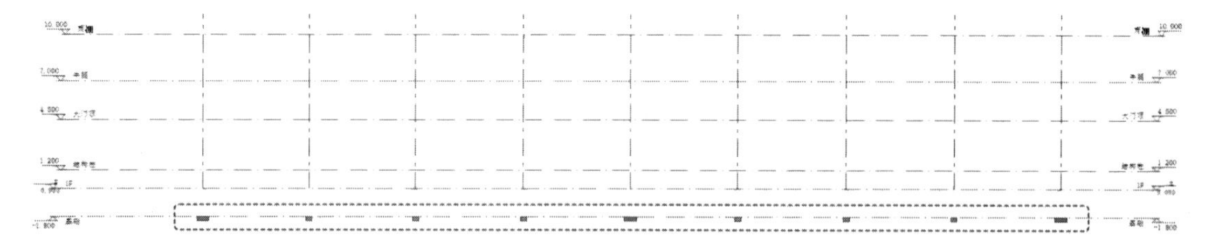

图 12-20　修改基础族的标高

技术要点：

如果在【1F】结构平面视图中无法看见基础结构平面视图中的独立基础，则可以在【属性】选项板中单击【范围】选项组的【视图范围】选项后的【编辑】按钮，在打开的【视图范围】对话框中设置【顶部】【底部】【标高】的选项均为【无限制】，即可显示独立基础，如图 12-21 所示。

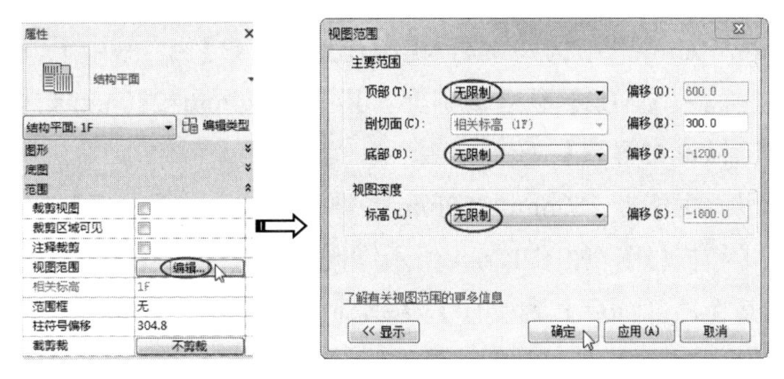

图 12-21 设置视图范围

2. 结构柱设计

① 在【结构】选项卡的【结构】面板中单击【柱】按钮，在打开的【修改|放置结构柱】上下文选项卡中单击【载入族】按钮，从 Revit 族库（C:\ProgramData\Autodesk\RVT 2022\Libraries\China\结构\柱\混凝土）中载入【混凝土-正方形-柱.rfa】结构柱族，如图 12-22 所示。

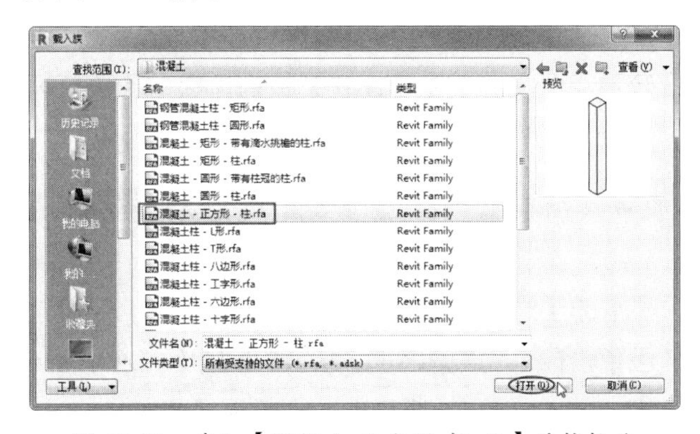

图 12-22 载入【混凝土-正方形-柱.rfa】结构柱族

② 参照前面复制独立基础族的做法，复制出两个新的结构柱族，尺寸分别为 550mm×250mm 和 340mm×220mm，如图 12-23 所示。

图 12-23 复制出两个新结构柱族

③ 将 550mm×250mm 的结构柱族插入【AB1】和【AB3】独立基础上，将 340mm×220mm 的结构柱族插入【AB2】独立基础上。其中，340mm×220mm 结构柱族的放置尺寸参考【基础锚栓布置图】。

④ 选中结构平面中所有 550mm×250mm 的结构柱族，在【属性】选项板中设置【顶部标高】为【结构柱】，如图 12-24 所示。同理，选中所有 340mm×220mm 的结构柱族，设置其【顶部标高】为【1F】，【顶部偏移】值为【500.0】。

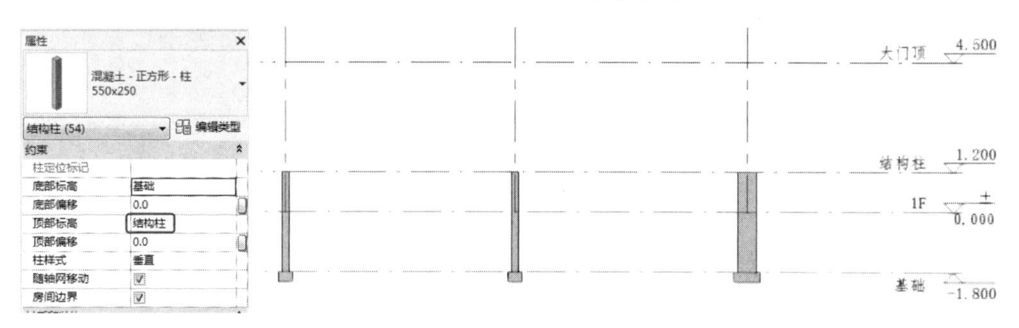

图 12-24 修改结构柱族的顶部标高

⑤ 此外，重新将Ⓔ轴线两端的两个【AB2】结构柱族的【顶部标高】设为【结构柱】。

3．结构梁设计

独立基础之间需要设计结构梁，以起到承重和连接稳固的作用。结构梁的尺寸为 200mm×450mm。

① 在【结构】选项卡的【结构】面板中单击【梁】按钮，在打开的【修改|放置梁】上下文选项卡中单击【载入族】按钮，从 Revit 族库（C:\ProgramData\ Autodesk\RVT 2022\Libraries\China\结构\框架\混凝土）中载入【混凝土-矩形梁.rfa】梁族。

② 载入的【混凝土-矩形梁 rfa】梁族中没有 200mm×450mm 的矩形梁，需要复制新族，如图 12-25 所示。

③ 在【1F】结构平面视图中绘制结构梁，如图 12-26 所示。

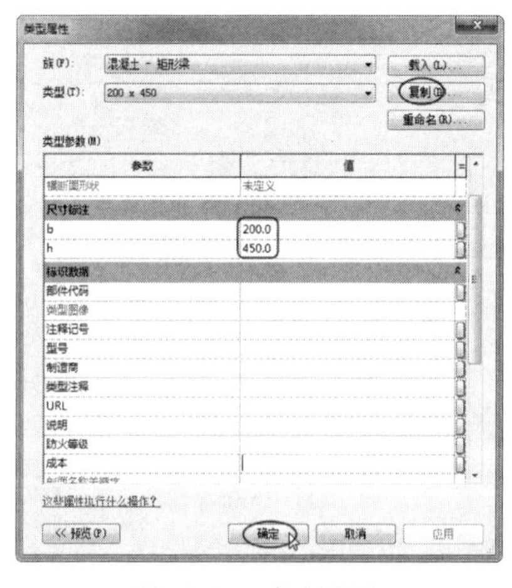

图 12-25 复制新族

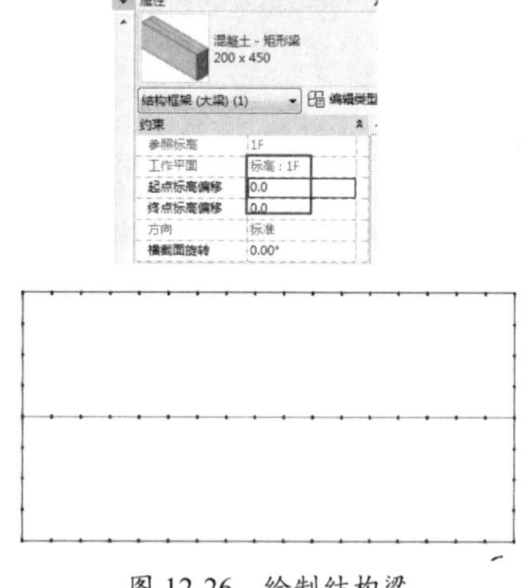

图 12-26 绘制结构梁

12.2.3　钢架结构设计

在结构基础部分设计完成后，就可以进行【1F】以上的钢架结构设计了。钢架结构设计部分包括安装钢架柱与钢架梁、安装牛腿与吊车梁、安装支撑与系杆、安装墙面与屋面檩条等。

1．安装钢架柱

① 切换到【结构柱】结构平面视图。在【结构】选项卡的【结构】面板中单击【柱】按钮，在【属性】选项板中单击【编辑类型】按钮，打开【类型属性】对话框，在原来的【UC305×305×97】普通钢柱的基础之上，复制出命名为【RH496×199×9×14】的新钢柱族，并修改属性参数，如图 12-27 所示。

② 将复制出来的新钢柱族放置在【AB1】和【AB3】结构基础位置上，并在【属性】选项板中设置【AB1】位置上的新钢柱标高和【AB3】位置上的新钢柱标高，如图 12-28 所示。

③ 同理，复制出命名为【RH300×160×6×6】的新钢柱族，将其放置在【AB2】独立基础位置（结构柱）上。安装完成的钢架柱如图 12-29 所示。

图 12-27　复制新钢柱族

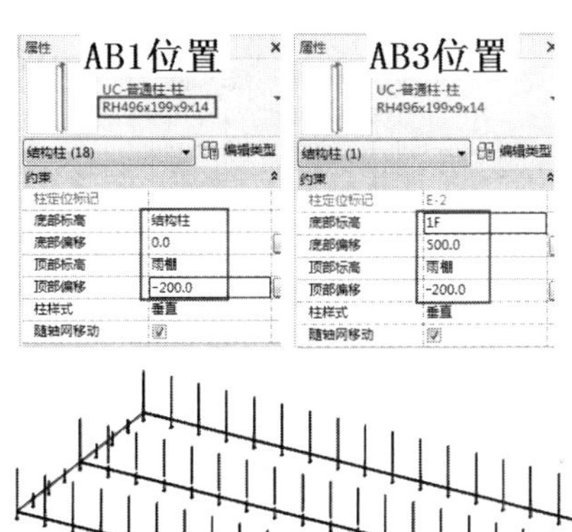

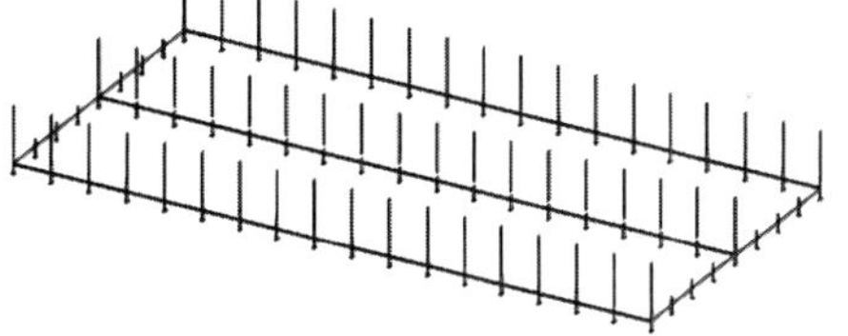

图 12-28　放置新钢柱族到相应位置并设置标高

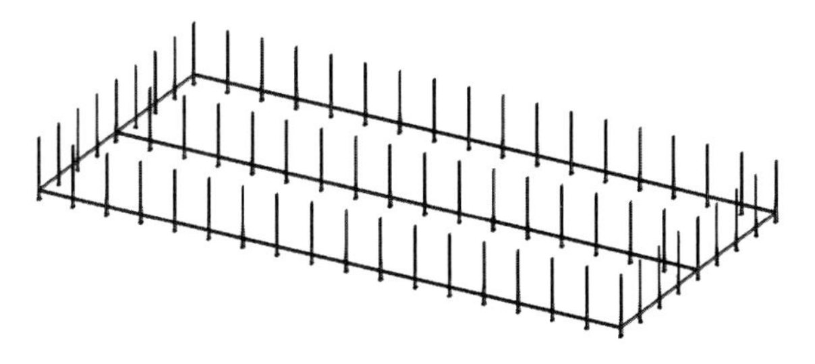

图 12-29　安装完成的钢架柱

2．安装牛腿与吊车梁

钢结构牛腿的安装方法可以参考如图 12-30 所示的示意图。吊车梁包括吊车边跨梁和吊车桥架，如图 12-31 所示。牛腿、吊车桥架和吊车梁可设计成族的形式，以缩短建模时间。

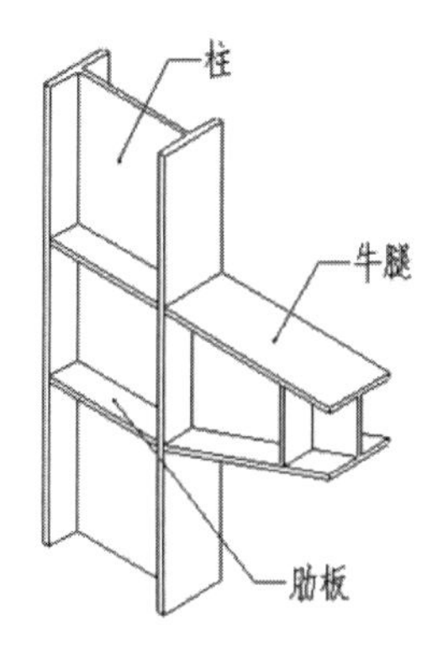

图 12-30 钢结构牛腿安装示意图

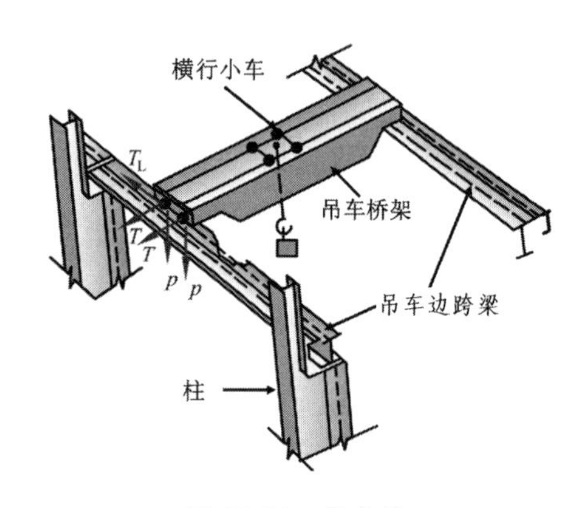

图 12-31 吊车梁

① 切换到【牛腿】结构平面视图。在【结构】选项卡的【模型】面板中单击【构件】按钮，在打开的【修改|放置构件】上下文选项卡中单击【载入族】按钮，从本例源文件夹中载入【牛腿.rfa】族到当前项目中。

② 依次将牛腿放置到钢架柱上，如图 12-32 所示。

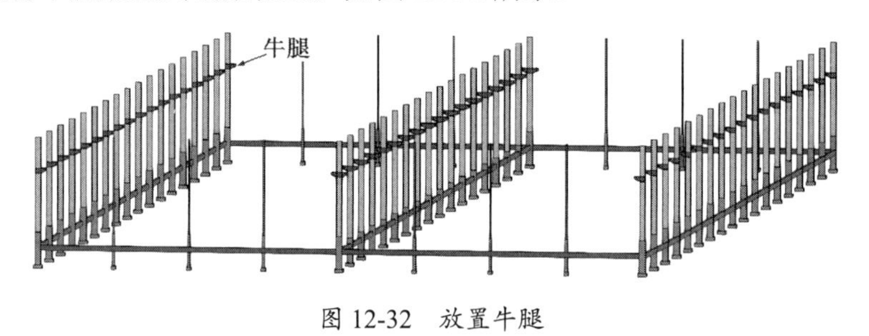

图 12-32 放置牛腿

③ 切换到【西】立面图，确保牛腿的顶部标高在 7m 处，如图 12-33 所示。如果没有在 7m 处，则可以利用【修改】选项卡中的【移动】工具移动牛腿。

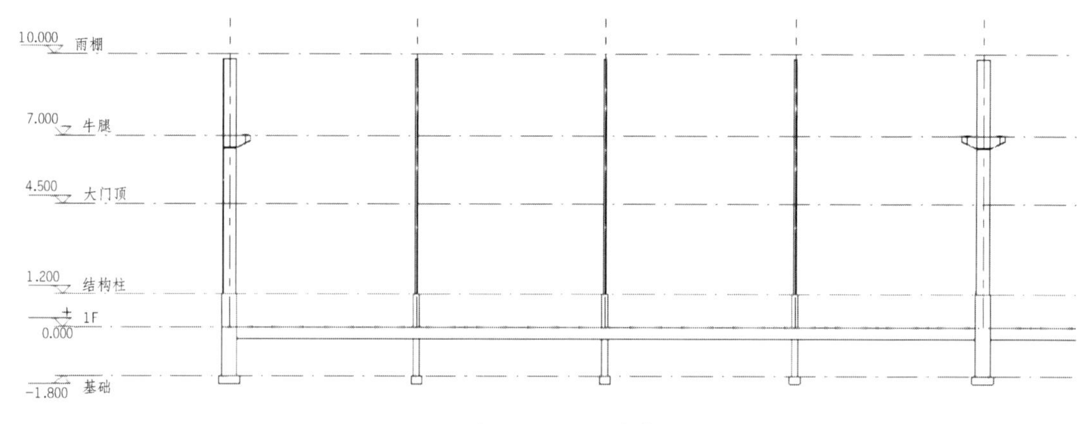

图 12-33 确保牛腿的顶部标高在准确位置

④ 在【结构】选项卡的【结构】面板中单击【梁】按钮，在打开的【修改|放置梁】上下文选项卡中单击【载入族】按钮，从本例源文件夹中载入【热轧超厚超重 H 型钢.rfa】族到当前项目中，在牛腿上绘制热轧超厚超重 H 型钢（也就是吊车梁），编辑热轧超厚超重 H 型钢的类型参数，如图 12-34 所示。

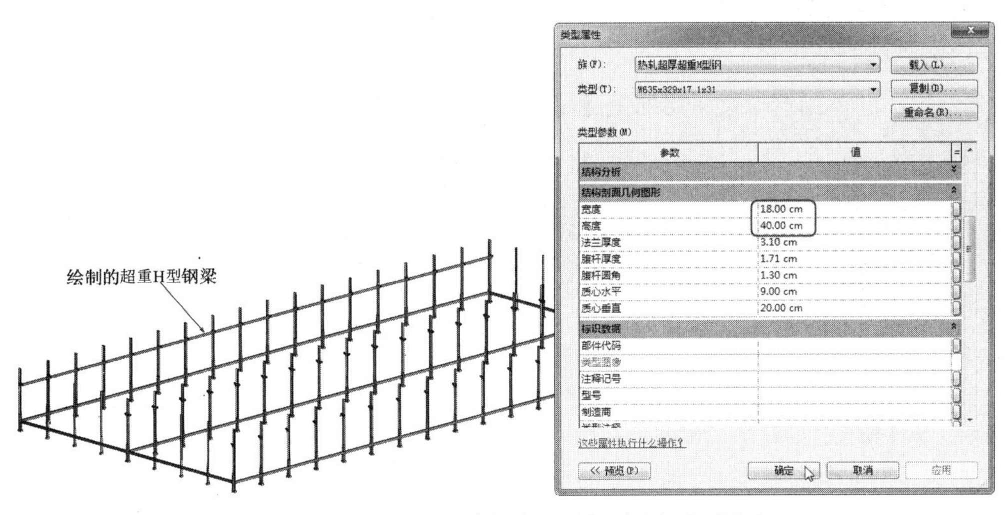

图 12-34 绘制热轧超厚超重 H 型钢并编辑类型参数

⑤ 调整吊车梁的标高，使其底部在牛腿的垫板上，如图 12-35 所示。

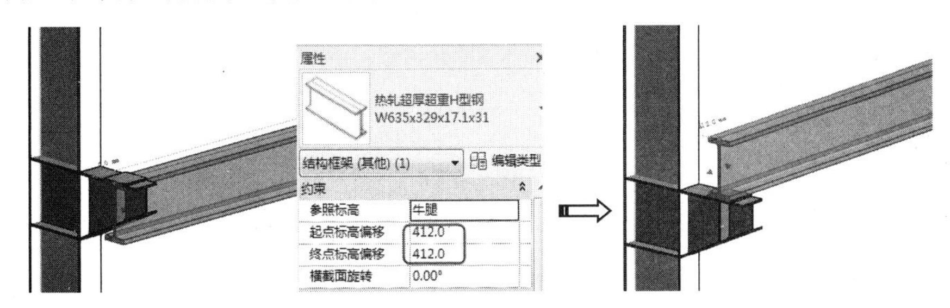

图 12-35 调整吊车梁的标高

⑥ 将吊车梁复制到其他牛腿上，完成整个厂房的吊车梁的安装。

⑦ 同理，载入本例源文件夹中的【吊车.rfa】族并放置在吊车梁之间，放置两部吊车，如图 12-36 所示。

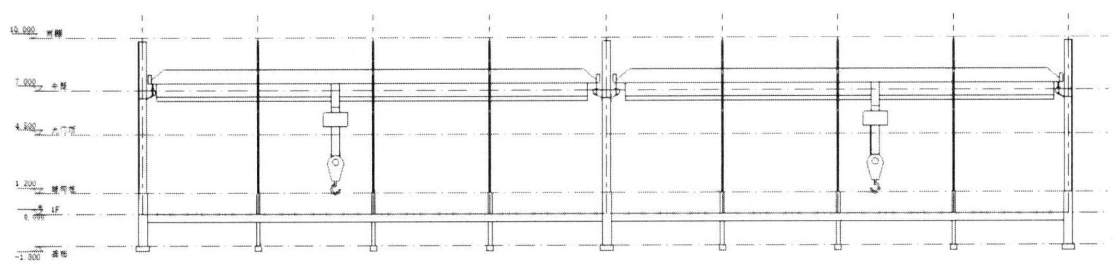

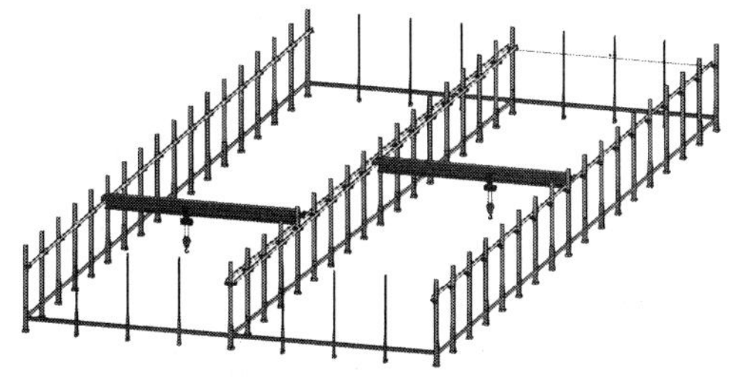

图 12-36 放置吊车族

3. 安装屋面钢架梁

本例厂房的屋面钢架梁采用的是【单坡单跨】钢架桁生形式，Revit 中没有类似的族，用户需要自定义。

① 切换到【雨棚】结构平面视图。在【插入】选项卡的【从库中载入】面板中单击【载入族】按钮，从本例源文件夹中载入【门式钢架梁-变截面梁.rfa】族到当前项目中。

② 在【结构】选项卡的【结构】面板中单击【梁系统】按钮，在【属性】选项板中设置结构梁的固定间距、对正和梁类型，如图 12-37 所示。

③ 在【修改|创建梁系统边界】上下文选项卡的【绘制】面板中单击【矩形】按钮，在结构平面视图中绘制一个包容所有钢结构柱的梁系统边界，如图 12-38 所示。

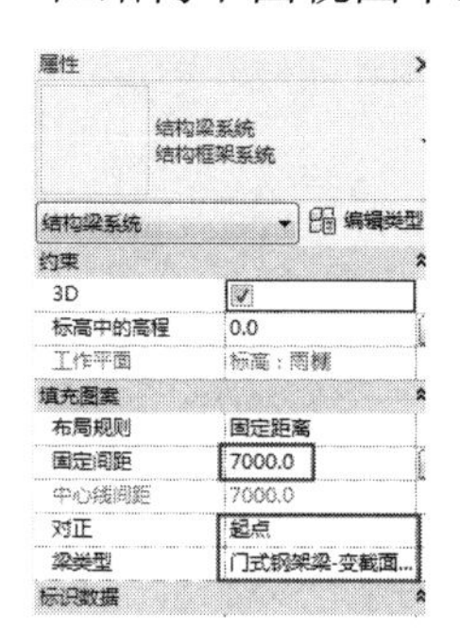

图 12-37 设置结构梁的属性参数

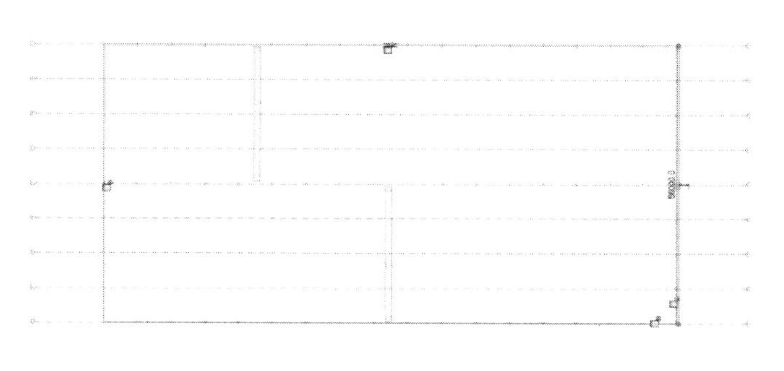

图 12-38 绘制梁系统边界

④ 利用【修改】面板中的【偏移】工具，将梁系统边界中左右两侧的边界线分别向外偏移 7000mm，如图 12-39 所示。

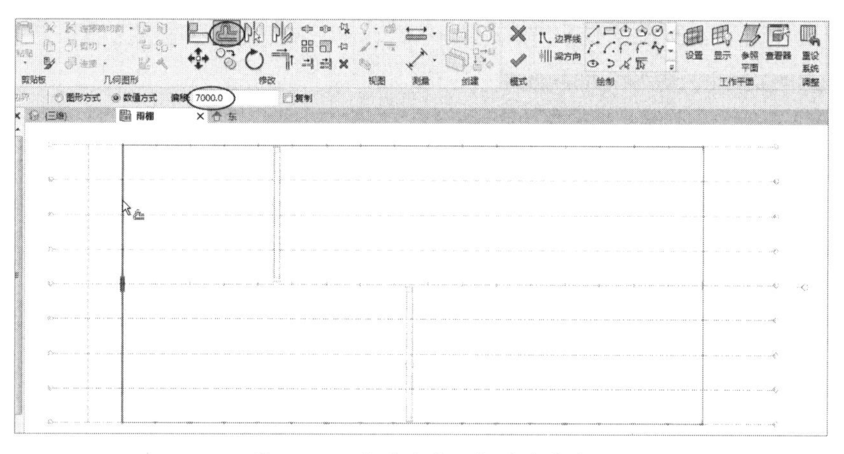

图 12-39 偏移左右两侧的边界线

⑤ 在【绘制】面板中单击【梁方向】按钮，选取梁方向的参考线（选取一条边界即可），如图 12-40 所示。

⑥ 在【修改|创建梁系统边界】上下文选项卡的【模式】面板中单击【完成编辑模式】按钮，完成梁系统的创建，如图 12-41 所示。

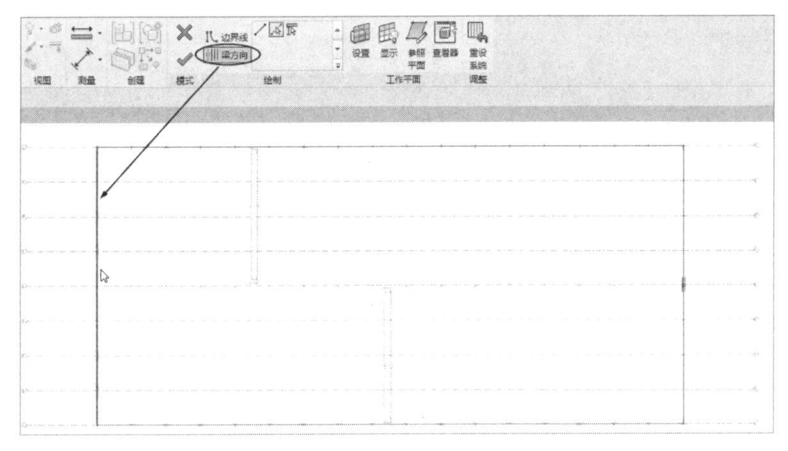

图 12-40　选取梁方向的参考线

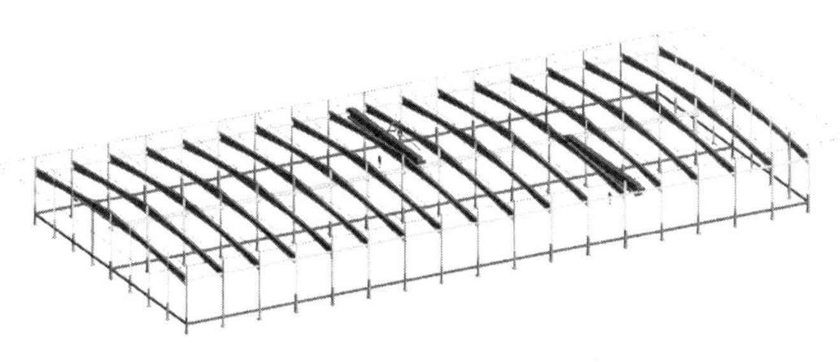

图 12-41　完成梁系统的创建

提示：

创建的钢架梁的标高是最高点的顶部与【雨棚】标高对齐。但根据图纸来看，应该是最低点（梁两端）的顶部与【雨棚】标高对齐。

⑦ 切换到三维视图，选中梁系统中的一条钢架梁，在【属性】选项板中单击【编辑类型】按钮，打开【类型属性】对话框。修改钢架梁的类型参数，单击【确定】按钮完成钢架梁的编辑，如图 12-42 所示。

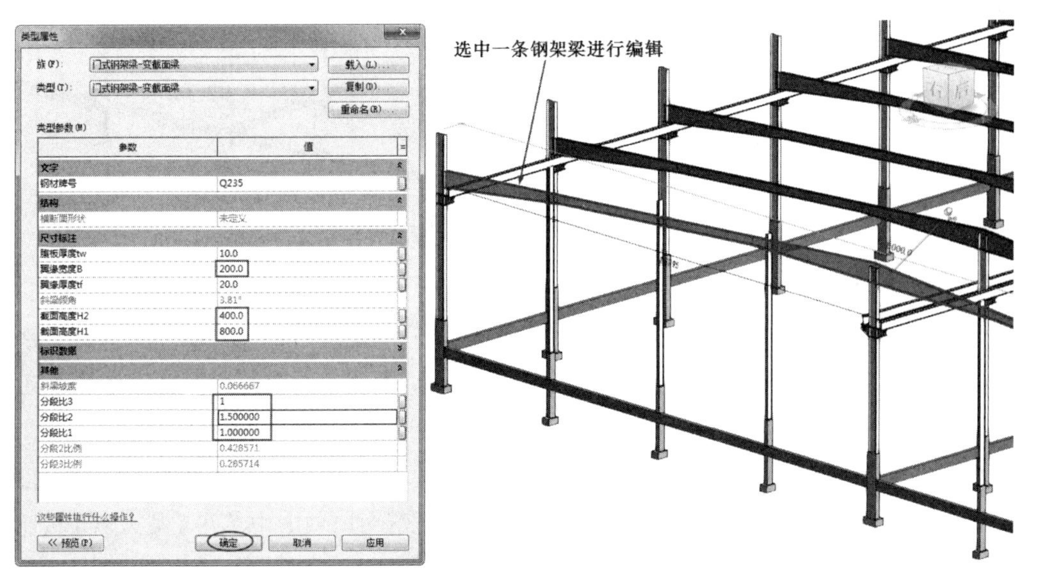

图 12-42　编辑钢架梁的类型参数

⑧ 在三维视图中选中整个梁系统，在【属性】选项板中设置【标高中的高程】值为【1650】，如图 12-43 所示。

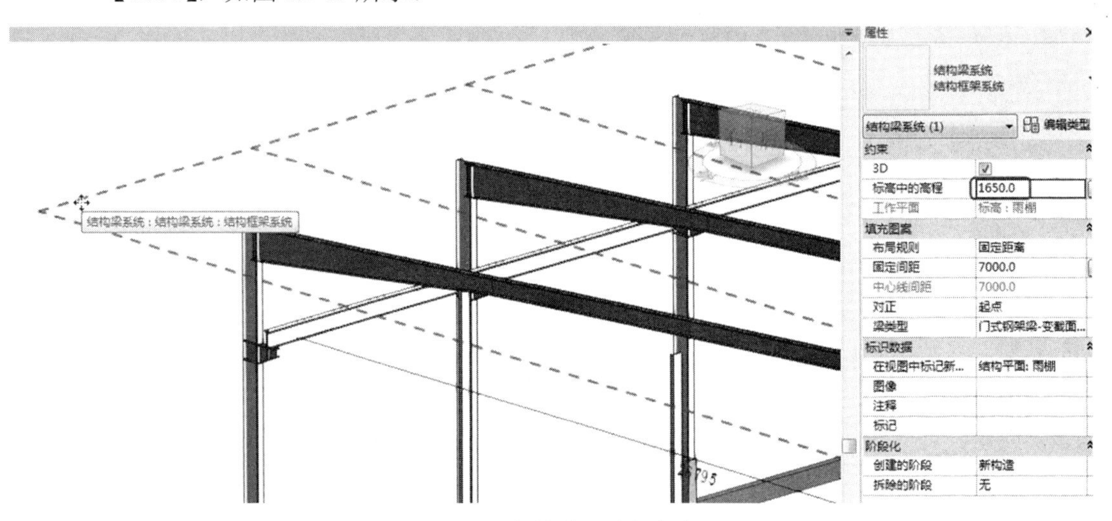

图 12-43　编辑梁系统的标高高程

⑨ 在厂房的两端，钢结构柱的顶端没有与钢架梁连接，需要进行修改。选中一根没有连接到钢架梁的钢结构柱，在打开的【修改|结构柱】上下文选项卡的【修改柱】面板中单击【附着顶部/底部】按钮，选取与钢结构柱对应的钢架梁进行附着连接，如图 12-44 所示。同理，将其余没有附着到钢架梁的钢结构柱进行附着连接（可以一次性选取多根钢结构柱进行操作）。

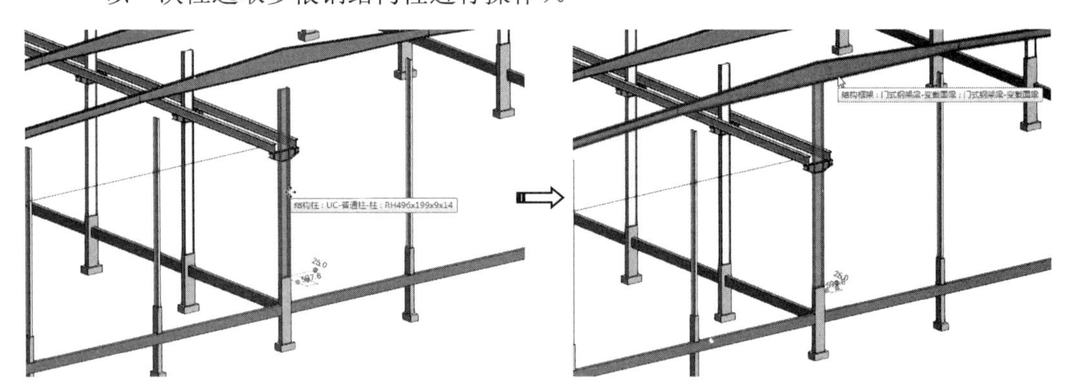

图 12-44　创建钢结构柱与钢架梁的附着连接

4. 安装支撑与系杆（连系梁）

本例厂房的支撑主要使用的材料为圆钢，有一部分为圆管，系杆材料为圆管。支撑及系杆的安装可参照【厂房门式钢结构施工总图.dwg】图纸中的【屋面结构布置图】和【轴柱间支撑布置图】。

① 安装轴柱间的支撑与系杆。切换到三维视图。在【结构】选项卡的【模型】面板中单击【构件】按钮，在【修改|放置构件】上下文选项卡中单击【载入族】按钮，从本例源文件夹中载入【系杆.rfa】族。

② 在【修改|放置构件】上下文选项卡中单击【放置在面上】按钮，在视图中①～②轴号之间选取牛腿上的一个面来放置系杆族，如图 12-45 所示。

③ 在【属性】选项板中设置系杆族的【标高中的高程】和【长度】参数，如图 12-46 所示。

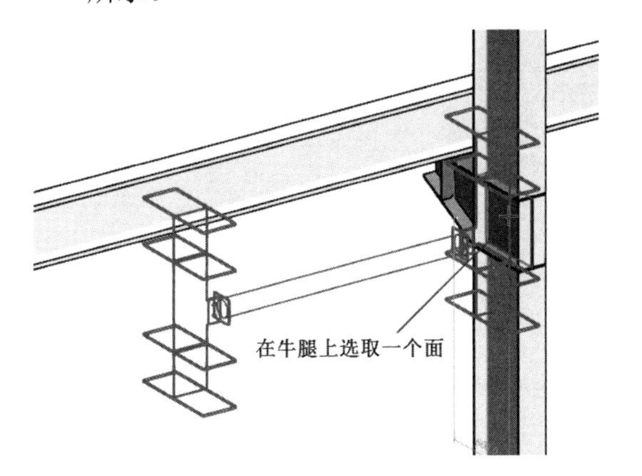

图 12-45　选取面放置系杆族

图 12-46　设置系杆族的【标高中的高程】和【长度】参数

④ 在【属性】选项板中单击【编辑类型】按钮，在打开的【类型属性】对话框中设置类型参数，如图 12-47 所示。

⑤ 单击【确定】按钮，完成系杆族的修改，结果如图 12-48 所示。

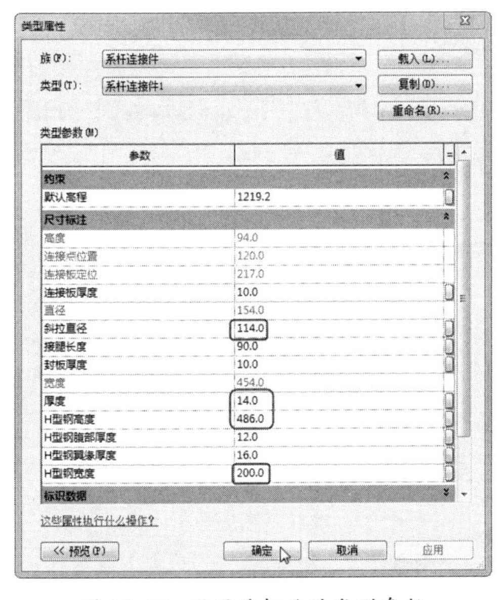

图 12-47　设置系杆族的类型参数

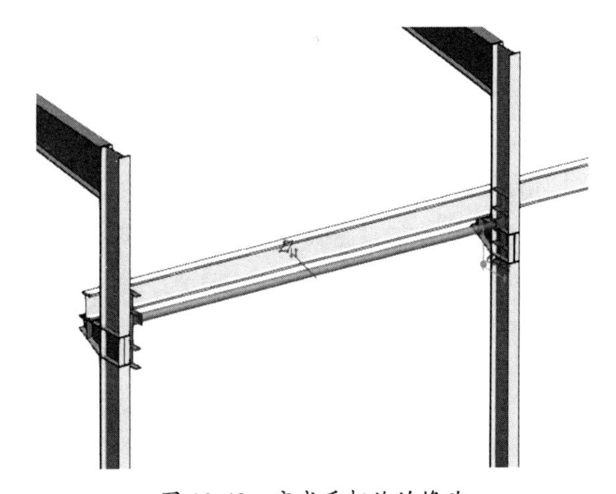

图 12-48　完成系杆族的修改

⑥ 切换到【牛腿】结构平面视图。将系杆族复制到⑥～⑦轴号之间、⑫～⑬轴号之间和⑰～⑱轴号之间的钢结构柱上。

⑦ 切换到【北】立面图。在【结构】选项卡的【结构】面板中单击【支撑】按钮，在打开的【工作平面】对话框中设置工作平面，如图 12-49 所示。

⑧ 在设置工作平面后，在打开的【修改|放置支撑】上下文选项卡中单击【载入族】按钮，打开【载入族】对话框从 Revit 族库（C:\ProgramData\Autodesk\RVT2022\Libraries\China\结构\框架\钢）中载入【圆形冷弯空心型钢.rfa】族，如图 12-50 所示。

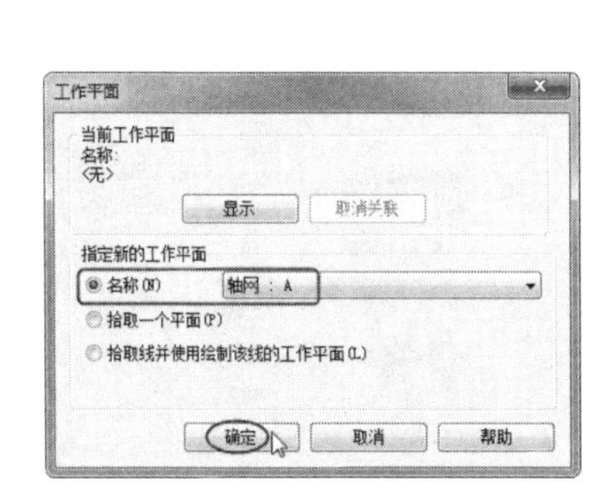

图 12-49　设置工作平面

图 12-50　载入族

⑨ 在【北】立面图的牛腿到柱脚之间绘制圆管支撑的轨迹线，如图 12-51 所示。完成绘制后按 Esc 键退出。

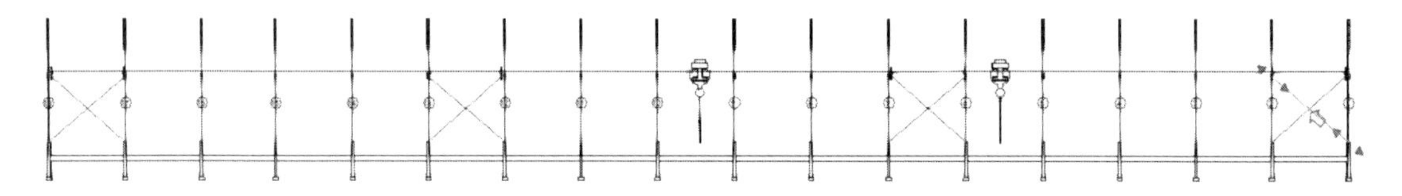

图 12-51　绘制圆管支撑轨迹线

⑩ 选取一根圆管支撑，在【属性】选项板中单击【编辑类型】按钮，在打开的【类型属性】对话框中设置圆管支撑的类型参数，如图 12-52 所示。

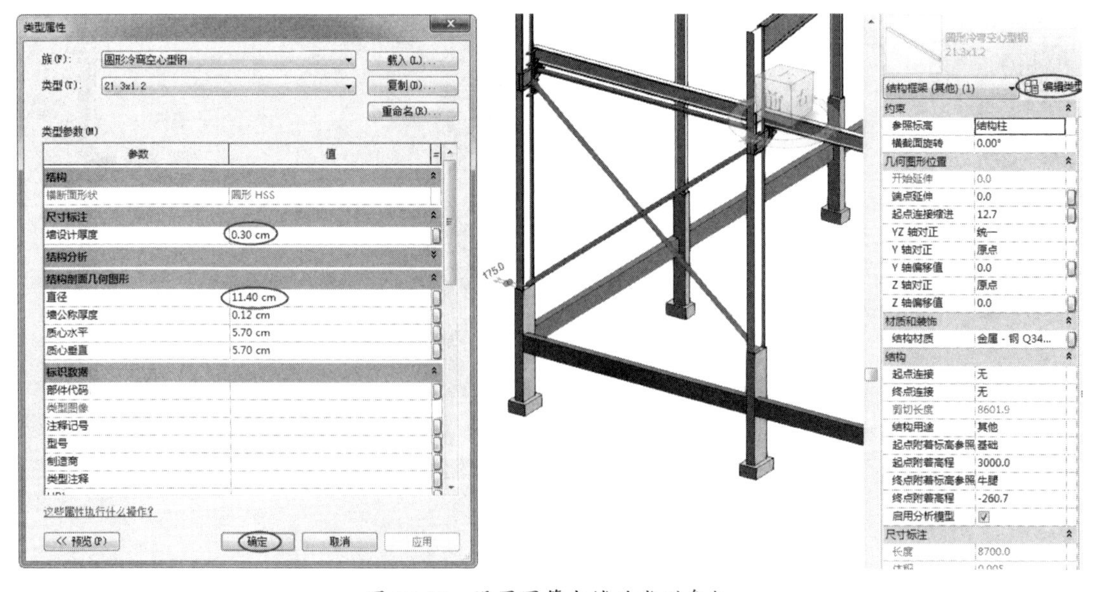

图 12-52　设置圆管支撑的类型参数

⑪ 执行同样的操作，从 Revit 族库中载入【热轧圆钢.rfa】圆钢族，绘制支撑轨迹线，完成【北】立面图中牛腿之上的支撑的创建，如图 12-53 所示。接着将圆钢的直径修改为 2cm。

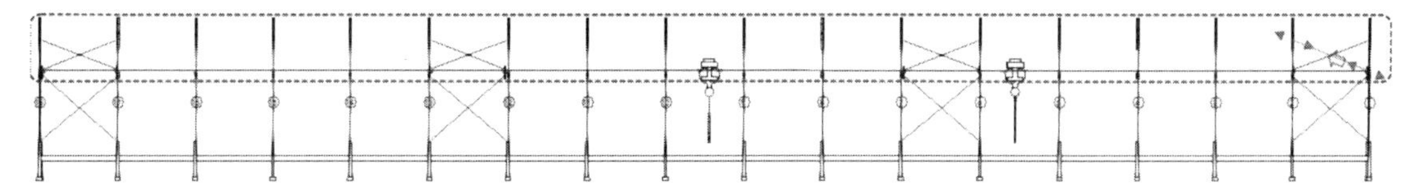

图 12-53　创建牛腿之上的支撑

⑫ 选取前面创建的圆管和圆钢支撑，复制到Ⓔ轴号钢柱和Ⓙ轴号钢柱的位置上，最终完成轴柱间支撑的安装，如图 12-54 所示。

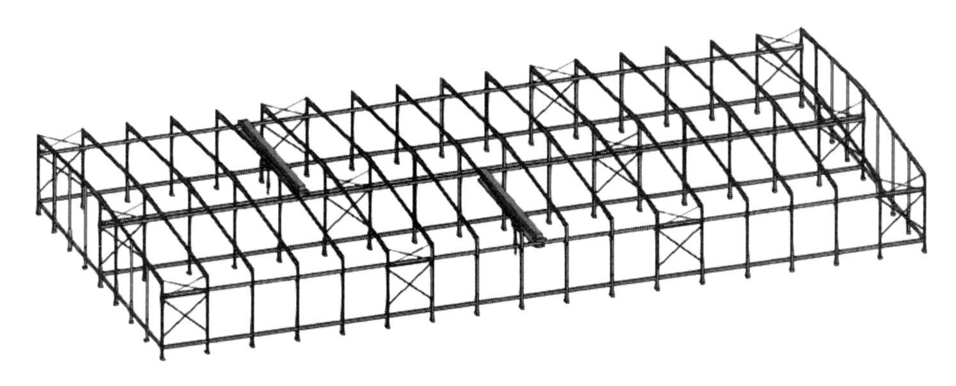

图 12-54　完成轴柱间支撑的安装

⑬ 在轴柱间的支撑安装完成后，安装屋面的支撑。屋面的支撑系统也是由ø20 圆钢和ø114 的系杆构成的。在【北】立面图中，将系杆向上复制，在【属性】选项板中设置属性参数，如图 12-55 所示。

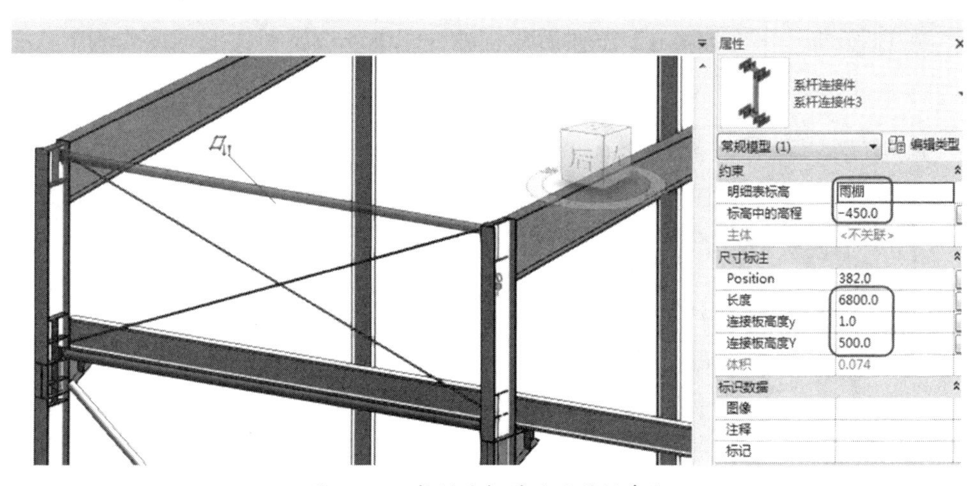

图 12-55　复制系杆并设置属性参数

⑭ 将【北】立面图中牛腿之上的系杆按照Ⓑ～Ⓙ轴编号的顺序进行复制。并依次调整系杆的标高高程。

⑮ 手动修改Ⓐ轴编号和Ⓙ轴编号上的圆钢支撑的端点位置，如图 12-56 所示。

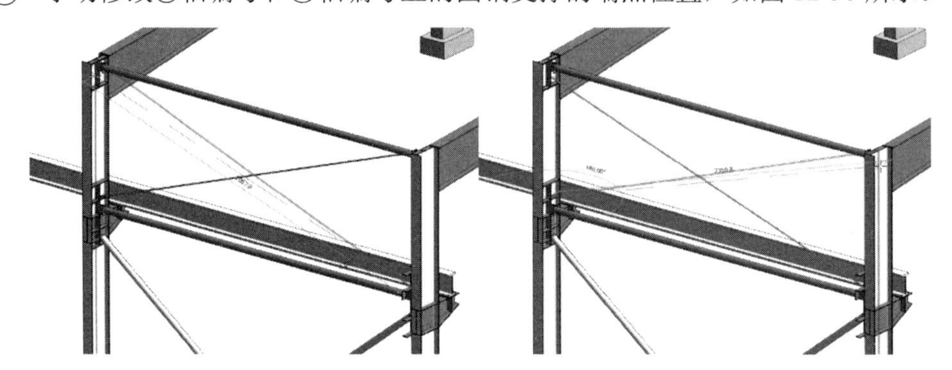

图 12-56 手动修改圆钢支撑的端点位置

⑯ 创建完成的系杆如图 12-57 所示。

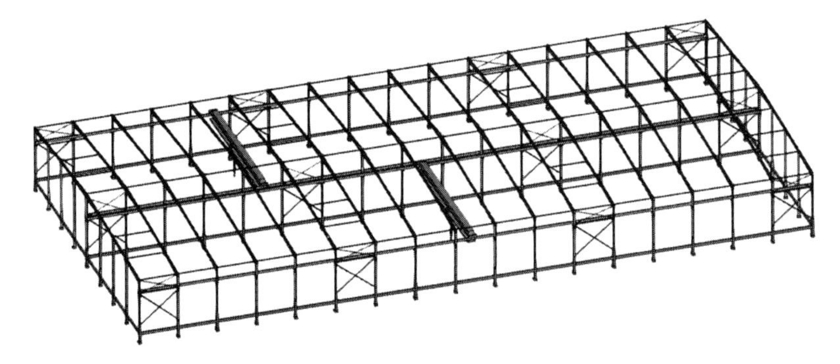

图 12-57 创建完成的系杆

⑰ 在创建屋面的圆钢支撑时，由于 Revit 不支持在创建中自由绘制轨迹线，只能在平面中绘制，因此需要创建一个临时工作平面。在【结构】选项卡的【工作平面】面板中单击【设置】按钮，打开【工作平面】对话框。选中【拾取一个平面】单选按钮，单击【确定】按钮后在三维视图中选取钢架梁的顶面作为工作平面，如图 12-58 所示。

图 12-58 指定工作平面

⑱ 切换到三维视图。利用【梁】工具来创建屋面支撑。单击【梁】按钮，选择【热轧圆钢】族作为梁族，在选项栏中勾选【三维捕捉】复选框和【链】复选框，绘制梁，如图 12-59 所示。

⑲ 利用【修改】选项卡中的【复制】工具和【镜像-拾取轴】工具，将创建的梁（屋面支撑）复制并镜像到屋面的其他系杆位置，结果如图 12-60 所示。

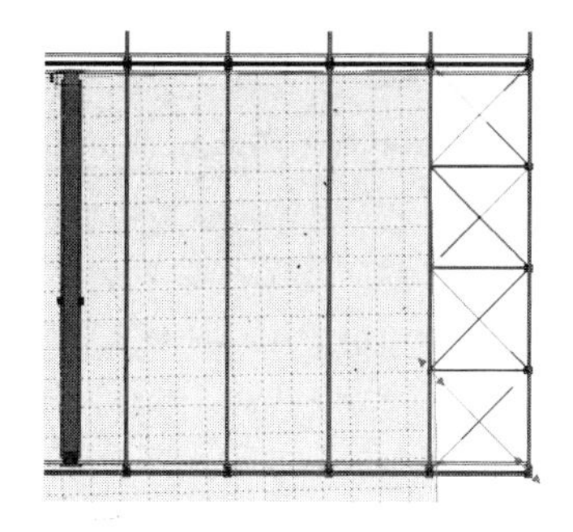

图 12-59　绘制梁（屋面支撑）

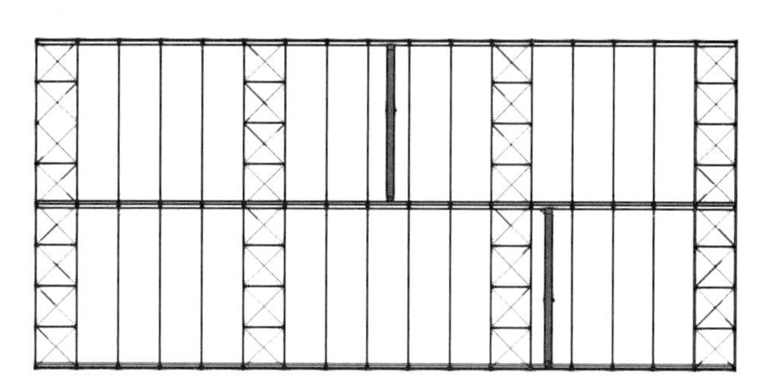

图 12-60　复制并镜像梁（屋面支撑）

5．安装檩条

在 Revit 中只能采用结构梁的形式来安装檩条。檩条族为【轻型-C 檩条-扶栏.rfa】，属于轻型钢材质。

① 切换到【雨棚】结构平面视图。在【结构】选项卡中单击【梁】按钮，从 Revit 族库（C:\ProgramData\Autodesk\RVT 2022\Libraries\China\结构\框架\轻型钢）中载入【轻型-C 檩条-扶栏.rfa】族，绘制第一条梁（屋面檩条），如图 12-61 所示。

② 绘制后在【属性】选项板中设置【横截面旋转】的值为【90°】，使梁（屋面檩条）翻转，结果如图 12-62 所示。

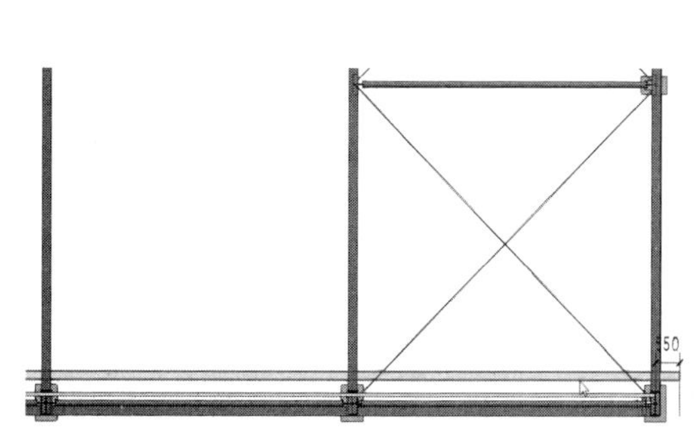

图 12-61　绘制第一条梁（屋面檩条）

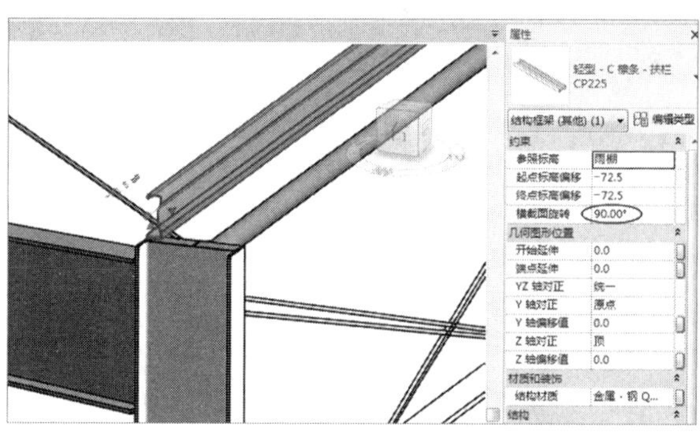

图 12-62　翻转梁（屋面檩条）

③ 切换到【西】立面图。选中梁（屋面檩条），在【修改|结构梁】上下文选项卡中单击【阵列】按钮，在选项栏中设置选项及参数，如图 12-63 所示。

④ 在【西】立面图中选取阵列的起点，如图 12-64 所示。

⑤ 选取如图 12-65 所示的阵列终点，随后自动创建阵列。阵列的结果如图 12-66 所示。

⑥ 切换到【雨棚】结构平面视图。利用【镜像-拾取轴】工具将阵列的梁（屋面檩条）镜像至Ⓔ轴编号的另一侧，最终安装完成的屋面檩条如图 12-67 所示。

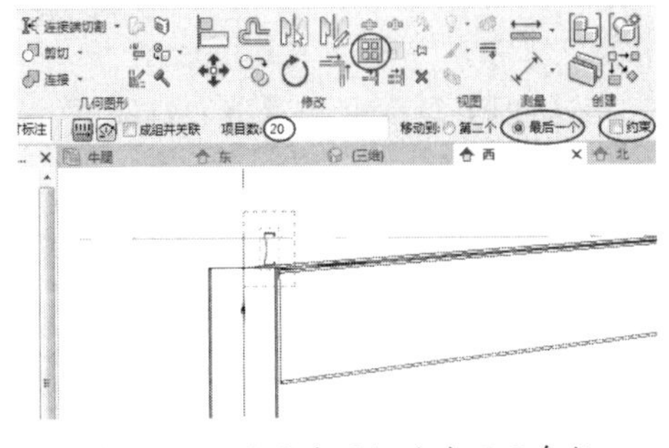

图 12-63　设置选项栏的选项及参数

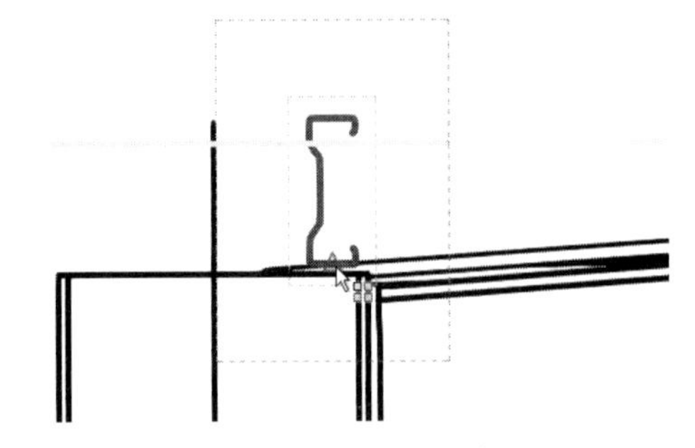

图 12-64　选取阵列起点

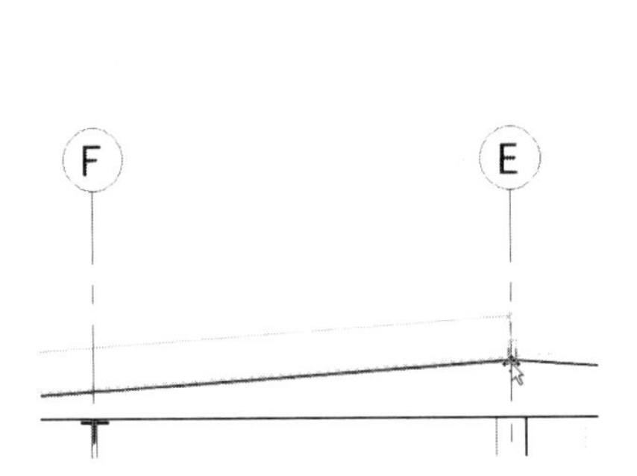

图 12-65　选取阵列终点

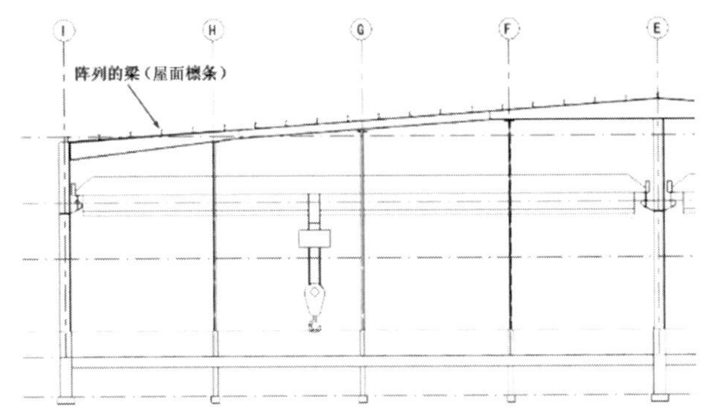

图 12-66　阵列的结果

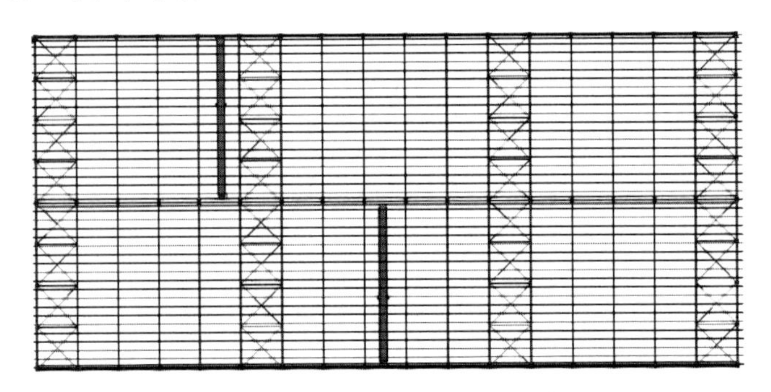

图 12-67　安装完成的屋面檩条

⑦ 安装厂房四周的檩条。切换到【北】立面图。单击【梁】按钮，绘制第一条梁（墙面檩条），如图 12-68 所示。

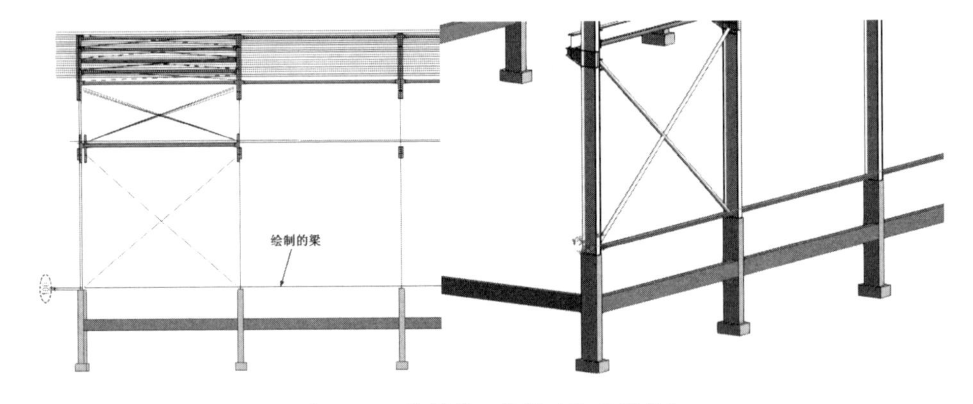

图 12-68　绘制第一条梁（墙面檩条）

⑧ 切换到三维视图。选中梁（墙面檩条），利用【对齐】工具，使梁的侧面对齐钢结构柱侧面，如图 12-69 所示。

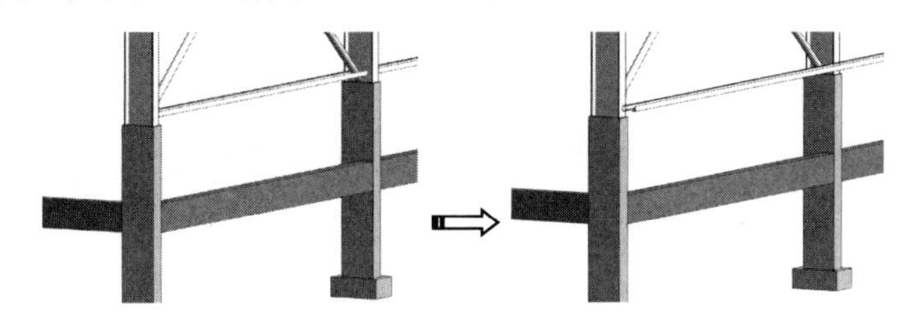

图 12-69 对齐梁侧面与钢结构柱侧面

⑨ 切换到【北】立面图。将第一条梁（墙面檩条）往上复制多条，且距离不等，如图 12-70 所示。

⑩ 将【北】立面图中的梁（墙面檩条）镜像到Ⓔ轴编号的另一侧。

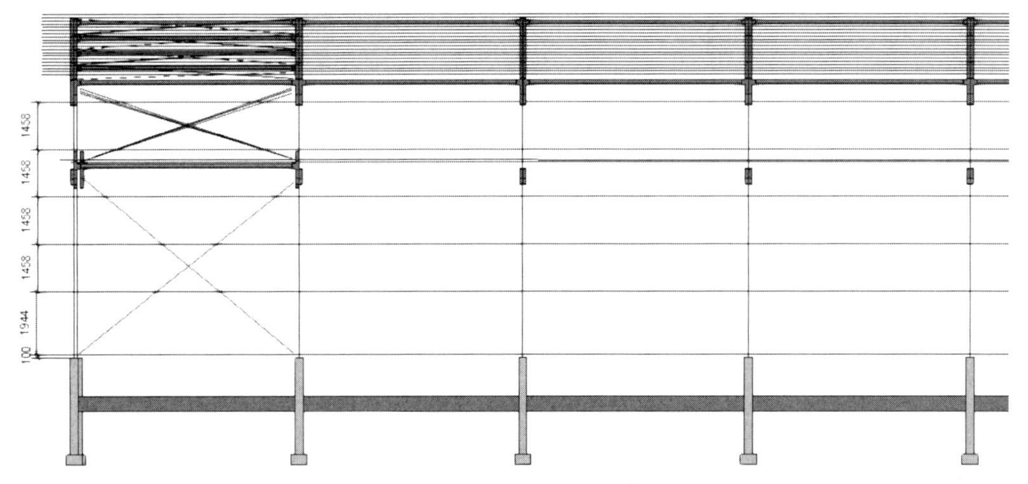

图 12-70 复制梁（墙面檩条）

⑪ 同理，在【东】立面图中绘制梁（墙面檩条），如图 12-71 所示。

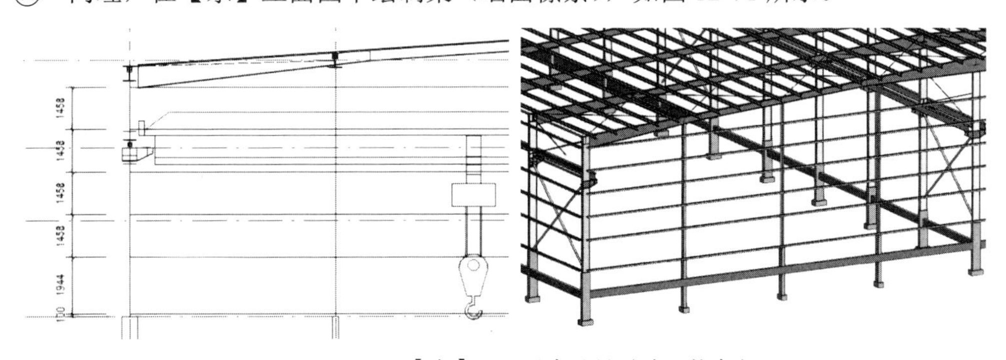

图 12-71 绘制【东】立面图中的梁（墙面檩条）

⑫ 将【东】立面图中的梁（墙面檩条）镜像到对称的【西】立面图中。最后只剩下檩条与檩条之间的拉条，拉条的创建和安装与檩条相同，但是过程会更加烦琐，鉴于本章篇幅的限制，这里不再赘述。最终设计完成的门式钢结构厂房如图 12-72 所示。

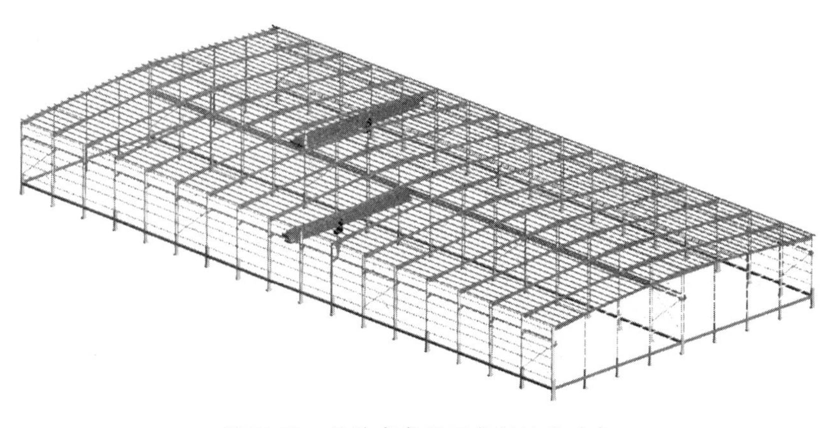

图 12-72　设计完成的门式钢结构厂房

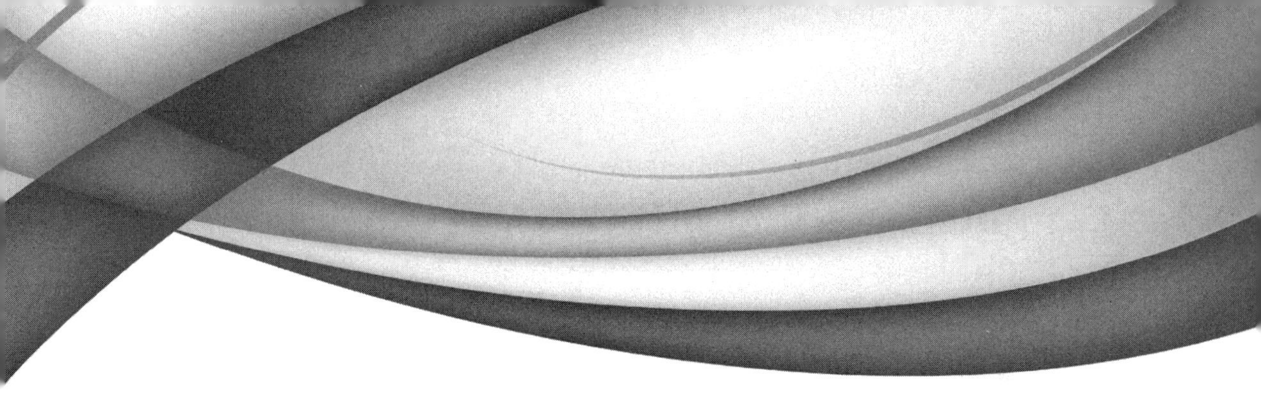

第 13 章

土建快速建模设计

本章内容

在 Revit 中进行建筑、结构及系统设计是一项操作比较烦琐的工作。由于涉及大量的建模工具和技巧的应用，因此会消耗大量的时间去完成这些烦琐的工作。国内越来越多的 Revit 插件商注意到这个建模效率的提升问题，各自推出快速翻模工具。BIMSpace 也不例外，推出了【快模】工具，此工具与 BIMSpace 的其他工具结合使用，能有效提高设计师的建模效率。

知识要点

☑ BIMSpace 乐建 2022 快模介绍

☑ 建筑与结构快模设计案例

13.1　BIMSpace 乐建 2022 快模介绍

在 BIMSpace 乐建 2022 中，广联达鸿业为用户提供了方便、快捷的快速翻模工具（快模）。快模工具就是基于 CAD 建筑图纸而进行定位、数据识别的实体拉伸的快速翻模工具。

BIMSpace 快模工具包括了土建、给排水、暖通和电气等行业在内的多类型构件的批量创建、编辑和调整功能。BIMSpace 快模工具在【快模】选项卡中，如图 13-1 所示。

图 13-1　【快模】选项卡中的快模工具

本章仅介绍【快模】选项卡【土建】面板中的建筑快模工具。【土建】面板中的建筑快模工具可以创建楼层、轴网、墙体、柱、梁及门窗等构件类型。

13.1.1　通用工具

在【快模】选项卡【通用】面板中的通用工具，主要用于建筑、结构和机电设计行业快速建模的预设，如图纸预处理、链接 CAD 和快模转化。

1.【图纸预处理】工具

【图纸预处理】工具的作用是，当一个 CAD 工程图图纸文件中出现所有楼层的建筑与机电设计图纸时，可以利用此工具按楼层来拆分图纸。

在【快模】选项卡的【通用】面板中单击【图纸预处理】按钮，通过【打开】对话框打开一建筑总图图纸，BIMSpace 快模工具会根据图纸名称及楼层来拆分图纸，拆分的结果在【图纸拆分】对话框中，如图 13-2 所示。

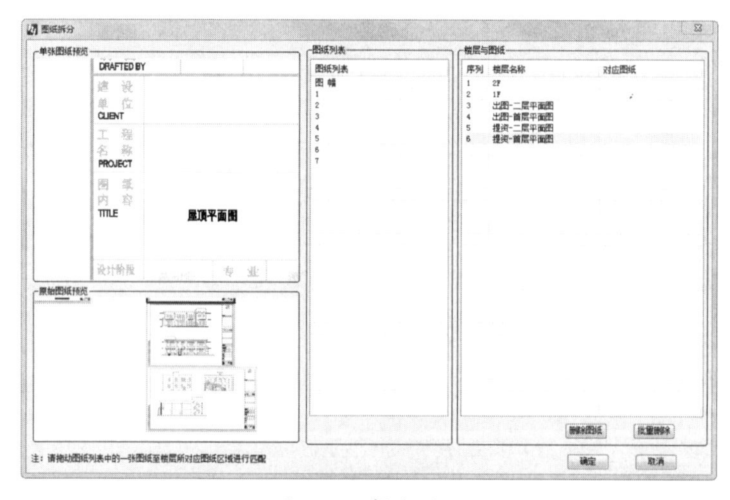

图 13-2　拆分图纸

从拆分的效果来看，总图中无论有多少图纸图幅，都会被提取出来。只是有些图纸中没有图纸名称，拆分出来的图纸也是没有楼层名称的，因此最好是通过 AutoCAD 软件打开图纸，把图纸先进行清理，再到 Revit 中进行图纸预处理操作。

如果觉得拆分的图纸是不需要的，则可以单击【删除图纸】按钮或【批量删除】按钮，删除不需要的图纸，最后单击【图纸拆分】对话框的【确定】按钮，将拆分出来并且需要的图纸进行保存。

2.【链接 CAD】工具

【链接 CAD】工具是将 CAD 图纸链接到当前项目中，此工具其实是 Revit 的模型链接工具。【链接 CAD】工具使图纸文件和项目模型之间保持连接，可以让 CAD 文件用作底图或让其包含在施工图文档集中。

可以链接的文件格式包括 AutoCAD 的 dwg/dxf 文件格式、sat 文件格式和 SketchUP 的 skp 文件格式。

3.【块模转化】工具

【块模转化】工具主要用于将云族 360 中下载的建筑族和机电族参照链接的 CAD 建筑图纸快速插入到当前项目中。目前能转化的建筑族包括管道附件、卫浴装置、专用设备（体育设施）及家具等。

在【快模】选项卡的【通用】面板中单击【块模转化】按钮，弹出【块模转化】对话框。各选项含义如下。

- 族类别。可以转化的族类型，包括管道附件、卫浴装置、专用设备和家具等族类别。
- 族名称。当从云族 360 中下载可转化的族类别后，会在【族名称】列表中显示相关分类的族。
- 相对标高。要转化的族在当前项目中的相对楼层标高。
- 块中心点-族中心。以 CAD 图纸中的“块”中心点对应族的中心点（族的重心），来放置族。

> **提示**
>
> 在 CAD 图纸中，建筑设计中常用或重复使用的那些图例，通常要做成“块”的形式，这便于在 AutoCAD 中插入，如果在 CAD 图纸中这些图例不是以“块”的形式存在，必须先做成块，否则不能在 Revit 中正确转化为族。

- 块中心点-族基点。以 CAD 图纸中的“块”中心点对应族的基点，来放置族。
- 块插入点-族基点。以 CAD 图纸中的“块”插入点对应族的基点，来放置族。

> **提示**
>
> CAD 图纸中的“块”的放置有两种，插入点和中心点。插入点是系统默认的放置点，中心点是用户定义的放置点。族的基点也是用户定义的点。

- 整层转换。是系统默认的转换方式，自动将整层中的块转化为族。
- 区域转换。选择此选项，框选要转化的区域，区域内的块自动转化为族。

13.1.2　土建工具

【土建】面板中的快模工具用于建筑设计。包括轴网设计、墙、柱、梁、门窗及房间的设计。

1.【轴网快模】工具

【轴网快模】工具用于识别 CAD 图纸中的轴线及轴号，并转换成 Revit 中的轴网图元。在【快模】选项卡的【土建】面板中单击【轴网快模】按钮，弹出【轴网快模】对话框，如图 13-3 所示。

各选项含义如下。

- 请选择轴线：选取要进行转换的 CAD 轴线。
- 请选择轴号和轴号圈：选取要进行转换的轴号和编号圆框。
- 轴网类型：选择 Revit 中的轴网族类型。
- 整层识别：根据所选设置，识别链接 dwg 图纸中的当前楼层平面全部对象，并将识别到的对象，直接转换为轴网族。
- 局部识别：根据所选设置，识别链接 dwg 图纸中当前楼层平面指定范围内的对象，并将识别到的对象，直接转换为轴网族。

2.【主体快模】工具

【主体快模】工具可以转换墙体、柱及门窗等构件。在【快模】选项卡的【土建】面板中单击【主体快模】按钮，弹出【主体快模】对话框，如图 13-4 所示。

图 13-3 【轴网快模】对话框

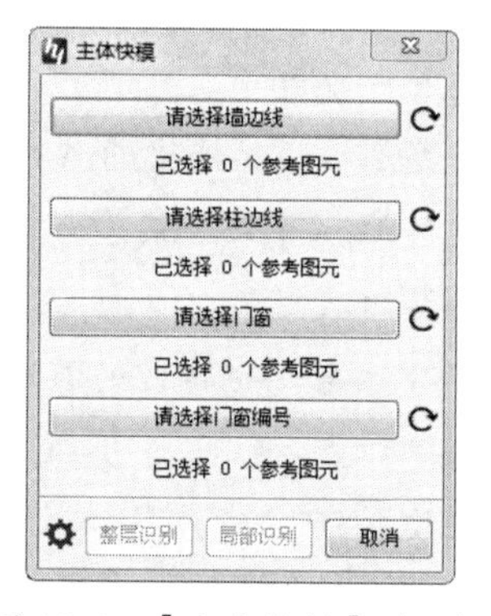

图 13-4 【主体快模】对话框

【主体快模】对话框中各选项含义如下。

- 请选择墙边线：在 CAD 图纸中选取要转换成墙体构件的墙边线（选取一条边线即可）。
- 请选择柱边线：在 CAD 图纸中选取要转换成柱构件的柱边线（选取一条边线即可）。
- 请选择门窗：在 CAD 图纸中选取要转换成门窗构件的门窗线（选取一条边线即可）。
- 请选择门窗编号：在 CAD 图纸中选取要转换成门窗构件族编号的门窗编号（选取一个编号即可）。

3.【梁快模】工具

【梁快模】工具可以将 CAD 图纸中的梁边线转换为 Revit 中的梁构件。在【快模】选项卡的【土建】面板中单击【梁快模】按钮，弹出【梁快模】对话框，如图 13-5 所示。

【梁快模】对话框中各选项含义如下。

- 拾取梁线：在 CAD 图纸中选取要转换成梁构件的梁边线。
- 拾取柱：在 CAD 图纸中选取柱图块，作为梁构件放置参考。
- 梁参数：包括梁高和梁顶偏移。梁宽由图纸中的梁边线决定，梁高在【梁高】文本框内输入。梁顶偏移指的是梁顶与楼层标高的偏移距离。

4.【房间快模】工具

【房间快模】工具可以搜索由墙面、柱、门和窗等构件合围起来的闭合区域，并创建房间。在【快模】选项卡的【土建】面板中单击【房间快模】按钮，弹出【房间快模】对话框，如图 13-6 所示。

【房间快模】对话框中各选项含义如下。

- 请选择房间名称。在 CAD 图纸中选取房间文本图块。
- 【设置】按钮。单击此按钮，会弹出【房间快模设置】对话框，如图 13-7 所示。通过该对话框，可以在不同建筑用途的建筑中重命名房间名称。修改房间名时双击房间名即可，如图 13-8 所示。

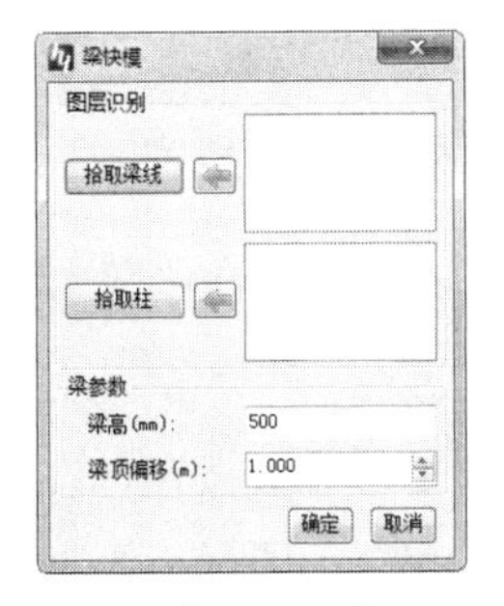

图 13-5　【梁快模】对话框

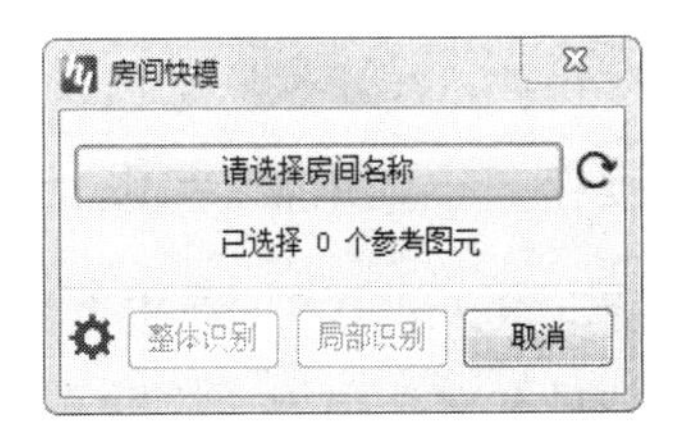

图 13-6　【房间快模】对话框

图 13-7　【房间快模设置】对话框

图 13-8　重命名房间

13.2　建筑与结构快模设计案例

从本节开始，将完整地介绍某中学的教学楼建筑设计全流程。本例教学楼模型包括建筑设计和结构设计两大部分，如图 13-9 所示。

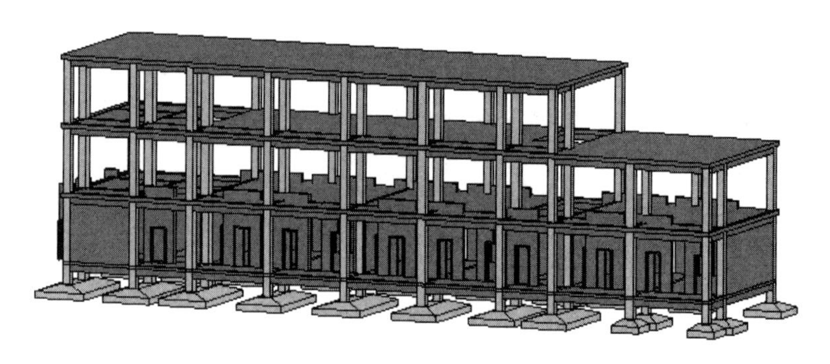

图 13-9　某中学教学楼模型

13.2.1　结构快模设计

目前结构设计部分还没有完整的快模功能，主要是通过盈建科的结构设计软件来实现。但是 BIMSpace 快模工具可以转换结构梁和结构柱，因此结构基础的转换本小节将不进行介绍。

结构设计包括基础结构设计和 1F～4F 结构设计两大部分。基础结构设计部分采用 Revit 的结构基础设计方法。楼层结构设计利用快模工具来创建。

上机操作——基础结构设计

① 启动 Revit 2022，在主页界面的【模型】组中单击【新建】按钮，在弹出的【新建项目】对话框的【样板文件】列表中选择【Revit 2022 中国样板】样板文件，单击【确定】按钮进入建筑项目环境中。

② 在【视图】选项卡【创建】面板中单击【平面视图】菜单中的【结构平面】按钮，弹出【新建结构平面】对话框。取消勾选【不复制现有视图】复选框，单击【确定】按钮完成结构平面视图的创建，如图 13-10 所示。

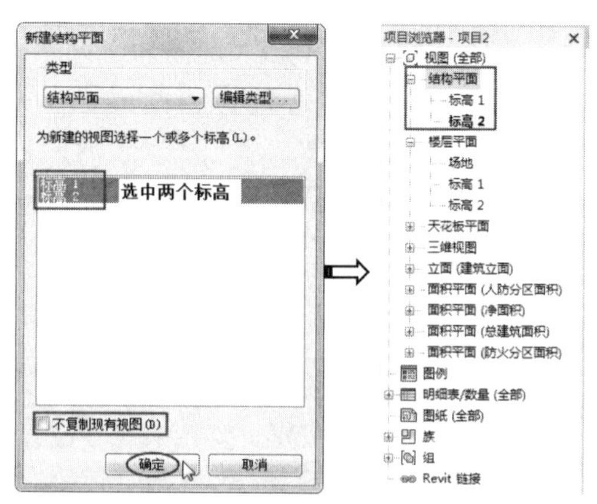

图 13-10　创建结构平面视图

③ 在项目浏览器中双击【立面（建筑立面）】视图节点下的【东】立面图，切换到东立面图，如图 13-11 所示。

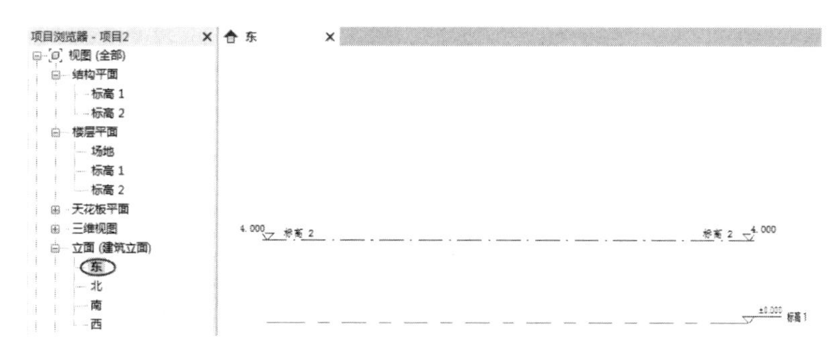

图 13-11　切换到东立面图

④ 通过 AutoCAD 软件打开本例源文件夹中的【教学楼-总图.dwg】图纸文件，参考其中的“1～10 立面图”图纸，创建建筑与结构楼层标高，如图 13-12 所示。

图 13-12　创建建筑与结构楼层标高

⑤ 在【视图】选项卡【创建】面板中单击【平面视图】菜单中的【楼层平面】按钮，弹出【新建楼层平面】对话框。在视图列表中选取室外地坪、标高 3 和标高 4 视图，单击【确定】按钮完成楼层平面视图的添加，如图 13-13 所示。

⑥ 同理，添加如图 13-14 所示的结构平面视图。在项目浏览器中选择结构平面和楼层平面来重命名，比如标高 1 重命名为【1F】，其他依次类推。

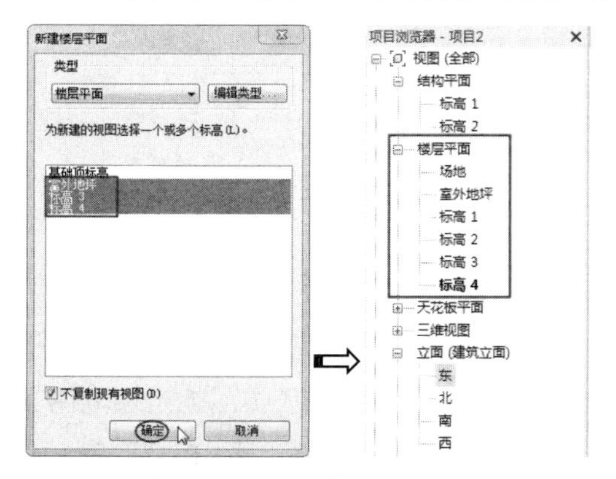

图 13-13　添加楼层平面视图

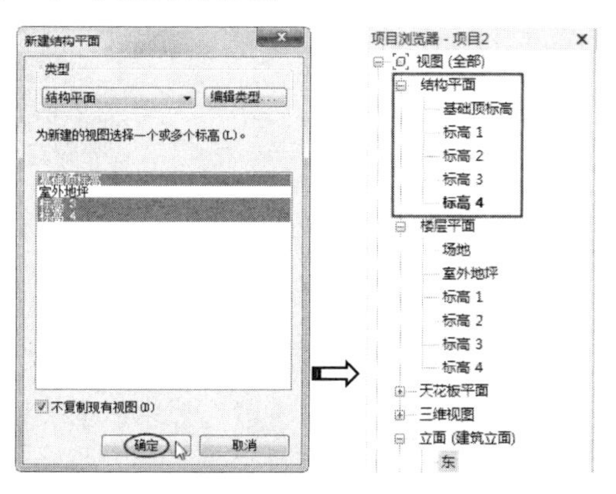

图 13-14　添加结构平面视图

⑦ 切换到【基础顶标高】结构平面视图。在【快模】选项卡【通用】面板中单击【链接 CAD】按钮，从本例源文件夹中打开【基础平面布置图.dwg】图纸文件，如图 13-15 所示。

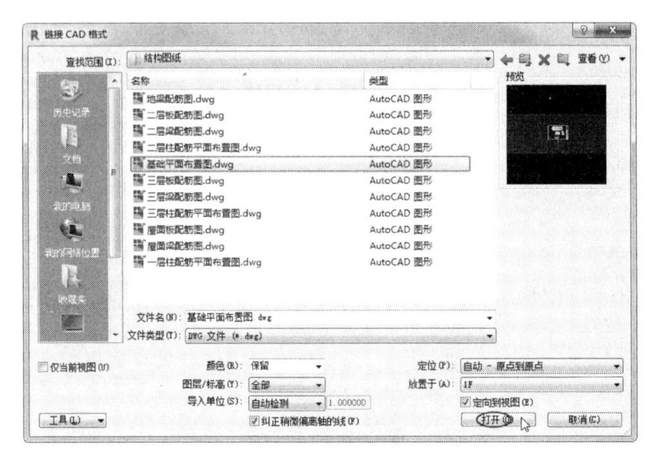

图 13-15 链接 CAD 图纸

⑧ 链接 CAD 图纸后挪动立面图标记，结果如图 13-16 所示。

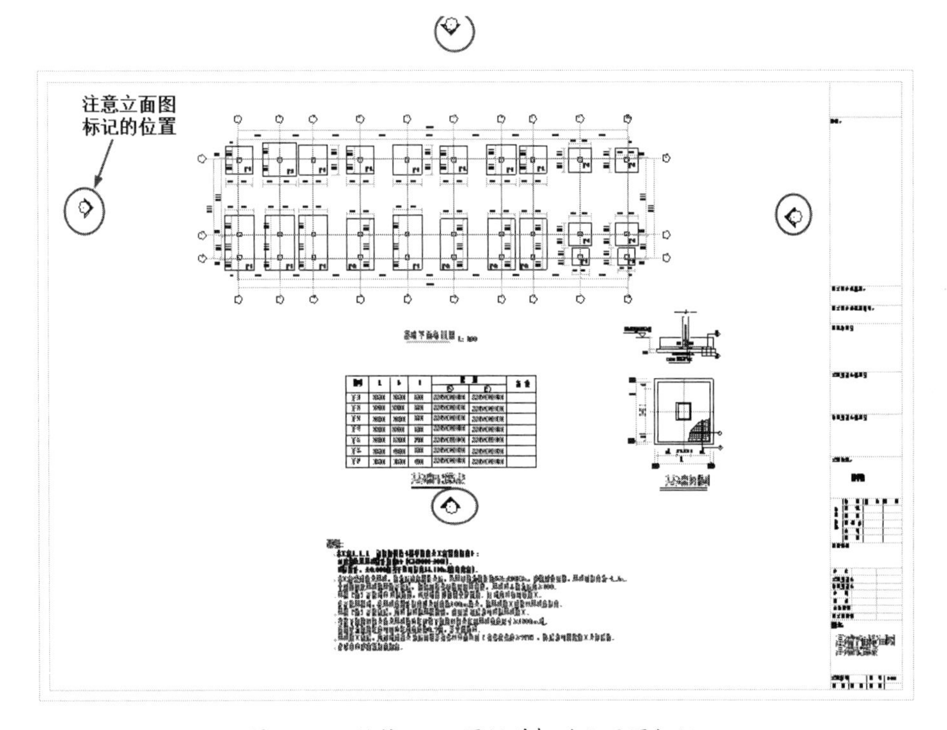

图 13-16 链接 CAD 图纸并挪动立面图标记

⑨ 在【快模】选项卡【土建】面板中单击【轴网快模】按钮，弹出【轴网快模】对话框。单击【请选择轴线】按钮，到视图中选取一条轴线（实际上是选取两条轴线，因为一条轴线被分成了两个部分，内部轴线和外部轴线），按 Esc 键确认，选取的轴线信息被提取到【轴网快模】对话框中，如图 13-17 所示。

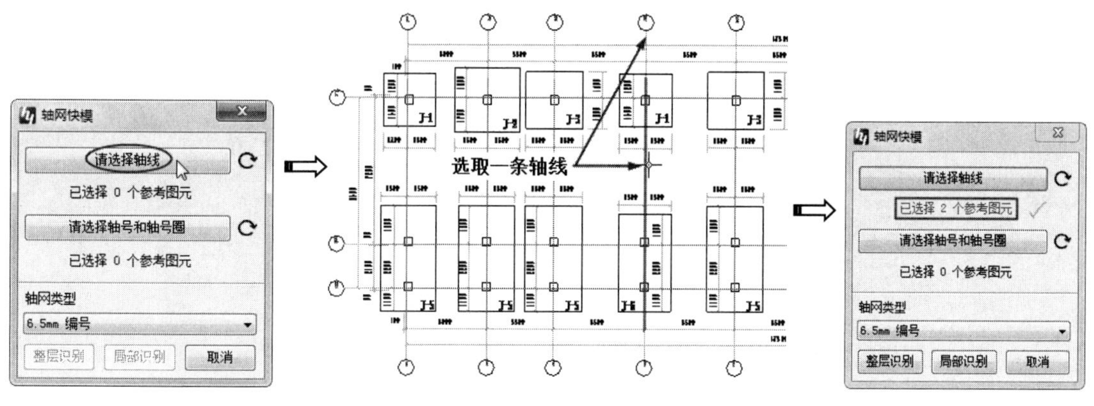

图 13-17　选取轴线

⑩　单击【请选择轴号和轴号圈】按钮，到视图中选取轴号及轴号圈，按 Esc 键或返回到【轴网快模】对话框中，如图 13-18 所示。

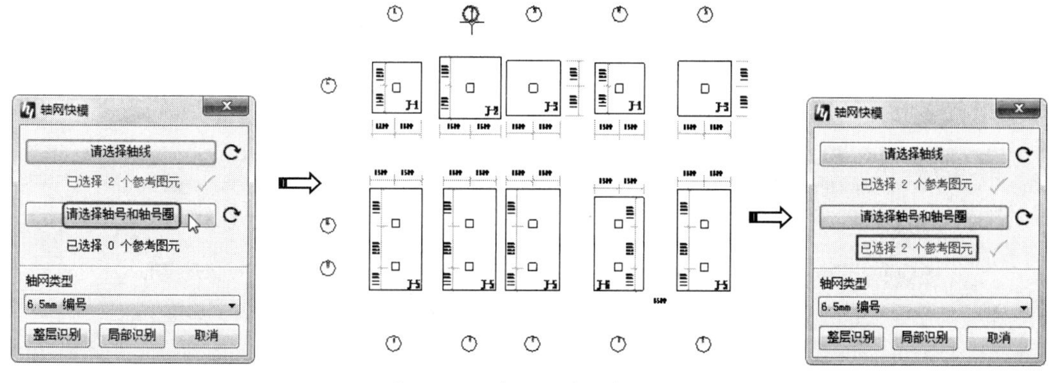

图 13-18　选取轴号和轴号圈

⑪　保留默认的轴网类型，在【轴网快模】对话框中单击【整层识别】按钮，自动创建轴网（隐藏图纸后才能看见），如图 13-19 所示。

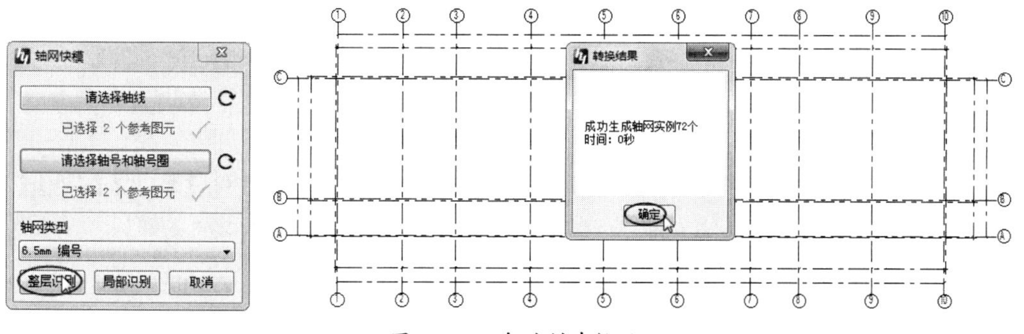

图 13-19　自动创建轴网

⑫　在【结构】选项卡【基础】面板中单击【独立】按钮，根据提示从族库文件夹（结构\基础）中载入【独立基础-坡形截面.rfa】基础族，如图 13-20 所示。

图 13-20　载入基础族

⑬ 将载入的基础族放置在图纸外，在【属性】面板中单击【编辑类型】按钮，弹出【类型属性】对话框。单击【复制】按钮，在弹出的【名称】对话框中重命名为【J-1】，单击【确定】按钮。接着参考基础平面布置图图纸，设定 J-1 独立基础的参数，完成后单击【确定】按钮，如图 13-21 所示。

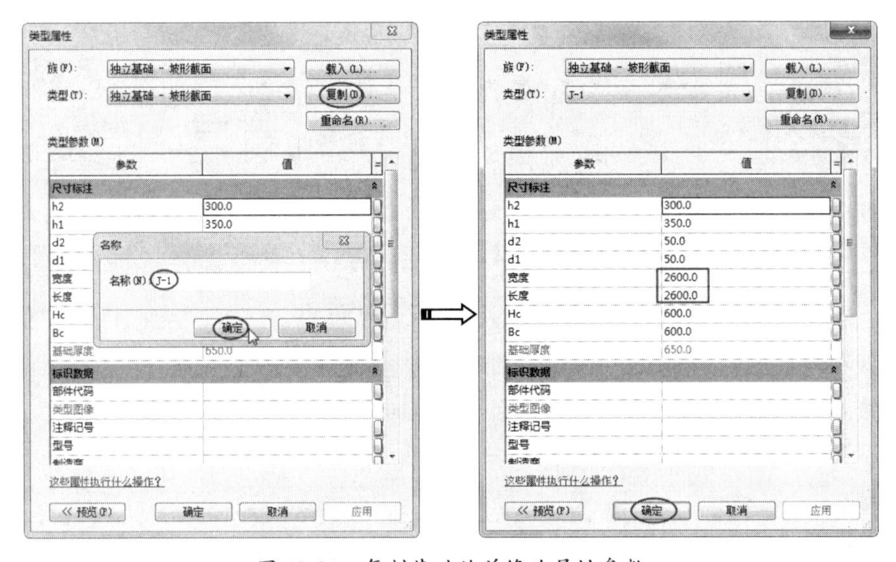

图 13-21　复制基础族并修改属性参数

⑭ 同理，参考图纸中的【基础配筋表】表格，复制出名称为【J-2】【J-3】【J-4】【J-5】【J-6】【J-7】的独立基础族，并完成各基础族的参数设置。

⑮ 参考着基础平面布置图，将复制的基础族一一放置在各自编号的位置上，结果如图 13-22 所示。

⑯ 由于独立基础上的结构柱是从基础一直到顶层的，因此可以插入结构柱族后统一修改其顶部标高为【4F】，也可以在每一层的标高位置修改结构柱的顶部标高。结构柱的编号为 KZ1～KZ8，除 KZ5 和 KZ6 的结构柱截面尺寸为 450mm×450mm，其余结构柱尺寸均为 400mm×400mm。

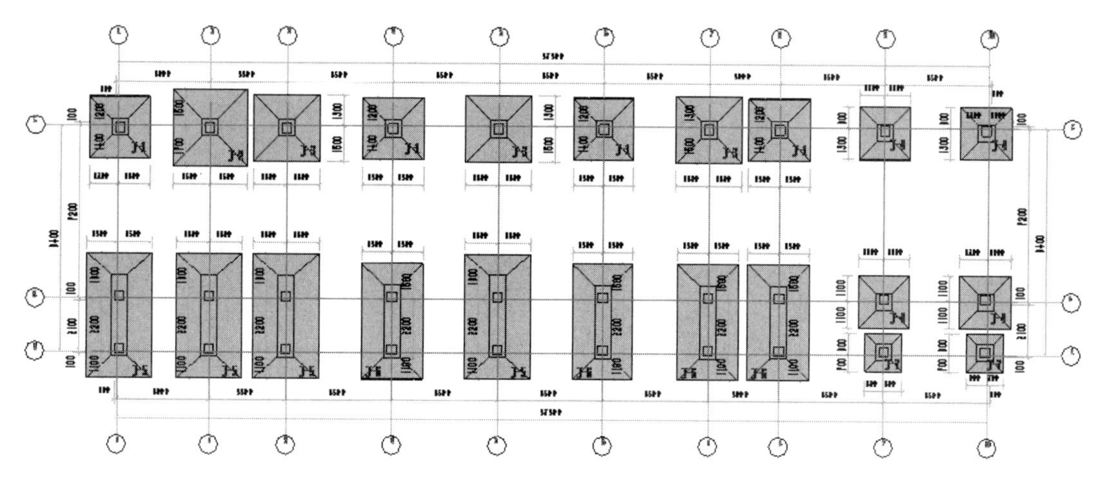

图 13-22　放置独立基础族

⑰ 将基础平面布置图图纸删除。切换到【1F】结构平面视图，并重新链接【一层柱配筋平面布置图.dwg】CAD 图纸。

⑱ 在【结构】选项卡【结构】面板中单击【柱】按钮，从族库文件夹中载入【混凝土-矩形-柱.rfa】结构柱族。参考独立基础的创建方法，将结构柱放置在各自编号的位置上，如图 13-23 所示。

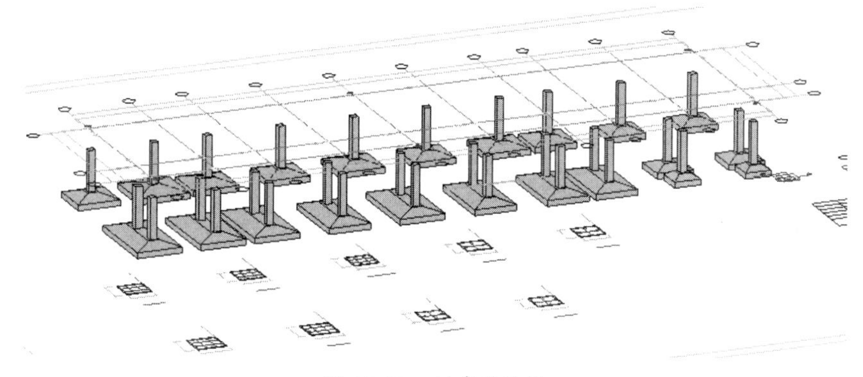

图 13-23　创建结构柱

⑲ 选中所有的结构柱，在【属性】面板中修改底部偏移和顶部标高选项，修改的结果如图 13-24 所示。

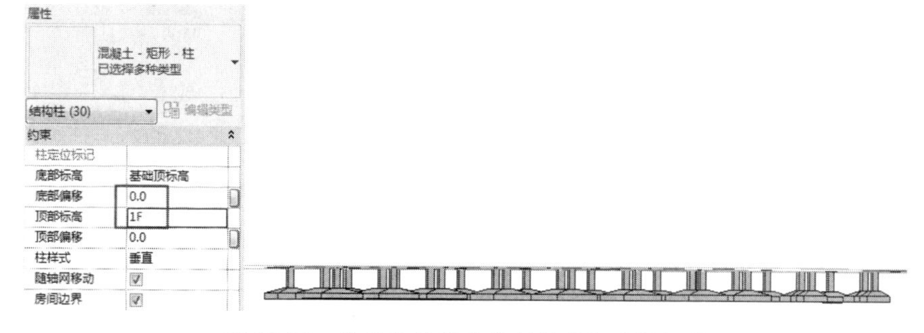

图 13-24　修改结构柱的底部偏移和顶部标高

⑳ 切换到基础顶标高视图。重新链接 CAD 文件【地梁配筋图.dwg】，如图 13-25 所示。

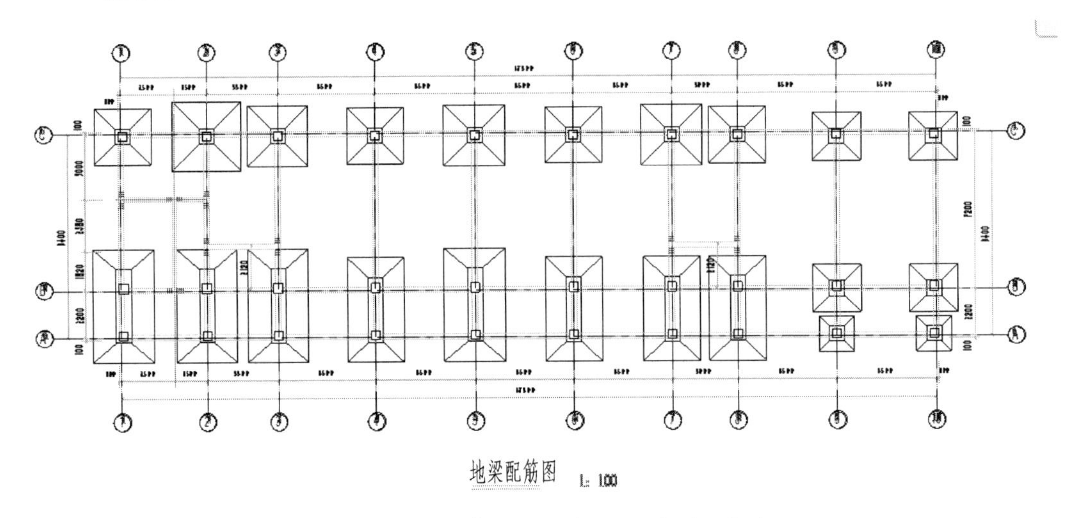

图 13-25　链接【地梁配筋图.dwg】图纸文件

㉑ 在【快模】选项卡【土建】面板中单击【梁快模】按钮，弹出【梁快模】对话框。单击【拾取梁线】按钮，在视图中选取一条梁边线（无须按 Esc 键结束选取），随后自动返回到【梁快模】对话框中，如图 13-26 所示。

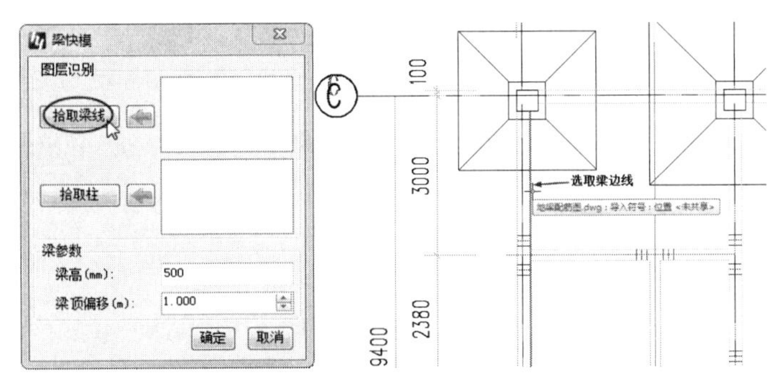

图 13-26　选取梁边线

㉒ 在【梁快模】对话框中单击【拾取柱】按钮，在视图中选取结构柱图块，并按 Esc 键返回到【梁快模】对话框，如图 13-27 所示。

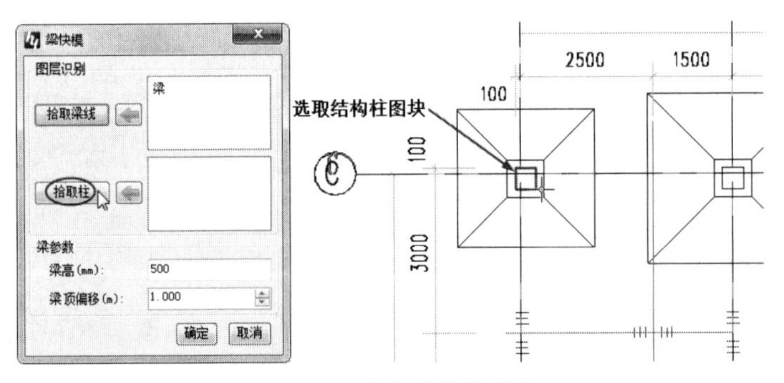

图 13-27　选取结构柱图块

㉓ 在【梁快模】对话框中设置梁参数，单击【确定】按钮完成地梁的设计，如图 13-28 所示。

技术要点：

要自动转换结构梁，须提前使用云族 360 下载梁族到当前项目中，或者到 Revit 族库文件夹中载入梁族（结构\框架\混凝土\混凝土-矩形梁），否则不能正确转换梁。

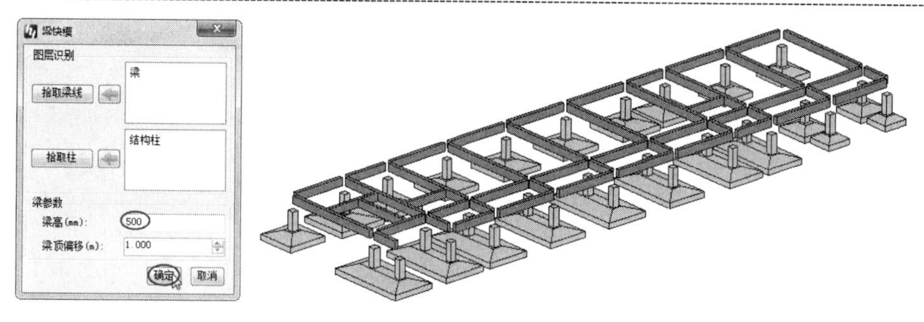

图 13-28　完成地梁的设计

㉔ 选取所有结构梁，在【属性】面板中修改结构梁的【起点标高偏移】和【终点标高偏移】的值均为【0】，结果如图 13-29 所示。

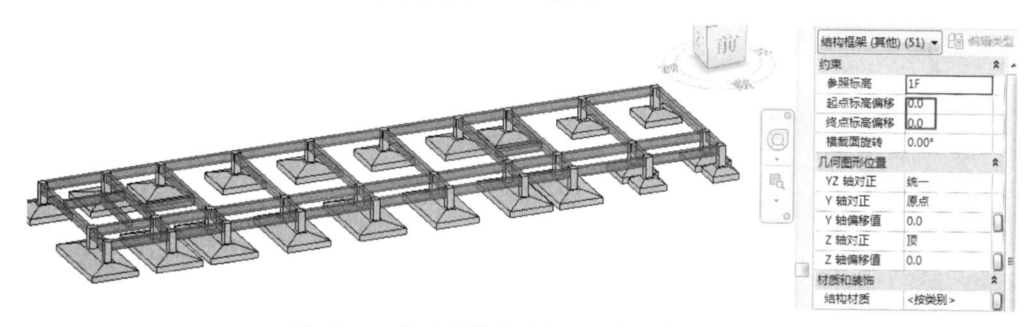

图 13-29　修改结构梁的起、终点标高偏移值

上机操作——1F～4F 结构设计

① 切换视图到三维视图。1F 楼层的结构柱就是基础柱的延伸，选中一根 400mm×400mm 的结构柱再右击，并执行快捷菜单中的【选择全部实例】|【在整个项目中】命令，将会自动选取全部同规格的结构柱，如图 13-30 所示。在【属性】面板【约束】选项组中修改结构柱的顶部标高为【2F】，如图 13-31 所示。

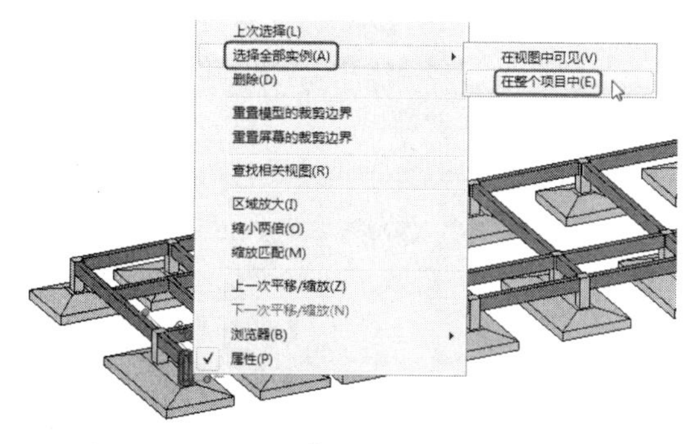

图 13-30　选取所有 400×400mm 的结构柱

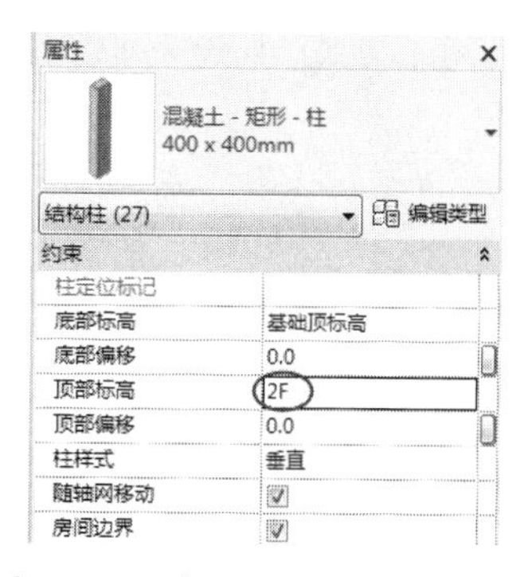

图 13-31　修改结构柱的顶部标高

② 同理，选取所有 450mm×450mm 的结构柱，修改其顶部标高为【2F】，修改顶部标高后的结构柱如图 13-32 所示。

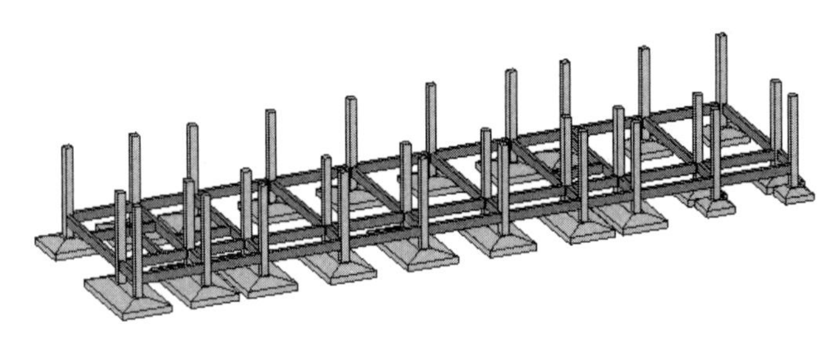

图 13-32 修改顶部标高后的结构柱

③ 1F 楼层的地板基本上采用建筑楼板，即没有钢筋的砂、石及水泥的混合物。切换到【1F】结构平面视图。在【建筑】选项卡【构建】面板中单击【楼板】按钮，绘制建筑楼板的边界线，单击【修改|创建楼层边界】上下文选项卡中的【完成编辑模式】按钮，完成一层建筑楼板的创建，如图 13-33 所示。

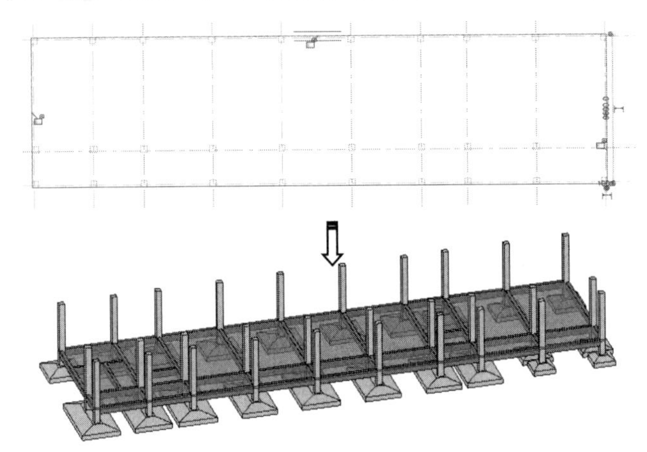

图 13-33 完成一层建筑楼板的创建

④ 切换到【2F】结构平面视图。在【快模】选项卡【通用】面板中单击【链接 CAD】按钮，将【二层梁配筋图.dwg】图纸链接到当前项目中，如图 13-34 所示。

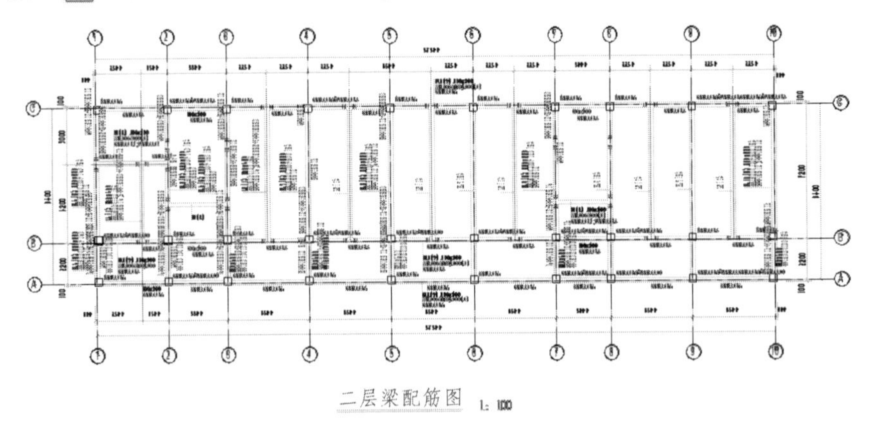

图 13-34 链接 CAD 图纸

⑤ 在【快模】选项卡的【土建】面板中单击【梁快模】按钮，弹出【梁快模】对话框。单击【拾取梁线】按钮，在视图中选取一条梁的边线并自动返回到【梁快模】对话框中，如图 13-35 所示。

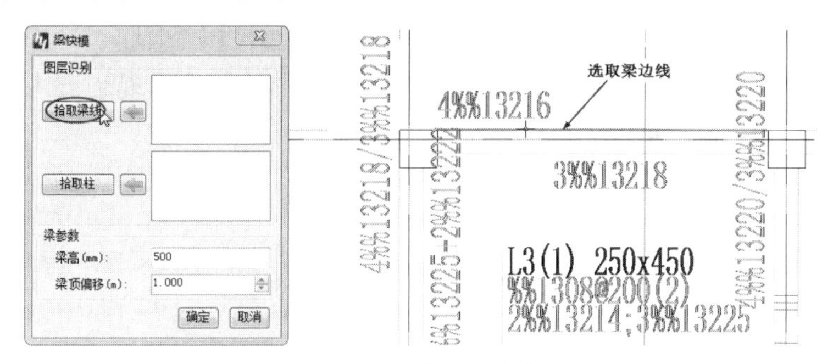

图 13-35　选取梁边线

⑥ 单击【拾取柱】按钮，在视图中选取一个结构柱图块后自动返回到【梁快模】对话框中，设置梁高为【550】，单击【确定】按钮完成 2F 楼层结构梁的创建，如图 13-36 所示。

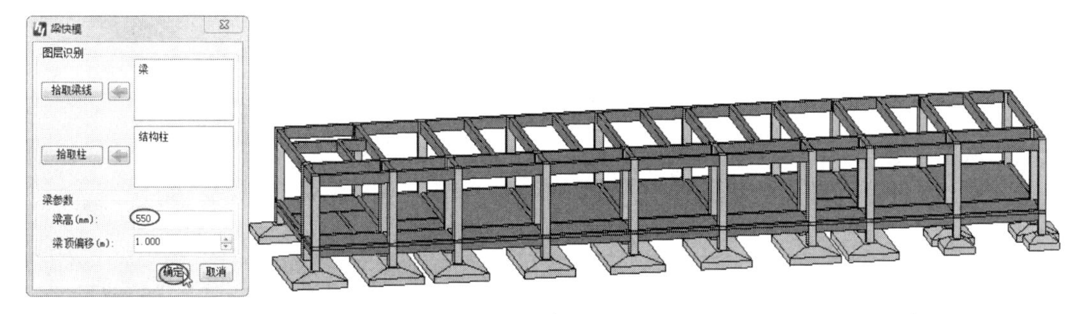

图 13-36　创建二层结构梁

⑦ 在结构梁创建后，创建 2F 楼层的结构楼板。单击【链接 CAD】按钮，将【二层板配筋图.dwg】图纸链接到当前项目中，如图 13-37 所示。

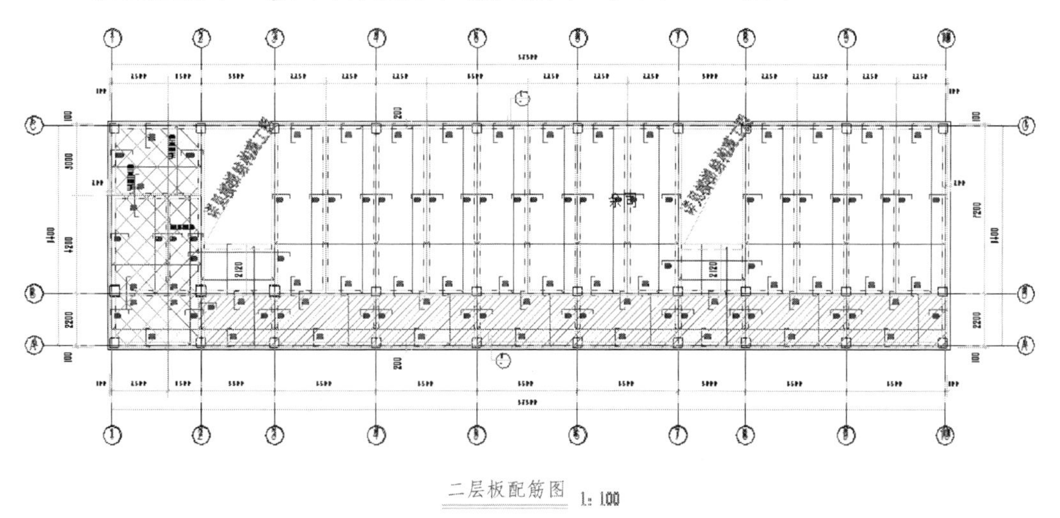

图 13-37　链接【二层板配筋图.dwg】图纸

⑧ 从【二层板配筋图.dwg】图纸中可以看出，有 3 种结构楼板。□（表示室内普通房间楼板）、▨（表示为阳台楼板，标高=2F-20mm）和▩（表示厕所、盥洗池的楼板，标高=2F-50mm）。这 3 种楼板需要逐一创建。此外，楼梯间不能创建楼板。在【结构】选项卡【结构】面板中单击【楼板】按钮，绘制普通房间（教室）的楼板边界并创建结构楼板（在【属性】面板中选择【现场浇注混凝土 225mm】楼板类型），如图 13-38 所示。

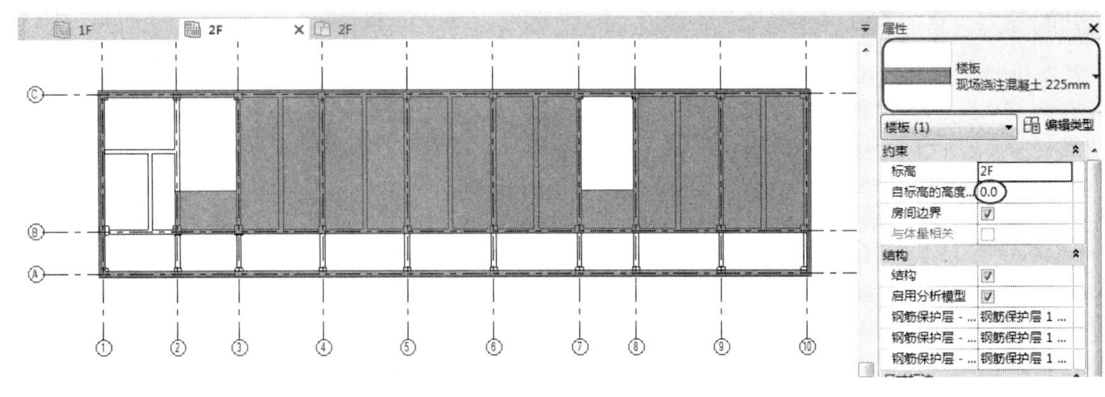

图 13-38　创建教室的结构楼板

⑨ 创建阳台的结构楼板，如图 13-39 所示。

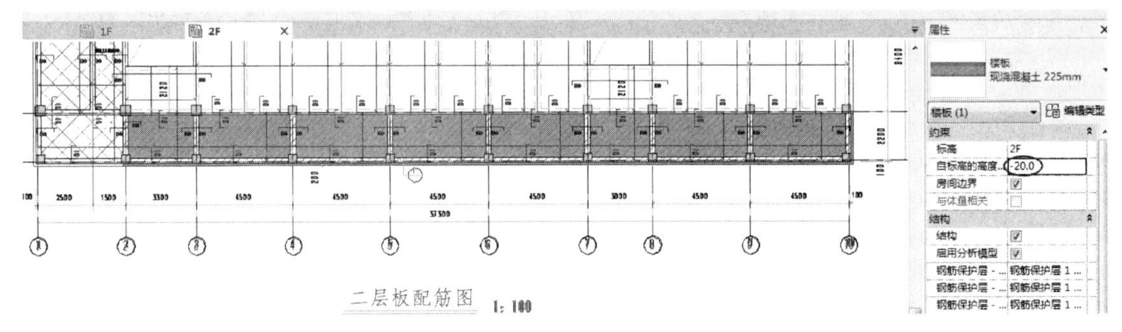

图 13-39　创建阳台结构楼板

⑩ 创建厕所及盥洗池的室内结构楼板，如图 13-40 所示。

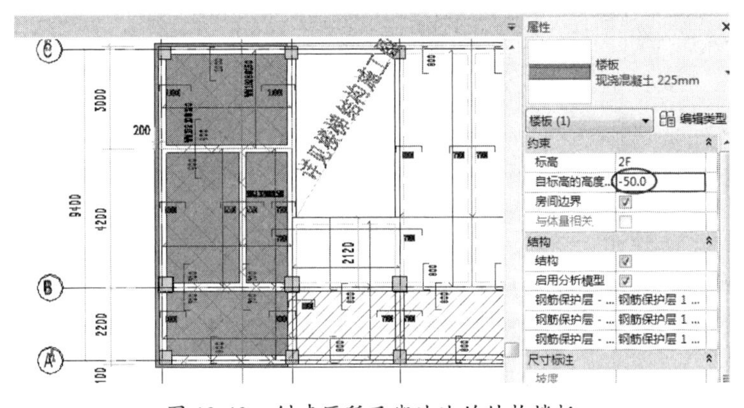

图 13-40　创建厕所及盥洗池的结构楼板

⑪ 创建 3F 楼层的结构。由于 3F 楼层的结构与 2F 楼层的结构完全相同，只是阳台部分的结构楼板需要改动一下。因此采用复制的方法来创建【3F】楼层的结构梁和结构楼板。选取所有的结构柱，在【属性】面板中修改结构柱的顶部标高为【3F】，如图 13-41 所示。

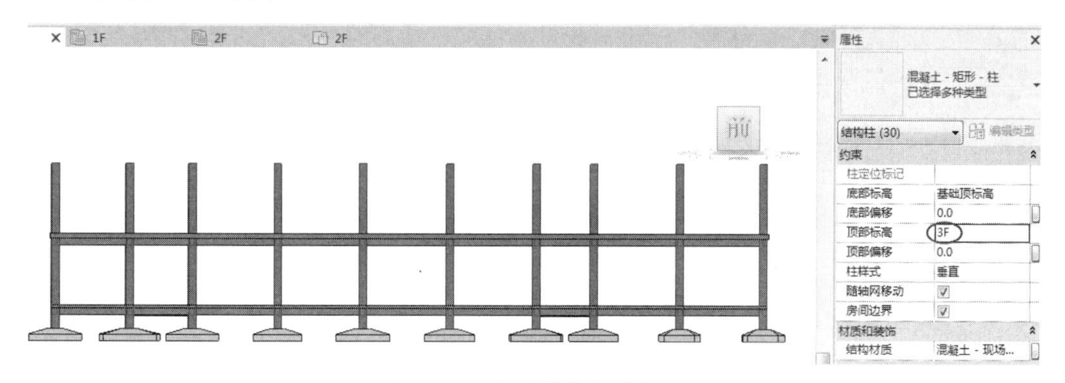

图 13-41　修改结构柱的标高

⑫ 切换到三维视图，并将其设为前视视图方向。框选 2F 楼层的结构楼板和结构梁，在【修改|选择多个】上下文选项卡中单击【复制】按钮，拾取复制的起点和终点，即可完成结构梁、结构楼板的复制，如图 13-42 所示。

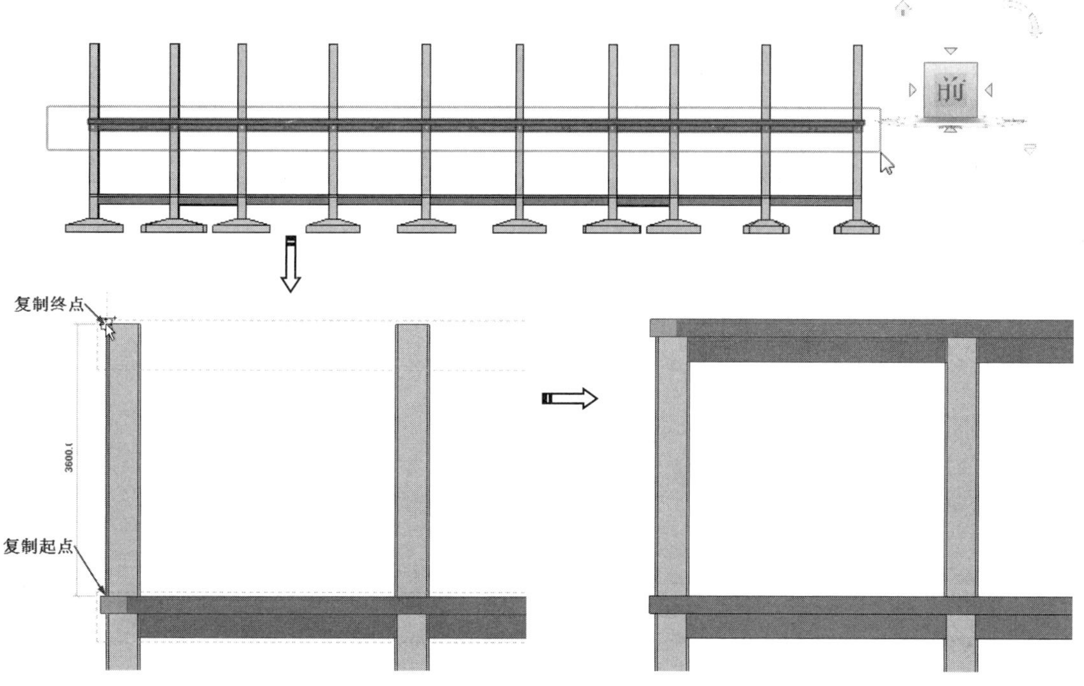

图 13-42　复制结构梁与结构楼板

⑬ 在复制完成后修改阳台部分的结构楼板，双击阳台楼板进入楼板边界编辑状态。拖曳楼板边界到新位置，单击【完成编辑模式】按钮完成楼板的修改，如图 13-43 所示。

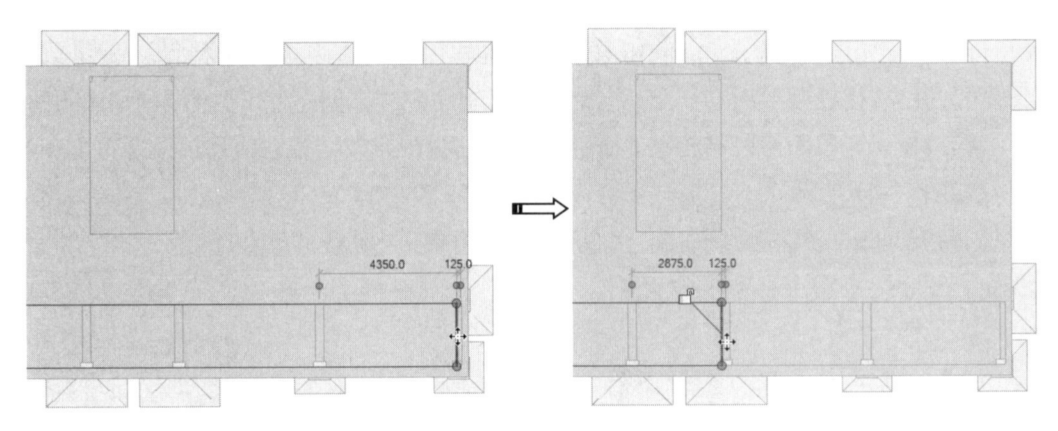

图 13-43　编辑楼板边界

⑭ 同理，修改普通教室的楼板边界，教室楼板修改完成的前后效果对比如图 13-44 所示。

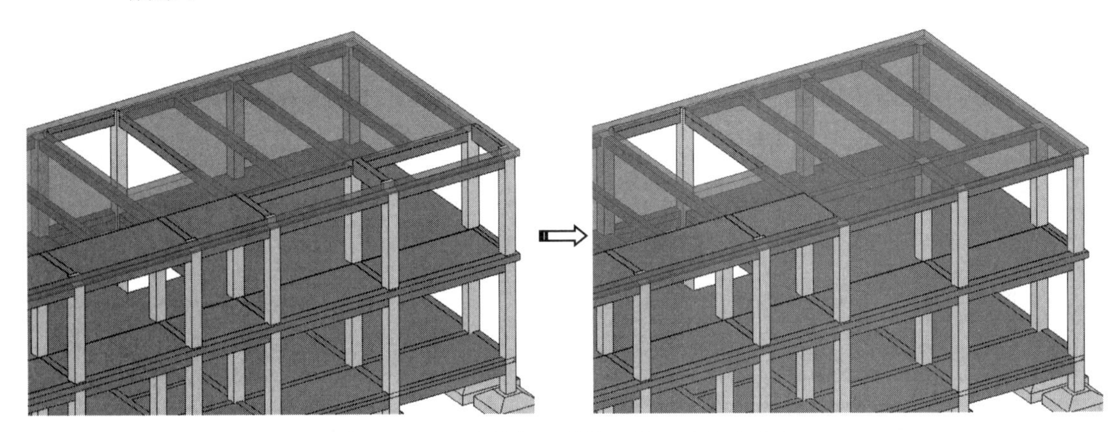

图 13-44　修改楼板边界教室楼板的前后对比

⑮ 创建顶层 4F 楼层的结构。在三维视图的前视图方向，从右往左框选要修改顶部标高的结构柱，在【属性】面板中设置顶部标高为 4F，如图 13-45 所示。

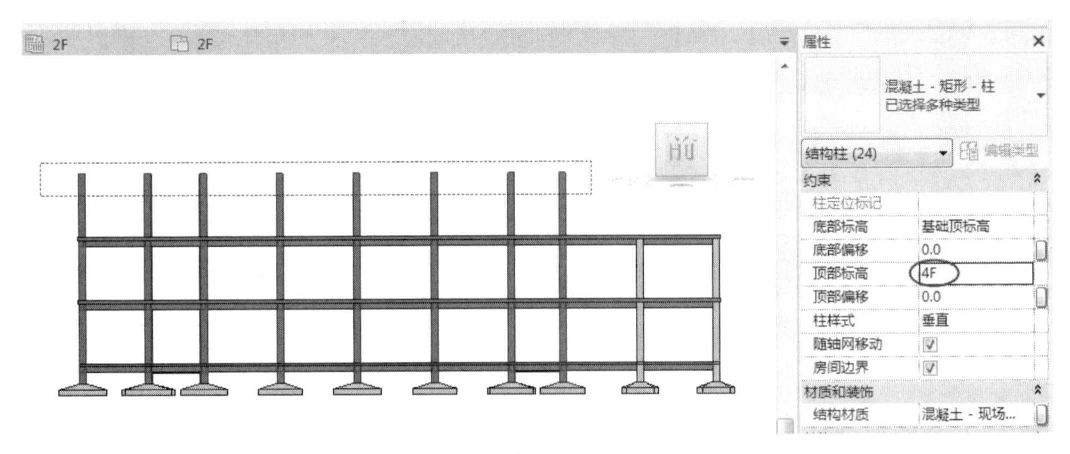

图 13-45　修改部分结构柱顶部标高

⑯ 从左向右框选 3F 楼层中的部分结构梁，将其复制到 4F 楼层中，如图 13-46 所示。

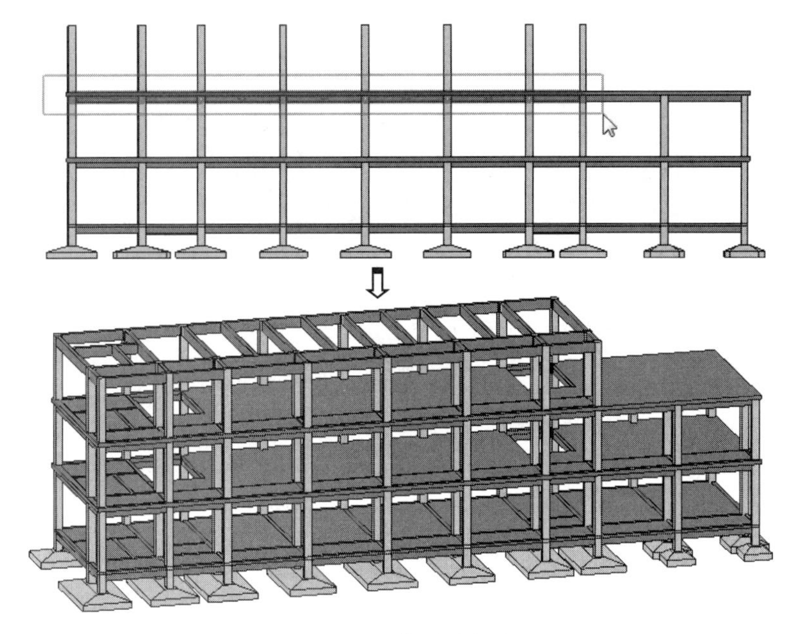

图 13-46　复制结构梁

⑰ 切换到【4F】结构平面视图。利用【结构】选项卡中的【楼板】工具，创建 4F 楼层中的结构楼板，如图 13-47 所示。至此完成了教学楼的结构设计。

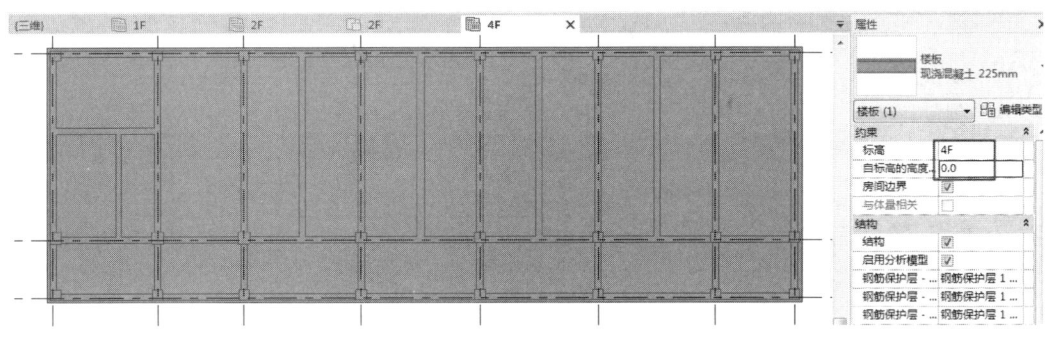

图 13-47　创建 4F 楼层的结构楼板

13.2.2　建筑快模设计

建筑部分主要是墙体设计、门窗设计和房间设计。一层、二层和三层的墙体和门窗设计过程都是相同的，下面仅介绍一层中的墙体设计、门窗设计和房间设计过程。

上机操作——一层建筑设计

① 在项目浏览器中【视图】|【楼层平面】视图节点下双击【1F】，切换到【1F】楼层平面视图。

② 在【快模】选项卡的【通用】面板中单击【链接 CAD】按钮，将本例源文件中的【建筑图纸\一层平面图.dwg】图纸链接到当前项目中（需要移动图纸与项目中的轴线重合），如图 13-48 所示。

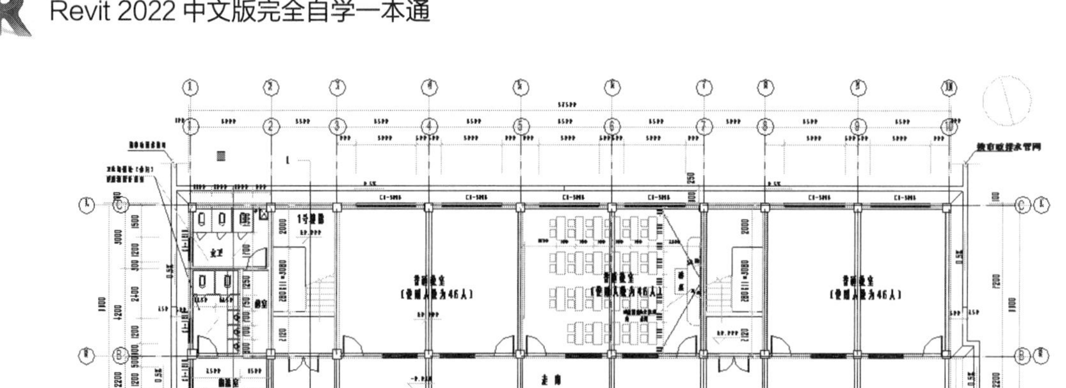

图 13-48　链接【一层平面图.dwg】图纸

③ 在【快模】选项卡的【土建】面板中单击【主体快模】按钮，弹出【主体快模】对话框。单击【请选择墙边线】按钮，在视图中选取一条墙边线，按 Esc 键返回到【主体快模】对话框中，如图 13-49 所示。

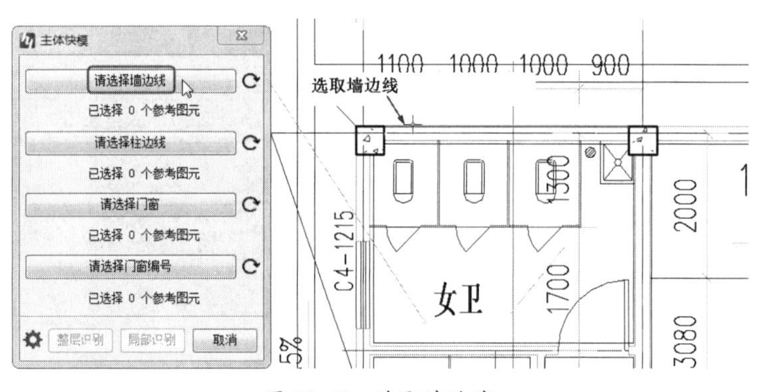

图 13-49　选取墙边线

④ 单击【请选择柱边线】按钮，在视图中选取结构柱的图块，按 Esc 键返回到【主体快模】对话框中，如图 13-50 所示。

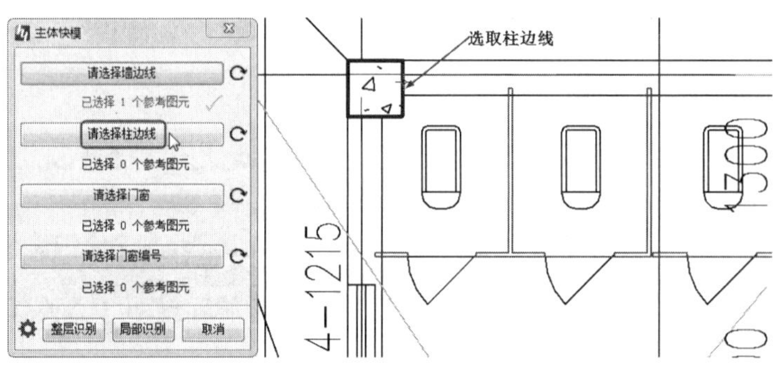

图 13-50　选取柱边线

⑤ 同理，继续单击【请选择门窗】按钮和【请选择门窗编号】按钮，分别选取图纸中的门窗图块和门窗编号图块，单击【整层识别】按钮，弹出【墙】【柱】【门窗】等参数设置标签。【墙】标签和【门窗】标签的参数设置如图 13-51 所示。

图 13-51　【墙】标签和【门窗】标签的设置

提示：

在【门窗】标签中，一般是先通过云族 360 下载所需的门窗族，在此标签的【门窗类型】列中依次选择载入的族，这样才能保证墙体和门窗都同时创建成功，如果采用“程序自选”方式，则墙体中会留下门窗洞，却不会加载门窗族。切记！

⑥ 在【主体快模】对话框中单击【转换】按钮，完成墙体及门窗的创建，如图 13-52 所示。

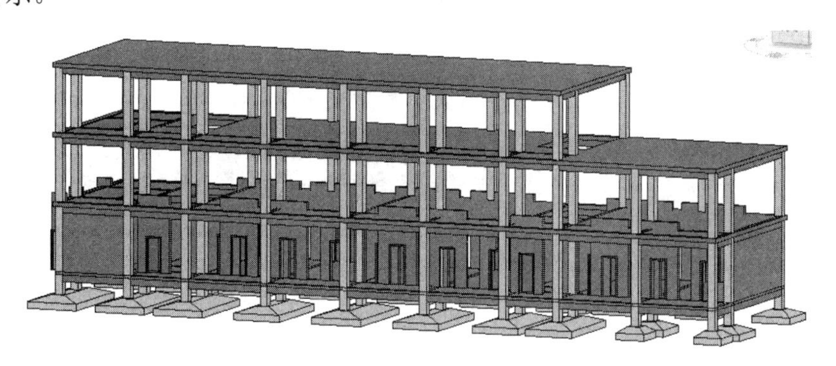

图 13-52　完成墙体及门窗的创建

第 14 章

装配式建筑混凝土结构设计

本章内容

装配式建筑在目前建筑行业中的应用越来越广泛。本章主要介绍基于Revit软件平台的装配式建筑设计插件（Autodesk Structural Precast Extension for Revit）和Magic-PC 装配式建筑设计软件的功能及其在装配式建筑设计中的具体运用。

知识要点

- ☑ 装配式建筑概念
- ☑ Revit 2022 装配式建筑设计工具介绍
- ☑ Revit 装配式建筑设计案例
- ☑ Magic-PC 装配式建筑设计软件介绍
- ☑ Magic-PC 装配式建筑设计案例

14.1　装配式建筑概念

装配式建筑是由预制构件在施工现场装配而成的建筑，如图 14-1 所示。将构成建筑物的墙体、柱、梁、楼板、阳台、屋顶等构件在工厂预制好，装运至项目施工现场，再把预制的构件通过可靠的连接方式组装成整体建筑。

图 14-1　装配式建筑

14.1.1　装配式建筑分类

对于装配式建筑来说，有多种划分类型，按照结构形式划分有剪力墙结构形式、框架与核心筒结构形式、框架与剪力墙结构形式等；按照高度划分有多层混凝土式、高层混凝土与低层混凝土式。在我国应用最多的装配式建筑结构形式为剪力墙结构形式，但在商场等建筑项目中多采用框架式。

按照材料及施工方法的不同，又分为以下几种常见结构形式。

1．预制装配式混凝土结构形式

预制装配式混凝土结构建筑是以预制的混凝土构件（也叫 PC 构件）为主要构件，经工厂预制，现场进行装配连接，并在结合部分现浇混凝土而成的结构，如图 14-2 所示。这种结构形式也是本章重点介绍的装配式建筑结构形式。预制装配式混凝土结构建筑也称“砌块建筑”。

图 14-2　预制装配式混凝土结构

2．预制装配式钢结构形式

预制装配式钢结构建筑以钢柱及钢梁作为主要的承重构件。钢结构建筑自重轻、跨度大、抗风及抗震性好、保温隔热、隔声效果好，符合可持续化发展的方针，特别适用别墅、多高层住宅、办公楼等民用建筑及建筑加层等，如图 14-3 所示。

图 14-3　预制装配式钢结构

3. 预制木结构形式

预制木结构是以集装箱为基本单元，在工厂内流水生产完成各模块的建造并完成内部装修，再运输到施工现场，快速组装成多种风格的建筑结构，如图 14-4 所示。

图 14-4　预制木结构

4. 预制砌块结构形式

预制砌块建筑是用预制的块状材料砌成墙体的装配式建筑，如图 14-5 所示。砌块结构适用于建造低层建筑，砌块建筑适应性强，生产工艺简单，施工简便，造价较低，还可利用地方材料和工业废料建筑，砌块有小型中型大型之分，小型砌块适用于人工搬运和砌筑，工业化程度较低，灵活方便，使用较广；中型砌块可用于小型机械吊装，可节省砌筑劳动力；大型砌块现已被预制大型板材所代替。砌块有实心和空心两类，实心的较多采用轻质材料制成，砌块的接缝是保证砌体强度的重要环节，一般采用水泥砂浆砌筑，小型砌块还可用套接而不用砂浆的干砌法，可减少施工中的湿作业。

图 14-5　预制砌块结构

14.1.2　装配式建筑预制构件的分类

PC 预制构件实行工厂化生产，选择专业预制构件生产单位；预制构件在工厂加工后，运送到工地现场由总包单位负责吊装安装。

提示：

PC 是英文 Precast Concrete（含义为预制混凝土）的缩写。国际装配式建筑领域把装配式混凝土建筑简称为 PC 建筑。把预制混凝土构件称为 PC 构件。把制作混凝土构件的工厂称为 PC 工厂。

按照构件的形式和数量可将构件划分为预制外墙板、预制内隔墙、预制楼梯、预制叠合楼板、预制阳台、预制凸窗（飘窗）等 PC 构件，如图 14-6 所示。

图 14-6　装配式建筑的预制构件类型

14.1.3　PC 预制构件的拆分设计原则

在装配整体式叠合剪力墙结构中，各类构件应依据相关国家标准、图集、规范，通过钢筋搭接、锚固、套筒灌浆等形式连接成可靠的整体结构。

在 Revit 中进行装配式建筑结构设计的内容包括建筑整体结构设计和结构拆分设计。结构拆分设计是装配式建筑结构的深化设计，也是建筑结构图纸上的二次设计。

结构拆分设计又分总体拆分和构件设计（主要是连接点设计）两个阶段。

图 14-7 所示为某高层装配式建筑的标准层预制构件设计完成的示意图。

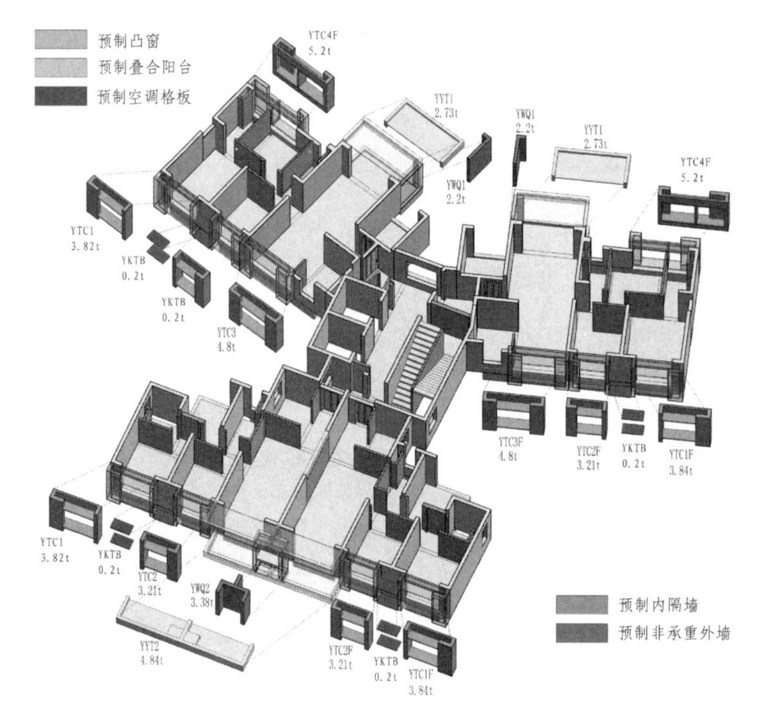

图 14-7　BIM 预制构件示意图

在对结构进行拆分时，应结合建筑的功能与艺术性、结构合理与安全性、构件生产可行性、运输及安装环节等因素进行综合考量。

另外还要符合以下几个基本原则。

- 确定装配式建筑的结构组成类型。目前的结构体系主要是装配整体式剪力墙结构与装配整体式混凝土框架结构两种。
- 确定预制和现浇部分的范围与边界。
- 在确保构件标准化的情况下再确定构件在何处拆分，另外还须考虑在构件拆分后是否易于安装和运输（尺寸和重量限制）。
- 确定现浇部分（一般是边缘构件（柱）与楼梯间、电梯间的核心筒构件）与预制构件之间的装配关系。如确定楼板为叠合板形式，那么与之相连的梁中也要有叠合层。
- 合理确定构件之间的节点连接方式。如柱、梁、墙及板之间的节点连接方式。

14.2　Revit 2022 装配式建筑设计工具介绍

装配式建筑设计插件（Autodesk Structural Precast Extension for Revit）是一款面向用户提供可靠的预制和现浇混凝土项目的 Revit 插件，是装配式建筑设计中必不可少的设计工具，其主要功能是分割结构楼板、基础底板或者结构墙体生成 PC 构件，配置预制混凝土构件钢筋和起吊件，根据起吊件的力学性能设计吊装孔位，创建工程图、CAM（机械加工）文件及材料概算表。

装配式建筑设计插件的设计理念是在 BIM 工作流程中，设计院提供“结构+建筑+机电”设计模型，预制件设计和生产单位基于此补充吊装件，进行预制构件分块优化及设计，生成加工图纸。因为在整合的设计模型里所有的板上开洞、设备预留开孔、管线预埋套管等信息设计院已经提供，预制件设计和生产单位只需要优化设计预制部分即可，避免了因疏忽而遗漏部分设计模型信息。

在 Revit 旧版本软件中，装配式建筑设计插件作为独立插件需要单独安装才能搭载到 Revit 中进行使用。

在当前最新版软件 Revit 2022 中，装配式建筑设计插件作为 Revit 程序的一部分会一起被安装。进入 Revit 2022 建筑或结构设计项目环境中，在功能区中会新增一个命名为【预制】的选项卡，【预制】选项卡中的工具是用来进行装配式建筑设计的工具，如图 14-8 所示。

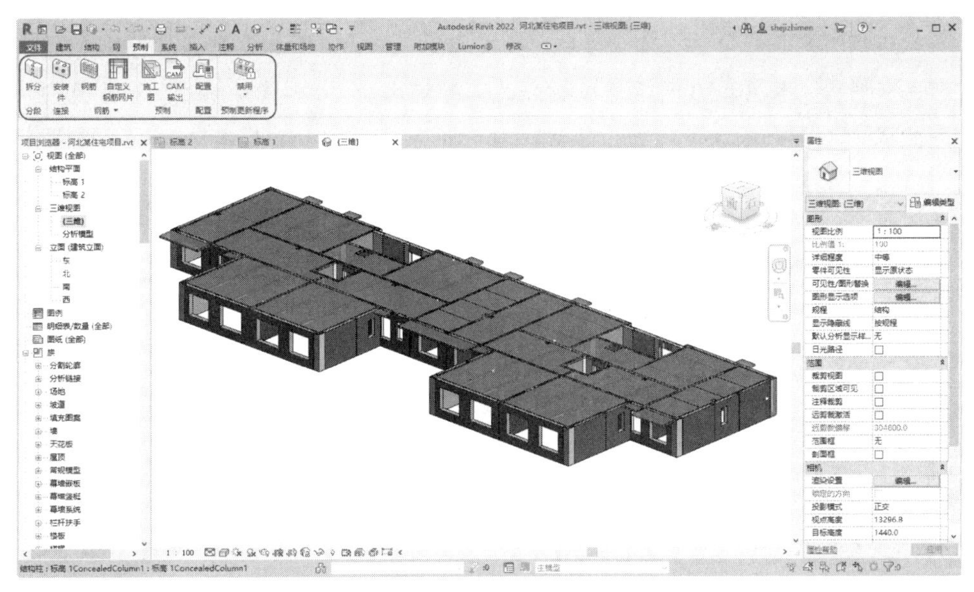

图 14-8　Revit 2022【预制】选项卡中的设计工具

14.2.1　预制工具介绍

有了这些预制工具，用户就可以像钢结构构件深化设计一样来设计 PC 预制构件。在【预制】选项卡中包括用于装配式建筑设计的所有工具，如拆分设计工具、连接设计工具、钢筋配置工具、施工图与 CAM 输出工具、PC 构件配置工具及预制更新程序工具等。

1. 拆分工具

拆分工具是一个高度自动化拆分结构模型的工具，Revit 会根据相关的预制构件拆分设计原则和结构模型信息对模型进行自动拆分。在【预制】选项卡的【分段】面板中单击【拆分】按钮，系统会载入 Revit 自带的预制族，待拆分完成后会自动替换拆分的模型组件（包括结构墙、结构楼板和基础楼板等），如图 14-9 所示。

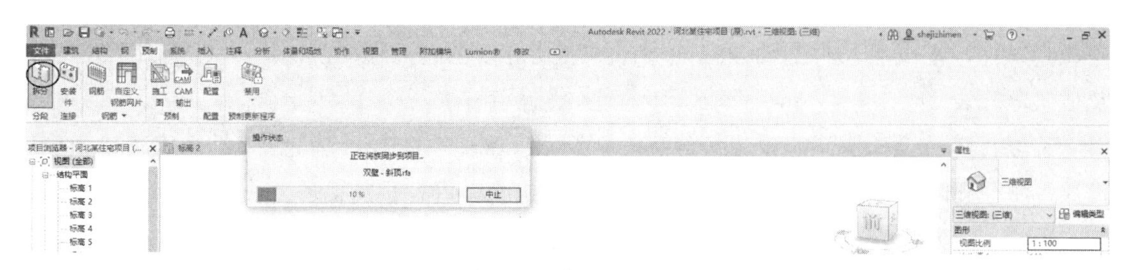

图 14-9　载入预制族

提示：

要使用 Revit 自带的预制族，需要提前安装 Revit 族文件。在【插入】选项卡的【从库中载入】面板中单击【获取 Autodesk 内容】按钮，打开欧特克官方网站网页，下载 INTL 国际标准（多国标准）和中国标准的 Revit 族库文件和项目样板文件。也可直接使用前面第 2 章源文件中命名为【RVT 2022】的文件夹，其中就包含了族库文件 Libraries。

在功能区下方的选项栏中有 3 个选项。

- 多个：勾选【多个】复选框，可选取多个对象（如整个结构模型）进行拆分，为默认选项。若取消勾选，只能选取单个对象（如单面墙体、单个楼板或单个基础底板）进行拆分。图 14-10 所示为被拆分的单面墙体。
- 完成：单击【完成】按钮，系统会自行拆分结构模型并替换预制族。
- 取消：单击【取消】按钮，取消此次拆分操作。

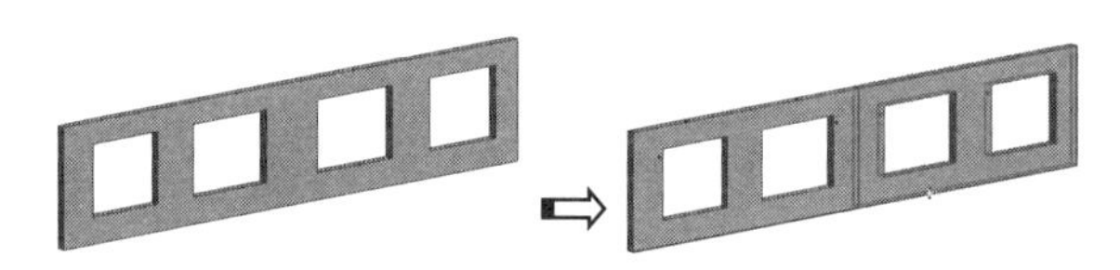

图 14-10　单面墙体被拆分

2. 安装件工具

当项目中有预制安装件（如吊装锚固件、循环、套筒和桁架钢筋等）丢失或者需要替换时，可利用【预制】选项卡【连接】面板中的【安装件】工具进行搜索丢失的安装件或者完成安装件的替换。

3. 钢筋工具

当结构模型拆分并生成预制构件后，可以为预制构件自动添加钢筋，包括剪力墙钢筋和楼板钢筋。

【钢筋】工具用来为指定的预制墙构件或者预制楼板构件自动添加墙筋或楼板筋。例如，在【预制】选项卡的【钢筋】面板中单击【钢筋】按钮，选取要添加钢筋的墙体，会弹出【墙特性】对话框。通过该对话框可以设置区域钢筋类型和边缘钢筋类型，如图 14-11 所示。

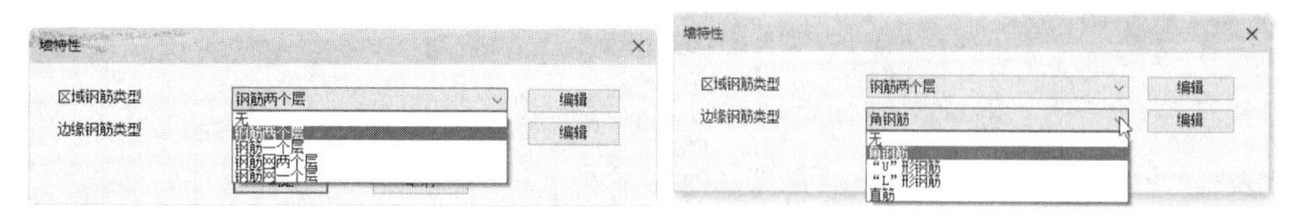

图 14-11　【墙特性】对话框

1）区域钢筋类型

区域钢筋在墙和楼板中均有布置，包括有 5 种区域钢筋类型。

- 【无】类型：表示不添加区域钢筋。
- 【钢筋两个层】类型：表示将添加双层的区域钢筋，单击【编辑】按钮，在弹出的【钢筋两个层】对话框中设置双层区域钢筋参数，有两个【钢筋】选项卡，分别用于第一层钢筋和第二层钢筋的选项定义，如图 14-12 所示。

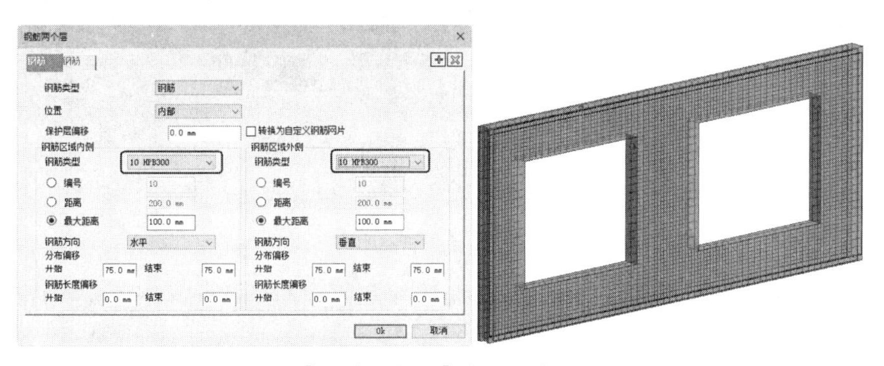

图 14-12　【钢筋两个层】类型的选项设置及应用

提示：

若不设置钢筋类型，将不会添加钢筋到所选的预制构件中。在【钢筋两个层】对话框中，【钢筋区域内侧】选项组用于定义靠内墙一层的墙身水平筋，【钢筋区域外侧】选项组用于定义靠外墙的墙身垂直筋，内外侧墙身钢筋的方向必须相互垂直。

- 【钢筋一个层】类型：表示仅添加一层区域钢筋。单击【编辑】按钮，弹出【钢筋一个层】对话框，在设置内侧与外侧的钢筋类型后，单击【OK】按钮即可将定义的区域钢筋添加到所选预制构件中，如图 14-13 所示。

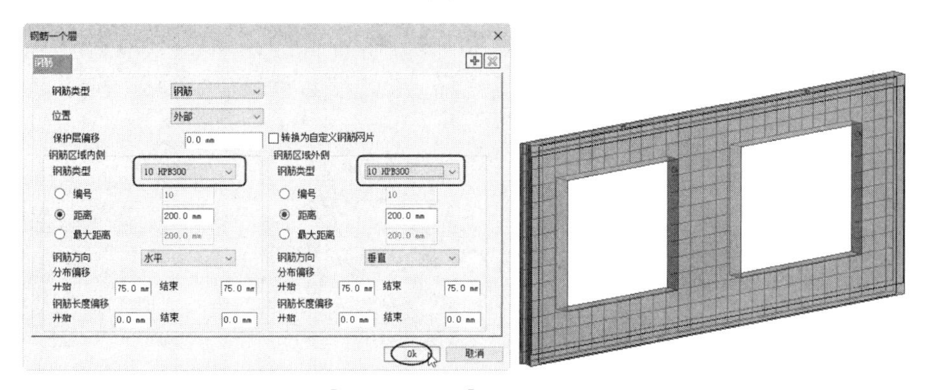

图 14-13　【钢筋一个层】类型的选项设置与应用

- 【钢筋网两个层】类型：此类型是在【钢筋两个层】类型的基础之上，添加相互交叉的对角斜筋，如图 14-14 所示。在设置【钢筋网两个层】类型时，在【钢筋类型】列表中选择【网格】类型，将添加对角斜筋。若选择【钢筋】类型，将不会添加对角斜筋，与【钢筋两个层】类型是完全相同的。

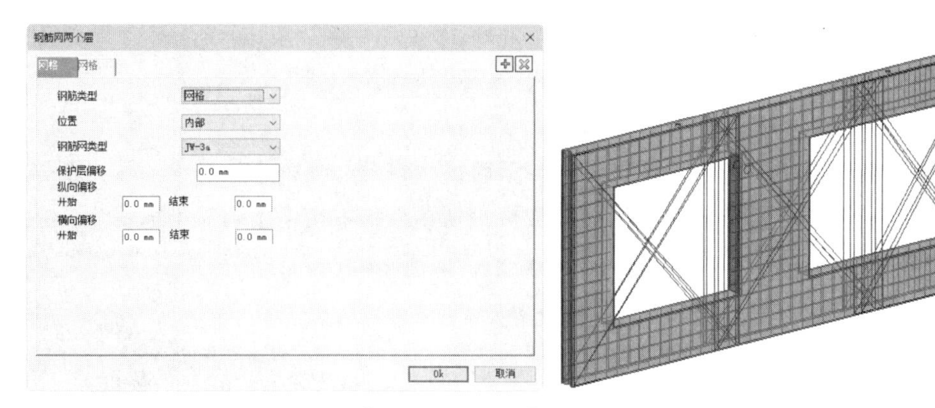

图 14-14 【钢筋网两个层】类型的选项设置与应用

- 【钢筋网一个层】类型：表示仅添加一层区域钢筋网。

2）边缘钢筋类型

边缘钢筋是在墙身区域钢筋的外沿所添加的一周固定筋，用于固定区域钢筋。边缘钢筋分为 5 种类型。

- 【无】类型：不添加边缘钢筋。
- 【角钢筋】类型：边缘筋为直筋，但会在区域钢筋的边角放置角度为 90°的角筋，如图 14-15a 所示。
- 【“U”型钢筋】类型：整个边缘筋的形状为 U 形，如图 14-15b 所示。
- 【“L”型钢筋】类型：整个边缘筋的形状为 L 形，如图 14-15c 所示。
- 【直筋】类型：直线边缘筋，如图 14-15d 所示。与【角钢筋】类型不同的是不用添加 90°角筋。

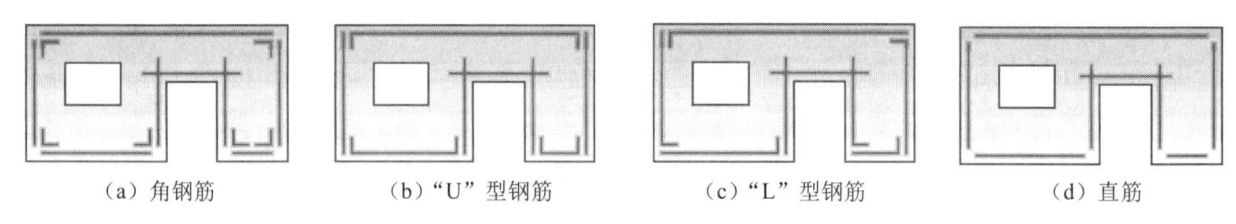

（a）角钢筋　（b）“U”型钢筋　（c）“L”型钢筋　（d）直筋

图 14-15 边缘钢筋类型

在完成钢筋的选项设置后，单击【确定】按钮后系统根据所选墙体进行计算，并自动完成钢筋的添加。

4. 自定义钢筋网片

在利用【钢筋】工具添加区域钢筋时，选择【钢筋网两个层】或【钢筋网一个层】钢筋类型来添加钢筋网片，其网片参数都是系统默认定义的。要想自定义钢筋网片参数，可以展开【预制】选项卡中的【钢筋】面板，单击【CFS 配置】按钮，会弹出【自定义钢筋网片配置】对话框，如图 14-16 所示。在【自定义钢筋网片配置】对话框中定义钢筋网片参数，单击【确定】按钮完成钢筋网片配置。此时，可以单击【自定义钢筋网片】按钮将先前的钢筋类型转成自定义的钢筋网片类型。

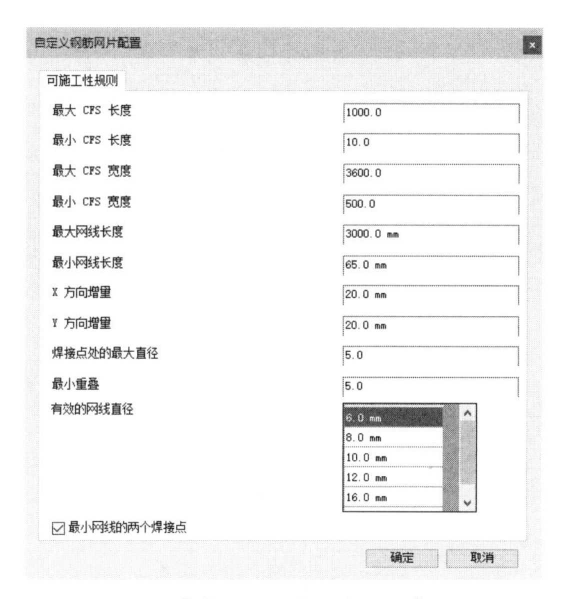

图 14-16　【自定义钢筋网片配置】对话框

14.2.2　制造文件输出与配置管理

1．施工图与 CAM 输出

利用【施工图】工具可以创建单个预制构件的施工图。单击【施工图】按钮，选取要创建施工图的预制构件，随后自动创建该预制构件的施工图图纸，如图 14-17 所示。

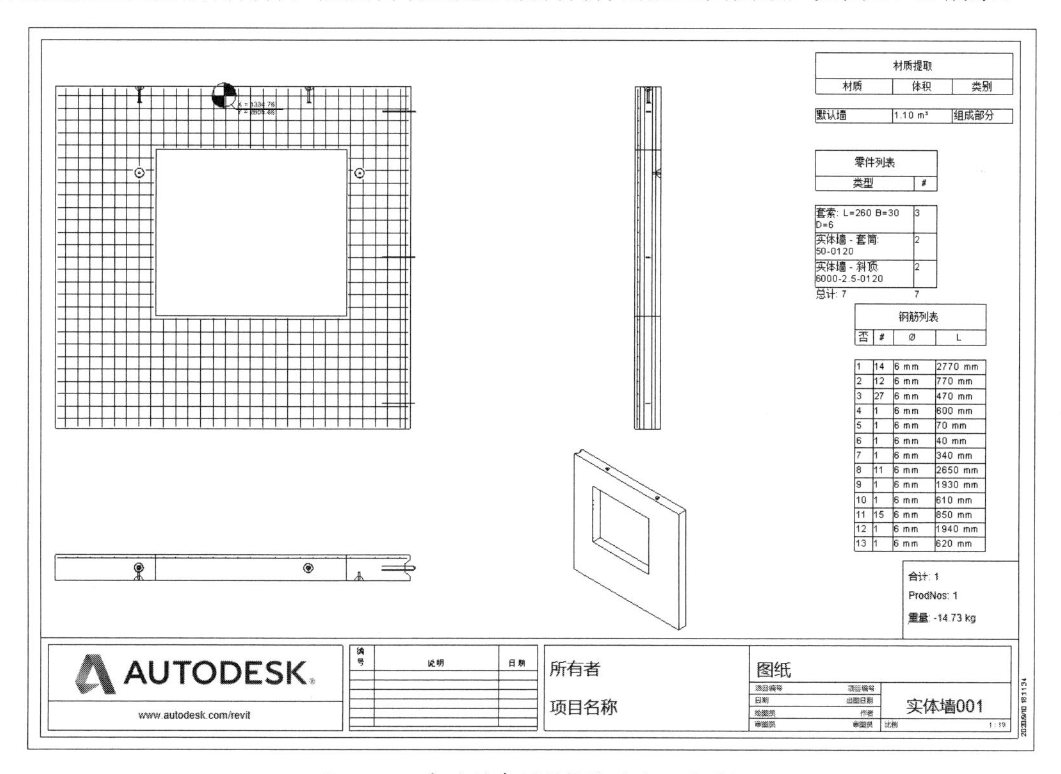

图 14-17　自动创建预制构件的施工图图纸

在创建施工图后，单击【CAM 输出】按钮，选取要输出 CAM 制造文件的预制构件，将弹出【CAM 输出】对话框。设置 CAM 格式、输出路径等选项，单击【生成】按钮，输出预制构件的加工制造信息文件，如图 14-18 所示。

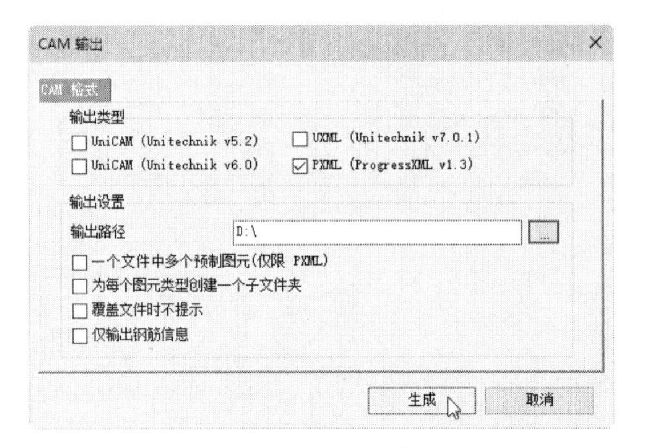

图 14-18　CAM 输出设置

2. 修改系统默认设置

初次利用【拆分件】【钢筋】【施工图】等工具进行预制构件设计时，会发现每一次设计的参数均采用了系统默认设置。用户可以按照装配式建筑项目的设计需要为预制构件进行系统默认设置的修改操作。

在【预制】选项卡【配置】面板中单击【面板】按钮，弹出【配置】对话框，如图 14-19 所示。

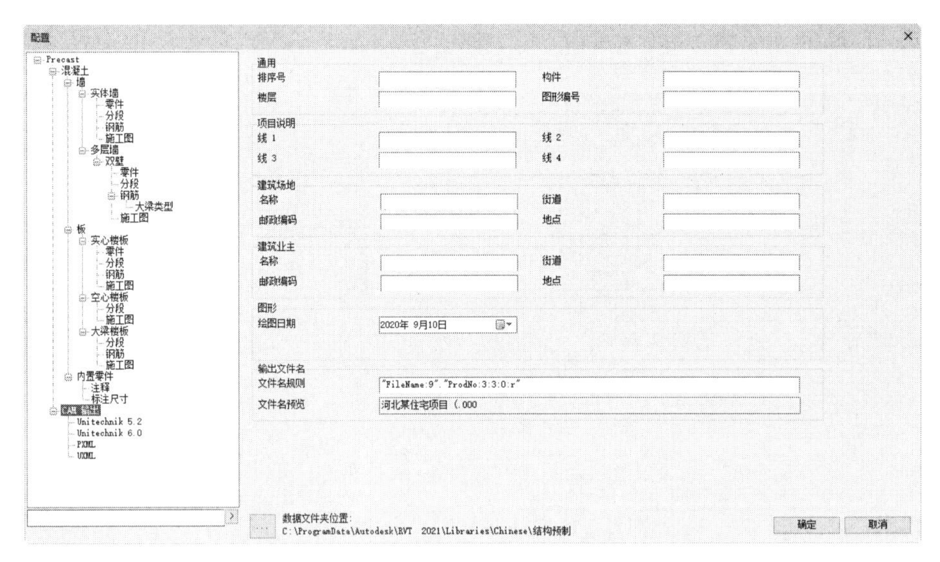

图 14-19　【配置】对话框

【配置】对话框主要设置两大类：混凝土和 CAM 输出。在【混凝土】设置中又包括墙、板和内置零件的设置。下面仅介绍【墙】|【实体墙】设置中的几种规则设置。

1）【零件】设置

【零件】设置是针对预制构件的支撑方式、支撑件类型和支撑件与预制构件之间的连接方式等进行设置。【零件】设置界面如图 14-20 所示。【零件】设置将直接决定着预制构件中的安装件预留位置和形状。

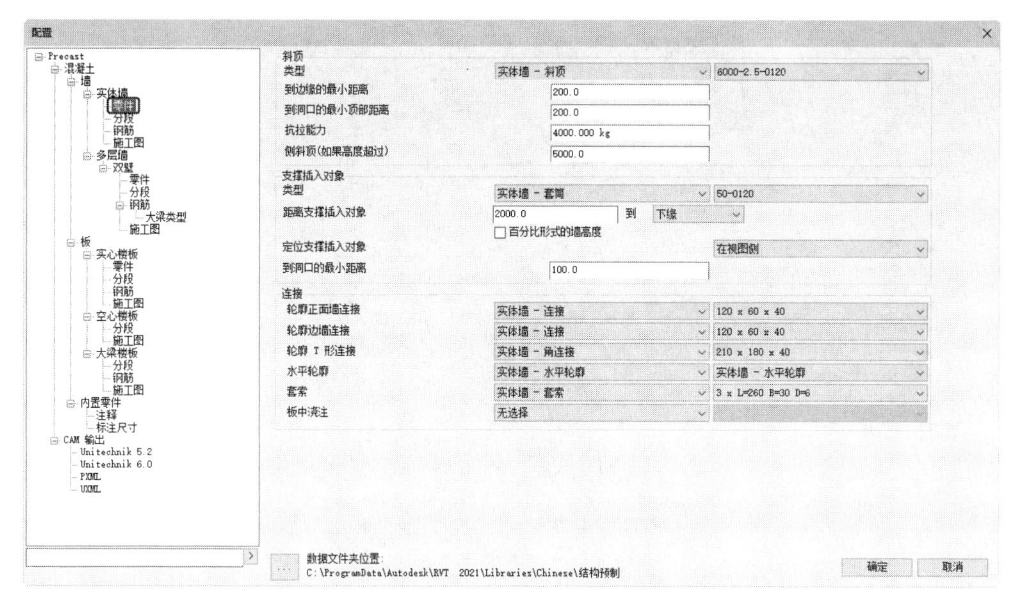

图 14-20　【零件】设置界面

2)【分段】设置

【分段】设置是定义结构模型拆分时墙分段的尺寸规则，如图 14-21 所示。设置参数时要充分考虑到运输和吊装时的设备最大承载力，否则易造成分段过大而导致运输不便或者无法吊装的情况。

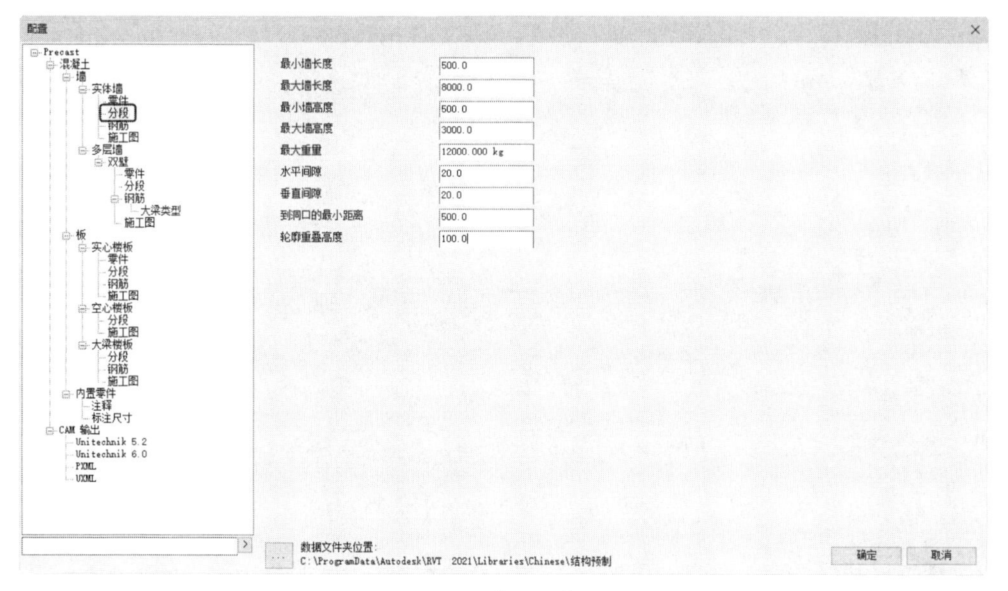

图 14-21　【分段】设置

3)【钢筋】设置

【钢筋】设置就是在创建预制构件钢筋时的系统默认设置，如图 14-22 所示。在修改【钢筋】设置后，随后的预制构件钢筋将统一采用该设置，直至重新设置新的钢筋参数。

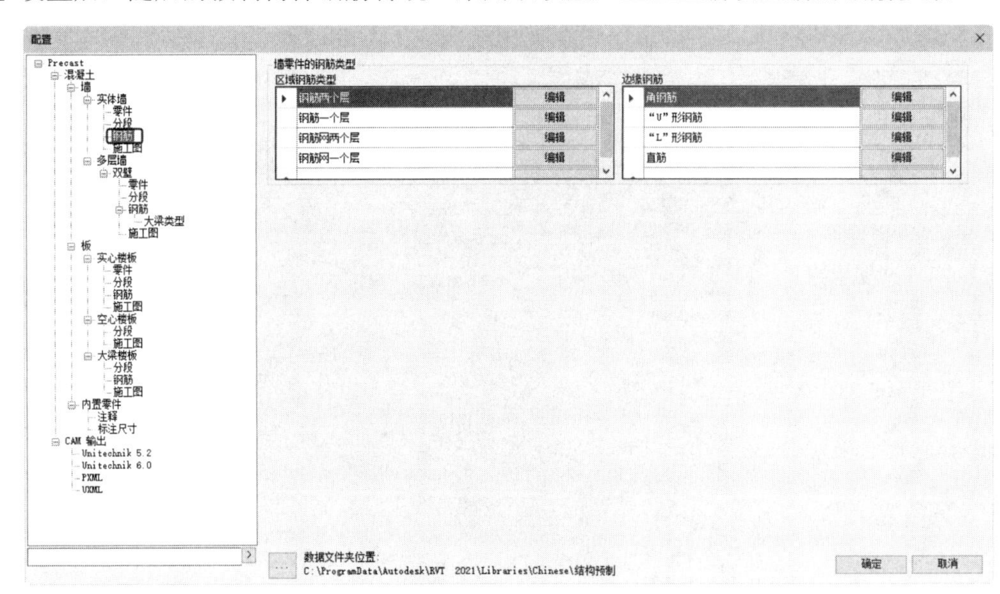

图 14-22 【钢筋】设置

4）【施工图】设置

【施工图】设置中为用户提供了施工图样板、尺寸标注类型、尺寸线距离和尺寸线说明等设置选项，如图 14-23 所示。

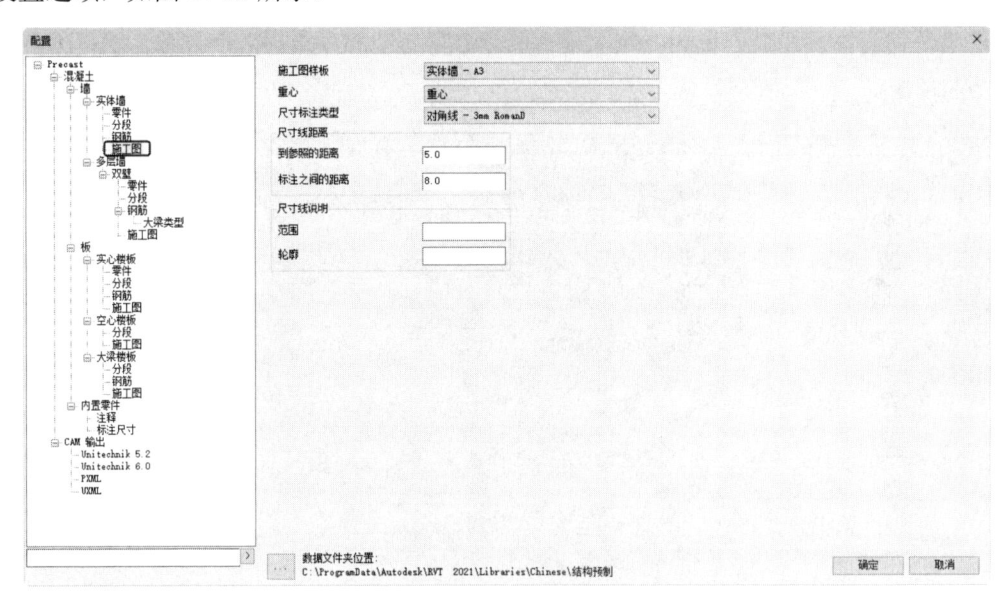

图 14-23 【施工图】设置

3. 预制更新程序

在【预制更新程序】面板中单击【启用】按钮，在预制构件在发生更改时，系统会重新创建预制图元。并支持在修改预制构件时重新创建安装件或钢筋。单击【禁用】按钮，将关闭预制构件的重新创建功能。

14.3　Revit 装配式建筑设计案例

本例装配式建筑项目位于成都市某建工集团钢构基地内，建筑主要功能为集体宿舍，共两层，总建筑面积 1040 平方米，单层建筑面积为 520 平方米。设计层高为一层 3.6m，二层 3.4m，建筑总高度为 7.6m，建筑结构形式为装配整体式混凝土框架结构，由成都建工集团承担设计、施工和构件生产，预制率达到 83%。

图 14-24 所示为宿舍大楼的装配式建筑设计完成的 Revit 模型图。

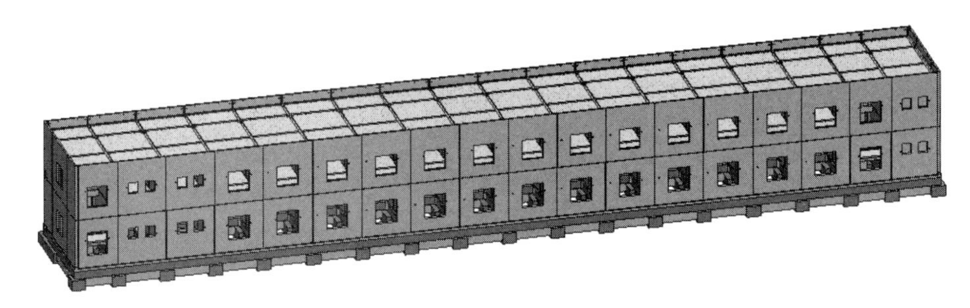

图 14-24　宿舍大楼的装配式建筑模型

第一层中的地板与结构柱为现浇结构，其余如楼梯、外墙、梁及楼板等均为预制构件。二层中所有的柱、外墙、梁和楼板等全为预制构件。整个装配式建筑设计包括两部分：拆分设计和预制构件深化设计。

14.3.1　拆分预制构件

Revit 中的预制构件族目前还不完善，拆分设计的效果只是一个粗略模型，还达不到实际的装配式设计与施工的相关要求。目前的解决方法是：可先利用 Revit 预制工具进行拆分设计，再根据装配式建筑设计标准和施工要求对其进行深化设计。下面介绍宿舍大楼的 Revit 结构模型在 Revit 中的拆分设计过程。

① 启动 Revit 2022。打开本例源文件【职工宿舍楼-结构.rvt】，如图 14-25 所示。

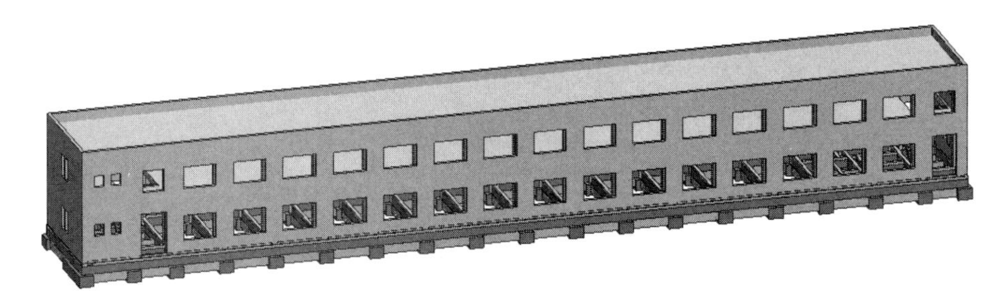

图 14-25　本例源文件【职工宿舍楼-结构.rvt】

② 由于宿舍大楼的每一面建筑墙体大小不同，其拆分的规则也是不同的，因此需要先为墙体拆分进行配置操作。在【预制】选项卡【配置】面板中单击【配置】按钮，弹出【配置】对话框。

③ 在展开的【Precast】|【混凝土】|【墙】|【实体墙】|【分段】节点中进行分段设置，如图 14-26 所示。设置时请参照本例源文件夹中【建筑平面图.dwg】图纸（用 AutoCAD 软件打开）中所标注的轴网。

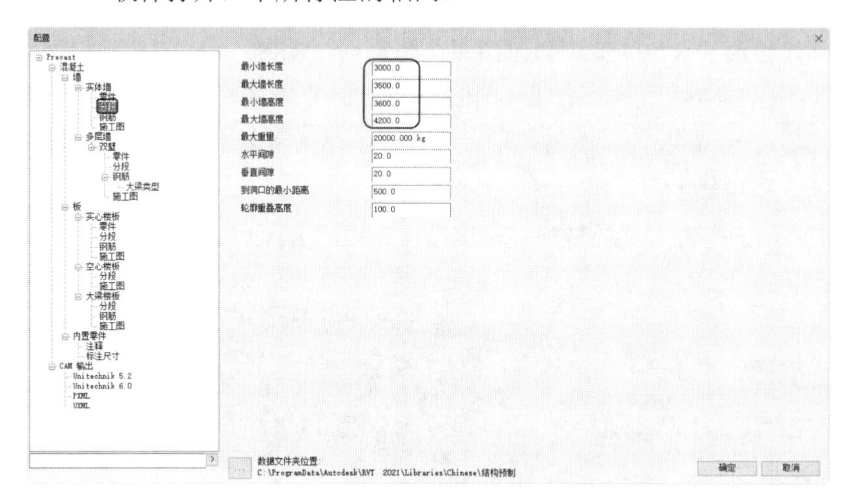

图 14-26 分段设置

提示：

在【分段】设置中，【最小墙长度】与【最大墙长度】的值请参考【建筑平面图.dwg】图纸中的数字编号轴网（轴线与轴线之间）的尺寸标注，最小为【3000】(还要减去侧面墙的一半厚度，实为【2885】)，最大为【3500】。【最小墙高度】值可取一层的标高高度值为【3600】，【最大墙高度】取值为大于或等于二层标高（3400）加顶部女儿墙（600）的和。

④ 在分段设置完成后关闭【配置】对话框。在【预制】选项卡【分段】面板中单击【拆分】按钮，载入 Revit 预制族后再在图形区中选取前面一、二层墙体进行拆分，单击选项栏中的【完成】按钮，自动完成所选墙体的拆分，如图 14-27 所示。

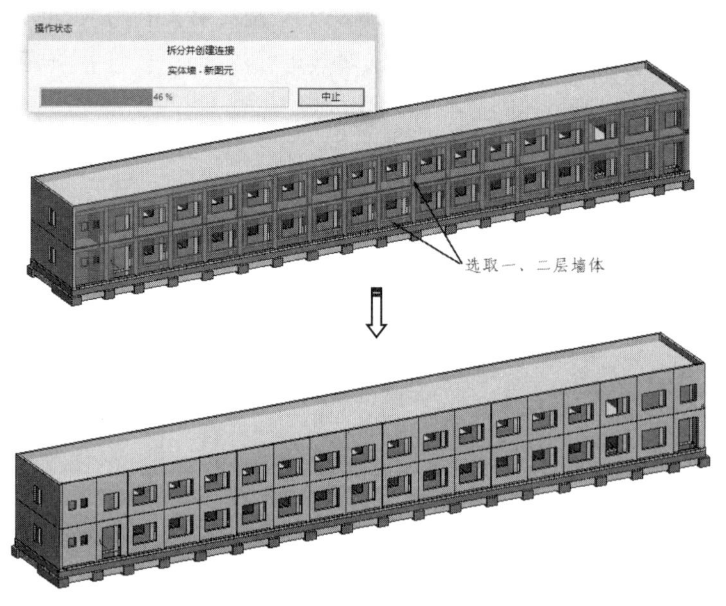

图 14-27 完成所选墙体的拆分

⑤ 在拆分后要检查墙体拆分线是否与轴线重合，若不重合，将无法在轴线位置创建预制构件之间的连接节点（因为柱、梁均在轴线交点处布置）。选中一块拆分后的墙体【组成部分】对象，并在弹出的【修改|组成部分】上下文选项卡中单击【编辑分区】按钮，弹出【修改|分区】上下文选项卡，再单击【编辑草图】按钮，图形区中显示拆分线，参照墙体中心线修改拆分线的位置，结果如图 14-28 所示。

提示：

事实上，在 Revit 把结构墙体拆分后将会产生 3 个对象：原墙体、实体墙部件和组成部分。“实体墙部件”是预制构件，可在后期进行预制构件的深化设计，性质等同于族；【组成部分】则是拆分件，其内部包含了拆分信息，可以对拆分结果进行修改。3 个对象是重合的，要想选中【组成部分】，光标移至墙边缘，按 Tab 键切换选择。

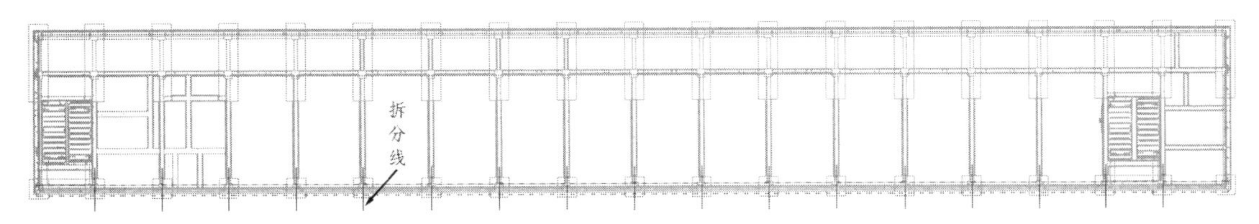

图 14-28　调整拆分线的位置

⑥ 退出编辑模式完成拆分线的调整。接着调整另一层的拆分线位置。

⑦ 同理，以相同的分段设置参数来拆分后面两层的墙体，拆分结果如图 14-29 所示。

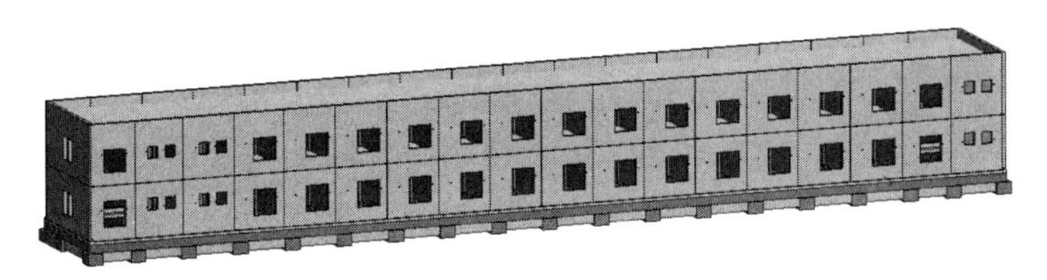

图 14-29　拆分后面的墙体

⑧ 在【预制】选项卡的【配置】面板中单击【配置】按钮，重新打开【配置】对话框进行实体墙的分段设置，如图 14-30 所示。

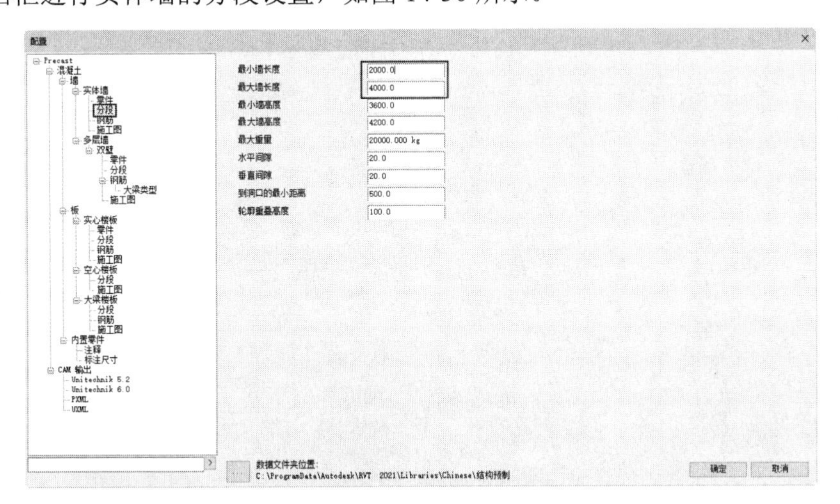

图 14-30　实体墙的分段设置

提示：

在拆分左右两面墙体时，若没有按照【2000→4000→2000】的规则进行拆分，可在【到洞口的最小距离】中设置值，比如在参照图纸中实测轴线到窗口的距离为【1250】，那么【到洞口的最小距离】值就应设置为【1250】。

⑨ 在【预制】选项卡的【分段】面板中单击【拆分】按钮，选取左、右两侧的墙体进行拆分，结果如图 14-31 所示。

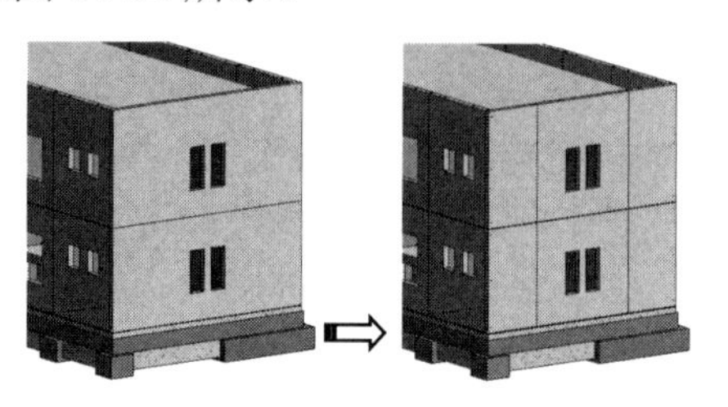

图 14-31　拆分左、右两侧墙体

⑩ 由于【预制】选项卡中的拆分工具无法为楼板进行拆分，接下来进行楼板的参数配置定义，在配置时请参照【二层预制板.dwg】和【屋面预制板.dwg】图纸。单击【配置】按钮，在弹出的【配置】对话框中先设置实心楼板的【零件】参数，如图 14-33 所示，再设置实心楼板的【分段】参数，如图 14-32 所示。

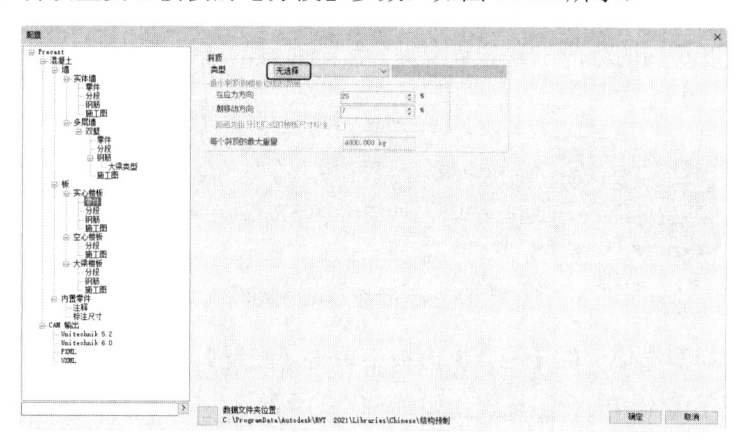

图 14-32　设置实心楼板的【零件】参数

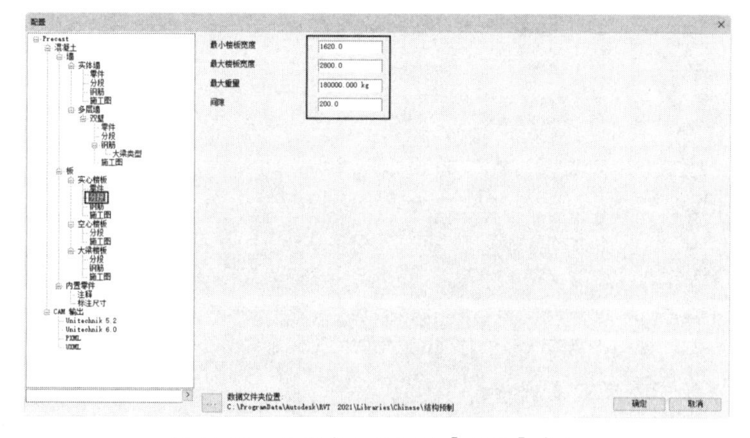

图 14-33　设置实心楼板的【分段】参数

⑪ 在【预制】选项卡的【分段】面板中单击【拆分】按钮，选取楼顶层的楼板进行拆分，结果如图 14-34 所示。

提示：

由于 Revit 预制拆分工具只能按照单块板的长度方向进行拆分，因此若要在宽度方向进行拆分，则需要手动定义。

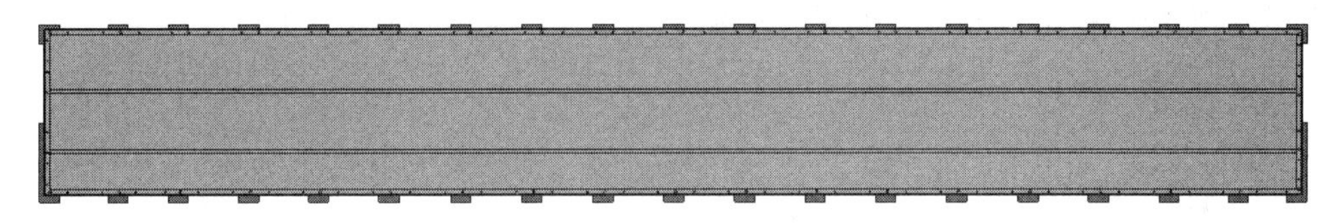

图 14-34　顶层楼板拆分结果

⑫ 切换到三维视图。选中一块拆分后的楼板作为拆分的对象，先在弹出的【修改|组成部分】上下文选项卡中单击【编辑分区】按钮，再在弹出的【修改|分区】上下文选项卡中单击【编辑草图】按钮，添加多条纵向草图直线（参考顶层结构梁的中心线进行绘制），直线须超出整个楼层的楼板边界，如图 14-35 所示。

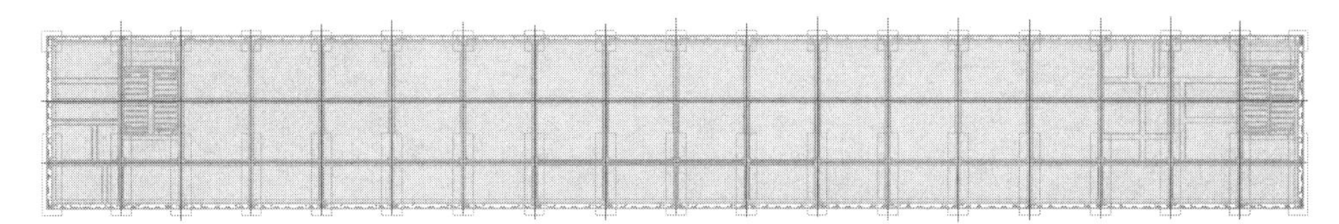

图 14-35　添加纵向草图曲线

⑬ 在退出编辑模式后，会发现实心楼板被重新拆分了，结果如图 14-36 所示。

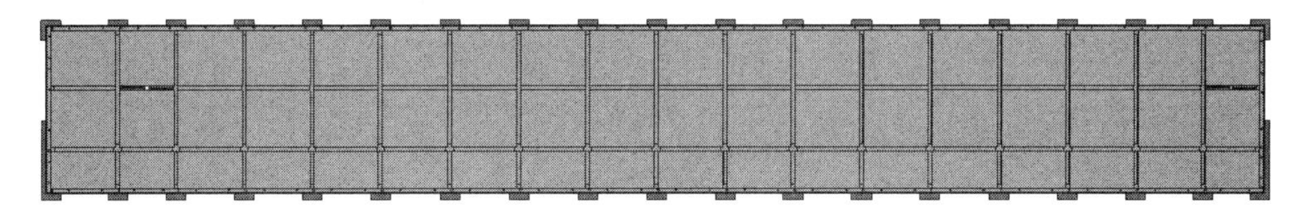

图 14-36　被重新拆分的实心楼板

⑭ 在属性面板的【范围】选项组中勾选【剖面框】复选框，在图形区中会显示剖面框，拖曳剖面框顶部的控制柄到二层标高位置以显示二层楼板，如图 14-37 所示。

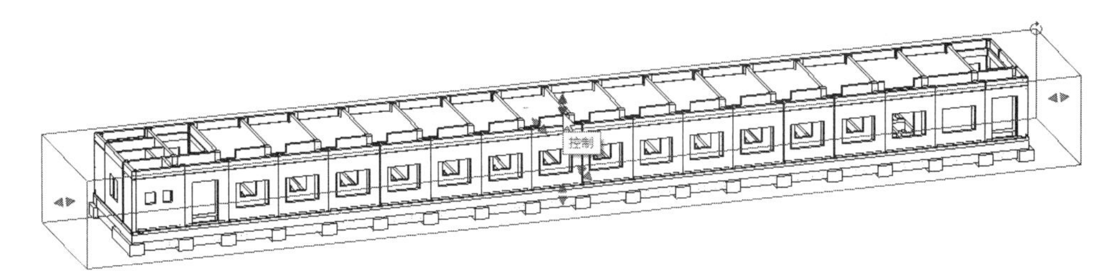

图 14-37　显示剖面框并拖动控制柄

⑮ 在【预制】选项卡的【分段】面板中单击【拆分】按钮，选取二层的结构楼板进行拆分，结果如图 14-38 所示。

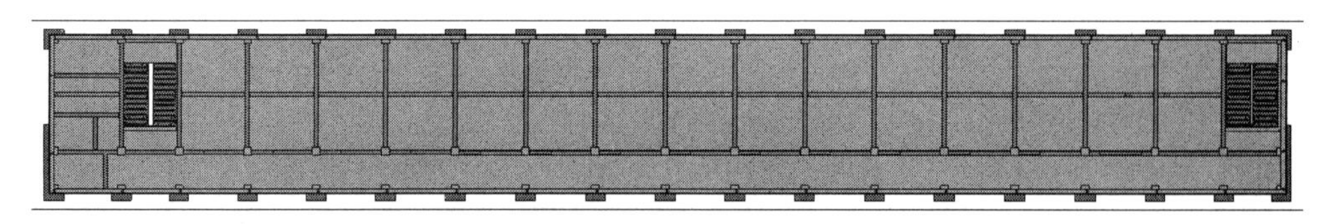

图 14-38　拆分二层结构楼板

⑯ 按照修改顶层实心楼板的操作步骤，完成对二层实心楼板（非二层结构楼板）的草图曲线的修改，如图 14-39 所示。

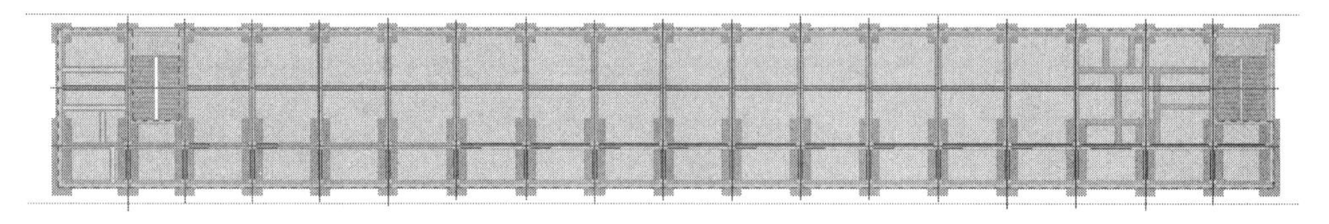

图 14-39　完成二层实心楼板的草图曲线修改

⑰ 实心楼板的拆分修改结果如图 14-40 所示。

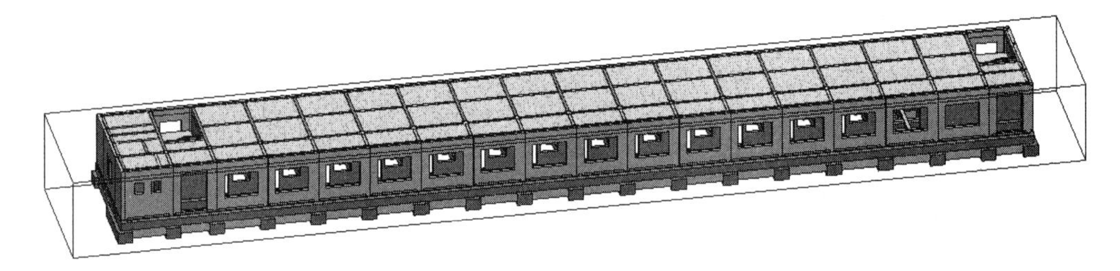

图 14-40　二层实心楼板的拆分修改结果

⑱ 拆分内部墙体，一层墙体与二层墙体的拆分参数及效果都是相同的。在【预制】选项卡的【配置】面板中单击【配置】按钮，在弹出的【配置】对话框中设置分段参数，如图 14-41 所示。

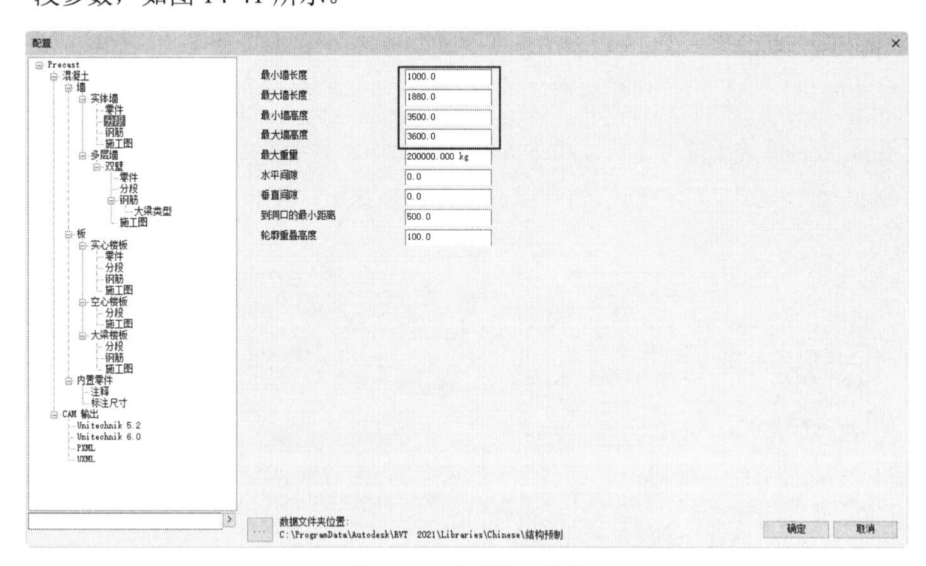

图 14-41　设置分段参数

⑲ 在【预制】选项卡的【分段】面板中单击【拆分】按钮，选取一层中内部的墙体进行拆分，结果如图 14-42 所示。

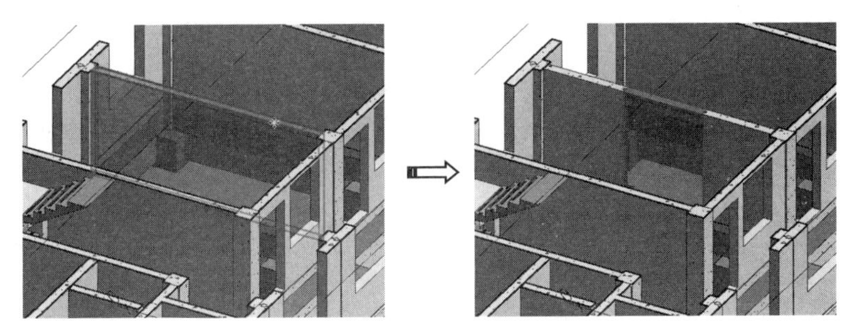

图 14-42　拆分一层内部墙体

⑳ 同理，选取一层中其他要拆分的墙体进行拆分。

14.3.2　预制构件深化设计

在拆分并生成预制构件后，还要进行构件与构件之间的连接节点设计，以及部分构件间的间隙及细节处理等，这些操作称作“深化设计”。

1. 楼板的深化设计

① 选取顶层的结构楼板，单击【修改|楼板】上下文选项卡中的【编辑边界】按钮，将楼板的边界与顶层边梁的内部边界对齐，如图 14-43 所示。

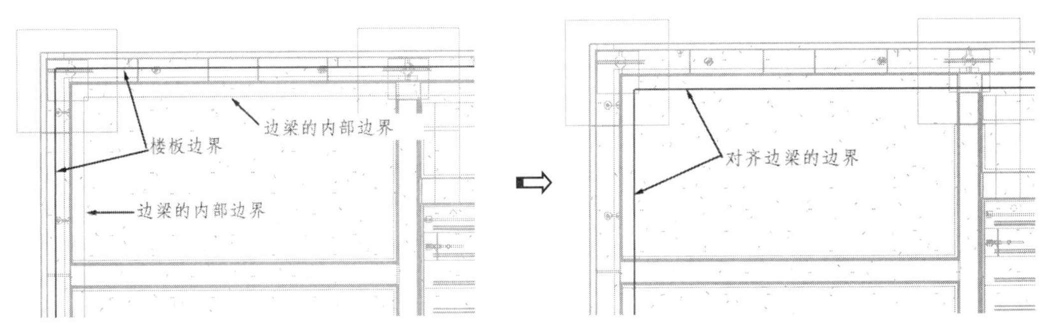

图 14-43　对齐楼板边界与顶层边梁内部边界

② 在修改楼板边界后，将结构楼板隐藏，可见楼板预制构件的真实形状与大小，如图 14-44 所示。

图 14-44　楼板预制构件的设计效果

③ 在有预制柱的位置，楼板的边角形状需要切剪为柱的形状。在有预制柱的位置按住Ctrl键选中4块被拆分后的预制板构件（“组成部分”对象），在弹出的【修改|组成部分】上下文选项卡中单击【分割零件】按钮，在弹出的【修改|分区】上下文选项卡中单击【编辑草图】按钮，绘制出柱的截面图形，如图14-45所示。

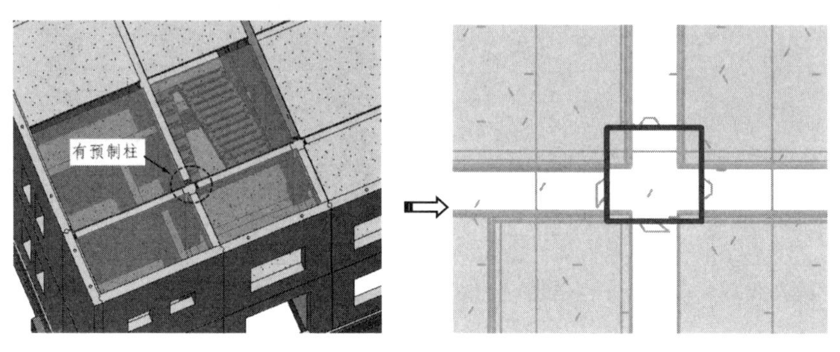

图14-45 绘制柱截面图形

④ 退出编辑模式，完成4块预制板的边角分割，如图14-46所示。选中4块分割出来的小矩形块，单击【修改|组成部分】上下文选项卡中的【排除零件】按钮，将所选小矩形块删除，结果如图14-47所示。

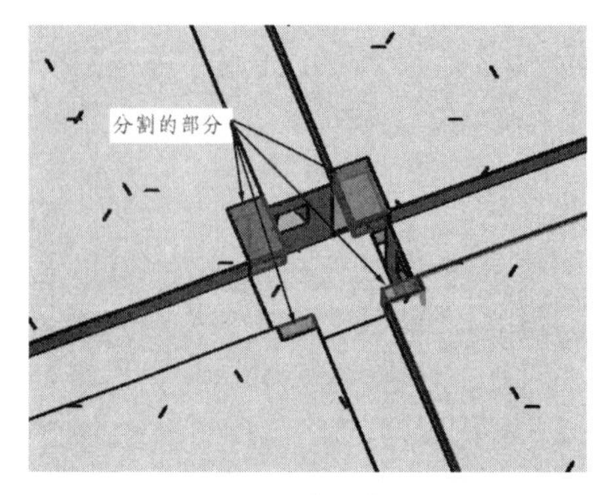

图14-46 完成边角的分割

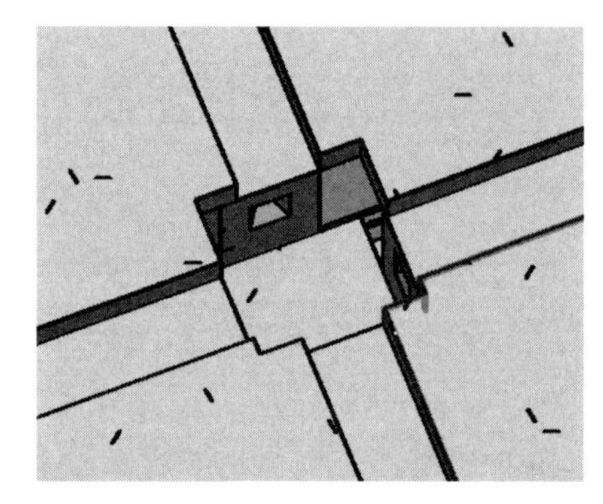

图14-47 删除多余的边角（小矩形块）

⑤ 同理，对其余的预制楼板的边角进行相同的深化设计。为了快速完成其余预制楼板的边角修改，可以一次性选取所有预制楼板进行修改。

2. 女儿墙深化设计

标高在【7】以上的墙体属于女儿墙，女儿墙的厚度仅为一、二层外墙的一半。

① 将二层中的原墙体对象进行隐藏。

② 在三维视图平面中，单击图形区右上角的指南针中的【前】视图按钮，在图形区中从右往左地窗交选取二层中的所有墙体对象，如图14-48所示。

③ 在属性面板的对象列表中选择【组成部分42】对象，在【修改|选择多个】上下文选项卡中单击【过滤器】按钮，在弹出的【过滤器】对话框中仅勾选【组成部分】复选框，单击【确定】按钮完成所有“组成部分”对象的选取，如图14-49所示。

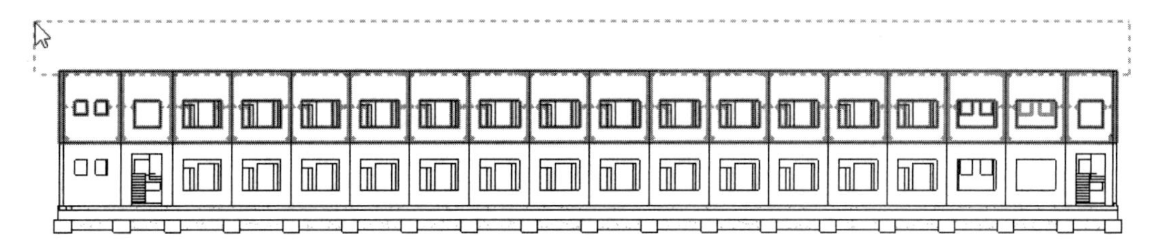

图 14-48　窗交选取二层墙体对象

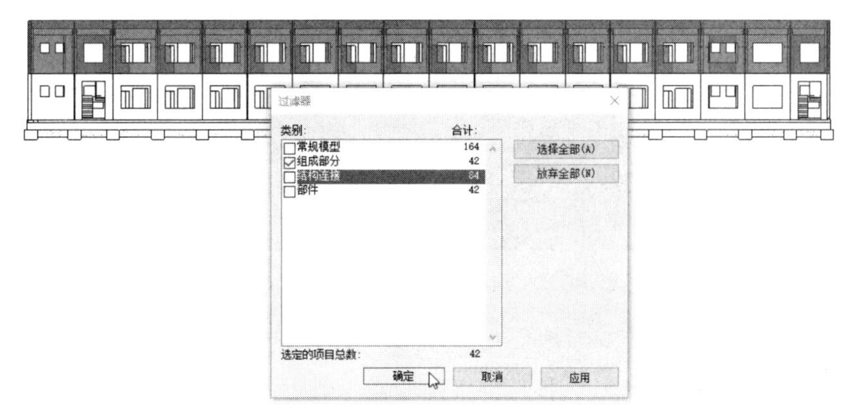

图 14-49　过滤选择【组成部分】对象

④ 弹出【修改|组成部分】上下文选项卡。单击图形区右上角的指针中的【上】按钮，切换到上视图方向。

⑤ 单击【修改|组成部分】上下文选项卡中的【分割零件】按钮和【修改|分区】上下文选项卡中的【编辑草图】按钮，绘制一个矩形草图，如图 14-50 所示。

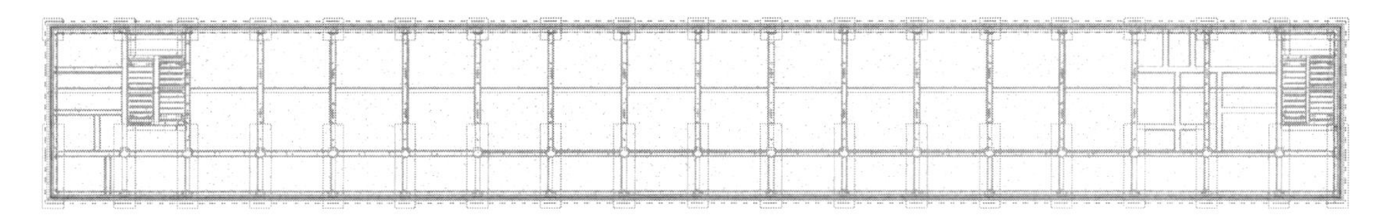

图 14-50　绘制矩形草图

⑥ 单击【完成编辑模式】按钮，退出草图模式并返回到【修改|分区】上下文选项卡中。单击【相交参照】按钮，在弹出的【相交命名的参照】对话框中勾选【标高：7.000】复选框，单击【确定】按钮完成相交参照的指定，如图 14-51 所示。

⑦ 单击【完成编辑模式】按钮完成女儿墙的分割。

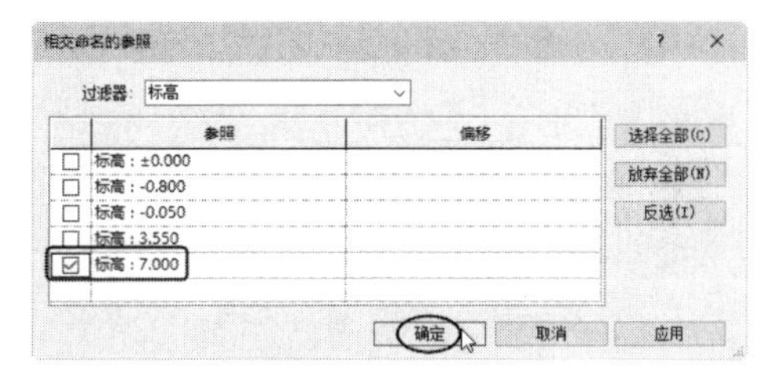

图 14-51　指定相交参照

⑧ 在图形区中选取内侧部分的女儿墙预制构件，单击【修改|组成部分】上下文选项卡中的【排除零件】按钮，进行删除，如图14-52所示。

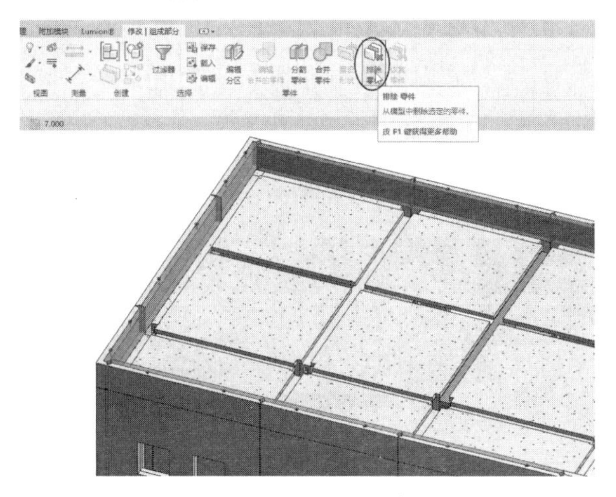

图14-52　删除内侧的女儿墙预制构件

⑨ 经过上述分割操作后，发现女儿墙与二层的墙体已经形成相互独立，这需要将每一个二层外墙预制构件和其顶部的女儿墙构件重新合并为一个独立预制构件，以便于构件厂加工生产，毕竟女儿墙构件较小，不适宜单独预制成构件。

⑩ 按Ctrl键选取一个二层外墙预制构件和其上的女儿墙构件，在弹出的【修改|组成部分】上下文选项卡中单击【合并零件】按钮，将两个预制构件合并为一个预制构件，如图14-53所示。

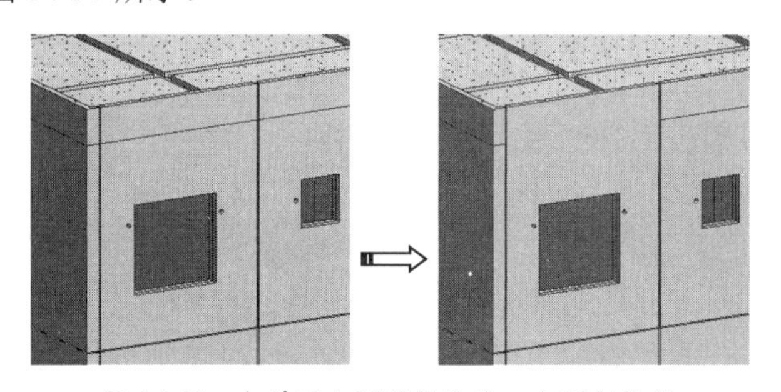

图14-53　合并两个预制构件为一个预制构件

⑪ 同理，依次将二层的外墙预制构件和其上的女儿墙构件进行合并。

3. 梁的深化设计

第二层的梁和柱都是预制构件。

① 选中二层中所有的预制梁，在属性面板中单击【编辑类型】按钮编辑类型，弹出【类型属性】对话框。修改b（梁宽度）尺寸为240mm，使预制梁两侧各有20mm伸进预制楼板构件中，能够承载预制楼板构件的重量，如图14-54所示。

② 双击预制梁构件进入梁族编辑器模式中。在【工作平面】面板中单击【设置】按钮，选取梁端面作为工作平面。单击【创建】选项卡中的【空心融合】按钮，切换到右视图中绘制一个矩形，如图14-55所示。

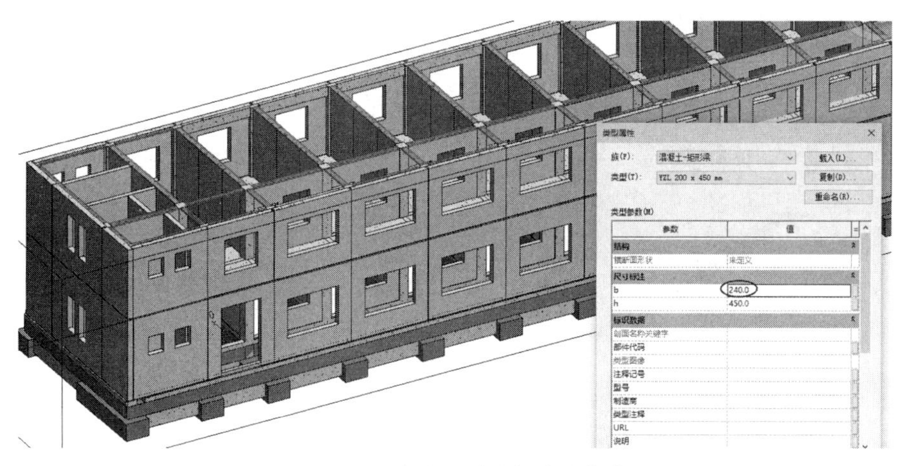

图 14-54　修改预制梁构件的宽度

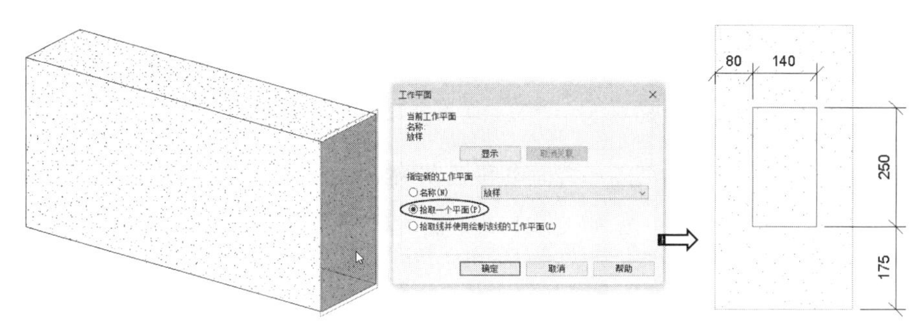

图 14-55　绘制矩形

③ 在【修改|创建融合底部边界】上下文选项卡中单击【编辑顶部】按钮，在选项栏中设置深度值为【30】、输入偏移值为【-20】，再参照上一步骤绘制的矩形绘制一个偏移矩形，如图 14-56 所示。

④ 单击【完成编辑模式】按钮，完成融合模型的创建，如图 14-57 所示。同理，在梁的另一端也创建空心融合形状。

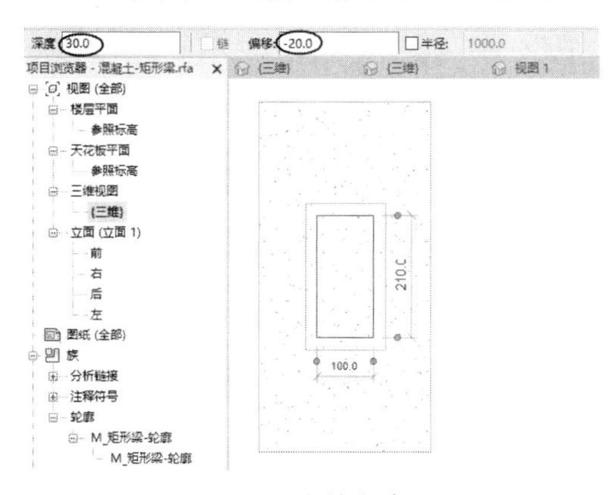

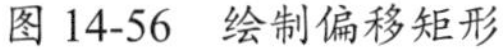
图 14-56　绘制偏移矩形

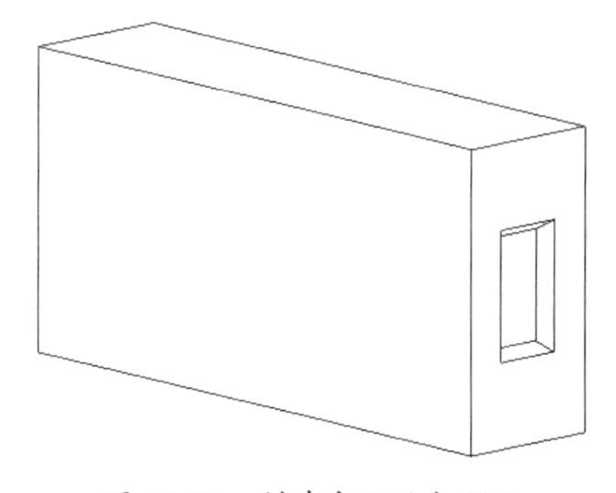

图 14-57　创建空心融合形状

⑤ 在【族编辑器】面板中单击【载入到项目并关闭】按钮，保存梁族的更改并应用到当前项目中。选中二层中所有的预制梁构件，在属性面板中选择编辑完成的梁族来替代所选的预制梁构件，完成预制梁构件的深化设计。

4. 柱与梁的节点深化设计

① 选中所有的预制柱，在属性面板中修改顶部偏移值为【-450.0】，修改结果如图 14-58 所示。

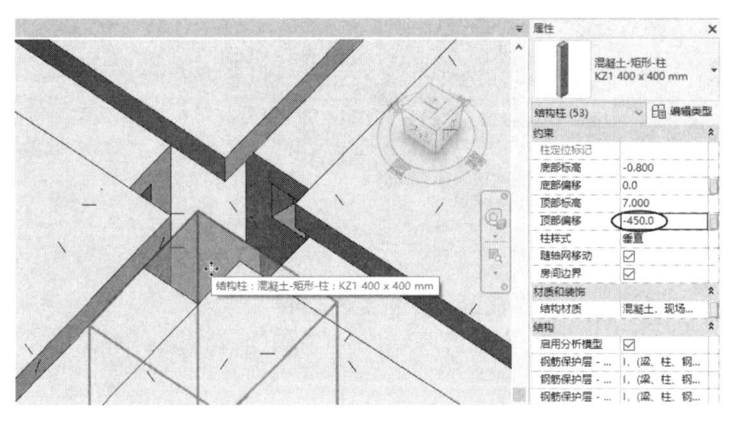

图 14-58 修改预制柱的顶部偏移值

② 切换到顶层平面视图。选中预制梁并拖动梁的控制柄拉长梁，超过柱边界 20mm 左右，如图 14-59 所示。同理，将其他预制梁的位置进行更改。

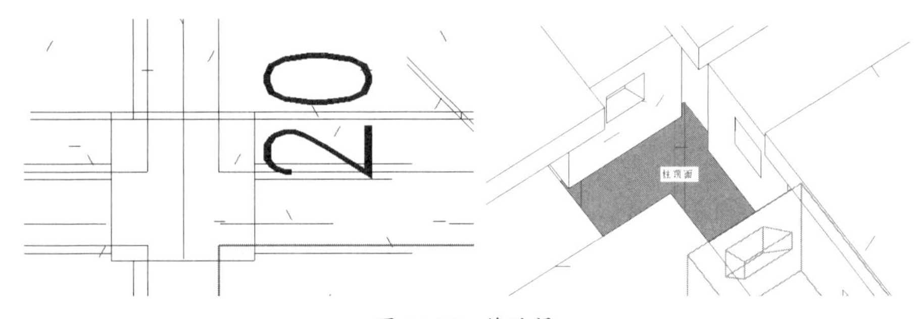

图 14-59 修改梁

14.4 Magic-PC 装配式建筑设计软件介绍

广联达的 BIM 开发始于 2009 年，在国内首家推出 BIM 设计软件。伴随着政策东风，装配式建筑市场不断升温，广联达公司本着自动化、智慧化、产业化理念，推出了面向 PC 设计的广联达装配式 BIM 设计软件。

14.4.1 Magic-PC 装配式建筑设计流程

广联达装配式软件 Magic-PC 2019 是针对装配式混凝土结构、基于 Revit 平台的二次开发软件，考虑从 Revit 模型到预制件深化设计及统计的全流程设计。Magic-PC 装配式建筑设计软件集成了国内装配式规范、图集和相关标准，能够快速实现预制构件拆分、编号、钢筋布置、预埋件布置、深化出图（含材料表）及项目预制率统计等，形成了一系列符合设计流程、提高设计质量和效率、解放装配式设计师的功能体系，如图 14-60 所示。

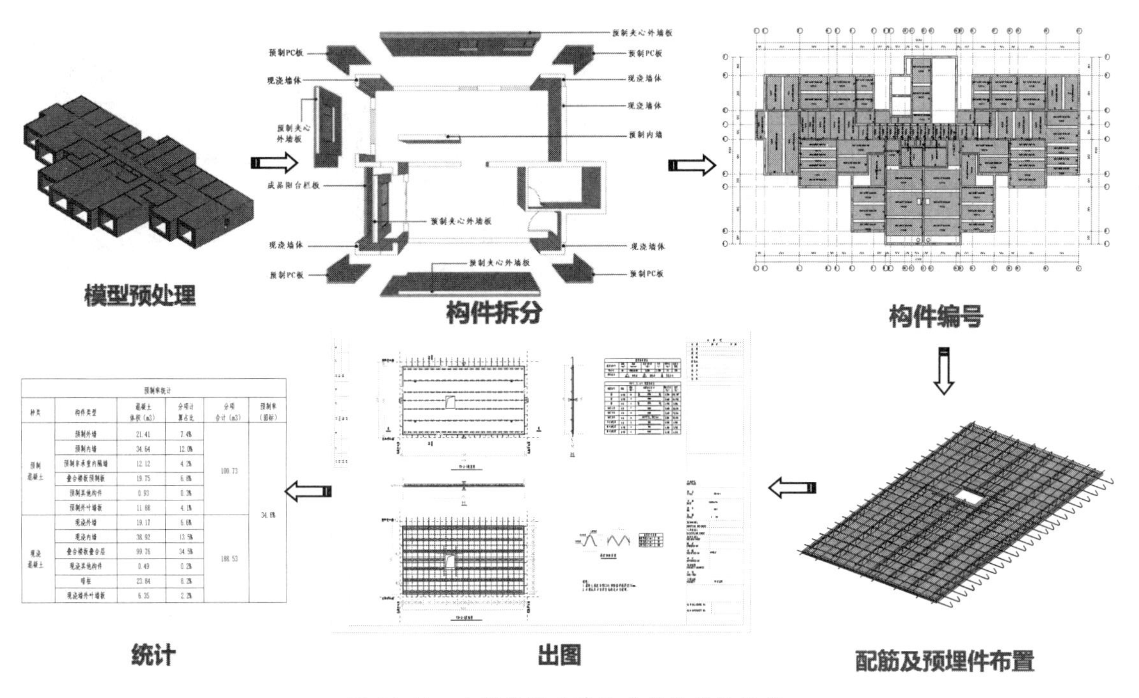

图 14-60　广联达鸿业装配式整体设计流程

Revit 平台进行装配式建筑设计有明显的不足，主要为以下 5 点。

- 装配式模型信息量大，Revit 体量过大。
- Revit 平台钢筋绘制不够简便，预制件又需绘制大量钢筋。
- 出图体量大，Revit 平台的批量打印功能有局限。
- 钢筋表生成烦琐，钢筋加工图需手工以线绘制。
- 预制率统计各地计算方法有差异，手动设定属性计算操作烦琐，计算结果难以准确。

知识点拨：

广联达鸿业装配式建筑设计软件可在广联达官方网站中下载，下载软件后安装即可。目前广联达鸿业装配式建筑设计软件的最高版本仅能搭载到 Revit 2019 中使用，它是基于 Revit 平台的一个设计插件。因此，读者朋友们除了安装 Revit 2022 外，还要安装 Revit 2019。

14.4.2　Magic-PC 主要功能

1. 智能拆分构件

装配式混凝土结构设计中预制构件的拆分是装配式设计的核心，是标准化、模数化的基础，关系到构件详图如何出、工厂如何预制及项目预制率、装配率等关键问题。Magic-PC 装配式建筑设计软件通过对图集、规范和装配式实际项目的研究，内置合理的拆分方案和拆分参数，设计师可选择按规则批量拆分和灵活手动拆分两种方式（如图 14-61 所示为采用自动拆分方式拆分楼板）。对拆分后的楼层，现浇与预制构件、不同构件类型分别以不同颜色予以区分，方便设计师使用。

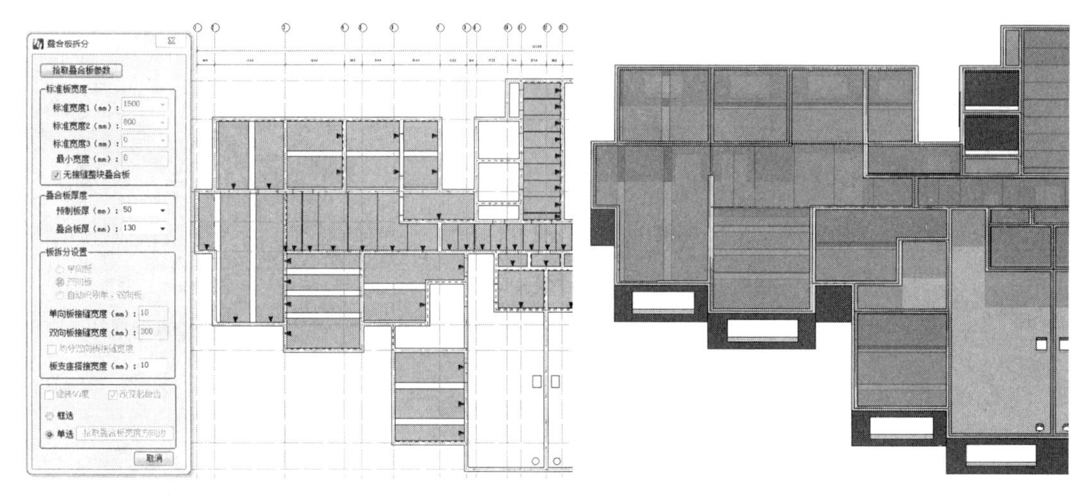

图 14-61　自动拆分楼板构件

2. 参数化布置钢筋

由于装配式混凝土结构出图量大，PC 构件需要逐根绘制钢筋，因此钢筋的快速实现是影响设计效率的关键因素。Magic-PC 装配式建筑设计软件通过对预制构件布筋规则的研究，采用参数化的钢筋布置方式，只需要在界面中输入配筋参数即可驱动程序自动完成钢筋绘制，不仅大大提高设计效率，而且更加符合国内的设计习惯，如图 14-62 所示。Magic-PC 装配式建筑设计软件的钢筋设置参数考虑了规范、图集的相关要求和结构设计习惯，考虑了钢筋避让、钢筋样式等问题，并且支持将配筋方案作为项目或企业资源备份，复用于其他项目。

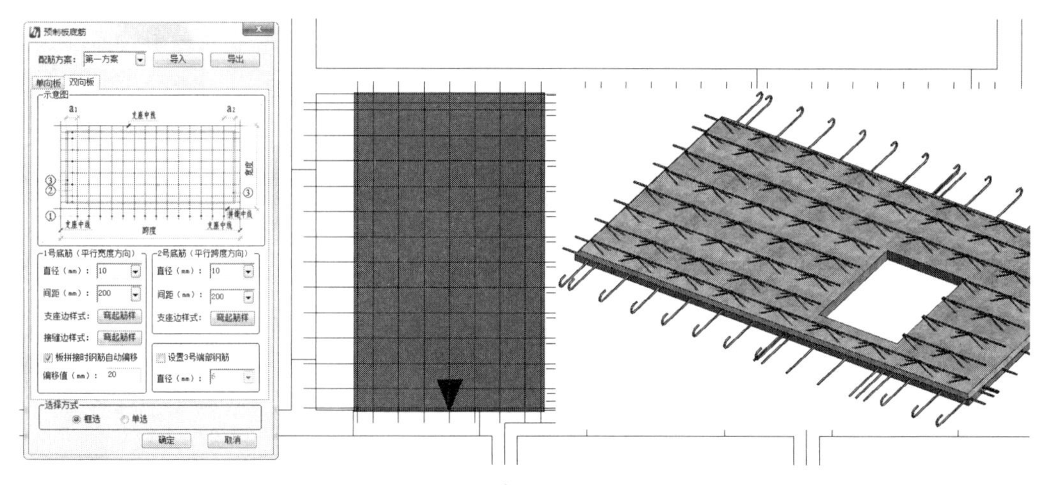

图 14-62　参数化布置钢筋

3. 预埋件布置

Magic-PC 装配式建筑设计软件内置了一批常用的预埋件族，并可通过参数化设置预埋件相关尺寸，同时支持新建预埋件类型，既包括单个预制构件自身的吊装预埋件、洞口预埋件、电盒与线管等，又包括与墙、板关联的斜撑预埋件，如图 14-63 所示。针对竖向构件的灌浆套筒埋件，采用在钢筋参数设置时按规则自动生成的方式，提高设计效率。

图 14-63　墙体支持预埋件自动布置

4．自动出预制件详图

装配式建筑设计需要出大量的预制构件详图，Magic-PC 装配式建筑设计软件开发了一键布图功能，自动生成预制构件详图，如图 14-64 所示。在详图中，考虑了预制构件水平和竖向切角等细节，图纸内容包括模板图、配筋图、剖面图、构件参数表、钢筋明细表及预埋件表等。软件自动实现布图，大大减轻设计师工作量。同时，设计师可通过构件库功能，将详图文件批量导出为 RVT、PDF 文件。

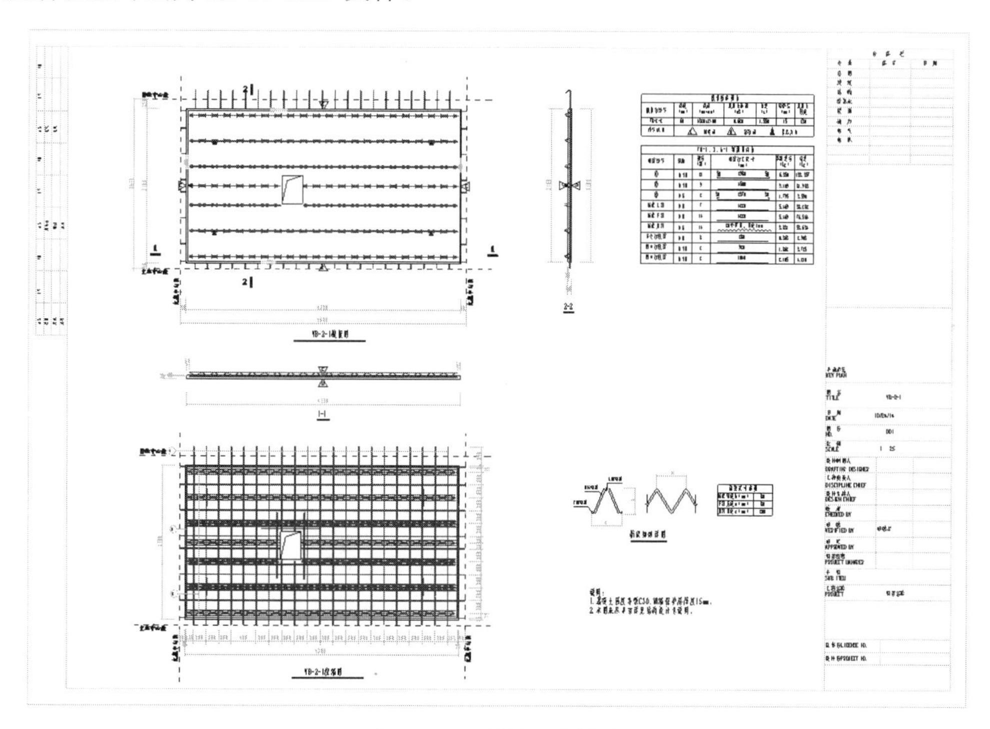

图 14-64　预制构件详图

5．实时统计预制率

预制率是装配式项目的重要考察指标，Magic-PC 装配式建筑设计软件通过构件属性信息的埋入，自动统计预制混凝土和现浇混凝土用量。用户只需选择当地的执行标准和计算规则即可实时计算出当前项目的预制率，并且用户可以在设计过程的各阶段进行统计，如图 14-65 所示。

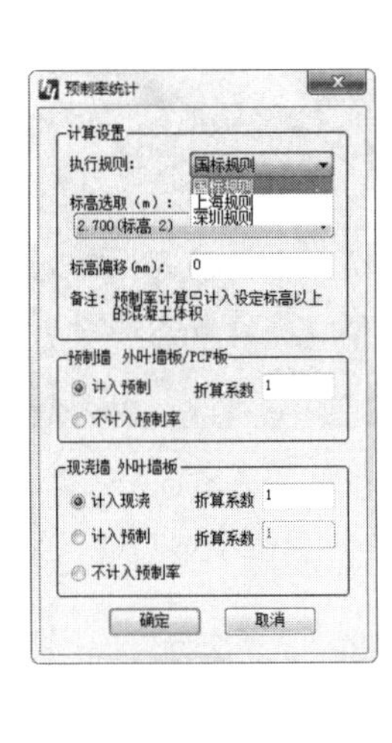

预制率统计					
种类	构件类型	混凝土体积（m3）	分项计算占比	分项合计（m3）	预制率（国标）
预制混凝土	预制外墙	21.41	7.4%	100.73	34.8%
	预制内墙	34.64	12.0%		
	预制非承重内隔墙	12.12	4.2%		
	叠合楼板预制板	19.75	6.8%		
	预制其他构件	0.93	0.3%		
	预制外叶墙板	11.88	4.1%		
现浇混凝土	现浇外墙	19.17	6.6%	188.53	
	现浇内墙	38.92	13.5%		
	叠合楼板叠合层	99.76	34.5%		
	现浇其他构件	0.49	0.2%		
	暗柱	23.84	8.2%		
	现浇墙外叶墙板	6.35	2.2%		

图 14-65　预制率统计

14.5　Magic-PC 装配式建筑设计案例

本例项目为广东某小区的 5#楼盘住宅项目，建筑结构形式为装配整体式剪力墙结构，共 7 层，由广东某建工集团承担设计、施工和构件生产，预制率达到 62%。

本例仅为标准层的装配式建筑设计流程做全面细致地讲解。图 14-66 所示为【5#住宅楼标准层的装配式建筑】模型效果图。标准层中的楼梯、外墙、内墙、梁、楼板及柱等均为预制构件。

图 14-66　5#住宅楼标准层的装配式建筑模型

14.5.1　预制构件设计

接下来，基于已有的 Revit 结构模型，利用广联达鸿业装配式建筑设计软件【广联达鸿业装配式软件—魔方 2019】的相关拆分工具进行预制构件的设计。

1. 预制板设计

利用【预制板】选项卡中的相关工具进行楼板的拆分设计。

① 启动【广联达鸿业装配式软件—魔方 2019】，同时启动 Revit 2020。在主页界面中单击【打开】按钮，打开本例源文件【5#楼住宅项目.rvt】，如图 14-67 所示。

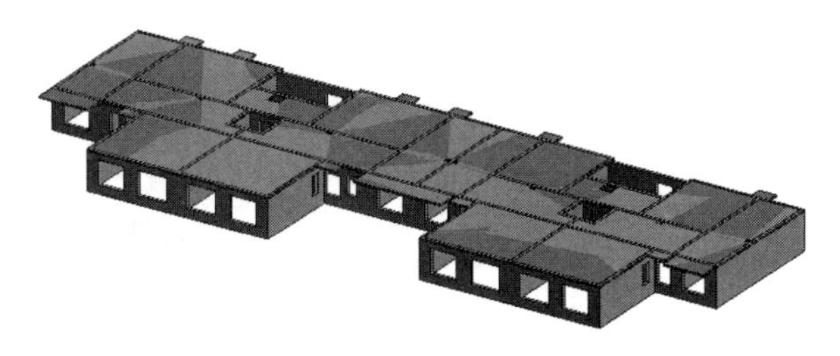

图 14-67　打开 5#楼住宅项目模型

② 切换到【标高 1】结构平面视图。在【预制板】选项卡中单击【支座设置】按钮，系统会自动搜索并选取图形区中的墙和梁进行支座转换，选中的对象会高亮显示，如图 14-68 所示。按 Esc 键完成支座设置。如果发现有墙体或梁没有被自动选中，则可手动选择添加，也可手动选取不要转换为支座的墙与梁。

提示：

在单击【支座设置】按钮后，程序自动搜索所有墙、梁作为楼板支座，且用不同颜色临时显示（墙支座用绿色，梁支座用玫红色），非支座则采用默认颜色。

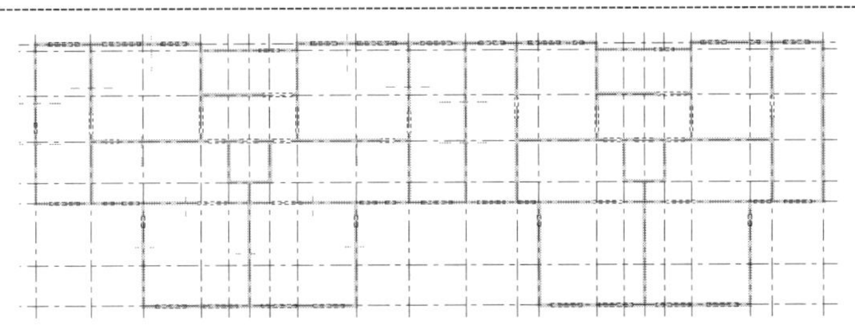

图 14-68　选取墙体或梁进行支座转换

③ 切换到【标高 2】结构平面视图。在【预制板】选项卡中单击【大板分割】按钮，弹出【大板分割】对话框。选中【框选】单选按钮，在图形区中框选所有的楼板进行自动分割，如图 14-69 所示。分割完成后按 Esc 键结束操作。

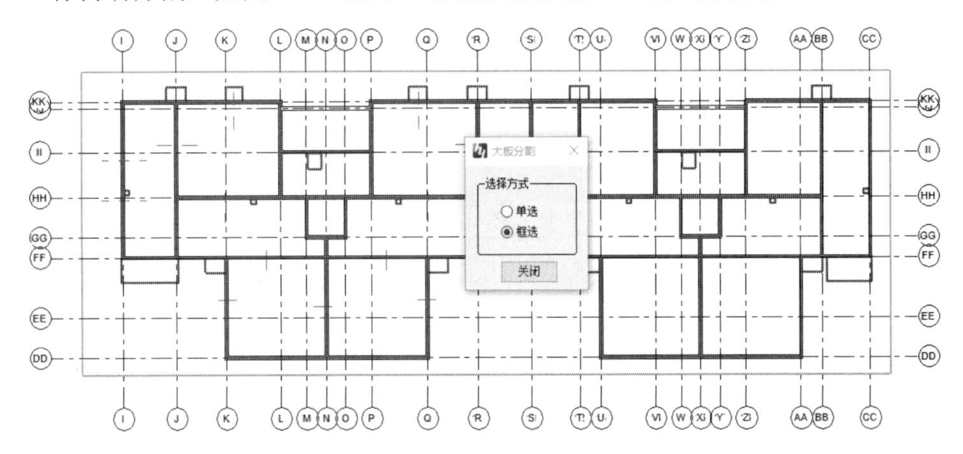

图 14-69　框选楼板进行大板分割

④ 在【预制板】选项卡中单击【自动拆板】按钮，弹出【自动拆板】对话框。在对话框中设置楼板参数，框选要拆分的楼板，随后自动完成拆分，如图 14-70 所示。完成后按 Esc 键结束自动拆板操作。

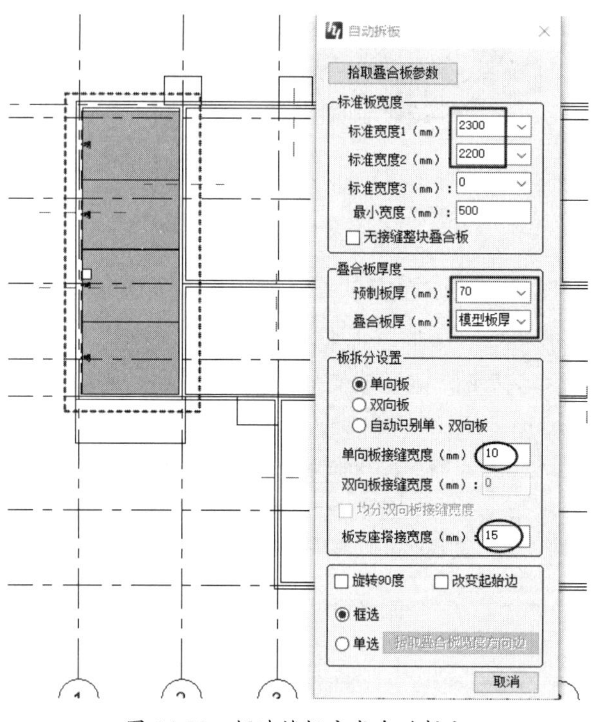

图 14-70　框选楼板完成自动拆分

提示：

在拆分楼板时请使用 AutoCAD 软件打开本例源文件夹中的【5#楼住宅项目.dwg】图纸文件，结合【5#楼标准层预制板平面布置图】图纸来拆分楼板，如图 14-71 所示。

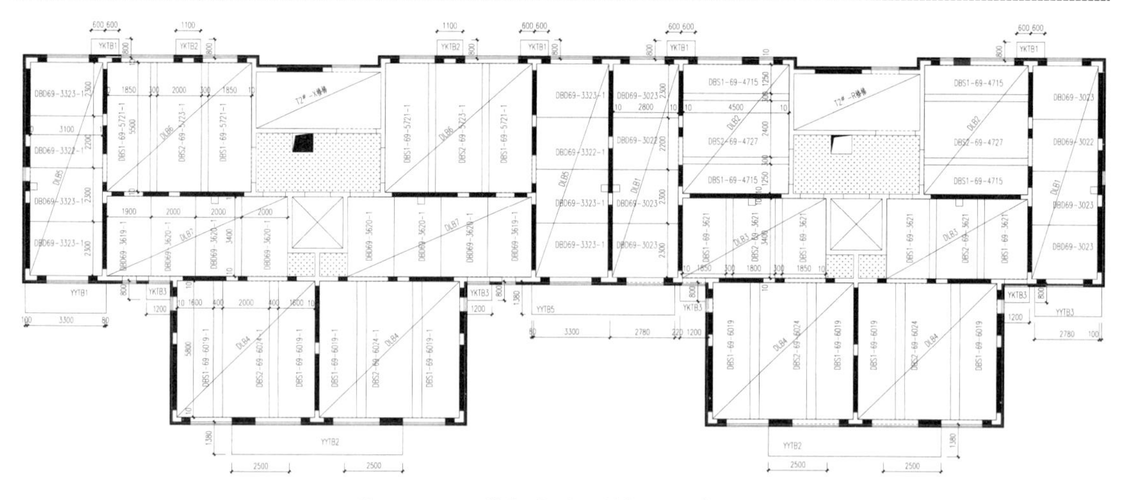

图 14-71　5#楼标准层预制板平面布置图

⑤ 在【预制板】选项卡中单击【手动拆板】按钮，选取要拆分的楼板（虚线框内），弹出【手动拆板（总厚度 120mm）】对话框。在对话框中单击【配置】按钮弹出【常

用拆分板宽度尺寸】对话框，并输入预制板宽的值为【1850】，单击【添加】按钮和【确定】按钮完成板宽值的添加，如图 14-72 所示。

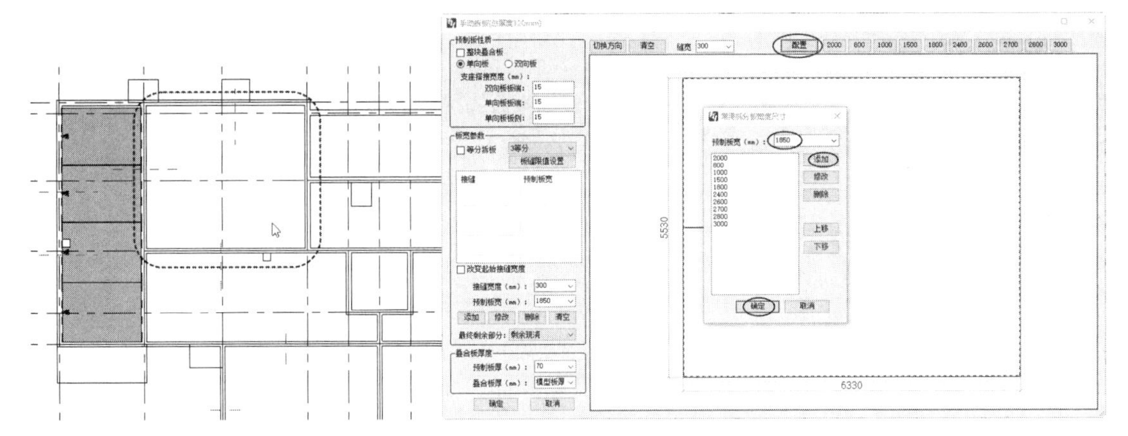

图 14-72　选取楼板并添加板宽值

⑥ 在【手动拆板（总厚度 120mm）】对话框左侧各选项组中设置预制板参数，在【板宽参数】选项组的【预制板宽】下拉列表中选择【1850】参数，单击下方的【添加】按钮，添加第一块预制板（对话框中右侧的预览区域中可以预览添加的预制板），如图 14-73 所示。

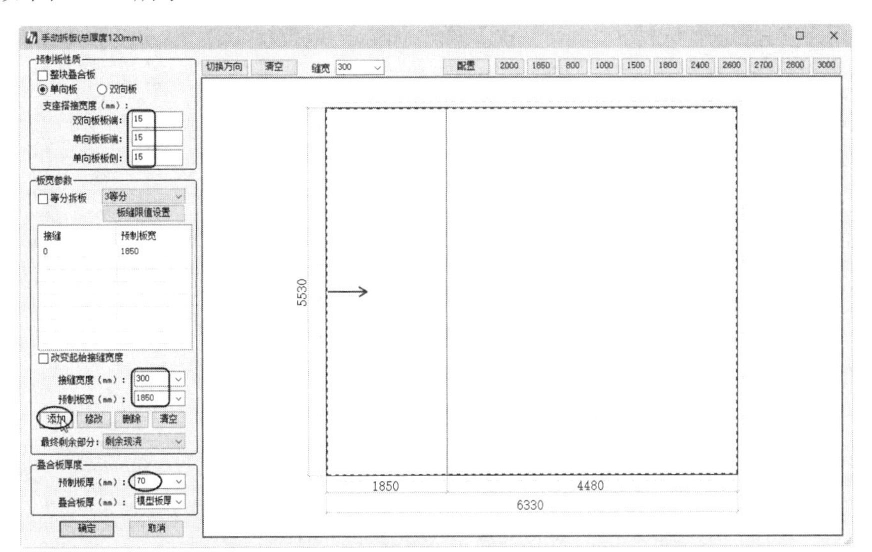

图 14-73　设置预制板参数并添加第一块预制板

⑦ 在保证其他预制板参数不变的情况下，在【板宽参数】选项组的【预制板宽】下拉列表中选择【2000】参数，单击下方的【添加】按钮，添加第二块预制板，如图 14-74 所示。

⑧ 同理，在【板宽参数】选项组的【预制板宽】下拉列表中选择【1850】参数，并单击下方的【添加】按钮，添加第三块预制板，如图 14-75 所示。

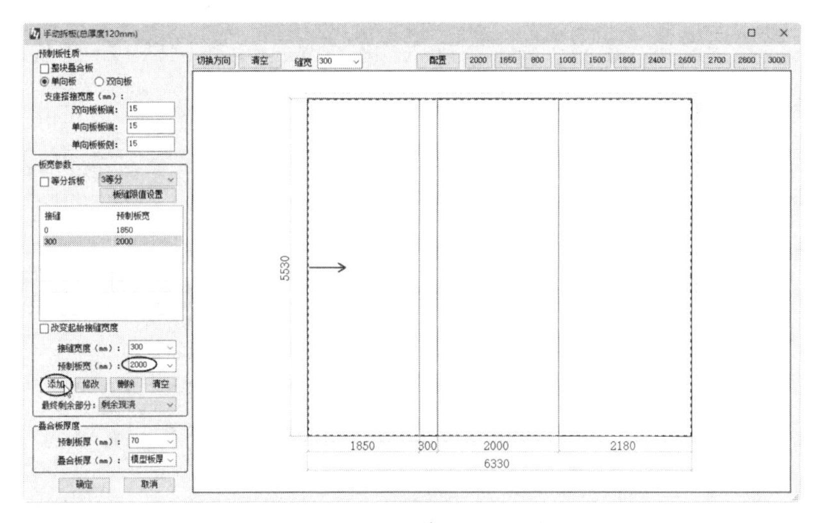

图 14-74　添加第二块预制板

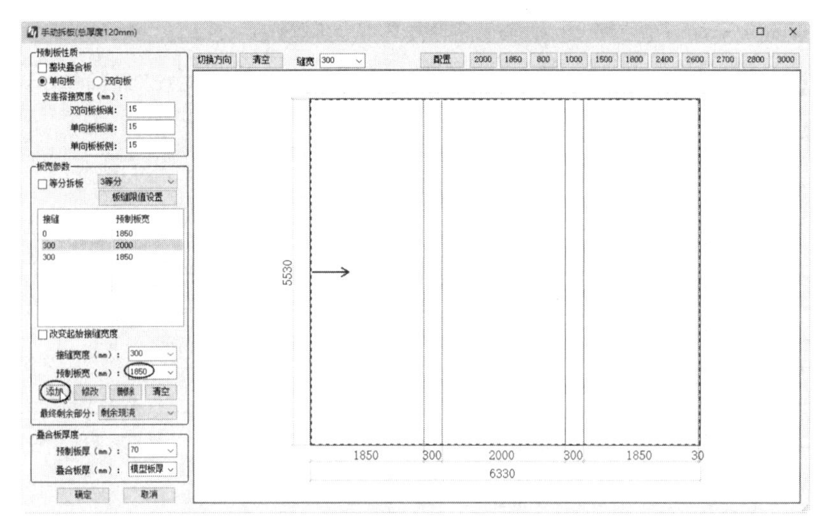

图 14-75　添加第三块预制板

⑨　单击【确定】按钮，完成手动拆板操作，拆分的楼板如图 14-76 所示。

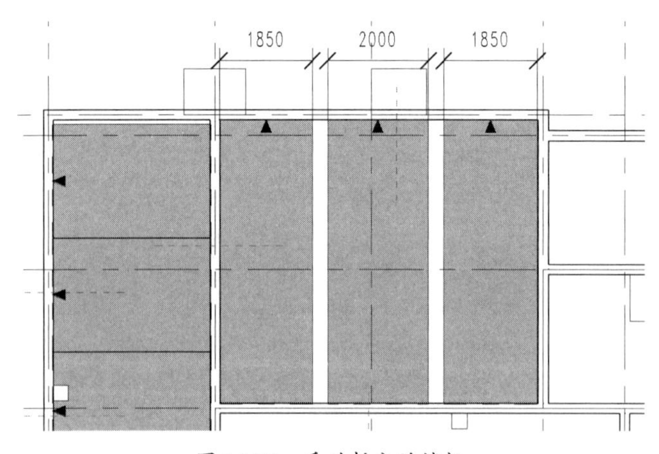

图 14-76　手动拆分的楼板

⑩ 同样，利用【手动拆板】工具，采用与上步骤中相同的预制板参数，对图 14-77 所示的楼板进行拆分。

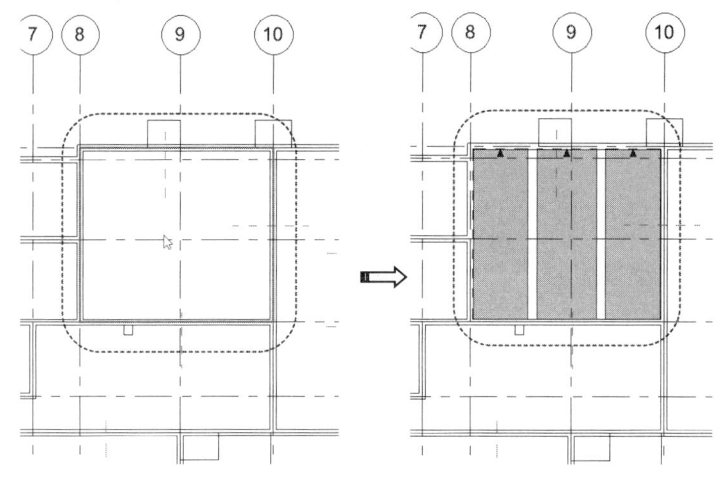

图 14-77　手动拆分楼板

⑪ 后续的楼板也采用【手动拆分】工具进行操作，设置预制板拆分参数时请严格参照【5#楼标准层预制板平面布置图】图纸中所标注的板宽尺寸来操作，若没有现成的板宽参数，则在【手动拆板（总厚度 120mm）】对话框中单击【配置】按钮进行配置即可，最终拆分完成的预制板效果图如图 14-78 所示。

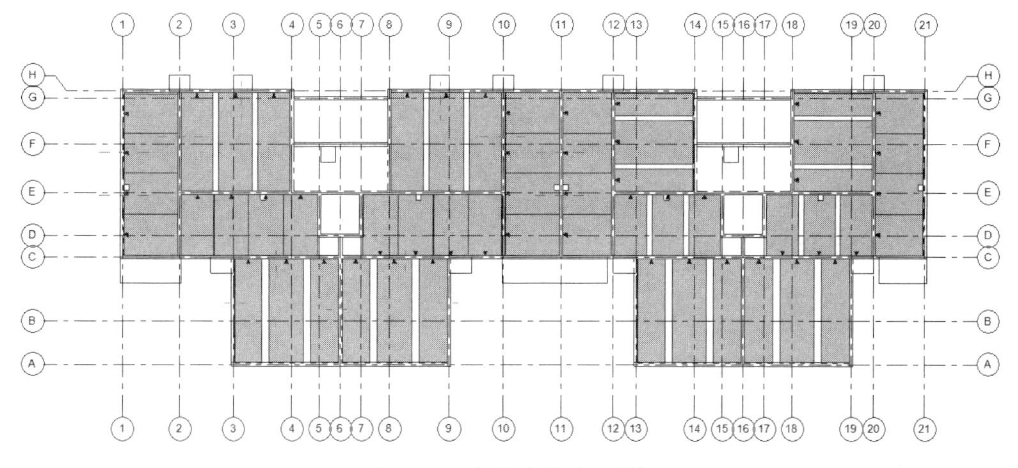

图 14-78　拆分完成的预制板

⑫ 在楼板拆分完成后，在【预制板】选项卡中单击【预制板编号】按钮，在弹出的【预制板编号】对话框设置编号，单击【确定】按钮，系统自动完成所有预制板的编号，如图 14-79 所示。

⑬ 预制板的自动编号中会默认显示板厚和跨度数字，使整个编号显得太长。在【预制板】选项卡中单击【板编号编辑】按钮，在弹出的【编号修改】对话框中修改编号，如图 14-80 所示。也可完全按照【5#楼标准层预制板平面布置图】图纸中的预制板编号进行修改。

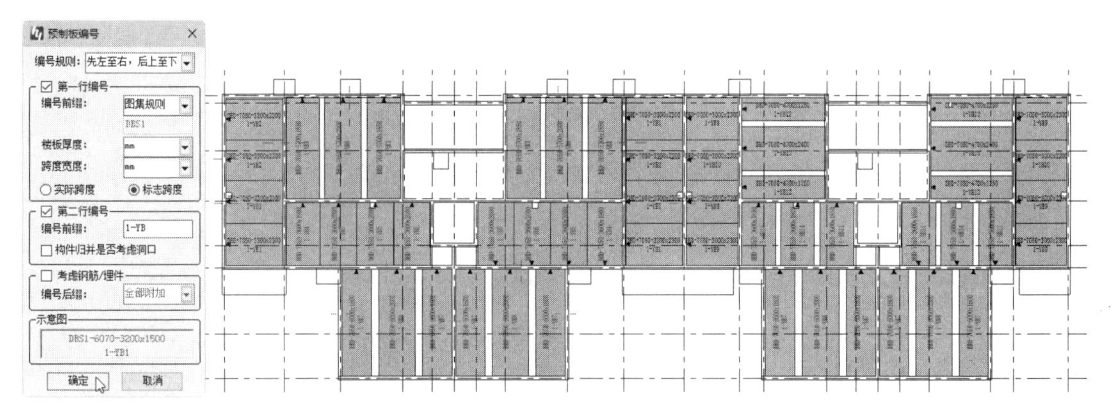

图 14-79　预制板自动编号

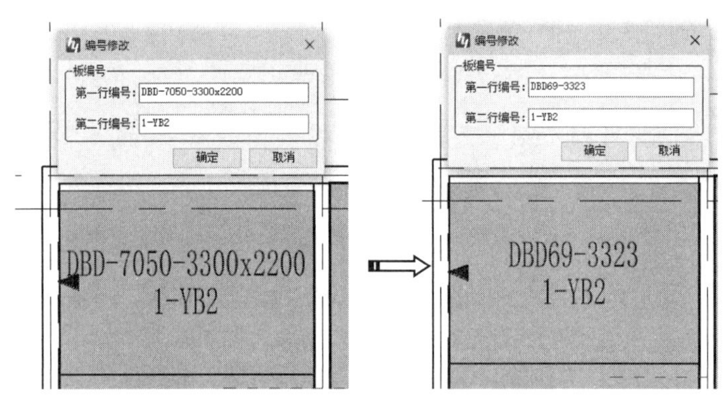

图 14-80　修改编号

2. 预制墙体设计

将某些墙体（这种墙体有部分为外墙、还有部分为内墙）进行打断，打断后便于墙体类型划分和墙体拆分。

① 切换到【标高 1】结构平面视图。在【预制墙】选项卡中单击【墙体打断】按钮，在要打断的墙体中选择打断点，随后该墙体被自动打断，如图 14-81 所示。要打断的墙体和打断点如图 14-82 所示。

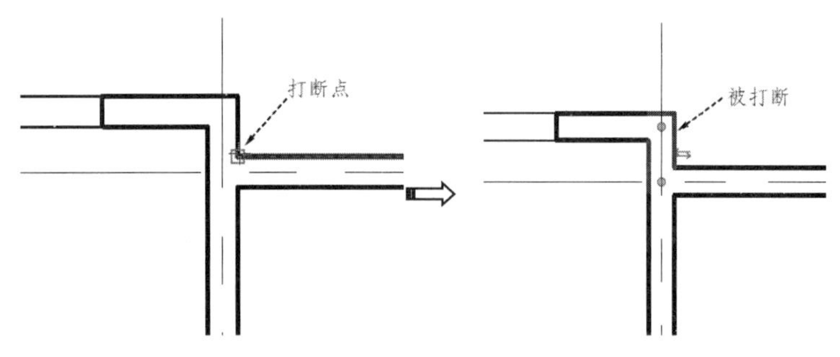

图 14-81　打断墙体

② 在【预制墙】选项卡中单击【墙体类型】按钮，弹出【墙体类型】对话框。设置【预制外墙】类型，【单选】单选按钮在图形区中逐一选取外墙来定义预制外墙类型，如图 14-83 所示。

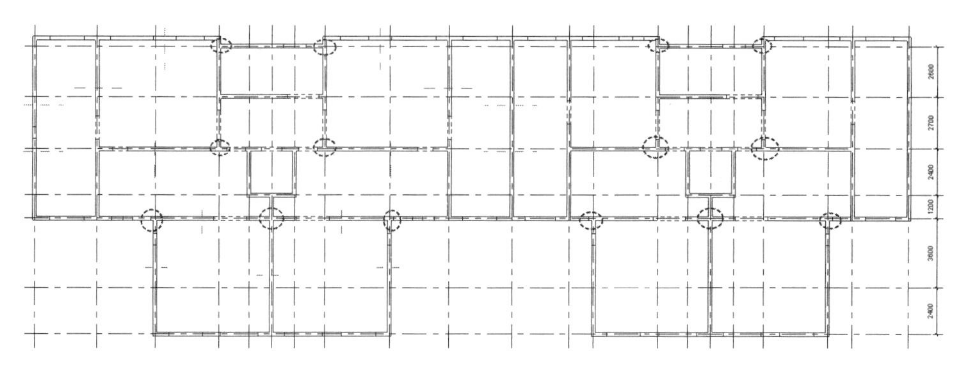

图 14-82　要打断的墙体及其打断点的位置（图中虚线框内）

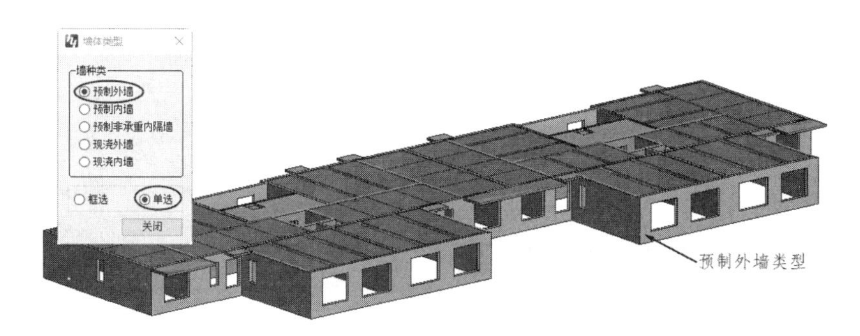

图 14-83　定义预制外墙类型

提示：

在指定预制外墙类型后，外墙的颜色由默认的灰色变为粉色，由于本书是黑白印刷，不能用颜色来表达预制墙类型。

③ 同理，在【墙体类型】对话框中选择【预制内墙】墙类型选项，利用【框选】的选择方式，在图形区中框选内部的墙体来定义预制内墙类型。

④ 在【墙体类型】对话框中选择【现浇内墙】墙类型选项，利用【框选】的选择方式，在图形区中框选楼梯间、天井和两个电梯筒井位置的墙体来定义【现浇内墙】类型。

提示：

楼梯间、天井和两个电梯筒井位置的墙体为现浇剪力墙，不要将其指定为【预制内墙】，如果不小心指定为【预制内墙】类型了，则可以选择【现浇内墙】墙类型来重新定义。【预制内墙】的颜色为红色，【现浇内墙】的颜色为橙色。

⑤ 在【预制墙】选项卡中单击【外叶墙板】按钮，在弹出的【外叶墙板生成】对话框中设置外叶板厚度和保温层厚度，单击【确定】按钮后利用【框选】的选择方式在图形区中框选预制外墙（前面定义的预制外墙类型）来自动生成外叶墙板，如图 14-84 所示。

⑥ 创建边缘构件（即转角暗柱），在【预制墙】选项卡中单击【墙体拆分】按钮，弹出【墙体自动拆分】对话框。设置参数后单击【确定】按钮，在图形区中框选预制外墙和预制内墙（电梯筒位置的墙体不要选）来自动拆分，如图 14-85 所示。拆分后所有的墙体转角处将自动生成转角暗柱预制构件。

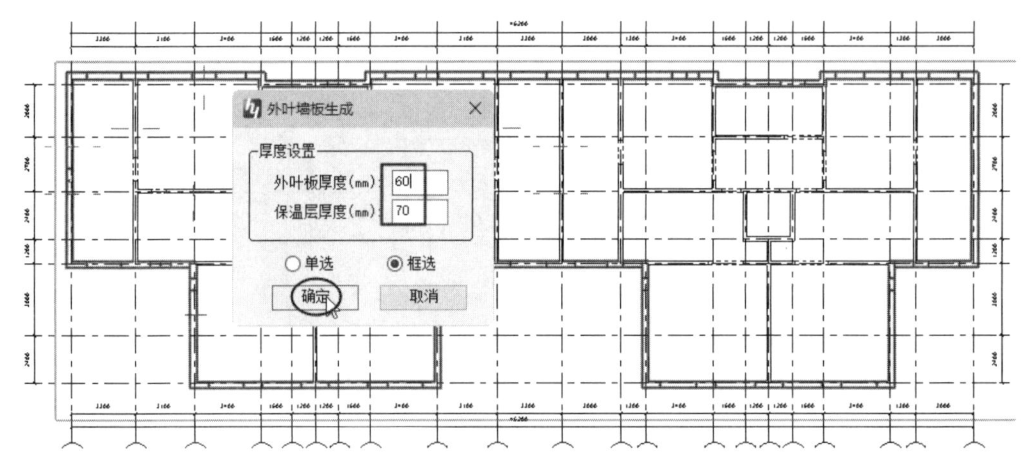

图 14-84　框选预制外墙来创建外叶墙板

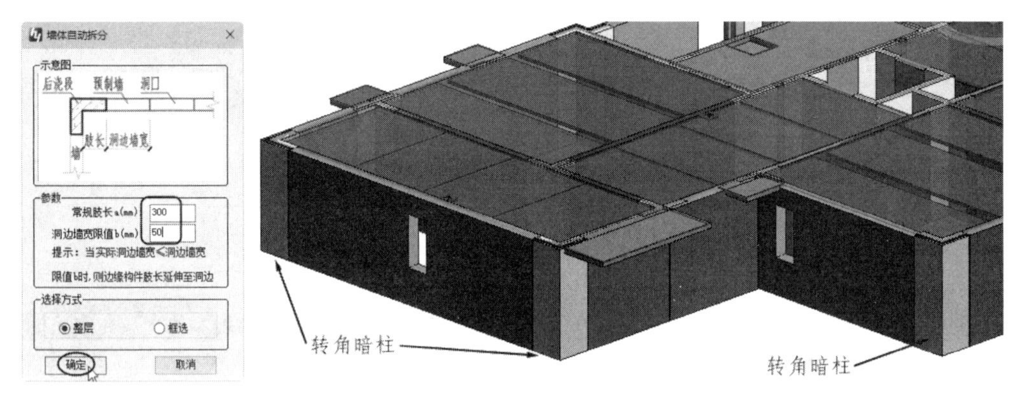

图 14-85　墙体自动拆分

⑦ 结合【5#楼标准层剪力墙结构布置图】图纸，从自动创建的转角暗柱来看，建筑周边的转角暗柱尺寸较小，需要进行修改。在【预制墙】选项卡中单击【边缘构件编辑】按钮，在弹出的【边缘构件编辑】对话框中选择电梯筒位置的转角暗柱进行参数修改，如图 14-86 所示。同理，继续选取其他要修改参数的转角暗柱，参照图纸进行编辑修改。

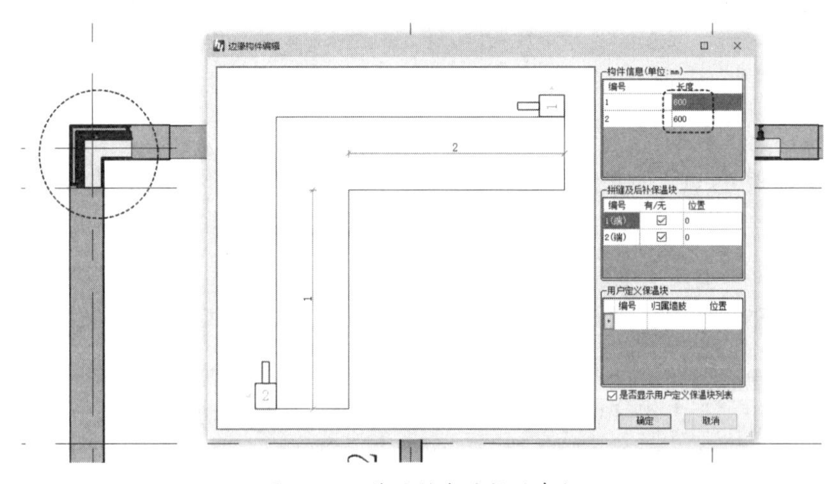

图 14-86　修改转角暗柱的参数

⑧　修改完成的转角暗柱如图 14-87 所示。

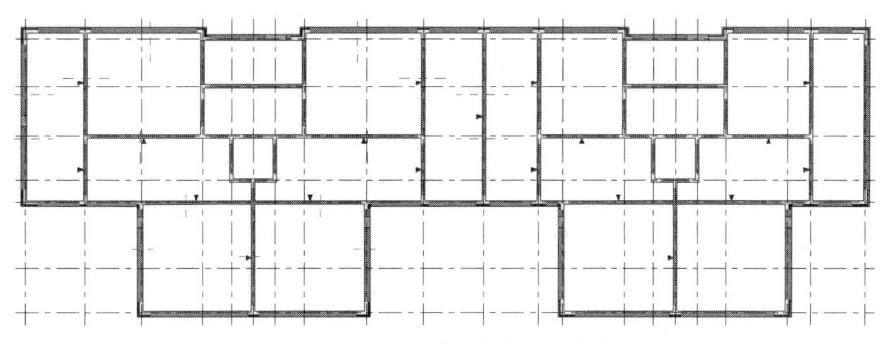

图 14-87　创建和修改完成的转角暗柱

⑨　在【预制墙】选项卡中单击【预制墙】按钮，弹出【预制墙编号】对话框。在设置编号和选项后单击【确定】按钮，系统完成预制墙的自动编号，如图 14-88 所示。

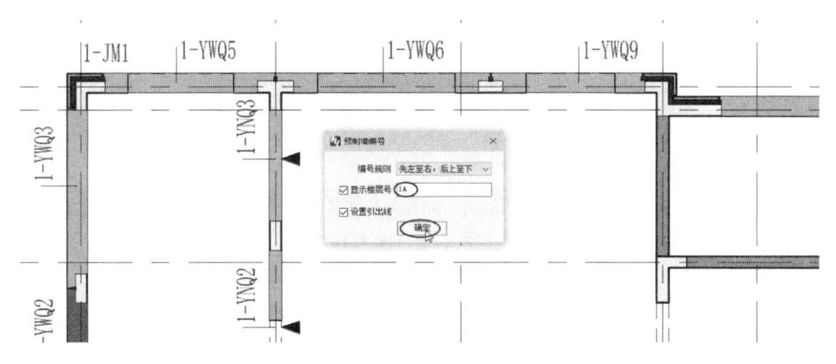

图 14-88　预制墙自动编号

3．预制楼梯设计

在 5#住宅项目的标准层中，有两个预制楼梯，楼梯预制构件的设计与安装位置如图 14-89 所示。

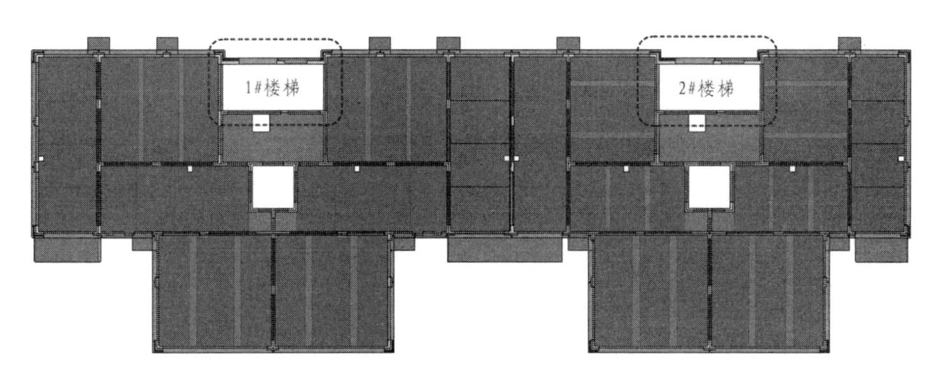

图 14-89　标准层中的楼梯分布

1#楼梯和 2#楼梯尺寸是相同的。1#楼梯间中的具体尺寸为：层高为 2700mm，楼梯间宽度为 2400mm，楼梯间长度为 5400mm。按照 1#楼梯间尺寸可以推测并计算出 1#预制楼梯的设计尺寸：梯步（梯步）宽度为 1100mm，梯步（梯步）深度为 300mm，梯步（梯步）高度为 150mm，楼梯中间的平台宽度为 1100mm，其长度与楼梯间宽度一致。

① 设计 1#楼梯，在【预制楼梯】选项卡中单击【双跑楼梯】按钮，弹出【预制双跑楼梯】对话框。在对话框中设置预制楼梯参数，如图 14-90 所示。

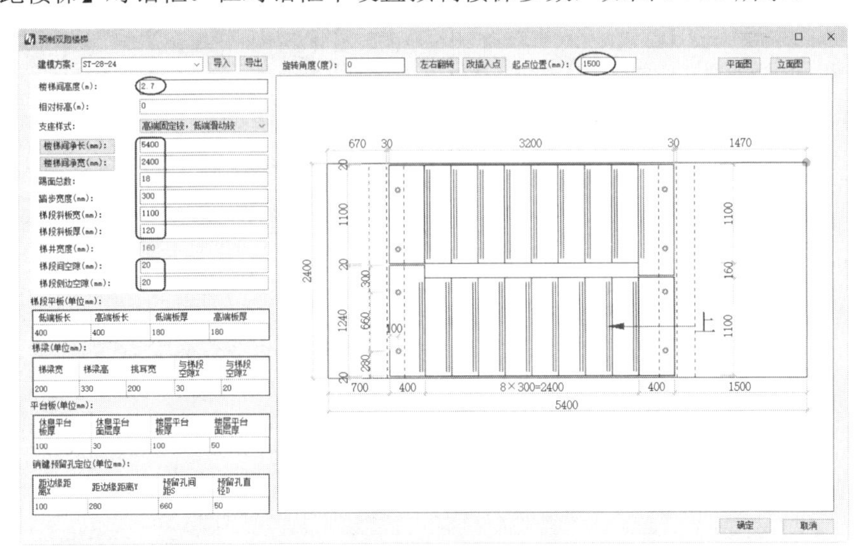

图 14-90　设置预制楼梯参数

② 在设置完成后单击【确定】按钮，在【标高 1】结构平面视图中指定预制楼梯的插入点，以此放置预制楼梯构件，如图 14-91 所示。

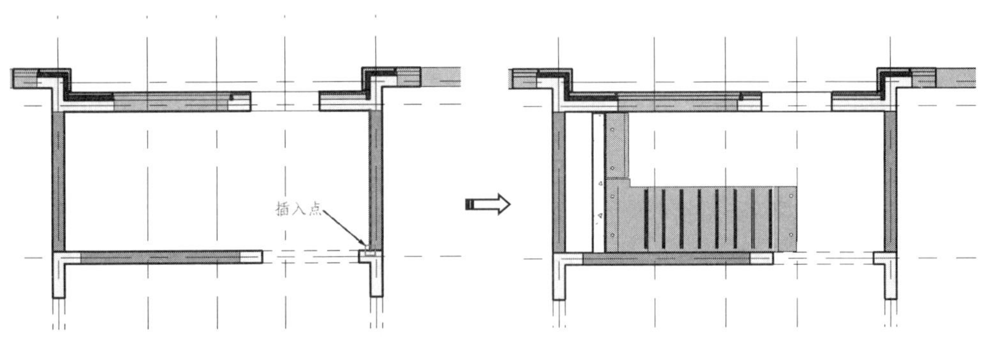

图 14-91　插入预制楼梯

③ 按 Enter 键重复执行【双跑楼梯】命令，以相同的预制楼梯参数来插入 2#预制楼梯，最终完成的结果如图 14-92 所示。

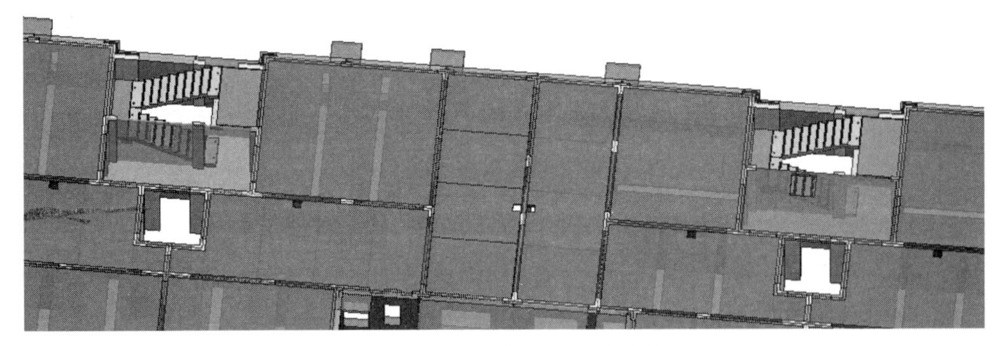

图 14-92　创建完成的预制楼梯

4．预制阳台和预制空调板设计

在建筑外墙外的附属构件为阳台和空调板，如图 14-93 所示。

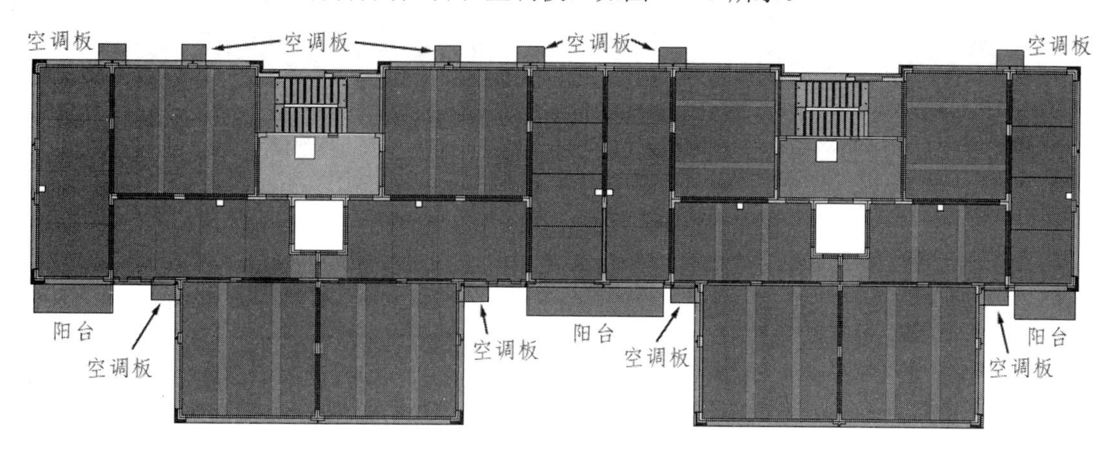

图 14-93　阳台与空调板

① 切换到【标高 2】结构平面视图。在【预制阳台空调】选项卡中单击【阳台创建】按钮，弹出【预制阳台板】对话框。

② 在【预制阳台板】对话框中设置阳台板参数，设置完成后单击【确定】按钮，如图 14-94 所示。

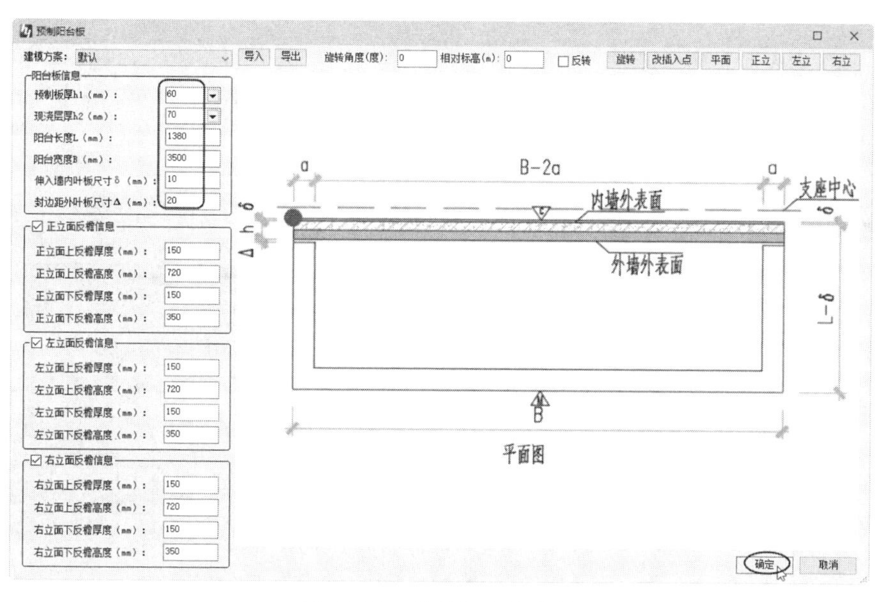

图 14-94　设置阳台板参数

提示：

在【预制阳台板】对话框中的平面图预览中，左上角的红色大圆点就是预制阳台板构件的插入点，可以单击【改插入点】按钮将插入点更改到右上角。

③ 随后在【标高 2】结构平面视图中指定预制阳台的插入点完成预制阳台的自动插入，如图 14-95 所示。

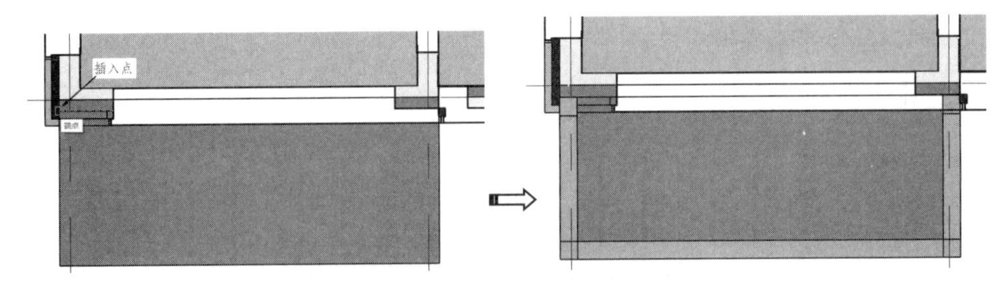

图 14-95 插入第一个预制阳台

④ 同理，在测得其余阳台的实际尺寸后，设置预制阳台参数，完成其余预制阳台的插入，完成结果如图 14-96 所示。

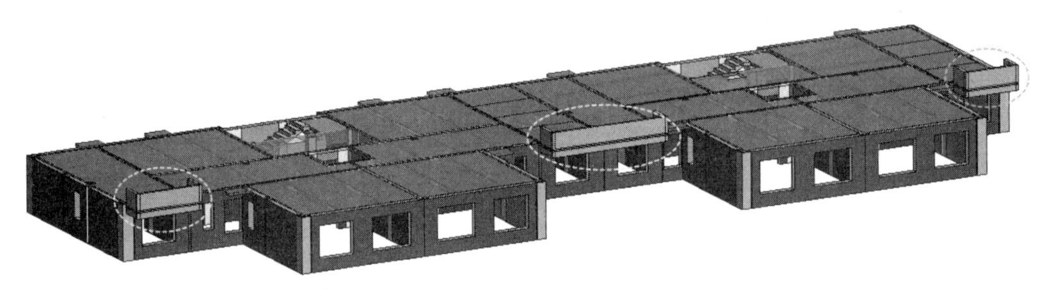

图 14-96 创建完成的预制阳台

⑤ 创建预制空调板，以其中一个空调板为例，先测量空调板的尺寸，如宽度为 900mm，长度为 1200mm。在【预制阳台空调】选项卡中单击【空调板创建】按钮，在弹出的【预制空调板】对话框中设置空调板参数，设置完成后单击【确定】按钮，将其插入到空调板的实际位置，如图 14-97 所示。

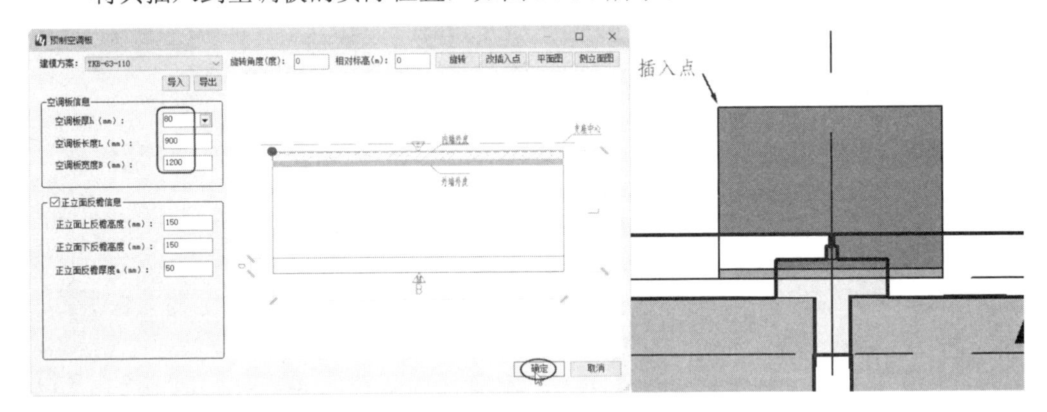

图 14-97 设置参数后插入空调板

⑥ 同理，完成其余空调板的插入。至此，完成了结构模型的拆分设计，即完成了预制构件设计。

14.5.2 钢筋和预埋件布置

接下来为预制墙、预制板、预制楼梯、预制阳台及空调板等构件进行钢筋和预埋件的布置设计。

1．预制墙钢筋和预埋件布置

① 切换到【标高 1】结构平面视图。在【预制墙】选项卡中单击【墙体信息】按钮，在视图中选取一段预制墙，弹出【墙体信息编辑】对话框。该对话框的左侧有两个选项卡：【配筋信息】选项卡和【几何信息】选项卡。【配筋信息】选项卡用来设置配筋的参数，【几何信息】选项卡中显示的是所选墙体的几何尺寸信息，是系统自动提取的。

② 在【墙体信息编辑】对话框的【配筋信息】选项卡中，系统根据其他的墙体几何信息来设置配筋参数，如果觉得钢筋参数不合理，则可以修改竖向钢筋、水平钢筋或拉结钢筋的各项参数。本例就采用系统默认的钢筋配置参数，直接单击【确定】按钮，完成所选预制墙的构件钢筋设置，如图 14-98 所示。

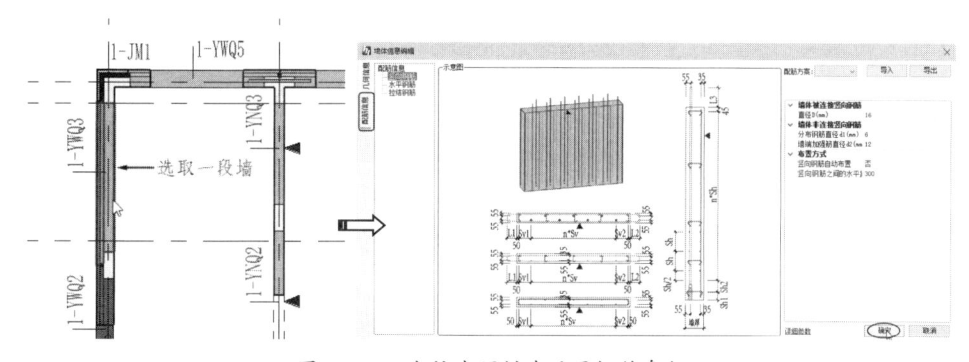

图 14-98　为所选预制墙设置钢筋参数

③ 在配置钢筋后，默认状态下是看不见钢筋实体的，需要单击【钢筋显隐】按钮，在弹出的【钢筋显/隐】对话框中选中【钢筋实体】单选按钮，接着在三维视图中框选要显示钢筋实体的这面预制墙，即可看见配置的钢筋，如图 14-99 所示。

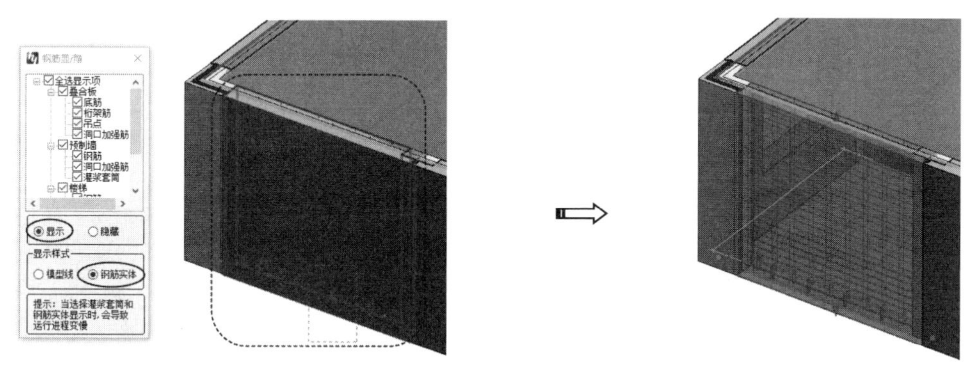

图 14-99　显示配置的钢筋

④ 同理，依次选取其余墙体来配置墙钢筋。

⑤ 在【预制墙】选项卡中单击【埋件布置】按钮，选取步骤③中所配置钢筋的这面墙，弹出【埋件布置】对话框。

⑥ 在左侧的【墙已布置埋件】选项列表中，选择【临时支撑预埋件】选项，单击【布置】按钮，将中间区域的【埋件参数】表格中的埋件参数赋予【临时支撑预埋件】

选项。按此操作，依次将埋件参数赋予【临时加固预埋件】选项、【吊装预埋件】选项、【电盒与线管】选项、【电气操作空间】选项等。埋件布置完成后单击【完成】按钮，系统自动布置埋件到所选的预制墙体中，如图 14-100 所示。

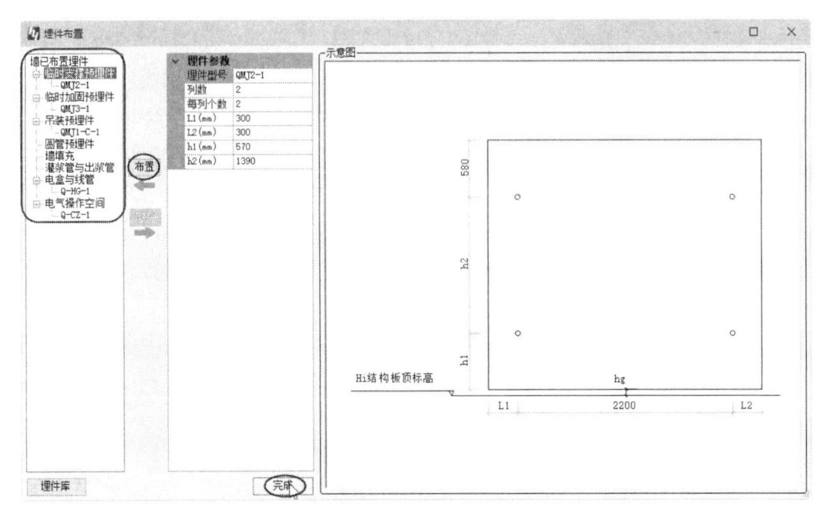

图 14-100　埋件布置设置

⑦ 查看预制墙构件中的预埋件，如图 14-101 所示。由于一层的地板为现浇混凝土，因此还不能为预制墙添加临时支撑件。

2. 预制板底筋和预埋件布置

① 切换到【标高 2】结构平面视图。在【预制板】选项卡中单击【底筋布置】按钮，弹出【预制板底筋】对话框。设置底筋参数后单击【确定】按钮，如图 14-102 所示。

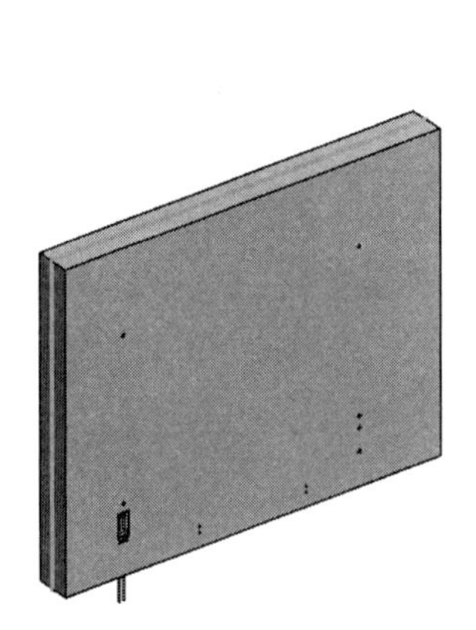

图 14-101　查看预制墙中的预埋件

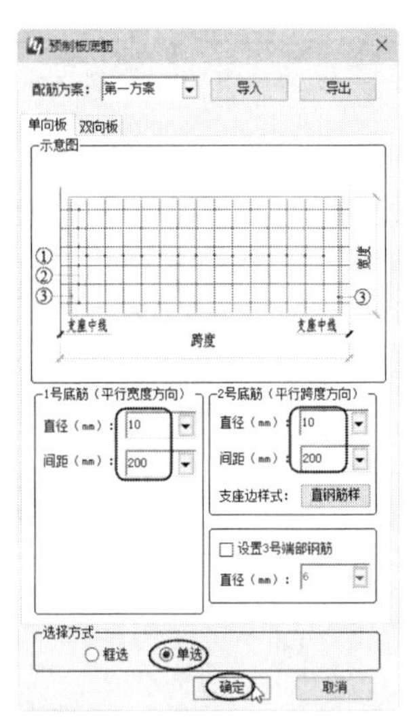

图 14-102　设置预制板底筋参数

② 在平面视图中选取一块预制板，随后自动完成预制板的底筋布置。要显示钢筋，须在【预制板】选项卡中单击【钢筋显隐】按钮，选取要显示的预制板，即可显示钢筋实体，如图 14-103 所示。同理，完成其余预制板的底筋布置。

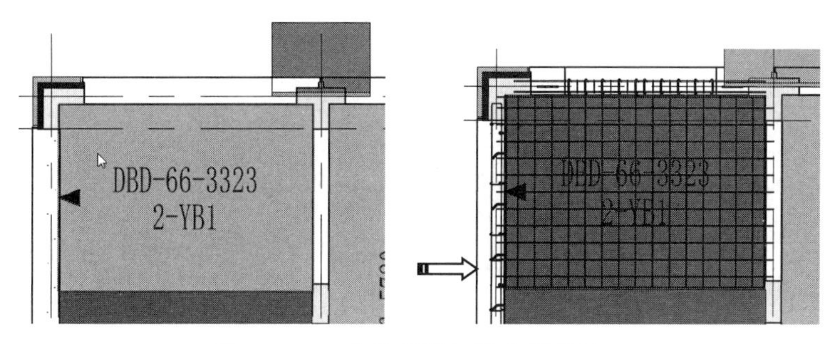

图 14-103　完成预制板的底筋布置

③ 在【预制板】选项卡中单击【桁架钢筋】按钮，选取已布置底筋的预制板构件，弹出【桁架筋布置】对话框。设置桁架筋参数后单击【确定】按钮，在视图中选取桁架筋的布置位置（共放置 4 条桁架筋），如图 14-104 所示。

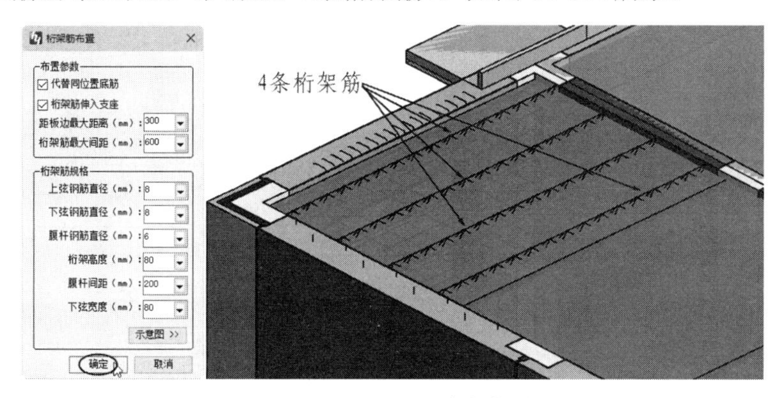

图 14-104　放置 4 条桁架筋

④ 在【预制板】选项卡中单击【埋件布置】按钮，选取上述步骤中已配置桁架筋的预制板，弹出【埋件布置】对话框，设置预埋件参数，如图 14-105 所示。

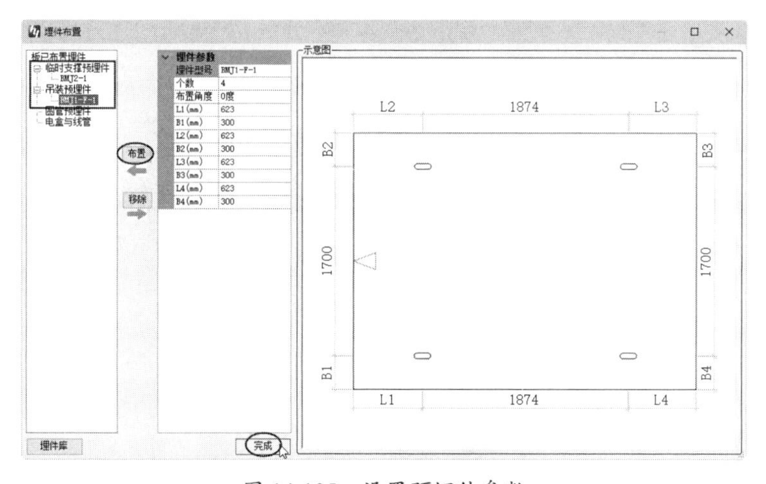

图 14-105　设置预埋件参数

⑤ 在埋件参数设置完成后单击【完成】按钮，系统自动布置预埋件到所选的预制板中，如图 14-106 所示。同理，对其余预制板构件进行相同的底筋、预埋件布置操作。

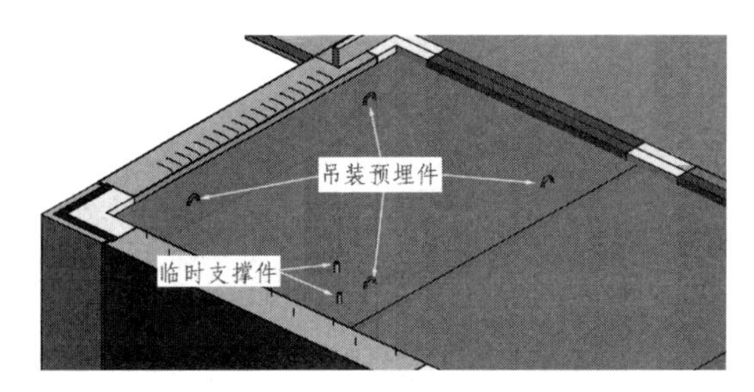

图 14-106　自动生成预埋件

3．预制楼梯布筋

① 切换到【标高 1】结构平面视图。在【预制楼梯】选项卡中单击【楼梯布筋】按钮，弹出【预制楼梯配筋】对话框。

② 保留预制楼梯配筋参数，单击【确定】按钮，如图 14-107 所示。

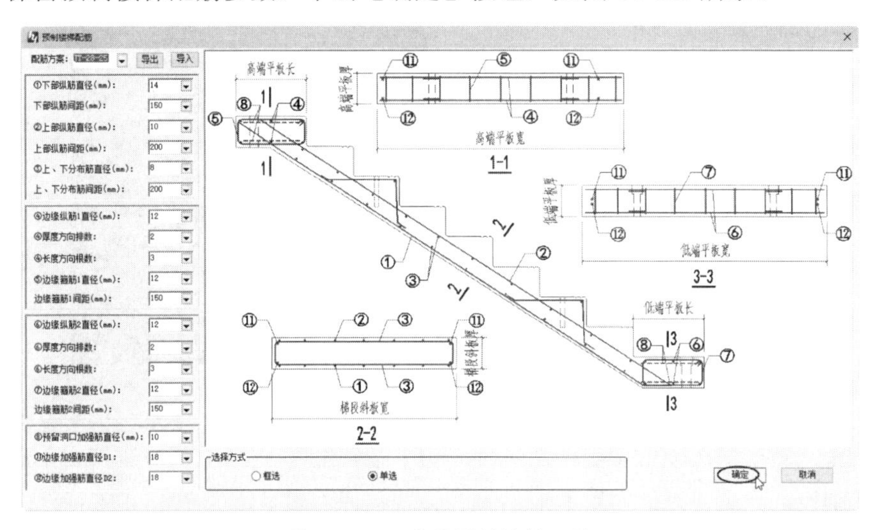

图 14-107　设置预制楼梯配筋

③ 选取 1#楼梯，系统自动完成预制楼梯的配筋，如图 14-108 所示。

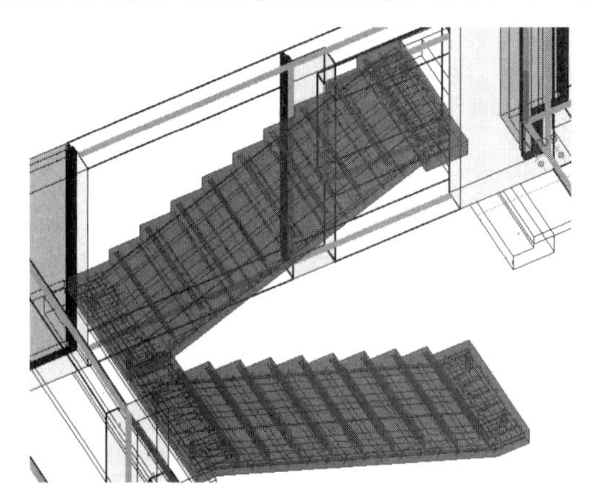

图 14-108　自动完成预制楼梯的配筋

④ 进行同样的操作，完成 2#楼梯的配筋。

4．预制阳台布筋

① 切换到【标高 2】结构平面视图。在【预制阳台空调】选项卡中单击【阳台布筋】按钮，弹出【预制阳台板配筋】对话框。

② 保留系统默认定义的配筋参数，单击【确定】按钮，如图 14-109 所示。

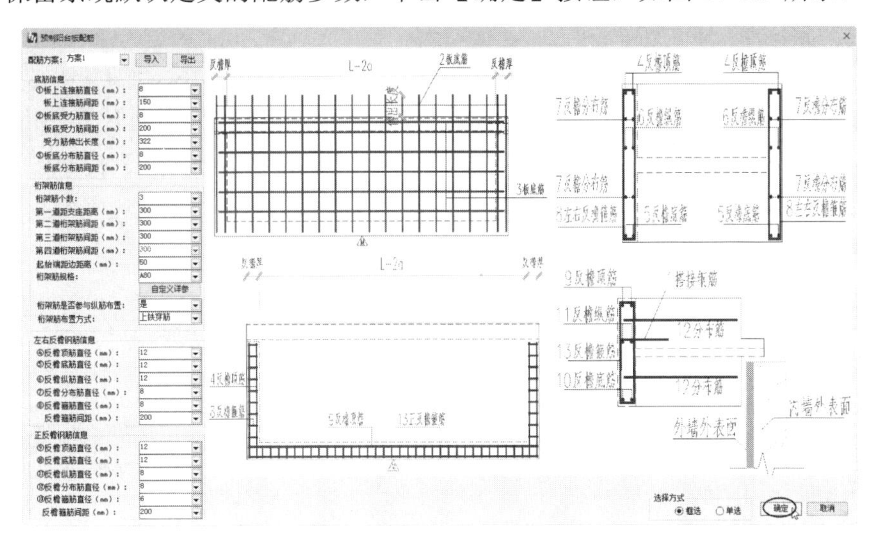

图 14-109　设置预制阳台板的配筋参数

③ 在视图中框选预制阳台，系统自动生成配筋，如图 14-110 所示。

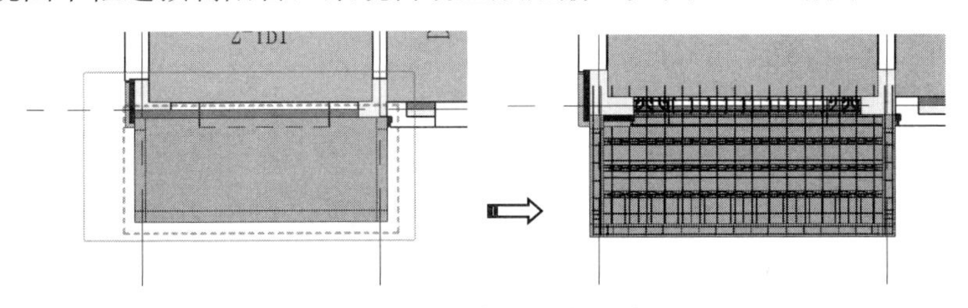

图 14-110　自动生成配筋

④ 在【预制阳台空调】选项卡中单击【空调布筋】按钮（此按钮图标与【阳台布筋】图标相同），弹出【空调板配筋】对话框，保留默认配筋参数，单击【确定】按钮，如图 14-111 所示。

⑤ 框选空调板，系统自动完成配筋，如图 14-112 所示。同理，完成其余阳台和空调板的布筋操作。

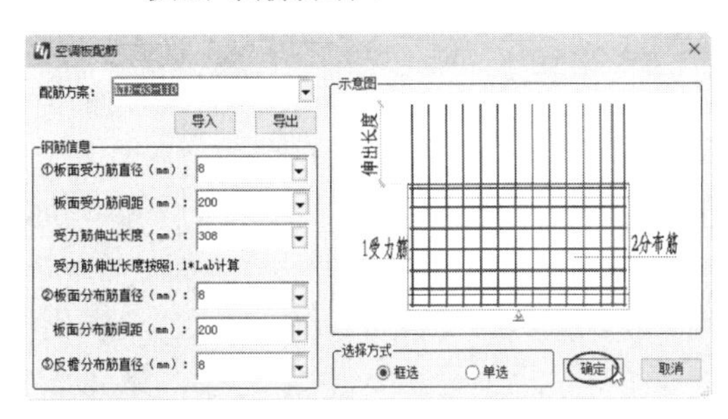

图 14-111　空调板配筋参数设置

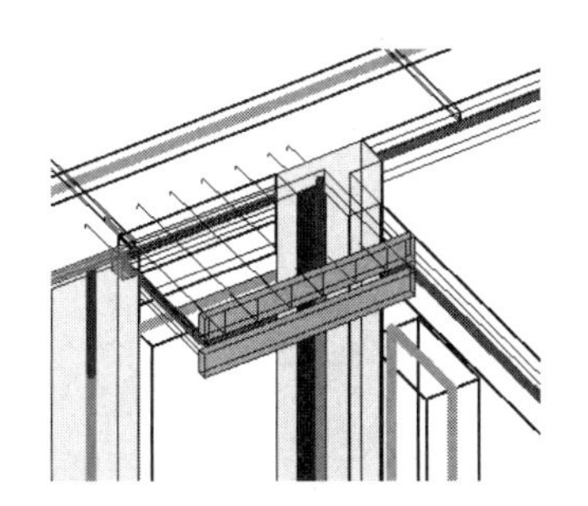

图 14-112　自动完成空调板配筋

14.5.3 预制构件详图设计

接下来为预制板、预制墙、预制阳台和预制楼梯一键生成预制构件详图。在创建构件详图之前，可为装配式建筑作预制率统计、构件统计等工作。

1. 构件统计和预制率统计

① 在【通用】选项卡中单击【构件统计】按钮，弹出【报表统计】对话框。

② 在【全部报表】选项组选择【构件统计表】选项，在【构件类别】选项组中选择【预制外墙】选项，勾选【所有楼层】复选框，单击【导出 Excel】按钮，导出预制外墙的统计数据，并生成 Excel 数据文件，如图 14-113 所示。同理，按此方法导出其他统计数据。

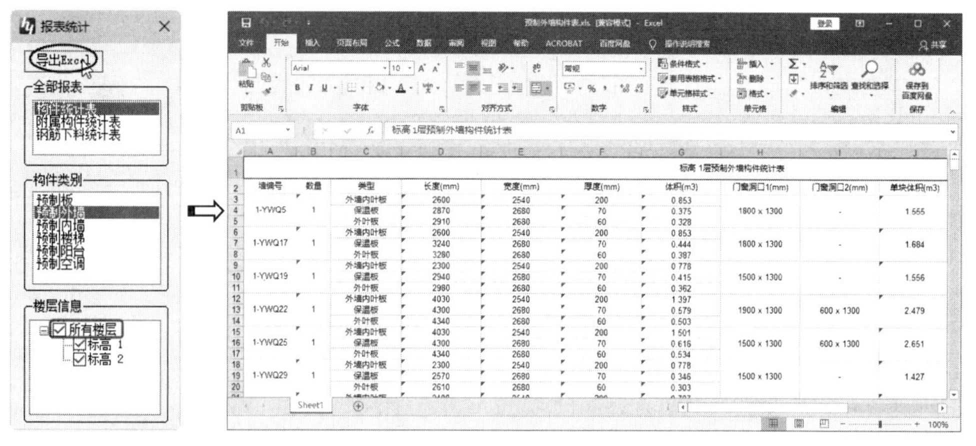

标高 1层预制外墙构件统计表

墙编号	数量	类型	长度(mm)	宽度(mm)	厚度(mm)	体积(m3)	门窗洞口1(mm)	门窗洞口2(mm)	单块体积(m3)
1-YWQ5	1	外墙内叶板	2600	2540	200	0.853	1800 x 1300	-	1.555
		保温板	2870	2680	70	0.375			
		外叶板	2910	2680	60	0.328			
1-YWQ17	1	外墙内叶板	2600	2540	200	0.853	1800 x 1300	-	1.684
		保温板	3240	2680	70	0.444			
		外叶板	3280	2680	60	0.387			
1-YWQ19	1	外墙内叶板	2300	2540	200	0.778	1500 x 1300	-	1.556
		保温板	2940	2680	70	0.415			
		外叶板	2980	2680	60	0.362			
1-YWQ22	1	外墙内叶板	4030	2540	200	1.397	1900 x 1300	600 x 1300	2.479
		保温板	4300	2680	70	0.579			
		外叶板	4340	2680	60	0.503			
1-YWQ25	1	外墙内叶板	4030	2540	200	1.501	1500 x 1300	600 x 1300	2.651
		保温板	4300	2680	70	0.616			
		外叶板	4340	2680	60	0.534			
1-YWQ29	1	外墙内叶板	2300	2540	200	0.778	1500 x 1300	-	1.427
		保温板	2570	2680	70	0.346			
		外叶板	2610	2680	60	0.303			

图 14-113 导出统计数据

③ 在【通用】选项卡中单击【预制率统计】按钮，弹出【预制率统计】对话框。选择【深圳规则】选项，选择【±0.000（标高 1）】选项，其余选项保留默认，单击【确定】按钮，将预制率统计表格放置在空白区域，结果如图 14-114 所示。

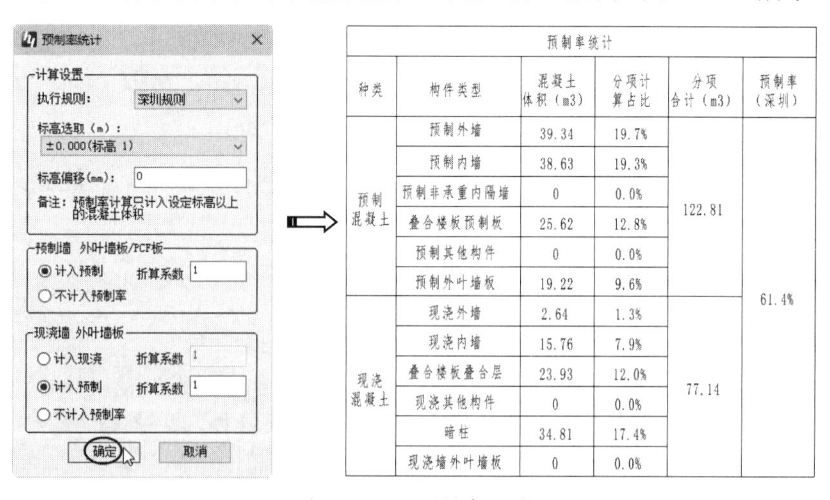

预制率统计

种类	构件类型	混凝土体积（m3）	分项计算占比	分项合计（m3）	预制率（深圳）
预制混凝土	预制外墙	39.34	19.7%	122.81	61.4%
	预制内墙	38.63	19.3%		
	预制非承重内隔墙	0	0.0%		
	叠合楼板预制板	25.62	12.8%		
	预制其他构件	0	0.0%		
	预制外叶墙板	19.22	9.6%		
现浇混凝土	现浇外墙	2.64	1.3%	77.14	
	现浇内墙	15.76	7.9%		
	叠合楼板叠合层	23.93	12.0%		
	现浇其他构件	0	0.0%		
	暗柱	34.81	17.4%		
	现浇墙外叶墙板	0	0.0%		

图 14-114 预制率统计

2．创建预制构件详图

① 在【预制板】选项卡中单击【预制板刷新】按钮，选取要创建构件详图的预制板构件，在弹出的【刷新详图信息】对话框中单击【确定】按钮，随后系统自动进行预制板的详图信息更新，如图 14-115 所示。

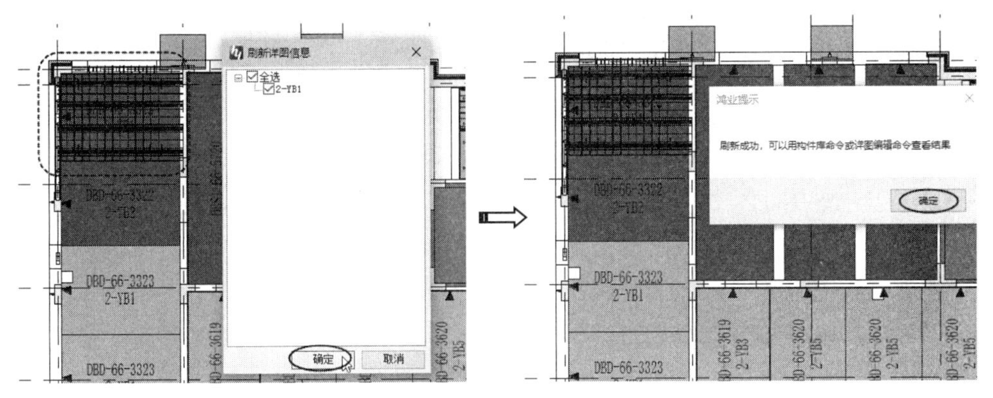

图 14-115　更新预制板详图信息

② 在【预制件详图】选项卡中单击【详图编辑】按钮，选取已完成详图信息刷新的那块预制板构件，系统自动创建该预制板构件的详图图纸（001-2-YB1），该图纸中又包括有两个剖面图、模板图、配筋图、桁架筋详图和说明等，如图 14-116 所示。

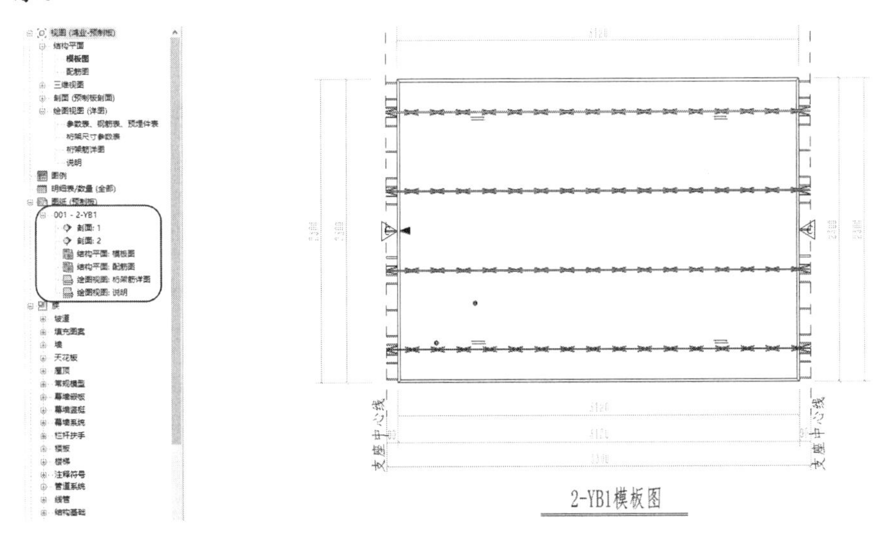

图 14-116　自动创建预制板构件详图

③ 在【预制件详图】选项卡中单击【预制板布图】按钮，弹出【板布图】对话框。保留默认设置，单击【确定】按钮完成布图操作，即完成预制板构件详图设计，结果如图 14-117 所示。

④ 在 Revit 的【文件】菜单中执行【导出】|【CAD 格式】|【DWG】命令，弹出【DWG 导出】对话框，单击【下一步】按钮，即可将预制板构件详图图纸导出为 dwg 格

式的图纸文件，如图 14-118 所示。

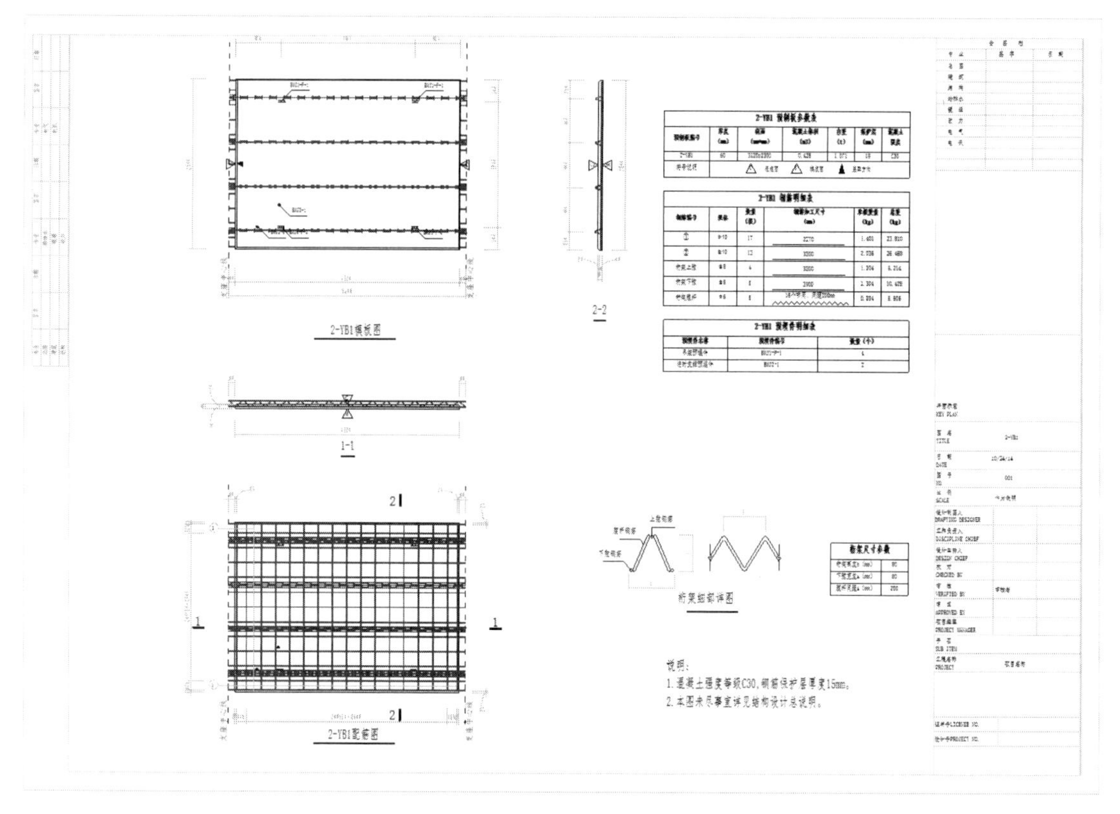

图 14-117 创建完成的预制板构件详图

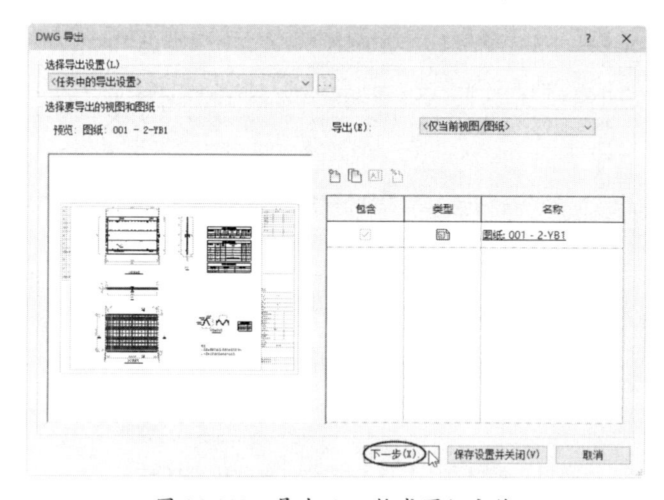

图 14-118 导出 dwg 格式图纸文件

⑤ 其他预制构件的详图设计也可按此进行操作。至此，完成本例住宅项目的装配式建筑设计。

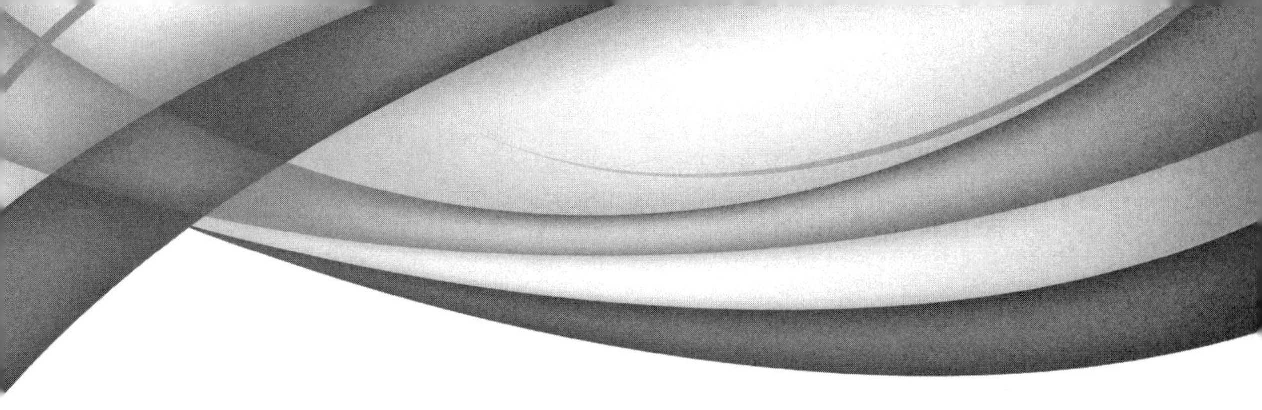

第 15 章

Robot 2022 建筑结构分析

本章内容

检验一幢高层建筑的结构设计是否合格，首先要考虑该建筑的功能是否满足要求，其次是检验其结构是否满足荷载、抗震、抗风、抗腐蚀及防火等性能指标。本章主要介绍在 Revit 软件中进行结构分析模型的准备操作，然后将分析模型传输到建筑结构分析软件 Robot Structural Analysis 2022 中进行结构分析，该软件可以帮助用户解决建筑结构性能问题。

知识要点

☑ Revit 结构分析模型的准备
☑ Robot Structural Analysis 2022 软件概述
☑ Robot Structural Analysis 2022 结构分析案例

15.1 Revit 结构分析模型的准备

自 Revit 2019 版本开始，基于 Revit 的结构分析工具不再提供单独的插件工具进行安装，而是集成在 Revit 安装程序中一并进行安装。Revit 的结构分析工具在 Revit 2022 项目环境的【分析】选项卡中，包括【分析模型】面板、【分析模型工具】面板和【结构分析】面板，如图 15-1 所示。

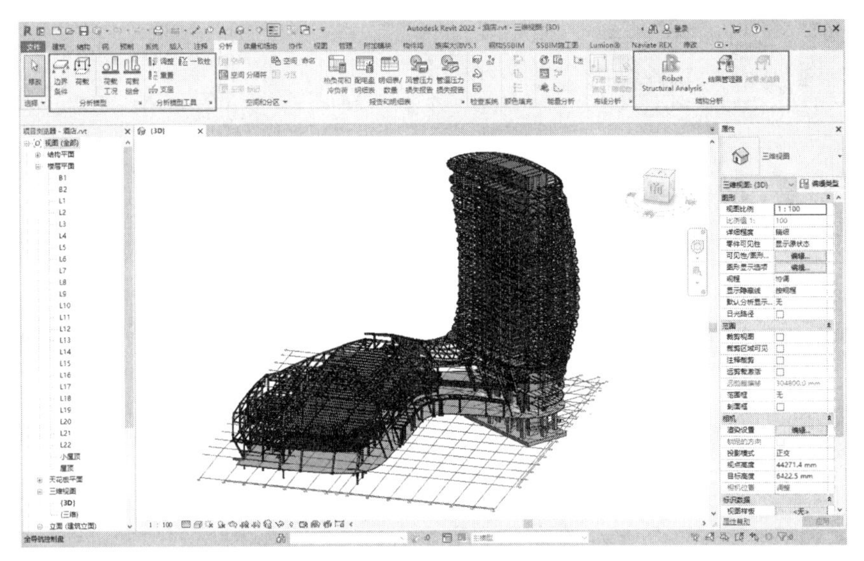

图 15-1　基于 Revit 的结构分析工具

15.1.1　关于结构分析模型

要利用 Revit 的结构分析工具进行结构分析操作，须提前准备好分析模型。分析模型是对物理模型的工程说明进行简化后的三维表示，包括构成结构物理模型的结构构件、几何图形、材质属性和荷载，其表现形式为分析节点（或称“点图元”）、边图元（或称“线图元”）、曲面图元（楼层和楼板）。

分析模型实际上是在用户进行建筑结构设计并创建三维结构模型后自动创建的，无须用户单独创建。三维结构模型如图 15-2 所示。分析模型如图 15-3 所示。

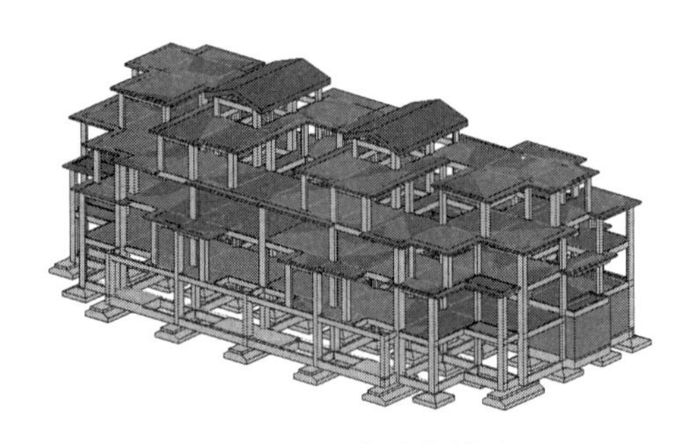

图 15-2　三维结构模型

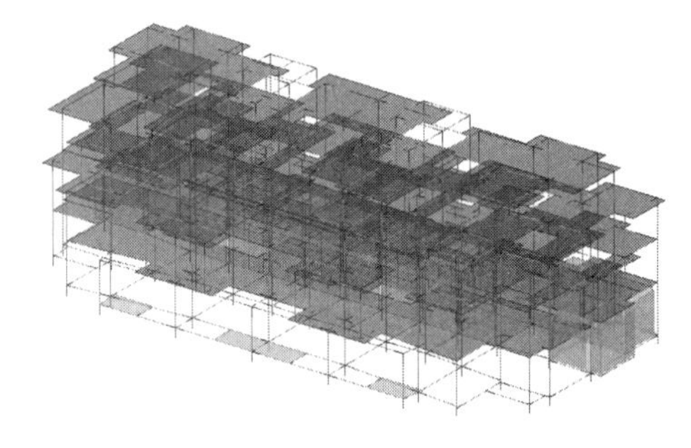

图 15-3　分析模型

1. 分析模型设置

在功能区【分析】选项卡的【分析模型工具】面板中单击【分析模型设置】按钮↘，弹出【结构设置】对话框。在【结构设置】对话框的【分析模型设置】选项卡中，可以进行相关的选项设置，介绍如下。

1)【自动检查】选项组

勾选【构件支座】复选框和【分析/物理模型一致性】复选框，当分析模型出现问题时，系统会自动发出检查警报。建议不要在项目的早期阶段启用这些设置，因为在模型创建期间，不受支持的图元有很多。

2)【允差】选项组

【允差】选项组中的公差选项可设置【分析/物理模型一致性检查】选项组和【自动检查】选项组中的检查选项的公差。

3)【构件支座检查】选项组

在可以自动由用户启动的构件支座检查过程中，会用到【构件支座检查】选项组中的【循环参照】复选框，勾选【循环参照】复选框，就会自动启用圆形支座链检查。

4)【分析/物理模型一致性检查】选项组

在【自动检查】选项组中勾选【分析/物理模型一致性】复选框后，【分析/物理模型一致性检查】选项组中的检查选项才会起作用。

5)【分析模型的可见性】选项组

在【分析模型的可见性】选项组中勾选【区分线性分析模型的端点】复选框后，启动自动检查时将会在分析模型中显示端点。

2. 分析模型工具

在【分析模型】面板中的分析模型工具用于修改与检查分析模型。

- 【调整】工具：【调整】工具主要用于修改分析模型，即调整分析模型中的点图元、线图元、曲面图元和分析模型的位置。图 15-4 所示为通过调整点图元的位置来改变线图元的长度。

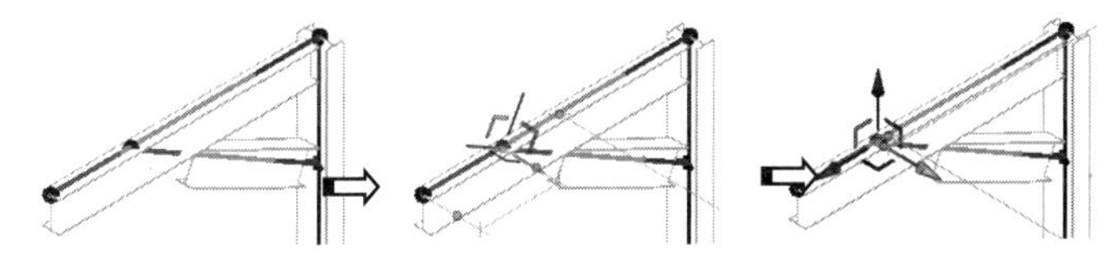

图 15-4　调整点图元改变线图元长度

- 【重置】工具：在调整【分析模型】中的点、线或曲面图元后，可以通过利用【重置】工具将分析模型恢复到默认状态。
- 【支座】工具：利用【支座】工具确认结构图元（包括梁、柱、墙和楼板）是否已连接到支撑图元。在确认连接后单击【支座】按钮，弹出【AutoCAD Revit 2022】警告对话框，在【警告】列表中选择一个警告，可以查看未受到支撑的图元，如图 15-5 所示。

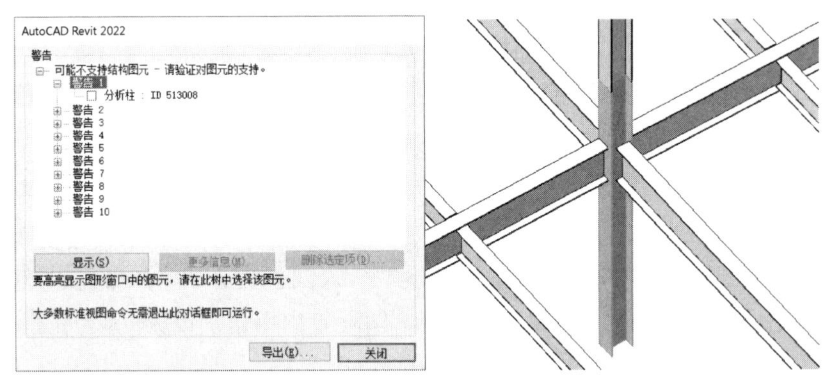

图 15-5　查看未受到支撑的图元

- 【一致性】工具：此工具用于验证分析模型和物理模型的一致性，即分析模型和物理模型之间的公差一致性。图 15-6 所示为结构梁的一致性检查结果。

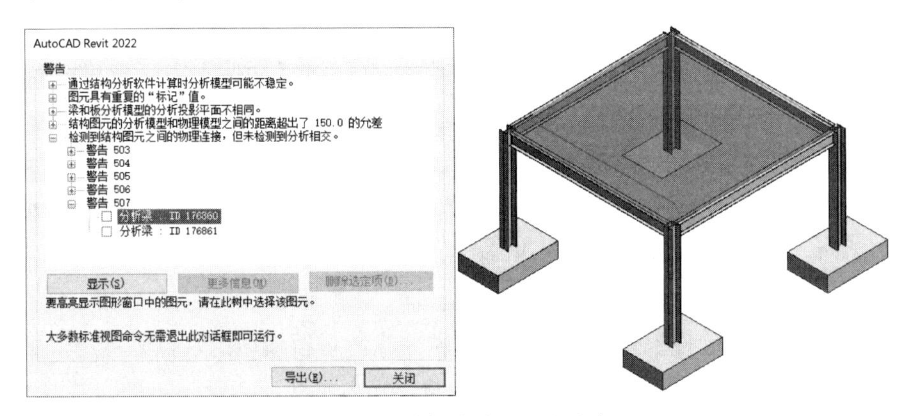

图 15-6　结构梁的一致性检查

15.1.2　施加边界条件与荷载

在建筑工程的结构有限元分析理论中，添加边界条件就是为一组运动分析对象（或称“机构”）添加约束，限制机构运动的 6 个自由度。我们通常把边界条件称为“运动副”。常见的有：悬挑结构的铰接、框架结构的梁柱刚性连接、次梁与主梁的弹性角支座连接、门式钢结构拐角点处的刚性角支座连接等。

荷载是指使结构或构件产生内力和变形的外力及其他因素，主要指施加在工程结构上使工程结构或构件产生效应的各种直接作用，常见的有：结构自重、楼面活荷载、屋面活荷载、屋面积灰荷载、车辆荷载、吊车荷载、设备动力荷载及风、雪、裹冰、波浪等自然荷载。

1. 边界条件

在【分析模型】面板中的【边界条件】工具，可以将分析节点、线图元和曲面边界条件应用到分析模型上。

单击【边界条件】按钮，弹出【修改|放置 边界条件】上下文选项卡，如图 15-7 所示。在【边界条件】面板中包括有 3 种类型的边界条件：点、线和面积。

图 15-7　【修改|放置 边界条件】上下文选项卡

- 点：点边界条件主要是为梁柱结构、梁梁结构添加支撑点。可选取分析梁、结构支撑或分析柱的端点来添加点边界条件。点边界条件有 4 种约束状态（意思是在分析节点上可以添加 4 种运动副），包括固定、铰支、滑动和用户。其中，【固定】状态用立方体族符号来表示；【铰支】状态用结合体形状（由圆柱、圆锥及球体构成）的族符号来表示；【滑动】状态的族符号比【铰支】状态族符号多了 4 个小球体，表示在【铰支】状态基础之上还可以滑动；【用户】状态是可变的边界条件，也是用立方体族符号来表示。图 15-8 所示为前面 3 种边界条件状态。

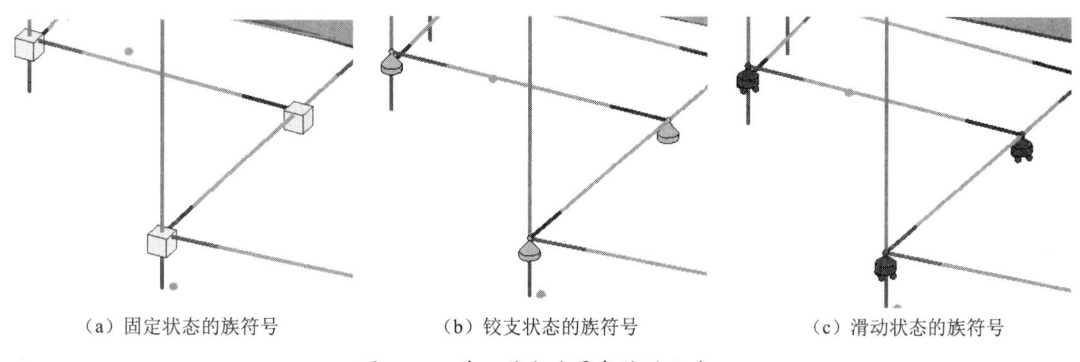

（a）固定状态的族符号　　（b）铰支状态的族符号　　（c）滑动状态的族符号

图 15-8　前 3 种点边界条件的状态

提示：

在功能区【分析】选项卡的【分析模型】面板中单击【边界条件设置】按钮，可在弹出的【结构设置】对话框的【边界条件设置】选项卡中进行边界条件族符号、面积符号和线符号的间距等选项设置，如图 15-9 所示。

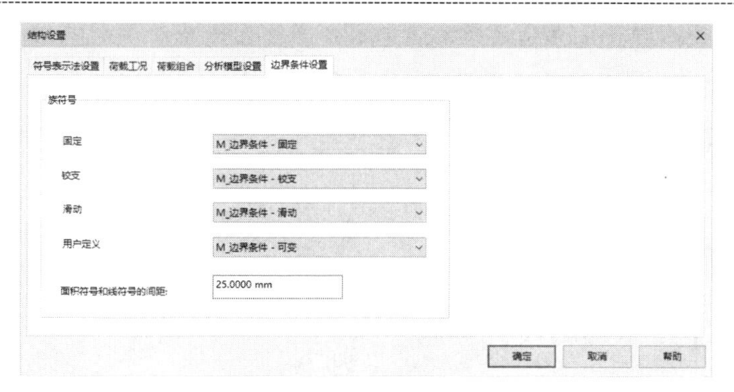

图 15-9　边界条件设置

- 线：线边界条件类型可以通过选取分析梁、柱、墙、楼板或基础的边线来创建。线边界条件有两种约束状态，包括【固定】【铰支】【用户】。这 3 种约束状态的族符号与点边界条件中的同名约束状态的族符号是完全相同的。例如，线边界条件的

【固定】状态族符号在线图元上均匀分布，如图 15-10 所示。线图元上的立方体符号分布间距默认为 25mm，可通过【结构设置】对话框的【边界条件设置】选项卡来定义。

- 面积：面积边界条件类型可通过选取分析楼板或分析墙体来创建。面积边界条件仅有【铰支】和【用户】两种约束状态。图 15-11 所示为添加面积边界条件的【铰支】状态族符号。

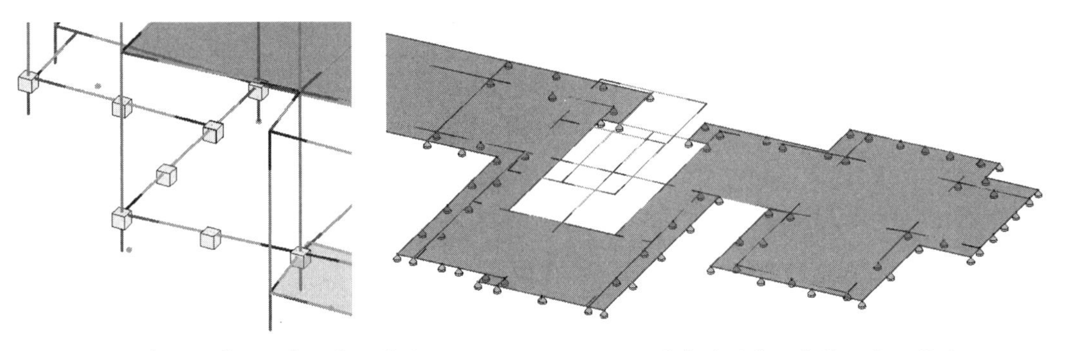

图 15-10　线边界条件的【固定】状态族符号　　图 15-11　面积边界条件的【铰支】状态族符号

2．荷载

结构分析模型中的荷载与边界条件一样，也可在点图元、线图元和曲面图元上施加。在【分析模型】面板中单击【荷载】按钮，弹出【修改|放置 荷载】上下文选项卡，如图 15-12 所示。在【修改|放置 荷载】上下文选项卡中包含了 6 种荷载类型，介绍如下。

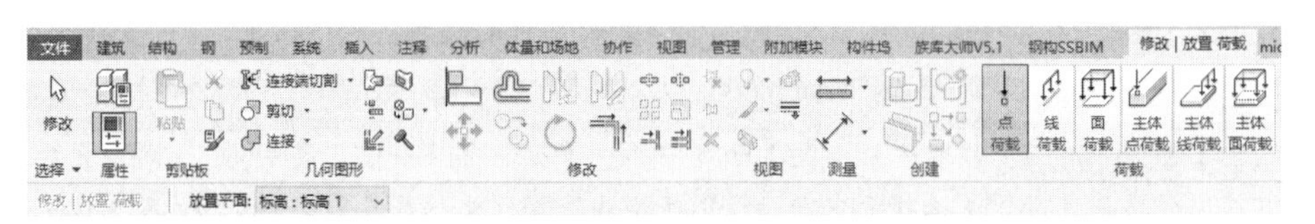

图 15-12　【修改|放置 荷载】上下文选项卡

- 点荷载：点荷载是采用光标点击放置位置的方式来施加荷载的类型。在施加点荷载前，须切换到【标高 1-分析】【标高 2-分析】等这样的结构平面分析视图。也可在【修改|放置 荷载】上下文选项卡的选项栏中选择放置平面来施加点荷载。图 15-13 所示为在分析梁上施加的点荷载。

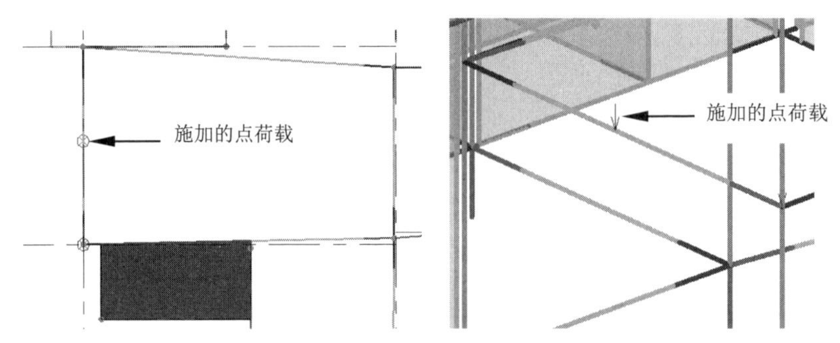

图 15-13　在分析梁上施加点荷载

- 线荷载：线荷载是采用绘制直线或线链的方法来施加荷载，图 15-14 所示为线荷载工具针对分析梁和分析柱来施加荷载。
- 面荷载：面荷载工具主要针对分析墙体和分析楼板等曲面图元来施加荷载，只需利用曲线工具绘制一个封面图形即可，如图 15-15 所示。

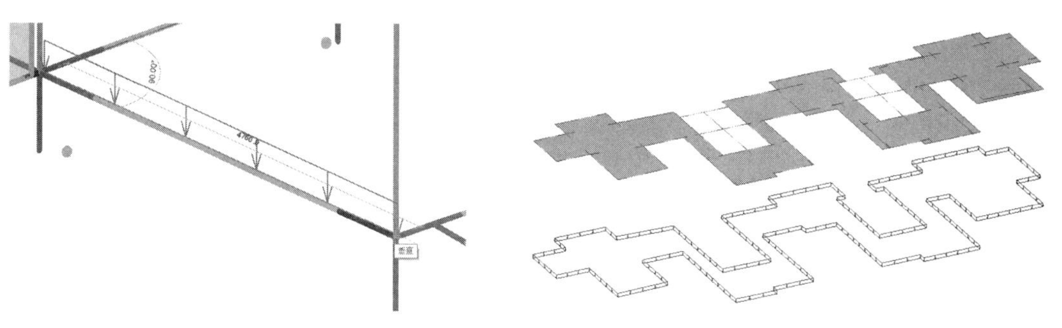

图 15-14　绘制直线来施加线荷载　　　　图 15-15　绘制封闭区域来施加面荷载

- 主体点荷载：此工具是依靠选取分析梁、结构支撑或分析柱的端点来施加点荷载，而不是随意放置点荷载。
- 主体线荷载：此工具是依靠选取分析墙体、分析楼板、分析基础边或分析梁、柱或结构支撑等图元来施加线荷载。
- 主体面荷载：此工具是依靠选取分析楼板和分析墙体来施加荷载。

3. 荷载工况设置

在【分析模型】面板中单击【荷载工况】按钮，弹出【结构设置】对话框。在【荷载工况】选项卡中可以设置用于分析模型的荷载工况和荷载性质，如图 15-16 所示。

【荷载工况】选项卡中的荷载工况与荷载性质都是系统默认的，也符合实际结构工程中的基本要求。如果要添加新的荷载工况，可以单击【添加】按钮来添加。如果实际工程中无须这么多的载荷工况，则可以单击【删除】按钮将不需要的工况进行删除。

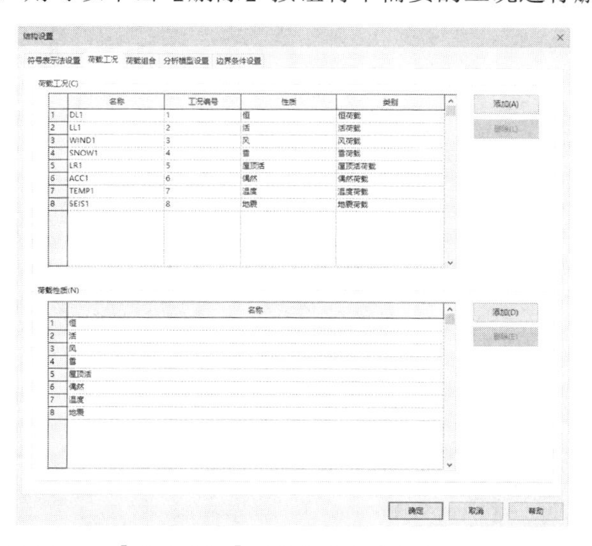

图 15-16　【结构设置】对话框中的【荷载工况】选项卡

4. 与 Robot Structural Analysis 2022 的链接

Revit 2022 的结构分析工具只能进行基础的静态分析和重力分析，对于建筑结构中的线性与非线性的动态分析、某些构件的受力计算及配筋设计等高级分析工作，Revit 2022 的结构分析工具无法完成，这就需要使用 Robot Structural Analysis 2022。

Revit 2022 和 Robot Structural Analysis 2022 之间的分析模型数据是可以相互交换的，在 Revit 2022 中需要将分析模型数据传输给 Robot Structural Analysis 2022 时（前提是必须先安装 Robot Structural Analysis 2022），可以在【结构分析】面板中单击【Robot Structural Analysis】按钮展开命令菜单，再单击【Robot Structural Analysis 链接】按钮，弹出【与 Robot Structural Analysis 集成】对话框，如图 15-17 所示。单击【发送选项】按钮，打开【与 Robot Structural Analysis 集成-发送选项】对话框来设置发送选项，如图 15-18 所示。

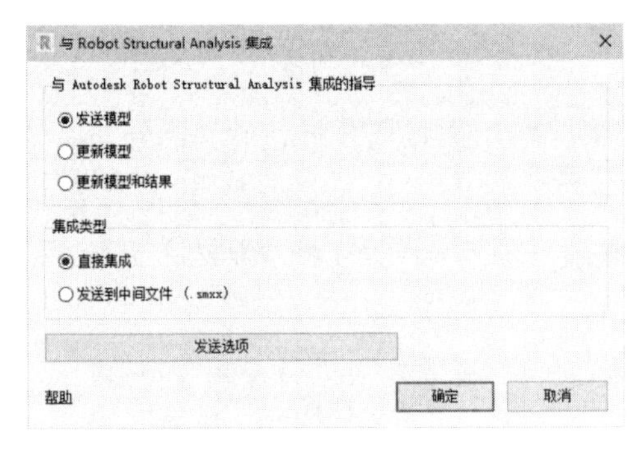

图 15-17 【与 Robot Structural Analysis 集成】对话框

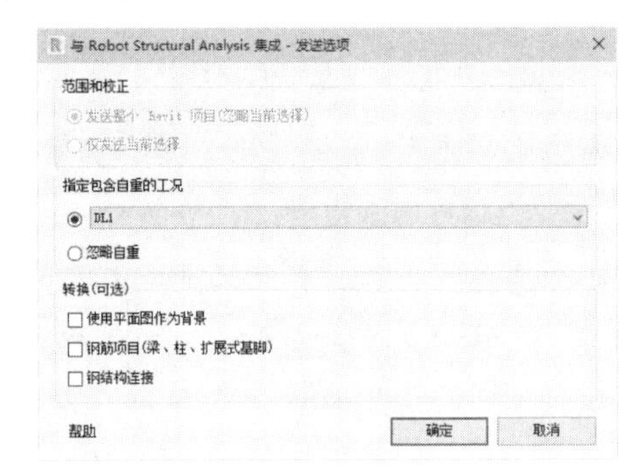

图 15-18 【与 Robot Structural Analysis 集成-发送选项】对话框

在设置分析模型数据选项和发送选项后，单击【确定】按钮，即可将分析模型数据实时传输到 Robot Structural Analysis 2022 窗口中，如图 15-19 所示。

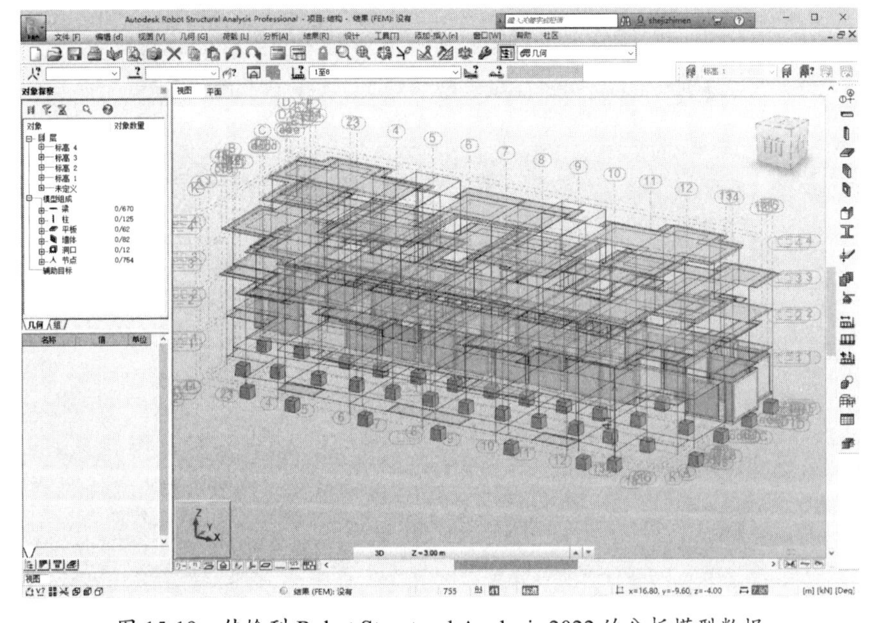

图 15-19 传输到 Robot Structural Analysis 2022 的分析模型数据

15.2　Robot Structural Analysis 2022 软件概述

Robot Structural Analysis 2022（全称为 Autodesk Robot Structural Analysis Professional 2022，又简称为 Robot 2022）是用于建模分析以及各种结构分析的单一集成软件。该软件运行在 Robot Structural Analysis 2022 中进行结构设计（或导入 Revit 结构模型）、运行结构分析及检验获得的分析结构，同时执行相关的建筑规范以检验结构构件的计算，为已设计和计算的结构建立文档。

15.2.1　软件下载

Robot Structural Analysis 2022 可在欧特克中文官方网站的【免费试用】界面中下载试用，如图 15-20 所示。

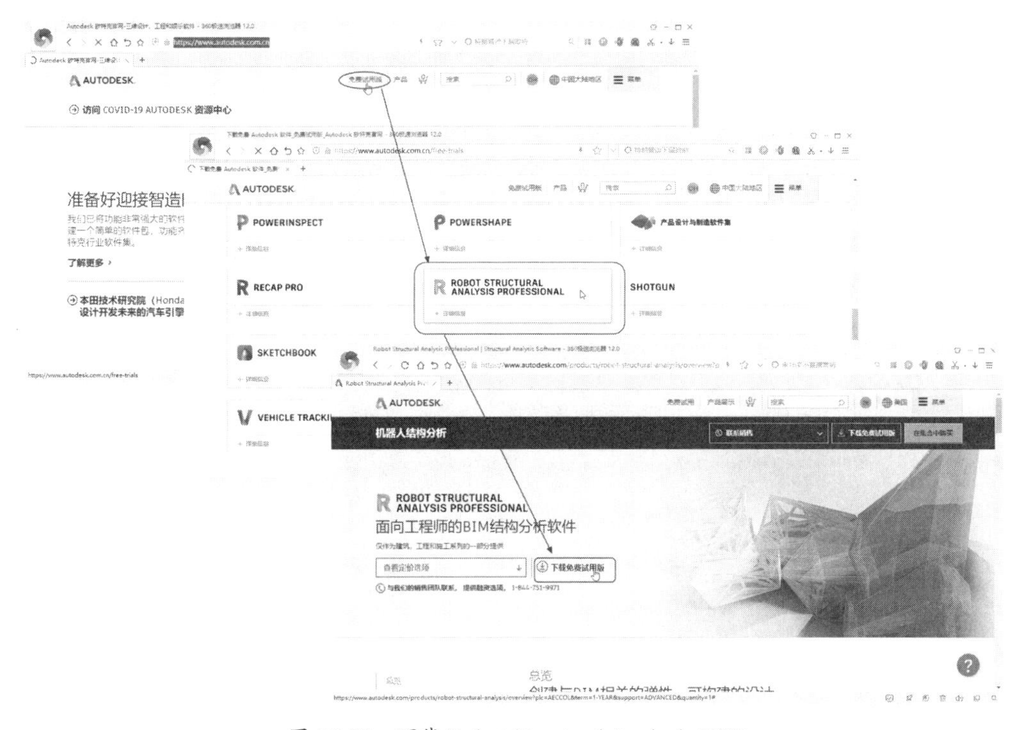

图 15-20　下载 Robot Structural Analysis 2022

15.2.2　模块组成

Robot Structural Analysis 2022 拥有许多功能模块，功能模块的选择在软件的主页界面中。在桌面上双击【Robot Structural Analysis 2022】图标打开主页界面，如图 15-21 所示。

在主页界面中的【新建工程】组中，可以选择常用 4 种模块之一进入项目分析环境中。若是要选择更多的功能模块，则单击【新建】按钮，会弹出【选择项目】对话框，如图 15-22 所示。

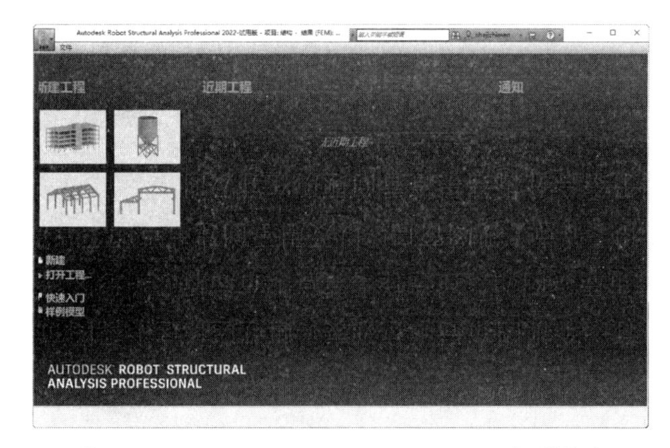

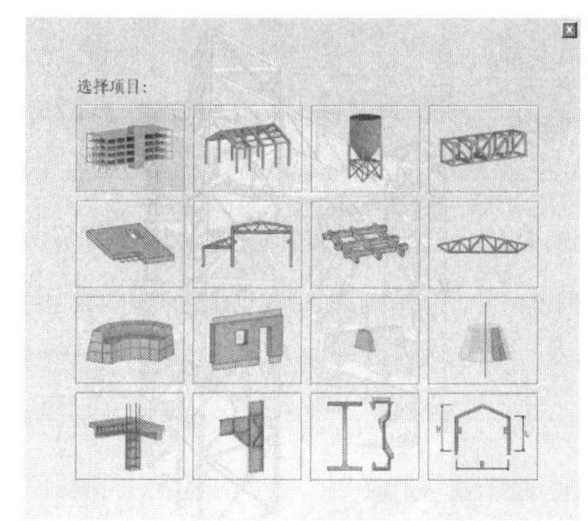

图 15-21　Robot Structural Analysis 2022 主页界面　　　　图 15-22 【选择项目】对话框

在【选择项目】对话框中选择一个项目（即功能模块）进入项目分析环境中。如果要创建新的项目，则在菜单栏中执行【文件】|【关闭项目】命令，即可关闭当前项目，返回到主页界面中重新创建工程并选择其他项目，再进入到项目分析环境中。图 15-23 所示为【建筑设计】项目分析环境（实为建筑混凝土结构分析环境）。

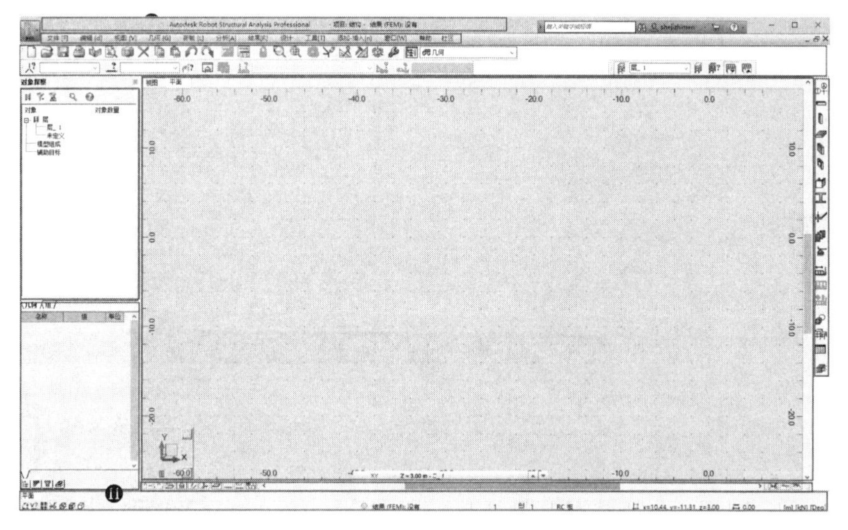

图 15-23 【建筑设计】项目分析环境

15.2.3　软件基本操作

掌握软件的基本操作是学习软件应用的第一步，鉴于本章篇幅的限制，这里仅介绍一些常规操作，如模型视图操作、视图平面与坐标系的控制、页面布置、软件环境配置等。

1. 模型视图操作

视图的键鼠基本操作包括旋转视图、平移视图和缩放视图。

- 旋转视图：按下 Shift+中键，基于坐标系原点来旋转视图。
- 平移视图：按下中键移动光标来平移视图。
- 旋转视图：按下 Ctrl+中键，基于坐标系原点来缩放视图。滚动鼠标滚轮可进行基于光标位置点的视图缩放操作。

除了键鼠操作视图，还可以在上工具栏区域的【标准】工具栏中单击【视图】按钮，弹出【视图】工具栏，在【视图】工具栏中调用视图工具来操作视图，如图 15-24 所示。或者在菜单栏中执行【视图】菜单中的命令来操作视图，如图 15-25 所示。

图 15-24　【视图】工具栏中的视图工具

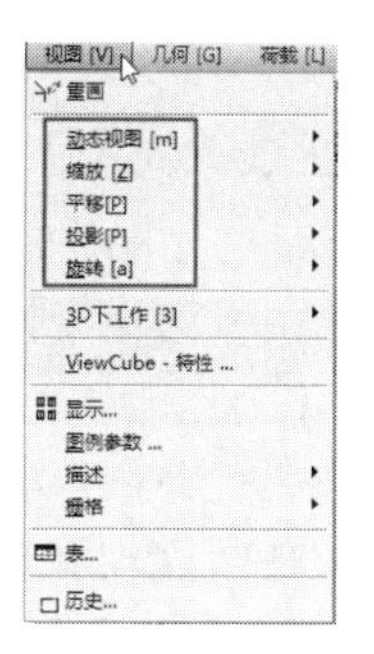

图 15-25　【视图】菜单中的视图工具命令

2．视图平面与坐标系的控制

由于 Robot Structural Analysis 2022 是一款结合结构设计和结构分析的软件系统，因此该软件系统中也有视图平面和坐标系。与 Revit 2022 类似，Robot Structural Analysis 2022 也有 2D 平面视图和 3D 视图，每一个视图平面都是工作平面。

视图状态的快速切换开关在图形区正下方的视图工具栏中，如图 15-26 所示。

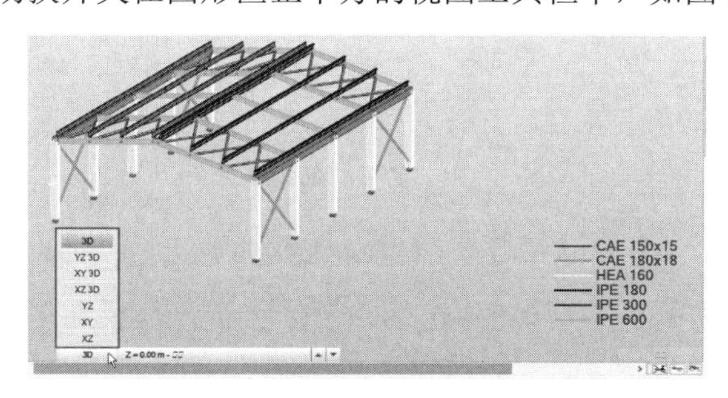

图 15-26　视图状态的快速切换开关

当我们需要在 3D 视图中拾取一个标准平面来创建图元时，可以单击【YZ 3D】【XY 3D】或【XZ 3D】开关按钮切换到 3D 视图，在 3D 视图中会显示 YZ、XY 或 XZ 视图平面，如图 15-27 所示。若是需要在 2D 视图平面中创建图元，则选择 YZ、XY 或 XZ 开关按钮切换到 2D 视图平面即可，如图 15-28 所示。

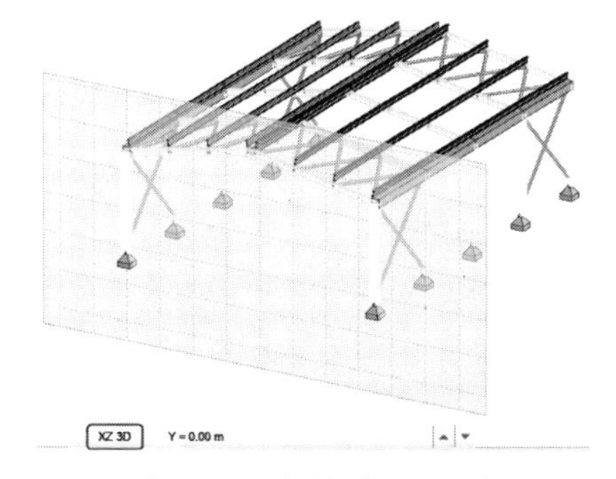

图 15-27　切换到 3D 视图

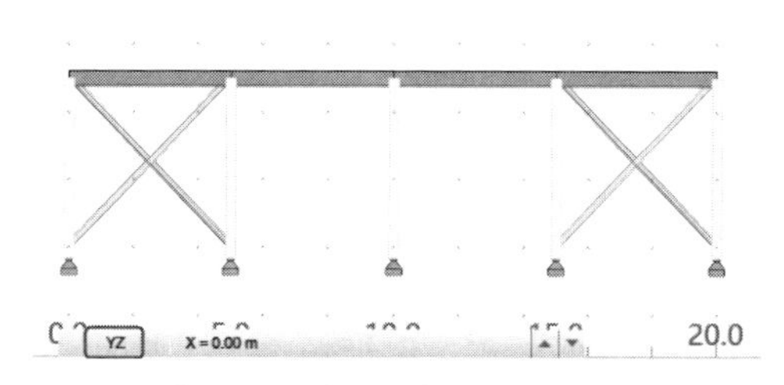

图 15-28　切换到 2D 视图平面

在视图工具栏中单击【向前】微调按钮▲或【向后】微调按钮▼，可以微调视图平面在法线方向上的平移距离，即基于轴向的高度控制。在默认情况下，单击一次微调按钮只能调整 1mm 的距离。若要自定义视图平移距离，则通过以下两种方式可以操作。

（1）在图形区左下角单击【视图管理器】图标，弹出【视图】工具栏（或称【视图】管理器面板）。通过【视图】管理器面板中的视图平面定义与操作工具来选择视图平面或者定义新的视图平面，如图 15-29 所示。

提示：

这里的【视图】工具栏与前面介绍的【视图】工具栏不是同一工具栏。这里的【视图】工具栏主要用于视图平面（工作平面）的定义和选择。为了与前面的【视图】工具栏有一个明显的区分，暂将此处的【视图】工具栏称作【视图】管理器面板。

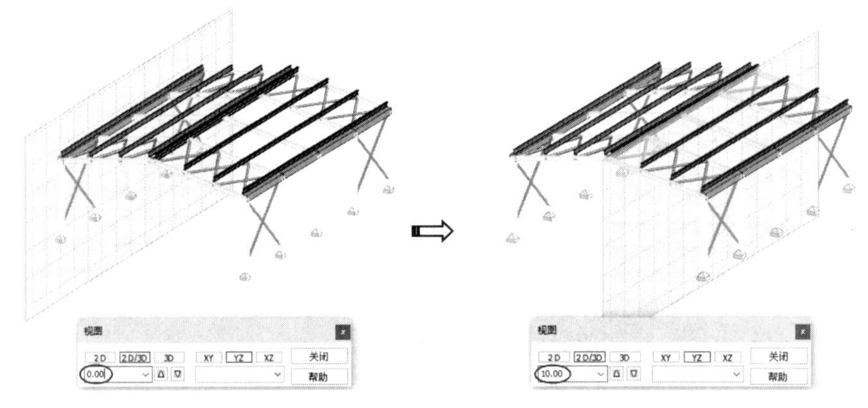

图 15-29　定义新的视图平面

（2）在菜单栏中执行【3D 下工作】|【整体工作面】命令，弹出【工作面】对话框。在【坐标】选项组中设置 X 轴向上的坐标值，即可确定新的视图平面，如图 15-30 所示。

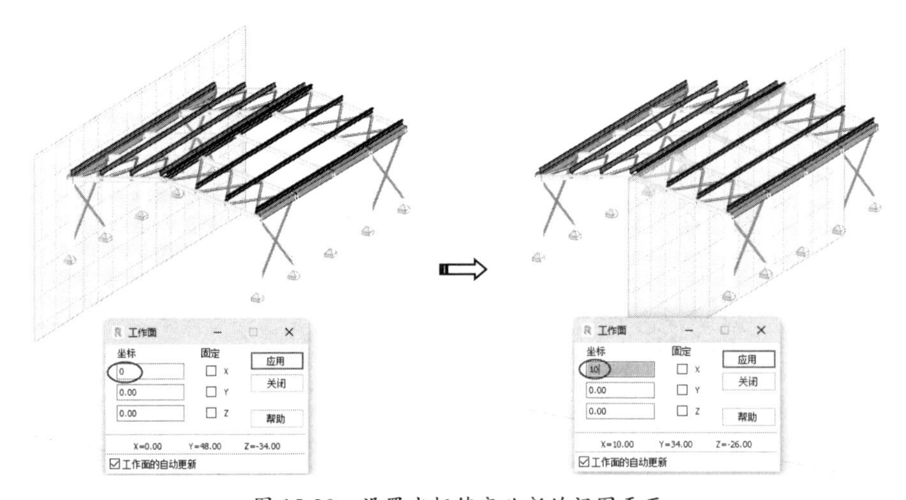

图 15-30　设置坐标值定义新的视图平面

3. 对象的选择

对象的选择方法包括单选、多选和快速精确选择 3 种。

1）单选

单选是最常见的选择模式。在图形区中将光标放置于所选对象上，单击鼠标即可选中该对象。

2）多选

多选分连续选择、框选和窗交选择 3 种选择方法。

- 连续选择：按住 Shift（或 Ctrl 键）的同时，逐一地去选择对象，依次将对象收集到选择器中。
- 框选：这种方式适合一次性选取多个对象，但仅仅是完全包容在矩形框（从左往右绘制矩形框）内的对象被选中，与矩形框相交的对象不会被选中。
- 窗交选择：窗交选择是从右往左绘制矩形框，凡是包容在矩形框内和与矩形框相交的对象都会被选中。

3）快速精确选择

快速精确选择对象的工具在菜单栏的【编辑】菜单中，如图 15-31 所示。

- 挑选：【挑选】命令是从结构分析模型中通过结构单元的属性过滤器、名字与颜色过滤器和几何过滤器来精确选择同属性、同名字、同颜色或同几何定义的多个对象。在【编辑】菜单中执行【挑选】命令，弹出【选择】对话框，如图 15-32 所示。【选择】对话框中的【节点】【杆件】【工况】（在【杆】下拉列表中）等选择模式，可直接在上一工具栏中单击【节点选择】按钮、【杆件选择】按钮、【选择的工况】按钮来开启。在上一工具栏区域的【选择】工具栏中单击【选择类型】按钮，也可快速打开【选择】对话框。

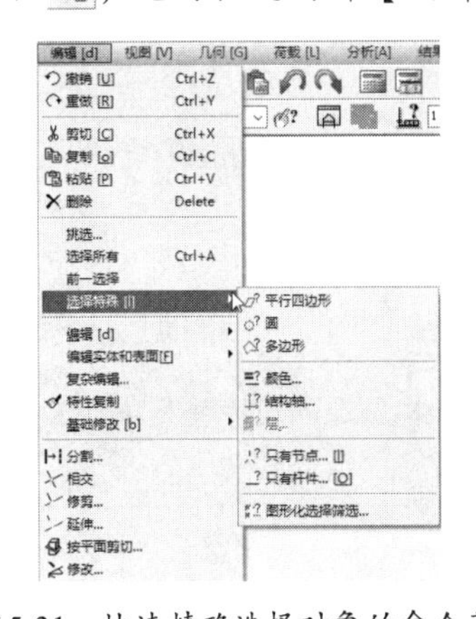

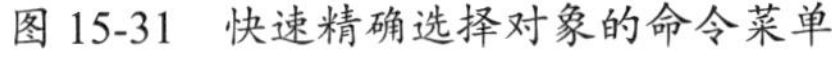

图 15-31　快速精确选择对象的命令菜单　　　　图 15-32　【选择】对话框

- 选择所有：【选择所有】命令可快速选择图形区中的所有对象，也可按 Ctrl+A 快捷键来执行。
- 前一选择：执行【前一选择】命令，可以快速返回到上一次选择的对象。
- 选择特殊：【选择特殊】子菜单中的选择命令，是通过指定特定对象的过滤器来精准选择对象。也可在上工具栏区域的【选择】工具栏中单击【特别的选择】按钮调出【特别的选择】工具栏来执行相关的选择命令，如图 15-33 所示。

4. 捕捉设置

在图形区中绘制 2D 图元或 3D 图元时，需要捕捉一些点、线、面、栅格等来辅助完成建模。在软件窗口底部的快速启动工具栏中单击【捕捉设置】按钮，弹出【捕捉设置】对话框，通过此对话框勾选或取消勾选捕捉选项，可以启用或关闭捕捉功能，如图 15-34 所示。

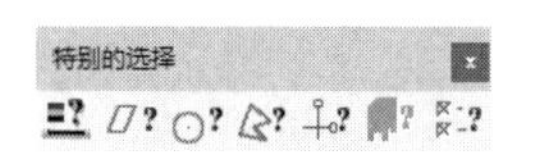

图 15-33 【特别的选择】工具栏

5. 首选项设置

首选项设置是设置系统的常规选项，包括语言设置、普通参数设置、视图参数设置、桌面设置、工具栏&菜单设置、输出参数设置及高级设置等。在菜单栏中执行【工具】|【首选项】命令，弹出【首选项】对话框，如图 15-35 所示。

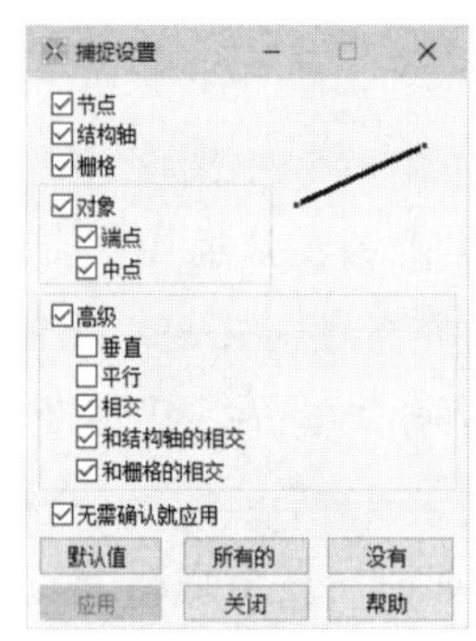

图 15-34 【捕捉设置】对话框

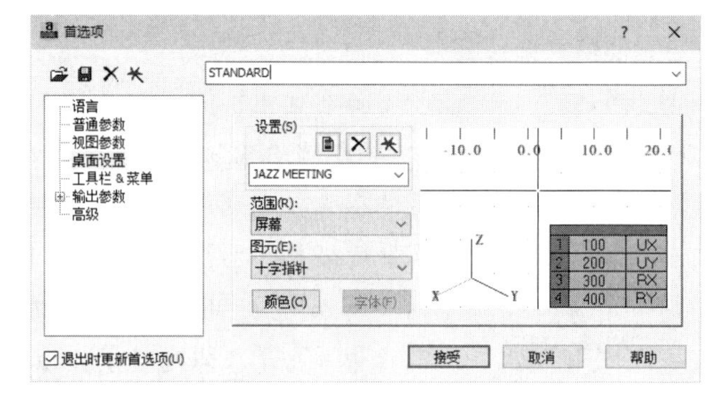

图 15-35 【首选项】对话框

6. 视图与对象的显示状态控制

Robot Structural Analysis 提供了 3 种视图的默认显示状态：线框显示、着色显示和消隐显示。可通过单击快速启动工具栏中的【线框】按钮、【着色】按钮和【消隐】按钮来切换显示状态，如图 15-36 所示。

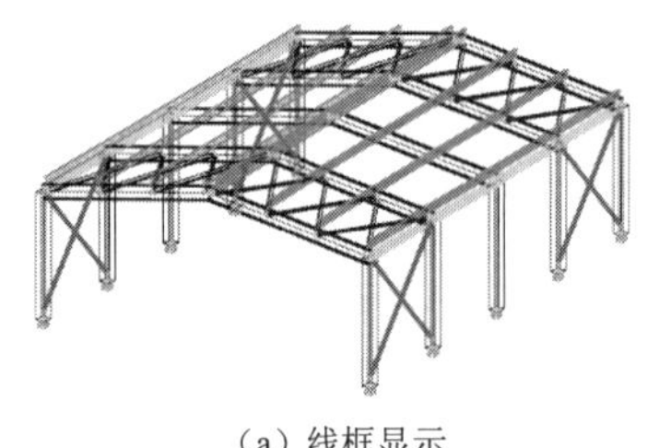

(a) 线框显示

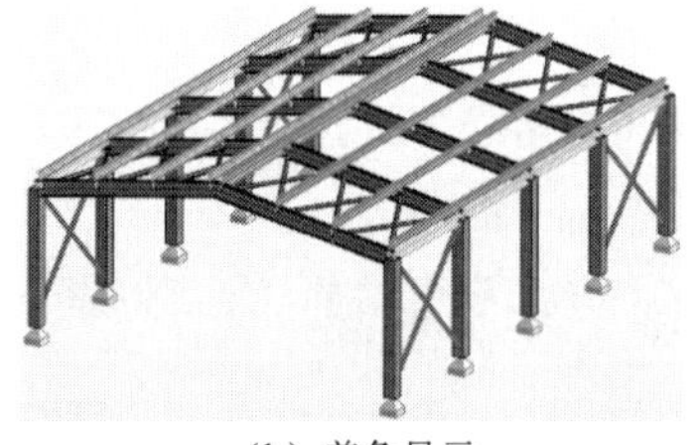

(b) 着色显示

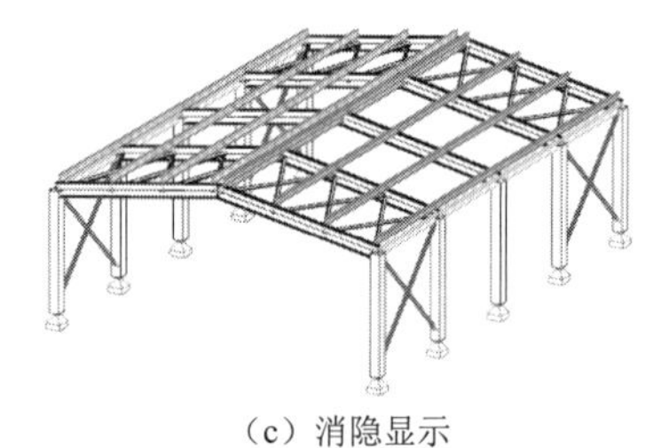

(c) 消隐显示

图 15-36 三种视图的显示状态

在菜单栏中执行【视图】|【显示】命令，或者在图形区的空白位置中右击，再执行快捷菜单中的【显示】命令，可打开【显示】对话框。通过该对话框为视图中的图元定义属性信息的显示或隐藏，在对话框的【名称】列表中勾选或取消勾选【仅显示所选对象属性】复选框，单击【应用】按钮，对象的属性将显示（或隐藏）在视图中，如图 15-37 所示。

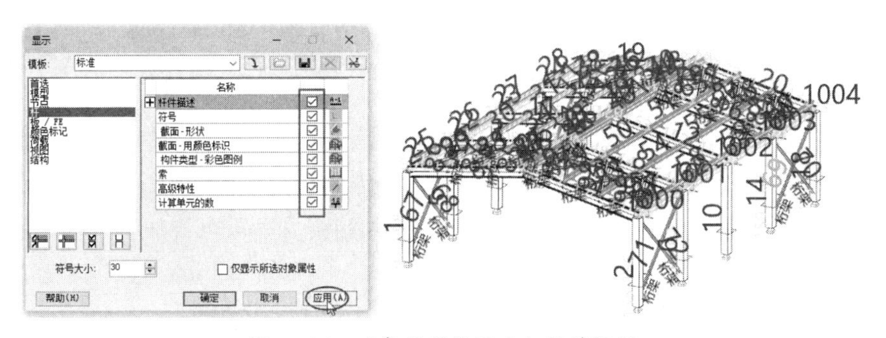

图 15-37　对象的属性显示与隐藏控制

7．视图的布局与添加

在默认情况下，Robot Structural Analysis 项目分析环境的图形区窗口中只有一个视图，这个视图我们称之为“几何”视图，如图 15-38 所示。

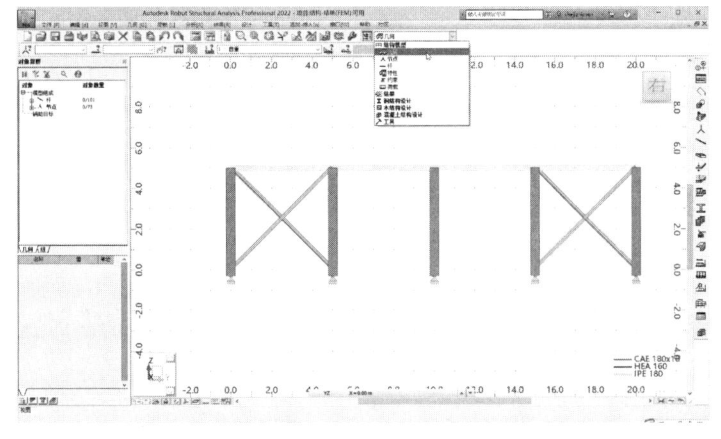

图 15-38　几何视图

在上工具栏区域的【标准】工具栏中有一个视图布局下拉列表，通过选择这个视图布局列表中的布局类型，可进行多样化视图的布局。例如，在选择【节点】布局后，图形区窗口中就会同时显示最初的【几何】视图窗口和【节点】视图窗口，以及用于创建节点的【节点】对话框，如图 15-39 所示。多个视图有利于结合分析结果查看问题所在并及时解决问题。

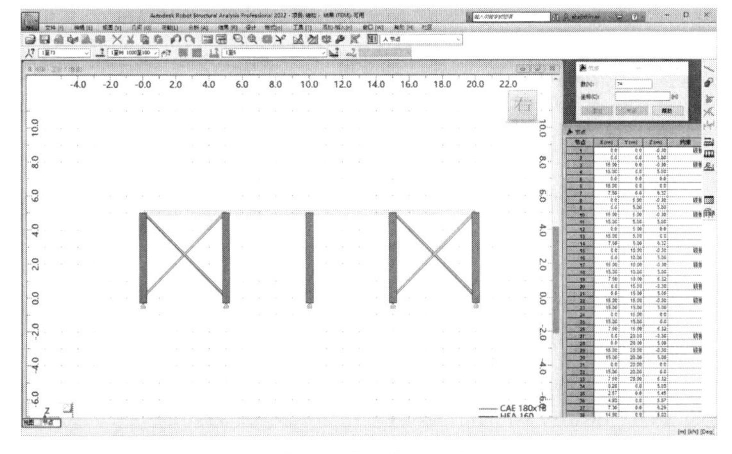

图 15-39　【视图】+【节点】视图布局

提示：

事实上，这种视图布局的方式就是在原有的默认【视图】视图基础之上再增加新的视图。

视图布局下拉列表中的视图布局类型是常用的视图组合，要想添加更多的视图，可在菜单栏中执行【窗口】|【添加视图】命令，弹出添加视图的子菜单，如图 15-40 所示。从添加视图的子菜单中选择任一个视图，即可在窗口中插入该视图。可以添加多个视图，添加的视图会在图形区窗口底部以选项卡的形式列出。

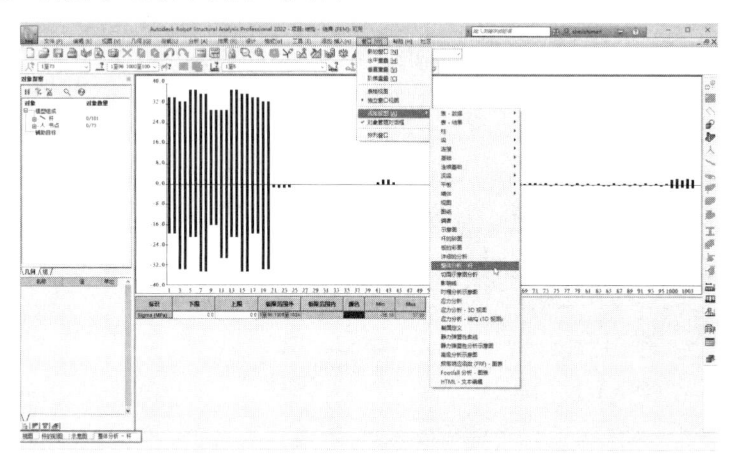

图 15-40　添加多个视图

15.3　Robot Structural Analysis 2022 结构分析案例

Robot Structural Analysis 2022 的结构建模功能和结构分析功能十分强大，鉴于本章篇幅的限制，此处不能一一介绍结构建模工具和结构分析工具，下面仅以 3 个常见的结构分析案例，详解 Robot Structural Analysis 2022 的结构建模和结构分析的操作流程。

15.3.1　混凝土结构模型的创建与抗震分析

为了简化建模的烦琐程序，本例以一幢三层结构的小学教学楼，介绍其结构建模过程与建筑抗震分析的全流程。

提示：

在结构建模时可打开本例源文件夹中的【教学楼建筑与结构施工图.dwg】AutoCAD 图纸进行参考。

1. 创建轴网和标高

Robot Structural Analysis 2022 的轴网和标高设计工具在右工具栏区域的【结构模型】工具栏中。主要是通过在 X、Y 和 Z 的轴向上来定义数字编号轴线、字母编号轴线及楼层标高。

提示：

在 Z 轴上定义的“楼层”实际上定义的是工作平面。

① 启动 Robot Structural Analysis 2022，在主页界面的【新建工程】组中单击【建筑设计】按钮，随即进入混凝土结构项目分析环境中。

② 在菜单栏中执行【工具】|【工作首选项选择】命令，在弹出的【工程首选项】对话框中设置【单位和格式】选项组中的【尺寸】选项和【其他】选项，如图 15-41 所示。其余选项保留默认，单击【确定】按钮完成工程首选项的设置。

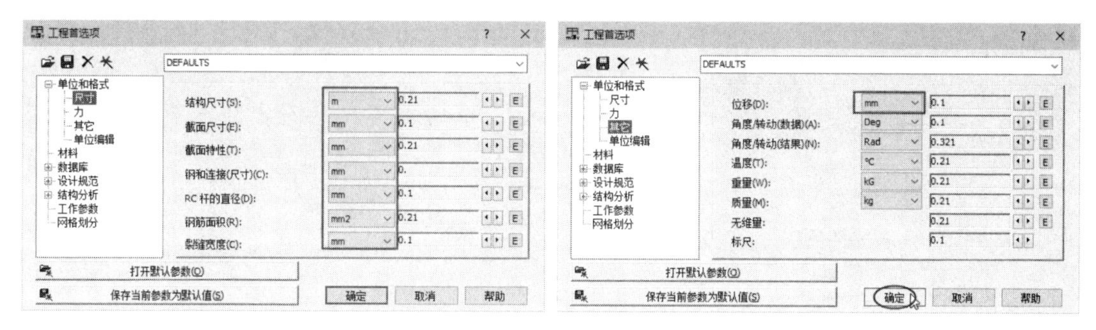

图 15-41　设置单位和格式

③ 在右工具栏区域的【结构模型】工具栏中单击【轴定义】按钮，弹出【结构轴】对话框。在对话框中保留选项设置，单击【添加】按钮添加第一条数字轴线，接着在【X】选项卡的【位置】文本框中输入【4】，单击【添加】按钮添加第二条数字轴线，以此类推，依次输入数字 7.3、11.8、17.3、20、24.5、28.3、32.8 和 37.3 等数字，完成其余数字轴线的添加，如图 15-42 所示。

④ 切换到【Y】选项卡，在【数】下拉列表中选择【A B C......】选项。按照创建数字轴线的方法，依次输入位置参数 0、2 和 9，完成字母编号轴线的添加，如图 15-43 所示。

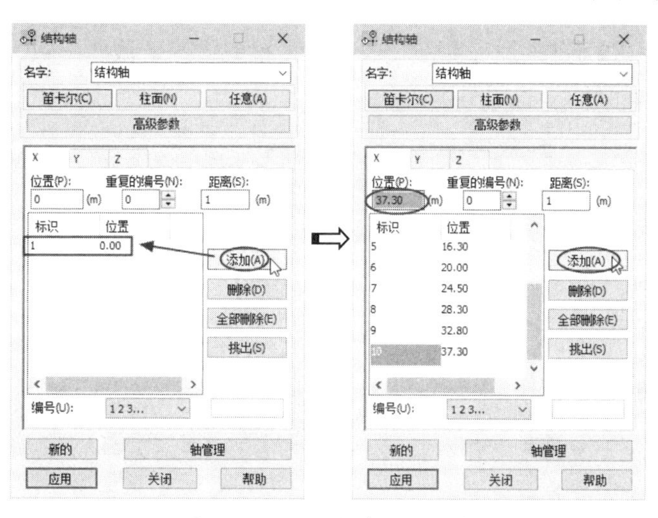

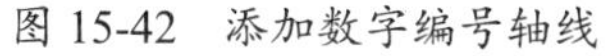
图 15-42　添加数字编号轴线

图 15-43　添加字母编号轴线

⑤ 切换到【Z】选项卡。取消【层】复选框的勾选，依次输入-1.2、0、3.6、7.2、10.8 等数字并依次单击【添加】按钮来创建标高楼层，设置完成后，单击【应用】按钮自动创建轴网和标高，单击【关闭】按钮关闭【结构轴】对话框。在图形区的左上角单击【视图】选项卡页签切换到 3D 视图，可以查看轴网与标高的三维效果，如图 15-44 所示。

提示：

要在 2D 平面视图和 3D 视图之间相互切换，除了单击图形区左上角的选项卡页签来切换视图状态外，还可在图形区底部的视图工具栏中单击【3D 视图】按钮来切换。【平面】选项卡中的视图状态默认为 XY 平面视图。为了能直观地表达出建模效果，后续的工作将主要在 3D 视图中进行。

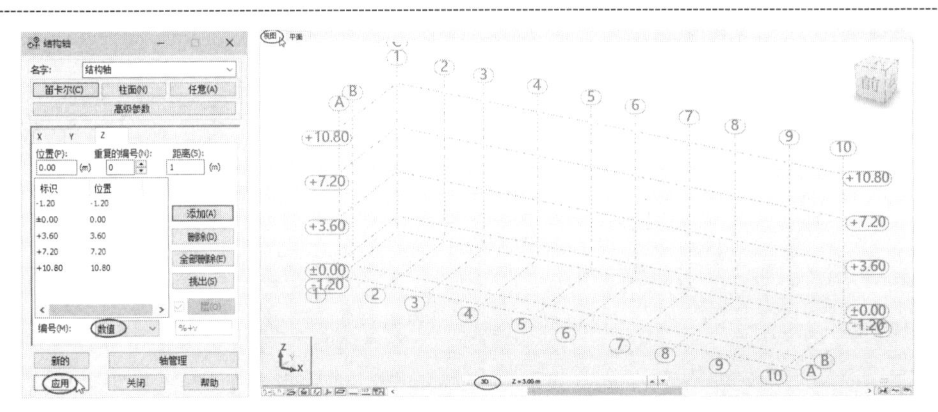

图 15-44　定义 Z 轴向标高参数并完成轴网和标高的创建

2. 创建结构柱、梁及楼板

若要创建结构分析图元，首先要确保杆件截面库中有所需的截面形状，如果没有则需要用户自行创建并添加。

① 在右工具栏区域的【结构模型】工具栏中单击【杆件截面】按钮，弹出【截面】对话框。在截面列表中双击【B 30×50】梁截面型号（或者先选中截面型号再单击【新的截面定义】按钮），弹出【新截面】对话框。在该对话框中设置新截面参数，单击【添加】按钮完成新梁截面的定义，如图 15-45 所示。

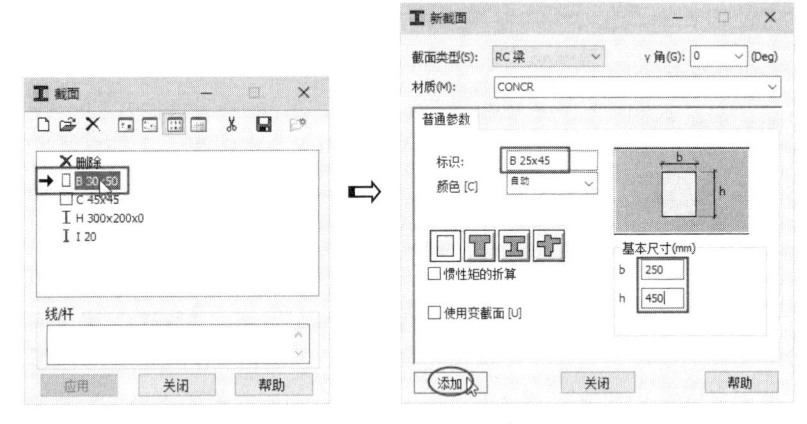

图 15-45　定义新的梁截面

② 单击【关闭】按钮返回到【截面】对话框。在截面列表中双击【C 45×45】柱截面型号，在弹出的【新截面】对话框中设置新截面参数，单击【添加】按钮完成新柱截面的定义，如图 15-46 所示。关闭【截面】对话框。

③ 在右工具栏区域的【结构模型】工具栏中单击【结构定义】按钮，调出【结构定义】工具栏，如图 15-47 所示。将此工具栏也放置在右工具栏区域。

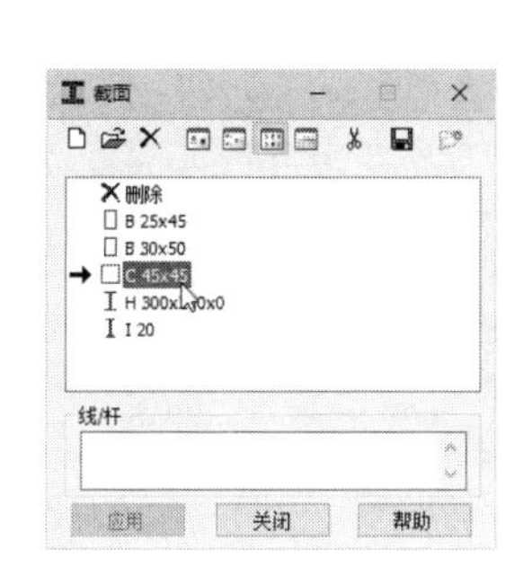

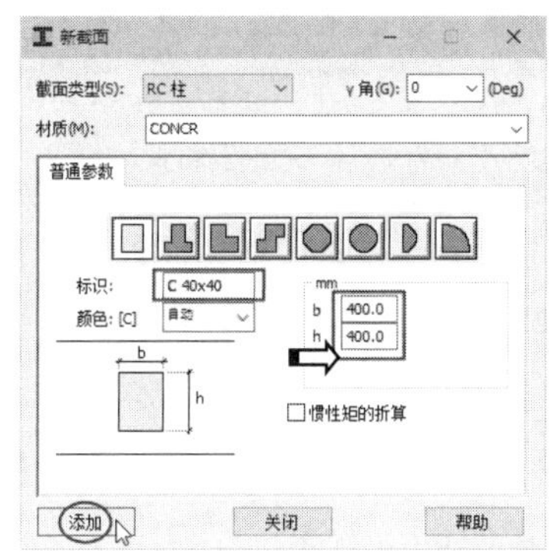

图 15-46　定义新的柱截面　　　　图 15-47　调出【结构定义】工具栏

④ 在【结构定义】工具栏中单击【杆】按钮，弹出【杆】对话框。在该对话框中选择【RC 柱】杆件类型和【C 40×40】截面，在数字编号轴线上从【-1.20】楼层到【±0.00】楼层绘制杆件（柱）图元。在图形区底部的属性显示工具栏中单击【截面形状】按钮，可显示柱截面形状，如图 15-48 所示。

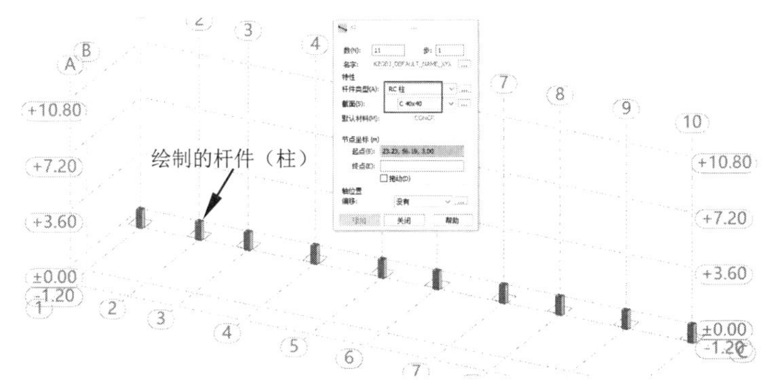

图 15-48　绘制杆件（柱）图元

⑤ 在【杆】对话框没有关闭的情况下，选择【RC 梁】杆件类型和【B 25×45】截面，勾选【拖动】复选框，在【偏移】下拉列表中选择【上缘】选项，依次拖动选取【±0.00】楼层与编号为①～⑩的轴线的交点来绘制杆件（梁）图元，如图 15-49 所示。

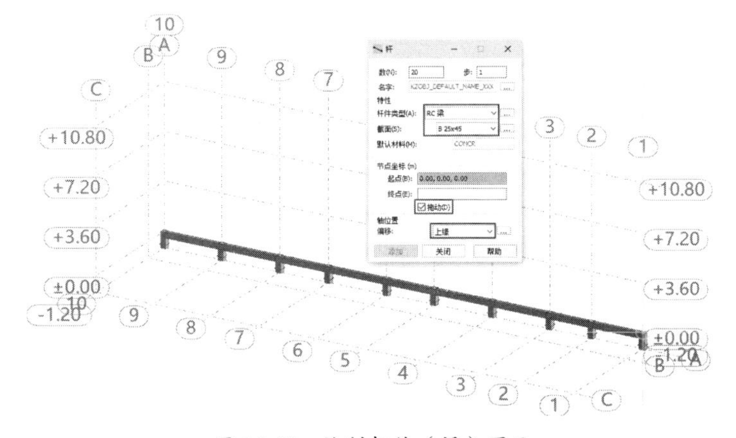

图 15-49　绘制杆件（梁）图元

提示：

【拖动】复选框的作用是快速精确的复制对象。拖动选取的操作方法是：先按下鼠标（不是单击选取）选取复制的起点，选取后不要松开鼠标，依次滑动鼠标指针到第二点、第三点......直到复制的最后一个点。

⑥ 关闭【杆】对话框。在上工具栏区域的【标准】工具栏中单击【编辑】按钮，调出【编辑】工具栏，如图 15-50 所示。将【编辑】工具栏也放置在上工具栏区域。

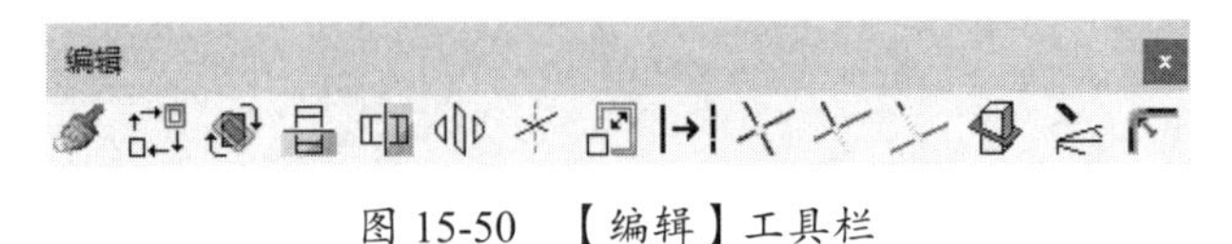

图 15-50 【编辑】工具栏

⑦ 在 3D 视图中窗交选取或框选所有的杆件（梁和柱）图元，单击【编辑】工具栏中的【移动/复制】按钮，弹出【平移】对话框。在该对话框中勾选【拖动】复选框，其他选项则保留默认，接着在 3D 视图状态的图形区中捕捉杆件（柱）图元在轴线③的位置点（仅在“某一个”数字编号轴线上拾取即可，这里以轴线⑦为例）为复制起点，再依次拖动选取轴线⑦与轴线②和轴线①的交点来放置副本，如图 15-51 所示。

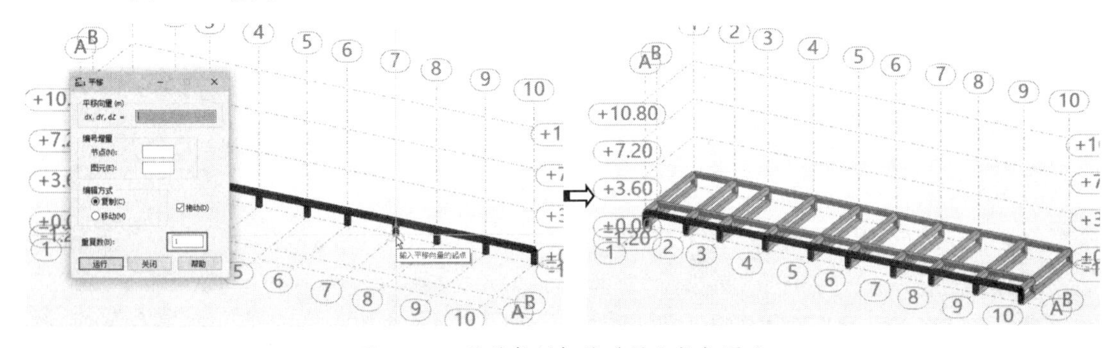

图 15-51 平移复制杆件（梁和柱）图元

⑧ 复制的副本中有些图元是不需要的，要进行删除。在视图工具栏中选择【Z=-1.20m】层选项，再切换到 XY 视图平面。框选 XY 视图平面中所有的图元，按键盘的 Delete 键进行删除，切换到 3D 视图查看结果如图 15-52 所示。

⑨ 在 3D 视图中选取数字编号轴线上的所有杆件（梁）图元，单击【移动/复制】按钮，弹出【平移】对话框。在该对话框中【移动】单选按钮，如图 15-53 所示。

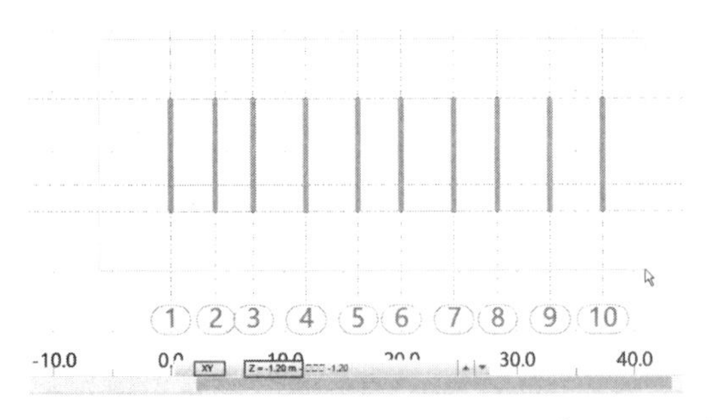

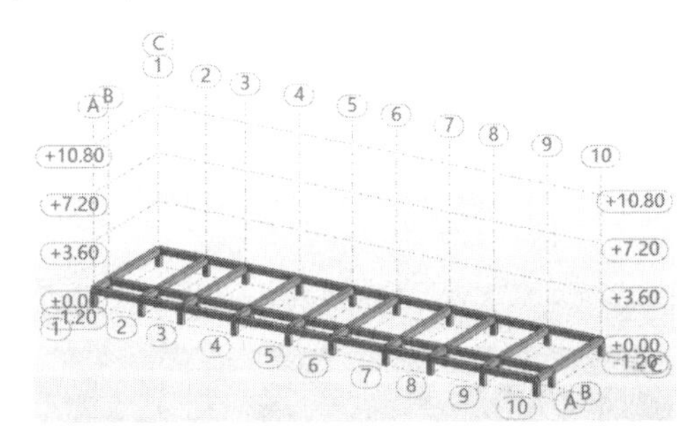

图 15-52 删除多余的图元

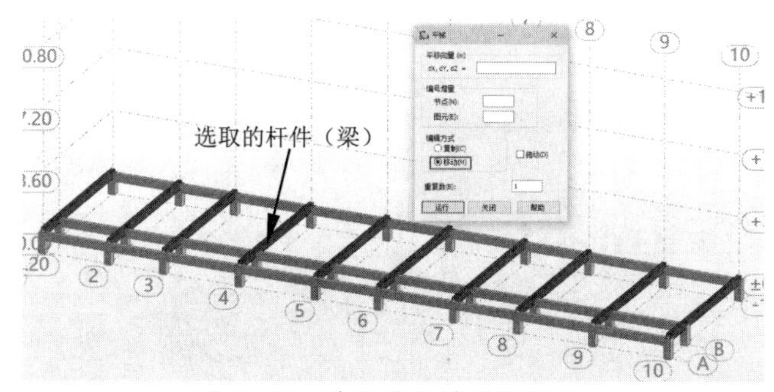

图 15-53　选取要平移的梁图元

⑩ 激活【平移向量(m)】选项组中的【dx,dy,dz】文本框（此类文本框不但可以直接输入参数，也可以收集坐标参数的信息），使文本框的颜色由白色变为浅绿色，拾取平移的起点，如图 15-54 所示。

⑪ 在拾取平移的起点后，返回到【平移】对话框的【dx,dy,dz】文本框中输入平移终点坐标值【0.00,0.00,−0.225】，并单击【运行】按钮完成平移操作，如图 15-55 所示。

提示：

"dx,dy,dz" 分别表示在 *X* 轴、*Y* 轴和 *Z* 轴上的平移距离。

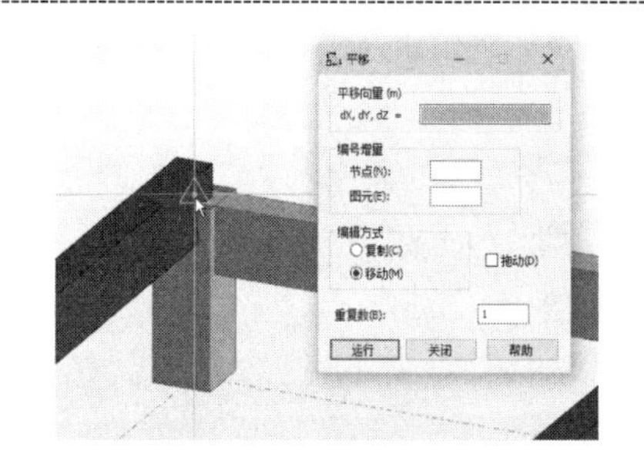

图 15-54　选取平移起点

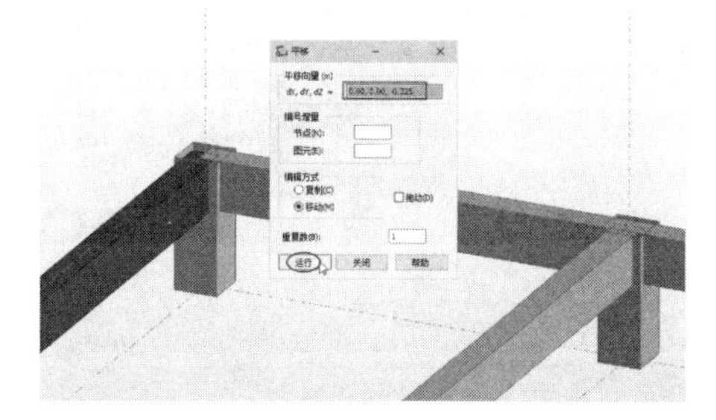

图 15-55　输入平移终点坐标值并执行平移操作

⑫ 按照步骤④的操作方式，在【Z=0.00m】层与【Z=3.6m】层之间绘制如图 15-56 所示的杆件（柱）图元，如图 15-56 所示。

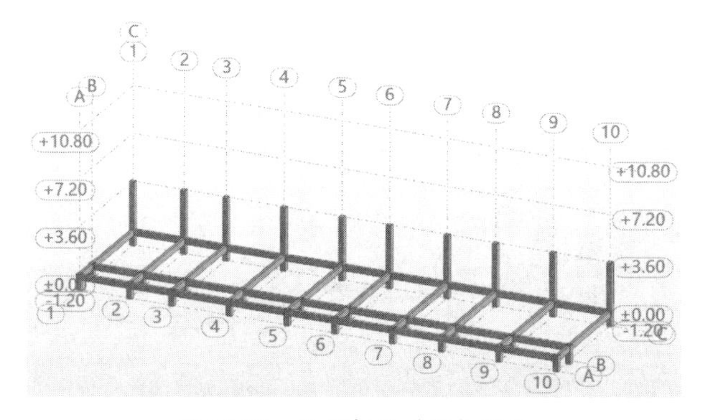

图 15-56　绘制杆件（柱）图元

⑬ 选取上一步骤绘制的杆件（柱）图元，利用【平移/复制】工具将其复制到轴线Ⓑ和轴线Ⓐ上，如图 15-57 所示。

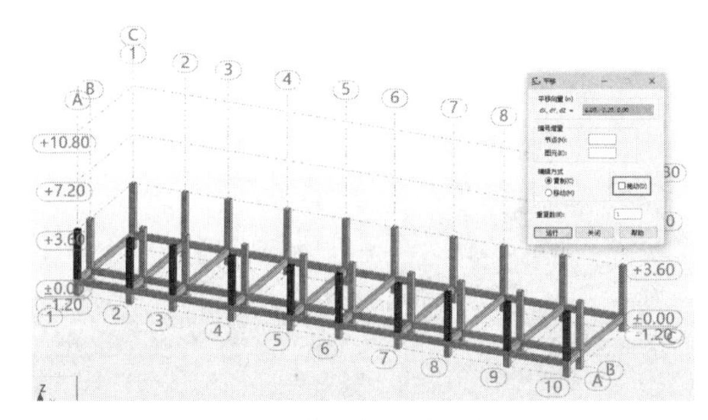

图 15-57　复制杆件（柱）图元

⑭　选取所有杆件（梁）图元，利用【平移/复制】工具将其复制到【Z=3.60m】楼层中，如图 15-58 所示。

提示：

快速选取同类型梁图元的方法是，右击某条梁，在弹出的快捷菜单中执行【选择相似的】|【通过杆件类型选择】命令，将所有杆件图元全部选中。

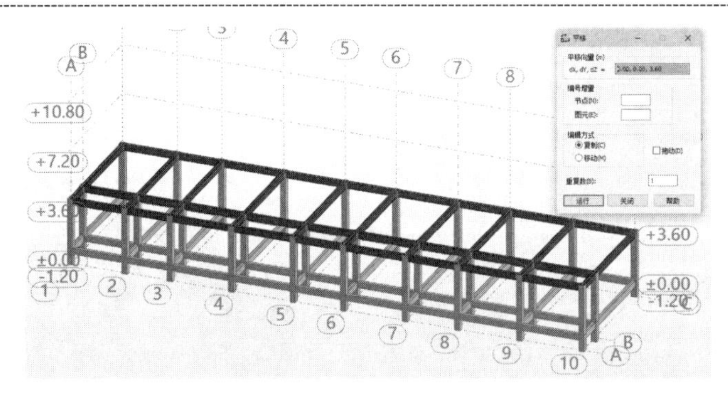

图 15-58　复制杆件（梁）图元

⑮　在【结构建模】工具栏中单击【楼面板】按钮，弹出【板】对话框。在该对话框的【定义方法】选项组中单击【矩形】单选按钮，在图形区中选取 3 个点来创建楼板图元，如图 15-59 所示。

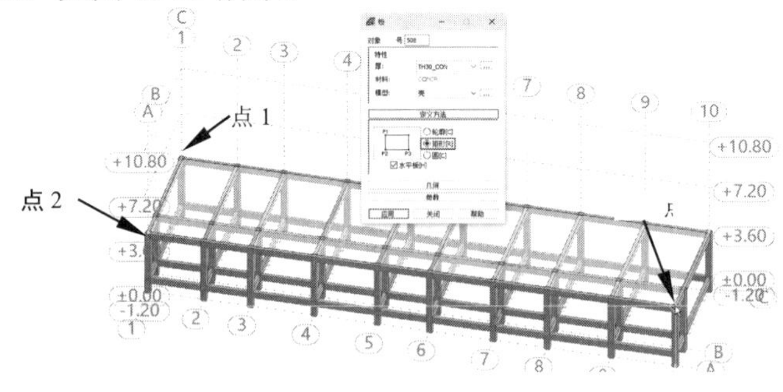

图 15-59　创建楼板图元

⑯　选取【Z=0.00m】层与【Z=3.60m】层之间的所有杆件（梁、柱）图元和楼板图元，利用【平移/复制】工具将其复制到【Z=7.20m】楼层和【Z=10.80m】楼层中，结果如图 15-60 所示。

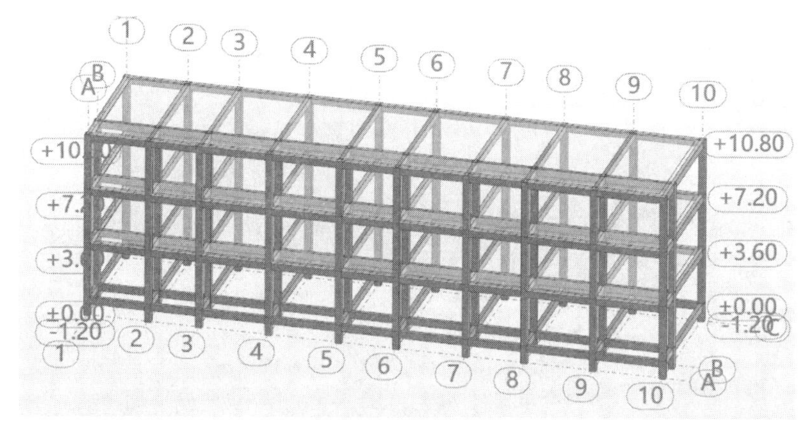

图 15-60　复制杆件（梁、柱）图元和楼板图元到其余楼层中

⑰　切换到【Z=10.80m】楼层平面视图，双击楼板使楼板处于被编辑状态。在轴线□与轴线⑩的交点附近单击以激活楼板边界点（为轴线□与轴线⑩的交点上的楼板边界点），将楼板边界点重新放置于轴线□与轴线⑧的交点上，如图 15-61 所示。

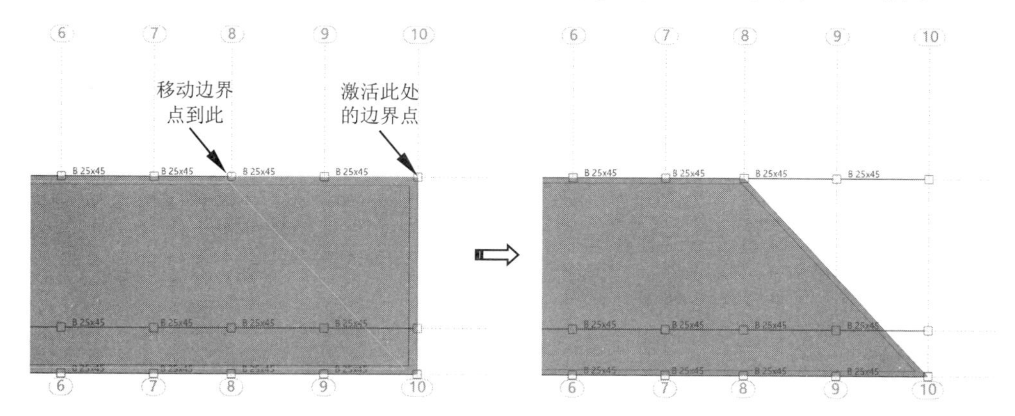

图 15-61　修改楼板边界点的位置

⑱　同理，修改轴线Ⓐ和轴线⑩的交点上的楼板边界点到轴线⑧上，楼板修改完成的结果如图 15-62 所示。

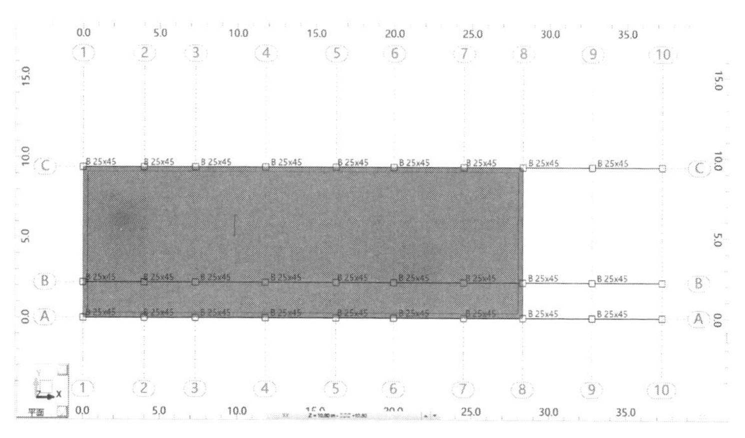

图 15-62　修改楼板边界点的结果

⑲ 切换到 3D 视图。将【Z=7.2m】层到【Z=10.8m】层之间的多余梁、柱图元删除，结果如图 15-63 所示。

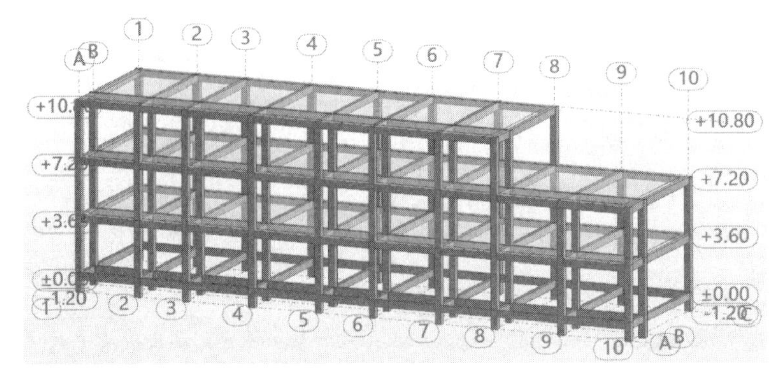

图 15-63　删除多余梁、柱图元

⑳ 修改楼板的厚度，默认的楼板厚度为 300mm，需要修改为 150mm。在【结构建模】工具栏中单击【楼面板】按钮，弹出【板】对话框。在【特性】选项组中【厚】选项的右侧单击【浏览】按钮[...]，弹出【新的厚】对话框。

㉑ 在【新的厚】对话框中设置【标识】为【TH15_CON】，并输入 Th 的值为【150】(mm)，单击【添加】按钮完成楼板新厚度的创建，如图 15-64 所示。单击【板】对话框中的【关闭】按钮关闭该对话框。

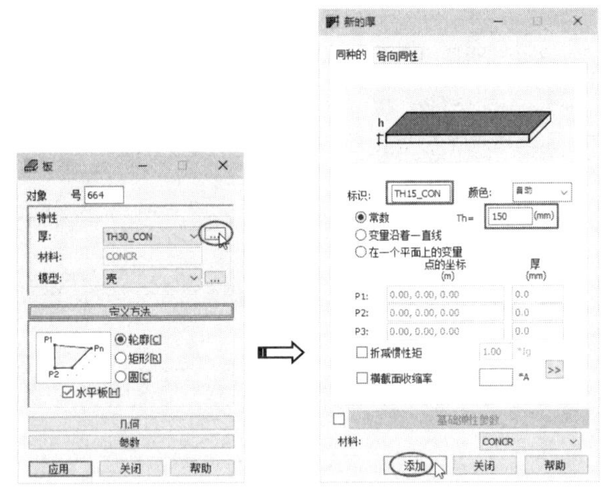

图 15-64　创建楼板的新厚度

㉒ 在 3D 视图中选中所有楼板，在图形区窗口左侧的对象属性列表中选择新的厚度标识【TH15_CON】，系统将新厚度应用到所选的楼板中，如图 15-65 所示。同理，若有需要，也可对其他结构图元进行属性的修改。

㉓ 为方便管理结构图元，可创建结构层（性质与“图层”类似）。在【结构定义】工具栏中单击【结构层】按钮，弹出【层】对话框。输入【基础标高】的值为【-1.2】(m) 并单击【设置】按钮进行确认。选中【手动定义】单选按钮，依次创建结构层，如图 15-66 所示。

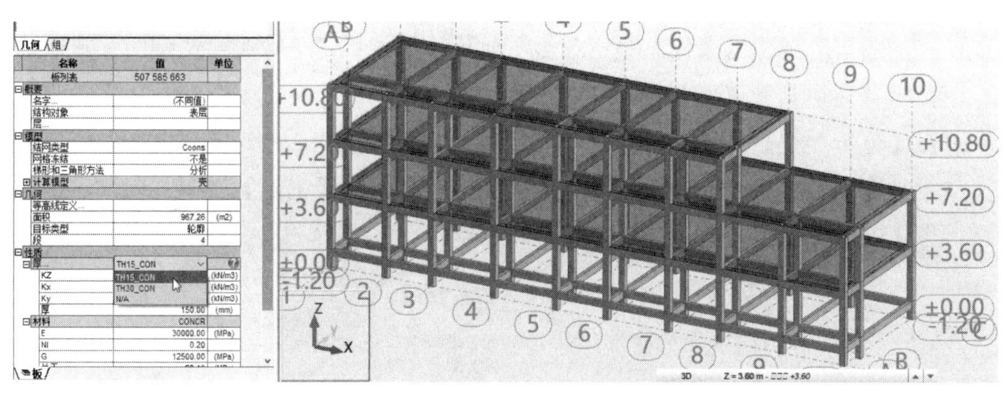

图 15-65　选择新厚度应用到楼板中

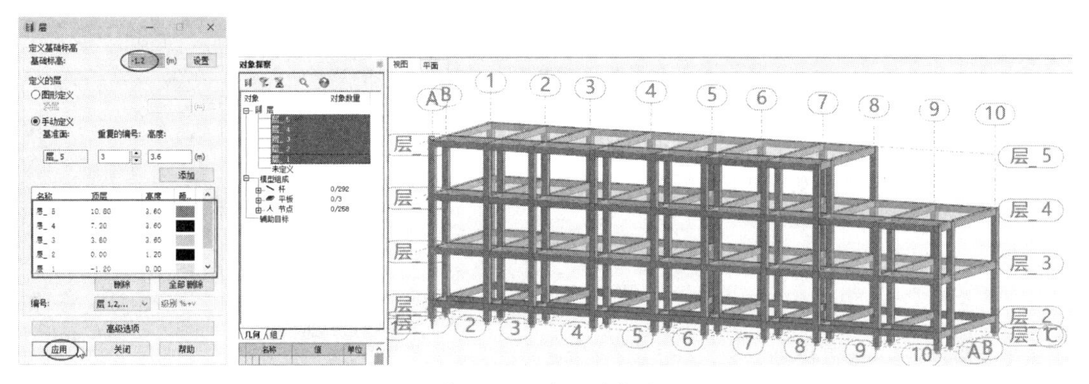

图 15-66　定义结构层

3. 结构分析

Robot Structural Analysis 2022 的分析类型包括模态分析、地震工况自定义的模态分析、地震分析、谱分析、谱响应分析、时程分析、静力弹塑性分析、频域响应分析和落足（跌落）分析等。这里仅介绍模态分析的分析操作步骤。

1）设置分析类型

① 在【标准】工具栏中单击【分析参数】按钮，弹出【分析类型】对话框。

② 在【分析类型】对话框的【分析类型】选项卡中单击【新建】按钮，弹出【新的工况定义】对话框，保留默认设置单击【确定】按钮，完成分析类型的创建，如图 15-67 所示。

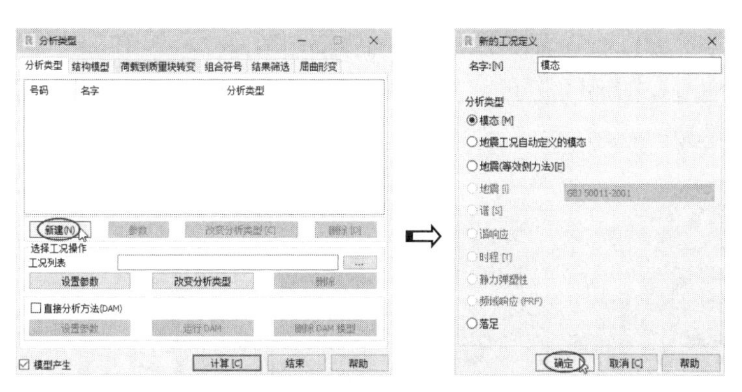

图 15-67　新建分析类型

③ 在随后自动弹出的【模态分析参数】对话框中选中【一致】单选按钮，其他选项保留默认并单击【确定】按钮，如图 15-68 所示。

④ 在【分析类型】对话框中单击【改变分析类型】按钮，弹出【分析类型变化】对话框。选中【考虑静力的模态分析】单选按钮，单击【确定】按钮关闭该对话框，如图 15-69 所示。关闭【分析类型】对话框。

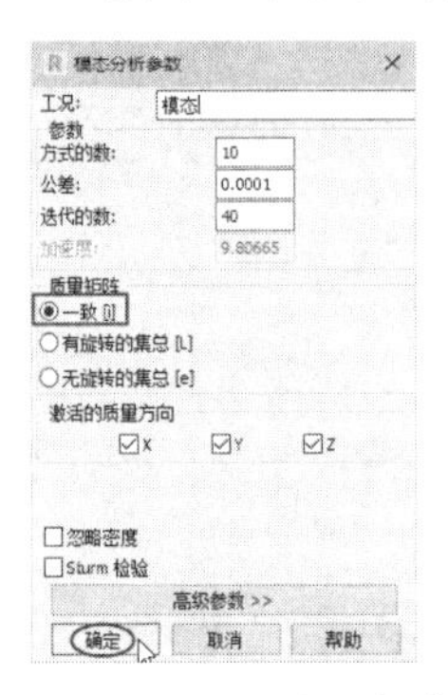

图 15-68 设置模态分析参数

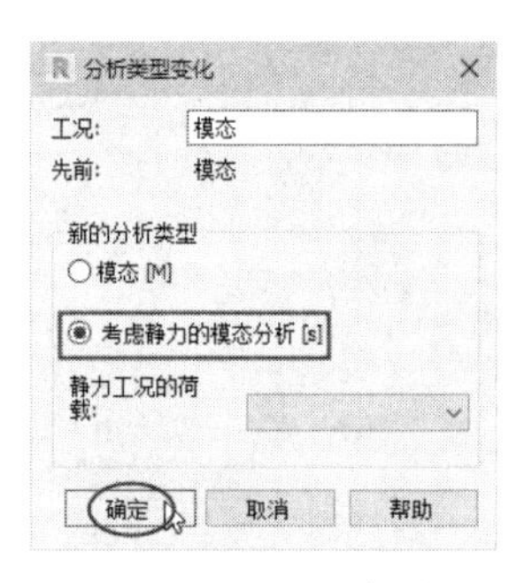

图 15-69 改变分析类型

2）添加约束（施加边界条件）

① 在 3D 视图中的图形区右上角单击 ViewCube 的【前视图】按钮，切换到前视图，如图 15-70 所示。

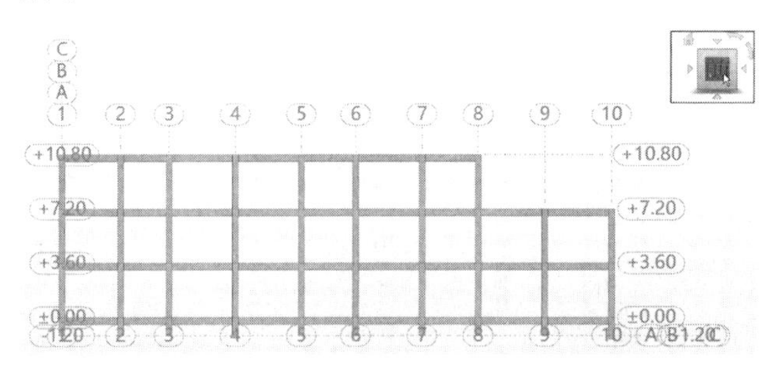

图 15-70 切换到前视图

② 在图形区左下角的属性显示工具栏中单击【截面形状】按钮，取消截面形状的显示（前面有单击此按钮来显示截面形状）。

③ 框选【Z=−1.2m】层中的所有节点（共 30 个节点），在对象属性列表中选择【固定】约束，系统会自动将支撑符号添加到所选的节点上，如图 15-71 所示。添加的支撑符号可通过在图形区左下角的属性显示工具栏中单击【支撑符号】按钮来控制显示与隐藏。

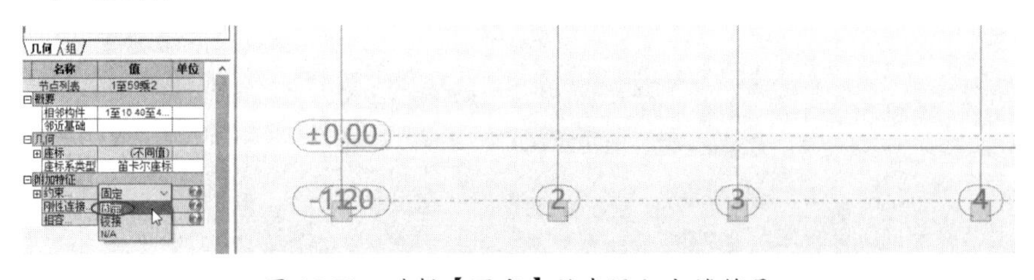

图 15-71 选择【固定】约束添加支撑符号

3）施加荷载

① 在【结构模型】工具栏中单击【荷载类型】按钮，弹出【荷载类型】对话框。在该对话框的【性质】列表中选择【活】选项，单击【添加】按钮完成荷载类型的添加，如图 15-72 所示。

提示：

在【荷载类型】对话框的【定义的工况列表】中已经存在一个命名为【模态】的工况，这是在前面定义结构分析类型时创建模态分析后自动创建的工况，在施加荷载时可以使用这个【模态】工况，也可以重新创建【恒】荷载。

② 在定义荷载类型后，为梁图元和柱图元施加荷载。在上工具栏区域的【选择】工具栏中选择【1：模态】工况，在图形区中选取所有的柱图元，如图 15-73 所示。

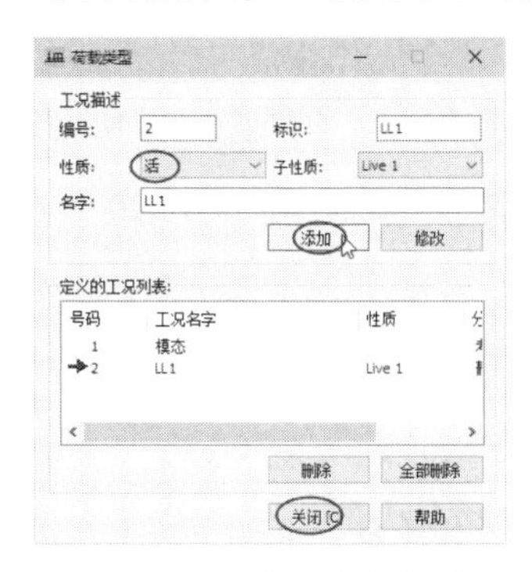

图 15-72　添加荷载类型

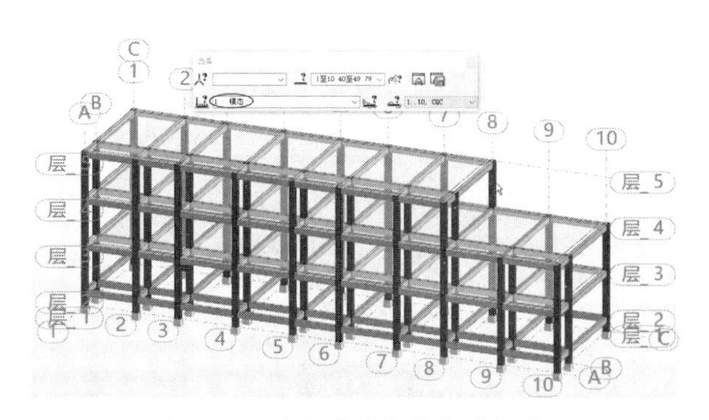

图 15-73　选取要添加荷载的柱图元

③ 在【结构建模】工具栏中单击【荷载定义】按钮，弹出【荷载定义】对话框。在该对话框的【自重和质量】选项卡中单击【整个的结构自重-PZ】按钮，再单击【应用】按钮将荷载施加到所选的柱图元，如图 15-74 所示。

④ 在图形区中选取所有的梁图元，再单击【荷载定义】按钮，弹出【荷载定义】对话框。在该对话框的【杆】选项卡中单击【均布荷载】按钮，如图 15-75 所示。

⑤ 在随后弹出的【均布荷载】对话框中设置荷载参数，设置后单击【添加】按钮，如图 15-76 所示。

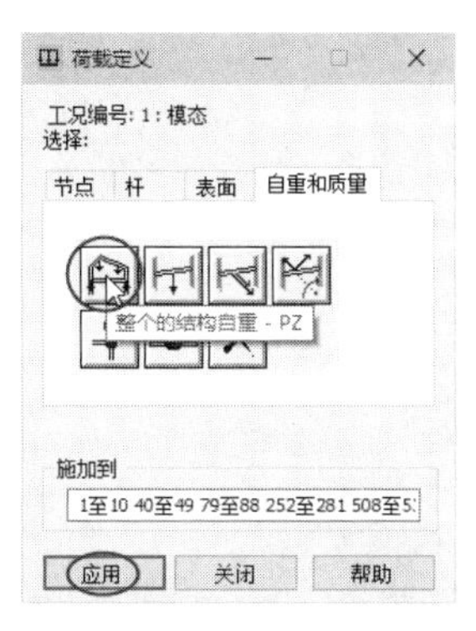

图 15-74 选择自重荷载

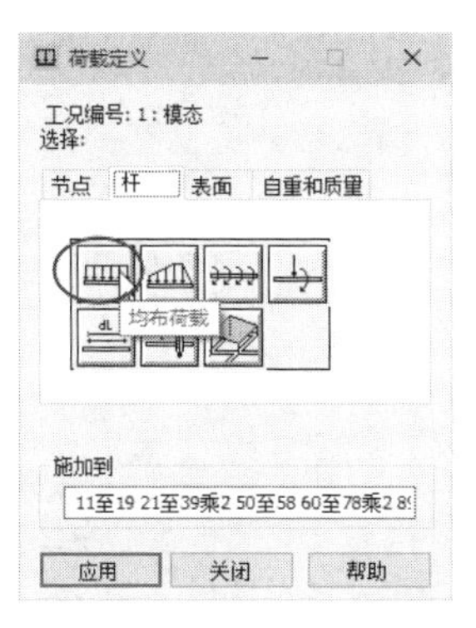

图 15-75 选择均布荷载

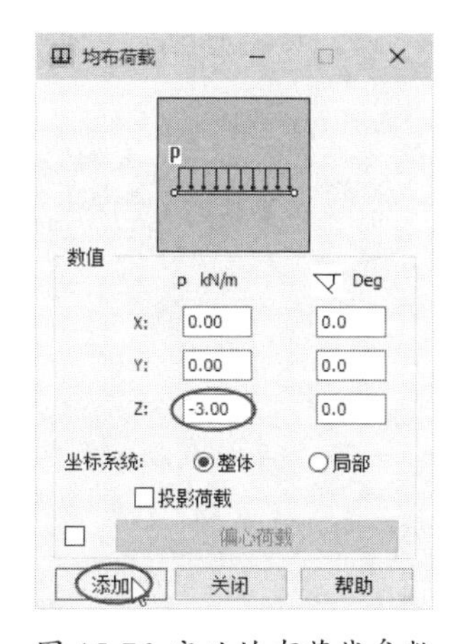

图 15-76 定义均布荷载参数

⑥ 单击【荷载定义】对话框的【应用】按钮将均布荷载施加到所选的梁图元中，如图 15-77 所示。

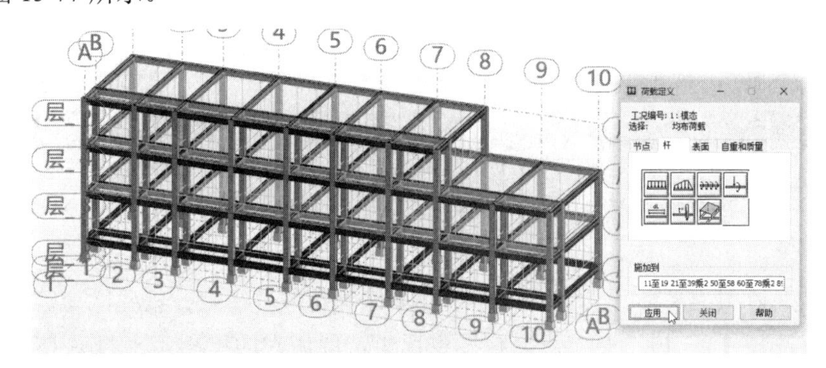

图 15-77 施加均布荷载到梁图元

⑦ 对梁图元施加荷载后，默认情况下是不显示荷载符号的，在图形区左下角的属性显示工具栏中单击【荷载符号】按钮可显示荷载符号，如图 15-78 所示。

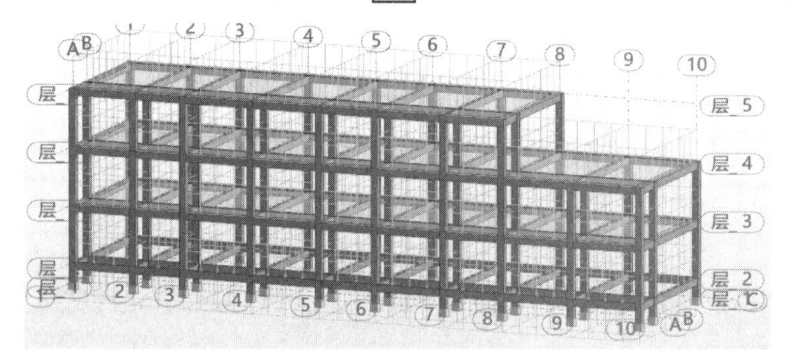

图 15-78 显示荷载符号

⑧ 在【选择】工具栏的工况列表中选择【2：LL1】工况，在图形区中选取所有的楼板图元。

⑨ 在【结构建模】工具栏中单击【板】按钮，弹出【板】对话框。单击【特性】选项组【模型】选项右侧的【浏览】按钮，在弹出的【板计算模型】对话框中设置计算选项，完成后单击【添加】按钮，如图 15-79 所示。

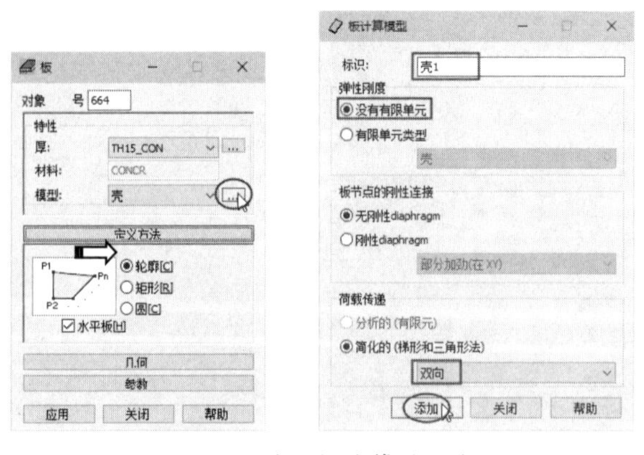

图 15-79 修改板计算模型选项

⑩ 右击所选的楼板，在弹出的快捷菜单中执行【对象特性】命令，弹出【网格选项】对话框，单击【OK】按钮，接着在打开的【板】对话框中重新选择【壳 1】模型选项，单击【应用】按钮将修改应用到所选楼板，如图 15-80 所示。

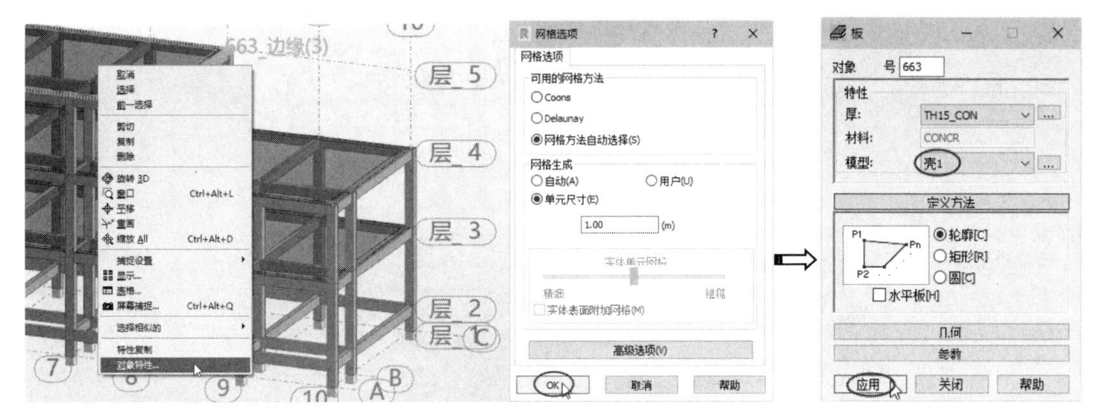

图 15-80　修改对象特性

⑪ 在【结构建模】工具栏中单击【荷载定义】按钮，弹出【荷载定义】对话框，在【表面】选项卡中单击【均匀平面荷载】按钮，弹出【均布平面荷载】对话框，在该对话框中设置荷载参数，设置完成后单击【添加】按钮，如图 15-81 所示。

提示：

均匀平面荷载与均布平面荷载意思相同，这两个对话框中的名称不一致，是由于此软件界面语言中文汉化出现的问题。Robot Structural Analysis 2022 中有很多工具按钮的名称和该工具的操作对话框名称不一致，也是这个缘故。

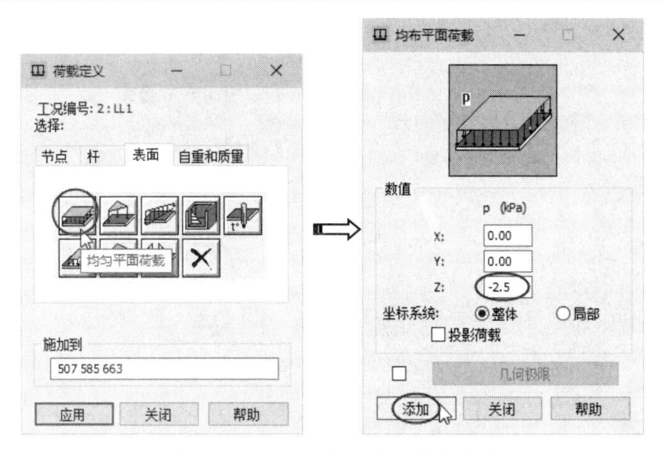

图 15-81　定义均布平面荷载参数

⑫ 单击【荷载定义】对话框中的【应用】按钮，将定义的荷载施加给所选的楼板图元中，如图 15-82 所示。

⑬ 在【荷载定义】对话框的【自重和质量】选项卡中单击【整个的结构自重-PZ】按钮，再单击【应用】按钮将荷载施加给楼板图元，如图 15-83 所示。

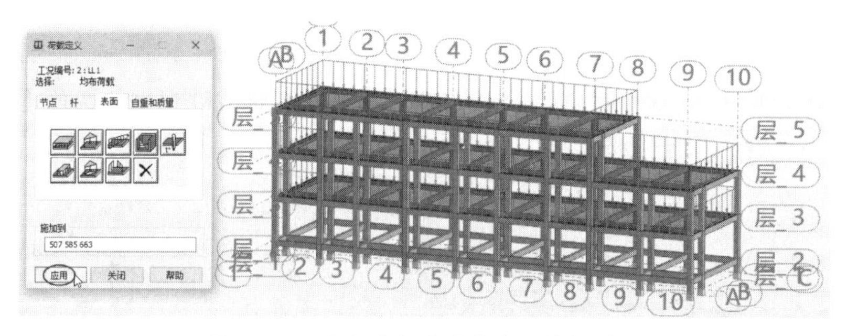

图 15-82　施加均匀平面荷载给楼板图元

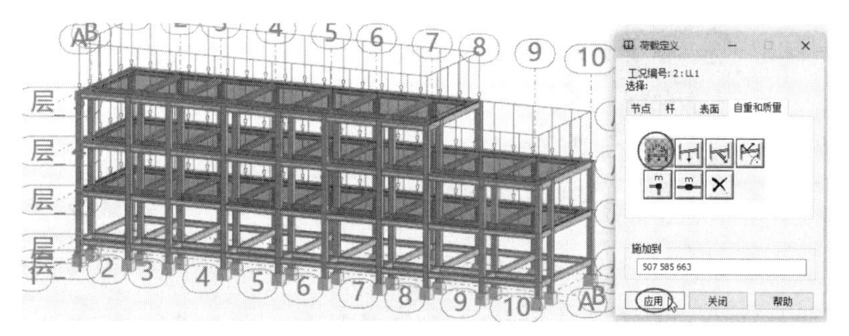

图 15-83　施加【整个的结构自重-PZ】荷载给楼板图元

⑭ 在【标准】工具栏中单击【计算】按钮，弹出【Autodesk Robot Structural Analysis Professional-计算】对话框，同时自动进行结构分析，结果如图 15-84 所示。

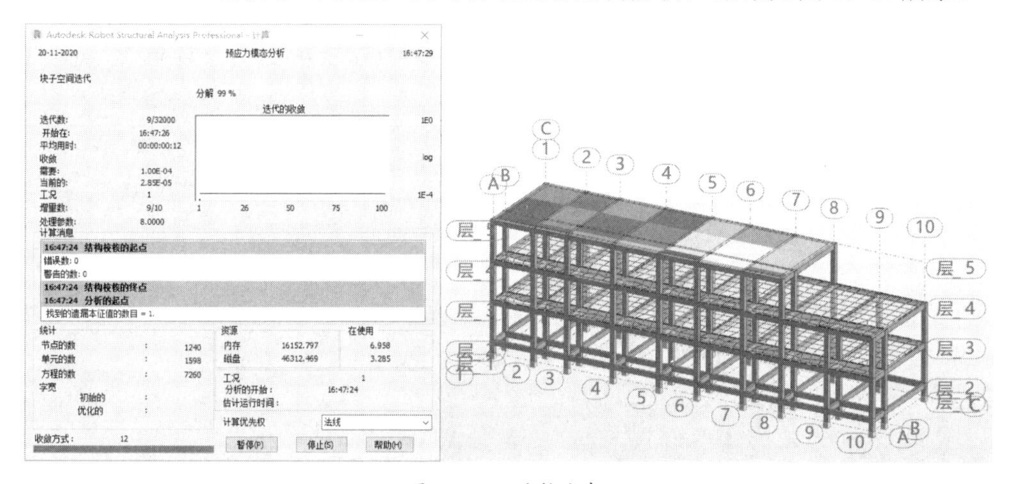

图 15-84　结构分析

4. 查看分析结果

在结构分析结束后，可以在菜单栏中的【结果】菜单中执行相关的菜单命令来查看分析结果。下面以查看结构分析彩图的方式来查看结果。

① 执行【结果】菜单中的【彩图】命令，弹出【彩图】对话框。

② 在对话框中勾选应力-s 的分析结果，可以结合彩图查看应力分布情况，单击【应用】按钮，查看结果如图 15-85 所示。

③ 其他分析结果也按此操作进行查看。鉴于篇幅关系不再一一介绍。

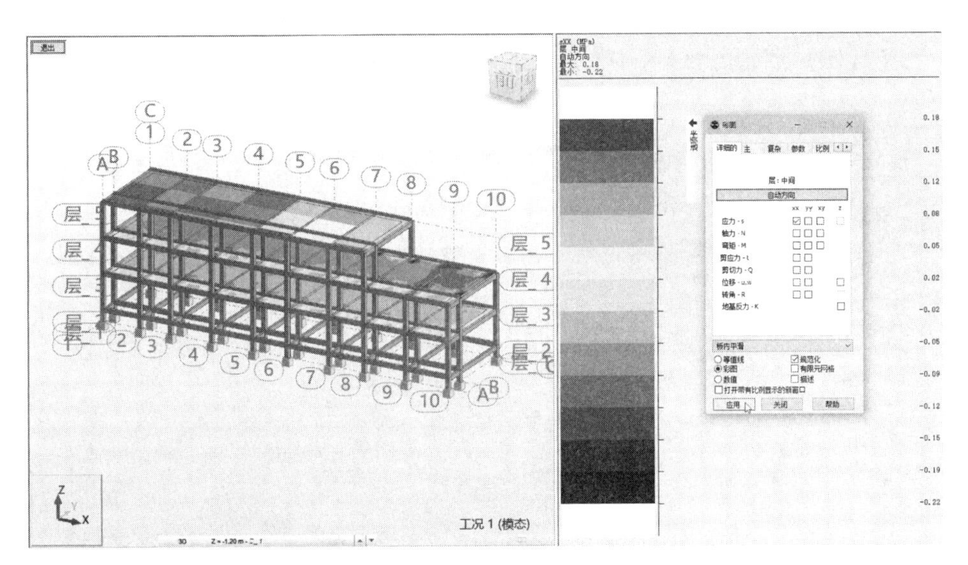

图 15-85　查看应力分布结果

提示：

从 Revit 中链接过来的混凝土建筑结构模型，只需要施加边界条件与荷载，即可完成结构分析。

15.3.2　钢结构模型的创建与结构分析

钢结构模型的创建与建筑结构模型的创建有所不同，可以利用系统中的框架库进行参数定义，操作过程非常简便。

① 在 Robot Structural Analysis 2022 主页界面中单击【框架 3D 设计】按钮，进入钢结构分析环境中。

② 在菜单栏中执行【添加-插入】|【框架生成器】命令，弹出【框架生成器】对话框。

③ 在【项目】选项区中设置构件材料，如图 15-86 所示。

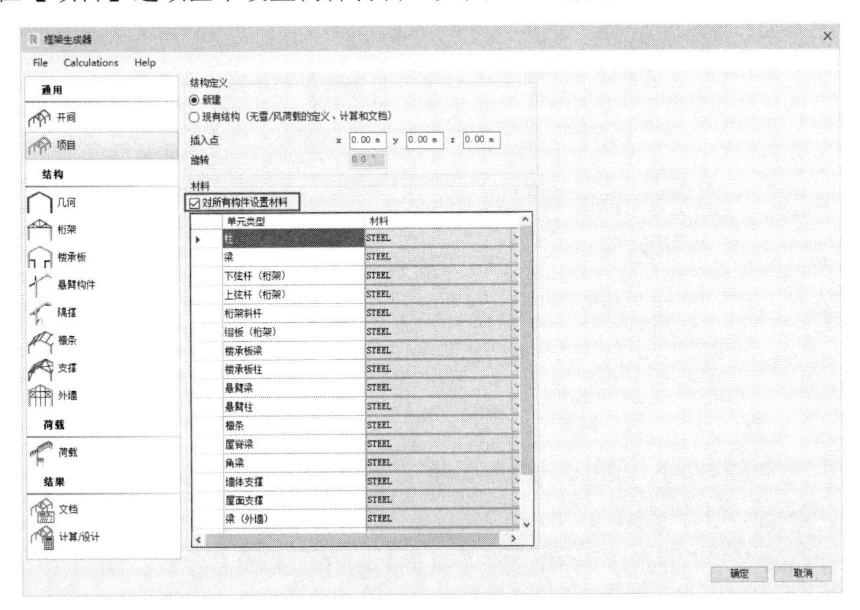

图 15-86　设置构件材料

④ 在【几何】项目的选项区中勾选【开间对称】复选框，其余选项保留默认，如图 15-87 所示。

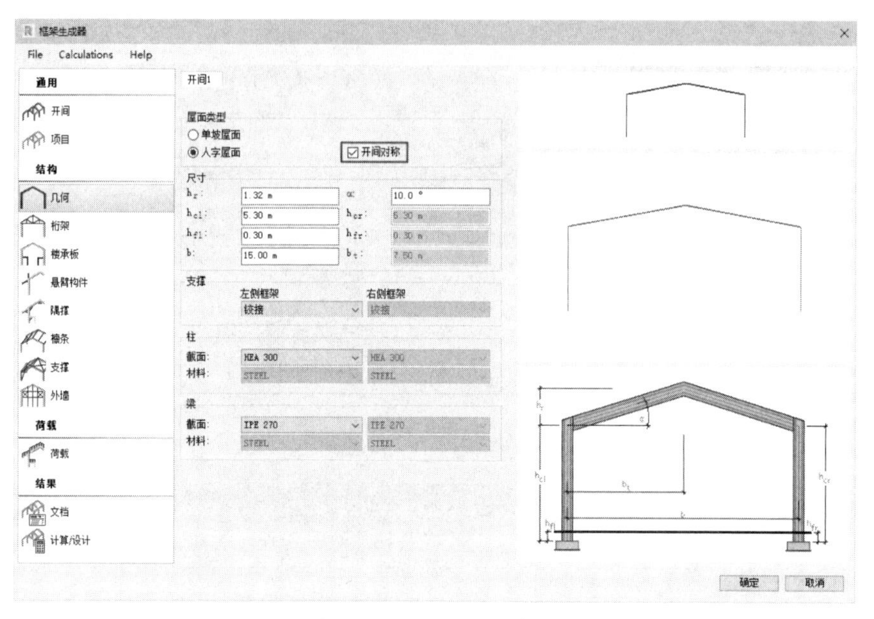

图 15-87 设置几何参数

⑤ 在【桁架】项目的选项区中选择桁架类型，如图 15-88 所示。

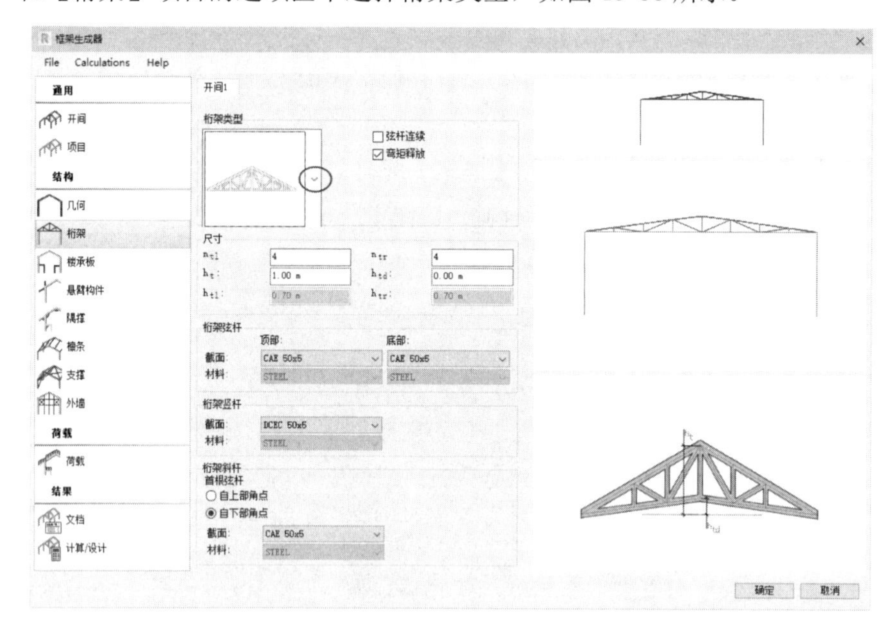

图 15-88 选择桁架类型

⑥ 在【外墙】项目的选项区中选择【开间 1】和【开间 2】的外墙类型（均为相同结构的外墙类型），如图 15-89 所示。

⑦ 在【荷载】项目的选项区中设置【恒载】与【活荷载】参数，如图 15-90 所示。

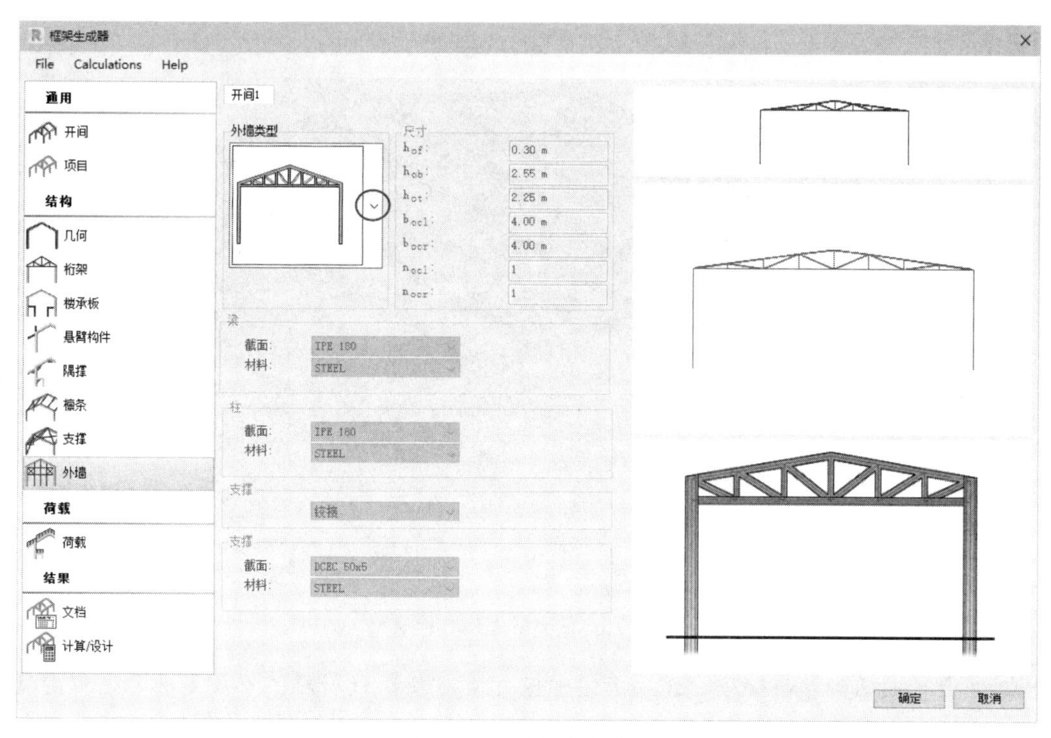

图 15-89　选择外墙类型

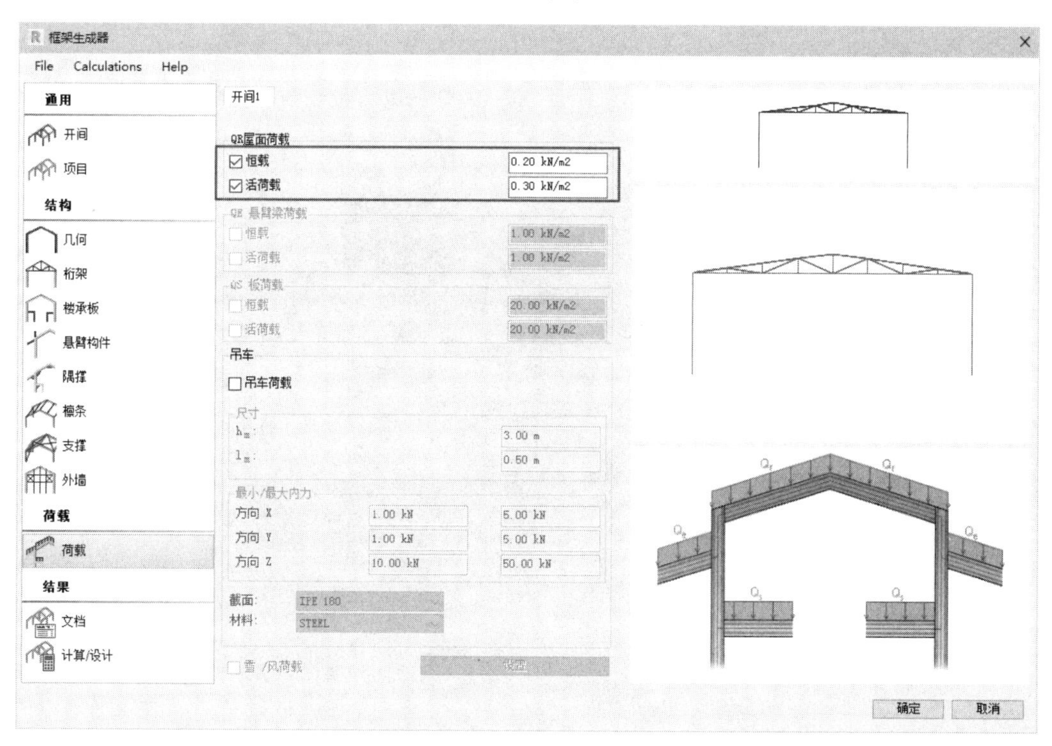

图 15-90　设置荷载参数

⑧　在设置完成后单击【框架生成器】对话框的【确定】按钮，系统自动创建钢结构模型，并自动完成对钢结构的结构分析，如图 15-91 所示。

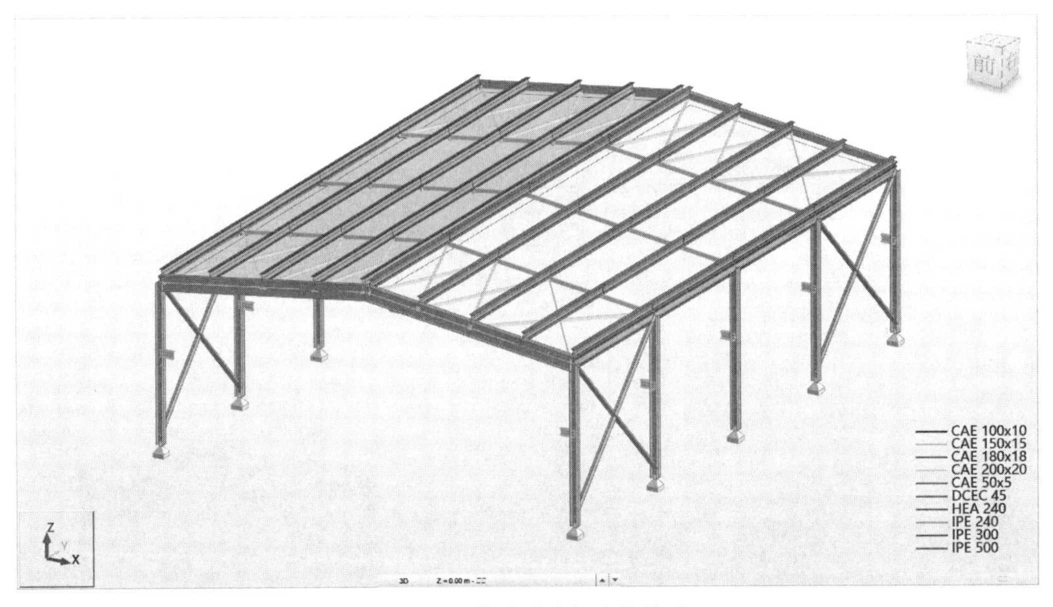

图 15-91　自动创建钢结构模型

⑨　查看钢结构分析结果。在菜单栏中执行【结果】|【杆件的彩图】命令，弹出【在杆上的彩图】对话框。勾选【扭转应力-T】复选框和【结构变形】复选框，单击【应用】按钮，查看结构变形的分析效果，如图 15-92 所示。

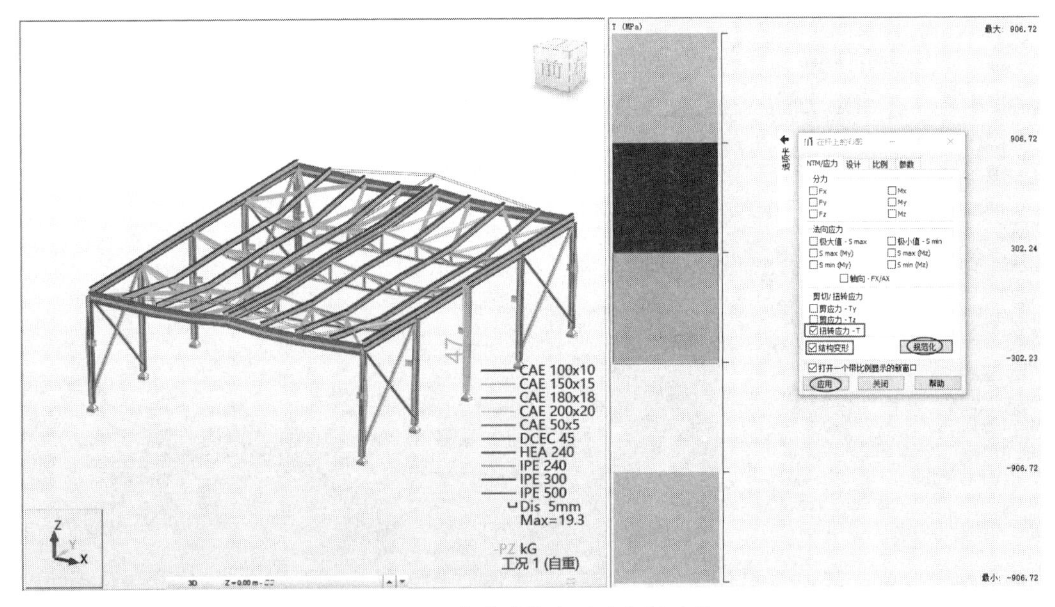

图 15-92　查看结构变形的分析效果

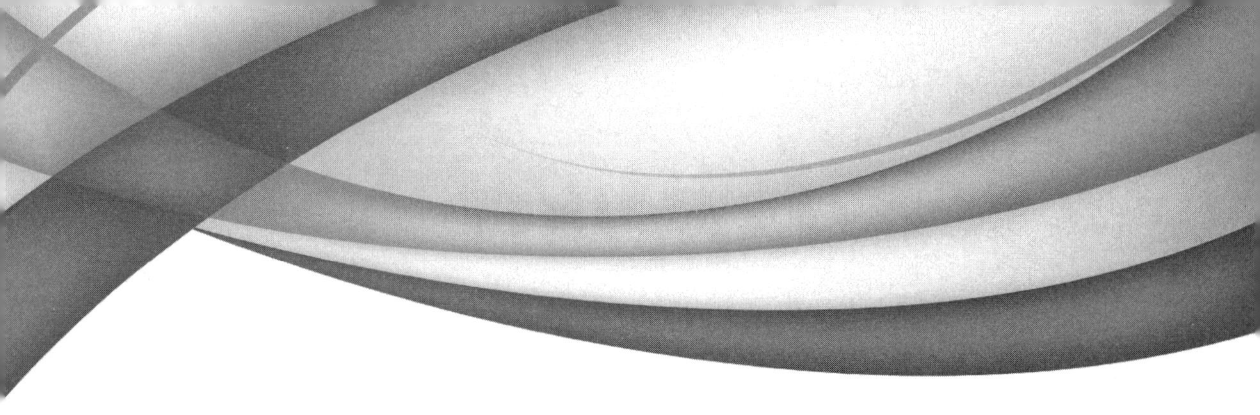

第 16 章

MEP 机电设计与安装

本章内容

在 BIM 建筑项目中，MEP 设计也被称为【建筑机电设计】，是建筑设计中一项重要的环节，通常由给排水设计专业、暖通设计专业和电气设计专业的人员按照建筑平面图进行专业管线布置。MEP 为 Mechanical（暖通）、Elcctrical（电气）和 Plumbing（给排水）的统称。本章将使用广联达鸿业的 BIMSpace 机电深化 2022 进行暖通系统、建筑给排水系统和电气系统的快速深化设计。

知识要点

☑ BIMSpace 机电 2022 暖通设计
☑ BIMSpace 机电 2022 给排水设计
☑ BIMSpace 机电 2022 电气设计

16.1 BIMSpace 机电 2022 暖通设计

BIMSpace 机电 2022 软件模块包括暖通专业功能、给排水专业功能和电气专业功能。下面简要介绍机电设计专业的设计工具。

暖通专业会细分为几个方向：采暖、供热、通风、空调、除尘和锅炉。由于国内地区温差大，南方和北方的暖通设计会有所不同：南方地区主要是通风和空调，北方地区除了通风、空调，还有采暖和供热。

就南方地区来说，最为常见的就是通风系统和中央空调系统，如图 16-1 和图 16-2 所示。

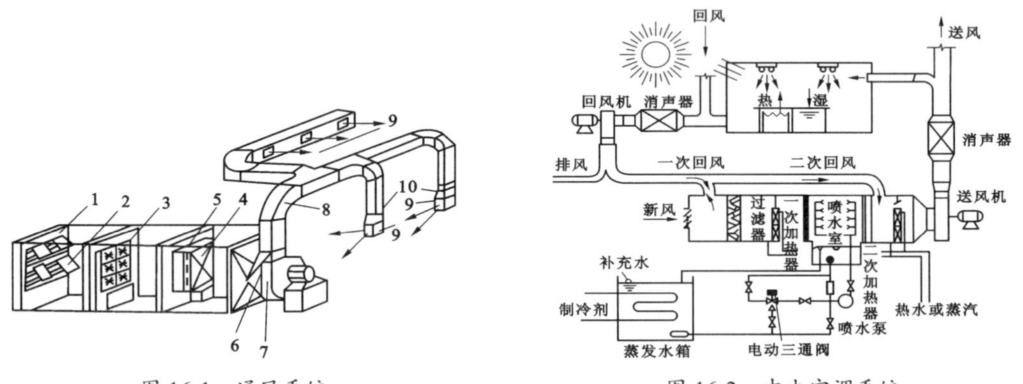

图 16-1 通风系统　　图 16-2 中央空调系统

BIMSpace 机电 2022 是基于 Revit 的机电设计模块，BIMSpace 机电 2022 是和 BIMSpace 乐建 2022 一起下载的。目前只能支持 Revit 2021 平台。在安装 Revit 2021 和 BIMSpace 机电 2022 程序后，在桌面上双击【BIMSpace 机电 2022】图标，打开 BIMSpace 机电 2022 启动界面，如图 16-3 所示。

图 16-3 BIMSpace 机电 2022 启动界面

在启动界面左下角，可以勾选【给排水】、【暖通】或【电气】复选框来载入相应的专业设计工具，由于 BIMSpace 机电 2022 中的机电设计功能十分强大，工具指令比较多，因此一次最多可勾选两个专业的设计工具复选框。

在 Revit 2021 平台的主页界面中，单击【模型】选项组中的【新建】按钮，打开【新建项目】对话框，在该对话框的【样板文件】下拉列表中自动载入了鸿业机电设计的相关项目样板，包括 BIMSpace 给排水样板、BIMSpace 暖通样板和 BIMSpace 电气样板，如图 16-4 所示。若要进行暖通设计，则在 BIMSpace 机电 2022 的启动界面底部勾选【暖通】复选框，随即自动进入暖通专业设计的项目环境中。

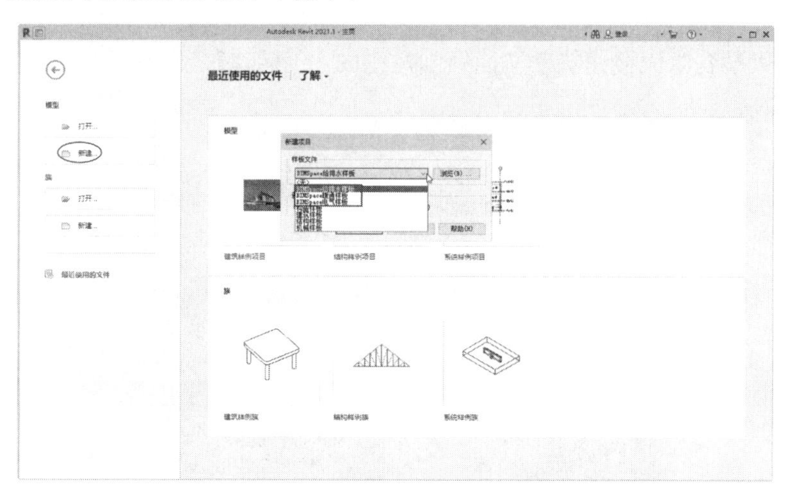

图 16-4　鸿业机电设计的项目样板

提示：

BIMSpace 机电 2022 可在广联达鸿业官方网站中下载。

图 16-5 所示为 BIMSpace 机电 2022 的暖通专业设计工具，主要分布在【管综】【支吊架】【设置\计算】【风系统\水系统】【多联机采暖系统】【修改\模型检查】等选项卡中。

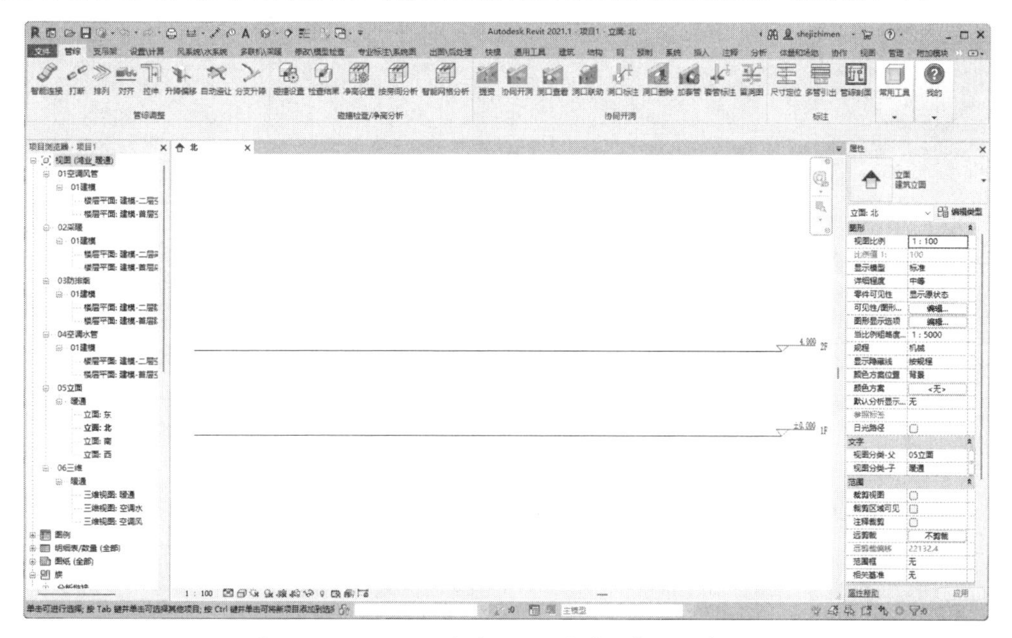

图 16-5　BIMSpace 机电 2022 的暖通专业设计工具

16.1.1 食堂大楼通风系统设计案例

在本例中，我们将学习如何在学校食堂项目中进行建筑通风系统设计。食堂建筑项目的通风系统是一套独立空气处理系统——新风系统，由送风系统和排风系统组成。新风系统分为管道式新风系统和无管道新风系统两种。本例为管道式新风系统，由新风机和管道配件组成，通过新风机净化室外空气将其导入室内，通过管道配件将室内空气排出。

本例的某大学食堂大楼建筑模型已经创建完成，包括建筑设计和结构设计部分，模型效果如图 16-6 所示。

图 16-6 某大学食堂大楼建筑模型

图 16-7 所示为食堂大楼一层的建筑平面图，也是暖通设计的图纸参考。

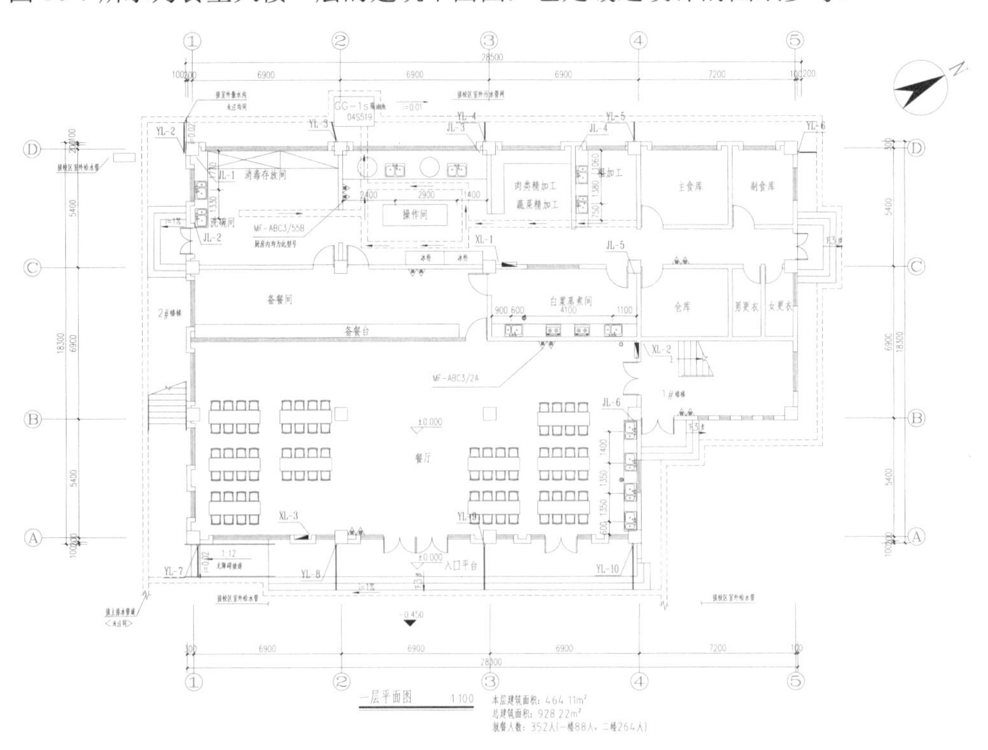

图 16-7 食堂大楼一层建筑平面图

食堂大楼的暖通设计的主要参数如下。

1）室外计算参数

大气压力：冬季 1021.7hPa，夏季 1000.2hPa；　夏季空调计算干球温度：26.4℃；

夏季空调计算湿球温度：33.5℃；　夏季通风计算温度：29.7℃；

夏季室外平均风速：2.1m/s；　冬季空调计算干球温度：−9.9℃；

冬季空调计算相对湿度：44%；　冬季通风计算温度：−3.6℃；

冬季室外平均风速：2.6m/s；　冬季采暖室外计算温度：−7.6℃；

2）围护结构热工计算参数（传热系数）

外墙 K=0.45W/m^2·K

注：“外墙 K”中的 K 表示传热系数值，单位中的 K 表示为温差，也可表示为℃。

屋面 K=0.43W/m^2·K

外窗 K=2.3W/m^2·K

架空或外挑檐板 K=0.35 W/m^2·K

地下室外墙 K=0.50W/m^2·K

与非采暖空调房间隔墙 K=0.93W/m^2·K

与非采暖空调房间楼板 K=1.19W/m^2·K

3）室内计算参数。

室内计算参数如表 16-1 所示。

表 16-1　室内计算参数

项目 / 地点	夏季		冬季		排风量或新风换气次数
	温度℃	相对温度	温度℃	相对温度	
办公、更衣室	26	≤60%	18	——	
餐厅、包间	26	≤60%	18	——	
售卖窗口	26	——	16	——	
大制作间、热加工间	——	——	10	——	50 次/h
粗细加工间等	——	——	16	——	20 次/h
饮料、副食库房	——	——	8	——	10 次/h
米面库房	——	——	5	——	
变配电室	37～40	——	≥5	——	按发热量计算
卫生间	——	——	16	——	10 次/h
浴室	——	——	25	——	10 次/h
燃气表间	——	——	——	——	12 次/h
洗消间	——	——	16	——	15 次/h

注：1、大制作间、热加工间等有燃气区域事故排风按 12 次/h 计；

2、大制作间、热加工间\粗细加工间等区域补风量按排风量 80%计；

整个食堂大楼建筑只有两层，一层中的通风系统包括【白案蒸煮间】区域通风（送风）和厨房其他区域（消毒间、操作间、肉类精细加工、主副食库、仓库、洗碗间等）通风（排风）。二层由于不用设置厨房工作区域，因此不设计通风系统，但有中央空调系统设计。

通风系统详细设计依据如下。

（1）后厨区各大制作间、热加工间设置全面通风、局部通风系统和事故排风系统，平时总排风量按 50 次/h 计算，其中全面排风量占 35%，局部通风量占 65%；厨房补风量为总排风量的 80%，保证厨房区处于负压区，厨房补风量的 65%直接送至排烟罩边；厨房补风量的 35%经加热处理后再送入厨房内。厨房补风系统均设置过滤器。

厨房排油烟风机设置在屋面，厨房油烟由排油烟竖井引至屋顶，排油烟风机前端设置静电式油烟净化装置，油烟经处理后排放。厨房排油烟罩要求采用运水烟罩。室内排油烟水平风管设置 2%以上的坡，坡向排风罩。厨房全面排风机兼事故排风机，事故排风量按照 12 次/h 计算，事故排风机采用防爆风机。

（2）后厨区粗细加工间等设置机械送风排风系统，补风量按排风量的 80%计算。

（3）通风系统送风口型式采用双层活动百叶风口，排风口采用单层百叶活动风口。

1. 送风系统设计

通风包括从室内排出污浊空气和向室内补充新鲜空气两部分内容，前者称为排风，后者称为送风、新风或进风。为实现排风或送风所采用的一系列设备、装置的总体被称为通风系统。

本例食堂大楼的送风系统由新风井、新风机组、送风管、双层百叶窗风口、风管阀门等设备组成。设计顺序（或安装顺序）为送风管→新风井→新风机组→风管阀门→双层百叶窗风口。新风井由砌体构成，设计过程本节不做介绍。新风机组放置于屋顶，接新风井。

① 启动 BIMSpace 机电 2022，在 Revit 2021 主页界面中选择【BIMSpace 暖通样板】样板文件，进入暖通专业设计项目环境中。

② 在项目浏览器中双击【01 空调风管】|【01 建模】视图节点下的【楼层平面：建模-首层空调风管平面图】视图，在【插入】选项卡中单击【链接 Revit】按钮打开【导入/链接 RVT】对话框，从本例源文件夹中打开【食堂大楼.rvt】项目文件，如图 16-8 所示。

③ 链接后的建筑模型与视图如图 16-9 所示。

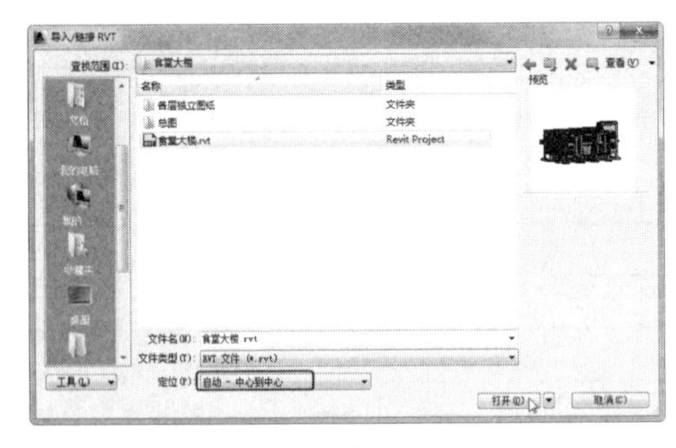

图 16-8　链接 Revit 模型

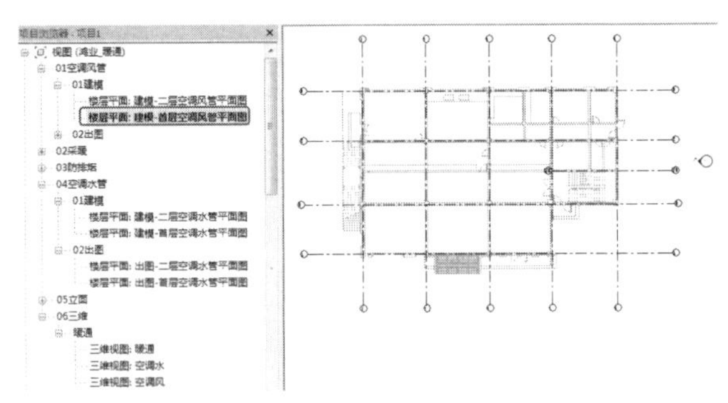

图 16-9　链接 Revit 后的建筑模型与视图

④ 切换到【05 立面】|【暖通】视图节点下的【立面：南】视图，将默认的【2F】的标高改为【4.2】m，再新建【8.4】m 的【3F】标高，如图 16-10 所示。

⑤ 切换到【01 空调风管】|【01 建模】视图节点下的【楼层平面：建模-首层空调通风风管平面图】视图。

⑥ 在【快模】选项卡单击【链接 CAD】按钮，打开【链接 CAD 格式】对话框将本

例源文件夹中的【一层通风系统平面布置图.dwg】图纸文件导入到项目中，如图 16-11 所示。

⑦ 利用【修改】上下文选项卡中的【对齐】工具，对齐图纸中的轴线与链接模型楼层平面图中的轴线。

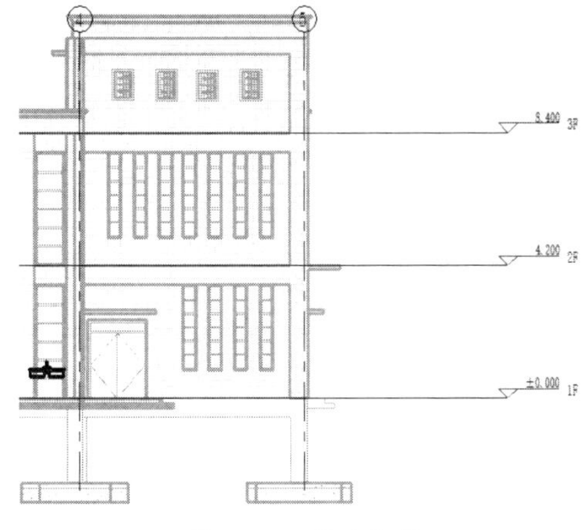

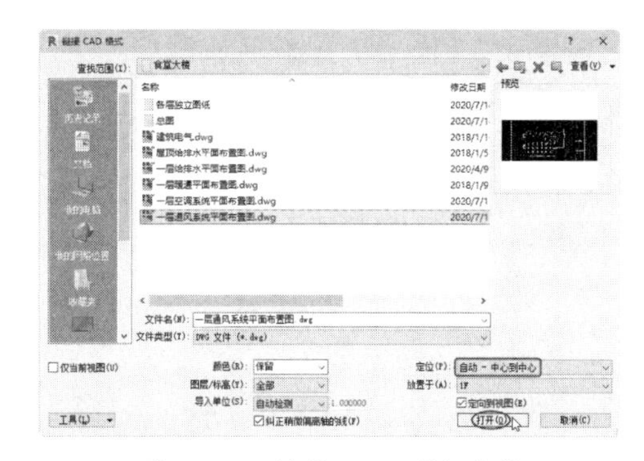

图 16-10　修改标高　　　图 16-11　链接 CAD 图纸文件

⑧ 在【风系统\水系统】选项卡【风系统设计】面板单击【绘制风管】按钮，弹出【绘制风管】对话框。在对话框中设置风管选项及参数，在图纸中标注有【新风井】的位置开始绘制，如图 16-12 所示。

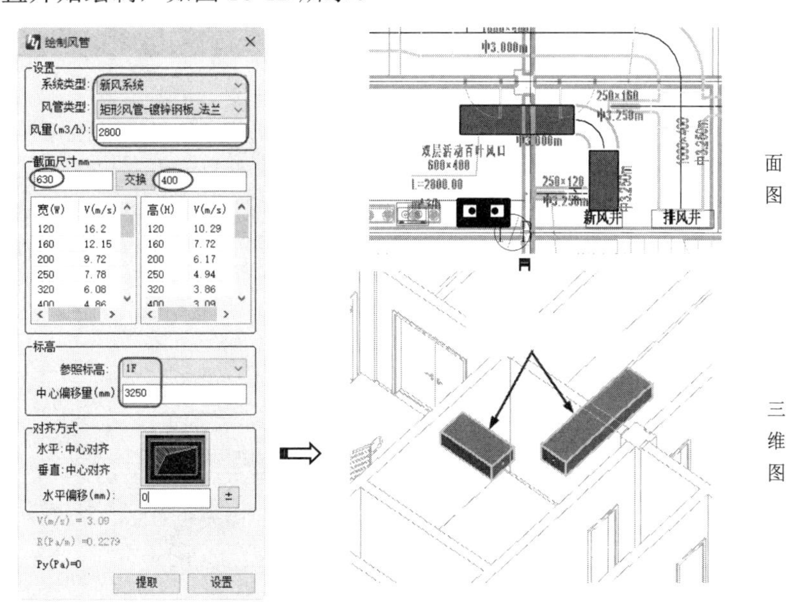

图 16-12　绘制新风（送风）风管一

⑨ 重新在【绘制风管】对话框中设置风管参数，并绘制宽度为 250mm、高度为 120mm、风量为 320m³/h，中心偏移量为 3250mm 的风管，如图 16-13 所示。

⑩ 切换到【三维视图：暖通】或者【三维视图：空调风】视图。在【风系统\水系统】选项卡【风系统设计】面板中的【任意连接】下拉列表中单击【风管自动连接】按

钮，从右往左框选（窗交选取）要连接的两根风管，随后系统自动创建风管连接，如图 16-14 所示。按 Esc 键结束连接。

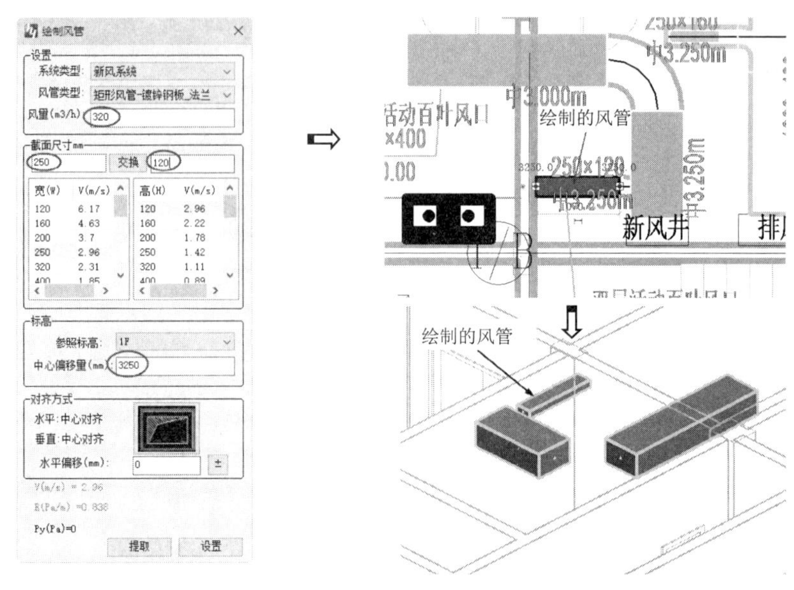

图 16-13 绘制送风风管二

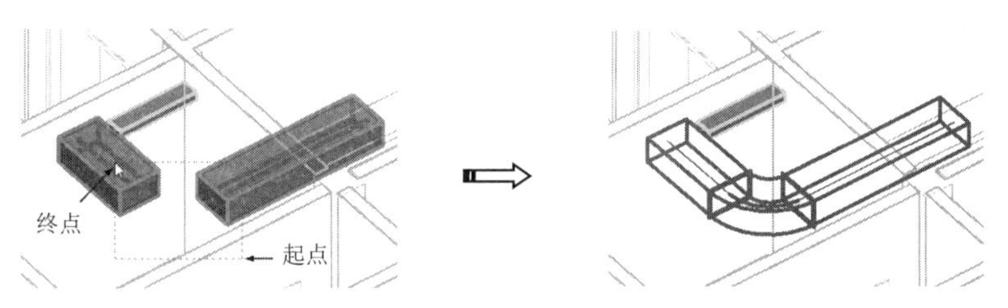

图 16-14 创建风管的自动连接

⑪ 在【风系统设计】面板中单击【风管连接】按钮，弹出【风管连接】对话框。选择操作方式为【点选】，选择连接方式为【侧连接】，依次选择主风管（大）和侧风管（小）进行连接，如图 16-15 所示。

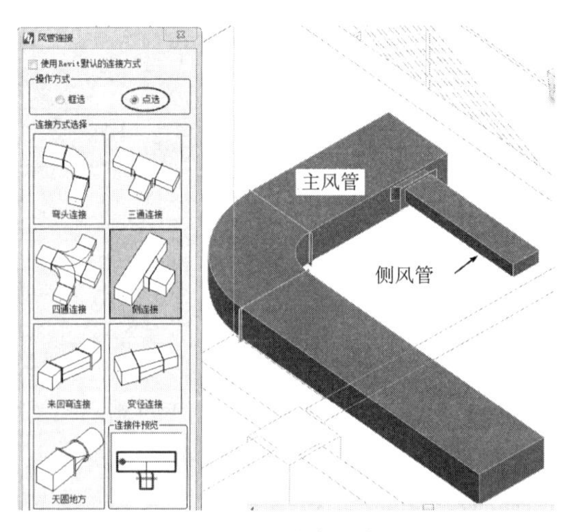

图 16-15 创建侧连接

提示：

上一步骤中的【风管自动连接】方式也可以改为用【风管连接】对话框中的【弯头连接】形式来连接，双击【弯头连接】图标或者右击，在弹出的【弯头连接】对话框中选择【弧形弯头连接】选项，如图 16-16 所示。

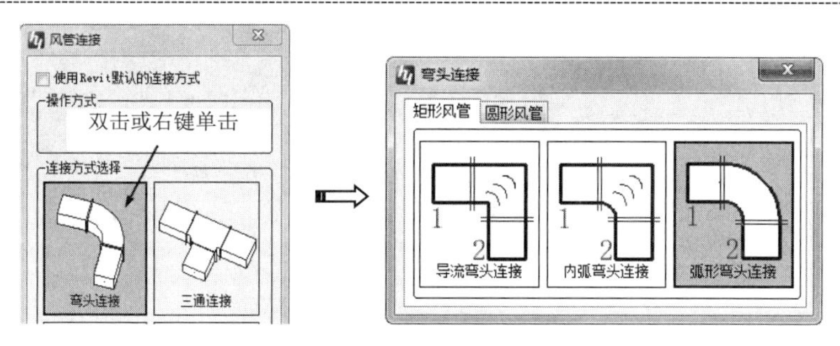

图 16-16　弧形弯头连接方式的选取

⑫ 在【风系统布置】面板中单击【设备布置】按钮，弹出【设备布置】对话框。在对话框中设置新风机组设备的类型和参数，单击【布置】按钮，将新风机组设备放置在图纸中标注有【新风井】字样的位置上，如图 16-17 所示。

提示：

如果图纸中没有表明新风机组的安装高度，则可以按照常规安装的数据进行安装。在一般情况下，新风机组的安装高度与风管高度相当，也可以略微低一些。如果是安装空调的风机，则安装在距离地面一定高度上并作减震设计。

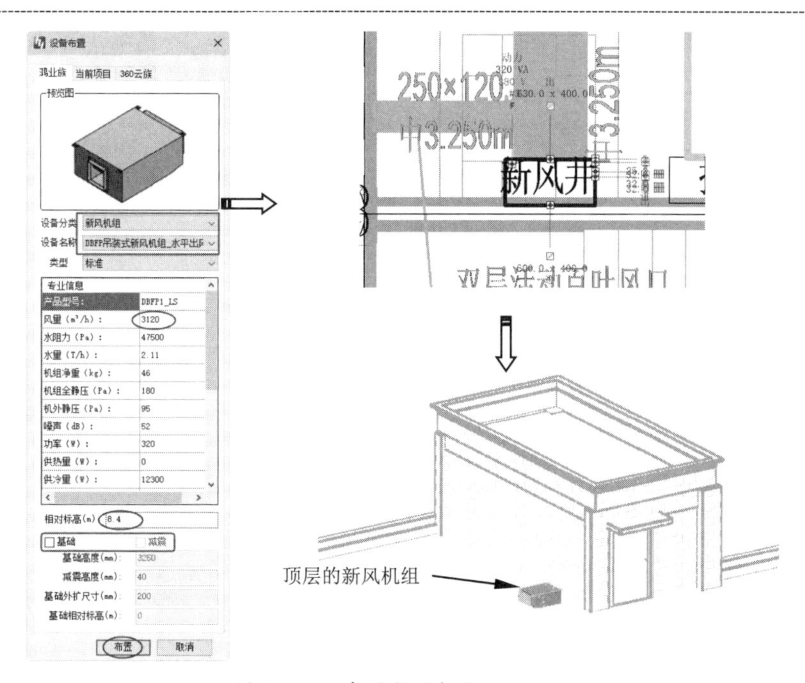

图 16-17　布置新风机组

⑬ 在【阀件附件】面板中单击【风管阀件】按钮，弹出【风管阀件】对话框。选择【矩形风管阀门】类型，在阀门列表中双击【矩形对开多叶调节阀】图标，将其放置在风管截面尺寸为【250×120】的新风管上，如图 16-18 所示。

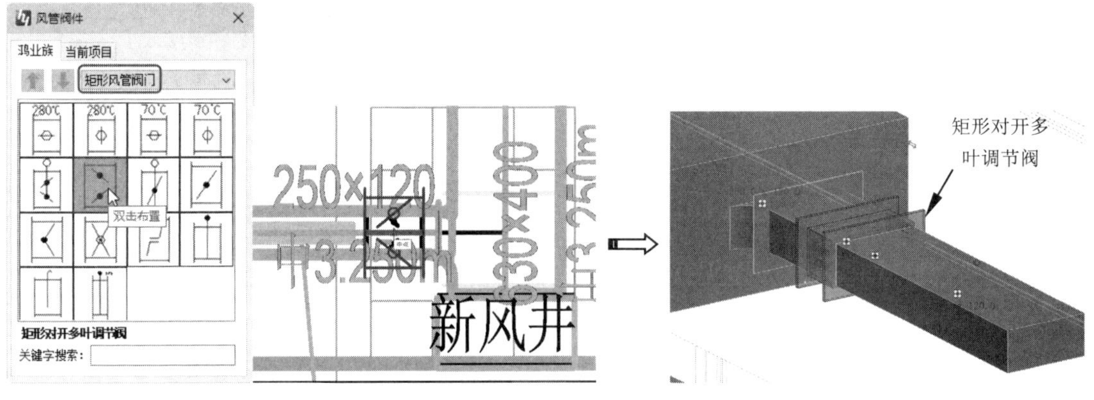

图 16-18　布置矩形对开多叶调节阀

⑭　在【布置】面板中单击【布置风口】按钮，弹出【布置风口】对话框。在对话框中选择【双层百叶风口】族，并设置族参数，单击【单个布置】按钮，将双层百叶风口放置在小新风管上，如图 16-19 所示。同理，更改风口参数后再将新风风口放置在大新风管上，如图 16-20 所示。

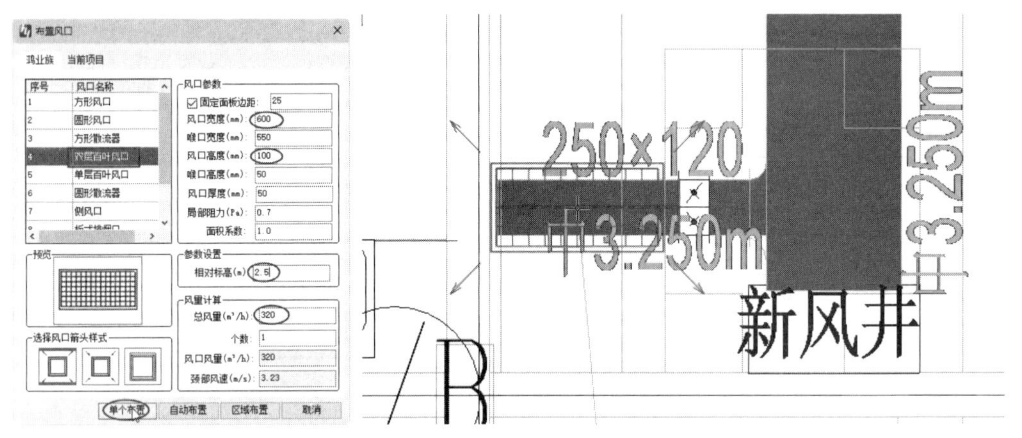

图 16-19　将双层百叶风口放置在小新风管上

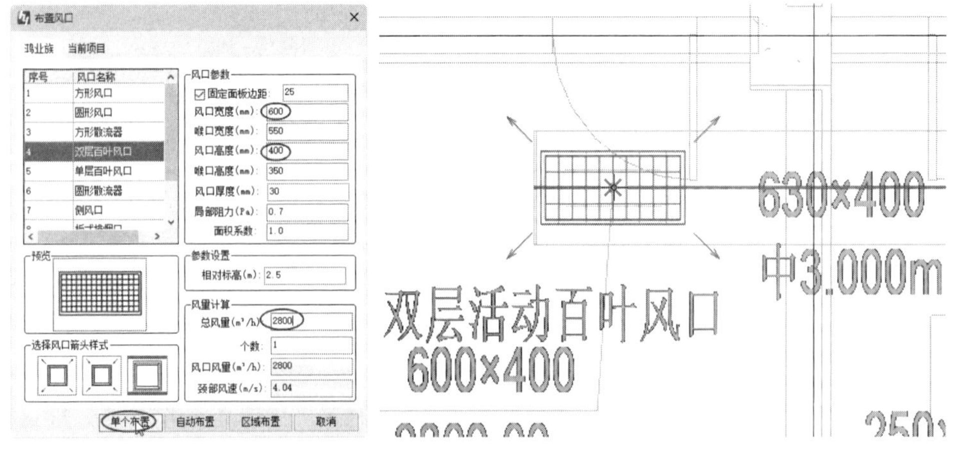

图 16-20　将新风风口放置在大新风管上

提示：

如果产生与实际效果不符的情况，则可先在空白位置放置风口，然后利用【移动】工具将其平移至正确位置。

⑮ 放置的新风风口与新风风管是脱离的，需要连接起来。切换到【三维视图：暖通】视图。在【风系统设计】面板中单击【风口连接】按钮，弹出【风管连风口】对话框。选择【直接连风口】方式，选取风管和风口进行连接，如图 16-21 所示。

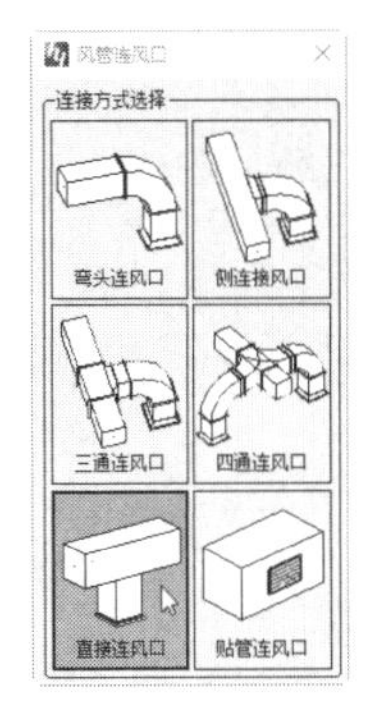

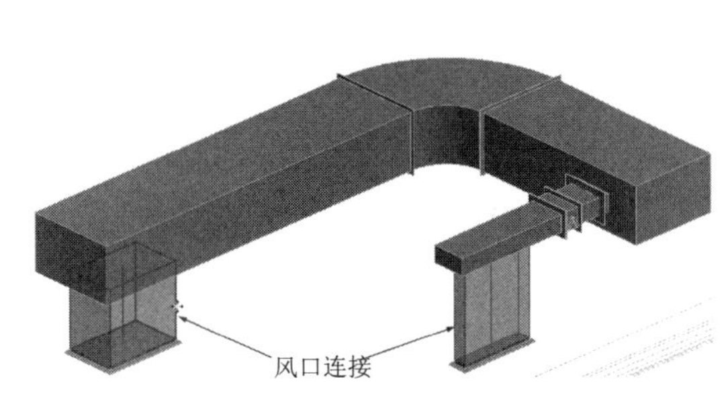

图 16-21　连接风管与风口

2. 排风系统设计

本例食堂大楼的排风系统主要由风机、排风风管、风管接头和单层活动百叶风口组成。当风管与风管进行连接时，会自动创建风管接头。

① 切换到【首层空调风管平面图】视图。在【风系统设计】面板中单击【绘制风管】按钮，在【排风井】位置开始绘制宽度为 1000mm、高度为 400mm、风量为 7500m³/h、中心偏移量为 3250mm 的风管，如图 16-22 所示。

② 绘制宽度为 800mm、高度为 400mm、风量为 4900m³/h、中心偏移量为 3250mm 的风管，如图 16-23 所示。

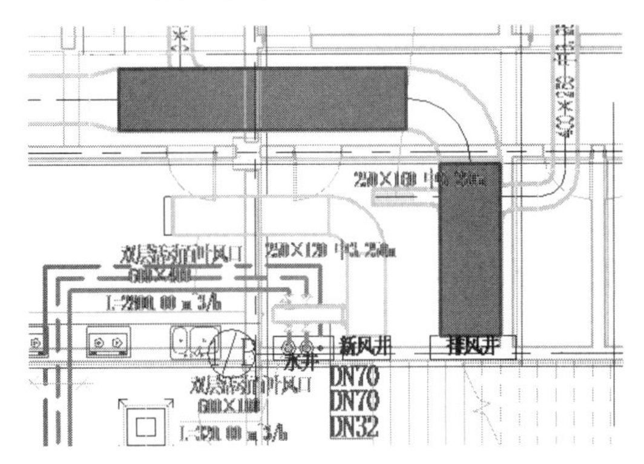

图 16-22　绘制 1000mm×400mm 的风管

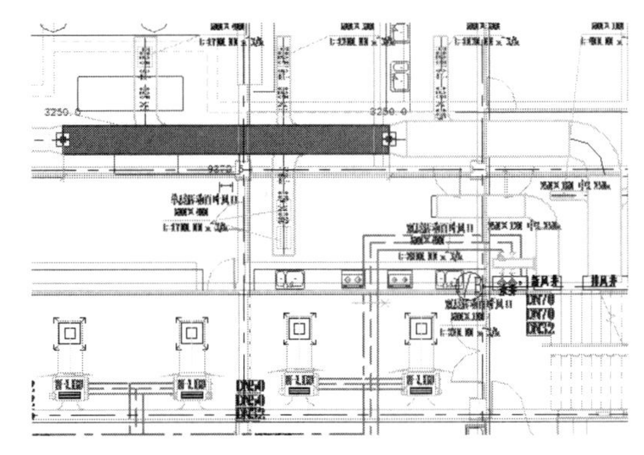

图 16-23 绘制 800mm×400mm 的风管

③ 绘制宽度为 630mm、高度为 250mm、风量为 4900m³/h、中心偏移量为 3250mm 的风管，如图 16-24 所示。

④ 绘制宽度为 630mm、高度为 400mm、风量为 1700m³/h、中心偏移量为 3250mm 的风管，如图 16-25 所示。

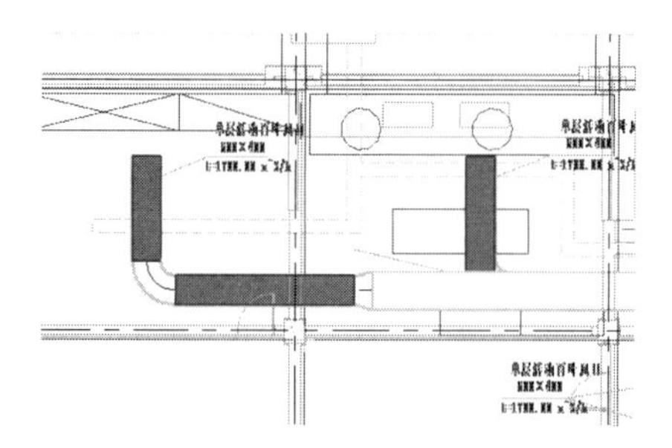

图 16-24 绘制 630mm×250mm 的风管

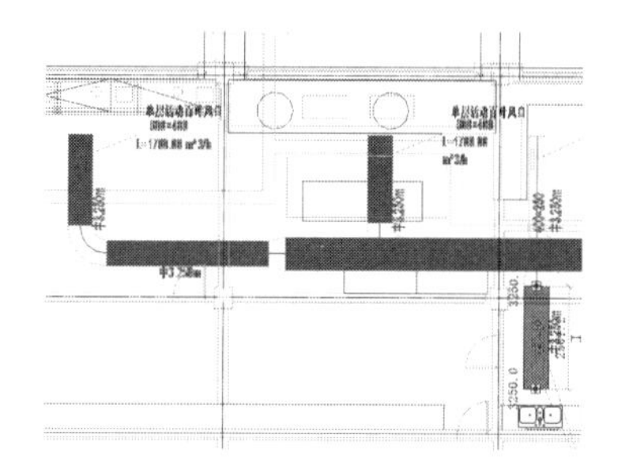

图 16-25 绘制 630mm×400mm 的风管

⑤ 绘制宽度为 400mm、高度为 250mm，风量为 1700m³/h、中心偏移量为 3250mm 的风管，如图 16-26 所示。

⑥ 绘制宽度为 250mm、高度为 160mm，风量为 400m³/h、中心偏移量为 3250mm 的风管，如图 16-27 所示。

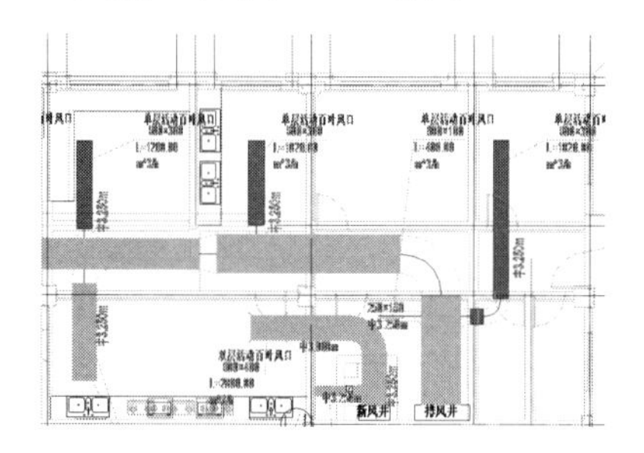

图 16-26 绘制 400mm×250mm 的风管

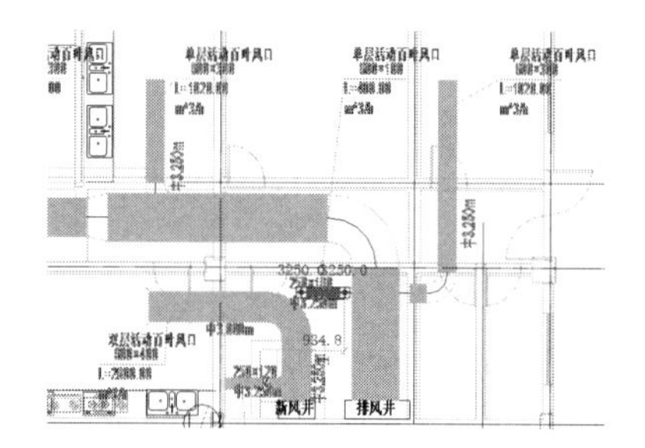

图 16-27 绘制 250mm×160mm 的风管

⑦ 切换到【三维视图：空调风】视图，利用【风管连接】工具，首先连接【1000×400】的风管，如图 16-28 所示。

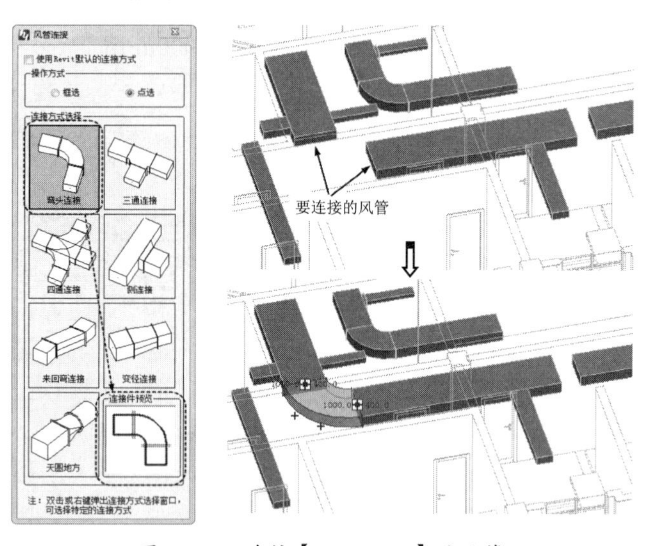

图 16-28 连接【1000×400】的风管

⑧ 同理，从大到小地依次连接其余风管。在同一直线上且大小不一的风管采用【变径连接】方式，垂直相交且大小不一的风管采用【侧连接】方式，垂直相交且大小相同的风管采用【弯头连接】方式，最终结果如图 16-29 所示。

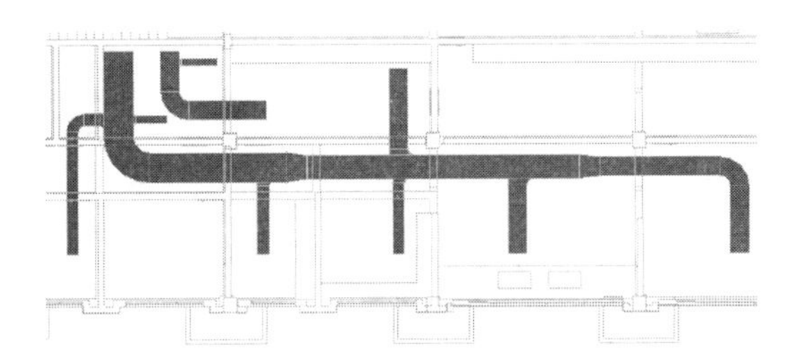

图 16-29　风管连接完成的效果

⑨ 布置排风风口，在排风系统中，排风风口均为【单层百叶风口】类型。在【风系统布置】面板中单击【布置风口】按钮，在弹出的【布置风口】对话框中选择【单层百叶风口】族类型，设置风口参数后单击【单个布置】按钮，将该类型风口布置在对应的位置上，如图 16-30 所示。

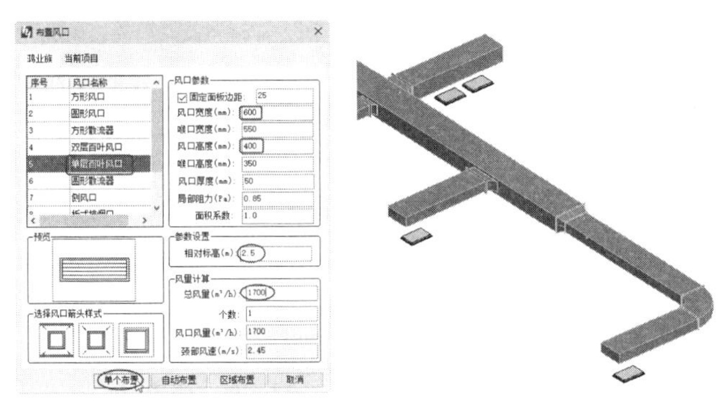

图 16-30　放置 600mm×400mm 单层百叶风口

⑩ 同理，继续设置风口参数，将尺寸为 600mm×300mm、风量为 1020m³/h 的【单层百叶风口】族布置在图纸中标注为【单层活动百叶风口（600×300）】位置上，如图 16-31 所示。

⑪ 将风口参数尺寸为 600mm×130mm、风量为 400m³/h 的【单层百叶风口】族布置在图纸标注为【单层活动百叶风口（600×100）】位置上，如图 16-32 所示。

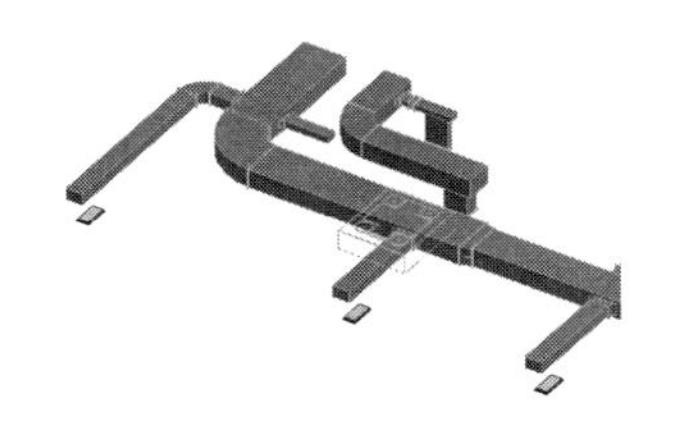

图 16-31　放置 600mm×300mm 单层百叶风口

图 16-32　放置 600mm×130mm 单层百叶风口

提示：

由于风口族的最小风口高度值为 130mm，如果强行将高度值设置为 100mm，将不会载入出所需参数的风口族。

⑫ 在【风系统设计】面板中单击【风口连接】按钮，采用【直接连风口】的方式，将排风风管和单层百叶风口连接起来，效果如图 16-33 所示。

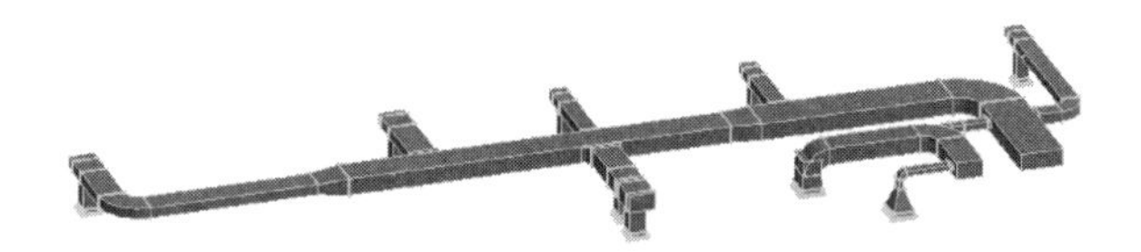

图 16-33　连接排风风管和单层百叶风口

⑬　在【风系统布置】面板中单击【设备布置】按钮，将设置的风机设备（选择设备名称为【屋顶风机-轴流式】、相对标高为 8.4m）放置在图纸中标注有【排风井】字样的位置上，如图 16-34 所示。

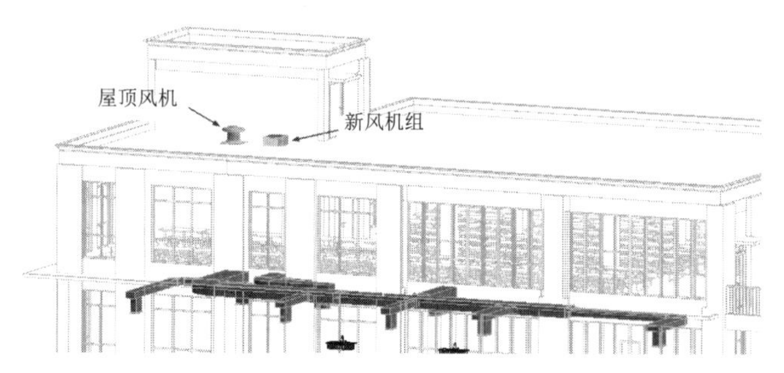

图 16-34　布置屋顶风机

3. 消防排烟系统设计

挡烟垂壁属于消防排烟系统，但通常绘制在暖通设计图中，并由暖通专业人员负责设计。挡烟垂壁安装在楼板下或隐藏在吊顶内，在发生火灾时它是能够阻止烟和热气体水平流动的垂直分隔物。挡烟垂壁按活动方式可分为卷帘式和翻板式，本例的挡烟垂壁为翻板式。在一、二层的用餐区顶棚上均有挡烟垂壁的设计安装。

①　切换到【03 防排烟】|【01 建模】|【建模-首层防排烟平面图】视图。

②　在【布置】面板中单击【挡烟垂壁】按钮，弹出【挡烟垂壁】对话框。

③　在对话框中设置选项及参数，参考【一层暖通平面布置图】图纸来绘制挡烟垂壁（以绘制直线的方式来绘制挡烟垂壁），如图 16-35 所示。

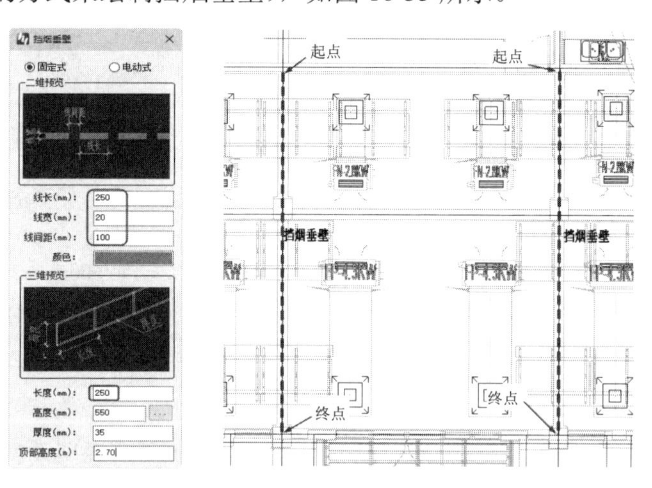

图 16-35 绘制一层的挡烟垂壁

④ 切换到【建模-二层空调风管平面图】视图。在二层中绘制挡烟垂壁，如图 16-36 所示。

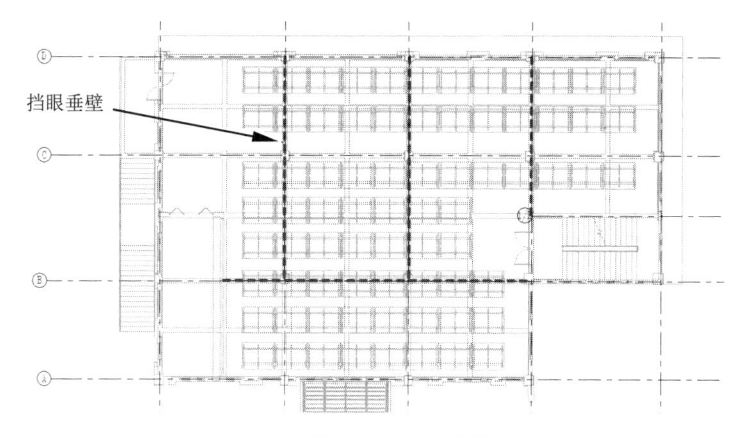

图 16-36　绘制二层的挡烟垂壁

⑤ 至此，完成了食堂大楼的通风系统设计，结果如图 16-37 所示。

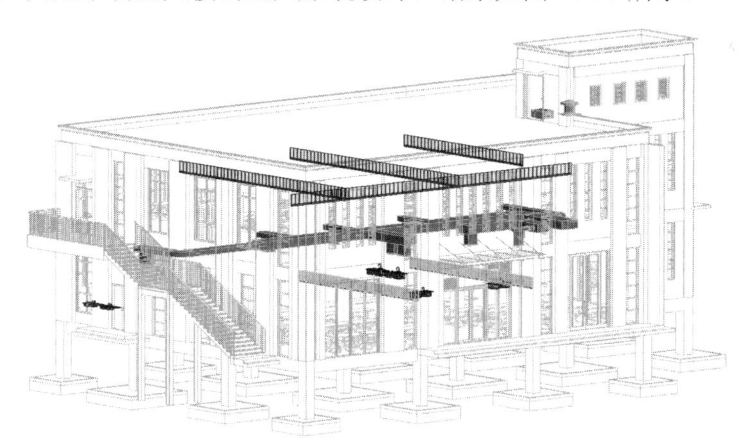

图 16-37　食堂大楼的通风系统设计完成效果

16.1.2　食堂大楼空调系统设计案例

建筑空调系统的基本组成可分为三大部分，分别是冷热源设备（主机）、空调末端设备、附件及管道系统。在空调系统一百多年的发展历史中，人们不断探索、不断创新，利用自然界给予人类丰富多彩的能源形式，在这三大组成部分的基础上，发展了多种多样的空调系统形式。

目前较常见的中央空调形式有以下几种。

- 风冷热泵机组+空调末端形式。
- 水冷制冷机组+冷却塔+热水锅炉（或其他热源）+空调末端形式。
- 溴化锂机组+冷却塔+热源+空调末端形式。
- 水源热泵机组+空调末端形式。
- 风冷管道式空调系统形式。

● 多联机空调系统形式。

本例食堂大楼的一、二层中均有设计空调系统。鉴于本章篇幅限制，这里仅介绍食堂一层的空调系统设计。食堂一层的中央空调系统包括风系统和水系统。

1. 风系统设计

风系统即风机盘管系统，由风机盘管、风管和送风口组成。

① 切换到【04 空调水管】|【01 建模】节点下的【楼层平面：建模-首层空调水管平面图】视图。

② 单击【插入】选项卡的【载入族】按钮，将本例源文件夹中的【风机盘管-卧式暗装-双管式-背部回风-右接.rfa】族文件载入到项目中。

③ 在【快模】选项卡单击【链接 CAD】按钮，打开【链接 CAD】对话框将本例源文件夹中的【一层空调系统平面布置图.dwg】图纸文件导入到项目中，将图纸中的轴网与链接的 Revit 模型中的轴网对齐，如图 16-38 所示。

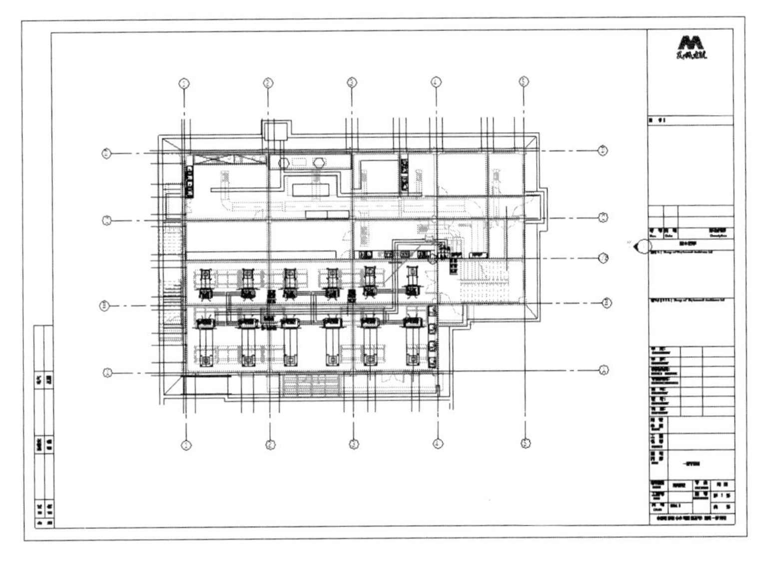

图 16-38 链接 CAD 图纸

④ 在【建筑】选项卡单击【构件】按钮，在属性面板中选择构件类型为【风机盘管-卧式暗装-双管式-背部回风-8000W】，设置【偏移量】为【3000】，将构件放置在平面图的下方，一共放置 3 台，如图 16-39 所示。

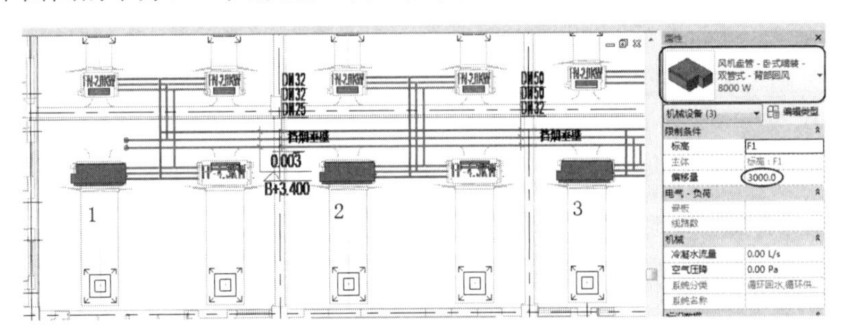

图 16-39 放置 3 台风机盘管构件

⑤ 选择其中一台风机盘管，单击【修改|机械设备】上下文选项卡中的【镜像-拾取轴】按钮，选取风机盘管上右侧的边线作为临时轴，创建镜像的风机盘管设备，如图 16-40 所示。

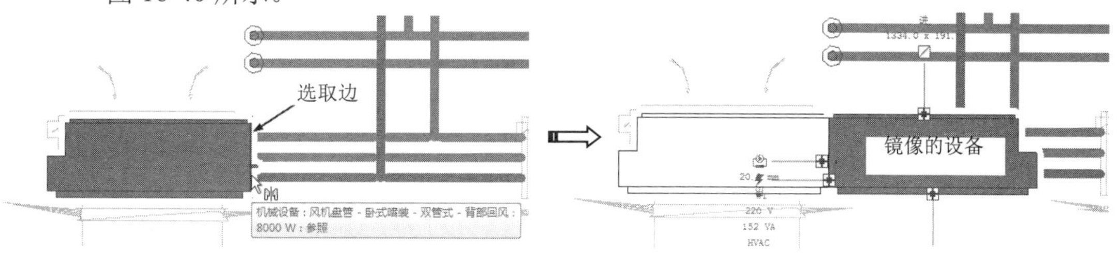

图 16-40　创建镜像的风机盘管

⑥ 将镜像的风机盘管进行复制，复制出 2 台，再一并将镜像的、复制的风机盘管移动到对应的位置上，如图 16-41 所示。

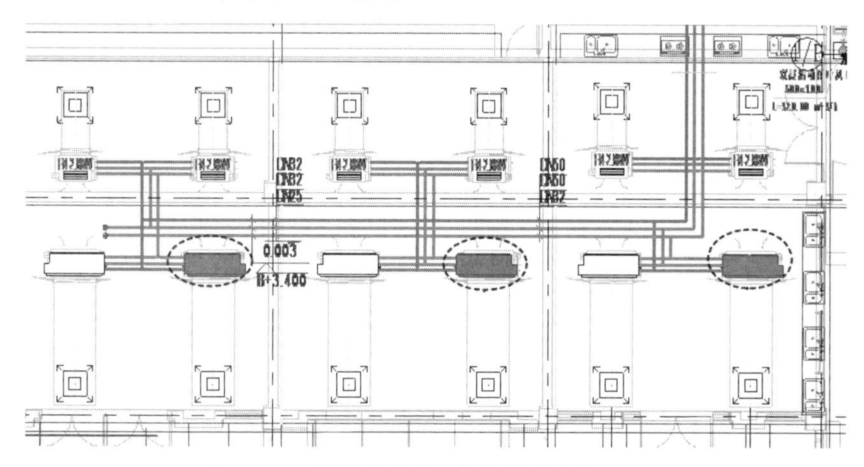

图 16-41　复制并移动风机盘管到对应位置上

⑦ 选中其中一台风机盘管，此时构件族会显示可编辑的符号，如图 16-42 所示。单击选中【创建出风口风管】符号并往下进行拖动，创建出风口（也叫送风口）风管，如图 16-43 所示。

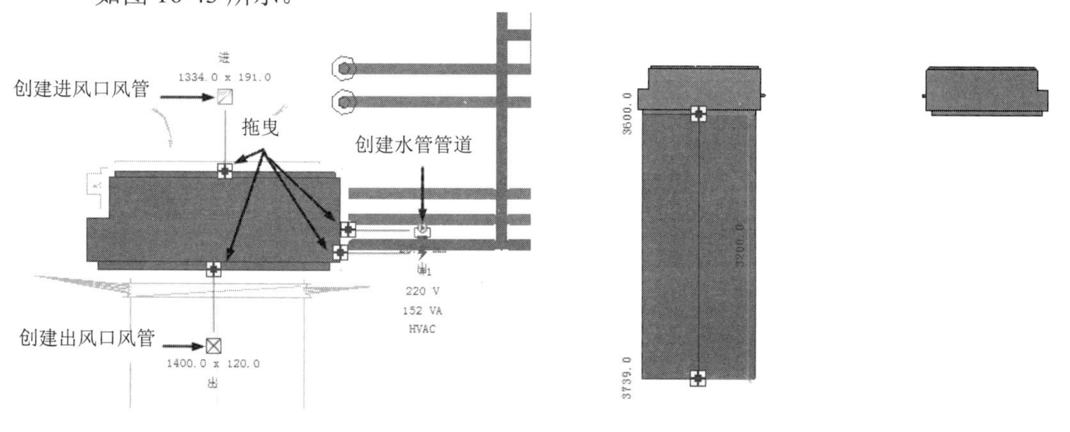

图 16-42　风机盘管族的符号示意图

图 16-43　创建出风口风管

⑧ 同理，在其余 5 台风机盘管中也创建出风口风管。

知识点拨：

创建的出风口风管在当前【04 空调水管】|【01 建模】下的【楼层平面：建模-首层空调水管平面图】中是看不见的，仅在【01 空调风管】|【01 建模】下的【楼层平面：建模-首层空调风管平面图】中可见。要同时显示空调风管和空调水管，请在【三维视图：暖通】中查看。风机盘管中应该有进风口和出风口，由于没有合适的风机盘管设备，故此处载入的风机盘管族中不带进风口，进风口的设计此处不再介绍。

⑨ 创建对称一侧且功率稍小的风机盘管系统。选择 6 台风机盘管，利用【镜像-拾取轴】工具，拾取一台风机盘管上的一条边线作为镜像轴，如图 16-44 所示。创建 6 台镜像的风机盘管，如图 16-45 所示。

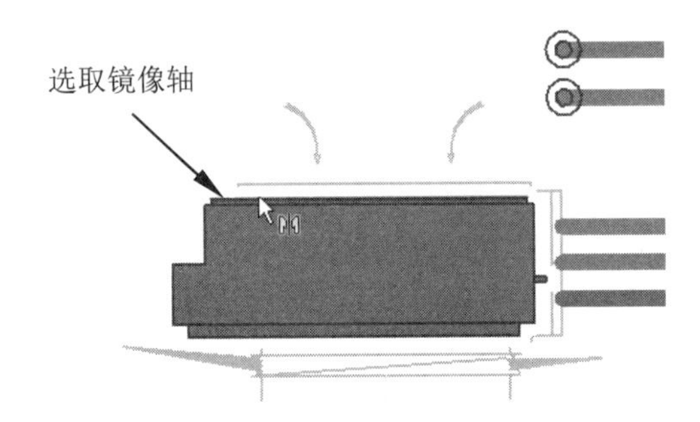

图 16-44　选取镜像轴

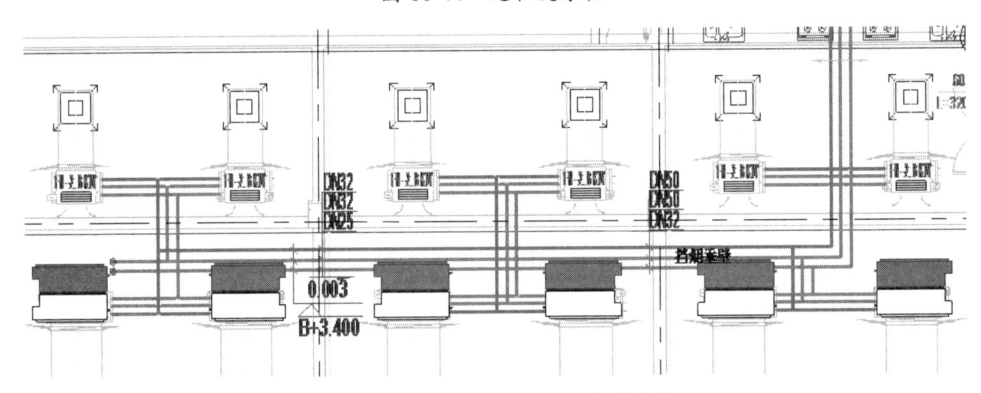

图 16-45　创建完成的风机盘管镜像

⑩ 将镜像的 6 台风机盘管平移到对称侧的相应位置，如图 16-46 所示。

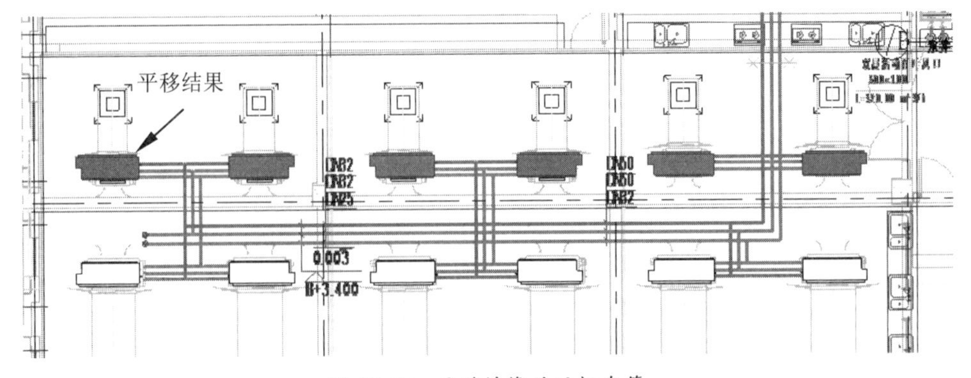

图 16-46　平移镜像的风机盘管

⑪ 将平移后的 6 台风机盘管一并替换成【风机盘管-卧式暗装-双管式-背部回风-5000W】类型，如图 16-47 所示。

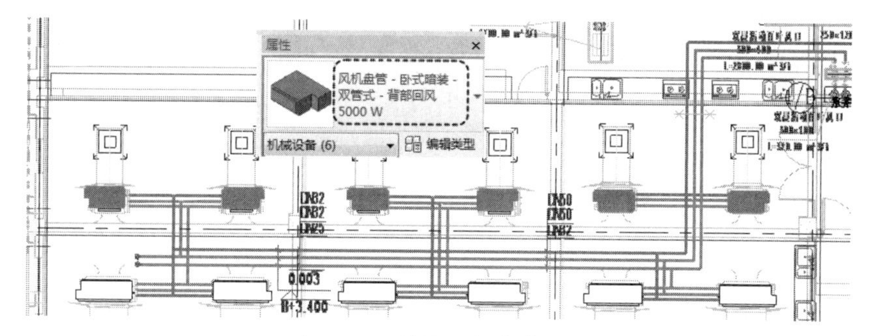

图 16-47　替换风机盘管类型

⑫ 同理，依次在 5000W 风机盘管中创建其余出风口的风管，如图 16-48 所示。

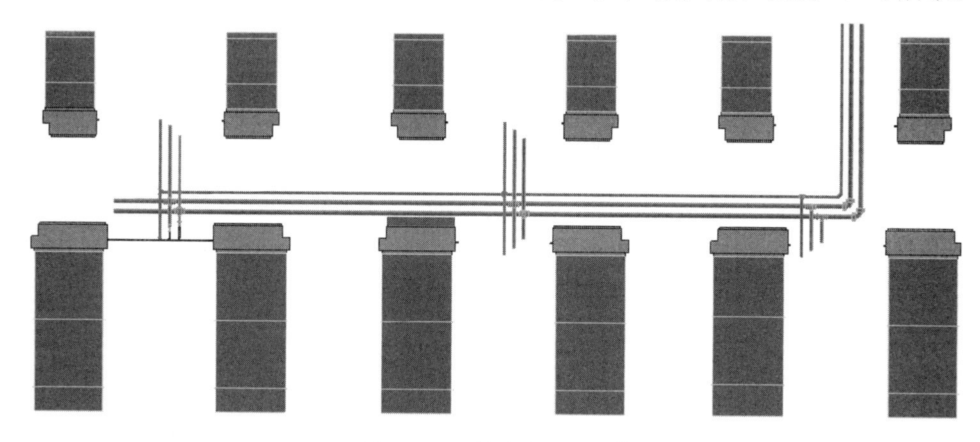

图 16-48　创建出风口风管

2. 水系统设计

水系统包括通往地下的水井、冷凝水管道、冷水回水管道、冷水供水管道等。

① 参照【一层空调系统平面布置图】图纸，创建出冷凝水管道（直径 32mm）、冷水回水管道和冷水供水管道，每一段管道的管径不相同，尺寸示意图如图 16-49 所示。

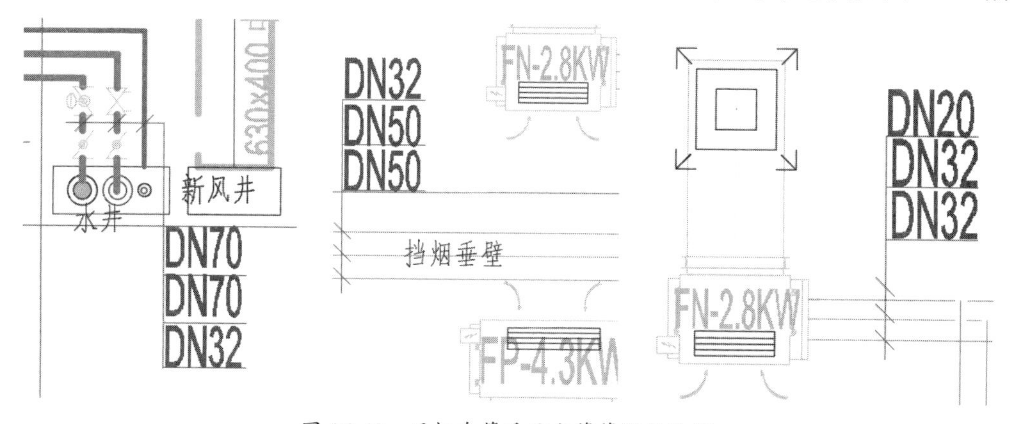

图 16-49　风机盘管系统水管管径标注图

② 绘制管径为 DN32 的冷凝水主水管（最右侧蓝色线）。在【水系统设计】面板中单击【绘制暖管】按钮，弹出【绘制暖管】对话框。设置冷凝水水管参数，从链接图纸中的【水井】位置开始绘制，如图 16-50 所示。

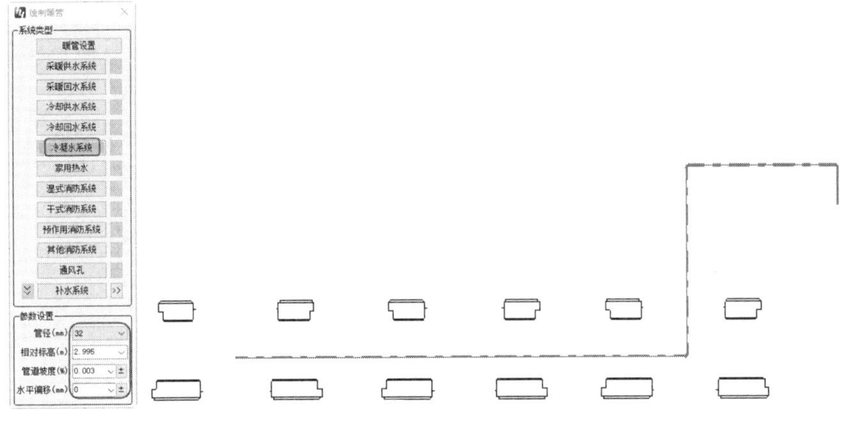

图 16-50 绘制 DN32 冷凝水主水管

提示：

风机盘管冷凝水出水口的标高高度可以到南立面图中去测量（3055mm）。一般来说，在安装时风机盘管的冷凝水排除口的高度要比冷凝水主水管高大约 80～100mm，便于冷凝水的排除，避免造成堵塞。风机盘管的 3 个接水口从下往上依次是：冷凝水口、冷水供水口和冷水回水口，或是供水管高度比风机盘管的供水口低，由于有水泵供水，因此不会出现供不上水的问题。

③ 同理绘制冷凝水分水管，在【绘制暖管】对话框中设置参数，绘制冷凝水分水管，如图 16-51 所示。

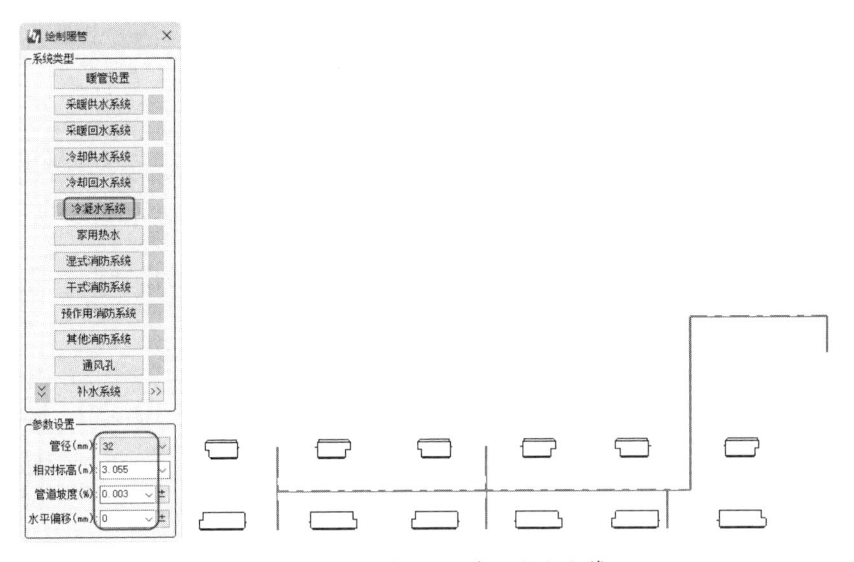

图 16-51 绘制 DN32 冷凝水分水管

④ 绘制 DN70 的冷水回水主水管（中间绿色水管线），如图 16-52 所示。

提示：

由于鸿业标准中没有管径为 70mm 的管道，因此只能选择 65mm 或者 80mm 的管道替代。

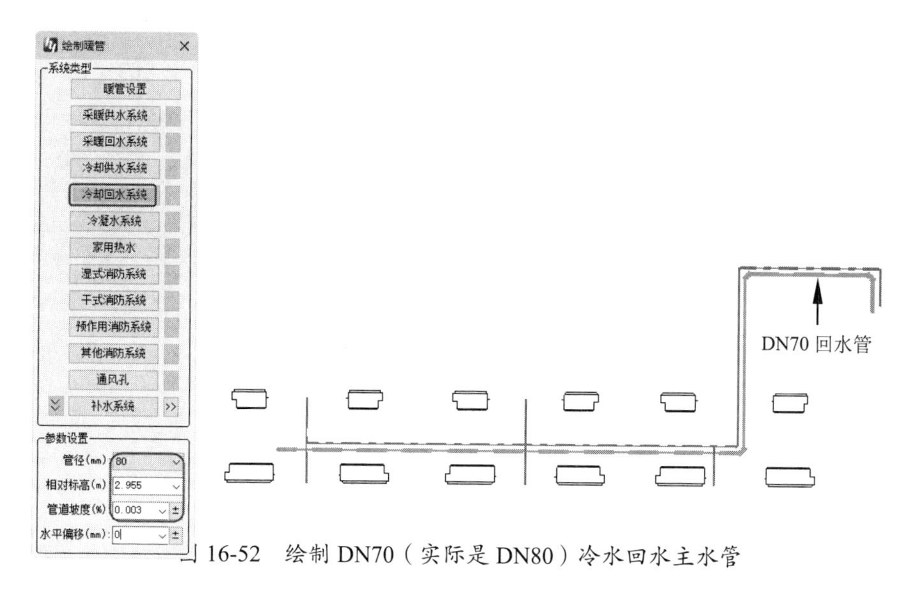

图 16-52　绘制 DN70（实际是 DN80）冷水回水主水管

⑤　同理，绘制 DN50 冷水回水分水管，如图 16-53 所示。

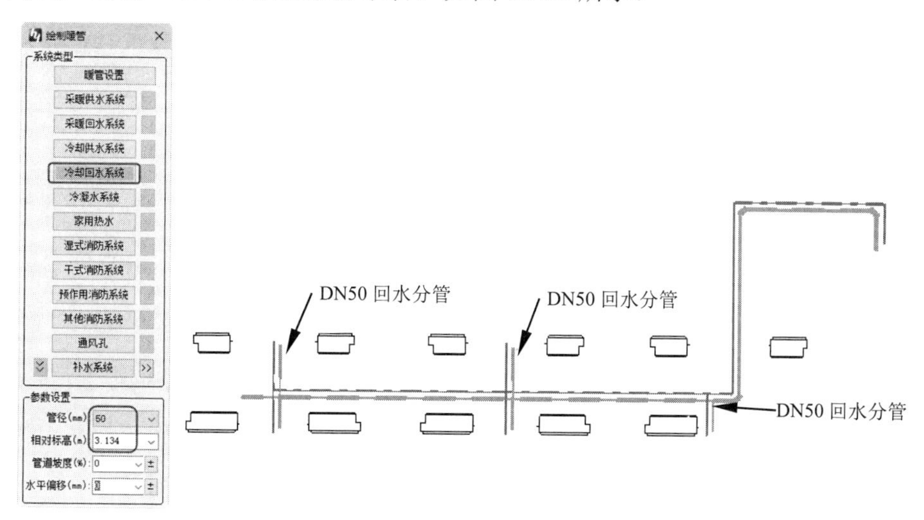

图 16-53　绘制 DN50 冷水回水分水管

⑥　同理，绘制冷水供水主管与分管（相对标高为 3215mm），参数与冷水回水管道相同，如图 16-54 所示。

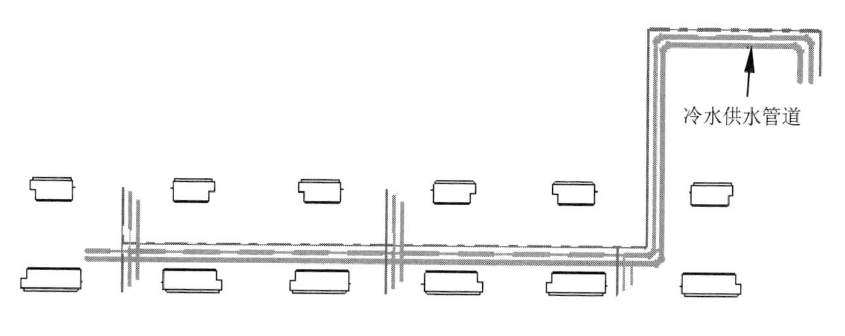

图 16-54　绘制冷水供水管道

⑦ 安装送风口。切换到【楼层平面：建模-首层空调风管平面图】，在【建筑】选项卡【构建】面板中单击【构件】按钮，将先前通风系统中使用过的【风口-单层百叶风口 1000×1000】族放置在风机盘管的送风分管上，如图 16-55 所示。

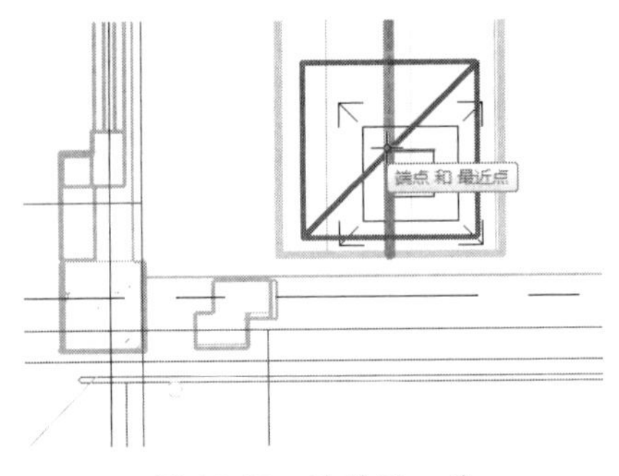

图 16-55 放置风口族

⑧ 切换到【三维视图：暖通】，选中风口末端，设置偏移量（标高）为【2700】，如图 16-56 所示。

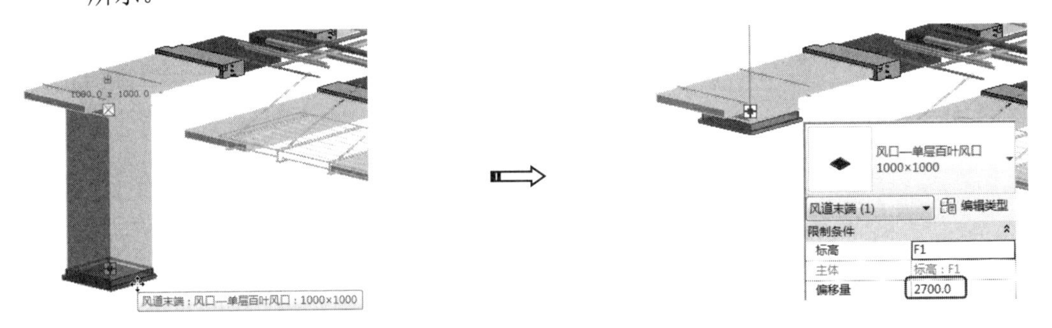

图 16-56 修改风口标高

⑨ 继续完成其余送风口的安装。同理，在对称侧风机盘管的送风风管上，也安装送风口，族类型为【风口-单层百叶风口 650×650】，如图 16-57 所示。

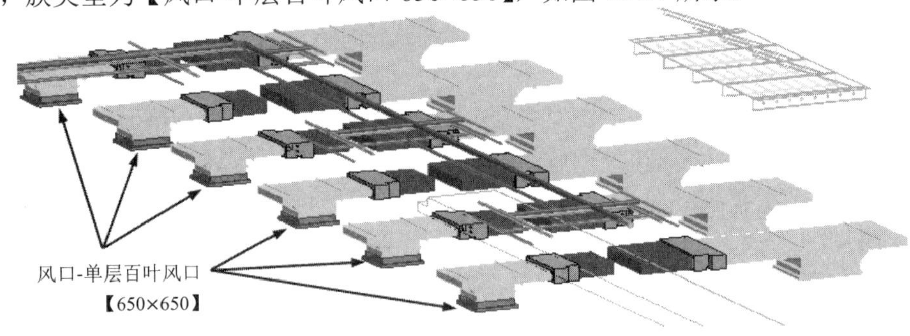

图 16-57 创建【650×650】的单层百叶风口

⑩ 创建管道连接。利用【风系统\水系统】选项卡【风系统设计】面板【自动连接】下拉列表中的【任意连接】工具，将主管（DN80 或 DN32）与分管（DN50 或 DN32）连接，如图 16-58 所示。同理，完成其余主管与分管的连接。

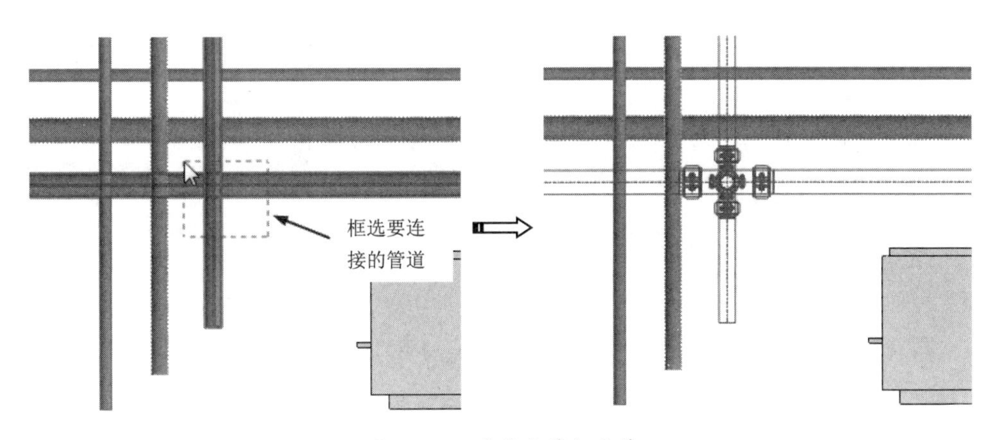

图 16-58　连接主管与分管

提示：

如果不能创建连接，则可以将分管缩回一段距离超出主管，即可连接，如图 16-59 所示。

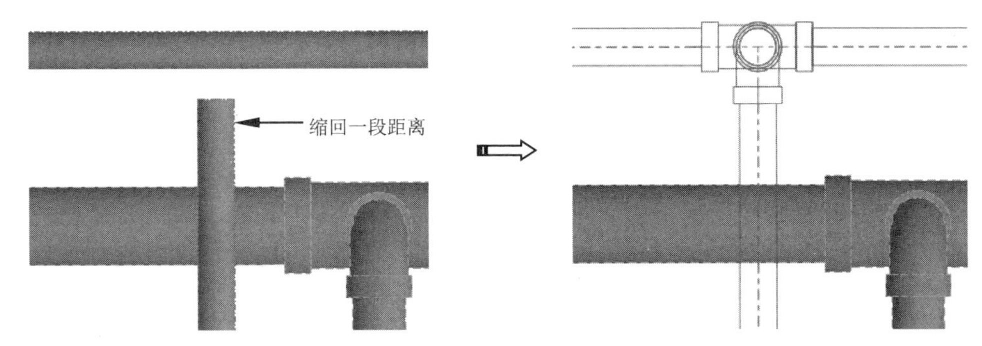

图 16-59　关于管道连接不成功的解决方法

⑪ 拖动风机盘管中的【创建水管管道】符号来创建出水管与进水管。切换到三维视图。以创建冷凝水水管为例，选中风机盘管，将其向前拖动到冷凝水分水管旁边（暂不相交），如图 16-60 所示。

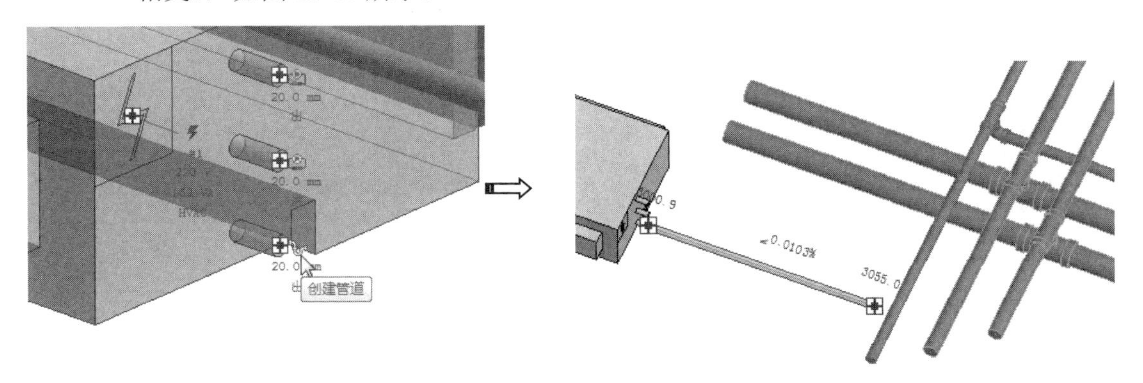

图 16-60　拖动风机盘管的冷凝水管道

⑫ 其对称侧的风机盘管冷凝水出水口管道也需拖动，拖动到如图 16-61 所示的位置。将冷凝水分水管选中并拖动缩回一定距离，如图 16-62 所示。

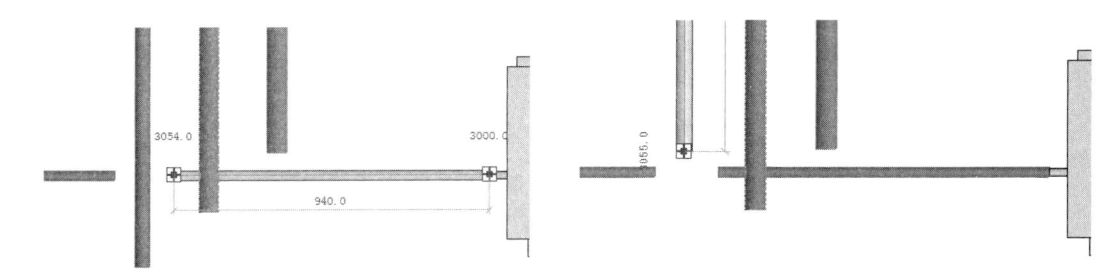

图 16-61　拖动对称侧冷凝水出水口管道　　　　图 16-62　缩回冷凝水分水管

⑬ 将冷凝水出水管拖动到与同直线上的冷凝水出水管合并形成完整管道，便于和冷凝水出水管进行三通管形式连接，如图 16-63 所示。

⑭ 利用【水系统设计】面板中的【任意连接】工具，创建三通连接，如图 16-64 所示。如果不利用此工具进行自动连接，也可以拖动冷凝水分水管到冷凝水出水管上形成相交，系统会自动创建连接。

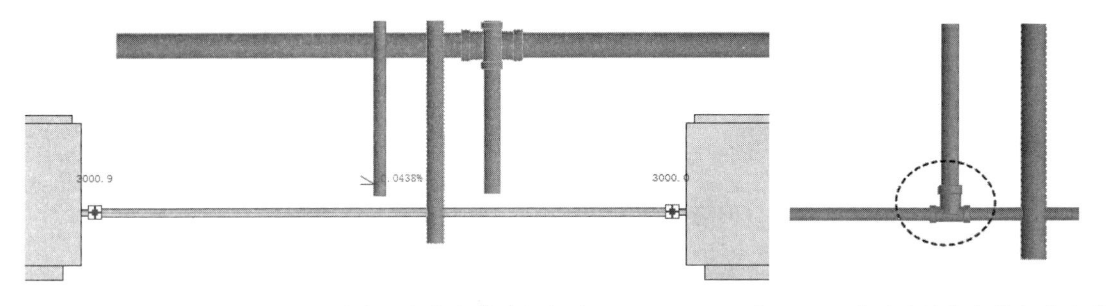

图 16-63　拖动冷凝水出水管进行合并　　　　图 16-64　自动连接分水管与出水管

⑮ 同理，创建冷水供水管道与冷水供水分管的连接。拖动冷水供水分管和冷水回水分管，改变端口位置，如图 16-65 所示。

⑯ 然后拖动对称两侧的风机盘管供水口管道，其中一管道端与冷凝水分水管中心线对齐，如图 16-66 所示。

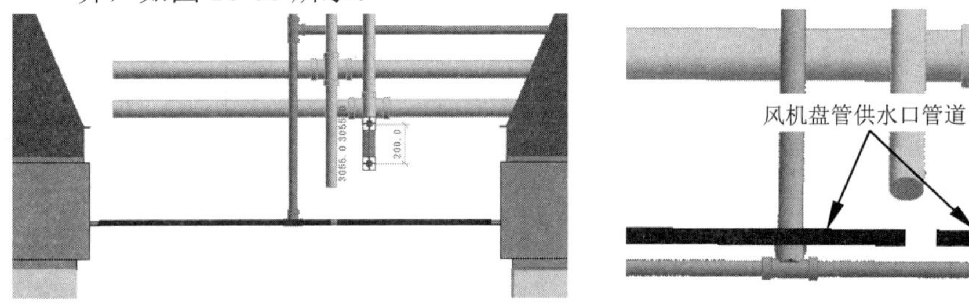

图 16-65　修改冷水供水分管和冷水回水分管的端口位置　　　　图 16-66　拖动风机盘管供水口管道

⑰ 选中端口与冷凝水分水管中心线对齐的供水口管道，在弹出的【修改|管道】上下文选项卡中单击【更改坡度】按钮，在供水口管道端点位置右击并执行快捷菜单中的【创建管道】命令，拖出管道与冷凝水分水管相接，如图 16-67 所示。

⑱ 删除弯管接头。利用【水系统设计】面板中的【任意连接】工具，创建三通管接头，如图 16-68 所示。

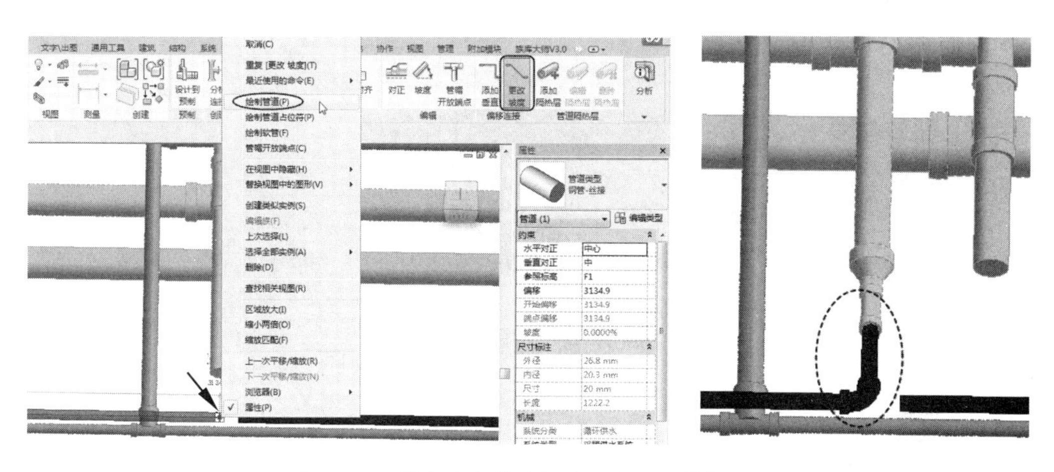

图 16-67　创建坡度管道与冷凝水分水管相接

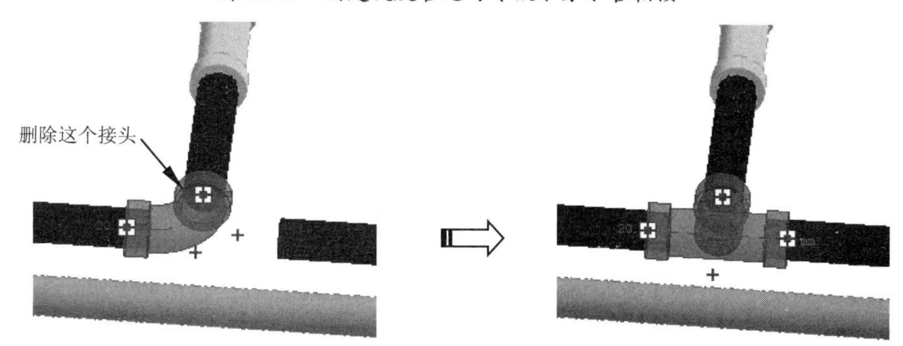

图 16-68　创建三通连接

提示：

如果因距离远连接不上，则可以手动拖动管道进行相交连接。

⑲　冷水回水管道的最终连接完成效果如图 16-69 所示。

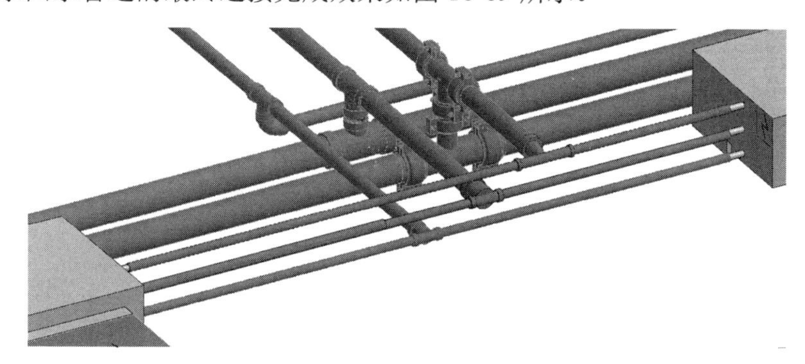

图 16-69　冷水回水管道连接完成的效果

16.2　BIMSpace 机电 2022 给排水设计

建筑给水系统是供应小区范围内和建筑内部生活用水、生产用水和消防用水的一系列工程设施的组合。图 16-70 所示为常见的建筑给水系统组成。

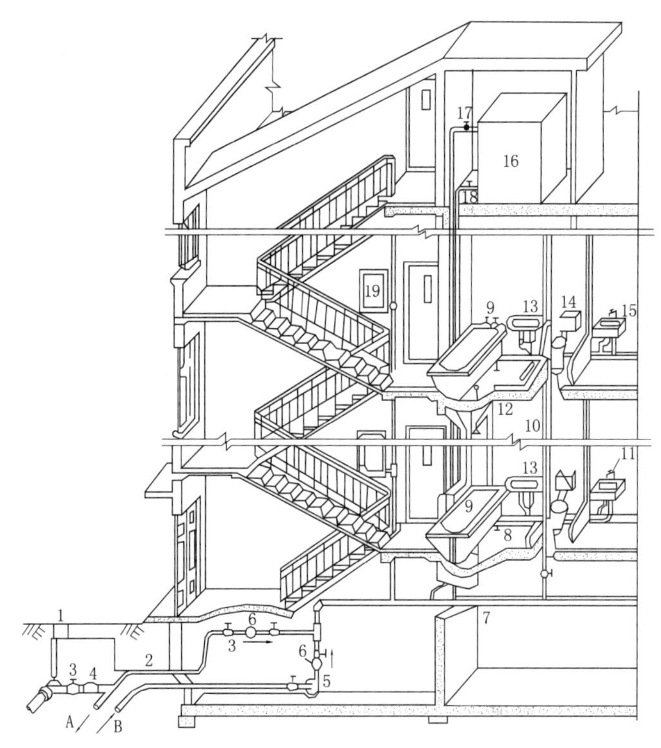

1-阀门井；2-引入管；3-闸阀；4-水表；16-水泵；16-止回阀；16-干管；8-支管；9-浴盆；10-立管；11-水龙头；12-淋浴器；13-洗脸盆；14-大便器；116-洗涤盆；16-水箱；16-进水管；18-出水管；19-消火栓；A-进入贮水池；B-来自贮水池

图 16-70　建筑给水系统组成

16.2.1　食堂大楼建筑给排水系统设计

食堂大楼的建筑给排水系统包括室内及室外给排水系统。图 16-71 所示为食堂大楼的建筑给排水系统工作原理图。

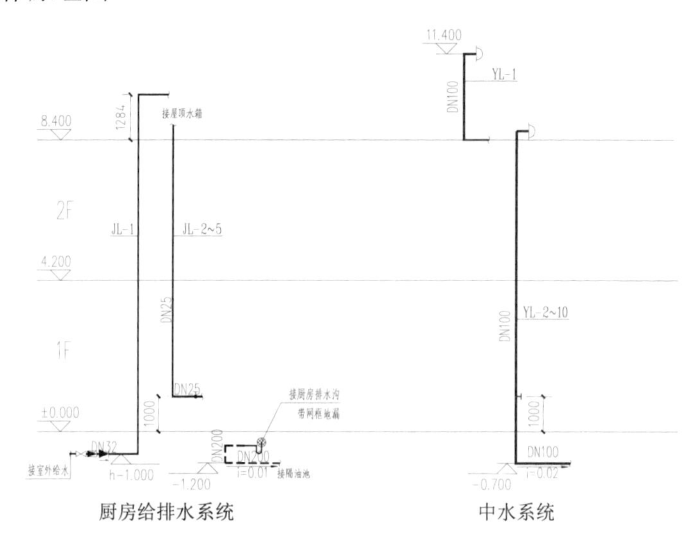

图 16-71　食堂大楼建筑给排水系统工作原理图

1. 图纸整理与项目准备

在通常情况下，可以参考已有图纸进行建模，并通过 AutoCAD 打开一层给排水设计图时时参照，以保证设计的合理性，如图 16-72 所示。同时在建模时还要读给排水设计说明（附"模型-给排水"图纸）。

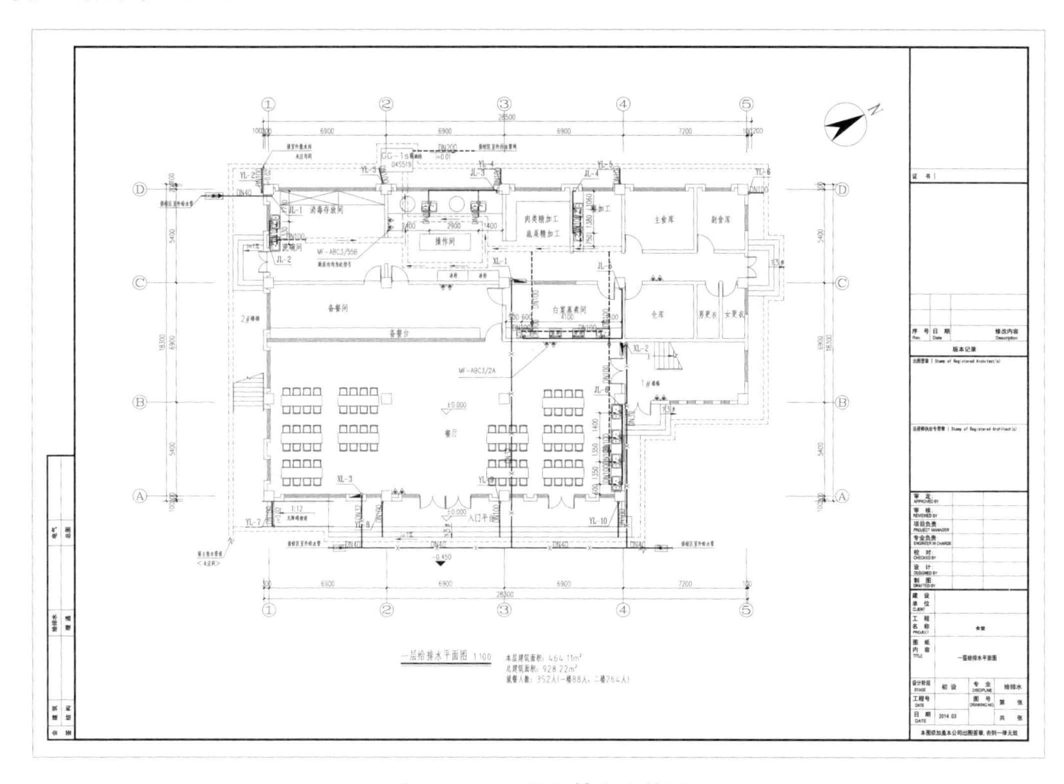

图 16-72　一层给排水设计图

① 启动 BIMSpace 机电 2022，在 Revit 主页界面中选择【BIMSpace 给排水样板】样板文件后进入给排水专业设计项目环境中。

② 在项目浏览器中双击【01 给排水】|【01 建模】视图节点下的【楼层平面：建模-首层给排水平面图】视图，在【插入】选项卡中单击【链接 Revit】按钮，打开【导入/链接 RVI】对话框，从本例源文件夹中打开【食堂大楼.rvt】项目文件，如图 16-73 所示。

③ 链接建筑模型后的给排水平面视图如图 16-74 所示。

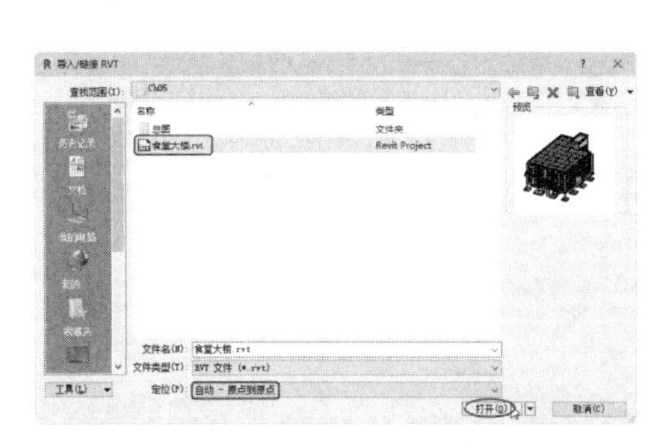

图 16-73　链接 Revit 模型

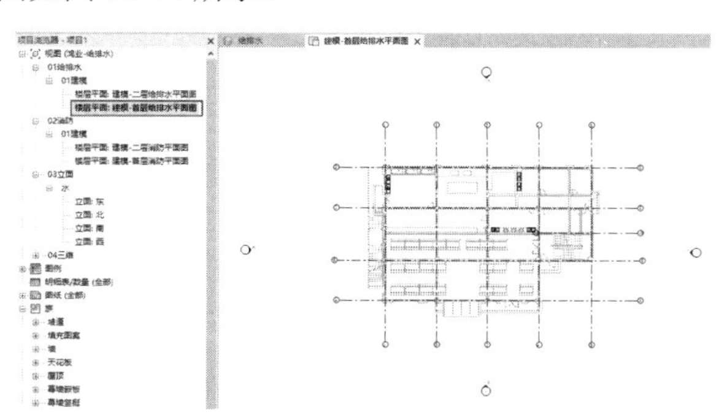

图 16-74　链接 Revit 模型后的给排水平面视图

④ 切换到【03 立面】下的【立面：南】视图，可以看到链接模型的标高与项目标高对不上，需要重新创建消防给排水系统设计标高，如图 16-75 所示。可以链接模型的标高来创建项目新标高。

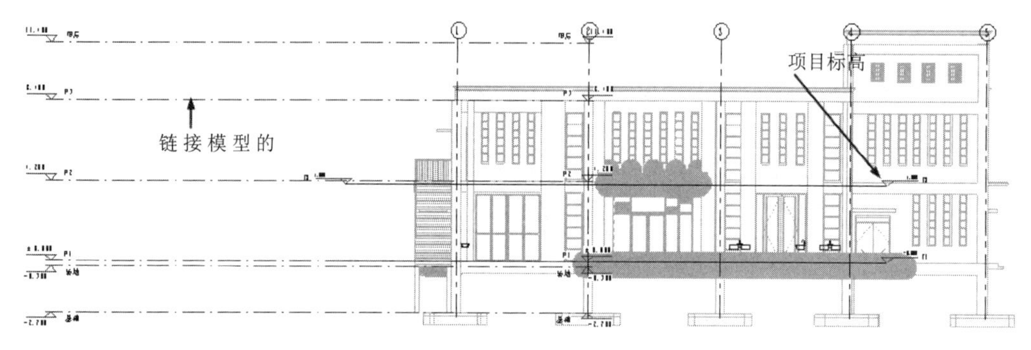

图 16-75 查看链接模型的标高

⑤ 在【协作】选项卡【坐标】面板中单击【复制/监视】中的【选择链接】按钮，选择南立面视图中的链接模型，随后弹出【复制/监视】上下文选项卡。

⑥ 单击【复制】按钮，在选项栏中勾选【多个】复选框，框选视图中的所有链接模型中的标高作为参考，如图 16-76 所示。框选后先单击选项栏的【完成】按钮，再单击上下文选项卡的【完成】按钮，完成标高的复制。

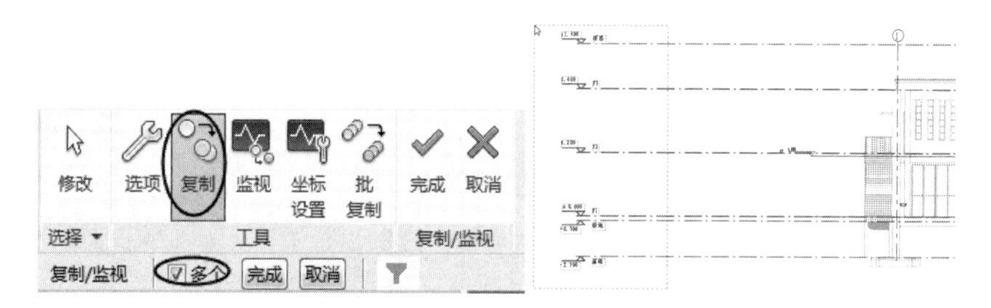

图 16-76 复制链接模型的标高

⑦ 如果需要隐藏链接模型中的标高，则可以通过利用【视图】选项卡【可见性/图形】工具，在打开的【立面：南的可见性/图形替换】对话框中进行显示设置，将链接模型的标高隐藏，如图 16-77 所示。

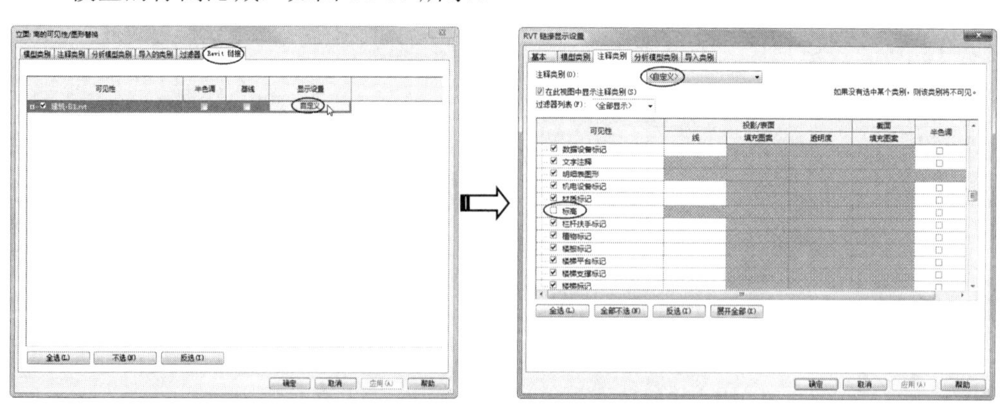

图 16-77 隐藏链接模型的标高

⑧ 整理复制的新标高，如图 16-78 所示。

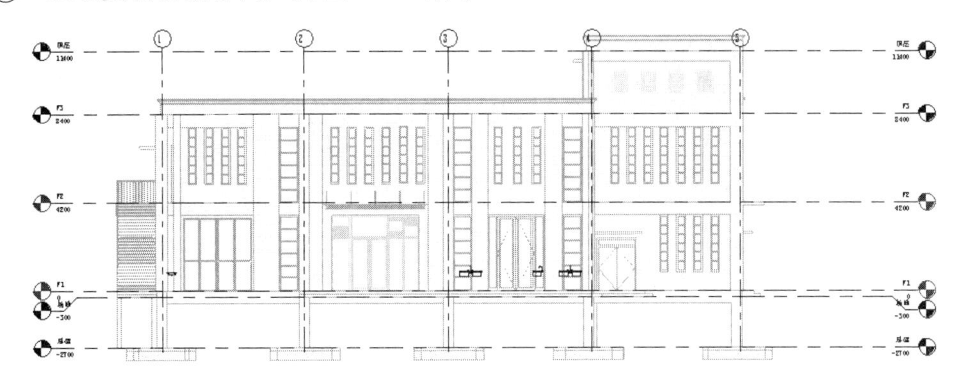

图 16-78　创建完成的给排水设计标高

⑨ 由于默认的视图平面只有首层和二层的平面视图，因此需要创建其余标高（F3 和顶层）的平面视图。在【视图】选项卡【创建】面板单击【平面视图】下的【楼层平面】按钮，打开【新建楼层平面】对话框。在标高列表中选择【F3】选项，单击【编辑类型】按钮，为新平面选择视图样板为【HY-给排水平面建模】，单击【确定】按钮完成新平面的创建，如图 16-79 所示。

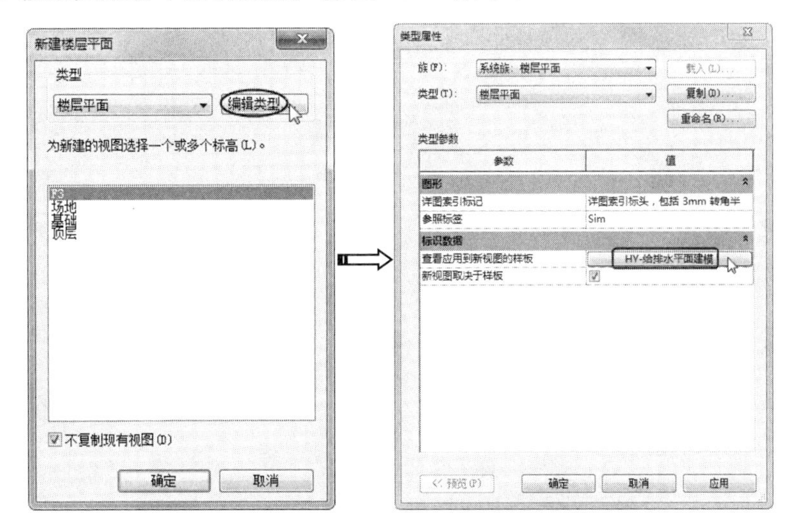

图 16-79　新建消防楼层平面

⑩ 在项目浏览器中将新建的楼层平面重新命名，如图 16-80 所示。

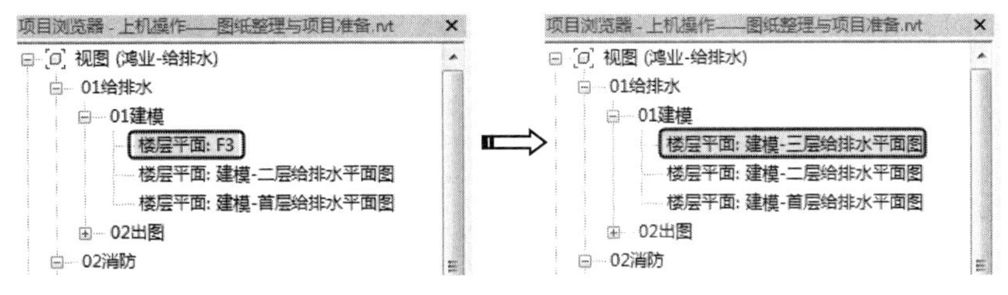

图 16-80　重命名新平面

⑪ 同理，再创建顶层的给排水平面视图。

2．食堂大楼给水系统设计

从厨房给排水系统图中得知，给水是从底层的室外接入，通过闸阀、减压阀和倒流防止阀直接输送到 F3 楼层上的屋顶水箱。

给水系统的设计流程如下。

① 切换到【01 给排水】|【01 建模】视图节点下的【楼层平面：建模-首层给排水平面图】视图。

② 在【快模】选项卡中单击【链接 CAD】按钮，打开【链接 CAD 格式】对话框将本例源文件夹中的【一层给排水平面布置图.dwg】图纸文件导入到项目中，如图 16-81 所示。

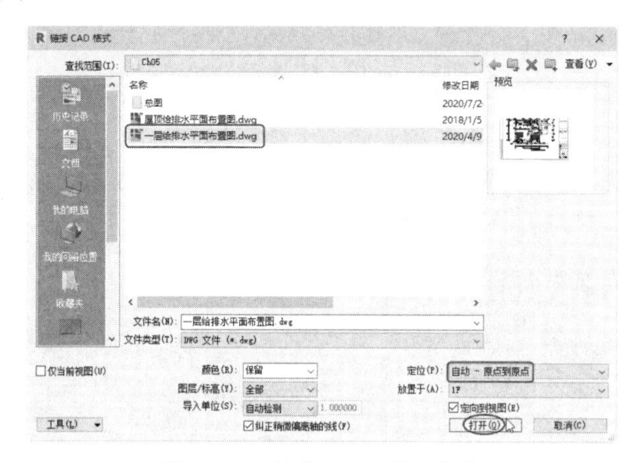

图 16-81　链接 CAD 图纸文件

③ 利用【修改】上下文选项卡中的【对齐】工具，对齐图纸中的轴线与链接模型楼层平面图中的轴线，如图 16-82 所示。

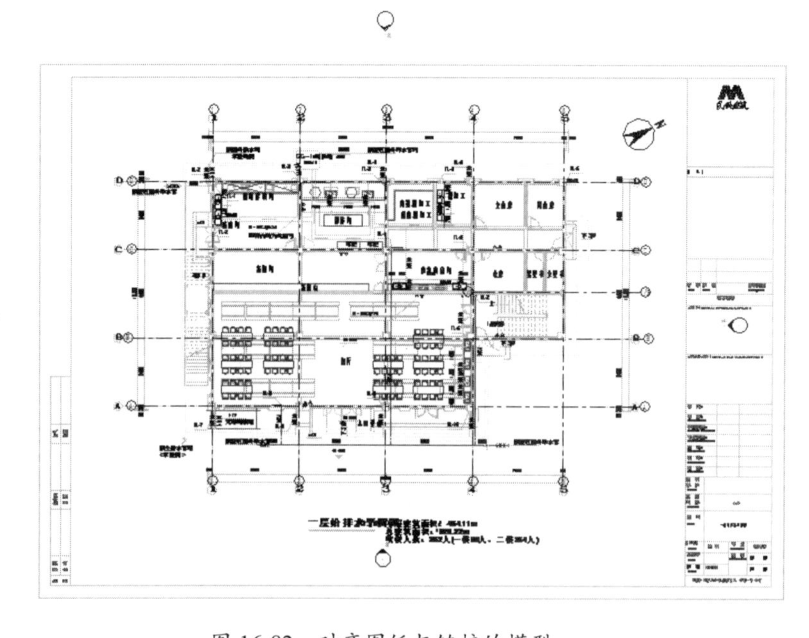

图 16-82　对齐图纸与链接的模型

提示：

在进行对齐操作之前，须先将链接的 CAD 图纸解锁（选中图纸，单击【修改】上下文选项卡中的【解锁】按钮），否则不能移动图纸。

④ 切换到【楼层平面：建模-首层给排水平面图】视图。

⑤ 在【给排水\消防】选项卡的【水管设计】面板中单击【绘制横管】按钮，打开【绘制横管】对话框，单击【水管设置】按钮，打开【水管设置】对话框，设置【给水】系统类型的管道类型为【内外热镀锌钢管-丝接与卡箍】，设置后单击【确定】按钮，如图 16-83 所示。

水管设置

当前项目：　导入标准　导出标准　鸿业标准

系统类型	缩写	管道类型	线颜色	线型	线宽	系统分类	系统组名
给水							
给水	J	内外热镀锌钢管-丝	RGB 000 255 000	默认	12	家用冷水	给水
低区给水	J1	PPR-热熔	RGB 000 255 000	默认	12	家用冷水	给水
中区给水	J2	PPR-热熔	RGB 000 255 000	默认	12	家用冷水	给水
高区给水	J3	PPR-热熔	RGB 000 255 000	默认	12	家用冷水	给水
热给水							
中区热给水	RJ2	PPR-热熔	RGB 000 000 255	默认	12	家用热水	热给水
低区热给水	RJ1	PPR-热熔	RGB 000 000 255	默认	12	家用热水	热给水
高区热给水	RJ3	PPR-热熔	RGB 000 000 255	默认	12	家用热水	热给水
热给水	RJ	PPR-热熔	RGB 000 000 255	默认	12	家用热水	热给水
热回水							
热回水	RH	PPR-热熔	RGB 000 255 255	默认	12	家用热水	热回水
中区热回水	RH2	PPR-热熔	RGB 000 255 255	默认	12	家用热水	热回水
高区热回水	RH3	PPR-热熔	RGB 000 255 255	默认	12	家用热水	热回水
低区热回水	RH1	PPR-热熔	RGB 000 255 255	默认	12	家用热水	热回水
中水							
中水	Z	PPR-热熔	RGB 000 204 153	默认	12	家用冷水	中水

新建系统　删除系统　上移　下移　确定　取消

图 16-83　设置给水系统的管道类型

⑥ 在【绘制横管】对话框中设置系统类型及参数。绘制管道的起点与终点，按 Esc 键结束绘制，并自动创建管道，如图 16-84 所示。

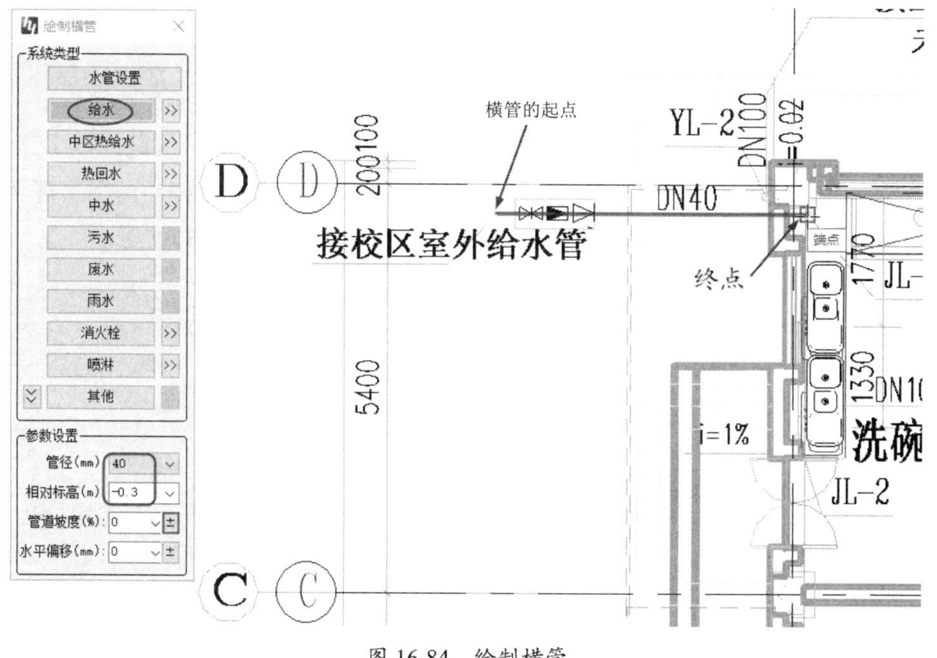

图 16-84　绘制横管

⑦ 切换到【三维视图：消防】或者【三维视图：水】视图，查看管道创建效果，如图 16-85 所示。

图 16-85　查看管道三维效果

⑧ 由于 F3 楼层上还没有安装水箱，不清楚给水立管的标高，因此要先安装水箱。切换到【建模-三层给排水平面图】视图。链接本源文件夹中的【屋顶给排水平面布置图.dwg】CAD 图纸文件，并通过【修改】选项卡中的【对齐】工具将图纸的轴网与项目的轴网对齐，如图 16-86 所示。

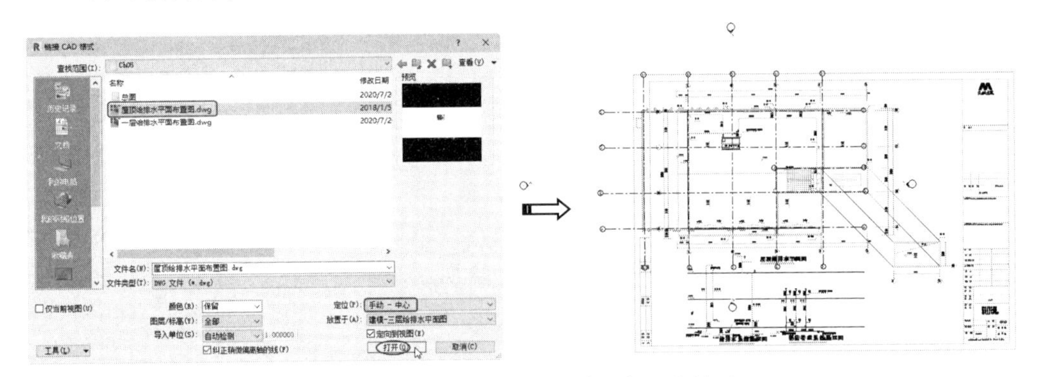

图 16-86　链接 CAD 图纸并对齐链接模型

⑨ 在【建筑】选项卡【构建】面板单击【构件】按钮，利用【载入族】工具将本例源文件夹中的【膨胀水箱-方形 5.0 立方米.rfa】族载入到当前项目环境中，再将其放置于屋顶给排水平面图中的水箱标记位置，如图 16-87 所示。

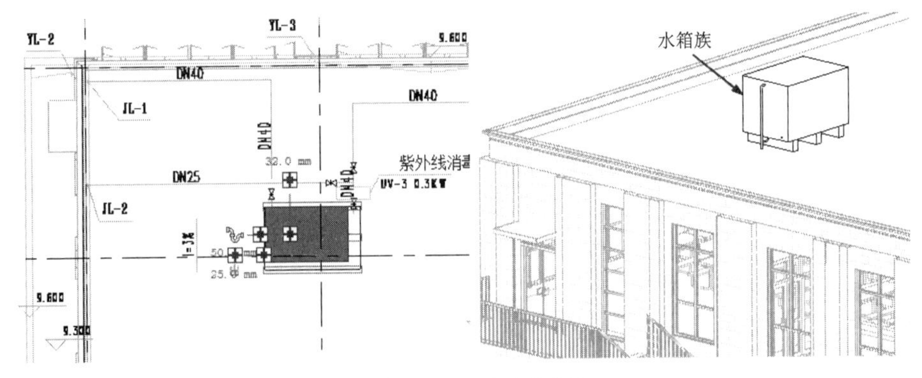

图 16-87　放置水箱族

⑩ 编辑水箱的属性类型参数，重命名并设置新的水箱长度和宽度及溢流管、溢水管直径等参数，如图 16-88 所示。

⑪ 在【建模-三层给排水平面图】中，利用【给排水\消防】选项卡中的【绘制横管】工具，绘制 F3 楼层上的水管，如图 16-89 所示。

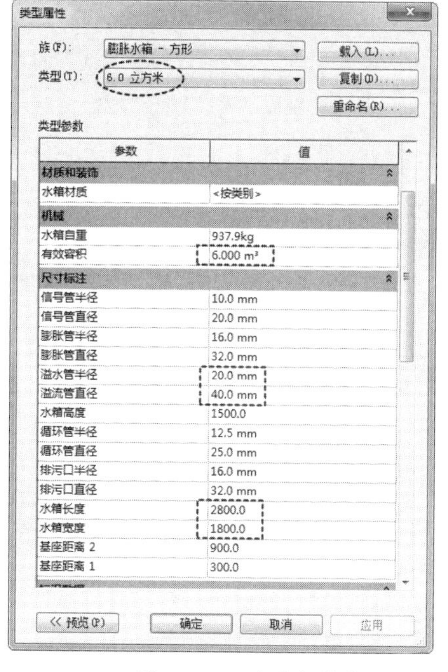

图 16-88　设置水箱参数

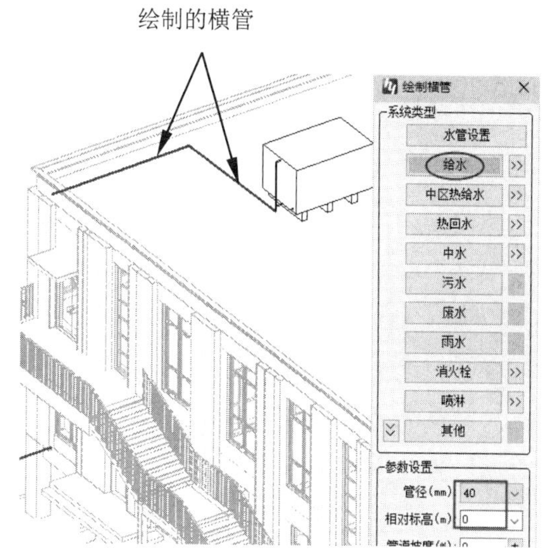

图 16-89　绘制 F3 楼层上的水管

⑫ 单击【创建立管】按钮，在打开的【创建立管】对话框中单击【水管设置】按钮，打开【水管设置】对话框。设置给水系统的管道类型，如图 16-90 所示。

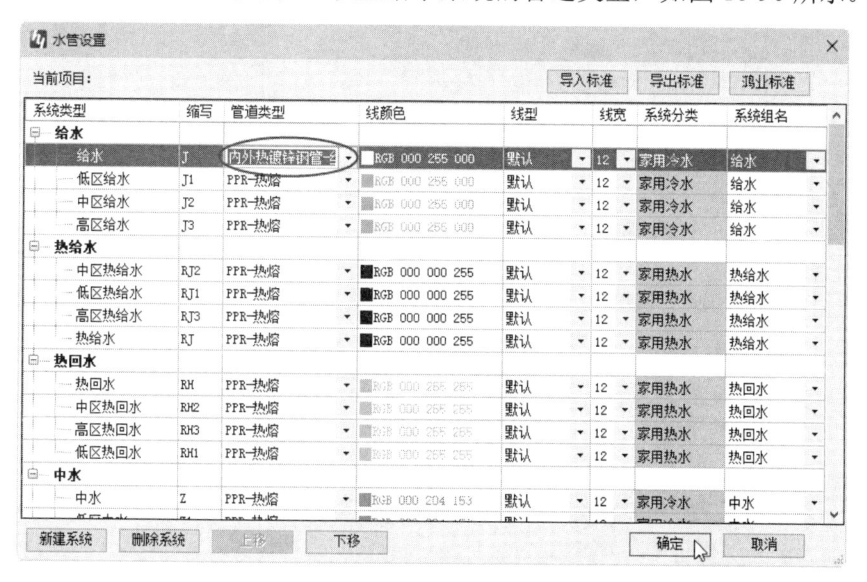

图 16-90　设置给水立管的管道类型

⑬ 在三层给排水平面图上绘制给水系统的立管，如图 16-91 所示。

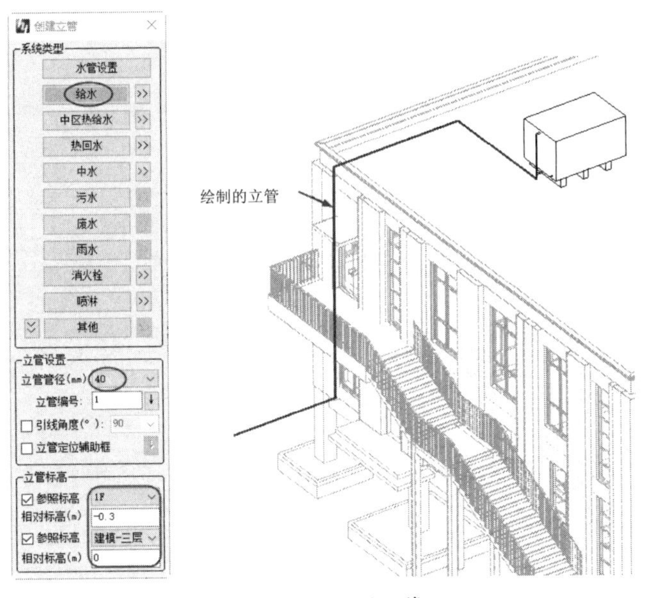

图 16-91　绘制立管

⑭ 利用【绘制横管】工具，在三层给排水平面图中绘制流向一层厨房的水管横管（管径为 25mm），由于载入的水箱构件族与设计图的水箱不一致，因此可以根据水箱族的出水口位置调整水管线路，绘制完成的结果如图 16-92 所示。

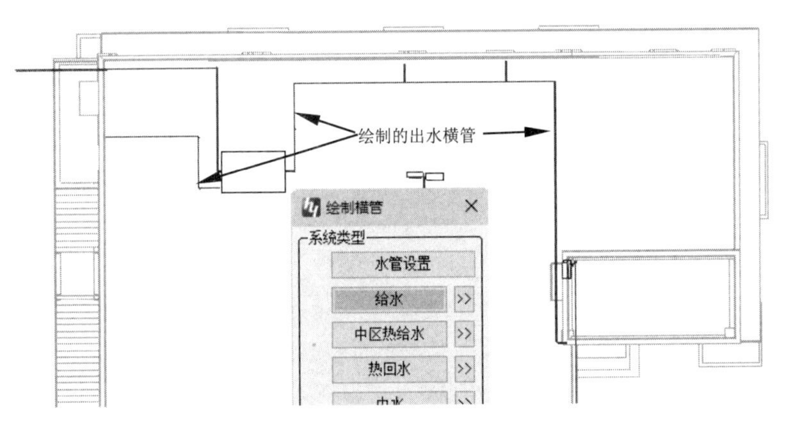

图 16-92　绘制出水横管

⑮ 利用【创建立管】工具，绘制三层到一层的立管，直径为 25mm，如图 16-93 所示。

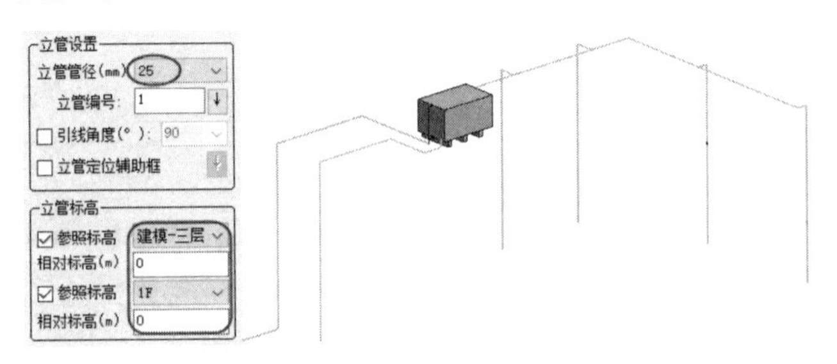

图 16-93　绘制出水立管

⑯　在三层绘制在水箱的出水口位置的立管，如图 16-94 所示。

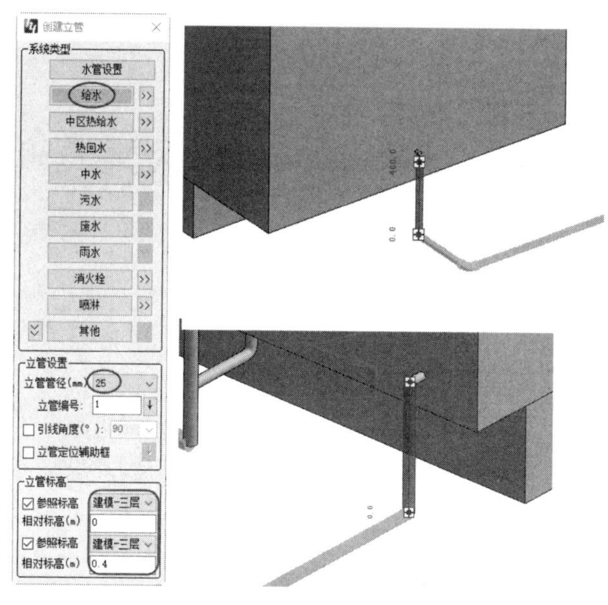

图 16-94　绘制水箱出水口立管

⑰　水管绘制完成后需要利用【水管设计】面板中的【自动连接】工具，为同平面的水管进行连接，如图 16-95 所示。

⑱　在【给排水\消防】选项卡的【管线设计】面板中单击【横立连接】按钮，对所有横管与立管进行连接，在连接时请注意横管与立管的直径，入水管道直径是 40mm，而出水管道直径则是 25mm，如图 16-96 所示。

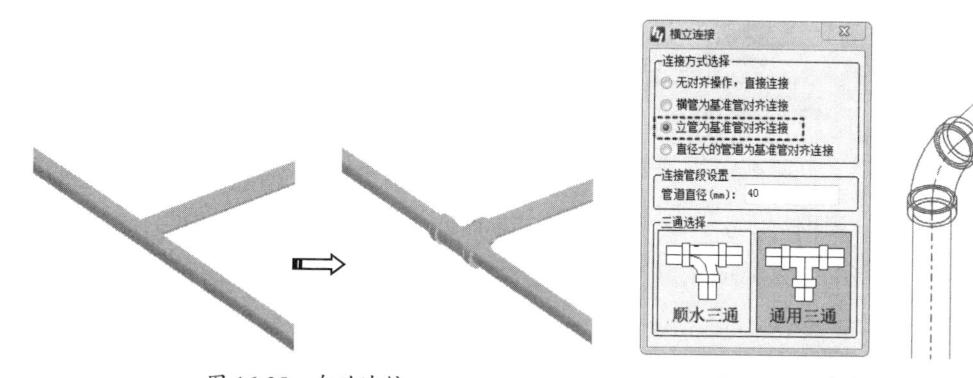

图 16-95　自动连接

图 16-96　横管与立管的连接

⑲　切换到【首层给排水平面图】视图。由于厨房中的用水设施比较多，因此下面以一处的设施为例（【白案蒸煮间】的厨房水槽），介绍厨房水槽的进水与出水的管道及管件的安装。利用【绘制横管】工具，从立管位置开始绘制给水横管，如图 16-97 所示。

提示：

在绘制总管与水槽的连接部分的分水管时，要对准水槽的水龙头起始端，如图 16-98 所示。

⑳　利用【创建立管】工具，绘制分管与水龙头的连接部分管道，如图 16-99 所示。

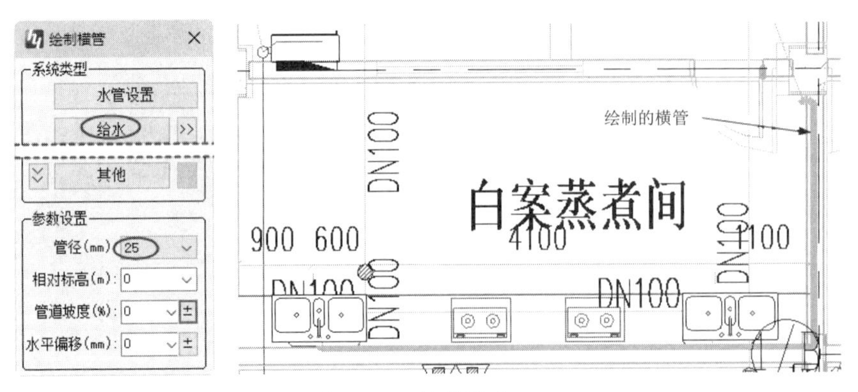

图 16-97 绘制横管

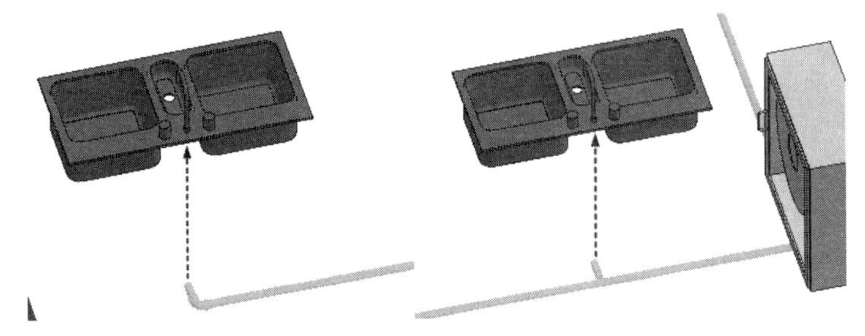

图 16-98 绘制分水管

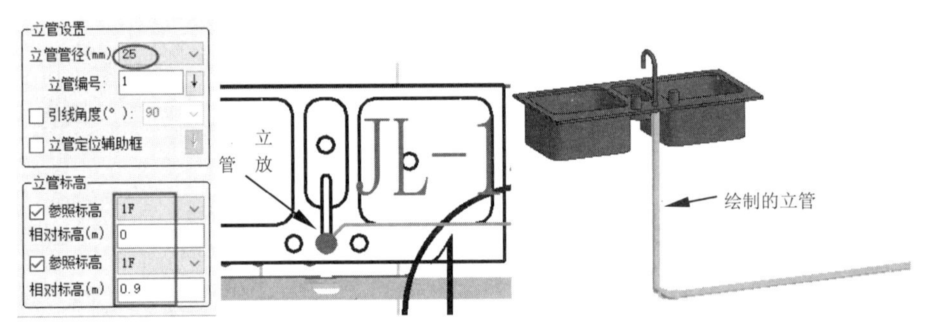

图 16-99 绘制立管

㉑ 切换到【三维视图：水】视图，利用【横立连接】工具创建横管与立管的连接。利用【自动连接】工具完成总管与分管的连接，如图 16-100 所示。

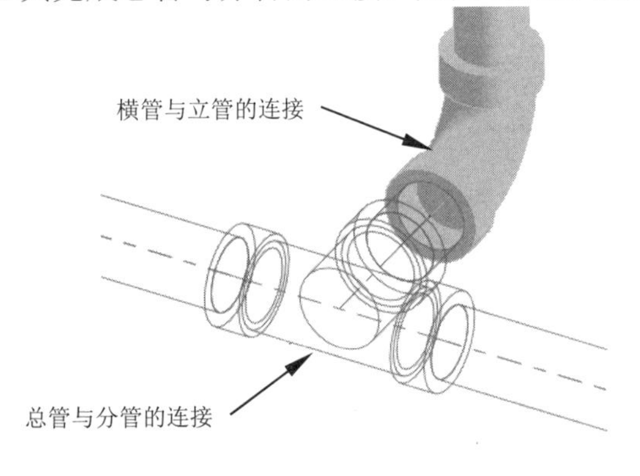

图 16-100 管的连接

3．食堂大楼排水系统设计

食堂大楼的排水系统工作原理是从屋顶水箱接出多条水管，直通 F1 层的食堂厨房区域，排水通过厨房地漏排除。厨房排水系统是由排水槽（方形槽）和排水管组成，排水示意平面图如图 16-101 所示。排水槽是用砖砌成的，暂用较大直径的钢管来代替。

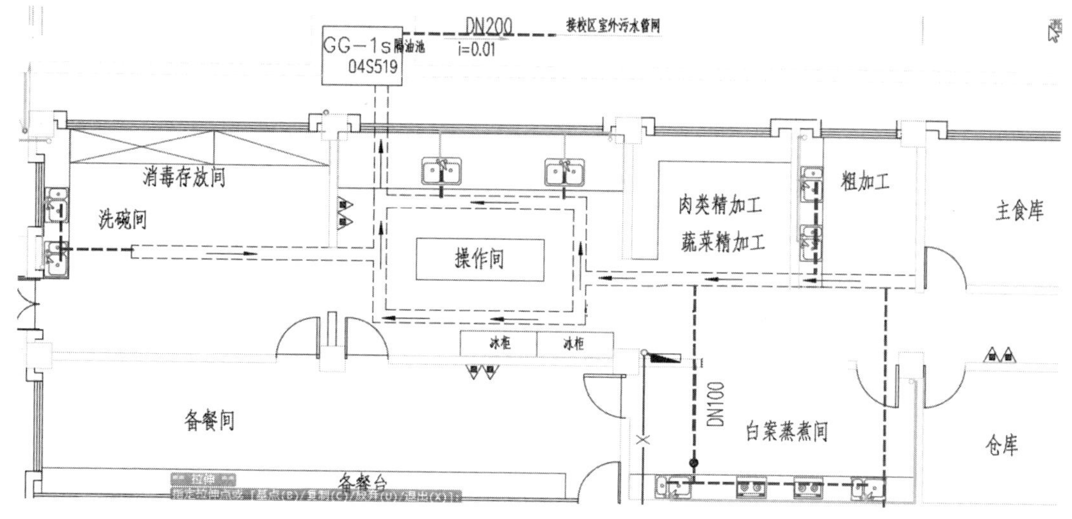

图 16-101　厨房废水排除示意图

排水系统的设计流程如下。

① 切换到【建模-首层给排水平面图】视图。单击【绘制横管】按钮，在弹出的【绘制横管】对话框中单击【水管设置】按钮，在打开的【水管设置】对话框中设置【污水】和【废水】系统类型的管道类型为【内外热镀锌钢管-丝接与卡箍】，完成后单击【确定】按钮，如图 16-102 所示。

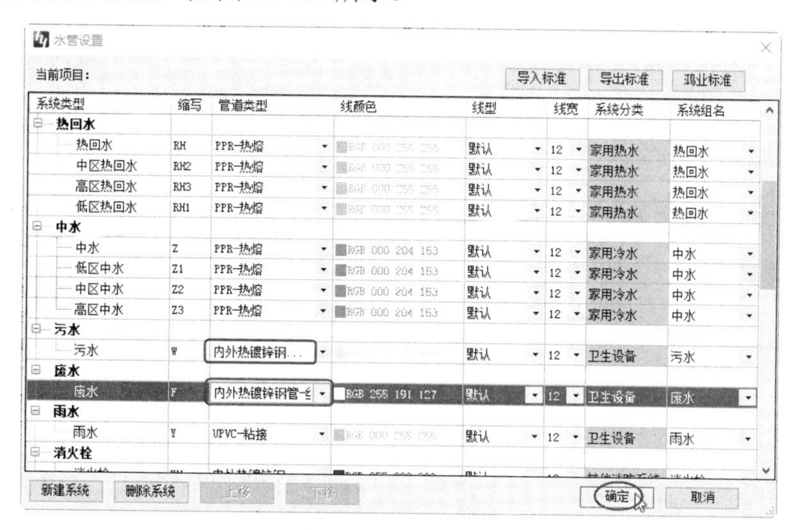

图 16-102　水管设置

② 返回到【绘制横管】对话框中选择【废水】系统类型，接着设置横管参数，随后在首层给排水平面图中绘制排水槽部分的管道，如图 16-103 所示。

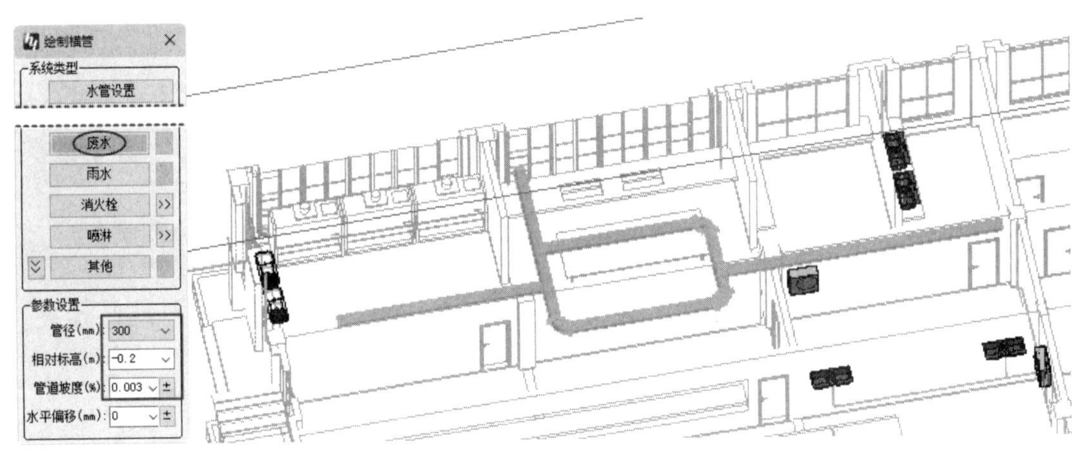

图 16-103　绘制排水槽部分管道（以横管代替）

③ 利用【自动连接】工具，连接排水槽管道，如图 16-104 所示。

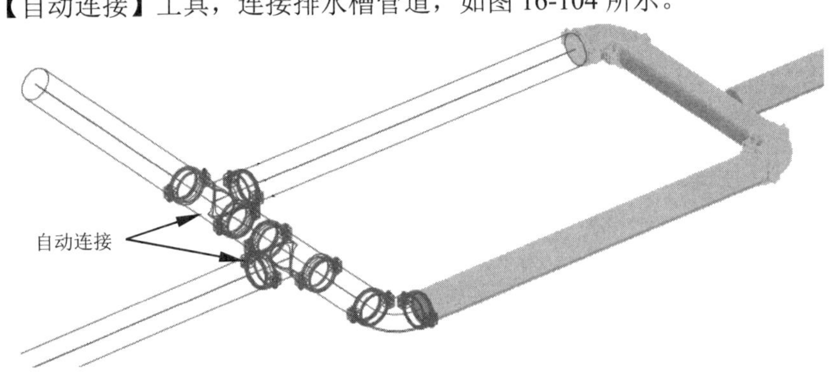

图 16-104　自动连接排水槽管道

④ 在【白案蒸煮间】房间中绘制洗手水槽到排水槽之间的排水管，如图 16-105 所示。

⑤ 利用【水管设计】面板中的【自动连接】工具，连接排水管，如图 16-106 所示。

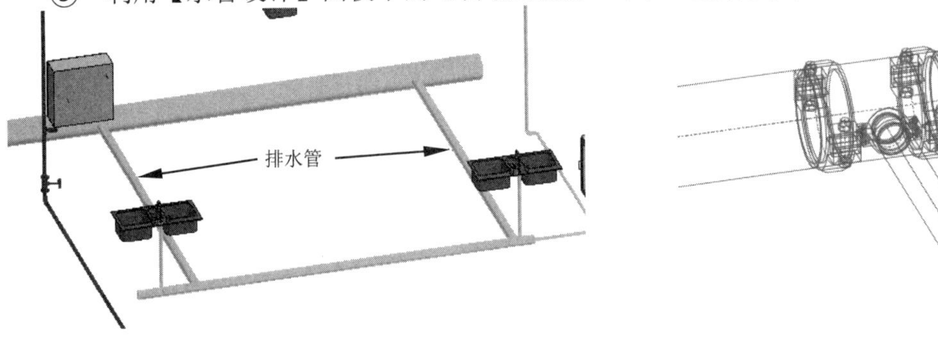

图 16-105　绘制排水管

图 16-106　连接排水管

⑥ 利用【创建立管】工具，在两个洗手水槽内的排水孔位置绘制 4 条立管，如图 16-107 所示。

⑦ 厨房中其余排水系统的管道也按此方法进行绘制。

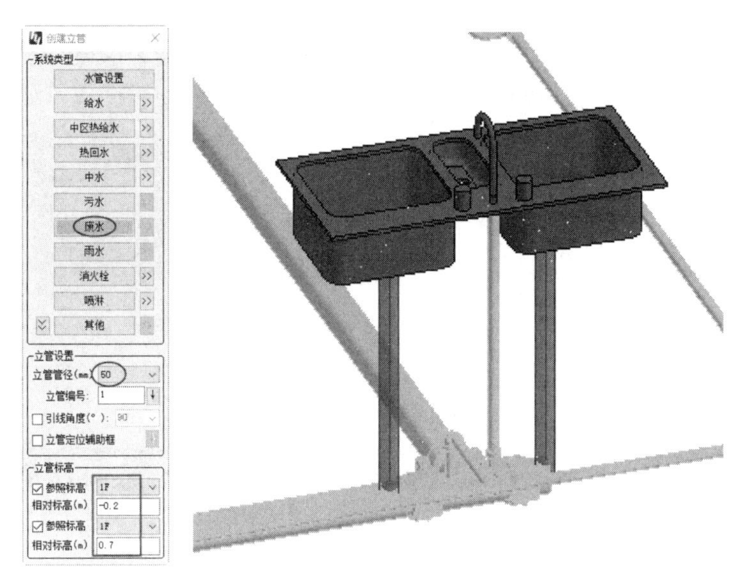

图 16-107　绘制立管

16.2.2　食堂大楼消防系统设计案例

食堂大楼的消防系统采用的是消防软管卷盘式灭火的方式。消防卷盘系统由阀门、输入管路、轮辐、支承架、摇臂、软管及喷枪等部件组成，消防卷盘系统是以水作灭火剂，能在迅速展开软管的过程中喷射灭火剂的灭火器具。一般安装在室内消火栓箱内，是新型的室内固定消防装置。图 16-108 所示为本例消防卷盘系统原理图。

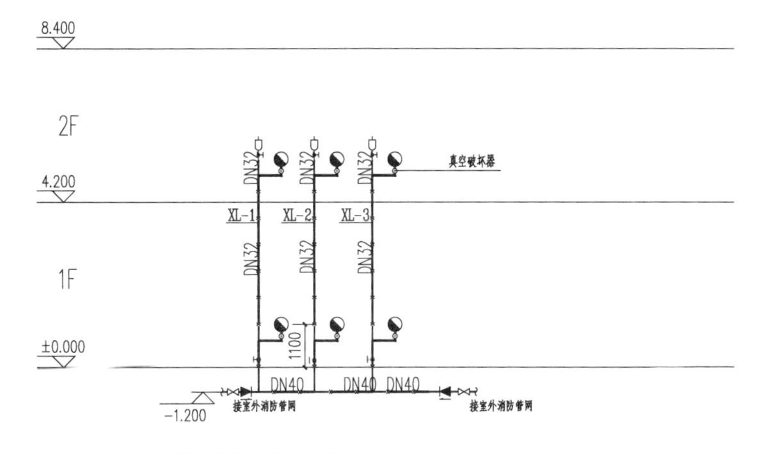

图 16-108　食堂大楼的消防卷盘系统原理图

从设计原理图得知，食堂一楼与二楼各 3 个卷盘，整个消防灭火用水是从楼外的管道接入的。消防管道线路中安装有截止阀、闸阀、倒流防止器、消防卷盘等管道附件。

① 切换到【02 消防】|【01 建模】|【建模-首层消防平面图】视图。

提示：

消防卷盘系统的平面布置也在一层给排水平面布置图中。

② 通过 AutoCAD 2022 打开【一层给排水平面布置图.dwg】图纸，将图框中的【图纸内容】改为【图名】，以便能让 BIMSpace 机电 2022 识别图纸，如图 16-109 所示。

图 16-109 修改图框中的图纸命名

提示：

不同的图纸模板，其图框内的图纸名称会有所不同。目前鸿业机电软件仅能识别出命名为【图名】的图纸图框。如果是其他名称，请使用者提前修改图框命名。

③ 在【快摸】面板单击【图纸处理】按钮，弹出【打开】对话框，从本例源文件夹中打开【一层给排水平面布置图.dwg】图纸文件，如图 16-110 所示。

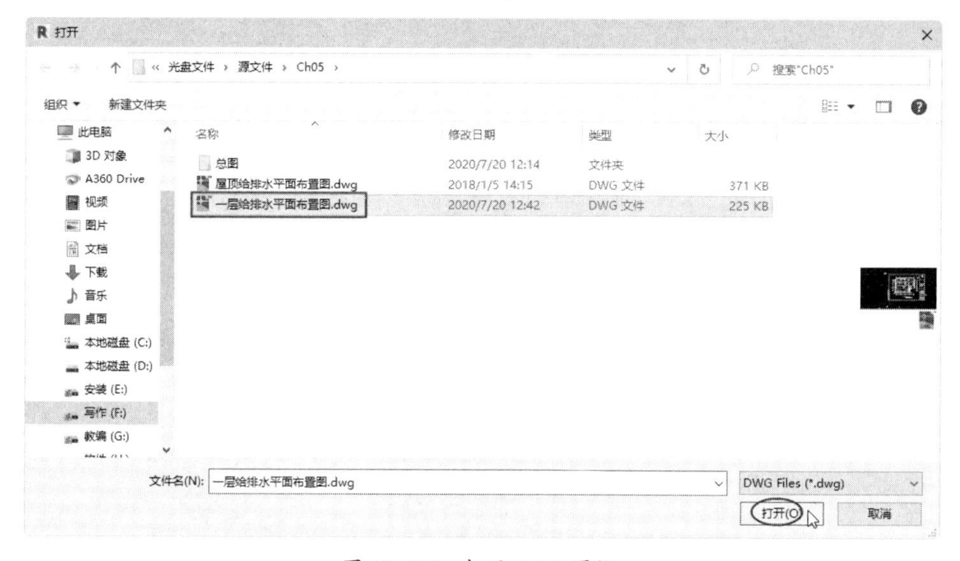

图 16-110 打开 CAD 图纸

④ 随后弹出【图纸拆分】对话框。在【图纸列表】列表中拖曳【一层给排水平面图】到右侧【楼层与图纸】列表中序列号为 4、楼层名称为【建模-首层消防平面图】的对应楼层中，如图 16-111 所示。

⑤ 单击【确定】按钮完成图纸的导入。再利用【修改】上下文选项卡中的【对齐】工具，对齐图纸中的轴线与链接模型楼层平面图中的轴线。

⑥ 在【快摸】选项卡【给排水】面板中单击【喷淋快模】按钮，从源文件夹中打开【一层给排水平面布置图.dwg】图纸文件，弹出【读取 DWG 数据】对话框，如图 16-112 所示。

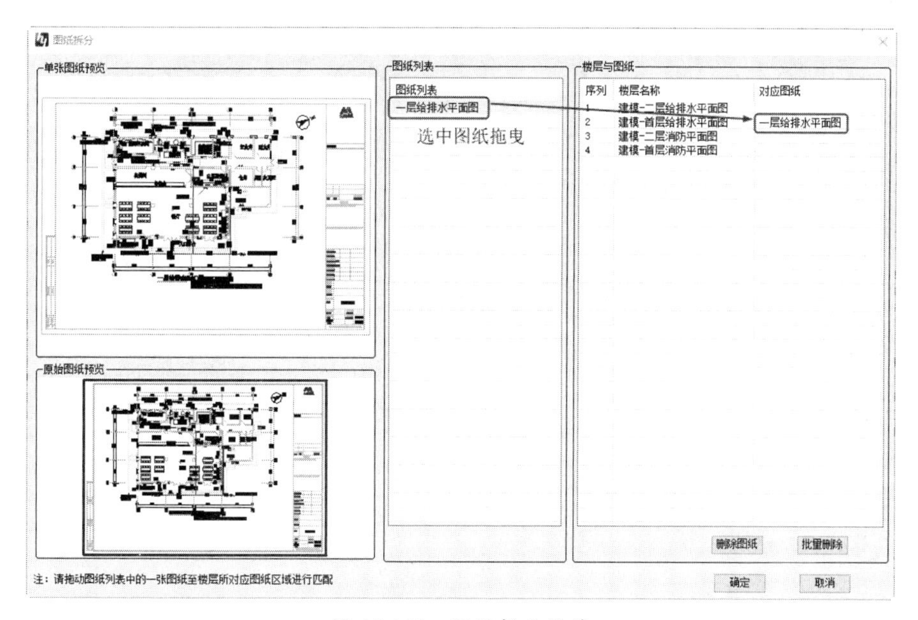

图 16-111　图纸拆分操作

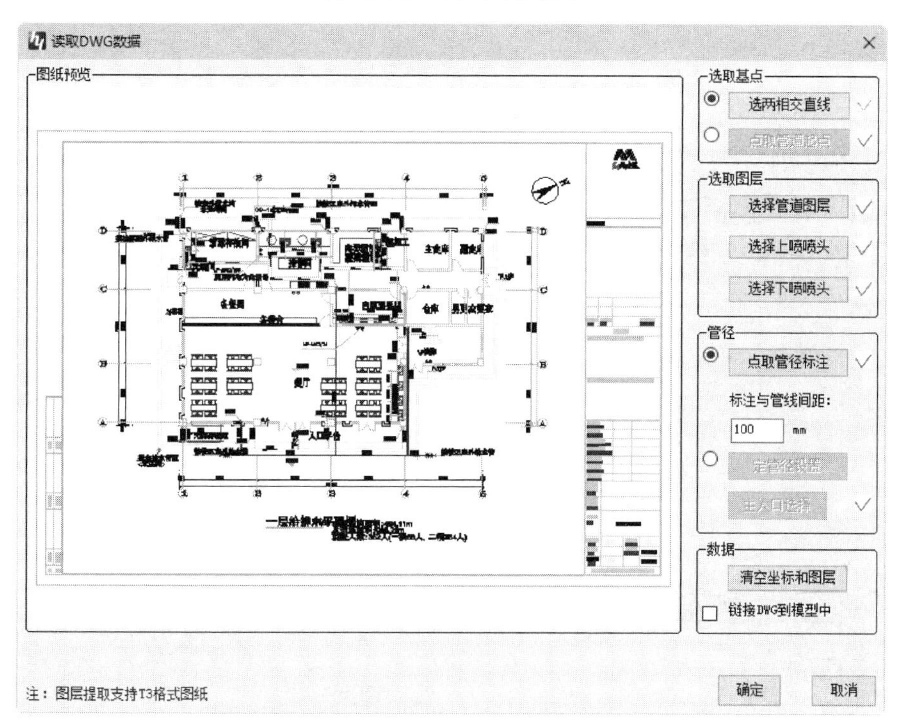

图 16-112　【读取 DWG 数据】对话框

⑦ 取消勾选【链接 DWG 到模型中】复选框。在【选取基点】选项组中单击【选两相交直线】按钮，并在左侧的图纸预览区域中选择两条相互交叉的喷淋管线（红色的线），随后会自动生成一个基点，此基点是管道字段生成的起点，如图 16-113 所示。

提示：

在图纸预览区域中可以通过按下鼠标中间平移视图、滚动鼠标中键缩放视图。

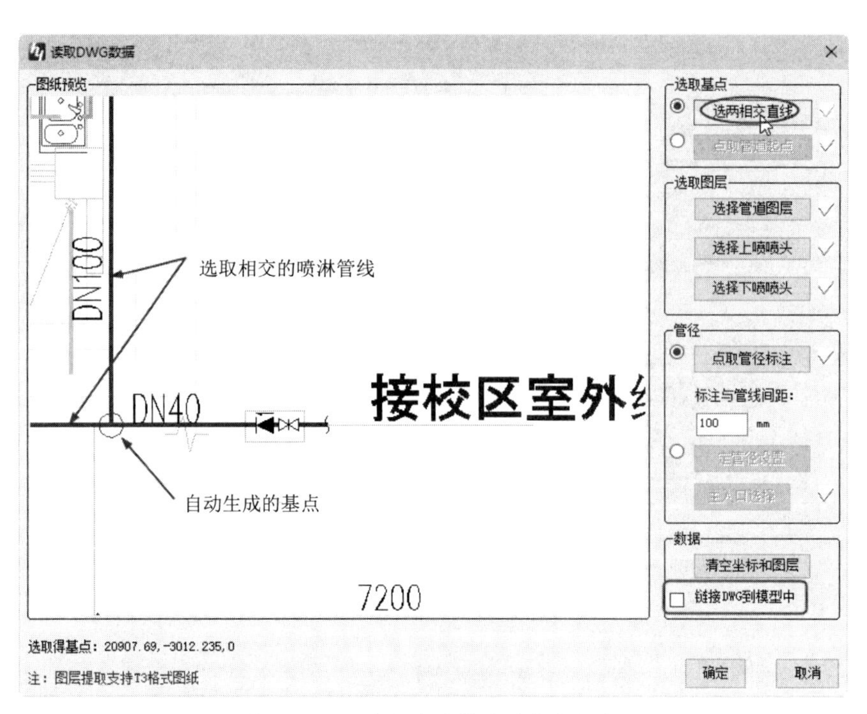

图 16-113　选取喷淋管道的生成起点

⑧ 在【选取图层】选项组中单击【选取管道图层】按钮，在图纸预览区域中选取喷淋管线，如图 16-114 所示。

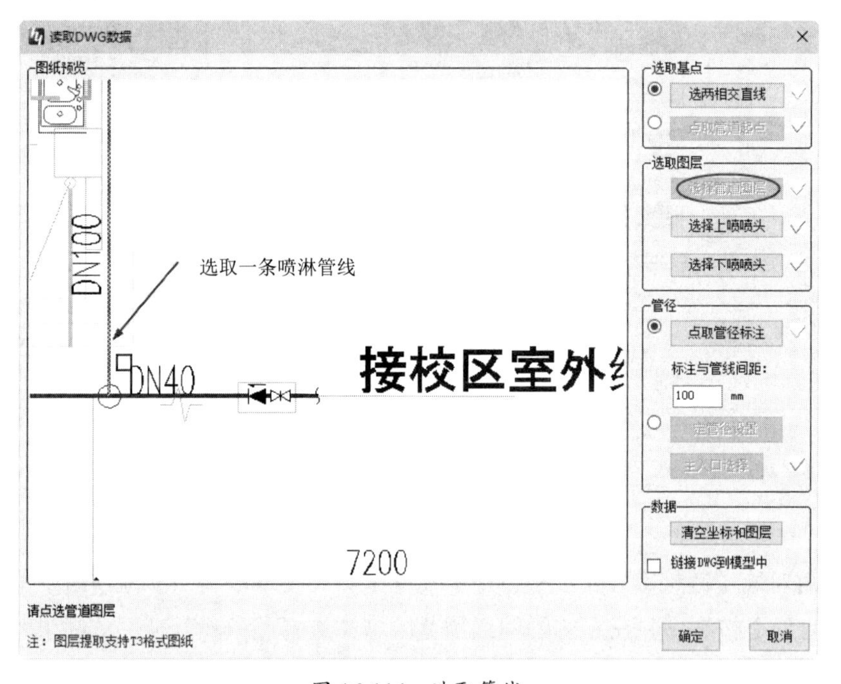

图 16-114　选取管线

⑨ 在【管径】选项组中选中【点取管径标注】单选按钮，在图纸预览区域中选取喷淋管道标注，如 DN40，系统会自动收集所有标注信息，如图 16-115 所示。

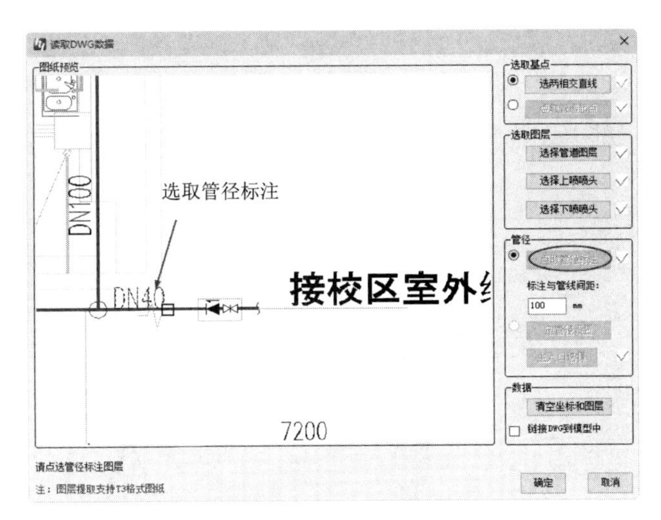

图 16-115　选取管径标注

⑩ 单击对话框的【确定】按钮，弹出【喷头及管道设置】对话框。选择系统类型为【喷淋】，其余选项保留默认设置，单击【确定】按钮到楼层平面视图中选取放置点（此点与先前【读取 DWG 数据】对话框中设置的基点为同一点），如图 16-116 所示。

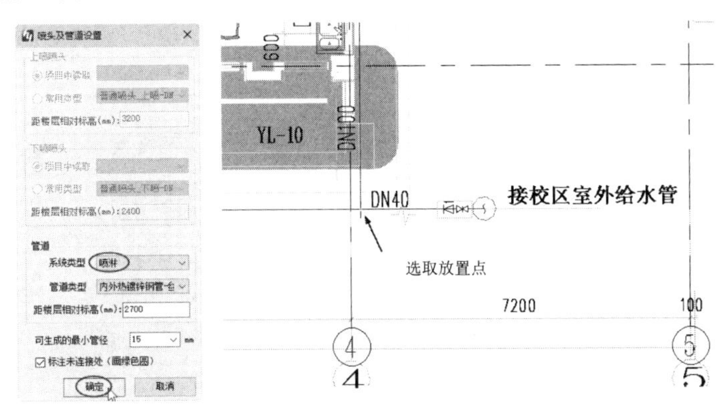

图 16-116　选取放置点

⑪ 随后自动创建消防管道及接头。切换到【三维视图：消防】视图，即可查看效果，如图 16-117 所示。

⑫ 由于消防管道默认创建在 F1 层，因此需要在【属性】面板中将自动创建的管道参照标高调整为【场地】，如图 16-118 所示。

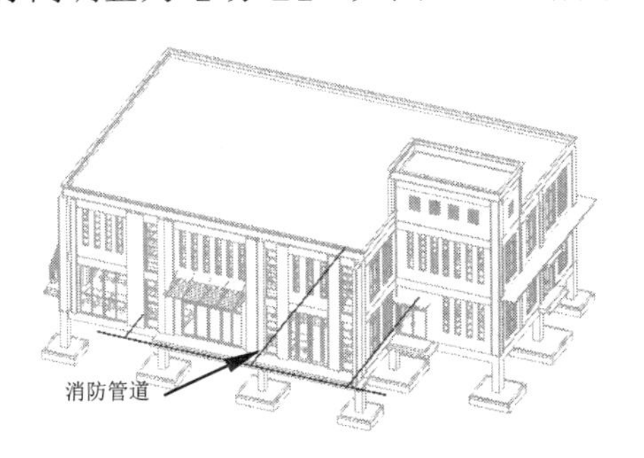

图 16-117　自动创建的消防管道及接头

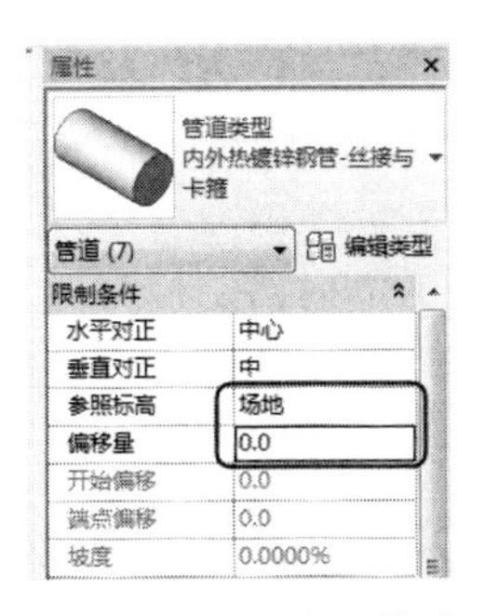

图 16-118　设置消防管道标高

⑬ 切换到【建模-首层消防平面图】视图。接下来要绘制的立管是连通到二层食堂餐厅的消防管道。在【给排水\消防】选项卡中单击【创建立管】按钮，在弹出的【创建立管】对话框中设置立管选项及参数，在首层消防平面图中放置立管，如图 16-119 所示。

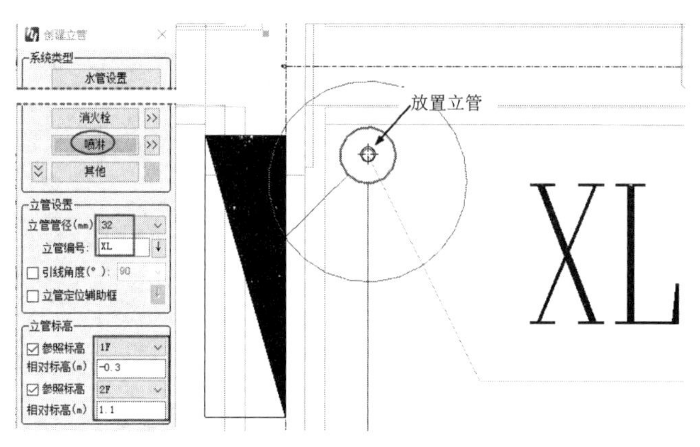

图 16-119 设置立管参数并放置立管

⑭ 在其余消防卷盘位置放置立管，如果不再放置立管则按 Esc 键结束操作。创建完成的结果如图 16-120 所示。

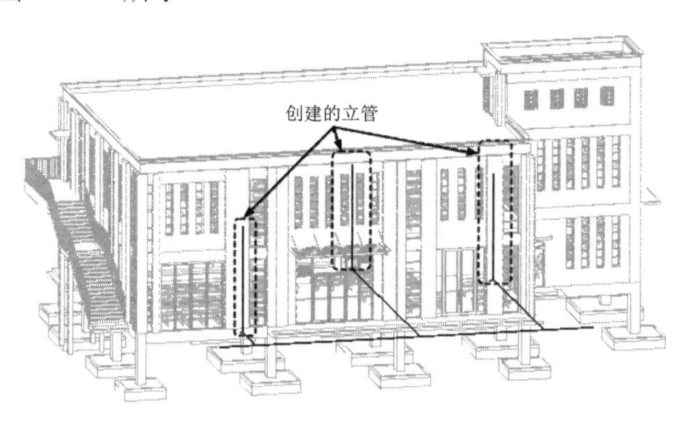

图 16-120 创建完成的立管

⑮ 连接消防卷盘的横管在前面的喷淋快模过程中已自动创建。只需要选中 3 条横管修改其标高即可，如图 16-121 所示。同理绘制另外两处消防横管。

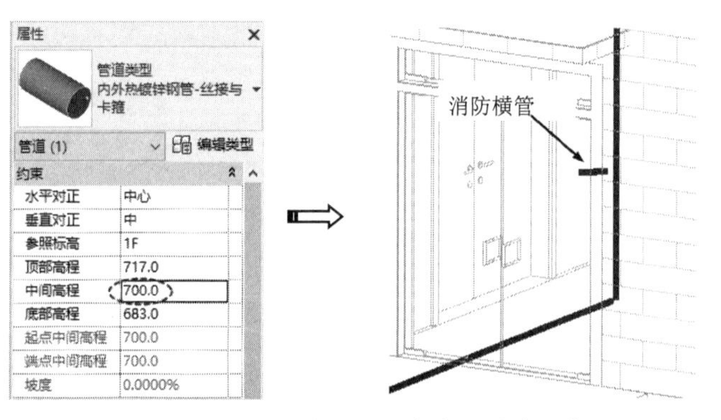

图 16-121 修改连接消防卷盘的横管标高

⑯ 结合【一层给排水平面布置图】，可知消防横管与立管交汇处需要安装管件接头，一接给水管道、二接楼上消防管道、三接消防卷盘。在【给排水\消防】选项卡的【水管设计】面板中单击【横立连接】按钮，在的【横立连接】对话框中选中【立管为基准管对齐连接】单选按钮，选择【通用三通】选项，选取横管进行连接，如图 16-122 所示。

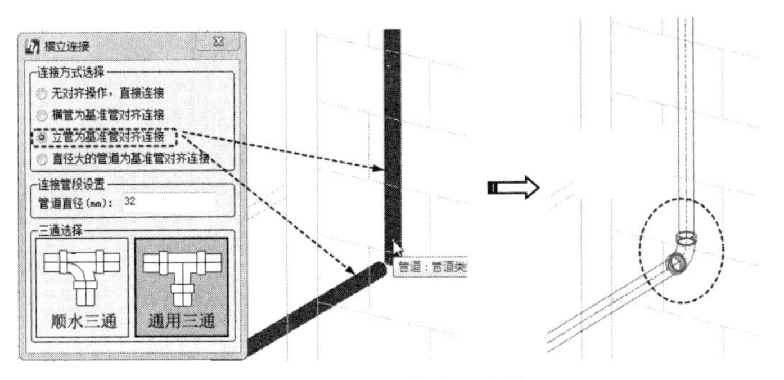

图 16-122　创建横立连接

⑰ 继续进行横立连接。选择横管与立管进行连接，如图 16-123 所示。同理，在另两处创建横立连接。

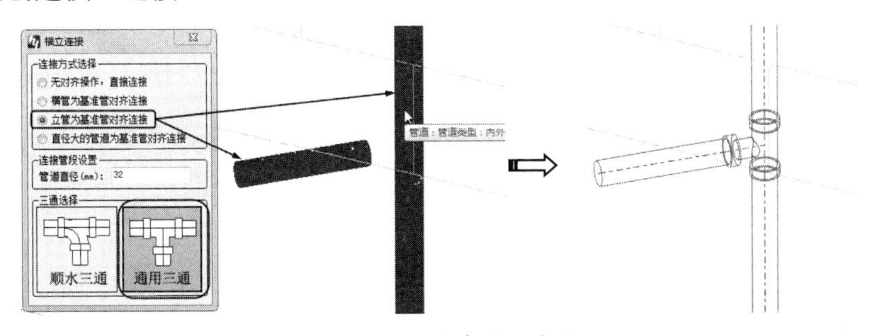

图 16-123　创建横立连接

⑱ 安装截止阀。在【给排水\消防】选项卡【阀件与附件】面板中单击【水管阀件】按钮，弹出【水阀布置】对话框。在对话框中双击【截止阀】阀件类型，在一层的立管上放置截止阀，如图 16-124 所示。

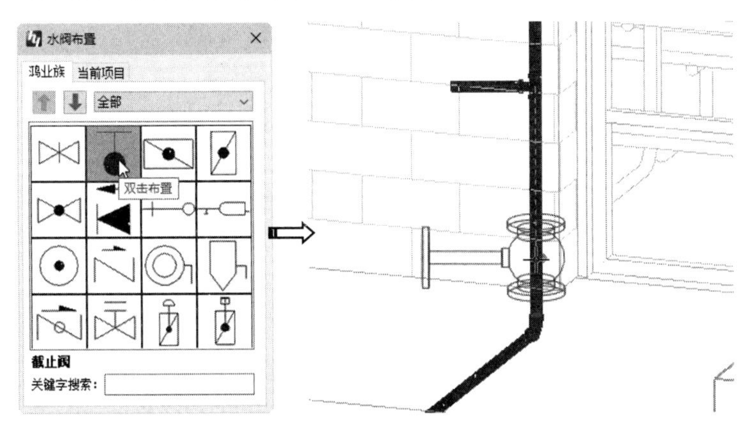

图 16-124　放置截止阀

⑲ 使用同样的操作方法，在室外接校区给水管处安装倒流防止阀和闸阀，如图 16-125 所示。

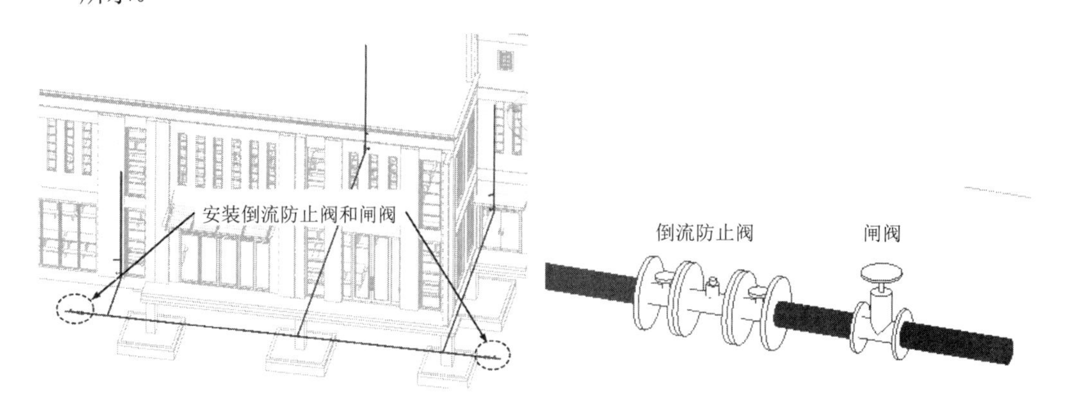

图 16-125　安装倒流防止阀和闸阀

⑳ 在【插入】选项卡单击【载入族】按钮，从本例源文件夹中载入【消防卷盘箱-明装.rfa】族文件。

㉑ 在【建筑】选项卡【构建】面板单击【构件】按钮，将载入的【消防卷盘箱-明装.rfa】族文件放置在首层给排水平面图中（消防卷盘标记位置），卷盘的标高默认为【700】，可以适当调整标高，如图 16-126 所示。

㉒ 横管与卷盘之间的真空破坏器读者可以自行安装。至此，完成了一层的消防卷盘系统设计。二层的消防卷盘系统设计方法与一层的消防卷盘系统设计完全相同，读者可自行完成。

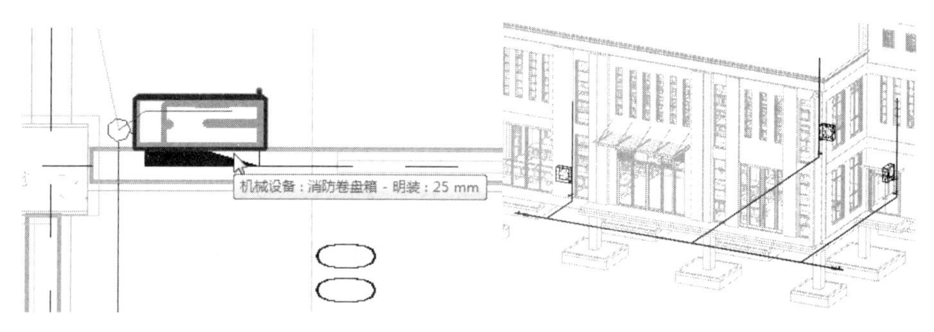

图 16-126　完成一层的消防卷盘系统设计

16.3　BIMSpace 机电 2022 电气设计案例

本例食堂大楼的强电设计主要是指照明系统设计。照明系统设计流程是：首先按照照明系统线路立面图中的线路标高载入相应的照明设备元件，然后绘制线路、线管及电缆桥架等。

值得注意的是，很多线路在实际照明系统安装过程中，线路基本上是走暗线，也就是暗装，但为了表达出清晰的电路，暗装的设备需要选择墙体。由于在电气项目中没有建筑模型，仅仅是链接的模型，因此不能采用暗装的设备，本案例中将完全采用明装的形式，直接选取墙面。食堂大楼的照明线路连接系统图如图 16-127 所示。

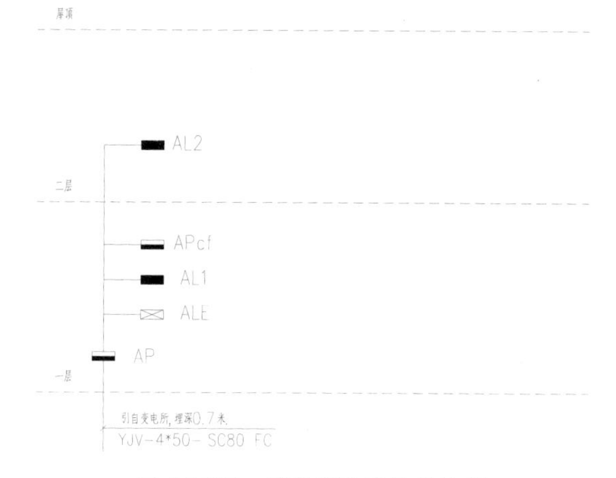

图 16-127　照明线路连接系统图

表 16-2 所示为常用电气图例符号。

表 16-2　常用电气图例符号

类别	图　例	名　称	备注
变压器		双绕组变压器	形式 1
			形式 2
		三绕组变压器	形式 1
			形式 2
		电流互感器	形式 1
		脉冲变压器	形式 2
	TV	电压互感器	形式 1
	TV		形式 2
组件及部件		屏、台、箱柜一般符号	
		动力配电箱	
		照明配电箱	
		事故照明配电箱	
		电源自动切换箱	
	MDF	总配线架	
	IDF	中间配线架	
		壁龛交接箱	
		室内分线盒	

类别	图　例	名　称	备注
电力电路的开关和保护器件		开关的一般符号（动断触点）	
		隔离开关	
		接触器（在非动作位置触点断开）	
		熔断器一般符号	
		熔断器式开关	
		熔断器式隔离开关	
		断路器	形式 1
			形式 2
		开关一般符号	
		单极开关	
		单极开关（暗装）	
		双极开关	
		双极开关（暗装）	
		三极开关	
		三极开关（暗装）	
	t	单极限时开关	
		SPD 浪涌保护器	

续表

类别	图例	名称	备注
组件及部件		室外分线盒	
		分线盒的一般符号	
		插座箱（板）	
		消火栓	
		手动火灾报警按钮	
		火灾报警电话机（对讲电话机）	
		火灾报警控制器	
控制、记忆信号电路的器件		感光火灾探测器	
		气体火灾探测器（点式）	
	CT	缆式线型定温探测器	
		感温探测器	
		感烟探测器	
		水流指示器	
传输通道、波导、天线与关联元器件		天线一般符号	
		电线、电缆、母线、传输通路的一般符号	
		表示 3 条导线与 N 条导线的一般符号	3 条导线
	3		3 条导线
	n		n 条导线
	F	电话线路	
	V	视频线路	
	B	广播线路	
		接地装置	有接地极
			无接地极
		放大器一般符号	
		分配器，两路，一般符号	
		三路分配器	
		匹配终端	
		四路分配器	

类别	图例	名称	备注
插座		单相插座	
		单相插座（暗装）	
		单相插座（密闭防水）	
		单相插座（防爆）	
		带保护接点单相插座	
		带接地插孔的单相插座（暗装）	
		带接地插孔的单相插座（密闭防水）	
		带接地插孔的单相插座（防爆）	
		带接地插孔的三相插座	
		带接地插孔的三相插座（暗装）	
		TP—电话	电信插座的一般符号可用以文字或符号区别
		FX—传真	
		M—传声器	
		FM—调频	
		TV—电视	
灯具		顶棚灯	
		花灯	
		弯灯	
		球型灯	
		荧光灯的一般符号	单管
			二管
			三管
	5		五管
	EN	密闭灯	
	EX	防爆灯	
		事故照明灯	

续表

类别	图　例	名　称	备注	类别	图　例	名　称	备注
测量设备、试验设备	V	指示式电压表		信号器件		扬声器	
	cosφ	功率因数表				传声器	
	Wh	有功电能表（瓦时计）				电铃	
	A	指示式电流表			EEL	应急疏散指示标志灯	
		调光器			EL	应急疏散照明灯	

16.3.1　一层强电设计

如图 16-128 所示为一层照明系统线路及设备布置图。

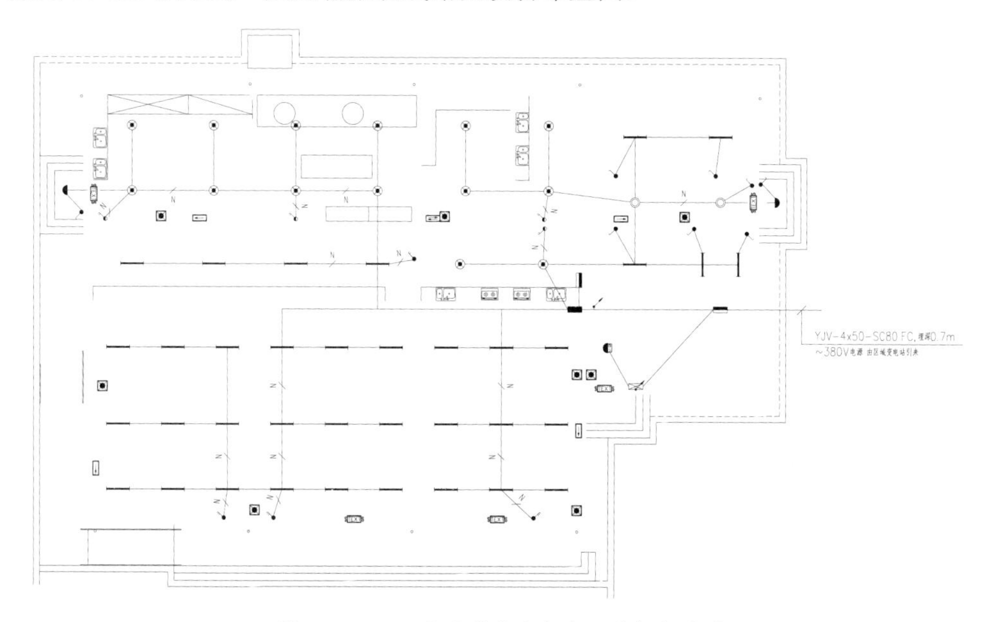

图 16-128　一层照明系统线路及设备布置图

上面照明系统图中电气符号图例表示如下。

- AL2、AL1：照明配电箱（盘）
- AP：动力配电箱（盘）
- ALE：事故照明配电箱（盘）
- ：SPD 浪涌保护器
- TV：电视机
- ：组合开关箱
- 防水防尘灯、应急照明灯、防爆灯、暗装双极开关、防爆双极开关、暗装三极开关、吸顶灯、吸顶灯+声光延时开关、E 出口指示灯、接线端子、双向疏散指示灯、单向疏散指示灯、单管日光灯

1. 链接模型和链接 CAD 图纸

① 启动【BIMSpace 机电 2022】，在主页界面中选择【BIMSpace 电气样板】样板文件后自动创建电气设计项目。

② 在【插入】选项卡单击【链接 Revit】按钮，从本例源文件夹中打开【食堂大楼.rvt】项目文件。

③ 链接后的建筑模型与视图如图 16-129 所示。

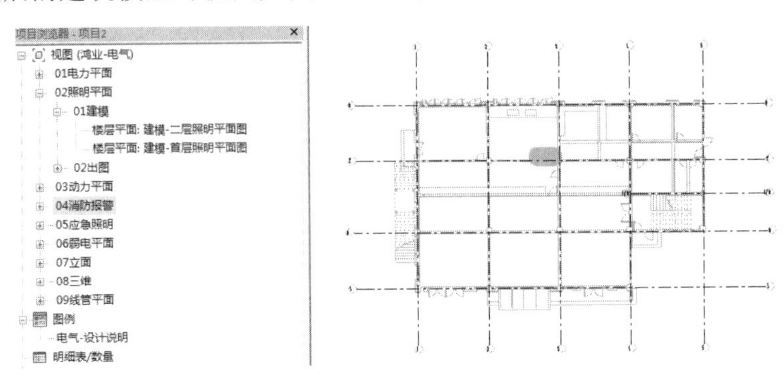

图 16-129 链接 RVT 模型后的电气视图

④ 切换到【02 照明平面】|【01 建模】视图节点下的【楼层平面：建模-首层照明平面图】视图。

⑤ 在【插入】选项卡单击【链接 CAD】按钮，将本例源文件夹中的【一层电气照明系统布置图.dwg】图纸文件导入到项目中。再利用【修改】上下文选项卡中的【对齐】工具，对齐图纸中的轴线与链接模型楼层平面图中的轴线。

2. 载入照明设备族

① 通过网页端鸿业云族 360，依次载入如下电气族，如图 16-130 所示。

- AL1:【族分类】|【电气】|【箱柜】|【照明配电箱】|【家用配电箱 BP2-20】,

图 16-130 从云族 360 网页端下载电气族

- AP:【族分类】|【电气】|【箱柜】|【照明配电箱】|【箱柜-动力配电箱-PB10 动力配电箱明装】;
- ALE:【族分类】|【电气】|【箱柜】|【应急照明箱】|【应急照明箱】;
- 防水防尘灯:【族分类】|【电气】|【灯具】|【防尘防水荧光灯】|【防水防尘灯】;
- 应急照明灯:【族分类】|【电气】|【灯具】|【备用照明灯】|【应急灯-备用照明灯】;
- 防爆灯:【族分类】|【电气】|【灯具】|【防爆灯】|【防爆灯-整体式隔爆型】;
- 吸顶灯:【族分类】|【电气】|【灯具】|【吸顶灯】|【吸顶灯（卫生间用）】;
- 吸顶灯+声光延时开关：用【族分类】|【电气】|【灯具】|【环形管吸顶灯】族替代;
- E 出口指示灯:【族分类】|【电气】|【灯具】|【安全出口指示灯】|【指示灯-安全出口指示灯】;
- 单向疏散指示灯:【族分类】|【电气】|【灯具】|【右向疏散指示灯】|【单向疏散指示灯（右）】;
- 双向疏散指示灯：目前没有此族，暂用“单向疏散指示灯”替代;
- 单管日光灯:【族分类】|【电气】|【灯具】|【单管荧光灯】|【嵌入式单管荧光灯】;
- 暗装双极开关:【族分类】|【电气】|【开关】|【密闭开关】|【普通开关-密闭开关-基于面】;
- 防爆双极开关:【族分类】|【电气】|【开关】|【防爆开关】|【普通开关-防爆开关-基于面】;
- 暗装三极开关:【族分类】|【电气】|【开关】|【三级开关】|【三级翘班开关明装】;
- 接线端子:【族分类】|【电气】|【通讯】|【接线盒】|【线管接线盒-三通】。

提示：

上述族除了可以在云族 360 官方网站中下载使用，还可以直接利用【强电】选项卡【设备】面板中的【灯具】【开关】【插座】【配电箱】和【动力】等工具来插入相关电气族。

② 切换到【三维视图：电气三维】视图，调节剖面框到二层标高的底部，能完全显示一层的室内情况即可，如图 16-131 所示。

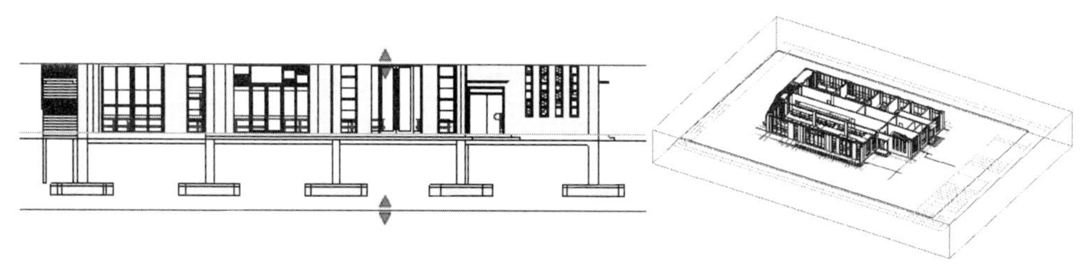

图 16-131　调节剖面框

3. 放置配电箱族

① 放置 AP 电力配电箱。此类型配电箱在照明图中有两个，且标高不一致。一个是楼梯间接室外变电所线路，标高大致在 800mm 位置；另一个是室内的 3200mm 标高位置，标高在 3644mm 位置。

② 在【建筑】选项卡单击【构件】按钮，在属性面板中找到载入的【箱柜-动力配电箱-PB10 动力配电箱暗装】族，型号为 PB11，标高暂定为 3200mm（稍后等线路安装后再调试标高），将此配电箱放置到楼梯间相邻的房间墙壁上，如图 16-132 所示。

③ 同理，再放置一个动力配电箱（型号为 16）在楼梯间的楼梯平台且标高为 800mm 的位置，如图 16-133 所示。

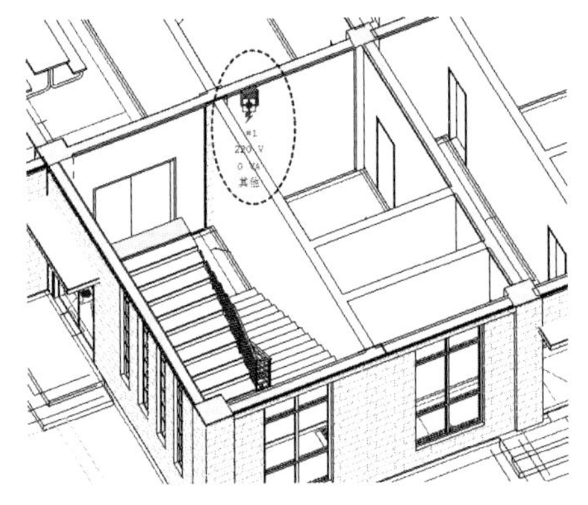

图 16-132 放置于室内的 AP 电力配电箱

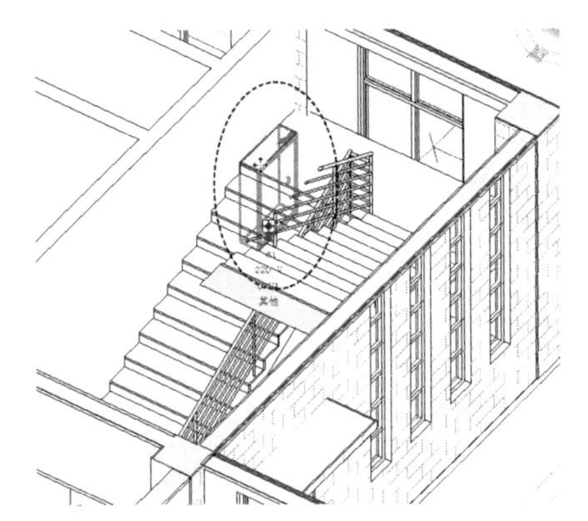

图 16-133 放置于楼梯间的 AP 电力配电箱

④ 放置 AL 和 ALE 配电箱。AL 配电箱（【家用配电箱 BP2-20】族）在标高 2700mm 位置，ALE 配电箱（【应急照明箱】族）在标高 1900mm 位置，操作方法同上一步骤。放置效果如图 16-134 所示。

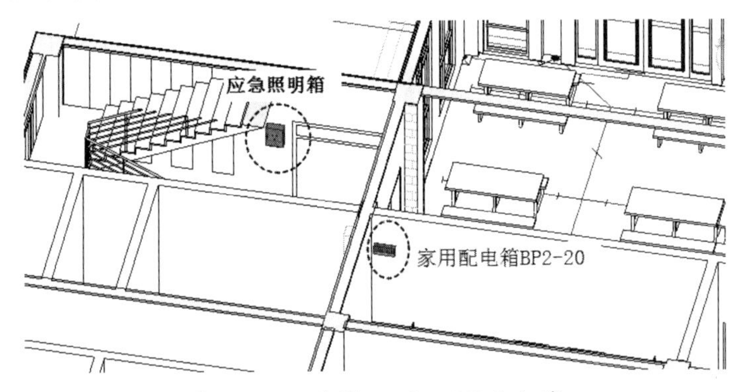

图 16-134 放置 AL 和 ALE 配电箱

4. 放置疏散指示灯

① 疏散指示灯包括出口指示灯、单向疏散指示灯和双向疏散指示灯。单击【构件】按钮，从属性面板中找到【指示灯-安全出口指示灯】族，将其放置在三维视图中相应的门上方，标高自定义，如图 16-135 所示。

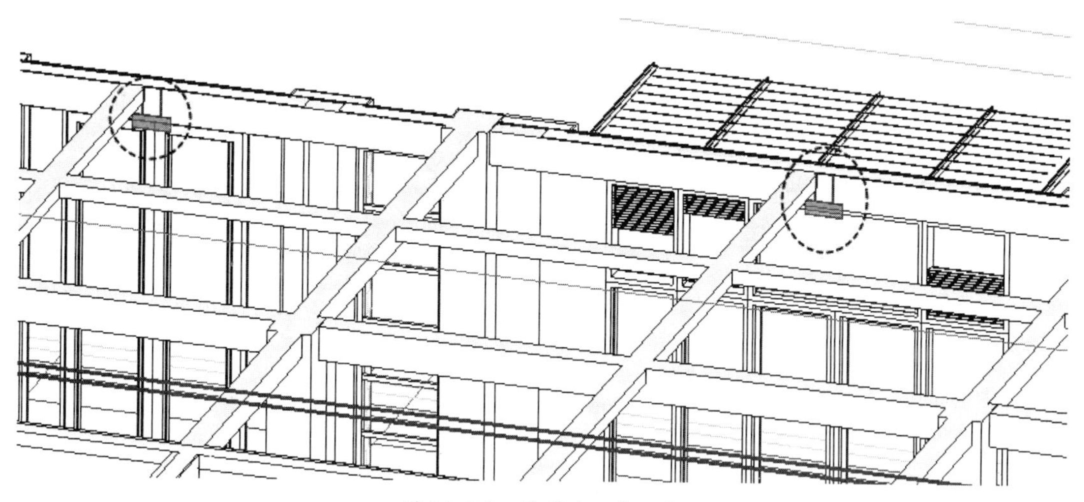

图 16-135　放置出口指示灯

提示：

对于基于面的族，在属性面板设置标高偏移量后，选择该墙面的墙底边线进行放置，否则不会放置在该墙面上。

② 将【单向疏散指示灯】族放置在厨房墙壁上（放置 4 个），标高为 2800mm，如图 16-136 所示。

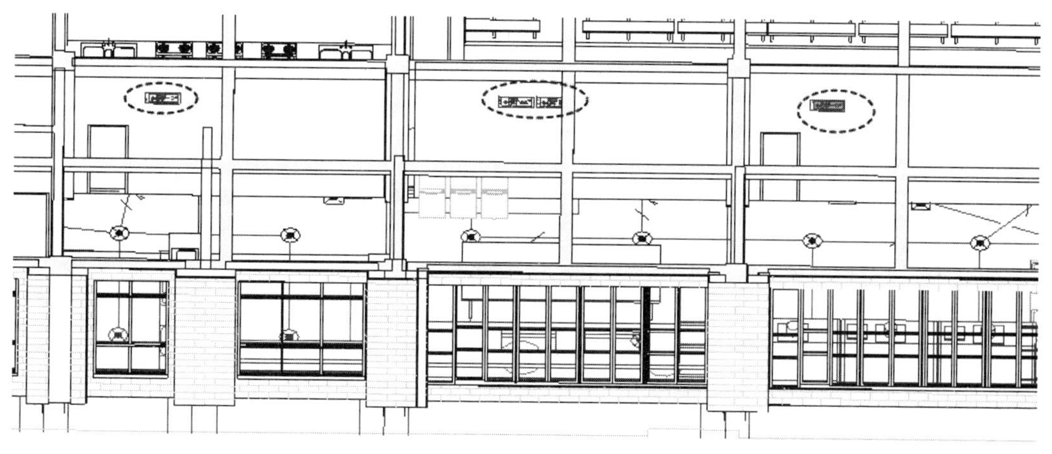

图 16-136　放置疏散指示灯

5．安装天花板的灯

① 放置⊙防水防尘灯。切换视图到【三维视图：电力、照明】中，依次放置【防水防尘灯-标准】族在图纸中⊙标记上，且标高偏移量设置为【3600】，如图 16-137 所示。

② 同理，将其余的灯（除应急照明灯外）按族类型逐一放置在视图中。

提示：

在放置单管荧光灯、吸顶灯时，需要切换视图到“三维视图：电气三维”中手动绘制天花板轮廓来创建天花板，仅在有单管荧光灯的房间绘制，如图 16-138 所示。

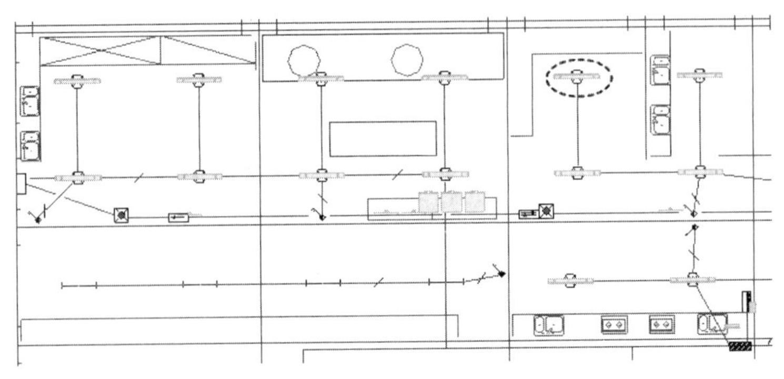

图 16-137　放置防水防尘灯族

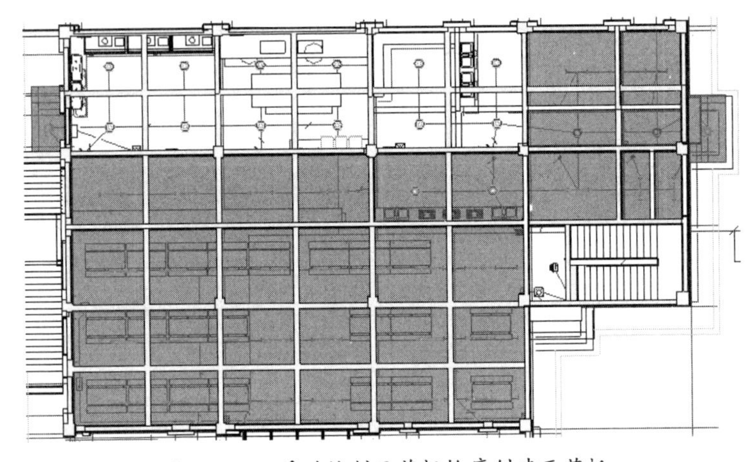

图 16-138　手动绘制天花板轮廓创建天花板

③ 切换到【三维视图：电气三维】视图。放置应急照明灯，标高高度与疏散指示灯相同（2800mm）。同理，将开关放置到相应的位置，标高统一为 1200mm。

6．绘制天花板上灯与灯之间的线路

① 在【设备\导线】选项卡【导线】面板中单击【设备连线】按钮，弹出【设备连线】对话框。

② 设置导线和保护管参数及选项，局部范围内框选相同的灯具进行线路的创建，如图 16-139 所示。图纸中没有线路的设备不要进行框选。

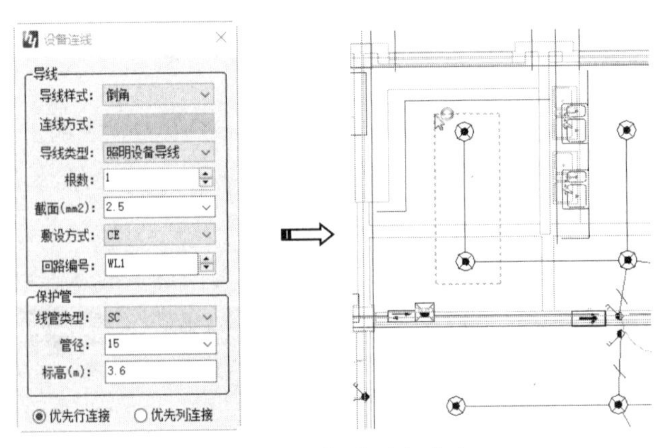

图 16-139　框选设备连线

③ 对于无法进行框选的设备之间的线路，可用“点点连线”方式来创建。在【导线】面板中单击【点点连线】按钮，弹出【点点连线】对话框。在对话框中设置如图 16-140 所示的参数及选项后，在视图中手动选取两个灯具来创建连线。

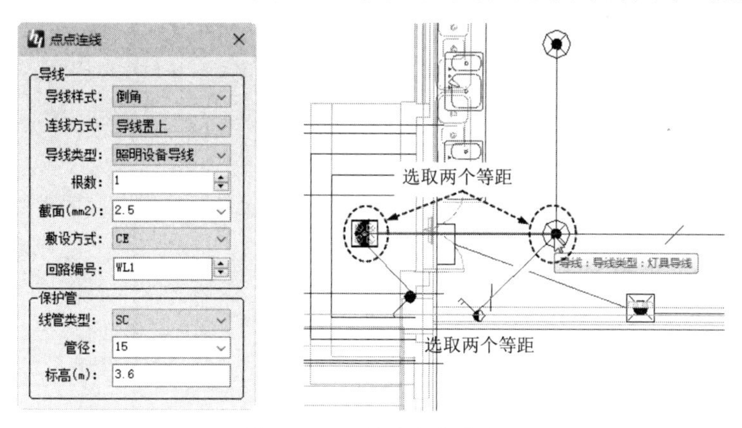

图 16-140　创建点点连线

④ 对于不在设备上的主线路，可以利用【倒角导线】方法创建。在【导线】面板中单击【绘制导线】按钮，在弹出的【绘制导线】对话框中选择导线类型为【照明设备导线】，绘制线路，如图 16-141 所示。

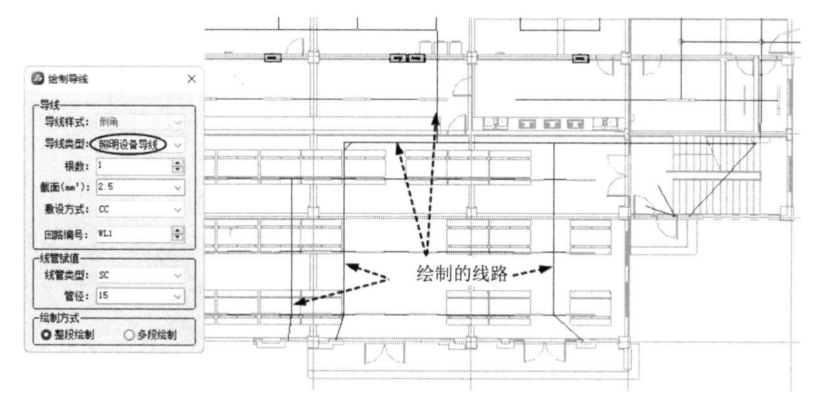

图 16-141　手动绘制线路

⑤ 在【线管桥架\电缆敷设】选项卡的【线管】面板中单击【线管】按钮，在属性面板中选择 SC 材料的带配件的线管，按照前面创建的连线，依次创建线管。创建的线管在电气三维视图中可见，如图 16-142 所示。

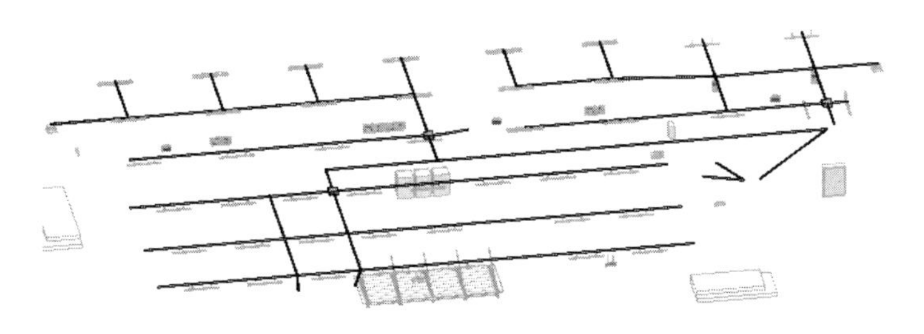

图 16-142　绘制线管

⑥ 同理，绘制灯具线路到开关之间的连线及线管，以及绘制应急配电箱与应急照明灯、疏散指示灯、安全出口指示灯之间的连线及线管。

16.3.2 二层强电设计

二层的照明系统设计内容与一层相似，所用的电气族与一层中的相同。照明系统的线路及设备布置图如图 16-143 所示。

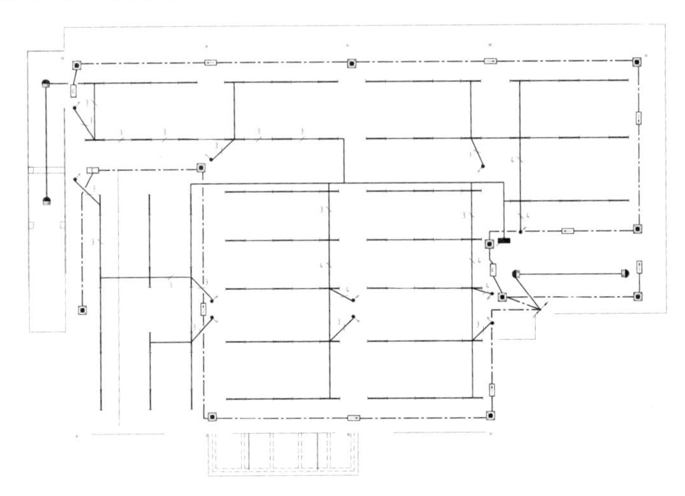

图 16-143 二层照明系统的线路及设备布置图

1. 放置电气族

① 切换到【楼层平面：建模-二层照明平面图】视图。在【插入】选项卡单击【链接 CAD】按钮，将本例源文件夹中的【二层电气照明系统布置图.dwg】图纸文件导入到项目中。利用【修改】上下文选项卡中的【对齐】工具，对齐图纸中的轴线与链接模型楼层平面图中的轴线。

② 二层仅有一个照明配电箱 AL2，布置在二楼楼梯间的角落，其标高为 5600mm。在【建筑】选项卡单击【构件】按钮，在属性面板中找到载入的【家用配电箱 BP2-20】族，标高设为【标高 2】、标高中的高程为 1400mm，将此配电箱放置到楼梯间角落，如图 16-144 所示。

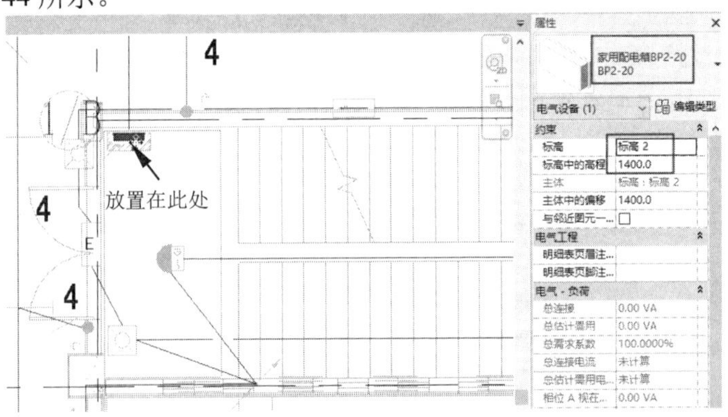

图 16-144 放置照明配电箱族

③　在二楼楼梯间的内外墙面上放置 4 盏应急照明灯，标高高度为【标高 2】之上的 2800mm 位置，如图 16-145 所示。在二楼饭厅的其他墙面上放置应急照明灯，在放置时可按空格键调整放置方向。

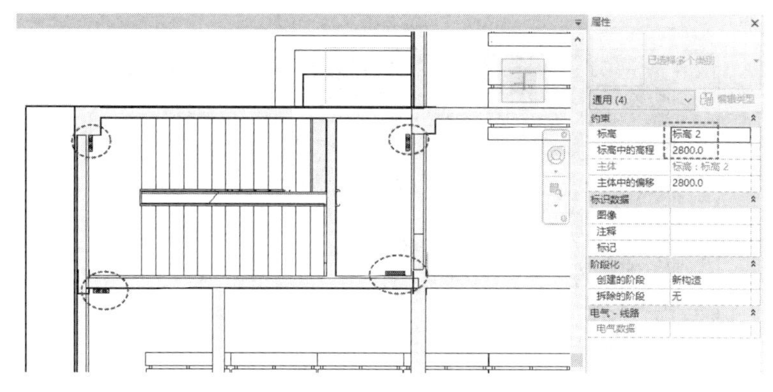

图 16-145　放置应急照明灯

④　食堂二层中只有出口指示灯和单向疏散指示灯，没有双向疏散指示灯。单击【构件】按钮，从属性面板中找到【指示灯-安全出口指示灯】族，将其放置在三维视图中相应的门上方，标高自定义（高于门框即可），如图 16-146 所示。

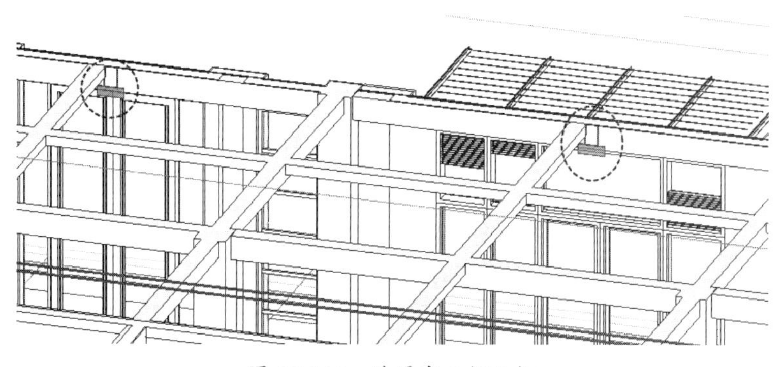

图 16-146　放置出口指示灯

⑤　将【单向疏散指示灯】族放置在墙壁上（放置 6 个），标高为 2800mm，如图 16-147 所示。

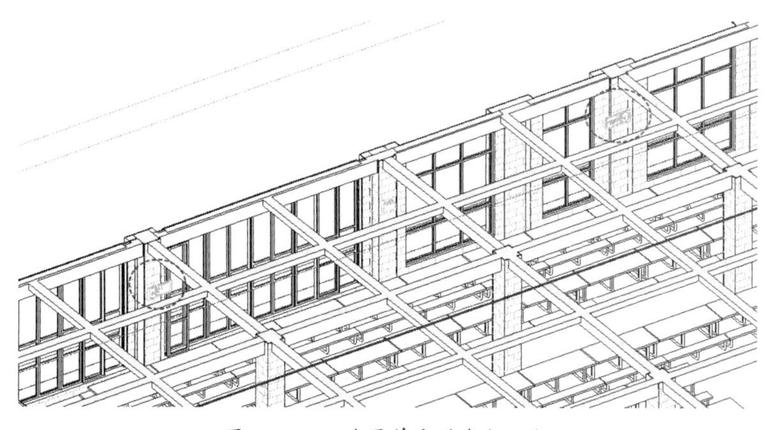

图 16-147　放置单向疏散指示灯

⑥ 将吸顶灯放置在楼梯间顶棚和室外楼梯的顶棚上，标高为 4000mm。

⑦ 切换到【三维视图：电气三维】视图，利用【建筑】选项卡中【天花板】工具绘制天花板轮廓来创建天花板，如图 16-148 所示。

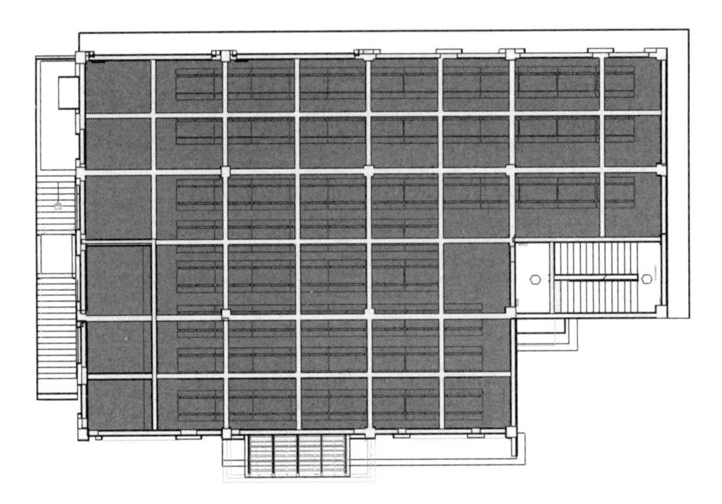

图 16-148 绘制天花板轮廓创建天花板

⑧ 将【二层电气照明系统布置图.dwg】图纸的标高改为标高 2 楼层的【3600】，单击【构件】按钮，将【嵌入式单管荧光灯】族放置在天花板上，如图 16-149 所示。

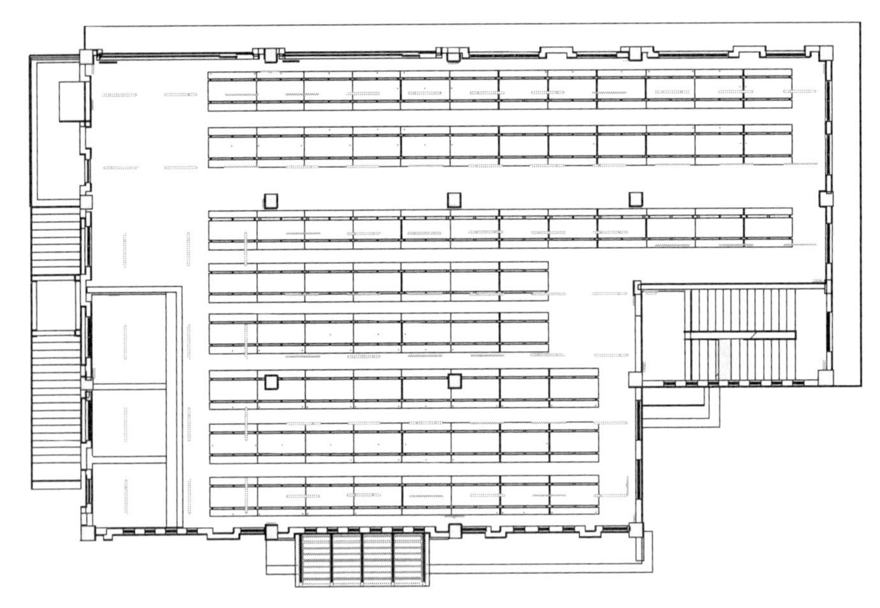

图 16-149 放置“嵌入式单管荧光灯”族

⑨ 切换到【楼层平面：建模-二层照明平面图】视图。将开关（【三级翘板开关明装】族）放置到相应的位置，标高统一为 1200mm。

2. 绘制电气线路

① 切换到【楼层平面：建模-二层照明平面图】视图。

② 在【设备\导线】选项卡【导线】面板中单击【设备连线】按钮，弹出【设备连线】对话框。

③ 设置导线和保护管参数及选项，框选二层的所有灯具进行线路的创建，如图 16-150 所示。参照图纸需要将多余的线路删除，没有连接的设备利用【点点连线】工具进行手动连接。

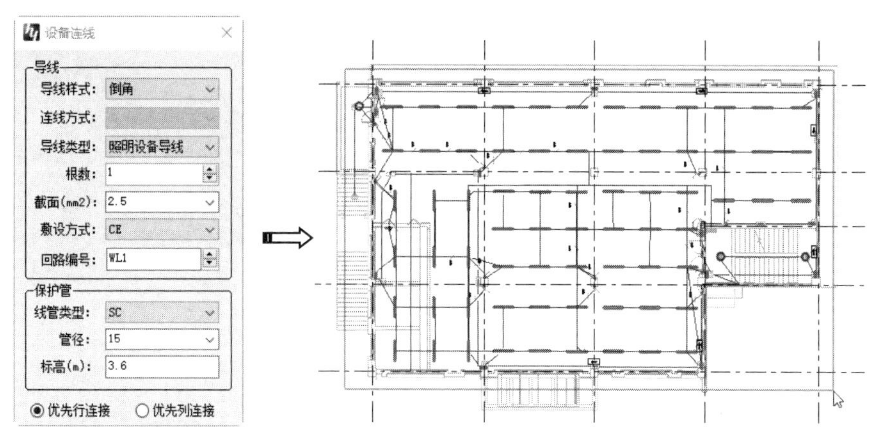

图 16-150　框选设备连线

④ 在【线管桥架\电缆敷设】选项卡的【线管】面板中单击【线生线管】按钮，弹出【线生线管设置】对话框。设置线管参数及标高，在视图中框选上步骤创建的线路，在选项栏中单击【完成】按钮，随后系统自动生成线管，如图 16-151 所示。

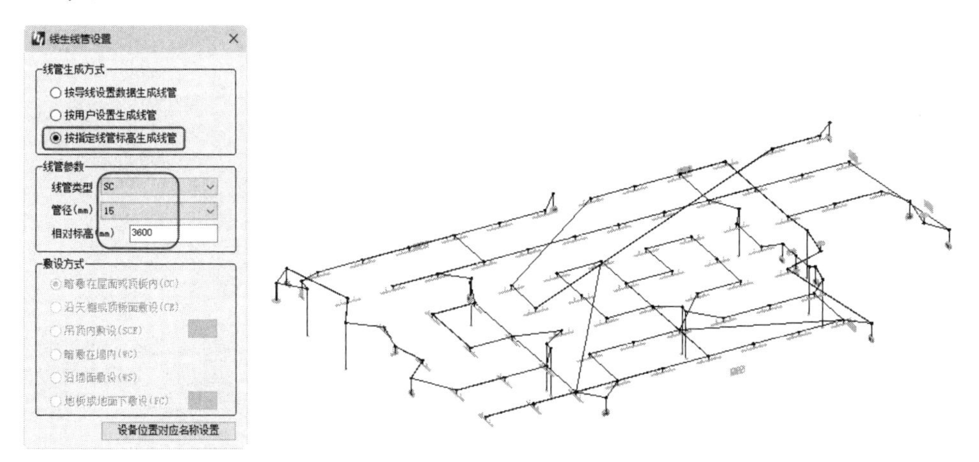

图 16-151　自动生成线管

⑤ 至此，完成了食堂大楼一二层的强电设计。

第 17 章

建筑与结构施工图设计

本章内容

Revit 中的设计施工图包括建筑施工图和结构施工图。结构施工图的设计过程与建筑施工图是完全相同的。本章主要介绍利用 Revit 和 BIMSpace 乐建 2022 设计建筑施工图的过程。建筑施工图包括建筑总平面图、建筑平面图、建筑剖面图、建筑立面图、建筑详图\大样图等。

知识要点

- ☑ 建筑制图基础
- ☑ BIMSpace 乐建 2022 图纸辅助设计工具
- ☑ Revit 建筑施工图设计
- ☑ Revit 结构施工图设计
- ☑ 出图与打印

17.1　建筑制图基础

建筑设计图纸是建筑设计人员用来交流设计思想、传达设计意图的技术文件。需要在用户的正确操作下才能实现其绘图功能，同时用户需要遵循统一的制图规范，在正确的制图理论及方法的指导下操作，才能生成合格的图纸。

17.1.1　建筑制图概念

建筑设计图纸是建筑设计人员用来表达设计思想、传达设计意图的技术文件，是方案投标、技术交流和建筑施工的要件。建筑制图是指根据正确的制图理论及方法，按照国家统一的建筑制图规范将设计思想和技术特征清晰、准确地表现出来。建筑工程施工图通常由建筑施工图、结构施工图和设备施工图组成。本章重点介绍建筑施工图和结构施工图的设计。

1．建筑制图的方式

建筑制图有手工制图和计算机制图两种方式。手工制图又分为徒手绘制和工具绘制两种。手工制图是建筑设计人员必须掌握的技能，也是学习各种绘图软件的基础。计算机制图是指建筑设计人员操作计算机绘图软件画出所需图形，并形成相应的图形电子文件，可以进一步通过绘图仪或打印机将图形文件输出，形成具体的图纸。计算机制图快速、便捷，且便于文档存储和图纸的重复利用，可以大大提高设计效率。因此，目前手工制图主要用在方案设计的前期，而后期成品方案图、初设图及施工图都采用计算机制图完成。

2．建筑制图程序

建筑制图的程序是与建筑设计的程序相对应的。从整个设计过程来看，遵循方案图、初设图、施工图的顺序来进行。后面阶段的图纸在前一阶段的基础上进行深化、修改和完善。

建筑图纸的编排顺序一般应为图纸目录、总图、建筑图、结构图、给水排水图、暖通空调图、电气图等。对于建筑专业而言，一般顺序为目录、施工图设计说明、附表（装修做法表、门窗表等）、建筑平面图、建筑立面图、建筑剖面图、建筑详图等。

17.1.2　建筑施工图

一套工业与民用建筑的建筑施工图，通常包括建筑总平面图、建筑平面图、建筑剖面图、建筑立面图、建筑详图/大样图等。

1．建筑总平面图

建筑总平面图反映了建筑物的平面形状、位置及周围的环境，是施工定位的重要依据。总平面图的特点如下。

- 由于总平面图包括的范围较大，因此绘制时用较小比例，一般为 1∶2000、1∶1000、1∶500 等。

- 总平面图上的尺寸标注以米（m）为单位。
- 标高标注以米（m）为单位，一般注至小数点后两位，采用绝对标高（注意室内外标高符号的区别）。

建筑总平面图的内容包括新建筑物的名称、层数、标高、定位坐标及尺寸、相邻有关的建筑物（已建、拟建、拆除），以及附近的地形地貌、道路、绿化、管线、指北针、风玫瑰图、补充图例等，如图 17-1 所示。

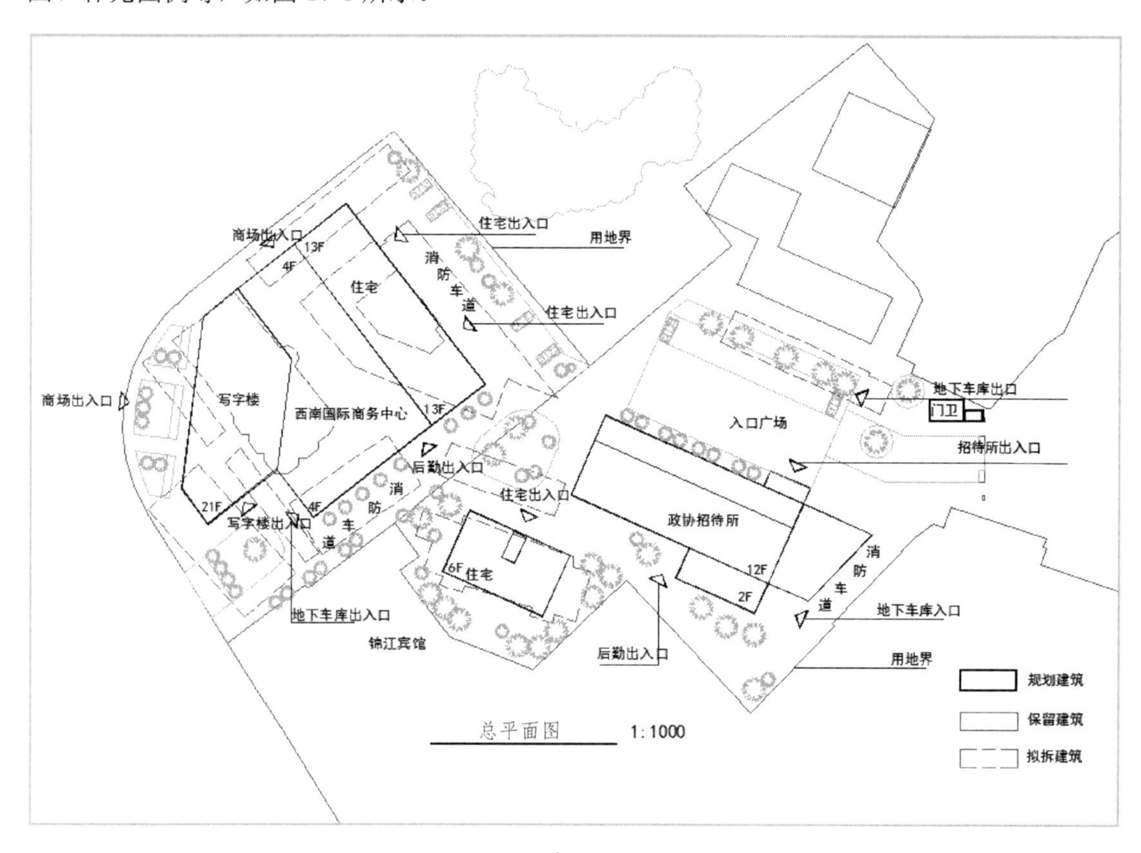

图 17-1 建筑总平面图

2. 建筑平面图

建筑平面图是按一定比例绘制的建筑的水平剖切图。

可以这样理解，建筑平面图就是将建筑房屋窗台以上部分进行剖切，将剖切面以下的部分投影到一个平面上，用直线和各种图例、符号等直观地表示建筑在设计和使用上的基本要求和特点。

建筑平面图一般比较详细，通常采用较大的比例，如 1∶200、1∶100 或 1∶50，并标出实际的详细尺寸。某建筑标准层平面图如图 17-2 所示。

3. 建筑立面图

建筑立面图主要用来表达建筑物各个立面的形状、尺寸、装饰等。它表示的是建筑物的外部形式，说明建筑物的长、宽、高，表现楼地面标高、屋顶的形式、阳台的位置和形式、门窗洞口的位置和形式、外墙装饰的设计形式、材料、施工方法等。图 17-3 所示为某图书馆建筑的建筑立面图。

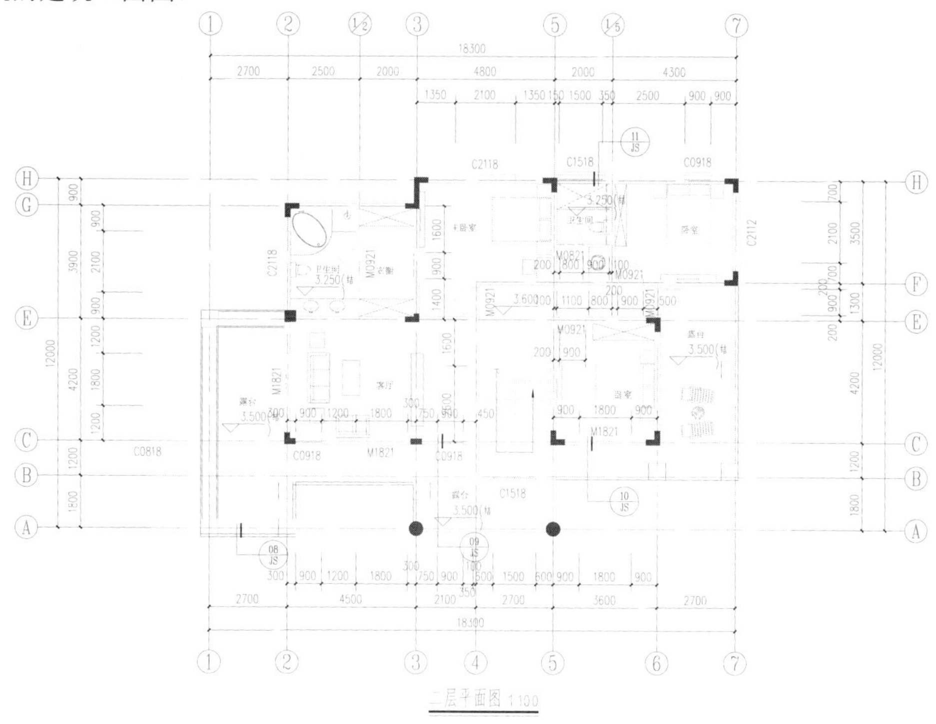

图 17-2　某建筑二层的建筑平面图

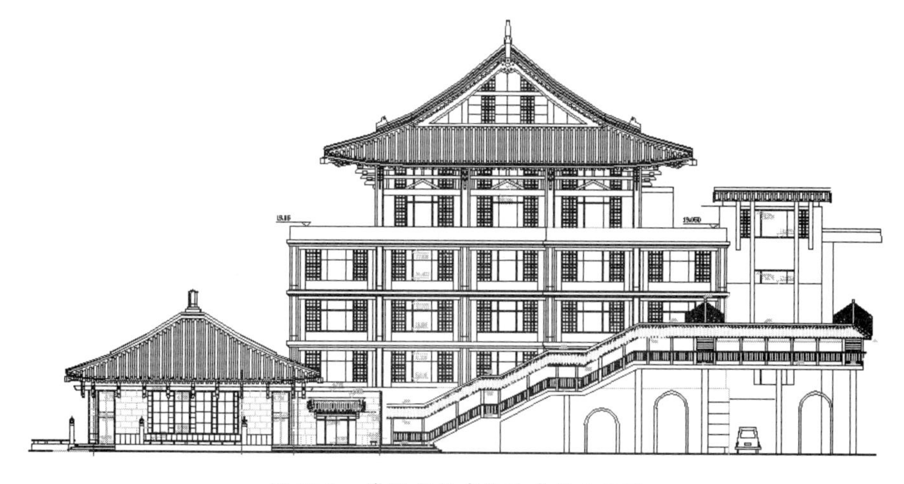

图 17-3　某图书馆建筑的建筑立面图

4．建筑剖面图

建筑剖面图是将某个建筑立面进行剖切得到的一个视图。建筑剖面图表达了建筑内部的空间高度、室内立面布置、结构和构造情况。

在绘制建筑剖面图时，剖切位置应选择在能反映建筑全貌、构造特征，以及有代表性的位置，如楼梯间、门窗洞口或构造较复杂的位置。

建筑剖面图可以绘制一个或多个，这要根据建筑房屋的复杂程度决定。

如图 17-4 所示为某楼房的建筑剖面图。

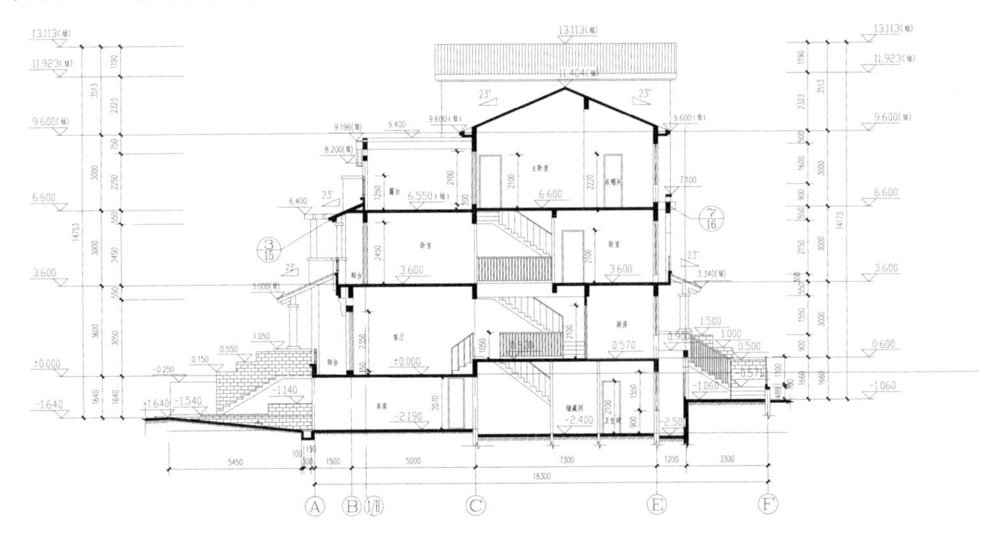

图 17-4　某楼房的建筑剖面图

5．建筑详图

由于建筑总剖面图、建筑平面图及建筑剖面图所反映的建筑范围较大，难以表达建筑细部构造，因此需要绘制建筑详图。

建筑详图主要用来表达建筑物的细部构造、节点连接形式，以及构件、配件的形状大小、材料与做法，如楼梯详图、墙身详图、构件详图、门窗详图等。

建筑详图要用较大比例绘制（如 1∶20、1∶5 等），尺寸标注要准确齐全，文字说明要详细。图 17-5 所示为墙身（局部）的建筑详图。

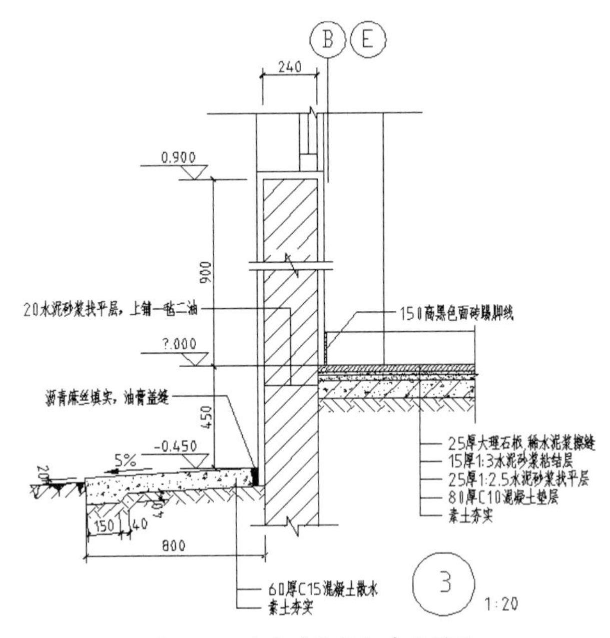

图 17-5　墙身（局部）建筑详图

6．建筑透视图

除了上述图纸，在实际建筑工程中还经常要绘制建筑透视图。建筑透视图表示的建筑物内部空间或外部形体与实际所能看到的建筑物相类似，它具有强烈的三维空间透视感，非常直观地表现了建筑物的造型、空间布置、色彩、外部环境等多方面内容。因此，建筑透视图常在建筑设计和销售时作为辅助使用。

建筑透视图一般要严格地按比例绘制，并进行艺术加工，这种图也被称为建筑表现图或建筑效果图。一幅精美的建筑透视图就是一件艺术作品，具有很强的艺术感染力。图 17-6 所示为某楼盘三维建筑透视图。

图 17-6　某楼盘三维建筑透视图

17.1.3　结构施工图

结构施工图是关于承重构件的布置、使用的材料、形状、大小及内部构造的工程图样，是承重构件及其他受力构件施工的依据。结构施工图包含结构总说明、基础布置图、承台配筋图、地梁布置图、各层柱布置图、各层柱布筋图、各层梁布筋图、屋面梁配筋图、楼梯屋面梁配筋图、各层板配筋图、屋面板配筋图、楼梯大样、节点大样等内容。

在建筑设计过程中，为保障房屋建筑安全和满足经济施工要求，要对房屋的承重构件（基础、梁、柱、板等）依据力学原理和有关设计规范进行计算，从而确定它们的形状、尺寸、内部构造等。将确定的形状、尺寸、内部构造等内容绘制成图样，就形成了建筑施工所需的结构施工图，如图 17-7 所示。

1．结构施工图的内容

结构施工图的内容包括结构设计与施工总说明、结构平面布置图、构件详图等。

1）结构设计与施工总说明

结构设计与施工总说明包括抗震设计、场地土质、基础与地基的连接、承重构件的选择、施工注意事项。

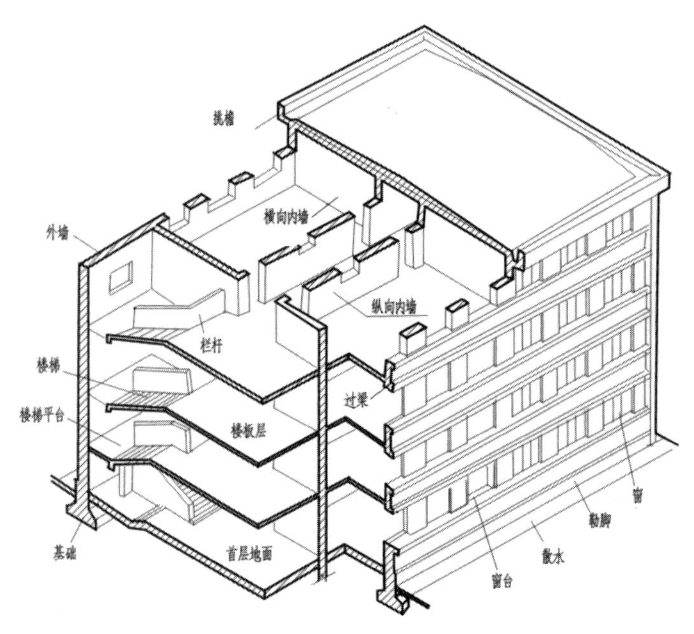

图 17-7　房屋结构图

2）结构平面布置图

结构平面布置图是表示房屋中各承重构件总体平面布置的图样。它包括如下内容。

- 基础平面布置图及基础详图。
- 楼层结构平面布置图及节点详图。
- 屋顶结构平面图。
- 结构构件详图。

3）构件详图

构件详图包括如下内容。

- 梁、柱、板等构件详图。
- 楼梯构件详图。
- 屋架构件详图。
- 其他构件详图。

2. 结构施工图中的有关规定

房屋建筑是由多种材料组成的结合体，目前国内房屋建筑的结构采用较为普遍的砖混结构和钢筋混凝土结构两种。

《建筑结构制图标准》（GB/T 50105—2010）中国家对结构施工图的绘制有明确的规定，现将有关规定进行介绍。

1）常用构件代号

常用构件代号一般用各构件名称的汉语拼音的第一个字母表示，如表 17-1 所示。

表 17-1　常用构件代号

序号	名　称	代　号	序号	名　称	代　号	序号	名　称	代　号
1	板	B	19	圈梁	QL	37	承台	CT
2	屋面板	WB	20	过梁	GL	38	设备基础	SJ
3	空心板	KB	21	连系梁	LL	39	桩	ZH
4	槽行板	CB	22	基础梁	JL	40	挡土墙	DQ
5	折板	ZB	23	楼梯梁	TL	41	地沟	DG
6	密肋板	MB	24	框架梁	KL	42	柱间支撑	DC
7	楼梯板	TB	25	框支梁	KZL	43	垂直支撑	ZC
8	盖板或沟盖板	GB	26	屋面框架梁	WKL	44	水平支撑	SC
9	挡雨板、檐口板	YB	27	檩条	LT	45	梯	T
10	吊车安全走道板	DB	28	屋架	WJ	46	雨棚	YP
11	墙板	QB	29	托架	TJ	47	阳台	YT
12	天沟板	TGB	30	天窗架	CJ	48	梁垫	LD
13	梁	L	31	框架	KJ	49	预埋件	M
14	屋面梁	WL	32	刚架	GJ	50	天窗端壁	TD
15	吊车梁	DL	33	支架	ZJ	51	钢筋网	W
16	单轨吊	DDL	34	柱	Z	52	钢筋骨架	G
17	轨道连接	DGL	35	框架柱	KZ	53	基础	J
18	车挡	CD	36	构造柱	GZ	54	暗柱	AZ

2）常用钢筋符号

钢筋按其强度和品种分成不同的等级，并用不同的符号表示。常用钢筋图例如表 17-2 所示。

表 17-2　常用钢筋图例

序　号	名　称	图　例	说　明
1	钢筋横断面		
2	无弯钩的钢筋端部		下面的图例表示长、短钢筋投影重叠时，短钢筋的端部用 45°斜画线表示
3	带半圆形弯钩的钢筋端部		
4	带直钩的钢筋端部		
5	带丝扣的钢筋端部		
6	无弯钩的钢筋搭接		
7	带半圆弯钩的钢筋搭接		

续表

序　号	名　称	图　例	说　明
8	带直钩的钢筋搭接		
9	花篮螺丝钢筋接头		
10	机械连接的钢筋接头		用文字说明机械连接的方式

3）钢筋分类

配置在混凝土中的钢筋，按其作用和位置可分为受力筋、箍筋、架立筋、分布筋、构造筋等，如图 17-8 所示。

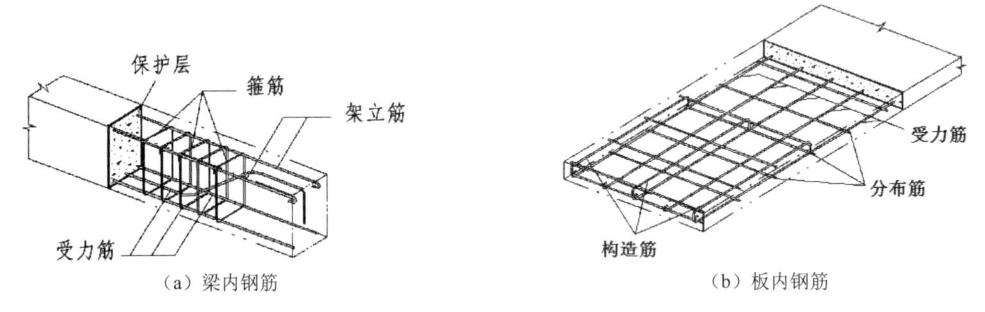

（a）梁内钢筋　　（b）板内钢筋

图 17-8　混凝土中的钢筋

说明如下。

- 受力筋：承受拉、压应力的钢筋。
- 箍筋（钢箍）：承受一部分斜拉应力，并固定受力筋的位置，多用于梁和柱内。
- 架立筋：用于固定梁内钢箍的位置，构成梁内的钢筋骨架。
- 分布筋：用于屋面板、楼板内，与板的受力筋垂直布置，将承受的重量均匀地传给受力筋，并固定受力筋的位置，以及抵抗热胀冷缩所引起的温度变形。
- 其他：因构件构造要求或施工安装需要而配置的构造筋，如腰筋、预埋锚固筋、环等。

4）保护层

钢筋外缘到构件表面的距离称为钢筋的保护层。其作用是保护钢筋免受锈蚀，提高钢筋与混凝土的黏结力。

5）钢筋的标注

钢筋的直径、根数及相邻钢筋中心距，在图样上一般采用引出线方式标注，其标注形式有下面两种。

- 标注钢筋的根数和直径，如图 17-9 所示。
- 标注钢筋的直径和相邻钢筋中心距，如图 17-10 所示。

6）钢筋混凝土构件图示方法

为了清楚地表明构件内部的钢筋，可假设混凝土为透明体，这样构件中的钢筋在施工图中便可看见。在结构图中钢筋的长度用单条粗实线绘制，断面钢筋用黑圆点表示，构件的外形轮廓线用中实线绘制。

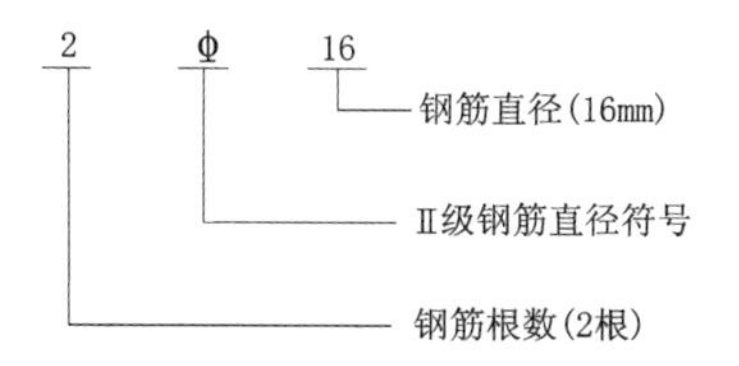

图 17-9　标注钢筋的根数和直径

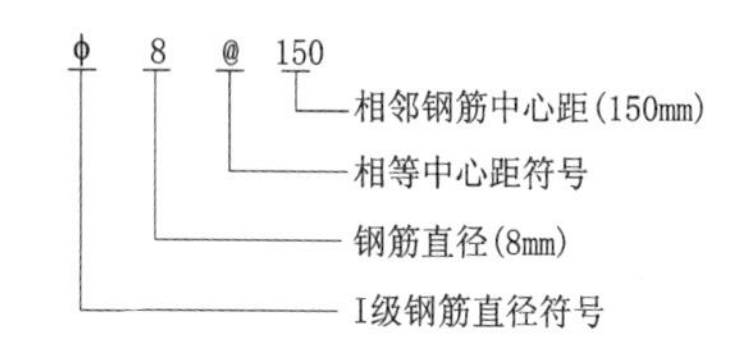

图 17-10　标注钢筋的直径和相邻钢筋中心距

17.2　BIMSpace 乐建 2022 图纸辅助设计工具

BIMSpace 乐建 2022 的图纸辅助设计工具在【详图\标注】选项卡中，如图 17-11 所示。这些工具可帮助设计师高效、精准地完成建筑项目设计工作。

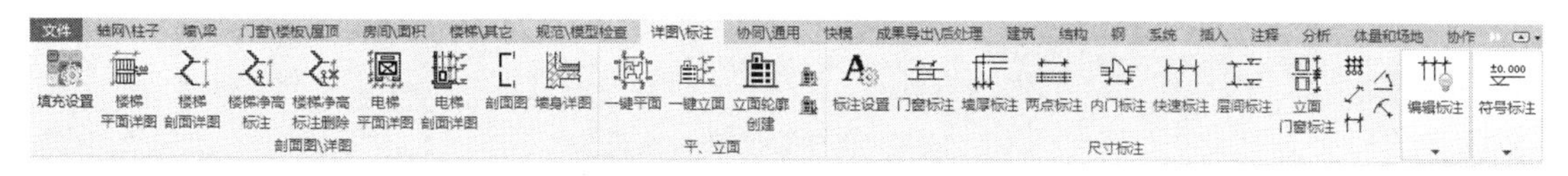

图 17-11　【详图\标注】选项卡

17.2.1　剖面图/详图辅助设计工具

【剖面图\详图】面板中的辅助设计工具可以用于创建剖面图及详图的图案填充样式、楼梯详图的标注等。

为了配合详图和标注的使用，下面以欧式别墅项目模型为例进行讲解。欧式别墅模型如图 17-12 所示。

1.【填充设置】

【填充设置】工具用来修改剖面图及详图中的填充图案。操作步骤如下。

① 在【详图\标注】选项卡的【剖面图\详图】面板中单击【填充设置】按钮，弹出【填充设置】对话框，如图 17-13 所示。

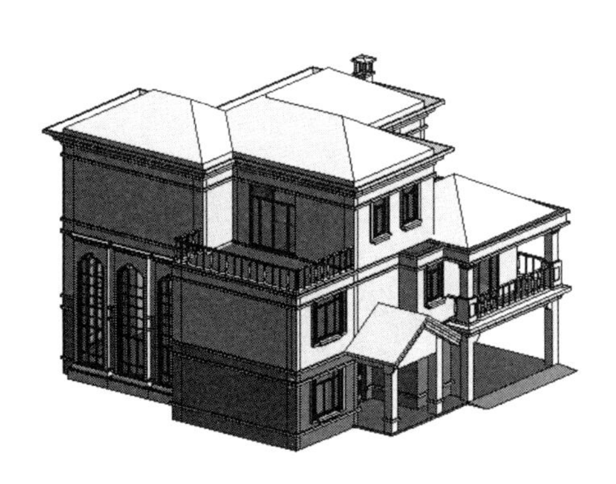

图 17-12　欧式别墅模型

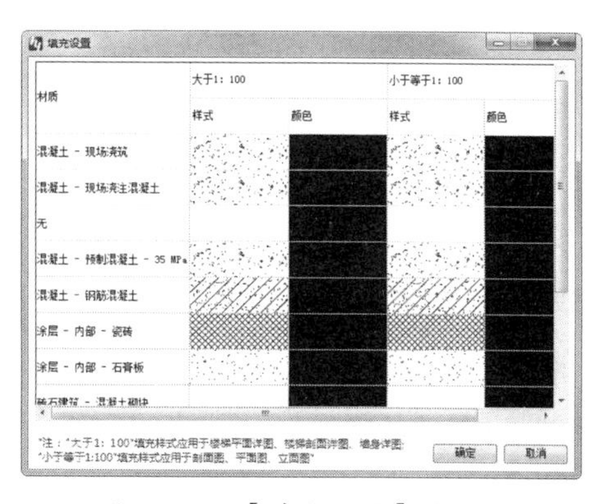

图 17-13　【填充设置】对话框

② 【填充设置】对话框中的【大于 1∶100】列的样式与颜色仅应用于楼梯剖面详图、楼梯平面详图及墙身详图，而【小于等于 1∶100】列中的样式与颜色则应用于建筑剖面图、建筑平面图及建筑立面图。

③ 要修改某一种图案样式，可双击样式图块，在打开的【填充图案选择】对话框中设置新图案，如图 17-14 所示。

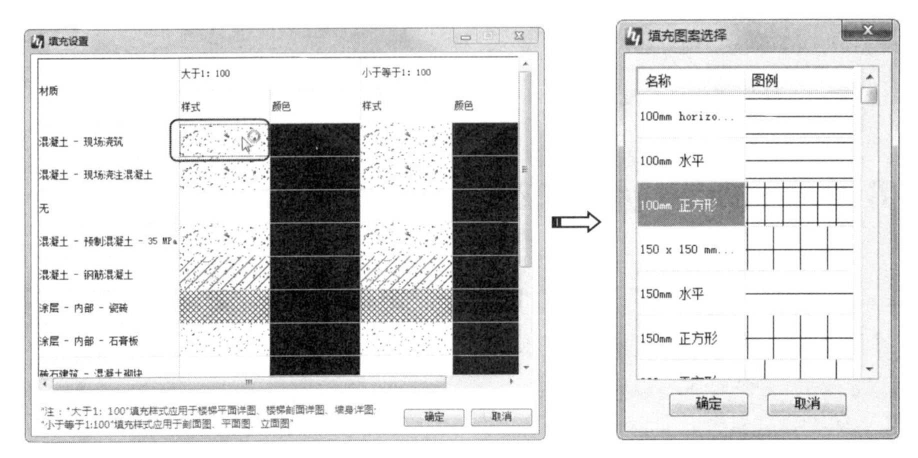

图 17-14 图案样式的修改设置

④ 若修改颜色，则双击颜色图块，在打开的【颜色】对话框中设置新颜色，如图 17-15 所示。

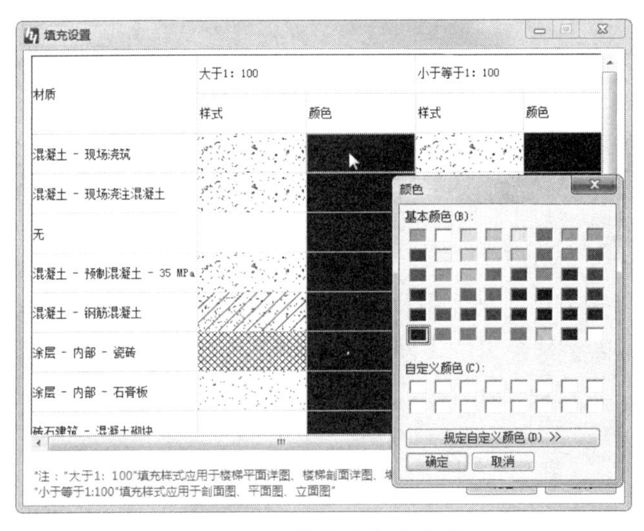

图 17-15 颜色的修改设置

2.【楼梯平面详图】

在创建了详图后，可利用【楼梯平面详图】工具快速地自动标注详图。操作步骤如下。

① 打开本例源文件【欧式别墅.rvt】。

② 切换到有楼梯的【一层平面图】楼层平面视图，利用 Revit【视图】选项卡的【创建】面板中的【详图索引】工具，在楼梯间绘制矩形详图索引，如图 17-16 所示。

③ 在【详图\标注】选项卡的【剖面图\详图】面板中单击【楼梯平面详图】按钮，选择绘制的详图索引，如图 17-17 所示。

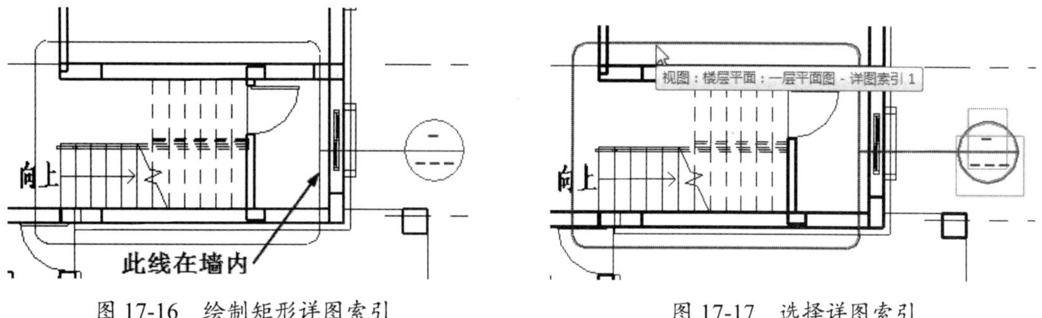

图 17-16　绘制矩形详图索引　　　　图 17-17　选择详图索引

④ 系统自动创建【一层平面图-详图索引 1】楼层平面视图，并完成详图的尺寸标注，如图 17-18 所示。

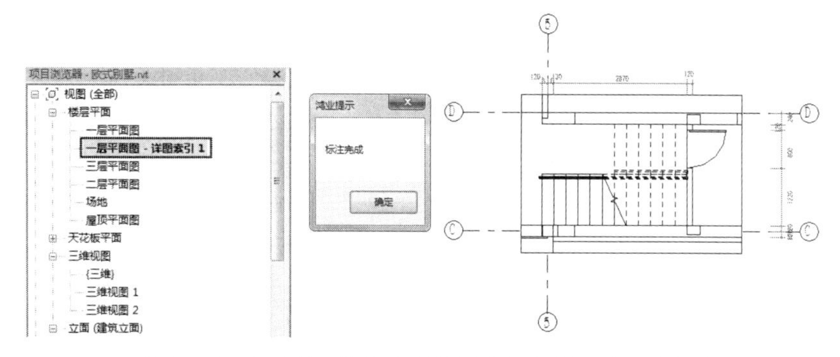

图 17-18　自动创建楼层平面视图并完成详图的尺寸标注

3.【楼梯剖面详图】

【楼梯剖面详图】工具可以用来设置剖面详图中的填充样式并完成楼梯尺寸的标注。接上一个案例继续操作。

① 切换到【一层平面图-详图索引 1】楼层平面视图，单击【视图】选项卡中的【剖面】按钮，将剖面视图标记放置在楼梯位置，随后自动创建名称为【剖面 1】的剖面视图，如图 17-19 所示。创建的剖面视图中没有标注尺寸，如图 17-20 所示。

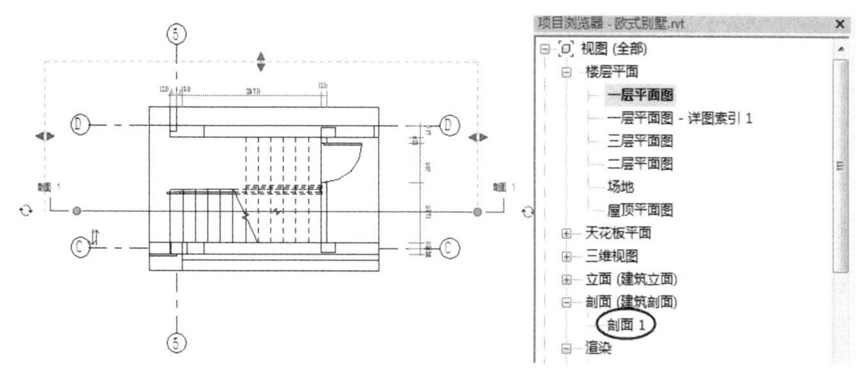

图 17-19　放置剖面视图标记并创建剖面视图

② 在【详图\标注】选项卡的【剖面图\详图】面板中单击【楼梯剖面详图】按钮，再选择放置的剖面视图标记，系统自动完成剖面视图的尺寸标注，如图 17-21 所示。

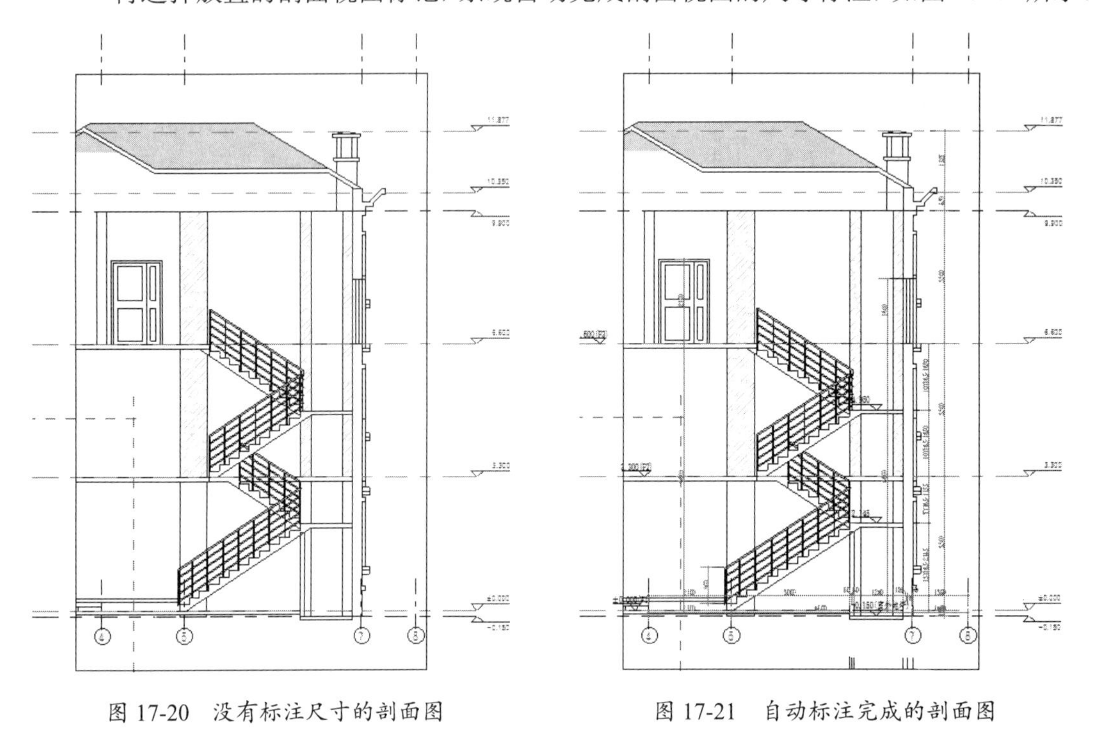

图 17-20　没有标注尺寸的剖面图　　　　　图 17-21　自动标注完成的剖面图

③ 如果仅仅表达楼梯的剖面，则可以调整剖面视图中的裁剪区域，并在【属性】选项板中勾选【裁剪区域可见】复选框，不显示裁剪框，如图 17-22 所示。

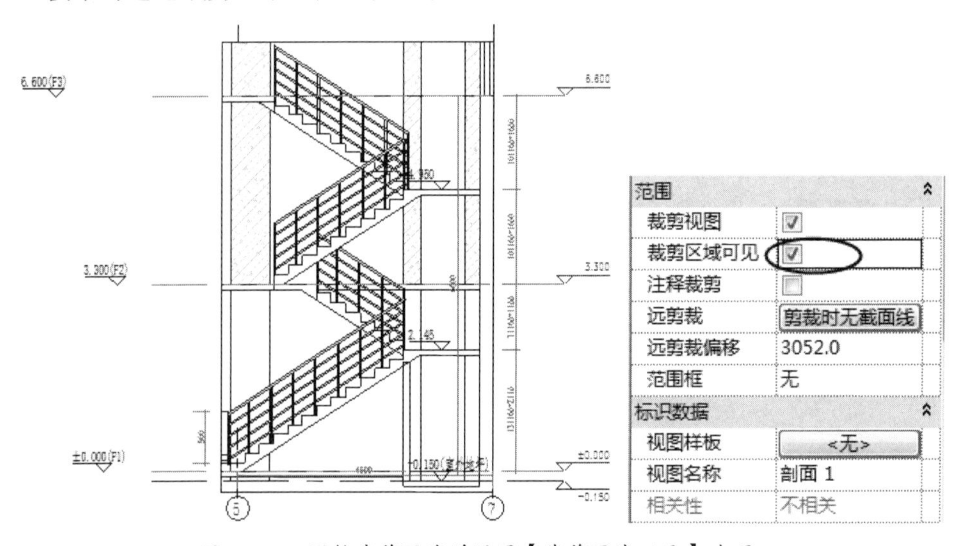

图 17-22　调整裁剪区域并设置【裁剪区域可见】选项

4.【楼梯净高标注】

【楼梯净高标注】用于在楼梯剖面视图中进行楼梯净高自动标注，暂不支持以草图方式绘制的楼梯，仅针对构件楼梯。构件楼梯净高标注示意如图 17-23 所示。

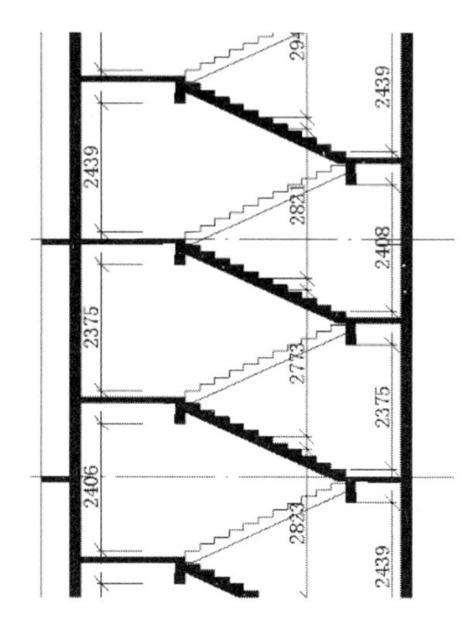

图 17-23　构件楼梯净高标注示意

在【详图\标注】选项卡的【剖面图\详图】面板中单击【楼梯净高标注删除】按钮，可将净高标注完全删除。

5.【剖面图】

【剖面图】工具可以清晰地表达出墙体、梁、柱等构件剖面的填充信息。操作步骤如下。

① 切换到【一层平面图】楼层平面视图。在【视图】选项卡中单击【剖面】按钮，在楼层平面视图中放置剖面视图标记，如图 17-24 所示。

② 在【详图\标注】选项卡的【剖面图\详图】面板中单击【剖面图】按钮，选择放置的剖面视图标记，系统将按照设置的填充图案自动完成剖面视图的墙体填充，如图 17-25 所示。

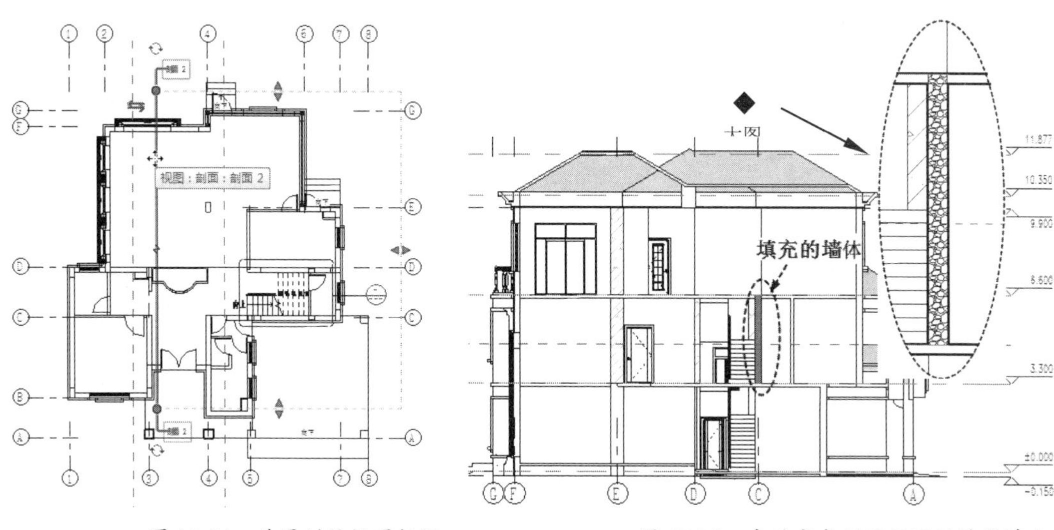

图 17-24　放置剖面视图标记　　　　图 17-25　自动完成剖面视图的墙体填充

17.2.2　立面图辅助设计工具

立面图辅助设计工具包括【立面轮廓创建】【编辑立面轮廓】【删除立面轮廓】工具。

利用 BIMSpace 乐建 2022 的【立面轮廓创建】工具可以快速地创建出立面图中所要表达的粗实线外形轮廓，可利用【编辑立面轮廓】工具来手动绘制系统识别不了的某些轮廓。操作步骤如下。

① 切换到【北】立面图。

② 在【详图\标注】选项卡的【平、立面】面板中单击【立面轮廓创建】按钮，系统自动搜索立面图中建筑的外形轮廓，并进行创建，如图 17-26 所示。

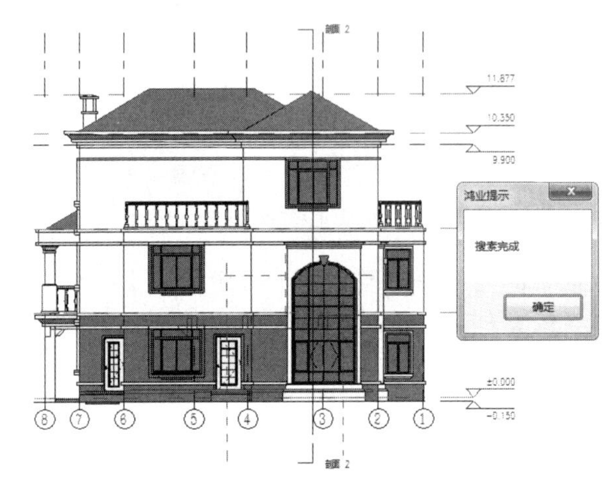

图 17-26　创建立面轮廓

③ 要想清晰地看到轮廓，需要更改线宽及颜色。单击【管理】选项卡的【其他设置】面板中的【线样式】按钮，在打开的【线样式】对话框中选择【HYProfileline3】线型，改变其线宽（由 3 变为 6），如图 17-27 所示。

④ 在设置线宽后，就可以看清立面图中的轮廓了，如图 17-28 所示。

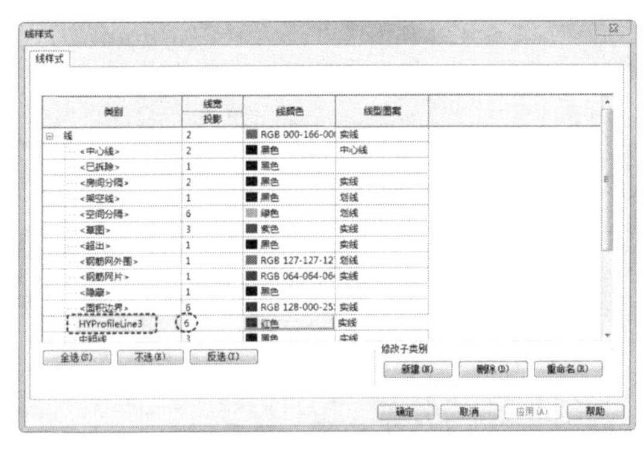

图 17-27　设置立面轮廓线宽

图 17-28　改变线宽后的立面轮廓

⑤ 可以看出，系统自动识别的立面轮廓不是很准确，需要重新编辑。删除建筑轮廓内部产生的轮廓（选中并按 Delete 键删除）。

⑥ 在【详图\标注】选项卡的【平、立面】面板中单击【编辑立面轮廓】按钮，在打开的【编辑建筑立面轮廓线】对话框中设置【线宽】为【6】，以【直线绘制轮廓线】的方式绘制立面轮廓，如图 17-29 所示。

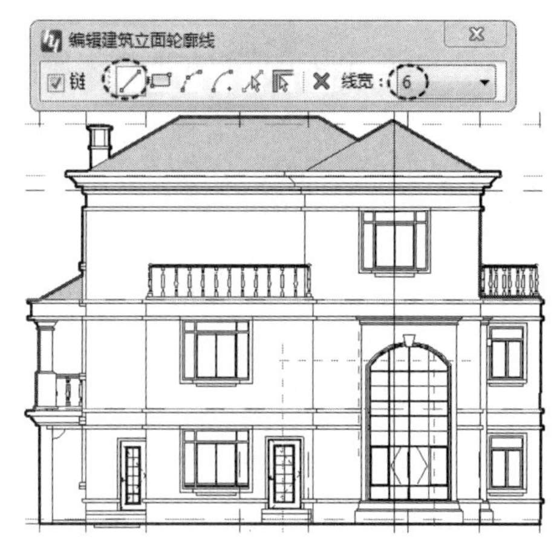

图 17-29　绘制完成的立面轮廓

⑦ 如果不再需要立面轮廓，或者系统识别的立面轮廓效果比较差，则可以在【详图\标注】选项卡的【平、立面】面板中单击【删除立面轮廓】按钮，删除所有的立面轮廓，利用【编辑立面轮廓】工具手动绘制立面轮廓。

17.2.3　尺寸标注、符号标注与编辑尺寸工具

在【尺寸标注】面板中，除了包括 6 个标准的尺寸标注工具（轴网标注、角度标注、对齐标注、径向标注和线性标注），还包括专注于建筑平面图、建筑立面图或建筑剖面图的门窗标注、墙厚标注、两点标注、内门标注、快速标注、层间标注及立面门窗标注快速标注工具。

这些尺寸标注工具我们将在后面的建筑施工图案例中一一地简要介绍并使用。接触过 AutoCAD 的读者，对尺寸标注并不陌生。鉴于此，详细的标注含义这里就不再赘述。

17.3　Revit 建筑施工图设计

建筑施工图用于详细描述建筑总平面图、建筑平面图、建筑剖面图、建筑立面图、建筑详图\大样图的设计全过程。鉴于篇幅的限制，本章不会完整地呈现出在图纸设计过程中，图纸中要表达的所有信息，将优先介绍图纸设计过程。

本例是一个阳光海岸别墅建筑项目，已经完成建筑设计和结构设计，Revit 三维模型如图 17-30 所示。

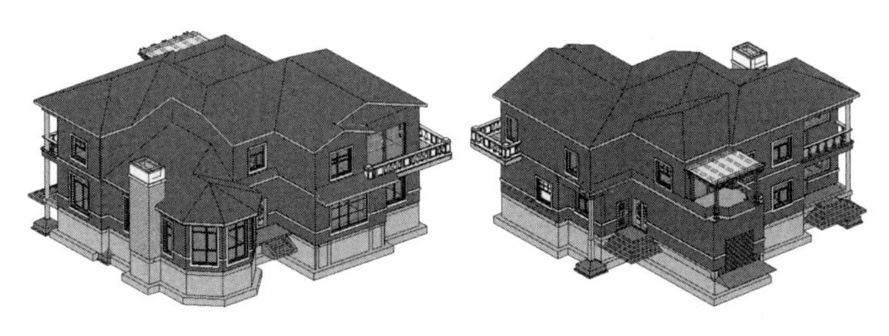

图 17-30　阳光海岸别墅三维模型

本章，我们将利用 BIMSpace 乐建 2022 和 Revit 的相关图纸设计功能，联合设计出建筑施工图纸。

17.3.1　建筑平面图设计

建筑平面图是整个建筑平面的真实写照，用于表现建筑物的平面形状、布局、墙体、柱子、楼梯及门窗的位置。

在进行施工图阶段的图纸绘制时，建议在含有三维模型的平面视图中进行复制，将二维图元（房间标注、尺寸标注、文字标注、注释等）绘制在新的【施工图标注】平面视图中，便于进行统一的管理。

上机操作——创建建筑一层平面图

① 启动 BIMSpace 乐建 2022，打开本例源文件【阳光海岸别墅.rvt】。

② 切换到【楼层平面】视图节点下的【一层】楼层平面视图，如图 17-31 所示。

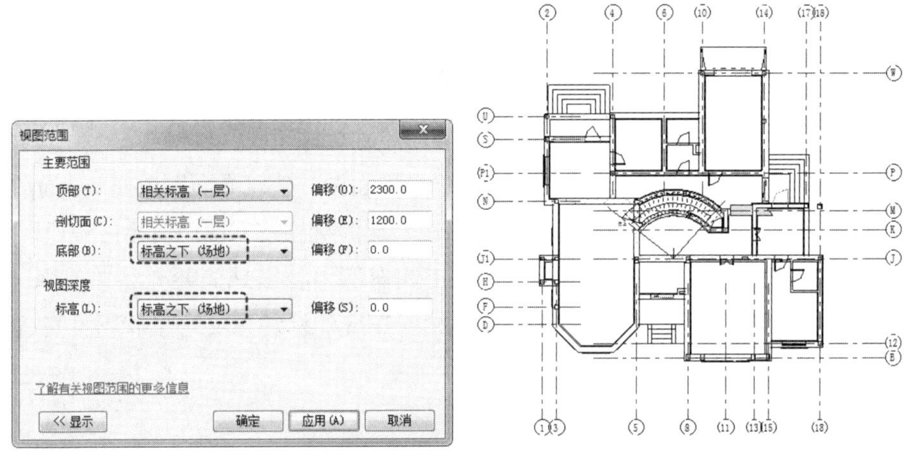

图 17-31　【一层】楼层平面视图

知识点拨：

为了在【一层】楼层平面视图中表达出在【场地】楼层平面视图中设计的坡道与台阶，将【视图范围】对话框中的【底部】和【标高】都设置为【标高之下（场地）】。

③ 从图 17-31 中可以看出，轴号、尺寸等是比较凌乱的，需要逐一地添加及修改。有些尺寸标注、文字标注等信息不需要在平面视图中表达，所以需要另外建立视图。在【项目浏览器】选项板中选中要复制的【一层】视图，右击并在弹出的快捷菜单中执行【复制视图】|【复制】命令，复制一个新的视图出来，将新视图重命名为【一层平面图】，如图 17-32 所示。

④ 此时，新建的【一层平面图】视图处于被激活状态。接下来将平面视图中的轴号全部进行排序，分别利用 BIMSpace 乐建 2022 的【轴网\柱子】选项卡的【轴线编辑】面板和【轴号编辑】面板中的编辑工具进行操作（一些细节不便于截图，读者可参考本例演示视频），如图 17-33 所示。

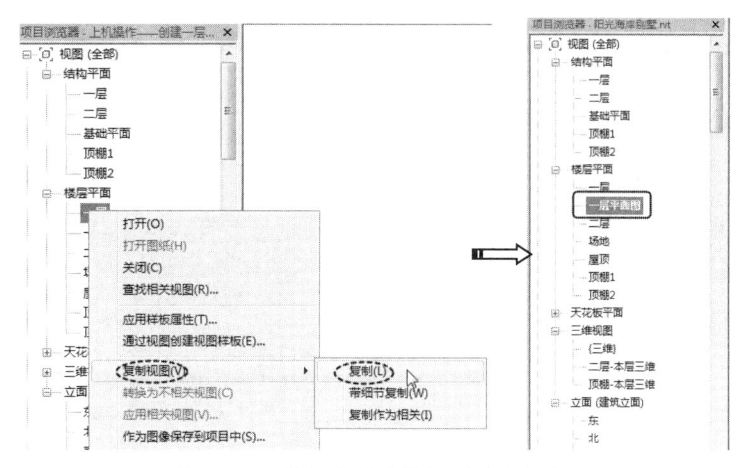

图 17-32　复制【场地】视图并重命名

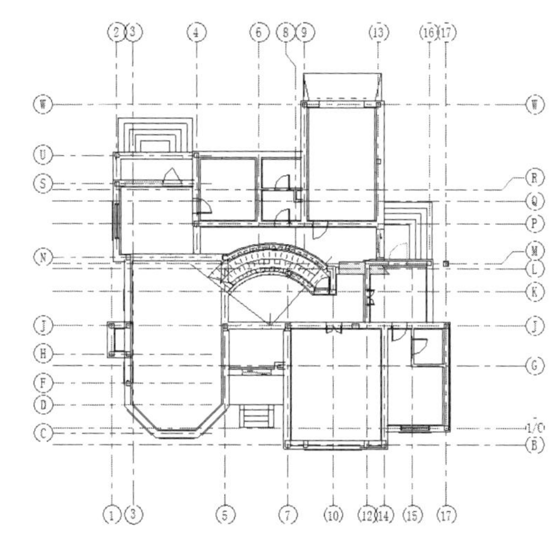

图 17-33　修改轴号后的轴网

⑤ 利用【轴网\柱子】选项卡中的【轴网标注】工具，或者【详图\标注】选项卡中的【轴网标注】工具标注轴线，如图 17-34 所示。

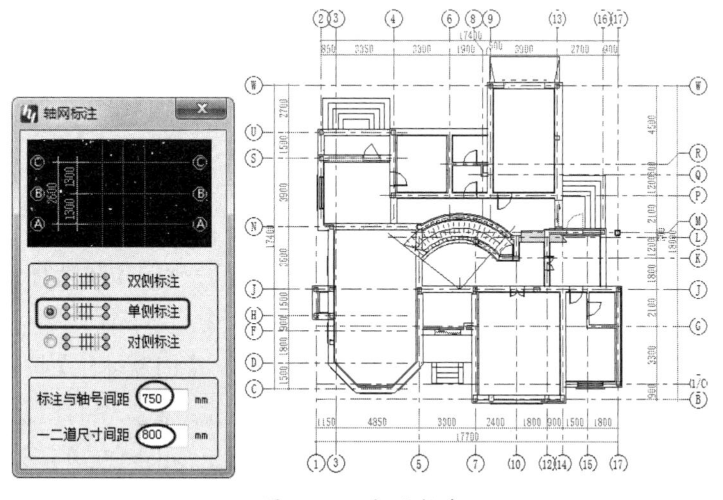

图 17-34　标注轴线

知识点拨：

在设置轴网标注参数后，仅选择轴网两端的轴线进行标注即可，中间的轴线标注是自动生成的。

⑥ 利用 BIMSpace 乐建 2022 的【详图\标注】选项卡中的【对齐标注】工具，依次标注出内部构件的尺寸，如坡道构件尺寸、楼梯尺寸等，如图 17-35 所示。

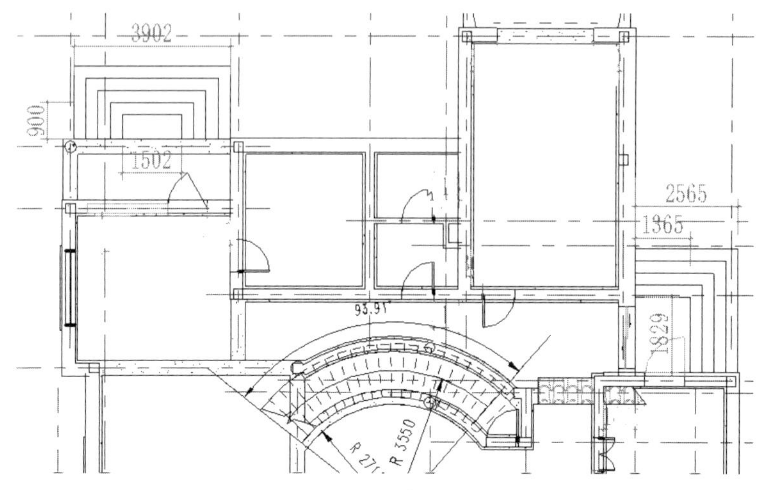

图 17-35　标注内部构件的尺寸

⑦ 利用【符号标注】面板中的【标高标注】工具，在平面视图中添加标高标注，如图 17-36 所示。

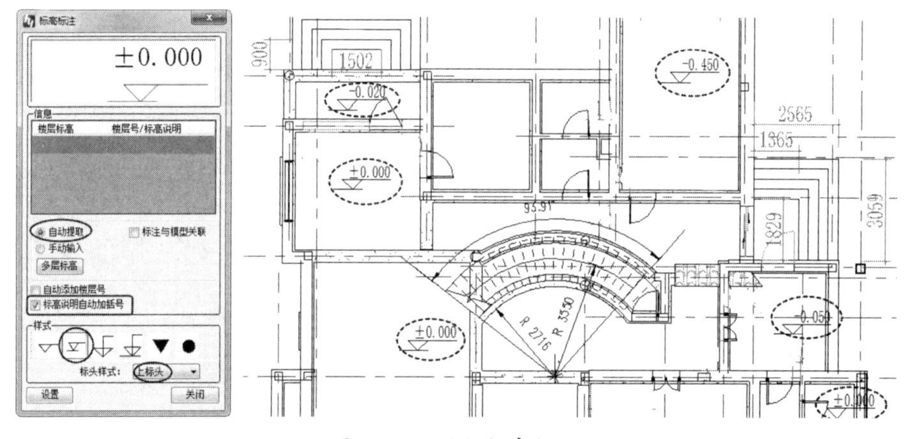

图 17-36　添加标高标注

⑧ 将【项目浏览器】选项板的【族】视图节点下的【注释符号】|【标记_门】标记拖曳到视图中的门位置来标记门，如图 17-37 所示。

⑨ 同理，将【项目浏览器】选项板的【族】视图节点下的【注释符号】|【标记_窗】标记拖曳到视图中的窗位置，标记窗，如图 17-38 所示。

⑩ 在【详图\标注】选项卡的【尺寸标注】面板中单击【门窗标注】按钮，弹出【门窗标注】对话框。选择【轴线上的墙体】墙体定位方式，在有门窗的墙体轴线两侧单击，系统会自动标注该轴线墙体中所有的门窗，如图 17-39 所示。

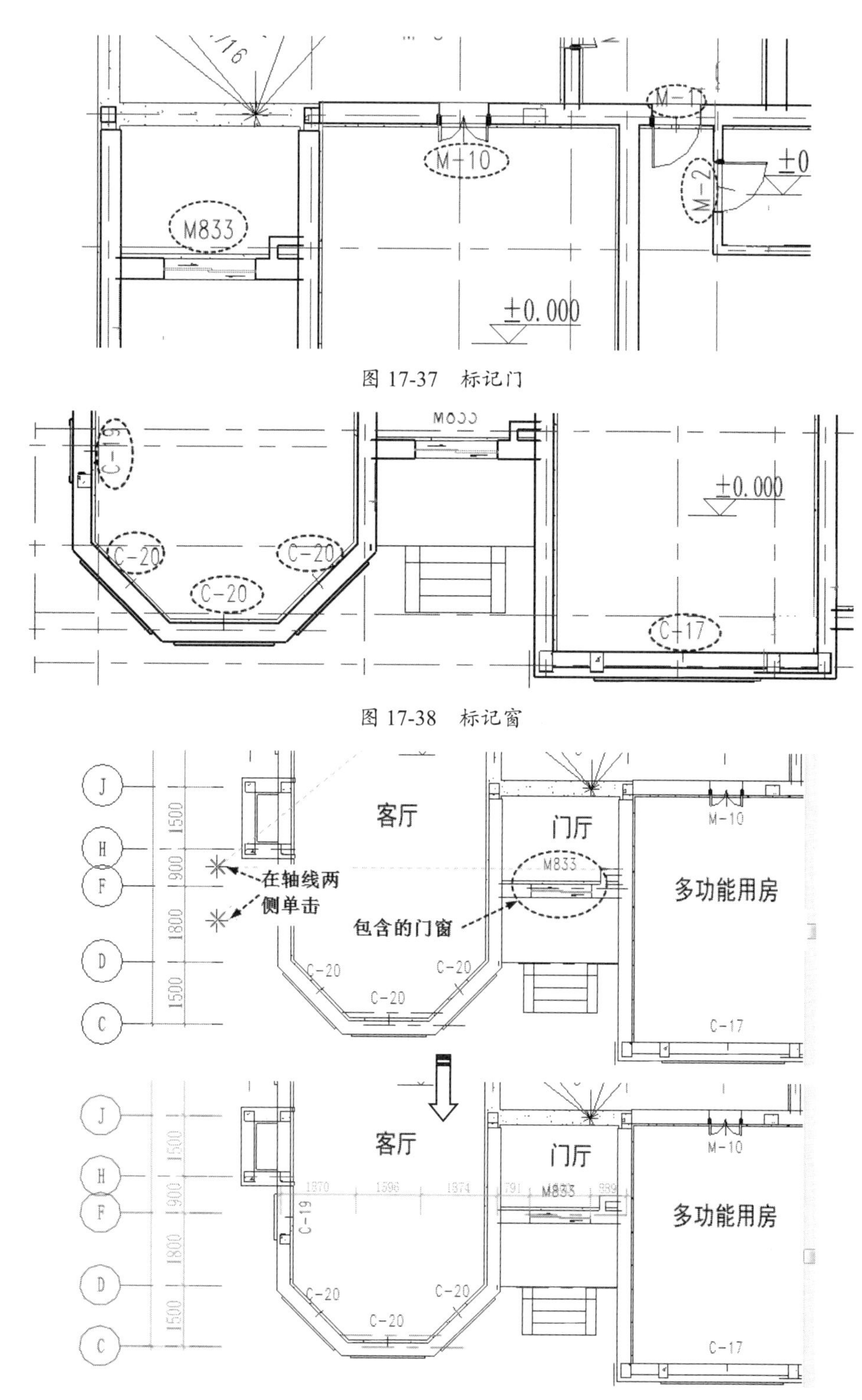

图 17-37　标记门

图 17-38　标记窗

图 17-39　自动标注门窗

⑪　同理，在其余包含门窗的墙体轴线两侧，进行相同操作，完成门窗标注。没有轴线的，可以在【门窗标注】对话框中切换墙体定位方式为【连接的墙体】，同样在包含门窗墙体的两侧进行单击即可。

⑫ 单击【详图\标注】选项卡的【符号标注】面板中的【标高标注】按钮 ±0.000，在平面图中进行房间标高标注，如图 17-40 所示。

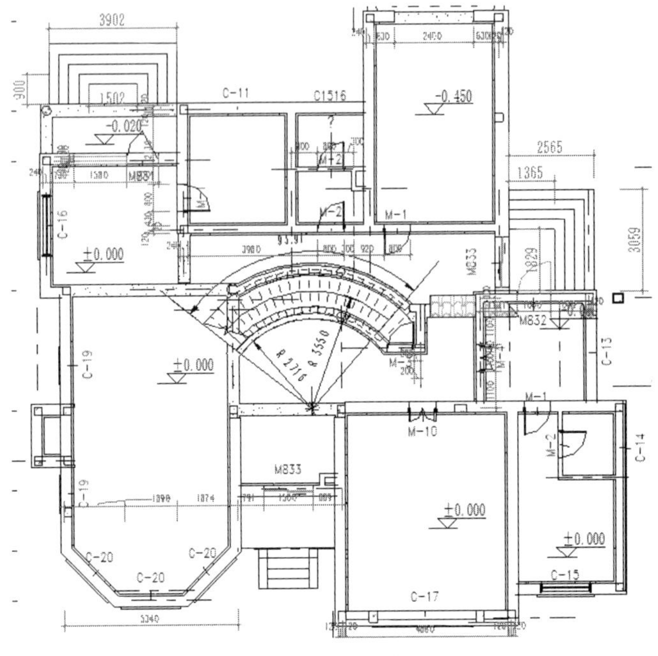

图 17-40　房间标高标注

⑬ 放置房间标记。在【房间\面积】选项卡的【房间】面板中单击【生成房间】按钮，并在【属性】选项板中修改房间名称，在平面视图中依次创建房间并放置房间标记，如图 17-41 所示。

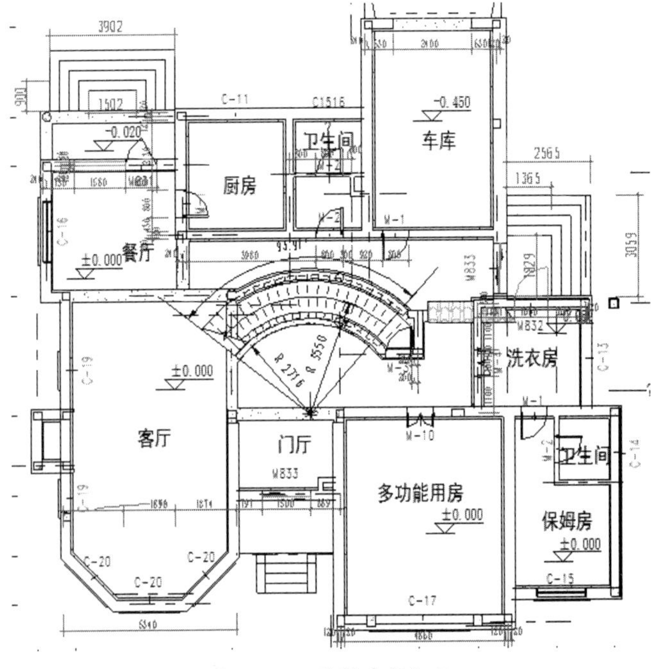

图 17-41　放置房间标记

⑭ 选中所有的轴线，在【属性】选项板中编辑类型参数，设置其【轴线中段】为【无】，如图 17-42 所示。

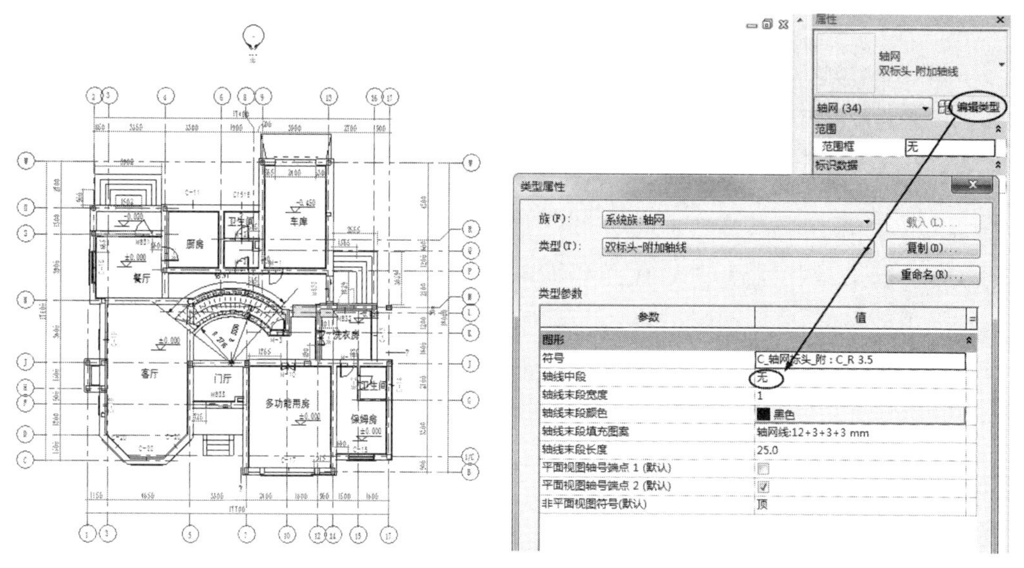

图 17-42　设置轴线样式

⑮ 单击【详图\标注】选项卡【符号标注】面板中的【图名标注】按钮，在弹出的【图名标注】对话框中设置图名标注选项，单击【确定】按钮在视图中放置图名标注，如图 17-43 所示。

⑯ 利用 BIMSpace 乐建 2022 的【多行文字】工具，在图名下面标注一段文字说明【未注明墙体均为 240mm 厚】，如图 17-44 所示。

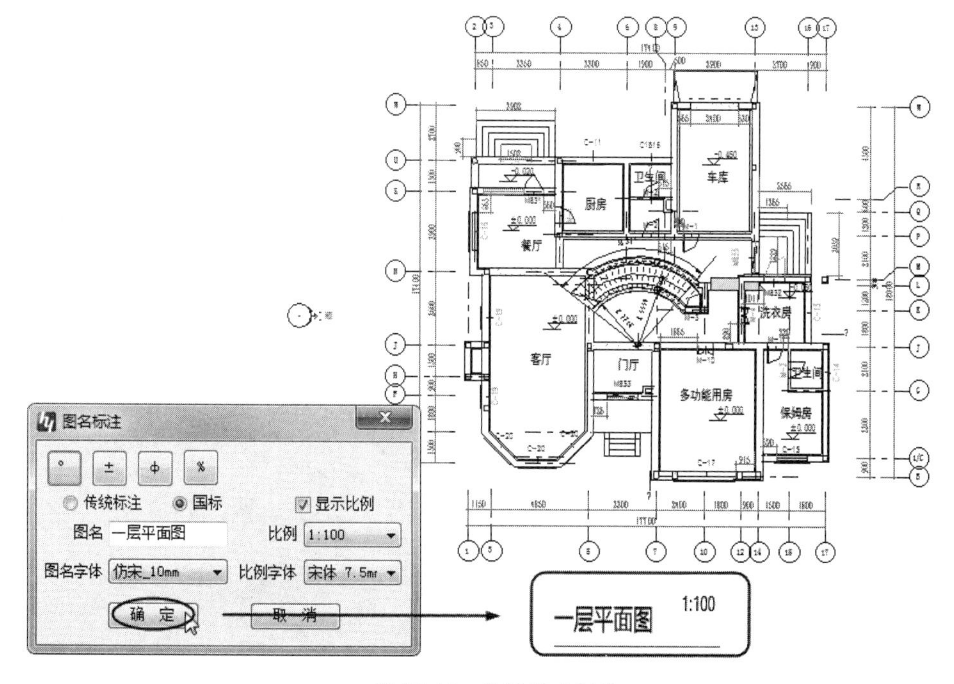

图 17-43　放置图名标注

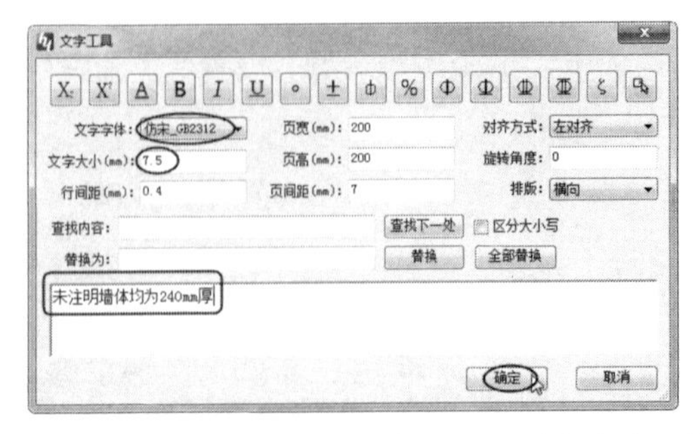

图 17-44　添加文字注释

⑰ 将【项目浏览器】选项板的【注释符号】视图节点下的【符号_指北针】族拖曳到图名标注右侧，如图 17-45 所示。

⑱ 在【门窗\楼板\屋顶】选项卡中单击【门窗表】按钮，在弹出的【统计表】对话框中单击【设置】按钮，打开【表列设置】对话框。设置表列参数后单击【确定】按钮，如图 17-46 所示。

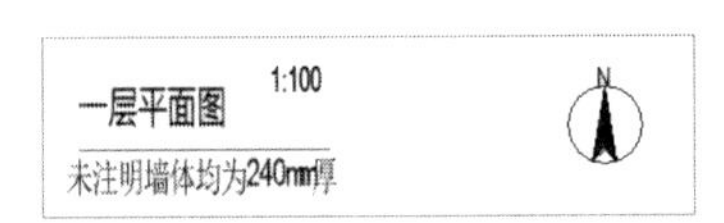

图 17-45　添加【符号_指北针】族

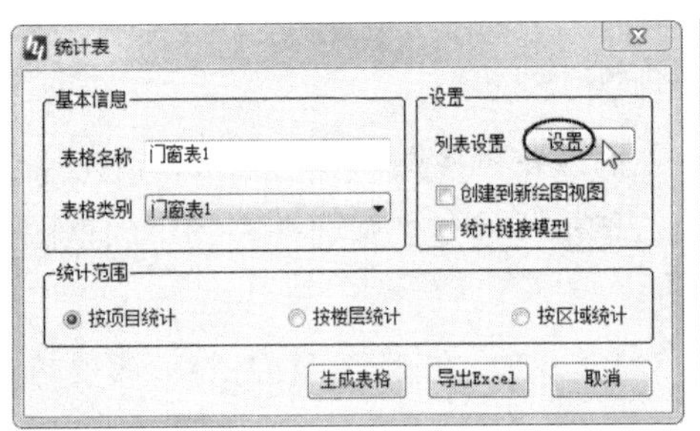

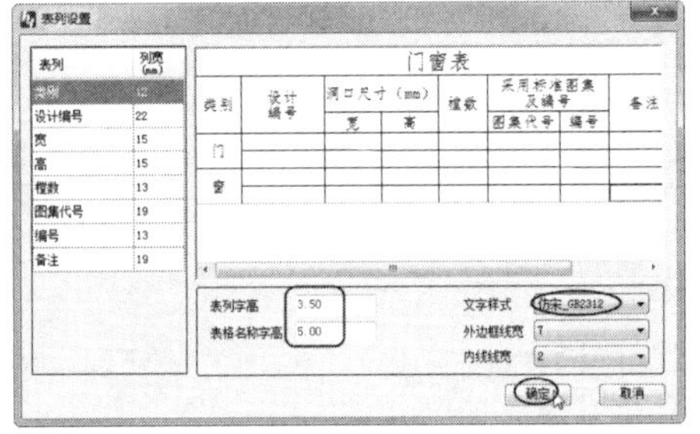

图 17-46　表列设置

⑲ 其他选项保留默认设置，单击【生成表格】按钮，系统自动计算整个项目中的门窗尺寸，将生成的门窗表放置在视图右侧，如图 17-47 所示。在当前平面视图中将立面图标记全部被隐藏。

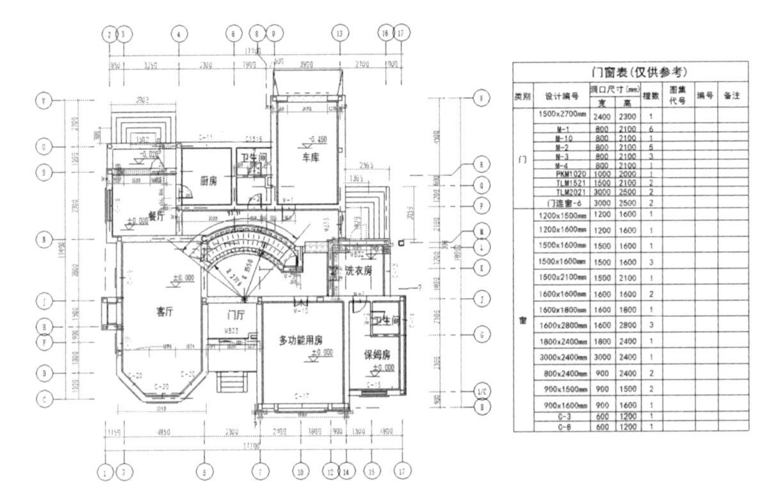

门窗表(仅供参考)

类别	设计编号	洞口尺寸(mm) 宽	洞口尺寸(mm) 高	樘数	图集代号	编号	备注
门	1500x2700mm	2400	2300	1			
	M-1	800	2100	6			
	M-10	800	2100	1			
	M-2	800	2100	5			
	M-3	800	2100	3			
	M-4	800	2100	1			
	PKM1020	1000	2000	1			
	TLM1521	1500	2100	2			
	TLM2021	3000	2500	2			
	门连窗-6	3000	2500	2			
窗	1200x1500mm	1200	1600	1			
	1200x1600mm	1200	1600	1			
	1500x1600mm	1500	1600	1			
	1500x1600mm	1500	1600	3			
	1500x2100mm	1500	2100	1			
	1600x1600mm	1600	1600	2			
	1600x1800mm	1600	1800	1			
	1600x2800mm	1600	2800	3			
	1800x2400mm	1800	2400	1			
	3000x2400mm	3000	2400	1			
	800x2400mm	900	2400	2			
	900x1500mm	900	1500	2			
	900x1600mm	900	1600	1			
	C-3	600	1200	1			
	C-8	600	1200	1			

图 17-47　放置门窗表

⑳ 在【出图\打印】选项卡中单击【布图】按钮，弹出【布图】对话框。单击【新建】按钮，弹出【新建图纸】对话框，新建【一层平面图】的图纸，单击【确定】按钮完成图纸的创建，如图 17-48 所示。

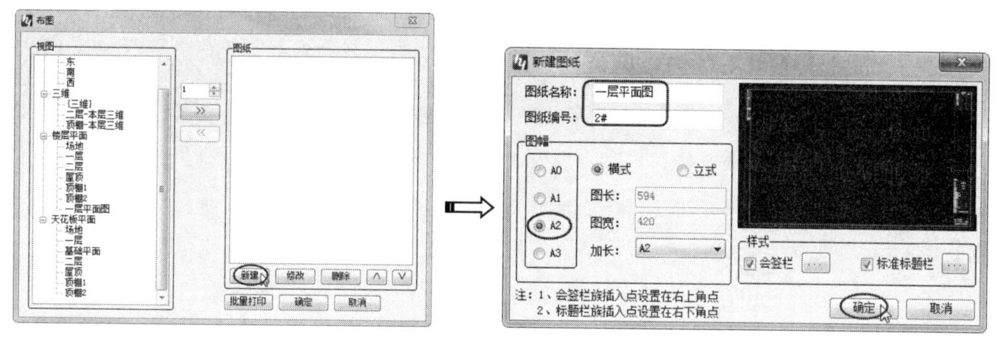

图 17-48　新建图纸

㉑ 在【布图】对话框的左侧视图列表中选择【一层平面图】楼层平面视图，单击中间的【添加】按钮，将该视图添加到右侧的图纸列表中，如图 17-49 所示。

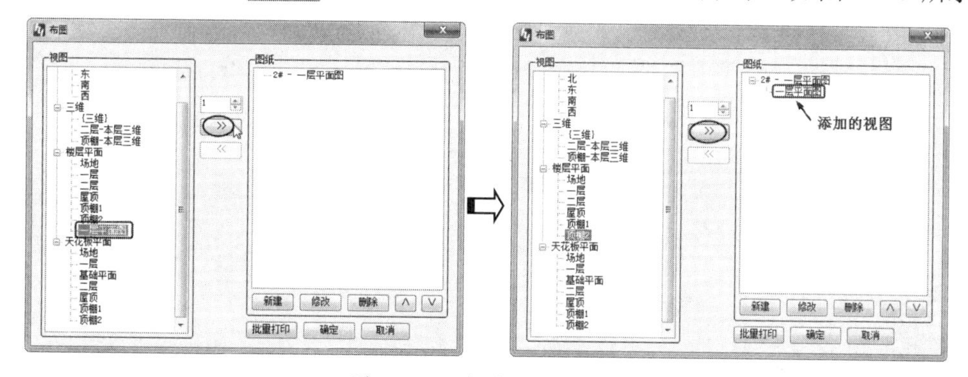

图 17-49　为图纸添加视图

㉒ 单击【布图】对话框中的【确定】按钮，完成建筑平面图纸的创建。从【项目浏览器】选项板的【图纸（全部)】视图节点下可以找到创建的图纸，双击此图纸名称可以打开图纸，如图 17-50 所示。

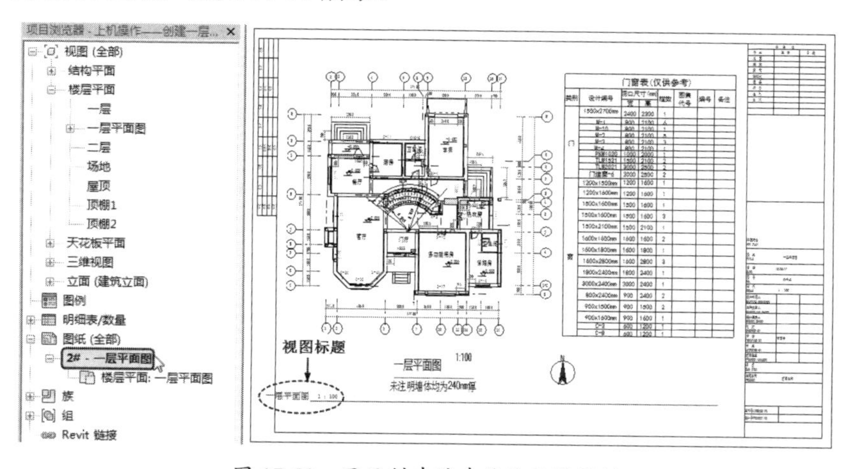

图 17-50　显示创建的建筑平面图图纸

知识点拨：

如果视图不在图纸框内，则可以手动移动视图到合适位置。另外，需要隐藏视图标题。

㉓ 【一层平面图】中的视图标题需要隐藏，在【视图】选项卡中单击【可见性/图形】按钮，在弹出的对话框中取消勾选【注释类别】选项卡下的【视图标题】复选框，单击【确定】按钮，即可隐藏视图标题，如图 17-51 所示。

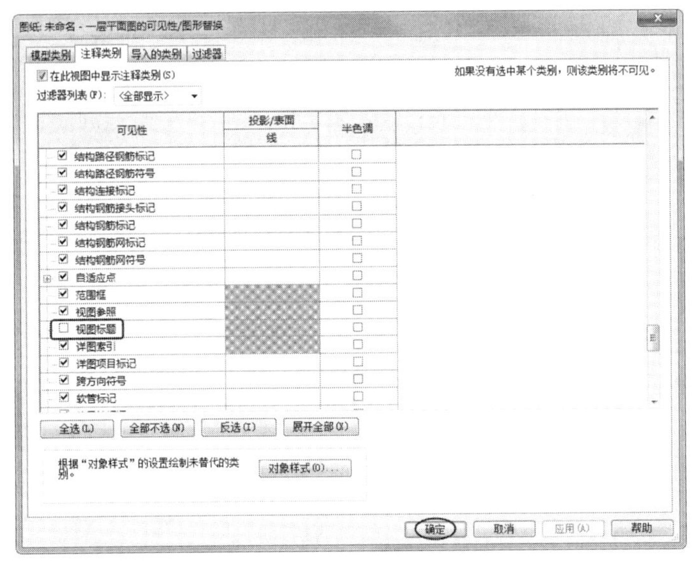

图 17-51　隐藏视图标题

㉔ 最终创建完成的一层建筑平面图如图 17-52 所示。

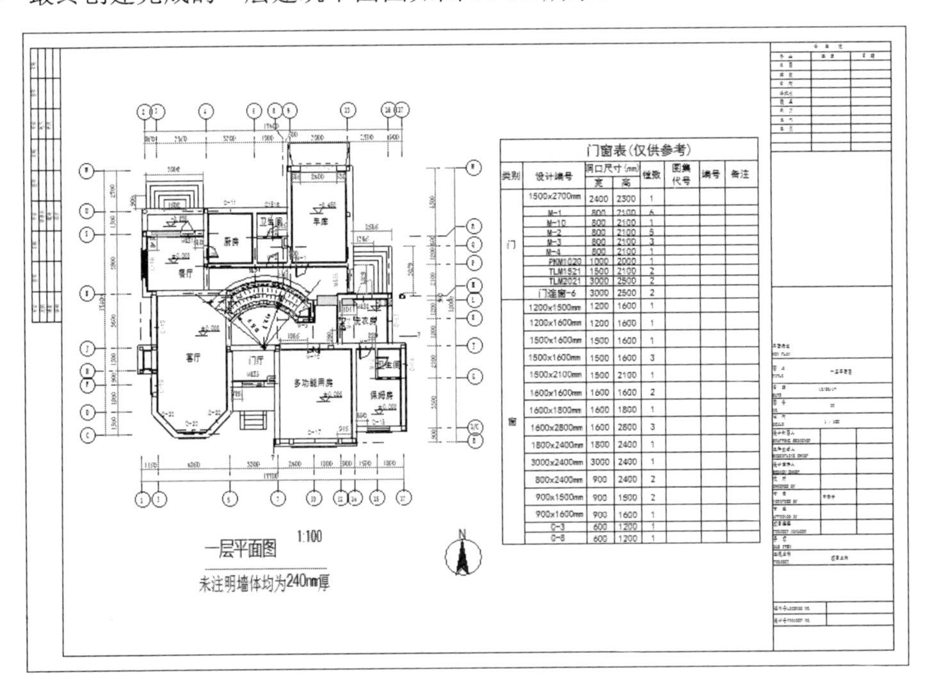

图 17-52　创建完成的一层建筑平面图

㉕ 保存项目文件。按照此方法，还可以创建二层建筑平面图和顶层建筑平面图。

17.3.2　建筑立面图设计

建筑立面图是指用正投影法对建筑各个外墙面进行投影所得到的正投影图。与建筑平面图一样，建筑立面图也是表达建筑物的基本图样之一，它主要反映建筑物的立面形式和外观情况。

与建筑平面视图一样，建筑立面图视图也是 Revit 自动创建的，在此基础上创建尺寸标注、文字注释并编辑外立面轮廓后创建图纸，即可完成立面出图。

上机操作——创建建筑立面图

① 切换到【南】立面图。

② 在【项目浏览器】选项板中复制【南立面图】视图，并重命名为【南立面-建筑立面图】，如图 17-53 所示。

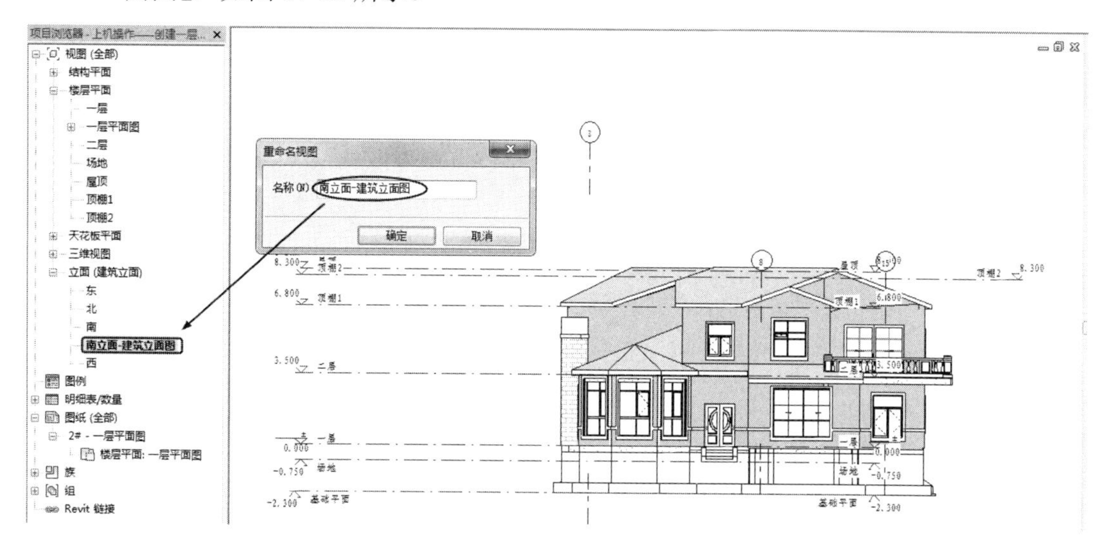

图 17-53　复制【南立面图】视图并重命名

③ 切换到【北立面-建筑立面图】视图。将标高符号进行移动，并设置为单边显示编号，如图 17-54 所示。

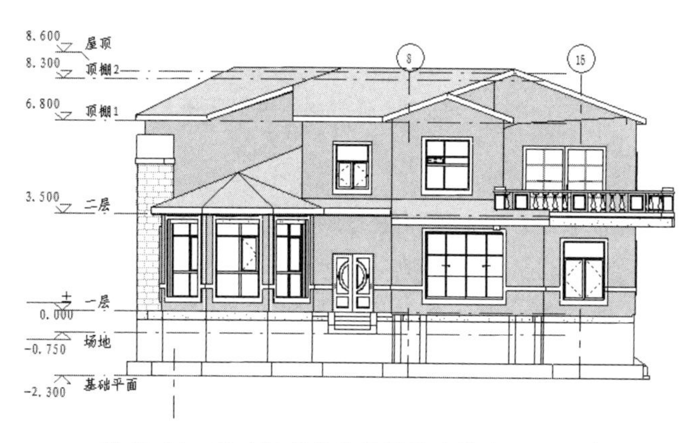

图 17-54　移动标高符号并设置为单边显示编号

④ 在软件窗口底部的状态栏中单击【显示隐藏的图元】按钮，选中隐藏的所有轴线及轴号后，执行快捷菜单中的【取消在视图中隐藏】|【图元】命令，取消轴线及轴号在视图中的隐藏，如图 17-55 所示。完成操作后单击【关闭“显示隐藏的图元”】按钮返回到【南立面图】中。

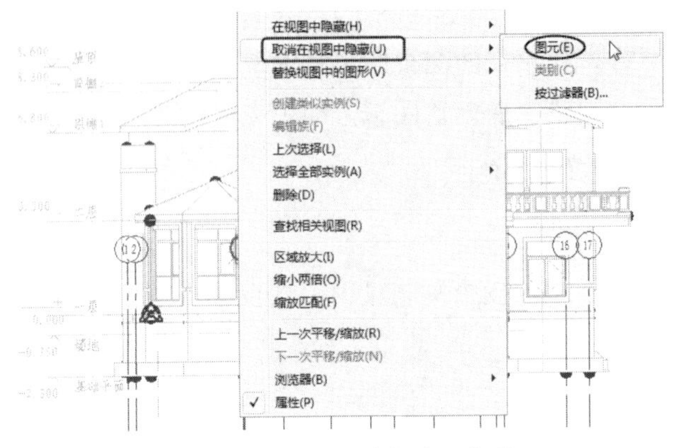

图 17-55　显示所有轴线及轴号

⑤ 显示编号为①、③、⑤、⑧、⑮、⑰的轴线及轴号，其余轴线及轴号再次进行隐藏，效果如图 17-56 所示。

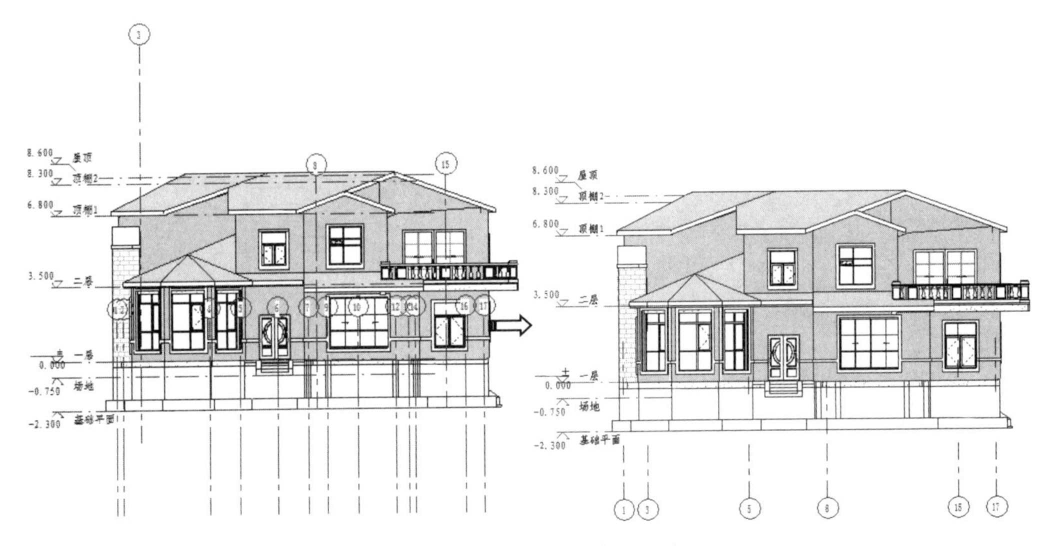

图 17-56　隐藏部分轴线及轴号

⑥ 在状态栏中单击【显示裁剪区域】按钮，显示立面图中的裁剪边界线。

⑦ 选中裁剪边界线，拖曳下方裁剪边界到【场地】标高，如图 17-57 所示。完成操作后单击【隐藏裁剪区域】按钮。

⑧ 利用【详图\标注】选项卡中的【对齐标注】工具，标注轴线和建筑内部的部分门窗、烟囱等的尺寸，如图 17-58 所示。

⑨ 进行标高标注，如图 17-59 所示。

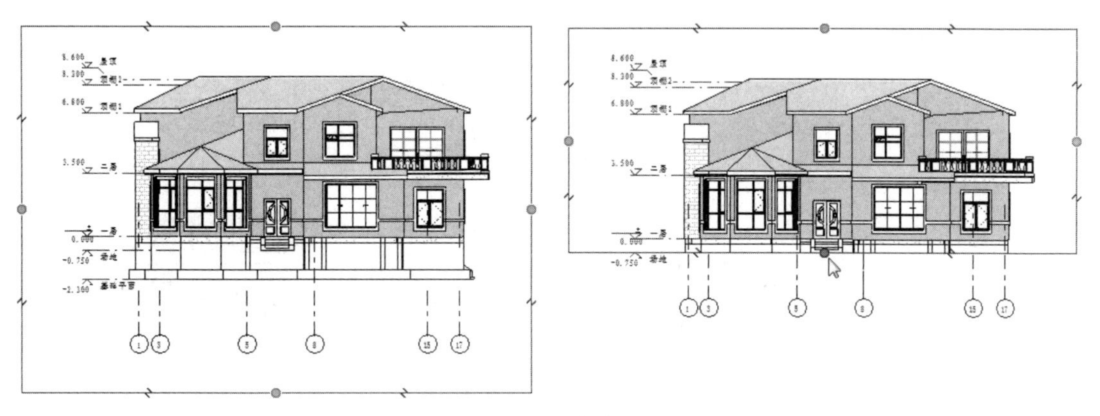

图 17-57　移动裁剪边界线

图 17-58　标注尺寸

图 17-59　标高标注

⑩ 利用【出图\打印】选项卡中的【图名标注】工具，注写建筑立面图名称与比例，如图 17-60 所示。

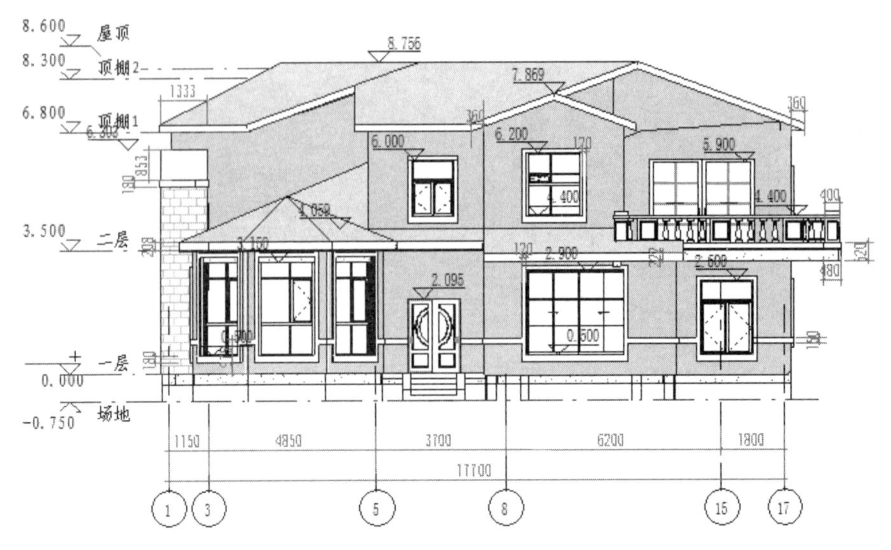

图 17-60 注写建筑立面图名称与比例

⑪ 按照创建一层平面图图纸的方法，创建南立面图的图纸（使用 A3 标题栏），如图 17-61 所示。

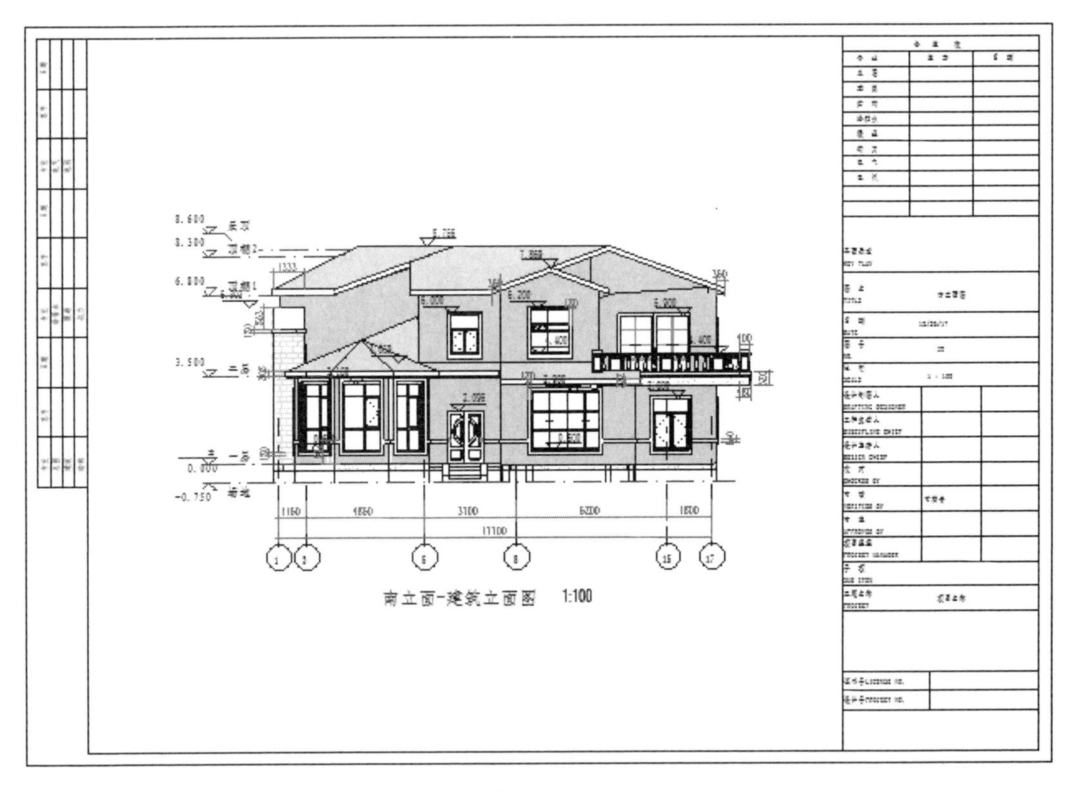

图 17-61 创建完成的南立面图图纸

知识点拨：

也可以完整地创建【东】【北】【西】立面图，导入一张图纸中进行布局。

17.3.3 建筑剖面图设计

建筑剖面图是指用一个假想的剖切面将房屋垂直剖开所得到的投影图。建筑剖面图是与平面图和立面图相互配合表达建筑物的重要图样，它主要反映建筑物的结构形式、垂直空间利用、各层构造做法、门窗洞口高度等情况。

Revit 中的建筑剖面图不需要一一绘制，只需要绘制剖面线就可以自动生成，并可以根据需要进行任意剖切。

上机操作——创建建筑剖面图

① 切换到【一层平面图】楼层平面视图。

② 在【视图】选项卡的【创建】面板中单击【剖面】按钮，在【一层平面图】中以直线的方式来放置剖面符号，如图 17-62 所示。

知识点拨：

一般剖面图需要表达建筑中的楼梯间、电梯间、消防通道、门窗洞剖面等情况。

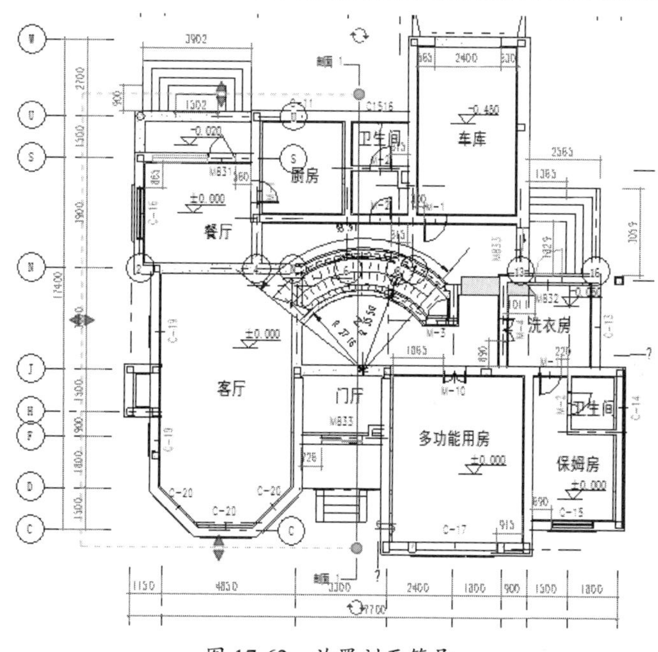

图 17-62 放置剖面符号

③ 在【项目浏览器】选项板中自动创建【剖面（建筑剖面）】项目，其节点下生成【剖面 1】建筑剖面图，如图 17-63 所示。

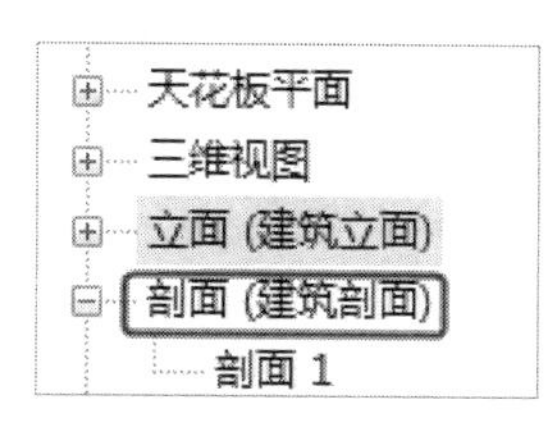

图 17-63 自动创建【剖面（建筑剖面）】项目

④ 双击【剖面 1】建筑剖面图，激活该视图。图 17-64 所示为创建的剖面图。

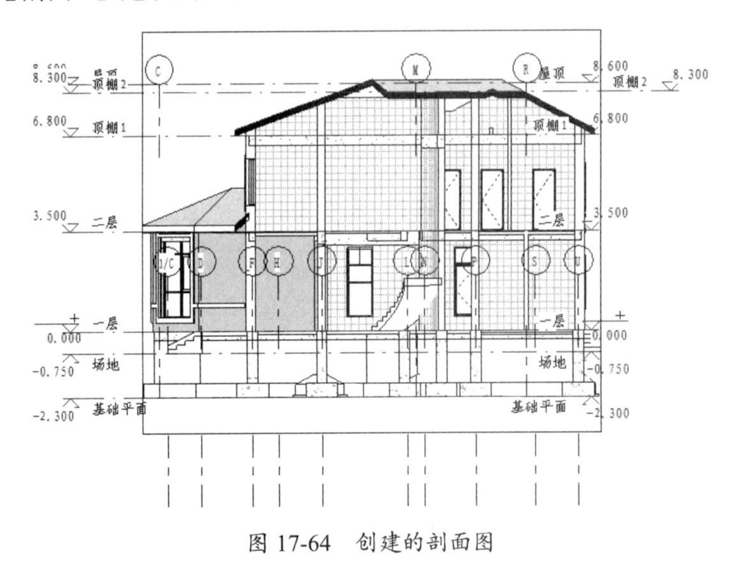

图 17-64 创建的剖面图

⑤ 双击裁剪框，将裁剪框移动到【场地】标高上，如图 17-65 所示。在状态栏中单击【隐藏裁剪区域】按钮，将裁剪框隐藏。

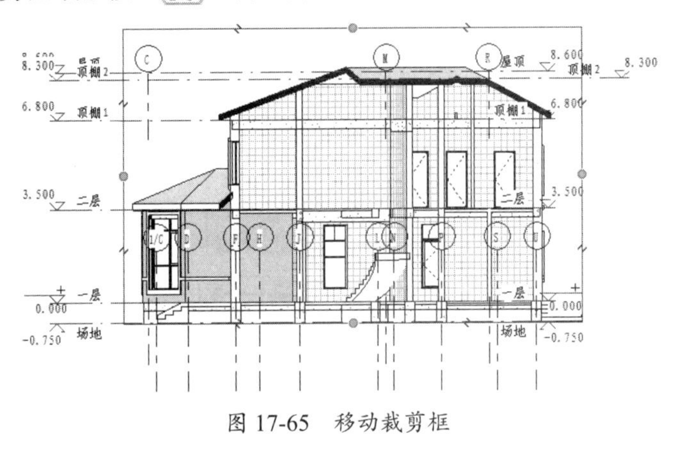

图 17-65 移动裁剪框

⑥ 整理标高和轴线，如图 17-66 所示。

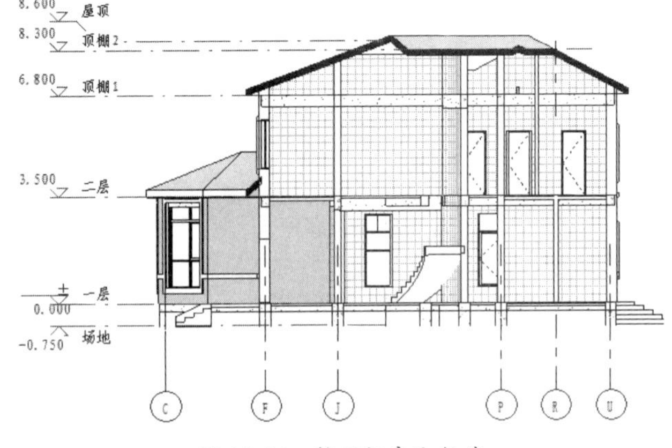

图 17-66 整理标高和轴线

⑦ 利用【对齐】尺寸标注工具，标注轴线和建筑内部的尺寸，如图 17-67 所示。

图 17-67　标注轴线和建筑内部的尺寸

⑧ 利用【注释】选项卡中的【高程点】工具，在各层平台上标注高程点，如图 17-68 所示。

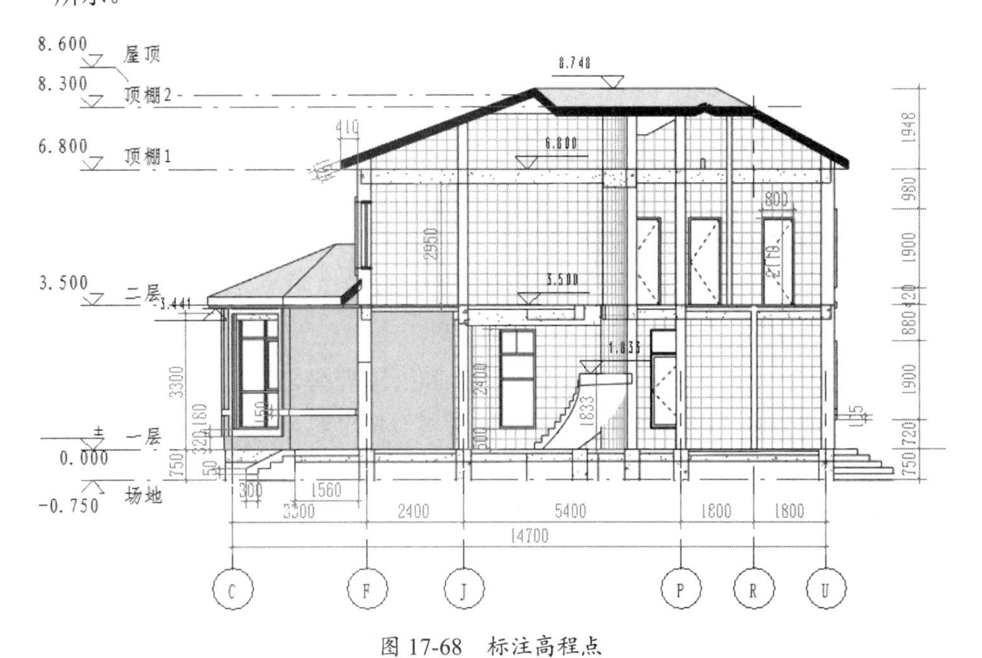

图 17-68　标注高程点

⑨ 利用【图名标注】工具注写建筑剖面图名称与比例。利用【布图】工具创建剖面图图纸（使用 A3 公制标题栏），如图 17-69 所示。

⑩ 还可以继续创建该建筑中其余构造的剖面图。创建完成后保存项目文件。

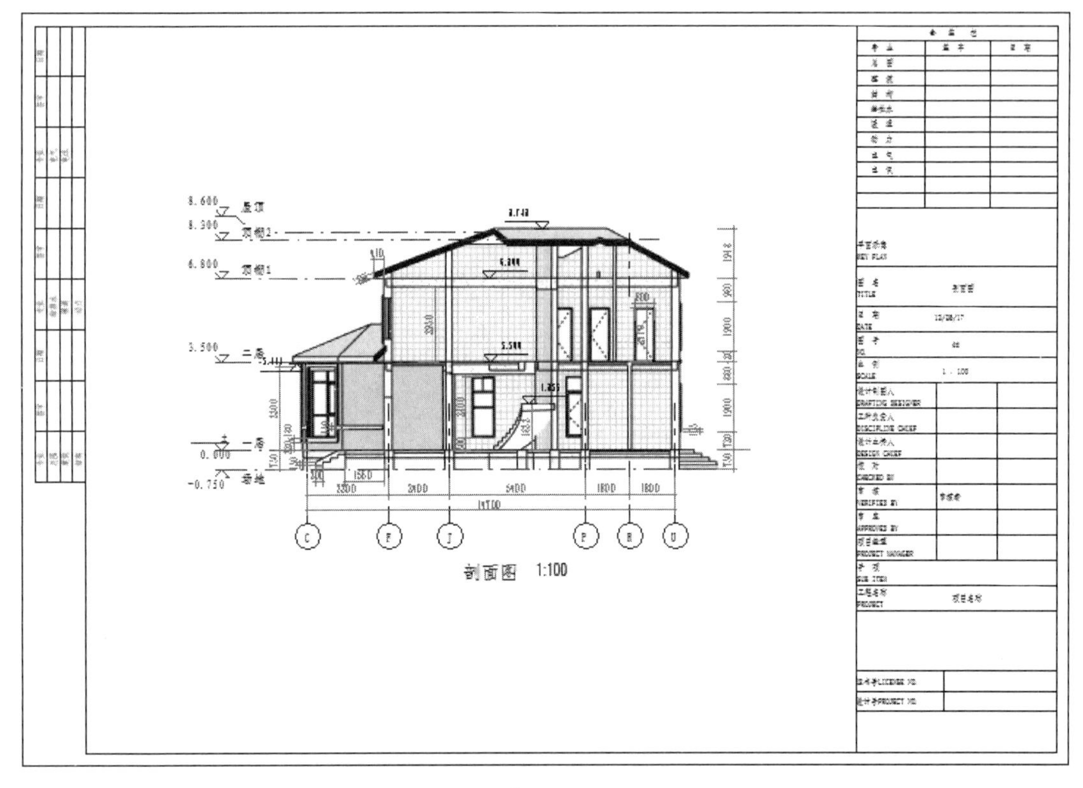

图 17-69　创建完成的剖面图图纸

17.3.4　建筑详图设计

建筑详图作为建筑施工图纸中不可或缺的一部分，属于建筑构造的设计范畴。其不仅为建筑设计师表达设计内容，体现设计深度，还为在建筑平面图、建筑立面图、建筑剖面图中因图幅关系未能完全表达出来的建筑局部构造、建筑细部的处理手法进行补充和说明。

常见的建筑详图包括门窗详图、墙身节点详图、楼梯详图（或楼梯大样图）、卫生间详图及其他详图等。

Revit 中有两种建筑详图设计工具：详图索引和绘图视图。

- 详图索引：通过截取平面图、立面图或者剖面图中的部分区域，进行更精细的绘制，提供更多的细节。在【视图】选项卡的【创建】面板中选择【详图索引】下拉列表中的【矩形】或者【草图】选项，如图 17-70 所示。选取大样图的截取区域，从而创建新的大样图视图，进行进一步的细化。

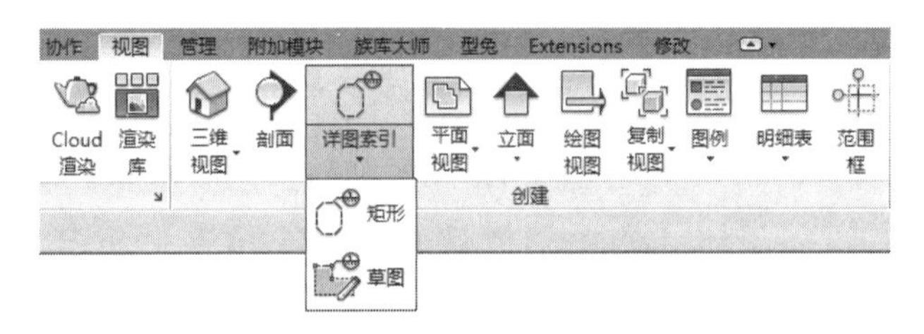

图 17-70　【详图索引】下拉列表

- 绘图视图：与已经绘制的模型无关，在空白的详图视图中利用详图绘制工具进行操作。单击【视图】选项卡的【创建】面板中的【绘图视图】按钮，可以创建节点详图。

上机操作——创建楼梯大样图

① 切换到【一层平面图】楼层平面视图。

② 在【视图】选项卡的【创建】面板中选择【详图索引】下拉列表中的【矩形】选项，在视图中最右侧的楼梯间位置绘制矩形，如图 17-71 所示。

③ 在【项目浏览器】选项板的【楼层平面】视图节点下自动创建命名为【一层平面图-详图索引 1】的新平面视图，如图 17-72 所示。

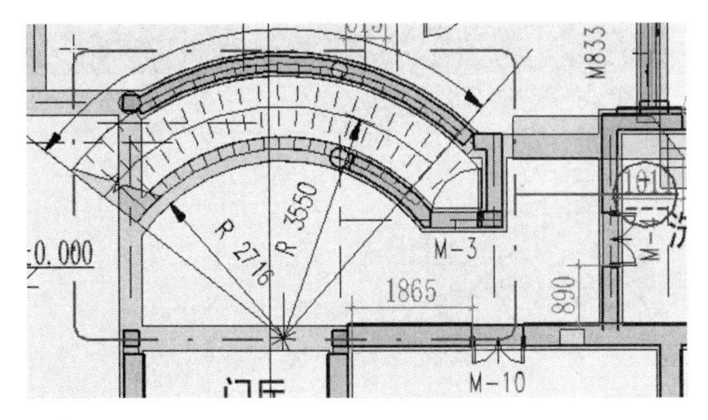

图 17-71　绘制矩形

图 17-72　自动创建【一层平面图-详细索引 1】新平面视图

④ 双击打开【一层平面图-详图索引 1】新平面视图，如图 17-73 所示。

⑤ 在【属性】选项板的【标识数据】选项组下选择【视图样板】为【楼梯_平面大样】，使用视图样板后的详图如图 17-74 所示。

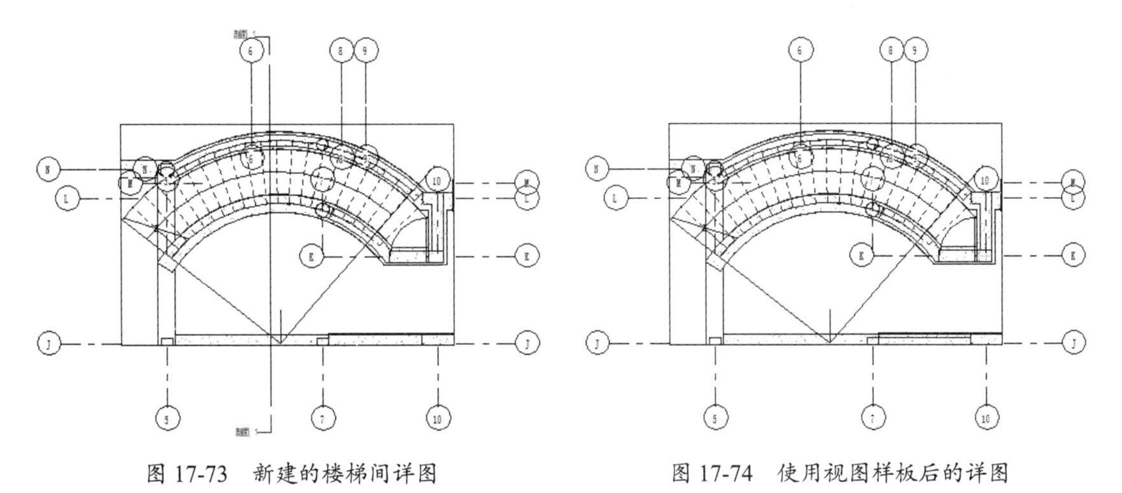

图 17-73　新建的楼梯间详图　　　图 17-74　使用视图样板后的详图

⑥ 清理轴线及编号，利用【对齐标注】工具标注视图尺寸，并添加门标记，如图 17-75 所示。

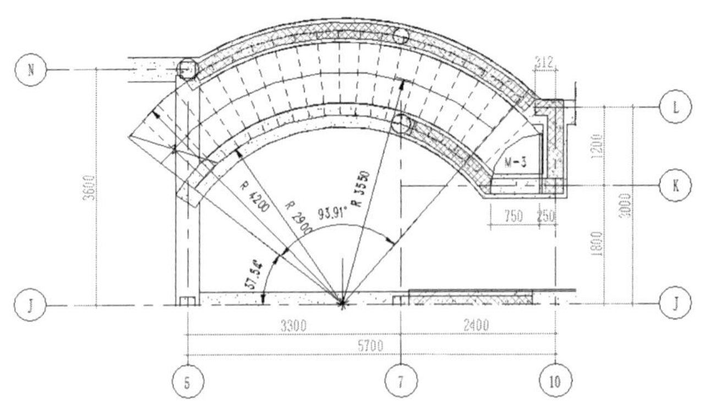

图 17-75　标注详图

⑦ 利用【图名标注】工具注写楼梯大样图的名称与比例，如图 17-76 所示。

知识点拨：

如果注写的文字看不见，请在属性选项板中取消【注释裁剪】选项的勾选。

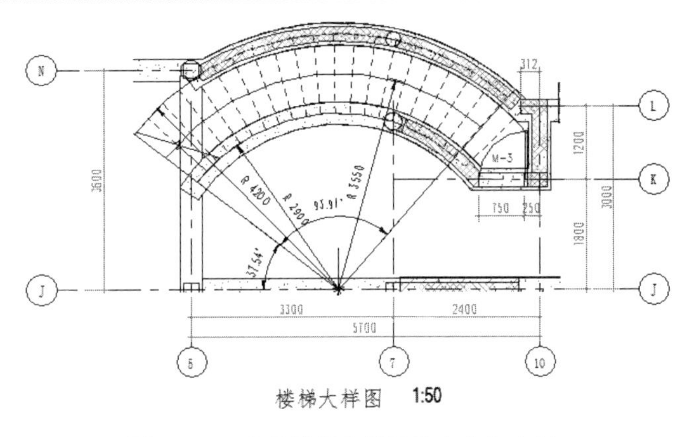

图 17-76　注写楼梯大样图的名称与比例

⑧ 单击【视图】选项卡的【图纸组合】面板中的【图纸】按钮，弹出【新建图纸】对话框，从 Revit 系统族库中载入【修改通知单】标题栏族，单击【确定】按钮创建新图纸，如图 17-77 所示。

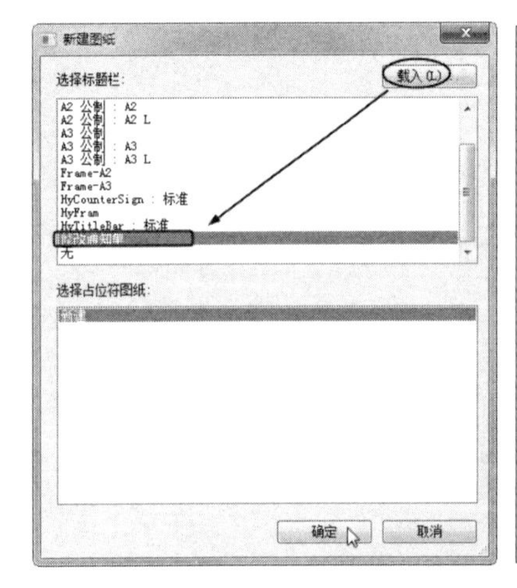

图 17-77　创建新图纸

⑨ 将图纸旋转 90°，便于放置楼梯大样图。在【项目浏览器】选项板的【图纸】节点下重命名该新图纸，如图 17-78 所示。

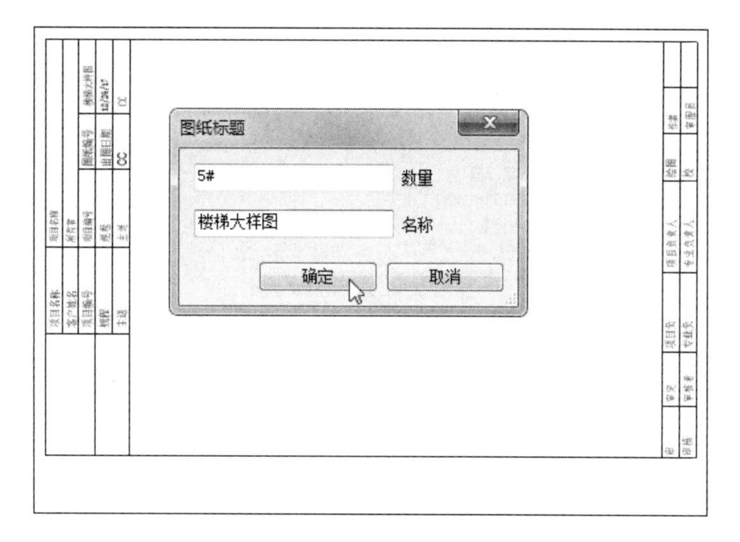

图 17-78　旋转图纸并重命名

⑩ 添加【楼梯大样图】视图到图纸中，创建完成的楼梯大样图图纸如图 17-79 所示。

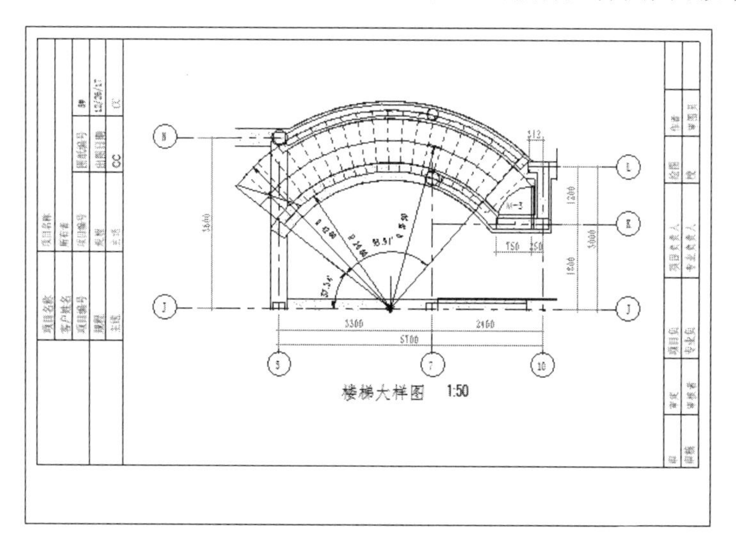

图 17-79　创建完成的楼梯大样图图纸

⑪ 保存项目文件。

17.4　Revit 结构施工图设计

结构施工图的创建过程与建筑施工图是完全相同的，本例阳光海岸别墅的结构施工图包括基础平面布置图（见图 17-80）、一层结构平面图（见图 17-81）和二层及屋面结构平面图（见图 17-82）。鉴于本章篇幅限制，本章源文件夹中保存了阳光海岸别墅的所有建筑施工图和结构施工图，读者可以参考这些图纸自行完成图纸设计。

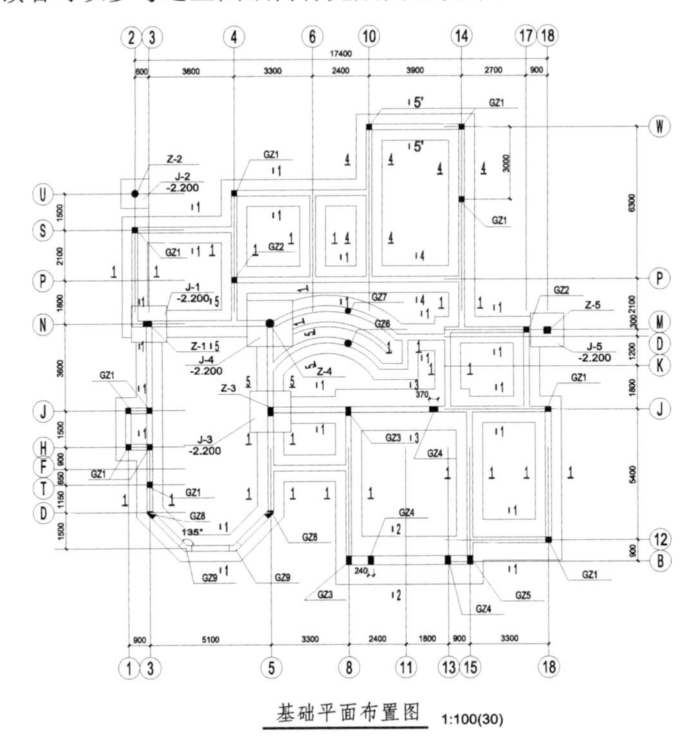

图 17-80　基础平面布置图

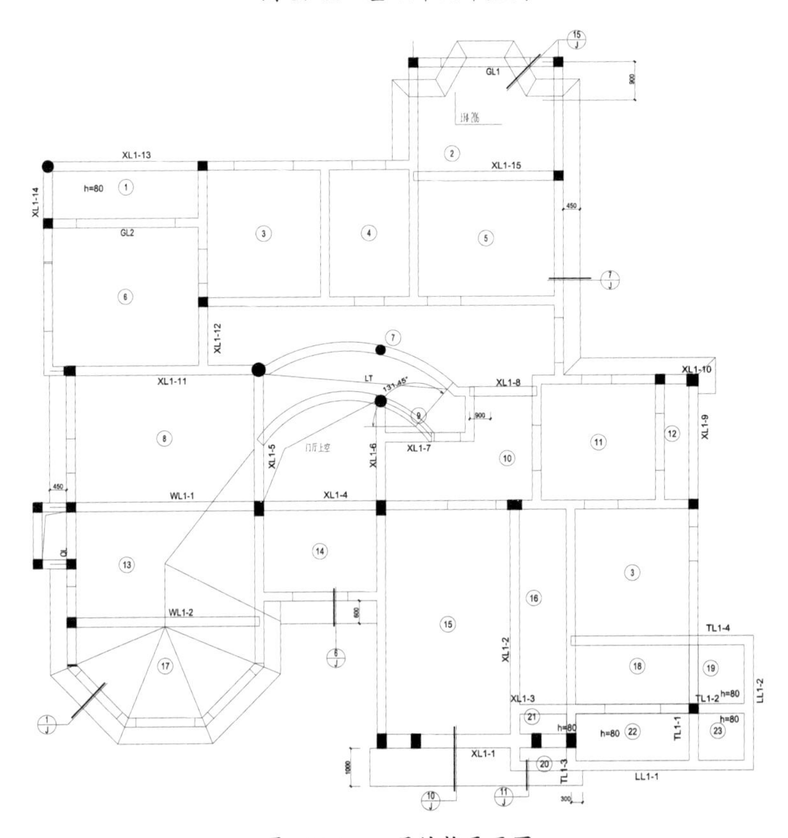

图 17-81　一层结构平面图

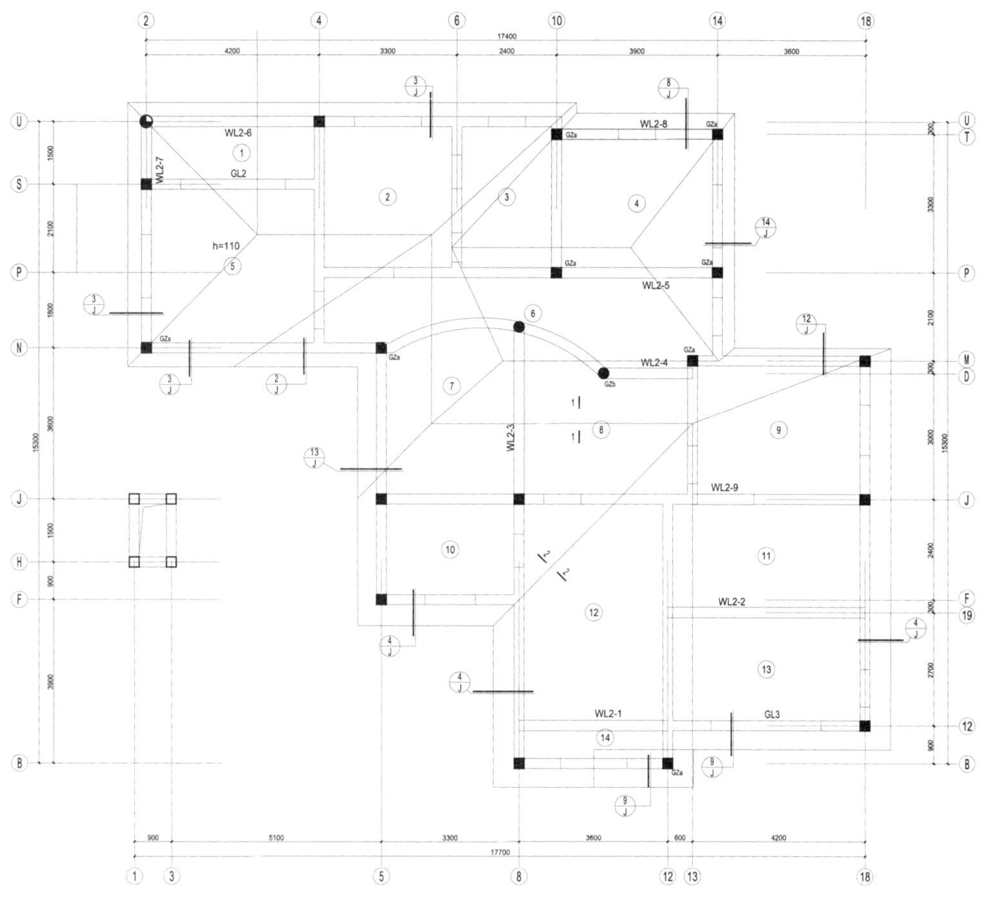

图 17-82　二层及屋面结构平面图

17.5　出图与打印

在图纸布置完成后，用户不仅可以通过打印机将已布置完成的图纸视图打印为图档或指定的视图，还可以将图纸视图导出为 CAD 文件，以便交换设计成果。

17.5.1　导出文件

在 Revit 中完成所有图纸的布置之后，可以将生成的文件导出为 DWG 格式的 CAD 文件，供其他的用户使用。

要导出 DWG 格式的文件，首先要对 Revit 及 DWG 之间的映射格式进行设置。

上机操作——导出图纸文件

① 继续使用阳光海岸别墅的图纸设计案例。打开【2#-一层平面图】图纸，在【文件】菜单中执行【导出】|【选项】|【导出设置 DWG/DXF】命令，如图 17-83 所示。

② 打开【修改 DWG/DXF 导出设置】对话框，如图 17-84 所示。

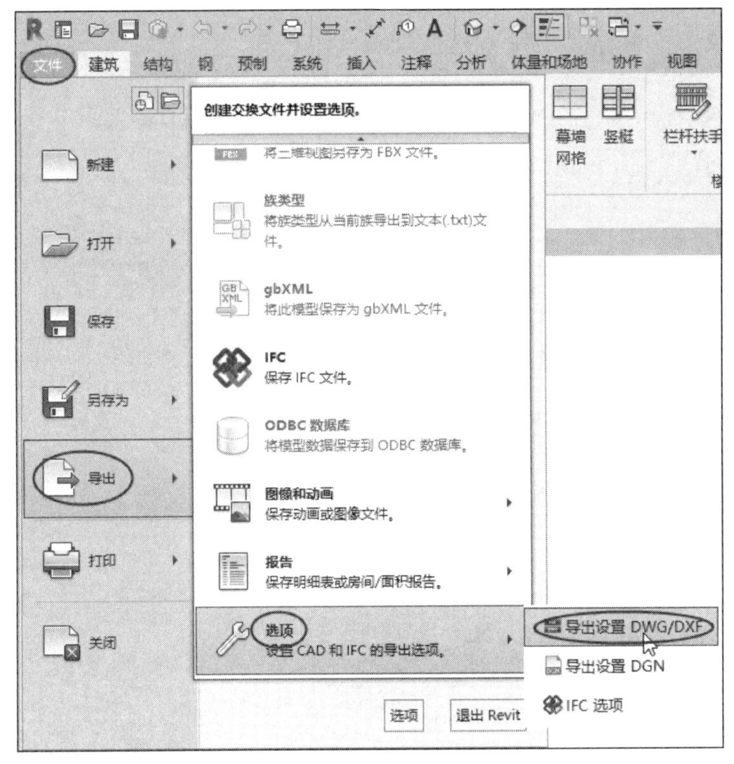

图 17-83　执行导出命令

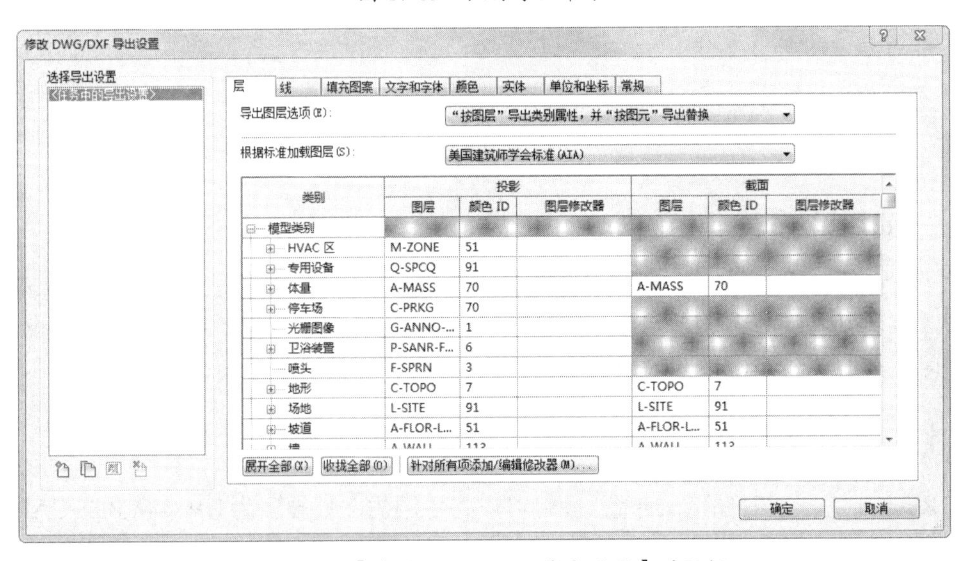

图 17-84　【修改 DWG/DXF 导出设置】对话框

知识点拨：

由于在 Revit 中使用构件类别的方式管理对象，而在 DWG 图纸中使用图层的方式管理对象。因此必须在【修改 DWG/DXF 导出设置】对话框中对构件类别以及 DWG 中的图层进行映射设置。

③ 单击【修改 DWG/DXF 导出设置】对话框底部的【新建导出设置】按钮，弹出【新建导出】设置对话框，新建导出设置如图 17-85 所示。

④ 在【层】选项卡中选择【根据标准加载图层】下拉列表中的【从以下文件加载设置】

选项，在打开的【导出设置-从标准载入图层】对话框中单击【是】按钮，如图 17-86 所示，打开【载入导出图层文件】对话框。

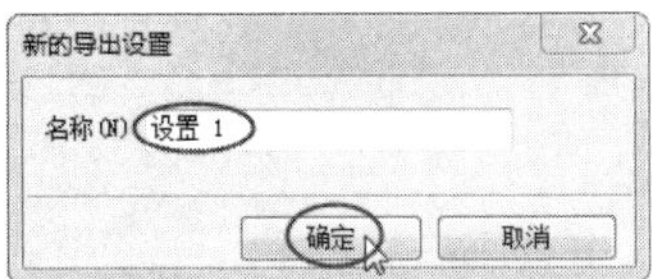

图 17-85　新建导出设置

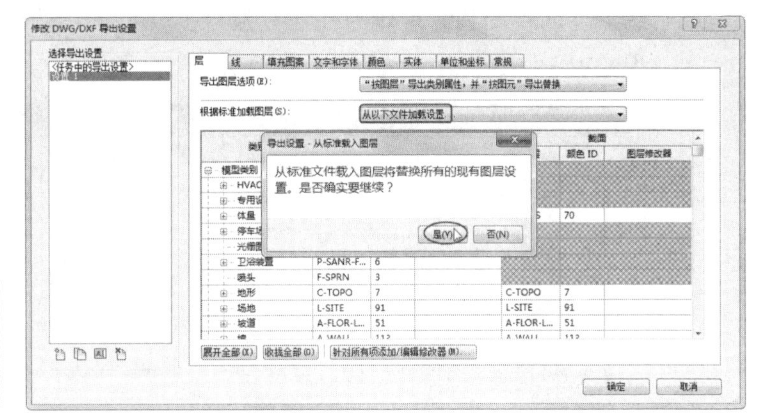

图 17-86　加载图层操作

⑤ 选择本例源文件夹中的【exportlayers-dwg-layer.txt】文件，单击【打开】按钮打开此输出图层配置文件。【exportlayers-dwg-layer.txt】文件中记录了从 Revit 类型转出为 DWG（AutoCAD 文件）格式的图层设置信息。

知识点拨：

在【修改 DWG/DXF 导出设置】对话框中，还可以对【线】【填充图案】【文字和字体】【颜色】【实体】【单位和坐标】【常规】选项卡中的选项进行设置，这里就不再一一介绍。

⑥ 单击【确定】按钮，完成 DWG/DXF 的映射选项设置，即可将图纸导出为 DWG 格式的文件。

⑦ 在【文件】菜单中执行【导出】|【CAD 格式】|【DWG】命令，打开【DWG 导出】对话框。在【选择导出设置】下拉列表中选择【设置 1】选项，在【导出】下拉列表中选择【<任务中的视图/图纸集>】选项，在【按列表显示】下拉列表中选择【模型中的图纸】选项，如图 17-87 所示。

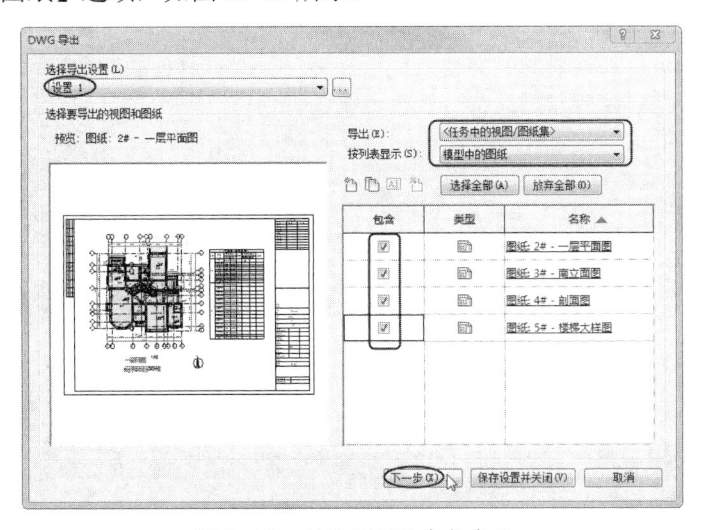

图 17-87　设置 DWG 导出选项

⑧ 先单击【选择全部】按钮 选择全部(A) ，再单击【下一步】按钮 下一步(X)... ，弹出【导出 CAD 格式-保存到目标文件夹】对话框。选择保存 DWG 格式的版本，勾选【将图纸上的视图和链接作为外部参照导出（X）】复选框，单击【确定】按钮，导出为 DWG 格式文件，如图 17-88 所示。

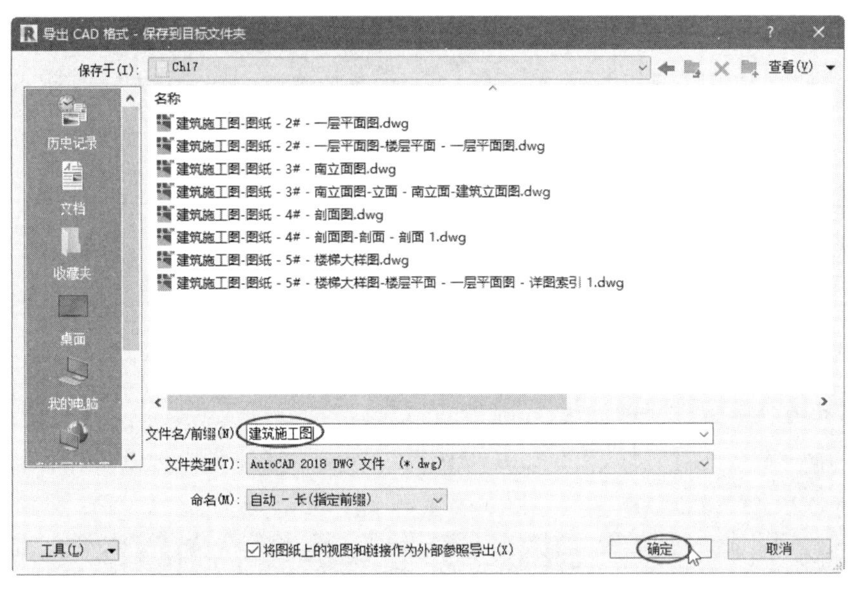

图 17-88 导出 DWG 格式文件

⑨ 此时，打开 DWG 格式文件所在的文件夹，双击其中一个 DWG 格式的文件即可在 AutoCAD 中将其打开，并进行查看与编辑，如图 17-89 所示。

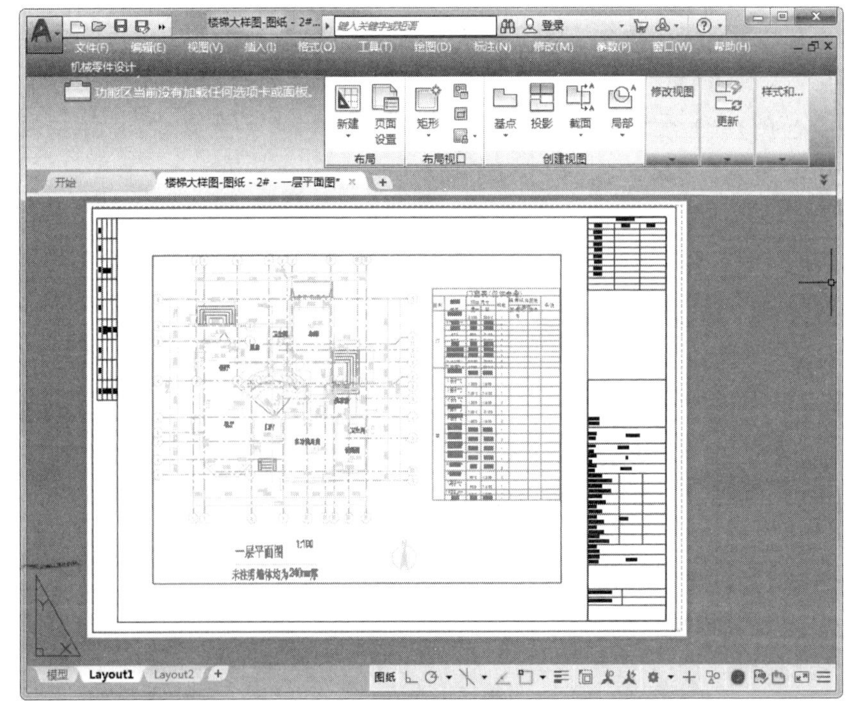

图 17-89 在 AutoCAD 中打开 DWG 格式的文件

17.5.2　图纸打印

在图纸布置完成后，除了能够将其导出为 DWG 格式的文件，还能够将其打印成图纸，或者通过打印工具将图纸打印成 PDF 格式的文件，以供用户查看。

上机操作——BIMSpace 图纸打印

① 在【成果导出\后处理】选项卡的【布图打印】面板中单击【批量打印】按钮，打开【批量打印 PDF/PLT】对话框。

② 选择【名称】下拉列表中的【Adobe PDF】选项，设置打印机为 PDF 虚拟打印机，并选中【将多个所选视图/图纸合并到一个文件】单选按钮和【所选视图/图纸】单选按钮，如图 17-90 所示。

③ 单击【批量打印 PDF/PLT】对话框的【打印范围】选项组中的【选择图纸集】按钮，弹出【图纸集】对话框。单击【新建】按钮新建图纸集，如图 17-91 所示。

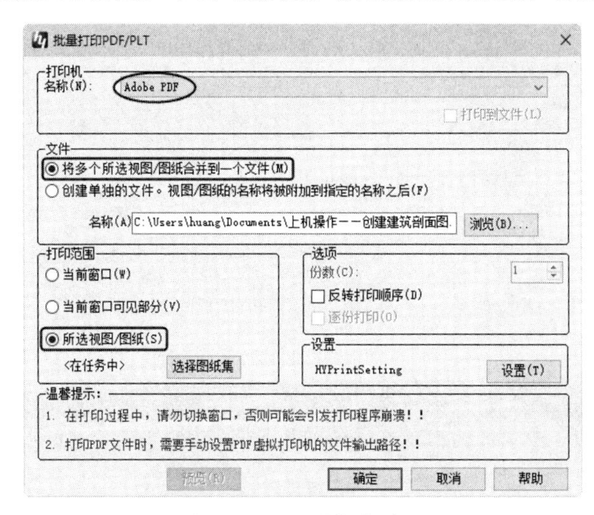

图 17-90　设置打印选项

④ 将【图纸】列表框中要打印的图纸添加到右侧【图纸集】下方的列表框中，如图 17-92 所示。完成后单击【确定】按钮。

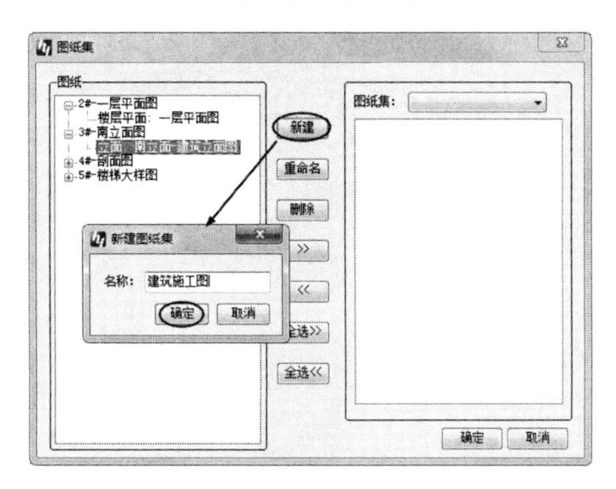

图 17-91　新建图纸集

图 17-92　添加图纸集

⑤ 单击【批量打印 PDF/PLT】对话框的【设置】选项组中的【设置】按钮，弹出【打印设置】对话框。选择图纸【尺寸】为【Oversize A0】，其余选项保存默认，单击【确定】按钮，返回【批量打印 PDF/PLT】对话框，如图 17-93 所示。

⑥ 单击【批量打印 PDF/PLT】对话框中的【确定】按钮，在打开的【另存 PDF 文件为】对话框中设置【文件名】选项后，单击【保存】按钮创建 PDF 文件，如图 17-94 所示。

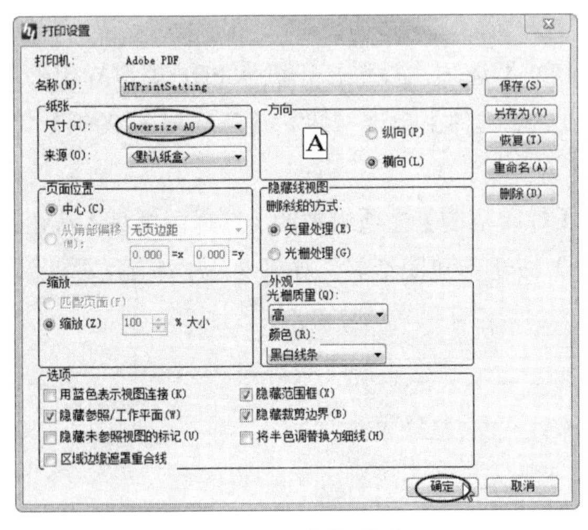

图 17-93　打印设置

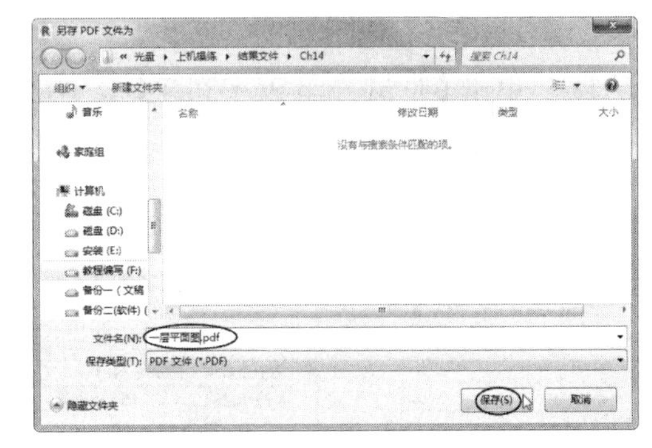

图 17-94　创建 PDF 文件

⑦ 完成 PDF 文件的创建后，在保存的文件夹中打开 PDF 文件，即可查看施工图在 PDF 文件中的效果。

知识点拨：

利用 Revit 中的【打印】命令生成 PDF 文件的过程与使用鸿业 BIMSpace 批量打印 PDF 文件的过程是相同的，这里不再赘述。